工业和信息化部"十二五"规划教材
光电信息科学与工程类专业系列教材

光电成像技术与系统

白廷柱　等编著

電子工業出版社
Publishing House of Electronics Industry
北京·BEIJING

内容简介

本书为工业和信息化部“十二五”规划教材。

本书以光电成像技术的发展历程为脉络，从人眼对图像的认识机理出发，描述和分析了人类为达成符合人眼观察的灰度点阵要求所需要的四个环节（转换、解析、传输、显示），以及迄今为止为达成上述四个环节而产生的各类相关技术及对应的光电成像器件，进而介绍了利用这些器件与技术以及相关技术形成的各类光电成像系统、光电成像系统性能的评价方法等内容。本书重点描述了各种成像技术的基本思想，基于物理学的基础理论和方法分析了光电成像技术、器件和系统各环节的物理过程，以及典型光电成像系统的构成及应用等。

本书可作为光电信息科学与工程专业的教材，也可作为其他相关专业和从事光电成像技术研究的研究生的教材或参考教材，以及从事相关研究的科技人员的参考书。

图书在版编目（CIP）数据

光电成像技术与系统 / 白廷柱等编著. —北京：电子工业出版社，2016.1
光电信息科学与工程类专业规划教材
ISBN 978-7-121-27893-8
Ⅰ. ①光… Ⅱ. ①白… Ⅲ. ①光电效应－成象原理－高等学校－教材②光电效应－成象系统－高等学校－教材 Ⅳ. ①O435.2②O482.7

中国版本图书馆 CIP 数据核字（2015）第 307630 号

责任编辑：韩同平
印　　刷：北京虎彩文化传播有限公司
装　　订：北京虎彩文化传播有限公司
出版发行：电子工业出版社
　　　　　北京市海淀区万寿路 173 信箱　邮编：100036
开　　本：787×1092　1/16　印张：28　字数：850 千字
版　　次：2016 年 1 月第 1 版
印　　次：2023 年 1 月第 8 次印刷
定　　价：99.80 元

凡所购买电子工业出版社图书有缺损问题，请向购买书店调换。若书店售缺，请与本社发行部联系，联系及邮购电话：（010）88254888。

质量投诉请发邮件至 zlts@phei.com.cn，盗版侵权举报请发邮件至 dbqq@phei.com.cn。

服务热线：（010）88258888。

前　言

本书为工业和信息化部“十二五”规划教材，也是北京理工大学国家精品课程“光电成像原理与技术”的配套教材，是在作者编著的北京市高等教育精品教材《光电成像原理与技术》的基础上，依据光电信息科学与工程专业规定的教学内容范畴重新编写的。

本书以人类社会的光电成像需求为牵引，以人类社会发展光电成像技术的时间顺序为主线，以表现不同光电成像技术的器件为核心，以典型的光电成像系统分析和设计为应用，重新梳理了《光电成像原理与技术》一书的主要内容，进行了与时俱进的新技术、新原理和新器件等方面的补充完善。鉴于本书在重新编写过程中突出了用于实现光电成像的技术思想，故采用“光电成像技术与系统”为本书的书名。

光电成像技术是适应信息社会需求而迅速发展的高新技术，是光电技术发展的最高阶段，属于电子信息类光电信息科学与工程分支学科。本教材内容的选取力求全面反映当代光电成像领域的主要技术内涵和技术现状，教材内容的编排尽量考虑适应教学规律的要求。教材的总思路是为学生和有关读者提供一座了解光电成像的成像原理、技术范畴和系统应用的桥梁。

随着相关学科的进步和发展，光电成像技术领域也不断地涌现出新思想、新技术和新器件。因此，要在有限的篇幅内系统、深入、完整、全面地描述光电成像技术的进展是不现实的，本教材只能从便于读者学习的角度出发，通过教材引导读者学习有关光电成像技术的基本思想、基本理论、基础知识，讨论基于现有光电成像技术的典型光电成像器件结构、工作原理、性能指标，分析基于典型光电成像器件的光电成像系统实现途径、设计思想和设计要点等。

本书共 10 章。

第 1 章围绕人眼视觉的局限性，介绍了拓展人眼视觉的技术途径及发展应用现状。描述了人眼观察事物的基本要求和所受限制，分析了图像的实际物理构成和实现这些构成所必需的技术环节。同时，对比传统光学成像说明了光电成像的特性。

第 2 章以传统的电子束空间扫描成像技术为主线，介绍了电真空摄像器件的构成、工作原理、种类、特性及电子枪的相关知识。

第 3 章以基于电磁场的电子光学聚焦成像技术为主线，介绍了以像增强器、变像管为代表的像管的构成、工作原理、种类、特性及其他相关知识。

第 4、5 章以解决电子束空间扫描带来的问题而发展起来的电子驱动扫描成像技术为主线，分别介绍了以 CCD、CMOS 器件和红外焦平面探测器件为代表的各种器件的构成、工作原理、种类、特性及其他相关知识。这两章的内容为本书的重点，因为其基本涵盖了目前人们正在广泛使用的各种固体光电成像器件及其发展应用现状。

第 6 章以解决光电成像器件光敏元数量不足情况下实现光电成像的光机扫描技术为主线，介绍了光机扫描成像原理、各种光机扫描元件、各种扫描方式及其新的应用等。

第 7 章介绍了电视扫描、视频信号、全电视信号等的相关规定，电视摄像系统的构成、相关要求和部分典型电视成像系统，以及典型电视显示器的构造、工作原理和性能指标等。

第 8、9 章介绍了针对第 3 章的像管和第 5 章的红外探测器的微光夜视系统和红外热成像系统，分析了这些系统的特殊构成、特殊性能要求与评价、主要设计思想和设计原则，并给出了设计示例。

第 10 章对光电成像技术与系统应用过程中的相关影响因素进行了介绍和分析，讨论了评价光电成像系统作用距离性能的主要方法和作用距离预测示例。

本教材兼顾了从事光电成像技术专业研究的科技工作者的需要，内容涉猎广泛，并在相应章节中编入了国内外有关的技术资料和数据表，以供研究生和有关专业人员参考。

本教材的参考学时为 64 学时（内容可扩展至 96 学时）。为了使学生了解和掌握有关的理论知识，培养理论联系实际的能力，为今后从事本领域的研究工作奠定必要的基础并适应新技术的发展，本教材在编写过程中，尽力收集了一些新的科技成果，增补了一些最新器件和系统的内容。

本书凝结了北京理工大学光电成像技术与系统教育部重点实验室和光电成像与信息工程研究所全体教师多年的教学实践和科研积累，也充分吸收了国内外光电成像技术领域同行们的经验和工作成果，因此，本书也是以上所有相关科技工作者辛勤研究的共同结晶。

本书第 1～7 章由北京理工大学白廷柱教授编写，第 8、9 章由军械工程学院刘杰博士编写，第 10 章由军械工程学院武东生博士编写，全书由白廷柱统稿。

本书承蒙北京理工大学许廷发教授和装甲兵工程学院张智诠教授主审，在此谨向他们致以诚挚的谢意，并向本书参考文献的各位作者、译者表示衷心的感谢。

因时间所限，加之光电成像技术是综合广泛的高新技术学科，正处于迅速发展的进程中，因此，要编出一本全面、完整、成熟的教材乃是作者之力所不能及的。此外，限于作者的时间、学识与水平，书中缺欠、遗漏之处在所难免，对此，诚恳希望广大读者予以批评指正。

作　者

（tzhbai@bit.edu.cn）

目　录

第1章　绪　　论

人类社会已经进入了信息社会时代，信息获取是人类文明生存和发展的基本需要。从信息获取的方式考虑，人类获取信息的主要手段是通过五官，即眼、耳、鼻、舌、肤(视觉、听觉、嗅觉、味觉和触觉)进行的。据相关统计，人类通过视觉获取的信息占人类能够获取的信息的 80%以上，正所谓“百闻不如一见”。

但是，由于人眼自然构造形成的视觉性能的限制，通过直接观察所获得的图像信息仍然是有限的，其包括：灵敏度的限制，夜间无照明时人的视觉能力很差；分辨率的限制，没有足够的视角和对比度就难以辨识；光谱的限制，人眼只对电磁波谱中很窄的可见光区敏感；空间的限制，隔开的空间人眼将无法观察；时间的限制，变化过去的影像无法存留在视觉中。总之，人类的直观视觉只能有条件地提供图像信息。

为了突破人眼的限制，很早以前人类就为开拓自身的视见能力进行了探索并取得了不少有成效的进展。灯具的出现改善了人类夜晚的照明环境，望远镜的出现为人类延伸了视见距离，显微镜的应用为人类观察微小物体提供了方便。但是，在扩展视见光谱范围，提高视见灵敏度和突破时空限制方面，人类则经历了漫长时间才有所进展，这一进展正是由于光电成像技术的出现和发展进步带来的。光电成像技术是当今信息时代的重要高新技术之一。

1.1　关于光电成像技术

光电成像技术是在人类探索和研究光电效应的进程中产生和发展起来的，历史最早可追溯到 1873 年，史密斯(W.Smith)首先发现了光电导现象；随后，普朗克(Planck)于 1900 年提出了光的量子属性；而后在 1916 年，爱因斯坦(Einstein)完善了光与物质内部电子能态相互作用的量子理论，人类从此揭示了内光电效应的本质。在相继的大量研究工作中，伴随着近代物理学的发展，先后建立了半导体理论并研制出了各类光电器件。由此带来了内光电效应的广泛应用，提供了人类探测光子的技术手段，为扩展人眼的视见光谱范围奠定了基本条件。人类在探索内光电效应的同时也探索了外光电效应。1887 年，赫兹(Hertz)首先发现了紫外辐射对放电过程的影响，第二年哈尔瓦克(Hallwacks)实验证实了紫外辐射可使金属表面发射负电荷，其后，由斯托列托夫(CToa.eTOB)、勒纳(Lenard)和爱因斯坦相继明确了光电发射的基本定律。在此基础上，1929 年科勒(Koller)制成了第一个实用的光电发射体——银氧铯光阴极，随后利用这一技术研制成功了红外变像管，实现了将不可见的红外图像转换成可见光图像。此后，相继出现了紫外变像管和 X 射线变像管，使人类的视见光谱范围获得了更有成效的扩展。外光电效应的深入研究使格利胥(Görlich)在 1936 年研制出锑铯光阴极，萨默(Sommer)在 1955 年研制出锑钾钠铯多碱光阴极。西蒙(Simon)在 1963 年提出了负电子亲和势光阴极理论，伊万思(Evans)等人在该理论的指导下研制成功了负电子亲和势镓砷光阴极。这些高量子效率光阴极的出现使微光图像的增强技术达到了实用阶段。利用像增强器，人类突破了视见灵敏阈的限制。

在发展光电成像技术的进程中，为扩展视界，人类从二十世纪 20 年代起开始致力于电视技术的研究。美国安培(Ampex)公司推出的世界上第一台实用型摄像机，开创了图像记录的新纪元，但由于当时的摄像机使用摄像管摄取图像，摄像管不仅使用寿命低、制造成本高、性能不稳定，而且不能对着强光进行摄影。1925 年，苏格兰人贝尔德经过精心设计，利用旧无线电器材、旧糖盒、自行车灯透镜、旧电线等废旧材料，制造出了世界上最原始的电视摄影机和接收机。1926 年 1 月 27 日，贝尔德在英国伦敦皇家学会向 40 位科学家表演了他的发明。1929 年美国科学家伊夫斯在纽约和华盛顿之间播送 50 行的彩色电视图像，发明了彩色电视机。1931 年，美国科学家兹沃雷金(Vladimir Kosma Zworykin)等人(贝尔德和费罗·法恩斯沃斯)制造出比较成熟的光电摄像管，即电视摄像机。其中，兹沃雷金在一次试验中将一个由 240 条扫描线组成的图像传送给 4 英里以外的一台电视机，完成了使电视摄像与显像完全电子化的过程，至此，现代电视系统基本成型，为人类提供了不必面对目标即可进行观察的可能性。电视所具有的极大吸引力为它带来了极为迅速的发展。在短短的半个多世纪中，电视摄像器件从初期的析像器，逐步提高并发展出众多类型的摄像器件。相继出现的摄像器件有：超正析像管、分流摄像管、视像管、二次电子导电摄像管、硅靶摄像管、热释电摄像管等。

在发展电真空类型摄像器件的同时，1970 年玻伊尔(Boyle)和史密斯(Smith)开发出一种具有自扫描功能的电荷耦合器件(CCD)，由此诞生了固体摄像器件，使电视摄像技术产生了质的飞跃，Boyle 和 Smith 获得了 2009 年诺贝尔物理学奖。近年来，随着 CMOS 成像器件的回归与突起，光电成像技术进一步走向了小型化、低成本化和高清晰化，各种特殊用途的成像器件也如雨后春笋般地不断涌现出来。尤其是现代半导体材料和技术在各种探测器件中的应用，使得采用红外焦平面探测器件的凝视红外热成像技术将人类的视见能力扩展和提高到了一个新的阶段。

归结起来，上述种种改善人类视见能力的新技术都是以光电转换技术、光电子理论和半导体物理等为基础，通过各类光电成像器件来实现的。采用这一类器件完成成像过程的技术可以统称为光电成像技术。光电成像技术在学科上归属于光电子物理学。

1.1.1 光电成像技术对人眼视见光谱域的拓展

自然界中存在着大量的非可见的电磁波，这些电磁波也同可见光一样构成了景物的辐射强度分布。例如在常温下(约 300K)，景物本身的热辐射构成了红外线辐射分布的图像。但这种图像人眼却不能直接感受到。存在于自然界的电磁波，其波长范围很宽。从波长仅有 10^{-16}m 的宇宙射线到波长为 10^{8}m 的长电振荡，对于如此广泛的电磁波谱，如何利用其来传递图像信息并转换为可见光图像呢？这一问题只有借助于光电成像技术才能得到解决。

经典理论可以证明，全部波段的电磁波都可成为图像信息的载体。这是因为全部电磁波所形成的电磁场都遵循同一形式的 Maxwell(麦克斯韦)方程组关系。Maxwell 方程组给出了关于电磁场分布的经典理论描述。其微分形式如下：

$$\begin{cases}\nabla\cdot\boldsymbol{D}=\rho\\ \nabla\cdot\boldsymbol{B}=\boldsymbol{0}\\ \nabla\times\boldsymbol{E}=-\dfrac{\partial\boldsymbol{B}}{\partial t}\\ \nabla\times\boldsymbol{H}=\boldsymbol{J}+\dfrac{\partial\boldsymbol{D}}{\partial t}\end{cases}\tag{1-1}$$

换为积分形式，则为

$$\begin{cases}\oint_{S}\boldsymbol{D}\cdot\mathrm{d}\boldsymbol{S}=\int_{V}\rho dV\\ \oint_{S}\boldsymbol{B}\cdot\mathrm{d}\boldsymbol{S}=0\\ \oint_{L}\boldsymbol{E}\cdot\mathrm{d}\boldsymbol{L}=-\int_{S}\dfrac{\partial\boldsymbol{B}}{\partial t}\cdot\mathrm{d}\boldsymbol{S}\\ \oint_{L}\boldsymbol{H}\cdot\mathrm{d}\boldsymbol{L}=\int_{S}\left(J+\dfrac{\partial\boldsymbol{D}}{\partial t}\right)\cdot\mathrm{d}\boldsymbol{S}\end{cases}\tag{1-2}$$

式中的电位移 $\boldsymbol{D}$、场强 $\boldsymbol{E}$、磁感应强度 $\boldsymbol{B}$ 和磁场强度 $\boldsymbol{H}$ 都是矢量。式中封闭曲面 S 的体积为 V，自

由电荷的密度为 ρ。式中闭合曲线 L 的面积为 S，传导电流密度为 J

Maxwell 方程组定量描述的电磁场取决于辐射源及传播介质的性质。一切辐射现象都可以通过求解一定边界条件下的 Maxwell 方程组进行确定。用于讨论光学成像过程的电磁场通常处于不包括辐射源的理想非导电各向同性的介质中。介质的介电常数和磁导率分别为 ε 和 μ，由此可代入条件

$$\begin{aligned} \boldsymbol{D} &= \varepsilon \boldsymbol{E} \quad \rho = 0 \\ \boldsymbol{B} &= \mu \boldsymbol{H} \quad J = 0 \end{aligned} \tag{1-3}$$

获得简化的 Maxwell 方程组

$$\begin{cases} \nabla \cdot \boldsymbol{E} = 0 \\ \nabla \cdot \boldsymbol{B} = 0 \\ \nabla \times \boldsymbol{E} = -\dfrac{\partial \boldsymbol{B}}{\partial t} \\ \nabla \times \boldsymbol{B} = \mu\varepsilon \dfrac{\partial \boldsymbol{E}}{\partial t} \end{cases} \tag{1-4}$$

式中的电场矢量 $\boldsymbol{E}$ 和磁场矢量 $\boldsymbol{B}$ 都是时间 t 和空间点 $\boldsymbol{r}$ 矢量的函数。利用上面的方程组可以证明两个矢量函数的所有分量都满足波动方程

$$\left[\nabla^2 - \mu\varepsilon \frac{\partial^2}{\partial t^2}\right] \boldsymbol{E}(\boldsymbol{r}, t) = 0 \tag{1-5}$$

$$\left[\nabla^2 - \mu\varepsilon \frac{\partial^2}{\partial t^2}\right] \boldsymbol{B}(\boldsymbol{r}, t) = 0 \tag{1-6}$$

研究电磁波传递图像信息需要确定物空间场分布与像空间场分布之间的定量关系。这一问题可以在已知初始条件及边界条件下通过求解波动方程解决。但是由于解析困难，所以需要进行线性变换处理。

由于与 $\boldsymbol{E}(\boldsymbol{r}, t)$及 $\boldsymbol{B}(\boldsymbol{r}, t)$相应的复解矢量也满足波动方程，故它们的傅氏变换 $\boldsymbol{E}(\boldsymbol{r} \cdot t)$及 $\boldsymbol{B}(\boldsymbol{r} \cdot t)$分别满足 Helmholtz（亥姆霍兹）方程。

$$[\nabla^2 + \mu\varepsilon\omega^2] \boldsymbol{E}(\boldsymbol{r}, \omega) = 0 \tag{1-7}$$

$$[\nabla^2 + \mu\varepsilon\omega^2] \boldsymbol{B}(\boldsymbol{r}, \omega) = 0 \tag{1-8}$$

上式的一个解是平面波

$$\boldsymbol{E}(\boldsymbol{r}, \omega) \propto \exp(-\mathrm{j}\boldsymbol{K} \cdot \boldsymbol{r}) \tag{1-9}$$

式中，$\boldsymbol{K}$ 是波矢量，其标量$|\boldsymbol{K}|=\mu\varepsilon\omega$（$\omega$ 称为空间圆频率）。

借助于式（1-7）对所有可能的频率和波矢量的平面波连续谱进行加权求和，即可得到式（1-5）的通解

$$\boldsymbol{E}(\boldsymbol{r}, t) = \int \boldsymbol{E}(\boldsymbol{r}, \omega) \exp(\mathrm{j}\omega t) \mathrm{d}\omega \tag{1-10}$$

同理也可求出式（1-6）的通解

$$\boldsymbol{B}(\boldsymbol{r}, t) = \int \boldsymbol{B}(\boldsymbol{r}, \omega) \exp(\mathrm{j}\omega t) \mathrm{d}\omega \tag{1-11}$$

上述数学过程所描述的物方和像方分布函数之间的关系表明，广泛的电磁波都具有同一的传播规律，因此，通过经典电磁场理论可以处理电磁波的全部成像问题，并可以用 Poynting（坡印廷）矢量 $\boldsymbol{\omega}$ 来表示电磁能密度

$$\boldsymbol{\omega} = \frac{1}{\mu} \boldsymbol{E} \times \boldsymbol{B} \tag{1-12}$$

应用波动方程讨论电磁波成像可知，只要像空间两点的距离大于衍射极限即可分辨其间的光强分布，也就是能构成图像信息。根据简化的电磁波衍射理论模型，两个像点间能够被分辨的最短距离为

$$d = \frac{0.61\lambda}{n' \sin\theta'} \tag{1-13}$$

式中，λ 是电磁波的波长，n' 是电磁波在像空间的介质折射率，θ' 是电磁波在像方的会聚角。从这一衍射公式可知，当电磁波的波长增大时，所能获得的图像分辨率将显著降低。因此对波长超过 mm 量级的电磁波而言，用有限孔径和焦距的成像系统所获得的图像分辨率将会很低。因此，实际上已排除了波长较长的电磁波的成像作用。目前光电成像对光谱长波阈的延伸仅能扩展到亚毫米波成像。

除了衍射造成分辨率下降限制了将长波电磁波用于成像外，用于成像的电磁波也存在一个短波限制。通常把这个短波限确定在 X 射线(Roentgen 射线)与 γ 射线(Gamma 射线)波段。这是因为波长更短的辐射具有极强的穿透能力，所以，宇宙射线难以在普通条件下聚焦成像。

由上述分析可知，通常用于光电成像的电磁波应该具有明显的波粒二象性，其波长有效波谱区为亚毫米波、红外辐射、可见光、紫外辐射、X 射线、γ 射线等。

1.1.2 光电成像技术的应用领域

人们采用光电成像技术突破了人类视觉的部分限制，特别是突破了人眼在低照度和有限光谱响应下的视觉限制。同时，视觉机能在时间和空间两个方面也得到了扩展。时间上的扩展如数码照相、印刷、静电复印、摄录像等。空间上的扩展如电视、微光观察镜等可以将肉眼不能直接观察到的远处的图像传输到人眼视网膜上。

图像记录以随时可看和长时间保存为特点，图像传输以即时可看和长距离传输为特点。两者的特点可以互补，如在电视方面发展了图像记录——录像技术，在照相方面发展了图像传输——传真技术等。

除了视觉机能的空间扩大和时间延长，即图像传输和图像记录技术外，正在发展扩大的是视觉识别技术，例如，将超出人类视觉响应能力的红外和紫外图像转换成可见光图像或者将细节模糊的图像处理成细节清晰的图像处理技术。由此可见，图像与视觉是密切相关的。

随着科学技术的迅速发展和信息化社会的需求，光电成像技术受到普遍重视且不断开拓新的应用领域(表 1-1)。

表 1-1 光电成像技术的应用

应用波段	应用类型	使用部门	应　　用
可见光谱区的应用	观察黑暗过程	警务	隐蔽监视某地点，监视记录暗藏的犯罪活动
		心理学和医学	行为状态研究的记录
		军事	水下监视、隐蔽的远程监视记录，夜间射击控制
		科学研究工作	记录空气动力学、核物理等方面的高速微光现象，记录空间探测的确定方位，水下自然现象的记录
	材料折射、色散和透明性的拍照	材料检查	应变光学
		天文学	天象的记录
	显微镜工作	冶金学和地质学	厚且不透明断面内的现象的快速记录和一般记录
		动物学	在极微光下发生的现象的记录
红外辐射的应用	在红外光照明条件下，观察黑暗过程	照相工业	在照相乳胶不起作用的光谱区进行目视工作，对乳胶和相纸进行试验，黑暗中修理发生故障的仪器
		动物学	研究动物、特别是夜间活动的动物的行为
		公安	管理某一地区，夜间巡视，工事的防御
		心理学和医学	研究某种行为
	利用与可见光相比有不同折射、色散和透明度的红外照相或观察	材料检查	应变光学
		动物学	发射红外线（例如甲壳虫）的研究
		法律技术	证据的检查与提取
		艺术史	赝品检查

续表

应用波段	应用类型	使用部门	应　　用
红外辐射的应用		测量学	扩展浓雾大气的可见区
		光学	红外区双折射的研究
		天文学	行星和恒星星象的记录
	红外显微镜工作	生物学和动物学	光敏制品的鉴定
		冶金学和地质学	金属或矿物断面的检查
	使温度高于绝对零度产生的热辐射成为可见的工作	材料检查	机器上存在热应力部分的温度分布
		消防	研究起火原因，寻找火的中心区域
		钢铁工业	炼钢、轧钢过程的监控，高炉料面温度的测定、热风炉破损的诊断，出炉板坯温度的测量等
		石化工业	输油管道状态检查，焦碳塔物料界面、HF 储罐物料界面的检测，动力设备热泄漏及保温结构状况的检测等
		电力工业	输电线、电力设备热状态检查，故障诊断
		医学	癌症及与温度变化有关的病变早期诊断
		军事	洲际导弹的探测、识别、跟踪，拦截武器的制导，大气层内外核爆炸的探测，战术侦察，观瞄、火控、跟踪制导和报警等
紫外辐射的应用	利用衍射、物质辐射和透过辐射等性质的紫外照相	材料检查	利用液体磷光的表面伤痕记录，瞬时薄膜现象的记录
		动物学和生物学	记录在辐射影响下动物活动和植物生长的变化情况，快速变化的生理过程的非干涉研究等
		法律技术	证据的检查与提取
		艺术史	赝品检查
		光学	用菲涅耳波带片成像
		天文学	用装在人造卫星上的望远镜进行天体的紫外照相
		物理学	等离子现象和高能现象的记录
	紫外显微镜工作	动物学	标本横断面和有关现象的研究
		冶金、地质学	金属和矿物断面检查
X射线谱段的应用	X射线照相	材料检查	检查静止和运动物体两者的内部情况，以及超高速运动物体的状态检查
		动物学和生物学	利用低辐射强度的放射性跟踪、记录动、植物内部的活动情况
		天文学	利用人造卫星研究X射线辐射
		医学	病灶与创伤的检查和记录
		机场、海关的安检	违禁品检查
		物理学	快速结晶体取向的劳厄图形的直接观察、瞬时事件的记录；用电视技术进行 X 射线图形的远程显示；根据谱线宽度的变化测量结晶的程度，高能现象的记录等

由表 1-1 中所列举的光电成像技术应用情况可以看出，光电成像技术是利用光电变换和信号处理技术获取目标图像，在工农业生产、科学研究和国防建设中占有重要地位。

综上，光电成像技术所研究的内容可以概括为以下四个方面：

（1）在空间上扩大人类视觉机能的图像传输技术；

（2）在时间上扩大人类视觉能力的图像记录、存储技术；

（3）扩大人类视觉光谱响应范围的图像变换技术；

（4）扩大人类视觉灵敏机能的图像增强技术。

就获取目标图像的基本过程而论，所涉及的内容相当广泛。主要包括：（1）人眼的视觉特性；（2）各种辐射源及目标、背景特性；（3）大气光学特性对辐射传输的影响；（4）成像的光学系统；（5）光辐射探测器及制冷器；（6）信号的电子学处理；（7）图像的显示。

1.2　人眼的视觉特性与模型

现代社会提倡以人为本，事实上，人类的所有活动都是围绕着人类的需求进行的，光电成像技术也不例外，因此，光电成像系统的性能应与人眼的视特性密切相关，各种光电成像装置是人们用以改善和扩展视觉能力的重要辅助工具，人眼借助这些装置获得肉眼不能直接得到的图像信息。因此，作为一名从事光电成像技术研究的工程技术人员，必须了解人眼的基本构造和视觉特性，由此，才能设计和研制出更适合于人类使用的光电成像系统。

1.2.1　人眼的构造

人的眼睛是一个非常灵敏和完善的视觉器官，其基本构造如图 1-1 所示。

作为一个完整的视觉系统(见表 1-2)，人眼主要由三个部分构成：① 由角膜、虹膜、晶状体、睫状体和玻璃体组成的光学系统；② 作为敏感和信号处理部分的带有盲点和黄斑的视网膜，是构成人眼视觉的关键部分；③ 作为信号传输和显示系统的视神经与大脑。

表 1-2　人眼简化眼模型的主要参数

折射率 n	1.33	物方焦距 f	−17.1mm
折射面半径 R	5.7mm	像方焦距 f'	22.8mm
焦度 φ	58.48 屈光度	网膜曲率半径 r	mm

视网膜是结构复杂的多层网格结构(见图 1-2)。与玻璃液相接触的部分是神经纤维层，这些神经的末端为神经细胞——神经元。光线通过玻璃液进入视网膜，视网膜中有锥状细胞和杆状细胞两类含有光敏物质的感光细胞。在光的作用下，感光物质强烈吸收光的同时发生化学分解作用引起视觉刺激。视觉刺激以电信号形式经内外网丛层和神经节细胞层后，在视神经汇合传至大脑信息处理系统产生视觉。视网膜的最后面为呈褐色的不透明色素上皮层，能吸收通过前面各层而未被吸收的全部入射光，不使这些光产生散射，并保护感光细胞不受强光的过度刺激。

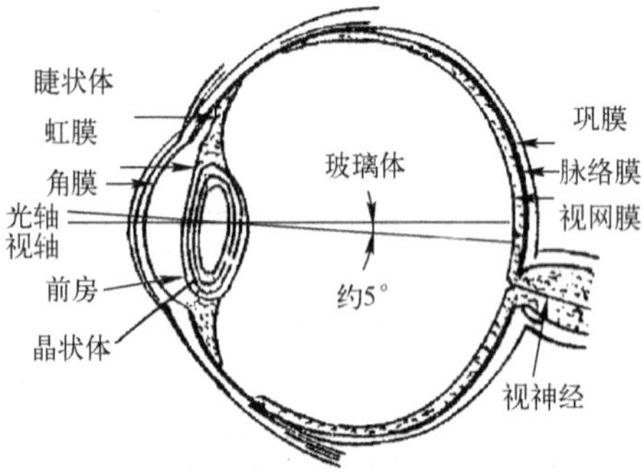

图 1-1　人眼的基本结构

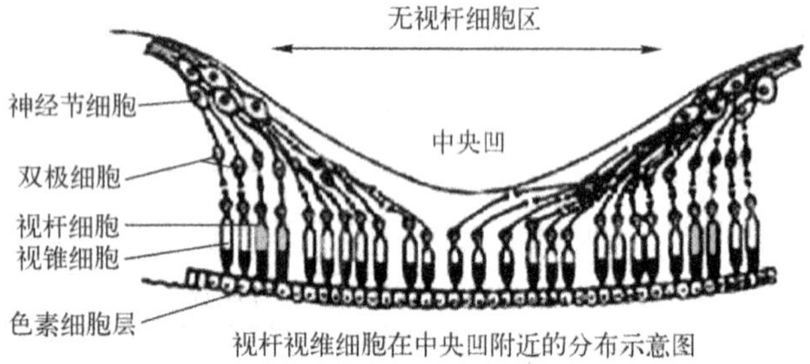

图 1-2　人眼视网膜的结构

视网膜上的感光细胞超过 11000 万个，其中约有 700 万个锥状细胞。锥状细胞和杆状细胞不仅数量上差异很大，分布也不均匀(见图 1-3)。在视神经进入眼内腔的盲斑部分(见图 1-1)既无锥状细胞，也无杆状细胞，是不感光的盲区。在黄斑中心凹处完全没有杆状细胞，是具有最高视觉分辨率的区域。从黄斑向视网膜边缘移动，锥状细胞的密度越来越小，直径也越来越粗，而且成簇地与视神经联系(在边缘大约 250 条结合成一簇)。在这些区域锥状细胞和杆状细胞混合在一起，杆状细胞比锥状细胞小得多，而且没有独立的视神经联系，而是合成一簇(多数达 500 条一簇)，这对于产生高灵敏视觉至关重要。到视网膜边缘就几乎全是杆状细胞了。两类视觉细胞对视觉的贡献

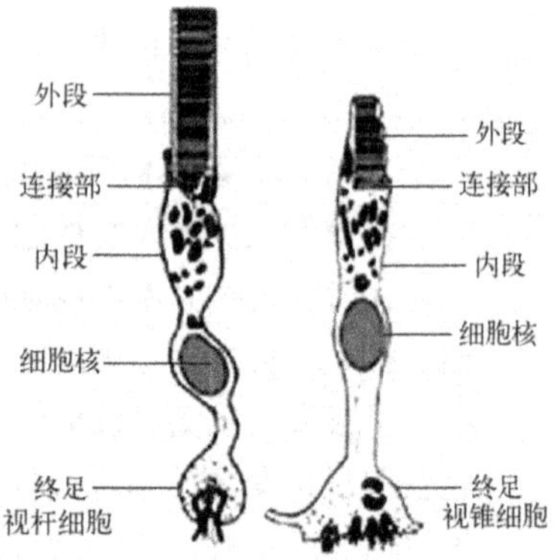

图 1-3　锥状细胞与杆状细胞

有很大差异，锥状细胞具有高分辨率和颜色分辨能力；杆状细胞的视觉灵敏度比锥状细胞高数千倍，但不能辨别颜色。

1.2.2 人眼的视觉特性

1. 视觉的适应

人眼能在一个相当大(约 10 个数量级)的范围内适应视场亮度。随着外界视场亮度的变化，人眼视觉响应可分为三类：

明视觉响应：当人眼适应大于或等于 3cd/m^2 的视场亮度后，视觉由锥状细胞起作用。

暗视觉响应：当人眼适应小于或等于 3×10^{-5}cd/m^2 的视场亮度之后，视觉只由杆状细胞起作用。由于杆状细胞没有颜色分辨能力，故夜间人眼观察景物呈灰白色。

中介视觉响应：随着视场亮度从 3cd/m^2 降至 3×10^{-5}cd/m^2，人眼逐渐由锥状细胞的明视觉响应转向杆状细胞的暗视觉响应。

当视场亮度发生突变时，人眼要稳定到突变后的正常视觉状态需经历一段时间，这种特性称为“适应”，适应主要包括明暗适应和色彩适应两种。适应由两个方面来调节。

调节瞳孔的大小，改变进入人眼的光通量。眼瞳大小是随视场亮度而自动调节的，在各种视场亮度水平下，瞳孔直径及其面积的平均值如表 1-3 所示。

视细胞感光机制的适应。这种适应是由视细胞中的色素(视紫红质)在光的刺激下，产生化学反应而引起的。

表 1-3 不同视场亮度下人眼瞳孔的直径和面积

适应视场亮度(cd/m^2)	瞳孔直径(mm)	瞳孔面积(mm^2)	视网膜上照度(lx)
10^{-5}	8.17	52.2	2.2×10^{-6}
10^{-3}	7.80	47.8	2.0×10^{-4}
10^{-2}	7.44	43.4	1.8×10^{-3}
10^{-1}	6.72	35.4	1.5×10^{-2}
1	5.66	25.1	1.0×10^{-1}
10	4.32	14.6	0.6
10^{2}	3.04	7.25	3.0
10^{3}	2.32	4.23	17.6
2×10^{4}	2.24	3.94	109.9

人眼的明暗视觉适应分为亮适应和暗适应。对视场亮度由暗突然到亮的适应称为亮适应，大约需要 2～3 分钟；对视场亮度由亮突然到暗的适应称为暗适应，暗适应通常需要 45 分钟，充分暗适应则需要一个多小时。

人眼的色彩适应也是因为视紫红质的产生和消失，达到新的平衡所需要的时间延迟。

2. 绝对视觉阈

在充分暗适应的状态下，全黑视场中，人眼感觉到的最小光刺激值，称为人眼的绝对视觉阈。以入射到人眼瞳孔上最小照度值表示时，人眼的绝对视觉阈值在 10^{-9}lx 数量级。以量子阈值表示时，最小可探测的视觉刺激是 58～145 个蓝绿光(波长为 0.51μm)的光子轰击角膜引起的，据估算，这一刺激只有 5～14 个光子实际到达并作用于视网膜上。

对于点光源，天文学家认为正常视力的眼睛能看到六等星，六等星在眼睛上形成的照度近似为 8.5×10^{-9}lx。在实验室内用“人工星点”测定的视觉阈值要小些，为 2.44×10^{-9} lx。对于具有一定大小的光源来说，张角小于 10′，自身发光或被照明的圆形目标，在瞳孔上的照度阈值与张角无关，并等于 5×10^{-9}lx，甚至只有 2.2×10^{-9}lx。

在一定的背景亮度 L_b 条件下(10^{-9}～1 cd/m^2)，人眼能够观察到的最小照度 E_{min} 约为

$$E_{\min}=3.5\times10^{-5}\sqrt{L_b} \quad (1\text{-}14)$$

当 L_b>16.4cd/m^2 后将产生眩目现象，绝对视觉阈值迅速提高。

实验表明，眩目亮度 L_0 与像场亮度 L(cd/m^2)之间的数值关系为

$$L_0=8\sqrt[3]{L} \quad (1\text{-}15)$$

由此可说明为何 100W 的灯在白天不感到眩目，但在暗室将产生眩目效应。

3. 阈值对比度

通常，人眼的视觉探测是在一定背景中把目标鉴别出来。此时，人眼的视觉敏锐程度与背景的亮度及目标在背景中的衬度有关。

目标的衬度以对比度 C 来表示

$$C = \frac{L_T - L_B}{L_B} \tag{1-16}$$

式中，L_T 和 L_B 分别为目标和背景的亮度。有时也将 C 的倒数称为反衬灵敏度。

L_B, C 和人眼所能探测的目标张角α之间具有下述关系（Wald 定律）

$$L_B \cdot C^2 \cdot \alpha^x = \text{const} \tag{1-17}$$

式中，x 的值在 0～2 之间变化。

对于小目标$\alpha < 7'$，则 x=2，式（1-17）变为

$$L_B \cdot C^2 \cdot \alpha^2 = \text{const} \tag{1-18}$$

即著名的 Rose 定律。若α<1′ 时，就很难观察到目标。若目标无限大，则 $x \to 0$。

人眼视觉特性与视场亮度、目标对比度和目标大小等参数相关，1946 年 Blackwell 用实验确定了在各种视场亮度下人眼对不同尺寸目标的阈值对比度（见图 1-4）。实验采用双眼探测一个亮度大于背景亮度的圆盘，时间不限，察觉概率取 50%。图示曲线说明：当观察亮度不同的两个面时，如果亮度很低就察觉不出差别。但如果将两个面的亮度按比例提高，并维持其 C 值不变，则到一定的亮度时，就有可能察觉出其差别，即不同亮度下的阈值对比度是不同的。此外，图中曲线均在 2×10^{-3}cd/m^2 附近有间断点，这正表明了人眼由明视觉过渡到暗视觉的转折。

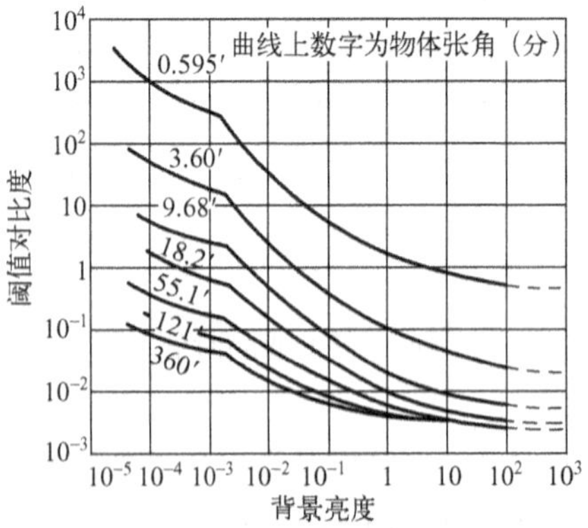

图 1-4　阈值对比度随背景亮度的变化曲线

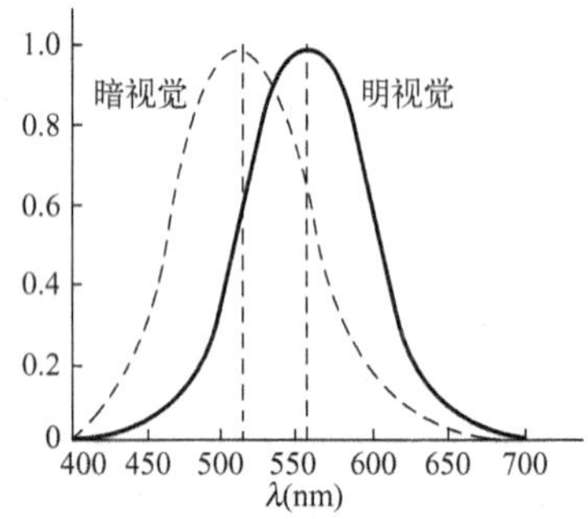

图 1-5　人眼的光视效率曲线

4. 人眼的光谱灵敏度

人眼对各种不同波长的辐射光有不同的灵敏度（响应），并且不同人的眼睛对各波长的灵敏度也常有差异。所以，为了确定眼睛的光谱响应，可对各种波长的光引起相同亮暗感觉所需的辐射通量进行比较，对大量具有正常视力的观察者所做的实验表明：

- 在较明亮的环境中，人眼视觉对波长 0.555μm 左右的绿色光最敏感；
- 在较暗条件下，人眼对波长 0.512μm 的光最敏感。

图 1-5 给出由人眼峰值灵敏度归一化的相对光谱灵敏度——光谱光视效率曲线，曲线表明在不同的视场亮度下，人眼对同一波长的响应是有差异的。

5. 人眼的分辨率

人眼能区别两发光点的最小角距离称为极限分辨角θ，其倒数则为眼睛的分辨率。

集中于人眼视网膜中央凹的锥状细胞具有较小的直径，并且每一个圆锥细胞都具有单独向大脑传递信号的能力。杆状细胞的分布密度较稀，并且是成群地联系于公共神经的末稍，所以人眼中央凹处的分辨本领比视网膜边缘处高。图 1-6 表示人眼(右眼)的分辨率与视角的关系曲线，图中纵坐标表示分辨率，以中央凹处的分辨率为单位，横坐标表示被观察线与视轴的夹角，阴影部分对应于盲点的位置。由于中央凹处人眼的分辨率最高，故人眼在观察物体时，总是在不断地运动以促使各个被观察的物体依次落在中央凹处，使被观察物体看得最清楚。

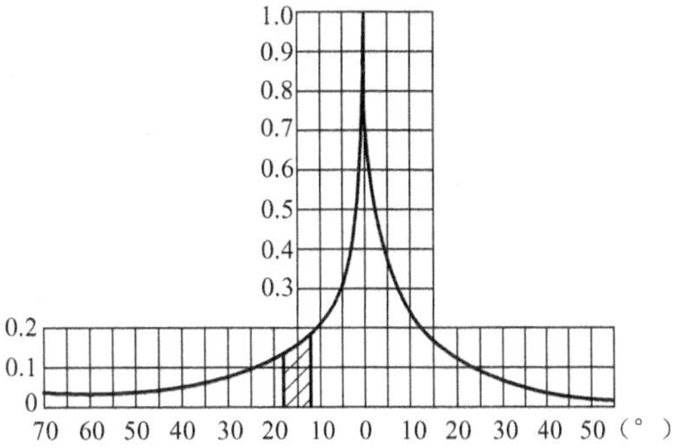

图 1-6　人眼分辨率与视角的关系曲线

若将眼睛当作一个理想的光学系统，可依照物理光学中的圆孔衍射理论计算极限分辨角。如取人眼在白天的瞳孔直径为 2mm，则其极限分辨角约为 0.7′。若两个相邻发光点同时引起同一视神经细胞的刺激(即一个锥状细胞的刺激)，这时会感到是一个发光点，而 0.7′对应的极限分辨角在视网膜上相当于 5～6μm，在黄斑上的锥状细胞尺寸约为 4.5μm，因此，视网膜结构可满足人眼光学系统分辨率的要求。实际上，在较好的照明条件下，眼睛的极限分辨角的平均值在 1′ 左右。当瞳孔增大到 3mm 时，该值还可稍微减小一些，若瞳孔直径再增大时，由于眼睛光学系统像差随之增大，极限分辨角反而会增大。

眼睛的分辨率与很多因素有关，从内因分析，与眼睛的构造有关(此处不再讨论)。从外因分析，主要是决定于目标的亮度与对比度，但眼睛会随外界条件的不同，自动进行适应，因而可得到不同的极限分辨角。表 1-4 给出了实验测得的人眼极限分辨角(白光且观察时间不受限制条件下，双目观察白色背景上具有不同对比度且带有方形缺口的黑环)。可以看出：当背景亮度降低或对比度减小时，人眼的分辨率显著降低。

表 1-5 给出在白光照射且观察时间不受限制情况下，人眼分别适应各个环境照度以后，观察用同样的环所测得的分辨角。可以看出：照度变化对分辨率有很大的影响，在无月的晴朗夜晚(照度约 10^{-3}lx)，人眼的分辨角为 17′，故夜间的分辨能力比白天约小 25 倍。

表 1-4　人眼的极限分辨角(′)

对比度 C(%)	白背景的亮度 L (cd/m²)							
	4.46×10^{-4}	3.37×10^{-3}	0.0341	0.0634	0.151	0.344	1.069	3.438
92.9	18	8.8	3.0	2.2	1.6	1.4	1.2	1.0
76.2	23	11	3.7	2.5	2.0	1.5	1.4	1.2
39.4	33	18	5.2	3.8	2.7	2.3	1.9	1.6
28.4	44	24	7.6	5.1	3.4	2.8	2.2	1.7
15.5		40	14	9.5	6.3	5.1	3.9	3.0
9.6			25	16	8.8	8.0	6.2	4.9
6.3			29	19	12	8.4	7.2	5.4
2.98				28	26	21	17	12
1.77					36	30	22	14

表 1-5　人眼的分辨角随照度的变化

照度(lx)	分辨角(′)	照度(lx)	分辨角(′)
0.0001	50	0.5	2
0.0005	30	1	1.5
0.001	17	5	1.2
0.005	11	10	0.9
0.01	9	100	0.8
0.05	4	500	0.7
0.1	3	1000	0.7

在实际工作中，人眼的分辨角θ 可按以下经验公式估算

$$\theta = \frac{1}{0.618 - 0.13/d} \tag{1-19}$$

式中，d 为瞳孔直径(mm)。

6. 视觉系统的调制传递函数(MTF)

(1) 视力与 MTF

人眼的分辨率表征了眼睛分辨两点或两线的能力(即通常的视力)。必须注意，在进行视力检查时，随着视力表图案的不同(例如形状和亮度、周围的对比度、视距、光的波长等其他物理刺激条

件)，即使是同一受试者也会得到不同的结果。当然，已知这些变化对于分析视功能及做出推论具有意义，但是就表示视力而言，仍缺乏普遍性，且这些值本身所具有的基本意义也比较肤浅。这种状况与评价照相物镜，用各种图案进行分辨率试验时所发生的问题十分相似。总之，这样的检查并不是测定具有普遍性的某种基本物理量，而仅是在某种特定条件下，对某种特定能力的比较评价，相当于工业量的测定，有较大的局限性。为此，引进光学调制传递函数，更正确地实现对人眼图像传递和复现的性能评价。

具有任意形状和亮度分布的图像，实际上都可看作是连续的空间频率正弦波的线性叠加(对于周期图像，为基波和各次谐波的线性叠加)。如果用已知 MTF 的透镜成像，则像的频谱可计算得到。与分辨率或视力不同，MTF 不只是特定条件下的某种阈值，而是包含了系统全部信息的一种普遍表示法。

用 MTF 评价视觉特性的优点如下：

① MTF 曲线可推断由单纯视力测定难以了解的视觉功能，例如推断弱视眼的特性。

② 对视网膜、信息处理系统的特性做统一的数学处理。

③ 可能按 MTF 推断各种图像的像质特性、知觉特性等。

④ 利用激光干涉技术，可将眼球的成像系统和视网膜之后的大脑处理系统加以分离并做出评价，这是非常重要的。

（2）人眼的 MTF

按信息传递的顺序，特别是按其功能，视觉过程大致可分为以下几个阶段：

（1）眼球光学系统传递外界的三维信息，形成二维图像；

（2）视细胞检测光信号，并进行光电转换，视网膜进行图像信息处理；

（3）大脑枕叶视皮层进行信号处理与大脑中枢进行辨识。

当然，上述的每一个阶段并不是完全独立的，彼此有信息相互作用，且反馈回路等复杂地交错在一起。目前对视觉过程及功能的研究正在用电生理学及其他先进方法进行。

① 视网膜的 MTF

与眼球成像系统不同，视网膜并无成像作用。视网膜像在信息处理中，以视细胞作光敏传感器进行光电变换，对变换后的电信号进行处理形成视觉。视网膜是倒转的，光在到达视细胞之前通过神经细胞层，这些细胞层起着类似于光学弥散板的作用。此外，由于视细胞内部的折射比比其周围稍高，因此视细胞也可能具有与光学纤维相似的光学特性。实际上，对抽提的视细胞进行实验的结果表明，光在视细胞内通过时，其情况和在光纤内的传播很相似。因此，由于弥散板和光学纤维束在光学上的作用，输入像在受到调制后才成为信息处理系统的输入。

若把正弦波图案照射在分离的视网膜上，则在另一个端面视网膜上的对比度有相当程度的降低。图 1-7 是离体视网膜测定的结果，A、C 分别为 57 岁和 71 岁的男性，B 为 72 岁的女性(因病摘出眼球)。因为这些人在患病前视力正常，所以中心凹区的 MTF 为最大，稍偏离中心，MTF 便降低很多。这是因为神经节细胞层厚度变化，光散射效应的影响增大所致，把视细胞与相同大小的玻璃光纤束的 MTF 进行比较得到了相同的结论。

视觉系统总的 MTF 是由眼球光学系统、视网膜等各部分的 MTF 的乘积构成的，视系统各部分的 MTF 示于图 1-8 中，其中 A 为分离视网膜中央凹处；B 为角膜加晶状体；C 为视网膜加处理系统(视神经和大脑)；D 为处理系统(视神经和大脑)。

② 视觉系统 MTF 的模型化

在大量人眼视觉试验基础上，已研究归纳出多种人眼视觉模型，这里给出其中典型的四种。

a. 高斯型

人眼频率响应是多重窄带调谐滤波器的包络线，对比传递函数 CTF 可近似表示为

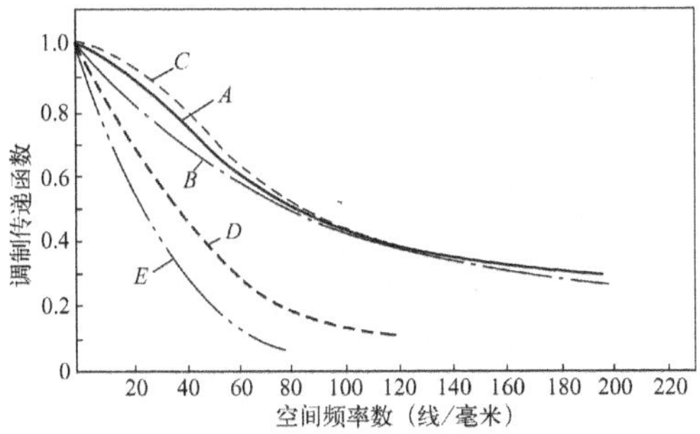

图 1-7　人眼分离视网膜的 MTF

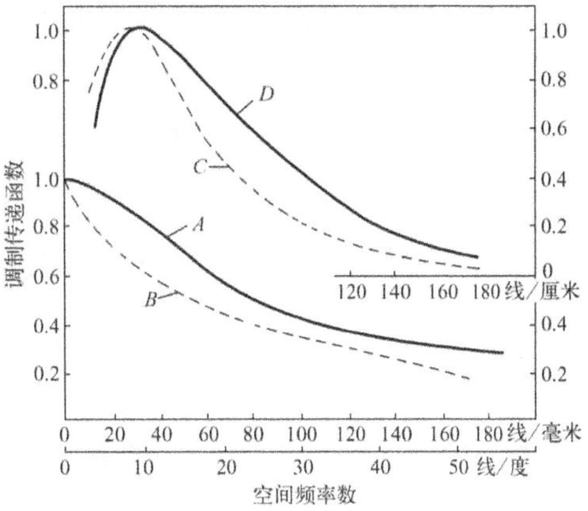

图 1-8　视觉各部分 MTF 的比较

$$\mathrm{CTF_{eye}}(f)=\exp(-2\pi^2\sigma_e^2 f^2) \qquad (f \geqslant f_0 \approx 0.1 \sim 0.4\ \mathrm{cyc/mrad}) \tag{1-20}$$

式中，f 为空间频率，σ_e 为人眼响应等效线扩展函数的标准偏差，一般为 0.2～0.3mrad。

b. 指数型

在美国热成像系统模型采用的人眼 MTF 模式为

$$\mathrm{MTF_{eye}}(f)=\exp(-kf) \qquad (f \geqslant f_0) \tag{1-21a}$$

$$k=1.272081-0.3001817\log(L)+0.04261\log^2(L)+0.00191652\log^3(L) \tag{1-21b}$$

式中，L 为显示屏平均亮度($\mathrm{cd/m^2}$)。

c. Barten 模型

$$\mathrm{MTF_{eye}}(f)=afM\exp(-bf)\left[1+c\exp(bf)\right]^{1/2} \tag{1-22a}$$

$$a=\delta\left(1+0.7/L\right)^{-0.2},\qquad b=0.30(1+100/L)^{0.15},\qquad c=0.06 \tag{1-22b}$$

式中，M 为归一化常数，L 为显示屏平均亮度($\mathrm{cd/m^2}$)，δ=440，a 主要影响低频，b 和 c 主要影响高频，且 b 决定于观察者视力。

d. 复合视觉模型

在人眼视觉实验数据基础上，提出基于人眼视觉噪声和神经侧抑制的复合模型：

$$\mathrm{MTF_{eye}}(f)=M\frac{1}{K}\sqrt{\frac{T}{2}}\left\{\left[\frac{1}{\eta_s PI}+\frac{\phi_0}{\left(1-F(f)\right)^2}\right]\left[\frac{1}{\omega^2}+\frac{1}{X_e^2}+\left(\frac{f}{N_e}\right)^2\right]\right\}^{-0.5} M_{\mathrm{opt}}(f) \tag{1-23}$$

式中，M 是归一化常数；K 是阈值常量；T 是人眼积分时间(s)；η_s 是量子效率；I 为入射到视网膜上的照度(单位为 td：瞳孔面积为 $1\mathrm{mm^2}$ 时，亮度为 $1\mathrm{cd/m^2}$ 的光源在视网膜上的照度为 1td)；ϕ_0 是高频时的噪声谱密度($\mathrm{sec\cdot deg^2}$)；ω 是观察图像的视场角(deg)；X_e 是人眼积累信息所需的最大视场角(deg)；N_e 是人眼积累信息所需的最大角周期(cyc)；P 为由光度量和物理量决定的常量($\mathrm{photons/(td\cdot sec\cdot deg^2)}$)

$$P=\begin{cases}\phi\times 3600\times\lambda/V(\lambda) & \text{单色光}\\ \phi\times 3600\times\dfrac{\int P(\lambda)V(\lambda)\lambda\mathrm{d}\lambda}{\int P(\lambda)V(\lambda)\mathrm{d}\lambda} & \text{非单色光}\\ 1.285\times 10^6 & \text{白光}\end{cases} \tag{1-24}$$

$$\phi=\begin{cases}0.6270 & \text{明视觉}\\ 0.2442 & \text{暗视觉}\end{cases} \tag{1-25}$$

式中，$V(\lambda)$为对应人眼视觉的相对光谱光视效能；$P(\lambda)$为图像的光谱辐射分布。

强度 I 定义为：

$$I=\pi d^2 L/4 \qquad d=4.6-2.8\tanh\left[0.4\log\left(L/L_0\right)\right] \tag{1-26}$$

式中，d 为人眼瞳孔直径(mm)，L 是目标亮度(cd/mm²)，L_0=1.6(cd/m²)。

$$F(f)=1-\sqrt{1-\exp(-f^2/f_0^{\ 2})} \tag{1-27}$$

$$M_{\text{opt}}(f)=\exp(-2\pi^2\sigma_{\text{e}}^{\ 2}f^2) \qquad \sigma_{\text{e}}=\sqrt{\sigma_0^2+(C_{\text{sph}}d^3)^2} \tag{1-28}$$

f_0 为特征空间频率(cyc/deg)；σ_{e} 为光学点扩散函数径向标准偏差；σ_0 为常数(deg)；C_{sph} 为视觉球差系数，一般为 0.0001(deg/mm³)；$F(f)$是低通滤波传递函数；$M_{\text{opt}}(f)$表示人眼光学系统的传递函数。其他常数如表 1-6 所示。

表 1-6　复合视觉模型中的几个常数

T(sec)	X_{e}(deg)	N_{e}(cyc)	ϕ_0 (sec·deg²)	f_0 (cyc/deg)	K	σ_0 (deg)
0.1	12	15	3×10^{-8}	8	3.4	0.0137

高斯型是空间频率 f 的单参数模型；指数型、Barten 模型是空间频率和目标亮度的双参数模型；复合模型是多参数模型，与空间频率、目标亮度、视场角、显示器尺寸、波长等多种因素有关。

7．人眼的信噪比(SNR)

由于人眼的视觉暂留效果，通常情况下人眼自身并感觉不到较短瞬间光强的变化情况，但在经过光电成像过程转化后，会在经过光电成像后的图像上出现不同的亮暗变化(闪烁)，这就是图像的噪声，图像的噪声会严重影响到人眼的观察效果，如图 1-9 所示。根据美国学者的研究，人眼对图像的信噪比要求因图案而不同，如：方波图案约为 1～1.5；余弦图案约为 3～3.8 等。

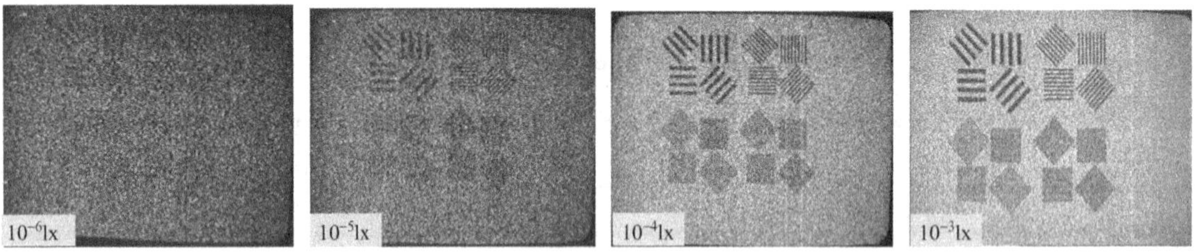

图 1-9　不同噪声情况下的人眼观察效果

总之，光电成像系统产生的图像是为人类服务的，因此，以上的人眼视觉特性将是我们设计光电成像系统的依据和基础。

1.3　图像与实现图像的必需环节

1.3.1　图像及其物理表述

图像是人类对客观景物的一种相似性、生动性的描述或写真，或者说，图像是客观景物的一种客观表示形式，它包含了被描述对象的多种相关信息，是人类社会活动中最常用的信息载体，是人们最主要的信息源。

图像最常见的定义是各种影像的总称。广义上的图像是指所有具有视觉效果的画面，如纸介质上的、底片或照片上的、电视、投影仪或计算机屏幕上的景物二维分布等。

物理上，图像是客观三维景物随时间(或者说是光照情况)、温度、色彩变化的一种二维分布表示，其包括形状、距离、色彩等景物的相关信息。

就目前光电成像技术所达到的水平而言，目前的图像(Picture)表达还只是由不同亮暗(灰度)的点(像素)排列而成的点阵集合，视频图像(Image)是利用人眼的视觉暂留特性逐像素逐列逐行地变换和显示其排布的图像，彩色图像则是不同光谱光强引起的亮暗(灰度)的点(像素)排列而成的点阵集合。

图像亮暗之间的差异越大所看到的图像就越清晰。表示图像细腻程度的单位记为 dpi(每英寸长度上的像素数)，dpi 越高表明所显示的图像细节越丰富(水平/垂直分辨率越高)。图 1-10 是不同分辨率情况下的同一幅图像。

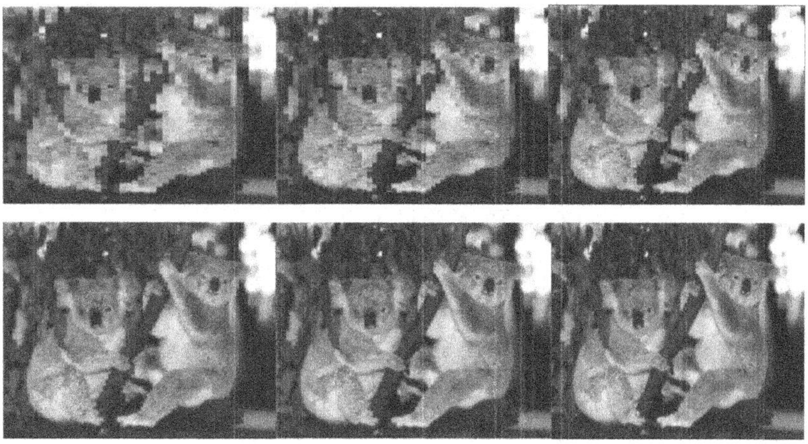

图 1-10　不同分辨率下可以看到的图像细节

1.3.2　图像的解析与量化

自然景物的三维图像是连续分布的，要形成满足前述图像点阵的集合，首先必须完成相关分布的解析与量化。

图像的解析：将景物连续分布的光强分解为一个个独立的区域(点)，分解的细腻程度因方法而不同，目前采用的主要方法包括：基于光机扫描的光学分解方法；基于电子枪扫描的电子束分解方法；基于光敏元阵列排布的空间离散分解方法等。

图像的量化：根据每一个分解区域光信号的强弱将其转换为对应的电荷量或者电压信号的过程。

目前，图像的量化根据图像记录方式的不同可分为模拟图像和数字图像两大类。其中模拟图像以电荷量(电流)或者电压的形式表示景物辐亮度分布的强弱变化，如模拟电视图像；数字图像则利用电信号的模/数转换技术，以数值的形式表示景物辐亮度分布的强弱变化，如基于计算机技术的数字电视。

1.3.3　实现图像的必需环节

要实现从客观的三维景物到点阵分布二维表示，必须包括以下环节：

(1) 光学图像的形成：通过光学系统(通常为光学镜头)实现景物辐射信息的聚焦成像；

(2) 光电图像的形成：将景物的辐射能量分布对应地转换为电荷信息，即形成对应景物空间分布的光电子发射或者电荷图像转换；

(3) 光电图像的读出：保持景物空间分布不变地实现光电子图像转移，或者将二维分布的光电荷解析为一维时间序列分布的电信号；

(4) 光电信号的处理与传输：将经过电学处理的电信号通过闭路电缆或者无线信号传送到图像需求用户；

(5) 光电图像的合成与再现：完成电信号的接收、解调、电光过程的转换和显示。

在上述环节中，如何实现二维分布的光电荷到一维时间序列电信号的解析一直是人们研究的重点，正是各种不同的解析方式才形成了不同的成像技术和器件，本教材将重点按照这一主线进行表述。

1.4 光电成像的特性

与传统的光学成像过程不同，因光电成像过程包含光电转换过程，因此，单一的光学成像特性将不再能完整地描述光电成像的好坏。表征光电成像性能的参数可分为四大类：表征光电转换特性的参数，主要有灵敏度(响应率)、转换系数(增益)等；表征时间响应特性的参数，主要有惰性(余辉)、脉冲响应函数、瞬时调制传递函数等；表征噪声特性的参数，主要有噪声、噪声等效输入(如输入功率等)、信噪比等；表征光学成像特性的参数，主要有分辨率、光学传递函数等。

不同种类的光电成像器件其特性参数不同，需要针对其工作原理来确定评价参数。下面分别说明各项主要特性参数的定义，并给出必要的数学描述。

1.4.1 光电成像转换特性

1. 转换系数(增益)

光电成像的转换特性是指其输入物理量与输出物理量之间的依从关系。对于直视型光电成像器件，其输入量与输出量分别是不同波段的电磁波辐射通量(或光通量)。用于评价这类光电成像器件特性的转换系数可定义为

$$G=\frac{L}{E}=\frac{\frac{\partial}{\partial\omega}\left[K_{\mathrm{m}}M_{\mathrm{m}}\int_0^{\infty}K(\lambda)M(\lambda)\mathrm{d}\lambda\right]_{\theta=0}}{E_{\mathrm{m}}\int_0^{\infty}E(\lambda)\mathrm{d}\lambda} \tag{1-29}$$

式(1-29)的物理意义是，用光电成像器件在法线方向(θ=0)输出的亮度 L 与输入的辐照度 E 之比值表示转换系数。式中，ω 是输出面的球面度，θ 是输出与输出面法线方向的夹角，λ 是电磁波的波长，K_{m} 和 $K(\lambda)$分别是人眼的最大光谱光视效能和相对光谱光视效能。M_{m} 和 $M(\lambda)$分别是输出的最大单色辐射出射度和相对光谱辐射出射度，E_{m} 和 $E(\lambda)$分别是标准辐射输入的最大单色辐照度和相对光谱辐照度。

在直视型光电成像器件用于增强可见光图像时，转换系数被定义为亮度增益 G_l，它的数学表达式是将式(1-29)的输入辐射照度 E 改为输入光照度 E_l。得到

$$G_l=\frac{L}{E_l}=\frac{\frac{\partial}{\partial\omega}\left[K_{\mathrm{m}}M_{\mathrm{m}}\int_0^{\infty}K(\lambda)M(\lambda)\mathrm{d}\lambda\right]_{\theta=0}}{K_{\mathrm{m}}E_{\mathrm{m}}\int_0^{\infty}K(\lambda)E(\lambda)\mathrm{d}\lambda} \tag{1-30}$$

由式(1-30)所表示的亮度增益是有量纲的物理量(cd/(m^2 • lx))。工程上为了计算和测试的方便，往往采用无量纲的量 G_0 来表示亮度增益。G_0 的定义是光电成像的输出光出射度与输入照度之比。其表达式为

$$G_0=\frac{K_{\mathrm{m}}M_{\mathrm{m}}\int_0^{\infty}K(\lambda)M(\lambda)\mathrm{d}\lambda}{K_{\mathrm{m}}E_{\mathrm{m}}\int_0^{\infty}K(\lambda)E(\lambda)\mathrm{d}\lambda} \tag{1-31}$$

工程上称 G_0 为光增益。

当直视型光电成像器件的输出像面具有朗伯(Lambert)体发光特性时，根据式(1-30)和式(1-31)，可得出如下的关系式

$$G_0=\pi G_l \tag{1-32}$$

从上述各式可以看出，转换系数、亮度增益和光增益都与输入光谱分布有关。因此，为统一标

准，确定必须取标准辐射源（或标准光源）作为输入源。同时为了描述直视型光电成像器件对不同光谱的转换特性，又定义了单色转换系数 G_λ。在式(1-29)中用单色辐照度 E_λ 取代光谱积分的辐照度，即得到G_λ的表达式

$$G_\lambda = \frac{L}{E_\lambda} = \frac{\frac{\partial}{\partial\omega}\left[K_\mathrm{m} M_\mathrm{m} \int_0^\infty K(\lambda) M(\lambda)\mathrm{d}\lambda\right]_{\theta=0}}{E_\lambda} \tag{1-33}$$

G_λ是随波长变化而变化的一组数值。它可以定量描述光电成像器件的光谱响应特性。

2. 光电灵敏度（响应率）

电视型光电成像器件的转换特性通常用光电灵敏度（响应率）表示。由于这类器件的输入是辐射通量（或光通量），输出是电信号（或视频信号），因此这类器件的光电灵敏度可表示为如下两种形式：

$$R_I = \frac{I}{AE_\mathrm{m}\int_0^\infty E(\lambda)\mathrm{d}\lambda} \tag{1-34}$$

$$R_V = \frac{V}{AE_\mathrm{m}\int_0^\infty E(\lambda)\mathrm{d}\lambda} \tag{1-35}$$

式中，I 是等效短路状态输出的信号电流，V 是开路状态输出的信号电压，A 是光敏面的有效面积（或扫描面积）。R_I称为电流响应率，R_V称为电压响应率。

光电灵敏度（响应率）与入射辐射的光谱分布有关。在工程中规定采用标准辐射源（或标准光源）作为输入，以求统一。

当用单色辐射（或单色光）E_λ输入时，所得到的单色灵敏度分别为

$$R_{\lambda I} = \frac{I}{AE_\lambda} \tag{1-36}$$

$$R_{\lambda V} = \frac{V}{AE_\lambda} \tag{1-37}$$

单色灵敏度（单色响应率）取最大值时，对应的单色辐射波长为峰值波长，对应的灵敏度称为峰值波长灵敏度。在长波一端取单色灵敏度下降为峰值的一半时所对应的波长为截止波长，或称为长波限。

1.4.2 光电成像的时间特性

1. 惰性

光电成像过程中存在着惰性环节，如荧光屏、光电导靶等。惰性环节产生时间响应的滞后。

直视型光电成像器件的荧光屏是限制时间响应的主要环节。荧光屏的惰性表现为余辉，它来源于荧光粉受激发光过程中电子被陷阱能级暂态俘获，陷阱能级释放所俘获电子的时间分散决定了发光的延迟。由于发光在下降过程的滞后比上升过程严重，所以通常用余辉表示直视型光电成像器件的惰性。

当输入辐射（或输入光）瞬间截止，余辉的衰减呈负指数函数形式时，可用余辉的时间常数来表示惰性。

非直视型光电成像器件的惰性来源于光电导效应的滞后和电容效应的滞后。光电导滞后决定于建立产生-复合动态平衡过程和载流子暂态俘获后再重新获释的过程，电容性滞后发生在扫描电子束着靶的过程，其取决于扫描电子束等效电阻与靶电容构成的充电回路的时间常数。

电视摄像器件的惰性在工程上有所规定。通常取输入照度截止后第三场输出信号的相对值为惰性指标（所谓三场惰性）。

光电成像过程的惰性可以从理论上确定其时间常数。如果输入辐射（或可见光）瞬间截止，其输

出的信号(光或电信号)衰减函数为 $B(t)$时，则惰性的时间常数 τ 定义为

$$\tau = \frac{1}{B(0)} \int_0^{\infty} B(t)\mathrm{d}t \tag{1-38}$$

当惰性的衰减函数呈负指数函数时，即

$$B(t) = b\exp(-bt) \qquad t > 0 \tag{1-39}$$

可求出这一惰性的时间常数为

$$\tau = b^{-1}\int_0^{\infty} b\exp(-bt)\mathrm{d}t = \frac{1}{b} \tag{1-40}$$

惰性的时间常数也称为弛豫时间。b 为取决于惰性的系数。

2．脉冲响应函数与瞬时调制传递函数

光电成像过程的惰性主要来源于荧光屏和光电导的滞后，而这类光电转换的滞后又主要表现在衰减的过程中，实验也证实光电转换上升过程的滞后远小于下降过程的滞后。因此，可以近似取光电成像过程的脉冲响应函数的上升斜率为∞。光电成像脉冲响应函数的下降过程则取决于光电转换的机制。综合各类光电转换的衰减特性，可以将脉冲响应函数归结为三种类型。

（1）比例函数衰减型

当光电成像器件的输入辐照度(或照度)为脉冲函数(如采用纳秒或皮秒的窄激光脉冲作为输入光源)时，得到的输出信号是时间的函数。取其归一化的函数 $B(t)$定义为脉冲响应函数。

当 $B(t)$为如下函数时

$$\begin{cases} B(t) = \dfrac{2a}{B_0^2}(B_0 - at) & 0 \leqslant t < \dfrac{B_0}{a} \\ B(t) = 0 & t < 0 \end{cases} \tag{1-41}$$

式中，a 是取决于惰性的系数，B_0 是取决于转换特性的系数。当 a 增大时惰性呈比例减小。

（2）负指数函数衰减型

光电成像器件接收脉冲输入时，若输出的归一化函数 $B(t)$呈负指数形式，即

$$\begin{cases} B(t) = b\exp(-bt) & t \geqslant 0 \\ B(t) = 0 & t < 0 \end{cases} \tag{1-42}$$

则称这类光电成像器件为具有负指数衰减型的脉冲响应函数。式中，b 是取决于惰性的系数。当 b 增大时惰性呈指数律减小。

（3）双曲函数衰减型

光电成像器件接收脉冲输入时，若输出的归一化函数 $B(t)$呈双曲函数形式，即

$$\begin{cases} B(t) = \dfrac{\alpha\beta\sqrt{B_0}}{\left(\alpha + \beta\sqrt{B_0}t\right)^2} & t \geqslant 0 \\ B(t) = 0 & t < 0 \end{cases} \tag{1-43}$$

则称这类光电成像器件为具有双曲函数衰减的脉冲响应函数。式中，α是与输出变化率相关的系数，β 是与量子产额相关的系数。双曲函数衰减型表现出较为严重的惰性。

采用脉冲响应函数可以全面定量地描述光电成像的时间响应特性。当光电成像的过程满足线性及时间不变性等条件时，还可以用瞬时调制传递函数来表示时间响应特性。瞬时调制传递函数所描述的是光电成像在频率域的时间响应特性，它建立在傅里叶(Fourier)分析的数学基础上，定义为：光电成像系统所输出的归一化时间频谱函数与理想输出(无惰性)的归一化时间频谱函数之比。即

$$T(f)=\frac{F\left[h(t)\right]\int_{-\infty}^{\infty}h_0(t)\mathrm{d}t}{F\left[h_0(t)\right]\int_{-\infty}^{\infty}h(t)\mathrm{d}t} \tag{1-44}$$

式中，$h_0(t)$是理想的时间响应函数，$h(t)$是实际输出的时间响应函数，$F[h_0(t)]$是 $h_0(t)$的傅氏变换，$F[h(t)]$是 $h(t)$傅氏变换。式中的积分为归一化因子。

根据式(1-44)的关系，当光电成像器件的输入照度为光脉冲时，令其输出的时间响应函数为 $p(t)$。在理想的无惰性状态下，可以用脉冲函数 $\delta(t)$来表示其理想输出的时间响应函数。将这一结果代入式(1-44)，得到

$$T(f)=\frac{\int_{-\infty}^{\infty}p(t)\exp(-\mathrm{j}2\pi ft)\mathrm{d}t\int_{-\infty}^{\infty}\delta(t)\mathrm{d}t}{\int_{-\infty}^{\infty}\delta(t)\exp(-\mathrm{j}2\pi ft)\mathrm{d}t\int_{-\infty}^{\infty}p(t)\mathrm{d}t}=\frac{\int_{-\infty}^{\infty}p(t)\exp(-\mathrm{j}2\pi ft)\mathrm{d}t}{\int_{-\infty}^{\infty}p(t)\mathrm{d}t} \tag{1-45}$$

该结果表明，光电成像器件的瞬时调制传递函数就等于归一化的脉冲响应频谱函数。即脉冲响应函数与瞬时调制传递函数是一组傅氏变换对。

当光电成像的脉冲响应函数呈负指数衰减型时，可以对式(1-43)进行傅氏变换获得其瞬时调制传递函数，即

$$T(f)=\frac{\int_{0}^{\infty}b\exp(-bt-\mathrm{j}2\pi ft)\mathrm{d}t}{\int_{0}^{\infty}b\exp(-bt)\mathrm{d}t}=\frac{b}{\sqrt{b^2+(2\pi f)^2}}\exp(-\mathrm{j}\arctan\frac{2\pi f}{b}) \tag{1-46}$$

式(1-46)定量表示了负指数衰减型光电成像的频率响应特性。式中的实部是幅值频率响应，虚部是相位频率响应。

在工程应用上还规定了幅频响应的等效带宽Δf，其定义为

$$\Delta f=\frac{1}{\left|T(0)\right|^2}\int_{-\infty}^{\infty}T^*(f)T(f)\mathrm{d}f \tag{1-47}$$

以负指数衰减型的光电成像器件为例，其等效带宽为

$$\Delta f=\int_{-\infty}^{\infty}\frac{b^2}{b^2+(2\pi f)^2}\mathrm{d}f=\frac{b}{2} \tag{1-48}$$

对比式(1-40)与式(1-48)可知，脉冲响应的时间常数 τ 与瞬时调制传递的等效带宽Δf 有如下关系

$$\Delta f=\frac{1}{2\tau} \tag{1-49}$$

1.4.3 光电成像的噪声特性

1. 各种噪声来源与信噪比

光电成像的主要噪声来源有：光电转换过程的量子噪声(光电发射过程的量子噪声)、光电导的产生-复合噪声、热电效应的温度噪声、热噪声、低频噪声、介质损耗噪声等。

(1) 散粒噪声

具有泊松分布律的量子涨落噪声，统称为散粒噪声。在各类光电成像器件中属于散粒噪声的因素有：光电发射过程的量子噪声、扫描电子束的热发射量子噪声、载流子穿越势垒的量子噪声等。

散粒噪声起因于带电粒子的量子性。由于带电粒子发射或穿越势垒时，每瞬间的数量并不恒定，而是围绕平均值有起伏。这一量子数的涨落吻合泊松分布，由此引起瞬时电流值的涨落便构成了噪声。因这种噪声是由散粒的量子性引起的，故称之为散粒噪声。下面具体给出散粒噪声的解析

表达式。

首先用 $i(t)$表示单电子形成的瞬时电流，并设单位时间内平均电流所对应的电子数为$\bar{n}$。实际上由于电子数有涨落，而每瞬间对应的电子数 n 是变量，由此形成的电流是时间的函数，即

$$I(t)=n\int_{-\infty}^{\infty}i(t)\mathrm{d}t \tag{1-50}$$

根据泊松分布律，可知 $I(t)$的涨落方差为

$$D[I(t)]=\bar{n}\int_{-\infty}^{\infty}i^2(t)\mathrm{d}t \tag{1-51}$$

再利用巴塞瓦尔（Parseval）等式，并考虑到傅里叶变换 $F[i(t)]$与其共轭复数 $F^*[i(t)]$的乘积必然是偶函数，所以上式可改写为

$$D[I(t)]=\bar{n}\int_{-\infty}^{\infty}i^2(t)\mathrm{d}t=\bar{n}\int_{-\infty}^{\infty}F[i(t)]F^*[i(t)]\mathrm{d}f=2\bar{n}\int_{0}^{\infty}\left|F[i(t)]\right|^2\mathrm{d}f \tag{1-52}$$

由于单电子形成的电流脉冲是一个瞬间过程，因此可认为电子的渡越时间 t_0 极短（$t_0\to 0$），所以

$$i(t)\approx\lim_{t_0\to 0}i(t)=e\delta(t) \tag{1-53}$$

式中，e 是电子电荷量，$\delta(t)$是狄拉克函数。利用傅里叶变换可求出

$$F[i(t)]=\int_{-\infty}^{\infty}i(t)\exp(-\mathrm{j}2\pi ft)\mathrm{d}t=\int_{-\infty}^{\infty}e\delta(t)\exp(-\mathrm{j}2\pi ft)\mathrm{d}t=e \tag{1-54}$$

这一结果表明单电子形成的电流脉冲具有白色谱（频谱密度函数为非零常数时，称之为白色谱）。

如果取光电成像有效的通频带宽为Δf，由式（1-52）可写出Δf频带内的电流涨落方差

$$D_{\Delta\mathrm{f}}[I(t)]=2\bar{n}\int_{0}^{\Delta f}\left|F[i(t)]\right|^2\mathrm{d}f=2\bar{n}\left|F[i(t)]\right|^2\mathrm{d}f \tag{1-55}$$

将式（1-54）代入式（1-55），则得到

$$D_{\Delta\mathrm{f}}[I(t)]=2\bar{n}e^2\Delta f=2e\bar{I}\Delta f \tag{1-56}$$

该式表明，当平均电流为 I 时，Δf 内所产生的电流涨落方差为 $2e\bar{I}\Delta f$。

根据概率论，由涨落方差可求出标准差（均方差）。因此，在Δf内的散粒噪声电流值为

$$\Delta I_{\Delta\mathrm{f}}=\sqrt{D_{\Delta\mathrm{f}}[I(t)]}=\sqrt{2e\bar{I}\Delta f} \tag{1-57}$$

该式是散粒噪声等效电流的通用表达式。它适用于光电发射、热发射及载流子穿越 PN 结势垒等过程。

由于具有泊松分布律的散粒噪声属于平稳随机过程，并具有各态历经性，故根据维纳-辛钦（Wiener-Khintchine）定理与频谱密度定理可知

$$D_{\Delta\mathrm{f}}[I(t)]=\int_{0}^{\Delta f}S_{\mathrm{I}}(f)\mathrm{d}f \tag{1-58}$$

式中，$S_I(f)$是以电流表示的散粒噪声功率谱密度。将式（1-58）与式（1-56）、式（1-57）对比得到

$$S_{\mathrm{I}}(f)=2\bar{n}\left|F[i(t)]\right|^2=2\bar{n}e^2=2e\bar{I} \tag{1-59}$$

可见这一散粒噪声为白噪声。式（1-44）称为肖特基（Schottky）定理。

$S_{\mathrm{I}}(f)$是以电流 I 表示的功率谱密度。如果取量子数 n 表示的功率谱密度为 $S_{\mathrm{N}}(f)$，则用同样的过程可以导出它的表达式为

$$S_{\mathrm{N}}(f)=2\bar{n} \tag{1-60}$$

（2）产生-复合噪声

光敏面接受入射光子的能量产生载流子的过程是一个随机过程。即在稳定入射的激发条件下，每瞬间产生的载流子数并不一致，只有长时间内累计的平均值是确定的。同时，由于载流子的复合

过程及被俘获的过程也是随机过程，因此载流子的产生及复合都具有随机性，所引起的数量涨落，就形成了噪声。这一噪声称为产生-复合噪声。

首先列出半导体中载流子数目 n 的一般方程

$$\frac{\mathrm{d}n}{\mathrm{d}t}=g(n)-r(n) \tag{1-61}$$

式中，$g(n)$和 $r(n)$分别是载流子的产生速率和复合速率。

由稳态条件

$$\left(\frac{\mathrm{d}n}{\mathrm{d}t}\right)_{n=n_0}=0 \tag{1-62}$$

同时

$$g(n_0)=r(n_0) \tag{1-63}$$

可以解出 n 的平衡值 n_0。

现在考查 n 在其平衡值 n_0 附近的微小涨落值Δn。令 $n=n_0+\Delta\mathrm{n}$，并将 $g(n)$和 $r(n)$分别在 n_0 处展开为泰勒(Taylor)级数，可得

$$g(n)=g(n_0)+\left(\frac{\mathrm{d}g(n)}{\mathrm{d}n}\right)_{n=n_0}\Delta n+\frac{1}{2!}\left(\frac{d^2g(n)}{\mathrm{d}n}\right)_{n=n_0}\Delta n^2+\cdots \tag{1-64}$$

$$r(n)=r(n_0)+\left(\frac{\mathrm{d}r(n)}{\mathrm{d}n}\right)_{n=n_0}\Delta n+\frac{1}{2!}\left(\frac{d^2r(n)}{\mathrm{d}n}\right)_{n=n_0}\Delta n^2+\cdots \tag{1-65}$$

考虑到 $\Delta n\ll n_0$，因此可以取一级近似。同时上式中 $g(n_0)$和 $r(n_0)$改写为

$$g(n_0)=\overline{g(n_0)}+\Delta g(n_0)=\Delta g_{n_0}(t) \tag{1-66}$$

$$r(n_0)=\overline{r(n_0)}+\Delta r(n_0)=\Delta r_{n_0}(t) \tag{1-67}$$

这里的 $\overline{g(n_0)}$ 和 $\overline{r(n_0)}$ 分别是 $g(n_0)$和 $r(n_0)$的平均值，$\Delta g(n_0)$和$\Delta r(n_0)$分别是 $g(n_0)$和 $r(n_0)$的瞬时涨落值，$\Delta g_{n0}(t)$和$\Delta r_{n0}(t)$分别是 $g(n)$和 $r(n)$的散粒噪声随机源函数。

将式(1-66)和式(1-67)分别代入式(1-64)和式(1-65)并取一级近似，可得到

$$g(n)-r(n)=[\overline{g(n_0)}+\Delta g(n_0)]-[\overline{r(n_0)}+\Delta r(n_0)]+[\frac{\mathrm{d}g(n)}{\mathrm{d}n}-\frac{\mathrm{d}r(n)}{\mathrm{d}n}]_{n=n_0}\Delta n \tag{1-68}$$

根据式(1-61)和式(1-66)，得到

$$\frac{\mathrm{d}\Delta n}{\mathrm{d}t}=-\left(\frac{\mathrm{d}r(n)}{\mathrm{d}n}-\frac{\mathrm{d}g(n)}{\mathrm{d}n}\right)_{n=n_0}\Delta n+\Delta g_{n_0}(t)-\Delta r_{n_0}(t) \tag{1-69}$$

令 τ_0 为载流子的平均寿命，则

$$\frac{1}{\tau_\mathrm{a}}=\left(\frac{\mathrm{d}r(n)}{\mathrm{d}n}-\frac{\mathrm{d}g(n)}{\mathrm{d}(n)}\right)_{n=n_0} \tag{1-70}$$

所以

$$\frac{d\Delta n}{\mathrm{d}t}=-\frac{1}{\tau_\mathrm{a}}\Delta n+\Delta g_{n_0}(t)-\Delta r_{n_0}(t) \tag{1-71}$$

在区间 $0\leqslant t<T$ 内，将 Δn、$\Delta g_{n0}(t)$和$\Delta r_{n0}(t)$分别进行离散傅里叶变换，可得

$$\Delta n=\sum_{n=-\infty}^{\infty}a_n\exp\left(\mathrm{j}2\pi f_nt\right) \tag{1-72}$$

$$\Delta g_{n_0}(t)=\sum_{n=-\infty}^{\infty}b_n\exp\left(\mathrm{j}2\pi f_nt\right) \tag{1-73}$$

$$\Delta r_{n_0}(t)=\sum_{n=-\infty}^{\infty} c_n \exp\left(\mathrm{j}2\pi f_n t\right) \tag{1-74}$$

将上面三式代入式(1-71)，并同时利用傅里叶变换的微分性质，可以得到

$$\left(\mathrm{j}2\pi f_n+\frac{1}{\tau_{\mathrm{a}}}\right)\sum_{n=-\infty}^{\infty} a_n \exp\left(\mathrm{j}2\pi f_n t\right)=\sum_{n=-\infty}^{\infty} b_n \exp\left(\mathrm{j}2\pi f_n t\right)-\sum_{n=-\infty}^{\infty} c_n \exp\left(\mathrm{j}2\pi f_n t\right) \tag{1-75}$$

考虑到 $\exp(\mathrm{j}2\pi f_n t)$ 的各项系数相等，可知

$$\left(\mathrm{j}2\pi f_n+\frac{1}{\tau_{\mathrm{a}}}\right)a_n=b_n-c_n \tag{1-76}$$

即

$$a_n=\frac{\tau_{\mathrm{a}}}{1+\mathrm{j}2\pi f\tau_{\mathrm{a}}}(b_n-c_n) \tag{1-77}$$

通过乘以共轭复数可以求均值，由于 b_n 与 c_n 不相关，所以

$$\overline{a_n a_n^{*}}=\frac{{\tau_{\mathrm{a}}}^2}{1+\left(2\pi f\tau_{\mathrm{a}}\right)^2}(\overline{b_n b_n^{*}}+\overline{c_n c_n^{*}}) \tag{1-78}$$

将上式的方差改用功率谱密度表示，利用维纳-辛钦定理可得

$$S_n(f)=\frac{{\tau_{\mathrm{a}}}^2}{1+\left(2\pi f\tau_{\mathrm{a}}\right)^2}\left[S_g(f)+S_r(f)\right] \tag{1-79}$$

式中，$S_n(f)$、$S_g(f)$和 $S_r(f)$分别是 Δn，$\Delta g_{n0}(t)$和 $\Delta r_{n0}(t)$的功率谱密度。由于 $S_g(f)$和 $S_r(f)$都是散粒噪声的功率谱密度，根据式(1-60)并取式(1-66)和式(1-67)的关系，得出

$$S_g(f)=S_r(f)=2\overline{g(n_0)}=2\overline{r(n_0)} \tag{1-80}$$

将上式代入式(1-79)，有

$$S_n(f)=\frac{4{\tau_{\mathrm{a}}}^2}{1+\left(2\pi f\tau_{\mathrm{a}}\right)^2}\overline{g(n_0)} \tag{1-81}$$

当载流子的衰减符合负指数函数时，其平均寿命(衰减时间常数)τ_{a} 呈如下关系

$$\overline{\Delta n_{\mathrm{t}}}=\Delta n\exp(-t/\tau_{\mathrm{a}}) \qquad t\geqslant 0 \tag{1-82}$$

式中，Δn_{t} 表示载流子原始值 Δn 的随时间衰减值。

根据维纳-辛钦定理，可写出 Δn 的功率谱密度表达式

$$S_n(f)=4\int_0^{\infty}\overline{\Delta n^2}\exp(-t/\tau_{\mathrm{a}})\cos\left(2\pi ft\right)\mathrm{d}t=\frac{4\overline{\Delta n^2}\tau_{\mathrm{a}}}{1+\left(2\pi f\tau_{\mathrm{a}}\right)^2} \tag{1-83}$$

对照式(1-81)和式(1-83)，即可给出载流子涨落方差的表达式

$$\overline{\Delta n^2}=\tau_{\alpha}\overline{g(n_0)}=\frac{\overline{g(n_0)}}{\left(\dfrac{\mathrm{d}r(n)}{\mathrm{d}n}-\dfrac{\mathrm{d}g(n)}{\mathrm{d}n}\right)_{n=n_0}} \tag{1-84}$$

式(1-83)和式(1-84)分别给出了产生-复合噪声的载流子功率谱密度和载流子涨落方差。下面利用这些公式来定量分析半导体的产生-复合噪声。

① 非本征半导体

以弱 N 型材料为例。设这一半导体中的施主浓度 N_{d} 均已电离。载流子的涨落均来源于电子-空穴对的产生及复合。取产生载流子的速率 $g(n)$为常数，则复合速率 $r(n)$正比于电子数 n 和空穴数 p 的乘积，即

$$g(n)=g(n_0)=g_0 \tag{1-85}$$

$$r(n)=\rho np=\rho n(n-n_{\mathrm{d}}) \tag{1-86}$$

式中 g_0 和 ρ 是常数。当处于稳态平衡时，取 n_0 和 p_0 分别表示电子和空穴的数值。这时

$$g_0=\rho n_0 p_0=\rho n_0(n_0-n_{\mathrm{d}}) \tag{1-87}$$

根据式(1-85)和式(1-86)可求出式(1-70)的结果

$$\frac{1}{\tau_\alpha}=\left(\frac{\mathrm{d}r(n)}{\mathrm{d}n}-\frac{\mathrm{d}g(n)}{\mathrm{d}n}\right)_{n=n_0}=\rho(2n_0-n_{\mathrm{d}})=\rho(n_0+P_0) \tag{1-88}$$

由此可知

$$\overline{\Delta n^2}=\frac{g_0}{\rho(n_0+P_0)}=\frac{n_0P_0}{n_0+P_0} \tag{1-89}$$

这一结果就是弱 N 型半导体在产生-复合过程中的载流子涨落方差。它是用载流子数目表示的值，现转换为用电流表示的值。

以光电导效应为例，取光敏面的有效面积为 A，厚度为 d。假如光生载流子全部是电子，其浓度为 n，则 $n_0=nAd$。令电子迁移率为 μ。由此产生的光电导为

$$G=e\mu_{\mathrm{e}}n\frac{A}{d}=\frac{e\mu_{\mathrm{e}}}{d^2}n_0 \tag{1-90}$$

工作时施加的电位为 V，这时由于光电导效应所产生的信号电流为

$$I_0=GV=\frac{e\mu_{\mathrm{e}}V}{d^2}n_0 \tag{1-91}$$

根据式(1-84)可知，由于产生-复合噪声使 n_0 的数值中含有 $\sqrt{\overline{\Delta n^2}}$ 的涨落均方差值，因此，非本征(弱 N 型)半导体的产生-复合噪声电流 ΔI 可表示为

$$\Delta I=\frac{e\mu_{\mathrm{e}}V}{d^2}\sqrt{\overline{\Delta n^2}}=\frac{e\mu_{\mathrm{e}}V}{d^2}\sqrt{\frac{n_0p_0}{n_0+p_0}} \tag{1-92}$$

再根据维纳-辛钦定理，对上式两边求自相关函数的傅立叶变换，可得

$$S_{\mathrm{I}}(f)=\left(\frac{e\mu_{\mathrm{e}}V}{d^2}\right)^2S_{\mathrm{N}}(f)=4\overline{\Delta n^2}\left(\frac{e\mu_{\mathrm{e}}V}{d^2}\right)^2\frac{\tau_\alpha}{1+(2\pi f\tau_\alpha)^2} \tag{1-93}$$

式中，$S_{\mathrm{I}}(f)$是非本征(弱 N 型)半导体的产生-复合噪声电流的功率谱密度，$S_{\mathrm{N}}(f)$是其电子数的功率谱密度。

② 本征半导体

以准本征半导体为例。令光生载流子的平均电子数和平均空穴数分别为 n_0 和 p_0。其涨落值分别为 Δn 和 Δp，迁移率分别为 μ_{e} 和 μ_{p}。由此形成的光电导电流为

$$I_0=e(\mu_{\mathrm{e}}n_0+\mu_{\mathrm{p}}p_0)\frac{V}{d^2}=\left(\frac{e\mu_{\mathrm{e}}V}{d^2}\right)\left(n_0+\frac{\mu_{\mathrm{p}}}{\mu_{\mathrm{e}}}p_0\right) \tag{1-94}$$

由于存在 Δn 和 Δp，所以形成产生-复合噪声的等效电流为

$$\Delta I=\left(\frac{e\mu_{\mathrm{e}}V}{d^2}\right)\left(\sqrt{\overline{\Delta n^2}}+\frac{\mu_{\mathrm{p}}}{\mu_{\mathrm{e}}}\sqrt{\overline{\Delta p^2}}\right) \tag{1-95}$$

再对式(1-95)的两边求相关函数的傅里叶变换，并根据维纳-辛钦定理，可给出噪声电流的功率谱密度。

$$S_{\mathrm{I}}(f)=\left(\frac{e\mu_{\mathrm{e}}V}{d^2}\right)^2\left\{S_{\mathrm{NN}}(f)+2\left(\frac{\mu_{\mathrm{p}}}{\mu_{\mathrm{e}}}\right)\mathrm{Re}\left[S_{\mathrm{NP}}(f)+\left(\frac{\mu_{\mathrm{p}}}{\mu_{\mathrm{e}}}\right)S_{\mathrm{PP}}(f)\right]\right\} \tag{1-96}$$

式中，$S_{\mathrm{NN}}(f)$和 $S_{\mathrm{PP}}(f)$分别是产生-复合噪声的电子数功率谱密度和空穴数的功率谱密度，$S_{\mathrm{NP}}(f)$是

两者的互谱密度。

如果是理想的本征半导体，即 Δn=Δp，$S_{NN}(f)$=$S_{PP}(f)$=$S_{NP}(f)$，那么有

$$S_I(f) = 4\overline{\Delta n^2}\left(\frac{e\mu_e V}{d^2}\right)^2\left(\frac{\mu_e + \mu_p}{\mu_e}\right)^2 \frac{\tau_\alpha}{1+(2\pi f\tau_\alpha)^2} \tag{1-97}$$

此即为理想本征半导体的产生-复合噪声电流的功率谱密度。

最后应该指出，在上述推导中取复合过程都具有相同的复合几率。如果载流子在几种复合中心上复合时，则具有不同的平均寿命时间。这将使结果进一步复杂化。

（3）温度噪声

在热电效应器件中，因温度的随机涨落而形成噪声。任何物体的受热和散热过程，都伴随有温度的随机涨落，这是因为热交换具有量子性。即在稳定条件下，每瞬间交换的辐射量子数并不是一个确定值，而是围绕一个确定的平均值有微小变化的随机变量。所以在瞬间考查物体得到的温度值是在平均温度附近上下波动的变化量。这种温度的涨落引起温度噪声。对于以热电转换为机理的光电成像器件，这种温度噪声会成为限制其灵敏阈的主要噪声。下面建立温度噪声的具体表达式。

取热电器件的热平衡温度为 T，其热容量为 C_T，它与周围的热导为 G。热导包含有辐射热传递和接触热传递。对理想情况而言，可以只考虑辐射传递。

设入射的热功率为 $\Phi(t)$，热电器件接受这一热功率达到稳态后其瞬间的温度涨落可由下面数学过程来确定。

根据麦克斯韦-玻耳兹曼分布律描述的物体热力学能分布，具有能量为 $\Im_\gamma$ 的几率为

$$P\left(\Im_\gamma\right) = C\exp\left(-\frac{\Im_\gamma}{kT}\right) \tag{1-98}$$

式中，k 为玻耳兹曼常数，C 是归一化因子，即

$$\sum_\gamma C\exp\left(-\frac{\Im_\gamma}{kT}\right) = 1 \tag{1-99}$$

由此可知，其平均能量为

$$\overline{\Im} = \sum_\gamma \Im_\gamma P\left(\Im_\gamma\right) = \sum_\gamma \Im_\gamma C\exp\left(-\frac{\Im_\gamma}{kT}\right) = \frac{\sum_\gamma \Im_\gamma \exp\left(-\frac{\Im_\gamma}{kT}\right)}{\sum_\gamma \exp\left(-\frac{\Im_\gamma}{kT}\right)} \tag{1-100}$$

由于总能量随温度的变化率就是热容量 C_T，所以

$$C_T = \frac{d\overline{\Im}}{dt} = \frac{1}{kT^2}\left[\frac{\sum_\gamma \Im^2_y \exp\left(-\frac{\Im_\gamma}{kT}\right)}{\sum_\gamma \exp\left(-\frac{\Im_\gamma}{kT}\right)} - \left[\frac{\sum_\gamma \Im_\gamma \exp\left(-\frac{\Im_\gamma}{kT}\right)}{\sum_\gamma \exp\left(-\frac{\Im_\gamma}{kT}\right)}\right]^2\right] \tag{1-101}$$

式中，方括号内第一项是均方能量 $\overline{\Im^2}$，第二项是平均能量的平方（$\overline{\Im}^2$）。因此

$$C_T = \frac{1}{kT^2}\left[\overline{\Im^2} - \left(\overline{\Im}\right)^2\right] = \frac{1}{kT^2}\overline{\Delta\Im^2} \tag{1-102}$$

式中，$\overline{\Delta\Im^2}$ 是能量的涨落方差。

由于温度 T 的变化与能量的变化具有如下的关系

$$\mathrm{d}T = \frac{1}{C_T}\mathrm{d}\Im \tag{1-103}$$

故可以得到温度的涨落方差为

$$\overline{\Delta T^2} = \overline{\Delta \mathfrak{I}^2} / C_T = kT^2 / C_T \tag{1-104}$$

由温度噪声的涨落方差可进一步求出温度噪声的功率谱密度。首先写出温度涨落的热平衡方程

$$C_T \frac{\mathrm{d}(\Delta T)}{\mathrm{d}t} + G(\Delta T) = \Delta \Phi(t) \tag{1-105}$$

式中，$\Delta\Phi(t)$是热交换的白色谱随机源函数，G是热交换向周围传热的热导。

在时间区间 $0 \leqslant t \leqslant t_0$ 内，对式(1-105)各项进行离散傅里叶变换，得到

$$\Delta T = \sum_{n=-\infty}^{\infty} a_n \exp(\mathrm{j}2\pi f_n t) \tag{1-106}$$

$$\Delta \Phi(t) = \sum_{n=-\infty}^{\infty} b_n \exp(\mathrm{j}2\pi f_n t) \tag{1-107}$$

将式(1-106)的微分和式(1-107)代入式(1-105)，并由 $\exp(\mathrm{j}2\pi f_n t)$ 各项系数相等的条件可列出

$$a_n(\mathrm{j}2\pi f_n C_T + G) = b_n \tag{1-108}$$

或表示为

$$a_n = \frac{b_n}{\mathrm{j}2\pi f_n C_T + G} \tag{1-109}$$

将上式分别乘以共轭复数 a_n^* 和 b_n^* 求均值，并采用功率谱密度表示，可得出

$$S_{\mathrm{T}}(f) = \frac{S_{\Phi}(f)}{(\mathrm{j}2\pi f_n C_T)^2 + G^2} \tag{1-110}$$

式中，$S_{\mathrm{T}}(f)$是温度噪声的功率谱密度，$S_{\Phi}(f)$是热交换的功率谱密度。由于热交换是量子行为的过程，它必然具有白色谱，因此$S_{\Phi}(f)$不是f的函数。所以

$$\overline{\Delta T^2} = \int_0^{\infty} S_{\mathrm{T}}(f)\mathrm{d}f = S_{\Phi}(f)\int_0^{\infty} \frac{1}{(\mathrm{j}2\pi f_n C_T)^2 + G^2}\mathrm{d}f = \frac{1}{4GC_T} S_{\Phi}(f) \tag{1-111}$$

对比式(1-104)和式(1-111)可得到

$$S_{\Phi}(f) = 4C_T G \overline{\Delta T^2} = 4kT^2 G \tag{1-112}$$

将式(1-112)代入式(1-110)便得到温度噪声的功率谱密度公式

$$S_{\mathrm{T}}(f) = \frac{4kT^2 G}{(\mathrm{j}2\pi f_n C_T)^2 + G^2} \tag{1-113}$$

令

$$\tau_{\mathrm{h}} = C_T / G \tag{1-114}$$

式中，τ_{h}为热时间常数。则

$$S_{\mathrm{T}}(f) = \frac{4kT^2}{G}\left[\frac{1}{1+(2\pi f \tau_{\mathrm{h}})^2}\right] \tag{1-115}$$

当有效的通频带宽远远小于 $1/\tau_{\mathrm{h}}$ 时，即 $f \ll 1/\tau_{\mathrm{h}}$，将这一条件代入式(1-115)，则温度噪声的功率谱密度可简化为

$$S_{\mathrm{T}}(f) = 4kT^2 / G \tag{1-116}$$

它表明在低频域($f \ll 1/\tau_{\mathrm{h}}$)内温度噪声具有白色谱。所以这时的温度噪声方差可改写为

$$\overline{\Delta T^2} = \frac{4kT^2}{G}\Delta f \tag{1-117}$$

（4）热噪声

光电导与电阻性元件都产生热噪声。它是导电体内电子无规则热运动所形成的瞬间电流。热噪声又称为约翰逊(Johnson)噪声。

在任何导电体中，由于电子不停地热振荡并发生碰撞，其每次行程都产生电荷位移。由此构成的瞬时微电流其方向是随机的。虽然微电流的总和在长时间内的平均值必然为零，但在每一瞬间却是一个随机涨落的电流值。这一涨落电流可转换为一个随机涨落的电压。由于该噪声电压起因于电子的热运动，而电子热运动的速率又与绝对温度成正比，故将这一噪声定义为热噪声。

为建立热噪声的公式，在频率不太高的条件下，可以应用如图 1-11 所示的交流等效电路。该电路将产生热噪声的元件等效为一个纯电阻 R 和一个噪声电位 $V(t)$。由于有热噪声电势，所以在外接电容 C 和电感 L 上形成了端电压 $u(t)$。

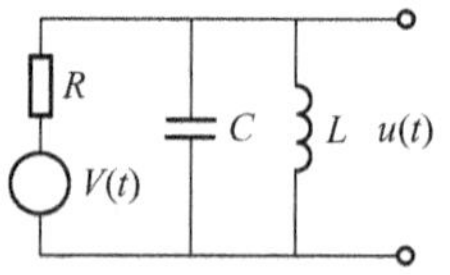

图 1-11　热噪声公式的等效电路

根据交流回路理论可写出如下回路方程

$$R\left[\frac{1}{L}\int u(t)\mathrm{d}t+C\frac{\mathrm{d}u(t)}{\mathrm{d}t}\right]+u(t)-V(t)=0 \tag{1-118}$$

在区间 $0\leqslant t\leqslant t_0$ 内，对 $u(t)$和 $V(t)$进行傅里叶变换，可得到

$$u(t)=\sum_{n=-\infty}^{\infty}a_n\exp(\mathrm{j}2\pi f_n t) \tag{1-119}$$

$$V(t)=\sum_{n=-\infty}^{\infty}b_n\exp(\mathrm{j}2\pi f_n t) \tag{1-120}$$

再利用傅里叶变换的微分性质和积分性质，同时代入式(1-103)中，并利用 $\exp(\mathrm{j}2\pi f_n t)$的各项应相等的条件，可知

$$a_n=\frac{b_n}{R\left(\mathrm{j}2\pi f_n C+\dfrac{1}{\mathrm{j}2\pi f_n L}\right)+1} \tag{1-121}$$

上式两边分别乘以共轭复数 a_n^*和 b_n^*求平均值，再利用维纳-辛钦定理，可写出功率谱密度的表达式

$$\overline{u^2}=\int_0^{\infty}\frac{S_V(f)}{R^2\left(2\pi fC+\dfrac{1}{2\pi fL}\right)^2+1}\mathrm{d}f \tag{1-122}$$

式中，$\overline{u^2}$ 是 $u(t)$的方差，$S_\mathrm{V}(f)$是热噪声的功率谱密度。在声频和射频范围内，热噪声是与频率无关的白噪声，即 $S_\mathrm{V}(f)$不是 f 的函数。通过简化和求解式(1-122)的积分，得到

$$\overline{u^2}=\frac{1}{4RC}S_\mathrm{V}(f) \tag{1-123}$$

根据 LC 振荡回路的理论可知，回路的总电磁能量 $\Im$ 被平均分配到电容的电场中和电感的磁场中。令电容的瞬时电压为 u(方差为 $\overline{u^2}$)，电感中的瞬间电流为 i(方差为 $\overline{i^2}$)，则

$$\frac{1}{2}\Im=\frac{1}{2}C\overline{u^2}=\frac{1}{2}L\overline{i^2} \tag{1-124}$$

这一结果为能量均分定理，它把电场和磁场分别看作电磁能量的两个自由度。其中每一个自由度的能量都等于平均能量的二分之一。

在考虑到量子修正的条件下，温度为 T 时的平均能量为

$$\overline{\Im}=\frac{\sum\limits_{\gamma}\Im_\gamma\exp\left(-\dfrac{\Im_\gamma}{kT}\right)}{\sum\limits_{\gamma}\exp\left(-\dfrac{\Im_\gamma}{kT}\right)}=\frac{hf}{2}+\frac{hf}{\exp\left(\dfrac{hf}{kT}\right)-1} \tag{1-125}$$

将式(1-125)代入式(1-124)，得到

$$\overline{u^2}=\frac{1}{C}\left[\frac{hf}{2}+\frac{hf}{\exp\left(\frac{hf}{kT}\right)-1}\right] \tag{1-126}$$

对比式(1-123)和式(1-126)可知

$$S_V(f)=4kTR\left[\frac{hf}{2kT}+\frac{hf}{kT\exp\left(\frac{hf}{kT}\right)-kT}\right] \tag{1-127}$$

该式是量子修正条件下的热噪声功率谱密度。当取有效带宽为Δf时，就可得到热噪声的电位方差，即

$$\overline{\Delta V_{\Delta f}^2}=\int_0^{\Delta f}4kTR\left[\frac{hf}{2kT}+\frac{hf}{kT\exp\left(\frac{hf}{kT}\right)-kT}\right]\mathrm{d}f \tag{1-128}$$

当 $h\Delta f\ll kT$ 时，上式中的方括号项将近似等于 1，因此式(1-113)可简化为

$$\overline{\Delta V_{\Delta f}^2}=4kTR\Delta f \tag{1-129}$$

由于常温下(T=300K)满足 $h\Delta f\leqslant 1$ 的条件是$\Delta f\leqslant 6\times 10^{12}$Hz。这个频率位于红外波段，因此在常温下$\Delta f$小于 10^{12}Hz 时，不需要进行量子修正。

由式(1-129)可以给出热噪声的等效电位和等效电流，它们分别为

$$\Delta V_{\Delta f}=\sqrt{\overline{\Delta V_{\Delta f}^2}}=\sqrt{4kTR\Delta f} \tag{1-130}$$

$$\Delta I_{\Delta f}=\sqrt{\frac{\overline{\Delta V_{\Delta f}^2}}{R^2}}=\sqrt{\frac{4kT\Delta f}{R}} \tag{1-131}$$

同时由式(1-129)可写出非量子修正条件下的热噪声功率谱密度公式，即

$$S_V(f)=4kTR \tag{1-132}$$

该式称为奈奎斯特(Nyquist)定理。

(5) 低频噪声($1/f$噪声)

通过实测表明，半导体器件在有电流流过时会产生低频噪声。这种噪声的产生机理目前尚未完全清楚，因此它的名称仍未统一。例如，实验证明在光子探测器和半导体管中，低频噪声的等效电压值与偏流值有明显的依赖关系。这表明低频噪声是由于材料的电导率起伏而引起的，这种起伏使偏流受到调制，因此称为闪烁噪声。又如在点接触的 PN 结上，低频噪声与接触势垒或表面状态有关，因此又称为接触噪声。虽然在各种情况下，低频噪声的起因具有不同的解释，但都吻合一个共同的规律，即低频噪声的等效电流值近似地与频率成正比。所以通常根据这一特点将这种噪声称为$1/f$噪声。由此可知，低频噪声是低频域内需要考虑的噪声。

通过综合实验确定了低频噪声的涨落方差(电流方差)的经验公式

$$\overline{\Delta I_{\Delta f}^2}=\frac{BI^{\alpha}}{f^{\beta}}\Delta f \tag{1-133}$$

式中，B、α 和 β 等常数根据实验确定。α 近似等于 2，β 取值在 0.8～1.5 之间。式中 Δf 的取值应满足 $\Delta f\ll f$。

利用式(1-133)也可得到噪声电位方差的经验公式

$$\overline{\Delta V_{\Delta f}^{2}}=\overline{\Delta I^{2}{}_{\Delta f}}\cdot R^{2}=\frac{c\rho^{2}dI^{\alpha}}{A^{3}f^{\beta}} \tag{1-134}$$

式中，R 是材料的电阻，A 是横截面积，d 是厚度，ρ 是材料的电阻率，c 是取决于材料性质的因子。

根据式(1-133)和式(1-134)可以直接写出低频噪声的功率谱密度公式

$$S_{I}(f)=\frac{BI^{\alpha}}{f^{\beta}} \tag{1-135}$$

$$S_{V}(f)=\frac{c\rho^{2}dI^{\alpha}}{A^{3}f^{\beta}} \tag{1-136}$$

式中，$S_{\mathrm{I}}(f)$和 $S_{\mathrm{V}}(f)$分别是该噪声的电流功率谱密度和电位功率谱密度。

（6）介质损耗噪声

热电体属于电介质材料，其工作机理不同于光电导体，它是通过电偶极子的极化过程来产生信号电荷的。由于电偶极子的极化过程有弛豫现象，这种极化过程的弛豫使流过的交流电消耗能量，因而在热电体中产生噪声。这是所有电介质材料都存在的物理现象，故称之为介质损耗噪声。它是热电体的一项主要噪声。下面给出介质损耗噪声的公式。

热电体具有的复介电常数为

$$\varepsilon=\varepsilon'-\mathrm{j}\varepsilon'' \tag{1-137}$$

式中，ε'' 和 ε' 分别表示介电常数的实部和虚部，它们都是温度和交变电场频率的函数。ε'' 与 ε' 的比值称为损耗因子，并取

$$\varepsilon''/\varepsilon'=\tan\delta \tag{1-138}$$

δ 称为损耗角。

热电体的等效电阻分为两部分，包括直流电阻 R_{d} 和交流电阻 R_{a}，即

$$R_{d}=\rho\frac{d}{A} \tag{1-139}$$

$$R_{a}=\frac{1}{20f\varepsilon''}\frac{d}{A}=\frac{1}{2\pi fC}\frac{1}{\tan\delta} \tag{1-140}$$

式中，d 和 A 分别为元件的厚度与面积，f 是交流电频率，ρ 是材料的直流电阻率，$\frac{1}{2\pi f\varepsilon''}$ 定义为交流电阻率。C 是元件的等效电容，可表示为

$$C=\varepsilon' d/A \tag{1-141}$$

采用与推导热噪声相同的数学过程，可建立介质损耗噪声电位功率谱密度的公式

$$S_{\mathrm{V}}(f)=\frac{4kT}{\pi fC}\frac{1}{\tan\delta} \tag{1-142}$$

又可将噪声电位功率谱密度 $S_{V}(f)$变换为噪声电流功率谱密度 $S_{I}(f)$的表达式

$$S_{I}(f)=\frac{S_{\mathrm{V}}(f)}{R_{\mathrm{a}}^{2}}=16\pi fCkT\tan\delta \tag{1-143}$$

式中，k 是玻耳兹曼常数，T 是绝对温度。

（7）电荷耦合器件(CCD)的转移噪声

电荷耦合器件是以电荷包转移来完成自扫描信号输出的。在电荷包转移过程中要产生转移损失和界面态俘获损失，这两项损失构成了电荷耦合器件的转移噪声。

转移噪声具有积累性和相关性。

转移噪声的积累性是指逐次转移产生的噪声是连续累加的，因此转移噪声方差与转移次数 m 成正比。

由转移损失构成的转移噪声量子数方差为

$$\overline{\Delta N_1^2} = 2\varepsilon \text{m} N_\text{s} \tag{1-144}$$

式中，ε 是电荷转移每次平均的损失率，N_s 是信号电荷数。

由界面态俘获构成的转移噪声量子数方差为

$$\overline{\Delta N_2^2} = 2\text{m}DAkT\ln 2 \tag{1-145}$$

式中，D 是界面态密度，A 是电荷耦合器件的栅面积，k 是玻耳兹曼常数，T 是绝对温度。

如果考虑到电荷包在转移过程中，相邻周期的电荷包转移噪声是相关的，则转移噪声的功率谱密度可表示为

$$S_{\text{N1}}(f) = 4\varepsilon \text{m} N_\text{S} f_\text{c}\left(1-\cos\frac{2\pi f}{f_\text{c}}\right) \tag{1-146}$$

$$S_{\text{N2}}(f) = 2\text{m}DAkTf_\text{c}\ln 2\left(1-\cos\frac{2\pi f}{f_\text{c}}\right) \tag{1-147}$$

式中，$S_{\text{N1}}(f)$是转移损失的噪声功率谱密度，$S_{\text{N2}}(f)$是界面态俘获损失的噪声功率谱密度，f_c 是驱动频率。

（8）信噪比

根据前面几项噪声的分析可知噪声的取值是与信号相关的，即随着信号的增大而上升。因此，定量评价这一特性通常采用信号与噪声之比值来描述，简称信噪比。

在工程应用上，光电成像器件的信噪比需要通过实测来确定。下面进行说明。

直视型光电成像器件的全部噪声最终反映在输出像点的闪烁上，因为信号表现为输出像点的平均亮度值，所以通过测定输出像点的平均亮度与闪烁值，即可获得其信噪比。为了使测试结果统一，通常采用国际上规定的测试条件。取像点的直径为 0.2mm，输入照度 1.24×10^{-5}lx，测试系统(包括被测器件)的等效通频带宽为 10Hz。如果所用的像点面积为 A，输入照度为 E，系统通频带宽为 Δf，则信噪比为。

$$\left(\frac{S}{N}\right) = \frac{S-S_0}{\sqrt{N^2-N_0^2}}\left[\frac{1.24\times10^{-5}}{E}\frac{\pi\times10^{-8}}{A}\frac{\Delta f}{10}\right]^{1/2} \tag{1-148}$$

式中，S 和 S_0 分别是有输入照度 E(lx)和无输入照度时的输出像点平均亮度信号值。N 和 N_0 分别是有输入照度 E(lx)和无输入照度时的输出像点闪烁的均方差值。

非直视型光电成像器件的输出信噪比通常用前置放大器输出端的视频信号与噪声之比来表示。这是因为前置放大器已具有较大的功率增益，因此可略去后继的各级放大器噪声。这一输出信噪比称为视频信噪比。但是视频信噪比并未与人眼的视觉性能联系起来，而电视摄像的最终目的是为人眼提供可被观察的图像，因此，为判定电视摄像的实际性能必须考虑到人眼接收的效能。为此，定义了显示信噪比。电视摄像的显示信噪比是取人眼的时间常数作为有效积分时间的信噪比。由于人眼视觉的有效积分时间约为 0.02s，刚好等于电视的场频周期，这一时间远大于扫描像元的时间，因此显示信噪比远大于视频信噪比。

2. 噪声等效输入与探测率

噪声等效功率用来表示红外探测器最小可探测的功率值。它的定义是：当红外辐射被探测器接收时，由该辐射功率产生的输出信号均方根值正好等于探测器本身的噪声均方根值。通常简称为 NEP。

由于探测器本身的噪声与调制频率和带宽有关，同时入射辐射也具有不同的光谱分布，为了使 NEP 的取值统一条件，规定：噪声等效功率应注明辐射黑体的温度 T，辐射的调制频率 f，测试带宽 Δf。下面给出噪声等效功率的表示式

$$P_{\text{NE}}(T, f, \Delta f) = \frac{EA}{V_\text{s}/V_\text{N}} \tag{1-149}$$

式中，E 是探测器接收的辐照度，A 是探测器的有效工作面积，V_s 和 V_N 分别为探测器信号与噪声的电压均方根值。

由于用噪声等效功率表示探测器性能，其值越大性能越差，这与通常人们习惯的表示方式相反，因此，在工程应用上人们规定了一种探测率参数，即利用噪声等效功率的倒数来表示探测性能。探测率为

$$D = \frac{1}{P_{NE}} = \frac{V_S}{EAV_N} \tag{1-150}$$

在工程应用上还考虑到探测器的信噪比与其有效面积 A 的平方根成正比，与有效带宽 Δf 的平方根成反比。为便于定量比较不同情况下探测器的性能，规定了比探测率(有时也直接称为探测率) D^*。其定义为

$$D^* = D\left(A\cdot\Delta f\right)^{\frac{1}{2}} = \frac{V_S}{EV_N}\left(\frac{\Delta f}{A}\right)^{1\backslash 2} \tag{1-151}$$

以黑体为辐射源测得的 D^*称为黑体探测率，表示为 $D^*(T, f, 1)$，其中 T 是黑体的绝对温度，通常取 500K，数字 1 表示单位带宽。

以单色辐射源测得的 D^*称为单色探测率，表示为 $D^*(\lambda, f, 1)$，其中 λ 是单色辐射波长。在响应峰值波长 λ_p 测得的 $D^*{}_{\lambda p}(f)$称为峰值波长探测率。

直视型光电成像器件采用等效背景输入照度来表示这一性能。

1.4.4 光电成像的图像分辨特性

光电成像过程由于种种原因而产生像差，使输出图像的亮度分布不能准确再现输入图像的照度分布。定量描述这种图像失真程度的性能指标通常采用分辨率和光学传递函数(或调制传递函数)。前者是单值参数，后者是空间频率的复函数。下面分别讨论。

1．分辨率

分辨率是以人眼作为接收器所判定的极限分辨能力。通常用光电成像系统在一定距离内能够分辨的等宽黑白条纹数来表示，如图 1-12 所示。

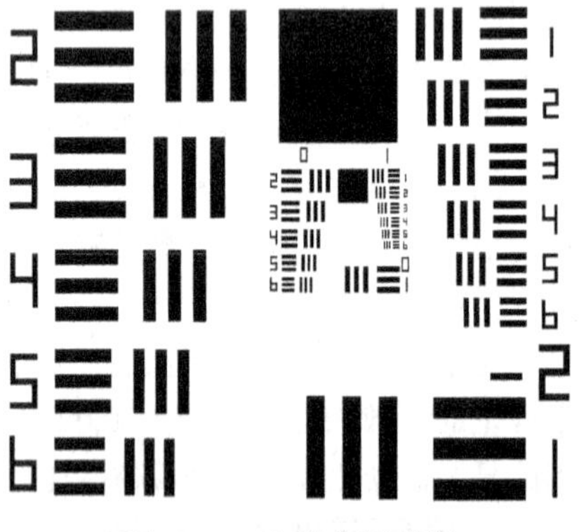

图 1-12 分辨率测试靶

对于直视型光电成像器件，取输入像面上每毫米所能分辨的等宽黑白条纹数表示分辨率(lp/mm)。

对于非直视型光电成像系统，则取扫描线方向相当于帧高的距离内所能分辨的等宽黑白条纹数表示分辨率。这一极限分辨率的线数简称为电视线。表示电视分辨率的指标，可以用电视线 n，也可以用视频带宽 Δf_V。两者之间的换算关系式为

$$\Delta f_V = \frac{1}{2} a f_h n \tag{1-152}$$

式中，a 是电视幅面的宽高比，f_h 是行扫描频率。

2．点扩散函数与光学传递函数

定量描述光电成像过程的成像特性，最直观的方式是列出它的输入图像分布函数 $g(x, y)$和输出图像分布函数 $h(\xi, \zeta)$之间的关系式。但是，由于数学上的困难，通常这是不可能的。因此提出了采用如下两种方式来分析成像特性。

(1) 点扩散函数

当光电成像过程满足线性(齐次性和叠加性)及时间、空间不变性的成像条件时，可以建立如下的成像关系式

$$h(\xi,\zeta)=\int_{-\infty}^{\infty}\int_{-\infty}^{\infty}g(x,y)p(\xi-x,\zeta-y)\mathrm{d}x\mathrm{d}y=g(\xi,\zeta)*p(\xi,\zeta) \tag{1-153}$$

式中，$p(\xi,\zeta)$是光电成像的点扩散函数。它是由输入 $\delta(x, y)$函数分布的图像所得到的输出图像分布函数。$\delta(x,y)$函数的定义是

$$\begin{cases}\int_{-\infty}^{\infty}\int_{-\infty}^{\infty}\delta(x,y)\mathrm{d}x\mathrm{d}y=1 & x=0;y=0\\ \delta(x,y)=0 & x\neq 0;y\neq 0\end{cases} \tag{1-154}$$

这是一个几何点的图像，它表示只有在坐标原点(x=y=0)有 1 个单位的输入光，而其他处为零。由于几何点所占面积为零，所以在坐标原点的输入照度为无穷大，即

$$\delta(x,y)=\infty \qquad x=y=0 \tag{1-155}$$

从式(1-153)可知，光电成像的输出图像分布函数 $h(\xi, \zeta)$可以由它的输入图像分布函数 $g(x, y)$与点扩散函数 $p(\xi, \zeta)$的卷积来确定。因此利用点扩散函数就可以完全定量地描述光电成像的成像特性。

（2）光学传递函数

当光电成像过程满足线性及时间、空间不变性的成像条件时，则可以将它的 $g(x, y)$及 $h(\xi, \zeta)$变换为频谱函数来进行分析。根据傅里叶变换的公式，如果 $g(x, y)$和 $h(\xi, \zeta)$满足狄利赫利条件及无限区间可积条件，则它们的频谱函数存在，即

$$G(f_x,f_y)=\int_{-\infty}^{\infty}\int_{-\infty}^{\infty}g(x,y)\exp\left[-2\pi\mathrm{j}(xf_x+yf_y)\right]\mathrm{d}x\mathrm{d}y \tag{1-156}$$

$$H(f_x,f_y)=\int_{-\infty}^{\infty}\int_{-\infty}^{\infty}g(\xi,\zeta)\exp\left[-2\pi\mathrm{j}(\xi f_x+\zeta f_y)\right]\mathrm{d}\xi\mathrm{d}\zeta \tag{1-157}$$

这时可以建立如下的成像关系式

$$H(f_x,f_y)=G(f_x,f_y)\cdot O(f_x,f_y) \tag{1-158}$$

也可表示为

$$h(\xi,\zeta)=\int_{-\infty}^{\infty}\int_{-\infty}^{\infty}O(f_x,f_y)\left\{\int_{-\infty}^{\infty}\int_{-\infty}^{\infty}g(x,y)\exp\left[-2\pi\mathrm{j}(xf_x+yf_y)\right]\mathrm{d}x\mathrm{d}y\right\}\times \exp\left[-2\pi\mathrm{j}(\xi f_x+\zeta f_y)\right]\mathrm{d}f_x\mathrm{d}f_y \tag{1-159}$$

式中，$O(f_x, f_y)$是光电成像系统的光学传递函数。它的定义是：输出图像频谱与输入图像频谱之比的函数。

如果将 $\delta(x, y)$和 $p(\xi,\zeta)$代入式(1-143)中，可以得到

$$\begin{aligned}O(f_x,f_y)&=\frac{H(f_x,f_y)}{G(f_x,f_y)}=\frac{\int_{-\infty}^{\infty}\int_{-\infty}^{\infty}p(\xi,\zeta)\exp\left[-2\pi\mathrm{j}(\xi f_x+\zeta f_y)\right]\mathrm{d}\xi\mathrm{d}\zeta}{\int_{-\infty}^{\infty}\int_{-\infty}^{\infty}\delta(x,y)\exp\left[-2\pi\mathrm{j}(xf_x+yf_y)\right]\mathrm{d}x\mathrm{d}y}\\&=\int_{-\infty}^{\infty}\int_{-\infty}^{\infty}p(\xi,\zeta)\exp\left[-2\pi\mathrm{j}(\xi f_x+\zeta f_y)\right]\mathrm{d}\xi\mathrm{d}\zeta\end{aligned} \tag{1-160}$$

由此证明，$O(f_x,f_y)$与 $p(\xi,\zeta)$是一对傅氏变换。这一点由式(1-138)和式(1-143)构成傅氏变换的卷积定理也可证明。

光学传递函数是复函数，它可表示为

$$O(f_x,f_y)=T(f_x,f_y)\cdot\exp\left[-\theta(f_x,f_y)\right] \tag{1-161}$$

式中，$T(f_x,f_y)$称为调制传递函数，简写为 MTF；$\theta(f_x,f_y)$称为相位传递函数，简写为 PTF。光学传递函数可简写为 OTF，其物理意义如图 1-13 所示。

对于具有线性及时间、空间不变性成像条件的光电成像过程，完全可以用光学传递函数来定量

描述其成像特性。光学传递函数还可以用来分析多环节线性串联的光电成像系统的特性。当复合系统由 n 个线性成像环节串联构成，且各环节的光学传递函数分别为 $O_1(f_x,f_y)$, $O_2(f_x,f_y)$, …, $O_n(f_x, f_y)$ 时，则复合成像系统的光学传递函数为

$$O(f_x,f_y)=O_1(f_x,f_y)\cdot O_2(f_x,f_y)\cdots\cdot O_n(f_x,f_y) \tag{1-162}$$

即
$$O(f_x,f_y)=T_1(f_x,f_y)T_2(f_x,f_y)\cdots T_n(f_x,f_y)\exp\left[-\mathrm{j}\theta_1(f_x,f_y)-\mathrm{j}\theta_2(f_x,f_y)-\cdots-\mathrm{j}\theta_n(f_x,f_y)\right] \tag{1-163}$$

这一关系表明，线性复合成像系统的调制传递函数为各环节调制传递函数的乘积，相位传递函数为各环节相位传递函数的代数和。

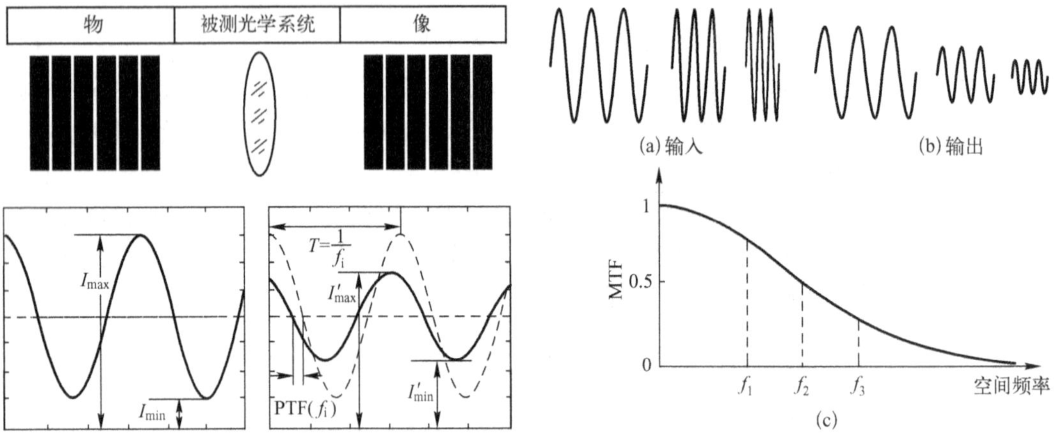

图 1-13　光学传递函数的物理意义

习题与思考题

1. 试述光电成像技术对视见光谱域的延伸以及所受到的限制。
2. 光电成像技术在哪些领域得到广泛的应用？
3. 人眼具有哪些特性？光电成像技术突破了人眼的哪些限制？
4. 人眼视觉分为哪三种响应？明暗和色彩适应各指什么？
5. 何为人眼的绝对视觉阈、阈值对比度和光谱灵敏度？
6. 试述人眼的分辨率的定义及其特点。
7. 人眼及人眼-脑的调制传递函数具有什么特点？
8. 什么是图像？如何理解图像的物理意义？
9. 实现图像需要通过哪些环节？
10. 光学成像系统与光电成像系统的成像过程各有什么特点？在光电成像系统性能评价方面通常应从哪几方面考虑？
11. 反映光电成像系统光电转换能力的参数有哪些？表达形式有哪些？
12. 光电成像过程通常包括哪几种噪声？表达方式有哪些？
13. 怎样评价光电成像系统的光学性能？有哪些方法和描述方式？

第 2 章　电子束扫描成像技术

电视是现代社会生活必不可少的信息媒介，看电视已经成为大多数人的生活内容之一。电视技术的出现，使人类摆脱了必须面对景物才能进行观察的限制，开拓了一条图像实时传输的技术途径。电视技术是利用无线电电子学或有线电子学的方法传送和显示远距离景物图像的技术，它不仅能超越障碍提供远距离景物的实时图像，而且能够对图像信号进行各种处理并在大屏幕上进行显示。此外，还可以对图像信号进行记录，突破了图像显示在时间上的限制。电视技术的主要特征是能够完成图像的实时远距离传输。

从人眼的成像原理和图像构成可知，解决成像问题，首先需要解决图像的解析问题，即如何将一幅三维分布的景物光强分布变换成为与其光强分布对应的点阵，进而转换为便于传输或记录的一维时间序列电信号。

电子束扫描成像技术是人类最先找到的图像分解方法。

2.1　摄像管工作原理

电视摄像是将两维空间分布的光学图像转换为一维时间变化的视频电信号的过程。利用电子束扫描成像的摄像管摄像过程可具体分为以下三个步骤：

① 摄像管光敏元件接受输入图像的辐照度进行光电转换，将两维空间分布的光强转变为两维空间分布的电荷量；

② 摄像管电荷存储单元在一帧周期内连续积累光敏元产生的电荷量，并保持电荷量的空间分布，该存储电荷的元件称为靶；

③ 摄像管电子枪产生空间两维扫描的电子束，在一帧周期内完成全靶面的扫描。逐点扫描的电子束到达靶面的电荷量与靶面存储的电荷量相关，受靶面存储的电荷量的调制，在摄像管的输出电路上产生与被扫描点光辐照强度成比例的电信号，即视频信号。

上述物理过程是摄像管进行电视摄像的基本原理，不同类型的摄像管采用不同的工作方式完成上述过程，但其摄像的基本原理是一致的。

在近百年的电视技术发展过程中，解决的主要问题是图像的解析与传输、灵敏度的提高以及像质的改善等，这些问题都与作为电视系统核心部件的摄像器件密切相关。

2.1.1　摄像管的结构

为了完成摄像任务，摄像管必须具有图像的写入、存储过程，即输入的光学图像照射在靶面上产生电荷(电位)图像；图像的阅读、擦除过程，即扫描电子束从靶面上取出视频信号。

为了实现上述过程，一般的摄像管应具有如图 2-1 所示的结构。其主要由光电变换与存储、信号阅读两大部分组成。

2.1.2　摄像管工作原理

1．光电变换与存储部分

（1）光电变换部分

光电变换部分的任务是将光学图像变成电荷图像，该部分由光敏元构成，常用的光敏元材料有光电发射体和光电导体。

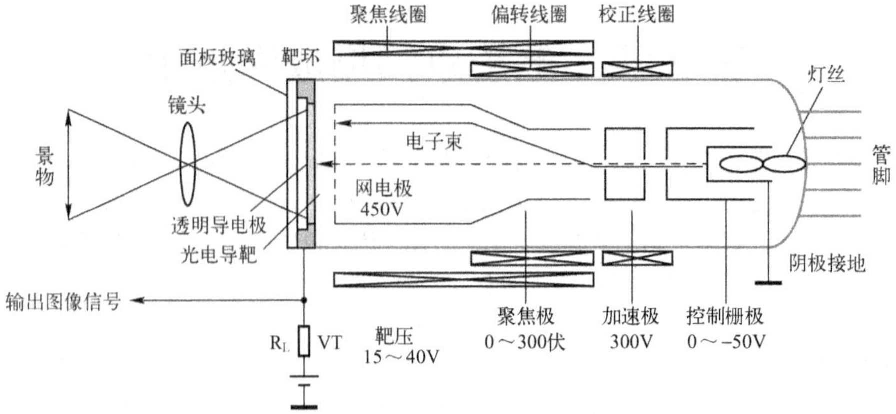

图 2-1　摄像管的典型结构示意图

用于像管中的各种光阴极都可以作为摄像管的光电发射体。光阴极在光照下产生与光通量成正比的光电子流。该光电子流可以进行放大处理并可作为信号输出，也可以利用因光电子发射而提高的光阴极电位作为信号输出。

光电导体是摄像管中应用最为广泛的光电变换材料。这类摄像管的光电变换基于内光电效应原理。通常它是光敏面和靶合二为一的元件，其既具有光电变换功能，又具有电荷存储与积累的作用，通常称为摄像管的靶。光电导摄像管也简称为视像管。光电导体的光电变换原理如图 2-2 所示。在光电导层上接有数十伏的直流电压，形成跨层电场。受光照时，靶的电导率升高，由此使正电荷从电位较高的一边流向较低的一边(图 2-2 中从左到右)，使靶右边的正电荷增加，即电位上升。电位升高量与光照强度的空间分布相对应。这样就把入射到光电导左边的光学图像转换成右边的电位图像(电荷图像)。

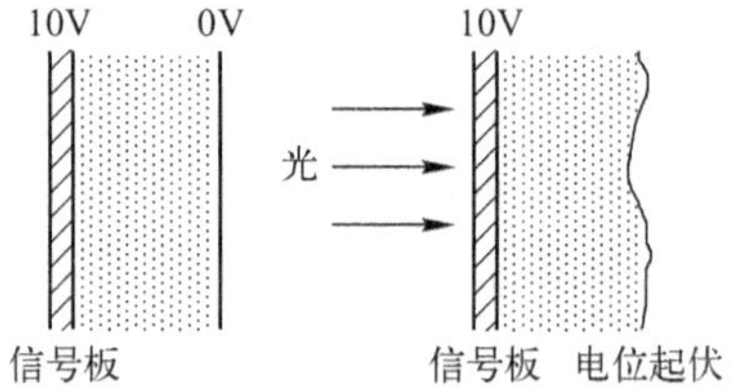

图 2-2　光电导体光电变换原理

（2）电荷存储与积累部分

由于光电变换所得的瞬时信号很弱，所以摄像管均采用电荷积累元件在整个帧周期内连续地对图像上的对应像元积累电荷信号。因为要积累和存储信号，所以在帧周期内要求信号不能泄漏，因此，要求存储元件应具有足够的绝缘能力。常用的存储方式有：

① 二次电子发射积累。在光阴极仅作为光电变换元件的摄像管中，为了实现信号的积累，还必须具有电荷存储和积累元件，二次电子发射靶就是其中之一。

二次电子发射积累的原理如图 2-3 所示。工作时，光阴极发射出与光通量成比例的光电子，它们在加速场的作用下，高速轰击二次电子发射靶。由于靶是绝缘体，所以产生二次电子发射的部分将形成正电位，并随着光的连续照射而积累下去，直到阅读时才被取出。

② 二次电子导电积累。上述的二次电子发射积累，是指二次电子跑出到靶面层以外，飞向收集极。这样的二次电子应该具有较大的能量，或处于较强的电场下才能到达收集极。而二次电子导电型与此不同，其原理如图 2-4 所示。光电子在加速电场的作用下穿过透明的支撑膜和导电膜轰击二次电子导电层，产生二次电子。二次电子导电层是疏松的纤维状结构，由它所产生的二次电子并不跑出到靶外，而是仍在层内运动。由于信号板上总加有固定的正电压，所以二次电子不断地流入信号板，使靶的自由面(图 2-4 的右侧)带上正电荷，电位升高。电位的升高量与景物入射照度相一致，在电子束扫描之前，靶电荷将一直积累下去。

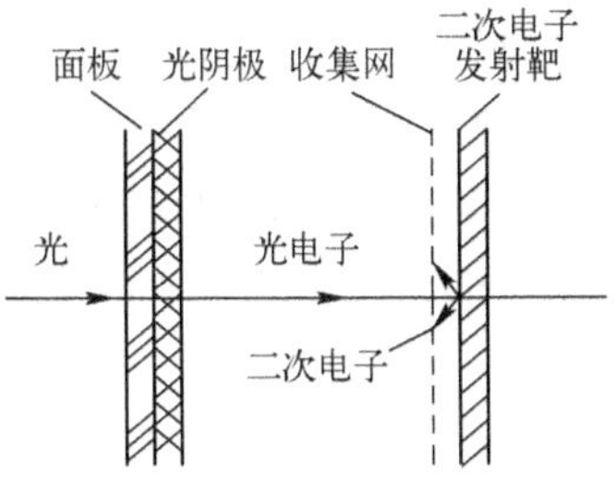

图 2-3　二次电子发射积累

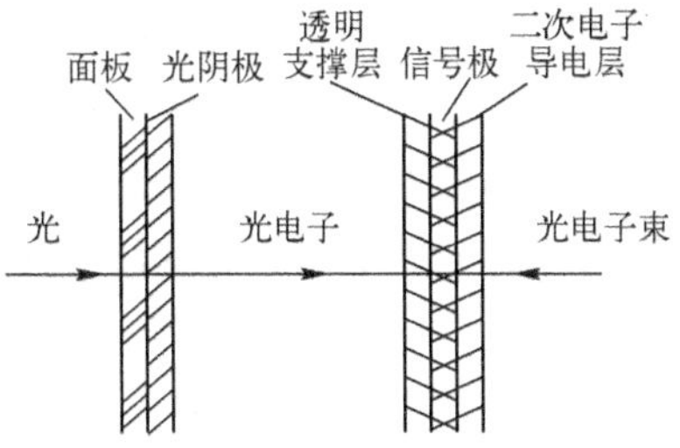

图 2-4　二次电子导电积累

由于二次电子导电材料具有很高的二次电子发射能力，加上疏松结构使电子运动损失能量少，所以这种积累方式效率很高。

③ 电子轰击感应电导积累。利用二次电子发射积累需要较大的一次电子能量，如果采用电子轰击感应电导积累，因不需要把电子轰击出体外而只需将其激发到导带，故一次电子的能量要节省得多。其原理如图 2-5 所示，只需把二次电子发射靶换成感应靶即可。工作时，光电子以高速轰击靶面，使靶的电导率增加形成信号板上的正电荷向靶的自由面转移，从而在靶的表面(图 2-5 的右侧)建立起电位图像。阅读时，用慢电子束扫描，使靶面电位恢复到电子枪阴极电位，同时有信号输出。

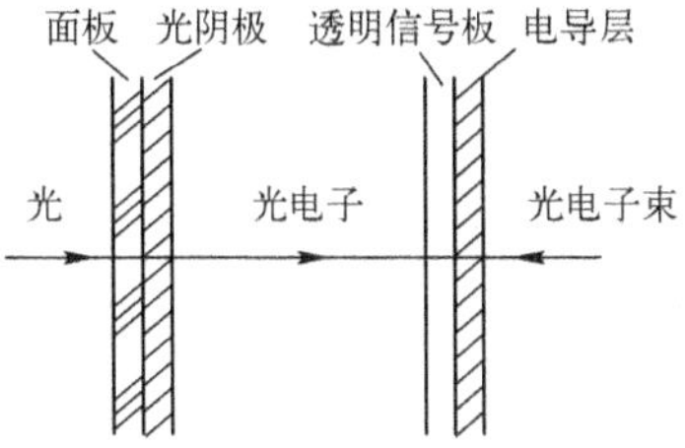

图 2-5　电子轰击感应电导积累

④ 光电导积累。在这种积累形成过程中，光电导层既是光电变换元件又是电荷积累元件。其原理如图 2-2 所示。光电导靶是半导体，未接受光照时具有较高的电阻率，通常约为 $10^{12}\Omega\cdot cm$。靶的受光表面是导电的输出信号电极，其上接有数十伏的工作电压。由于靶的电阻率较高，因此，靶的另一表面与工作电压绝缘。当电子枪的电子束扫描这一绝缘表面时，电子束的电子将到达这一表面。由于电子枪发射电子的阴极电位为零，所以靶的绝缘表面电位经电子束扫描后将稳定在电子枪阴极的电位上。因此，靶的两个表面间具有数十伏的电压差。

光电导摄像管工作时，靶面接受光学图像的辐照射。当入射光子的能量大于光电导靶的禁带宽度时，就构成了本征吸收，使价带中的电子跃迁到导带而产生光生载流子。光生载流子的密度分布与输入图像的照度分布一致。因此，由光生载流子所产生的电导率变化也与图像照度分布相一致。这一电导率的增加将导致靶的两表面间产生相应的放电电流，因此，靶的绝缘面电位随之上升。电位上升的数值对应于该点的输入图像照度值。由于输入的光学图像连续辐照在靶面上，所以在电子束扫描一帧图像的时间间隔内靶的两个表面间的放电电荷是连续积累的，这表明光电摄像管在摄取一帧图像时，它的靶面通过光电导效应连续放电形成电荷图像。

2．信号阅读部分

从靶面上取出信号的任务由阅读部分完成。阅读部分通常是电子枪扫描系统，由细电子束的发射源、电子束聚焦系统和电子束偏转系统三部分组成。

细电子束的发射源通常采用间热式氧化物阴极，并带有负偏压的控制栅极、加速电极和电子束限制膜孔。一般间热式的氧化物阴极所发射的电流密度为 0.5～1μA，阴极的电位定为零电位。当控制栅极的负电位增加时，阴极发射的电子束流将受到抑制。因此，可以通过调节控制栅极的负电位来实现电子束流的控制。加速电极接正电位，以提供电子束连续发射的加速电场。电子束限制膜孔通常设置在电子束交叉点的后方，膜孔直径为 30μm 左右。膜孔限制了电子束直径，并保持电子束具有较小的发散角，以减小聚焦系统产生的像差。同时也拦截了径向初速较大的电子，以便形成一个扩展小、速度分散小的电子束。

电子束的聚焦系统包括静电聚焦和电磁复合聚焦两种类型，后者因像差较小而被广泛采用。

电磁复合聚焦系统由准直电极、场网、长磁聚焦线圈及校正线圈所组成。场网是网状结构的电极，位于靶面附近，其作用是在靶面附近形成均匀电场，使电子垂直着靶，减小电子着靶时的能量差异。校正线圈用来校正电子束的入射方向，以便使电子束轨迹与聚焦线圈和偏转线圈的对称轴线一致。

电子束的偏转系统由两对磁偏转线圈构成，如果采用静电偏转系统则由两对偏转电极构成。摄像管的电子束偏转角不宜过大，一般要小于 10°。

3．视频信号的形成

以视像管为例。视像管靶的膜层是连成一片的，且具有很高的电阻率（$10^{12}\Omega\cdot cm$），以便能够使在扫描面上各点积累的电荷不至于在一帧周期（如 1/25s）内泄漏。这样，就可把接收图像的靶面分割成很多像元，按我国的电视制式（PAL），一帧图像可分解为约 50 万个像元。每个像元可用一个电阻 R 和电容 C 来等效。C 起存储信息的作用，R 随着光照度的增大而变小，无光照时 R 为暗电阻 R_d，光照后 R 变为 $R_C(E)$，是与照度 E 有关的变量。

图 2-6 给出了视像管信号输出等效电路。R_i 与 C_i 表示第 i 个像元的电容和电阻，所有像元的左侧通过导电半导体薄膜、铟电极、负载电阻 R_L 与电源相连。视频信号通过 C_L 输出。当电子束扫描时，从电子枪阴极发射出的电子束通过场网后进入强烈的减速场，慢速落到靶的右侧上。由于靶压很低，二次电子发射系数小于 1，因此进入靶的电子比出来的电子多，达到一定程度后就完全阻止电子继续上靶。这时，靶右侧扫描面的电压将等于阴极电位，也就是使像元电容器 C 两端的电位差达到靶压，可见该过程是一个充电过程。电子束在每个像元上停留的时间即充电时间，约为 0.1μs。

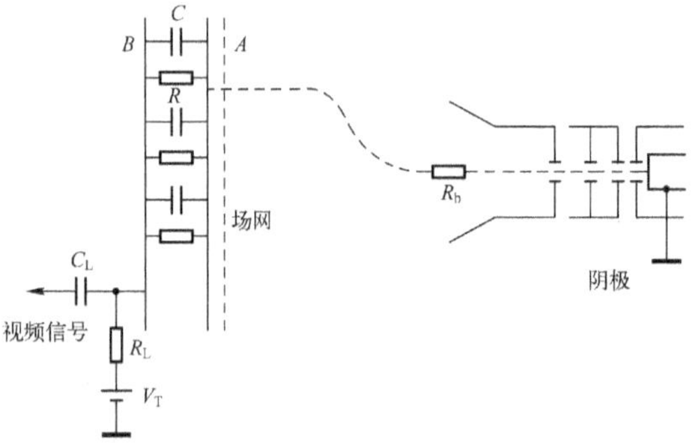

图 2-6 视像管信号输出等效电路

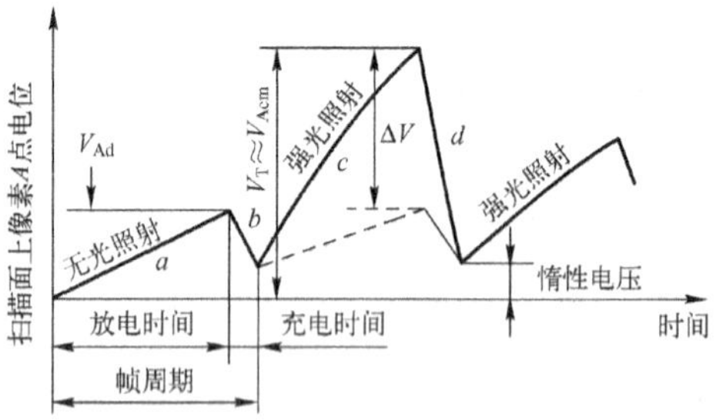

图 2-7 扫描面上像元的电位变化

下面讨论像元从无光照到受强光照时的输出信号过程。设在无光照时，某一像元的暗电阻为 R_d，在被电子束扫描以后，电容器开始沿 R_dC 回路放电，但不输出信号电流。靶的外侧 B 点电位固定为靶压 V_T；扫描侧 A 点的电位 V_{Ad} 随像元电容器 C 的放电而从零开始上升，如图 2-7 中的线段 a，其值为

$$V_{Ad} = V_T(1 - e^{-\frac{1}{R_dC}}) \tag{2-1}$$

像元的放电时间近似等于帧周期 T_f，即 40ms。因此，在下一次电子束对像元扫描以前，扫描侧 A 点电位的最大值为

$$V_{Adm} = V_T(1 - e^{-\frac{T_f}{R_dC}}) \tag{2-2}$$

如果暗电阻 R_d 很大，则 $V_{adm}=0$。

当像元再次扫描时，电流通过束电阻 R_b、电容 C、负载电阻 R_L、靶电源和地构成回路向电容器 C 充电。在充电过程中，A 点电位的变化如图 2-7 中的线段 b，其值为

$$V_{Ad} = V_{Adm} e^{-\frac{t}{(R_b+R_L)C}} \tag{2-3}$$

通常 R_b= 10MΩ，而 $R_L \leqslant$1MΩ，所以

$$V_{Ad} \approx V_{Adm} e^{-\frac{t}{R_b C}} \tag{2-4}$$

充电电流在 R_L 上产生电压降 ΔV_d，此电位变化通过 C_L 输出，称为黑色电平。

当用强光照射时，由于光电导增大而使电阻 R 变小(设这里 $R=R_e$)。在放电过程中，A 点的电位上升，如图 2-7 中的线段 c，最高电位为

$$V_{Aem} = V_T \left(1 - e^{-\frac{T_f}{R_e C}}\right) \tag{2-5}$$

而在电子束再一次扫描充电时，电位下降，如图 2-7 中的线段 d，其变化为

$$V_{Ae} \approx V_{Aem} e^{-\frac{t}{R_b C}} \tag{2-6}$$

这样，由于光照产生的有效信号

$$\Delta V = V_{Aem} - V_{Adm} \tag{2-7}$$

由此信号电压引起的充电电流在 R_L 上产生电压降 ΔV_L，ΔV_L 被称为白电平。此电位变化将作为由光照产生的信号电压通过 C_L 输出，即视频信息的白电平。由于电子束对靶的扫描是连续的从左到右、从上至下的扫描，因此，实际输出的是对应于空间照度分布的、时间序列脉冲的视频信号。

2.2 摄像管的分类

迄今为止，电真空型摄像管的发展已经告一段落，除少量的高速摄像需求外，有关电真空型摄像管的研究已不多见。但不管如何，其在电视技术发展中的贡献是不可磨灭的，其相关技术和结构分类对今后的其他研究工作仍具有重要的借鉴意义。由于各种不同用途的需要，摄像管的种类极为繁多，其分类方法也很多。通常可按下述方法分类：

（1）按电荷积累方式分类

① 二次电子发射积累型，如超正析摄像管；

② 二次电子导电积累型，如 SEC 摄像管；

③ 光电导积累型，如各种视像管；

④ 电子轰击感应电导积累型，如电子轰击硅靶摄像管。

（2）按光电变换形式分类

① 外光电变换型，它是利用外光电效应变换的光电发射型摄像管，即带光阴极的摄像管。

② 内光电变换型，它是利用内光电效应变换的视像管。

（3）按视频信号读出方式分类

① 信号板输出型，利用上靶的电子取出信号，由于信号板和靶是固定在一起的，故又称为靶输出型。

② 双面靶输出型，通过从靶面反射或者散射的电子取出信号，故又称为返束输出型。

下面按光电变换形式的分类对摄像管进行简单介绍。

2.2.1 光电导型摄像器件

光电导摄像管是利用内光电效应将输入的光学辐射图像变换为电信号的摄像管(又称视像管)。它是整个摄像管领域中发展最快、应用最多的一种。在视像管中，光电导靶面既作为光电变换器，又作为电信号存储与积累器。因此，这种摄像管结构简单(如图 2-1 所示)。组成视像管的主要部件是光电导靶、扫描电子枪、输出信号电极和保持真空的管壳。光电导靶被设置在摄像管中透明输入

窗的内表面上。在面对输入窗的靶面上蒸镀二氧化锡(SnO_2)透明导电膜作为输出信号电极。视像管靶在输入光学图像的作用下产生与像元照度相对应的电荷(电位)图像，通过扫描电子枪电子束对图像顺序扫描产生视频信号输出。

光电导摄像管因采用不同的靶面材料而具有多种类型。按光电导材料的性质可分为注入型光电导靶和阻挡型光电导靶。按光电导靶的结构可分为无结型光电导靶和结型光电导靶。无结型是用均匀光电导体制成的，如 Sb_2S_3。均匀光电导体暗电流和惰性较大，故相应研制出了结型光电导靶。氧化铅靶和硅靶是最常用的两种结型光电导靶。

1．注入型光电导靶

具有代表性的注入型光电导靶是用三硫化二锑(Sb_2S_3)光电导材料制成的靶。Sb_2S_3 具有较好的光电导特性。最早应用的视像管采用的就是 Sb_2S_3。虽然它的惰性大，灵敏度较低，但由于其制作工艺简单、成品率高、价格低廉等优点，因此在大量使用摄像机的工业用闭路电视方面有过广泛的应用。在各类摄像管的生产中，此种视像管在数量上几乎占了一半以上。

Sb_2S_3 是均匀的介质薄膜。图 2-8 是实用的 Sb_2S_3 光电导靶结构示意图。玻璃面板上先镀 SnO_2 透明导电膜作为信号板，再在 SnO_2 薄膜上顺序蒸镀 3 层 Sb_2S_3 薄膜。外表面两层是在真空中蒸镀的玻璃态的 Sb_2S_3 致密层，中间一层是在充入的惰性气体中蒸镀的多孔的 Sb_2S_3 疏松层。致密层位于光输入面有利于充分吸收入射光，提高光电导的转换灵敏度。疏松层位于中间有利于减小靶的等效电容，增大靶的电阻，因而可改善靶的惰性，减小了暗电流。由于疏松的 Sb_2S_3 层具有大量的缺陷，直接受到电子束扫描会使着靶的电流不稳定，因此电子束扫描面也采用致密层。

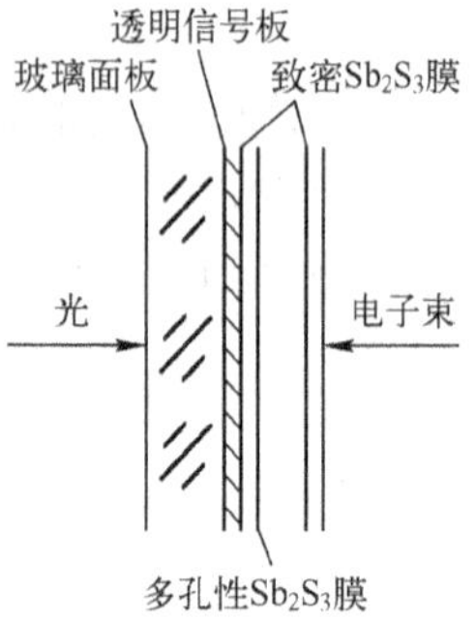

图 2-8　Sb_2S_3 光电导靶结构示意图

全靶的厚度约为 1μm。两边的致密层为 0.06～0.15μm 厚。面对光照的一侧稍厚些，其目的是改善红光的吸收特性。因为长波光子的吸收系数较小，所以穿透深度较大。中间的疏松层为 0.2～0.8μm 厚。增加其厚度有利于降低惰性，但是会使光电灵敏度变差。

Sb_2S_3 靶虽然是多层结构，但各层之间的接触都属于注入接触，即界面间不产生势垒，对双向移动的载流子不产生阻挡作用。因此这种靶被称为注入型光电导靶。

Sb_2S_3 光电导靶的禁带宽度为 1.22eV，暗电阻率约为 $10^{12}\Omega\cdot cm$，1 英寸靶的等效电容约为 1500pF，光电转换特性的 γ 值小于 1，通常在 0.6～0.2 之间。

由 Sb_2S_3 靶制成的标准视像管的具体参数为：光电灵敏度为 0.2～3.5μA/lx；三场后的惰性为 15%～25%；中心分辨率为 200TVL；γ 值为 0.65。

2．阻挡型光电导靶

最先出现的阻挡型光电导靶是用氧化铅(PbO)半导体材料制成的光电导靶。它的显著优点是灵敏度高、暗电流低及惰性小，因而使氧化铅光电导摄像管成为高性能的视像管。国际上的商品名称是 Plumbicon。

氧化铅光电导靶是阻挡型靶。它的结构呈 N 型-本征型-P 型的 N-I-P 半导体结构。对光输入一面的氧化铅靶面镀有 SnO_2 的透明导电膜，作为靶的输出信号电极。氧化铅与二氧化锡两者相接触在交界面处形成 N 型半导体薄层，而中间占靶大部分厚度的氧化铅则保留原有的高阻本征态结构。在面对电子束扫描的一侧，通过氧化处理使表面的氧化铅成为 P 型半导体薄层，从而构成了 N-I-P 型的半导体结构靶。靶的总厚度约为 10～20μm，其中大部分为本征层，两边的 N 型层和 P 型层很薄。靶的结构如图 2-9 所示。

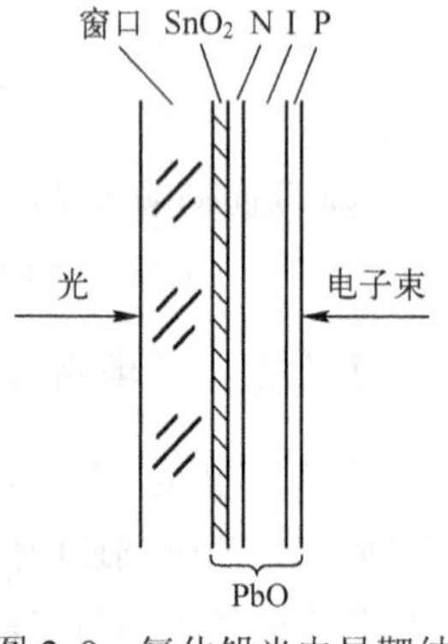

图 2-9　氧化铅光电导靶结构示意图

由于氧化铅光电导靶具有 N–I–P 型结构，所以在 N 型界面处形成了防止空穴注入的阻挡层，在 P 型界面处形成了防止电子注入的阻挡层。靶工作时所施加的电压使这一异质结处于反向偏压的工作状态，因此暗电流很小，这是阻挡型光电导靶的基本特点。

氧化铅靶采用真空蒸镀工艺制造。在形成氧化铅膜时，铅和氧偏离化学组分的比例或掺入某些杂质都能改变它的半导体类型。例如氧过剩或掺入 Tl、Cu、Ag 等杂质时，PbO 呈 P 型半导体特性；当氧欠量或掺入 Bi、Sb 等杂质时，PbO 呈 N 型半导体特性。适当调节施主与受主的比例，可得到本征的 PbO 半导体。

氧化铅光电导靶工作时所施加的工作电压较高，通常靶的输入信号电极上所加的电压为 50V。由于信号电极与靶的 N 型层相接，而靶的 P 型层电位经电子束扫描后为零，所以 N–I–P 型结构的靶工作于反向偏压状态。它具有 PN 结的工作特性，反向漏电流很小并有饱和值。由于本征层的电阻率高于 N 型或 P 型层，且本征层占靶厚的绝大部分，因此工作电压主要降在本征层上。当外加工作电压足够高时，可在整个本征层内形成强电场。图 2–10 是 PbO 靶断面各处的能级图。

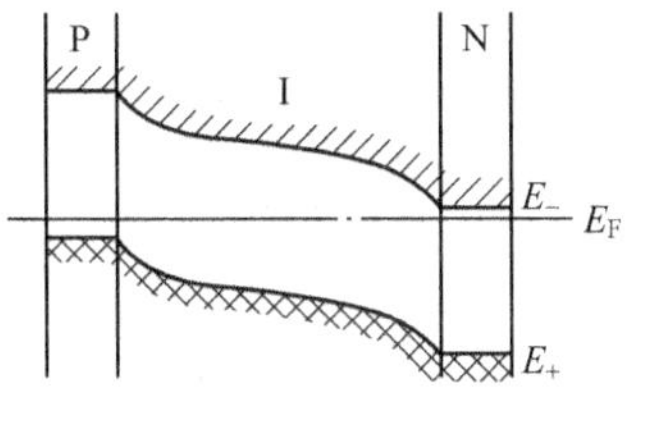

(a) 未施加工作电压

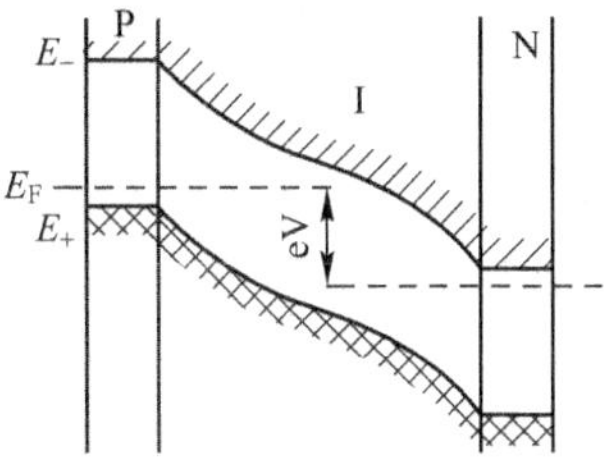

(b) 加工作电压后

图 2–10　氧化铅靶各层结构的能级示意图

当光入射到靶面时，因本征层很厚，所以大部分光子被本征层吸收，并产生光生载流子。由于本征层中具有足够强的内电场，从而使光生载流子一旦产生即在电场力作用下加速漂移。空穴被快速移向 P 型区，即移向靶的电子束扫描面，而电子被快速移向 N 型区，即移向靶的信号电极。通过一帧时间的积累，在靶面上形成了电荷图像。

氧化铅本征半导体的禁带宽度为 1.94eV 和 2.2eV，室温下电阻率为 $3\times10^{14}\Omega\cdot cm$ 和 $2\times10^{20}\Omega\cdot cm$。饱和暗电流为 1～2nA。氧化铅靶的惰性较小，1 英寸靶的等效电容仅为 600pF，氧化铅靶摄像管的三场后惰性小于 5%，光电转换特性 $\gamma\approx0.95$。光电灵敏度典型值为 400μA/lm，中心分辨率 250 线，在 450 线的输出调制度为 35%。

总之，PbO 靶摄像管具有小的暗电流、低的光电导惰性、较高的光电灵敏度、分辨率和光电转换特性等优点，使之曾在视像管中长期名列前茅，成为 CCD 广泛应用之前的理想的广播电视摄像管。

3．异质结光电导靶

由同一种半导体单晶材料形成的结称为同质结，由不同质半导体形成的结称为异质结。

异质结与同质结的根本区别在于，形成异质结的两种材料的禁带宽度不同，因而接触处的能级是不连续的。异质结与同质结相比有如下特点：

① 结区两侧材料的 E_g 值不同，因而透光能力不同。

② 结区两侧的折射率不同，所以折射率小的材料起反射层的作用。

③ 在异质结界面处，能带出现突变，因而影响载流子的传输。这种影响是动力还是阻力，视具体情况而定。

④ 异质结界面处通常存在着大量的界面态。其密度一般为 $10^{12}\sim10^{13}cm^{-3}$。

由异质结制成的靶称为异质结靶。采用异质结靶可以解决均质型光电导靶存在的灵敏度和惰性、灵敏度和存储时间之间的矛盾。下面主要介绍硒化镉与硒碲化镉靶。

硒化镉和硒碲化镉都是良好的光电导材料。用硒化镉靶制成的摄像管具有极高的光电灵敏度、较低的暗电流。它的商品名称是 Chalnicon。以硒碲化镉为靶制成的摄像管称为 Super-Chalnicon。它是在前者的基础上通过掺碲改善了红外光谱响应而制成的一种管型。

根据前面的讨论，已知对光电导靶的基本要求是：既要有高的光电灵敏度又要有高的电阻率，但是用一种材料很难两全。为了解决这一矛盾，可以选用两种材料来组合。将具有高光电灵敏度的材料作靶的主体层，而将高电阻率的材料作覆盖层，构成双层结构。让光电转换和电荷积累两种作用分别由两种材料完成。

典型的硒化镉(CdSe)异质结靶的结构如图 2-11 所示。它由四层构成：① 透明的导电层 SnO，沉积在玻璃面板内表面上，做为靶的信号电极；② 光电导 CdSe 层与信号电极相接触，是靶的光敏层，其厚度约为 2μm，它是在高真空状态下经气相沉积而成的，呈微晶态；③ 亚硒酸镉($CdSe0_3$)层由 CdSe 氧化而成；④ 三硫化二砷(As_2S_3)层是在高真空状态下气相沉积而成的，呈玻璃态，其厚度约为 0.2μm。

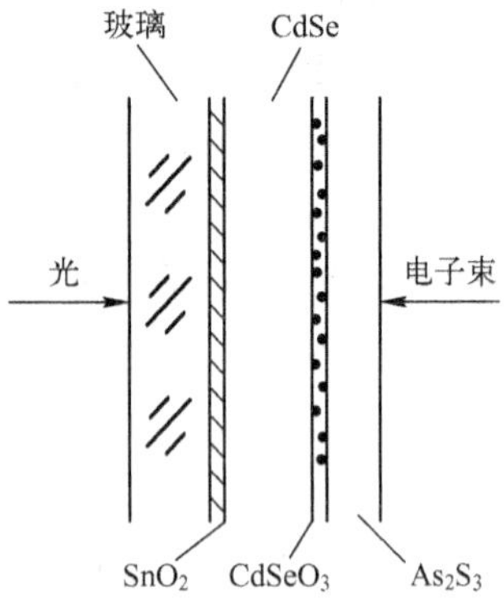

图 2-11　硒化镉靶的结构示意图

靶的晶态 CdSe 层是 N 型半导体，它与呈 N^+型的透明导电电极 SnO_2 层构成对空穴的阻挡层。在靶扫描面的 As_2S_3 层，其作用是防止电子从扫描面注入靶内，形成对电子的阻挡层。

CdSe 层是异质结 CdSe 靶的基体，是完成光电导转换作用的光敏层。它的禁带宽度只有 1.2eV，因此有良好的光电导特性。As_2S_3 层是靶的高电阻层，它的禁带宽度为 2.3eV，具有很高的电阻率。由它来承担电荷积累和存储的作用，可提高靶的分辨率，同时阻挡电子注入，减小暗电流。

在 CdSe 与 As_2S_3 之间还存在着极薄的亚硒酸镉($CdSeO_3$)层。它是一层绝缘体薄膜，有利于降低暗电流且不影响光电灵敏度。

硒碲化镉靶($CdTe_{1-x}Se_x$)在硒化镉靶的基础上改进了红外响应，将光谱响应的长波限由 220nm 延伸到 1020nm。靶的结构如图 2-12 所示。

硒碲化镉靶也是异质结靶，它的光敏层是 1μm 厚的硒碲化镉层，它的高电阻是 1.5μm 厚的三硒化二砷层。靶的电子束扫描面还覆盖一层 0.1μm 厚多孔疏松的三硫化二锑层，起到阻止电子注入靶内的作用。

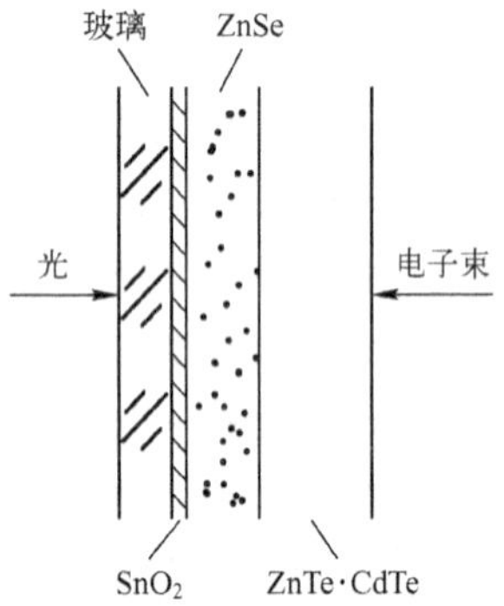

图 2-12　硒碲化镉靶的结构示意图

硒碲化镉靶具有如下特点:

① 蓝光到近红外(波长为 0.4～1.2μm)都有很好的光电灵敏度，光谱响应的峰值在 0.84μm 波长处，适宜于彩色摄像，可再现真实的色彩。

② 硒碲化镉靶摄像管的光电转换特性呈线性，γ 值为 0.95，其光电灵敏度的典型值是 2620μA/lm。这一数值表明靶的光电导量子效率已接近于 1。

③ 硒碲化镉靶摄像管的暗电流较低。在靶的工作电压为 20V 并处于室温条件下，暗电流的典型值为 2nA。

④ 硒碲化镉靶摄像管的分辨率很高。因为靶的高电阻层有适宜的电阻率，并且靶的厚度较薄，所以分辨率只受到电子束在靶上的弥散限制，靶上电荷的横向扩散已成为次要因素。

⑤ 硒碲化镉靶摄像管的惰性较大。因为靶的厚度较薄，靶的等效电容较大，造成靶面扫描后残余电位较高，因此它在第三场扫描后仍有 10%的残余信号。

4．硅二极管阵列光电导靶

硅二极管阵列光电导靶简称为硅靶，它也是结型光电导靶。硅具有优异的光吸收能力和良好的光电导效应，并且容易制成P型和N型。但由于硅的电阻率低，连续结构靶的电荷横向扩散将严重损失分辨率，为此，硅靶采用半导体平面工艺制成了分立的 PN 结硅光电二极管阵列结构。硅靶摄像管的出现是摄像管发展史上的一个重要标志，它具有寿命长、灵敏度高、光谱响应范围宽等明显优点。但其分辨率和暗电流等特性较差。这种摄像管的商品名称是 Telecon。

硅靶的结构如图 2-13 所示。靶的基底是 N 型单晶硅的薄片，厚度约为 20μm。其上有大量微小的 P 型区，称为 P 型岛，直径约为 6～15μm，厚度约为 2～4μm，间距约为 15～25μm。由 P 型岛与 N 型基底之间构成密集的光敏二极管(PN 结)面阵，并在 P 型岛之上覆盖一层薄膜(SiO_2)，厚度为 0.5～1μm。在靶接受光照的表面上形成一层极薄的 N^+层，深度仅有 0.2μm。在靶接受电子束扫描的表面上形成一层半导体膜，通常称为电阻海。该层可选用碲化镉(CdTe)或氮化铪钽，厚度小于 1μm。

硅靶的 N^+型层位于接受光照的表面，具有很高的导电率，因此 N^+型层构成了靶的信号输出电极。工作时这一电极接 5～15V 的靶压，同时经电子束扫描靶的 P 型岛表面使之稳定在零电位。这时硅靶的二极管面阵处于反偏置的工作状态，其反偏压就等于 V_T。由于反偏置使 PN 结空间电荷区加宽，即耗尽层加厚，如图 2-14 所示。

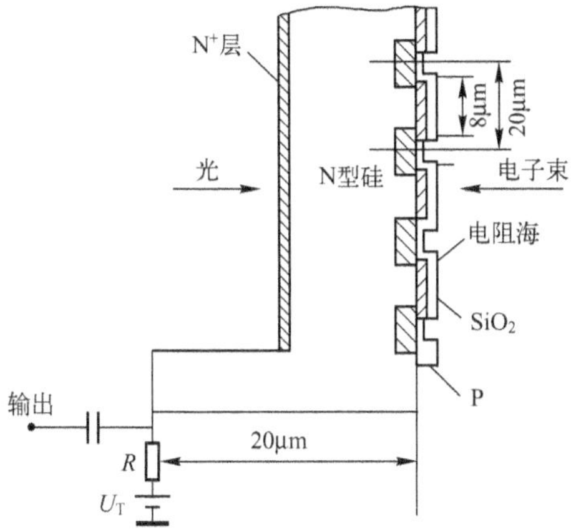

图 2-13　硅靶结构示意图

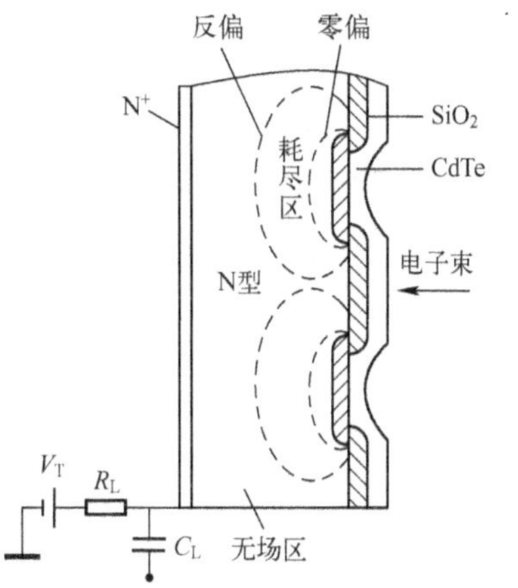

图 2-14　耗尽区变化

当有光学图像辐照在靶面时，光透过 N^+层入射在 N 型硅基底上，N 型硅将吸收光子能量产生电子空穴对。由于硅对可见光的吸收系数大于 3000cm^{-1}，因此产生的电子空穴对主要在表层。其中空穴将通过扩散到达 PN 结边界，并经耗尽区的内建电场漂移到 P 型岛。空穴在 P 型岛内的积累是在帧周期内连续进行的。通过正电荷积累，P 型岛的电位相应提高，电位升高的数值基本上正比于输入的光强。因此，靶的 P 型岛面形成了电荷图像。当电子束再次扫描时，从 P 型岛取走信号，并使 P 型岛归零电位。

与普通光电导靶相比，硅靶用硅二极管阵列代替了均匀的光电导层。由于采用了反偏二极管，所以不再需要采用高阻材料来满足存储要求。常用的基底硅的电阻率仅有 10Ω·cm 左右。为解决表面的横向漏电，二极管阵列表面之间必须采取隔离措施，其间用 SiO_2 层隔开。

靶的各部分工作情况如下：

① N 型层。N 型层是靶的光敏区，它的电阻率仅为 10Ω·cm，因此在工作时内部电场场强很小。所以光生载流子是通过扩散运动移出 N 型区的。为了减小空穴的复合几率，应尽量减薄 N 型层的厚度。为了降低空穴的横向扩散，也应减薄 N 型层的厚度，否则将导致灵敏度下降和分辨率损失。为此，应在机械强度允许的前提下尽量采用最小的 N 型层厚度。

② P 型岛面阵。靶面上 P 型岛的分布密度决定了摄像管的极限分辨率。因此，根据靶面尺寸

和分辨率的要求就可确定 P 型岛面阵的尺寸。此外 PN 结的等效电容决定了摄像管的电容性惰性，因此，为获得较低的惰性而限制了靶面尺寸的增大。所以 P 型岛的尺寸应在工艺允许的条件下尽量减小。例如 1 英寸摄像管的有效工作面积为 120.65mm^2，当要求分辨率为 600TVL 时，应有 5×10^6 个直径小于 2μm、间距小于 15μm 的 P 型岛。

③ N^+型层。N^+型层既有利于提高光电灵敏度及短波的光谱响应，又可作为靶的信号输出电极。因为 N^+型层与 N 型层之间形成了 N^+N 结，所产生的内建电场对光生载流子(空穴)有拒斥作用，使其不能向受光面扩散，并促进其向 P 型岛扩散，从而降低了复合几率，提高了光电灵敏度。另外，由于单晶硅对短波光子的吸收系数很高，短波光子激发的载流子又在表层靠近 N^+N 结，因此 N^+型层对短波的光谱响应有更明显的改善效果。但是在 N^+型层内产生的光生载流子将会被全部复合。所以 N^+型层必须很薄，通常要求小于 0.3μm。

④ SiO_2 绝缘层。这一绝缘层呈网状，只覆盖 N 型硅的表面。它的作用是防止扫描电子束直接打到 N 型硅的表面，否则将构成低电阻的电通路。

⑤ CdTe 半导体层(电阻海)。碲化镉半导体层的作用是防止二氧化硅绝缘层带电。因为扫描电子束会使绝缘层吸附部分电子。这些负电荷产生的电场将阻止电子束抵达 P 型岛，从而影响了靶的正常工作。采用碲化镉半导体层，可以导走吸附的电子使之流向附近的 P 型岛。这一半导体层的电阻率应适中，过高不能泄漏电荷，过低则导通了相邻的 P 型岛而降低了分辨率。通常选定的薄膜方块电阻约为 $10^{12}\Omega/\square$。

5．光电导视像管参数的比较

采用不同靶面材料形成了多种类型的光电导视像管，它们的特性各异。表 2-1 对各种视像管的特性进行了比较，仅供选用时参考。

表 2-1　各种光电导视像管的典型参数

参数 \ 管名	硫化锑管 Resistron	氧化铅管 Plumbicon	硒化镉管 Chalnicon	硒砷碲管 Saticon	硫化锌镉管 Newvicon	硅靶管 SPVidicon
灵敏度/(μA/lm)	120	350～400	2600	350	4300	4350
极限分辨率(TVL)	800	250	800	900	800	200
惰性(三场后)/%	20～25	～3	10～20	<2	<20	2～10
暗电流/nA	20	9	<1	<1	10	10
γ 值	0.65	0.95	0.95	1	1	1
动态范围	350：1	60：1	60：1			50：1
抗烧伤能力	差	较差	很好	较好	较好	极好
晕光现象	很小		小		很小	严重
工作温度/℃	10～40	-30～50	-20～60	-25～35	<60	-40～50

2.2.2　光电发射型摄像器件

利用外光电效应完成光电变换的摄像管有多种管型，它们归属于光电发射型摄像管。光电发射型摄像管具有两个共同点：①光电变换部分都是采用光阴极把输入的光学图像转换为光电子图像；②光电变换器和信号存储靶是分开的，存在移像区，通过移像区将光阴极转换出来的光电子图像移至存储靶上，并以靶面电位起伏的形式存储起来。常用的光电发射型摄像管有：

1．超正析摄像管

超正析摄像管是具有快速光电子移像区、双面靶、慢电子束阅读和在管内进行倍增放大的摄像管。它是一种灵敏度很高、曾得到广泛应用的摄像管。超正析摄像管的商品名称为 Super-Orthicon。

(1) 摄像管的构成

超正析摄像管的典型结构如图 2-15 所示。它主要由移像区、靶和阅读系统三大部分构成。

由图 2-15 可知，摄像管由下述主要元件组成：

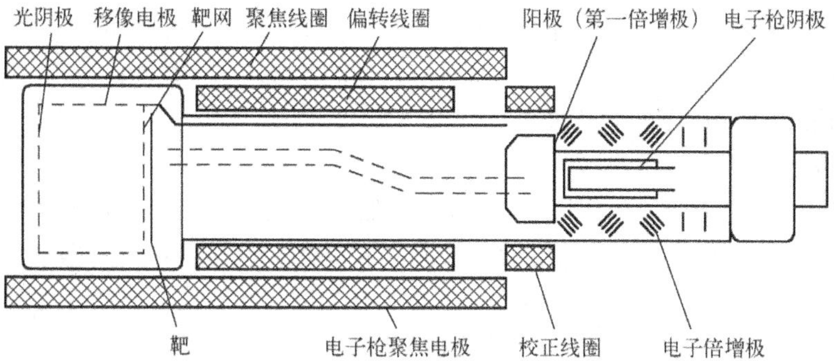

图 2-15　超正析摄像管的结构示意图

① 光敏面

超正析摄像管的光敏面是接有负电位的光电发射体，即光阴极。光阴极的类型根据摄像的灵敏度和光谱响应的要求来选择。

② 移像区电子光学系统

电磁复合聚焦的电磁透镜构成移像区，其目的是将光阴极发射的电子图像聚焦到靶面上。通常光阴极电位为-300～-500V，靶面电位为 0V。因此移像区也提供了光电子着靶的能量。

③ 双面靶和靶网

超正析摄像管中的靶具有特殊性。靶对着移像部分的一面接受光电子，另一面接受的是扫描电子。这就要求靶的两面都能充放电，而不是等位面。因此必须采用特殊的两面绝缘的双面靶。由于在双面靶上不能涂敷导电层作信号板，所以怎样从靶面取出信号是一大难题。后来采用返束倍增输出的方法才解决了这一难题。

因为要实现双面充放电，所以靶的各像素间必须是绝缘的。这就要求靶的径向电阻要足够大；又因为光电子产生的电位图像要及时地转移到扫描面上去，所以靶的轴向电阻要足够低。为此应采用薄靶或各向异性靶。

为了防止强光下靶面充放电的电位出现不可控现象，通常在靶附近设置金属网，即靶网。它与靶的距离为 l0～50μm，位于靶的光电子入射面一侧。靶网上接以 1～2V 的正电位。靶网一方面用于收集二次电子，另一方面用于控制靶电位不致太高。靶电位一旦超过了抑制网电位，则靶网间将建立拒斥场，阻止电子离开靶面。

超正析摄像管中常用的双面靶有两种，即离子导电玻璃靶和氧化镁靶。离子导电玻璃靶的二次电子发射系数为 4～5，氧化镁的二次电子发射系数约为 15。靶的工作原理如图 2-16 和图 2-17 所示。

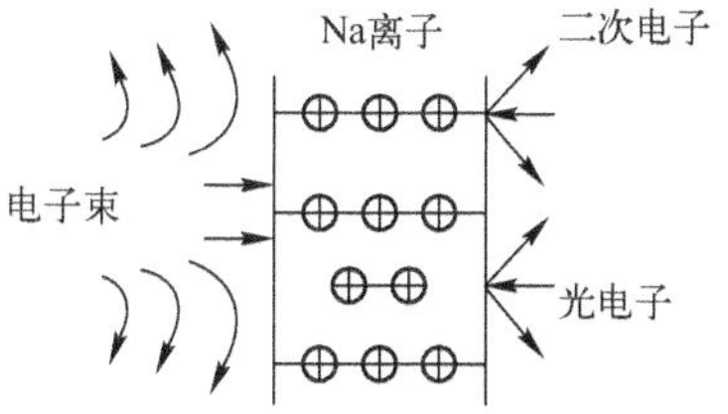

图 2-16　离子导玻璃电靶

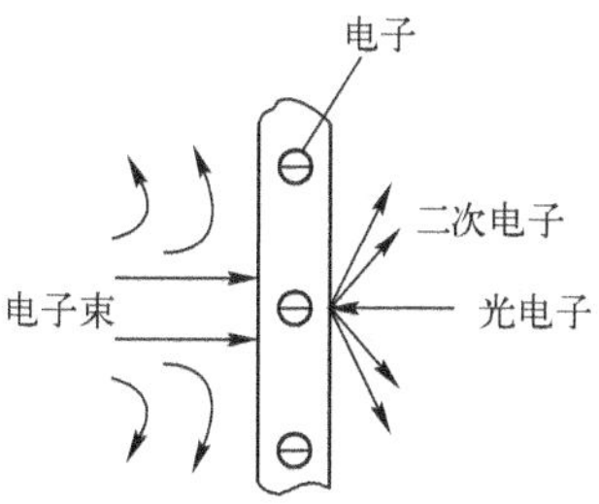

图 2-17　氧化镁靶

离子导电玻璃靶的电荷传输是靠 Na 离子进行的。Na 离子把二次电子发射积累的正电荷带到扫描面。阅读时，电子束在扫描面上中和电荷。而氧化镁靶则不是这样，它把积累的正电荷存放在二次发射面上，等待电子束的到来。电子束能够透过薄靶到达积累面，这个过程比靶来得直接。由于它的导电过程是靠电子束电子进行的，故又称为电子导电靶。从导电过程可以看出，电子导电靶的惰性小。此外，氧化镁靶还具有较高的二次电子发射系数，各向异性的电阻率，即径向大，轴向小，所以它更适合于超正析摄像管的应用。另外氧化镁的厚度约为玻璃靶的 1/10，电容大，存储电荷多。但是这种靶的机械强度差，易碎。

④ 扫描电子枪

扫描电子枪是由间热式氧化物阴极、控制栅极、加速阳极、聚焦电极、减速电极、分离可调的场网、磁聚焦线圈、磁偏转线圈和微调线圈所组成的。由它提供低发射角和初速分散小的扫描电子束。

超正析摄像管的电子枪与移像段共用一个长磁聚焦线圈，并增设一个可调的静电聚焦电极，以取得电子束良好的聚焦。聚焦用的微调线圈用来校正电子束着靶的位置，以补偿因电子枪安装造成的位置偏差。分离可调电位的场网设在贴近靶面的位置，使靶面电场均匀，以有利于电子束垂直着靶。同时，场网使返回的电子束散焦，以避开阳极而到达第一倍增极。

电子枪的工作参数大致如下：阴极为 0V；控制栅极为-30V(回扫-100V)；加速阳极为 300V；聚焦电极为 200～300V 可调；减速电极为 0～25V；磁聚焦线圈磁场强度为 8000A/m，磁聚焦周期在全长上为 4～5 个。

⑤ 信号电子倍增系统

超正析摄像管由从靶面返回的电子束电流构成信号。为了增强输出的信号值，在管内采用了多极二次电子倍增器。二次电子倍增器设置在电子枪的周围，其结构为分立的打拿极，通常为五极，也可以是微通道板式的连续倍增器。

电子倍增系统的第一极与电子枪的加速阳极一体，最后一极是摄像管的输出信号电极。倍增极的电位逐渐升高，级间电位差约为 300V，以保证获得最大的二次发射系数。经 5 级倍增后，信号电流的增益可达 500～1000 倍。

（2）工作原理

超正析摄像管的工作原理可用图 2-18 来说明。

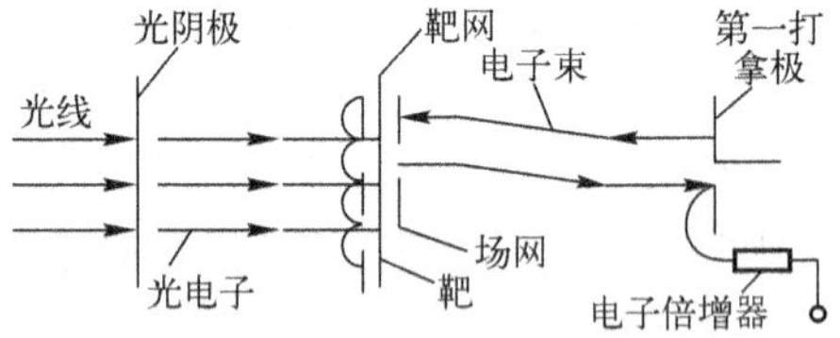

图 2-18　超正析摄像管的工作原理示意图

摄像时，来自景物辐射的光子照射在摄像管的光阴极上，产生光电子图像。光电子在移像区均匀复合场的聚焦和加速作用下，以 300～500eV 的能量成像在靶面上。靶由具有良好二次电子发射特性的介质材料制成，它在高速光电子的轰击下发射二次电子。这些二次电子被正电位的靶网所收集，从而在靶面上积累起正电荷的图像。由于靶面很薄，能够及时地把光照积累面上的电荷转移到电子束扫描面上去，因而在扫描面上也建立起了与输入光学图像相对应的电位图像。当电子束扫描时，电子枪所提供的慢电子束，在均匀复合场的作用下聚焦在靶面上，直至使靶面的电位降到零为止，剩余的电子束将返回。所以，电子束着靶的负电荷量应等于靶面上已有的正电荷量。由于电子枪发射的电子束电流是稳定的，所以返回的电子束电流将与靶面的正电荷量有关。当靶面正电荷多时，返回电子束电流就小。当靶面正电荷少时，返回电子束电流就大。这一返回的电子束电流被二次电子倍增系统所收集，经过多级的二次电子倍增后在输出信号电极获得(负极性)视频信号。

（3）超正析摄像管的特点

超正摄像管具有如下特点：

① 较高的灵敏度和分辨率。原因是带有移像部分和内部电子倍增器，而且靶的厚度很薄。

② 抗强光。因为抑制网对靶的充电电位有抑制作用，即使在强光下，靶电位也不会无限升高，因而可以获得稳定的工作状态。

但超正析摄像管也还存在着一些缺点。如利用返束输出对信噪比不利，尤其是在低照度时输出信噪比很低。在超正析摄像管摄像时虽然产生噪声的因素是多方面的，但其中返回电子束的量子噪声是主要噪声因素。它的量子噪声值与返回电子束流的平方根成正比。由于输入摄像管的照度越低，它的返回电子束流越大，量子噪声也增大，所以在低照度下输出信噪比将很低，从而构成了超正析摄像管的主要缺点。同时它体积大、质量重、调节和维护麻烦，故在上个世纪 60 年代以后逐渐被光电发射摄像管所取代。

2. 二次电子导电摄像管

采用二次电子导电靶的摄像管称为二次电子导电摄像管，通常简称为 SEC 摄像管。在低照度下，它具有灵敏度高、分辨率高、动态范围宽、惰性小等优点。故主要用于微光条件下的摄像。

（1）摄像管的构成

二次电子导电摄像管主要由移像区、靶和阅读系统三部分组成。其典型结构如图 2-19 所示。

① 移像区

SEC 摄像管的移像区与超正摄像管相同。移像区的电子光学系统有两种主要形式，即静电聚焦系统和电磁复合聚焦系统。通常 SEC 摄像管的移像区以采用静电聚焦系统的居多。通过调节光阴极的工作电压可以扩展摄像的动态范围，通常的调节范围为-3.5～8kV，所获得的增益变化为 15∶1。

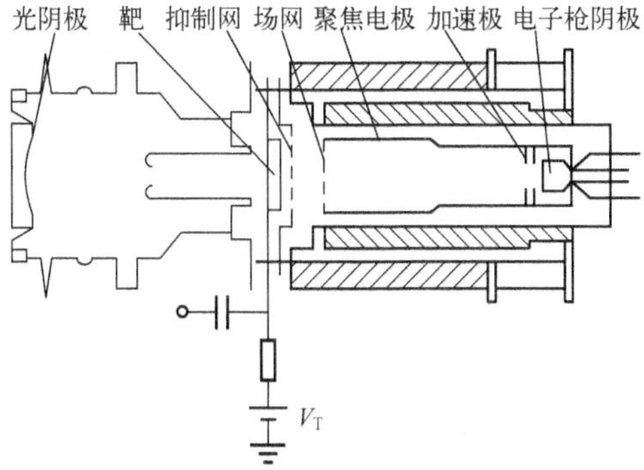

图 2-19　SEC 摄像管的结构示意图

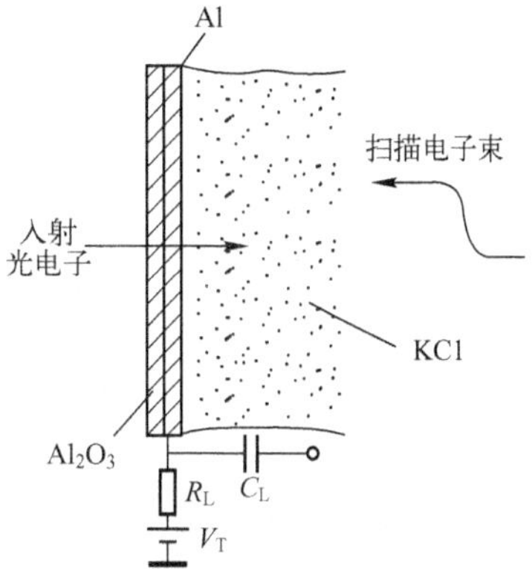

图 2-20　SEC 靶的结构

② 靶

SEC 二次电子导电靶常用的材料是氯化钾(KCl)。图 2-20 给出了靶的断面结构。

靶的主体是在 15Pa 压强的氩气中通过气相沉积而成的厚度为 10～20μm 的低密度氯化钾层。其密度为实体氯化钾的 1%～2%，因此 20μm 厚的低密度层如按质量计相当于 0.2～0.4μm 厚的实体层。由于低密度氯化钾层没有机械强度，因此预先制成支撑靶。靶的支撑膜是 20nm 厚的氧化铝层。在支撑膜上用真空气相沉积法覆盖一层 20nm 的铝层，作为输出信号电极。氯化钾层就蒸发在这一铝层上。

工作时，靶的信号电极上加有+10V 的电位，靶的另一面被电子束扫描而处于电子枪阴极的零电位，此电位差形成靶内电场。靶在光电子轰击下产生二次电子发射，这些二次电子在疏松的 SEC 层内运动，部分电子到达信号电极，而在靶的扫描面上将积累正的电位图像。

③ 阅读系统

阅读系统包括电子枪与偏转系统。SEC 摄像管的阅读系统仍是磁聚焦、磁偏转慢电子束扫描系统，只是在靶和场网间靠近靶面处增加了一个抑制网。因此，它有两个网电极：第 1 个是场网，其作用与光电导摄像管相同，场网的电位可高于阳极电位；第 2 个是抑制网，这是二次电子导电摄像管所特有的，抑制网加有+10V 的电位，位置紧靠近靶面，其作用是保护靶面，防止靶面电位升得过高。下面做具体说明。

二次电子导电摄像管的信号是从信号电极输出的，如图 2-20 所示。它在强光输入时，会由于过量的光电子射入靶内，使靶的内电场降为零。这时，靶上产生的二次电子不再向信号电极方向运动，而是从靶的电子束扫描面上逸出，构成透射式二次电子发射。由于这一发射会使靶的电位上升超过信号电极的电位。靶面过高的正电位会使扫描电子束着靶时产生二次电子发射，从而将进一步使靶面电位上升，一直升到电子枪阳极的电位为止，结果导致靶被击穿。增设抑制网可防止产生上述现象。抑制网上施加 10V 的稳定电位。由于抑制网紧贴近靶的电子束扫描面，故当靶发生透射式二次电子发射时，靶面的电位上升不会超过 10V，如果超过 10V 则二次电子将返回靶面。由于氯化钾靶的二次电子发射系数达到 1 时所需的加速电压约为 15V，因此当电子束扫描时也不会使靶面电位上升，从而起到保护靶面的作用。

（2）摄像原理

摄像时，入射的光学图像通过光阴极产生光电子图像。光电子在移像区静电场的聚焦和加速作用下，以 8～10keV 的能量打到靶面上。高能光电子射入靶面时，穿透支撑膜和信号电极将消耗约 2keV 的能量，大部分能量则消耗在二次电子导电的氯化钾层中。一般大约每消耗 30eV 的能量就激发出 1 个二次电子，因此在氯化钾层中将产生大量的二次电子。这些二次电子在靶内的电场作用下向靶的信号电极运动，形成二次电子传导电流，同时在靶内留下了正电荷。其中部分二次电子将与正电荷复合损失掉，但大部分正电荷将在一帧的时间内连续积累在靶内，由此形成了增强的电荷图像。当电子束扫描时，电子束着靶的电流正比于靶内积累的正电荷量。这一着靶电流由信号电极引出就构成了输出的视频信号。

（3）SEC 摄像管的特性

① 靶增益

SEC 靶的增益大小是一次电子入射能量的函数。其关系曲线如图 2-21 所示。一次电子能量太低或太高均会使 G 下降。这是因为，前者能量不够，而后者则穿靶而过。实验指出一次电子的能量为 8keV 时较为适宜。

设光电子能量为 8keV，穿过支撑层和信号板时约损耗 2keV。对 KCl 来说，平均每个能量为 30eV 的一次电子能够打出一个二次电子，这样，每个光电子可以产生 200 个二次电子。考虑到各种损失之后，增益至少可达 100 倍。

另外，增益的具体数据还与靶压有关。对小信号情况，如图 2-22 所示。曲线表明，靶的增益随靶压增加而迅速上升。这是由于靶内电场增高使二次电子运动加速，从而减小了复合几率。但是，靶压过高将导致光电子轰击而感生电导，这会导致明显的惰性和不稳定，同时暗电流也增大，所以一般控制 V_T=30～50V。

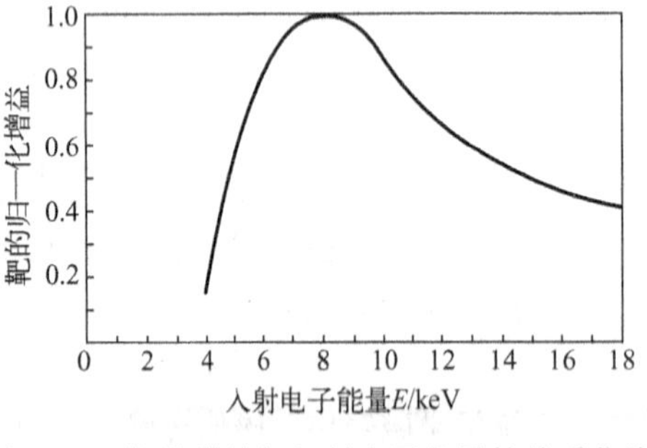

图 2-21 靶的增益与入射电子能量的关系曲线

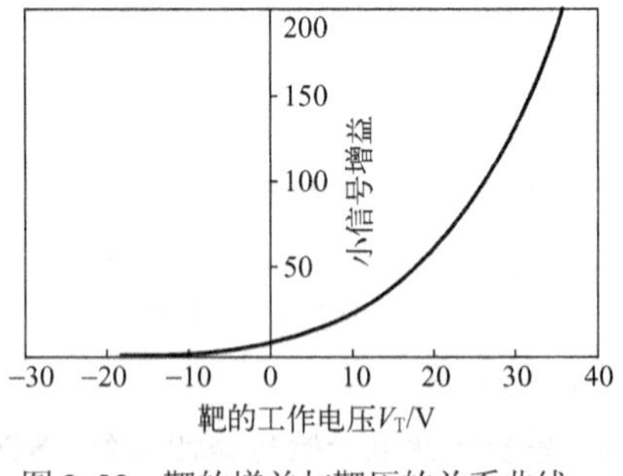

图 2-22 靶的增益与靶压的关系曲线

当 V_T 减小时，增益下降，但是当 V_T=0 时，$G \neq 0$，这是因为二次电子尽管到达不了信号板，但有一部分可以到达抑制网，仍能使靶面充正电。当靶面充电到平衡电位时，G=0。

② 转换特性

SEC 靶的转换特性如图 2-23 所示（V_T=20V；V_0=15V；一次电子能量 6keV，扫描面积 3.1cm^2），信号电流随光电流的增大而增大。光电流密度在开始的两个数量级内，转移特性呈线性关系。当光电流过高时，信号电流饱和，饱和点由靶面升高的最大电压幅度所决定。因为靶面电位的提高不能超过二次电子发射曲线的第一交叉点。对 KCl 来说，相当于 15eV 的扫描电子能量。否则，有 $\delta>1$，不能使靶电位恢复到零值。为了保证这一点，在抑制网上加有+15V 电压，当靶电位超过 15V 时，二次电子被驱回靶面。

③ 暗电流与惰性

由于低密度氯化钾层的电阻率很高，约为 $10^{12}\Omega\cdot cm$，因此在电荷积累过程中，靶的暗电流很小，正常靶压下的暗电流小于 10^{-12}A，而且靶的暗电流对温度不敏感，在 65℃以下不产生变化。

由于 SEC 靶的二次电子脱离了导带，避免了陷阱俘获，所以它的电导性滞后可以忽略。二次电子向信号电极的传输过程是在真空中进行的，所以这一过程很快，远小于帧周期。此外，由于低密度氯化钾靶比较厚，等效电容 C 较小，只有 100～150pF/cm^2，所以电容性滞后也不大。由于其惰性很小，三场后一般小于 5%，因此 SEC 摄像管具有很好的时间响应特性。

④ 灵敏度与分辨率

SEC 摄像管有靶的内部增益，通常靶增益约为 100。若光阴极的灵敏度取 200μA/lm，则 SEC 摄像管的总灵敏度可高达 100×100=10000μA/lm。在 10^{-3}lx 的照度下仍可获得 5nA 的信号电流。

由于 SEC 靶电阻率很高，因此在积累过程中，靶的漏电流很小。其横向电荷扩散时间常数很大。实验指出，即使积累保持 1.5h 也不足以产生可以探测到的漏电，甚至可以保存 48h 而不泄漏。长积累是 SEC 靶的一大优点，它有利于信号的积累和分辨率的提高。

影响 SEC 摄像管分辨率的主要因素是移像部分和扫描电子束，而这两个因素是摄像管所共有的，因此，SEC 管具有较高的分辨率，如图 2-24 所示。

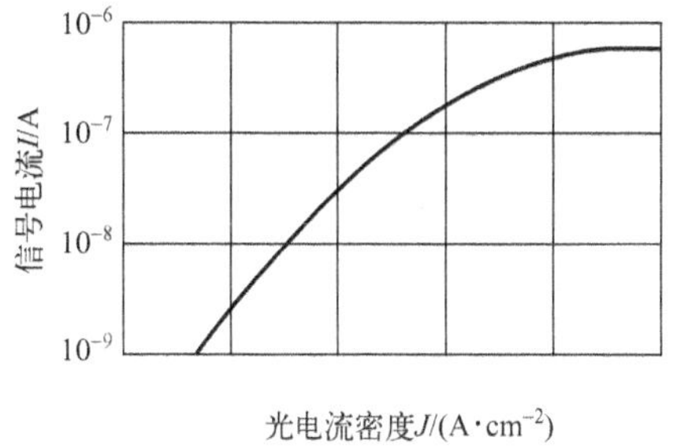

图 2-23　SEC 靶的转换特性

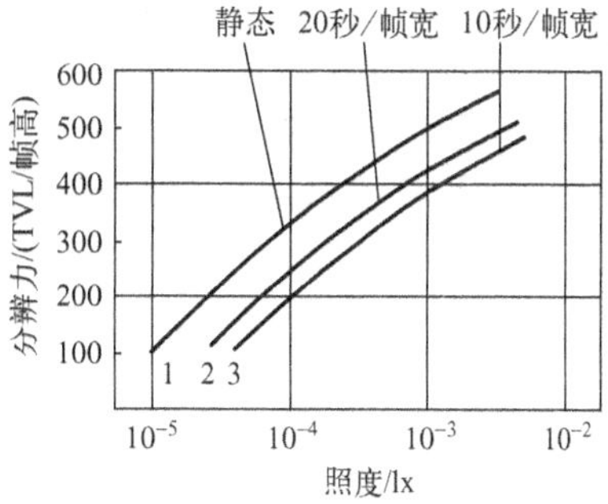

图 2-24　SEC 摄像管的分辨率

⑤ 寿命

SEC 摄像管的寿命不长，这是由于高阻疏松的 SEC 靶的导热性差、机械强度差，所以很容易烧毁、损坏。

3．电子轰击型硅靶摄像管

电子轰击型硅靶摄像管是一种灵敏度极高的摄像管。简称为 EBS(Electron Bombarded Silicon)摄像管或 SIT(Silicon Intensified Target)摄像管。它广泛应用于微光电视领域中。

（1）EBS 摄像管的结构与工作原理

EBS 摄像管的典型结构如图 2-25 所示。它的形状与工作状态与 SEC 摄像管极为相似，只是用硅靶取代了 SEC 靶，而 EBS 摄像管的靶与硅靶视像管的靶在结构上基本相同，只是在光电子入射侧 N^+层上，加镀一层厚度 10nm 左右的铝层，以屏蔽杂散光照射在靶面上而产生附加的光电导效应。

EBS 摄像管是在硅靶摄像管的基础上产生的，两者的区别仅在于硅靶所接受的能量不同，前者接受的是高能量的光电子，后者接受的是入射的光子。从图 2-25 可以看出，光阴极接受入射的光学图像产生相应的光电发射，通过移像区静电场的聚焦和加速，以 10keV 的能量轰击硅靶，在靶内激发出大量的电子空穴对，如每 3.5eV 的能量即可激发一对电子空穴对，则靶的量子增益可达 2000

左右。由此产生的空穴将在帧周期内连续地积累到 P 型岛上，所以在硅靶的 P 型岛面阵上形成了增强的正电荷图像。当电子束扫描时，可获得输出的视频信号。

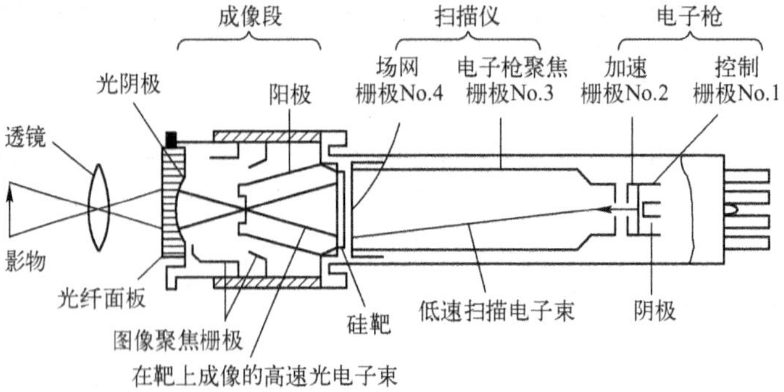

图 2-25　硅增强靶管

（2）EBS 摄像管的性能

硅增强靶摄像管的部分性能与硅靶摄像管相同，主要不同点在于灵敏度及动态范围。

硅增强靶摄像管的光电灵敏度比硅靶摄像管高两个数量级。这是因为硅增强靶能获得三个数量级的量子增益，但是光阴极的量子效率则要比光电导的量子效率低一个数量级。因此总增益只增大了两个数量级。

硅增强靶摄像管的摄像动态范围为 10^{-2}～10^{-5}lx。它可以通过调节移像段光阴极的电位(-5～-15kV)来扩大动态范围，也可以耦合一级二代像增强器来扩展动态范围。这时的工作状态已接近光子噪声限制的工作状态。

硅增强靶摄像管的光谱响应取决于光阴极的类型，且光阴极的暗发射构成了摄像管的暗电流。过荷开花现象(因入射光线过强导致相邻位置的输出受到影响也很亮的现象)在硅增强靶中也更为严重。

2.3　摄像管的性能参数

衡量摄像管优劣的总标准是：在测试台的监视器上能否分辨一定的标准测试图案。图案的清晰程度是由许多因素决定的，为了分析和研究各种因素对像质的影响，必须规定出具体的特性参数。摄像管的主要特性参数有灵敏度、惰性、分辨率和光电转换特性等。其中灵敏度和惰性主要决定于靶面，分辨率主要决定于扫描电子枪。

2.3.1　摄像管的灵敏度

灵敏度 S 是摄像管的一个极其重要的特性参数。它定义为输出信号电流与输入光通量(或照度)的比值，单位为 μA/lm 或 μA/lx。光电导摄像管的灵敏度公式为

$$S=\frac{\mathrm{d}I_{\mathrm{S}}}{\mathrm{d}(N\Phi)}=\frac{\mathrm{d}I_{\mathrm{S}}}{\mathrm{d}\tau}\frac{\mathrm{d}\tau}{\mathrm{d}R}\frac{\mathrm{d}R}{\mathrm{d}(N\Phi)} \tag{2-8}$$

式中，N 是靶面的像元总数。由于靶面每个像元接受光照的时间是电子束扫描时间的 N 倍，所以每个像元在帧周期 T_{f} 内输入的光通量为 $N\Phi$，对应的输出信号电流为 I_{S}，利用光电导摄像管等效电路求解微分方程可得

$$\frac{\mathrm{d}I_{\mathrm{S}}}{\mathrm{d}\tau}=-\frac{V_{\mathrm{T}}C}{\tau^{2}}\left(\frac{T_{\mathrm{f}}}{t_{0}}\right)\mathrm{e}^{-\frac{T_{\mathrm{f}}}{\tau}} \tag{2-9}$$

$$\frac{\mathrm{d}\tau}{\mathrm{d}R}=C \tag{2-10}$$

$$\frac{\mathrm{d}R}{\mathrm{d}(N\varPhi)}=-\gamma\beta R^2\frac{1}{N} \tag{2-11}$$

式中，V_T为靶的工作电压；γ为光电转换特性参数；β为光电导转换系数；τ为时间常数；R为靶的等效电阻；C为靶的等效电容。

因为电子束扫描每个像元的时间t_0是帧周期T_f的1/N，所以

$$t_0=T_f/N \tag{2-12}$$

将式(2-9)、式(2-10)、式(2-11)和式(2-12)代入式(2-8)，则得到

$$S=V_T\gamma\beta e^{-T_f/\tau} \tag{2-13}$$

上式即为光电导摄像管的光电灵敏度公式。它定量地描述了相关参数对灵敏度的影响。若令

$$\beta=G(V_a-V_b)^{m-1}\varPhi^{r-1} \tag{2-14}$$

式中，G为比例常数；V_a为光照面靶的电位；V_b为电子束扫描面靶的电位；m是理论值为1，实际取值为1～2的系数。并将该式代入式(2-13)得

$$S=G(V_a-V_b)^{m-1}\varPhi^{r-1}V_T\gamma e^{-T_f/\tau} \tag{2-15}$$

由式(2-15)可具体分析各项参数的作用，具体结论如下：

① 当τ值增大到$\tau\gg T$时，灵敏度趋近最大值

$$S_{max}=G(V_a-V_b)^{m-1}\varPhi^{r-1}V_T\gamma$$

② G是表征半导体光电导特性的参数，通过选择靶的材料及工艺可提高其灵敏度。

③ 靶的工作电压V_T与灵敏度成正比。提高靶压对提高灵敏度是有利的。但过高的靶压会显著增大暗电导，将严重降低摄像管的灵敏阈。

④ 当$\gamma\neq1$时，输入图像的照度将影响灵敏度，产生非线性的转换特性。

⑤ 当$m\neq1$时，靶面的电位V_b上升将降低灵敏度。V_b的值取决于多项参数，而且V_b又与摄像的动态范围有关，不宜于减小V_b的值。由$(V_a-V_b)^{m-1}$这一项可说明光电转换特性所出现的饱和现象。

为了提高摄像管的灵敏度，通常采用信号倍增和放大措施。因为这些放大作用是通过摄像管内部进行的，所以称为内增益。实现内增益的方法主要有以下几种：① 放大入射光信号，如在摄像管前面耦合像增强器；② 改变光入射为光电子入射，如附加移像部分；③ 利用阅读电子束进行倍增，如设置返束电子倍增器。

2.3.2 摄像管的惰性

在摄取动态图像时，摄像管的输出信号滞后于输入照度的变化，这一现象称为惰性。当输入照度增加时，输出信号的滞后称为上升惰性。当输入照度减小时，输出信号的滞后称为衰减惰性。对于电视摄像管的惰性指标，通常采用输入照度截止后第3场和第12场(以帧周期0.04s计，为60ms和240ms)剩余信号所占的百分数来表示。

摄像管产生惰性的主要原因有两个：一是图像写入时的光电导惰性；二是图像读出时扫描电子束的等效电阻与靶的等效电容所构成的充放电惰性。下面分别进行讨论。

1．光电导惰性

由于光照改变后，光电导体中的光生载流子密度的变化有一个滞后，因此，摄像管靶面产生的电荷图像将滞后于入射的光学图像。

可以用简化的光电导模型来定量分析这一惰性，以下分两种情况讨论。

(1) 靶面光电导的上升惰性

① 单分子复合模型。当靶面接受突变的照度时，光电导上升规律由下面的微分方程来确定

$$\frac{\mathrm{d}(\Delta n)}{\mathrm{d}t}=L-\frac{\Delta n}{\tau_{\mathrm{a}}} \tag{2-16}$$

式中，Δn 是光生载流子数；τ_{a} 是载流子平均寿命；L 是光生载流子的激发率。

以初始条件 $t=0$ 时 $\Delta n=0$ 来求解这一方程，有

$$\Delta n=L\tau_{\mathrm{a}}(1-\mathrm{e}^{-t/\tau_{\mathrm{a}}}) \tag{2-17}$$

② 双分子复合模型。当靶面接受突变的照度时，光电导上升的规律由下面的微分方程来确定

$$\frac{\mathrm{d}(\Delta n)}{\mathrm{d}t}=L-\frac{(\Delta n)^2}{\tau_{\mathrm{a}}} \tag{2-18}$$

利用初始条件 $t=0$，$\Delta n=0$ 解此方程，得

$$t=\int\frac{\tau_{\mathrm{a}}\mathrm{d}(\Delta n)}{L\tau_{\mathrm{a}}-(\Delta n)^2}=\sqrt{\frac{\tau_{\mathrm{a}}}{L}}\mathrm{arch}\left[\frac{\Delta n}{\sqrt{L\tau_{\mathrm{a}}}}\right] \tag{2-19}$$

所以

$$\Delta n=\sqrt{L\tau_{\mathrm{a}}}\,\mathrm{th}\left(\sqrt{\frac{L}{\tau_{\mathrm{a}}}}\cdot \mathrm{t}\right) \tag{2-20}$$

（2）靶面光电导的衰减惰性

① 单分子复合模型，当靶面照度截止时，光电导衰减规律由下面的微分方程确定

$$\frac{\mathrm{d}(\Delta n)}{\mathrm{d}t}=\frac{\Delta n}{\tau_{\mathrm{a}}} \tag{2-21}$$

利用初始条件 $t=0$ 时，$\varDelta n=L\tau_{\mathrm{a}}$ 来求解，得到

$$\Delta n=L\tau_{\mathrm{a}}\mathrm{e}^{-t/\tau_{\mathrm{a}}} \tag{2-22}$$

② 双分子复合模型，当靶面照度截止时，光电导衰减规律吻合下面的微分方程

$$\frac{\mathrm{d}(\Delta n)}{\mathrm{d}t}=\frac{\Delta n^2}{\tau_{\mathrm{a}}} \tag{2-23}$$

根据初始条件 $t=0$，$\varDelta n=L\tau_{\mathrm{a}}$ 解此方程，得到

$$\Delta n=\frac{L\tau_{\mathrm{a}}}{L\mathrm{t}-1} \tag{2-24}$$

上面的定量分析表明，光电导的滞后呈现两种规律。一是指数函数型的滞后特性，二是双曲函数型的滞后特性。前者可用来描述输入照度较低时的光电导惰性，后者可用来描述输入照度较高时的光电导惰性。但实验结果表明，这种简化模型得出的结论并不十分吻合实测结果。其中一个主要原因是简化模型未考虑陷阱的作用。光电导体中载流子密度变化和光电导中的陷阱的密度与种类密切相关,下面具体分析电子陷阱对光电导惰性的影响。

用单一能级的陷阱简化陷阱对光电导的作用。当输入照度较低并取单分子复合模型时，可列出如下两个微分方程

$$\frac{\mathrm{d}(\Delta n)}{\mathrm{d}t}=L-\frac{\Delta n}{\tau_{\mathrm{a}}}+H_{\mathrm{E}}-H_{\mathrm{T}} \tag{2-25}$$

$$\frac{\mathrm{d}(\Delta n_{\mathrm{H}})}{\mathrm{d}t}=-H_{\mathrm{E}}+H_{\mathrm{T}} \tag{2-26}$$

式中，Δn 和 Δn_{H} 分别是载流子(电子)的密度和陷阱中的电子密度；H_{E} 和 H_{T} 分别是陷阱对电子的俘获率和释放率。它们可分别表示为

$$H_{\mathrm{E}}=P_{\mathrm{H}}\Delta n(N_{\mathrm{H}}-\Delta n_{\mathrm{H}}) \tag{2-27}$$

$$H_{\mathrm{T}}=P_{\mathrm{H}}\Delta n_{\mathrm{H}}\Delta n_{\mathrm{T}} \tag{2-28}$$

式中，P_{H} 是电子被俘获的几率，热平衡时 $H_{\mathrm{E}}=H_{\mathrm{T}}$，因此

$$\frac{\Delta n}{\Delta n_{\mathrm{H}}}=\frac{\Delta n_{\mathrm{T}}}{N_{\mathrm{H}}-\Delta n_{\mathrm{H}}} \tag{2-29}$$

由于照度很低，可以认为多数陷阱是空的，即 $N_{\mathrm{H}} \gg \Delta n_{\mathrm{H}}$，可将上式简化为

$$\frac{\Delta n_{\mathrm{H}}}{\Delta n} \approx \frac{N_{\mathrm{H}}}{\Delta n_{\mathrm{H}}}=g \tag{2-30}$$

这表明在低照度下 Δn 与 Δn_H 的比值是与照度无关的常量 g。

利用式(2-25)和式(2-26)，可以写出靶面停止光照时的微分方程

$$\frac{\mathrm{d}(\Delta n_{\mathrm{H}})}{\mathrm{d}t}+\frac{\mathrm{d}(\Delta n)}{\mathrm{d}t}=-\frac{\Delta n}{\tau_{\mathrm{a}}} \tag{2-31}$$

再将式(2-30)对 t 求一阶导数，得

$$\frac{\mathrm{d}(\Delta n_{\mathrm{H}})}{\mathrm{d}t}=g\frac{\mathrm{d}(\Delta n)}{\mathrm{d}t} \tag{2-32}$$

将式(2-32)代入式(2-31)，得

$$\frac{\mathrm{d}(\Delta n)}{\mathrm{d}t}=-\frac{\Delta n}{(1+g)\tau_{\mathrm{a}}} \tag{2-33}$$

根据初始条件，t=0 时，$\Delta n=L\tau_{\mathrm{a}}$，求解这一方程，其解为

$$\Delta n=L\tau_{\mathrm{a}}\mathrm{e}^{-\frac{t}{(1+g)\tau_{\mathrm{a}}}} \tag{2-34}$$

比较式(2-22)和式(2-34)可知，当有陷阱能级时光电导惰性的弛豫时间常数增大到$(1+g)$倍。由此可见，陷阱对光电导惰性的影响是非常严重的。

2. 电容性惰性

当电子束扫描靶面时，靶面电位并不是立即下降到零电位，而是随时间增加逐渐下降的。这一下降规律取决于扫描电子束的等效电阻和靶的等效电容。由此造成靶面在电子束扫描后仍有残余电荷，从而产生惰性。由于这种惰性是因靶的电容引起的，因此称之为电容性惰性。下面定量分析这种惰性。

扫描电子束到达靶面形成着靶电流 I，其值与靶面电位 V 有关。经实测两者的关系曲线如图 2-26 所示。

图 2-26 中的曲线可分为三个区域。

① 饱和区。在饱和区的着靶电流接近或者等于电子束的电流。这是因为靶面电位很高而使电子束的电子全部着靶。图 2-26 中曲线段①表明了这一现象。

② 线性区。在靶面电位的一定范围内，图 2-26 中曲线段②近似为一斜线。这时靶面电位 V 与着靶的传导电流 I 的关系可表示为

$$I=I_0\left(1+\frac{qV}{k\mathrm{T}_{\mathrm{M}}}\right) \tag{2-35}$$

式中，I_0 是常数；q 是电子电荷量；k 是玻耳兹曼常数；T_{M} 是电子枪热阴极的等效温度。对式(2-35)求导，得

$$\frac{\mathrm{d}V}{\mathrm{d}I}=\frac{kT_{\mathrm{M}}}{qI_0} \tag{2-36}$$

上式定义为线性区的电子束等效电阻。

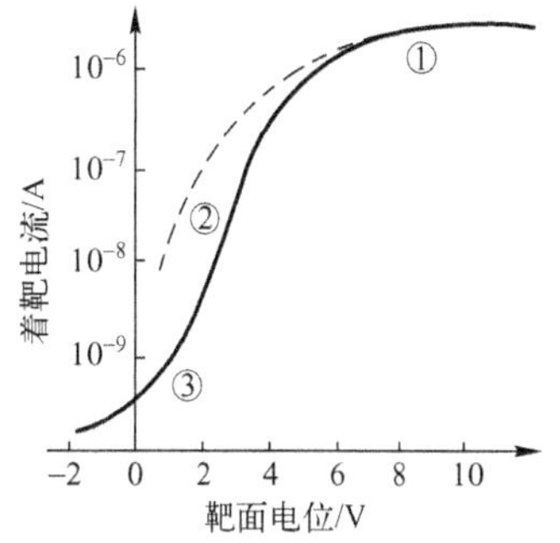

图 2-26　扫描电子束着靶特性曲

③ 指数区。在靶面电位接近于零或为负值时，图 2-26 中曲线段③近似为一指数曲线。这时靶面电位与着靶电流呈如下关系

$$I=I_0\mathrm{e}^{\frac{qV}{kT_{\mathrm{M}}}} \qquad V \leqslant 0 \tag{2-37}$$

这一公式是根据热电子发射理论建立的，如果热电子发射是在阻滞电场中，则其发射电流即为式

(2-37)。利用该式可确定

$$\frac{\mathrm{d}V}{\mathrm{d}I}=\frac{kT_{\mathrm{M}}}{qI_0}\mathrm{e}^{-\frac{qV}{kT_{\mathrm{M}}}}=\frac{kT_{\mathrm{M}}}{qI} \tag{2-38}$$

式中的 $\mathrm{d}V/\mathrm{d}I$ 定义为指数区的电子束等效电阻。

在指数区中靶面电位为负值时仍有着靶电流。这是因为热电子发射时，所逸出的电子具有初速度。热电子逸出时的初速度可以等效为负的初电位。这一等效初电位抵消了靶面的负电位。

由于热电子发射的初速度并不相等，电子的初速度分布近似地服从麦克斯韦分布律，所以较低的负靶压只能抵消较小的电子初电位。而较高的负靶压才能抵消较大的电子初电位。因此电子束着靶的电流要延伸到靶面的负电位区，并且着靶的电流与靶面电位之间呈指数关系。

通过上面的说明可知，摄像管中电子束扫描靶面所产生的惰性主要发生在着靶电流衰减很慢的指数区。为此可以利用式(2-37)来描述这一惰性。

已知摄像管靶面的电位变化 $\mathrm{d}V_{\mathrm{b}}$ 与靶的电荷量变化 $\mathrm{d}Q$ 关系为

$$\mathrm{d}V_{\mathrm{b}}=\frac{\mathrm{d}Q}{C}=\frac{-(I-I_{\mathrm{D}})\mathrm{d}t}{C} \tag{2-39}$$

式中，C 是靶像元的等效电容；I_{D} 是靶的暗电流。由此可知

$$\frac{\mathrm{d}V_{\mathrm{b}}}{\mathrm{d}t}=\frac{-(I-I_{\mathrm{D}})}{C} \tag{2-40}$$

由

$$\frac{\mathrm{d}I}{\mathrm{d}t}=\frac{\mathrm{d}I}{\mathrm{d}V_{\mathrm{b}}}\frac{\mathrm{d}V_{\mathrm{b}}}{\mathrm{d}t} \tag{2-41}$$

则

$$\frac{\mathrm{d}I}{\mathrm{d}t}=\frac{qI}{kT_{\mathrm{M}}}\frac{(I-I_{\mathrm{D}})}{C} \tag{2-42}$$

利用初始条件 $t=0$ 时 $I=I_b$ 来解这一微分方程

$$\frac{kT_{\mathrm{M}}C}{qI_{\mathrm{D}}}\ln\left(\frac{I}{I-I_{\mathrm{D}}}\right)=t+t_0\,\frac{kT_{\mathrm{M}}C}{qI_{\mathrm{D}}}\ln\left(\frac{I_{\mathrm{b}}}{I_{\mathrm{b}}-I_{\mathrm{D}}}\right) \tag{2-43}$$

令

$$\frac{kT_{\mathrm{M}}C}{qI_{\mathrm{D}}}\ln\left(\frac{I_{\mathrm{b}}}{I_{\mathrm{b}}-I_{\mathrm{D}}}\right)=t_0 \tag{2-44}$$

则

$$\frac{I}{I-I_{\mathrm{D}}}=\exp\left[\frac{qI_{\mathrm{D}}}{kT_{\mathrm{M}}C}\right](t+t_0) \tag{2-45}$$

由于靶的暗电流很小，所以可将式(2-45)的右边指数项展开为幂级数，因为 $qI_{\mathrm{D}}t\ll kT_{\mathrm{M}}C$，所以可以略去高次项，取一级近似得到

$$I\approx\frac{kT_{\mathrm{M}}C}{q(t+t_0)}+I_{\mathrm{D}} \tag{2-46}$$

根据式(2-46)给出的结果可知，在电子束扫描靶面时，着靶电流值的衰减呈双曲函数的规律。这表明：输入照度越低时产生的摄像惰性越显著。

为了减小摄像管的电容性惰性，可供采取的措施有：

① 减小靶的等效电容。选择靶材料时，取相对介电常数较低的材料为宜。设计靶的厚度时，应在允许的电荷扩散造成分辨率下降的条件下尽量取较大的厚度值。而最常采用的措施是：制造低密度疏松结构的靶，可在不影响光电导效应的前提下增加靶厚，从而有效地降低靶的等效电容。

② 降低电子束的等效电阻。为减小电子束的等效电阻，可在不影响电子束电流的前提下降低发射电子束的等效温度。这就导致了层流电子枪的产生。层流电子枪的电子轨迹不产生交叉，这样就消除了由于电子交叉运动所引起的轴向速度的进一步分散，从而降低了电子束温度。图 2-26 中的虚线是层流电子枪的特性曲线。经测定得到，在 100nA 的电子束电流条件下，普通电子枪的等效

束温约为 3300K，而层流电子枪的等效束温约为 1490K。其原因是：普通电子枪中由阴极、栅极和阳极形成电子透镜，电子束会聚在交叉颈处构成电子密集区。该区内电子相互作用几率很大，相应产生了过量的快速电子，增大了电子速度的分散。较大的速度分布即对应于较高的束温。而在层流电子枪中，由于利用了长焦距电子透镜，因而阴极面场强均匀且不产生电子交叉，只是利用膜孔限制电子束口径，所以电子速度的分散仍保持发射时的分布，因而电子束等效温度是较低的。在通常工作条件下，层流电子枪所产生的电容性惰性仅为普通电子枪的三分之一。

③ 在低照度摄像时增加背景光。由式(2-38)可知，摄像管的电容性惰性与电子束流的大小有关。当增加电子束电流值时，电子束的等效电阻下降，因此，加大输出信号可以减小惰性。可利用这一关系在摄取低照度图像时人为地馈给靶面一个均匀的底光，使输出信号电流叠加一个背景电流，这样可以降低电容性惰性。底光产生的背景电流为直流量，可以由隔直电容加以滤除。

2.3.3 摄像管的分辨率

电视摄像管摄像时对图像细节的分辨能力是一项重要的性能指标。由于电视系统采用扫描方式，故分辨率在垂直和水平方向上一般是不同的。通常分为垂直分辨率和水平分辨率，即以画面垂直方向或水平方向尺寸内所能分辨的黑白条纹数来表示。这一极限分辨的线条数简称为电视线(TVL)。对摄像管亦应如此。

1．垂直分辨率(或称分解力)

在整个画面上，沿垂直方向所能分辨的像元数或黑白相间的水平等宽矩形条纹数，称为垂直分辨率。例如若能够分辨 600 行，即称垂直分辨率为 600TVL。

靶面像元的大小由电子束落点尺寸、扫描行数和扫描位置所决定，它们决定了垂直分辨率的上限。当这些因素确定之后，靶本身的质量就决定着分辨率的大小。

① 扫描行数的影响。水平扫描行数为 600 行的电视系统，其垂直分辨率绝对不会超过 600TVL。考虑实际扫描过程中的消隐行数，最高垂直分辨率总要低于扫描行数。

② 扫描位置的影响。如果扫描中心线的位置不当，会使应有的分辨率下降。如图 2-27 所示，设被传送的是黑白测试图案，线条数为 N，当扫描中心线与条纹中心线正好重合时，分辨率最高，如图 2-27(b)中的最左列。此时垂直分辨率等于有效扫描行数(不考虑其他因素)。当扫描中心线与条纹边界线重合时，垂直分辨率最低，图案难以分辨，如图 2-27(b)中的次左列。但是，如果图案线条加宽一倍，且仍可分辨，但垂直分辨率下降一半，如图 2-27(b)中的左三列。如果扫描中心线介于线条的中心线和边界线之间，则垂直分辨率将介于以上两种情况之间，如图 2-27(b)中的最右列。

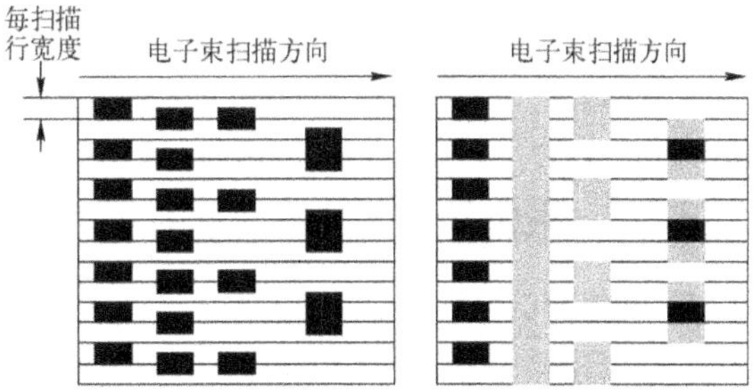

(a) 摄像管靶面图像　　(b) 显像管重现图像

图 2-27　扫描线位置对垂直分辨率的影响

③ 扫描电子束落点尺寸及其电流密度分布。以上是假设扫描电子束落点尺寸正好等于线宽的情况。如果不等，垂直分辨率随着束点尺寸的变化而变化。如果束点尺寸增大，垂直分辨率将会下降。这是由于扫描时同时取走了相邻线条的信号，使它们相互混淆所致。此外，垂直分辨率还与束点上的电流密度分布有关。通常束截面上的电流密度服从高斯分布，所以束点中心和边缘部分的阅读能力不同。如果设计均匀密度分布的束点，阅读效果及分辨率会大大改善。

2．水平分辨率

整个画面上，沿水平方向所能分辨的像元数，称为水平分辨率。习惯上也用电视线(TVL)来表示。

由于在水平方向上，扫描电子束是连续移动的，所以它同垂直方向上的情况不同。因此二者的分辨率也不相等。除了靶和屏以外，影响水平分辨率的因素主要有以下几种：

① 扫描电子束落点尺寸的影响。如图 2-28 所示，由于是以电子束直径的束点进行扫描的，所以使黑白边界变得模糊，模糊的范围与电子束径相等。束点尺寸对水平分辨率的影响称为孔阑效应。为了减小孔阑效应，应缩小束点的水平尺寸。

② 信道频带宽度的影响。电子束扫描靶面时，像元上的信号接连不断地输送出去，像元数越多，输出脉冲频率越高。这就要求信道有足够的带宽。如果带宽不够，就会限制水平分辨率。根据我国电视标准，可以算出信道带宽为

$$\Delta f = 0.0128M \quad \text{(MHz)} \tag{2-47}$$

式中，M 为垂直分辨率。

摄像管的分辨率通常以 TVL 或电视的行 / 帧高表示。也可以换算成以 lp / mm 表示的分辨率，即

$$\Delta f = \frac{M}{2h} = \frac{M}{1.2l} \tag{2-48}$$

式中，h、l 分别为光栅高度和对角线的长度。

例如，某摄像管的分辨率为 400TVL，靶面有效直径为 16mm，则靶面上的分辨率应为

$$f = \frac{400}{1.2 \times 16} = 20.8 \quad \text{(lp/mm)} \tag{2-49}$$

图 2-29 为常用的电视分辨率测试卡，除了可以观察电视系统的分辨率外，还可以观察对应的灰度变换情况(γ 变换特性)等。

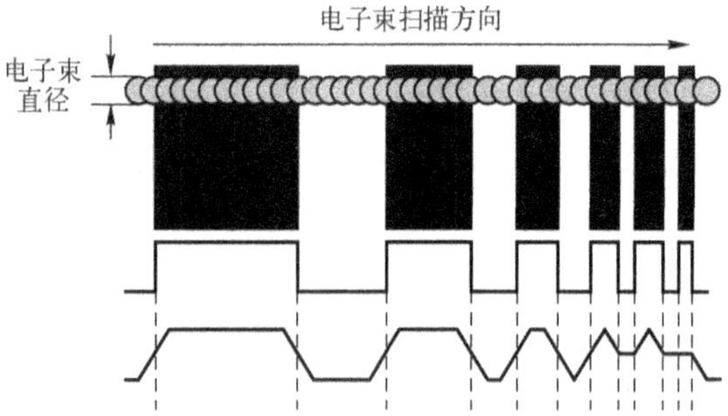

图 2-28　扫描束点尺寸对水平分辨率的影响

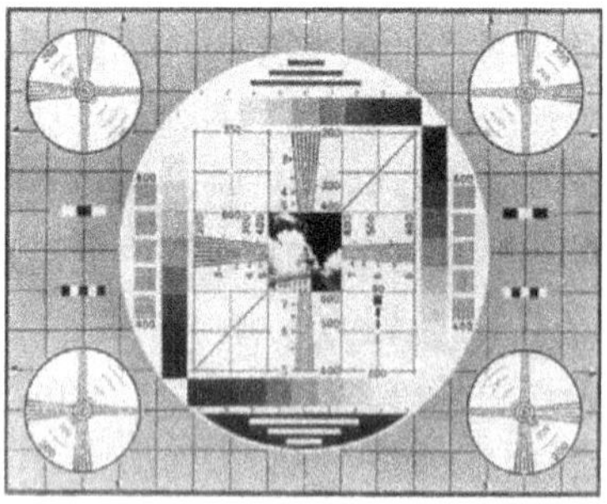

图 2-29　电视分辨率测试卡

2.3.4　摄像管的其他特性参数

1. 摄像管的信噪比

摄像管信噪比的定义为：输出视频信号电流峰-峰值与输出电流中所含噪声均方根值的比值。

摄像管的噪声来源很多，主要有：① 光子、光电子、载流子、二次发射电子、扫描电子的散粒噪声；② 载流子的产生-复合噪声；③ 热噪声；④ $1/f$ 噪声；⑤ 预放器噪声。

噪声大时，在图像上反映为大量随机移动的黑点和亮点。不同的探测目的要求摄像管信噪比是不一样的。为使观察者感觉不到噪声，光电导视像管的信噪比应大于 25。

摄像管灵敏度定义为：输出视频信号一定时(刚好满足信噪比要求)，光敏面所需最小辐射照度的倒数。所以，摄像管的灵敏度与信噪比密切相关。

通常在光电导视像管中，放大器噪声是主要的。在高增益的电子轰击感应电导型及带移像部分的摄像管中，光子、光电子及预放器噪声共同起作用。

2. 光电转换特性(γ 特性)

光电转换特性是指输出视频信号电流 I_s，与光敏面上的辐照度 E 的关系曲线，如图 2-30 所

示。此关系曲线通常可用下式表示，即

$$I_s = kE^{\gamma} \tag{2-50}$$

式中，k 为常数，指数 γ 随不同光敏面材料而变。上式两边取对数，可得

$$\lg I_s = \lg k + \gamma \lg E \tag{2-51}$$

由式(2-51)可知，γ 值就是以双对数坐标表示的光电特性曲线的斜率，又称为灰度系数，如图 2-31 所示。

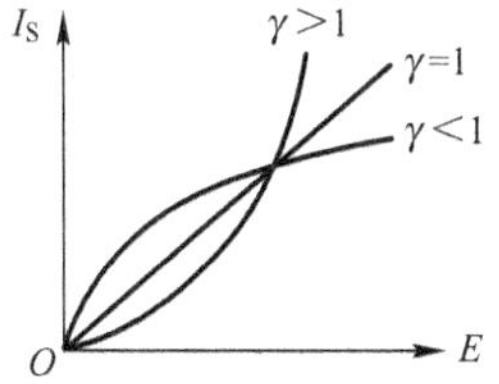

图 2-30　摄像管的光电转换特性曲线

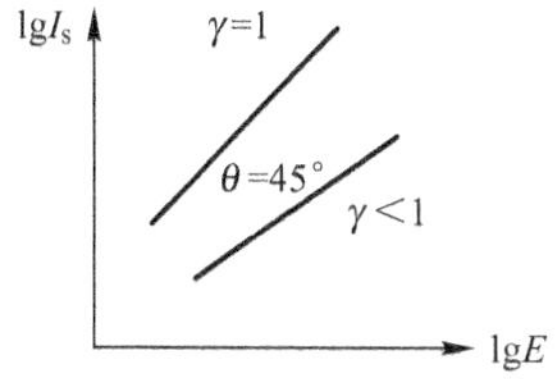

图 2-31　用对数坐标表示的光电转换特性曲线

γ=1 时，灰度等级均匀；γ<l 时，有均匀的灰度畸变，但此时提高了弱照度时的灵敏度，从而使强照度时的光电特性呈一定的饱和状态。前者有利于提高暗场时的信噪比，后者有利于扩展动态范围。γ>1 是不适用的，因为对整个电视系统而言，从输入到输出既包含了摄像管的光电转换特性，同时也包含信道和显像管的电光转换特性。而显像管的电光转换特性，其 γ 值都大于 1，所以为了使整个电视系统总的灰度特性为 1，通常使用 γ<l 的摄像管。

3．动态响应范围

摄像管所能允许的光照强度的变化范围称为动态响应范围。其下限决定于低照度下的信噪比，而上限则决定于靶面储存电荷的能力。通常靶的电位起伏最高限为几伏，否则会影响电子束的聚焦与边缘电子束的着靶。

除以上摄像管性能参数外，评价摄像管性能还使用暗电流、畸变、晕光、寿命、机械强度等参数。

2.4　热释电摄像管

热释电摄像管是一种热成像器件，工作波段为 8～14μm，靶面由热释电材料构成。由于自然界中在常温状态下景物都产生红外辐射，因此摄取红外辐射图像不需要任何的照明，故热释电摄像管的工作是一种全被动式的摄像方式，具有全天候工作的特点。

热释电摄像管属中等性能的热成像器件。自 1965 年提出热释电效应可应用于红外成像并研制出热释电摄像管以来，由于它具有不需制冷，结构简单，价格低廉等优点，故得以迅速发展。热释电摄像管被广泛应用于电力工业上的故障探测，医疗诊断上的癌变检查，激光模式的测量，消防及夜视等方面。

2.4.1　热释电效应与热释电摄像管

1．热释电效应

热释电效应是少数介电晶体所特有的一种性质，这种效应可表述为：晶体在没有外加电场和应力的情况下，具有自发的或永久的极化强度，且这种电极化强度随晶体本身温度的变化而变化。当温度降低时电极化强度升高，当温度升高时电极化强度降低。使电极化强度降低到零时的温度称为居里温度。具有热释电效应的晶体在固体物理学中称之为铁电体。

热释电效应产生的原因是在没有外电场作用时，介电晶体的单个晶胞中正电荷的分布重心与负

电荷的分布重心不重合，即电矩不为零而形成电偶极子。当相邻的晶胞的电偶极子平行排列时，晶体将表现出宏观的电极化方向。在交变的外电场作用下还会出现电滞回线，其规律如图 2-32 所示。图中的 E_c 称为矫顽场强，即当 $E=E_c$ 时，极性晶体的电极化强度为零。

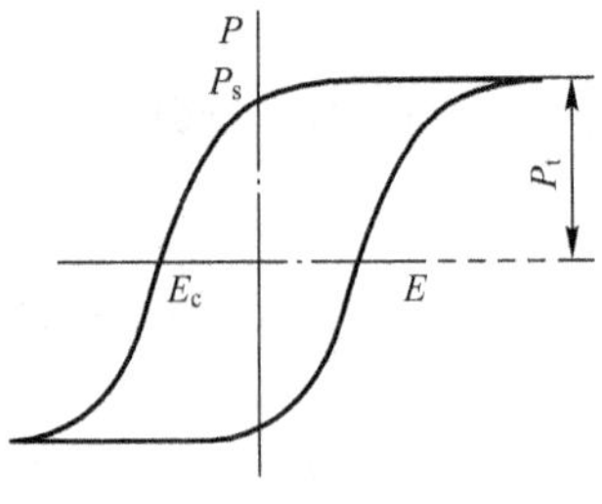

图 2-32　热释电材料的电滞回线

具有热释电效应的晶体在外电场的作用下，内部的电偶极子受电场作用而使偶极矩趋于一致。当外电场消失时，偶极矩的宏观一致性仍被保持，产生了较强的电极化强度 $\boldsymbol{P}_s$，这种通过外电场的瞬间作用使铁电体产生较强自发极化强度的过程称为单畴化。

经过单畴化的热释电晶体，在垂直于极化方向的表面上，将由表面层的电偶极子构成相应的静电束缚电荷。因为自发极化强度是单位体积内的电矩矢量和，所以该面电荷密度 σ 与自发极化强度 $\boldsymbol{P}_s$ 之间的关系可由下式确定。

$$P_s=\frac{\sum\sigma\Delta s\Delta d}{V} \quad 及 \quad P_s=\frac{\sigma Sd}{V} \tag{2-52}$$

式中，S 和 d 分别是晶体的表面积和厚度；V 是晶体的体积。由于 $V=S\cdot d$，故又有

$$P_s=\sigma \tag{2-53}$$

式(2-53)表明热释电晶体的表面束缚面电荷密度等于它的自发电极化强度。平时这些面束缚电荷常被晶体内部或外来的自由电荷所中和，因此不能维持较长时间。由内部自由电荷中和表面束缚面电荷的时间常数为 $\tau=\varepsilon\rho$（ε 和 ρ 分别为晶体的介电常数和电阻率）。对于多数热释电晶体，τ 值在 1～1000s 之间。这表明：多数热释电晶体表面上的束缚面电荷可以保持 1～1000s 的时间。那么，根据上面的关系，由于在该时间内束缚面电荷还没有被中和掉，因此，只要在该时间内使热释电晶体的温度发生变化，晶体的自发电极化强度就将随温度的变化而变化，从而相应的束缚面电荷也随之变化。这样就完成了将晶体的温度变化转化为晶体表面的束缚面电荷的变化，这就是热释电摄像管靶在工作时完成热电转换的基本原理。

由上述原理可知，热释电摄像的主要依据是热释电晶体的自发极化强度 $\boldsymbol{P}_s$ 随温度 T 的变化关系。描述这一关系的基本参数是热电系数 η，它定义为自发电极化强度关于温度的偏导数，即

$$\eta=\left(\frac{\partial \boldsymbol{P}_s}{\partial T}\right)_{\theta,E}=\left(\frac{\partial \boldsymbol{P}_s}{\partial T}\right)_{\chi,E}+\left(\frac{\partial \boldsymbol{P}_s}{\partial \chi}\right)_{T,E}\left(\frac{\partial \chi}{\partial T}\right)_{\theta,E} \tag{2-54}$$

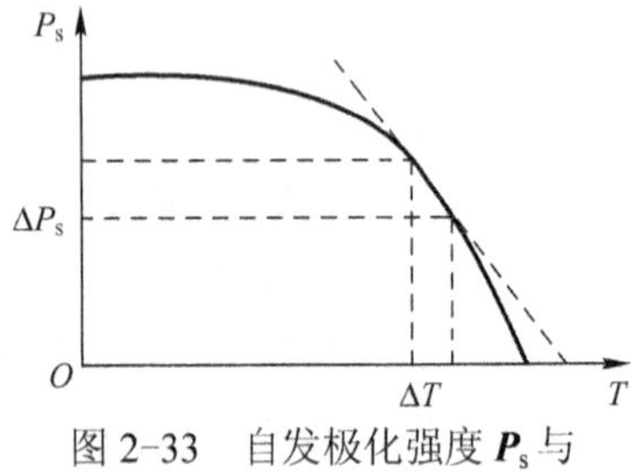

图 2-33　自发极化强度 $\boldsymbol{P}_s$ 与温度 T 的关系曲线

式中，θ、E 表示应力与电场保持不变；θ 表示胁强；χ 表示胁变；E 为外加电场。热电系数 η 则表明热释电效应的温度灵敏度。式(2-54)中右边第一项定义为第一热电系数，第二项为第二热电系数。从图 2-33 可以看出，热电系数是 $\boldsymbol{P}_s$-T 曲线斜率的绝对值并随温度而变化。当温度较低时，热电系数偏小。当温度适中时，热电系数的绝对值较大，并且不随温度而明显变化，即 η 近似为常数。可以认为该温度区内 $\boldsymbol{P}_s$ 与 T 为线性关系，因此，这是热释电晶体的有效工作区。当温度接近居里温度时，热电系数起伏较大并容易退极化。所以，一般来说热释电靶材料要选择居里温度高些的材料才比较理想。

自然界中有两大类热释电体：一类自发极化方向能随外电场改变，在外电场下呈电滞回线，称为热电-铁电体；另一类自发极化方向不能随外加电场改变，称为热电-非铁电体。

铁电体通常有三种类型：

① 位移型：铁电体的电极化与高价正离子离开周围氧八面体中心的位移有关。如钛酸钡，钽酸钾，铌酸钾等材料。

② 氢键中质子的线性有序型：铁电体是由于氢键中的质子产生有序排列构成宏观的电极化。如硫酸三甘肽(TGS)，氟铍酸三甘肽(TGFB)等材料。

③ 旋转受阻型：铁电体的宏观电极化是由于偶极子旋转受阻而产生有序排列构成的。如磷酸二氢钾(KDP)等材料。

具有热释电效应的材料除晶体外，还有热电聚合物和热电陶瓷。但由于前者热电系数的值偏低，而后者的介电常数又过高而较少被采用。

在实际应用中，选取何种材料与具体的应用条件有关。对热释电靶材料通常从以下几方面考虑：

① 热电系数。取靶面像元面积为ΔS，在帧时间 T_f 内该像元的温度由 $T(t)$变为 $T(t+T_f)$，则电子束扫描该像元时产生的输出信号电流为

$$I(t)=\eta\frac{\Delta s}{t_0}\left[T(t)-T(t+t_f)\right] \tag{2-55}$$

式中，t_0 为电子束扫描该像元的时间。从式中可知，η 的值越大，摄像的灵敏度越高。因此，材料的热电系数应越大越好。

居里温度是热释电效应的上限温度，为使摄像有较大的动态范围，应选择居里温度高于靶面工作的上限温度的材料。

② 介电常数。热释电靶的电容取决于材料的介电常数，为减小摄像的电容性隋性应尽量降低靶的电容，应选择介电常数尽可能小的靶材料。

③ 热导率。热释电靶在摄像时，靶面形成的电荷图像是由其温度决定的。但靶面温差所产生的热传导将降低摄像的分辨率。所以要求靶的热导率越小越好。

④ 比热容。靶接收热辐射，产生的温升与靶的比热容成反比。因此，为获得较高的温度响应率，要求靶材料的比热容要小。

⑤ 发射率。靶不是理想的黑体，它对目标辐射的吸收取决于靶的发射率。为最大限度地接收目标的热辐射，要求靶材料的发射率尽可能接近于 1。

综合以上因素，在理论分析中常定义如下两个优值

$$Q_V=\frac{\eta}{C_p\varepsilon} \tag{2-56}$$

$$Q_I=\frac{\eta}{C_p} \tag{2-57}$$

式中，C_p 为材料的体积比热容，ε 为材料的介电常数。Q_V 称为热电晶体电压响应率优值或第一优值。Q_I 称为热电晶体电流响应率优值或第二优值。根据不同的需要来选择这两个优值。表 2-2 给出了实用热释电晶体材料的性能参数及优值。

表 2-2 热释电晶体材料的性能参数及优值

材料	居里温度(℃)	测量温度(℃)	热释电系数$(C/cm^2{\cdot}K)\times10^8$	介电常数	介质损耗	体积比热容$(J/cm^3{\cdot}K)$	热导率$(J/cm^2{\cdot}K{\cdot}s)$	Q_I	Q_V
TGS	49	25	3.9	35	0.004	2.5	0.002	1.56	4.5
LATGS	51	25	4.2	35.3	0.0013	2.5	0.002	1.68	4.8
DTGS	61	25	2.2	18	0.002	2.5	0.002	1.08	6.0
DLATGS	62.3	25	2.55	18	0.003	2.5	0.002	1.02	5.2
$LiTa0_3$	618	25	2.3	54	0.0002	3.5	0.035	0.66	1.2
$LiNb0_3$	1210	25	0.8	30	0.0006	2.8	/	0.29	0.92
SBN(x=0.33)	62	25	11	180 0	0.003	2.1	0.01	5.2	0.29
(x=0.25)	30	25	32	500 0	0.02	2.1	0.01	12.6	0.35
(x=0.52)	115	25	6.5	380	0.03	2.1	0.01	3.1	0.82
$Pb_2Ge_3O_{11}$	128	25	0.95	50	0.0003	2.5	/	0.38	0.26
PLZTC	218	25	5.6	820	0.069	2.6	0.03	2.2	0.25
PVF_2	/	25	0.24	11	0.025	2.4	0.001	0.1	0.09

常用的热释电摄像管靶的主要材料有以下几种：

① 硫酸三甘肽(TGS)：该材料的特点是探测率高，η 大，介电系数小，容易在水溶液中生长成大块晶体，并容易加工。缺点是居里温度低，容易产生退极化现象。加入少量的α丙氨酸可以提高居里温度。

② 钽酸锂($LiTaO_3$-LT)：LT 的居里温度高，不容易产生退极化现象。并且在低温及高温下都有较好的性能。化学稳定性好，机械强度高，工艺性较好，介质损耗低。是一种很有希望很受重视的材料。

③ 铌酸锶钡(SBN)：该材料的分子式为 $Sr_{1-x}Ba_xNb_2O_6$。其热电系数及 ε 值都随 x 的增大而减小，居里温度则随 x 的增加而增大。这一特性对控制居里温度的大小是很方便的。在室温下，热电系数很大，但在 x 较小时尚不够稳定，且容易产生退极化。当 x=0.52 时，性能较好且较稳定，同时具有抗声、抗压、抗震的优点。

2．热释电摄像管

热释电摄像管与普通光电导摄像管在结构上类似，只是以热释电靶代替了光电导靶。但是两者之间存在着根本的区别。首先，热释电靶是利用热释电效应来工作的，而热释电效应仅对随时间变化的热辐射有响应，所以热释电靶在工作时需要交变的入射辐射，即要对入射辐射进行调制。其次，由于热释电靶是近乎完美的绝缘体，容易积累电荷而使电子束不能连续工作，为此要设法消除靶面的负电荷积累。所以调制入射辐射和消除负电荷积累成为热释电摄像管的两个特殊的问题。下面介绍热释电摄像管的基本结构和为解决两大特殊问题所采取的措施。

热释电摄像管的结构如图 2-34 所示。这是一个具有代表性的 2.54cm 靶热释电摄像管的基本结构。输入窗由具有对 8～14μm 辐射波段有良好透射比的材料制成，通常采用锗单晶材料，其上涂有抗反射层，其增透关系由菲涅耳公式导出的增透膜折射率关系式确定

$$n_0 n_S - n^2 = 0$$

式中，n_0 为外界折射率；n_S 为介质折射率；n 是增透膜的折射率)。膜厚取为透射波长的四分之一。靶由具有热释电效应的铁电体材料制成，一般厚度约为 30～50μm。它的电极化轴垂直于表面。表面经抛光后蒸镀金属透明导电层充当电极，该电极面对输入窗。

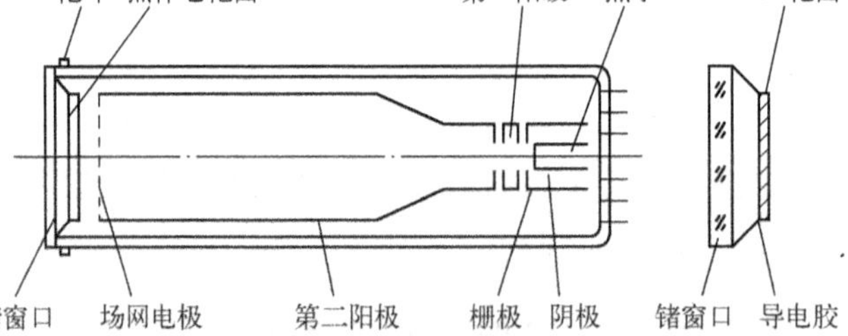

图 2-34　热释电摄像管及靶的结构

面对电子束扫描的靶面镀有保护层，其作用是防止靶受到离子的侵蚀，以改善输出信号的均匀性和延长靶的寿命。热释电靶是良好的绝缘体，因此靶面的电荷扩散可以不考虑，但是靶面的热扩散则需要考虑。因为靶的横向热扩散将损失热辐射图像的分辨率，所以应选用低热导率的靶材料，但是这样又降低了靶的纵向热传导，从而增大了摄像的惰性。为此，出现了网格状的热释电靶。这种靶的结构是用低热导率的三硫化二砷制成基底(厚度约为 10μm)，再用光刻或激光蚀刻方法将上面的热释电靶刻制成网格状后，用阿匹松胶粘合到基底上。这样做可以减小横向热扩散而又不影响纵向热传导。这种结构的热释电靶虽然有效工作面积损失了 25%，但摄像的分辨率会得到明显提高。

其后半部结构与普通光电导摄像管类似，当电子束扫描靶面时，由靶电极取出信号。

2.4.2 热释电靶电荷图像的形成与读出

1．热释电靶的单畴化

热释电摄像管在工作时，靶必须处于自发电极化的状态，即电极化的极轴方向应垂直于靶面。通常在制靶时及靶产生退极化时，都要进行单畴化，使之形成最大的自发电极化强度。热释电摄像管进行单畴化处理的工作过程可分为四个步骤，如图 2-35 所示。图中 V_s 是热释电靶的信号电极电位；V_M 是电子枪场网电极的电位；V 是热释电靶的电子束扫描面电位。

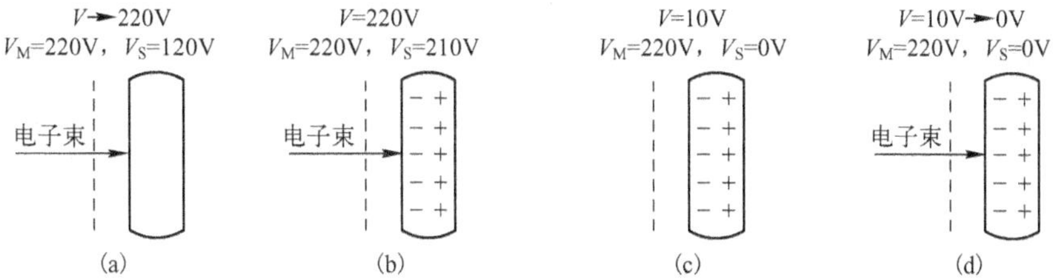

图 2-35 热释电靶单畴化处理过程示意图

下面具体说明四个步骤：

① 将靶的信号电极电位 V_s 升到 120V，由电子枪发射电子束扫描靶面。由于到达靶面的电子具有 120eV 的能量，靶面将产生二次电子发射。此时二次电子发射系数大于 1，靶面将损失负电荷而使电位升高。当电位升高到与场网电极电位(220V)相等时，便不再升高。这是因为靶面发射的二次电子已不能为场网所收集而被排斥回到靶面上所致。此时靶的电子束扫描面将稳定在场网电极的电位(220V)上。由于热释电靶是绝缘体，而两个表面的电位又分别为 220V 和 120V，所以晶体内将产生电场强度。该电场力将使体内的电偶极矩方向趋于一致，形成宏观的自发电极化强度。这一过程大约需要 1～2 分钟。其结果在靶的电子束扫描面产生束缚的负电荷，如图 2-35(a)所示。

② 将 V_s 缓慢升到 210V。同时电子束继续扫描靶面，保持靶的扫描面电位为 220V。这时靶的两个表面间电位差下降到 10V。保持一段时间，使热释电靶的电极化稳定，如图 2-35(b)所示。

③ 停止电子束扫描，并将 V_s 迅速降到 0V。这时靶的两个表面间电位差将保持 10V，所以靶的电子束扫描面电位将变为 10V，如图 2-35(c)所示。

④ 重新由电子束扫描靶面。这时由于靶面的电位只有 10V，上靶电子的能量较低，二次电子发射系数小于 1，所以电子将沉积在靶面上，直至靶的扫描面电位下降到零伏为止。这样就完成了热释电靶的单畴化处理，如图 2-35(d)所示。

2．靶面电荷图像的形成

热释电靶面的信号电荷是由扫描电子束的负电荷着靶后才形成视频信号的，所以靶面的信号电荷必须是正电荷。但是，热释电靶是良好的绝缘体，热释电效应产生的信号电荷又是静电的束缚电荷，所以扫描电子束着靶的负电荷不能在帧周期内导走。为了防止热释电摄像管中靶面上产生负电荷沉积，必须在每次电子束扫描后都给靶面提供一定量的正电荷。这一正电荷密度要大于最大的信号电荷密度。它一方面用来消除扫描电子束着靶的负电荷，另一方面也保持靶面的信号电荷总是正电荷。所以，在形成视频信号的过程中，热释电摄像管与光电导摄像管有着上述不同点。通常将提供给靶面的正电荷称为基底电荷。因为基底电荷也将产生输出信号，所以，基底电荷在靶面上的分布应当是均匀的，这样由基底电荷所产生的输出信号将是直流量，可以用隔直电路予以去除。

单畴化好了的热释电靶工作时，接受经过调制的入射辐射。入射的辐射图像使靶面的温度产生相应的变化。由于靶的自发极化强度 $\boldsymbol{P}_s$，随靶温的变化而相应改变，从而使靶面上对应的束缚面电荷密度发生改变。由式(2-53)和式(2-54)可知，靶温变化产生的自发极化强度变量 ΔP 就等于靶面束缚面电荷密度的变量 $\Delta\sigma$。因为靶是介电材料，当它的两个表面存在有电荷时则可以等效为一个充电电容。由此可知，$\Delta\sigma$ 所产生的电压变化为

$$\Delta V=\frac{S\Delta\sigma}{C}=\frac{S\Delta P_{\mathrm{s}}}{C}=\frac{S}{C}\int_0^{\Delta T}\left(\frac{\partial \boldsymbol{P}_s}{\partial T}\right)_{\theta,\mathrm{E}}\mathrm{d}T \tag{2-58}$$

式中，C 是靶的等效电容；S 是靶的有效工作面积。若热释电靶工作在热电系数 η 为常数的温度区，则上式可写为

$$\Delta V=\frac{S}{C}\eta\Delta T=\frac{\eta\Delta T\mathrm{d}}{\varepsilon} \tag{2-59}$$

式中，d 是靶的厚度；ε 是靶的介电常数。

式(2-59)定量地描述了热释电靶的温升 ΔT 与靶的扫描面电位变化 ΔV 之间的线性关系。这说明热释电靶可以将所接收的热辐射图像转换为靶面的电位图像，即完成了摄像的写入过程。

3．热释电靶电荷图像的读出

热释电摄像管的靶面上形成的电荷图像也是通过电子束扫描取出为视频信号的，其基本原理与光电导摄像管相同。但是由于热释电靶的电子束扫描面上产生的电荷是可正可负的，其正负由入射辐射使靶面升温还是降温决定。而扫描电子束中只有带负电荷的电子，这样，对靶面上的负电荷图像将不能进行中和，因而无法产生信号读出电荷图像。为此产生了热释电摄像管中的特殊的信号读出问题。解决这个问题的方法是：①在电荷图像形成之前，使靶面稳定在高电位上，在积累电荷时便不至于形成负的靶面电位；②对靶面提供基底正电荷，中和靶面积累的负电荷。因而产生了以下两种读出靶面电荷图像的方法：

（1）阳极电位稳定法(APS 法)

该方法的特点是，工作时靶的扫描面电位稳定在电子枪的靶网电极电位上(通常 300V)。在无入射辐射时，由电子枪(阴极电位为 0V)快速扫描靶面，从而使二次电子发射系数 $\delta>1$。当通过电子束扫描达到平衡时，其扫描电子束送到靶上多少电子，就有多少电子通过二次发射离开靶面被靶网电极所收集，而其余的二次发射电子返回靶面产生二次电子重新分配。靶面的平衡电位将高于靶网电极电位一定的数值 ΔV_0，而由此电位差 ΔV_0 形成拒斥场，使 δ 保持为 1。

当靶被入射辐射照射时，靶面电位将改变 ΔV_{S}，ΔV_{S} 的正负由靶温的变化方向所决定，即取决于入射辐射是增量还是减量。

若 $\Delta V_{\mathrm{S}}>0$，则靶面电位将比网极电位高出 $\Delta V_0+\Delta V_{\mathrm{S}}$，这样，电子束扫描时，二次电子难以飞出靶面，从而导致二次电子发射系数下降，即 $\delta<1$，达到靶面沉积电子中和靶面的正电荷的目的，以抵消 ΔV_{S} 的作用。同时输出与 ΔV_S 相当的信号电流。

若 $\Delta V_{\mathrm{S}}<0$，则靶面电位比网极电位高出 $\Delta V_0-\Delta V_{\mathrm{S}}$，使得电子束扫描时，二次电子容易从靶面飞出，即实现 $\delta>1$。从而在靶面上沉积正电荷，最后抵消 ΔV_{S} 的作用。同时输出与 ΔV_{S} 相当的信号电流。

由以上两种情况可知，无论ΔV_{S} 为正或为负，都能实现信号的读出，只是对靶来说，前者是放电过程，后者是充电过程。

由于靶面电荷图像的读出是由扫描电子束流与靶一靶网极间的二次电子电流的动态平衡所构成的，为了全部读出信号电荷，要求电子枪的最小束流 $I_{\min}$ 满足

$$I_{\min}=CV/T_{\mathrm{f}} \tag{2-60}$$

式中，T_{f} 为帧扫描时间或者帧间期；C 为靶电容；V 为靶的工作压。

阳极电位稳定法的优点是结构简单，电子束流大，不需专门的电路和结构，滞后小。缺点是电子束流大带来的起伏噪声较大，靶面的二次电子再分配将造成对比度的损失，影响像质。

（2）阴极电位稳定法(CPS)

这种方法的关键是把靶扫描面的电位稳定在电子枪的阴极电位上。但由于靶面处于低电位，所

以仍然存在电子难以上靶的问题，即仍存在负电荷的读出问题。为此，靶面需要建立一定的正电位，即周期地供给靶面一定量的正电荷。其数量与扫描电子束着靶的负电荷相等，这种正电荷即为基底电荷。电子束扫描时，从基底电荷产生视频信号电流，其典型值为 $20nA/cm^2$。由于有了正的基底电荷，热释电摄像管就得到了正极性的输出信号。这是因为当入射辐射使靶温上升时，靶的扫描面负的束缚电荷量将减少。由于正的基底电荷量是一定的，所以靶面上合成的总电荷量(正电荷)相应地增多了。这表明入射辐射与靶的扫描面上正电荷量成正比。当电子束扫描时，所形成的输出信号也就与入射辐射成正比。

产生基底电荷通常有如下几种方法：

① 二次电子发射法。该方法利用电子束回扫过程，将电子枪的阴极电位降至-80V，调制极电位下降至-90V，使电子束以 80V 的加速电位散焦轰击靶面，使热释电靶形成二次系数大于 1 的二次电子发射而损失负电荷，从而使靶面形成均匀分布的正电荷，构成基底电荷。其原理如图 2-36 所示。

通常，靶电位在 22V 时，入射电子的二次发射系数 $\delta>1$，取 80V 时有 $\delta\approx1.8$。在电子束扫描时，阴极和栅极之间为正电压，即 V_c=0V，U_g=l0V。电子束回扫时，V_c=-80V，U_g=-90V。由基底电荷构成的平均电流可为

$$I_p = I_{BF}(\delta-1)\frac{t_1}{t_2} \tag{2-61}$$

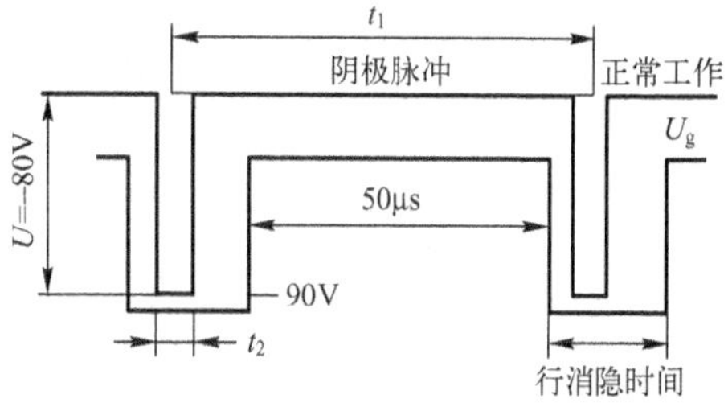

图 2-36 电极电压变化的脉冲分布

式中，I_{BF} 为回扫时扫描电子束电流；t_1 为水平扫描周期(行扫描周期)；t_2 为回扫时间。在上述电压情况下，$I_p\approx500nA$。

采用二次电子发射法的优点是：能提供较大的基底电流，有利于降低摄像惰性,不影响摄像管的寿命,不产生离子噪声。缺点是：增加了电子枪回扫的控制电路，电路较为复杂而不能与普通摄像系统兼容；基底电荷分布不够均匀，有时需要有阴影校正电路。

② 摄像管内充气法。为了得到基底电荷，预先在热释电摄像管中充入 1×10^{-3}Pa 压强的氦或氩等惰性气体。当摄像管处于工作状态时，电子束高速通过靶网与靶之间的空间使气体分子产生电离。所产生的正离子在网靶间电场作用下落在靶上，构成基底电荷。其平均基底电流与惰性气体的压强成正比。

采用充气法的优点是：产生的基底电荷分布均匀，不需增加控制电路，用普通电子枪即可。缺点是：因受充气压强限制产生的基底电流不大；电子枪阴极与加速极之间产生的正离子将轰击电子枪阴极而减少其寿命；靶面受正离子的轰击也会影响寿命；扫描电子束与气体分子碰撞产生散焦会降低摄像的分辨率；扫描电子束流受离子流的调制增加了噪声。由于该方法的缺点较多，目前已较少被采用。

③ 泄漏电流法。泄漏电流法通过掺杂或其他措施降低靶的电阻率，使靶本身通过泄漏电流来产生基底电荷。但这样一来，势必导致其他特性的改变。目前此法仅适用于锗酸铅靶。当锗酸铅中掺入适量的硅后可获得 $5\times10^{11}\sim3\times10^{12}\Omega\cdot cm$ 的电阻率，并有较高的热电系数，但居里温度被降低了。

2.4.3 热释电摄像管工作的特点

热释电靶面上的静电电荷面密度随靶温度变化而产生相应的变化，这是它完成将热辐射图像转换为电荷图像的基本性质，但是它产生的靶面电荷是静电电荷，如果靶温不变，则靶面电荷被电子束着靶中和后，将不能再产生新的面电荷，这一点与光电导摄像管不同。光电导靶在扫描电子束导走靶面电荷后，只要继续有光输入则由光电导效应就会继续产生靶面电荷。

热释电靶接受辐射图像所产生的电荷图像是静电的束缚电荷图像。被电子束扫描后这一电荷图

像就不复存在。为了能连续摄取图像，要求热释电摄像管在每次电子束扫描靶面后，能够重新产生靶面的静电电荷图像。具体的方法就是采取人工方法将恒定的入射辐射变成相应变化的入射辐射。这样当电子束扫描靶面后虽然清除了原来形成的静电电荷图像，但由于入射辐射的变化继续使靶温改变从而形成新的静电电荷图像。通常热释电摄像管采用的图像入射方式有如下三种：

① 平移式：摄像机构对景物做平行移动。

② 摄全景式：摄像机相对被摄景物在原地转动。

③ 斩光式：在摄像机中设置斩光调制器，周期地截止输入辐射。摄像机靶面上的图像不动，但其入射能量周期地变化，因而靶温也随时间周期地发生变化。调制器通常采用矩形波调制。调制过程需要与帧扫描同步，其频率取帧频的 1/2、1/4 或 1/8。

前两种方式的优点在于，装置简单，不需要加斩光系统。但是图像总在运动，不便于观察，不能凝视成像限制了它的应用范围。另外，因沿摄像机运动方向的等亮度图案不受调制，也得不到图案的输出信号，热目标的后边缘还会出现黑色拖尾，这是因靶温下降时产生极性相反的信号输出所形成的。斩光式虽然可以克服运动式的缺点，但是要附加斩光装置及其相关系统，斩光速度要与扫描速度协调。此外，斩光时的亮暗信号形成的是极性相反的信号，所以必须增加校正电路将负极性的信号倒相，否则人眼会对正负两种信号积分造成图像的对消。

热释电摄像管的性能参数与前面的光电摄像管基本相同，但由于需要考虑成像过程中热传导、热扩散等的影响，所以讨论相对复杂。限于篇幅，这里不做讨论。

2.5 摄像管的电子枪

电子枪是用来产生可控并具有一定电流密度、一定形状的电子束的电子光学系统的。这个电子束具有一定能量，电流密度易于控制。电子束的形状可以是实心或空心圆截面的细聚焦电子束，也可以是层流束、片状束或线状束。电子枪通常按电子束流的大小分为弱流(细束)电子枪和强流电子枪两大类。细束电子枪的束流通常约为 1～100μA，而强流电子枪的束流则在几十毫安到几安之间。在一般的电真空光电器件中使用的均属细束电子枪，因而这类器件往往被称之为电子束管。

在电子束管中，由于各自用途不同，因此要求也不尽相同。如摄像器件靶面的像素很小，同时又要求电子束尽可能垂直上靶，因此，电子枪由阴极透镜和使电子束对靶面扫描的聚焦偏转系统组成。为获得直径很细的电子束，通常在加速极圆筒内的某个位置放一个中心有(20～20)μm 的小孔光阑膜片。而对扫描角度大又无需电子束垂直上靶的器件(如显像管，示波管等)，通常采用先聚焦后偏转的方式。无论是哪一种器件，都可以归结为足够大的电流、细聚焦和易控制三个主要技术要求。

2.5.1 电子枪的结构与分类

一般说来，任何细电子束的电子枪必须包括两个部分：一个是能发射电子并能初步聚焦的发射系统——第一透镜(亦称预透镜)；一个是能把发射系统出射的电子束聚焦成像的主聚焦系统——第二透镜(亦称主透镜)。

由前面的讨论可知，磁场只能改变电子运动的方向，而不能改变电子的能量，因此把电子从阴极引发出来并能给予一定能量的发射系统只能由静电透镜组成。该系统至少要有三个电极：作为电子发射源的阴极；使电子获得动能的阳极(加速极)；位于阴极、阳极之间的用来控制电子束电流密度的调制极(其通常具有较阴极为负的电位)。这个最简单的三极式发射系统就是前面讲过的阴极透镜，在工程上，调制极也称为栅极(或第一栅极)。细束电子枪的基本结构如图 2-37 所示。在大多数显示器件(主要是显像管)中，为了改善边缘分辨率，提高像质，在阴极透镜和采用静电透镜的聚焦系统之间，还存在着一个弱会聚透镜，称为预聚焦透镜，而主要的聚焦系统则称为主聚焦透镜。

预透镜实际上是由于阴极透镜中的加速极圆筒与主聚焦系统的第一个电极分开且带有不同电位而形成的。图 2-38 所示的典型的显像管电枪中，组成阴极透镜的加速极 A_1 与组成主聚焦系统的单透镜的第一个电极 A_2 构成了一个双圆筒会聚透镜，这就是预聚焦透镜。按电子枪区域的划分，它包括在发射系统内，这种具有预聚焦透镜的发射系统称为四极式发射系统(亦称四极式预透镜)。

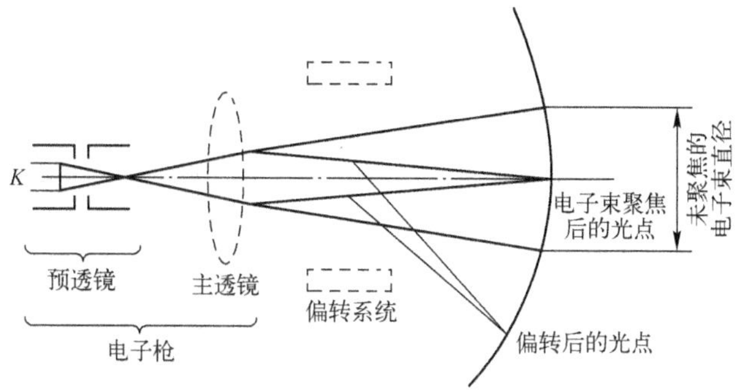

图 2-37 细束电子枪基本结构

如果组成发射系统的加速极同时又是主透镜的第一电极，则不存在预聚焦系统，这就是三极式发射系统。在调制性能要求不高的电子束管(如示波管)中常用这种三极式结构。典型的三极式发射系统的示波管电子枪如图 2-39 所示。由此可见，为了获得细窄可调的电子束，电子枪基本组成采用了双透镜结构。

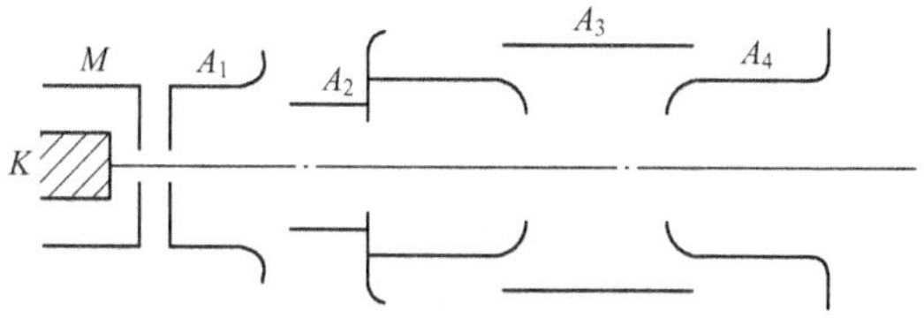

图 2-38 四极式发射系统

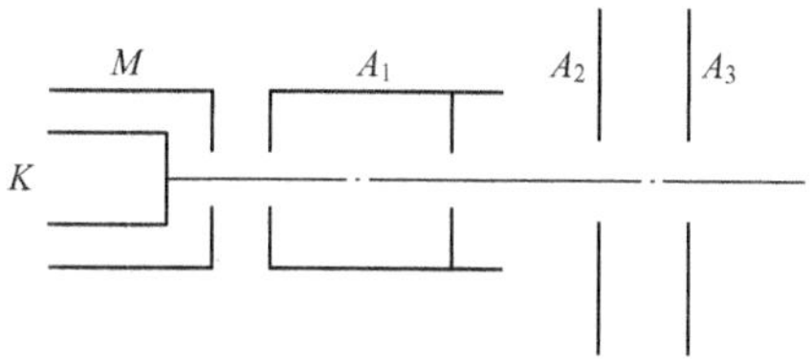

图 2-39 三极式发射系统

电子枪的主聚焦系统可以是静电透镜，也可以是磁透镜。通常电子枪按聚焦——偏转场的形成可分为以下四类：①MM 型，即采用磁聚焦和磁偏转；②EE 型，即采用静电聚焦和静电偏转；③ME 型，即采用磁聚焦和静电偏转；④EM 型，即采用静电聚焦和磁偏转。

MM 型是摄像器件中采用的主要方式，其优点是分辨率高，电子枪零件的加工和装配要求比其他几种要低。缺点是体积、质量大，功率消耗较大。

EE 型适宜于小型化，功耗也小。但这种电子枪的球差较大，分辨率不够高，因此，为保证足够的解像能力，对零件的加工及装架要求都很严格。

另外两种形式的电子枪的性能介于上述两者之间。虽然分辨率不如 MM 型，但在采用分离网结构，提高网电位的情况下，分辨率并不比 MM 型低得太多，而从体积和功耗等来讲，又比 MM 型优越。近年来 EM 枪在国外得到较大的发展，而 ME 型则设计出一种所谓 FPS(Focus-Projection-Scanning)摄像管，可做到高分辨率。

2.5.2 电子枪工作原理

如前所述，最简单的细束电子枪发射系统是由阴极 K，调制极 M 和阳极 A 组成的阴极透镜，作为电子发射源的阴极(物面)不是处在等位空间，而是浸没于透镜场内，如图 2-40 所示。在各种细束管中，除了几何尺寸有所不同外，阴极透镜的基本结构几乎都相同。

阴极圆筒 K 的顶端涂有高发射系数的氧化物阴极材料，一般电位取为零。调制极圆筒套在阴极外面，加上对阴极约负几十伏的电位 V_g，加速极上则加有比阴极高约几百乃至一两千伏的电位 V_a。在加速电压 V_a 一定时，调制极电压 V_g(亦即 V_m)与阴极发射电流的关系曲线如图 2-41 所示。

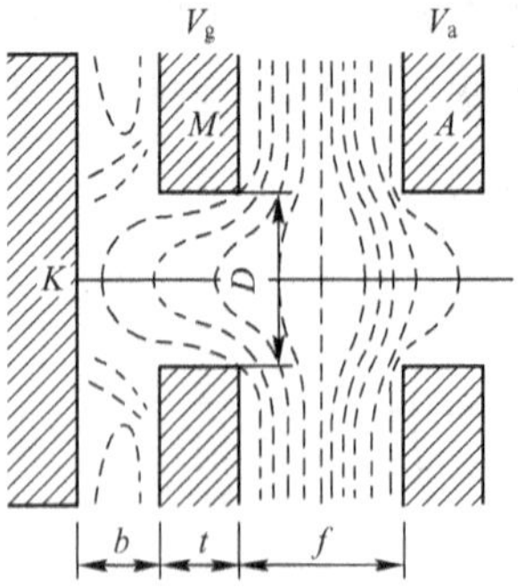

图 2-40　阴极透镜中的等位线

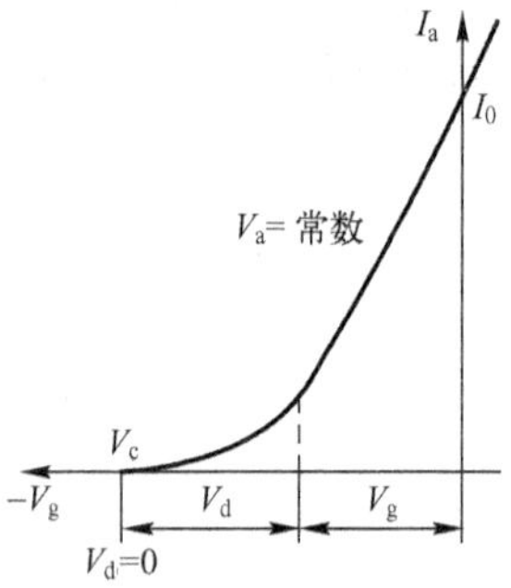

图 2-41　调制特性曲线

当 V_g 负到一定值 V_c 时，它在阴极中心点上建立起的排斥场正好和加速极在该点建立起的加速场相互抵消，该点的合成电场为零(若考虑电子的热初速，则合成电场应稍负)。而除该中心点外，阴极的其余部分的电场都为负，因此便不产生阴极电流，处于截止状态。此时的调制极电压称为截止电压，通常记为 V_c，而 $V_d=|V_c-V_g|$相应地称为激励电压。

显而易见，$V_g>0$ 时，不能达到控制电流的目的。因为此时由 V_g 和 V_a 所组成的合成场永远为正，并且使阴极表面的电场深度明显增加，使阴极在一定工作温度下发射的电子被全部拉走而使阴极电流达到饱和，故改变 V_g 已不能再控制阴极电流了。所以，只有在阴极 K 和阳极 A 之间安装加有负电位的调制极才能达到控制阴极电流的目的。

如图 2-42 所示，由阴极 K 加热发出的电子受到阴极透镜会聚场的作用，在调制极 M 和加速极 A 的区域内向轴收敛，在平行出射的电子与对称轴的相交点 C 处形成最小的电子束截面，称为交叠点(亦称交叉项)。电子束在离开交叠点后重新形成一个发散锥体，然后再由聚焦系统把它聚焦并成像在荧光屏上，成为荧光点 S。决定荧光点亮度的电子束电流强度(在屏电压一定的情况下)可由调制极 M 上所加的负电位(相对阴极)大小来调节。调制极控制束流大小的本领决定了电子束管的调制灵敏度(或动态范围)。偏转系统的作用，则是使电子束出了发射系统后，在电信号的作用下，投射到所要求的空间位置上。以上是显像管类电子束管电子枪的典型工作原理。对摄像管而言，由于对电子束要求很高，不能用大角度扫描，同时也为了减小体积，尽量使像管内部零件结构紧凑，通常都把聚焦场和偏转场叠加在同一空间。这样的电子枪要更复杂一些，但其放大率一致，偏转束的平行度好。

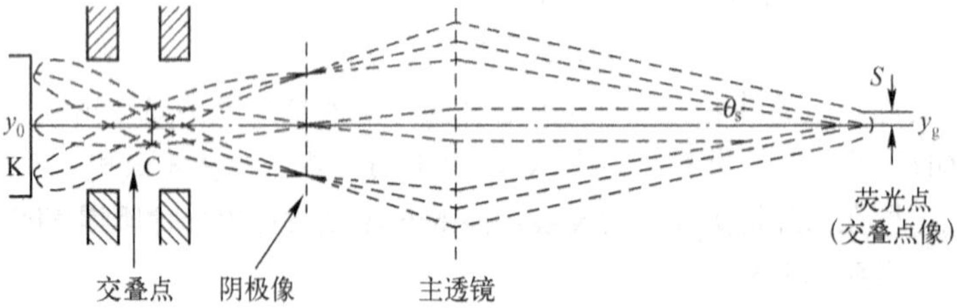

图 2-42　电子枪中的电子轨迹示意图

2.5.3　交叠点空间电荷效应与层流枪

交叠点半径 r_c 要比阴极半径 r_k 小许多，交叠点上的电流密度也要较阴极面大。此外，交叠点上的电子角度离散性小，所以通常多选用交叠点而不用阴极像作为主透镜的物。交叠点的半径、位置，发散角及交叠点截面上的电流密度分布是电子枪设计中要讨论的重要内容。在此要指出的是，由于交叠点处的电流密度大，同时其电位也比较高，故电子具有较高的能量。这样，在交叠点截面上高能电子的会聚和强烈的相互作用同时存在，使部分电子被加速，部分电子被减速，结果使电子束能量的分布大大扩展，所以此时必须考虑空间电荷效应(Boersch 效应)对整个系统的影响。

如果在摄像管中使用这种交叠点电子枪，则由于空间电荷效应的影响，使电子上靶时间分散，影响电子的上靶率，产生较大的惰性而使图像质量下降。为了克服上述缺点，提高摄像管的摄像质量，人们研制成功了层流枪，并在摄像管中获得了成功的应用。

所谓层流枪就是在阴极透镜区域中，电子束不形成交叠点，电子运动具有层流性质的电子枪。这种层流枪发射系统必须是束流可控的三极式阴极透镜，并且要求这种阴极透镜的会聚电场强度不能太强，不足以形成交叠点截面，使电子运动具有层流性质。所以层流枪的实质是普通的三极式阴极透镜的改型。减弱阴极透镜的会聚电场，本质上就是要求减小轴向电场的非均匀性，这可以用增大调制极孔径和增加调制极与加速极的间距(约为 5～6 倍)的方法来实现。

在层流枪中，阴极表面的电场相对比较均匀，阴极面上的发射电流密度也相对比较均匀，电子在阴极透镜区做流线型的层流运动，束包络可以认为是一圆柱形。在理想情况下对于相同的阴极负载、同样的阴极发射面积，层流枪可以提供三倍于交叠点枪的电流密度(相应于圆柱体积是圆锥体积的三倍)。这意味着层流枪可以从直径为交叠点枪阴极发射区域 60%的范围内，提供相同的总发射，因而使发射区域的直径缩小 40%。也就是说，对于一给定的束电流和发射半径，层流枪峰值的阴极负载大大减小。

此外，由于层流枪中很少有电子射线交叠，因此，束中电子的相互作用减小，电子的能量分散大大减小。阴极透镜会聚能力的减弱也意味着球差的减小，同时，空间电荷效应也显然比交叠点枪要小。因此，层流枪较交叠点枪具有如下的优点：

① 由于阴极负载比较均匀，束源密度可达 2～3 倍；

② 有较小的透镜像差；

③ 有较小的能量零散(噪声)；

④ 有较小的空间电荷效应；

⑤ 有较高的灵敏度(较高的跨导)，即对于给定的调制极电压变化有较大的阴极电流变化。

总之，使用层流枪，可以在相同屏电流(亮度)时，具有较高的分辨率。

2.5.4 电子枪中的准直透镜

摄像管的视频信号是扫描细电子束上靶与靶面正电荷中和的结果。细束电子能否上靶，不仅与电子的速度大小有关，而且还与束电子上靶的方向有关。因此，如果束电子的能量或上靶的电子数量不一样，则使靶面充电后的稳定电位也不一样，从而在得到的视频信号中产生了噪声。解决的办法，就是电子束必须是在整个扫描面都垂直上靶。通常，可以通过采用长磁线圈的磁聚焦系统与短磁线圈的磁偏转系统来实现扫描细电子束垂直上靶。但也可以采用准直透镜的方法使电子束垂直上靶，一般有如下两种方法：

（1）在靶面附近安置一场网并与聚焦阳极筒相连(典型电位为 300V，而靶面电位约为 10V)，使靶与网之间产生一个与靶垂直的纵向均匀减速场，并使经过偏转聚焦到达漂移区的电子束在该场中获得减速并垂直上靶(如图 2-43 所示)。

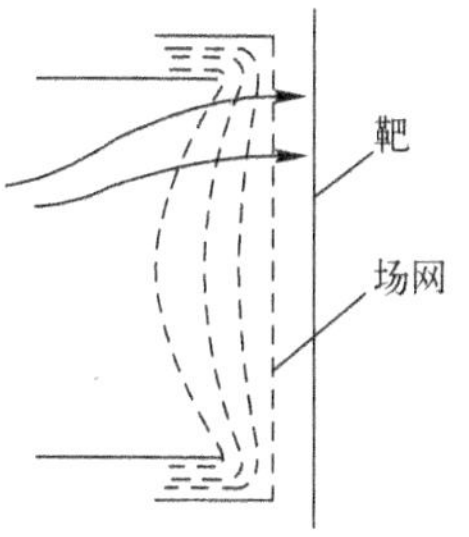

图 2-43　分离场网的校正作用

（2）把场网与阳极筒分开，在场网上加较高的电位，在二者之间形成一个弱浸没透镜，用来校准电子上靶的方向。这种结构也称为场网分离电子枪。其分辨率可比标准电子枪提高 100TVL 以上。

除了前面介绍的电子枪结构与类型外，根据各种需要还有用于表面科学研究的低能枪、用于研究电子全息像的高强度相干电子束，从而获得原子级分辨率的物质结构图像的场发射枪，以及用于微波电子管等的强流电子枪。

习题和思考题

1．何为摄像管？简述摄像管的工作原理。

2．摄像管的结构由几部分组成？各部分的作用是什么？

3．摄像管是怎样分类的？按光电变换形式可分为哪几类?按视频信号读出方式又可分为哪几类？

4．简述视频信号的形成过程。

5．摄像管的评价标准是什么？有哪些主要参数？各是怎样定义的？

6．摄像管产生惰性的主要原因是什么？怎样减小这些惰性？

7．摄像管的分辨率是怎样定义的？通常采用什么单位？

8．为什么要求摄像管、传输电路和电视所构成的系统的γ特性为1？不为1会出现什么现象？

9．光电导摄像管的光电导靶可分为几类？试写出其名称及典型材料？

10．简述光电导摄像管的工作原理，指出光电导靶的特点。

11．什么叫异质结？异质结光电导靶有什么特点？

12．阵列光电导靶(Si 靶)是怎样构成的?其有什么特点？简述其工作原理。

13．光电发射型摄像管有什么特点？试述光电发射型摄像管的工作原理。

14．SEC 摄像管的特点是什么？主要用于哪些领域？简述其工作原理。

15．简述硅增强靶摄像管的结构与工作原理。

16．什么叫热释电效应？试叙述之。

17．热释电摄像管的靶有什么特点？具有什么性质？

18．什么是热释电摄像管？其与普通摄像管有什么异同？

19．为什么热释电摄像管工作前要进行单畴化？简述热释电摄像管的单畴化过程。

20．简述热释电摄像管的工作过程。为什么要给热释电摄像管靶加基底电荷？目前产生基底电荷有哪几种方法？

21．热释电摄像管工作时有什么要求？对应这种要求有几种工作方式？各有何优缺点？

22．什么是电子枪？电子枪大致分几个部分？按聚焦偏转方式可分几类？各有何优缺点？

23．为什么交叠枪要考虑空间电荷效应？设计层流枪有什么意义？

24．成像器件为什么要求电子束垂直上靶?现实中采用什么方法实现?

第 3 章　电子光学聚焦成像技术

在发展电视摄像技术的同时，上个世纪 30 年代，人们还尝试利用光电倍增技术来扩展人眼的视见灵敏阈，电子光学聚焦成像技术就是其中成功的代表。电子光学聚焦成像技术是指将通过外光电效应获得的电子分布利用电磁场的作用进行会聚、能量增强和发光显示的成像技术，其具有代表性的器件称之为像管。

像管包括变像管和像增强器两大类，变像管的主要功能是完成辐射图像的电磁波谱转换，像增强器的主要功能是完成可见光图像的亮度增强。因该成像过程必须在一个封闭的真空系统内以二维分布的形式完成，同时解决了图像的发光显示问题，因此，相比于电视成像过程，也将这类器件称为直视型电真空成像器件。

3.1　像管成像的物理过程

原理上，像管通过三个环节完成光辐射图像的电磁波谱转换和亮度增强，即：将接收的微弱的可见光图像或不可见的辐射图像转换成电子图像；使电子图像聚焦成像并获得能量增强或数量倍增；将获得增强后的电子图像转换成可见的光学图像。上述三个环节分别由光阴极、电子光学系统和 MCP 以及荧光屏完成。这三部分共同封置在一个高真空的管壳内。像管成像过程如图 3-1 所示。以下简要说明其工作的物理过程。

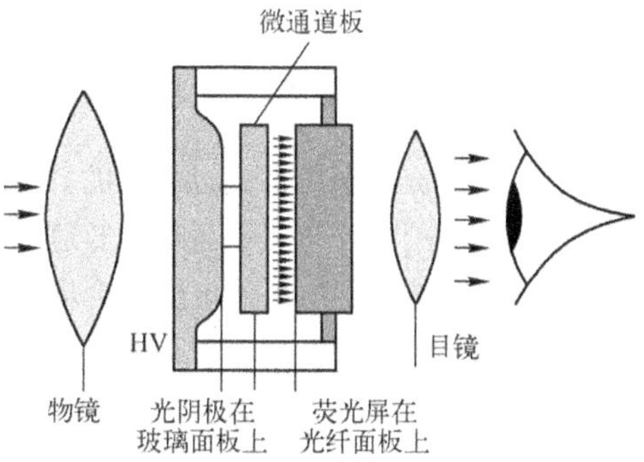

图 3-1　像管成像原理图

3.1.1　辐射图像的光电转换

像管利用外光电效应将输入的辐射图像转换为电子图像。外光电效应包括波长和强度两方面，分别由下面两个定律表述：

① 斯托列托夫定律：当入射光的频率或频谱成分不变时，光电发射体单位时间内发射出的光电子数或饱和光电流 I_G 与入射光的强度成正比，即

$$I_G=S_\lambda \Phi \qquad (3\text{-}1)$$

式中，S_λ 为比例系数，即通常的光电(谱)灵敏度(μA/lm)；Φ 为单位时间内照射到光电发射体上的能量(流明)。该定律表明：入射光越强，其产生的光电发射越大。

② 爱因斯坦定律：光电发射出来的光电子的最大初动能与入射光的频率成正比，与入射光的强度无关，即

$$W_{\max}=\frac{1}{2}mv_{\max}^2=h(v-v_0) \qquad (3\text{-}2)$$

式中，m 为电子的质量；$v^2_{\max}$ 为光电子的最大初速度；h 为普朗克常数；v_0 为截止频率(或红限频率)。该定律表明：当入射频率低于 v_0 时，不论光强如何都不会产生光电发射。

斯托列托夫定律和爱因斯坦定律揭示了光电转换过程的光电转换关系和光谱响应范围。

像管的输入端面是采用光电发射材料制成的光敏面，该光敏面接收辐射量子产生光电子发射。

所发射的电子流密度分布正比于入射的辐射通量分布。由此完成将辐射图像转换为光电子图像的过程。由于光电子发射需要在发射表面有法向电场，所以光敏面应接在低电位。该光敏面通常称为光阴极或光电阴极。像管中常用的光阴极有：对红外光敏感的银-氧-铯光阴极；对可见光敏感的双碱、多碱光阴极和 GaAs 材料的负电子亲和势(NEA)光阴极；对紫外光敏感的紫外光阴极等。有关实用光阴极将在 4.4 节中进行介绍。

光阴极分为透射型和反射型两种。像管中常用的光阴极是透射型的。即入射辐射从像管的入射端面进入，所以这类光阴极是半透明的。光阴极的制备过程必须在高真空中进行。

光阴极进行图像转换的简要物理过程是：当具有能量为 $h\nu$ 的辐射量子入射到半透明的光电发射体内时，会与体内电子产生非弹性碰撞而交换能量。当辐射量子的能量大于电子产生跃迁的能量时，电子将被激发到受激态。这些受激电子向真空界面迁移，由于半导体中自由电子数量很少，所以产生的自由电子受到散射的几率很小，只有在迁移过程中与晶格产生相互作用产生声子，声子散射会造成少量的能量损失；如果电子在到达真空界面后仍具有可克服电子亲和势的能量，则可以发射到真空中，成为光电发射的光电子。具有负电子亲和势的光阴极不需要克服电子亲和势的能量。

由光电发射的斯托列托夫定律可知，饱和光电发射的光电子流密度与入射辐射通量密度成正比。因此，由入射辐射分布构成的图像可以通过光阴极变换成由光电子流分布构成的图像。这一图像称为光电子图像。

3.1.2　电子图像的能量增强

像管中的光电子图像通过特定的静电场或电磁复合场获得能量增强。光阴极的光电发射产生的光电子图像在刚离开光阴极面时是低速运动的光电子流，其初速度由爱因斯坦定律决定。这一低能量的光电子图像在静电场或电磁复合场的力作用下得到加速并聚焦到荧光屏上。到达像面时的高速运动的光电子流能量很大，由此完成了电子图像的能量增强。像管中特定设置的静电场或电磁复合场统称为电子光学系统。由于它具有聚焦光电子成像的作用，故又被称为电子透镜。

像管中常用的电子光学系统有：纵向均匀静电场的投射成像系统；轴对称的静电聚焦成像系统；准球对称的静电聚焦成像系统；旋转对称的电磁场复合聚焦成像系统等。有关实用电子光学系统将在 4.5 节中介绍。

有些像管中还使用了微通道板，利用光电子图像的电子流密度倍增来进行图像增强。有关微通道板的内容将在 4.7 节中阐述。

3.1.3　电子图像的发光显示

像管输出的是可见光图像。为把光电子图像转换成可见的光学图像，通常需要使用荧光屏。荧光屏是由发光材料的微晶颗粒沉积(或刷涂、喷涂等)而成的薄层，可以将光电子动能转换成光能。由于荧光屏的电阻率通常为 $10^{10}\sim10^{14}\Omega\cdot\text{cm}$，介于绝缘体和半导体之间，因此当它受到高速电子轰击时，会积累负电荷，降低加在荧光屏上的电压，为此，通常要在荧光屏上蒸镀一层铝膜，以导走所积累的负电荷，同时其也可以防止光反馈到光阴极。

像管中常用的荧光屏材料有多种。基本材料是金属的硫化物、氧化物或硅酸盐晶体等。上述材料经掺杂后具有受激发光特性，统称为晶态磷光体。

荧光屏发光是利用掺杂的晶态磷光体受激发光的物理过程将光电子图像转换为可见的光学图像。纯净而无缺陷的基质晶体一般不具有受激发光特性，只有掺入微量重金属离子作杂质时(如铜、银等)才具有较强的受激发光特性。这是由于杂质的掺入对相邻基质的能态产生微扰而出现局部能级。这些局部能级构成了受激发光过程所需要的基态能级，通常称为发光中心。当像管中高速光电子轰击荧光屏时，晶态磷光体基质中的价带电子受激跃迁到导带，所产生的电子和空穴分别在导带和价带中扩散。当空穴迁移到发光中心的基态能级上时，就相当于发光中心被激发了。而导带中的受激电子有可能迁移到这一受激的发光中心，产生电子和空穴的复合而释放出光子。荧光屏所发射的光波波长由发光中心基态与导带的能量差决定。由于发光中心基态能级的分散，使辐射的波长具有一定的分布，通常掺杂的晶态磷光体的发光光谱呈钟形分布。

像管中常用的荧光屏，不仅应该具有高的转换效率，而且它的辐射光谱要和人眼或与之耦合的其他接收器件的光谱响应相一致。

实验证明，荧光屏由高速电子激发发光的亮度除与发光材料的性质有关外，主要取决于入射电子流的密度和加速电压值。当像管中光电子图像的加速电压一定时，荧光屏的发光亮度正比于入射光电子流的密度。由此可知，像管的荧光屏可以将光电子图像转换成可见的光学图像。

3.2 像管的结构、分类与制造

用于直视成像系统的像管具有多种类型。根据像管的工作波段可分为：工作于微弱可见光的像增强器；工作于非可见辐射(近红外、紫外、X 射线、γ 射线)的变像管。像管根据工作方式可分为：连续工作像管、选通工作像管、变倍工作像管等；根据结构可分为：近贴式像管、倒像式像管、静电聚焦式像管、电磁复合聚焦式像管等；根据使用的技术可分为：级联式的一代像管、带 MCP(微通道板)的二代像管、采用负电子亲和势光阴极和 MCP 的三代像管等。下面介绍一些主要类型像管的结构及特点。

3.2.1 像增强器(一代像增强器)

1. 近贴式像增强器

近贴式像增强器的结构如图 3-2 所示，光阴极在输入窗的内表面，荧光屏在输出窗的内表面，光阴极和荧光屏相互平行。在光阴极与荧光屏之间施加高压时，两电极间形成纵向均匀静电场，光阴极发射出的电子受到电场的作用飞向荧光屏，由于间距很近(约 1mm)，所以称其电极为近贴聚焦的电子光学系统。

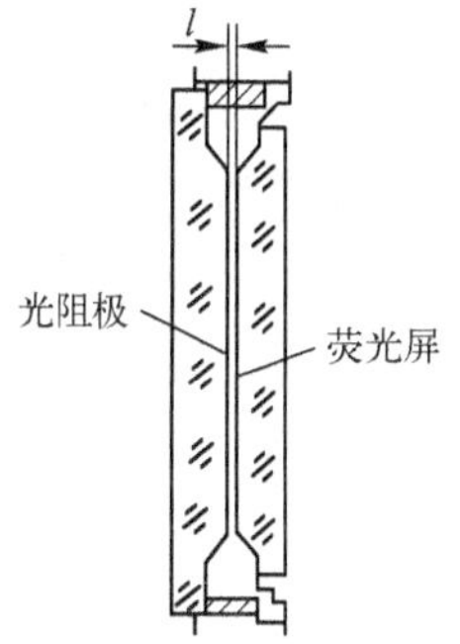

图 3-2　近贴式结构示意图

近贴式像增强器是结构最简单的像增强器，在荧光屏上成正像，且无畸变。但是由于受分辨率的限制，极间距离不能太大，又因为受场致发射的限制，极间电压不能太高，因此系统的亮度增益受到限制，像质也受到影响。

2. 静电聚焦倒像式像增强器

静电聚焦倒像式像增强器中由光阴极和阳极共同构成静电聚焦系统。常用的电极结构有：平面光阴极双圆筒系统和球面光阴极双球面(同心球)系统两种，它们都能形成轴对称的静电场。静电场形成的电子透镜可使光阴极面上的物像发射出来的电子图像加速并聚焦于荧光屏上，形成一倒像。

在通常采用的双球面电极的系统中，阳极头部曲面和光阴极球面以及荧光屏球面构成近似同心球面。由此构成近似的球形对称静电场，使轴外各点的电子主轨迹都是近似对称轴，从而使轴外像差，如场曲、像散、畸变等都小于双圆筒系统。常用的单级静电聚焦倒像式像增强器的结构如图 3-3 所示。

在实际应用中，为了获得更高的亮度增益，常常用光学纤维面板多级耦合完全相同的单级像增强器，因此像增强器的输入窗和输出窗多由光学纤维面板制成，以便将球面像转换为平面像，完成级间耦合。由于每级像增强器都成倒像，故为获得正像，耦合级数多取奇数，通常为三级。三级级联像增强器示意图如图 3-4 所示。该像增强器称为第一代像增强器。

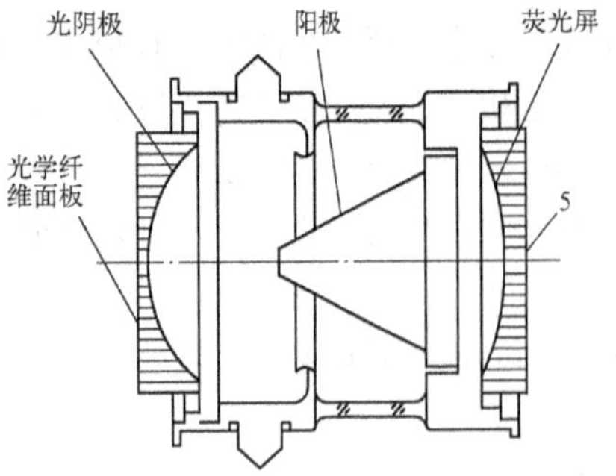

图 3-3　单级静电聚焦倒像式像增强器结构示意图

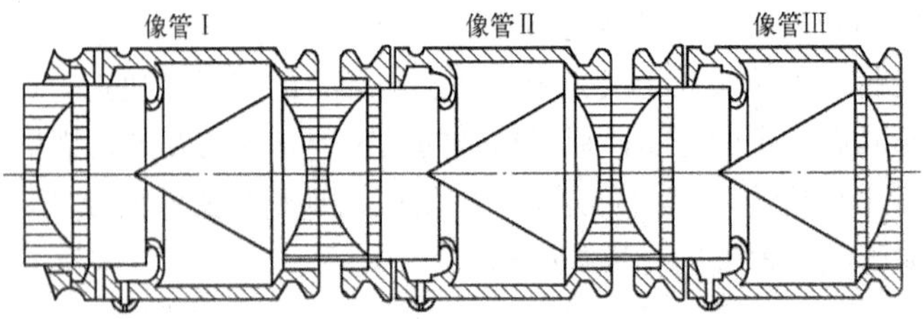

图 3-4　第一代三级级联耦合像增强器

3．电磁复合聚焦式像增强器

电磁复合聚焦式像增强器结构如图 3-5 所示，它采用平面像场。在平面光阴极和荧光屏之间设置有环形电极，其上加有逐步升高的电压，沿管轴建立起上升的电位；同时，管壳外设置有通以恒定电流的螺旋线圈，产生均匀磁场，由此形成纵向的均匀电磁场。该电磁场使光阴极发射的光电子加速并聚焦到荧光屏上成像。只要严格控制电压和磁场，就可以得到良好的像平面，在荧光屏上获得较高分辨率的图像。但是由于复合聚焦系统结构复杂、笨重，给使用带来不便。因此通常只在需要高性能像质的场合，如天文观察时才使用这种聚焦方式。

4．选通式像增强器

选通式像增强器是静电聚焦式像增强器。它是在普通两电极像增强器的结构上增加控制栅极构成的，其典型结构如图 3-6 所示。控制栅极由靠近光阴极的栅网和阳极孔栏组成。当栅极电位低于光阴极电位时，形成反向电场使光阴极的光电发射截止；当在栅极上施加正电位的工作脉冲时，构成聚焦成像的电场。由此实现了选通式工作状态。

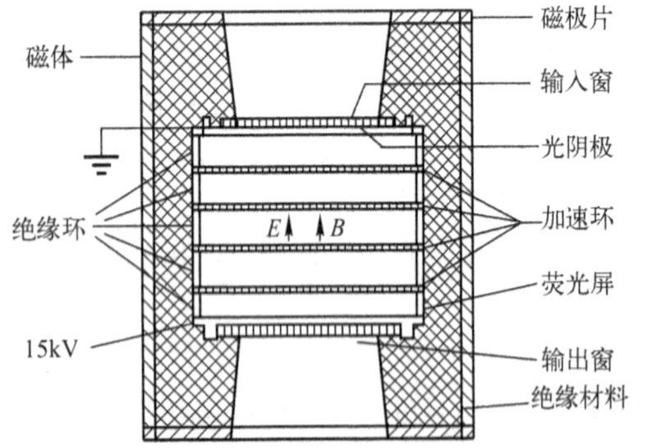

图 3-5　电磁复合聚焦式像增强器结构

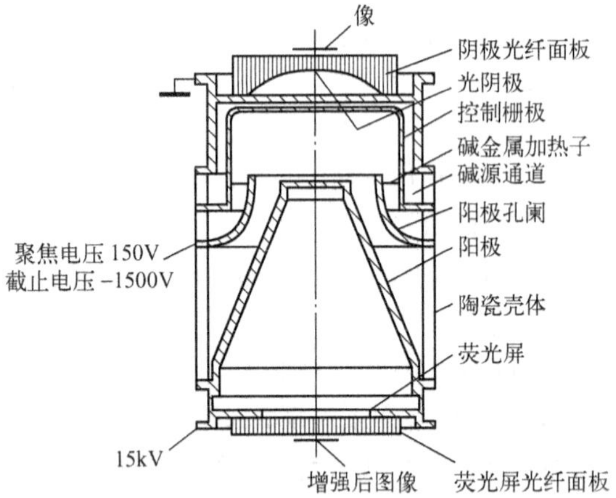

图 3-6　选通式像增强器结构示意图

选通式像增强器具有可控的间断工作功能。选通的工作方式有两种：一是单脉冲触发式工作；二是连续脉冲触发式工作。前者用于在高速摄影中作为电子快门，后者用于主动红外选通成像与测距。

选通式像增强器中另有一种类型，它增加了一对偏转电极，这对偏转电极设置在阳极锥体内，其上施加线性斜坡状脉冲电压使输出图像偏转，将连续选通的几幅图像在荧光屏上分开。这种像增强器称为条纹管。

5．变倍式像增强器

能够改变图像倍率的像增强器称为变倍式像增强器。它具有可变放大率的电子光学系统。由于变倍的同时必然使焦距发生变化，因此在普通像增强器内除了加变倍电极外，同时还需要加聚焦电极来补偿像面的变动。所以，变倍式像增强器通常为四电极结构，如图 3-7 所示。改变像增强器放大率是通过改变加在像增强器电极上的电压比值来实现的。当阳极电位与变倍电极电位相同时，像增强器的放大率等于 1；当阳极电位逐渐降低，而变倍电极电位保持不变时，像增强器的放大率随之下降，如当阳极电位由 15kV 调节到 3kV 时，像增强器的放大率由 1 变为 0.2。同时，还需改变调焦电极的电位来获得最佳聚焦，以保持变倍时的成像质量。

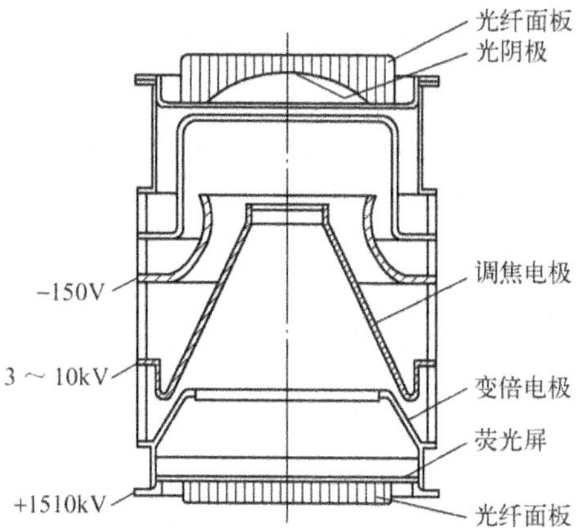

图 3-7　变倍式像增强器结构示意图

3.2.2　带有微通道板的像增强器

由于前述的像增强器单级的光增益只有 50～100 倍左右，因此在较低照度环境下工作需要采用级联的方式才能满足夜间观察要求。为解决单级增益不足的问题，上个世纪 60 年代开始在像增强器中使用 MCP 技术，习惯上将这类像增强器称为二代像增强器。二代像增强器与一代像增强器的根本区别在于：它不是采用多级级联实现光电子图像倍增，而是采用在单级像增强器中设置 MCP(Micro Channel Plate)来实现光电子图像倍增的。

MCP 是两维空间的电子倍增器，它是由大量平行堆集的微细单通道电子倍增器组成的薄板，通道孔径通常为 5～10μm 左右。通道内壁具有较高的二次电子发射系数。在 MCP 的两个端面之间施加直流电压形成电场。入射到通道内的电子在电场作用下，碰撞通道内壁产生二次电子。这些二次电子在电场力加速下不断碰撞通道内壁，直至由通道的输出端射出，实现了连续倍增，达到了增强光电子图像的作用。

二代像增强器有两种管型结构，一种是双近贴式像增强器，另一种是倒像式像增强器。双近贴式二代像增强器的结构如图 3-8 所示。MCP 近贴于光阴极和荧光屏之间，构成两个近贴空间，因此又称为双近贴式像增强器。由于采用了双近贴、均匀场，所以图像无畸变，放大率为 1，不倒像。同样，由于近贴，会出现光阴极、MCP、荧光屏三者之间的相互影响。如光阴极和 MCP 之间的近贴，为了避免场致发射，所加电压较低，因而光电子到达 MCP 的能量也较低，这使近贴管的增益受到限制；又如光阴极与荧光屏之间的空间很小，其光反馈比较严重，这使其分辨率受到影响。

图 3-9 为二代静电聚焦倒像式像增强器的结构。MCP 与光阴极之间采用静电透镜，MCP 置于电子透镜的像面位置，与荧光屏之间形成近贴均匀场。为了使电子透镜的像面成为平面，阳极孔径要置于稍微超前于阴极球面中心的位置。像增强器中还在阳极与 MCP 之间设置一个消畸变电极。该电极与光阴极电位相近，可使外缘电子收拢以减小鞍形畸变，同时又使电子垂直入射到 MCP

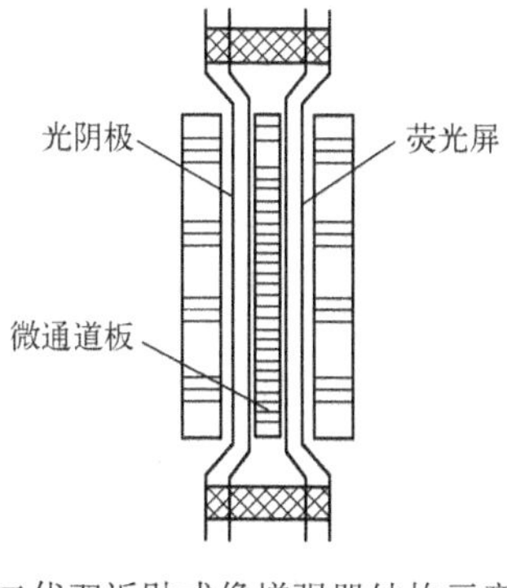

图 3-8　二代双近贴式像增强器结构示意图

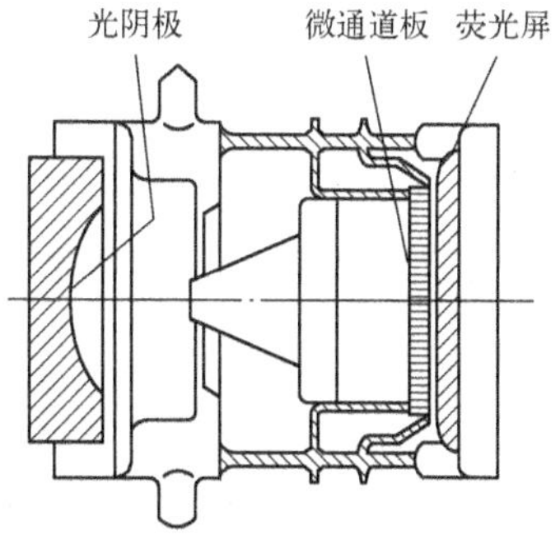

图 3-9　二代静电聚焦倒像式像增强器结构示意图

输入面以获得均匀的电子倍增。由 MCP 增强后的电子图像通过近贴电子光学系统聚焦到荧光屏上。荧光屏上所成的像相对于光阴极上的像来说是倒像，故仍称之为倒像增强器。

由于光电子在微通道中的连续倍增，MCP 输出端的电子密度较高、速度快，易于使像增强器内残余气体分子电离。如果电离产生的正离子轰击光阴极将降低像增强器的寿命。当 MCP 输入端电位低于阳极电位时，形成一个防止正离子反馈的位垒。这个位垒一方面阻止正离子反馈，另一方面又收集 MCP 端面上所产生的二次电子，从而消除了光晕现象。

由于 MCP 本身具有高增益、增益可控、电流饱和等特性，因此，与第一代像增强器相比，无论近贴式还是倒像式二代像增强器，均具有体积小、质量轻、亮度可调、可以防强光等优点。

随着工艺技术的成熟和发展进步，欧洲国家在标准二代像增强器的基础上发展了超二代、高性能超二代等像增强器，这些像增强器在性能参数上较之标准二代像增强器有了较大幅度的提高。

3.2.3 负电子亲和势光阴极像增强器

由于二代像增强器仍受限于更低的工作照度，上个世纪 70 年代初，人们开始尝试进一步提高光阴极的光电灵敏度，即采用可以形成负电子亲和势的材料制备像增强器的光阴极，并取得了成功，在技术上便将采用了负电子亲和势光阴极的像增强器称为三代像增强器。

由于目前还只能在平面上制做负电子亲和势光阴极，所以它的结构与二代像增强器类似，其根本区别在于光阴极的材料和制备工艺。二代像增强器采用的是表面具有正电子亲和势的多晶薄膜结构的多碱光阴极，其光电灵敏度通常为 400～800μA/lm，而三代像增强器采用负电子亲和势光阴极的光电灵敏度目前最高可达 4000μA/1m 以上，因此，三代像增强器在高增益、低噪声方面更具优点。此外，负电子亲和势发射的光电子主要为热化电子，其初动能较低且能量比较集中，所以，三代像增强器具有更高的图像分辨率。三代像增强器的这些特点使其成为目前性能最优越的直视型光电成像器件。

据有关报道，近年来美军在三代像增强器的基础上，通过改进 MCP 技术，进一步提高了三代像增强器的性能，相继出现了超三代像增强器、高性能超三代像增强器和四代像增强器等器件。

从根本上讲，在技术应用形式上几种像增强器并没有本质上的区别，但性能参数、特别是分辨率和信噪比等参数方面则存在较大差别。图 3-10 为几种三代、四代像增强器的外形。

(a) 通常的 18mm 三代管　(b) 未倒像的 16mm 四代管组件　(c) 倒像的 16mm 四代管

图 3-10　三代像增强器和四代像增强器的外形

3.2.4 红外变像管、紫外变像管、X 射线变像管和 γ 射线变像管

红外变像管、紫外变像管、X 射线和 γ 射线变像管用于分别将不可见的红外图像、紫外图像、X 射线图像和 γ 射线图像转换为可见的光学图像。其中前两者在结构上与普通的像增强器基本相同，只是在窗口、光阴极材料和光谱响应方面有所不同。后两者则比普通像管多了一个射线转换荧光屏(又称输入荧光屏)，它位于变像管的输入窗内，在它与外壳之间设置有薄铝层以遮挡杂光。转

移屏与光阴极之间靠很薄的玻璃耦合，以减小荧光图像的扩散。这一转换屏可将入射的X射线图像或γ射线图像转换为荧光的弱光图像，该弱光图像入射到光阴极上产生光电子图像。其后续过程与普通像管相同。图3-11给出了近贴X射线像增强器工作原理示意图，图3-12给出了缩小型X射线变像管的结构示意图。

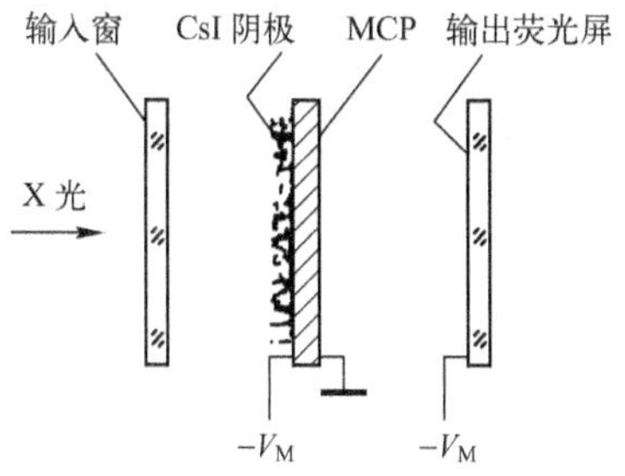

图3-11 近贴X射线变像管工作原理示意图

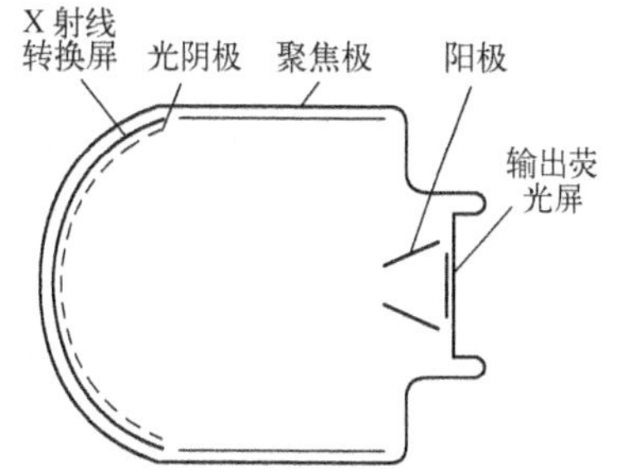

图3-12 缩小型X射线变像管结构示意图

X射线转换屏由X射线激发可发光的材料制成，目前国内通常采用ZnS：Ag(P11)、(Cd，Zn)S：Ag(P20)和CsI(Tl)等材料。γ射线转换屏由NaI(Tl)、CsI(Tl)和CsI(Na)等闪烁晶体制成。

3.2.5 像管的制造

像管(像增强器和变像管)属于电真空器件，其整管制造时需要在高真空环境下完成，工艺环节多，过程复杂，成品率较低。以金属-陶瓷结构的像管为例，其典型研制工艺包括如下环节：

① 阴极面板组的制备：主要流程为阴极盘的清洗、烧氢、检验平度、预氧化、涂玻璃焊料、将清洗后的光纤面板熔封至阴极盘，涂银膏标记、去氧化层、抛光、清洗、蒸铝环(其中多道工序间都有检验环节)；

② 阳极面板组的制备：主要流程为阳极盘的清洗、烧氢、检验、涂玻璃焊料、将清洗后的光纤面板熔封至阳极盘，涂银膏、抛光、清洗、离心制屏、涂膜、蒸铝、烘膜、蒸铝(其中多道工序间都有检验环节)；

③ 管壳组的制备：主要流程为将清洗后的陶瓷筒、焊料圈、可伐类法兰及阴极外筒以及铜管在加热条件下装配在一起，完成铜焊、检验、清洗、烘涂Cr_2O_3、用银膏做标记、加热、检验、加入吸气剂和碱金属蒸发器、点焊、氩弧焊、对做好真空处理的电极和不锈钢引入管壳点焊、检测电极装置及隔珠位置；

④ 装配：通过点焊、氩弧焊连接阴极面板组、阳极面板组、MCP组件、管壳组，再通过点焊、氩弧焊将阴极蒸发器组与前者相连，通过检漏，实现整管装配；

⑤ 制管：对整管进行排气、阴极加工、台上老练、台上烤吸气剂、下排气台、夹掉碱源、消气并检漏、引入清洗后的护帽、密封冷焊口、高压老练、测试、消气检漏、封离、再将清洗后的护帽放置其上胶合后完成单管制造。

3.3 像管的性能参数

直视式光电成像器件是为扩展人眼视见范围和视见能力而发展起来的，它既能探测到微弱的或人眼不可见的目标辐射信号，又能将目标满意地进行成像，使人眼能看到再现的目标图像。因此，像管既是一个辐射探测器、放大器，同时又是成像器。作为辐射探测器，它应具有高的量子效率和信号放大能力，以提供足够的亮度。这一性能通常用灵敏度和亮度增益来描述；作为成像器，它必须具有小的图像几何失真，适当的几何放大率，尽可能小的亮度(能量)扩散能力，以提供足够的视角和对比。

这些性能通常用畸变、放大率、分辨率及调制传递函数来描述。下面简述像管的主要特性参数。

3.3.1 光谱响应特性

像管的光谱响应特性是指像管的响应能力与入射波长的对应关系，实际上是其光阴极的光谱响应特性。它决定了像管工作的光谱范围，通常用光谱响应率、量子效率、光谱特性曲线等来描述。像管的光谱响应之和称为积分响应率(或光电灵敏度)。

光谱响应率是像管对单色入射辐射的响应能力；响应率是像管对全色入射辐射的响应能力。它们分别以 R_λ 和 R 表示。由于在实际应用中，像管接收的往往不是单色辐射，而是某一光源的全色辐射，所以响应率更具有实际意义。

根据响应率的定义，即单位入射辐射功率所产生的输出光电流，则

$$R = \frac{I}{P} = \int_0^\infty P_\lambda R_\lambda \mathrm{d}\lambda \Big/ \int_0^\infty P_\lambda \mathrm{d}\lambda \tag{3-3}$$

考虑到

$$P_\lambda = P(\lambda) P_\mathrm{m} \tag{3-4}$$

$$R_\lambda = R(\lambda) R_\mathrm{m} \tag{3-5}$$

式中，P 为入射辐射功率；I 为输出信号电流；P_λ 为单色辐射功率；R_λ 为光阴极光谱响应率；$P(\lambda)$为单色辐射功率相对值；$R(\lambda)$为光阴极相对光谱响应率；P_m 为单色辐射功率最大值；R_m 为光阴极光谱响应率最大值。

所以

$$R = \int_0^\infty P_\mathrm{m} P(\lambda) R_\mathrm{m} R(\lambda) \mathrm{d}\lambda \Big/ \int_0^\infty P_\lambda P(\lambda) \mathrm{d}\lambda = R_\mathrm{m} \int_0^\infty P(\lambda) R(\lambda) \mathrm{d}\lambda \Big/ \int_0^\infty P(\lambda) \mathrm{d}\lambda \tag{3-6}$$

设

$$a = \int_0^\infty P(\lambda) R(\lambda) \mathrm{d}\lambda \Big/ \int_0^\infty P(\lambda) \mathrm{d}\lambda \tag{3-7}$$

则

$$R = aR_\mathrm{m} \tag{3-8}$$

式中，a 称为光谱匹配系数。它反映了在像管响应的波长范围内，光源与光阴极，荧光屏与光阴极及荧光屏与人眼光谱光视效率之间在光谱上的吻合程度。如果匹配良好，就能获得高的整管响应度。因此，光谱匹配系数是选择像管各级材料的重要依据。表 3-1 给出了常用的辐射源和光阴极的光谱匹配系数。

表 3-1 光谱匹配系数 a

a 光源 \ 光阴极		S-1	S-11	S-20	S-25	光适应眼	NEA
绿色草木反射的辐射	晴朗星光	0.269		0.0148	0.0631	0.008	0.159
	满日光			0.130	0.270	0.088	
	标准红外光源				0.539	0	
暗绿色涂漆反射的辐射	晴朗星光			0.0647	0.134	0.045	0.24
	满日光			0.370	0.540	0.27	
	标准红外光源	0.270			0.0177	0	
标准光源		0.516	0.06	0.112	0.227	0.071	0.461
标准红外光源		0.273			0.0179	0.000	
P-11 荧光屏		0.217	0.914	0.877	0.953	0.201	
P-20 荧光屏		0.395	0.427	0.583	0.782	0.707	
P-31 荧光屏		0.276	0，698	0.722	0.868	0.626	

3.3.2 增益特性

合适的亮度是观察图像的必要条件。像管输出的图像亮度既与入射图像的照度有关，又取决于

像管本身对辐射能量的变换与增强的能力。“增益”就是用来描述像管这种能力的参数。像管的增益有：亮度增益、辐射亮度增益及光通量增益之分。其中亮度增益是最基本而通用的。

1．亮度增益的定义

像管的亮度增益定义为：像管在标准光源照射下，荧光屏上的光出射度 M 与入射到阴极面上的照度 E_V 之比。即

$$G_L = M/E_V\left(\text{倍}\right) \tag{3-9}$$

由于荧光屏具有朗伯发光体的特性，发光的亮度分布符合余弦分布律，因此荧光屏上的光出射度 M 与亮度 L 之间的关系可表示为

$$M = \pi L \tag{3-10}$$

因此

$$G_L = \pi L/E_V \qquad \text{Cd}/(\text{m}^2\text{lx}) \tag{3-11}$$

这时的亮度增益为像管输出亮度与光阴极面入射照度 E_V 之比的π倍。有时由于像管的输出与输入采用的单位不同，像管的增益还用辐射亮度增益 G_{Le} 和光通量增益 G_Φ 来表示，即

$$G_{Le} = \frac{\pi L}{E_e} = \frac{\pi LK}{E_V} = K \cdot G_L \tag{3-12}$$

$$G_\Phi = \frac{\Phi_{out}}{\Phi_{in}} = \frac{MA_s}{E_V A_c} = m^2 \cdot G_L \tag{3-13}$$

式中，E_e 为光阴极面入射辐照度；K 为光视效能，其值如表 3-2 所示；ϕ_{out} 为荧光屏输出光通量；ϕ_{in} 为光阴极面输入光通量；A_s 为荧光屏有效面积；A_c 为光阴极面有效面积；m 为像管的几何放大率。

表 3-2　典型光源的光视效能

光源 / 光视效能	2856K 标准光源	标准红外光源	标准红外光源下的绿色草木	星光下的绿色草木	满月光下的绿色草木	P-11 荧光屏	P-20 荧光屏	P-31 荧光屏
$K/(\text{lmW}^{-1})$	23*			5.45	59.2	140*	476*	421.3*
K^{-1}	47.8	130	19.9					

注：1. *是指对全光谱计算，其余指 0.3～1.2μm。

2. 所用 K=683 (lm/W) 为白昼视觉，对红外光源光视效能 K^{-1} 定义为

$$K^{-1} = \frac{\Phi_v}{\Phi_e\left(\text{带红外滤光片}\right)} = \frac{K_m \int \Phi_{e\lambda} V_\lambda \mathrm{d}\lambda}{\int \Phi_{e\lambda} \tau_\lambda \mathrm{d}\lambda}$$

式中，τ_λ 为红外滤光片的光谱透射比。

2．亮度增益的表达式

下面根据定义建立亮度增益的表达式，即亮度增益与像管各参数之间的关系。

设入射到像管光阴极面上的照度为 E，光阴极光灵敏度为 R，那么光阴极有效面积 A_c 上产生的光电流为

$$I = EA_c \cdot R \tag{3-14}$$

若以 τ 表示电子光学系统透射比，U 为像管的加速电压，则射到荧光屏上的功率为

$$P = \tau IU \tag{3-15}$$

由荧光屏发光效率 η (lm/w) 的定义 $\eta=\Phi/P$ 可知，荧光屏发出的光通量为

$$\Phi = \eta P = \eta\tau IU = \eta\tau EA_cUR \tag{3-16}$$

荧光屏的光出射度

$$M = \frac{\Phi}{A_s} = \eta\tau EUR\frac{A_c}{A_s} = \frac{\eta\tau EUR}{m^2} \tag{3-17}$$

这样，根据定义便可得到单级像管的亮度增益表达式为

$$G_L = \frac{M}{E} = \frac{\eta\tau UR}{m^2} \tag{3-18}$$

对于级联像增强器的情况，为讨论方便，以二级级联管为例，在表达式中用脚标 1、2 表示第一级和第二级相应的各参数。如果不考虑级间耦合的损失，则第一级荧光屏发出的光出射度 M_1 就是第二级光阴极的入射照度 E_2，即

$$E_2 = M_1 = \frac{\eta_1\tau_1 E_1 U_1 R_1}{m_1^2} \tag{3-19}$$

那么在第二级管荧光屏上输出的光出射度应为

$$M_2 = \frac{\eta_2\tau_2 E_2 U_2 R_2}{m_2^2} \tag{3-20}$$

将式(3-19)代入式(3-20)得

$$M_2 = \frac{\eta_1\eta_2\tau_1\tau_2 E_1 U_1 U_2 R_1 R_2}{m_1^2 m_2^2} \tag{3-21}$$

故二级级联像管的亮度增益为

$$G_L = \frac{M_2}{E_1} = \frac{\eta_1\eta_2\tau_1\tau_2 U_1 U_2 R_1 R_2}{m_1^2 m_2^2} \tag{3-22}$$

同理可推得三级级联像管的亮度增益为

$$G_L = \frac{\eta_1\eta_2\eta_3\tau_1\tau_2\tau_3 U_1 U_2 U_3 R_1 R_2 R_3}{m_1^2 m_2^2 m_3^2} \tag{3-23}$$

式中，R_1 为第一级光阴极对入射光的积分响应率；R_2 为第二级光阴极对第一级荧光屏的积分响应率；R_3 为第三级光阴极对第二级荧光屏的积分响应率。

3. 亮度增益表达式的意义

在像管亮度增益的表达式中，清楚地表明了像管各参数对亮度增益的影响。为了提高增益，以便在一定图像入射照度下提高荧光屏上输出图像的亮度，必须提高 η、τ、α、R、U 和减小 m。由于 η、τ、α、R 永远小于 1，因此这些参数的提高对增益的改善并不显著。m 对 G_L 的影响则较大，当 m 减小时，G_L 以平方关系增大，然而这是以缩小图像为代价的。同时 m 不能太小，因为荧光屏的发光效率与荧光粉的颗粒度之间有一定关系，要保证屏的发光效率，荧光粉的颗粒度就不能太小，这样就使缩小的图像很难由颗粒度较大的屏分辨出来，导致分辨率下降。所以绝大多数现有像管的 m 值取为 0.5～1。此外，加大 U 对 G_L 是有利的，而且是提高 G_L 的根本条件。一般单级像管的 U 值为 12～15kV，这实际上是通过外界能量的输入来提高像管亮度增益的。但是，当 U 超过一定值时，将引起强烈的背景，甚至会出现破坏性的放电，因而要受到限制。像管的级数增加，G_L 有很大提高。但是随着级数的增加，体积重量也将增加，且像质变差，因此需要全面考虑，进行合理的选择。

由上述表达式计算出的亮度增益，是在忽略了许多影响因素情况下得到的理论值。实际上像管的亮度增益要小于理论值。像管实际增益的大小，可通过实验测试得到。具体测试是根据亮度增益的定义进行的。常用像管亮度增益的典型值为

红外变像管：30～50；单级像增强器：50～100；三级级联像管：5×10^4～10^5；二代像管：$>10^4$。

3.3.3 背景特性

合适的亮度是人眼观察图像的必要条件，但像管的输出亮度并不都是有用的。在输出端，荧光屏的图像中除了有用的成像(信号)亮度以外，还存在一种非成像的附加亮度，称之为背景(或背景亮度)。像管的背景包括无光照射情况下的暗背景和因入射信号的影响而产生的附加背景，称为信

号感生背景(或光致背景)。暗背景产生的主要原因是光阴极的热电子发射和颗粒引起的场致发射。产生信号感生背景的主要原因是阴极透射光、管内散射光、离子反馈、光反馈所致。由于背景的存在，在荧光屏上的目标和其周围景物的图像上都叠加了一个背景亮度，因而使图像的对比下降，影响图像的清晰程度。

为了反映背景对像管图像对比的影响，引入两个参数：等效背景照度和对比恶化系数。

1．等效背景照度

为了与来自目标的照度相比较，通常用等效背景照度来表示暗背景。使荧光屏亮度等于暗背景亮度值时的光阴极面上的输入照度值称为等效背景照度。若像管的亮度增益为 G_L，在像管的光阴极面没有受到照射时，测得荧光屏暗背景亮度为 L_{db}，则等效背景照度为

$$E_{be} = \pi L_{db}/G_L \tag{3-24}$$

因为当光阴极面上的输入照度为 E、荧光屏的亮度为 L 时，亮度增益为

$$G_L = \pi(L - L_{db})/E \tag{3-25}$$

所以式(3-24)可写成

$$E_{be} = \frac{L_{db}}{L - L_{db}} E \tag{3-26}$$

根据上式，调节输入照度使荧光屏亮度为暗背景亮度的两倍，此时的输入照度在数值上即等于等效背景照度。

等效背景照度的典型值，对变像管而言为 10^{-3}lx 数量级，对像增强器而言则为 10^{-7}lx 数量级。

2．对比恶化系数

由于背景的存在使图像模糊不清，背景使像质下降的程度可用对比恶化的多少来描述。即

$$r^{-1} = C_b/C_0 \tag{3-27}$$

式中，r^{-1} 称为对比恶化系数，C_b 是有背景影响时输出图像的对比，C_0 是没有背景影响时输出图像的对比。设荧光屏上图像亮度的最大值和最小值分别为 L_{max} 和 L_{min}，则

$$C_0 = \frac{L_{max} - L_{min}}{L_{max} + L_{min}} \tag{3-28}$$

设像管的总背景亮度 L_b 是暗背景亮度 L_{db} 和入射辐射所引起的附加背景亮度 L_{sb} 之和，即有

$$L_b = L_{sb} + L_{db} \tag{3-29}$$

则在荧光屏上由于背景亮度影响而恶化了的对比度应为

$$\begin{aligned} C_b &= \frac{(L_{max} + L_b) - (L_{min} + L_b)}{(L_{max} + L_b) + (L_{min} + L_b)} = C_0\left(1 + \frac{2L_b}{L_{max} + L_{min}}\right)^{-1} \\ &= C_0\left(1 + \frac{2L_{db}}{L_{max} + L_{min}} + \frac{2L_{sb}}{L_{max} + L_{min}}\right)^{-1} \end{aligned} \tag{3-30}$$

设

$$r_{db} = \frac{2L_{db}}{L_{max} + L_{min}}, \quad r_{sb} = \frac{2L_{sb}}{L_{max} + L_{min}} \tag{3-31}$$

则

$$C_b = C_0(1 + r_{db} + r_{sb})^{-1} \tag{3-32}$$

$$r^{-1} = (1 + r_{db} + r_{sb})^{-1} = C_b/C_0 \tag{3-33}$$

对比恶化系数的数值在 0～1 之间。当信号很小时，主要是暗背景起作用，当信号很大时，主要是信号感生背景起作用。

3.3.4 成像特性

像管既是一个辐射探测器，又是一个图像探测器。作为图像探测器，它应该具备好的成像特性。

像管光阴极面接收来自物空间的图像辐射，这一辐射在阴极面上的强度分布构成输入图像，通

过像管的转换与增强在荧光屏上产生相应的亮度分布，构成输出图像。像管在完成转换与增强的过程中，由于非理想成像，所以输出图像的几何尺寸、形状及亮度分布不能准确地再现输入的辐射照度分布而使图像像质下降。这种像质下降主要表现在几何形状及亮度分布的失真上。成像特性通常用放大率、畸变、分辨率和调制传递函数来描述。

1．放大率

像管的放大率 m 指的是像管输出端输出的图像线性尺寸 l' 与其对应的输入端图像的线性尺寸 l 之比，即

$$m = l'/l \tag{3-34}$$

因此，放大率是表征像管对图像几何尺寸放大或缩小能力的一个性能参数。

2．畸变

由于像管常采用静电聚焦电子光学系统，它的边缘放大率比近轴放大率大，所以在输出端图像产生枕形畸变。由于物高不同，放大率不同，导致图像形状发生畸形变化，故称为畸变，并以 D 表示畸变的程度

$$D = \left(\frac{m_{\mathrm{r}}}{m_0} - 1\right) \tag{3-35}$$

式中，m_{r} 为距光阴极中心特定半径处的放大率；m_0 为中心放大率。

对于三级级联像管，由于

$$m_{\mathrm{r}} = m_{1\mathrm{r}} m_{2\mathrm{r}} m_{3\mathrm{r}}\ ,\quad m_0 = m_{10} m_{20} m_{30} \tag{3-36}$$

式中，$m_{1\mathrm{r}}$，$m_{2\mathrm{r}}$，$m_{3\mathrm{r}}$，m_{10}，m_{20}，m_{30} 分别为各单级像管距阳极轴心 r 处的放大率和中心放大率。

由上式可得到三级级联像管其总的相对畸变为

$$D = (1 + D_1)(1 + D_2)(1 + D_3) - 1 \tag{3-37}$$

式中，D_1、D_2、D_3 是各单级像管的相对畸变。

通常取光阴极有效直径的 80%处的放大率来表征畸变大小。它的典型数据是：变像管为 10%；三级级联像管约为 25%～35%。

3．分辨率

成像器件刚刚能分辨清两个相邻极近的目标的像的能力称为该成像器件的分辨率。由于像管中电子光学系统存在着各种像差，再加上荧光屏对入射电子、出射电子的散射和荧光粉粒度的限制，以及级间耦合元件对光的散射、串光等原因，造成亮度分布失真，使输出图像的清晰度下降。为评定像管的成像质量，最简单常用的方法是测定其分辨率。

像管的分辨率是指高对比度的标准测试板图案聚焦在像管的光阴极面上，通过目视方法观察荧光屏上每毫米尺度包含的能够分辨开的黑白相间等宽矩形条纹的对数，即 lp/mm。

所谓分辨的线对数是指能分辨出每个测试单元四个方向(或二个方向)的条纹数。如果不能同时看清，则认为不能分辨该单元。

对于像管来说，中心的成像性能好于边缘。一般用中心分辨率来表示，但有时也测定半视场分辨率和边缘分辨率。

用分辨率来表示像管的成像质量，其方法简单方便，意义明确，同时给出一个定量的数值，便于比较。但这种方法也存在一些问题，主要有：（1）虽然测定的两个像管的极限分辨率一样，但成像质量却可能存在很大差异。这说明，分辨率只能表达最小分辨细节的界限，而对条纹的成像质量则不能做出定量的评价，即它并不能全面反映出影响成像质量的各种因素所起的作用；（2）不能揭示出单管分辨率好，但耦合起来的级联像管的分辨率显著降低的原因，即不能揭示串光的影响；（3）有些像管从可以分辨到不可分辨，转变比较明显。有些像管则模模糊糊，甚至可以跨越几个组，似乎都可以分辨，但又都难以分辨；（4）它以目测为手段，由于人眼的差异、主观因素的限

制，不可能使所测定的分辨率完全一致，即难以得到一个统一的确定的值。所有这些问题都反映出分辨率测试的实质的缺陷，说明分辨率方法不是全面评定像管成像质量的理想方法。

4．调制传递函数

调制传递函数是一种可以全面描述成像系统对构成图像的各种细节（较高空间频率）的衰减能力的数学关系。它建立在傅里叶级数和傅里叶变换的基础上，将整个成像过程描述为物图像与成像系统的响应函数（扩散函数）的卷积过程。通过数学上的分析，可以描述各种细节在像方组成图像时调制度的变化和影响。

这里只介绍具有解析形式的光电子成像器件 MTF 经验公式。常用的 MTF 经验公式为

$$\mathrm{MTF}(f)=\mathrm{e}^{-(f/f_c)^n} \tag{3-38}$$

式中，f_c 为空间频率常数，亦既 MTF 下降到 e^{-1} 时的空间频率（lp/mm）；n 为器件指数，其与具体的器件有关，其值介于 1.2～2.1 之间。经实际验证，当选择了合适的 f_c 和 n 值时，式(3-38)所给出的 MTF 只有 5%以内的相对误差。式中 f_c 和 n 的值可通过预先测定两个不同空间频率的 MTF 值，然后利用式(3-38)联立求解确定。图 3-13 给出了某些光电子成像器件的 f_c 和 n 值的分布范围。

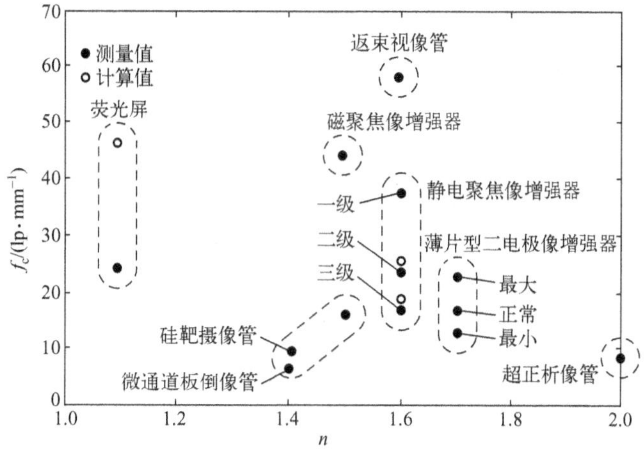

图 3-13　光电子成像器件的空间频率常数和器件指数(f_c，n)

3.4　辐射图像的光电转换

由像管的工作过程可知，辐射图像的光谱变换必须经由辐射图像转换为电子图像的过程才能实现。同时，为了获得增强的可见的光学图像，也必须首先完成将光学图像转换为电子图像的过程。因此，辐射图像的光电转换是像管工作的基础。像管中实现辐射图像的光电转换环节的是光阴极。下面讨论光阴极的工作机理。

3.4.1　光电子发射的基本理论

光电发射现象是赫兹于 1887 年在做电磁振荡的研究中首先发现的，并由此开拓了外光电转换技术。经过 100 多年的大量研究工作，光电发射的理论得到了不断的发展，目前公认的光电发射理论模型是一个三步过程模型（三阶段理论）。即整个光电发射的物理过程分为三步：

① 光电发射体内的电子被入射光子激发到高能态；

② 受激电子向表面运动，在运动的过程中因碰撞而损失部分能量；

③ 到达表面的受激电子克服表面电子亲和势而逸出。

从这一物理模型可以看出：光电发射过程的第一步是入射的光子与体内的电子相互作用的结

果。通常，假定电子的受激态接受了一个光子的能量，即只考虑电子与辐射相互作用的哈密顿量的一级微扰。由此可知，光电子受激是一种量子化的过程，其行为具有量子性。因此，具体描述这一过程应该是大量电子分立的动力学过程。对于这种过程只能用数理统计的方法予以描述。

从光电发射的第二步过程来看，它也是一个随机过程。每一个受激电子在其向表面迁移的轨道上所经过的散射势场是不同的，所以，具体描述散射动力学过程也需要借助于数理统计的方法。

对于光电发射的第三步过程，由于前两步结果的离散性，必然导致每个出射电子状态的差异，因此，同样难以进行定量的描述。

总之，光电发射是大量电子分立地受激、散射和逸出的结果。由于电子本身的量子性和散射的随机性，导致了光电发射过程是一个离散随机过程。虽然在稳定的入射辐射强度激发下可获得确定的累计平均光电子发射值。但在每一瞬间考查这一数值，将是围绕其平均值起伏变化的离散随机变量。根据概率论原理，可以用泊松点过程来表征这一各自独立、相互无关的电子受激过程，这是因为光电子的发射在时间上和空间上都可以用 δ 函数描述的缘故。

完整地描述光电发射的统计特性还需要计入入射光子的状况，光子辐射过程是具有泊松分布的随机过程。由于光子对光电发射体的入射在时间上和空间上都可表现为 δ 函数所描述的过程，因此，光子的行为也是一个随机泊松点过程。

综合上述的分析，可以得出结论：光电发射所产生的光电子统计特性吻合双随机泊松点过程。

1. 电子受激跃迁的半经典分析

首先，从光电发射的物理模型出发分析第一步过程，定量讨论光电子受激跃迁的统计规律。在建立光电子受激跃迁的统计方程时，采用半经典的处理方法。即，对入射的光辐射采用经典电磁场理论描述，对电子的基态和受激态则采用量子力学方法描述。下面的分析讨论都是以这种半经典的理论为依据的。

首先说明入射的光辐射与光电发射体内电子的表达方式。用上述的半经典方式描述光电子受激过程表现为电磁场与电子的相互作用过程，这一作用过程中，电磁场是通过它在原子位置上的电位移矢量 $\boldsymbol{D}(r,t)$来表示的。$\boldsymbol{D}(r,t)$是一个矢量的实函数。该函数可以通过由麦克斯韦方程组导出的非色散波的经典波动方程求得。利用入射辐射及光电发射体确定的边界条件和初始条件求解这一方程即可得到入射辐射在光电发射体内的电位移矢量函数 $\boldsymbol{D}(r,t)$的表达式。

为了简化这一讨论，取入射辐射是单色偏振的，其角频率为 ω_0。在所分析的时间间隔 Δt 区间内，光辐射是稳定的并有唯一的传播方向。如果取光电发射体为均匀的各向同性的介质，则其解是一个单色平面波。因此，可用下式描述入射的光辐射在原子位置上的电位移矢量(这里取复解析信号，并予以归一化)

$$D(r,t) = A_0 \exp(-\mathrm{j}\omega_0 t) + A_0^* \exp(\mathrm{j}\omega_0 t) \tag{3-39}$$

由于入射是稳定辐射，所以式中 A_0 及其共轭复数 A_0^*都不是时间 t 的函数。A_0 是包含初相位在内的复振幅。

下面说明光电发射体内电子状态的表述方式。用量子力学的方法确定电子的状态是通过哈密顿函数来描述的。其中未受激电子的哈密顿函数 H_0。具有一组与能级 E_n 相对应的本征态$|\Phi_\mathrm{n}>$。这里假定在能级 E_b 上有一个约束态$|\Phi_\mathrm{b}>$，称之为电子的基态。同时假定电子的激发态处于一个准连续的能带。所对应的分立能级为

$$E_k = E_\mathrm{b} + \hbar\omega_\mathrm{k} \tag{3-40}$$

式中，$\hbar = \dfrac{h}{2\pi}$ (h 为普朗克常数)；ω_k 是受激态能级 E_k 所对应的光辐射角频率。在准连续的能带中，每一个分立的能级 E_k 都对应于一个激发态$|\Phi_\mathrm{k}>$，如果以角频率 $\omega = E/h$ 为单位，则激发态具有的态密度分布函数为 $\rho(\omega_k)$。

根据上述条件，可以定量研究光电发射的电子从基态开始的受激跃迁过程。这里假定没有任何中间能级参与光电子的发射过程。

令入射辐射所产生的电磁场与电子的相互作用从时间 t=0 时开始。根据量子力学的微扰理论，入射辐射将产生一个与时间有关的扰动哈密顿函数 $H_1(t)$。这时体系的哈密顿算符 $\hat{H}$ 由 $\hat{H}_0$ 和 $\hat{H}_1$ 共同组成，即

$$\hat{H}(t)=\hat{H}_0+\hat{H}_1(t) \tag{3-41}$$

其中，$\hat{H}_0$ 与时间无关，仅 $\hat{H}_1(t)$与时间有关。

通过对微扰做近似处理，可由 $\hat{H}_0$ 的定态波函数计算出有微扰时的波函数。

体系波函数应满足薛定谔方程

$$\mathrm{j}h\frac{\partial\Phi}{\partial t}=\hat{H}(t)\Phi\psi \tag{3-42}$$

对于确定的基态，其 $\hat{H}_0$ 的本征函数 Φ_n 可表示为

$$\hat{H}_0\Phi_n=\varepsilon_n\Phi_n \tag{3-43}$$

式中，ε_n 为 $\hat{H}_n$ 的本征值。将求解的波函数 ψ 按 $\hat{H}_0$ 的定态波函数 Φ_n 展开，因为

$$\Phi_n=\Phi_n\mathrm{e}^{-\frac{\mathrm{j}}{h}\varepsilon_n t} \tag{3-44}$$

所以

$$\psi=\sum_n a_n(t)\Phi_n \tag{3-45}$$

利用上式，可将式(3-41)改写为

$$\mathrm{j}h\sum_n\Phi_n\frac{da_n(t)}{dt}+\mathrm{j}h\sum_n a_n(t)\frac{\partial\Phi_n}{\partial t}=\sum_n a_n(t)\hat{H}_0\Phi_n+\sum_n a_n(t)\hat{H}_1\Phi_n \tag{3-46}$$

由于基态波函数本身也满足式(3-41)的方程，即

$$\mathrm{j}h\sum_n a_n(t)\frac{\partial\Phi_n}{\partial t}=\sum_n a_n(t)\hat{H}_0\Phi_n \tag{3—47}$$

所以式(3-46)可简化为

$$\mathrm{j}h\sum_n\Phi_n\frac{\mathrm{d}a_n(t)}{\mathrm{d}t}=\sum_n a_n(t)\hat{H}_1\Phi_n \tag{3-48}$$

取 Φ_k 的共轭复数 Φ^*_k 乘上式的两边并对整个空间积分，得到

$$\mathrm{j}h\sum_n\frac{\mathrm{d}a_n(t)}{\mathrm{d}t}\int\Phi_k^*\Phi_n\mathrm{d}r=\sum_n a_n(t)\int\Phi_k^*\hat{H}_1\Phi_n\mathrm{d}r \tag{3-49}$$

由于体系的力学量在数值上必须是实数，因此本征值为实数的力学量算符都是厄密算符。由厄密算符本征函数的正交性可知

$$\int\Phi_k^*\Phi_n\mathrm{d}r=\delta_{kn} \tag{3-50}$$

将式(3-50)代入式(3-49)，经积分后得出

$$\mathrm{j}h\frac{\mathrm{d}a_n(t)}{dt}=\sum_n a_n(t)\int\Phi_k^*\hat{H}_1\Phi_n\mathrm{d}r \tag{3-51}$$

再将式(3-44)代入式(3-49)的右边，并令

$$\varepsilon_{kn}=\frac{1}{h}(\varepsilon_k-\varepsilon_n) \tag{3-52}$$

则得到

$$\mathrm{j}h\frac{\mathrm{d}a_n(t)}{\mathrm{d}t}=\sum_n a_n(t)\int\Phi_k^*\hat{H}_1\Phi_n\mathrm{d}r\exp(\mathrm{j}\omega_{kn}t) \tag{3-53}$$

式中，$\int\Phi_k{}^*\hat{H}_1\Phi_n dr$ 是微扰矩阵元，采用狄拉克符号的写法为$<\Phi_k|\hat{H}_1(t)|\Phi_n>$。

求解式(3-53)的薛定谔方程，假定入射辐射所产生的微扰从时间 t=0 时开始。因此 t=0 时，电

子处于 $\hat{H}_0$ 的基态 Φ_n，则

$$a_n(0)=\delta_{nb} \tag{3-54}$$

由于在 $\hat{H}_1(t)$作为微扰处理取一级近似的条件下，以 $a_n(0)$来取代 $a_n(t)$，则式(3-53)变为

$$\frac{\mathrm{d}a_k(t)}{\mathrm{d}t}=\frac{1}{\mathrm{j}h}\sum_n \delta_{nb} < \Phi_k \left| \hat{H}_1(t) \right| \Phi_n > \exp(\mathrm{j}\omega_{kn}t) \tag{3-55}$$

通过一级近似得到如下的表达式

$$a_k(\Delta t)=\frac{1}{\mathrm{j}h}\int_0^{\Delta t} < \Phi_k \left| \hat{H}_1(t) \right| \Phi_n > \exp(\mathrm{j}\omega_{kn}t)\mathrm{d}t \tag{3-56}$$

式中，$a_k(\Delta t)$ 称为受激跃迁几率振幅。由量子力学的基本概念可知，光电发射体内电子在 Δt 时间内由基态$|\Phi_b>$跃迁到受激态$|\Phi_k>$的几率应为$|a_k(\Delta t)|^2$。

$$\left|a_k(\Delta t)\right|^2=\frac{1}{h^2}\left|\int_0^{\Delta t} < \Phi_k{}^* \left| \hat{H}_1(t) \right| \Phi_b > \exp(\mathrm{j}\omega_{kn}t)\mathrm{d}t\right|^2 \tag{3-57}$$

上式仅考虑了一个受激态。光电发射体的电子受激态是一个准连续的能带。因此，为求出电子受激跃迁的总几率，应将上式对整个受激态的态密度函数 $\rho(\omega_k)$进行积分。由此得到光电发射体内电子受激跃迁的总几率(在 Δt 时间间隔内)为

$$\lambda(t)\Delta t=\int_0^\infty \left|a_k(\Delta t)\right|^2 \rho(\omega_k)\mathrm{d}\omega_k \tag{3-58}$$

式中，$\lambda(t)$ 是电子受激跃迁的几率速率。它是单位时间内电子受激跃迁的几率

$$\lambda(t)=\frac{1}{h^2\Delta t}\int_0^\infty\left|\int_0^{\Delta t} < \Phi_k{}^* \left| \hat{H}_1(t) \right| \Phi_{\mathrm{b}} > \exp(\mathrm{j}\omega_{kn}t)\mathrm{d}t\right|^2 \rho(\omega_k)\mathrm{d}\omega_k \tag{3-59}$$

下面推导光辐射作用下的电子受激跃迁几率速率 $\lambda(t)$ 的表达式。

式(3-38)所表示的光辐射是沿固定方向传播的平面波，取其为偏振的单色光，因此，没有磁场分量。电场的函数呈简谐运动形式，只是用复指数函数来表示。所以，入射到光电发射体上的光辐射是偶极辐射。根据偶极近似的理论可以确定如下的关系式

$$H_1(t)=CD(r,t)\cdot P \tag{3-60}$$

式中，P 是电子的动量；C 是由偶极近似所确定的常数。

根据式(3-60)的关系，式(3-59)可变为

$$\lambda(t)=\frac{C}{h^2\Delta t}\int_0^\infty\left|\int_0^{\Delta t} < \Phi_k{}^* \left| P \right| \Phi_{\mathrm{b}} > \exp(\mathrm{j}\omega_{kn}t)D(r\cdot t)\mathrm{d}t\right|^2 \rho(\omega_k)\mathrm{d}\omega_k \tag{3-61}$$

式中，由动量所表示的微扰矩阵元$<\Phi_k|P|\Phi_b>$在准连续的受激态情况下，可以做为常量处理，取其为 M。

将式(3-60)代入式(3-61)，积分得到

$$\lambda(t)=\frac{CM}{h^2\Delta t}\int_0^\infty\left|A_0\exp\left[-j(\omega_0-\omega_k)\frac{\Delta t}{2}\right]\frac{\sin\left[(\omega_k-\omega_0)\frac{\Delta t}{2}\right]}{\omega_k-\omega_0}+A_0^*\exp\left[-\mathrm{j}(\omega_0+\omega_k)\frac{\Delta t}{2}\right]\frac{\sin\left[(\omega_k+\omega_0)\frac{\Delta t}{2}\right]}{\omega_k+\omega_0}\right|^2\rho(\omega_k)\mathrm{d}\omega_k \tag{3-62}$$

通常在研究光电发射现象时，所取的时间间隔 Δt 远大于光辐射的振荡周期。即 $\Delta t \geqslant \omega_0^{-1}$。根据这一条件，可以忽略式(3-62)中的第二项。通过简化得到

$$\lambda(t)=\frac{CM}{h^2\Delta t}\left|A_0\right|^2\int_0^\infty \rho(\omega_k)\frac{\sin\left[(\omega_k-\omega_0)\frac{\Delta t}{2}\right]}{\omega_k-\omega_0}\mathrm{d}\omega_k \tag{3-63}$$

上式还可以进一步简化。同样利用 Δt 足够大的条件，可以证明

$$\frac{\sin^2\left[(\omega_k-\omega_0)\frac{\Delta t}{2}\right]}{(\omega_k-\omega_0)^2}\to\frac{\pi}{2}\Delta t\delta(\omega_k-\omega_0)\mathrm{d}\omega_k \tag{3-64}$$

将上式代入式(3-63)，于是

$$\lambda(t)=\frac{\pi CM}{h^2\Delta t}\left|A_0\right|^2\int_0^{\infty}\rho\left(\omega_k\right)\delta\left(\omega_k-\omega_0\right)\mathrm{d}\omega_k \tag{3-65}$$

式中，$\rho(\omega_k)$是光电发射体内电子激发态的态密度分布函数。由于激发态是一个准连续分布的能带，可以认为是一个近似呈均匀分布的态密度函数。因此，$\rho(\omega_k)$可以移到积分号外边。又因为 ω_0 是正实数，所以函数 $\delta(\omega_k-\omega_0)$的积分限为 0～∞，与-∞～∞是相等的。因此

$$\lambda(t)=\frac{\pi C}{h^2}\left|A_0\right|^2\rho\left(\omega_k\right)<\Phi_k\left|P\right|\Phi_{\mathrm{b}}> \tag{3-66}$$

上式的结果表明，光电发射体内电子在光辐射激发下，受激跃迁的几率速率(单位时间的几率)与入射辐射强度$|A_0|^2$成正比，与基态 Φ_{b} 到激发态 Φ_k(准连续带)的电子跃迁矩阵元$<\Phi_k\left|P\right|\Phi_{\mathrm{b}}>$成正比，还与基态和激发态的态密度 $\rho(\omega_k)$ 成正比。

需要说明的是：式(3-65)是由简化模型所导出的结果。事实上，光电发射体内电子受激过程是很复杂的，尤其是半导体光电发射的受激过程，它可能是来自价带上的电子，也可能是来自杂质能级上的电子以及自由电子。因此，其初态能级是多种多样的。另外，受激电子的激发态也有可能处于真空能级之下，这些电子成为导带中的非平衡电子，只对光电导有贡献。因此，式(3-65)只是近似证明电子受激发射的结果。

2．受激电子向表面迁移过程的分析

光电发射体内电子受激后，在其寿命时间内要产生迁移运动。电子从受激处向表面迁移的过程中会因散射而损失一部分能量。所产生的散射有：自由电子散射、晶格散射、激子散射等。除此之外，受激电子与体内束缚电子发生非弹性碰撞而产生次级电子-空穴对时，将损失更多的能量。下面分别讨论这几种能量损失的情况。

自由电子散射是发生在金属光电发射材料内的主要散射。其原因是由于金属中自由电子数量多，高浓度的自由电子会使受激电子在运动过程中受到很强的电子散射，在运动较短的距离后就达到了电子的热平衡。因此，只有靠近光电发射体表面处的受激电子才能迁移到表面。这表明被激发电子的逸出深度小，因此金属的光电发射特性差，所以一般不使用纯金属作光电发射材料。与此相反，由于非简并的半导体在室温状态下，自由电子很少，因此自由电子散射几率显著下降。这样的半导体光电发射材料的自由电子散射可以忽略不计，这也是主要光电发射体都采用半导体材料的原因之一。

晶格散射是半导体光电发射材料中比较主要的一种散射。晶体中晶格振动能量的改变是量子化的，改变量的大小为声子。当晶格振动对受激电子散射时，相互交换的是一个声子的能量。受激电子可描述为具有较高能量的灼热电子，它与处于热平衡状态的晶格产生散射将发射一个声子。通常，受激电子每经过一次晶格散射就会损失 0.005～0.1eV 的能量，比较可知，它比自由电子散射的损失要小得多。由于两次晶格散射之间受激电子的平均自由程也较长，因此，半导体光电发射材料中的受激电子可以迁移较长的距离而不损失过多的能量。实验表明，在距表面百分之几微米处受激的电子迁移到表面时，平均损失于晶格散射的能量约为 1eV，这使得受激电子仍具有克服表面电子亲和势的能量。因此，半导体光电发射材料优于金属光电发射材料，主要表现是受激电子的逸出深度大得多，即表现出很显著的光电发射体积效应。

束缚电子碰撞电离是指受激电子向表面迁移时，与价带电子或其他束缚能级上的电子发生碰撞并在一定条件下产生电离，这一碰撞将使受激电子损失较多的能量。一般情况下，引起碰撞电离所需的能量为禁带宽度 E_{g} 的 2～3 倍，此能量称为产生次级电子-空穴对的阈值能量。通常产生碰撞电离时，受激电子的平均自由程为毫微米数量级。由于产生碰撞电离需要具有大于阈值的能量，因此可以采取适当措施予以避免。通过选择适当的禁带宽度 E_{g} 使产生次级电子-空穴对的阈值能量

E_{th}=2～$3E_g$ 的数值，大于受激电子所具有最大能量。这样就避免了碰撞电离产生次级电子–空穴对的可能性，从而有利于光电发射。例如对于敏感于可见光谱域的光电发射材料，要使波长 350nm 以上的入射光子所激发的受激电子不产生次级电子–空穴对，要求 E_{th}>3eV 即可。这一条件完全可以通过选择适当的 E_g 值来满足。

除上面讨论的散射因素外，对受激电子产生影响的还有晶体状态的影响，包括：光电发射材料的晶体缺陷产生的散射、晶体中应力产生的散射、在晶粒边界处产生的散射等。这些散射也将造成受激电子的能量损失。为减少这类散射的损失，应严格控制光电发射体制备的工艺过程。

上述介绍说明了光电发射的第二步过程中，受激电子向表面迁移时受到散射的因素。下面在此基础上具体分析受激电子向表面迁移的几率，并建立这一过程的方程。

散射因素都是随机的，即每次散射受激电子的自由程并不是确定的。因此，无论那种散射所发生的情况都只能用几率来描述。现假定散射的几率与受激电子所处的位置和能量大小无关，并令受激电子的平均逸出深度为 L，则可列出下面的微分方程

$$\frac{\mathrm{d}P(x)}{\mathrm{d}x}+\frac{P(x)}{L}=0 \tag{3-67}$$

式中，$P(x)$表示受激电子产生于 x 处并能迁移到真空界面的几率。x 是距真空界面的距离，即取真空界面处为 x=0。

利用边界条件 x=0 时，$P(x)$=1 可解出式(3-67)的方程

$$P(x)=\mathrm{e}^{-x/L} \tag{3-68}$$

此式给出了在不同深度 x 处产生的受激电子向真空界面迁移的几率。下面利用这一公式求出全部受激电子能迁移到真空界面的总几率表达式。通常，电真空光电成像器件多采用透射式光阴极，故这里只给出透射式光阴极的总几率表达式。

透射式光阴极的工作状况是：光从光阴极的基底一面入射，所产生的光电子由真空界面出射。由于光阴极吸收光的有效深度和光电子逸出的有效深度都很小，所以对透射式光阴极的厚度有着严格的限制，通常为呈半透明状的薄层。

令入射到光阴极表面的光子流密度为 N_0(即单位时间内入射到单位面积上的光子数)。如果光电阴极材料为各向同性的均匀介质，则可取其光吸收因数为常数α。同时取光阴极真空界面的反射因数为 ρ。这样，入射的光子通过光阴极体内 x 截面的光子流密度为

$$N(x)=N_0(1-\rho)\mathrm{e}^{-\alpha(\sigma-x)} \tag{3-69}$$

式中，σ 是光阴极的厚度，x 的坐标起点取在光阴极的真空界面上，这时光阴极的 x 截面处单位体积所吸收的光子速率为

$$\mathrm{d}N(x)=N_0\alpha(1-\rho)\mathrm{e}^{-\alpha(\sigma-x)} \tag{3-70}$$

引入归一化的电子受激几率速率 $\lambda(t)$，则得到光阴极在 x 截面处 dx 间隔内所产生的受激电子速率为

$$\lambda(t)\mathrm{d}N(x)=N_0\alpha(1-\rho)\lambda(t)\mathrm{e}^{-\alpha(\sigma-x)} \tag{3-71}$$

再引入受激电子向真空界面迁移的几率公式，可以写出受激电子的迁移分布函数为

$$\mathrm{d}n(x)=N_0\alpha(1-\rho)\lambda(t)\mathrm{e}^{-[\alpha(\sigma-x)+\frac{x}{L}]}\mathrm{d}x \tag{3-72}$$

对上式进行积分，取积分限为 $\sigma\rightarrow 0$，所得到的结果就是光阴极中能迁移到真空界面处的总受激电子数。其值为

$$n=\int_{\sigma}^{0}N_0\alpha(1-\rho)\lambda(t)\mathrm{e}^{-[\alpha(\sigma-x)+\frac{x}{L}]}\mathrm{d}x=N_0\alpha L(1-\rho)\lambda(t)\frac{\mathrm{e}^{-\sigma/L}-\mathrm{e}^{-\alpha\sigma}}{1-\alpha L} \tag{3-73}$$

由上式可以直接给出透射式光阴极的每一个入射光子所激发的电子能够迁移到真空界面的几率

$$\frac{n}{N_0}=\alpha L(1-\rho)\lambda(t)\frac{\mathrm{e}^{-\sigma/L}-\mathrm{e}^{-\alpha\sigma}}{1-\alpha L} \tag{3-74}$$

利用上式可以具体分析透射式光阴极的最佳条件。为得到受激电子迁移到真空界面的几率的最大值，可由式(3-74)的一阶导数为零来建立最佳条件的关系式。当下式成立时

$$\alpha e^{-\alpha\sigma}=\frac{1}{L}\mathrm{e}^{-\sigma/L} \tag{3-75}$$

透射式光阴极具有最佳的受激电子迁移几率。由此式可知，应当取光阴极的厚度为

$$\sigma=\frac{L\ln\alpha L}{\alpha L-1} \tag{3-76}$$

在选择光电发射材料时，应尽量使之光吸收系数 α 值等于电子的有效逸出深度 L 的倒数。这样就可以保证在任何厚度 σ 时都满足式(3-75)，这对光电发射是有利的。

从式(3-74)还可以得到受激电子向真空界面迁移的几率随光吸收因数 α 及有效逸出深度 L 的增加而提高的结论。对于半导体材料，它的光吸收系数取决于它的能带结构。通常当入射的光子能量大于禁带宽度时，其本征吸收系数很高，即在 10^5～$10^6\mathrm{cm}^{-1}$ 的范围内。因此，有效的光吸收深度约为 10^{-6}～10^{-5}cm。所以大部分受激电子产生在 10～100nm 的距离内，而这个距离恰好又在半导体逸出深度之内。实验证明，实用的半导体光阴极，如果吸收系数在 $10^6\mathrm{cm}^{-1}$ 左右，则全部光电子都能以足够能量迁移到真空界面。

3．电子逸出表面过程的分析

光电子的发射过程可以用固体的能带理论来解释和分析。处于绝对零度的本征半导体的能带如图 3-14 所示。

半导体的光电逸出功 W_c 不同于热电子发射逸出功 W_h。根据定义，T=0K 时电子占据的最高能级是价带顶，它的 W_c 是指从价带顶把电子激发到导带并使之逸出表面的最低能量，也就是价带顶到真空能级之间的能量差。即

$$W_c=E_g+E_A \tag{3-77}$$

其数值等于禁带宽度 E_g 与电子亲和势 E_A 之和。由此可确定本征半导体在绝对零度时的长波阈(红限)波长为

$$\lambda_0=\frac{hc}{E_g+E_A} \tag{3-78}$$

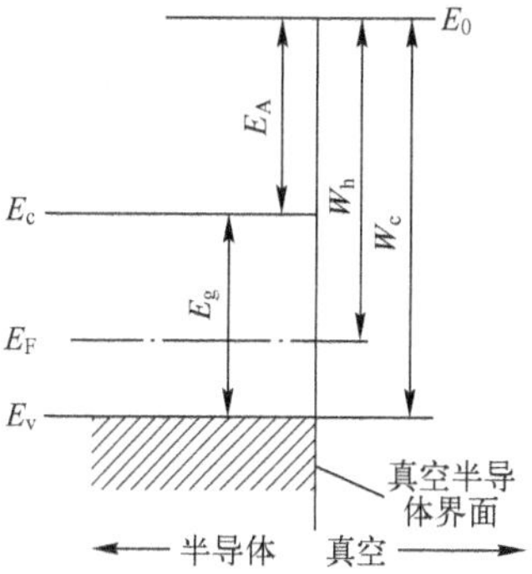

图 3-14　本征半导体能带图

式中，h 和 c 分别表示普朗克常数和真空中光速。

由以上可知，光电发射体内电子可由小于阈值波长的光子激发成为灼热的电子，它经散射迁移到真空界面时，如具有克服正 E_A 的能量则可逸出表面，形成光电发射。因此，受激电子能否逸出表面主要取决于电子亲和势。下面具体讨论光电发射体的电子亲和势以及电子逸出表面的状况。

半导体表面吸附有其他元素的分子、原子或离子，都可以形成束缚能级，称之为表面态。如果吸附层较厚，则在表层形成施主或受主能级，从而构成异质结。这些情况都会影响表面处半导体的能带的变化(弯曲)，因此改变了电子逸出表面的状况，也就改变了电子逸出表面所需要的能量，即改变了它的 W_c。图 3-15 给出了四种情况的半导体附有不同表面态的能带图。

(1) P 型半导体附有 N 型表面态

P 型半导体和 N 型表面在未建立平衡前，两者的费米能级 E_F 不等，前者低于后者。因此，表面态中的电子要迁到 P 型半导体的受主能级上，以建立费米能级的平衡。由此导致在外表层形成正的空间电荷区，在内表层形成负的空间电荷区。所产生的附加电场使表面电位下降，从而造成表面层的能带向下弯曲。如图 3-15(a)所示。弯曲的能带有效地减小了导带底与真空能级之间的能量差。这表明电子从导带底逸出表面所需的最小能量降低了。通常将能带弯曲所得到的导带底与真空能级 E_0 之间

的能量差 E_{Aeff} 称为有效电子亲和势。由于 P 型半导体附有 N 型表面的匹配有利于电子逸出表面，因此，实用光阴极都采用这种结构。同时，由于 P 型半导体的费米能级处于较低的价带附近，其热逸出功函数较大，所以这种结构所产生的热电子发射较小，故也有利于降低光阴极的暗发射。

（2）N 型半导体附有 P 型表面

N 型半导体的费米能级处于导带底附近，在与表面未建立平衡前，它比表面态的费米能级高。因此在建立平衡时，表面的受主能级将接受半导体内部的电子。由此形成内正外负的空间电荷区。其附加电场将使表层的能带向上弯曲，如图 3-15(b)所示。这种能带弯曲会增大有效电子亲和势，因此增加了受激电子逸出表面所需的能量。这对光电发射是不利的。

图 3-15(c)、(d)两种组合，由于其间费米能级差异不明显，故表面处能带不产生明显弯曲。

由上述讨论可知，通过选择适当的表面态可以改变半导体的有效电子亲和势。通过在这一原理基础上进行深入研究，现已制成有效电子亲和势为零以及为负值的光阴极，由此开创了负电子亲和势光电发射体的新领域。

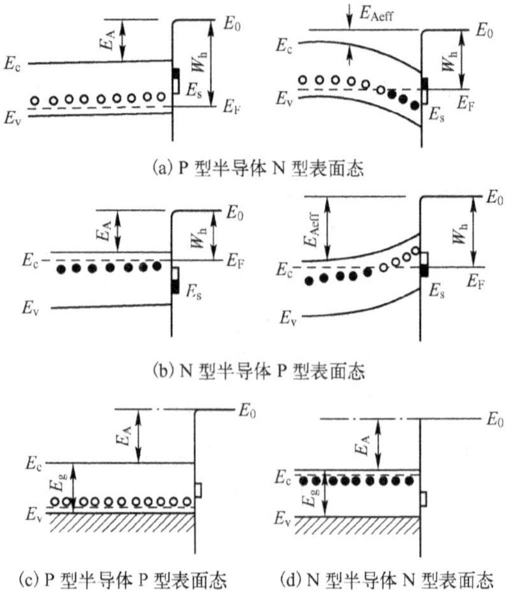

图 3-15　半导体附有表面态的能带弯曲

3.4.2　典型实用光阴极

像管实用光阴极的种类很多，通常是以其敏感的光谱范围来分类的。目前，根据国际电子工业协会标准采用 S 系列序号来命名各种实用光阴极的光谱响应特性。表 3-3 列出了 S 系列光谱响应的各种光电发射体材料及其工作特性。图 3-16、图 3-17 和图 3-18 分别给出紫外区、可见光区和近红外区的各种光阴极的光谱响应特性。

表 3-3　S 序号光阴极的主要性能

光谱响应编号	光电发射材料	窗口材料	工作方式 透射式(T) 反射式(R)	峰值响应/波长(nm)	典型光响应度(μA/lm)	在 λ_{max} 处典型辐射响应度/(mA/W)	在 λ_{max} 处典型量子效率/(%)	在 25℃下光阴极暗发射/(fA/cm^2)
S-1	Ag-O-Cs	石灰玻璃	T、R	800	30	2.8	0.43	900
S-3	Ag-O-Rb	石灰玻璃	R	420	6.5	1.8	0.53	—
S-4	Cs-Sb	石灰玻璃	R	400	40	40	12.4	0.2
S-5	Cs-Sb	9741 玻璃	R	340	40	50	18.2	0.3
S-8	Cs-Bi	石灰玻璃	R	365	3	2.3	0.78	0.13
S-9	Cs-Sb	7052 玻璃	T	480	30	20.5	5.3	0.3
S-10	Ag-Bi-O-Cs	石灰玻璃	T	450	40	20	5.5	70
S-11	Cs-Sb	石灰玻璃	T	440	70	56	15.7	3
S-13	Cs-Sb	熔凝石英	T	440	60	48	13.5	4
S-17	Cs-Sb	石灰玻璃	R	490	125	83	21	1.2
S-19	Cs-Sb	熔凝石英	R	330	40	65	24.4	0.3
S-20	Na-K-Cs-Sb	石灰玻璃	T	420	150	64	18.8	0.3
S-21	Cs-Sb	9741 玻璃	T	440	30	23.5	6.6	4
S-23	Rb-Te	熔凝石英	T	240	—	4	2	0.001
S-24	K-Na-Sb	7056 玻璃	T	380	45	67	21.8	0.0003
S-25	Na-K-Cs-Sb	石灰玻璃	T	420	200	43	12.7	1

几十年来，付诸实用的光阴极的种类很多，而且还在不断发展。下面介绍几种常用的光阴极。

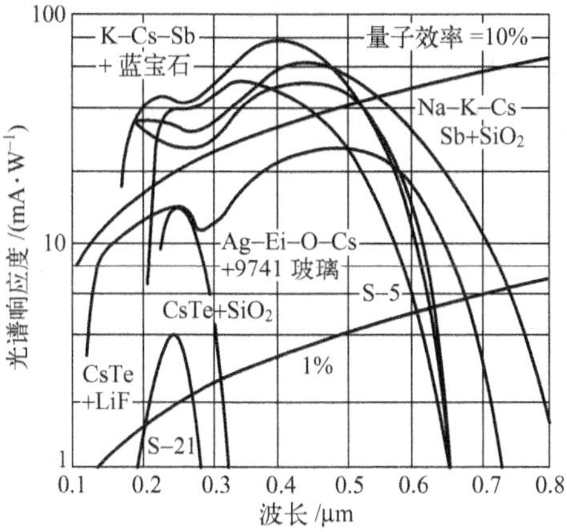

图 3-16　对紫外及可见光敏感的光阴极的光谱响应特性

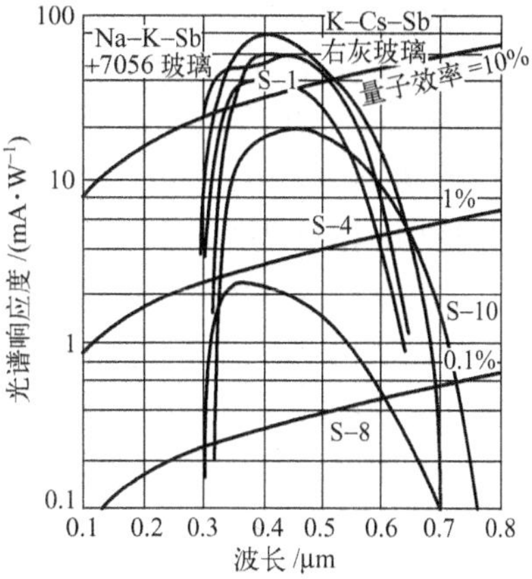

图 3-17　可见光敏感的光阴极的光谱响应特性

1. 银氧铯（Ag-O-Cs）光阴极

银氧铯光阴极是 1929 年最先发明的一种对近红外光敏感的实用光阴极，它的光谱响应范围为 300～1200nm 的波长区域，其响应曲线有两个峰值：短波峰介于 300～400nm 之间，长波峰位于 800nm 附近。光谱响应特性曲线如图 3-18 所示。

银氧铯光阴极是通过对已沉积好的薄 Ag 膜（最佳厚度为 10～20nm）用辉光放电的方法氧化后再引 Cs 敏化制成的，它的实际结构很复杂。目前有两种理论模型用于解释银氧铯光阴极的发射机理：半导体理论模型和固溶胶理论模型。这里特别提一下由北京大学吴全德院士提出的固溶胶理论。该理论大大推进了关于 Ag-O-Cs 光阴极结构和机理的研究。固溶胶理论模型认为：在半导体中的杂质银原子，当超过一定浓度后，会产生脱溶现象而形成银胶粒（直径小于 100nm）；银胶粒可以在晶粒内，也可以在晶界上；银胶粒不是施主，而是一种电子阱，脱溶的胶粒不服从化学热力学而服从于化学动力学，即温度升高时胶粒体积增大合并但过程不可逆。所以银氧铯光阴极的结构是：大量的银胶粒和银颗粒（直径大于 100nm）分散埋藏在 Cs_2O 半导体层中，其表面附有单原子铯层。其结构大体上如图 3-19 所示。

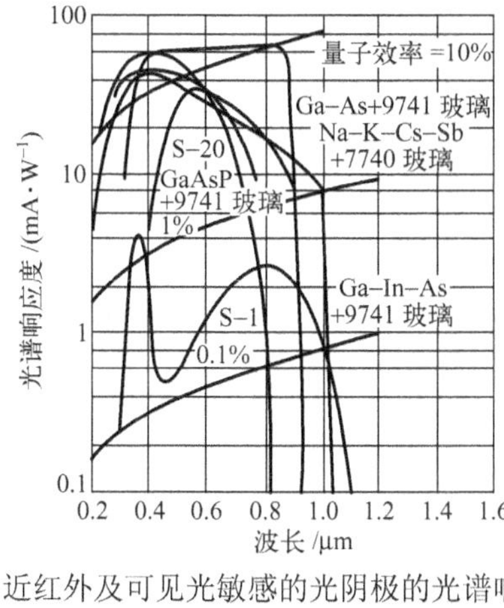

图 3-18　近红外及可见光敏感的光阴极的光谱响应特性

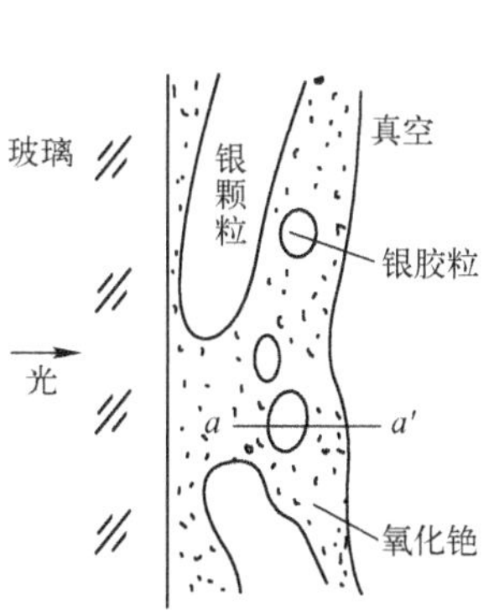

图 3-19　银氧铯光阴极固溶胶理论的组成结构

银氧铯光阴极在波长小于 350nm 的紫外区域的光电发射是在薄 Cs_2O 层中产生的，Cs_2O 的禁带宽度 E_g =2eV，电子亲和势 E_A=0.6eV，相应于 2.6～3eV 的光电发射阈。在短波的光电发射是由被 Cs_2O 复盖的银颗粒产生的，而 Cs_2O 在其发射过程中只起到降低逸出功的作用。对波长超过 400nm 的辐射，其光电发射来源于埋藏在 Cs_2O 中的小银胶粒的贡献，银胶粒被 Cs_2O 层所包围，其界面位垒由金属与半导体接触而形成，因为银胶粒很小，胶粒界面的电场很强，致使胶粒与半导体之间的位垒很窄，所以银胶粒内的受激电子由隧道效应很容易穿过界面势垒，进入低电子亲和势的 Cs_2O 层，再运动到 Cs_2O 与真空界面并克服其表面位垒而逸出。对于波长大于 1100nm 的光电发射，通常则认为是来自 Cs_2O 中的 Cs 杂质能带以及表面吸附铯的贡献。表面的吸附铯原子起到了降低有效电子亲和势的作用。

2．锑铯(Sb-Cs)光阴极

1936 年研制出的锑铯光阴极其光谱响应在大部分可见光区和紫外区，长波阈值接近 650nm。峰值光谱灵敏度处于蓝光和紫外波段，峰值的量子效率接近 20%。根据所用窗口材料的不同而有不同的光谱特性。在 S 系列中包括 S-4、S-5、S-11、S-13、S-17 和 S-19 等多种编号。

锑铯光阴极的结构如图 3-20 所示，其制作工艺是首先在真空中向基板上蒸镀纯 Sb 膜，基板可能是不透明的金属，或者直接就是器件输入窗口的内表面，在该表面上也可以预先蒸发透明导电膜，以防止光阴极发射时由于发射层面电阻大而产生横向电位降落。对于透明光阴极，要求 Sb 膜厚度为白光透射比下降到它的初始值的约 70%。蒸 Sb 后进行引 Cs 热处理，使光电发射达最大即可。制得的(CsSb)层应当是十分稳定的，厚度约 30nm。

(CsSb)层的化学组成为 Cs_3Sb，它是由平均尺寸约为 7.5～8.5nm 的 Cs_3Sb 半导体微晶构成的多晶薄膜，Cs_3Sb 的禁带宽度为 1.6eV。在最佳的锑铯光阴极中，作为受主的多余 Sb 的浓度约为每平方厘米 10^{20} 个的量级，其能级位于价带顶之上约 0.5eV 处，因此，Cs_3Sb 晶体是 P 型结构的，费米能级比受主能级稍低。锑铯光阴极的光电发射主要来自于价带中的受激电子，属于本征光电发射。这可以通过光谱响应在 200～600nm 范围内很平坦来解释。在该区域内，光的吸收因数很高，约为 10^5cm^{-1} 量级。

锑铯光阴极的表面附有铯的单原子层。这一单原子层能进一步降低电子亲和势。这是因为铯的电离能小于锑铯半导体的热逸出功函数，所以铯原子的价电子要转移到锑铯半导体内的受主上。由此半导体形成了负的空间电荷区而使表面处能带向下弯曲。在表面态的能级上由于铯的正离子和负空间电荷区之间构成一个偶极层，从而导致沿偶极层的电位下降，促使电子亲和势由 E_{Atrue} 降为 E_{Aeff}。一般说来锑铯光阴极的电子亲和势 E_A=0.45eV。图 3-21 给出了锑铯光阴极的能带模型。

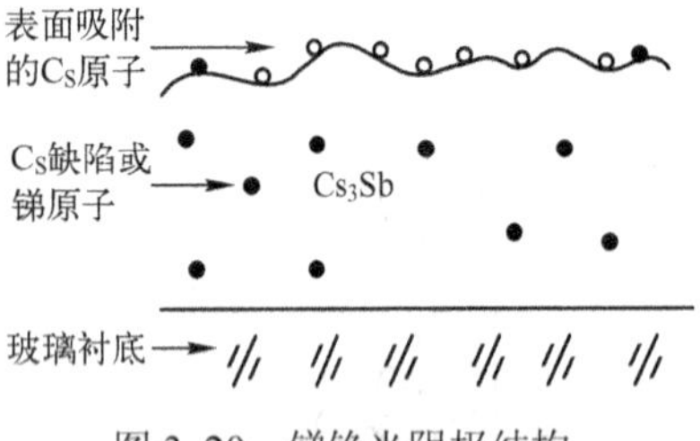

图 3-20　锑铯光阴极结构

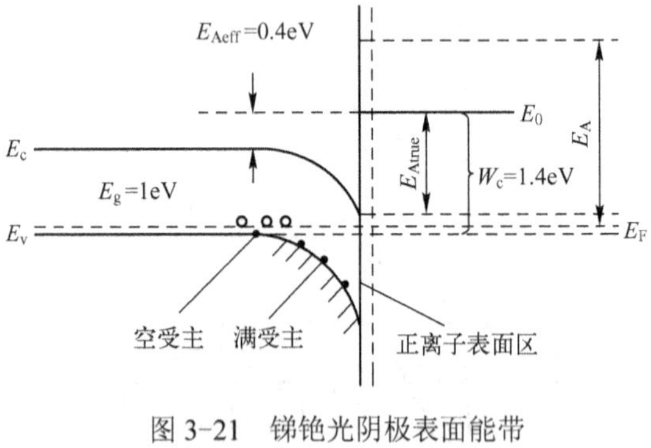

图 3-21　锑铯光阴极表面能带

3．多碱光阴极

锑与一种以上的碱金属结合可获得比单碱锑铯光阴极更高的量子效率。其中有双碱(如 Sb-K-Cs、Sb-Rb-Cs)、三碱(如 Sb-K-Na-Cs)和四碱(如 Sb-K-Na-Rb-Cs)等，统称为多碱光阴极。这类光阴极在可见光波段有很高的量子效率，峰值量子效率接近 30%。

Sb-K-Na-Cs 的组成可用(Cs)NaKSb 表示，系一晶粒尺寸平均约为 10.0～17.5nm 的多晶薄膜。在制成透射式光电阴极时，其厚度约为 100nm。表面吸附有单原子铯层。它具有和锑铯光阴极相接近的电子亲和势，却有远比锑铯光阴极小的禁带宽度，因而 Sb-K-Na-Cs 光阴极不仅量子效率高，而且有宽得多的光谱响应范围，其长波阈已扩展到近红外区域。

编号为 S-20 的 Sb-K-Na-Cs 光阴极基本上按 Sb、K、Na、Cs 的顺序激活。以后的工艺上的改进，包括用 Sb、K 交替的方法微调过量 Na 以获得预期的 Na_2KSb，使制作过程更容易控制和稳定。碱金属锑化物的晶格形式有立方与六角两大类。立方晶格结构紧凑，因而价带中的电子浓度高。同时，由于密集的立方晶格不易容纳超额的碱金属作为填隙原子存在于晶格之中，因而易于因 Sb 过量而表现为具有 P 型性质，该性质恰好可使表面附近产生有利于降低电子亲和势的能带弯曲。Na_2KSb 为立方晶格。若 Na 过量，就可能形成 Na_2KSb 和 Na_3Sb(六角晶格)的混合体；若 Na 量不足，就可能形成 Na_2KSb 和 NaK_2Sb(六角晶格)的混合体，量子效率都会减小。Cs 的作用不仅局限于表面效应，而且还有使晶格常数由 Na_2KSb 的(0.7727 ± 0.0003)nm 增加到(Cs)Na_2KSb 的(0.7745 ± 0.0004)nm 的体效应。其引起晶格中 Sb 的更多过量，从而因 P 型掺杂而增加浓度，导致表面产生更大的能带弯曲，降低电了亲和势。Sb-K-Na-Cs 光阴极的电子亲和势为 0.55eV。与 Sb-Cs 光阴极一样，Sb-K-Na-Cs 光阴极在长波阈附近也有明显的非本征光电发射，因而使量子效率的理论与实测结果有所偏离，并且可以观察得到温度对长波光电发射的影响。图 3-22 给出了多碱光阴极 Cs 激活前后的能带结构变化情况。

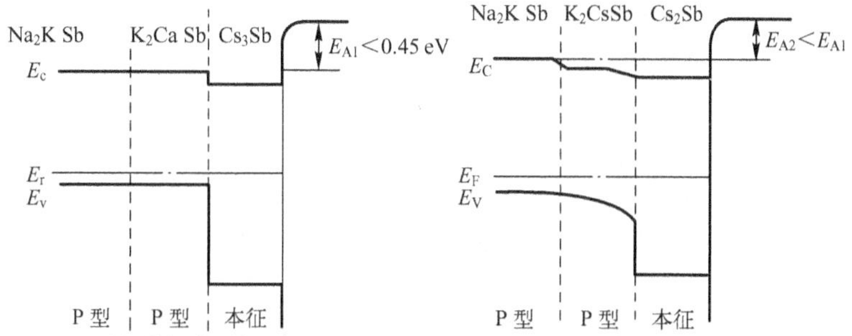

(a) 无表面C_S层　　(b) 有表面C_S层

图 3-22　多碱光电阴极表面结构

在很多 Sb-K-Na-Cs 光阴极的应用领域中，特别是在夜视技术中，要求阴极增强其红光与红外响应，以提高系统的探测能力。厚三碱光阴极就是适应这种需要发展起来的，它依然是 Sb-K-Na-Cs 光阴极，但为了区别于 S-20，根据研究者的不同，而有许多编号，如 S-20R、S-25、S-20VR 等。这些经过改进的多碱光阴极的厚度有所增加，并且通过精细的表面 Sb、Cs 处理使有效电子亲和势降到最低。(Cs)Na_2KSb 的光吸收随波长增加而减小，根据该特点可以通过调整光阴极的厚度来改善它的光谱响应特性。为了增加长波响应，可以在有效逸出深度允许的范围内增加光阴极的厚度，这就有效地利用了长波光子的吸收距离，从而可以将光阴极的长波阈延伸到 0.9μm 以上，且光电灵敏度也显著提高，最好的可达 800μA/lm 以上，表面电子亲和势可降低到 0.3eV。这种光阴极的短波响应有所降低，这可由阴极加厚而超过了短波光的吸收深度，造成两者不匹配来解释。

多碱光阴极室温下的热发射电流很小，约为 $10^{-16}A/cm^2$，同时，它在室温下的电阻率也较低，可允许较大的光电发射电流密度。

4. 负电子亲和势(NEA)光阴极

上面所述的光阴极都是表面具有正电子亲和势的多晶薄膜。多晶性和正电子亲和势是其两大特征。在多晶膜晶粒内部因吸收光辐射而激发出的光电子，要穿过若干晶粒间界才能到达光阴极表面。光电子在晶粒间界处可能遭到反射、散射或吸收，也可能与空穴复合。此外，晶粒内部靠近晶粒间界的地方因能带弯曲而产生的势垒区，使晶粒内部的平带区域变窄，从而又使终态能量高的电子数目减少，所有这些均将降低光阴极的量子效率。为了减少和消除多晶性给光阴极带来的不利影响，最好直接将光阴极制备成单晶薄膜。正电子亲和势也是光阴极进一步提高量子效率和向长波方向扩展响应受到限制的另一个重要原因。因为一切已经受到激发跃迁到导带的电子，在其损失掉一部分能量运动到发射表面时，还必须有足够的能量克服表面电子亲和势才能逸出。但若能设法使阴极获得近于零的甚至负的电子亲和势，则即便是到达表面且已降到导带底的电子也可以发射出来。负电子亲和势状态可以通过适当方法处理 P 型发射材料得到，使其功函数减到比材料本身的禁带宽度还小。自负电子亲和势光阴极理论于 1963 年提出以来，研究者用铯吸附在 P 型 GaAs 表面得到了零电子亲和势，其后又有人对 GaAs 表面以 Cs 和 O_2 交替激活，得到了负电子亲和势，通常用缩写 NEA 来表示负电子亲和势光阴极。它以理论模型概念新颖、发射体本身量子效率高、暗发射小、光电子能量分布和角分布集中、扩展长波限的潜力大等特性而成为广泛研究的课题。据报道，现在的透射式 NEA 光阴极的积分灵敏度已经可以达到 3000μA/lm 以上，室温下 1.06μm 波长处的量子效率也超过了 9%。

目前，制成负电子亲和势的半导体材料有两类：一类是化学元素周期表中的Ⅲ族和Ⅴ族元素的化合物单晶半导体；一类是硅单晶半导体。两类都是通过吸附 Cs、O 表面层来形成负电子亲和势的。

具有代表性的透射式负电子亲和势光阴极的结构如图 3-23 所示，分别为：窗口玻璃/Si_3N_4/AlGaAs/GaAs:CsO。从真空界面来看，它的第一层是单分子的 CsO 层；第二层是 GaAs 单晶外延层，用来构成光电发射体；第三层是 AlGaAs 单晶层，它是为生成良好的单晶态 GaAs 层而设置的基底层。AlGaAs 与 GaAs 两者有良好的晶格匹配，从而能有效地减少光阴极后界面处受激电子的复合速率，保证光电发射的性能。

到目前为止，对于 Cs、O 在Ⅲ-Ⅴ族化合物表面上存在的形态，以及它们使逸出功降低并形成负电子亲和势的理论，仍有着不同的看法。下面主要介绍两种理论模型：异质结构理论模型和偶极层理论模型。

异质结理论模型认为，GaAs 层通过重掺杂构成 P 型半导体，它的表面先吸附单原子的 Cs 层，再吸附一层 Cs_2O 层。Cs_2O 是一种 N 型半导体，由此构成 GaAs+Cs 与 Cs_2O 两者相接触的异质结。其中 P 型 GaAs 的禁带宽度约为 1.4eV，逸出功约为 4.7eV。而 N 型的 Cs_2O 层的禁带宽度约为 2eV，逸出功约为 0.6eV，电子亲和势均为 0.4eV。当两者紧密接触时，由于 Cs_2O 的价带和 GaAs 的导带相通，因此，二者之间的平衡态是不可维护的，必然产生电荷转换，即由于隧道效应而在界面处通过电荷迁移来建立平衡。达到平衡时两边的费米能级高度相互重合，因为有空间电荷的存在，P 型 GaAs 的界面处能带向下弯曲，N 型 Cs_2O 的界面处能带向上弯曲，如图 3-24 所示。这是利用了 Cs_2O 的逸出功远小于 GaAs 的逸出功的缘故。虽然两者各自的逸出功都大于零，但是 GaAs：Cs_2O 的有效电子亲和势 E_{Aeff} 却小于零。这样，在 GaAs 体内的受激电子处于导带底时，仍可以以一定的几率穿过 PN 结之间的位垒而逸出到真空中去。

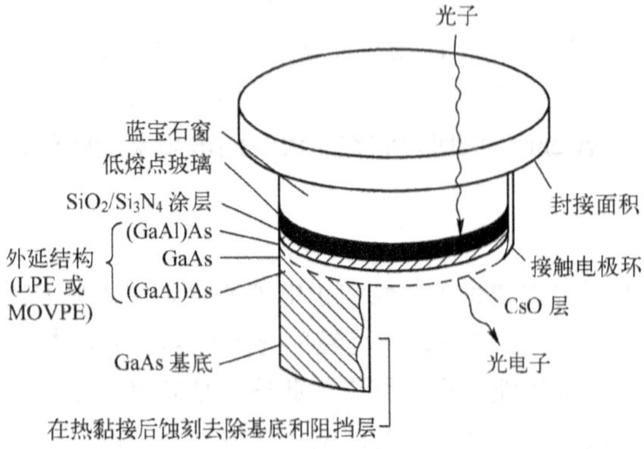

图 3-23　负电子亲和势光阴极结构

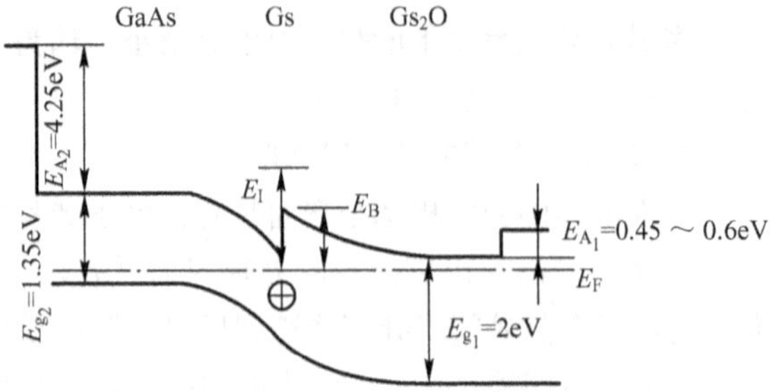

图 3-24　GaAs：Cs-Cs_2O 异质结能带

偶极层模型与异质结模型不同，认为表面吸附的 Cs 和 Cs_2O 层只是单原子及分子层。对于这样的薄层，应当用偶极层来解释。Cs 是一种电离能最低的金属，它的电离能约为 1.4eV，当 Cs 吸附在重掺杂的 P 型 GaAs 表面时，由于 Cs 的电离能小于 GaAs 的逸出功，Cs 原子的价电子将转移到 P 型半导体的受主能级上，产生空间电荷区，使半导体表面能带向下弯曲，如图 3-25 所示，同样使 GaAs 半导体表面呈负电性。这一呈负电性的表层与失掉电子而成正电性的 Cs 离子层形成偶极层。在此偶极层内，由于偶极层电场的作用，引起了电位的跳变 ΔE。这一过程一直要持续到热平衡状态为止，此时表面逸出功与 Cs 的电离能一致。由于 Cs 的电离能恰好等于 GaAs 的禁带宽度，同时重掺杂 P 型 GaAs 的费米能级很靠近价带顶，所以这时可构成的有效电子亲和势恰好为零。如果再吸附上一层 Cs_2O，则会在表面 Cs 离子层与半导体之间出现 O 层或 Cs_2O 层，由此增大了偶极层的偶极矩，从而会进一步降低表面逸出功，使有效电子亲和势成为负值。图 3-25 表明了这种情况。由于 Cs_2O 层厚约为 0.8nm，因此 GaAs 内受激电子即使处于导带底也有较大的几率穿透位垒而形成光电发射。

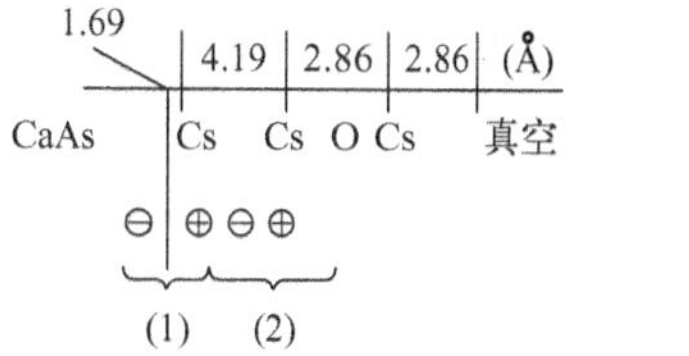

(a) GaAs的表面结构

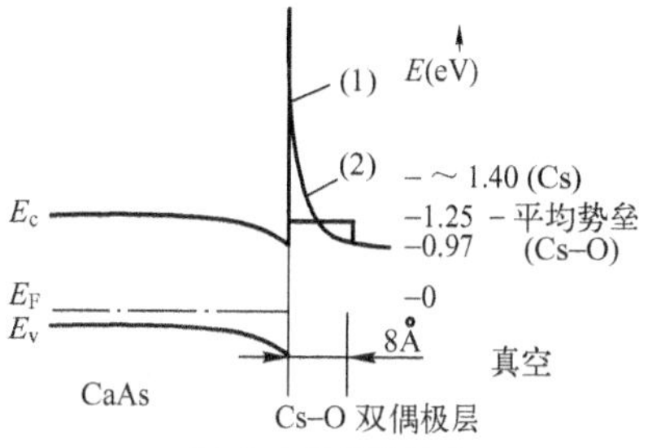

(b) GaAs的能带模型

图 3-25 NEA 光电阴极的双偶极层模型

NEA 光阴极的受激电子向表面迁移过程与正电子亲和势光阴极的迁移过程有所不同。一般正电子亲和势光阴极中只有过热电子迁移到表面才能形成光电发射。而过热电子的寿命只有 10^{-14}～10^{-15}s。在这一时间内受激电子以 10^8～10^7cm/s 的平均速度做随机的迁移运动，并产生晶格散射，所能行进的有效距离也只有 10～20nm。而负电子亲和势光阴极中全部受激电子都可以参与光电发射，即使处于导带底的电子，只要在没有被复合之前扩散到表面，就可能逸出。由于受激电子的寿命可长达 10^{-8}s 数量级，所以它在寿命时间内随机迁移运动扩散到表面的有效逸出深度可达 1μm。因此，显著提高了负电子亲和势光阴极的量子效率。同时，它的形成光电发射的电子大部分是处于导带底的电子，由光电发射的爱因斯坦定律可知，它的光电子出射初能量分布比较集中。另外，由于逸出深度较大，光电子的出射角分布也比较集中。这些因素都有利于降低电子光学系统的像差。

由上述分析可知，负电子亲和势光阴极的光电子逸出过程是受激电子的扩散过程。由于扩散是无规则的热运动，加上浓度梯度的作用，实际上将趋向于定向运动。若有内部电场存在，必然会加速或阻碍扩散运动。光阴极产生内部电场的因素有外电场渗透到半导体中引起体内附加电场、表面的偶极子层、表面态造成的表层能带弯曲等。上述各种因素都有利于受激电子向真空界面扩散。下面具体列出负电子亲和势光阴极的光电发射扩散方程。

假定综合的内电场为 $E(x)$，令受激电子的密度分布函数为 $n(x)$，取 x 坐标为光阴极的法线方向，则平均的光生电流密度为

$$J = e\mu n(x)E(x) + eD\nabla n(x) \tag{3-79}$$

式中，e 是电子电荷量；μ 是电子迁移率；D 是电子扩散系数($D=\mu kT/e$)。由于粒子束必须满足守恒定则

$$\frac{\partial n(x)}{\partial x} = G(x) - \frac{n(x)}{\tau} - \frac{\nabla J}{e} \tag{3-80}$$

式中，$G(x)$是入射光产生受激电子浓度的分布函数；τ 是受激电子的寿命。

考虑到光阴极的能带弯曲区比逸出深度小得多，所以可以忽略光阴极内电场对受激电子扩散运动的影响。取 E=0，同时假设温度 T 不变，可把 D 视为常数。这样就可利用式(3-75)和式(3-76)得到稳态时光电子的连续方程

$$D\left(\frac{\partial^2 n(x)}{\partial^2 \mathrm{x}}\right)+\frac{n(x)}{\tau}=G(x) \tag{3-81}$$

通过已确定的边界条件求解这一方程，就可以得到 NEA 光阴极的光电产额。下面就透射式光阴极做具体讨论。

透射式光阴极的光是从透明基底方向入射的。由于光吸收过程的指数特性，所以在阴极层中靠近基底一侧产生的受激电子较多，因此，必须考虑受激电子在阴极与基底界面(后界面)的复合速率。

取 x 坐标原点在阴极与基底界面处，令入射的光子流密度为 N，基底入射面的反射比为 ρ_0，阴极与基底界面的反射比为 ρ_1，阴极真空界面的反射比为 ρ_2，阴极的光吸收因数为 α，阴极厚度为 σ。如不计基底对光的吸收则可写出受激电子的产生率分布函数为

$$G(x)=NA[\exp(-\alpha x)+B\exp(\alpha x)] \tag{3-82}$$

其中

$$A=\frac{\alpha(1-\rho_1)(1-\rho_0)}{1-\rho_0\rho_1-[\rho_0\rho_2(1-\rho_1)^2+\rho_1\rho_2]\exp(-2\alpha\sigma)} \tag{3-83}$$

$$B=\rho_2\exp(-2\alpha\sigma) \tag{3-84}$$

由此可以得到透射式 NEA 光阴极的电子扩散方程

$$D\left(\frac{\partial^2 n(x)}{\partial^2 x}\right)+\frac{n(x)}{\tau}=NA[\exp(-\alpha x)+\frac{\tau}{1-\alpha^2 D\tau}G(x)] \tag{3-85}$$

这一方程的通解为

$$n(x)=C_1\exp(-\frac{x}{\sqrt{D\tau}})+C_2\exp(\frac{x}{\sqrt{D\tau}})+\frac{\tau}{1-\alpha^2 D\tau}G(x) \tag{3-86}$$

对于透射式工作状态，可以确定如下的两个边界条件

$$n(\sigma)=0 \tag{3-87}$$

$$D\left.\frac{\mathrm{d}n(x)}{\mathrm{d}x}\right|_{x=0}=Sn(0) \tag{3-88}$$

式中，S 是光阴极与基底交界面(x=0)处的电子复合速率。

利用边界条件求解式(3-85)的方程，并通过计算可以得到透射式 NEA 光阴极的量子效率表达式

$$\eta_1=\frac{pD}{N}\left(\frac{\mathrm{d}n(x)}{\mathrm{d}x}\right)_{x=0}=\frac{AL}{N(1-\alpha^2L^2)}\left\{\alpha L(1-\rho_2)\exp(-\alpha\sigma)+\frac{2\left[1+\rho_2\exp(-2\alpha\sigma)+\frac{\alpha D}{S}\exp(-2\alpha\sigma)\right]}{\left(1-\frac{D}{SL}\right)\exp\left(-\frac{\sigma}{L}\right)-\left(1+\frac{D}{SL}\right)\exp\left(\frac{\sigma}{L}\right)}-\frac{(1+\rho_2)\exp(-\alpha\sigma)\left[\left(1-\frac{D}{SL}\right)\exp\left(-\frac{\sigma}{L}\right)+\left(1+\frac{D}{SL}\right)\exp\left(\frac{\sigma}{L}\right)\right]}{\left(1-\frac{D}{SL}\right)\exp\left(-\frac{\sigma}{L}\right)-\left(1+\frac{D}{SL}\right)\exp\left(\frac{\sigma}{L}\right)}\right\} \tag{3-89}$$

对于透射式 NEA 光阴极来说，影响量子效率的重要参量还有厚度 σ。σ 过大，光子激发的多数电子都不能有效地扩散到发射表面；σ 过小，光子吸收甚少，大量的入射辐射穿过光阴极。在这两种极端情况中，效率均很低。透射式光阴极要求基底层对入射辐射波长要足够透明，这意味着基底材料的禁带宽度必须远远大于发射层的禁带宽度，因而导致两者晶格常数间的明显差异。发射层通常是在基底上用外延生长的方法形成的，因晶格失配而在外延层中引入的缺陷减少了少数载流子的扩散长度，从而也降低发射性能。但通过选择合理的基底材料及外延工艺，目前最好的透射式光阴极的光灵敏度已超过 4000μA/lm。

除上述讨论的二元Ⅲ-Ⅴ族元素 NEA 光阴极 GaAs：Cs_2O 以外，还有三元及四元的光阴极。采用 NEA 光阴极的像增强器，通常称为三代像增强器(或四代像增强器)。

5. 紫外(UV)光阴极

紫外辐射与可见光并没有本质上的区别，只是由于紫外辐射的光子能量高而产生了一些特殊要求。

首先是对窗口材料的要求。紫外光阴极器件的短波截止波长，一般取决于窗口材料的光谱透过性质。普通的玻璃是不透过紫外辐射的。在所有透紫外辐射的窗口材料中，LiF 的短波截止波长最短(λ_c=l04nm)。实际上它也很稳定，具有 LiF 窗口的器件历经五年可维持其远紫外性质不变。但 LiF 的透过性能却易遭受放射性辐射的损害，因而不宜于应用在有高能放射性的环境中。对于这种特殊环境中的应用，可选用 λ 稍长些的 MgF_2，MgF_2 对重要的 121.6nm 的莱曼辐射十分透明。蓝宝石(Al_2O_3)的 λ_c 更长些，它可与常规的硼硅玻璃进行近似匹配封接。透紫外窗口材料的光谱透射比如图 3-26 所示。

其次，为了抑制背景辐射的干扰作用，在实际应用中，通常要求紫外光阴极“日盲”，即对太阳辐射没有响应。用于大气层中时，应对波长 350nm 以上的辐射无响应。用于外层空间中时应对波长 200nm 以上的辐射无响应。有时，还要求紫外光阴极应是“莱曼 α 盲”的，即对 121.6nm 的莱曼 α 辐射没有响应。

根据上述要求，紫外光阴极一般按光谱响应范围分为以下三类。

- 在 400～200nm 波段工作的“日盲”紫外光阴极，常用的仅有 Cs_2Te 和 Rb_2Te 两种。当它们以半透明形式应用于光电子器件中时，量子效率均约为 8%，并有相似的光谱响应特性，但 Cs_2Te 的长波截止波长比 Rb_2Te 稍长些，如图 3-27 所示。日盲紫外光阴极的光谱响应与阴极制作工艺关系极大，制备过程中的过量碱金属将损害阴极的长波截止特性。适合于与日盲紫外光阴极配用的窗口材料为石英。

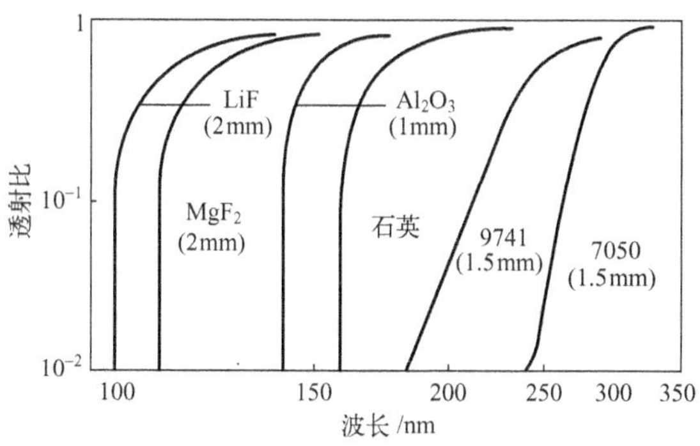

图 3-26 透紫外窗口材料的光谱透射比曲线

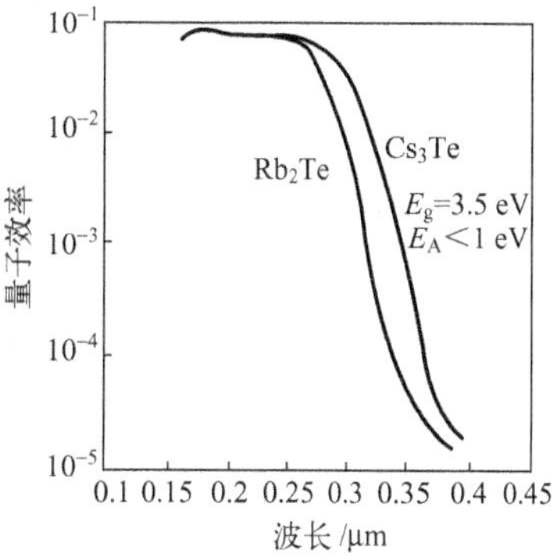

图 3-27 透射式日盲紫外光阴极的光谱响应曲线

- 工作于 200～104nm 中紫外波段的碱金属卤化物光阴极，当它以透射式应用在 LiF 或 MgF_2 窗口的器件中时，在近 130nm 波长处的峰值量子效率为 10%左右，各种碱金属卤化物紫外光阴极可根据使用要求选定，其长波截止波长从 150nm(NaCl)到 200nm(CsI)不等，具有显著不同的长波响应拖尾。而铜的卤化物则给出锐利的长波截止，因而可更好地鉴别出长波背景辐射。在像管中，它的峰值量子效率约为 CsI 的一半。图 3-28 给出了透射式紫外光阴极的光谱响应曲线。

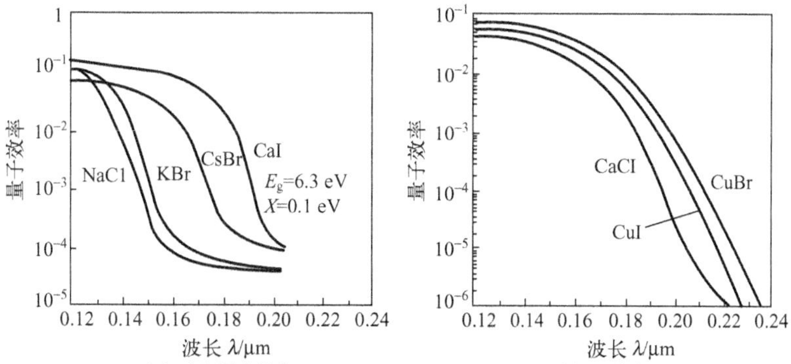

(a) 碱金属卤化物　　(b) 铜的卤化物

图 3-28 透射式紫外光阴极的光谱响应

- 104nm 以下的远紫外光阴极，又称“莱曼 α 盲”光阴极，目前尚无可用之窗口，因而只能做成反射式的。

利用碱金属卤化物和碱土金属卤化物均可制成对远紫外辐射敏感的光阴极。此外，还有纯金属的金属紫外光阴极，其量子效率虽较碱金属卤化物或碱土金属卤化物低，但它不怕暴露在大气中，发射性能稳定，可称之为“莱曼 α 盲”的反射式远紫外光阴极，常用的有 LiF 和 MgO。

所有紫外光阴极薄膜本身的电阻都很大，因此在制作透射式光阴极时，必须预先在窗口基底上沉积一层透紫外的金属导电膜。

3.4.3 光电发射的极限电流密度

像管光阴极接受辐射进行图像转换时，所产生的光电发射电流密度将受到空间电荷效应的限制。这一现象可做如下解释。

在工作状态下，像管维持光电发射要依赖于光阴极的真空界面有向内的电场场强。这一电场是由电子光学系统提供的。光阴极的光电发射将产生空间电荷，此空间电荷所形成的附加场与电子光学系统的电场方向相反。随着光电发射电流密度的增大，空间电荷的电场会增加到足以抵消电子光学系统所提供的电场。如果忽略光电子的初速度，当光阴极面的法向场强为零时光电发射就要受到抑制，这时像管的光电发射将呈饱和状态。这一电流密度称之为光电发射的极限电流密度。

下面，根据上述条件具体导出极限光电发射电流密度关系式。以像管光阴极面的中心为原点，坐标的 x 轴垂直于光阴极面，y 轴和 z 轴沿光阴极面。在此坐标的$(x,0,0)$点处取一微小体积 $\mathrm{d}V=\mathrm{d}x\mathrm{d}y\mathrm{d}z$，穿过这一微小体积的电力线通量为

$$\Delta N=-E(x)\mathrm{d}y\mathrm{d}z+\left[E(x)+\frac{\partial E(x)}{\partial x}\mathrm{d}x\right]\mathrm{d}y\mathrm{d}z \tag{3-90}$$

式中，$E(x)$是像管电子光学系统产生的轴向电场强度分布函数。

令像管光电发射的空间电荷密度为 $\rho(x)$。如果该电荷密度产生的附加轴向电场刚好等于 $E(x)$，则达到极限工作状态。根据高斯定理可得

$$-E(x)\mathrm{d}y\mathrm{d}z+\left[E(x)+\frac{\partial E(x)}{\partial x}\mathrm{d}x\right]\mathrm{d}y\mathrm{d}z=-\frac{\sigma(x)}{\varepsilon_0}\mathrm{d}x\mathrm{d}y\mathrm{d}z \tag{3-91}$$

式中，ε_0是真空的介电常数。

现将光电发射的电荷密度 $\sigma(x)$用光电发射的电流密度 $J(x)$来表示。根据连续均匀的光电发射条件可得到

$$J(x)=\sigma(x)\mathrm{d}x\mathrm{d}y\mathrm{d}z\frac{1}{\mathrm{d}t}\frac{1}{\mathrm{d}y\mathrm{d}z}=\sigma(x)\frac{\mathrm{d}x}{\mathrm{d}t}=\sigma(x)v(x) \tag{3-92}$$

式中，$v(x)$是光电子的运动速度。

将式(3-92)代入式(3-91)，得到

$$\frac{\partial E(x)}{\partial x}=-\frac{J(x)}{\varepsilon_0 v(x)} \tag{3-93}$$

由于 $E(x)$和 $v(x)$都可由像管的电位分布函数 $u(x)$来表示，将

$$E(x)=-\frac{\mathrm{d}u(x)}{\mathrm{d}x},\quad v(x)=\sqrt{\frac{2eu(x)}{m}}$$

代入式(3-93)，则

$$\frac{\mathrm{d}^2u(x)}{\mathrm{d}x^2}=\frac{J(x)}{\varepsilon_0}\sqrt{\frac{m}{2eu(x)}} \tag{3-94}$$

上式是像管发射光电流时电场电位分布的微分方程。式中 m 和 e 分别是电子的质量和电荷。

求解式(3-94)。通过降阶处理，得到

$$\frac{\mathrm{d}}{\mathrm{d}x}\left(\frac{du(x)}{dx}\right)^2=\frac{2J(x)}{\varepsilon_0}\sqrt{\frac{m}{2e}}\sqrt{\frac{1}{u(x)}}\frac{\mathrm{d}u(x)}{\mathrm{d}x} \tag{3-95}$$

$$\left(\frac{\mathrm{d}u(x)}{\mathrm{d}x}\right)^2=\frac{4J(x)}{\varepsilon_0}\sqrt{\frac{m}{2e}}\sqrt{u(x)}+C_1 \tag{3-96}$$

利用极限光电发射的条件，即 x=0 时，$\mathrm{d}u(x)/\mathrm{d}x$=0；再由像管中电子光学系统的边界条件，知 x=0 时，$u(x)$=0。可确定式(3-92)中的 C_1=0。则得到

$$\frac{\mathrm{d}u(x)}{\mathrm{d}x}=2\sqrt{\frac{J(x)}{\varepsilon_0}}\sqrt[4]{\frac{m}{2e}u(x)} \tag{3-97}$$

通过分离变量，可求得

$$\frac{4}{3}\sqrt[4]{[u(x)]^3}=2\sqrt{\frac{J(x)}{\varepsilon_0}}\sqrt[4]{\frac{m}{2e}}x+C_2 \tag{3-98}$$

由 x=0 时，$u(x)$=0 的边界条件，可确定 C_2=0。代入式(4-98)，得到微分方程的全解

$$J(x)=\frac{4\varepsilon_0}{9}\sqrt{\frac{2e}{m}}\frac{u(x)^{3/2}}{x^2} \tag{3-99}$$

此式即为像管处于连续工作状态下的光电发射极限电流密度关系式。

若像管在脉冲状态下工作且工作脉冲持续时间小于光电子在像管中的渡越时间，则这时像管的空间电荷不存在平衡稳定状态，式(3-99)将不适用。脉冲工作时像管的光电发射极限电流密度公式可推导如下。

像管光阴极产生脉冲发射，这时空间电荷密度ρ不是坐标点的固定函数。由空间电荷产生的场强 E 只能由高斯定律来确定

$$\oint_{\mathrm{s}} E\mathrm{d}S=\frac{1}{\varepsilon_0}\int_V \rho\mathrm{d}V \tag{3-100}$$

当像管脉冲的工作时间为 t，发射电流密度为 J 时，可得到

$$\int \rho\mathrm{d}V=JAt \tag{3-101}$$

式中，A 是光阴极的有效发射面积。根据式(3-100)和式(3-101)可写出

$$\oint_{\mathrm{s}} E\mathrm{d}S=\frac{1}{\varepsilon_0}JAt \tag{3-102}$$

取像管的电极间距为 L，其间电位差为 U，则像管电子光学系统提供的均匀轴向电场电通量可表示为

$$\oint_{\mathrm{s}} E\mathrm{d}S=\frac{U}{L}A \tag{3-103}$$

根据光电发射的工作条件，即由式(3-102)和式(3-103)确定的场强 E 相等。所以

$$\frac{1}{\varepsilon_0}JA\tau=\frac{U}{L}A \tag{3-104}$$

由此得到了脉冲工作状态下像管的极限光电发射电流密度关系式为

$$J=\frac{\varepsilon_0}{Lt}U \tag{3-105}$$

该式表明，像管的最大光电流密度与脉冲工作的时间成反比。

3.4.4 光阴极面发射电子过渡过程的分析

像管处于选通工作状态或输入突变的图像时，在光阴极中心区将产生光电转换的动态过渡过程。这一过程简述如下：像管的光阴极是半导体薄膜，具有较高的面电阻。当光阴极中心区接受瞬间强辐射而产生光电发射时，将失去大量的电子。由于光阴极的面电阻很高，在瞬间不能及时从电

源补充上所失去的负电荷，故光阴极中心区的电位将升高，造成光阴极面的电位不等。由此改变了电子光学系统的聚焦电场，导致电子图像的像变和失真。因而，因这一过渡过程所产生的像差将随瞬间输入照度的增大而加剧。

下面利用等效电路分析这一光电转换的过渡过程。电流 I 表示光阴极中心区发射的光电流，光阴极与像管金属零件间构成等效电容 C，光阴极的面电阻等效为电阻 R。当光阴极中心产生阶跃函数的光电流时，其中心区的电位变化函数 $U(t)$可由下面的结点电流微分方程来确定

$$C\frac{\mathrm{d}U(t)}{\mathrm{d}t}+\frac{U(t)}{R}=I \tag{3-106}$$

利用等效电路的初始条件，当 t=0 时，$U(t)$=0，求解式(3-106)得到

$$U(t)=IR(1-\mathrm{e}^{-\frac{t}{RC}}) \tag{3-107}$$

式中，RC 为像管光电发射过渡过程的时间常数。由式(3-107)所确定的 $U(t)$值定量描述了光阴极中心区的电位变化量。该值是时间 t 的函数。

通常，根据像管允许的像差可确定出最大的阴极电位变化量 Δu_{m}。利用式(3-107)可求出像管允许的阴极中心区最大发射电流，即

$$I_{\mathrm{m}}=\frac{\Delta u_{\mathrm{m}}}{R(1-\mathrm{e}^{-\frac{t}{RC}})} \tag{3-108}$$

当像管处于选通工作或输入强光，其工作脉冲持续时间为 t_{m} 时，像管允许的阴极中心区最大发射电荷量为

$$Q_{\mathrm{m}}=\frac{\Delta u_{\mathrm{m}}t_{\mathrm{m}}}{R(1-\mathrm{e}^{-\frac{t}{RC}})} \tag{3-109}$$

根据式(3-109)可具体分析光电发射过渡过程对像管工作特性的影响。下面分两种情况进行讨论。

① 当像管工作脉冲时间 t_{p} 远小于光电发射过渡过程的时间常数 RC，即 $t_{\mathrm{p}}\ll RC$ 时，将式(3-109)中的指数项展开，得到

$$Q_{\mathrm{m}}=-\frac{\Delta u_{\mathrm{m}}t_{\mathrm{p}}}{R\left\{1-\left[1+\left(-\frac{t_{\mathrm{p}}}{RC}\right)+\frac{1}{2!}\left(-\frac{t_{\mathrm{p}}}{RC}\right)^2+\frac{1}{3!}\left(-\frac{t_{\mathrm{p}}}{RC}\right)^3+\ldots\right]\right\}} \tag{3-110}$$

因为 $RC\gg t_{\mathrm{p}}$，故可以略去$-t_{\mathrm{p}}/RC$ 的高次项，得到

$$Q_{\mathrm{m}}\approx\Delta U_{\mathrm{m}}C \tag{3-111}$$

这一结果表明，像管允许的光电发射最大电荷量与光阴极对地的等效电容成正比。因此在超短工作脉冲的像管中，应尽量增大光阴极对地的电容，以改善光电发射的过渡过程。具体措施有：

- 在光阴极输入窗的外表面制作一层透明的导电层；
- 采用网状栅极及减小阴极与栅极间距；
- 采用高介电常数的材料制作输入窗及减小输入窗的厚度。

② 当像管工作脉冲时间 t_{p} 远大于光电发射过渡过程的时间常数 RC，即 $t_p\geqslant RC$ 时，将式(3-109)中的负指数项略去，得到

$$Q_{\mathrm{m}}\approx\Delta u_{\mathrm{m}}t_{\mathrm{p}}/R \tag{3-112}$$

这一结果表明，在像管工作脉冲较长时，光阴极的面电阻将严重影响光电发射的过渡过程。为此工作于强光输入状态的像管，其光阴极的等效电阻不得过大，通常要求光阴极的方块电阻 $R_{\square}$ 应小于 $10^3\Omega$。

光阴极的等效电阻 R 与方块电阻 $R_□$ 之间的关系式为

$$R = R_□ \frac{L}{W} \approx \frac{(1-1/5)}{\pi} R_□ \approx \frac{1}{4} R_□ \tag{3-113}$$

式中，L 和 W 分别为光阴极在导电方向上的长度和宽度。通常取光阴极中心区的半径为有效半径的 1/5。

减小光阴极等效电阻的措施有：采用透明导电层作光阴极的衬底；采用低电阻光阴极的工艺。

3.5 电子图像的成像理论

像管光阴极发出的电子图像通过电子光学系统的作用聚焦成像到输出像面上并完成电子图像的能量增强。电子光学系统也称为电子透镜。

在电子光学理论中，研究电子束聚焦、偏转、成像，起着电子透镜和电子棱镜作用的分支，称为弱流细束电子光学。由于其分析方式与几何光学相似，故也称为几何电子光学。弱流细束电子光学的主要研究内容包括：解决电子光学系统中场的分布(等价于几何光学中的折射率分布)问题；研究电子的运动规律和运动轨迹；讨论理想成像和各种特殊类型的电子透镜等及其像差理论。

讨论和研究弱流细束电子光学的条件如下：

① 场为静场，即场与时间无关或随时间变化甚慢，换言之，静场只是空间坐标的函数；

② 在真空中；

③ 忽略电子束本身空间电荷(或电流)分布对场的影响；

④ 电子速度远小于光速，即不考虑相对论修正。

3.5.1 电子光学基础

解释各种电子光学现象及进行电子光学系统的计算和设计，必须了解电子在电磁场中的运动规律。研究电子在由电子光学系统确定的电、磁场中的运动规律，又必须知道电场、磁场的具体分布，以求得电子光学折射率的分布，从而决定该系统的电子光学折射性质和聚焦成像性质。电子光学系统中的场分布具有比较复杂的形式，是与空间坐标有关的非均匀场。求解电场、磁场的场分布问题，在数学上归结为用电动力学和数学物理方法求解场所满足的偏微分方程的边值问题。但获得解析解的情况是有限的，大多数情况是应用计算机进行数值计算或实验方法来确定场的分布。

电磁场理论是以麦克斯韦方程组为基础的，即

$$\nabla \times \boldsymbol{E} = 0 \quad \nabla \cdot \boldsymbol{E} = \rho / \varepsilon_0 \tag{3-114}$$

$$\nabla \times \boldsymbol{B} = \mu_0 \boldsymbol{J} \quad \nabla \cdot \boldsymbol{B} = 0 \tag{3-115}$$

当所讨论的空间没有空间电荷和空间电流存在时，上面二式化为

$$\nabla \times \boldsymbol{E} = 0 \quad \nabla \cdot \boldsymbol{E} = 0 \tag{3-116}$$

$$\nabla \times \boldsymbol{B} = 0 \quad \nabla \cdot \boldsymbol{B} = 0 \tag{3-117}$$

可见，静电和静磁现象是彼此独立的，可分别讨论。

式(3-116)中的第一式表明 $\boldsymbol{E}$ 是无旋场，因此可用电位函数 V 来描述，即

$$\boldsymbol{E} = -\nabla V \tag{3-118}$$

由第二式得到

$$\nabla^2 V = 0 \tag{3-119}$$

这说明在没有空间电荷时，V 满足拉普拉斯方程。而当存在空间电荷时，式(3-119)变为

$$\nabla^2 V = -\rho / \varepsilon_0 \tag{3-120}$$

即 V 满足泊松方程。

由式(3-117)的第二式可知 $\boldsymbol{B}$ 是无源场。因此可引入矢量磁位函数 $\boldsymbol{A}$，其定义为

$$\boldsymbol{B} = \nabla \times \boldsymbol{A} \tag{3-121}$$

由电动力学理论可知，$\boldsymbol{A}$ 只是它的无源部分确定的，其无旋部分可以任意选取。为此，可令 $\boldsymbol{A}$ 的无旋部分为零而只有无源部分，亦即 $\boldsymbol{A}$ 满足下述附加条件

$$\nabla \cdot \boldsymbol{A} = 0 \tag{3-122}$$

从而亦可得到

$$\nabla^2 \boldsymbol{A} = 0 \tag{3-123}$$

此即在没有自由电流的静磁场中矢量磁位函数 $\boldsymbol{A}$ 必须满足的二阶偏微分方程。

3.5.2 旋转对称场中的场方程

1．旋转对称静电场

如果电极系统对某一轴具有旋转对称形状，例如由同轴的双圆筒组成的如图 3-29 所示的系统，在两个圆筒上加上不同的电位，所形成的静电场即为旋转对称静电场，或称为轴对称场。

在旋转对称场的情况下，选取柱坐标系(z, r, θ)，且使 z 轴与旋转对称轴重合。则电位 V 与 θ 无关，仅是 z 和 r 的函数，且在子午面上关于 z 轴对称，即 $V(z, r)=V(z, -r)$。从而可以简化问题的讨论。

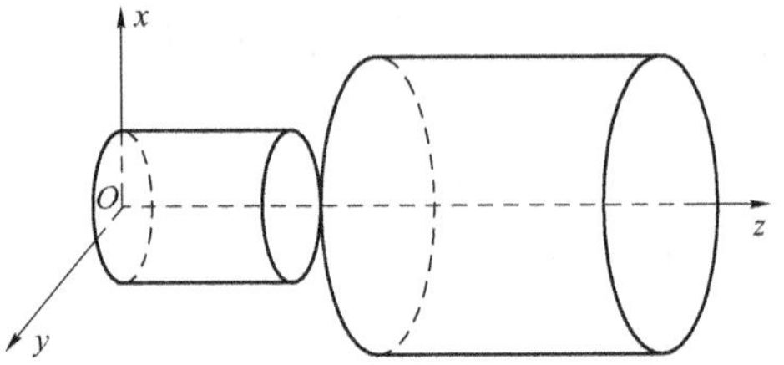

图 3-29　旋转对称静电场

在柱坐标系中，拉普拉斯方程为

$$\frac{\partial^2 V}{\partial z^2} + \frac{1}{r}\frac{\partial}{\partial r}\left(r\frac{\partial V}{\partial r}\right) + \frac{1}{r^2}\frac{\partial^2 V}{\partial \theta^2} = 0 \tag{3-124}$$

由于 V 与 θ 无关，即 $\dfrac{\partial^2 V}{\partial \theta^2} = 0$，故式(3-124)变为

$$\frac{\partial^2 V}{\partial z^2} + \frac{\partial^2 V}{\partial r^2} + \frac{1}{r}\frac{\partial V}{\partial r} = 0 \tag{3-125}$$

这类方程可通过第一类边界条件(即阳极电位分布)求解。在没有点电荷、面电荷和偶电层，即没有奇异点的空间里，V 是解析函数，可以展开为幂级数，如

$$V(z,r) = V_0(z) + V_2(z)r^2 + V_4(z)r^4 + \cdots = \sum_{n=0}^{\infty} V_{2\mathrm{n}}(z)r^{2n} \tag{3-126}$$

将式(3-126)代入式(3-125)并利用因 $r \neq 0$ 而必须令各系数等于零的条件，最后可得到

$$V(z,r) = \phi(z) - \frac{1}{4}\phi''(z)r^2 + \frac{1}{64}\phi^{(4)}(z)r^4 + \cdots = \sum_{n=0}^{\infty}\frac{(-1)^n \phi^{(2n)}(z)}{(n!)^2}\left(\frac{r}{2}\right)^{2n} \tag{3-127}$$

式中$\phi(z)$为轴上电位分布。该式表明旋转轴对称场内任一点的电位函数 $V(z，r)$都可以从它的坐标和$\phi(z)$的导数求得。亦即只要知道轴上电位分布，就可完全而又唯一地决定空间电位分布。式(3-127)也称为谢尔赤公式。

在大多数电子光学问题中，主要考虑近轴的情况，且只取式(3-127)中的前三项，即

$$V(z,r) = \phi(z) - \frac{1}{4}\phi''(z)r^2 + \frac{1}{64}\phi^{(4)}(z)r^4 \tag{3-128}$$

相应的场强分量为

$$E_r = -\frac{\partial V}{\partial r} = \frac{1}{2}\phi''(z)r - \frac{1}{16}\phi^{(4)}(z)r^3 \tag{3-129}$$

$$E_z = -\frac{\partial V}{\partial z} = -\phi'(z) + \frac{1}{4}\phi'''(z)r^2 \tag{3-130}$$

这表明，在旋转对称场中，E_r是 r 的奇函数(在对称轴上 E_r恒为 0，符合对称性)，而 E_z是 r 的偶函数。这里，谢尔赤级数只对 r 较小的近轴区域适用，而对 r 较大的远轴区域则最好采用其他的数学形式。

在空间电荷的影响不能忽略时，可将泊松方程中的$\rho(z，r)$展开为 r 的幂级数，得到泊松方程近

轴形式的电位函数表达式

$$V(z,r)\approx\phi(z)-\frac{1}{4}\left[\phi''(z)r^2+\frac{\rho(z)}{\varepsilon_0}\right]r^2 \tag{3-131}$$

在近轴区，通常略去 r^2 及 r^2 以上的高次幂项，于是，可由式(3-16)和式(3-130)得到作用在电子上的电场力为

$$F_z=-eE_z=e\phi'(z) \tag{3-132}$$

$$F_r=-eE_r=-\frac{e}{2}\phi''(z)r \tag{3-133}$$

由此可知，电子所受的径向力与 r 及 $\phi''(z)$ 正比，受力的方向由 $\phi''(z)$ 的符号决定。若 $\phi''(z)>0$，则径向力 F_r 的方向与 r 的方向相反，指向对称轴，电子受到会聚作用；反之，$\phi''(z)<0$，则电子所受到的径向力是离轴的，电子受到发散作用。因此，$\phi''(z)$ 的正或负是判别旋转对称静电场对电子起会聚或发散作用的依据，也是静电透镜的本质所在。

2. 转对称静磁场

旋转对称静磁场是电子光学系统中广泛应用的磁场，而且是最早知道具有电子光学聚焦成像性能的场。

由于矢量磁位 $\boldsymbol{A}$ 只是作为运算工具而引入的辅助概念，故通常在柱坐标系中，选择

$$A_r=0 \qquad A_z=0 \tag{3-134}$$

及

$$A_\theta=A(z,r) \tag{3-135}$$

所以，由式(3-4)中的一式、式(3-8)等及静磁场无旋的条件，可得到矢量磁位的拉普拉斯方程为

$$\frac{\partial^2 A}{\partial z^2}+\frac{\partial^2 A}{\partial r^2}+\frac{1}{r}\frac{\partial A}{\partial r}-\frac{A}{r^2}=0 \tag{3-136}$$

可见，矢量磁位的拉氏方程与式(3-125)相似。

根据磁场的旋转对称性

$$B_z(z,r)=B_z(z,-r) \tag{3-137}$$

$$B_r(z,r)=-B_r(z,-r) \tag{3-138}$$

仿旋转对称静电场的方式可得到矢量磁位和磁感应强度的谢尔赤级数解

$$A(z,r)=\frac{1}{2}B(z)r-\frac{1}{16}B''(z)r^3+\frac{1}{384}B^{(4)}(z)r^5+\cdots=\sum_{k=0}^{\infty}(-1)^K\frac{1}{K!(K+1)!}\left(\frac{r}{2}\right)^{2K+1}B^{(2K)}(z) \tag{3-139}$$

$$B_r(z,r)=-\frac{1}{2}B'(z)r+\frac{1}{16}B'''(z)r^3-\frac{1}{384}B^{(5)}(z)r^5+\cdots=\sum_{k=0}^{\infty}(-1)^{K+1}\frac{1}{K!(K+1)!}\left(\frac{r}{2}\right)^{2K+1}B^{(2K+1)}(z) \tag{3-140}$$

$$B_z(z,r)=B(z)-\frac{1}{4}B''(z)r^2+\frac{1}{64}B^{(4)}(z)r^4+\cdots=\sum_{k=0}^{\infty}(-1)^K\frac{1}{(K!)^2}\left(\frac{r}{2}\right)^{2K}B^{(2K)}(z) \tag{3-141}$$

式中，$B(z)$ 为轴上磁感应强度分布。通常，在近轴区域也可取前三项代替以上各式。可见同静电场相似，在旋转对称磁场中也可以用轴上磁感应强度 $B(z)$ 表示空间磁场和空间矢量磁位分布。这些级数公式在对称轴附近的小范围内收敛性很好，随着 r 的增大，级数的收敛将越来越慢。

同静电场情况类似，在 r 很小的近轴范围内，可在上述公式中略去 r^2 以上高次项，得到近轴情况的近似式为

$$A(z,r)=\frac{r}{2}B(z) \tag{3-142}$$

$$B_z(z,r)=B(z) \tag{3-143}$$

$$B_r(z,r) = -\frac{r}{2}B'(z) \tag{3-144}$$

由此可知，在近轴区轴向磁场 $B(z, r)$的大小就是 $B(z)$，与 r 无关；径向磁场 $B_r(z, r)$的大小与离轴距离 r 成正比。另外，由于 r 很小，故 $B_r \ll B_z$，这样，近轴区的磁力线可近似地看做与 z 轴平行而类似于长螺线管内的纵向磁场。显然，这种磁场对电子束具有聚焦的作用。

磁场对电子的作用力由洛伦兹公式决定

$$\boldsymbol{F} = -e(v \times \boldsymbol{B}) \tag{3-145}$$

式中，v 为电子在等位旋转对称磁场空间的速度。考虑到 $B_\theta=0$，故电子受到的磁场的径向力可简化为

$$F_{\rm r} = -r\dot{\theta}B(z)r \tag{3-146}$$

式中，$\dot{\theta}$ 为电子在坐标 θ 方向上的速度分量。可见磁场在 r 方向对电子的作用力与 r 成正比(因 $\dot{\theta} = d\theta / dt$ 仅与 $B(z)$ 有关)，这是磁场使电子束能够理想聚焦成像的条件。

3.5.3 静电磁场中带电粒子的运动

带电粒子进入非均匀分布的旋转对称电磁场后，在电场和磁场的作用下，将按照电磁场的场强和磁感应强度分布而有规律地沿着一定的运动轨迹运动。了解和掌握这些运动规律和运动轨迹是认识和研究带电粒子在电磁场中为什么会获得能量增强、为什么能聚焦成像等现象的重要理论基础。

1. 电子在电磁场中的运动方程

已知，运动速度为 v 的电子在电、磁场同时存在的复合场中所受的作用力为

$$\boldsymbol{F} = \frac{\mathrm{d}}{\mathrm{d}t}(mv) = \boldsymbol{F}_{\rm e} + \boldsymbol{F}_{\rm m} = -\mathrm{e}\boldsymbol{E} - \mathrm{e}(v \times \boldsymbol{B}) \tag{3-147}$$

在直角坐标系中，静场 E 和 B 仅是坐标的函数，因此，式(3-147)的三个分量形式可写为

$$\begin{cases} \dfrac{\mathrm{d}^2 x}{\mathrm{d}t^2} = \eta\left[\dfrac{\partial V}{\partial x} - \left(\dfrac{\mathrm{d}y}{\mathrm{d}t}B_{\rm z} - \dfrac{\mathrm{d}z}{\mathrm{d}t}B_{\rm y}\right)\right] \\ \dfrac{\mathrm{d}^2 y}{\mathrm{d}t^2} = \eta\left[\dfrac{\partial V}{\partial y} - \left(\dfrac{\mathrm{d}y}{\mathrm{d}t}B_{\rm x} - \dfrac{\mathrm{d}x}{\mathrm{d}t}B_{\rm z}\right)\right] \\ \dfrac{\mathrm{d}^2 z}{\mathrm{d}t^2} = \eta\left[\dfrac{\partial V}{\partial z} - \left(\dfrac{\mathrm{d}x}{\mathrm{d}t}B_{\rm y} - \dfrac{\mathrm{d}y}{\mathrm{d}t}B_{\rm x}\right)\right] \end{cases} \tag{3-148}$$

式中，$\eta=e/m_0$ 为荷质比。对上式积分可得以时间 t 为参量的电子运动方程。

对式(3-147)两端用 v 做标量积，得到

$$\frac{\mathrm{d}}{\mathrm{d}t}\left(\frac{mv^2}{2}\right) = -\mathrm{e}\boldsymbol{E} \cdot v \tag{3-149}$$

这表明磁场所产生的力只能改变电子运动的方向而不能改变电子运动的能量，因此，电子在电子光学系统中获得的能量来源于电场。

式(3-149)又可以写成

$$\frac{\mathrm{d}}{\mathrm{d}t}\left(\frac{mv^2}{2}\right) = -e\left(\frac{\partial V}{\partial x}\frac{\mathrm{d}x}{\mathrm{d}t} + \frac{\partial V}{\partial y}\frac{\mathrm{d}y}{\mathrm{d}t} + \frac{\partial V}{\partial z}\frac{\mathrm{d}z}{\mathrm{d}t}\right) = e\frac{\mathrm{d}V}{\mathrm{d}t} \tag{3-150}$$

积分上式得

$$\frac{1}{2}mv^2 = eV + \text{常数} \tag{3-151}$$

可见，当电子在静电场和静磁场中运动时，电子的动能和位能之和保持不变。若电子在 P_1、P_2 两点处的速度和电位分别为 v_1、v_2 和 V_1、V_2，则

$$\frac{1}{2}mv_2^2 - \frac{1}{2}mv_1^2 = e(V_2 - V_1) \tag{3-152}$$

这表明电子动能的增加意味着位能的减少。

如果发射电子的阴极电位为零，即 $V_1=0$，电子的初速度 $v_1=v_0$，电子在电位 V 处的动能为

$$\frac{1}{2}mv^2 = \frac{1}{2}mv_0^2 + eV \tag{3-153}$$

如果把电子的初始能量 $mv_0^2/2$ 用等效电位 V_0 来表示，即

$$\frac{1}{2}mv_0^2 = eV_0 \tag{3-154}$$

这里的 eV_0 即为以电子伏特表示的电子初能量的等效电位能。v_0 则等价于静止的阴极电子获得初始速度 v_0 所需的加速电位，称为初电位。那么由式(3-153)，可写出

$$\frac{1}{2}mv = e(V + V_0) = e\varphi^* \tag{3-155}$$

式中 $\varphi^* = V + V_0$ 称为规范化电位，表示选择电子动能为零的地方作为电位的零点，从而 φ^* 可直接表示电子的动能。于是可求出电子在 V 处的速度为

$$v = \sqrt{2\eta\varphi^*} = \sqrt{2\eta(V + V_0)} \tag{3-156}$$

2. 电子在电磁场中的轨迹方程

（1）电磁场中直角坐标系下的轨迹方程

在静电场中，电子的运动方程为

$$\begin{cases} m\ddot{x} = m\dfrac{\mathrm{d}^2x}{\mathrm{d}t^2} = \mathrm{e}\dfrac{\partial\varphi^*}{\partial x} \\ m\ddot{y} = m\dfrac{\mathrm{d}^2y}{\mathrm{d}t^2} = \mathrm{e}\dfrac{\partial\varphi^*}{\partial y} \\ m\ddot{z} = m\dfrac{\mathrm{d}^2z}{\mathrm{d}t^2} = \mathrm{e}\dfrac{\partial\varphi^*}{\partial z} \end{cases} \tag{3-157}$$

将上述三式依次乘以 $\dot{x}$、$\dot{y}$、$\dot{z}$ 后，相加并关于时间积分一次，得到

$$\frac{1}{2}m\left(\dot{x}^2 + \dot{y}^2 + \dot{z}^2\right) = \mathrm{e}\varphi^* \tag{3-158}$$

如果选择 z 为独立变量，便有

$$\frac{1}{2}m\dot{z}^2\left(1 + x'^2 + y'^2\right) = \mathrm{e}\varphi^* \tag{3-159}$$

式中，$x' = \mathrm{d}x/\mathrm{d}z$，$y' = \mathrm{d}y/\mathrm{d}z$。从式(3-159)中解出 z，并考虑下式

$$\begin{cases} m\ddot{x} = m\dfrac{\mathrm{d}}{\mathrm{d}t}(\dot{x}) = m\dot{z}\dfrac{\mathrm{d}}{\mathrm{d}z}(\dot{z}x') \\ m\ddot{y} = m\dfrac{\mathrm{d}}{\mathrm{d}t}(\dot{y}) = m\dot{z}\dfrac{\mathrm{d}}{\mathrm{d}z}(\dot{z}y') \end{cases} \tag{3-160}$$

将 $\dot{z}$ 代入式(3-160)并利用式(3-157)便可得到轨迹方程

$$\begin{cases} \dfrac{2\sqrt{\varphi^*}}{\sqrt{1 + x'^2 + y'^2}}\dfrac{d}{dz}\left(\dfrac{\sqrt{\varphi^*}x'}{\sqrt{1 + x'^2 + y'^2}}\right) - \dfrac{\partial\varphi^*}{\partial x} = 0 \\ \dfrac{2\sqrt{\varphi^*}}{\sqrt{1 + x'^2 + y'^2}}\dfrac{d}{dz}\left(\dfrac{\sqrt{\varphi^*}y'}{\sqrt{1 + x'^2 + y'^2}}\right) - \dfrac{\partial\varphi^*}{\partial y} = 0 \end{cases} \tag{3-161}$$

该式为电子在任意静电场中的直角坐标系形式的普遍轨迹方程。

如果电场退化为平面场，且 $\varphi^* = \varphi^*(y, z)$，故 $\dfrac{\partial\varphi^*}{\partial x} = 0$，从而得到如下轨迹方程

$$y'' = \frac{1 + y'^2}{2\varphi^2}\left(\frac{\partial\varphi^*}{\partial y} - y'\frac{\partial\varphi^*}{\partial z}\right) \tag{3-162}$$

如果 $\varphi^*(y, z)$ 和电子初始条件为已知，则可通过上式求得电子的轨迹。

对于复合电磁场的情况，可对式(3-35)的各分量采用同上的处理方式，得到

$$\frac{1}{2}m\left(\dot{x}^2+\dot{y}^2+\dot{z}^2\right)=e\varphi^* \tag{3-163}$$

该式又一次表明在普遍的复合场中电子满足能量守恒定律，磁场不对运动粒子做功。

同样，选择 z 为独立变量，仿上述方法可得出电子在任意复合电磁场中直角坐标形式的轨迹方程

$$\begin{cases}\dfrac{d}{dz}\left(\dfrac{\sqrt{\varphi^*}x'}{\sqrt{1+x'^2+y'^2}}\right)-\dfrac{\sqrt{1+x'^2+y'^2}}{2\sqrt{\varphi^*}}\dfrac{\partial\varphi^*}{\partial x}+\sqrt{\dfrac{\eta}{2}}\left(y'B_z-B_y\right)=0\\ \dfrac{d}{dz}\left(\dfrac{\sqrt{\varphi^*}y'}{\sqrt{1+x'^2+y'^2}}\right)-\dfrac{\sqrt{1+x'^2+y'^2}}{2\sqrt{\varphi^*}}\dfrac{\partial\varphi^*}{\partial y}+\sqrt{\dfrac{\eta}{2}}\left(B_z-x'B_y\right)=0\end{cases} \tag{3-164}$$

（2）电磁场中柱坐标系下的轨迹方程

在柱坐标系中，复合电磁场的运动方程为

$$\begin{cases}\dfrac{d}{dt}(m\dot{r})-mr\dot{\theta}^2=e\dfrac{\partial\varphi^*}{\partial r}-e(r\dot{\theta}B_z-\dot{z}B_\theta)\\ \dfrac{1}{r}\dfrac{d}{dt}\left(mr^2\dot{\theta}\right)=\dfrac{e}{r}\dfrac{\partial\varphi^*}{\partial\theta}-e\left(\dot{z}B_r-\dot{r}B_z\right)\\ \dfrac{d}{dt}(m\dot{z})=e\dfrac{\partial\varphi^*}{\partial z}-e(\dot{r}B_\theta-r\dot{\theta}B_z)\end{cases} \tag{3-165}$$

利用能量守恒定律
$$\frac{1}{2}m\left(\dot{r}^2+r^2\dot{\theta}^2+z^2\right)=e\varphi^* \tag{3-166}$$

选取 z 为独立变量可得
$$\dot{z}=\sqrt{2\eta\varphi^*}(1+r'^2+r^2\theta'^2)^{-\frac{1}{2}} \tag{3-167}$$

这里 $r'=dr/dz$ ， $\theta'=d\theta/dz$ 。消去运动方程中的时间 t ，求得轨迹方程为

$$\begin{cases}\dfrac{d}{dz}\left(\dfrac{\sqrt{\varphi^*}r'}{\sqrt{1+r'^2+r^2\theta'^2}}\right)-\dfrac{\sqrt{1+r'^2+r^2\theta'^2}}{2\sqrt{\varphi^*}}\dfrac{\partial\varphi^*}{\partial r}-\dfrac{r\theta'\sqrt{\varphi^*}}{\sqrt{1+r'^2+r^2\theta'^2}}+\sqrt{\dfrac{\eta}{2}}\left(r\theta'B_z-B_\theta\right)=0\\ \dfrac{d}{dz}\left(\dfrac{\sqrt{\varphi^*}\cdot r^2\theta'}{\sqrt{1+r'^2+r^2\theta'^2}}\right)-\dfrac{\sqrt{1+r'^2+r^2\theta'^2}}{2\sqrt{\varphi^*}}\dfrac{\partial\varphi^*}{\partial r}+\sqrt{\dfrac{\eta}{2}}\left(rB_r-rB_zr'\right)=0\end{cases} \tag{3-168}$$

式(3-168)为任意复合电磁场中圆柱坐标形式的普遍轨迹方程。该式在实际中求解是很困难的，但因式(3-168)的第一式是电子径向运动方程式，第二式是电子角向运动方程式，所以，通常把电子在整个空间的运动分解成径向运动和角向运动分别研究，以使问题简化。

（3）旋转对称场中电子的近轴轨迹方程

在电子光学问题中，大多数是研究旋转对称场中电子靠近对称轴的运动情况，因此常常利用旋转对称场中近轴(傍轴)条件($r\ll 1$，$r'\ll 1$)，略去普遍轨迹方程中二次项以上各项，得出一级近似条件下的二阶线性齐次微分方程，即电子近轴轨迹方程，也称为高斯轨迹方程。满足高斯轨迹方程的电子轨迹都是可以理想成像的电子轨迹，亦即高斯轨迹。当然，高斯轨迹只是实际轨迹的一级近似，是电子成像性质的抽象描写，它与实际轨迹是有差别的。这种差别就是像差。但是，由于它反映了旋转对称场具有聚焦成像性能这一重要本质，因此，讨论高斯轨迹理想成像规律对实际设计和分析电子透镜具有指导意义。

首先讨论纯电场的情况。在旋转对称条件下 $\partial\varphi^*/\partial\theta=0$ ，故在柱坐标系中的电位分布谢尔赤级数为

$$\varphi^*(z,r)=\phi(z)-\frac{1}{4}\phi''(z)r^2+\frac{1}{64}\phi^{(4)}(z)r^4+\cdots \tag{3-169}$$

在电子角向运动的轨迹方程中，利用近轴条件有

$$\begin{cases} \varphi^* = \phi(z) \\ E_r = \dfrac{1}{2}\phi''(z) r \\ E_z = -\phi'(z) \end{cases} \tag{3-170}$$

由式(3-67)并考虑 $\partial\varphi^* / \partial\theta = 0$，可得

$$\frac{\mathrm{d}}{\mathrm{d}z}\left(r^2\theta'\dot{z}\right) = 0 \tag{3-171}$$

所以有

$$r^2\theta'\dot{z} = C = \text{常数} \tag{3-172}$$

故

$$\theta' = \frac{\mathrm{d}\theta}{\mathrm{d}z} = \frac{C}{r^2\dot{z}} \tag{3-173}$$

在近轴情况下

$$\dot{z} = \sqrt{2\eta\varphi^*}(1 + r'^2 + r^2\theta'^2)^{-1/2} \approx \sqrt{2\eta\phi(z)} \tag{3-174}$$

从而得到

$$\theta' = \frac{C}{\sqrt{2\eta\phi(z)} \cdot r^2} \quad \text{或} \quad \dot{\theta} = \frac{C}{r^2} \tag{3-175}$$

式中，C 为由电子运动的初始条件所决定的积分常数。在纯电场情况下，由阴极发出的电子的 $\theta_0=0$，所以纯电场中的电子没有旋转运动。

在电子径向运动轨迹方程中可得

$$\frac{\mathrm{d}}{\mathrm{d}z}\left[\sqrt{\phi(z)}r'\right] + \frac{1}{4\sqrt{\phi(z)}}\phi''(z) r = 0 \tag{3-176}$$

所以，有

$$\phi r'' + \frac{1}{2}\phi' r' + \frac{1}{4}\phi'' r = 0 \tag{3-177}$$

该式即为电子运动的近轴(高斯)轨迹方程。它是一个二阶线性齐次方程，较普遍轨迹方程[式(3-168)]中去掉含 B 各分量的项明显地简单。因为方程对ϕ、r 和它们的导数(ϕ''，ϕ'，r''，r')都是线性的，所以给定初始条件即可得到近轴电子轨迹的解。

从式(3-177)可以看到：（1）若轴上电位分布$\phi(z)$已知，则可以由它求得整个近轴空间的轨迹而不必预先知道全部场空间的电位分布；（2）它不含荷质比，所以由零电位的同一点发出的电子或离子，不论其质量与电量如何，在这种近轴场内其轨迹相同，但各自的速度和渡越时间不同；（3）$\phi(z)$的线性表明，若所有电极上的电压都改变 k 倍，而电极的几何形状不变，则轴上每一点的电位也改变 k 倍。但方程并不改变，即电子的轨迹不变，这种规律叫做电压同比定律；(4)r 的线性表明，如果所有的电极尺寸放大 k 倍，而电极上的电压不变，则电子轨迹也同样放大 k 倍而不改变其形状，这种规律叫做几何相似性。如果令

$$R = r\phi^{1/4} \tag{3-178}$$

做代换得

$$r = R\phi^{-1/4} \tag{3-179}$$

则式(3-177)可写为

$$R'' + \frac{3}{16}\left(\frac{\phi'}{\phi}\right)^2 R = 0 \tag{3-180}$$

上式称为近轴轨迹的简正方程。该方程中没有$\phi(z)$的二阶导数，因而更易求解。加之$\phi''(z)$的数值计算往往不精确，故计算机解算中常采用式(3-180)。

对复合场的情况，可从式(3-168)出发，分别讨论电子的角向运动和径向运动。方法与纯电场类似，但必须考虑电子在磁场中的旋转。这里我们只给出部分结果，即在复合场中，近轴电子的运动用电子在子午面上运动以及子午面绕轴旋转两部分来描述，其轨迹方程为

$$\begin{cases} r''+\dfrac{\phi'}{2\phi}r'+\left(\dfrac{\phi''}{4\phi}+\dfrac{\eta B^2}{8\phi}\right)r=0 \quad (子午面近轴) \\ \theta'=\sqrt{\dfrac{\eta}{8\phi}}B \quad (像转角随位置的变化) \end{cases} \tag{3-181}$$

其相应的简正方程可通过代换 $R=r\phi^{1/4}$ 得到，即

$$R''+\left[\frac{3}{16}\left(\frac{\phi'}{\phi}\right)^2+\frac{\eta B^2}{8\phi}\right]R=0 \tag{3-182}$$

3.5.4 旋转对称电子光学系统的成像

理想成像应满足：（1）物平面上某点发出的电子在场的作用下能在像平面上会聚于相应的像点上；（2）像和物的几何形状相似，横向放大率与物的大小无关。

这里，主要介绍旋转对称静电场的成像性质，并主要讨论 C=0 的情况。

在 C=0 时，由式(3-175)可知，$\theta=\theta_0$=常量，即电子始终在一固定的子午面上运动，其轨迹为平面轨迹。因此，在 $\theta=\theta_0$ 的平面上，只需考虑子午面上的近轴轨迹方程。

此时

$$\begin{cases} \phi r''+\dfrac{1}{2}\phi' r'+\dfrac{1}{4}\phi'' r=0 \\ \theta'=0,\theta(z)=\theta_0=常量 \end{cases} \tag{3-183}$$

根据微分方程理论，上式的通解可由任意两个常系数的线性无关的特解的线性组合构成，设

$$r=r_1(z), \qquad r=r_2(z) \tag{3-184}$$

为式(3-183)的两个独立的特解，其通解可记为

$$r=Ar_1(z)+Br_2(z) \tag{3-185}$$

式中 A、B 为由初始条件决定的常数。在电子光学中，常取如下两个特解：一个是离对称轴单位距离的平行入射的电子轨迹

$$\begin{cases} r_1(z_0)=1 \\ r_1'(z_0)=0 \end{cases} \tag{3-186}$$

另一个是轴上发出以单位斜率即与轴成45°角入射的电子轨迹

$$\begin{cases} r_2(z_0)=0 \\ r_2'(z_0)=1 \end{cases} \tag{3-187}$$

这里，z_0 为电子发出点的 z 坐标(如图 3-28 所示)。于是近轴区域的任何轨迹为

$$r(z)=Ar_1(z)+Br_2(z) \tag{3-188}$$

由两个特解可知

$$A=r(z_0),B=r'(z_0) \tag{3-189}$$

即 A，B 分别为电子出发时的初始坐标和初始斜率。故离轴 $r(z_0)$以 $r'(z_0)$入射的电子近轴轨迹的表达式为

$$r(z)=r(z_0)r_1(z)+r'(z_0)r_2(z) \tag{3-190}$$

这里，两个特解并不满足近轴条件，但是根据高斯光学的原理和方法，在整个电场空间都满足近轴轨迹理想成像空间的情况下，只要证明高斯轨迹能够理想成像，则近轴轨迹也可理想成像。

下面参照图 3-30 进行聚焦成像的讨论。

对于轴上点，$r(z_0)$=0，故通解由式(3-190)可知

$$r(z)=r'(z_0)r_2(z) \tag{3-191}$$

当 $r'(z_0)$不同时，上式表示轴上发出的不同斜率的电子轨迹。若设所讨论的是会聚区，即$\phi''(z)>0$，则由于电子受到向轴的径向力的作用，故从轴上某点发出的轨迹$r_2(z)$，总能在某一点 $z=z_i$ 处与轴相交，即在 $z=z_i$ 时有

$$r(z_i)=0$$

即

$$r(z_i)=r'(z_0)r_2(z_i)=0$$

这表明，尽管各自 $r'(z_0)$不同，但从 $z=z_0$ 发出的所有轨迹都将会聚于 z_i 点。也就是说，由轴上 z_0 点发出的所有电子，不论其初始斜率 $r'(z_0)$如何，只要其中有一条电子轨迹在 $z=z_i$ 处与 z 轴相交，则所有电子都将会聚在轴上 $z=z_i$ 处。这便是轴上点的理想聚焦成像，$z=z_i$ 平面称为高斯成像平面或高斯像面。

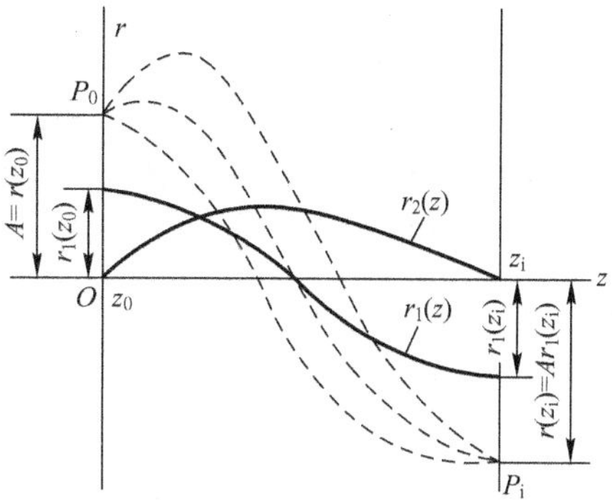

图 3-30　旋转对称场的聚焦成像

对于轴外点，即 $r(z_0)\neq 0$ 的情况，从轴外物平面上任一点发出的初始斜率不同的所有轨迹在 $z=z_i$ 平面上，由通解表达式可知

$$r(z_i)=r(z_0)r_1(z_i)+r'(z_0)r_2(z_i)=r(z_0)r_1(z_i)=Ar_1(z_i)=\text{常数} \tag{3-192}$$

式中，$r(z_i)$表示轨迹在高斯像面上落点的离轴高度(像高)，$r_1(z_i)$是一个特解在高斯像面上的像高，对于确定的场来说，它是一个确定的值(即为横向放大率)。因此，式(3-192)说明，物平面上任意一点的电子轨迹在高斯像面上的位置 $r(z_i)$只与它本身的初始离轴距离 $r(z_0)$有关，而与其初始斜率 $r'(z_0)$无关，亦即，凡是从物平面上轴外同一物点发出的电子，不论其初始斜率如何(即初速度方向如何)，都会聚在同一点 P_i，该像点的坐标为

$$z=z_i,\ r=r(z_i)=r(z_0)r_1(z_i)'$$

P_i 是 P_0 点的共轭像点，$z=z_i$ 平面是物平面 $z=z_0$ 的共轭像面。从而表明旋转对称场的近轴区域有使近轴电子成点像的性质。

此外，由像点 P_i 的 r 坐标同物点 P_0 的坐标比值

$$\frac{r(z_i)}{r(z_0)}=r_1(z_i)=M=\text{常数} \tag{3-193}$$

可知，物与像的几何形状是相似的。M 称为电子光学系统的横向放大率。场分布一经确定，像平面位置$(z=z_i)$也就确定了，故 $r_1(z_i)$也为定值。可见，旋转对称电场在 $C=0$ 的情况下具有理想成像的性质。

对于 $C\neq 0$ 的情况及复合场中的理想成像可以从近轴轨迹方程出发，采用同上述方法类似的分析得到证明。

3.5.5　普遍情况下电子光学系统的折射率

前面的讨论得到了旋转对称场对带电粒子的聚焦成像作用，这与光学媒质对光线的作用十分相似。实际上这种相似性还深刻地反映在光学中的费马原理和带电粒子在电磁场中运动所遵循的最小作用量原理的相似性上。即在电子光学中也有类似的电子光学折射率的概念。

根据最小作用量原理，普遍情况下的电子光学折射率可以表示为

$$n=\sqrt{2em}\left[\sqrt{\varphi^*}-\sqrt{\frac{e}{2m}}(\boldsymbol{S}_0\cdot\boldsymbol{A})\right] \tag{3-194}$$

式中，$\boldsymbol{S}_0$ 是带电粒子运动方向的单位矢量。由于$\sqrt{2em}$ 是电子的一个定值，故通常直接写成

$$n=\sqrt{\varphi^*}-\sqrt{\frac{\eta}{2}}(\boldsymbol{S}_0\cdot\boldsymbol{A}) \tag{3-195}$$

式中出现 $\boldsymbol{S}_0$ 表明电子光学系统折射率与带电粒子的运动方向有关。

在静电场中，式(3-195)可化简为

$$n=\sqrt{\varphi^*} \tag{3-196}$$

这是电子光学中经常使用的形式。该式可由电子通过两个不同电位的交界面时的折射定律直接得出。

如图 3-31 所示，设电子从电位为 $\sqrt{\varphi_1^*}$ 的区域进入电位为 $\sqrt{\varphi_2^*}$ 的区域，分界面是一个平面。不同电位的分界面可以看作是一个无限薄的偶极层。在两个不同的电位空间，电子做直线运动，其速度由所在处的电位决定，即

$$v=\sqrt{2\eta\varphi^*} \tag{3-197}$$

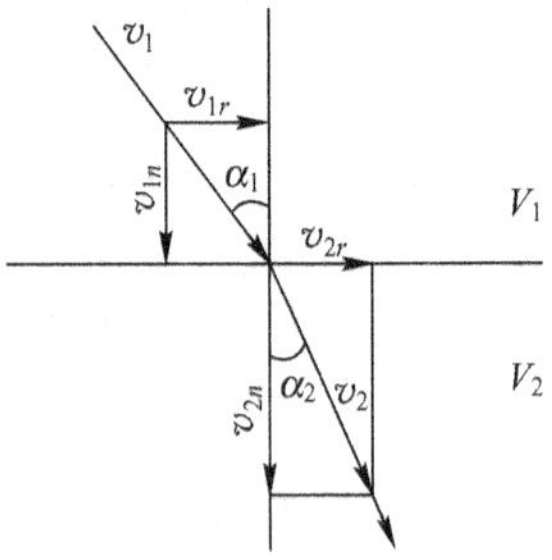

图 3-31　电子运动的折射定律

电子通过分界面将产生折射。因此在分界面上只存在法向电场而无切向电场，所以电子只受法向电场的作用而加速，切向分量不变，即 $v_{1r}=v_{2r}$(若 $\sqrt{\varphi_2^*}>\sqrt{\varphi_1^*}$，则电子的折射如图 3-31 所示。若电子轨迹与分界面法线的夹角为 α_1、α_2，则有

$$v_1\sin\alpha_1=v_2\sin\alpha_2$$

即
$$\sqrt{\varphi_1^*}\sin\alpha_1=\sqrt{\varphi_2^*}\sin\alpha_2$$

比较光学中的折射定律，可知 $\sqrt{\varphi^*}$ 起着光学中的折射率作用，故静电场中 $n=\sqrt{\varphi^*}$ 。

前面讨论的电子光学和几何光学之间的相似性，反映了两者之间的内在联系和本质上的一致性。但两者之间还是有着深刻差异的，例如在折射率上就有如下区别：

① 电子光学中的 $\sqrt{\varphi^*}$ 和 $\boldsymbol{A}$ 是渐变的，所以电子光学折射率是空间位置的连续函数，电子轨迹不可能是突然折射的连续的曲线；而光学中的折射率是突变的，光线路径为一折线。

② 电子光学折射率随 $\sqrt{\varphi^*}$ 而变化，因此可使折射率具有任意的数值；而光学折射率的变化范围很有限(一般在 1～2.5 之间)。

③ 当电子光学系统中，边界一经确定，折射率空间的分布就完全确定，不能自由改变和选择，因此也不能采用几何光学的方法来消除像差；而几何光学中则可通过改变透镜表面的几何形状来减小像差。

④ 当存在磁场时，电子光学系统折射率与电子运动方向有关，因此，在这种场中电子运动轨迹不可逆。这如同几何光学中各向异性媒质的情况。

⑤ 电子光学系统折射率与电子速度的绝对值有关，某点的折射率对于同一阴极发出的初速不同的电子有不同的数值，因而出现了色差。这正如光学介质的折射率与波长有关一样。

此外，在电子光学中有时必须考虑电子之间的斥力，即空间电荷效应。而几何光学中则不存在这种情况。

利用式(3-186)和式(3-187)，整理式(3-197)，最后得到

$$\begin{cases}\dfrac{d}{dz}\left[\sqrt{\phi(z)}r_1'(z)\right]r_2(z)+\dfrac{\phi''(z)}{4\sqrt{\phi(z)}}r_1(z)r_2(z)=0\\[2ex]\dfrac{d}{dz}\left[\sqrt{\phi(z)}r_2'(z)\right]r_1(z)+\dfrac{\phi''(z)}{4\sqrt{\phi(z)}}r_2(z)r_1(z)=0\end{cases} \tag{3-198}$$

两式相减可得
$$\frac{d}{dz}\left\{\sqrt{\phi(z)}\left[r_2'(z)r_1(z)-r_1'(z)r_2(z)\right]\right\}=0 \tag{3-199}$$

积分后，有
$$\sqrt{\phi(z)}\left[r_2'(z)r_1(z)-r_1'(z)r_2(z)\right]=C \tag{3-200}$$

式中，C 为积分常数，取决于 $r_1(z)$和 $r_2(z)$的选择。但在这两条轨迹给定的条件下与 z 无关。式(3-200)称为带乘子 $\sqrt{\phi(z)}$ 的朗斯基行列式，在数值计算近轴轨迹时，可以利用朗斯基行列式验算轨迹是否

正确。

在选定轨迹的情况下，由初始条件可得

$$C=\sqrt{\phi(z_0)}\approx\sqrt{\varphi_0^*} \tag{3-201}$$

于是，式(3-200)可写为

$$\sqrt{\phi(z)}\left[r_2'(z)r_1(z)-r_1'(z)r_2(z)\right]=\sqrt{\phi(z_0)} \tag{3-202}$$

在 $z=z_i$，即高斯像面处，式(3-202)为

$$\sqrt{\phi(z_i)}r_2'(z_i)r_1(z_i)=\sqrt{\phi(z_0)} \tag{3-203}$$

由前边的讨论可知，横向放大率 $M=r(z_i)/r(z_0)=r_1(z_i)$，角放大率 $\Gamma=r(z_i)/r(z_0)=r_1'(z_i)=\tan\alpha_i/\tan\alpha_0$，这里，$\alpha_0$ 和 α_i 分别为物方角和像方角。将这些关系代入式(3-203)并进行整理，有

$$\sqrt{\phi(z_i)}\cdot r(z_i)\cdot\tan\alpha_i=\sqrt{\phi(z_0)}\cdot r(z_0)\cdot\tan\alpha_0 \tag{3-204}$$

而 $\sqrt{\phi(z_i)}\approx\sqrt{\varphi_i^*}$，所以上式可进一步写成

$$\sqrt{\phi_i^*}\cdot r(z_i)\cdot\tan\alpha_i=\sqrt{\phi_0^*}\cdot r(z_0)\cdot\tan\alpha_0 \tag{3-205}$$

根据电子光学折射率的概念可知，上式正是类似于几何光学的电子光学系统的拉-亥关系不变式。这是一个重要的定律，它表明：不论物与像之间的电子光学系统的具体结构如何，透镜组合如何，物与像之间的三个空间参量总保持着上述关系。它为分析系统的成像性能提供了方便。

式(3-205)虽然是在静电场情况下得出的，但对所有的电子光学系统都是普遍成立的，因为它不包含任何系统的结构参数。

3.5.6 电子透镜

由前面讨论可知，旋转对称电磁场具有聚焦成像性能。通常在电子光学中，也将凡是能形成旋转对称电场、磁场或复合电磁场的电子光学系统中的电极系统和/或磁场系统统称为电子透镜。电子透镜按场的情况分为静电透镜、磁透镜和复合透镜。此处，只简单介绍静电透镜的分类和特点及短透镜的焦距。

最常见的静电透镜按轴上电位分布形状不同可以分为膜孔透镜、单透镜、浸没透镜和阴极透镜四大类。

1．膜孔透镜——透镜两旁的电位不是常数而随 z 变化

这种透镜的结构简单：一块薄的膜片，上面开一个很小的圆孔。膜片隔开两个不同的但恒定的电场，即在膜片的两侧分别具有线性上升或下降的电位区域，如图 3-32(a)、(b)、(c)所示。在特殊情况下，膜片的一侧具有恒定电位，即电场强度为零，如图 3-32(d)、(e)所示。但单独一个圆孔光阑并不能组成一个透镜，在它的两侧必须有其他(或辅助)电极存在，才能保证两侧形成一定的电场，产生透镜作用。

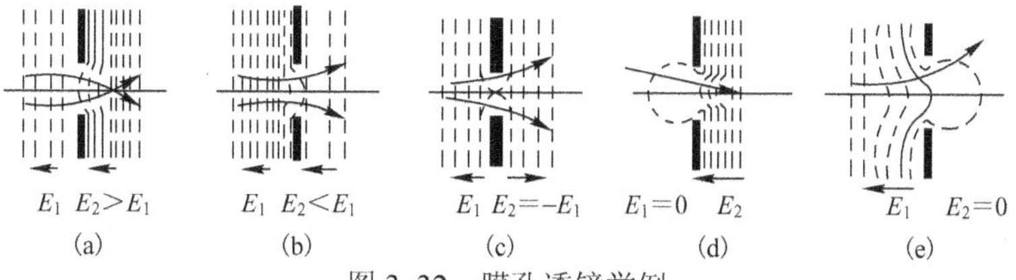

图 3-32　膜孔透镜举例

这种透镜的轴上电位分布曲线如图 3-33 所示，图中还同时给出 ϕ' 的曲线。从前面已知，$\phi''>0$ 是会聚的，而 $\phi''<0$ 是发散的。因此膜孔透镜可以是会聚的，也可以是发散的。若以 $E_1=-\phi_1'$ 及 $E_2=-\phi_2'$ 分别表示膜孔两侧的场强，则在 $|E_2|<|E_1|$（E_2、E_1 均为负）或 $E_2>E_1$ 时，透镜是发散的(在各种设

有栅网的静电透镜中，只有这种透镜才是发散的)，在其他情况下，透镜是会聚的。

2．单透镜——透镜两傍的电位为常数且数值相等

这种透镜近似于两侧与空气相邻的单个光学会聚透镜。单透镜一般由三个直径相同(或不相同)的同轴圆筒形电极(或膜片)组合而成，如图 3-34 所示。通常，三个电极的组合形状是对称的。在这种透镜的两侧具有相同而恒定的电位。由于外侧电极的电位相同(V_1=V_3)而中央电极的电位 V_2 为零，因此只需要一个电位(如 V_1)就能工作。故这种透镜又称为单电位透镜。

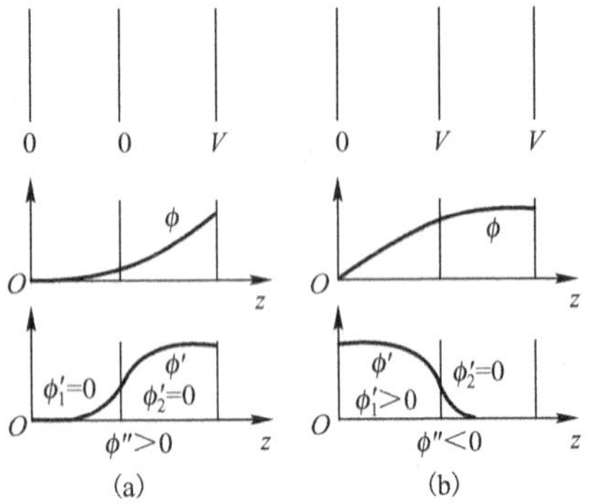

图 3-33　膜孔透镜轴上电位分布ϕ及ϕ'

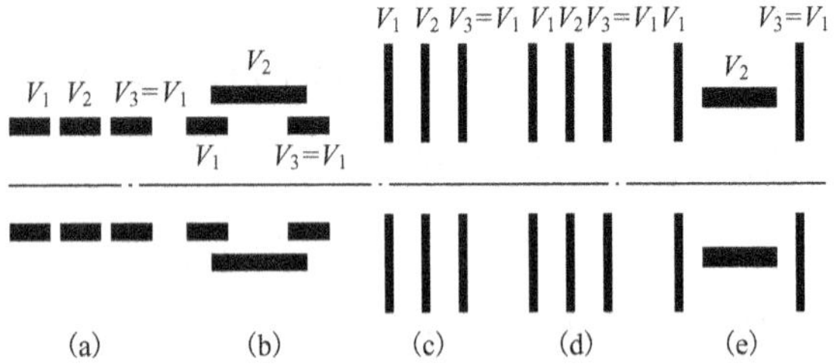

图 3-34　单透镜举例

事实上，不论中央电极的电位 V_2 是大于还是小于外侧电极的电位(V_1=V_3)，单透镜总是会聚的。为此，我们从单透镜的轴上电位分布开始分析。图 3-35(a)和(b)分别表示 V_1>V_2和 V_1<V_2时单透镜轴上电位分布$\phi(z)$及$\phi'(z)$、$\phi''(z)$。从(a)可看到，电子如从左侧进入透镜场，它将经历(顺次)发散($\phi''(z)$<0)—会聚($\phi''(z)$>0)—发散($\phi''(z)$<0)三个区域，但电子通过透镜中间部分时速度较小(ϕ较低，电子受阻)，因此中间场对电子的作用要比两端大，最后结果还是会聚作用占优势。图(b)则表示电子从左侧飞入时顺次经历会聚($\phi''(z)$>0)－发散($\phi''(z)$< 0)－会聚($\phi''(z)$>0)三个区域。但在透镜两侧，电子速度较小(ϕ较低)，因此电场对电子的作用比在透镜的中间部分大，最后结果仍是会聚作用占优势。

图 3-34(a)所示透镜中的电子轨迹如图 3-36 所示，不论两侧电位是大于还是小于中央电位，透镜都是会聚的。

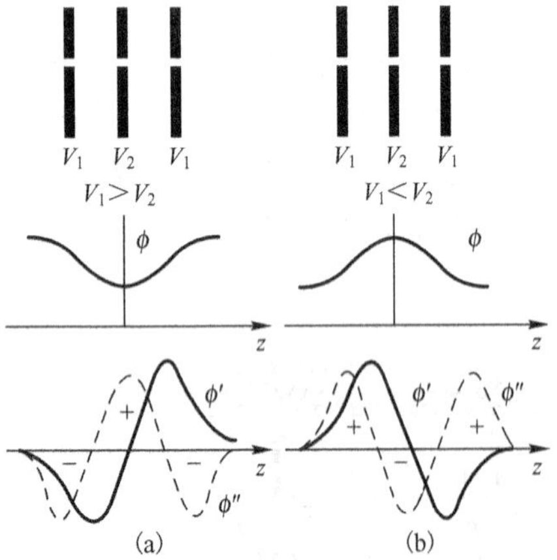

图 3-35　单透镜轴上电位分布ϕ及ϕ'、ϕ''

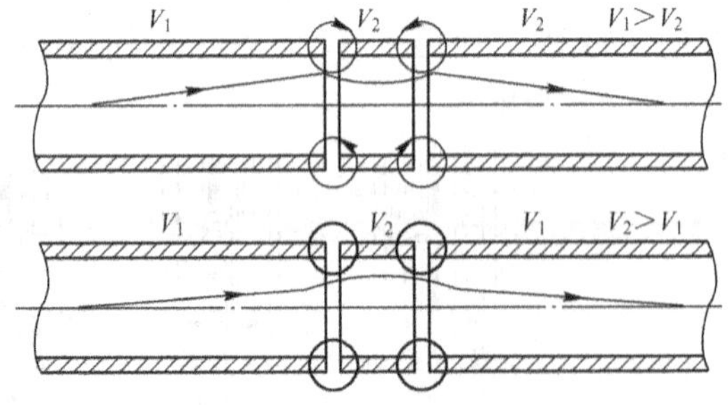

图 3-36　单透镜中电子轨迹

3．浸没透镜——透镜两侧的电位是常数但数值不同

在这种透镜的两侧有恒定的电位，但不相同，即电子光学折射率不同。这种透镜类似于光学中为提高透镜分辨率而将光学透镜一侧浸没于油中的情况。大多数浸没透镜由两个圆筒形电极组成，但也可以用两个膜片或一个圆筒与一个膜片组合而成。图 3-37 所示为该系统的几种典型结构。

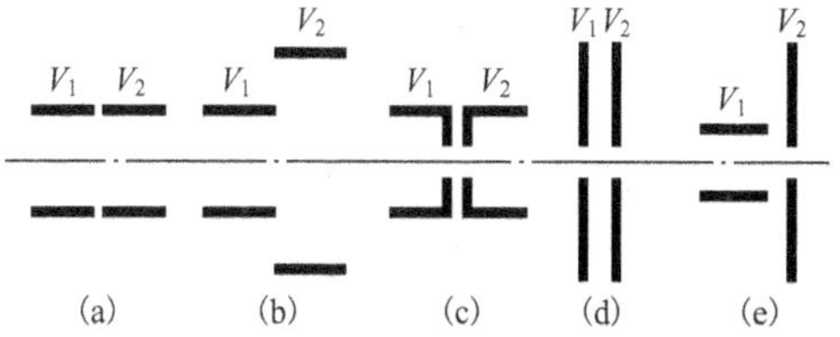

图 3-37　浸没透镜

所有的浸没透镜，不论 $V_1<V_2$ 还是 $V_1>V_2$，都是会聚的。这是因为：从图 3-38(a)可以看到，若电子从左边进入透镜场，则先会聚后发散，但在后面的发散部分电子具有较大的速度(ϕ较高)，场对电子的作用要比前一部分小得多，所以最后结果是会聚作用占优势。从图 3-38(b)则可以看到电子从左边飞入后将先发散后会聚，但在后面的聚焦部分电子具有较小的速度(ϕ较低)，所以对电子的作用较大，结果还是会聚作用占优势。

各种典型浸没透镜中的电子轨迹如图 3-39 所示。这里都假定 $V_1<V_2$。如电子从高电位区射向低电位区，则轨迹如图 3-39 下部自右向左的线条所示。

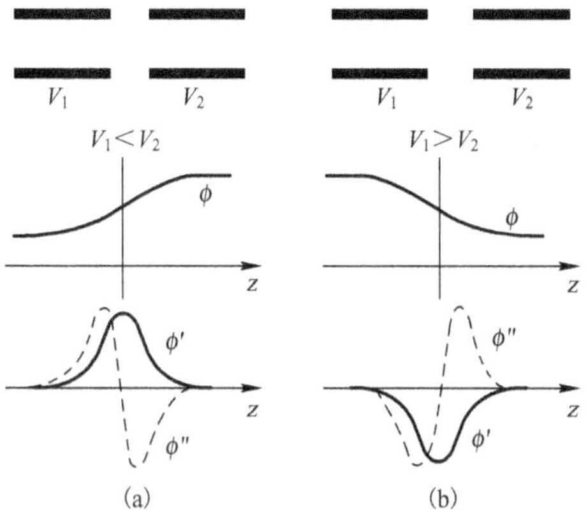

图 3-38　双筒透镜的轴上电位分布ϕ及ϕ'、ϕ''

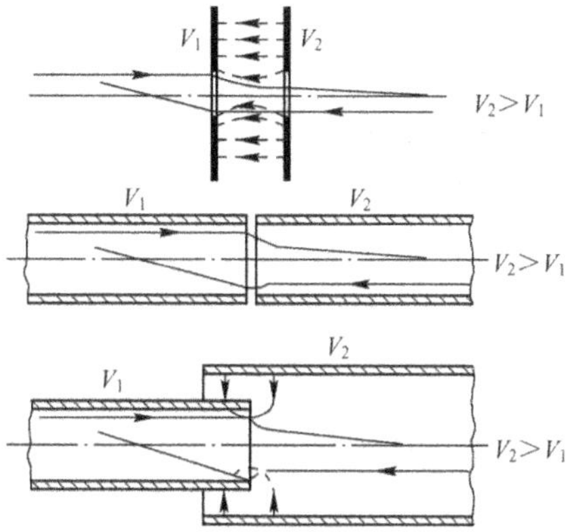

图 3-39　浸没透镜中的电子轨迹

4．阴极透镜——透镜场为加速电场，阴极浸没场中

这种透镜的一边有一垂直于对称轴的电位通常为零的阴极。图 3-40(a)便是其中一种。除阴极外，它还有两个膜孔电极：一个是较阴极电位为负的调制极，一个是较阴极电位高很多的加速极。这种透镜也是会聚的，其轴上电位分布情况如图 3-40(b)所示。它的大部分区域$\phi''(z)>0$。任何窄束电子束管的电子枪中，必有一个阴极透镜。

除了可以从轴上电位分布的二阶导数对静电透镜的性能做定性分析外，还可以：① 从电子光学系统中等位面分布的形状出发，根据折射定律来分析电子运动轨迹的趋势，从而确定透镜场对电子是起会聚作用还是发散作用，这种分析方法中，重要的不是等位面的形状，而是等位面两侧电位的高低；② 由电子透镜焦距公式计算出的焦距正、负来判别是会聚透镜还是发散透镜。但是不论用哪种方法分析，三种方法分析的结果应该是一致的。

严格地讲，如果两端不存在封闭电极如接收屏、光阴极之类的物质，则任一电子透镜的场将延伸到无穷远处，因而无法像几何光学中那样定出物方空间和像方空间的明确界限。但在实际情况下和在所需要的精度范围内，可以把对电子起有效作用的场——透镜的作用区间限于一个有限的空间范围内，称此空间为透镜空间。在此空间中，电子轨迹在场的作用下是连续变化的，而物与像则位于透镜场外。透镜场外的空间为等位空间。这种做了理想化的电子透镜称为短透镜(或薄透镜)。一般情况下，电子光学中所谈及的透镜都属于短透镜。它满足以下条件：① 透镜的作用区域(即透镜空间厚度)较之透镜到物、像距离小得多，比焦距小得多，物、像和焦点均在透镜场外；② 场划分为三个区域：物方空间、透镜空间和像方空间。在物方和像方空间，电位固定不变，电子轨迹为直线。

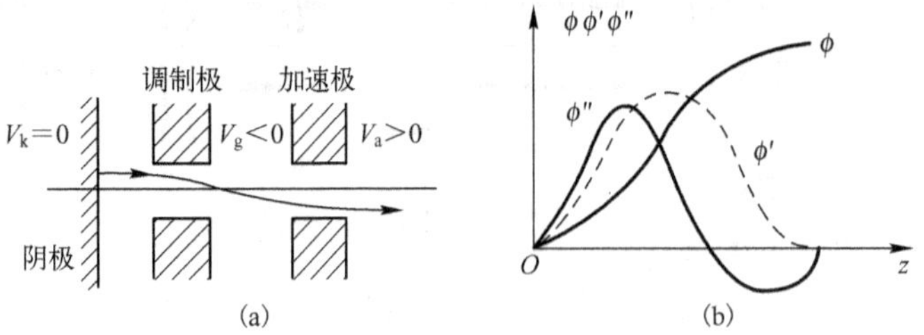

图 3-40　阴极透镜及ϕ、ϕ'、ϕ''曲线

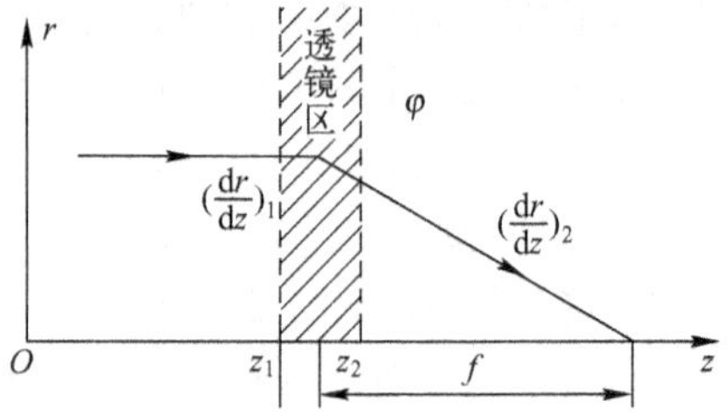

图 3-41　短透镜的焦距

在这种情况下，可由静电场的近轴轨迹式(3-177)得

$$\frac{d}{dz}\left(\sqrt{\phi}\frac{dr}{dz}\right)=-\frac{\phi''}{4\sqrt{\phi}}r \tag{3-206}$$

设电子飞入处电位为ϕ_1，飞出处为ϕ_2，积分上式(假定电子初速为 0)得到

$$\left(\sqrt{\phi}\frac{dr}{dz}\right)\Big|_1^2=\sqrt{\phi_2}\left(\frac{dr}{dz}\right)_2-\sqrt{\phi_1}\left(\frac{dr}{dz}\right)_1=-\frac{1}{4}\int_{z_1}^{z_2}\frac{r\phi''}{\sqrt{\phi}}dz \tag{3-207}$$

设透镜很短，在透镜场内 r 的值不致有很大变化，则dr/dz也不会有很大变化。假设进入透镜的电子是平行于对称轴的，那么有

$$\left(\frac{dr}{dz}\right)_1=0 \tag{3-208}$$

故式(3-207)便化为

$$\sqrt{\phi_2}\left(\frac{dr}{dz}\right)_2=\frac{r}{4}\int_{z_1}^{z_2}\frac{\phi''}{\sqrt{\phi}}dz \tag{3-209}$$

在通过透镜时电子向对称轴弯折，在迅速通过透镜后即以直线飞行，故

$$f_2=-r/\left(\frac{dr}{dz}\right)_2 \tag{3-210}$$

此处 f_2 即为像方焦距，r 为电子通过透镜时的径向位置。由式(3-208)和式(3-210)可得像方焦度(焦距的倒数，又称为聚焦本领)为

$$\frac{1}{f_2}=\frac{1}{4\sqrt{\phi_2}}\int_{z_1}^{z_2}\frac{\phi''}{\sqrt{\phi}}dz \tag{3-211}$$

因为在 z_1 及 z_2 之外，$\phi''(z)$等于零，因此可把积分限 z_1 到 z_2 换成$-\infty$到$+\infty$，则上式可改写为

$$\frac{1}{f_2}=\frac{1}{4\sqrt{\phi_2}}\int_{-\infty}^{\infty}\frac{\phi''}{\sqrt{\phi}}dz \tag{3-212}$$

同样可得物方焦度

$$\frac{1}{f_1}=\frac{1}{4\sqrt{\phi_1}}\int_{-\infty}^{\infty}\frac{\phi''}{\sqrt{\phi}}dz \tag{3-213}$$

上述两式表明，当$\phi''(z)>0$ 时透镜是会聚的(f 为正)；当$\phi''(z)<0$ 时是发散的(f 为负)。且 f 与$\phi''(z)$成反比，即ϕ''越大，f 越小，会聚本领越强。f 还与电子飞出透镜区时的速度成正比($\propto\sqrt{\phi}$)。此外，f 只决定于沿轴电位分布，而与荷质比无关，因此静电透镜对各种带电粒子具有相同的聚焦能力。短透镜焦距关系如图 3-41 所示。

式(3-212)和式(3-213)也常用分部积分方法消去$\phi''(z)$，以提高计算准确度，即

$$\frac{1}{f_2}=\frac{1}{8\sqrt{\phi_2}}\int_{-\infty}^{\infty}\frac{\left[\phi'(z)\right]^2}{\left[\phi(z)\right]^{3/2}}dz \tag{3-214}$$

$$\frac{1}{f_1}=\frac{1}{8\sqrt{\phi_1}}\int_{-\infty}^{\infty}\frac{\left[\phi'(z)\right]^2}{\left[\phi(z)\right]^{3/2}}\mathrm{d}z \tag{3-215}$$

对于透镜厚度远比其焦距小的“薄的”短磁透镜，其焦距可仿上述方法由磁场近轴轨迹方程得出为方程得出为

$$\frac{1}{f}=\frac{\eta}{8\phi}\int_{z_1}^{z_2}B^2(z)\mathrm{d}z \tag{3-216}$$

以实用单位代入，即ϕ的单位为伏，$B(z)$的单位为韦伯/米^2，z的单位为米，则式(3-216)写为

$$\frac{1}{f}=\frac{2.20\times10^{10}}{\phi}\int_{z_1}^{z_2}B^2(z)\mathrm{d}z \qquad (\mathrm{m}^{-1}) \tag{3-217}$$

由上式可知：① 方程式的积分总是正值，故磁透镜总是会聚的。② $B(z)$不同时，焦距也就不同，因此在电磁透镜的情况下，可借助于调节通入线圈的电流来改变$B(z)$从而得到所需要的焦距。③ f和电子能量$(e\varphi)$有关，电子进入磁透镜时的速度越大，则焦距也越长。因此若外界的电源不稳定，则电子运动速度、磁感应强度和透镜的焦距都将随之发生变化。所以在实际中往往使用稳压、稳流装置，以获得高质量的图像。④ 焦距与荷质比有关，故磁透镜对负离子的聚焦能力要比对电子差得多。

磁透镜的转角为 $$\theta=\sqrt{\frac{\eta}{8\phi}}\int_{z_1}^{z_2}B(z)\mathrm{d}z=\frac{1.48\times10^5}{\sqrt{\phi}}\int_{z_1}^{z_2}B(z)\mathrm{d}z \qquad (\mathrm{rad}) \tag{3-218}$$

该转角与电子相对于$B(z)$的运动方向有关，因此，若在电子射线前进的路径中采用两个适当的线圈反向串连(即线圈中的电流方向恰巧相反)，可以使像转角相互抵消，从而得到没有转角的像。

3.5.7 典型电子光学系统分析

图 3-42 所示为两种像管电子光学系统的典型结构。常用的电子光学系统可概括为三种类型，即：双平面近贴电子光学系统；电磁复合聚焦电子光学系统；准球对称电子光学系统。下面简单介绍前两种。

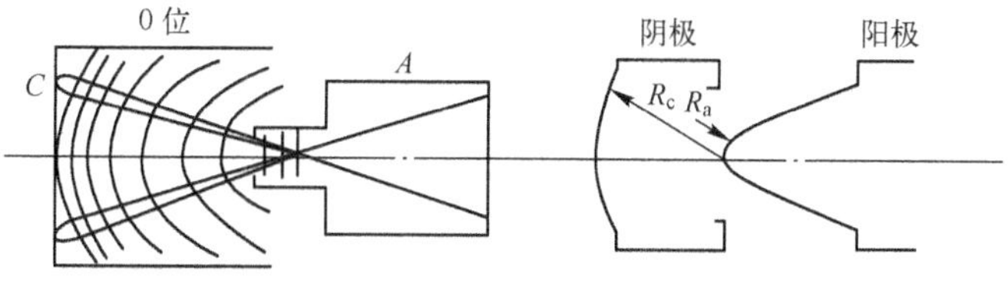

(a) 双圆筒　　(b) 双球面

图 3-42　静电聚焦电极系统示意图

1. 双平面近贴电子光学系统

双平面近贴系统是以光阴极为物面、以荧光屏或 MCP 为像面的电子光学系统。这种系统用于近贴式或双近贴式像管中。它的物面和像面都是平面的，其间的间距很近，由外加的电位差形成轴向均匀场，场强方向指向光阴极。电子由光阴极出射受到电场力的加速作用以高速到达像面。设电子从光阴极逸出时具有初速v_0及出射角θ，取x和y分别表示该系统的径向和轴向坐标，则电子的运动方程为

$$\begin{cases} x=(v_0\sin\theta)\cdot t \\ y=(v_0\cos\theta)\cdot t+\dfrac{eV_s}{2md}\cdot t^2 \end{cases} \tag{3-219}$$

式中，V_s和d分别为两电极间的电位差及间距。由该运动方程可直接导出电子的轨迹方程

$$y = \frac{eV_s}{2mv_0^2 d \sin^2\theta}x^2 + \frac{1}{\tan\theta}x \tag{3-220}$$

可见这种系统的电子运动轨迹是抛物线。如果以电子逸出光阴极时的等效初电位 V_0 来代替 v_0（$\sqrt{\frac{2eV_0}{m}}$），则式(3-220)变为

$$y = \frac{V_s}{4V_0 d \sin^2\theta}x^2 + \frac{1}{\tan\theta}x \tag{3-221}$$

因为 $V_0 \ll V_s$，所以在略去初速的条件下，由 $x=d$ 可从以上关系求得电子的渡越时间

$$t_0 \approx d\sqrt{\frac{2n}{eV_s}} \tag{3-222}$$

由于电子在 t_0 内的运动轨迹呈抛物线，因此由物面一点出射的电子并不能会聚在像面的一点上，而是在径向有一偏离。这一偏离量 Δr 取决于电子的出射角 θ，即

$$\Delta r = 2d\sin\theta\sqrt{V_0 / V_s} \tag{3-223}$$

可见，在双平面近贴系统中要获得较好的成像应尽量减小 d 及提高 V。典型的实用双平面近贴系统的参数为 d=1.5mm，V_s=10kV；若取 V_0=0.3V，θ=90° 时的弥散 $\Delta r \approx 16.4\times10^{-3}$mm。

这种系统的结构简单，易于小型化，且边缘与中心的像质一样，没有畸变。但由上边的分析可知，分辨率不高是其主要的缺点。

2．电磁复合聚焦电子光学系统

电磁复合聚焦系统采用均匀的轴向电磁场，电场的场强方向垂直于光阴极，方向指向光阴极，磁场的磁感应强度也垂直于光阴极，但方向与电场相反。该系统的物面和像面都是平面并彼此平行。在有效聚焦区域内，电场和磁场都是完全均匀的。

（1）电子的聚焦成像

设电子的初速为 v_0，出射角为 θ_0，则在电磁复合场的作用下，电子受恒定的电场力作用在轴向做加速运动的同时，还受到磁场的作用而做绕轴的圆周运动，其运动方程为

$$\begin{cases} m\dfrac{d^2z}{dt^2} = -eE \\ eBv_0\sin\theta = \dfrac{mv_0^2\sin^2\theta}{R} \end{cases} \tag{3-224}$$

式中，R 为电子绕轴的旋转半径。由运动方程可解得

$$z = -\frac{eE}{2m}t^2 + v_0\cos\theta\cdot t,\quad R = \frac{mv_0\sin\theta}{eB} \tag{3-225}$$

可见，在电磁复合场中电子做不等距螺旋线运动。

由于在电子做螺旋线运动时径向速度不变，故由旋转周长 $2\pi R$ 可求得电子旋转的周期

$$T = \frac{2\pi R}{v_0\sin\theta} = \frac{2\pi m}{eB} \tag{3-226}$$

则电子在第一个周期所前进的轴向距离为

$$d = \frac{2\pi m}{eB}\left(v_0\cos\theta - \frac{\pi E}{B}\right) \tag{3-227}$$

由于 $v_0 \ll \pi E/B$，故上式可简化为

$$d \approx \frac{\pi}{B}\sqrt{\frac{2mV_s}{e}} \tag{3-228}$$

由上式可知，光阴极上一点发射的电子，不论其初速度及出射角如何，只要轴向初速度分量相同，则都将经历相同的轴向距离 d 会聚到一点。这表明了轴向均匀电磁复合场具有聚焦特性。典型的电磁复合聚焦系统的参数为 V_s=10kV，B=0.02T，d=5.29cm。

（2）聚焦的像差

首先讨论单一初能量的电子所产生的像差。取光电子出射的角分布符合朗伯分布律。令出射角为 θ_f 的电子所会聚的位置为像面，则物像间距为

$$d = T\left(v_0\cos\theta_f - \frac{\pi E}{B}\right) \tag{3-229}$$

若同一初能量的电子的出射角为 θ，则由上式可知轴向的聚焦误差

$$\Delta d = \pm T v_0\left(\cos\theta_f - \cos\theta\right) \tag{3-230}$$

由于这一电子在轴向偏离了像面 Δd 的距离，因此，该电子到达像面的时间要差 ΔT。在 ΔT 时间内电子在径向的偏移 Δr 就构成了横向的聚焦误差。对应式(3-230)的球差，称该误差为色差，这是因为其是由轴向初能量差造成的。该值由下式确定

$$\Delta r = 2\pi R\sin\left(\frac{\Delta T v_0\sin\theta}{2\pi R}\right) \tag{3-231}$$

由均匀静电场中电子的运动方程可知

$$v_s^2 t^2 + 4dv_0 t\cos\theta - 4d^2 = 0 \tag{3-232}$$

式中，v_s 是静电场加速电位 V_s 所产生的电子速度。由式(3-232)可得

$$\Delta T = \left(\frac{2d}{v_s^2}\right)\left[v_0\left(\cos\theta_f - \cos\theta\right) - \sqrt{v_0^2\cos^2\theta_f + v_s^2} + \sqrt{v_0^2\cos^2\theta + v_s^2}\right] \tag{3-233}$$

因为 $v_s \gg v_0$，故上式可简化为

$$\Delta T = d\frac{\sqrt{V_0}}{V_s}\sqrt{\frac{2m}{e}}\left(\cos\theta_f - \cos\theta\right) \tag{3-234}$$

将上式代入式(3-231)并取一级近似，有

$$\Delta r = 2d\frac{\sqrt{V_0}}{V_s}\left(\cos\theta_f - \cos\theta\right)\sin\theta \tag{3-235}$$

上式描述了具有单一初电位 V_0 的电子由于出射角 θ 不同而产生的横向色差。

对于非单一初电位的电子所产生的横向色差，由同样的推导过程可以求出。其一级近似为

$$\Delta r = 2d\frac{\sqrt{V_0}}{V_s}\left(\sqrt{V_{0f}}\cos\theta_f - \sqrt{V_0}\cos\theta\right)\sin\theta \tag{3-236}$$

式中，V_{0f} 为出射角为 θ_f 的电子的初电位；Δr 为相对于 V_{0f} 和 θ_f 的电子所会聚的像面的横向色差。式(3-236)也称为 **R-A** 公式(莱克纳格尔-阿布齐莫维齐公式)，是对电子透镜普遍成立的公式。

在实际计算分析电子光学系统的图像传递特性时，往往认为电子由光阴极发射时，其出射角呈朗伯分布。因此，要定量分析电子光学系统的聚焦误差，必须确定由物面上一点所发出的电子在到达像面时的电子密度分布函数。

此外，电子图像在转移过程中，由于运动的电子之间所产生的电磁力将使电子的运动轨迹发生改变，从而影响电子光学系统的聚焦作用，由此产生的像差随着电子流密度的增加而变化，但电子光学系统的聚焦作用不能随电子流密度的变化而调整，所以，这一像差是无法消除的。

3.6　电子图像的发光显示

像管是借助于荧光屏将电子图像转换为可见光图像的。荧光屏由受高能电子轰击而发光的材料制成。某些金属的硫化物、氧化物或硅酸盐等粉末状晶体在适当掺杂后就具有受激发光的特性。这些材料称之为晶态磷光体。晶态磷光体在受电子激发时产生的光发射称为荧光，停止电子激发后持续产生的光发射称为磷光。本节将具体讨论荧光屏的发光机理及特性。

3.6.1　荧光层发光理论基础

1．荧光屏的构成

荧光屏的底层是由晶态磷光体微细颗粒沉积而成的薄层。其厚度稍大于颗粒直径，约为 5～8μm。所用的晶态磷光体先在水中用重力沉积方式进行颗粒分选，选取直径为 1～5μm 的颗粒。颗粒越细获得的图像分辨率越高，但发光效率则与之相反，因此，粒度应该适当。通常选取颗粒直径与荧光屏厚度相近，这样可获得发光效率与图像分辨率的最佳组合。荧光粉层的厚度应能充分吸收入射电子的能量，并使产生的光子能有效地射出。在荧光屏的表层上蒸镀一层铝膜。铝膜的厚度约为 0.1μm。其作用为：引走积累的负电荷；防止光反馈给光阴极；使荧光屏形成等电位；将光反射到输出方向。通常的铝膜是在真空状态下蒸镀的亮铝膜，也可以是在充氩气状态下蒸镀的黑铝膜，后者有利于改善输出图像的对比度。

图 3-43 示出了镀铝荧光屏的剖面图。图上的铝膜很平整，这是由于在镀铝之前先在荧光粉层上涂敷了一层光滑的有机材料膜，因此在有机膜上蒸镀的铝层具有光滑表面，有利于光的反射。在荧光屏制成后通过加热将有机膜分解。

2．荧光层的发光理论

描述荧光屏受激发光的机理有两种理论模型：一种是用于解释复合发光过程的固体能带模型；另一种是用于解释分立发光过程的位形坐标模型。下面分别予以介绍。

（1）复合发光的能带模型理论

由受激辐射的理论可知，晶态磷光体的发光取决于电子能态的跃迁。因此受激辐射可见光的条件是电子跃迁的能级差必须与可见光光子的能量相同。所以用于荧光屏的晶态磷光体都掺有杂质，以便产生局部能级使能带结构满足这一条件。典型的能带结构如图 3-44 所示。

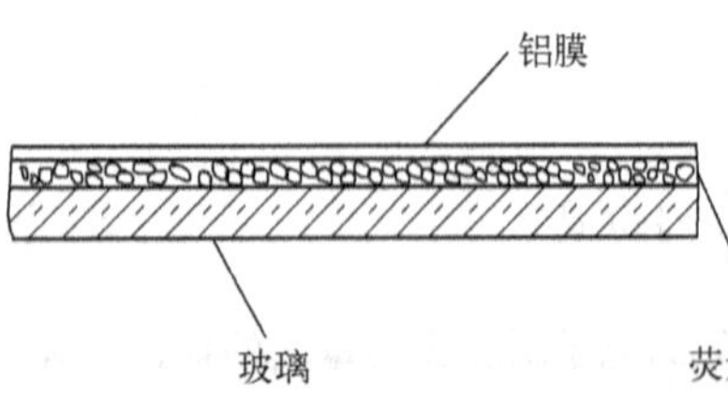

图 3-43　镀铝荧光屏的剖面图

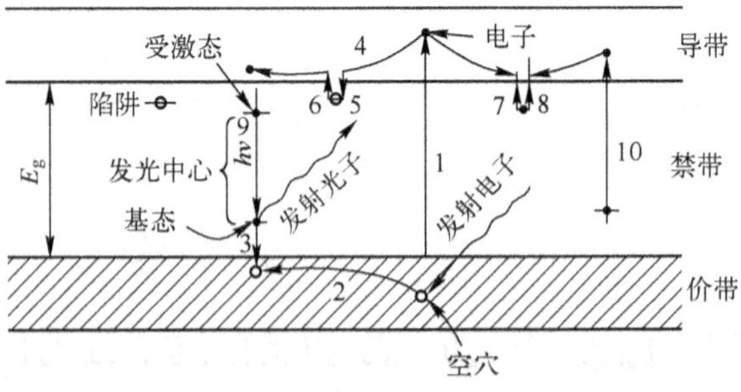

图 3-44　晶态磷光体的能带结构及发光过程示意图

晶态磷光体的基质决定了能带结构的满带和导带。晶体中掺入的适量杂质产生了靠近满带顶的局部能级。掺入的杂质通常称为晶态磷光体的激活剂。由激活剂原子所产生的局部能级刚好满足受激辐射可见光光子的条件。因此这些激活剂杂质所构成的局部能态就被称为发光中心。另外，在晶态磷光体的晶格结构中不可避免地存在缺陷以及其他杂质，这将产生靠近导带底的局部能级。下面根据图 3-44 的能带结构，讨论晶态磷光体的复合发光过程。

① 阴极射线激发过程

高能电子发射到晶态磷光体内，将使基质的满带电子受激跃迁，同时激活剂杂质能级的电子也会产生受激跃迁，但由于数量较少，因此主要的受激电子是来自基质的原子。基质满带中电子的受激过程在图 3-44 中用箭头 1 表示。杂质能级的电子受激过程用箭头 10 表示。基质原子的受激电离一方面产生导带中的自由电子，另一方面也产生满带中的空穴。这些受激产生的电子和空穴将分别在导带和满带的能态下进行空间扩散。这一迁移扩散过程会受到各种散射而损失能量，使电子和空穴的能态分别向导带底和满带顶靠近，在图 3-44 中分别用曲线 2 和 4 表示这一过程。当满带中的空穴扩散到杂质原子附近时，就会与杂质局部能级上的电子相复合。杂质局部能级的电子填充了基质满带中的空穴而形成了受激电离的发光中心。这一过程在图 3-44 中用箭头 3 表示。

② 受激辐射光子过程

由高能电子轰击晶态磷光体所产生的受激电子，将通过以下三种方式与电离的发光中心相互复合辐射出可见光光子。

a. 在靠近电离的发光中心产生的受激电子，经过短距离的迁移就可以与电离的发光中心复合。由于电子在导带中运动的速度约为 10^6～10^7cm/s，在导带中停留的时间短于 10^{-10}s，所以这一复合过程产生短瞬的发光，是发光的主要部分。图 3-44 中的箭头 9 表示了这一过程。

b. 在导带中迁移的受激电子，可能被某些浅的局部能级所俘获，而后借助于晶格振动能量再次跃迁到导带，如图 3-44 中箭头 5 和 6 所示。然后再与电离的发光中心复合而辐射光子。这一发光过程由于受激电子被局部能态俘获而延迟，所以发光要滞后于电子轰击的时间。由此构成荧光屏发光的余辉过程。

c. 受激电子在导带中迁移时，又可能被较深的局部能级所俘获。由于这些局部能级与导带的能级差较大，常温下晶格振能不足以使电子逸出这个能级。只有接受外界作用，例如加热或辐射照射，才能使电子获释，如图 3-44 中箭头 7 和 8 所示。而后再与电离的发光中心相互复合辐射出可见光光子。将这种发光现象称为热释光或光释光过程。

上述的三种发光方式具有共同的特点，即吸收电子轰击的能量是在基质中进行，而辐射光子是在激活剂处完成的。由吸收和辐射两个过程的复合构成发光的全过程。因此称为复合发光。又由于该过程中还伴随有电子和空穴的漂移或扩散，从而产生特征性的光电导现象，因此复合发光又称为光电导型发光。

这里所介绍的复合发光过程基于简化的能带模型，实际上晶态磷光体的能带结构是很复杂的。例如硫化锌型磷光体，这种材料参与发光的能带结构包含有多个导带和满带。并且掺入的重金属激活剂也不止一种，还有协同激活剂，及各种类型的晶格缺陷，由此产生的局部能级也有不同深度分布。因此，目前在量子理论的基础上还难以定量分析晶态磷光体的发光过程，这里只给出定性的说明。

（2）分立发光的位形坐标模型理论

晶态磷光体还存在着另一种发光过程，其特点是，电子的受激与光子的辐射在单一发光中心的内部进行。每一发光的全过程只与一个激活剂发光中心有关，彼此是分立的，因此称为分立发光。由于发光过程并不伴随有电子和空穴的迁移，故又称为非光电导型发光。典型的分立发光材料是钨酸钙。

分立发光的过程只局限在发光中心上。入射的高能电子，可直接使电子由发光中心的基态激发到受激态。电子在受激态是不稳定的，它有两种可能：一是以一定的激发态寿命时间存留在受激态，而后直接回到基态并辐射出可见光光子；二是被亚稳态的能级所俘获，而后在晶格振动或其他能量作用下获释再跃迁回到基态并辐射光子。

上述情况表明，分立发光是单分子过程，因此可以采用位形坐标模型来具体说明。典型的位形坐标模型如图 3-45 所示。

位形坐标图描述的是相邻原子间的空间位置与电子能态变化情况，图中横坐标的原点表示激活剂原子的中心位置，横坐标的各点表示激活剂原子与相邻原子的距离，图中纵坐标为电子能态的能量，由于原子的势能电场对电子的作用与位置相关，因此在晶格处于振动状态下电子的能态是随原子的位置变化而改变的。图中给出了电子处于基态和受激态的两条能态曲线，每一条曲线都描述了当原子与相邻原子间位置改变时电子能态的变化情况。曲线的极小值对应的空间坐标就是原子的平衡位置，当电子由基态跃迁到激发态时，原子的平衡位置不能得到及时的调整，因为原子的质量远大于电子的质量，原子的运动比电子要迟缓得多，如果假定基态的电子能态处于 a 点时接受入射电子的激发能而产生跃迁，这一过程在图中用箭头 I 表示。跃迁到受激态的电子能态处于 b 点，但是 b 点并不是激发态的平衡位置。因此，有可能受激电子通过晶格振动由能态 b 点变到能态 c 点，这一过程要伴随有能量交换，通常以晶格热能的形式释放或获取能量，图中用箭头 II 表示了这一过程。受激态的电子在由 b 点的能态向 c 点的能态过渡过程中，随时都可以跃迁回到基态而辐射出可见光光子。图中箭头 III 表示了这种发光过程，图中所表明的受激态与基态的能级差是相邻原子间距的函数，而且激活剂原子又围绕其平衡位置处于振动状态。因此受激电子从激发态跃迁回到基态所辐射的光子能量将取决于激活剂原子振动的相位。辐射光子的能量可以是 $h\nu_1$ 到 $h\nu_2$ 之间的任何值。所以晶态磷光体的发光光谱具有一定的带宽，且通常呈钟形分布。

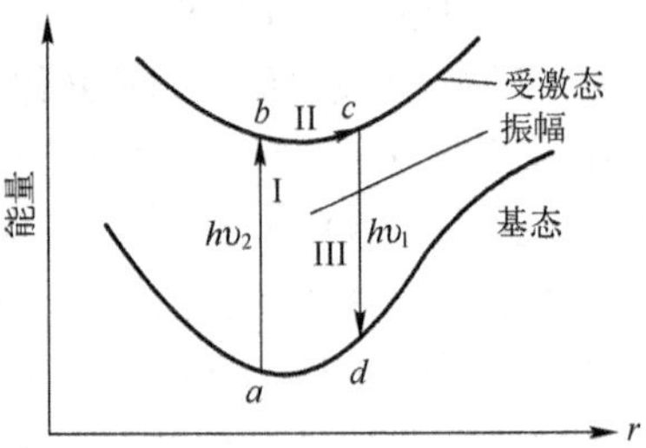

图 3-45　分立发光的位形坐标模型

位形坐标模型所表明的发光光谱分布理论也适用于复合发光的发光过程。

3.6.2　荧光屏发光衰减过程分析

从晶态磷光体的发光理论可知，不论复合发光过程或是分立发光过程都伴随有受激电子被局部能级俘获而产生的发光延迟。由此造成荧光屏在受到电子激发时发光强度不能立即达到额定值，其增长过程有滞后。当激发停止时，发光强度也有一个衰减过程。因发光的上升延迟不明显，而发光的衰减延迟很严重，所以下面分别讨论复合发光和分立发光的衰减规律。

1．复合发光衰减的基本规律

为简化发光的衰减过程，这里取理想的晶态磷光体的能带结构来讨论。所谓理想晶态磷光体是假定它的全部发光中心的能态是恒等的；它的全部附着能级都位于同一深度；略去多元掺杂及晶格各类缺陷所构成的能带细节。已由实验证实从理想的晶态磷光体所导出的发光衰减规律，能反映出一切晶态磷光体所共有的基本物理特征。

根据理想的能带模型，可用下列方程组来描述发光过程中的电子行为

$$\begin{cases}\dfrac{\mathrm{d}N}{\mathrm{d}t}=pm-A_1Nn-A_2N(m_0-m)\\ \dfrac{\mathrm{d}n}{\mathrm{d}t}=-A_1Nn\\ \dfrac{\mathrm{d}m}{\mathrm{d}t}=-pm+A_2N(m_0-m)\end{cases} \tag{3-237}$$

式中，m 是被附着能级所俘获的电子数；N 是导带内受激的电子数；n 是激活剂能级上的空穴数，即受激的发光中心数；m_0 是附着能级的总数。上述各种数值都是取单位面积的荧光屏来计算的。式中还用 A_1、A_2 和 P 表示三种几率。A_1 表示导带中电子与激活剂的空穴相互复合发光的几率；A_2 表示导带中电子被附着能级俘获的几率；P 表示由晶格热运动使附着能级上电子获释的几率。

在初等函数中，方程组[式(3-237)]不能求解，也不能直接求积分，考虑到实际发光余辉远大于导带中电子的平均寿命(约为 10^{-8}s)，由此可以确定 $N \ll m$。

所以，$n=m+N$ 可近似取为 $n\approx m$，并且 $\frac{\mathrm{d}N}{\mathrm{d}t}\approx 0$，可得

$$N=\frac{pm}{A_1 n+A_2(m_0-m)} \tag{3-238}$$

将上式代入式(3-237)，得到

$$-\frac{\mathrm{d}n}{\mathrm{d}t}=\frac{pn^2}{n+\frac{A_2}{A_1}(m_0-m)} \tag{3-239}$$

由于

$$A_1=\sigma_1 v\ ,\quad A_2=\sigma_2 v \tag{3-240}$$

式中，v 是导带中电子的平均速度；σ_1 是电离的发光中心截获电子的有效截面面积，σ_2 是产生附着能级的晶格缺陷截获电子的有效截面面积。这里令

$$\gamma=\frac{A_2}{A_1}=\frac{\sigma_2}{\sigma_1} \tag{3-241}$$

则

$$\frac{\mathrm{d}n}{\mathrm{d}t}=-\frac{pn^2}{n+\gamma(m_0-m)} \tag{3-242}$$

利用受激发光衰减过程的初始条件，在 $t=0$ 时 $n=n_0$，可求得方程式(3-242)的解析表达式

$$(1-\gamma)\ln\frac{n_0}{n}+\gamma m_0\left(\frac{1}{n}-\frac{1}{n_0}\right)=pt \tag{3-243}$$

这是复合发光所辐射的光子数 n 随时间变化的隐函数。为了给出具体发光强度的衰减函数，下面讨论两种极限情况。

① 当 $\gamma=0$，即当导带中电子被附着能级截获的有效截面远小于与电离的发光中心复合的有效截面时，由式(3-243)可求得

$$n=n_0\mathrm{e}^{-pt} \tag{3-244}$$

以单位面积上每秒内所辐射的光子数来表示发光强度 I，则当 $\sigma_1\gg\sigma_2$，$\gamma\approx 0$ 时

$$I=-\mathrm{d}n/\mathrm{d}t=pn_0\mathrm{e}^{-pt}=I_0\mathrm{e}^{-pt} \tag{3-245}$$

这表明发光强度的衰减过程呈指数规律。

② 当 $\gamma\approx 1$，即导带中电子被附着能极截获和与发光中心复合两者的有效截面面积相等时，则由式(3-243)可得

$$n=\frac{n_0}{1+\left(\frac{pn_0}{m_0}\right)t} \tag{3-246}$$

从而

$$I=\frac{pn_0^2/m_0}{\left(1+\frac{pn_0}{m_0}t\right)^2}=\frac{m_0}{n_0}\frac{I_0}{\left(1+\frac{I_0}{n_0}t\right)^2} \tag{3-247}$$

这表明发光强度的衰减过程呈双曲线规律。

从上面给出的两种极端情况可看出，理想晶态磷光体复合发光的基本衰减规律包含有指数函数和双曲线函数。一般情况下，可以用经验公式分段逼近实测曲线来描述其真实的衰减过程。

2．分立发光衰减的基本规律

理想的分立发光过程如果不存在亚稳态，可直接由电子处于受激态的寿命 τ_0 来求出发光的衰减规律。以单位面积上每秒辐射的光子数来表示发光强度 I，则 I 随时间 t 衰减的规律为

$$I = \frac{n_0}{\tau_0} e^{-t/\tau_0} = I_0 e^{-\frac{t}{\tau_0}} \tag{3-248}$$

式中，n_0是激发截止时单位面积上受激的发光中心数，I_0是激发截止时的发光强度。

理想的分立发光过程如果存在单一的亚稳态，则要考虑电子从亚稳态获释的几率。通常这一几率比电子由激发态跃迁回到基态的几率要小很多，因此发光的衰减过程主要取决于电子在亚稳态的寿命 τ_1，τ_1是温度 T 的函数

$$\tau_1 = T_0 e^{\frac{\varepsilon}{kT}} \tag{3-249}$$

式中，T_0是原子热振动的周期，ε是电子获释所需的能量；k是波耳兹曼常数。

存在亚稳态的分立发光过程，其截止激发后的余光衰减规律为

$$-\frac{dn}{dt} = \frac{n}{\tau_1} \tag{3-250}$$

取初始条件，t=0 时 n=n_0(n_0是发光时单位面积上受激发光中心的数目)。这里利用式(3-249)可求出有亚稳态的分立发光衰减规律

$$I = \frac{n_0}{T_0} \exp\left(-\frac{\varepsilon}{kT}\right) \exp\left[-\frac{t}{T_0 \exp\left(\frac{\varepsilon}{kT}\right)}\right] = I_0 \exp\left[-\frac{t}{T_0 \exp\left(\frac{\varepsilon}{kT}\right)}\right] \tag{3-251}$$

上式表明，这一衰减规律呈指数型。

3.6.3 典型荧光屏发光机理

由于荧光屏所产生的光学图像应当有较高的发光效率和适当的余辉以及匹配的光谱，因此选择荧光屏的发光材料是有限制的。常用的荧光屏发光材料如表 3-4 所示。用于像管荧光屏的典型材料有两类：一类是硫化锌为基质掺银激活剂的荧光屏(ZnS:Ag)；另一类是硫化锌镉为基质掺银激活剂的荧光屏(ZnS·CdS: Ag)。

表 3-4 常用荧光屏发光材料

粉 型(代号)	名 称	发光效率/(lm/W)	峰值波长/(μm)	半宽波长/(μm)	发光颜色	余辉/(ms)	颗粒尺寸/(μm)
Y_8(K11)	ZnS，Ag	28.4	452	425～489	蓝	0.22	3～4
Y_{10}(K9)	ZnS；Ag，Ni	25.4	452	423～486	蓝	0.2	3～4
Y_{14}(P31)	ZnS:Cu	77.9	528	495～568	黄绿	0.1	4～5
Y_{21}(P20)	(Zn·Cd)S；Ag	91	540	501～585	黄绿	0.66	
Y_7(K49)	(Zn·Cd)S；Ag	90.5	540	503～588	黄	0.5	
Y_{12}(K40)	Zn(S，Se):Cu	67.8	550	503～596	黄绿	0.6	

图 3-46 给出了几种典型荧光屏的发光光谱。图 3-46(a)是黄绿色荧光屏(ZnS·CdS:Ag)，其中的曲线 1 是苏联编号 K-67 荧光材料的光谱特性，曲线 2 是美国编号 P-20 荧光材料的光谱特性。这类荧光屏的发光光谱分布与人眼视觉光谱响应相匹配，并具有中短的余辉(下降到 10%时约为 0.2ms)和较高的发光效率(高于 15cd/W)。图 3-46(b)是蓝光荧光屏(ZnS:Ag)，其中的曲线 1 是苏联编号 K-11 荧光材料的光谱特性，曲线 2 是美国编号 P-11 荧光材料的光谱特性。由于这类荧光屏的发光光谱与照像底片的感光光谱分布相匹配，发光效率约为 3cd/W，并具有短余辉，约为 50μs，因此适宜做摄影的像管荧光屏。

这里简要地说明硫化物晶态磷光体的能带结构。在硫化锌的晶格中掺入银的激活剂时，正一价的银离子进入硫化锌晶格并取代正二价的锌离子。为保持电中性，在硫化锌的晶格中又掺入氯的助

活剂，负一价的氯离子则取代负二价的硫离子。在硫化镉晶格中掺入银的激活剂时情况完全一样。

经过掺杂处理后的晶态磷光体，其中的银是单一价的银离子，所以它周围硫离子将不同于二价锌离子周围的硫离子。银离子周围的硫离子具有较小的束缚能，这些硫离子的能级将比通常硫原子的能级稍高些。因此在晶态磷光体的禁带中产生了靠近价带顶的局部能级，构成了受主能级。与此相似，晶态磷光体中的氯离子也是一价的离子，它对周围的锌离子的束缚也比对二价的硫离子的束缚要小些，因此，在晶态磷光体的禁带中会产生靠近导带底的局部能级，构成了施主能级。在硫化物晶态磷光体的能带结构中由激活剂形成的受主能级就构成了发光中心。

晶态磷光体的发光来源于受激电子与受主能级的复合。在硫化锌荧光屏的能带结构中，这一复合过程电子跃迁所释放的平均能量为 2.7eV，对应于光子的波长为 0.46μm。同时，部分受激电子也可能与其他的空能级复合，这种复合过程的电子跃迁将不伴随可见光光子的辐射。因此，晶态磷光体的转换效率必然小于 1，其中能量损失的最主要因素是产生电子-空穴对的能量消耗。对于硫化物晶态磷光体，入射的高速电子要激发一个电子-空穴对所消耗的平均能量为 $E=3E_g$。硫化锌的禁带宽度 $E_g=3.7eV$。发射光子的平均能量 $E_p=2.7eV$。这个 $E-E_p$ 的能量差值就是在发光过程中损失于晶格热能的数值，因此硫化锌晶态磷光体发光过程的理论效率为

$$\eta=\frac{E_p}{E}=\frac{2.7eV}{3\times3.7eV}=24.3\% \qquad (3-252)$$

这一数值已经由实测证实，它是(ZnS:Ag，Cl)晶态磷光体的转换效率。如果制成荧光屏，则屏的转换效率还要取决于粉层厚度、粒度、入射电子的能量及铝膜的影响等因素。一般情况下，粒度越大转换效率越高。粉层的厚度应保证充分吸收入射电子能量并且使产生的光子射出。铝膜的厚度以不透光为前提，尽可能薄。按这一要求铝膜的光衰减因子为 100～1000 时所对应的厚度约为 0.1μm。图 3-47 给出了入射电子的能量与荧光屏转换效率之间的关系曲线。当入射电子的加速电压小于 2.5kV 时，电子不能穿透铝膜，所以不发光。加速电压再升高时，转换效率随之上升。这是因为损失于穿透铝膜的能量所占的比例随加速电压升高而下降。当加速电压达到 15kV 时，转换效率将不再变化，这是由于入射电子能量过高会穿透荧光屏而损失部分能量。如果荧光屏的厚度增加，这一临界加速电压将提高。过厚的荧光屏将降低输出图像的分辨率。目前实用的高分辨率硫化物荧光屏，当加速电压为 10～15kV 时，转换效率为 7%～10%，图像分辨率为 120lp/mm。

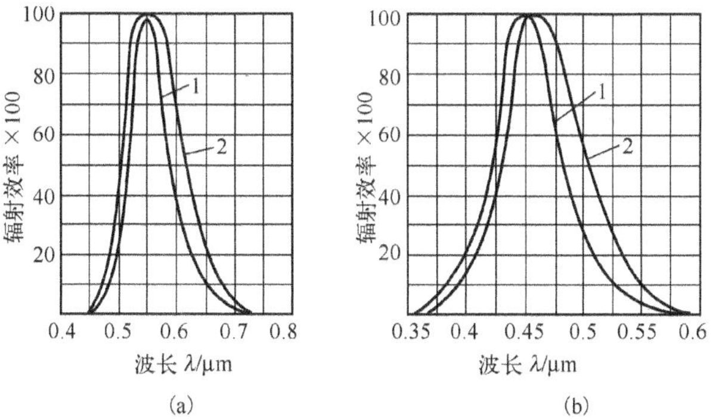

图 3-46　典型荧光屏的发光光谱

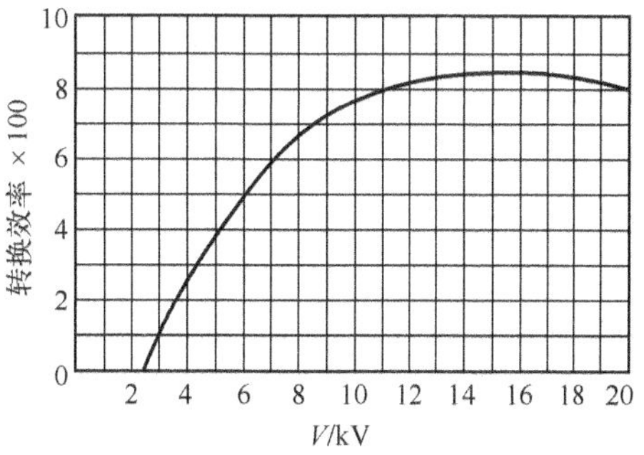

图 3-47　电子加速电压与荧光屏转换效率的关系曲线

作为将电子动能转换成光能的荧光屏，不仅应该具有高的转换效率，而且它的发射光谱要同眼睛或与之耦合的下一级光阴极相一致。因此，像管荧光屏的转换效率应考虑光谱分布，将其折算为发光效率，即每瓦入射电子的能量产生的光通量。P-20 材料的铝膜荧光屏典型的发光效率为 40～50lm/W。P-11 材料的铝膜荧光屏典型的发光效率为 10lm/W。

图 3-48 给出了硫化物荧光屏的厚度与图像分辨率的关系曲线。厚度的增加会导致光扩散的增大，分辨率将随之下降。当荧光粉的粒度不变时，分辨率的下降将随屏厚的增加而减慢。最佳选择是单层颗粒沉积的荧光屏。

为了提高荧光屏的图像分辨率，可以在光学纤维面板上采用凹陷屏的方式制造荧光屏。凹陷屏是预先将光学纤维面板表面处的每根内芯去除一薄层，形成凹陷的微坑，而后在每个微坑中填入粉质形成荧光屏。这样制成的荧光屏可减少光的扩散，改善了图像分辨率。

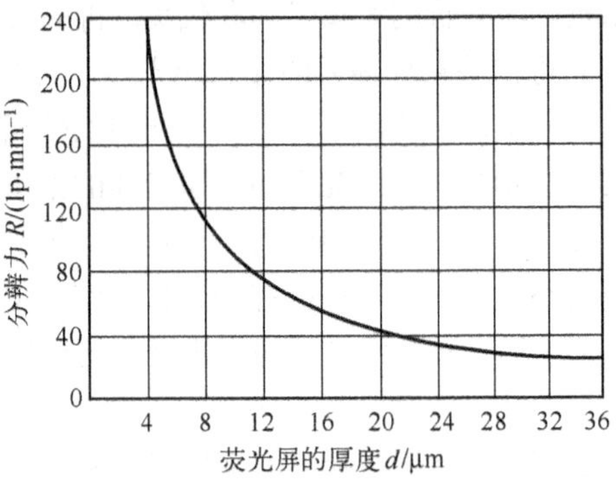

图 3-48　荧光屏厚度与图像分辨率的关系曲线

3.7　光学图像的传像与电子图像的倍增

在像管中，完成光学图像传像的元件是光学纤维面板（OFP），完成电子图像倍增的元件是微通道板（MCP），下面分别进行介绍。

3.7.1　光学纤维面板

一代级联式像增强器的输入窗和输出窗都是由光学纤维面板制成的，利用光学纤维面板之间通过光学接触即可传像的性能，可以直接耦合。同时，光学纤维面板又使像增强器获得以下优点：① 增加了传递图像的传光效率；② 提供了采用准球对称电子光学系统的可能性，从而改善了像质；③ 可制成锥形光学纤维面板或光学纤维扭像器。下面具体说明光学纤维面板的传像原理及特性。

1. 传像原理

光学纤维面板可以将输入端面上的像传递到输出端面上，其由密集的微细光导管组成，在两个端面进行抛光。每根光导管都由高折射率的玻璃做芯，低折射率的玻璃做外皮，其外表再涂以吸光层制成，称之为光导纤维，如图 3-49 所示。

光学纤维面板是基于光线的全反射原理进行传像的，由于光导纤维的芯料折射率高于皮料的折射率，因此入射角小于全反射临界角的全部光线都只能在内芯中反射。所以每一根光导纤维能独立地传递光线，且相互之间不串光。由大量光导纤维所组成的面板则可以传递一幅光学图像。

图 3-49 示意了光线传递的过程。当光线的入射角为 α_i 时，所产生的折射情况可由下面的公式确定

$$\frac{\sin\alpha_i}{\sin\alpha_1}=\frac{n_2}{n_0} \tag{3-253}$$

$$\frac{\sin\alpha_2}{\sin\alpha_3}=\frac{n_1}{n_2} \tag{3-254}$$

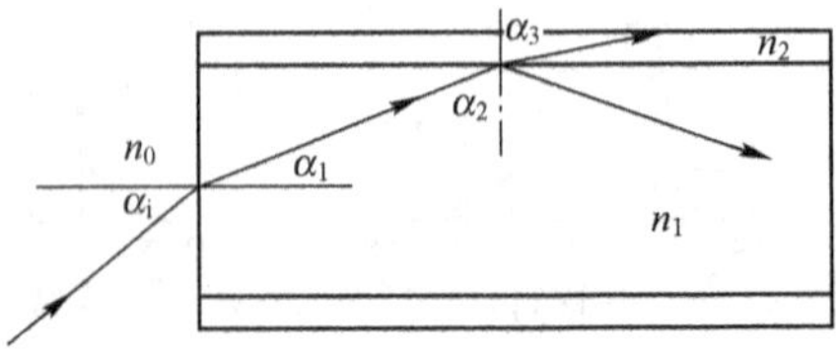

图 3-49　光导纤维的全反射示意图

式中，n_0、n_1、n_2 分别是周围介质、纤维芯料及纤维皮料的折射率。根据全反射的条件（α_3=90°）可得到临界入射角的表达式

$$\sin\alpha_i=\frac{1}{n_0}\sqrt{n_1^2-n_2^2} \tag{3-255}$$

由式（3-255）可知，只要选择光导纤维的芯料和皮料使其折射率满足下面的不等式，即可具有理想的传像功能

$$n_1 \geqslant \sqrt{n_0^2 + n_2^2} \tag{3-256}$$

光学纤维面板具有不同的类型。例如根据端面的形状分为双平面型和平-凹球面型，后者用于制作准球对称电子光学系统的像管。根据传像性能，又可分为普通光学纤维面板、变放大率的锥形光学纤维面板和传递倒像的扭像器等。

2．锥形光学纤维面板和扭像器

锥形光导纤维组成的光学纤维面板具有放大和缩小图像的作用，其传递图像的原理与普通光学纤维面板是相同的，只是图像传递的放大率不等于 1。这里对锥形光导纤维的横向放大率与角放大率之间的关系做一简要分析。图 3-50 画出了光线在锥形光导纤维中两次反射的路径。在这两次反射之间光线在轴向前进的距离为

$$d_1 = \frac{D_0}{\tan\alpha_1 - \tan\gamma} \tag{3-257}$$

光线在纤维界面反射，其落点处的纤维直径是逐次增大的。相邻的落点处纤维直径之间的关系可由下式确定

$$D_1 = D_0 + 2\alpha = D_0\left(1 + \frac{2\tan\gamma}{\tan\alpha_1 - \tan\gamma}\right) \tag{3-258}$$

由此可知，这一段锥形光导纤维的横向放大率是

$$M_{\mathrm{i}} = \frac{D_1}{D_0} = 1 + \frac{2\tan\gamma}{\tan\alpha_1 - \tan\gamma} \tag{3-259}$$

同时可得到，这一段锥形光导纤维的角放大率是

$$M_{\alpha} = \frac{\alpha_2}{\alpha_1} = \frac{\alpha_2}{\alpha_2 + 2\gamma} = \frac{1}{1 + 2\gamma/\alpha_2} \tag{3-260}$$

根据傍轴光学条件，并且考虑到 $\alpha_1 \gg \gamma$，则式(3-259)和式(3-260)可以做如下近似处理

$$M_{\mathrm{i}} = 1 + \frac{2\gamma}{\alpha_1 - \gamma} \approx 1 + \frac{2\gamma}{\alpha_1} \tag{3-261}$$

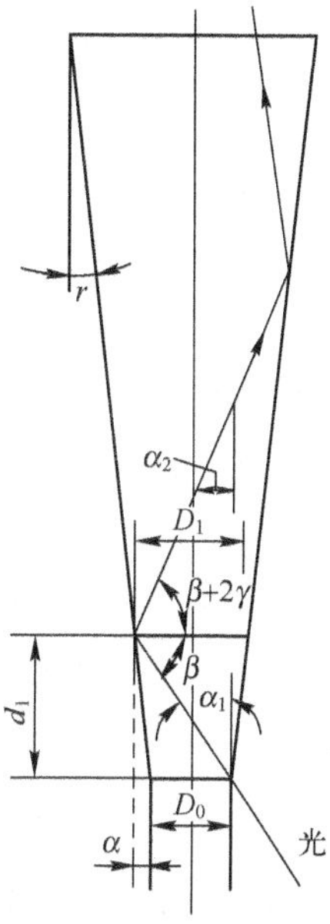

图 3-50　锥形光导纤维的示意图

$$M_{\alpha} = \frac{1}{1 + 2\gamma/(\alpha_1 - 2\gamma)} \approx \frac{1}{1 + 2\gamma/\alpha_1} \tag{3-262}$$

则

$$M_{\mathrm{i}} M_{\alpha} = 1 \tag{3-263}$$

这一公式恰好是普通光学透镜的物和像空间等折射率的拉格朗日定律。上面的分析表明，在一级近似的条件下锥形光导纤维的传像特性与普通玻璃透镜是相同的。

采用扭像的光学纤维面板可以实现像管倒像。这种光学纤维面板的输入面与其输出面之间旋转了 180°，因此每根光导纤维的两端都对应旋转 180°。所以它的输入像与输出像刚好呈正像与倒像的关系。通常将这种能成倒像的光学纤维面板称为光学纤维扭像器。

3．数值孔径与三环效应

表征光学元件集光性能的参数是数值孔径。根据定义可以写出光学纤维面板的数值孔径为

$$A = n_0 \sin\alpha = \sqrt{n_1^2 - n_2^2} \tag{3-264}$$

式中，A 是数值孔径，α 为孔径角。光学纤维面板在光导纤维内只传递入射角小于 α 的光线，入射角大于 α 的光线的一部分将由纤维内芯折射到纤维外皮中形成杂散光，这将破坏图像的传递特性。因此 A 值表明了光学纤维面板的集光性能和传递图像的性能。

式(3-264)是取子午面内的入射光线推导的。如果入射光线不在子午面内，当入射面与子午面交角为 θ 时，则数值孔径的公式变为

$$(A)' = n_0 \sin\alpha' = \sin\alpha / \cos\theta = A / \cos\theta \tag{3-265}$$

光学纤维面板的有效传光效率总是小于 1 的。当入射光为朗伯光源时，其效率约为 50%～60%。降低有效传光效率的因素有：

① 入射到光导纤维外皮的光全部是无效的。通常光学纤维面板的外皮截面面积占总截面面积的比例约为 30%；

② 光线在光学纤维面板端面上及界面处的反射损失；

③ 光线在光导纤维之间的串光损失。

光导纤维间串光的起因可以用三环效应来说明。当用准直光束照射光学纤维面板时，其输出光呈现三个环带，它们分别为：

① 出射角最小的第一环带光，其出射角 α_0 与入射角 α_i 的关系为

$$\sin\alpha_0 = \sqrt{\sin^2\alpha_i - \sin^2\alpha} \tag{3-266}$$

这是由光导纤维内芯向外皮串光所产生的光环。

② 出射角相等的第二环带光，有

$$\sin\alpha_0 = \sin\alpha_i \tag{3-267}$$

这是由光导纤维内芯经全反射所产生的光环，同时也有入射到纤维外皮又由外皮出射的光。

③ 出射角最大的第三环带光，有

$$\sin\alpha_0 = \sqrt{\sin^2\alpha_i + \sin^2\alpha} \tag{3-268}$$

这是由光导纤维外皮向内芯串光所产生的光环。

在上述三个环带光中只有由光导纤维内芯出射的第二个光环是有效传递图像的光。其余都是非有效光，将造成图像对比度的损失。通常为了减少这一损失而在光导纤维的外部涂以吸光层或在缝隙中加入吸光丝。通过吸收杂散的串光来改善光学纤维面板的传像特性。

3.7.2 微通道板

微通道板(MCP)的最重要应用是作为二维电子图像倍增级。由于它具有高增益、低噪声、高分辨率、宽频带、低功耗、长寿命及自饱和效应等优点，因而被广泛用在像管、高速光电倍增管、阴极射线管、摄像管、存储管以及电子、离子、X 射线和紫外线探测器等领域。

1．MCP 的构成

MCP 的结构(图 3-51)是由大量平行堆集的单通道电子倍增器组成的薄板。它实际上是一块通道内壁具有良好二次发射性能和一定导电性能的微细空心通道玻璃纤维面板。这些微通道的孔径为 5～10μm。孔间距尽可能小，以求尽量减少非通孔的端面。端面上的开口面积比为 55%～85%。通道的长度与孔径之比的典型值为 40。在 MCP 的两个端面镀有镍层，形成输入电极和输出电极。在 MCP 的外缘带有加固环。通常微通道不垂直于端面，而具有 7°～15° 的斜角。图 3-52 为 MCP 通道的剖视图和扫描电镜(SEM)图像。

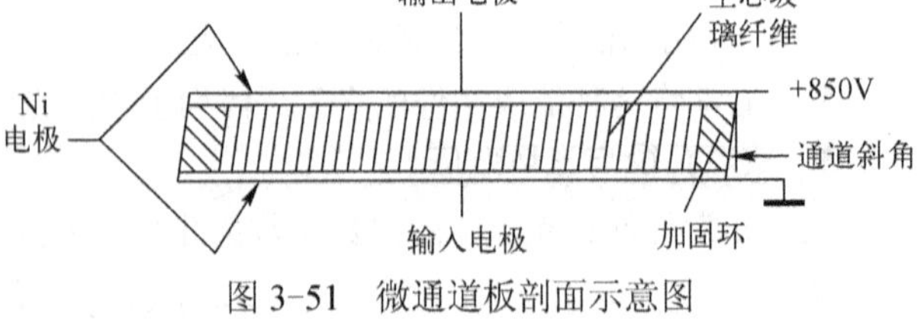

图 3-51　微通道板剖面示意图

通常，MCP 由含有铅、铋等氧化物的硅酸盐玻璃制成。采取的工艺有实心法和空心法。为使微通道的内壁具有良好的二次电子发射特性需进行烧氢处理，高温下被氢还原的铅原子分散在表层的铅玻璃中，通道内壁的这一表层具有半导电和较高的二次电子发射特性。为防止离子反馈，有时要在微通道输入端面镀上 Al_2O_3 膜，通常的膜厚约为 3nm。这一膜层允许能量大于 120eV 的电子穿透并阻止离子通过。其目的是保护像管的光阴极，避免其受到离子的轰击。

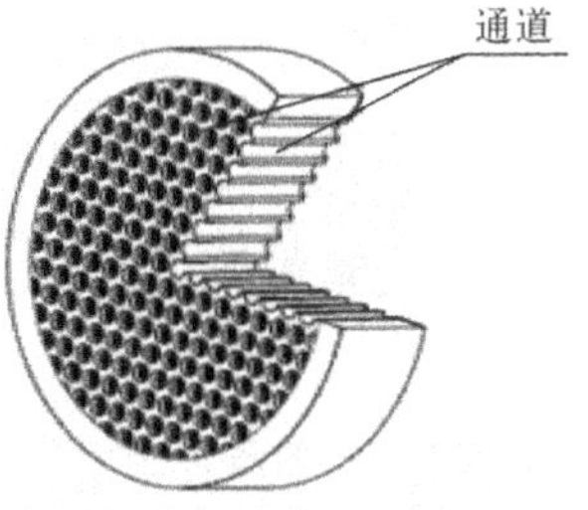

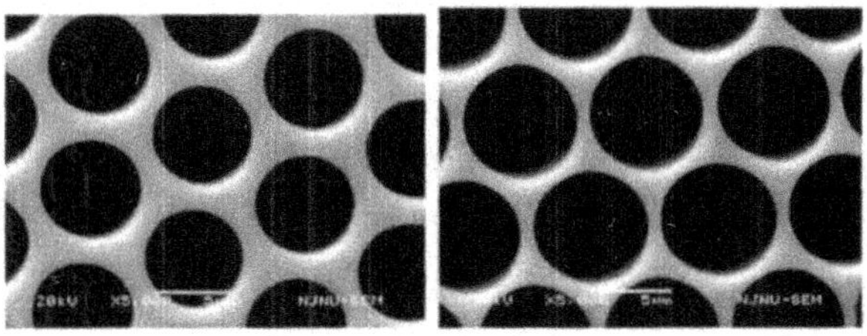

标准 MCP（左）和扩口的高性能 MCP（右）的 SEM 图

图 3-52　MCP 通道的剖视图及 SEM 图像

2．通道内的二次电子发射

在介绍微通道的工作原理之前，首先介绍二次电子发射过程。高速电子入射到固体表层，与体内电子连续碰撞使电子受激而逸出表面的过程称为二次电子发射。其出射的电子数与入射的电子数之比值定义为二次电子发射系数 δ，也称为二次电子倍增系数。

二次电子发射过程受多种因素制约。通过半经典理论的分析与实验验证，对纯洁的固体表面可以用相似的函数来描述它的二次电子发射特性。这一函数通常称为二次发射的普适函数。它是入射电子加速电位及入射角的函数(入射角取为入射线与表面法线的夹角)，同时也是材料性质与表面状况的函数。下面建立二次发射普适函数的解析表达式。

首先由实验测定获得二次电子发射系数 δ 与初电子的加速电位 V 及入射角 θ 之间的关系曲线，如图 3-53 所示。

根据图 3-53 的实验曲线并结合理论分析可证实存在如下关系式

$$V_{\mathrm{m}}(\theta)=V_{\mathrm{m}}(0)/\sqrt{\cos\theta} \tag{3-269}$$

$$\delta_{\mathrm{m}}(\theta)=\delta_{\mathrm{m}}(0)\exp[\alpha(1-\cos\theta)] \tag{3-270}$$

式中，$V_{\mathrm{m}}(\theta)$是入射角为 θ 的初电子产生最大二次发射系数 $\delta_{\mathrm{m}}(\theta)$时的加速电位值；$V_{\mathrm{m}}(0)$是入射角为 0(垂直入射)的初电子产生 $\delta_{\mathrm{m}}(0)$时的加速电位值；α 是材料的特性常数，它随材料及表面状况而异。

二次电子发射系数的普适函数式为

$$\delta=\delta_{\mathrm{m}}(0)\left[\frac{V}{V_{\mathrm{m}}(\theta)}\right]^{\beta}\exp\left\{\alpha(1-\cos\theta)+\beta\left(1-\frac{V}{V_{\mathrm{m}}(\theta)}\right)\right\} \tag{3-271}$$

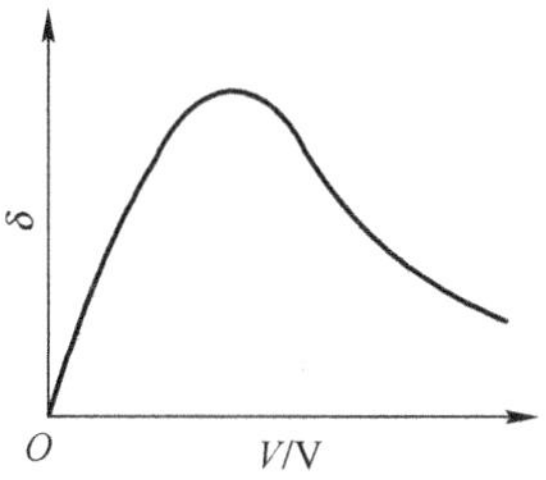

(a)

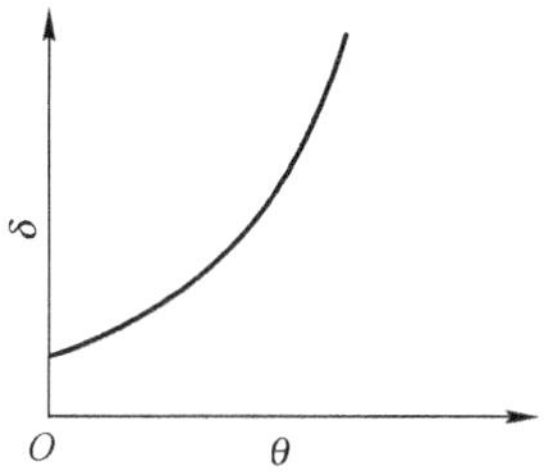

(b)

图 3-53　二次电子发射的特性曲线

这一普适函数式表明：二次电子发射系数取决于材料性质和表面状态的参数 α，同时也取决于 $\delta_{\mathrm{m}}(0)$和 $V_{\mathrm{m}}(0)$。式中β是函数逼近实验曲线的待定值。实际上不可能取单一的 β 值使整个实验曲线都吻合，但可以分段吻合。通常是：$V'(V'=V/V_{\mathrm{m}}(0))\leqslant 1$ 时，β 取值在 0.55～0.65 之间；$V'\gg 1$时，β的取值近似为 0.25；当$V'=1.5$时，上面两方面取值近似相等。

由式(3-271)可以得出结论：二次电子发射系数是 θ 和 V 的函数，并且存在极值。当 $\cos\theta\to 0$ 和 $V=V_{\mathrm{m}}$时，δ 可获得最大值。

综合上述说明可知，为获得$\delta_{\mathrm{m}}(\theta)$，应取$\theta$(入射线与通道壁表面法线的夹角)接近 90°，即取掠射电子。同时电子的加速电压应取最佳值，过高或过低都将不利。这是因为过高的加速电压和垂直入射的电子穿透到材料深处，会使所激发的电子难以迁移到表面而被散射。

MCP 是利用二次电子倍增性质来完成电子图像增强的。图 3-54 示出了 MCP 中的单通道电子倍增器的原理。

微通道的入口端对着像管的光阴极，并位于电子光学系统的像面上，出口端对着荧光屏。微通道的两个端面电极上施加工作电压形成电场。高速光电子进入通道与内壁碰撞，由于通道内壁具有良好的二次电子倍增性质，入射电子得到倍增。重复这一过程直至倍增电子从通道出口端射出为止。如果取每次碰撞的二次倍增系数 $\delta=2$（通常 $\delta=2\sim5$），当累计的碰撞次数为 10 时，则通道的总电子倍增值大于 $G=2^{10}\approx10^3$。由此可看出通道的电流增强作用是十分惊人的。

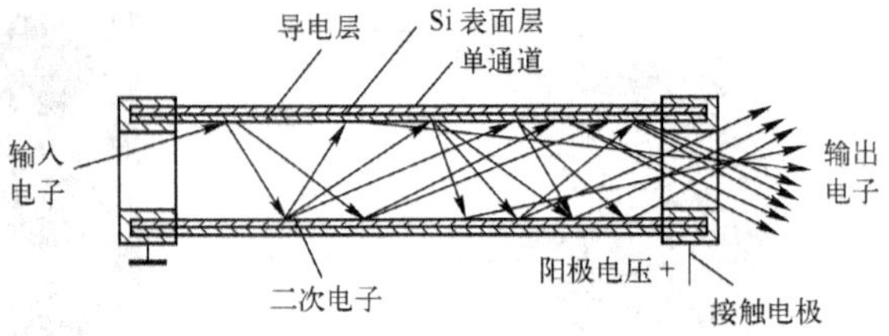

图 3-54　微通道电子倍增器的原理

MCP 的各通道彼此隔离，因此，它可以将二维空间分布的电子流进行对应的增强，从而实现了电子图像增强的目的。

3．电流增益与相关参数的关系

MCP 的电流增益用输出电流 I_o 与其输入电流 I_i 之比值来表示

$$G = I_{out} / I_{in} \tag{3-272}$$

由于电子电荷量相同，故在连续稳定工作状态下，电流增益也可以由出射电子数 N_{out} 与其入射电子数 N_{in} 之比来表示。

$$G = N_{out} / N_{in} = \delta^n \tag{3-273}$$

下面具体讨论 MCP 的电流增益特性。

（1）简化的电流增益表达式

MCP 的电流增益在每一瞬间并不是一个确定的数值，这是因为通道中的二次电子倍增过程具有随机性。每个电子所激发的二次电子数目并不相等，只能用平均值来表示二次电子倍增特性。二次电子数目的平均值又取决于入射电子的加速电压及入射角度。在通道多次倍增过程中这些因素都是变化的，因此在每一瞬间 MCP 的电流增益并不相同，通常只取其平均值表示 MCP 的电流增益值。

简化的电流增益表达式是通过以下近似处理建立的：

① 通道内二次电子逸出表面的角度分布符合余弦分布律，因此，归一化最可几的出射角，取所有的二次电子均垂直于表面出射；

② 通道内二次电子的初能量分布呈现麦克斯韦分布，全部归一化为最可几值，用 V_0 表示二次电子初电位的最可几值，即所有出射的二次电子均具有同样的初速度；

③ 由于通道内二次电子的出射角及初电位都归一化为确定值，所以在通道内电场作用下，所有二次电子的运动轨迹一致，因而，二次电子与通道内壁碰撞时的加速电位及入射角相同，故可统一的二次电子倍增系数。令该平均倍增系数为 δ，并取它等于 KV_c（V_c 是入射电子的加速电位，K 是比例系数）。

在上述的简化条件下，MCP 的电流增益可表示为

$$G = \eta\delta^{L/S} = \eta(KV_c)^{L/S} \tag{3-274}$$

式中，η 是 MCP 输入端面的探测效率，通常 η 为输入端面的通道开口面积与总面积之比；L 是通道长度；S 是通道内每个电子在轴向行程的平均距离。

设通道板两端电极的工作电压为 U，通道直径为 d，通道内所建立的电场为 E。根据上述假设，有

$$S = \frac{1}{2}at^2 \tag{3-275}$$

式中，$a=eE/m$ 为二次电子在电场作用下的加速度。

由于二次电子与通道壁碰撞的时刻即为 S 的终点，且二次电子在径向没有获得加速度，因此，根据二次电子走过的径向距离 d 可知两次碰撞相隔的时间为

$$t = d / \sqrt{2eV_0 / m} \tag{3-276}$$

将式(3-276)代入式(3-275)可求出通道内电子在轴向行程的平均距离为

$$S = \frac{Ud^2}{4V_0 L} \tag{3-277}$$

由此可知

$$V_c = \frac{U^2 d^2}{4V_0 L^2} \tag{3-278}$$

取微通道的长度 L 与其直径 d 的比值为 α，根据式(3-274)、式(3-277)和式(3-278)可得到MCP的简化电流增益表达式为

$$G = \eta \left(\frac{KU^2}{4V_0 \alpha^2} \right)^{4V_0 \alpha^2 / U} \tag{3-279}$$

（2）电流增益的实验表达式

式(3-279)是一个简化模型下的微通道板的电流增益公式，其与实际结果之间存在较大的误差。当然，也可通过实验结果来建立微通道板的电流增益关系。实验测定，通道内二次电子倍增系数 δ 与加速电压呈指数关系

$$\delta = \left(\frac{U}{Kn} \right)^{m} \tag{3-280}$$

式中，n 是通道全长累计的倍增次数；U 是通道全长施加的工作电压；K 和 m 是常数，取决于二次电子倍增特性。由式(3-280)可以写出通道内的电子总倍增系数

$$\delta^n = \left(\frac{U}{Kn} \right)^{mn} \tag{3-281}$$

式中 K 和 n 的值可以通过实验数据求得。例如测试一个长径比 $\alpha=40$ 的通道。它的工作电压 U=340V 时的电流增益为 l，U=800V 时电流增益为 5201。将上述测试结果代入式(3-281)中，并取 $m=1$，则得到 $K=34$ 和 $n=10=\alpha/4$。所以

$$\delta^n = \left(\frac{4U}{34a} \right)^{\frac{\alpha}{4}} = \left(\frac{U}{Ca} \right)^{\frac{\alpha}{4}} \tag{3-282}$$

式中，C 是常数(C=8.5)，其值由实测决定。

在严格计算 MCP 的电流增益时还应单独考虑入射电子的倍增作用。通常入射电子的入射角及加速电位不同于通道内二次电子的入射角及加速电位，因此产生的二次电子倍增系数彼此不等。令 δ_1 表示入射电子的二次电子倍增系数。当 MCP 的通道斜角为 7° 时，垂直于 MCP 端面入射的电子，其最长的行程约为通道直径的 8 倍，这相当于通道内电子倍增路程的 2 倍。因此约有二分之一的入射电子在通道内的倍增次数不是 n 而是 n-1 次。由此可写出 MCP 的输入电流 I_i 与输出电流 I_o 之间的关系式

$$I_o = \eta \left(\frac{I_i}{2} \delta_1 \delta^n + \frac{I_i}{2} \delta_i \delta^{n-1} \right) \exp(-0.65l) \tag{3-283}$$

式中，η 是 MCP 的端面开口面积比；exp(−0.65l)是通道末端的损失因子；l 是以通道直径的倍数所表示的末端损失长度。

将式(3-282)代入式(3-283)可得出 MCP 电流增益的实验公式为

$$G = \eta \frac{\delta_i}{2} \left(\frac{U}{Ca} \right)^{\frac{\alpha}{4}} \left(\frac{U + C\alpha}{V} \right) \exp(-0.65l) \tag{3-284}$$

这一电流增益表达式用于任何长径比的 MCP 都是相当吻合的。

（3）电流增益与相关参数的关系

由 MCP 电流增益的表达式可知，相关参数包含有通道板的开口面积比、通道的长径比、工作电压和通道的二次倍增特性。

① 通道的长径比 α

具有相同长径比的 MCP，当通道直径和长度按比例改变时其电流增益不变，这一点已被实验所证实。式(3-279)和式(3-284)均表明了电流增益仅与通道长径比有关。

图 3-55 给出了通道长径比与电流增益的关系曲线。图中曲线是在不同的工作电压下得到的，可看出 MCP 的电流增益具有最大值，因此，可以利用式(3-279)来确定最大电流增益时的通道长径比。根据求极值的条件，对电流增益求一阶偏导并令其等于零，即

$$\frac{\partial G}{\partial \alpha}=\frac{\partial\left(a\alpha^{-2}\right)^{b\alpha^2}}{\partial \alpha}=(a\alpha^{-2})^{b\alpha^2}\ln(a\alpha^{-2})2b\alpha+b\alpha^2(a\alpha^{-2})^{b\alpha^2-1}(-2a)\alpha^{-3}=0 \tag{3-285}$$

式中

$$a=\frac{KU^2}{4V_o} \tag{3-286}$$

$$b=4V_o/U \tag{3-287}$$

由此得到 MCP 长径比的最佳值为

$$\alpha=\sqrt{\frac{KU^2}{4eV_o}} \tag{3-288}$$

式中的 e 是自然对数的底。由式(3-288)可知，α 与工作电压成正比。因此，图 3-56 中的曲线峰值在一条斜线上。

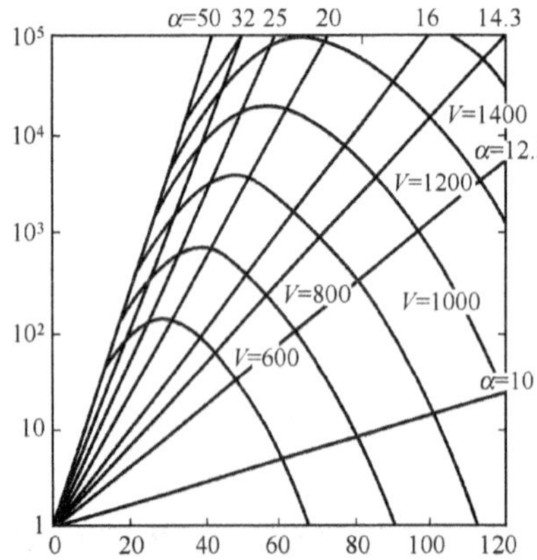

图 3-55 通道长径比与电流增益的关系曲线

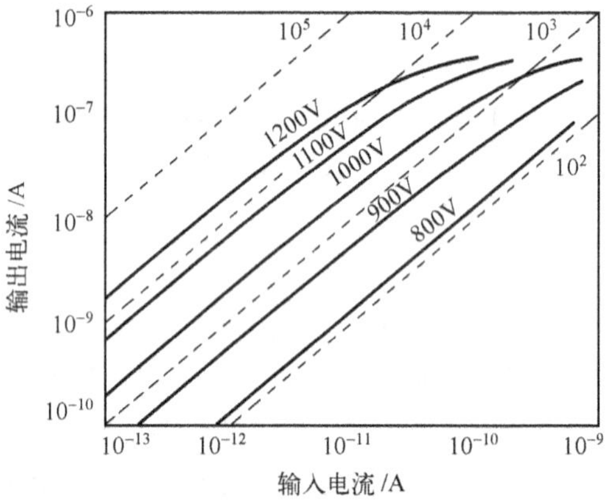

图 3-56 微通道板的工作特性

在确定 MCP 的几何参数时，首先根据分辨率要求选定通道直径，而后根据工作电压选定最佳的通道长径比，并进一步确定 MCP 的厚度。这样选择的几何参数，可使 MCP 获得最佳增益，并具有较好的增益均匀性。这是因为图 3-56 的曲线在峰值附近的斜率最小，所以电流增益受通道直径变化的影响最小。

② MCP 的工作电压

MCP 工作电压 U 对电流增益的影响可以用式(3-279)来分析。电流增益开始时是随工作电压的上升而增加的，到达峰值后则随工作电压的上升而下降。用式(3-279)求工作电压的最佳值，有

$$\frac{\partial G}{\partial U}=\frac{\partial(nU^2)^{nU^{-1}}}{\partial U}=(mU^2)^{nU^{-1}}\ln(mU^2)(-nU^{-2})+nU^{-1}(mU^2)^{nU^{-1}-1}(2mU)=0 \tag{3-289}$$

式中

$$m=\frac{K}{4V_0\alpha^2} \tag{3-290}$$

$$n = 4V_0\alpha^2 \tag{3-291}$$

由此得到 MCP 的最佳工作电压为

$$U = \sqrt{4e^2V_0\alpha^2 / K} \tag{3-292}$$

式(3-292)和式(3-288)均表明 MCP 的最佳工作电压与最佳长径比之间具有确定的关系，实际测试也证明了这一结论。通常取

$$U = 22\alpha \tag{3-293}$$

式中的工作电压以 V(伏)为单位。

③ MCP 的输入端开口面积比

入射到 MCP 的电子将有一部分损失在输入端面上，只有进入通道开口的电子才能获得增益。对于均匀入射的电子流则可用开口面积比来表征这一情况。这一比值有时称为 MCP 的探测效率。通常制成的 MCP，其开口面积比可达 60%。为了增大这一比值有时采用喇叭口形的通道，目前开口面积比可达到 80%以上。

④ 通道的二次电子倍增系数

为获得高增益必须尽量提高通道内壁的二次电子倍增系数。因此在制造 MCP 时要进行烧氢处理，以改善内壁的二次电子发射特性。有时在通道入口处的内壁上蒸镀氧化镁(MgO)层，也可改善通道输入端的二次电子倍增特性。

4．输出电流密度的饱和效应

MCP 的自饱和特性表现在输入电流密度增大到一定程度后输出电流不再随输入电流增加而增加。这一最大的输出电流密度称为 MCP 的饱和电流密度。MCP 的饱和效应可以自行恢复，并且只限于每个通道而不影响邻近通道。

MCP 的自饱和效应构成了第二代像增强器的主要优点，使像增强器具有防强光特性。因为强光产生的光电流受到 MCP 饱和电流的限制而不会输出过高的电流，从而保护了荧光屏不致灼伤损坏。

经实验测试 MCP 的工作特性如图 3-55 所示。图中给出了不同工作电压下输入电流与输出电流的关系曲线。曲线的平坦部分表明了 MCP 的饱和效应。

下面分两种情况讨论 MCP 的饱和效应，并给出定量的分析结果。

(1) 通道壁的电阻效应

对于连续工作的 MCP，持续发射的二次电子是由通道壁的传导电流提供的。MCP 施加工作电压 U 则在通道壁上产生传导电流 I_p，I_p 的大小取决于通道壁的电阻 R_i。

$$I_p = U / R_i \tag{3-294}$$

由于通道内壁要发射二次电子，所以又产生了局部的附加电流 $I_s(x)$，$I_s(x)$在通道壁内的局部电流方向恰好与 I_p 相反，并且 $I_s(x)$在通道全长上各处并不相等，它是通道轴向坐标 x 的函数。在通道的输入端 $I_s(x)$值最小，随倍增级数增加而变大，在输出端达到最大值。

MCP 在工作时，通道板内的电流将是上述两种电流的代数和。因此通道壁各处的实际传导电流变为 $I_c(x)$，有

$$I_c(x) = I_p - I_s(x) \tag{3-295}$$

取

$$\beta = I_s(x) / I_p \tag{3-296}$$

定义其为通道的输出电平比。

MCP 的输入电流增大到一定值时，会使输出端的二次电子电流 $I_s(x)=I_p$。这时 $\beta=1$，则在通道输出端的传导电流减小到零，从而使这段通道上的电压降变为零。由于这段通道内的场强为零，因此电子通过这段通道时得不到加速，就没有足够的能量产生二次电子。所以通道的输出电流不再随输入电流的增加而增大，形成了输出电流密度的饱和现象。由上述分析可知，饱和的输出电流密度

刚好等于 MCP 在工作电压下所形成的传导电流密度。通常此电流密度约为 $10^{-7}A/cm^2$，相当于 $6.25\times10^5/(\mu s\cdot cm^2)$ 个电子。

（2）通道壁的充电效应

当 MCP 处于脉冲工作状态时，在短瞬间可以输出大于通道电阻效应所限定的饱和电流密度。这是由于通道壁的电子发射在脉冲工作瞬间不完全需要由传导电流来补充损失的电子。但这一瞬间通道壁被充以正电荷，所以不能维持较长时间的电子发射。

脉冲工作的饱和电流密度取决于充电效应。其极限工作状态是通道输出端充电所形成的电场完全抵消了工作电场，使发射的二次电子得不到加速而不能再产生二次电子倍增，导致出现了脉冲工作的输出电流饱和现象。下面定量分析通道充电效应的输出饱和电流值。

设通道的输入电流为 I_0。取通道的轴向坐标为 x，其原点设在通道的入口端。令 $I(x)$表示通道内二次电子发射产生的空间电流。由于二次电子数量很大，并且分布很密，所以将 $I(x)$近似取为连续函数。同时用各项参数的平均值简化，则得到

$$I(x)=I_0\delta^{L/S} \tag{3-297}$$

式中，S 是二次电子沿通道轴向行程的平均距离；δ 是平均的二次电子发射系数。将式(3-297)做适当变换，得到

$$I(x)=I_0\exp\left[\frac{x}{d}\ln\delta\right] \tag{3-298}$$

取长度为 dx 的一段通道所发射的二次电子电流量为 d$I(x)$

$$\mathrm{d}I(x)=\frac{\ln\delta}{d}I_0\exp\left[\frac{x}{d}\ln\delta\right]\mathrm{d}x \tag{3-299}$$

令 MCP 的脉冲工作时间为 t。如果该时间远小于二次电子在 dx 距离上的渡越时间，则在通道的 dx 一段空间内所产生的空间电荷量为 dQ

$$\mathrm{d}Q=t\mathrm{d}I(x)=\frac{t\ln\delta}{d}I_0\exp\left[\frac{x}{d}\ln\delta\right]\mathrm{d}x \tag{3-300}$$

由于 MCP 的工作脉冲极短以及通道壁电阻很大，可略去在脉冲工作时间内由通道传导电流所补充的电荷。因此式(3-300)的 dQ 值也就是通道壁 dx 一段在脉冲工作时间内充电的电荷量。

由式(3-300)可以写出通道在脉冲工作时所形成的空间电荷密度 $\rho(x)$的表达式

$$\rho(x)=\frac{\mathrm{d}Q}{\pi r^2\mathrm{d}x}=-\frac{t\ln\delta}{\pi r^2 d}I_0\exp\left[\frac{x}{d}\ln\delta\right] \tag{3-301}$$

式中，r 是通道的半径。

根据电场的泊松方程，可写出通道的电位分布函数 $U(x)$的关系式

$$\frac{\mathrm{d}^2U(x)}{\mathrm{d}x^2}=\frac{t\ln\delta}{\pi\varepsilon_0 r^2 d}I_0\exp\left[\frac{x}{d}\ln\delta\right] \tag{3-302}$$

式中，ε_0 是真空介电常数。解这一方程，可得

$$\frac{\mathrm{d}U(x)}{\mathrm{d}x}=\frac{t}{\pi\varepsilon_0 r^2}I_0\exp\left[\frac{x}{\mathrm{d}}\ln\delta\right]+C \tag{3-303}$$

已知初始条件：当 t=0 时，$\frac{\mathrm{d}U(x)}{\mathrm{d}x}=-\frac{U}{L}$。这里 U 是 MCP 的工作电压；L 是通道的长度。将初始条件代入式(3-303)，可确定

$$C=U/L \tag{3-304}$$

所以

$$\frac{\mathrm{d}U(x)}{\mathrm{d}x}=\frac{t}{\pi\varepsilon_0 r^2}I_0\exp\left[\frac{x}{d}\ln\delta\right]+\frac{U}{L} \tag{3-305}$$

MCP 在短脉冲工作时，由充电效应产生饱和现象的临界条件是

$$x = L\text{时}，\ \mathrm{d}U(x)/\mathrm{d}x = 0 \tag{3-306}$$

将这一临界条件代入式(3-305)，则得到饱和状态下的关系式

$$\frac{t}{\pi\varepsilon_0 r^2} I_0 \exp\left[\frac{x}{d}\ln\delta\right] + \frac{U}{L} = 0 \tag{3-307}$$

将上式做适当变换，即可得到

$$tI_0 \exp\left[\frac{x}{d}\ln\delta\right] = -\pi\varepsilon_0 r^2 \frac{U}{L} \tag{3-308}$$

上式左边所表示的量是 MCP 输出的电荷量。由此可知，MCP 处于短脉冲工作状态时最大输出的电荷量为

$$Q_{\max} = -\pi\varepsilon_0 r^2 \frac{U}{L} = -\pi\varepsilon_0 r \frac{U}{2\alpha} \tag{3-309}$$

从式(3-309)可以看出，MCP 脉冲工作的饱和输出值取决于工作电压、通道半径和长径比。由于微通道板的最佳增益条件限定了工作电压与通道长径比的值，同时对 MCP 的空间分辨率的要求也限定了通道半径的大小，因此 MCP 饱和输出的单通道脉冲电荷量约为 1.5×10^{-14}C。

5. 离子反馈

MCP 是像管内部的元件，在真空状态下工作。但是由于真空工艺的限制及气体分子吸附作用，必然在像管内有残余的气体分子，这些气体分子在 MCP 的输出端会受到密集的二次电子碰撞而电离，所产生的正离子在电场的作用下会轰击像管的光阴极，从而产生电子发射，在荧光屏形成亮斑，即离子斑。它一方面破坏了 MCP 的线性工作特性，同时也降低了光阴极的寿命，因此，必须避免产生离子反馈。

消除或减少离子反馈的措施有：① 提高像管的真空度及设置吸气剂；② 采用倾斜通道或弯曲通道的 MCP，使正离子不能穿出通道；③ 在 MCP 的输入端蒸镀一层 $A1_2O_3$ 薄膜，膜厚约 3nm，覆盖住全部通道的入口，该膜层可以阻止正离子穿过，但对质量很小速度较高的电子并不能阻挡，当电子的加速电压大于一定值时，可穿透膜层，这一电压值与膜厚成正比，对于 3nm 厚的 $A1_2O_3$ 膜临界电压值约为 120V；④ 在像管的阳极区设置离子收集电极，这一电极置于 MCP 输入端的外缘，其电位低于 MCP 输入电极的电位，则可以收集正离子。

6. MCP 的噪声

MCP 在无信号输入时，由工作电压产生的场强会使通道内壁产生微弱的场致发射，再经倍增而产生输出电流，这一输出通常称为背景噪声。通常将该输出电流折合为输入电流密度值，定义为背景噪声的等效电子输入。它取决于通道内壁的材料性质及表面状态，同时也与工作电压有关。它随工作电压的升高而增大，呈线性关系。经实测得知，MCP 在典型工作状态下其背景噪声的等效电子输入为 10^{-18}～10^{-17}A/cm^2。这一数值比光阴极的暗发射电流密度约小两个数量级。因此在像管的背景噪声中，可以忽略 MCP 的背景噪声。但对单电子计数的 MCP，背景噪声则成为限制探测灵敏阈的主要因素。

MCP 的输入信号是入射的电子流密度，输出信号是出射的电子流密度。在正常工作状态下，要求输入信号与输出信号之间有确定的增益关系。但是，由于实际上存在下述因素而偏离了确定的增益值，从而产生了 MCP 的噪声。

① MCP 的输入端面上通道开口面积只占总面积的一部分。当入射电子落在非开口面积上将不能进入通道，从而损失部分入射电子。通常将输入端面的开口面积比定义为 MCP 的探测效率。

② 入射电子的运动方向与通道曲线一致时，则直接贯穿通道而不倍增。

③ 通道内二次电子倍增过程具有随机性。这是由于每个二次电子的出射角和初能量不同，因

而在通道内的轨迹及落点都不同，每个电子将以不同的入射角和能量与通道壁碰撞，从而产生二次电子的数目也不相等。并且二次电子的逸出几率也与多种因素有关，所以通道内累计的二次电子倍增值是变化的，由此产生的增益变化构成二次倍增的量子噪声。经实测证明，单电子入射的输出脉冲是随机变量，其结果如图 3-56 所示。图中的横坐标是输出脉冲的振幅，纵坐标是对应的输出脉冲数目。图 3-57 表明了 MCP 的输出脉冲幅度分布，为负指数型分布。当出现离子反馈现象时，这一分布变为有峰的分布。MCP 输出脉冲幅度的分布就表示出增益的变化情况。

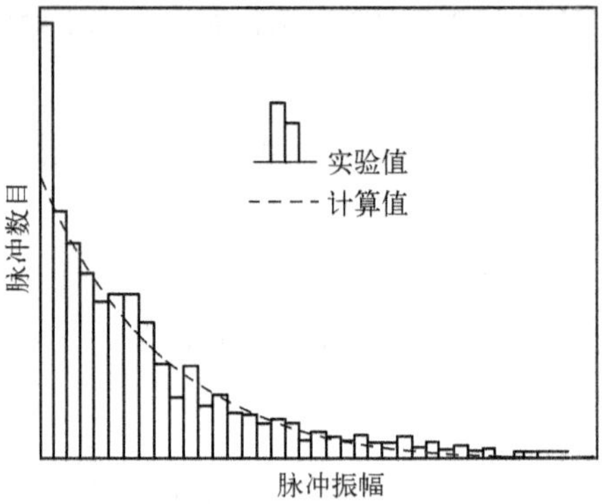

图 3-57　微通道板的输出脉冲高度分布

上述三项因素将使 MCP 的增益产生起伏变化，这一起伏变化构成了噪声。

7．噪声因子

为了便于分析器件的总噪声，对由线性元件组成的器件，需要确定各线性元件的噪声因子。噪声因子被定义为元件的输入信噪比$(S/N)_i$的平方与输出信噪比$(S/N)_0$平方之比值

$$F=\frac{(S/N)_i^2}{(S/N)_o^2} \tag{3-310}$$

由这一定义可知，器件的总噪声因子等于各串联元件噪声因子的乘积。这样便于分析各元件对器件总噪声的影响。

下面推导 MCP 噪声因子的表达式。

（1）MCP 的输入信噪比

MCP 的输入量来自光阴极发射的光电子流。当每秒入射到 MCP 的平均电子流密度为 n 时，在像元面积 A 上有效积分时间 τ 内所输入的信号功率可表示为

$$S_i=\bar{n}\tau A \tag{3-311}$$

由于光阴极发射的光电子数具有泊松分布的几率，根据泊松分布的数字特征可知 MCP 的输入噪声功率为

$$N_i=\sqrt{\bar{n}\tau A} \tag{3-312}$$

利用式(3-311)和式(3-312)可得到 MCP 的输入信噪比

$$\left(\frac{S}{N}\right)_i=\frac{\bar{n}\tau A}{\sqrt{\bar{n}\tau A}}=\sqrt{\bar{n}\tau A} \tag{3-313}$$

（2）MCP 的输出信噪比

MCP 的输出量是经过通道内连续二次倍增后的电子流。在像元面积 A 上有效积分时间 τ 内所得到的输出信号功率为

$$S_o=\bar{n}\tau A\eta P_0 G \tag{3-314}$$

进而可以写出叠加在这一输出信号上的输出噪声功率

$$N_o=\sqrt{\bar{n}\tau A\eta P_0\left[1+\left(\frac{1+b\delta}{\delta}\right)\left(1+\frac{\delta P}{\delta P-1}\right)\right]G} \tag{3-315}$$

则 MCP 的输出信噪比为

$$\left(\frac{S}{N}\right)_o=\frac{\bar{n}\tau A\eta P_0 G}{\sqrt{\bar{n}\tau A\eta P_0\left[1+\left(\frac{1+b\delta}{\delta}\right)\left(1+\frac{\delta P}{\delta P-1}\right)\right]G}}$$

$$= \frac{\sqrt{n\tau}A\eta P_0 G}{\sqrt{\left[1+\left(\frac{1+b\delta}{\delta}\right)\left(1+\frac{\delta P}{\delta P-1}\right)\right]}} \tag{3-316}$$

（3）MCP 的噪声因子

根据噪声因子的定义，将式(3-313)和式(3-316)代入式(3-310)中，得到 MCP 噪声因子关系为

$$F = \frac{1}{\eta P_0}\left[1+\left(\frac{1+b\delta}{\delta}\right)\left(1+\frac{\delta P}{\delta P-1}\right)\right] \tag{3-317}$$

该式是玻尔雅分布律描述的噪声因子公式。将 b=0 和 b=1 代入式(3-317)中，则得到泊松分布律和弗瑞分布律的噪声因子公式，即

$$F = \frac{1}{\eta P_0}\left[1+\frac{1}{\delta}+\frac{p}{\delta P-1}\right] \tag{3-318}$$

和

$$F = \frac{1}{\eta P_0}\left[2+\frac{1}{\delta}+\frac{P(1+\delta)}{\delta P-1}\right] \tag{3-319}$$

由噪声因子公式可知，通过增大 MCP 的探测效率 η、二次电子倍增系数 δ 以及首次电子碰撞几率 P_0 都可以降低噪声因子，使 MCP 的性能得到改善。因此，目前出现了输入端呈喇叭口形的 MCP。在通道输入端内壁蒸镀 MgO 提高 MCP 入口端的二次电子倍增系数对降低噪声有更大的效果。

8．MCP 的生产制造

MCP 的生产制造过程比较复杂，需要经过多道工序才能将相关的玻璃材料拉制成 5～10μm 直径的微通道。具体工艺包括：

皮料玻璃熔炼→一次化料→二次化料→机械拉管→退火→刻槽→清洗

芯料玻璃熔炼→制棒→退火→研磨、抛光→刻槽→清洗

实体边玻璃熔炼→制棒→退火→研磨、抛光→刻槽→清洗

拉单丝→排复丝棒→拉复丝→选复丝→排板（排屏）→压板→切片→滚圆→倒边磨、抛→清洗→检验→清洗→腐蚀→清洗→烘干→氢还原→镀电极→检验→测试→包装→与制管工艺兼容性试验。

MCP 的生产制造相关流程如图 3-58 所示。

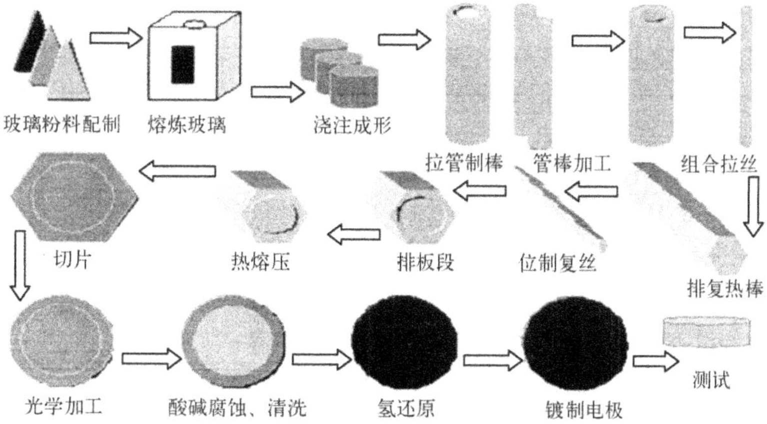

图 3-58　MCP 的生产制造流程

3.8　像管的小型化直流高压电源

变像管和像增强器需要在几千到几万伏的工作电压下才能完成图像增强的任务，且由于直视型成像系统通常为便携式仪器，因此，像管出厂时基本上都配置了小型化的直流高压电源。像管通常

要求高压电源具备以下特点：

① 提供稳定的直流高压，使像管工作时保持合适的输出亮度；

② 性能稳定，在高低温环境下保证仪器正常工作；

③ 实现自动亮度控制(Auto-Brightness control，ABC)功能；

④ 对于选通系统，应提供选通周期、脉宽以及延时可调的选通电压；

⑤ 对自动快门(Auto-Gating)，能够根据像管电流自动调整工作电压的占空比；

⑥ 防潮、防震、体积小、重量轻、耗电少。

由于像管工作电流很小，电源工作电流只有 100～200mA，因此，电源的整体功耗很低，采用 2 节干电池也能维持很长的工作时间。此外，这种直流高压技术也可用于其他产品，例如高压电棍和高压手套等。

3.8.1　直流高压电源工作原理

像管多采用晶体管直流变换器式高压电源(见图 3-59)，各部分作用如下：

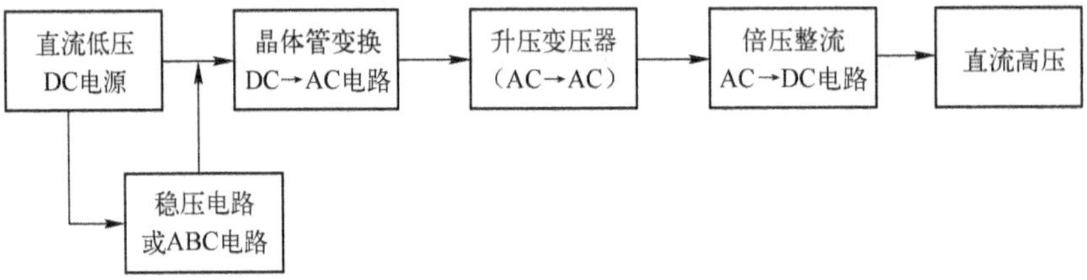

图 3-59　直流高压电源方框图

① 直流低压电源：通常为几伏到二十几伏，由干电池或蓄电池提供，为高压电源提供能量；

② 晶体管变换器：主要由晶体三极管、升压变压器的初级绕组和反馈绕组构成，其作用是将直流低压变为高频交流低压；

③ 升压变压器：将低压交流电压升为高压交流电压，输出可达数千至上万伏；

④ 倍压整流电路：由高压整流二极管(或高压硅堆)、高压电容和高压变压器次级绕组构成，把变压器次级绕组上的交流高压整流并倍压到所需直流高压；

⑤ 稳压电路：保证晶体管变换电路有稳定的输入电压，以使电源的高压输出稳定。

下面主要介绍其中的几种特殊的电源模块功能及原理。

3.8.2　倍压整流电路

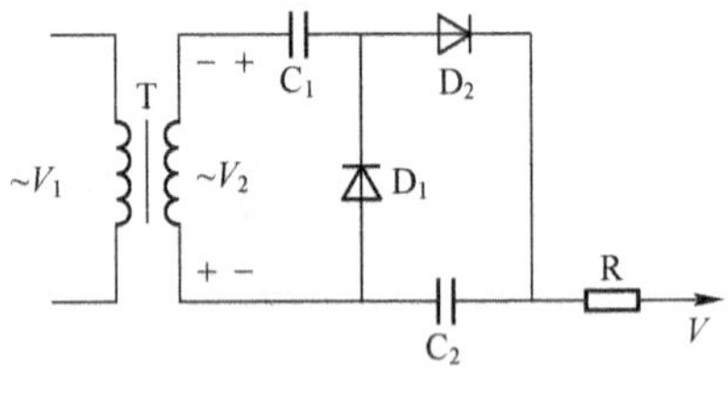

图 3-60　二倍压电路

倍压整流电路把变压器次级绕组上的交流高压整流并倍压到所需直流高压。图 3-60 给出一个二倍压电路的原理图。变压器 T 的次级绕组输出峰值电压为 V_2 的交流电压，则

① 正半周：假设 T 的输出端上负、下正，则 D_2 因反向偏置截止，D_1 回路导通，对 C_1 充电，在正半周结束前，C_1 两端电压为 V_2；

② 负半周：T 的输出端上正、下负，则 D_1 因反向偏置截止，D_2 回路导通，对 C_2 充电，在负半周结束前，C_2 两端电压为 $2V_2$，送至输出端口为 $2V_2$ 的直流。

如果需要更高的直流电压输出，可以进一步采用多级倍压电路。

3.8.3　自动亮度控制电路

自动亮度控制(ABC)电路的作用是通过控制像增强器外加电压的办法来控制它的增益，以达到控制荧光屏输出图像亮度的目的。

当入射到像增强器光阴极面上的照度为 E_c(lx)时，荧光屏输出亮度为 L_s(cd/m^2)，由亮度增益的定义可知

$$L_s = GE_c = \alpha S_m \rho V G' R_0 R_s \frac{E_c}{\pi \beta^2} \tag{3-320}$$

式中，α 为光谱匹配系数；S_m 为光阴极的峰值灵敏度；ρ 为电子光学系统有效电子聚焦系数；V 为电子到达荧光屏时获得的加速电位；G 为微通道板的平均电流增益；R_0 为光纤面板的传光效率；R_s 为荧光屏的转换系数，在线性工作区为发光效率；β 为电子光学系统的横向放大率。

为保持荧光屏输出亮度不变，应在输入照度 E_c 增加时降低屏上所加电压 V。图 3-61 给出一种美制像增强器的输出屏亮度随光阴极面上入射照度变化的曲线，图中曲线 1 是不加任何控制电路的情况；曲线 2 是在像增强器电源的高压回路中串高阻值电阻的情况；曲线 3 为电源中有 ABC 电路的情况。曲线比较可看到：ABC 电路能使像管在较大的入射光度范围内输出合适的亮度，从而扩大了微光成像系统的适用光度范围。

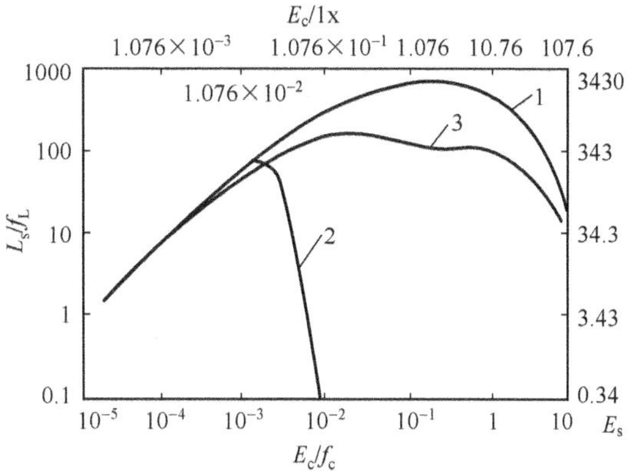

图 3-61　屏亮度随光阴极照度的变化曲线

在实际 ABC 电路应用中，要求入射照度变化小时，ABC 作用小，当入射照度变大时，像管亮度增益下降速度也大，即要求亮度非线性控制。通常用三极管做控制元件。

图 3-62 为级联像增强器高压电源，其中包括典型的 ABC 电路。ABC 电路实际是一个带负反馈的直流低压电源，输出的直流电压 E_1 到直流变换电路，变为交流电压后再经升压变压器及倍压整流滤波电路后供给像增强器。图中 R_1、R_2 和稳压二级管 D_1 构成比较电压回路；R_W 为取样电阻；C_1 为高频旁路电容；C_2、C_3 为低频旁路电容。当比较回路电流大于 V_1 的基极电流 I_{b1} 时，分压电阻 R_1 和 D_1 上的电压为标准电压。当光阴极入射照度 E_c 上升时，供给像增强器的电流上升，ABC 电路的输出电压 E_1 下降，最终导致供给像增强器的直流高压下降而降低了像管的增益，起到维持荧光屏亮度基本不变的作用。

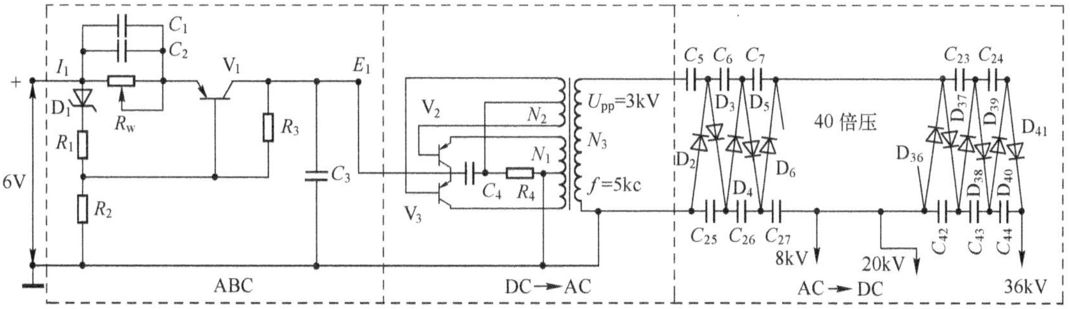

图 3-62　级联像增强器高压电源及 ABC 电路

ABC 电路的控制区域和控制灵敏度取决于取样电阻。取样电阻越大，控制越灵敏，控制区域也向强光方向移动。随着微光技术的发展，对高压电源要求也相应提高，例如光增益稳定电路、温度稳定控制电路及反极性保护电路等。为使高压电源体积小、性能可靠，电路采用小型电子元件且用环氧树脂灌封成固态瓦状包在像管上。

3.8.4　直流选通高压电源

直流选通高压电源主要用于选通型静电像管。选通管与普通像管的主要区别在于其中某一电极（对于倒像管为选通电极或聚焦电极，对近贴管由于一般 MCP 输入端电极接地，因此选通电极为光

阴极）作为选通电极。当电极被施加正常电压时，像管正常工作，但当电极被施加相对于光阴极更低的电压时，由于静电场为保守场，从阴极发射出的电子被阻滞，难以加速（及电子倍增）到达荧光屏，像管被截止。

图 3-63 给出某种近贴像增强器用 100ns 选通型高压电源，MCP 输入端接地，MCP 输出端电压为 1000V，阴极电极为选通电极。正常工作时，阴极电压 $V_c = -200V$， 选通工作时，$V_c = +50V$，选通工作由标准 TTL 门控信号控制。

选通门控信号的主要参数是脉冲周期 T、选通脉宽 τ 和选通延时 Δt（见图 3-64）。其中 T 与脉冲光源相匹配，Δt 根据成像距离可调，τ 的宽窄决定了选通成像的景深和成像的层次（后向散射的大小），但 τ 受电路响应时间以及像管结构的限制，不能过小。目前实用的水下探测用选通成像系统的脉宽最小约为 2～10ns。

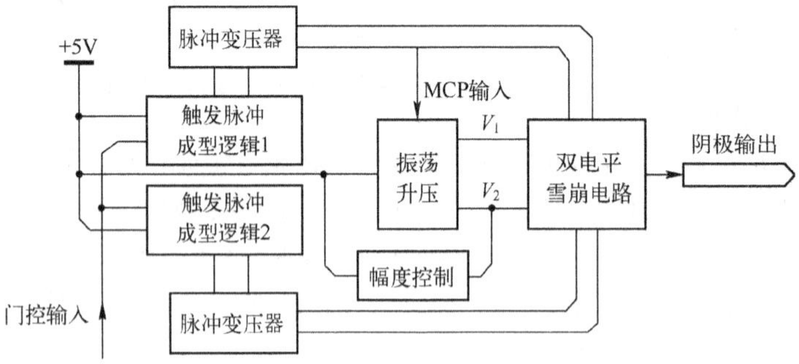

图 3-63　某种 100ns 选通高压电源电源

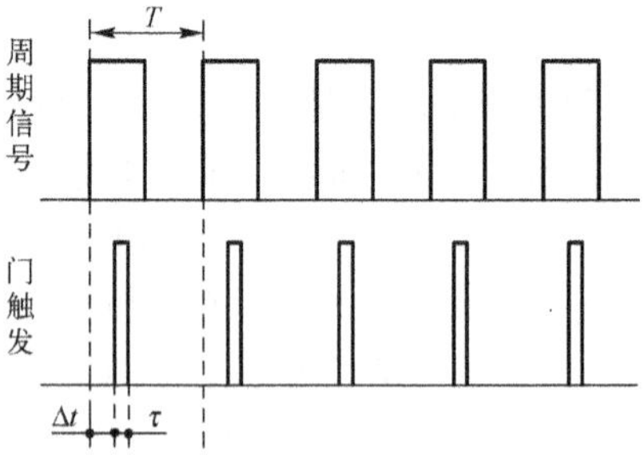

图 3-64　选通门控触发信号及其控制参数

3.8.5　自动快门电路

自动快门（Auto-gating）电路是为像管防强光而设计的。ABC 电路虽然通过降低系统增益，可部分拓展系统的光强适应范围，特别是对观察场景中突然出现的强光具有很好的防护作用。但如果观察场景中一直存在强光源，例如观察开着大灯的汽车，则像管荧光屏会出现局部饱和，影响像管寿命，甚至造成像管不可逆的损坏。

传统的防护方法有分压法和散焦法，但对观察有不利的影响。目前，为了使直视型微光夜视仪更适合实际可能的使用环境（如战场、城市），发展了自动快门技术。自动快门实际利用了荧光屏的余辉特性和人眼的时间暂留特性，自动快门电路根据像管光电流大小对像管实施自动间断供电。

目前采用自动快门技术已使直视微光夜视仪的动态范围拓展到 10^{-6}～10^{5}lx，即在白天具有阳光的自然环境下也可工作。

习题和思考题

1．像管的成像包括哪些物理过程？其相应的理论或实验依据是什么？

2．像管是怎样分代的？各代的技术改进特点是什么？

3．X 射线变像管和 γ 射线变像管与普通像管有哪些区别？

4．评价像管性能有哪些主要参数？各参数反映了像管的什么能力？

5．公认的光电发射理论模型是什么？各过程的特点是什么？

6．为什么说 P 型半导体 N 型表面态结构的光阴极更有利于光电发射？

7．若光电子逸出表面的几率是 P_s，试导出反射式和透射式光阴极量子效率表达式，并讨论分析各种因素的影响。

8．典型的实用光阴极有哪几种？其各自的光电发射特性和机理如何？

9. Ag-O-Cs 光阴极的固溶胶理论解决了什么问题？

10. 负电子亲和势光阴极的特点是什么？其较正电子亲和势光阴极有哪些优点？

11. 光电发射为什么会存在极限电流密度？试分析并导出连续工作条件下和脉冲工作条件下的极限电流密度表达式。

12. 怎样减小光阴极中心区电位的变化？为什么要减小这种电位的变化？

13. 若光阴极是圆形的，试导出光阴极电阻与方块电阻的关系。

14. 电子光学系统在真空成像器件中有哪些应用形式？试举几例。

15. 写出下列表达式并说明各量的物理意义：

（1）静电场的泊松方程；（2）静磁场的磁矢位的泊松方程；（3）电子在电磁场中的运动方程；（4）轴对称电磁场的谢尔赤级数；（5）电子光学系统折射率；（6）柱坐标系下的高斯轨迹方程；（7）电子透镜的拉-亥关系不变式。

16. 电子的运动方程和轨迹方程的区别与联系是什么？试导出直角坐标系下电子在静电场中的轨迹方程。

17. 试从静电场的高斯轨迹方程出发讨论其理想成像性质。

18. 什么样的透镜叫短透镜？导出短透镜的焦距公式并分析其成像性质。

19. 静电透镜最本质的特征是什么？静电透镜是怎样分类的？各有怎样的成像性质。

20. 什么叫荧光？什么叫磷光？

21. 荧光屏表面蒸镀铝膜的作用是什么？

22. 受激辐射可见光的条件是什么？

23. 荧光屏有哪二种发光理论？各针对什么发光类型？

24. 试分析和讨论复合发光与分立发光的衰减规律。

25. 荧光屏的转换效率与哪些因素有关？为什么说图像分辨率和发光效率对荧光粉颗粒度的要求是相互矛盾的？

26. 光纤面板(OFP)的传像原理是什么？像管应用光纤面板有什么优点？

27. 什么是 OFP 的三环效应?其对传像有什么影响？试导出三环所对应的出射角 α_0 与入射角 α_i 及孔径角的关系。

28. 试写出二次电子发射普适表达式，结合二次电子发射特性的实验曲线解释公式及其中各参量的物理意义。

29. 设 MCP 通道长为 L，两边电位差为 U，通道直径为 d，通道的二次电子垂直于表面出射，且均有相同的逸出初能量 U_0 及相同的运动轨迹 S。试根据上述模型条件导出简化的 MCP 电流增益表达式。

30. 什么是 MCP 的自饱和效应？二代像增强器利用该效应解决了什么问题？

31. 试分析使 MCP 产生自饱和效应的原因？

32. 为什么 MCP 大多采用斜通道或弯曲通道的形式？

33. MCP 的噪声来源有哪些？分析降低噪声因子可采用哪些途径实现？

34. 为什么要对像增强器进行强光保护？如何实现？

35. 像管直流高压电源的特点是什么？其主要包含哪几部分？

36. 试以二倍压电路为例，说明倍压电路的工作原理。

37. 试述像管使用自动亮度增益(ABC)电路的目的及其工作原理。

第 4 章　电子驱动自扫描成像技术(1)

固体成像器件通常是指利用内光电效应工作在非真空工作环境下的器件，因其具有电真空成像器件无法比拟的优点而成为当今的主流成像器件。这类固体成像器件体积小、重量轻、灵敏度高、寿命长、低功耗、动态范围大，因而受到人们的重视，并在许多领域获得了广泛的应用。

4.1　固体成像器件的发展

1. 半导体技术与固体成像器件

第 2 章已经介绍，电真空摄像器件存在体积大、重量大、机械强度差、功耗高、动态范围小等不足。因此，基于电真空摄像器件的光电成像系统不易携带和在外场使用，大大影响了光电成像技术的推广和光电成像系统的普及。

随着半导体材料与器件制备技术的进展，人们开始考虑应用半导体器件取代摄像管，不再采用空间二维扫描，而是重点解决图像信号的平面读出问题，即将摄像管的二维空间扫描转变为电子驱动的一维平面时间顺序高速读出。在 20 世纪 60 年代前后，陆续出现了电荷注入器件(CID)、电荷耦合光电二极管器件(CCPD)、电荷引动器件(CPD)、电荷扫描器件(CSD)、互补金属-氧化物-半导体(CMOS)、自扫描光电二极管列阵(SSPD)等电荷转移器件或电荷传输器件。

电荷耦合器件(Charge-Coupled Devices，CCD)是那个时代产生的最具代表性、最成功的固体成像器件之一。CCD 是 1970 年由美国贝尔实验室首先研制出来的新型固体器件。它是受磁泡存储器的启发，作为 MOS 技术的延伸而产生的一种半导体器件。

作为多功能器件，CCD 主要有三大应用领域：摄像、信号处理和存储。特别是在摄像领域，如在闭路电视、家庭用摄像机方面，CCD 摄像机已呈现出了“一统天下”的趋势，在广播级电视摄像机中，CCD 摄像机也几乎完全取代了真空器件摄像机。在工业、军事和科学研究等领域中的应用，如方位测量、遥感遥测、图像制导，图像识别、数字化检测等方面，CCD 更是呈现出其高分辨率、高准确度、高可靠性等突出优点。鉴于 CCD 器件对信息化社会进步的巨大贡献，其发明人美国贝尔实验室(Bell Labs)的维拉 • 波义耳(Willard S.Boyle)和乔治 • 史密斯(George E.Smith)于 2009 年与光纤的发明者高锟一起获得了诺贝尔物理学奖。

近年来，随着半导体器件制备技术的快速发展，互补金属-氧化物-半导(Complementary Metal Oxide Semiconductor，CMOS)也成功地用于光电成像领域，且大有与 CCD 平分天下之势。本教材主要介绍 Si-CCD、CMOS 器件的工作原理及其技术进展情况。

2. 固体成像器件的图像信号读出

尽管人们研究了如此多的器件，但根本上都是在想办法代替电子枪扫描实现光电转换电荷的高速读出。归结考虑，迄今为止的固体成像器件采用的主要是电子驱动电荷耦合顺序读出方式(如 CCD、CCPD、CSD)和水平移位寄存器配合垂直移位寄存器的 X-Y 寻址读出(如 CMOS、CID、SSPD)方式，其他的区别主要体现在光敏元结构与排列方面。

目前，除了硅基材料的固体成像器件外，其他材料的固体成像器件主要是将 CCD 或者 CMOS 作为其读出电路使用，采用倒装互连的方式形成响应不同波段辐射信息的固体成像焦平面阵列。相关内容将在本书后继章节中介绍。

4.2 MOS 电容器的电荷存储、耦合与转移

CCD 是基于 MOS(金属-氧化物-半导体)电容器在非稳态下工作的一种器件。普通的双极和单极型半导体器件的工作原理是以在热平衡状态下工作为基础的，而 CCD 则是用处于非热平衡状态的势阱来进行电荷存储和转移的。

因此，首先要了解 MOS 电容器的稳态和非稳态工作及其与 CCD 的关系。

4.2.1 稳态下的 MOS 电容器

理想 MOS 电容器结构如图 4-1 所示。在硅片上生长一层 SiO_2 层，厚度为 d_{0x}，再蒸镀上一层金属铝作为栅电极。硅下端形成欧姆接触电极，便构成一个 MOS 二极管或 MOS 电容器。V_g 为加在栅电极上的偏压，当栅电极对地为正时，则 V_g 为正；反之，V_g 为负。半导体作为底电极，称为“衬底”。衬底分为 P 型硅衬底和 N 型硅衬底，它对应不同的沟道形式。由于电子迁移率高，所以，大多数 CCD 选用 P 型硅衬底。下面以 P 型硅衬底 MOS 电容器为参照进行说明。

MOS 电容器的状态是随栅极电压 V_g 的变化而不同的。在 V_g 为零时，Si 表面没有电场的作用，其载流子浓度与体内一样，Si 本身呈电中性，电子能量从体内到表面都相等，所以能带是平坦的，不存在表面空间电荷区。这种状态称为“平带状态”，如图 4-2(a)所示。

当在栅极加上电压，即 V_g 不为零时，Si 表面的电荷和电势分布可通过求解下面的泊松方程式得到：

$$\left.\begin{aligned} &\frac{d^2V}{dx^2}=0 \qquad (SiO_2\text{中}) \\ &\frac{d^2V}{dx^2}=-\frac{\rho}{\varepsilon_0\varepsilon_s} \qquad (P\text{型衬底中}) \end{aligned}\right\} \tag{4-1}$$

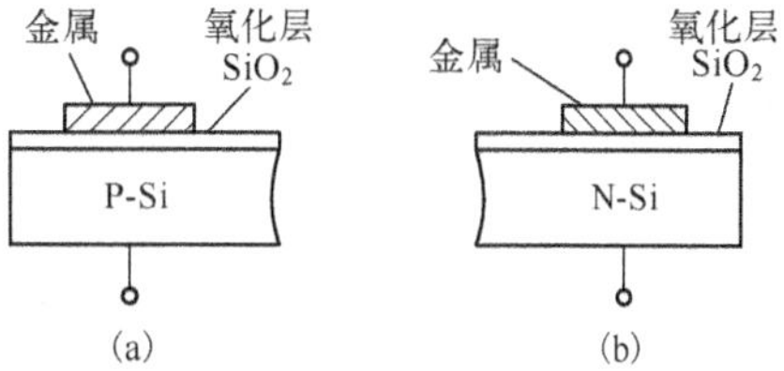

图 4-1 MOS 电容器结构

式中，ρ 为电荷密度；ε_s 为硅的介电常数。下面分三种情况讨论：

（1）$V_g<0$ 的多数载流子积累状态

当在金属栅极上加上直流负偏压，即 $V_g<0$ 时，电场使 Si 内部的可移动空穴集中到 Si-SiO_2 界面，在 Si 表面形成多数载流子积累层。这种状态称为“积累状态”。当达到热平衡时，V_g 的一部分降落在 SiO_2 层内，其余部分将作用于半导体表面而引起表面势 V_s。由于 $V_s<0$，则 $-eV_s>0$，表面处能带向上弯曲，如图 4-2(b)所示。从而导致表面附近的价带中比体内有更多的空穴，使表面呈现强 P 型。为了保持 MOS 系统的电中性条件，金属栅极上的负电荷与半导体积累层中的正电荷正好相互补偿。但金属的费米能级与半导体的费米能极并不相等，即 $E_{Fm}\neq E_{Fs}$，其差值正好是 V_g 与电子电荷的乘积。若此时在 V_g 上叠加交流小信号，则积累在界面处的空穴数将随交流信号的变化而变化。交流响应的时间为 $\tau=\rho_0\varepsilon_0\varepsilon_s$，这里 ρ_0 是电阻率。硅的响应时间 $\tau\approx 4^{-12}$s，所以，积累状态下可将半导体衬底同金属板一样对待。则每单位栅面积下的 MOS 电容为

$$C=C_{0x}=\varepsilon_{0x}\varepsilon_0/d_{0x} \tag{4-2}$$

式中，ε_0 为 SiO_2 的介电常数。

（2）$V_g>0$ 的多数载流子耗尽状态

当在栅电极上加上 $V_g>0$ 的小电压时，P 型衬底中的空穴从界面处被排斥到衬底的另一侧，在 Si 表面处留下一层离化的受主离子，这种状态称为多数载流子“耗尽状态”。这相当于 MOS 电容器充负电。可将空间电荷区中的负电荷密度写为

$$\rho(x)=e\left[N_D+P(x)-N_A-n(x)\right] \tag{4-3}$$

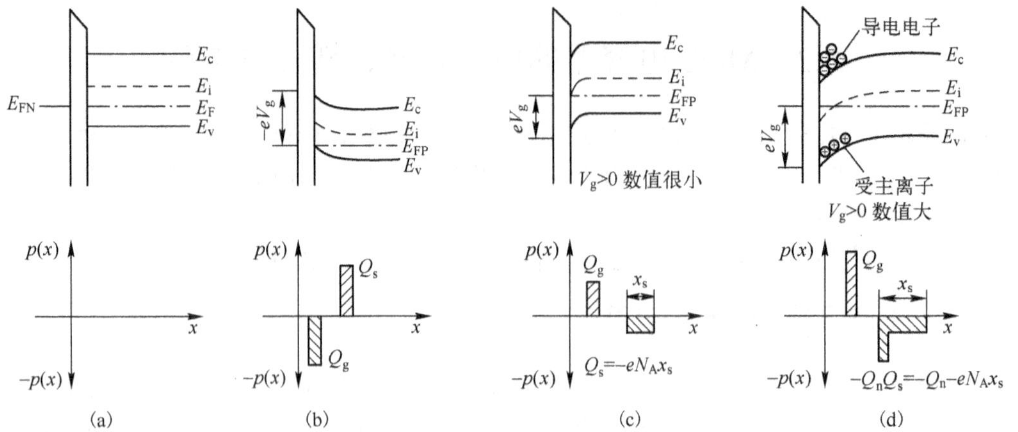

图 4-2 理想 MOS 系统在外加偏压下的能带变化

但由于是 P 型衬底，故 $N_D \approx 0$；在耗尽时，空间电荷区中 $P(x) \ll N_A$；在 $V_s < 2\Phi_F$（Φ_F 为体内费米势）时，空间电荷区中的电子浓度 $n(x) \ll N_A$。所以，在耗尽近似下，式(4-3)可简化为

$$\rho(x) = -eN_A \tag{4-4}$$

该充电区域（空间电荷区）称为耗尽层。此时表面势 $V_s>0$，则$-eV_s<0$，表面处能带向下弯曲，如图 4-2(c)所示。由于能带弯曲，越接近表面，费米能级 E_{Fs} 与价带顶 E_+的间隔越大．构成空穴势垒，表面处空穴浓度比体内小，至于完全没有空穴，即多子从表面耗尽。耗尽层中的电势分布可通过求解泊松方程得出，即

$$\frac{d^2V}{dx^2} = -\frac{\rho}{\varepsilon_s\varepsilon_0} = \frac{eN_A}{\varepsilon_s\varepsilon_0} \tag{4-5}$$

用 $x=x_d$ 处 $V=0$，即体内电势为零及 $dV/dx=0$ 的边界条件求解上式，得

$$V = \frac{eN_A}{2\varepsilon_s\varepsilon_0}(x-x_d)^2 \quad (0 \leqslant x \leqslant x_d) \tag{4-6}$$

式中，x_d 为耗尽层厚度，坐标原点取在 Si-SiO_2 界面上。

当 $x=0$ 时，由式(4-6)可得表面势如下

$$V_s = \frac{eN_A x_d^2}{2\varepsilon_s\varepsilon_0} \tag{4-7}$$

由此可求得耗尽层厚度为

$$x_d = \left(\frac{2\varepsilon_s\varepsilon_0 V_s}{eN_A}\right)^{1/2} \tag{4-8}$$

空间电荷区内单位面积的电荷量为

$$Q_s = eN_A x_d = (2\varepsilon_s\varepsilon_0 eN_A V_S)^{1/2} \tag{4-9}$$

界面处的电场为

$$E_s = -\left.\frac{dV}{dx}\right|_{x=0} = \frac{eN_A}{\varepsilon_s\varepsilon_0}x_d \tag{4-10}$$

所以

$$\left.\frac{dV}{dx}\right|_{SiO_2} = \frac{\varepsilon_s}{\varepsilon_{0x}}\left.\frac{dV}{dx}\right|_{x=0} = -\frac{eN_A}{\varepsilon_{0x}\varepsilon_0}x_d \tag{4-11}$$

栅电压 V_g 为 SiO_2 中的电压降和表面势之和，因而有

$$V_g = \frac{eN_A}{\varepsilon_{0x}\varepsilon_0}x_d d_{0x} + \frac{eN_A}{2\varepsilon_s\varepsilon_0}x_d^2 \tag{4-12}$$

当栅电压有微小变化 ΔV_g 时，有

$$\Delta V_g = \frac{d_{0x}}{\varepsilon_{0x}\varepsilon_0} eN_A \Delta x_d + \frac{eN_A}{\varepsilon_s \varepsilon_0} x_d \Delta x_d \tag{4-13}$$

栅电极中的电荷量与硅中的电荷量大小相等，符号相反。若 ΔV_g 引起电极上电荷量的变化为 ΔQ，则

$$\Delta Q = eN_A \Delta x_d \tag{4-14}$$

因而

$$\frac{\Delta V_g}{\Delta Q} = \frac{d_{0x}}{\varepsilon_{0x}\varepsilon_0} + \frac{x_d}{\varepsilon_s \varepsilon_0} \tag{4-15}$$

写成电容形式，即有

$$C_g = \frac{dQ}{dV_g} = \left(\frac{1}{C_{0x}} + \frac{1}{C_d}\right)^{-1} \tag{4-16}$$

式中，$C_d=\varepsilon_0\varepsilon_S/x_d$，为耗尽层电容。从上述各式可得到栅电容与栅极偏压 V_g 的函数关系如下

$$C_g = \frac{C_{0x}}{\left[1+\frac{2\varepsilon_{0x}^2\varepsilon_0}{eN_A \varepsilon_s d_{0x}^2} V_g\right]^{1/2}} \tag{4-17}$$

表面势的概念对理解电荷耦合器件工作原理是很重要的，由式(4-7)可知，在一定的掺杂浓度下，V_s 与 V_g 有关，因为 x_d 与 V_g 有关。

（3）$V_g>V_{th}>0$ 的反型状态

在上述基础上正电压 V_g 进一步增加，如图 4-2(d)所示，表面处能带相对于体内进一步向下弯曲，当 V_g 超过某一阈值时，将使得表面处禁带中央能级 E_i 降到 E_{Fs} 以下，导带底 E_- 离费米能级 E_{Fs} 更近一些。这表明表面处电子浓度超过空穴浓度，已由 P 型变为 N 型。这种情况称之为“反型状态”。而从图中还可看出，反型层到半导体内部之间还夹有一层耗尽层。

反型状态可分为弱反型和强反型两种情况。当 V_s 增加到正好等于体内费米势 φ_F 时，即

$$V_s = \phi_F \tag{4-18}$$

在表面 E_F 达到 E_i，表明表面处电子浓度开始超过空穴浓度。这种情况称为“弱反型”。

所谓强反型状态定义为表面处反型载流子电子浓度 n_s，已达到体内多数载流子 p_0 的浓度，即 $n_s \geqslant p_0$。表面处电子浓度可写为

$$n_s = n_0 e^{\frac{eV_s}{kT}} = \frac{n_i^2}{p_0} e^{\frac{eV_s}{kT}} \tag{4-19}$$

式中，n_0 和 p_0 分别为 P 型半导体内热平衡时的电子浓度和空穴浓度。按强反型定义，当发生强反型时，应有 $n_s=p_0$。根据式(4-19)及有关的关系式和 $n_s=p_0$ 的条件，可知同时应有如下两式成立

$$p_0 = n_i e^{\frac{eV_s}{kT}} \tag{4-20}$$

$$p_0 = n_i e^{\frac{e\phi_F}{kT}} \tag{4-21}$$

式中，$\phi_F=E_i-E_F$ 为体内费米势。所以发生强反型时半导体表面势应满足的条件为

$$V_s = 2\phi_F \tag{4-22}$$

如果忽略导带与价带的有效质量差，则由

$$N_A \approx p_0 = n_i e^{\frac{e\phi_F}{kT}} \tag{4-23}$$

得到

$$\phi_F = \frac{kT}{e} \ln \frac{N_A}{n_i} \tag{4-24}$$

根据式(4-22)及上式，通常将发生强反型的条件写成

$$V_s \geqslant \frac{2kT}{e}\ln\frac{N_A}{n_i} \tag{4-25}$$

从上式中可以看出，半导体衬底掺杂浓度 N_A 越高，半导体表面越不易反型。

在强反型状态下，表面处电子浓度随 V_s 增加呈指数地增长，而 V_s 随耗尽层宽度 x_d 呈二次函数增加。因此，一旦出现反型层，即使提高栅电压，使栅极的正电荷进一步增加，但由于反型层中的电子也增加而维持平衡，结果耗尽层宽度几乎不变，即达到耗尽层宽度最大值。由式(4-8)和式(4-22)可得

$$x_{dmax} = \left(\frac{4\varepsilon_s\varepsilon_0\phi_F}{eN_A}\right)^{1/2} \tag{4-26}$$

该式也表明，在一定温度下，N_A 越大，则 x_{dmax} 越小。聚集在反型层中的电子由耗尽层中的热激发产生的电子-空穴对供给。由于这种机制产生比较缓慢，即使在直流电压上叠加上小的交流电压，反型层的电子数也不能响应这种交流变化。所以在强反型状态下，耗尽层达到最大宽度 x_{dmax} 而且不随 V_g 而变化，MOS 电容将达到极小值并大致保持恒定。

在 MOS 结构中，表面出现强反型状态时对应的外加偏压 V_g 称为阈值电压(又叫开启电压)，常用 V_{th} 表示。如果空间电荷区仍按照耗尽近似处理，空间电荷区的电荷密度为 $-eN_A$，则在出现强反型状态时，单位半导体表面内空间电荷区的电荷为

$$Q_B = -eN_A x_{dmax} = -\left[4\varepsilon_s\varepsilon_0 eN_A\phi_F\right]^{1/2} = -\left[4\varepsilon_s\varepsilon_0 N_A kT\ln\frac{N_A}{n_i}\right]^{1/2} \tag{4-27}$$

而 Q_B 在 SiO_2 层上产生的压降为

$$V_{0x} = -Q_B / C_{0x} \tag{4-28}$$

从而可得到强反型时栅极上应该加的电压 V_g，即阈值电压 V_{th} 为

$$V_{th} = V_s + V_{0x} = 2\phi_F - \frac{Q_B}{C_{0x}} \tag{4-29}$$

或者进一步写为

$$V_{th} = \frac{2kT}{e}\ln\frac{N_A}{n_i} + \frac{1}{C_{0x}}\left[4\varepsilon_s\varepsilon_0 N_A kT\ln\frac{N_A}{n_i}\right]^{1/2} \tag{4-30}$$

由上式可知，N_A 越高 V_{th} 越大，而 d_{0x} 越大，ε_0 越小，电容 C_{0x} 越小，从而 V_{th} 越大。

从图 4-2(d)中的能带可以看到，对表面反型层的电子来说，一边是 SiO_2 绝缘层，它的导带比半导体高许多。另一边是弯曲的导带形成的一个陡坡，其代表由空间电荷区电场形成的势垒。所以，反型层中的电子实际上被限制在表面附近能量最低的一个狭窄区域，因此，常称反型层为沟道。P 型半导体的表面反型层是由电子构成的，所以称为 N 沟道。反之，N 型半导体则称为 P 沟道。

4.2.2 非稳态下的 MOS 电容器(MOS 电容器的电荷存储原理)

仍以 P 型硅半导体为例。在 MOS 电容器上施加足够大的 V_g，使半导体近界面处能带向下弯曲形成反型层。在电压加到栅极上去的瞬间，在介电弛豫时间(约 4^{-12}s)内，金属电极上即感应生成正电荷，而半导体中只有多子空穴能跟上变化，少子电子取决于产生-复合过程而跟不上这个变化(还来不及产生)，反型层也还没有形成(尽管 $V_g > V_{th}$)，因此有 N 个空穴从表面流向体内，体内则有同样数目的空穴流向底电极以保持体内的电中性。而在界面层内留下了同样数目的离化受主。此时的能带结构如图 4-3(a)所示，外加电压大部分降落在半导体表面的空间电荷区上(即 V_s)，只有一小部分降落在 SiO_2 层上(即 V_{0x})。此时，尽管半导体表面已形成强反型的条件，但因电子尚没来得及产生，实质上那里只是空的电子势阱。也就是说表面还处在载流子耗尽状态，因此耗尽层从表面一直延伸到体内较深处，故也称此时为深耗尽状态(形成势阱)。深耗尽状态实际上是 MOS 电容器处于热非平衡时的一种状态。MOS 电容器处于深耗尽状态时，耗尽层的厚度超过强反型时的厚度，表

面势 V_s 也超过强反型时的表面势，其大小都由栅压的大小来决定。此时，如果由外来因素（光注入或者电注入）导致产生大量的非平衡载流子（此处为电子），则这些与外来因素对应的信号将进入并保存在该势阱内，形成了信号电荷的存储。

随着时间的推移，热激发产生的电子将由于电场（有时附加有扩散）的作用而进入势阱（即向界面集中），空穴则流入衬底。势阱中的电子增加将使该处的能带抬高，最后恢复热平衡状态（稳态），并在表面形成强反型层，如图 4-3(b) 所示。

从非平衡态的建立到达到热平衡所需的时间（热激发产生的电子填满势阱所需的时间）称为存储时间 T。通常

$$T = \frac{2\tau_0 N_A}{n_i} \tag{4-31}$$

式中，τ_0 为耗尽区少子寿命。存储时间的长短主要取决于硅晶体的完整性，优质硅单晶的存储时间长达几秒甚至几十秒。

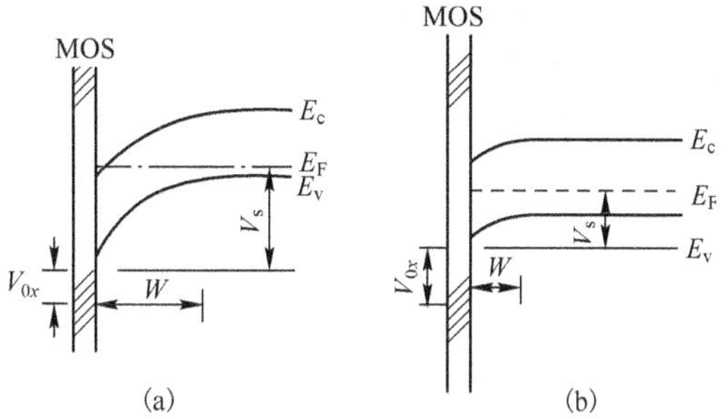

图 4-3　非稳态和稳态时的能带结构

下面具体讨论达到稳态之前表面势 V_s 与栅压 V_g 的关系。由于非稳态是一种深耗尽状态，表面处的空间电荷就是离化受主，因此前面讨论的耗尽情况下的结果可直接推广应用到下面的讨论中。

从前面的分析可知

$$V_g = V_s + V_{0x} \tag{4-32}$$

而

$$V_{0x} = \frac{eN_A}{C_{0x}} x_d \tag{4-33}$$

将式(4-8)代入上式，得

$$V_g = V_s + \frac{eN_A}{C_{0x}}\left(\frac{2\varepsilon_s\varepsilon_0 V_s}{eN_A}\right)^{1/2} = V_s + \left(\frac{2\varepsilon_s\varepsilon_0 eN_A V_s}{C_{0x}^2}\right)^{1/2} \tag{4-34}$$

令

$$V_0 = \varepsilon_s\varepsilon_0 eN_A / C_{0x}^2 \tag{4-35}$$

则式(4-34)可以写成

$$V_g = V_s + \left(2V_0V_s\right)^{1/2} \tag{4-36}$$

解得

$$V_s = V_g + V_0 - \left(V_0^2 + 2V_0V_g\right)^{1/2} \tag{4-37}$$

当考虑平带电压时，上式变为

$$V_s = V_g - V_{FB} + V_0 - \left[V_0^2 + 2V_0\left(V_g - V_{FB}\right)\right]^{1/2} \tag{4-38}$$

为了直观认识，设 P 型硅衬底受主浓度 N_A=5×10^{14}/cm^3，SiO_2 层厚 d_{0x}=0.1μm，Al 栅极产生的功函数差 ϕ_{ms}=0.8V，ε_{0x}=3.8，ε_0=8.85×10^{-14} F/cm。故可知

$$C_{0x} = \varepsilon_{0x}\varepsilon_0 / d_{0x} = 3.3\times 4^{-8}\text{F/cm}$$

再取氧化物层中正电荷面密度 σ_f=10^{11}/cm^2×e；硅的 ε_s=11.7，则又可以得到

$$V_0 = eN_A\varepsilon_s\varepsilon_0 / C_{0x}^2 = 0.07\text{V}$$

以及

$$V_{FB} = -\phi_{ms} - \sigma_f / C_{0x} = -1.3\text{V}$$

如果栅压 V_g=15V，代入式(4-47)有

$$V_s = 15+1.3+0.07-[(0.07)^2+2\times(0.07)\times(15+1.3)]^{1/2} \approx 14.8\text{V}$$

显然，$V_s \gg 2\phi_F$，属于强反型层条件。通常 V_0 都比较小，所以在 $V_0 \ll V_g$ 的情况下，式(4-38)可简写为

$$V_s \approx V - V_{FB} - \left[2V_0\left(V_g - V_{FB}\right)\right]^{1/2} \tag{4-39}$$

从上述结果可知，非稳态时 V_s特别大，此时表面处电子的静电势能为$-eV_s$，特别低，从而形成电子的深势阱，其深度为 eV_s。如果此时有外界光信号或电信号的激励或注入，即在空间电荷区产生电子-空穴对或注入电子，则空穴在表面电场作用下被驱赶到体内耗尽区外，而电子则逆电场运动进入势阱存储起来。

信号电子到达势阱后，将屏蔽掉一部分电场，从而使空间电荷区电场减弱，表面势下降，即势阱变浅，空间电荷区变窄。随着表面信号电子的积累，表面势继续下降。每增加 ΔQ_s 电荷，表面势就下降 $\Delta Q_s/C_{0x}$，下降到 $2\phi_F$ 时，信号电子就不能增加了，否则将破坏它的耗尽工作条件。此时势阱已满，这也就是一个电子势阱所能容纳的最大电荷量。

当表面势阱中存储有电子电荷量 Q_s时，V_s与栅压的关系为

$$V_g - V_{FB} = \frac{Q_s}{C_{0x}} + V_s + \frac{1}{C_{0x}}\left(2\varepsilon_s\varepsilon_0 eN_A V_s\right)^{1/2} \tag{4-40}$$

引入有效栅极面积 A_d，就可求得满势阱时所能容纳的信号电荷量为

$$\begin{aligned} Q_s &= A_d C_{0x}\left(V_g - V_{FB} - V_s\right) - A_d\left(2\varepsilon_s\varepsilon_0 eN_A V_s\right)^{1/2} \\ &= A_d\left[C_{0x}\left(V_g - V_{FB} - V_s\right) - \left(2\varepsilon_s\varepsilon_0 eN_A V_s\right)^{1/2}\right] \end{aligned} \tag{4-41}$$

若取 $2\phi_F$ 的典型值 0.6V，$N_A=10^{15}/cm^3$，$d_{0x}=0.1\mu m$；$A_d=10\times20\mu m^2$，$V_g=10V$ 及前边的 V_{FB} 值等参数值，由式(4-50)可得 $Q_s\approx0.6\times10^{-12}C$，相当于有 3.7×10^6 个电子。作为近似，式(4-40)常常写成

$$Q_s=C_{0x}V_gA_d \tag{4-42}$$

该式表明电子势阱的信号电荷存储能力，可以看成一个普通电容器来处理。要提高信号容量，可以增加 V_g 来实现。但这又受 SiO_2 层耐压强度 E_{max} 的限制。一般情况下 $E_{max}=5\times10^6\sim10\times10^6V/cm$，故 MOS 电容能存储的最大电荷面密度为

$$Q_{smax}=\varepsilon_0\varepsilon_{0x}E_{max}\approx 10^{13}\ 电子 / cm^2$$

增加 A_d 也可以提高电荷存储量，但会影响器件频率特性和集成度。

此外，由式(4-34)可知，不同的氧化层厚度和不同的衬底掺杂浓度也影响表面势与栅压的关系。如果使 N_A 变化或改变 d_{0x}，则可以在器件中永久地建立起势垒而形成沟阻，限定 CCD 的沟道走向，并提供二相 CCD 工作所需要的体内势垒(台阶)。

在一定栅压下，V_s与 Q_s 的关系曲线如图 4-4 所示。

在式(4-40)中，如果令

$$V = V_g - V_{FB} - \frac{Q_S}{C_{0x}}$$

则可得

$$V_s = V + V_0 - \left(V_0^2 + 2VV_0\right)^{1/2} \tag{4-43}$$

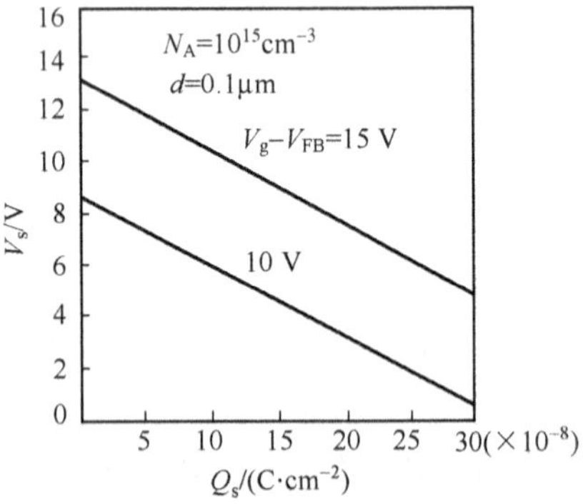

图 4-4 表面势与信号电荷量的关系曲线

式中，V_0 由式(4-35)定义。上式是 CCD 势阱工作的基本关系式。CCD 就是利用 MOS 电容器的上述过程来存储信号和转移信号的。该过程将信号电荷从一个因带有这些电荷而变浅的势阱中驱入相邻的尚未变浅的深势阱中。但必须指出，这些过程必须在非平衡状态下，热激发的载流子远没有出现之前进行。所以 CCD 是一种工作在非平衡状态的器件。

4.2.3 MOS 电容器系统的实际开启电压

上面讨论的理想 MOS 系统的 $C(V_g)$特性往往与实际测量得到的 $C(V_g)$特性不完全一致，这是因为我们没有考虑金属电极和半导体的功函数差 Φ_{ms}、$Si-SiO_2$ 界面上存在的表面电荷 Q_{SS} 以及在 SiO_2

中因沾污产生的可动电荷等因素的影响。所以，必须对理想情况下的结果进行修正。

1. 金属-半导体功函数差的影响

功函数是指一个起始能量等于费米能量 E_F 的电子由金属或半导体内部逸出到真空中所需的最小能量。图 4-5 为一个 Al-SiO_2-Si(P)系统，其中金属的功函数 W_m 小于半导体的功函数 W_S。因此，当二者刚刚接触而没有达到平衡时，由于金属的费米能级高于半导体的费米能级，电子将从金属流向半导体。金属表面因缺少电子而带正电，半导体表面由于电子过剩而出现空间负电荷区。从而在 SiO_2-Si(P)界面由这些正负电荷作用产生指向半导体内部的电场，使 Si 表面能带向下弯曲。当达到平衡时，金属 Al 与半导体之间的接触电势差为

$$\phi_{ms} = \frac{W_s - W_m}{e} \tag{4-44}$$

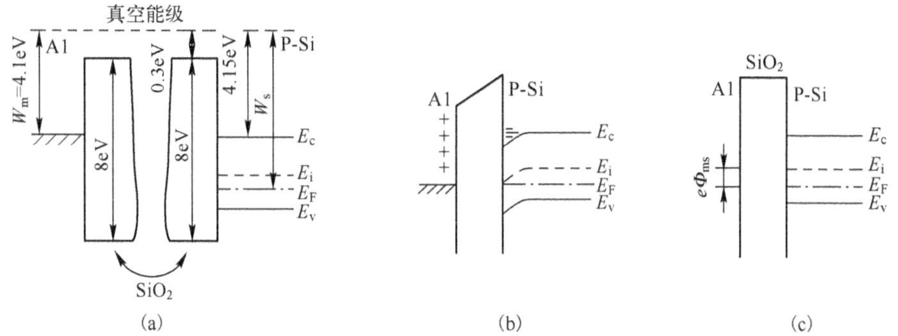

图 4-5 金属-半导体函数对能带的影响

为了使表面能带由弯曲变成平直，必须在金属栅极上施加一个负电压，以抵消功函数差带来的影响，如图 4-5(c)所示。该电压是为恢复平带状态所加的，故称为平带电压，即

$$V_{FB} = -\phi_{ms} \tag{4-45}$$

ϕ_{ms} 的大小与金属材料有关，还与硅的类型及掺杂浓度有关。Al 与 Si 的 ϕ_{ms} 都是大于零的，而 Au 和半导体的功函数差一般都小于零。

2. SiO_2 层上、层中及 SiO_2-Si 界面电荷的影响

SiO_2 层上、层中及 SiO_2-Si 界面存在有各种电荷，这些电荷将引起半导体表面处的能带弯曲。这些电荷大致上可分为五种基本类型：

（1）氧化物层上因沾污引起的正负离子

当沿表面存在电场时，则正负离子可沿 SiO_2 表面移动。若正负离子聚积在电极附近，则扩大了电极的有效面积，使 MOS 结构的栅电极侧面造成永久性反型层和少子产生源，引起 MOS 结构的 $C(V_g)$特性反常的频率效应。特别是当栅电极下表面层处于深耗尽状态时（CCD 正是工作在这种状态），从横向反型层或少子源向深耗尽区注入大量的少数载流子，使少子寿命大大降低。

（2）SiO2 层中的可动离子电荷

主要是钠、钾、氢等正离子通过沾污进入 SiO_2 层中。它们在一定温度下，受到电场作用时可在 SiO_2 层中移动，结果使表面势和 MOS 结构 $C(V_g)$特性发生变化。

设想可动电荷集中在距金属电极为 x 的一薄层中，单位面积上正电荷为 Q。在 V_g=0 时，这层电荷将分别在金属表面和半导体表面感生出负电荷，如图 4-6(a)所示。由于这些电荷在半导体空间电荷层内产生电场而使能带向下弯曲。为恢复平带状态，必须在金属栅极上加一负电压，金属栅上的负电荷量随之增加。由于正电荷发出的电力线终止在金属栅表面，所以当外加负电压达到一定程度时，正电荷 Q 所发出的全部电力线将全部终止在金属栅，半导体表面将不再有感生电荷，即 V_g=0，达到平带状态。此时栅电极上所加的偏压即为该情况下的平带电压 V_{FB}，如图 4-6(b)所示。

其值为

$$V_{FB}=-E_{0x}\cdot x=-\frac{Q}{\varepsilon_{0x}\varepsilon_0}x \tag{4-46}$$

式中，E_{0x} 为 SiO_2 层中的电场强度。由式(4-2)又可将上式写为

$$V_{FB}=-\frac{Qx}{C_{0x}d_{0x}} \tag{4-47}$$

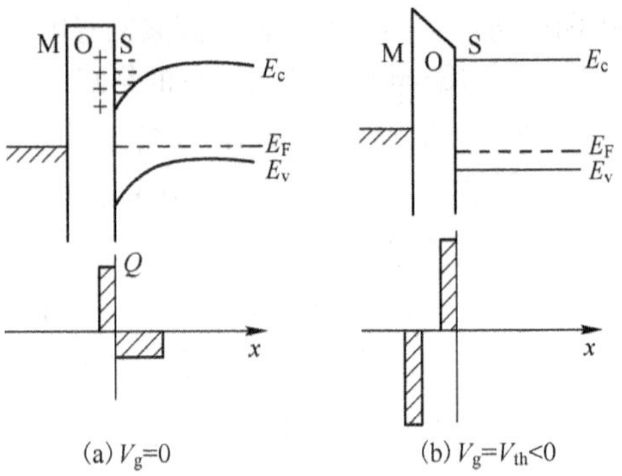

图 4-6 氧化层中正离子的影响

该式表明当 d_{0x}、C_{0x} 和 Q 一定时，V_{FB} 将随着这些电荷所在位置 x 而变化。x 越小，即可动离子离金属栅电极越近，V_{FB} 越小。当 x=0 时，V_{FB}=0，可动电荷位于 SiO_2 层的外表面时，在硅表面感生的电荷为零，不影响半导体表面；而 x 越大，Q 在 Si 表面感生的负电荷越多，则补偿这些负电荷将需要更大的负向 V_{FB}。极端情况下，可动离子集中在 SiO_2-Si 界面，将使 $C(V_g)$特性平移最大。

当考虑可动离子在 SiO_2 层连续分布时，必须用积分计算，即

$$V_{FB}=-\int_0^{d_{0x}}\frac{x\rho(x)\mathrm{d}x}{C_{0x}d_{0x}}=-\frac{1}{C_{0x}d_{0x}}\int_0^{d_{0x}}x\rho(x)\mathrm{d}x \tag{4-48}$$

式中，$\rho(x)$是可动离子的密度。该式同样表明可动电荷在 SiO_2 层内分布变化也将引起 MOS 系统的 $C(V_g)$特性和表面势发生变化，这对 CCD 的可靠性将产生严重影响。

（3）固定氧化物电荷 Q_f

它位于 Si-SiO_2 界面附近 200×10^{-10} m 以内，也带正电。一般认为其来源于 Si 氧化过程中温度较低时，因反应速度较小而在 Si-SiO_2 界面处出现的过剩的硅离子。它的存在也同样加大了 SiO_2 层中的电场而改变半导体的表面势，从而需要栅电极上有更多的负电荷才能恢复半导体表面的平带状态。Q_f 的影响可以仿式(4-48)计算。由于 Q_f 分布在 Si-SiO_2 界面附近 200×10^{-10} m 以内，故基本上可以认为式(4-48)中的 $x\approx d_{0x}$，从而有

$$V_{FB}=-\frac{1}{C_{0x}}\int_0^{d_{0x}}\rho(d_{0x})\mathrm{d}x=-\frac{Q_f}{C_{0x}} \tag{4-49}$$

（4）氧化物陷阱电荷

它是粒子束或电离辐射在 SiO_2 层中产生电子-空穴对时，空穴被陷入陷阱，在氧化物层中形成带正电的空间电荷。这种电荷的影响类似于（3）中所讨论的 Q_f。

（5）.界面陷阱电荷

即通常所说的界面态。主要是指 Si-SiO_2 界面处处于禁带中的局部能级，它可在很短时间与衬底半导体交换电荷。它是表面复合和散射的主要成因。它主要是对表面沟道的 CCD 的转移效率产生重大影响。

3. 实际 MOS 系统的栅极电压和阈值电压

根据以上讨论，对于实际 MOS 系统，由于各种表面电荷和功函数差的影响，要使能带处于平带状态，必须在金属栅极上加上一定的电压，其值等于以上讨论的影响之和，即

$$V_{FB}=-\phi_{ms}-\frac{Q_f}{C_{0x}}-\frac{1}{C_{0x}d_{0x}}\int_0^{d_{0x}}x\rho(x)\mathrm{d}x \tag{4-50}$$

以上考虑没包括层上可动离子和界面陷阱电荷。因为在现代半导体器件的生产工艺中，对沾污控制严格，层上可动离子的影响可以忽略。而把界面陷阱电荷控制到最小，平带电压就可以只考虑固定氧化物电荷的影响。

因此，实际 MOS 系统在金属栅极上所加电压的有效值为

$$V_{g}' = V_{g} - V_{FB} = V_{g} + \left[\phi_{ms} + \frac{Q_{f}}{C_{0x}} + \frac{1}{C_{0x} d_{0x}} \int_{0}^{d_{0x}} x \rho(x) \mathrm{d}x \right] \tag{4-51}$$

式中，V_g为加在栅极上的电压。或者换言之，将理想 MOS 系统中的所有栅极电压 V_g都用 V_g-V_{FB}代替。

MOS 系统中的阈值电压为

$$V_{th} = V_{FB} + 2\phi_{F} - \frac{Q_{B}}{C_{0x}} \tag{4-52}$$

通过测量 MOS 电容器的 $C(V_g)$特性，并与理想 MOS 电容器的 $C(V_g)$特性进行比较，就可以获得有关绝缘层、界面态等一系列重要的数据，这对器件的生产和表面状态的研究都是十分重要的依据。

4.2.4 CCD 的电荷耦合与传输原理

CCD 是一行行紧密排列在硅衬底上的 MOS 电容器阵列。它具有存储和转移信息的能力，故又称之为动态移位寄存器。了解 CCD 的工作原理前，首先必须了解 MOS 电容之间耗尽层的耦合。

1. MOS 电容器的耦合

考察两个间隔较大的 MOS 电容器，在两个金属栅极之间没有被金属覆盖那部分的氧化物下的表面势，将由氧化层上面的情况、固定氧化物电荷 Q_f 及衬底掺杂浓度等确定。因此，在这种情况下，不可能使一个 MOS 电容器中存储的信息电荷转移到另一个 MOS 电容器中。但是，当两个金属栅极彼此足够靠近时，其间隙下的表面势将由两个金属栅极上的电位决定，从而形成两个 MOS 电容器下面耗尽层的耦合，使一个 MOS 电容器中存储的信号电荷转移到下一个 MOS 电容器中去。因此，CCD 能否成功地工作，首先决定于金属电极的排布情况。为了找出最佳的间隙宽度，必须对各种尺寸的器件求解二维泊松方程并给出表面势作为间隙的函数曲线。图 4-7 所示的 CCD 模型，加上周期性边界条件并使用有限差分方法，通过计算机求解泊松方程，得到如图 4-8 所示结果，即给出表面势作为各种间隙宽度和各种电极长度时的对应曲线。从所得结果看，为保证表面势不形成高的势垒，间隙宽度 g 应小于 3μm。如果 g=3μm，势垒基本消失。g<3μm 时边缘效应还可以加速电荷的转移。上述模型中取 d_{0x}=0.3μm，但实际中常取 d_{0x}=0.1μm。这样，要实现相邻 MOS 电容的势阱良好耦合，必须要求间隙 g<1μm。常规的集成电路工艺还达不到这个水平，但采用交叠栅结构则能使间隙小至 0.2μm 以下。同时，采用交叠栅结构还能防止裸露间隙氧化物外表面的静电条件随工作环境湿度变化造成的转移效率降低。

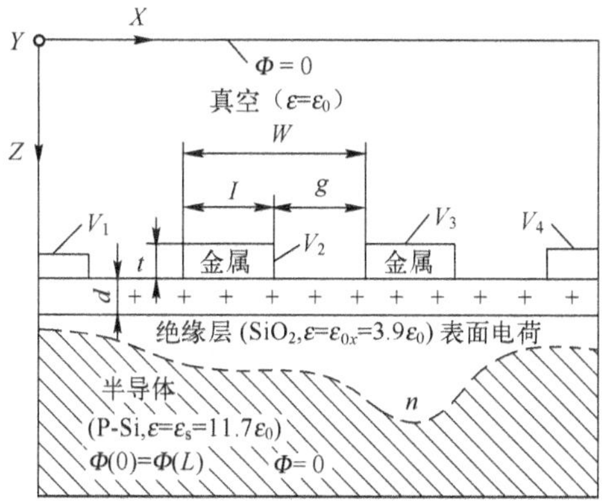

图 4-7　计算机计算用 CCD 模型

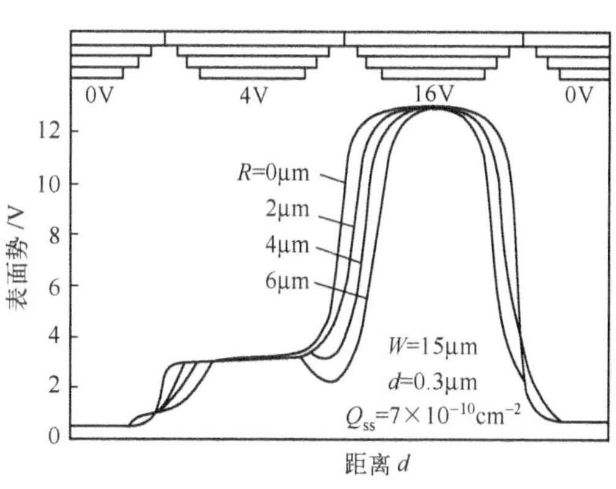

图 4-8　V_s沿 x 方向的分布

2. CCD 的电荷传输原理

当 CCD 工作时，可以用光注入或电注入的方法向势阱注入信号电荷，以获得自由电子或自由空穴。势阱所存储的自由电荷通常也称为电荷包。在提取信号时，需要将电荷包有规则地传递出去，即进行电荷的转移。

CCD 的电荷转移是利用耗尽层耦合原理，即根据加在 MOS 电容器上的 V_g(>V_{th}，一般 V_{th}=2V)越高产生的势阱越深的事实，在耗尽层耦合的前提下，通过控制相邻 MOS 电容器栅压的高度来调节势阱的深浅，使信号电荷由势阱浅的位置流向势阱深的位置。

此外，CCD 中电荷的转移必须按照确定的方向。为此，MOS 电容器阵列上所加的电位脉冲必须严格满足相位时序要求，使得任何时刻势阱的变化总是朝着一个方向。图 4-9 给出了三相 CCD 转移过程和脉冲时序波形图。如图中所示，若电荷从左向右转移，当存储有信号电荷的势阱抬起时，与之相邻的右边的势阱总比该势阱深，这样才能保证电荷始终朝右边转移。为此，通常在 CCD 的 MOS 阵列上将几个相邻的 MOS 电容器划分为一个单元而无限循环，每一单元称为一位。将每一位中对应位置上的电容栅极分别连在各自共同的电极线上，称之为相线。如图 4-9(a)中所示，三相 CCD 中 1, 4, 7, …为一共同相线，2, 5, 8, …及 3, 6, 9，…分别为另外两个共同相线。可见，一位 CCD 中包含的电容器个数即为 CCD 的相数，或者说每相线连起来的电容器的个数即为 CCD 的位数。

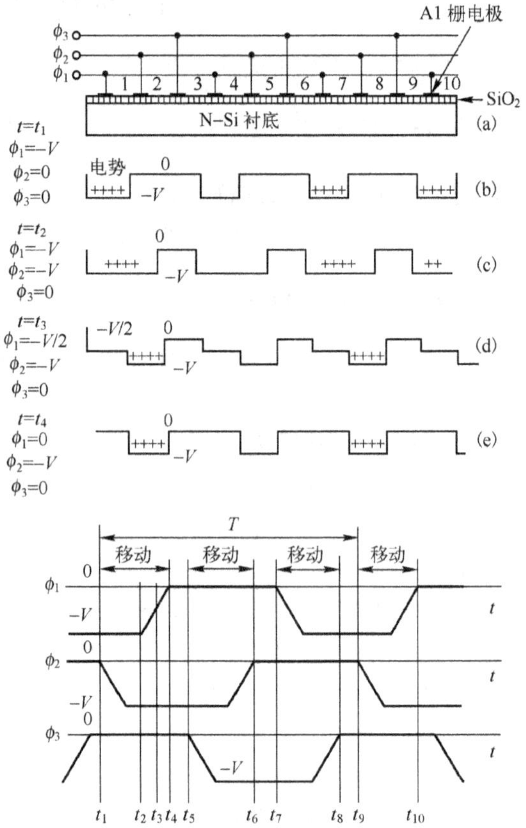

图 4-9　三相 CCD 的转移过程及脉冲时序波形

下面根据图 4-9 具体分析三相 CCD 的电荷转移过程。图中给出的是 N 衬底 P 沟道情况，而对 P 衬底 N 沟道情况，只需将所加电压反极性即可。由图可知，当 $t=t_1$ 时，$\phi_1=-V$，$\phi_2=\phi_3=0$，势阱位于第 1，4，7，10 电极下面，而且仅第 4 电极下面没有空穴存储；在 $t=t_2$ 时，$\phi_1=\phi_2=-V$，$\phi_3=0$，此时空穴包扩展到两个电极下面；$t=t_3$ 时，$\phi_1=-V/2$，$\phi_2=-V$，$\phi_3=0$，空穴包流入深势阱；$t=t_4$ 时，$\phi_1=0$，$\phi_2=-V$，$\phi_3=0$，信号电荷包向右移动一个电极的距离。如此循环，时钟脉冲 t_1～t_9 构成一个周期，周期时间为 T。即在 T 周期内，信号电荷包向右转移了一位。

上述这种 P 沟道情况，因其必须加负极性栅压，且空穴的迁移率低，故除特殊用途外，通常使用 N 沟道 CCD。

除了上述要求外，CCD 中信号电荷的转移还必须沿确定的路线。所以，在工艺设计时必须考虑好沟道与沟阻。电荷转移的通道称为沟道，而限定沟道的部分称为沟阻，根据前边的讨论，在相同 V_g 下，N_A 越高，V_s 越低。所以可以在设计为沟阻的部位做更高掺杂，形成沟阻，从而确定沟道，如图 4-10 所示。

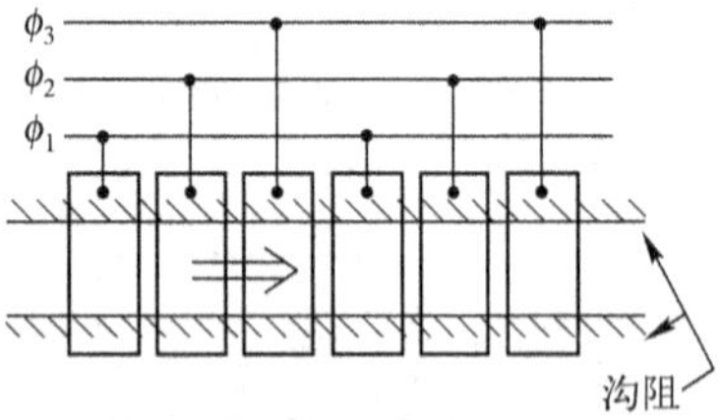

图 4-10　三相 CCD 的俯视图

4.3　CCD 的结构及其物理性能分析

4.3.1　CCD 的结构

1. 转移电极结构

转移电极结构通常按照每位采用的电极相数来划分。对于普通结构的 CCD，为了使电荷包单向转移，至少需要三相转移电极。对于特殊结构的 CCD，也可采用二相供电或四相供电等方式。

（1）三相电极结构(三相 CCD)

三相 CCD 是最简单的电极结构。因为在某一确定的时刻，对存储有电荷的电极而言，两个相邻电极，需要一个被“打”开，另一个保持“关”闭，以阻止电荷倒流。通常这种电极结构有三种形式：

① 相单层铝电极结构

图 4-11 所示为一个完整的三相 CCD 单层铝电极结构，是在轻掺杂的硅衬底上先生成一层 0.1μm 的 SiO_2，而后在 SiO_2 上蒸发一层铝，采用光刻工艺形成间隙很窄的电极。这种结构存在明显的缺点。电极间隙处 SiO_2 表面裸露在周围环境中，有可能沾污 SiO_2 表面，造成表面势不稳定，影响转移效率。

② 三相电阻海结构

为得到封闭的电极结构，方法之一就是引用硅栅结构。在氧化物层上沉积一层多晶硅，然后按要求对电极区域选择掺杂(硼或磷)，形成三相电极形状，如图 4-12 所示。电极间互连和焊接区采用蒸铝来实现。这种结构是封闭式的，性能稳定，成品率高。但由于光刻和多晶硅定域掺杂难以保证电极间高阻区很窄，使得每个单元尺寸较大，这样的结构仅用于小规模阵列器件。而且电极低阻区的电阻率必须合适，既要低得足以使电势能跟随时钟波形的变化，又不至产生过大的功率耗散，这是难以掌握的困难问题。

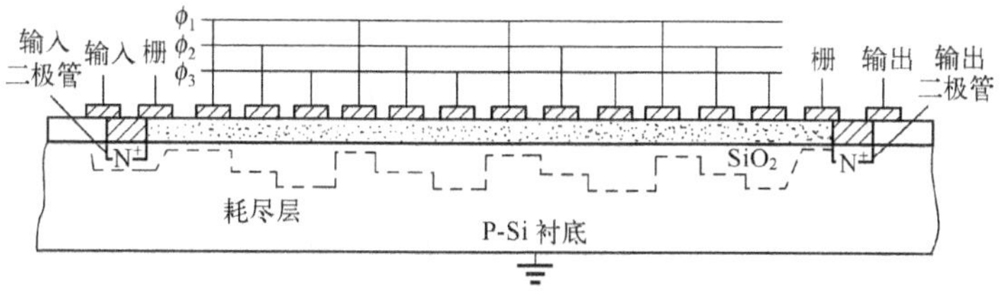

图 4-11　三相 CCD 单层铝电极结构

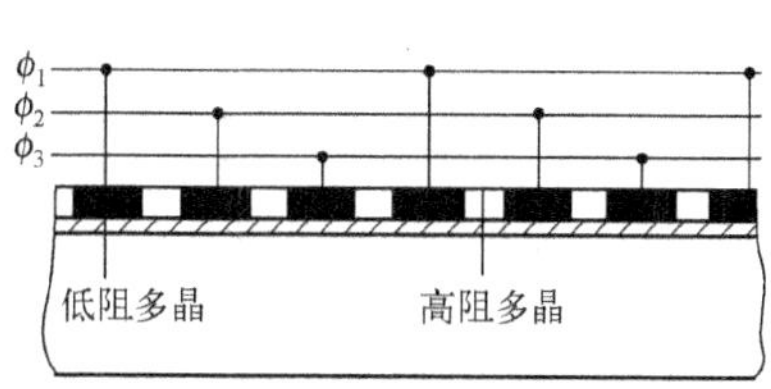

图 4-12　三相电阻海结构

③ 三相交叠硅栅结构

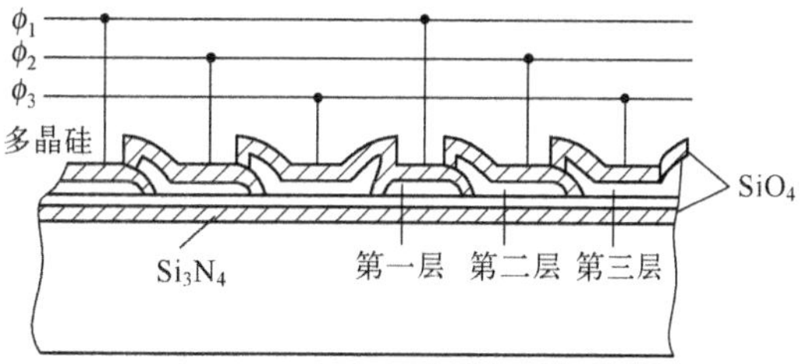

图 4-13　采用三层多晶硅的三相交叠硅栅结构

该结构是常用的三相交叠电极结构形式。它既可得到电极间窄间隙，又能得到封闭的电极结构。三相交叠电极可以是多晶硅，也可以是铝金属，或者两种混用。图 4-13 所示是采用多晶硅的三相电极结构。这种三相交叠硅栅的形成工艺是，先在硅表面生成一层高质量的氧化物，跟着沉积一层多晶硅，掺杂后按规定图案光刻出第一组电极；然后进行热氧化，形成一层氧化物，再沉积多晶硅、掺杂，第二次光刻出第二组电极；第三组电极形成方法与第二组电极相同。栅介质层也可采用复合介质层，如 SiO_2、一氮化硅。若采用铝栅，则用阳极氧化法来形成电极间的绝缘层。这种结构可得到小至几百纳米的电极间隙，单元尺寸也小，沟道又是封闭式的，因而受到欢迎。

为了发挥各类 CCD 结构的最佳性能，对时钟脉冲有一定的要求。对三相时钟脉冲有三点要求：① 三相时钟脉冲有一定的交叠，在交叠区内，电荷包源势阱与接收势阱同时共存，以保证电荷在这两个势阱间充分转移；② 时钟脉冲的低电平必须保证沟道表面处于耗尽状态；③ 时钟脉冲幅度选取适当。

（2）二相 CCD 电极结构

为使 CCD 能在二相时钟脉冲驱动下工作，电极本身必须设计成不对称，在这种不对称电极下产生体内势垒，保证电荷能定向运动。实现不对称电极结构，可利用同一电极下不同氧化物厚度台阶和离子注入来产生体内势垒，如图 4-14 所示。图(a)为台阶氧化层二相结构，图(b)为离子注入势垒二相结构，图(c)为其电势分布。图 4-15 所示为二相多晶硅栅极结构。二相时钟方法在结构上和时钟驱动上都很简单。但它也有缺点，即厚氧化层下面是阻挡势垒，不能存储电荷，加之势阱势垒差减小，使能够存储在势阱中的信号电荷量比三相时钟情况少。

图 4-16 给出使电极有方向性的二相 CCD 的转移过程和二相时钟波形。为方便分析，假定 $V_{th}=0$。当 $t=t_1$ 时，$\phi_1=0$，$\phi_2=V$。因此，电极 1 下面无势阱，电极 2 下面有台阶状势阱。假定电荷包存储在电极 2 和电极 4 下面。在 $t=t_2$ 时，$\phi_1=\phi_2=V/2$，各电极下面的电势分布相同。图 4-16(c)中的箭头表示电势分布的移动方向。即表示随着时间从 t_1 到 t_3，奇数电极下的势阱变深，偶数电极下的势阱变浅。$t=t_3$ 时，势阱成阶梯状，最深的地方在电极 3 和电极 5 下面。$t=t_4$ 时，$\phi_1=V$，$\phi_2=0$，电荷包转移了一个电极距离。从 t_5 到 t_8 期间产生第二次转移。图中的 t_4～t_5、t_6～t_7 的间隔称为输入/输出(I/O)间隔。图 4-16 中的波形是对称波形而不是脉冲波形。二相时钟波形是脉冲波形的情况如图 4-17 所示，并且波形不重叠。电极 1 下面的电荷包由 ϕ_1 的 t_1～t_5 的脉冲转换到电极 2 下面。同样，这个信号电荷包由 ϕ_1 的 t_6～t_7 的脉冲从电极 2 下面转移到电极 3 下面。t_7～t_8 间隔是 I/O 间隔。

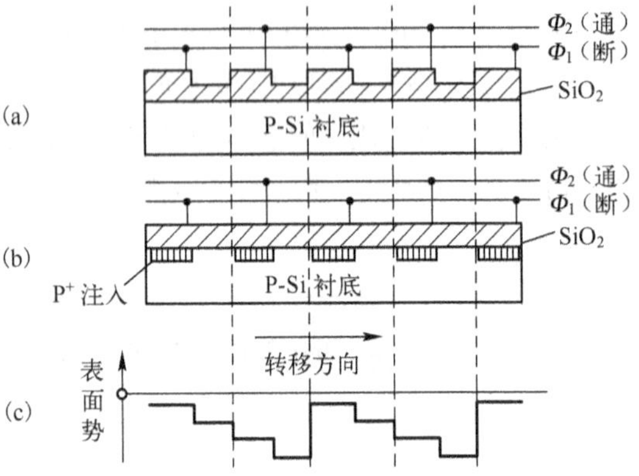

图 4-14　二相时钟的电极结构

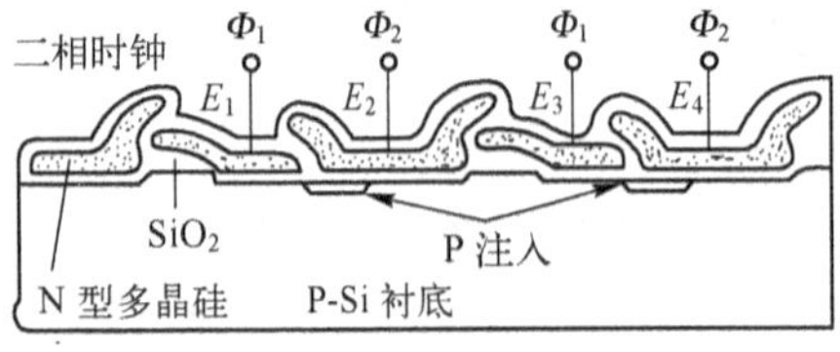

图 4-15　二相多晶硅栅极结构

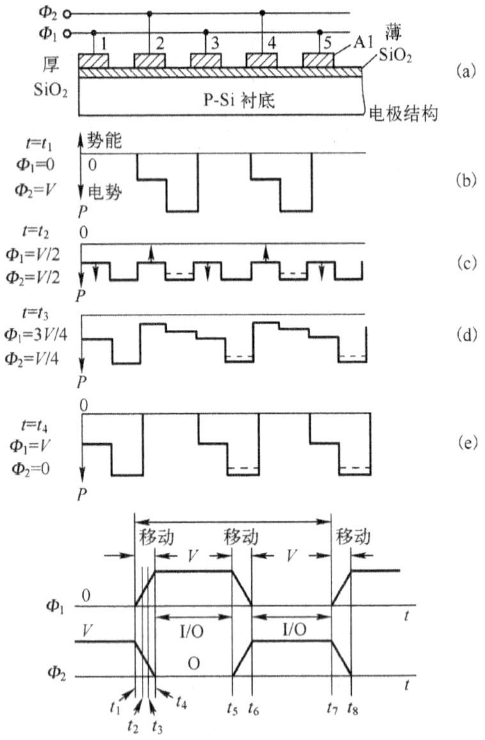

图 4-16　二相 CCD 的转移过程和时钟波形

二相 CCD 结构可以采用 $1\frac{1}{2}$ 工作模式驱动，即一个栅电极加一定的直流偏压，另一个栅电极加时钟脉冲。其原理如图 4-18 所示，将 ϕ_1 固定，只改变 ϕ_2 即可，ϕ_2 幅值要比直流偏压高一倍。虽然这种工作模式比一般的二相方式的时钟脉冲摆幅要大些，但驱动的外围电路可以简化，受到了用户欢迎。

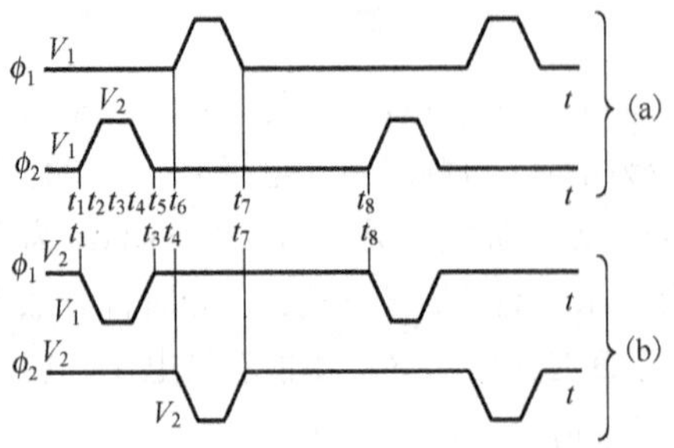

图 4-17　二相时钟的脉冲波形

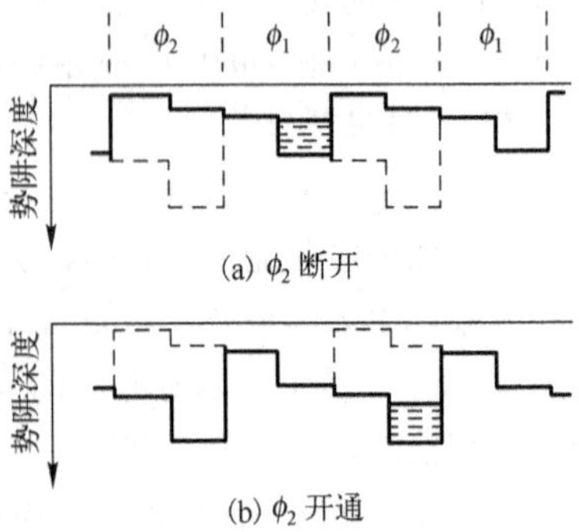

图 4-18　单时钟脉冲二相 CCD

（3）四相 CCD 电极结构

其结构如图 4-19 所示。奇数电极位于厚 SiO_2 上，偶数电极位于薄 SiO_2 上。因此，即使在同一栅电压下，偶数电极下面的耗尽层要深一些。图 4-20 是其时钟波形。图 4-21 是其电势分布及转移过程。图(a)是四相结构的简化形式，当 $t=t_1$ 时，$\phi_1=\phi_3=\phi_4=0$，$\phi_2=V$，因此如图(b)所示，仅在电极 2 下面存在势阱。如果此时该势阱积累有电荷包，则在 $t=t_2$ 时，$\phi_1=\phi_3=0$，$\phi_2=\phi_4=V$，如图(c)所示，第二个势阱在电极 4 下面。从 t_3 到 t_6 的转移如图 4-21（d）～(g)所示。

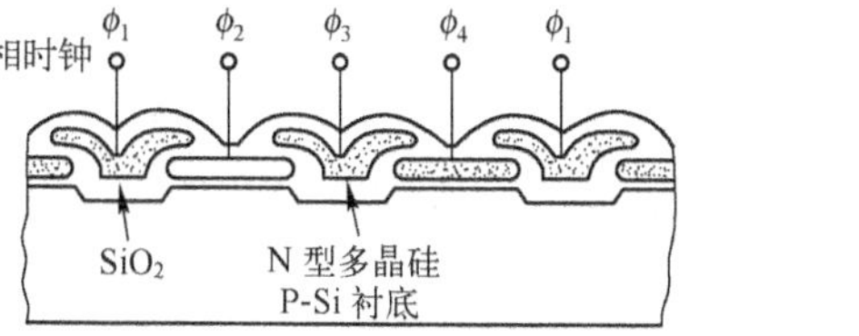

图 4-19　四相 CCD 的电极结构

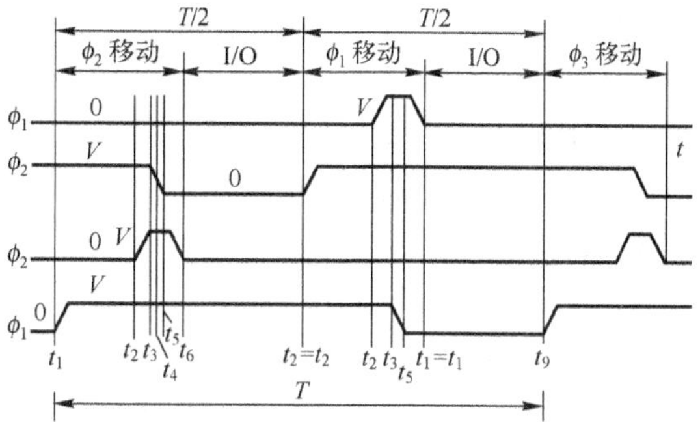

图 4-20　四相 CCD 的时钟波形

由此可见，t_1～t_6 期间，电荷包从电极 2 转移到电极 4。图 4-20 中 t_7～t_8 期间产生第二次转移，电荷包从电极 4 转移到电极 6。所以，电荷包的存储都发生在偶数电极下。用ϕ_3 进行转移的称为ϕ_3 转移，用ϕ_1 进行转移的称ϕ_1 转移。在一个时钟周期 T 期间产生ϕ_3 和ϕ_1 两个转移。t_6～t_7 和 t_8～t_9 是 I/O 间隔。

四相 CCD 工作状态与三相器件、二相器件相比，较为适合于工作时钟频率很高的情况(如 100MHz)，此时驱动波形接近正弦波。

除了上述三种电极形式 CCD 外，还有一种虚相 CCD 结构形式，可看作是二相 CCD 的 $1\frac{1}{2}$ 工作驱动模式的推广，即把保持直流电压的电极不做在栅氧化层上面，而是在栅氧化层下硅表面上注入一浅的 P 型层作阈值位移用。只要注入剂量足够大，则不管栅压如何，表面势将始终箝位在零，故其上有无电极已无所谓。实际上是堆积在表面的薄空穴层对下面的埋沟起着“虚”栅的作用。这样驱动虚相 CCD 实际上只要一个时钟相脉冲，大大简化了驱动电路。

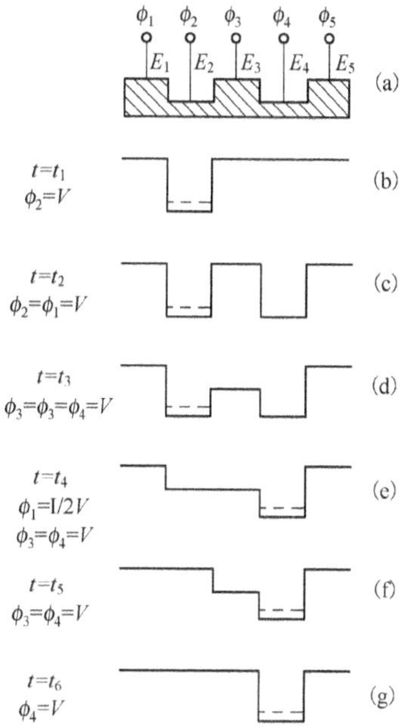

图 4-21　四相 CCD 的电势分布与转移过程

虚相 CCD 结构具有适合用作成像器件所要求的性能，如量子效率在蓝光区比其他多晶硅栅结构高，信号处理容量也比埋沟 CCD 优越。特别是其暗电流小，因为虚相部分中界面态被空穴所填满，消除了大部分埋沟 CCD 的一个主要暗电流来源。暗电流小对器件用于微光下工作十分重要，在要求抗辐射条件下也存在潜在的应用。此外，虚相 CCD 对制造大型的、高分辨像元的面阵列特别有利，因为成品率比前边所述的薄栅氧化层和交叠栅工艺高，故价格较低。目前已研制出 1024×1024 像元的面阵传感器，制造更多像元的面阵成像器件也有可能。

以上的讨论表明，器件驱动电路的简化是以器件内部结构的复杂化为代价得到的。

2. 转移沟道结构

CCD 的电荷转移沟道有两种形式，即表面沟道和体内埋沟形式。前者称为表面 CCD，简记为

SCCD；后者称为埋沟 CCD，简记为 BCCD。下面只介绍埋沟 CCD。

表面 CCD 存在如电荷转移速度和转移效率低等问题。其主要原因是受表面态和迁移率的影响。在 Si 和 SiO_2 界面处的表面态，能够接受电荷包中的电子，也能向电荷包发射电子。当电荷包转移时，空的界面态从沟道中获得电子，如果它能很快地把这些电子释放出来，随原电荷包一起前进，将不影响转移效率；若释放慢，则电子将进入后续的电荷包，造成信息损失。为了避免表面态的这种影响，将电荷转移沟道做在体内，从而形成埋沟 CCD。

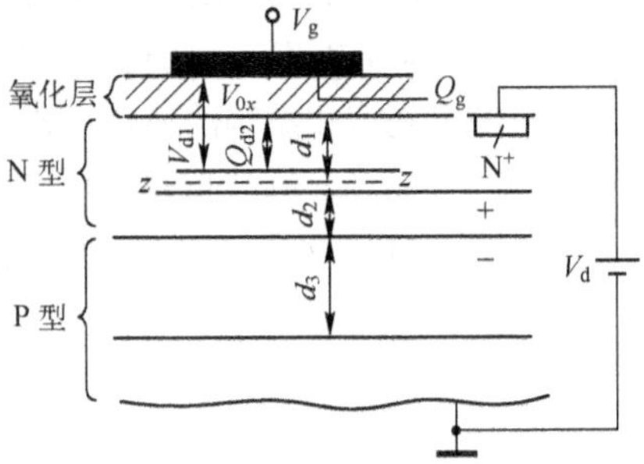

图 4-22　埋沟 CCD 原理

埋沟 CCD 的原理如图 4-22 所示。设衬底为 P 型，在硅的表面注入杂质，如磷，其典型浓度为 $10^{12}/cm^3$，使之形成 N 型薄层。在 N 型层的两端做上 N^+层，起源和漏的作用。设开始时，$V_g=0$，N^+区加上足够的正偏压，并取衬底为零电位，这样栅极相对于 N 层为负，于是在 N 区形成场感应耗尽层(电子耗尽)，其厚度为 d_1，由于同时 N 和 P 之间施以反偏压，故在 PN 结区形成了体内耗尽层，其厚度为 d_2+d_3。d_2 和 d_3 分别为耗尽层扩展到 N 区及 P 区的部分。d_2、d_3 随偏压的升高而增大。但当 d_2 同 d_1 相接触时，N 区全部电离，d_2 不能再增加。若设 d_1 同 d_2 的交界线为 z，则在极限情况下，V_z 不随偏压而改变。

埋沟 CCD 的能带如图 4-23 所示。从图中可以看出最低势能不在界面处，而是在体内。此处能够收集电子，作为电子通道。当通道内有自由电荷时，势能发生变化，如图(b)所示，形成 PQ 等位区。

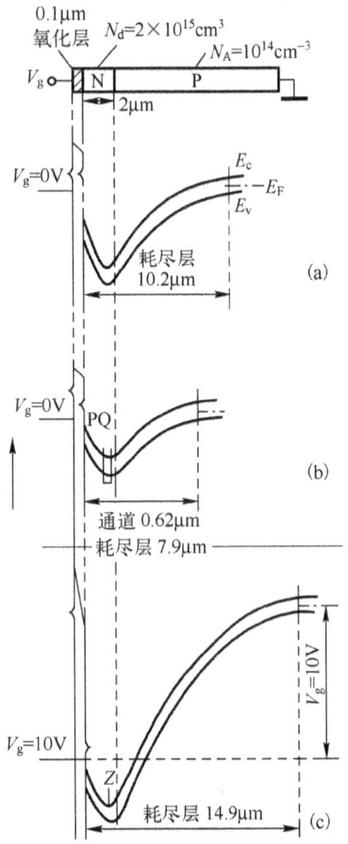

图 4-23　埋沟 CCD 能带结构

埋沟 CCD 与表面 CCD 电荷转移机理的区别在于：① 前者携带信息的电子是 N 层中的多子，而后者则是 P 层中的少子；② 表面 CCD 中的信号电荷集中在界面处很薄的反型层中，而埋沟 CCD 的信号电荷集中在体内的 z 平面附近。

如果施以正的栅压，则势能曲线下降，且 P 区耗尽层加宽，如图(c)所示。

典型的埋沟 CCD 结构如图 4-24 所示。它的输入与输出部分与表面 CCD 相似。

一般的埋沟 CCD 的制作并不太难，只比表面 CCD 多了离子注入一项工艺。所以有的器件把埋沟 CCD 和表面 CCD 做在一起，用表面 CCD 作输入部分，以保证输入信号的线性，而埋沟 CCD 则用于高效传输部分。

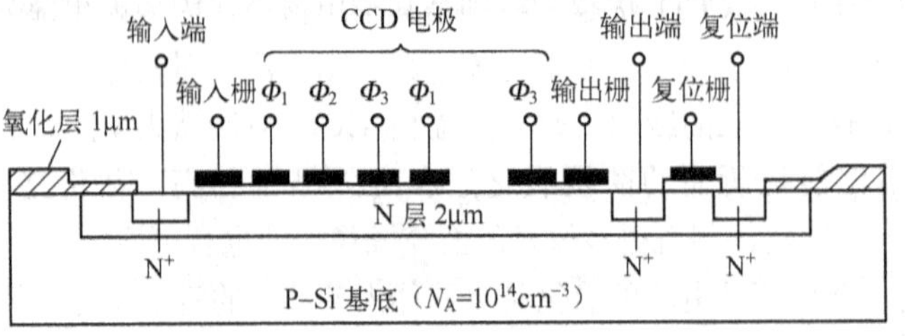

图 4-24　埋沟 CCD 结构

表面 CCD 具有比埋沟 CCD 好的线性，是因为表面 CCD 的电容有两部分，即 C_{0x} 和 C_d，C_{0x} 不变，而耗尽层电容 C_d 随信号大小及 V_g 而变。但埋沟 CCD 除了这两部分外，还多了一个可变电容 C_{d1}，其位于电荷包和 SiO_2 层之间，所以，埋沟 CCD 的线性较表面 CCD 的差。两者均因有耗尽层电容 C_d 而具有非线性。

埋沟 CCD 的性能优于表面 CCD 主要体现在：

① 因信号电荷在体内存储和转移，避开了界面态俘获信号电荷的不良影响，所以转移损失率较小，一般比表面 CCD 小 1～2 个数量级。

② 由于各栅电压间具有较强的耦合，这种耦合随沟道加深而变强，从而增加了边缘电场。另外，硅体内迁移率比表面迁移率高约一倍，因此埋沟 CCD 的工作频率较高，已证实在 135MHz 的时钟频率下仍可工作。

③ 埋沟 CCD 的最大优点是噪声低。这种低噪声和高传输效率相结合，可使埋沟 CCD 成为低照度下较为理想的成像器件。

埋沟 CCD 的主要缺点是信号处理容量较小，约比表面 CCD 小一个数量级。为提高埋沟 CCD 的容量，已出现蠕动式（Profilid Peristaltic）CCD 结构，简称 P^2CCD。它采用轻掺杂外延层，表面实行浅注入重掺杂。这样即能防止大电荷包接触表面，又能保证埋沟深度，并且无需加过高的工作电压。如果是小信号，则能在外延层内的通道中高速转移。如果是大信号，则进入杂质浓度较高的区域。这种 P^2CCD 比普通埋沟 CCD 的容量要大好多倍。

3. 输入输出结构

典型三相二位 CCD 的输入输出结构如图 4-25 所示。在 CCD 的主体两端分别加上输入二极管（ID）和输入栅（IG）构成电荷的输入结构，输出控制栅（OG）和输出二极管（OD）构成电荷的输出结构。

（1）信号电荷的注入

表面 CCD 的信号电荷注入有光注入和电注入两种形式。作为光注入，只要把光敏区的光敏元栅极施加正电压使栅极下产生耗尽势阱，则光敏区产生的光生载流子被收集到这个势阱中去。当转移栅为高电平时，信号电荷将从光敏区寄存器转移到水平移位寄存器，完成光注入。后面还将详细叙述这一过程，因此这里主要介绍电注入。

所谓电注入，实际上就是对 CCD 势阱电容注入电荷。完成这种输入的结构通常由一个输入二极管、一个或几个输入控制栅构成。其工作模式可以多种多样，但总的要求是输入线性好，噪声低。常用的方法有动态电流积分法、二极管截止法和电位平衡法等。但在实际中，电位平衡法应用最广泛，故这里只重点介绍该方法。

电位平衡法是利用输入栅 G_1 表面势与存储栅 G_2 表面势平衡来获得信号电荷的，如图 4-26 所示。

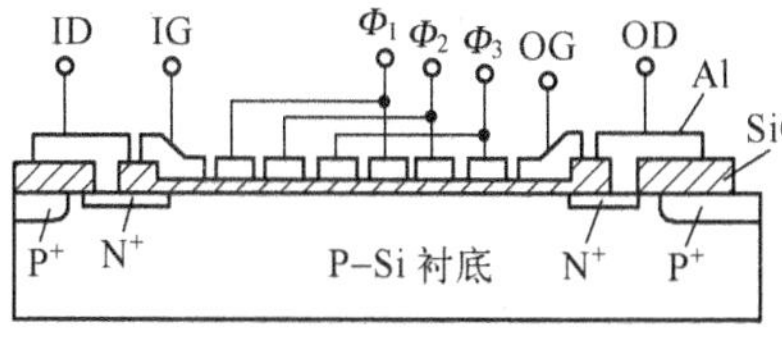

图 4-25　三相二位 CCD 输入输出结构

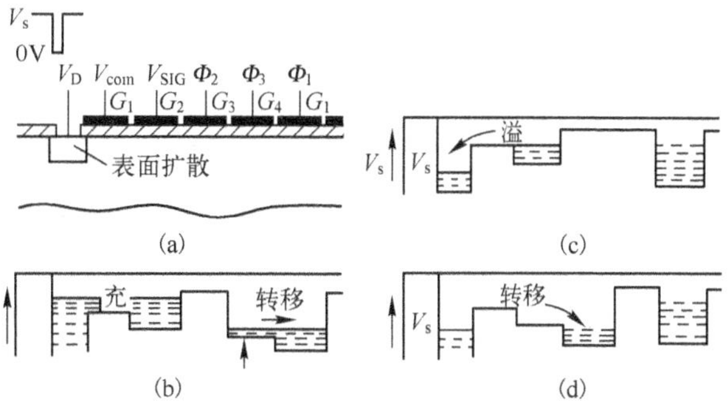

图 4-26　电位平衡注入法

其具体步骤是：G_1 保持恒定电压。输入信号加在 G_2 上，开始时输入二极管加低电位脉冲，此时由于 $V_{G2}>V_D$，故信号电荷注满 G_2 势阱。然后立即升高二极管电位，使之处于强反偏状态。这样 G_2 存储势阱中多余的电荷则向二极管区倒流，直到 G_1 下面的表面势同 G_2 下面的表面势相等为止，即 $V_{SG1}=V_{SG2}$。此时 G_2 势阱中的电荷由基本关系式

$$Q_s = A_d C_{0x}\left[V_G - V_S - (2V_0 V_S)^{1/2}\right] \tag{4-53}$$

确定。但是，此时 $V_G=V_{G2}$，$V_S=V_{SG1}=V_{SG2}$。又因平衡时 G_1 下无电荷，故 $V_{G1}=V_{SG1}$，所以 $V_S=V_{G1}$。由此得

$$Q_s = A_d C_{0x}\left(V_{G_2} - V_{G_1}\right) \tag{4-54}$$

由上式可知，电位平衡法注入的信号电荷与两个相邻栅极的电势差成正比，但因 V_{G1} 是固定的，所以 Q_s 同信号电压 V_{G2} 成正比。这样的电荷可以分为信号电荷和衬底电荷，也就是说，注入到势阱的绝对电荷量不代表信号电荷，而电荷量的差值才是信号电荷。这个衬底电荷相当于“胖 0”电荷。

电位平衡法不仅线性特性好，有高信噪比，而且信号电荷在转移过程中，不会因界面态及电荷转移不完全而使信号失真。此外，电位平衡法消除了栅注入法所带来的随机噪声。它是目前表面CCD 作为模拟信号处理较理想的输入方法。

（2）信号电荷的输出

信号电荷经输入结构变成大小不同的电荷包后，就在时钟脉冲驱动下沿 CCD 沟道转移，很快转移到输出端的最后一个时钟电极下面。如何将电荷包无破坏地检测出来是输出结构的任务。通常CCD 输出信号电荷的检测有电流输出和电压输出两种方式。

常用的电流输出结构如图 4-27 所示。采用反偏二极管，外加片外运算放大器构成输出电路。ϕ_3 下面的电荷包经输出栅 OG 后，进入强反偏的扩散层二极管 OD，使之表面势升高。当复位电压使二极管重新回到原电位时，就有电流流入体外放大管。该方法有较好的线性，但需外接放大器构成大的电容。由于电荷转移到偏置的输出扩散结是完全的电荷转移过程，本质上是无噪声的。影响读出线性和加入噪声的主要是与输出二极管相关的电容大小及放大器的噪声。

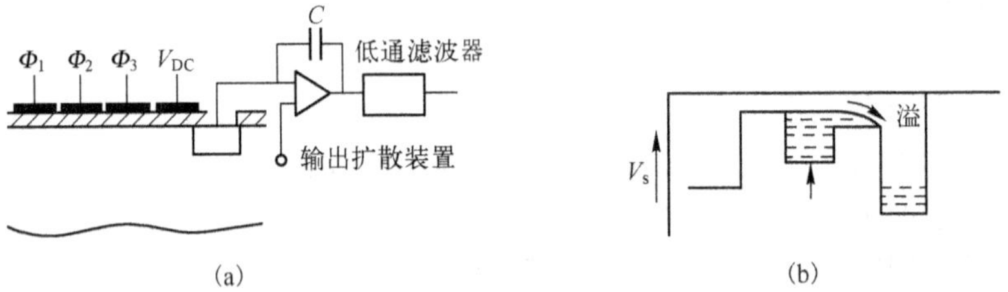

图 4-27　电流输出法结构

常用的电压输出有浮置扩散放大器输出（FDA）和浮置栅放大器输出（FGA）等方式。这里主要介绍浮置扩散放大器输出，其输出结构如图 4-28 所示。该结构中，除输出栅和输出二极管外，还在同一芯片上集成一个复位 MOS 场效应管（V_1）和一个读出 MOS 场效应管（V_2）。浮置扩散层的输出信号直接送给读出 MOS 场效应管的栅极。开始时，扩散层在复位晶体管 V_1 的复位电位作用下处于强反型状态。当电荷流入时，扩散层下的表面势升高，升高量为

$$\Delta V_{out} = Q_s / C_{FD} \tag{4-55}$$

式中，C_{FD} 为浮置扩散节点上的总电容。

在上述电路中，V_2 具有低的输入电容和低的输出电阻。二极管的耗尽层电容随其上的电位而变化，构成非线性因素。这个因素可通过采用小的耗尽层电容来减少，如采用高阻衬底材料和小的

二极管面积，或连接一个比二极管大的固定负载电容。大的负载电容可以由大的 MOS 场效应管通道宽度来实现。增大 MOS 场效应管通道宽度会使跨导增大，输出阻抗减小。大的负载电容有助于减少信号电压在 MOS 场效应管栅上的摆动。

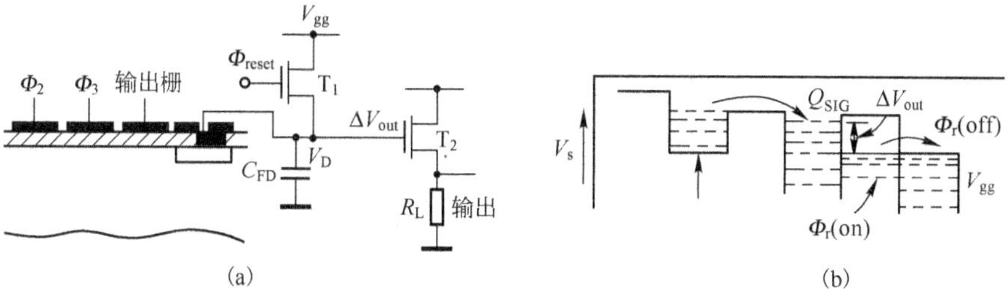

图 4-28　浮置扩散放大器输出结构

经 MOS 读出管放大后的输出信号电压为

$$\Delta V_{out} = \frac{g_m R_L}{1 + g_m R_L} \frac{Q_s}{C_{FD}} \tag{4-56}$$

式中，g_m 为跨导；R_L 为输出端负载电阻。

读出 ΔV_{OUT} 后，V_1 管在复位脉冲 ϕ_{reset} 作用下导通，将电荷包 Q_s 通过 V_2 管的沟道抽走，使节点电位重新置为 V_2 管的 V_{RD} 值。当 ϕ_{reset} 结束，V_2 管关闭后，由于 V_1 管处于节点的 V_{RD} 电位的强反偏状态，无放电回路，所以，节点电位一直维持在 V_{RD} 值，直到下一个时钟脉冲周期信号电荷包来到。这种输出结构称为选通电荷积分器。

浮置栅放大器输出结构如图 4-29 所示。其特点是，用于取出信号的栅极浮置于沟道上面的氧化层中间，加有固定的偏置电压。当电荷包在浮置栅下通过时，浮置栅上由于电容耦合产生电位变化。这个改变量，用上面的方法送给 MOS 场效应管栅极。MOS 场效应管仍然做在同一芯片上，与浮置栅一起构成浮置栅放大器。

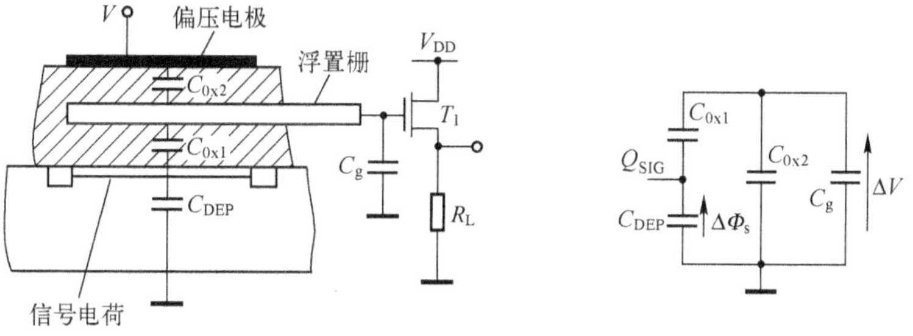

图 4-29　浮置栅放大器输出结构

对 SCCD 来说，浮置栅放大器的输出，有较好的线性，没有复位噪声，有较高的灵敏度，可达 3.5μV/电子。并且由于采用了非破坏性输出，同一电荷包在转移过程中可以多次取出信号。

4.3.2　CCD 的物理性能

CCD 同其他固体成像器件一样，其物理性能是决定器件优劣的重要因素，也是器件理论设计的重要依据。下面介绍和分析 CCD 的一些物理性能。

1. CCD 的开启电压 V_{th}

从物理意义上说，CCD 开始产生沟道所需要的栅压就是开启电压，也就是前面讨论过的阈值电压 V_{th}。根据前面的理论，实际 MOS 系统的开启电压为式(4-52)所示。如果令式(4-50)中

$$Q_f + \frac{1}{d_{0x}} \int_0^{d_{0x}} x p(x) \mathrm{d}x = Q_{ss} \tag{4-57}$$

则式(4-50)可写成

$$V_{\mathrm{FB}}=-\left(\phi_{\mathrm{ms}}+\frac{Q_{\mathrm{ss}}}{C_{0x}}\right) \tag{4-58}$$

那么，当将式(4-52)中的 Q_{B} 以式(4-27)中的关系代替时，可得到 P 型硅衬底的 N 沟道 CCD 的开启电压为

$$V_{\mathrm{th}}=-\left(\phi_{\mathrm{ms}}+\frac{Q_{\mathrm{ss}}}{C_{0x}}\right)+2\phi_{\mathrm{F}}+\left[\frac{4\varepsilon_{\mathrm{s}}\varepsilon_0 N_{\mathrm{A}}e\phi_{\mathrm{F}}}{C_{0x}^2}\right]^{1/2} \tag{4-59}$$

由于 P 型半导体的能带向下弯曲，故栅压是正的，即 $V_{\mathrm{s}}=2\phi_F$ 是正值。

同理，N 型硅衬底的 P 沟道 CCD 的开启电压为

$$V_{\mathrm{th}}=-\left(\phi_{\mathrm{ms}}-\frac{Q_{\mathrm{ss}}}{C_{0x}}\right)-2\phi_{\mathrm{F}}-\left[\frac{4\varepsilon_{\mathrm{s}}\varepsilon_0 N_{\mathrm{D}}e\phi_{\mathrm{F}}}{C_{0x}^2}\right]^{1/2} \tag{4-60}$$

比较式(4-59)和式(4-60)可知，对 P 型和 N 型衬底的ϕ_{ms}，因 E_{F} 位置不同ϕ_{ms}也有所不同，但对同一金属栅极，其符号不变。但 N 沟道时表面势取正，能带向下弯曲。而 P 沟道时表面势则取负值，能带向上弯曲。

从以上两式中还可以看出，开启电压与 SiO_2 层的电容 C_{0x} 有关。SiO_2 层越厚，ε_{0x} 越小，C_{0x} 越小，开启电压就越大。因此，在制造 CCD 时，SiO_2 层的厚度要适当，以获得优质的开启电压。此外，开启电压还与金属-硅的功函数差、SiO_2 层中的固定的和可动的电荷及衬底的掺杂浓度等因素有关。

2．CCD 的电荷负载能力

式(4-42)给出了作为电荷存储和转移器件的 CCD 的满势阱情况的信号电荷容纳量。但由于它没有考虑相邻势阱深度的制约，所以应该在实际情况当中加以考虑并予以修正。

（1）三相 CCD 及多相 CCD 的存储能力

设三相驱动系统如图 4-30 所示。电极电压 $V_{\mathrm{G1}}=V_{\mathrm{G3}}(<V_{\mathrm{G2}})$，区域 2 在 V_{G2} 的作用下形成势阱。若该势阱因充满电荷而使其表面势 V_{S2} 减小并与区域 1、3 的表面势相同，即 $V_{\mathrm{S1}}=V_{\mathrm{S2}}=V_{\mathrm{S3}}=V_{\mathrm{S}}$，则对区域 1 和 2 运用式(4-40)有

$$V_{\mathrm{G}_1}-V_{\mathrm{FB}}-0=V_{\mathrm{S}}+\frac{1}{C_{0x}}\left(2\varepsilon_{\mathrm{S}}\varepsilon_0 eN_{\mathrm{A}}V_{\mathrm{S}}\right)^{1/2} \tag{4-61}$$

$$V_{\mathrm{G}_2}-V_{\mathrm{FB}}-\frac{Q_{\mathrm{S}}}{C_{0x}}=V_{\mathrm{S}}+\frac{1}{C_{0x}}\left(2\varepsilon_{\mathrm{S}}\varepsilon_0 eN_{\mathrm{A}}V_{\mathrm{S}}\right)^{1/2} \tag{4-62}$$

以上两式相减得

$$Q_{\mathrm{S}}=C_{0x}\left(V_{\mathrm{G}_2}-V_{\mathrm{G}_1}\right) \tag{4-63}$$

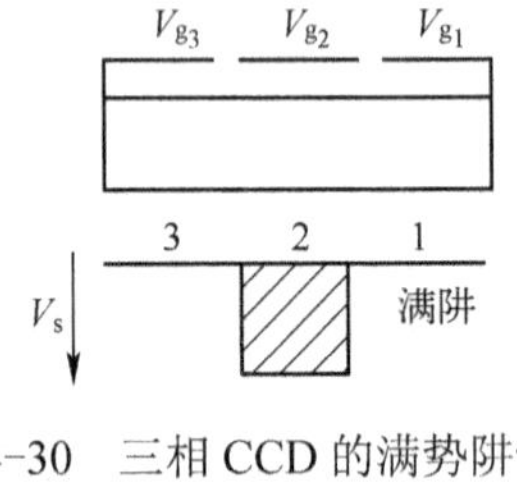

图 4-30　三相 CCD 的满势阱情况

该式即为三相及多相 CCD 单位栅极面积的最大电荷存储能力。它仅由 SiO_2 层电容和相邻电极电位差来决定。

（2）二相 CCD 的电荷存储能力

对二相 CCD，如图 4-31 所示。图(a)表示电极下面氧化层厚度不同，而区域 1 和 2 的势阱深度不同。现设区域 1 为满阱状态，则由 $V_{\mathrm{S1}}=V_{\mathrm{S2}}=V_{\mathrm{S}}$，仍运用式(4-49)得

$$V_{\mathrm{G}_1}-V_{\mathrm{FB}_1}-\frac{Q_{\mathrm{S}}}{C_{0x_1}}=V_{\mathrm{S}}+\frac{1}{C_{0x_1}}\left(2\varepsilon_{\mathrm{S}}\varepsilon_0 eN_{\mathrm{A}}V_{\mathrm{S}}\right)^{1/2} \tag{4-64}$$

$$V_{\mathrm{G}_2}-V_{\mathrm{FB}_2}-0=V_{\mathrm{S}}+\frac{1}{C_{0x_2}}\left(2\varepsilon_{\mathrm{S}}\varepsilon_0 eN_{\mathrm{A}}V_{\mathrm{S}}\right)^{1/2} \tag{4-65}$$

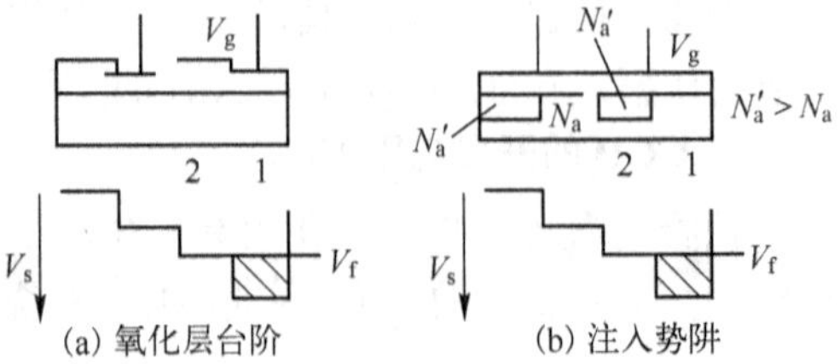

(a) 氧化层台阶　　(b) 注入势阱

图 4-31　二相 CCD 满阱情况

同理两式相减可得
$$Q_S = C_{0x_1}\left[\left(V_{G_1}-V_{FB_1}\right)-\left(V_{G_2}-V_{FB_2}\right)\right]+\left(2\varepsilon_S\varepsilon_0 eN_A V_S\right)^{1/2}\left[\frac{C_{0x_1}}{C_{0x_2}}-1\right]$$
$$= C_{0x_1}\left[\left(V_{G_1}-V_{FB_1}\right)-\left(V_{G_2}-V_{FB_2}\right)\right]+\left(2\varepsilon_S\varepsilon_0 eN_A V_S\right)^{1/2}\left[\frac{C_{0x_1}-C_{0x_2}}{C_{0x_2}}\right] \tag{4-66}$$

由式(4-2)可知，二相 CCD 的最大电荷存储能力由相邻二区氧化层厚度之差决定。如果利用内掺杂来形成台阶的话，则式(4-66)将由相邻二区掺杂浓度之差来决定。

（3）BCCD 的存储能力

对于 BCCD，没有简单的类似于 SCCD 的存储电荷表达式。但对于均匀掺杂的通道，其电荷量可表示为

$$Q_B = -eN_D d_x A_d \tag{4-67}$$

式中，d_z 为电荷所在处中性通道的厚度。若设 BCCD 和 SCCD 有相同的电极尺寸，则二者存储能力之比为

$$\frac{Q_S}{Q_B} = 1+\frac{\varepsilon_{0x} d_N}{2\varepsilon_S\varepsilon_0 d_{0x}} \tag{4-68}$$

式中，d_N 为 BCCD 外延层或扩散层厚度。

由此可见，埋沟越深（d_N 越大），BCCD 的存储能力越小。若取 d_{0x}=0.1μm，d_N=2.1μm，则 Q_S/Q_B=4.5。可见埋沟 CCD 的存储能力比表面 CCD 要小许多。

上述分析假定 N_D 是均匀的，实际上 N_D 是由表及里逐渐减小的。如果按实际杂质分布，则应求解泊松方程，求出电位分布进而得出通道厚度 d_N。

3．CCD 的工作频率

CCD 只能在一定的频率范围内正常工作，这个范围称为 CCD 的工作频率，其受许多因素的影响。

（1）影响 CCD 工作频率下限的因素

CCD 是一种非稳态工作器件，如果驱动脉冲电压变化太慢，则在电荷存储时间内，MOS 电容已过渡到稳态，热激发产生的少数载流子将很快填满势阱，从而无法进行信号电荷的存储和转移。因此，驱动脉冲电压必须有一个下限频率的限制。下限频率的大小取决于信号电荷的寿命 τ_e。为了避免热激发少数载流子对存储的信号产生影响，注入信号电荷从一个电极转移到下一个电极所需要的时间 t_r 必须小于少数载流子寿命 τ_e。对于三相 CCD，$t_r=T/3$，这里 T 为时钟脉冲(CP)的周期。则 CCD 的工作下限频率为

$$f_{c_1} > \frac{1}{3\tau_e} \tag{4-69}$$

显然，少数载流子寿命 τ_e 越长，CCD 工作频率的下限越低。

（2）影响 CCD 工作频率上限的因素

影响 CCD 工作频率上限的因素有两个，一个是 CCD 的电极长度不是无限小，信号电荷通过电极需要一定时间。若驱动时钟脉冲变化太快，将使转移势阱中的部分电荷来不及转移到接收势阱，从而引起信号电荷的转移损失。若要使信号电荷有效地转移，必须使 $t_r \leqslant T/3=1/3f_{c2}$，这里，$f_{c2}$ 为频率的上限，故有

$$f_{c2} \leqslant \frac{1}{3t_r} \tag{4-70}$$

与此同时，由于 CCD 存在界面态，若界面态释放俘获电荷的时间大于 $T/3$，就使得被界面态俘获的部分信号电荷跟不上原来所在的信号电荷包而落到尾随的信号电荷包中去，造成了信号电荷的损失。因此，若使信号不致于因界面态俘获而损失，就必须要求俘获载流子的释放时间 $\tau_c<T/3$，亦既 $\tau_c \leqslant t_r$。故 f_{c2} 又可写为

$$f_{c2} < \frac{1}{3\tau_c} \tag{4-71}$$

这表明，界面态的俘获时间也是决定时钟脉冲频率上限的因素之一。

4. 转移效率及其影响因素

在理想情况下，认为信号电荷包能够完整无损地、及时地从一个势阱转移到另一个势阱中去。但事实上并非如此，当电荷包从前边的势阱转移到相邻的势阱时，因种种原因，电荷并不是瞬时地、百分之百地从前面的势阱转移到相邻的势阱中去，而是有所损失。设 t=0 时势阱中的电荷为 $Q(0)$，经过时间 t 后，大多数电荷在电场作用下，到达相邻的下一势阱，此时留在原势阱中的电荷为 $Q(t)$，于是，定义 CCD 的电荷转移损失率为

$$\varepsilon(t) = \frac{Q(t)}{Q(0)} \times 100\% \tag{4-72}$$

$\varepsilon(t)$也称为不完全转移因数。如果 CCD 的相数为 n_{cp}，则每位转移的平均电荷损失率为

$$\overline{\varepsilon} = \frac{1}{n_{cp}} \sum_{i=1}^{n_{cp}} \varepsilon_i \tag{4-73}$$

此时，转移到相邻势阱中的电荷与原势阱中的电荷之比为

$$\eta(t) = \frac{Q(0) - Q(t)}{Q(0)} = 1 - \varepsilon(t) \tag{4-74}$$

称为 CCD 的转移效率。如果电荷在 CCD 中经过几次转移，则总的转移率为

$$\frac{Q(n)}{Q(0)} = \eta^n = (1 - \varepsilon)^n \approx e^{-n\varepsilon} \tag{4-75}$$

由此可见，ε 越大，转移次数 n 越多，则信号电荷的衰减越快，从而导致器件性能下降。

造成电荷转移损失的主要因素有三个：转移速度快慢，界面态俘获和极间势垒。

（1）电荷转移速度的影响

设信号电荷沿 x 方向转移，它同载流子在 PN 结区的运动情况一样，有因电场作用而产生的漂移运动和因浓度梯度而产生的扩散运动。当假定注入 CCD 的少子是空穴时，其总的电流密度可写为

$$J_x = e\left(\mu_p pE - D_p \frac{\partial p}{\partial x}\right) \tag{4-76}$$

式中，E 为 Si-SiO_2 界面的总电场强度。在 CCD 中 E 通常由二部分组成：一是通道中沿电荷转移方向相邻两电极下的电荷分布不均匀而产生的自感生电场强度 E_s，二是由于相邻两电极间的电势差而产生的边缘电场强度 E_J。因此有

$$E = E_s + E_f \tag{4-77}$$

将上式代入式(4-76)，得到

$$J_x = e\mu_p pE_s + e\mu_p pE_f - eD_p \frac{\partial p}{\partial x} = J_s + J_f + J_D \tag{4-78}$$

式中，$J_s = e\mu_p pE_s$，为 E_s 作用下的漂移电流密度；$J_f = e\mu_p pE_f$，为 E_f 作用下的漂移电流密度；$J_D = -eD_p \frac{\partial p}{\partial x}$，为扩散电流密度。

同时，由于信号电荷的转移，空穴的浓度不仅是空间距离 x 的函数，而且也是时间的函数。因此，电荷的连续性方程为

$$\frac{\partial p(x,t)}{\partial t} = -\frac{1}{e} \frac{\partial J_x}{\partial x} \tag{4-79}$$

由式(4-78)，得到
$$\frac{\partial p(x,t)}{\partial t}=\frac{\partial}{\partial x}\left[\mu_{\mathrm{p}}\left(E_{\mathrm{s}}+E_{\mathrm{f}}\right)p-D_{\mathrm{p}}\frac{\partial p}{\partial x}\right] \tag{4-80}$$

下面根据式(4-80)分别讨论扩散、自感生电场和边缘电场对信号电荷转移所产生的影响

① 扩散作用的影响

当只计入扩散项时，由式(4-80)得到典型的扩散方程为
$$\frac{\partial p}{\partial t}=D_{\mathrm{p}}\frac{\partial^2 p}{\partial x^2} \tag{4-81}$$

假定为变量可分离型，即 $p(x, t)=g(x)f(t)$，则根据初始条件
$$p(x,0)=p_0 \quad t=0,\quad 0\leqslant x\leqslant L \tag{4-82}$$

及边界条件
$$\frac{\partial p(0,t)}{\partial x}=0,\quad t>0 \tag{4-83}$$
$$p(L,t)=0,\quad t>0 \tag{4-84}$$

式中，L 为电极长度。可求得通解为
$$p(x,t)=\sum_{k=0}^{\infty}A_k\cos\left(\lambda_k x\right)\mathrm{e}^{-\lambda_k^2 D_{\mathrm{p}}^t} \tag{4-85}$$

式中
$$A_k=\frac{2}{L}\int_0^L p(x,0)\cos\left(\lambda_k x\right)\mathrm{d}x \tag{4-86}$$
$$\lambda_k=\frac{(2k+1)\pi}{2L} \tag{4-87}$$

考虑初始条件后，得到
$$A_k=(-1)^k\frac{4p_0}{(2k+1)\pi},\quad 0<k<\infty \tag{4-88}$$

于是有
$$\begin{aligned}p(x,t)&=\sum_{k=0}^{\infty}(-1)^k\frac{4p_0}{(2k+1)\pi}\cos\frac{(2k+1)\pi x}{2L}\mathrm{e}^{-\frac{(2k+1)^2\pi^2 D_{\mathrm{p}}^t}{4L^2}}\\&=\sum_{k=0}^{\infty}(-1)^k\frac{4p_0}{(2k+1)\pi}\cos\frac{(2k+1)\pi x}{2L}\mathrm{e}^{-\frac{t}{\tau_k}}\end{aligned} \tag{4-89}$$

式中
$$\tau_k=\frac{4L^2}{(2k+1)^2\pi^2 D_{\mathrm{p}}} \tag{4-90}$$

称为 $p(x, t)$的衰减时间常数。显然由以上诸式可知，k 越大，则 A_k 越小，τ_k 也越小，衰减就越快。因此，信号电荷衰减快慢主要取决于低级项。取 $k=0$ 则有
$$p(x,t)=\frac{4p_0}{\pi}\cos\left(\frac{\pi x}{2L}\right)\mathrm{e}^{-\frac{t}{\tau_{\mathrm{D}}}} \tag{4-91}$$

这里
$$\tau_{\mathrm{D}}=\frac{4L^2}{\pi^2 D_{\mathrm{p}}}=\frac{L^2}{2.5D_{\mathrm{p}}} \tag{4-92}$$

为扩散衰减时间常数。对于 N 沟道情况，应将 D_{p} 换成 D_{e}，即电子扩散系数。

由式(4-91)可知，经过时间 t 后，留在电极下的空穴量为
$$p(t)=\int_0^L p(x,t)\mathrm{d}x=\frac{4p_0}{\pi}\int_0^L\cos\frac{\pi x}{2L}\mathrm{e}^{-t/\tau_{\mathrm{D}}}\mathrm{d}x=\frac{8p_0 L}{\pi^2}\mathrm{e}^{-t/\tau_{\mathrm{D}}}=p(0)\mathrm{e}^{-t/\tau_{\mathrm{D}}} \tag{4-93}$$

式中，$p(0)=\dfrac{8p_0L}{\pi^2}$，为 $t=0$ 时电极下的总空穴数目。则转移损失率为
$$\varepsilon(t)=p(t)/p(0)=\mathrm{e}^{-t/\tau_{\mathrm{D}}} \tag{4-94}$$

可见转换损失率随时间呈指数规律变化。由式(4-92)可知，τ_D与电荷包的大小无关而与电极长度的平方成正比。事实上，在电场作用很弱的情况下，电荷转移主要靠扩散作用来完成。

② 自感生电场作用的影响

自感生电场是在电极下引入电荷后，因电荷的互斥作用，沿 x 方向变化而产生的电场。电场的大小可以用表面势的梯度来表示。设 V_s 随电荷的变化是线性的，则

$$E_s=-\frac{\partial V_s}{\partial x}=-\frac{1}{C_s}\frac{\partial Q_s}{\partial x} \tag{4-95}$$

式中，V_s 为 Si-SiO$_2$ 界面的表面势；C_s 为势阱电容。由此电场产生的电流密度为

$$J_s(x,t)=e\mu_p pE_s=-e\mu_p p\frac{1}{C_s}\frac{\partial Q_s}{\partial x} \tag{4-96}$$

由电流连续性方程，有

$$\frac{\partial p(x,t)}{\partial t}=\frac{\partial}{\partial x}\left[\frac{e\mu_p}{C_s}p(x,t)\frac{\partial p(x,t)}{\partial x}\right] \tag{4-97}$$

令

$$D_{ef}=\frac{e\mu_p}{C_s}p(x,t) \tag{4-98}$$

称之为有效扩散系数，显然它是载流子浓度的函数。所以，自感生电场引起电荷转移现象可以用类于简单扩散过程来处理。由于这里 $ep(x,t)/C_S$ 是因表面空穴浓度不同而引起的表面势变化，对典型的 CCD 结构势阱填满的情况下，其值通常是几伏。而由关系式 $D_p=\mu_p\frac{kT}{e}$ 可知，在 T=300K 时，热扩散常数 kT/e 通常只有 0.026eV。$D_{eff}\gg D_p$，故自感生电场引起的电荷转移过程比热扩散作用大得多。

由式(4-98)可将式(4-97)写成

$$\frac{\partial p(x,t)}{\partial t}=\frac{\partial}{\partial x}\left[D_{ef}\frac{\partial p(x,t)}{\partial x}\right] \tag{4-99}$$

与扩散情况类似，用分离变量法求解上述方程有

$$p(x,t)=g(x)\cdot f(t) \tag{4-100}$$

代入原方程并令左右端均为同一常数 $-A$，得到

$$\frac{1}{f^2(t)}\frac{\mathrm{d}f(t)}{\mathrm{d}t}=-A=\frac{e\mu_p}{2C_s}\frac{1}{g(x)}\frac{d^2g^2(x)}{\mathrm{d}x^2} \tag{4-101}$$

这里，A 为依赖条件的常数。于是得到 $f(t)$和 $g(x)$的两个常微分方程

$$\begin{cases}f'(t)+Af^2(t)=0\\ \left[g^2(x)\right]''+\dfrac{2C_sA}{e\mu_p}g(x)=0\end{cases} \tag{4-102}$$

解得

$$f(t)=f(0)/\left[1+Af(0)t\right] \tag{4-103}$$

若令

$$\frac{1}{Af(0)}=t_0 \tag{4-104}$$

则有

$$\frac{f(t)}{f(0)}=\frac{t_0}{t_0+t} \tag{4-105}$$

因为 $f(t)$是 $p(x,t)$的时间因子，所以知道了 t_0 就可知道经过 t 时刻后所剩余的电荷相对值。为估算 t_0 值，把 D_{ef} 近似看作常数，则扩散方程与式(4-81)相同，其解为

$$p(x,t)=g(x)f(t)=\frac{4p_0}{\pi}\cos\frac{\pi x}{2L}\mathrm{e}^{-\frac{\pi^2 D_{\mathrm{ef}}}{4L^2}t} \tag{4-106}$$

其中
$$g(x)=\frac{4p_0}{\pi}\cos\frac{\pi x}{2L} \tag{4-107}$$

$$f(t)=\mathrm{e}^{-\frac{\pi^2 D_{\mathrm{ef}}}{4L^2}t}=\mathrm{e}^{-\frac{t}{\tau_{\mathrm{s}}}} \tag{4-108}$$

这里
$$\tau_{\mathrm{s}}=\frac{4L^2}{\pi^2 D_{\mathrm{ef}}} \tag{4-109}$$

称为衰减时间常数。

比较式(4-101)，有
$$A=-\frac{1}{f^2(t)}\frac{\mathrm{d}f(t)}{\mathrm{d}t}=-\frac{1}{f(t)}\left(-\frac{\pi^2 D_{\mathrm{ef}}}{4L^2}\right) \tag{4-110}$$

故由式(4-98)及式(4-106)～式(4-108)得到

$$A=\frac{\pi e\mu_{\mathrm{p}}p_0}{C_{\mathrm{s}}L^2}\cos\frac{\pi x}{2L} \tag{4-111}$$

由于 t=0 时，$f(t)$=1，取电荷为均匀分布近似，取 $Af(0)$为电极下的平均值，故有

$$\frac{1}{t_0}=Af(0)=\int_0^L\frac{\pi e\mu_{\mathrm{p}}p_0}{C_{\mathrm{s}}L^2}\cos\frac{\pi x}{2L}\mathrm{d}x=\frac{\pi e\mu_{\mathrm{p}}p_0}{C_{\mathrm{s}}L^2}\frac{2}{\pi}=\frac{\pi^2 e\mu_{\mathrm{p}}}{4C_{\mathrm{s}}L^3}p(0) \tag{4-112}$$

式中，$p(0)=8p_0L/\pi^2$，为 t=0 时电极下的总空穴数目。由上式得到

$$t_0=\frac{4C_{\mathrm{s}}L^3}{\pi^2 e\mu_{\mathrm{p}}p(0)}=\frac{C_{\mathrm{s}}L^3}{2.5e\mu_{\mathrm{p}}p(0)} \tag{4-113}$$

可见 $p(0)$越大，t_0 越小，电荷衰减越快。即电荷包越大，自感生电场越强，对电荷的转移影响越大。同扩散情况一样，经过时间 t 后，留在电极下的空穴量为

$$p(t)=\int_0^L p(x,t)\mathrm{d}x=\frac{4p_0}{\pi}\int_0^L\cos\frac{\pi x}{2L}\mathrm{d}xf(t)=p(0)f(t) \tag{4-114}$$

转移损失率为
$$\varepsilon(t)=\frac{p(t)}{p(0)}=f(t)=\frac{t_0}{t_0+t} \tag{4-115}$$

③ 边缘电场作用的影响

CCD 的 Si-SiO_2 界面上任意位置的表面势除了受该位置电极的时钟脉冲电压影响外，还受到其他相邻电极上时钟脉冲电压的影响。因此，实际的势阱并不是矩形的。这个事实在应用耗尽层近似时，并没有考虑进去，只是略去了宽度方向电场的变化。所以，在相邻电极的影响下，等位线不再平行于电极，从而产生沿电荷移动方向上的电场，该电场即称为边缘场。这种边缘电场的方向与自感生电场的方向一致。即使在很低的电荷密度下，由于边缘电场的存在，最后剩余的信号电荷也会靠边缘电场转移，而不是靠扩散转移。精确确定边缘电场是比较困难的，需要用大型计算机解二维泊松方程。

对于三相 CCD 而言，中间转移电极的边缘电场 E_{f}，其大小从电极的中央到电极的边缘几乎是线性增加的，当两侧相邻电极上的电压为 V_{G1} 和 V_{G3} 时，若中间电极的电压 $V_{\mathrm{G2}}=\frac{V_{\mathrm{G1}}+V_{\mathrm{G2}}}{2}$，则计算表明中间电极中央下的最小边缘电场为

$$E_{\mathrm{fmin}}=6.5\frac{d_{0x}V}{L^2}\left[\frac{5x_{\mathrm{d}}/L}{\frac{5x_{\mathrm{d}}}{L}+1}\right]^4 \tag{4-116}$$

式中，V 是相邻电极间的电位差；L 是电极长度；x_d 是耗尽层厚度。

上式表明选择适当的衬底浓度和氧化层厚度，设计较短长度的电极，可以提高边缘场而加速后期电荷的转移速度。在边缘电场作用下，一个空穴转移通过一个栅电极所需的时间为

$$t_r = \frac{1}{\mu_p}\int_0^L \frac{dx}{E_f(x)} \tag{4-117}$$

而电极下平均边缘电场约为 $2E_{fmin}$，故

$$t_r = \frac{L}{2\mu_p E_{fmin}} = \frac{L^3}{13\mu_p d_{0x} v}\left[\frac{\frac{5x_d}{L}+1}{5x_d/L}\right]^4 \tag{4-118}$$

所以，缩短电极长度，提高栅压，增大耗尽层厚度等均可减小 t_r 加快转移。当然，栅极下势阱中的电荷不是一个而是一群，由于电荷斥力作用，电荷不可能在 t_r 内全部转移完，所以必须考虑上述三个因素共同作用下的电荷转移。

分析表明，由热扩散作用形成的 $\varepsilon(t)$最大，而且在长时间内起作用；边缘电场在电荷转移的中期能有效地减小 $\varepsilon(t)$，边缘电场作用引起的转移速度能够满足 100MHz 时钟频率的需要；而自感生电场则在电荷转移初期对减小 $\varepsilon(t)$起主要作用，对后期的剩余部分电荷的转移不利。图 4-32 给出了 $\varepsilon(t)$-f_c 关系曲线。在时钟脉冲频率低于几 MHz 时，转移损失近似为常数；但当 f_c 升高至 10MHz 时，$\varepsilon(t)$迅速增大。

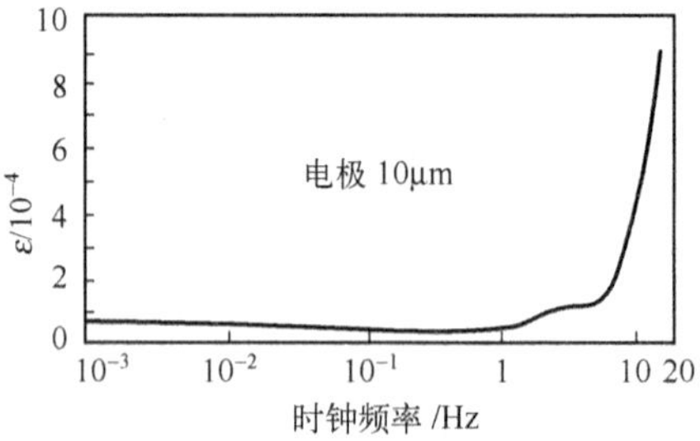

图 4-32　$\varepsilon(t)$ $-f_c$ 关系曲线

（2）界面态俘获的影响

电荷在转移过程中，往往会被表面态和体内陷阱所俘获，造成转移过程中的损失。对 SCCD，表面态俘获是主要的，对 BCCD，体内陷阱俘获是主要的。但总的来说 BCCD 的损失比 SCCD 要少得多。

① SCCD 的电荷转移损失

信号电荷沿沟道转移时，往往会同表面态发生作用。表面态一方面从电荷包中俘获电荷，另一方面又向电荷包释放电荷。如果释放缓慢或不释放则将构成电荷的转移损失或构成真正的信号损失。

界面态对信号电荷的俘获与释放服从肖克-里德-霍耳方程

$$dN_{sp}/dt = \text{俘获率}-\text{发射率} = k_1\left(N_{ss}-N_{sp}\right)p - k_2 N_{sp} e^{-\frac{Et}{kT}} \tag{4-119}$$

式中，$k_1=\sigma_p v_T d_R$ 为俘获系数，其中 σ_p 为空穴俘获截面，v_T 为载流子热运动速度，d_R 为反型层厚度；$k_2=\sigma_p v_T N_+$ 为发射系数；N_+ 为价带顶的有效态密度；N_{ss} 为 E_t 态的界面态密度；N_{sp} 为 E_t 态被空穴占据的界面态密度；E_t 为界面态能级到价带顶的能量差。

由俘获率得俘获时间常数

$$\tau_1 = \frac{1}{k_1\left(N_{ss}-N_{sp}\right)} \tag{4-120}$$

由发射率得发射时间常数

$$\tau_2 = \frac{1}{k_2} e^{\frac{Et}{kT}} = \frac{1}{\sigma_p v_T N_+} e^{\frac{Et}{kT}} \tag{4-121}$$

在电荷被俘之后，若保证被俘获的电荷跟上原电荷包，则必须有 $\tau_2 < \frac{T}{n_{cp}} = \frac{1}{n_{cp} f_c}$。这里 T/n_{cp} 为电荷包通过一个栅极的时间。

当界面态处于稳态时，$\mathrm{d}N_{\mathrm{sp}}/\mathrm{d}t=0$，故由式(4-119)解得

$$N_{\mathrm{sp}}(t)=N_{\mathrm{ss}}\left[1+\frac{k_2\mathrm{e}^{E_t}}{k_1p(t)}\right]^{-1} \tag{4-122}$$

由 $N_{\mathrm{sp}}/N_{\mathrm{ss}}=1/2$ 得到界面态的准费米能级

$$E_{\mathrm{F}}(t)=kT\ln\frac{k_2}{k_1p(t)} \tag{4-123}$$

按费米能级定义，$E_{\mathrm{F}}(t)$以下能级全被占满，以上能级全是空的。这样可通过俘获和发射过程中$E_{\mathrm{F}}(t)$的变化来确定表面态中暂留电荷的多少。设有三相系统，在 t_0 时，信号电荷在电极 1 的下面，此时电极 2 的下面没有电荷，只有偏置电荷 $p(t_0)$，故由它决定的准费米势为

$$E_{\mathrm{F1}}(t)=kT\ln\frac{k_2}{k_1p(t)} \tag{4-124}$$

当信号电荷包转移到电极 2 下面时，因界面态俘获空穴，使 $E_{\mathrm{F1}}(t_0)$上升至

$$E_{\mathrm{F2}}(t)=kT\ln\frac{k_2}{k_1p(t)} \tag{4-125}$$

当电荷包由栅极 2 转移至栅极 3 的下面时，表面态因发射电子，使 $E_{\mathrm{F2}}(t)$降至 $E_{F3}(t)$，$E_{F3}(t)$的大小应由发射时间常数决定，即

$$E_{\mathrm{F3}}(t)=kT\ln k_2\tau_2=kT\ln\frac{k_2}{3f_{\mathrm{c}}} \tag{4-126}$$

综合以上过程，表面态准费米能级的变化量为 $E_{\mathrm{F1}}(t_0)-E_{\mathrm{F3}}(t)$。如果设界面态按能量均匀分布，则净留空穴面密度为

$$N_{\mathrm{R}}=\left[E_{\mathrm{F3}}(t)-E_{\mathrm{F1}}(t)\right]N_{\mathrm{sp}}=N_{\mathrm{sp}}kT\ln\frac{3f_{\mathrm{c}}}{k_1p(t_0)} \tag{4-127}$$

转移损失率为

$$\varepsilon(t)=\frac{N_{\mathrm{R}}}{p(t)}=\frac{N_{\mathrm{sp}}}{p(t)}kT\ln\frac{3f_{\mathrm{c}}}{k_1p(t_0)} \tag{4-128}$$

是留在表面态中的空穴，当栅压升高时，表面层由耗尽变为积累时，被俘空穴就可能同体内来的自由电子复合而消失，构成真正损失。

② BCCD 的电荷转移损失

对 BCCD 来说，陷阱作用是由体内的陷阱密度所决定的。由于体内陷阱密度远比表面态密度低，所以，体内陷阱的作用也比表面态作用小得多。设体内陷阱密度为 $N_{\mathrm{t}}(E_{\mathrm{t}})$，势阱中电荷包的体积为 V_0，则能量为 E_{t} 的陷阱所能俘获的载流子总数为 $N_{\mathrm{t}}V_0$。设陷阱的发射时间常数为 τ_{t}，由

$$\frac{\mathrm{d}N_{\mathrm{t}}}{\mathrm{d}t}=-\frac{N_{\mathrm{t}}}{\tau_{\mathrm{t}}} \tag{4-129}$$

可知，不被发射的几率为 $\mathrm{e}^{-t/\tau_{\mathrm{t}}}$，发射的几率 $\eta=1-\mathrm{e}^{-t/\tau_{\mathrm{t}}}$。所以在 $t=\frac{1}{n_{\mathrm{cp}}f_{\mathrm{c}}}$ 的时间内，留在陷阱中的载流子数为

$$N_{\mathrm{R}}=N_{\mathrm{t}}V_0\mathrm{e}^{-\frac{1}{n_{\mathrm{cp}}f_{\mathrm{c}}\tau_{\mathrm{t}}}} \tag{4-130}$$

假设有一群“1”电荷包，其前面有 n 个“0”电荷包，就某一势阱而言，当“1”电荷包进入该势阱之前，它所包含的体内陷阱一直向外发射载流子，其时间为

$$nT+\frac{T}{n_{\mathrm{cp}}}=\frac{n}{f_{\mathrm{c}}}+\frac{1}{n_{\mathrm{cp}}f_{\mathrm{c}}} \tag{4-131}$$

此间发射的载流子数为

$$N_n = N_t V_0 \left[1 - e^{-\frac{\frac{n}{f_c}+\frac{1}{n_{cp}f_c}}{\tau_t}} \right] \tag{4-132}$$

上述 N_n 个空出来的陷阱，将从到来的“1”电荷包中俘获载流子。同时在第二个“1”电荷包到达之前，陷阱又能向该电荷包发射的部分载流子为

$$N_1 = N_t V_0 \left[1 - e^{-\frac{1}{n_{cp}f_c\tau_t}} \right] \tag{4-133}$$

所以，第一个“1”电荷包经过一次转移后，在该势阱的损失量为

$$Q_c = eN_R = e\left(N_n - N_1\right) = eN_t V_0 e^{-\frac{1}{n_{cp}f_c\tau_t}} \left[1 - e^{-\frac{n}{f_c\tau_t}} \right] \tag{4-134}$$

即，如果知道电荷包转移前的电荷量，则很容易求得 $\varepsilon(t)$。

无论 SCCD 还是 BCCD，其电荷转移损失量都与“1”电荷包前面的“0”电荷包的数目有关，如图 4-33 所示。从图中可知 SCCD 的电荷转移损失(A 曲线)比 BCCD 的要大得多。 因此，目前广泛使用的 CCD 大多为 BCCD。

③ “胖 0”工作模式

为了减少 SCCD 的表面态俘获损失，通常用一定数量的基底电荷先将界面态填满，当信号电荷注入时，信号电荷被俘获的几率变小，而从界面态释放出来的电荷又可以跟上原来的电荷包。信号电荷包损失到界面态中去的电荷，可能与它从界面态得到的电荷相等，从而在一定程度上减少了界面态带来的损失。因为这种工作模式下的“0”信号也有基底电荷注入，所以称为“胖 0”(fat zero)工作模式。

引入“胖 0”电荷后，可使 CCD 界面引起的电荷转移损失降到最小。基底电荷的作用就是保持慢态(离边缘最远的态)被填满，以致不再填充和排斥信号电荷。在 CCD 中，引入“胖 0”后可用光注入，界面态所引起的电荷转移损失率为

$$\varepsilon_s\left(t\right) = \frac{1}{N_s + N_{s0}} kTN_{ss} \ln\left(1 + \frac{f_c}{k_1 N_{s0}}\right) \tag{4-135}$$

式中，N_{s0} 为“胖 0”载流子密度；N_s 为信号电荷密度；N_{ss} 为界面态密度；k_1 为依赖俘获截面的常数；f_c 为时钟脉冲频率。

图 4-34 给出电荷转移损失与时钟脉冲频率的关系曲线，其中曲线 A 为没有“胖 0”电荷，曲线 B 为加入了 50%“胖 0”电荷测得的。可见加入“胖 0”电荷可以使界面态引起的损失明显减小。图中虚线为栅极长为 10μm 时计算出来的电荷转移损失。开始时，自感生电场占优势，能转移 99%的电荷，其特征时间 t_0=0.85fs。此后热扩散占优势，其时间常数 t_0=0.64fs。

但是，“胖 0”电荷的引入降低了势阱深度，减小了信号电荷的最大存储量，降低了 CCD 的动态范围，还会增大器件的转移噪声。因此“胖 0”电荷注入量一般控制在势阱满阱时的 10%～20%为宜。同时还应指出，“胖 0”电荷并不能完全消除陷阱影响。因为势阱并非矩形，而是 U 形。“胖 0”电荷首先填充势阱底部，所以栅极边缘处因得不到“胖 0”电荷而使那里的表面态仍然空着。对这种情况，只能通过增加栅电极尺寸或采用重叠栅来解决。

（3）边缘势垒的影响

当栅电极之间的距离较大时，其间的半导体表面处会形成势垒。势垒的高度与极间距离、极间

电位差、SiO_2 层厚度及衬底电阻有关。前边的讨论已经指出，要基本消除势垒，应使极间距离小至 3μm 以下，故常采用交叠栅结构，以减少边缘势垒。同时采用高阻衬底，使势阱加深，也有利于降低边缘势垒。

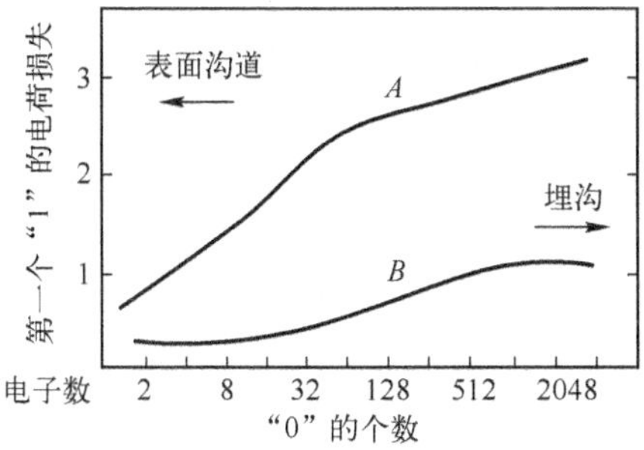

图 4-33　电荷转移损失与“0”电荷包的关系

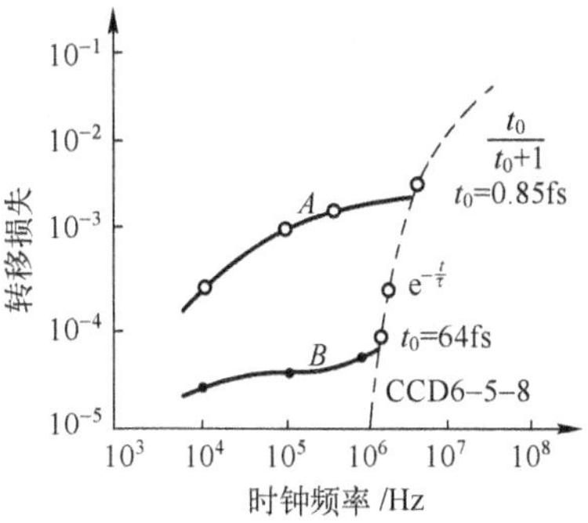

图 4-34　转移损失与时钟脉冲频率的关系曲线

5. CCD 的噪声

CCD 在存储和转移信息电荷的过程中，作为信息的各个少数载流子电荷包，在衬底内保持隔离状态，从这个意义上说，可以认为 CCD 自身是低噪声器件。但电荷的注入，转移及检测等过程都有噪声叠加在真实信号之中，影响信号的真实再现。CCD 的噪声源可归纳为三类，即散粒噪声、转移噪声及热噪声(即 KTC 噪声)。

（1）散粒噪声

由于微观粒子的无规则性和产生的随机性，在 CCD 中，无论是光注入、电注入还是热产生的信号电荷包中的载流子数总有一定的不确定性。这种不确定性可以用泊松分布来表示它们的概率分布，即

$$P(k)=\frac{\bar{N}^k}{k!}e^{-\bar{N}} \tag{4-136}$$

$P(k)$表示在平均载流子数为 $\bar{N}$ 的电荷包中，出现载流子数为 k 个时的几率。式(4-136)的均方涨落，即散粒噪声的均方值为

$$\overline{(n-\bar{N})^2}=\bar{N} \tag{4-137}$$

可见散粒噪声的均方值等于信号幅度，故散粒噪声不会限制器件的动态范围，但它决定了一个成像器件的噪声极限值。由于各电荷包中的涨落独立无关，所以散粒噪声是白噪声。

设电荷包中光生载流子总数为 N_s，则由 N_s 的随机变化而产生的光子散粒噪声为

$$\bar{N}_o=(N_s)^{1/2} \tag{4-138}$$

除光子噪声外，热激发 CCD 也能产生热生载流子，设其总数为 N_{s0}，则由其引起的散粒噪声为

$$\bar{N}_h=(N_{s0})^{1/2} \tag{4-139}$$

总的散粒噪声为

$$\bar{N}_n=(N_s+N_{s0})^{1/2} \tag{4-140}$$

（2）转移噪声

CCD 的转移噪声来源于转移损失、界面态俘获及体内陷阱俘获。转移噪声具有 CCD 噪声所独有的两个特点，即积累性和相关性。所谓积累性是指转移噪声是在转移过程中逐次积累起来的，转移噪声的均方值与转移次数 N_g 成正比。

转移损失引起的均方转移噪声，因每个电荷包中增加或损失的电荷与其前一个电荷包增加或损失的电荷一样多，而有一个 $2\varepsilon(N_s+N_{s0})$ 的均方根涨落。故电荷包经过 N_g 次转移后，有

$$\overline{N}_{rt}=\left[2\varepsilon N_g\left(N_s+N_{s0}\right)\right]^{1/2} \tag{4-141}$$

式中，因子“2”表示对应每一个电荷包，在每次转移中有两种涨落：一种是由前一个电荷包中接收遗留下来的电荷；另一种是丢给下一个电荷包的电荷。所以，必须用噪声变化的两倍来计算每个电荷包总转移噪声的平均值。

对 SCCD 而言，界面态被周期地填满或抽空，在信号电荷量保持不变的前提下，可以证明，其俘获噪声的均方根涨落为

$$\overline{N}_{rs}=\left[kTN_{ss}A_g\ln 2\right]^{1/2} \tag{4-142}$$

式中，N_{ss} 为界面态密度；A_g 为栅电极面积。同样道理，因每个电荷包转移之后，界面态经历两个过程，故经过 N_g 次转移之后，界面态俘获引起的噪声均方根涨落为

$$\overline{N}_{rs}=\left[2kTN_gN_{ss}A_g\ln 2\right]^{1/2} \tag{4-143}$$

在小信号下，N_g 很大，$\overline{N}_{rs}$ 占优势。

对 BCCD，主要是通过体内陷阱的载流子俘获而产生噪声的，可以采用与 SCCD 类似的处理方法来分析。设体内陷阱都位于导带下面的能级 E_t 上，则此时被体内态俘获的载流子释放出来的几率为

$$\eta=1-e^{-\frac{t}{\tau_t(E_t)}} \tag{4-144}$$

式中，$\tau_t(E_t)$为发射时间常数

$$\tau_t\left(E_t\right)=\frac{1}{\sigma_p v_T N_+}e^{\frac{E_t}{kT}} \tag{4-145}$$

因发射过程是二项随机过程，故发射载流子数目的均方值为

$$V_n=N_t e^{-\frac{t}{\tau_t(E_t)}}\left[1-e^{-\frac{t}{\tau_t(E_t)}}\right] \tag{4-146}$$

式中，N_t 为单位体积内的体内陷阱数。

当一串电荷包在 BCCD 内转移时，发射到前一电荷包中的载流子数和到来电荷包在该处的载流子的损失可以认为相等，那么一个电荷包的总的噪声均方根涨落为

$$\overline{N}_{rv}=\left\{2N_gV_0N_t e^{-\frac{t}{\tau_t(E_t)}}\left[1-e^{-\frac{t}{\tau_t(E_t)}}\right]\right\}^{1/2} \tag{4-147}$$

如果在 BCCD 的禁带中有多个体内陷阱能级，则式(4-148)可写为每个陷阱能级所产生的噪声之和，即

$$\overline{N}_{rv}=\sum_i\overline{N}_{rvi} \tag{4-148}$$

所谓相关性，是指相邻电荷包的转移噪声是相关的。因为根据电荷守恒原理，电荷包在转移中，每当有一定量电荷损失时，该损失的电荷将为后面的电荷包得到，所以在前边的讨论中都考虑了“2”这个因子。由于这种相关性，转移噪声谱不是“白”的，而是具有如下的频谱密度形式

$$S\left(f\right)=2f_c\overline{N}_i^2\left(1-\cos\frac{f}{f_c}\right) \tag{4-149}$$

式中，f_c 为时钟脉冲频率；$\overline{N_i}$ 为以上讨论的各种噪声涨落均方根。

对于 SCCD，只要 f_c 不是特别高，转移噪声就以界面态噪声为主。将式(4-143)代入式(4-149)，便可得到转移噪声的频谱分布为

$$S_s(f) = 4\ln 2kTN_g N_{ss} A_g f_c \left(1 - \cos\frac{f}{f_c}\right) \tag{4-150}$$

（3）热噪声(KTC 噪声)

CCD 的热噪声是由基底电荷注入、信号电荷注入及检出时引进的。信号电荷注入回路及信号电荷检出时的复位回路等均可等效为 RC 回路。如图 4-35 所示。在这种 RC 电路中，电阻的热噪声形成了等于 $4kTR\Delta f$ 的均方噪声电压，在图中用电压源 $\overline{V_n}^2$ 表示。噪声电压源引起在电容上的电子数的均方根起伏可以计算出来。首先可得到电容 C 上频率为 f 至 $f+\mathrm{d}f$ 的均方噪声电压 $\overline{V}_{nc}{}^2\mathrm{d}f$

$$\overline{V}_{nc}^2 \mathrm{d}f = \overline{V}_n^2 \left| \frac{\frac{1}{\mathrm{j}\omega C}}{R + \frac{1}{\mathrm{j}\omega C}} \right|^2 \mathrm{d}f = \frac{4kTR\mathrm{d}f}{1+\omega^2 C^2 R^2} \tag{4-151}$$

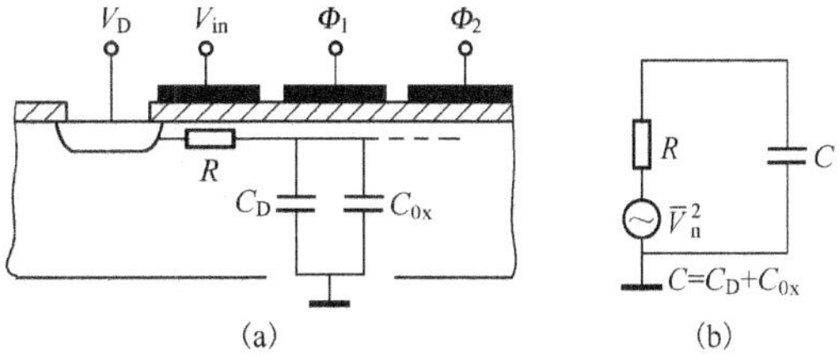

图 4-35　输入噪声等效电路

对频率积分，可得电容上的总均方噪声为

$$\overline{V}_{nc}^2 = \int \overline{V}_{nc}^2 \mathrm{d}f = \int_0^\infty \frac{4kTR}{1+R^2\omega^2C^2}\mathrm{d}f = \frac{kT}{C} \tag{4-152}$$

折合成噪声电子数为

$$\overline{N}_{KTC} = \frac{1}{e}\sqrt{kTC} \tag{4-153}$$

在室温下，$kT \approx 0.026\mathrm{eV}$，代入上式有

$$\overline{N}_{KTC} \approx 400\sqrt{C}\,(\mathrm{pF}) \tag{4-154}$$

输出结构经 RC 等效回路后，具有与输入结构同一形式的输出电路热噪声，这里不再讨论。应用“相关双采样”技术，基本上可以消除输出结构的复位噪声。其等效电路如图 4-36 所示。由等效电路可求得电容 C 上的噪声均方电压为

$$\overline{V}_c^2(t) = \frac{kT}{C}\left(1 - \mathrm{e}^{-\frac{2t}{RC}}\right) \tag{4-155}$$

当 $t \ll RC/2$ 时，噪声很小；当 $t \gg RC/2$ 时，噪声为一常数。所以当 $t \ll RC/2$ 等时，噪声变化不大，$RC/2$ 即为 $V_c(t)$ 的相关时间。根据这样的结果，可以在 $t \ll RC/2$ 的时间内对信号两次采样，并把采样结果相减，以消除噪声。

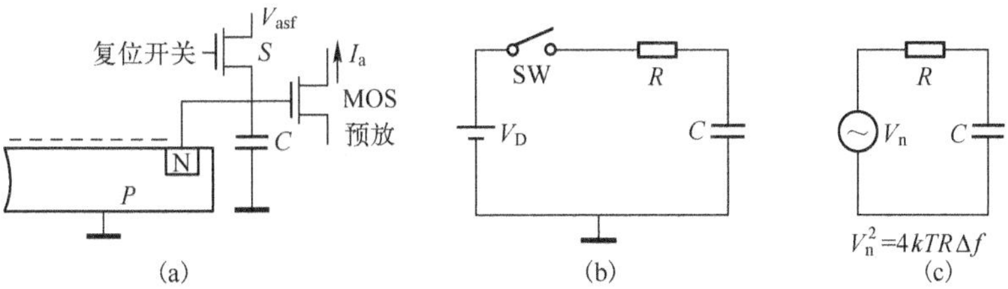

图 4-36　输出噪声等效电路

复位放大器输出电路的输出电压波形如图 4-37 所示。设两次采样，一次在 t_2 时刻，即在复位开关刚断开时，此时采得采样值为噪声。一次在 t_4 时刻，即二极管中刚刚充入电荷包，此时采得取样值为噪声加信号。因 $t_4-t_2 \ll RC/2$，满足相关条件。经差分抵消可得到纯的信号输出，这就是相关双采样。这种技术可用来消除在时间上也是相关的时钟串扰。

CCD 的三种噪声源是独立无关的，因此，CCD 的总噪声应是上述三种噪声的均方和。

6．CCD 的暗电流

CCD 成像器件在既无光注入又无电注入情况下的输出信号称为暗信号，即暗电流。

CCD 的暗电流由三部分组成：耗尽层内的载流子产生的暗电流；衬底内的载流子产生的暗电流；SiO_2-Si 界面的产生-复合中心产生的暗电流。

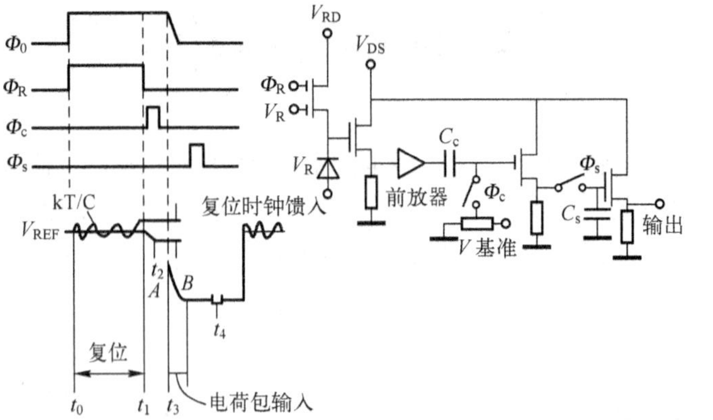

图 4-37 相关双采样的原理及波形

（1）耗尽层内产生的暗电流

假定耗尽层厚度为 x_d，则耗尽层内单位面积所产生的暗电流为

$$I_{gc} = en_i x_d / \tau_0 \tag{4-156}$$

式中，n_i 为本征载流子浓度；τ_0 为少数载流子寿命。由式(4-8)可将式(4-157)写为

$$I_{gd} = \frac{n_i}{\tau_0}\left(\frac{e\varepsilon_s\varepsilon_0 V_s}{2N_A}\right)^{1/2} \tag{4-157}$$

（2）衬底内产生的暗电流

衬底内产生的少数载流子扩散到耗尽区，而且被收集。由它们在耗尽层单位面积上产生的暗电流为

$$I_{gb} = \frac{en_i^2}{N_A\tau_0}L_0 = \frac{en_i^2 D_0}{N_A L_0} \tag{4-158}$$

式中，L_0 和 D_0 分别为少数载流子的扩散长度和扩散系数。

（3）SiO_2-Si 界面产生的暗电流

设 SiO_2-Si 界面上单位面积内的界面态密度为 N_{SS}，则由界面产生-复合中心所产生的暗电流为

$$I_{gs} = \frac{1}{2}en_i S_v \tag{4-159}$$

式中，$S_v=\sigma_s V_T N_{st}$，为表面复合速度(其中，σ_s 为界面态俘获截面，N_{st} 为禁带宽度中央单位面积上的密度)。故上式又写为

$$I_{gs} = \frac{1}{2}en_i\sigma_s V_T N_{st} \tag{4-160}$$

除上述暗电流之外，在氧化层或衬底的开启电压不够高时，也会有电荷从这些区域的寄生沟道流入电荷转移沟道。同时，若 SiO_2 的质量太差，信号电荷会从转移沟道漏到电极，从而形成明显的负的暗电流。

通常，在正常情况下，暗电流以耗尽层内产生的暗电流为主。暗电流的存在而使之每时每刻地加入到信号电荷包中，不仅引起附加的散粒噪声，而且还占据越来越多的势阱容量。为了减少暗电流的这种影响，应尽量缩短信号电荷的存储与转移时间。这样就限制了 CCD 工作时钟频率的下限。如果允许暗电荷包 Q_d 占据 CCD 满阱容量 Q_s 的 α(通常为千分之一)，则器件工作时钟频率的下限为

$$f_{c\min} \geqslant \frac{\overline{I}_g m A_d}{\alpha Q_s} \tag{4-161}$$

式中，$\overline{I}_g$ 为平均暗电流密度；m 为 CCD 的位数；A_d 为每位 CCD 栅面积和一个光敏元面积之和。

另外，由于 CCD 光敏元处于积分工作状态，则光敏区的暗电流也与光信号电荷一样，在各光敏元中积分，形成一个暗信号图像，叠加到光信号图像上，引起固定的图像噪声。个别处暗电流特别大(即暗电流尖峰)，则在图像上出现白斑。由于各处暗电流大小与位置固定，故可用电子学方法

消除。目前暗电流可控制在 1nA/cm^2 的水平。另外，制冷也可大大降低暗电流而使 CCD 适用于低照度下工作。

7. CCD 的功耗

信号电荷包存储在 CCD 势阱中，如果不做重复和更新，则信号电荷包将最后消失。因此，要使 CCD 正常工作，就要消耗功率，以形成势阱，驱动电荷沿沟道转移等。CCD 的功耗主要消耗在以下几个方面：

（1）电荷包在沟道中运动的耗散功率

在电荷转移过程中，由于载流子在硅体内运动，而有某种内部功耗。在电极上施加适当的时钟脉冲 f_c，使电荷包以恒定的速度 v_c 沿等位线运动，则 CCD 的单元尺寸为

$$d = v_c / f_c \tag{4-162}$$

d 也称为位长。那么，一个电荷包 Q_s 所消耗的功率为

$$P_s = Q_s d^2 f_c^2 / \mu_s \tag{4-163}$$

若取 d=30μm，f_c=1MHz，Q_s=0.5pC，则 P_s≈2.8nW/位。且由上式可知 P_s 与 f_c^2 成正比。式中，μ_s 为少子迁移率。

（2）形成耗尽层的耗散功率

既使没有电荷在沟道中运动，耗尽层的形成也需要功耗。这些功率用于使多数载流子在衬底体内移动。设耗尽层的厚度变化为 Δx_d，则被移动的电荷量为 $\Delta Q_s=\Delta x_d N_A$。仿式(4-163)得到

$$P_B = \Delta x_d N_A \lambda^2 f_c^2 / \mu_B \tag{4-164}$$

式中，μ_B 为多数载流子的迁移率。这部分多子电荷可以理解为与信号电荷包反向运动而形成势阱的。

（3）越过势垒的耗散功率

实际信号电荷沿沟道转移，并不是在同一电位上进行的，尤其是二相 CCD，每当电荷从一个栅极转移到下一个栅极时，要爬过势垒进入势阱。即电荷的电势先举高，然后降低。这个过程中每个电荷包的耗散功率为

$$P_B = n_{cp} f_c Q_s \Delta V_s \tag{4-165}$$

式中，n_{cp} 为相数；ΔV_s 为电荷转移中表面势变化量。对二相 CCD，有

$$\Delta V_s = V_B + \frac{1}{2}V_{12} - \frac{1}{2}\frac{Q_s}{C_p} \tag{4-166}$$

式中，V_B 为注入势垒高度；V_{12} 为薄栅低电压、厚栅高电压时表面势之差；C_p 为某一相的 MOS 电容。故二相器件信号电荷越过势垒的平均功率耗散为

$$\overline{P}_{B2} = 2Q_s f_c \left(V_B + \frac{1}{2}V_{12} - \frac{1}{2}\frac{Q_s}{C_p} \right) \tag{4-167}$$

对于三相器件和多相器件，由于采用推进方式驱动，ΔV_s 比二相低得多，故越过势垒功耗比二相低得多。如 n_{cp}=3，f_c=1MHz，ΔV_s=10V，Q_s=0.25pC，则 P_{B3}≈7.5μW/位。这个功耗是相当小的，而功耗小，正是 CCD 成像器件的特点之一。

目前，绝大部分驱动电路尚未集成在 CCD 的同一基片上，但驱动电路自身也有功耗，比较上述片上功耗，称这部分功耗为片外功耗。在方波驱动情况下，可简单地等效成串联 RC 电路，R 为输出电阻，C 为某一驱动相的电容。此外，驱动周期脉冲每作用一次，要经历充、放电各一次。因此，每一相驱动的平均功率耗散为

$$\overline{P} = CV_p^2 f_c \tag{4-168}$$

式中，V_p 为驱动脉冲幅度。那么，总的片外耗散功率应为各相耗散功率之和，即

$$\overline{P}=n_{cp}CV_p^2f_c \tag{4-169}$$

片外功耗通常是片上功耗的数十倍，所以，CCD 的功耗主要是片外功耗。

4.4 CCD 成像原理

成像是 CCD 的重要应用领域。由 CCD 构成的成像系统体积小，重量轻，功耗小，坚固可靠，低压供电，价格低廉，深受各行各业用户的青睐。这里只简单介绍基于 CCD 的成像器件结构和工作原理。

4.4.1 线阵 CCD 成像原理

线阵 CCD 成像器件也记为 LCCD，其结构可分为图 4-38 所示的单边传输与双边传输两种形式，其工作原理相仿，但性能略有差别。在同样光敏元数的情况下，双边转移次数为单边的一半，所以总的转移效率比单边高；光敏元之间的最小中心距也可比单边的小一半。双边传输的唯一缺点是两路输出总有一定的不对称。

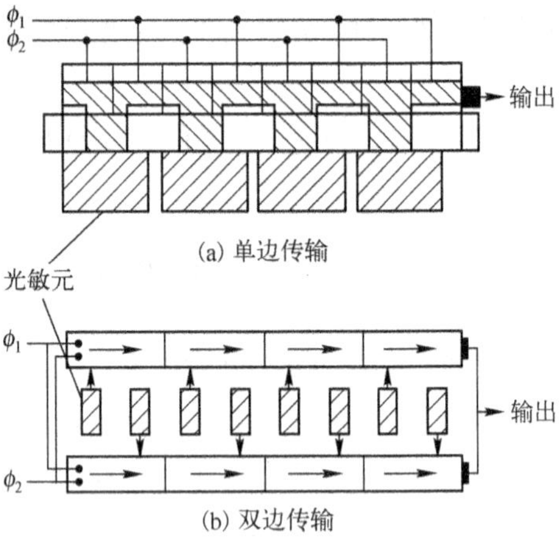

图 4-38 线阵 CCD 摄像器件

下面以单边传输器件为例说明线阵 CCD 的工作原理。图 4-39 所示为有 N 个光敏元的线阵 CCD 成像器件。器件由光敏区、转移栅、模拟移位寄存器（即 CCD）、“胖 0”电荷注入电路和信号电荷读出电路等部分组成。器件的工作过程可归纳为图 4-40 所示的五个工作环节。这五个环节按一定时序工作，相互有严格的同步关系，并且是一个反复循环过程。图 4-41 为其工作波形图。

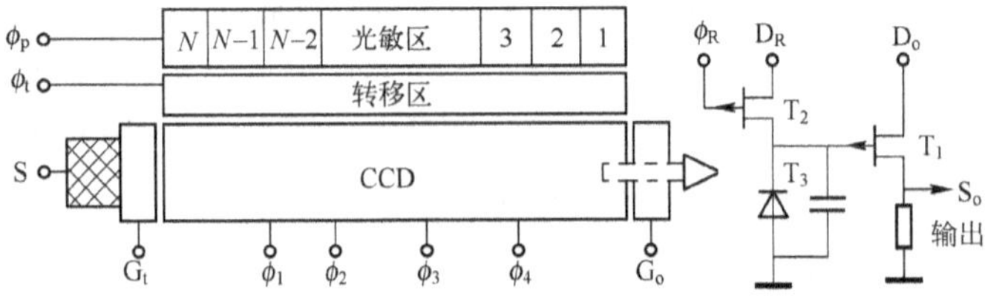

图 4-39 线阵 CCD 摄像器件

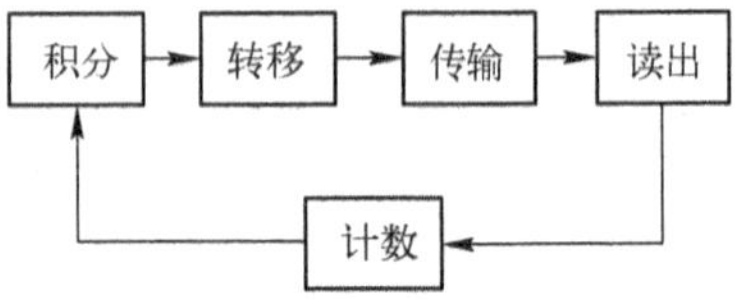

图 4-40 LCCD 工作过程方框图

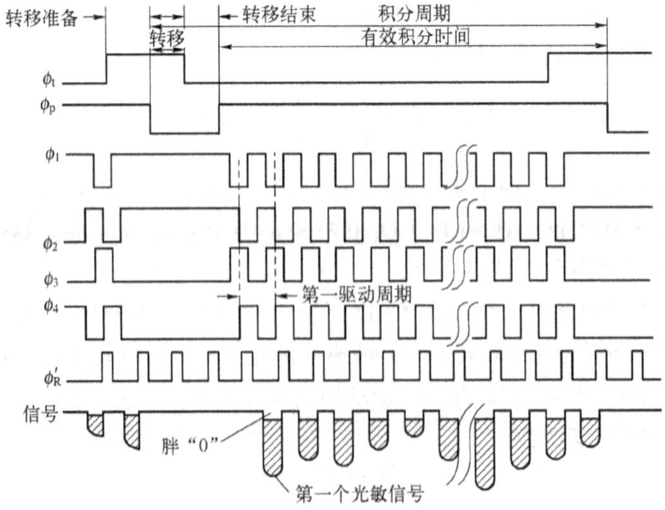

图 4-41 LCCD 工作波形

（1）积分

如图 4-42 所示，在有效积分时间里，光栅 φ_p 为高电平，每个光敏元下形成势阱。入射到光敏区的光子，在硅表面一定深度范围激发电子-空穴对。空穴被驱赶到半导体体内，光生电子被积累在光敏元的势阱中。势阱中电荷包的大小，与入射到该光敏元的光强成正比，也与积分时间成正比。所以，经过一定积分时间后，光敏区对应入射光图像形成电荷包构成的“电像”。在积分阶段，转移栅 ϕ_t 为低电平而使光敏区与 CCD 隔开。这样，就保证了光敏区的正常积分及 CCD 将前一积分周期的信号正常转移和读出。积分阶段势阱分布如图 4-42(a)所示。因积分的同时，CCD 在传输前一积分周期的信号电荷包，故 ϕ_2 栅下面的势阱是交变的。

（2）转移

这里的转移是指将 N 个光信号电荷包从光敏元并行转移到所对应的那位 CCD 中。为了避免转移中可能引起的信号损失或混淆，光栅 ϕ_p、转移栅 ϕ_t 及 CCD 四相驱动脉冲电压的变化应遵照一定的时序。整个转移过程可分解为：

转移准备：转移准备阶段是从时间 t_1 开始的。每当计数器到达预置值时，计数器的回零脉冲触发转移栅 ϕ_t 由低电平变成高电平，形成转移沟道。转移沟道形成后，CCD 停止传输，ϕ_1、ϕ_2 相停在高电平以形成势阱，等待光信号电荷包到来；ϕ_3、ϕ_4 相停在低电平，以隔开相邻位的 CCD。此时势阱分布如图 4-42(b)所示。

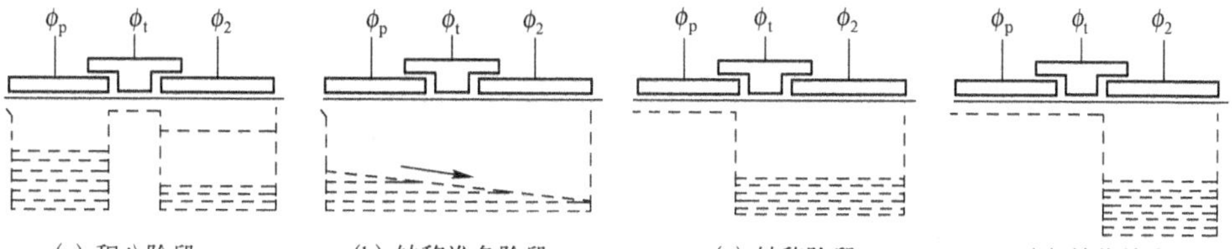

(a) 积分阶段　(b) 转移准备阶段　(c) 转移阶段　(d) 转移结束阶段

图 4-42　转移沟道势阱分布

转移：到时刻 t_2，随光栅 ϕ_p 电压下降，光敏元势阱抬升，N 个信号电荷包转移到对应位 CCD 的第二相中。此时势阱分布如图 4-43(c)所示。

转移结束：到时刻 t_3，转移栅 ϕ_t 电压由高变低，关闭光敏元和 CCD 之间的转移沟道，转移结束。势阱分布如图 4-42(d)所示。之后到时刻 t_4，光栅 ϕ_p 电压升高开始新的信号电荷的积累(等价于另外一行信号的积累)。与此同时，CCD 开始传输刚刚转移过来的信号电荷包。势阱分布又重新恢复成图 4-42(a)的状态。

（3）传输

信号电荷包的传输是在 t_4 时刻之后开始的。N 个信号电荷包依次沿着 CCD 串行传输。每驱动一个周期，各信号电荷包向输出端方向转移一位。第一个驱动周期输出的为第一个光敏元的信号电荷包；第二个驱动周期输出第二个光敏元的信号电荷包；依次类推，第 N 个驱动周期传输出来的为第 N 个光敏元的信号电荷包。

（4）计数

计数器用来记录驱动周期的个数。由于每一驱动周期读出一个信号电荷包，所以，只要驱动 N 个周期就完成了全部信号的传输与读出。但考虑到“行回扫”时间的需要，应过驱动几次。故计数器的预置值通常定为 $N+m$ 次，其中 m 为根据具体要求确定的过驱动次数。每当计数到预置值时，表示前一行的 N 个信号已全部读完，新一行的信号已经准备就绪，计数器产生一个脉冲，触发转移栅 ϕ_t、光栅 ϕ_p 脉冲，从而开始新的一行信号的“转移”、“传输”。计数器重新从零开始计数。

（5）读出

输出电路的功能在于将信号电荷转换为信号电压并读出。典型的输出电路为图 4-28 所示的选通电荷积分器结构。

作为成像器件，线阵 CCD 有着难以克服的缺点，即其信号积累时间太短，在每帧时间内，对每个像元来说仅有一行扫描时间的积累。因此，为增加信号积累，应该采用面阵器件。

4.4.2 面阵 CCD 成像原理

面阵 CCD 成像器件简记为 ACCD。常见的面阵 CCD 成像器件有三种结构：行间转移结构和帧/场转移结构。

1. 行间转移结构(IT-CCD)

行间转移结构 CCD 如图 4-43 所示。在行间转移结构中，采用了光敏区与转移区相间排列方式，相当于将若干个单边传输的线阵 CCD 成像器件按垂直方向并排，再在垂直阵列的尽头(上方)设置一条水平行 CCD 而构成。水平行 CCD 的每一位与垂直列 CCD 一一对应，相互衔接。

当器件工作时，水平行 CCD 的传输速率为垂直 CCD 的 N_h 倍(N_h 为垂直列数)。每当水平行 CCD 驱动 N_h 次，便读完一行信息，信号进入行消隐。在行消隐期间，垂直 CCD 向上传输一次，即向水平行 CCD 转移一行信息电荷，然后，水平行 CCD 又开始新的一行信号读出。依此循环，直到将整个一场信号读完，进入场消隐。在场消隐期间，又将新的一场光信号电荷从光敏区转移到各自对应的垂直 CCD 中。而后，又开始新一场的信号逐行读出。这里信号从光敏区转移到垂直列 CCD 的过程同线阵 CCD 相同。

为实现交替场隔行“扫描”显示，每个光敏元分为 A、B 两部分。在结构上，每个光敏单元的 A 部分对应垂直列 CCD 的第一相；B 部分对应第二相。只要在时钟脉冲中设定好 A、B 场的不同相位，就能实现光敏元 A、B 交替积分，从而得到 A、B 场的隔行“扫描”显示。

2. 帧/场转移结构(FT-CCD)

帧/场转移结构 CCD 如图 4-44 所示。其主要由三部分组成：光敏区、暂存区、输出区。在暂存区及水平区上面均由铝层覆盖，以实现光屏蔽。光敏区与暂存区 CCD 的列数及位数均相同，而且每一列是相互衔接的。不同之处是光敏区面积略大于暂存区。

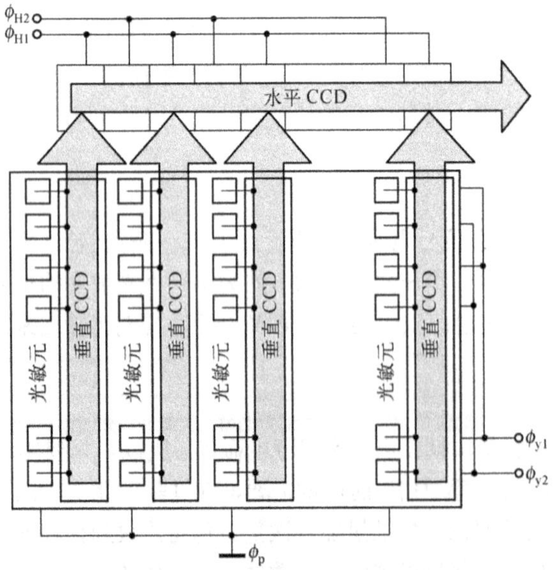

图 4-43 行间转移面阵 CCD

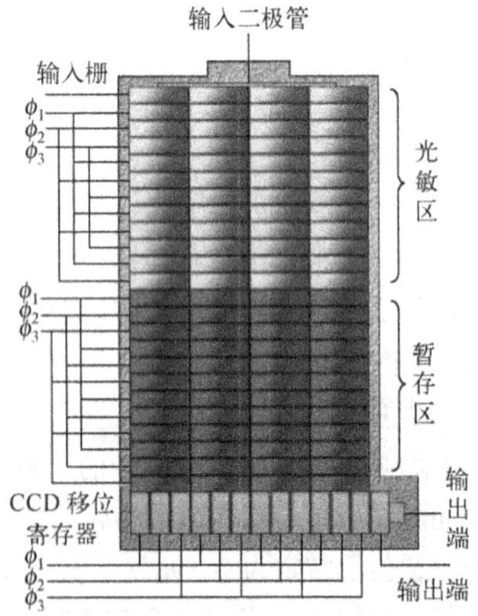

图 4-44 帧/场转移面阵 CCD

工作时，当光积分时间到后，时钟 A 与 B 均以同一速度快速驱动，将光敏区的一场信息转移到暂存区。然后，光敏区重新开始另一场积分，即时钟 A 停止驱动，一相停在高电平，另一相停在低电平。与此同时，转移到暂存区的光信号逐行向 CCD 移位寄存器转移，再由 CCD 移位寄存器快速转移读出。光信号由暂存区到 CCD 移位寄存器的转移过程与行间转移结构相同。

3. 全帧转移结构(FF-CCD)

全帧转移结构 CCD 如图 4-45 所示。该种结构相对简单，主要目的是提供最大的填充因子，即每个光敏元既可以收集光子产生光电荷，又可以作为转移结构参与电荷转移。在电荷转移过程中，由于其省略了 IT-CCD 的列间水平转移，电荷逐行向下移动，依次读出，故在转移过程中，需要对整个 CCD 遮光。全帧转移 CCD 提供了最大的满阱容量和占空比，但其顺序读出影响了光积分和帧频，同时还要考虑抗光晕的问题。

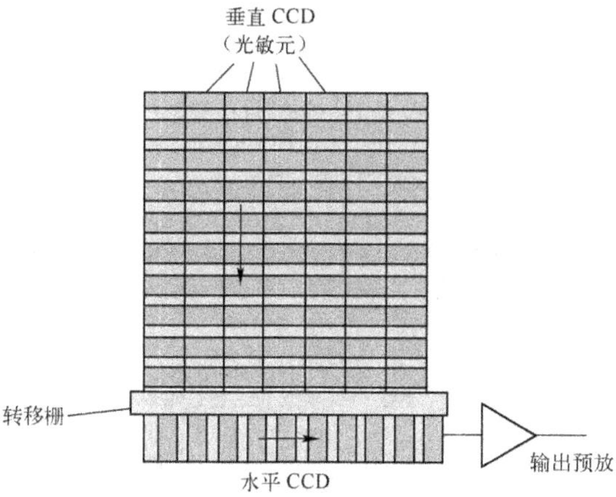

图 4-45　全帧转移 CCD

4.5　特殊 CCD 成像器件

尽管性能良好的普通 CCD 能够在(1.5～2.0)×10^{-2}lx 下成像，但在夜天光条件下工作则还需进一步借助于微光图像增强技术。微光 CCD 与硅增强靶摄像管相似，其增强可用光子型或电子型，即可用像增强器与 CCD 耦合在一起，构成图像增强型 CCD(ICCD)。也可从用光电子轰击 CCD 的像敏元，构成电子轰击型 CCD(EBCCD)。

4.5.1　增强型 CCD(ICCD)

这种耦合方式可分为光学耦合方式和光纤耦合方式。前者是利用光学成像系统将像增强器和 CCD 耦合起来(图 4-46(a))，后者是用光学纤维面板将像增强器和 CCD 直接耦合起来(图 4-46(b))。

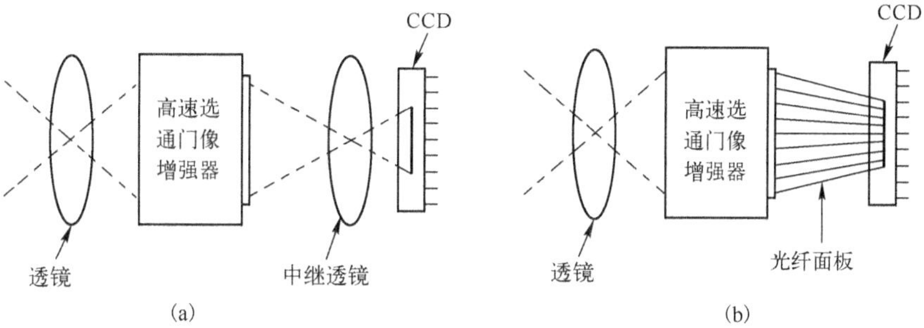

图 4-46　像增强器与 CCD 芯片的耦合方式

图 4-47 是光纤耦合的具体结构，从增益和分辨率考虑，像增强器可以采用两级级联的方式。例如，第一级采用高增益的三代 18mm 的 GaAs 光阴极的近贴像增强器，其光灵敏度达 1800μA/lm，光谱响应为 0.6～0.9μm，极限分辨率为 641p/mm(9kV 工作电压)。第二级采用多碱阴极的一代单级倒像式像增强器，用 18:14 的缩像器把两级联接起来。两级增益达 13500，这相当于 CCD 在 2×10^{-6}lx 的照度下信号电荷为 400 个电子/像素。在对比度为 1、照度为 1×10^{-4}lx 条件下可清晰成像。当对比度降为 0.2 时，仍能在 10^{-3}lx 下工作。该装置的光学图像用 2.54cm 长的光纤耦合到 CCD 上。实验表明，光纤与 CCD 耦合界面上的光损失很小，可以忽略。实际中，为了使耦合图像与 CCD 光敏面匹配，大多采用光纤锥耦合器进行耦合。

除上述所说方式外，还可根据具体要求和用途进行不同形式的耦合。如图 4-48 所示的近贴式二代像增强器同 CCD 的耦合等。由于二代像增强器和 CCD 的体积小，重量轻，所以用它们耦合而成的 ICCD 也具有上述优点，在军事、安全检查等领域有着广泛的用途。

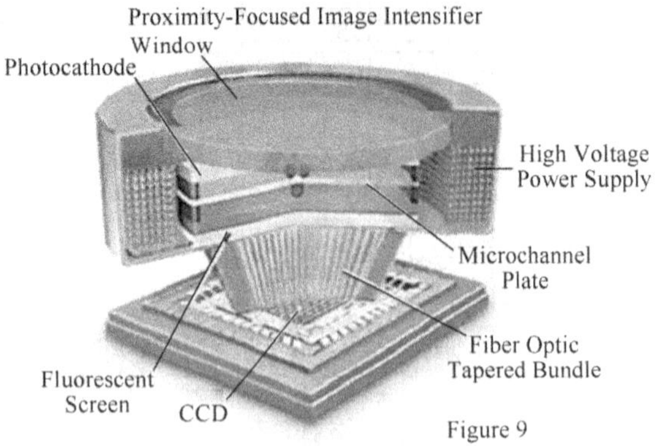

图 4-47　光纤耦合 CCD 的结构

图 4-48　耦合二代近贴像增强器的 CCD 成像系统

4.5.2　电子轰击型 CCD（EBCCD）

这种微光 CCD 与硅增强靶摄像管的结构十分相似，只是把硅靶换成了 CCD 芯片。电子轰击（EB）工作模式的基本原理是入射光子照射光阴极转换为光电子，光电子被加速（约 10～15kV）并聚焦成像在 CCD 芯片上，损失掉一部分能量后，在 CCD 像敏元中产生信号电荷，积分结束时，信号电荷被转移到寄存器输出。

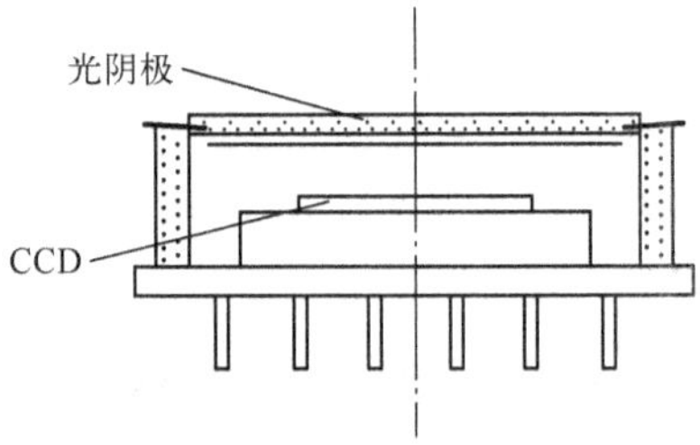

图 4-49　近贴式 EBCCD 的结构

目前常用的三种电子光学成像方式都可用于 EBCCD。其中静电聚焦简单，得倒像，但易产生枕形畸变；磁聚焦分辨率高，得正像，但笨重且常引起螺旋形畸变。近贴型结构得正像（图 4-49），但因靠阴极表面的强电场来保证分辨率，故会引起场致发射，构成强背景辐射。倒像式 EBCCD 的结构如图 4-50 所示。

根据加速电压和覆盖层情况不同，轰击到 CCD 像敏元上的电子能量也不同。每个光电子通常可以产生大约 2000～3000 个电子。作为光子探测器应用，这种增益量级已经足够。例如，若 CCD 芯片上放大器噪声为 300 个电子，则很易分清有一个光电子或者没有光电子。而作为微光摄像应用，由于二代像增强器光阴极的灵敏度可达 400μA/lm 以上，所以，EBCCD 也可以实现高灵敏度、高电子增益和低暗电流。

EBCCD 的不足是工作寿命短。CCD 在高速电子轰击下会产生辐射损伤，从而使暗电流和漏电流增加，转移效率下降，严重影响 CCD 的寿命。

除上述两种得到应用的微光 CCD 外，还可以使背照减薄的帧/场转移结构 CCD 在低温下工作，以大大降低暗电流，并允许增加每场光积分时间，从而进一步提高信噪比。正面光照器件的量子效率典型值约为 25%，而背照器件的量子效率可高达 80%。制冷器件适用于凝视工作模式，已经在天文观察方面获得成功应用。

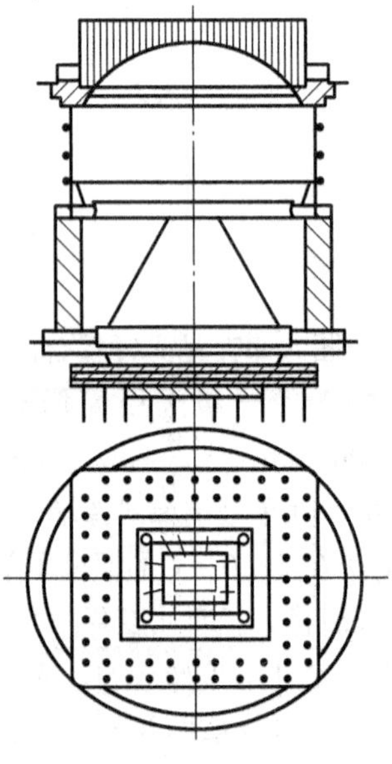

图 4-50　倒像式 EBCCD 的结构

4.5.3 电子倍增 CCD（Electron-Multiplying CCD，EMCCD）

由于采用图像增强手段的 CCD 既具有 CCD 的优点，同时又能在夜光下工作，因此曾有人预言，微光 CCD 将取代以往的硅增强靶摄像管等而成为微光电视系统的主要器件。

电子倍增 CCD（Electron-Multiplying CCD EMCCD）是当前最新的一种使用标准 CCD 生产工艺制造的高灵敏成像器件，它继承了 CCD 器件的优点，并具有与 ICCD 相近的灵敏度。EMCCD 芯片中具有一个位于 CCD 芯片的转移寄存器和输出放大器之间的特殊的增益寄存器(图 4-51)。增益寄存器的结构和一般的 CCD 类似，只是电子转移第二阶段的势阱被一对电极取代(图 4-52)，第一个电极上为固定值电压，第二个电极按标准时钟频率加上一个高电压(40～50V)。通过两个电极之间高电压差形成对待转移信号电子的冲击电离形成新的电子。尽管每次电离能够增加的新电子数目并不多，但通过多次电离，就可将电子的数目大大提高。目前每次电离后电子的数目大约是原来的 1.015 倍，如通过 591 次倍增后，电子数目是原先的 6630 倍，大幅提高了输出信号的强度，减小了 CCD 固有的读出噪声对系统的影响。

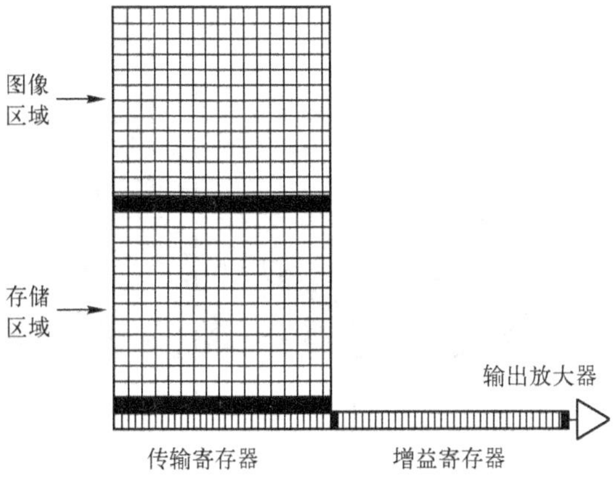

图 4-51 EMCCD 倍增原理示意图

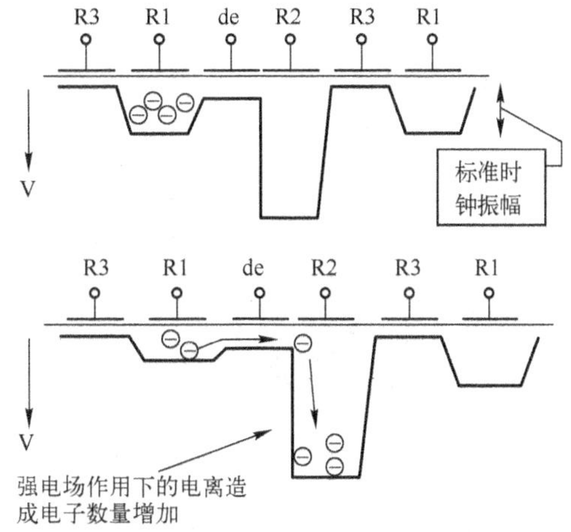

图 4-52 电离效应倍增电子示意图

EMCCD 具有很高的信噪比，且具有比 ICCD 更好的空间分辨率，输出图像的质量也更好。Andor 公司的 DV465 型 EMCCD 摄像机的电子增益可在 1～1000 倍之间调节。图 4-53 给出 EMCCD

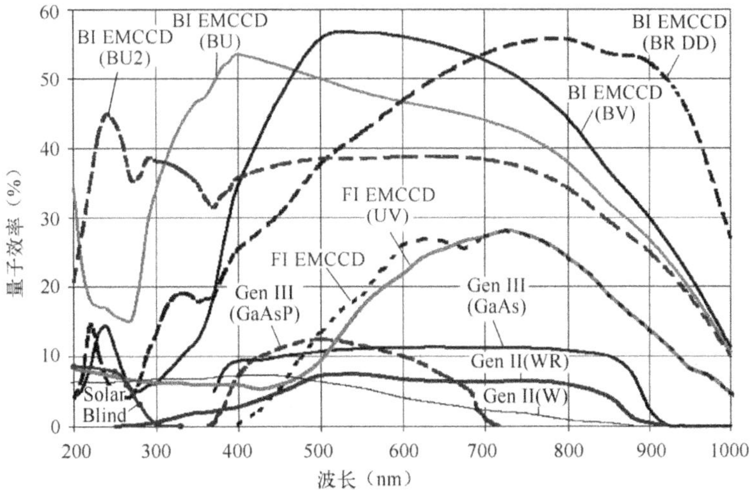

图 4-53 EMCCD，Gen II(二代像增强器)，Gen III(三代像增强器)，ICCD 量子效率示意图

和其他成像器件的量子效率(考虑噪声因素，并使用电子倍增)，EMCCD 的量子效率好于 ICCD，在最佳波段可达近 60%。不过由于 EMCCD 还处于完善阶段，且大多数情况下需要采取制冷措施降噪，成本较高，故目前应用尚不广泛。

4.5.4 其他异型 CCD

1. 曲面 CCD

曲面 CCD 为兼顾光学系统设计而研发的一种成像传感器件，主要是考虑曲面 CCD 会在成像光学系统中具有如下优势：

① 兼顾光学系统像方焦面的曲率，消除或减少渐晕，提高边缘区域的成像质量；

② 兼顾光学系统大视场设计，保证探测器视场与成像系统的视场重合而不致成为视场光阑限制视场；

③ 可减少光学元件数量，因此增大了透过率；

④ 降低成像系统的光学设计成本。

目前，单片式的曲面 CCD 还在研究过程中(图 4-54)，基于单片平面 CCD 镶嵌拼接的曲面 CCD 结构如图 4-55 所示。

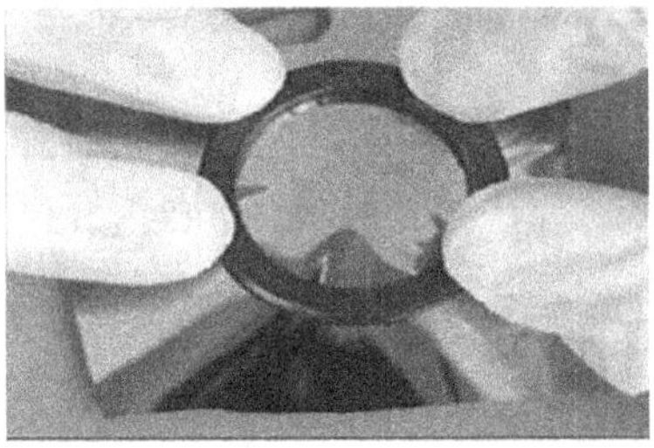

图 4-54 压制在半径 175mm 球面上的 20μm 硅膜

图 4-55 CCD 镶嵌组成曲面结构，单个 CCD 为平面

2. 直角转移 CCD(OTCCD)

直角转移 CCD(The orthogonal transfer CCD，OTCCD)是一种可以在所有方向转移电荷的 CCD，是为地基天文成像而开发的。OTCCD 可以修正由于大气效应引起的波前倾斜，还可以补偿镜头抖动，提高图像分辨率，改善信噪比。

图 4-56 为 OTCCD 的结构。每个器件都包含 8×8 阵列的 OTA 单元，每个 OTA 单元都由 500×500 的像素阵列和一系列读出寄存器组成。单个像素结构如图 4-56(c)所示，包含 4 相结构，4 相的组成方式有两种，图 4-56、图 4-57 是其中一种。

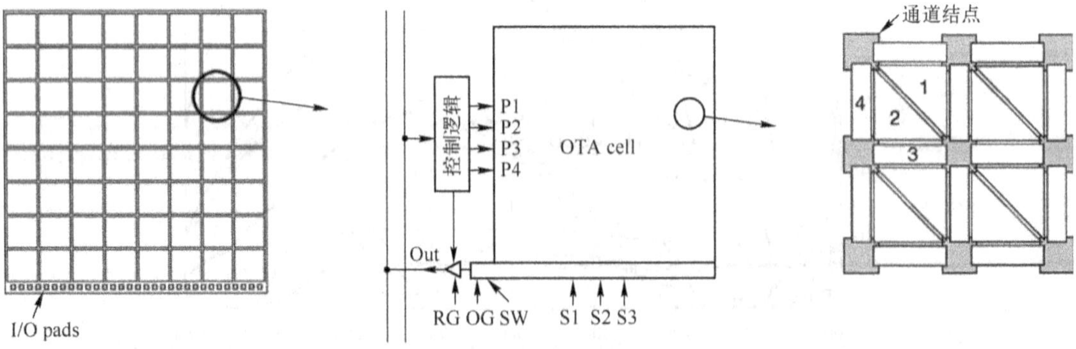

(a) 8×8 阵列 OTCCD 单元　(b) OTA 单元及其控制逻辑　(c) 单个像素几何结构

图 4-56 OTCCD 的 OTA 结构之一

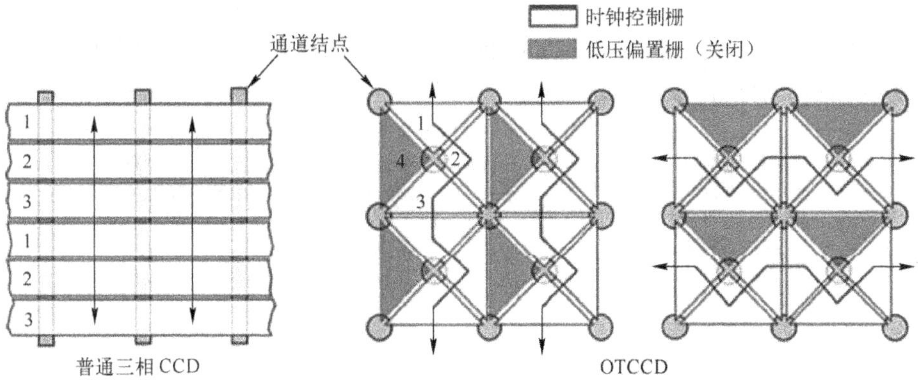

图 4-57　OTCCD 的 OTA 结构之二

每个 OTA 单元都有一个控制逻辑块，控制 4 个平行相(P_1～P_4)以及每个单元的视频输出信号。每个逻辑块都可以被寻址以及装载数据，这些数据用来：(1) 决定平行相是用来积分还是转移电荷；(2) 开启或者关闭输出放大器，输出放大器连接到视频输出总线。为了最大化占空比，单元与单元之间尽可能的接近，所有的 I/O 引线都设计到器件的一边。

由图 4-56、图 4-57 可知，当图中第 4 相的门限电压置成低电平时，1～3 相可以按照时钟顺序在垂直方向上转移电荷；而当第 3 相的门限电压置成低电平时，其余 3 相可以在水平方向转移电荷。

3. 超级 CCD(Super CCD)

传统 CCD 中的光敏元都是矩形的，其排列结构受到限制。从提高图像质量的角度考虑，增加像素数可以提高图像解析能力，但同时也缩小了像素和光敏元的面积，导致光吸收降低而影响了感光度、信噪比和动态范围。此外，由于图像信息的空间频率功率都聚集在水平和垂直轴上，最低的功率在 45° 对角线上。根据这一理论，1999 年富士公司推出了像素都按 45° 角排列的蜂窝状结构(图 4-58)，此即为 Super CCD。

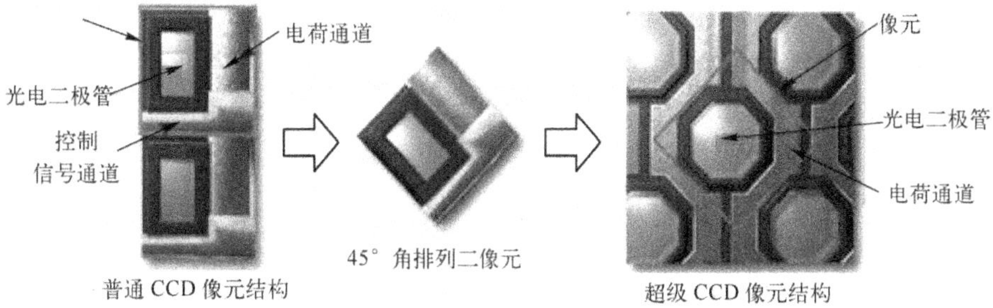

图 4-58　CCD 光敏元的蜂窝状结构

Super CCD 采用较大的八角形光敏元，控制信号通路被取消，节省的空间用来增大光敏元。八角形的光电二极管更接近微透镜的圆形，从而可以比矩形光敏元更有效地吸收光。光敏元的加大和光吸收效率的提高使每个像素产生的光电荷增加，从而提高了 CCD 的感光度和信噪比。

此外，传统 CCD 的光敏元呈正方形或者矩形，且需要走两条线(控制信号线和充电/传输线)，像素之间的距离较宽。SuperCCD 光敏元呈八角形，且只需要一条充电/传输线就可以，控制信号线可以对角的方式在感光二极管之间传输，节省了控制信号线在 CCD 上所占用的空间，像素之间可以排列的更加紧密。

与传统 CCD 相比，在探测器面积与感光单元数目均相同时，第一代 Super CCD 的分辨率可提高 60%，动态范围提高 130%，感光度提高 130%，色彩再现能力提高 40%，而能量消耗却下降了 40%。

2003 年初，富士公司发布了第四代 Super CCD 技术——SuperCCD HR(High-Resolution，即超

高分辨率）和Super CCD SR（Super Dynamic Range，即宽动态范围），如图 4-59 所示。Super CCD HR 在 1/1.7″的芯片上，集成了 600 万个感光单元，可以输出 1200 万像素超高分辨率的图像。Super CCD SR 动态范围是第三代超级 CCD 的四倍，所以高光部分和低光部分很少会损失细节，从而产生更宽阔的色调范围和更平滑的色彩过渡。

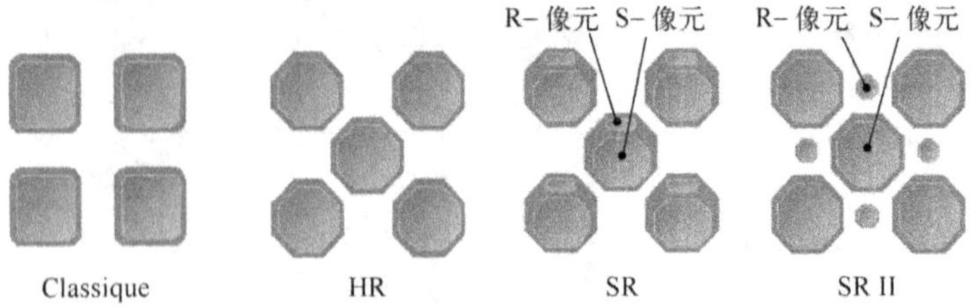

图 4-59　Super CCD 光敏元布局的变化

4.6　CMOS 成像原理

互补金属-氧化物-半导体（Complementary Metal Oxide Semiconductor，CMOS）型固体成像器件是早期开发的一类器件，基于 CMOS 工艺的 CMOS 图像传感器较 CCD 具有可在芯片上进行系统集成、随机读取和低功耗、低成本等潜在的优势。最早出现在 CMOS 成像器件的是无源像素 PPS（Passive Pixel Sensors），但受到低灵敏度、高噪声等困扰。随着 CMOS 技术和制造工艺技术的进展，通过改进结构，采用 PG（Photo Gate）、PD（Photo diode）像素结构和相关双采样 CDS（Correlated Double Sampling）、双 A 采样 DDS（Double Delta Sampling）技术，特别是采用固定图像噪声消除电路等，使得它在当前的单片式彩色摄像机中得到了广泛应用，各种规格的 CMOS 型成像器件已经普遍应用于低端的数码相机和摄像机商品，事实上目前它已成为 CCD 成像器件的一个有力的竞争者。

4.6.1　CMOS 器件的结构

CMOS 图像传感器的光电转换原理与 CCD 基本相同，其光敏单元受到光照后产生光生电子，但信号的读出方法却与 CCD 不同，每个 CMOS 源像素传感单元都有自己的缓冲放大器，而且可以被单独选址和读出。

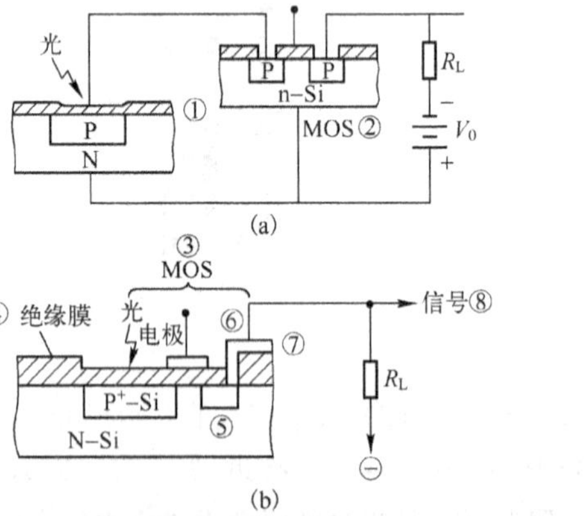

图 4-60　光敏二极管与 MOS 管组成传感器单元模型

图 4-60（a）给出了由 MOS 三极管和光敏二极管组成的相当于一个像元的结构剖面，在光积分期间，MOS 三极管截止，光敏二极管随入射光的强弱产生对应的载流子并存储在源极的 PN 结上。当积分期结束时，扫描脉冲加在 MOS 三极管的栅极上，使其导通，光敏二极管复位到参考电位，并引起视频电流在负载上流过，其大小与入射光强对应。图 4-60（b）给出了一个具体的像元结构，由图可知，MOS 三极管源极 PN 结起光电变换和载流子存储作用，当栅极加有脉冲信号时，视频信号被读出。

4.6.2　CMOS 器件的图像读出与成像

将图 4-60 的多个像元集成在一块便可构成如图 4-61 所示 CMOS 像敏元阵列结构，它由水平移位寄存器、垂直移位寄存器和 CMOS 像敏元阵列组成。

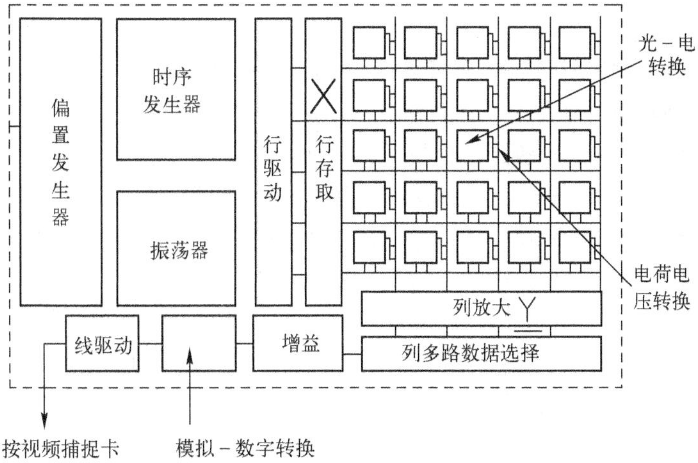

图 4-61　CMOS 像敏元阵列结构

图 4-62 是 CMOS 成像器件原理框图。如前所述，各 MOS 晶体管在水平和垂直扫描电路的脉冲驱动下起开关作用。水平移位寄存器从左至右顺次接通起水平扫描作用的 MOS 晶体管，也就是寻址列的作用；垂直移位寄存器顺次寻址阵列的各行，每个像元由光敏二极管和起垂直开关作用的 MOS 晶体管组成，在水平移位寄存器产生的脉冲作用下顺次接通水平开关，在垂直移位寄存器产生的脉冲作用下接通垂直开关，于是顺次给像元的光敏二极管加上参考电压(偏压)。被光照的二极管产生载流子使结电容放电，这就是积分期间信号的积累过程。而上述接通偏压的过程同时也是信号读出过程。在负载上形成的视频信号大小正比于该像元上的光照强弱。

CMOS 型成像器件的像元实际结构如图 4-63(a)所示。这种结构的光谱灵敏度的分布不利于彩色摄像。因为长波光在 P 衬底深部被吸收产生的载流子仍可通过扩散到达结区作为信号而被读出，而短波光在 N^+层浅部被吸收形成的载流子易被表面态或 N^+层中高浓度杂质复合。结果对长波光灵敏，而短波光则不足，难以满足彩色摄像三色信号灵敏度平衡的要求。为了减少表面复合，可以采用浅 N^+层；为了抑制长波光的灵敏度，可以采用 P 阱结构，即 N^+-PN 结构，如图 4-63(b)所示。这种结构也有利于提高结电容，使饱和信号变大。

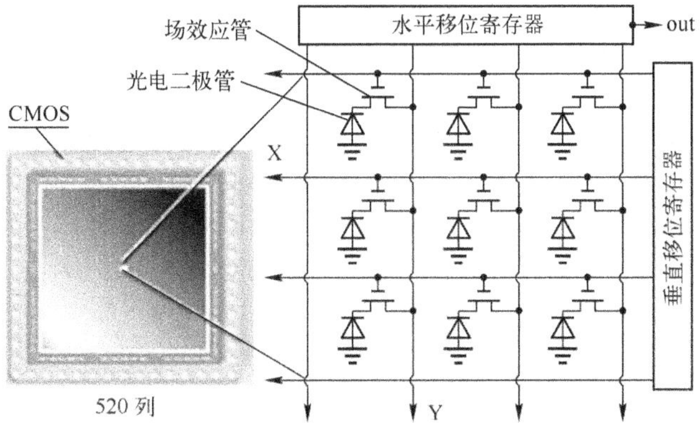

图 4-62　CMOS 成像器件原理框图

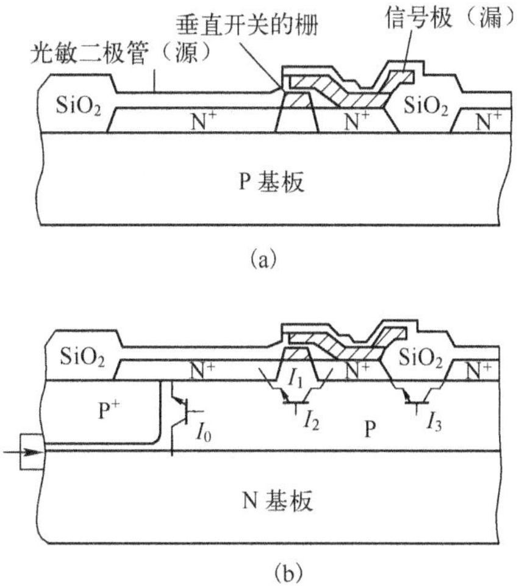

图 4-63　CMOS 的像元结构

4.6.3　CMOS 图像传感器像元

CMOS 图像传感器像元是 CMOS 成功应用于成像领域的重要保证，并直接影响其成像性能。该像元分为无源像素和有源像素。有源像素引入了一个有源放大器。目前，SMOS 图像传感器像无结构主要有：

1. 光敏二极管型无源像素结构（PPS，Passive Pixel Sensor）

PPS 结构（图 4-64）由一个反向偏置的光敏二极管和一个开关管构成。当开关管开启时，光敏二极管与垂直的列线连通。位于列线末端的电荷积分放大器读出电路保持列线电压为一常数，并减小噪声。当光敏二极管存储的信号电荷被读取时，其电压被复位到列线电压水平。与此同时，与光信号成正比的电荷由电荷积分放大器转换为电压输出。PPS 结构的像素可以设计成很小的像元尺寸，它的结构简单、填充系数高（有效光敏面积和单元面积之比）。由于填充系数以及没有覆盖一层类似于在 CCD 中的硅栅层（多晶硅叠层），因此量子效率（积累电于与入射光子的比率）很高。

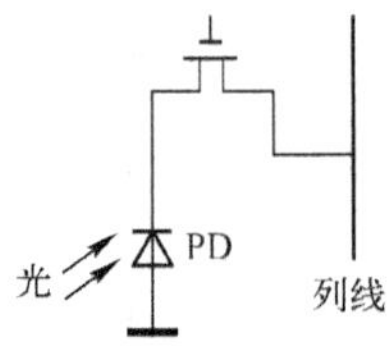

图 4-64　光敏元二极管无源像素结构

PPS 结构有一个致命的弱点，即由于传输线电容较大而使读出噪声很高，主要是固定噪声（FPN），一般为 250 个方均根，而商业型 CCD 的读出噪声可低于 20 个方均根；而且 PPS 不利于向大型阵列发展，很难超过 1000×1000，不能有较快的像素读出率。这是因为这两种情况都会增加线容，若要更快地读出就会导致更高的读出噪声。为解决 PPS 的噪声问题，OmniVison 的 OV5006 产品通过在芯片上集成模拟信号处理来减少 FPN，达到很好的效果。还有 FuiimoriIL 等人在 2000 年 IEEE 出版的文章中提出一种无源像素图像传感器，用一个相关双取样电路的列并行微分结构来消除寄生电流的影响，实现了 0.1%的像素间固定噪声和 0.4%的列间固定噪声。

优点：填充系数高，可提高芯片集成度。

缺点：总线不可避免地具有高电容值和热复位噪声，从而形成固定图像噪声，同时选址模拟开关的暗电流噪声也会使图像信噪比下降。

2. 光敏二极管型有源像素结构（PD-APS，Photo Diode Active Pixel Sensor）

像元含有源放大器的传感器称有源像素传感器（图 4-65）。由于每个放大器仅在读出期间被激发，故 CMOS 有源像素传感器的功耗比 CCD 小。光敏面没有多晶硅叠层，PD-APS 量子效率很高，它的读出噪声受复位噪声限制，小于 PPS 的噪声典型值。PD-APS 结构在像素里引入至少一个晶体管，实现信号的放大和缓冲，改善 PPS 的噪声问题，并允许更大规模的图像阵列。起缓冲作用的源跟随器可加快总线电容的充放电，因而允许总线长度的增长，增大阵列规模。另外像素里还有复位晶体管（控制积分时间）和行选通晶体管。虽然晶体管数目增多，但 APS 像素和 PPS 像素的功耗相差并不大。光敏二极管型有源像素每个像元采用 3 个晶体管，典型的像元间距为 15×最小特征尺寸，适于大多数中低性能应用。

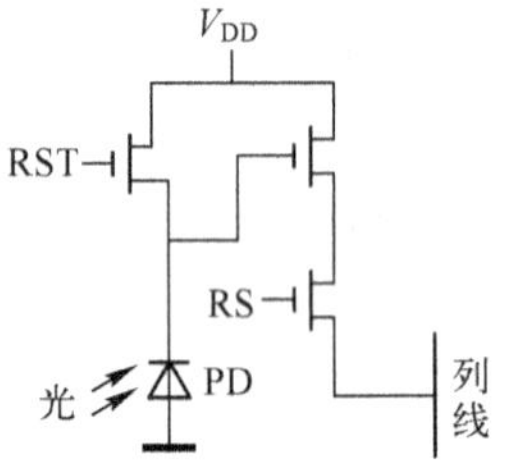

图 4-65　光敏二极管型有源像素结构

优点：APS 量子效率很高，故像元灵敏度得到提高；信号的放大和缓冲具有良好的消噪功能，不受电荷转移效率的限制；速度快；图像质量得到较好的改善（中低性能系统使用）。

缺点：尺寸大（3 个晶体管），占空比低，典型值为 20～40%。

3. 光栅型有源像素结构（PG-APS，Photo Grating Active Pixel Sensor）：

PG-APS 结合了 CCD 和 X-Y 寻址的优点，其结构如图 4-66 所示。光生信号电荷积分在光栅（PG）下，输出前，浮置扩散节点（A）复位（电压为 V_{DD}），然后改变光栅脉冲，收集在光栅下的信号电荷转移到扩散节点。复位电压与信号电压之差就是传感器的输出信号。光栅型有源像素结构每个像元采用 5 个晶体管，典型的像元间距为 20×最

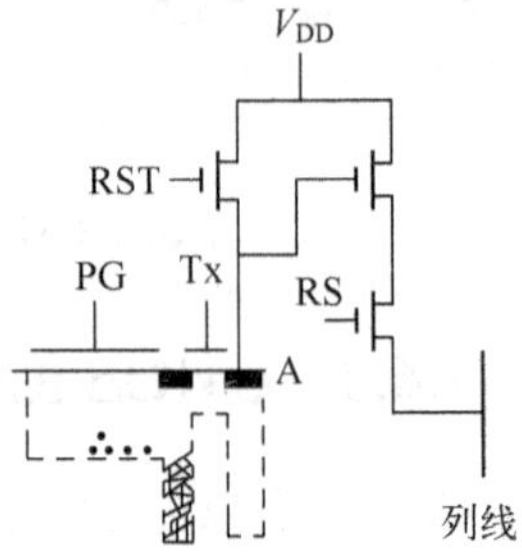

图 4-66　光栅型有源像素结构

小特征尺寸。采用 0.25μm 工艺将允许达到 5μm 的像元间距。读出噪声比光敏二极管型有源像素结构要小一个数量级。PG-APS 以 PD-APS 为基础在像素里增加了噪声控制，因此也增大了复杂性和影响了填充系数。Photobit 的 PG-APS 产品的读出噪声只有 5 个方均根，而一般 PD-APS 的读出噪声为 100 个方均根。PD-APS 常用于中低性能应用，PG-APS 用于高性能科学应用和低光照应用。

优点：像元灵敏度进一步得到提高，噪声是 PD-APS 的二十分之一，不受电荷转移效率的限制，速度快，图像质量明显改善(高性能或低照度系统使用)。

缺点：尺寸大(5 个晶体管)，占空比低，典型值为 20～30%。

有源像素还有其他特殊结构，如对数传输型、浮栅放大器型等。在考虑灵敏度、噪声、像素大小以及线性度的情况下，每种类型都有各自的优缺点，可根据不同的应用做出不同的选择。

有源像素传感器通常比无源像素传感器有更多的优点，包括低读出噪声、高读出速度和能工作在大型阵列中。但是由于像素和晶体管数目的增多，恶化了阈值匹配和增益一致性，引发了固定噪声问题，而且填充系数也变小(20%～30%)。

当今 CMOS 传感器的一个重要努力目标就是扩大填充因子。

为解决填充系数的问题，可以对 APS 结构引入 CCD 的微透镜技术，使有效填充系数增大为原来的 2～3 倍。随着像素尺寸的变小，提高填充因子越来越困难，目前最流行的技术是从传统的前照式(FSI，Front Side Illumination)变为背照式(BSI，Back Side Illumination)，将放大器等晶体管以及互连电路置于背部，前部全部留给光电二极管。图 4-67 给出了各自的工作原理。

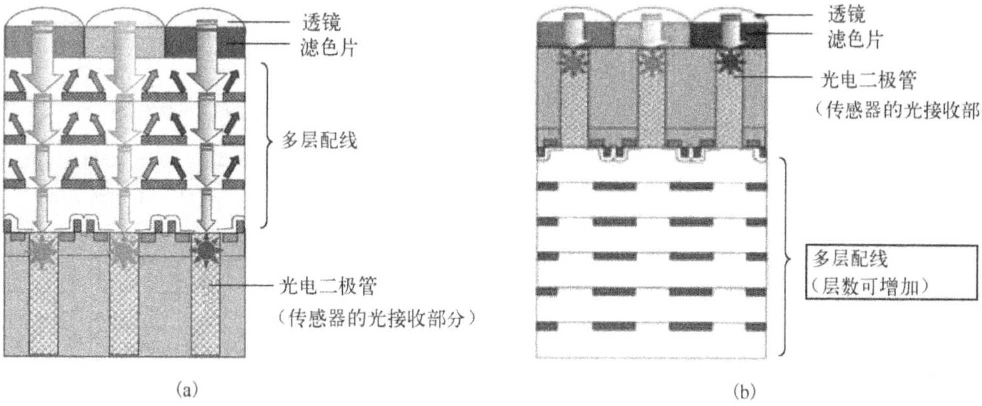

图 4-67　前照结构(a)与背照结构(b)工作示意比较

如图 4-67 所示，因前照工作透镜排列在顶部，透镜、光接收部分和光电二极管之间排有配线，部分斜入射的光线会受配线影响反射到直射入射的光中，导致整体的感光度下降。而将透镜固定在衬底后侧的平面上，光线直接照射到光电二极管，不会影响到整体的性能。

Fill Factory 通过其获得专利授权的一项技术，可以大幅度地提高填充因子。这种技术可以把一颗标准 CMOS 硅芯片最大的一部分面积变为一块感光区域。这样就实现了 100%的填充因子。

目前，CMOS 图像传感器已发展了两代，第一代为 CMOS 无源像素传感器(CMOS-PPS)，第二代为 CMOS 有源像素传感器(CMOS-APS)。其中 CMOS-APS 发展最快，已由最初的几万像元、几十万像元发展至今天的百万像元(1280×1024；2048×2048)乃至上千万像元(4096×4096)的 CMOS 图像传感器。现在 CMOS 技术在两个前沿获得突破：用于计算机和手提电话的低档产品和超高速、大规格的高档产品。从根本上说，考虑到视频速率下的读出噪声和灵敏度问题，CMOS 图像传感器比 CCD 更有优势，有着更低的瞬态噪声，而且这个优势随着像素数目的增大而更加明显。最近设计的高速 CMOS-APS 能实现 2368×1728 分辨率下的 240 帧/s 的帧速和 1280×1024 下的 600 帧/s 的帧速。

CMOS 成功的关键是低能源消耗、片内集成以及较 CCD 更低的成本，用 CMOS 图像传感器开发的数码相机、微型和超微型摄像机已大批量进入市场。CMOS 传感器目前在低端成像系统中具有更为广泛的应用。

4.6.4 CMOS 器件的不足与改进

目前，CMOS 型成像器件还存在以下几个问题：

（1）当行、列均增加像元数时，垂直传输各光敏二极管信号的布线电容随 MOS 漏数目的增加而增大，进而使读出各列光敏二极管的有效扫描时间变短，当水平扫描时，在传输电容上会产生残读信号，使垂直分辨率降低；

（2）PN 结区对不同波长的响应灵敏度不同，难以满足三原色信号灵敏度平衡的要求，会产生偏色现象；

（3）由于光敏二极管的充电电压不会超过电源电压，为了扩大动态范围，提高电源电压，在水平扫描的 MOS 栅上，需要加上比电源电压高出 V_T(MOS 阈值电压)的较大的扫描脉冲。因此，通过栅漏间的寄生电容，在视频信号中将混入扫描脉冲的尖峰噪声。

（4）读出各光敏二极管的视频信号时，由于各漏极的暗电流不均匀等原因，容易产生固定图像噪声(fixed-pattern noise，FPN)。对于这些问题，除要求采用高跨导、低栅电容的负反馈放大器外，主要采用消噪声电路来获得改善。

图 4-68(a)所示为一个像元与水平扫描电路的一个单元的等效电路。其中，C_Y 为场信号传输线的电容，C_H 为行信号传输线的电容，C_G 为 MOS 开关的驱动脉冲电容，C_{GD} 是行 MOS 开关驱动脉冲与偏置间的电容。

当水平移位寄存器发出脉冲驱动水平方向各 MOS 开关工作时，由于电容 C_{GD} 也被充放电，则输出会产生尖峰脉冲，如图 4-68(c)所示。信号的成分比尖峰脉冲小，尖峰脉冲的宽度是一定的，其包络线的变化表现为固定图像噪声，在图像的垂直方向出现竖条干扰。

为了抑制这种固定图像噪声，采用图 4-68(d)所示积分电路。摄像单元的输出信号经预放后加至积分电路。该信号成分包含尖峰脉冲信号，晶体管的集电极电容 C，在积分脉冲的一个周期内积分，正负一对尖峰脉冲的面积相等，通过积分电路后被除掉。这时信号成分的电荷，仅由集电结电容积累。该信号电荷是在行积分脉冲的最后瞬间通过 MOS 开关被读出的。已有证明，附加这样一个简单的 FPN 抑制电路可使 CMOS 摄像器件的信号与固定图像噪声之比(S/FPN)由原来无抑制电路的 46dB 提高到 68dB。同样条件下，信号峰值与随机均方根噪声之比为 66dB，可见固定图像噪声消除电路有明显效果。

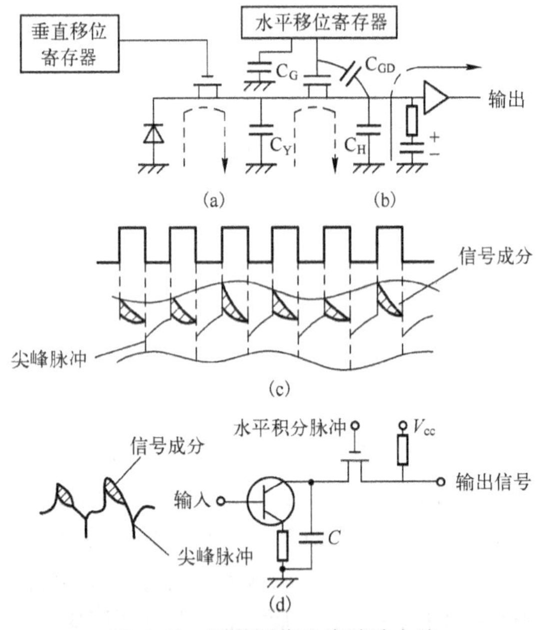

图 4-68 固定图像噪声消除电路

4.6.5 Pixim 的 DPS 成像技术

1. Pixim 的 DPS 技术背景

DPS(Digital Pixel System)技术由美国斯坦福大学电子工程学教授 Abbasel Gamal 与其带领的博士研究生 David Yang(杨晓东)于 1993 年开发而成，后来被授权给杨晓东博士于 1999 年创立的

Pixim 公司。自此以后，Pixim 公司对 DPS 概念和技术申请了 56 项专利，其中 42 项已经生效。

DPS 成像技术在视频摄像捕捉和处理图像过程中有着变革性的意义。采用该技术拍摄出高质量的移动和静止图像超过任何现有的其他技术。DPS 平台是一个通过在优化系统内将图像捕捉和处理功能结合起来的数字成像系统。Pixim 提供了完整的数字成像系统，包括图像传感器，图像处理器，摄像机参考设计方法，软件和关键算法，使摄像机易于开发设计和具有高质量、高性能。

2. Pixim DPS 技术的基本原理

DPS 技术的核心是在每个像素点捕捉图像时，将光信号直接转换为数字信号，即直接由模拟到数字转换(ADC，analog-to-digital converter)。这样可使信号衰减和色度、亮度串扰降到最小，为每个像素提供最佳、独立的曝光次数。由于图像数据是以数字的形式被捕获的，因而可以将多种多样的数字信号处理技术应用于图像的再现，提供最好的图像。即使在极端照明条件下的高动态范围场景，也可以拍摄出准确还原光强的高信噪比图像。

在 DPS 技术中，每一像素都有自己独立的模拟-数字转换器，因此均可独立地捕捉和处理相关的光信息，画面中的每一个像素都独立地发挥作用。在图像传感器的像素排列位置上，可以独立调节和处理每一个像素的曝光时间，获得最佳曝光条件。Pixim 的 DPS 技术也被称为“多点采样”技术，可以实现高品质的图像质量和宽的动态工作范围。在一个单独的画面捕获(如视频的 50 次/s 或 60 次/s)过程中，每个像素均可独立、无破坏性地进行多次采样。成像系统决定最佳的采样时间和存储的像素信息，不会使像素饱和。如在图 4-69 中，亮像素在达到 100%饱和前的最后一次采样时间为 T_2；暗像素积累电荷会更慢一些，因而需用更多的时间采样，最后一次采样时间为 T_6。每个像素捕捉到的存储信息值(强度、时间、噪声补偿)被并行处理，然后转换成高质量的图像。相比之下，以往的其他技术是为每帧设定一个曝光时间，并同时对每个像素进行采样，结果导致图像的某些像素曝光不足(太暗了)，另外一些像素则曝光过度了(太亮了)。

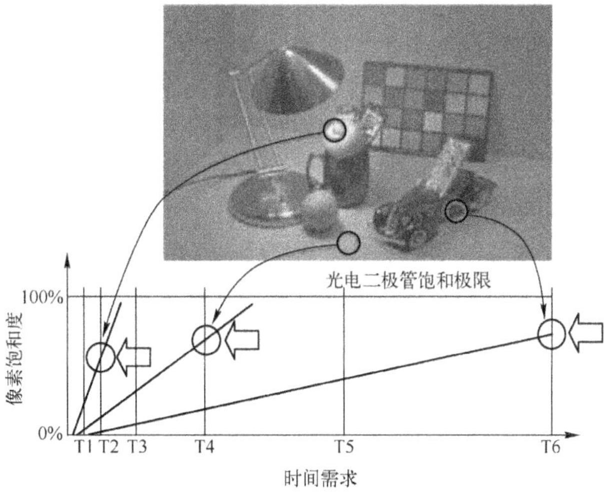

图 4-69　DPS 像元基于光线亮暗的曝光分析

Pixim 的第一个基于 DPS 技术产品 D2000 视频成像系统由数字成像传感器和数字图像处理器组成。数字成像传感器和数字图像处理器如同人的眼睛和大脑，双向实时交互，以谋求获得最高质量的图像。整个成像过程好似人走进黑暗的房间，大脑指挥人的眼睛瞳孔去寻找光亮，数字图像处理器为传感器提供相关参数和改变曝光时间及获取实际图像的计算方法，从而可在特别的图像特性和光照条件下，获得最佳图像。

基于 DPS 系统平台制造的摄像机实质上是由成千上万的独立摄像单元构成的成像统，系统中的每个摄像单元都会提供自己的最好图像信息，这些最好的图像信息结合起来便构造出了一帧高质量的视频画面或图像。Pixim 的 DPS 技术为高质量的视频摄像机和照相机提供了获取和处理良好图像的数字化基础。

4.6.6 CMOS 与 CCD 图像传感器的比较

CMOS 和 CCD 图像传感器在结构和工作方式上的差别，使得它们在应用中也存在很大不同。主要有以下几个方面：

（1）驱动脉冲电路：CMOS 芯片内部集成了驱动电路，大大简化了硬件设计，同时也降低了系统功耗。

（2）集成度：CMOS 图像传感器可将光敏元件、图像信号放大器、信号读取电路、模数转换器、图像信号处理器及控制器等集成到一块芯片上。

（3）读取速度：CCD 信号输出速度较慢，CMOS 图像传感器在采集光信号的同时就可以取出电信号，还能实时处理各单元的图像信息，速度比 CCD 图像传感器快很多。目前市场上应用的高速成像器件多为 CMOS 成像器件。

（4）功耗：CMOS 光电传感器使用单一电源，耗电量非常小。

（5）价格：从目前的市场看，CCD 器件的价格要远远高于 CMOS 器件。

（6）带宽：CMOS 具有低的带宽、并增加了信噪比。还有一个固有的优点是：防模糊(Blooming)特性。在像素位置内产生的电压先是被切换到一个纵列缓冲区内，再被传送到输出放大器中。由于电压是直接被输出到放大器中去的，因此，不会发生传输过程中的电荷损耗以及随后产生的图像模糊现象。不足之处是每个像素中的放大器的阈值电压都有着细小差别，这种不均匀性会引起“固定模式噪声”。

（7）访问灵活性：CMOS 具有可通过编程对局部像素图像进行随机访问的优点，因而在只采集很小区域的窗口图像时，可以获取很高的帧频。这是 CCD 无法做到的。

（8）填充系数：CMOS 的每个光敏元都集成了较多的器件，单个像素的填充系数远低于 CCD。

综上可知，CMOS 与 CCD 图像传感器相比，具有功耗低、摄像系统尺寸小，可将图像处理电路与 MOS 图像传感器集成在一个芯片上等优点，但其图像质量(特别是低亮度环境下)及系统灵敏度与 CCD 的相比相对较低。因此，CMOS 适合于大规模批量生产和要求小尺寸、低价格、摄像质量无过高要求的应用，如保安用小型、微型相机、手机、计算机网络视频会议系统、无线手持式视频会议系统、条形码扫描器、传真机、玩具、生物显微计数等大量商用领域。

CCD 与 CMOS 图像传感器相比，具有较好的图像质量和灵敏度，因而仍然保持着高端的摄像技术应用，如天文观测、卫星成像、高分辨数字照片、广播电视、高性能工业摄像、发部分科学与医学摄像等应用。

CCD 与 CMOS 图像传感器相比，在价格方面目前几乎相等，这主要是 CCD 具有成熟的技术与市场，CMOS 器件具有较低的技术与市场开发成本。

灵敏度代表传感器的光敏单元收集光子产生电荷信号的能力。CCD 灵敏度较 CMOS 高 30%～50%，主要是因为 CCD 像元耗尽区深度可达 10μm，具有可见光及近红外光谱段的完全收集能力。CMOS 采用的是 0.18～0.36μm 的标准半导体器件工艺，须保持低工作电压，像元耗尽区深度只有 1～2μm，其吸收截止波长小于 650nm，导致像元对红光及近红外光吸收困难。

动态范围为器件的饱和信号电压与最低信号阈值电压的比值。在可比较的环境下，CCD 动态范围较 CMOS 的约高 2 倍。这是因为 CCD 是通过电荷耦合进行信号传输的，电荷转移过程附加的噪声很小，使得 CCD 的噪声可控制在极低的水平。

响应均匀性包括有光照和无光照两种，CMOS 的响应均匀性较 CCD 有较大的差距，目前研究人员正在试图采用反馈放大器等技术改进其光照条件下的响应均匀性，使之逐渐接近 CCD 的水平。

标准 CMOS 具有较高的暗电流（$1nA/cm^2$，最低 $100pA/cm^2$），而精心制作的 CCD 的暗电流密度为 $2\sim10pA/cm^2$。

电子快门代表了器件任意控制曝光的能力。CCD 为内部转移结构，具有优良的电子快门，由于器件可纵向从衬底排除多余电荷，因此其电子快门功能几乎不受像元尺寸大小的限制，不会挤占光敏区面积而降低器件的占空比。CMOS 的每个像元需要一定数量的晶体管来实现电子快门功能，因此，增加电子快门功能将增加像元的晶体管数量，压缩感光区的面积，降低器件的占空比，特别是在像元尺寸进一步缩小时矛盾更为突出。目前，CMOS 采用不同时间对不同行进行曝光的滚动快门方式解决电子快门问题。这种方式减少了像元中的晶体管数量，提高了占空比，但在高性能应用中运动目标会出现明显的图像变形，因此只适合某些商业应用。

由于可以在同一芯片上制作大部分相机电路和 CMOS，因而 CMOS 的信号驱动及传输距离缩短，电感及寄生电容导致的延迟降低，且信号读出采用 X-Y 寻址方式，故 CMOS 图像传感器的工作速度优于 CCD。CCD 信号读出速率通常不超过 70Mpixels/s，CMOS 可达 1000Mpixels/s。

CMOS 采用的 X-Y 寻址方式具有可读出任意局部画面的功能，可以提高感兴趣的小区域的帧频或者行频。这种功能可用于在画面局部区域进行高速瞬时精确目标跟踪。CCD 则由于其顺序读出信号的结构决定了它在画面中实时开窗口的能力受到限制。

CMOS 的低成本受到人们的青睐，因而，人们正在花大气力改善和提高其性能。目前在开发 CMOS 图像传感器中所采用的先进的关键技术有：（1）相关双采样(CDS)电路技术；（2）微透镜阵列制备技术；（3）彩色滤波器阵列技术；（4）数字信号处理(DSP)技术；（5）抑制噪声电路技术；（6）模拟数字转换(A/D)技术；（7）亚微米光刻技术。

4.6.7 其他 CMOS 成像器件

1. 混合 CCD 成像器件

CCD/CMOS 混合焦平面(FPA)拥有 CCD 的成像特性(高量子效应、低暗电流、优良的均匀性、低串扰)和 CMOS 的信号读出技术(高速、低能耗、超低读出噪声)。这种 FPA 由 2 个 CMOS 读出电路(ROIC)和 1 个 CCD 阵列组成，中间通过 In 柱连接(图 4-70)。

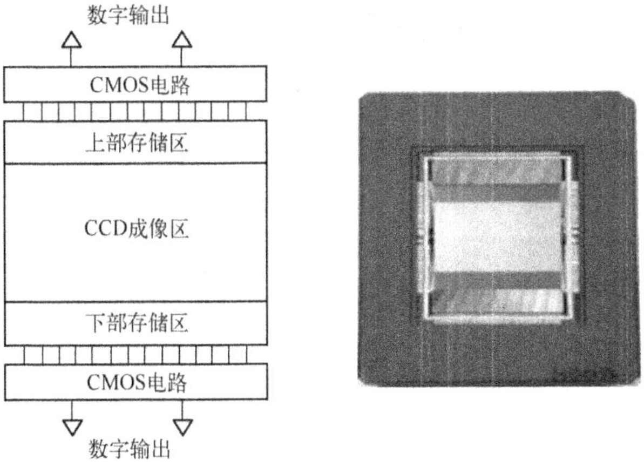

图 4-70　混合 CCD 焦平面结构

该 FPA 去除了传统 CCD 的串行转移寄存器，直接将电荷转移到 ROIC 中，因而在具有超低读出噪声的同时，保持了优良的成像特性。读出电路的平行结构减小了有效输出带宽，为 ROIC 完成复杂的放大器电路提供了足够的硅基，因此，能够很好地降低读出噪声。高速串行时钟和大电流输出放大器的去除也极大地降低了器件的功耗。

2. 仿视网膜分布 CMOS 成像器件

近些年来，随着精确制导武器的发展，人们开始关注高速精导武器相向运动过程中的视场清晰范围问题，并尝试采用仿视网膜像元分布结构减轻高速相向运动产生的辐射状模糊效应。

此外，由于仿视网膜像元分布探测器在小数据量、高分辨率和大视场范围之间能取得较好的平衡，仿视网膜像元分布结构的探测器还可以根据不同应用场合(如抗相向运动成像模糊、图像消旋、视频传输、全景相机等)的需求，设计符合各自应用的仿视网膜像元分布探测器布局，以避免采用矩阵探测器时所存在的问题。

北京理工大学根据上述研究结果，设计了一款仿视网膜像元分布的 CMOS 探测器。该探测器采用变光敏元尺寸的辐射状布局，螺旋变址读出图像数据，初步实现了国内首款仿视网膜像元分布的 CMOS 成像传感器芯片和成像系统的研制。目前，该研究小组正在基于该传感器进行相关的系列实验研究。图 4-71 为该研究小组所研制的器件布局、简易封装外形及所生成的分辨率靶图像(图(c)为直接输出图像，图(d)为经过坐标变换的图像)。其相关参数如表 4-1 所示。

表 4-1　仿视网膜分布 CMOS 芯片的性能参数

参数名称	数　值	单位
工艺	0.35μm 图像传感器工艺	
像素类型	线性像素、6T 结构、全局曝光	
像素尺寸	14～22	μm
总像素数	52066	
像素环数	138	
像素输出频率	20	MHz
输出帧频	80 @Tint=9ms	Fps
电子转换增益(CG)	12.1	μV/e-
饱和输出幅度	1.59	V
读出噪声电压	0.66	mV
动态范围(电压)	67.6	dB
工作电压	3.3	V
光谱响应范围	400～1000nm	
曝光时间	4μs 以上任意可调	

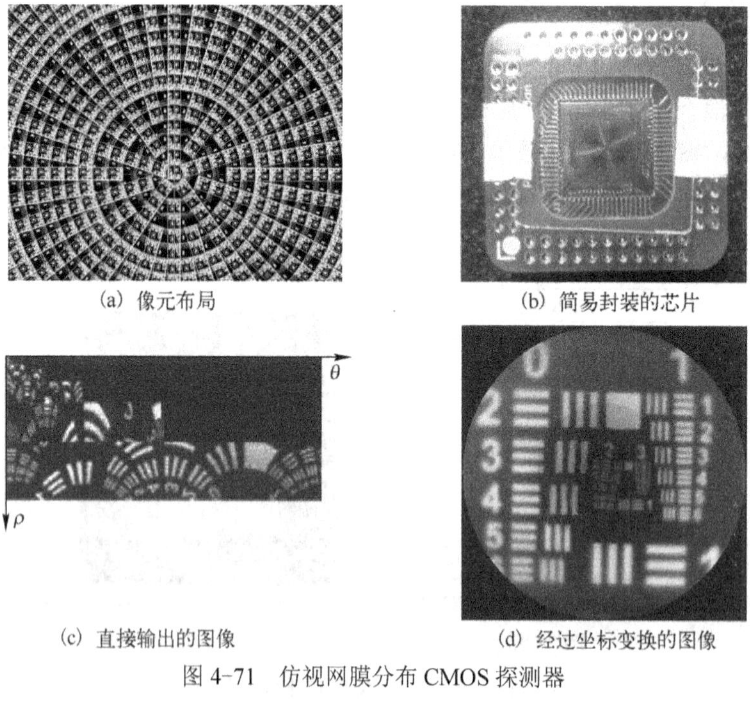

(a) 像元布局　(b) 简易封装的芯片

(c) 直接输出的图像　(d) 经过坐标变换的图像

图 4-71　仿视网膜分布 CMOS 探测器

4.7　紫外焦平面成像器件

硅基成像器件如 CCD 和 CMOS 是目前应用最广泛的光电探测器，这是因为 CCD 和 CMOS 具有高的光电灵敏度和低的噪声等优点。但由于一般紫外辐射的波长范围为 1～400nm，紫外光子在硅中的吸收系数虽然很高，但 CCD MOS 结构中的 SiO_2 栅介质和多晶硅栅介质等对紫外光子均有较高的吸收系数，紫外波段的光波在多晶硅中穿透深度很小(<2nm)，紫外光子几乎不能到达 CCD 和 CMOS 的硅基衬底，故一般的硅基成像器件如 CCD、CMOS 等在紫外波段响应都很弱，限制了这些硅基成像器件在先进光谱仪器及其他紫外波段探测设备中的使用。

为避免紫外光子在 CCD 表面多层结构中被吸收，目前主要采用有以下三种方法：

（1）在 CCD 表面淀积一层对紫外光子敏感的适当的磷光物质，将相关的紫外信息转换为与 CCD 光谱响应相对应的光波长信息。这种磷光物质受到波长小于 400nm 的紫外辐射激发时，会发出荧光，波长在可见光谱的绿光波段，峰值接近 500nm。

（2）采用背照射方式。减薄 CCD 硅基衬底，使紫外光子在靠近硅基背面的表面处被吸收并产生电子-空穴对。同时，为解决光电子被收集到 CCD 势阱之前复合的问题，可通过在减薄的 CCD 背面注入相关元素形成一个浅 P 型层的方法产生一个附加电场，从而将光生电子驱赶到势阱中而不被复合掉。

（3）采用深耗尽 CCD 结构。利用轻掺杂和高电阻率衬底，将 CCD 栅下的耗尽区扩展至硅基背面。从背面入射的紫外光子产生的电子被耗尽区中的电场扫进势阱。这种深耗尽 CCD 结构不仅避免了多晶硅栅的吸收，也避免了常规掺杂浓度背照 CCD 需要减薄的问题。

4.7.1 涂敷变频膜的固体紫外探测器

目前的 CCD 光敏元都由 Si 半导体材料制成，灵敏度范围为 0.4～1.1μm。为实现 CCD 对紫外线波段的响应，在 CCD 表面淀积一层对紫外(UV)光子敏感的萤光物质可完成紫外到可见光的光谱转换，将紫外辐射转换成与 CCD 光谱响应对应的波长。

按照使用材料的属性，完成光谱转换的变频膜可分为有机变频膜和无机变频膜两种。有机变频膜技术相对成熟，也有相关的专利出现。哈勃太空望远镜的 CCD、星球相机(WFPC)的 CCD 和 Photometrics 等公司提供的响应波段延伸到紫外的 CCD 都镀有有机变频膜。目前的紫外增强有机变频膜可使普通 CCD 的响应波段延伸到 200nm，Roper Scientific 公司开发的 Metachrome II 薄膜在 120～430nm 波段都具有良好的下变频效果。有机变频膜技术尽管成熟，但该类薄膜致命的缺点是有机物分子在紫外辐射下降解速度很快。在照明为 $1\mu W/cm^2$ 的光照条件下，有机物分子会以每小时高达 3%的速率按指数规律降解。与之相对应，无机变频膜材料可以在其前 2%的使用时间里，减少 90%的降解量。因此，无机变频膜具有非常优越的稳定性。

晕苯(coroneoe)是一种典型的萤光物质，受到波长小于 400nm 的紫外辐射激发时，发射峰值接近 0.5μm 的绿光。水杨酸钠和红宝石混合物也是可选用的荧光物质，因为水杨酸钠荧光区为 0.4～0.5μm，正好是红宝石的吸收带，而红宝石的强荧光区为 0.60～0.77μm，刚好是硅的响应峰。典型的涂敷材料可依据拟接收的紫外波段进行选择，目前采用较多的是 C_SI 等。

有报道称，通过在硅基成像器件光敏窗口上镀变频膜，成功地使 CCD 及 CMOS 的响应波段拓展到了 150nm。其相关产品可广泛应用于光谱分析、军事、空间天文、环境监测、工业生产、医用生物学等诸多领域。

4.7.2 基于宽带半导体材料的紫外焦平面成像器件

目前，采用 GaN、SiC、$Al_xGa_{1-x}N$ 等宽带半导体材料和成熟的 CCD、CMOS 读出体系，通过倒装互连技术研制紫外焦平面成像器件也是发展方向之一。

SiC 的热导率、临界击穿电场、电子饱和速度等都比 Si 高很多，与 Si 相比更适合于制造紫外光探测器。用 SiC 制作的紫外光探测器对可见光和红外光不敏感，因而更适合于在可见光和红外光背景中探测紫外辐射。但由于 SiC 具有间接带隙，探测器的灵敏度受到限制。

GaN 的禁带宽度为 3.4eV，是直接带隙半导体，其热导、热稳定性、化学惰性、击穿电场和带隙宽度都可以与 SiC 相比。GaN 还具有高的辐射电阻、易制成欧姆接触和异质结结构，这对制造复杂结构的器件非常重要。

三元合金 $Al_xGa_{1-x}N$ 的禁带宽度随 Al 组分的变化可以从 GaN(x=0)的 3.4eV 连续变化到 AlN(x=1)的 6.2eV，因此，理论上利用这种材料研制的紫外探测器的截止波长可以连续地从 365nm 变化到 200nm。

室温下 ZnO 的禁带宽度为 3.37eV。ZnO 和 GaN 同为六角纤锌矿结构，具有相近的禁带宽度，且 ZnO 具有更高的熔点和激子束缚能，以及良好的机电耦合性和较低的电子诱生缺陷。此外，ZnO 薄膜的外延生长温度较低，有利于降低探测器制造成本。

金刚石是禁带宽度为 5.45eV 的宽带隙半导体材料，具有高载流子迁移率、高击穿电压、高热导率、高掺杂性和化学惰性，是非常适合于制备紫外探测器件的材料。

由于金刚石膜的禁带宽度比 GaN 大，在短于 230nm 的紫外光部分，金刚石紫外探测器有很高的光谱响应，且具有很强的可见光盲性，其光生电流比 Si 探测器高得多，信噪比及信号稳定性也比 Si 探测器强。

图 4-72 所示为 AlGaN 基紫外焦平面传感器结构示意图。该器件以双抛蓝宝石为衬底，通过金属有机化合物化学气相沉积(Metal-organic Chemical Vapor Deposition，MOCVD)方法在衬底上生长薄膜。为减少 AlGaN 薄膜材料和衬底之间的位错及应力，首先需要在衬底上低温沉积 AlN 缓冲层，然后依次生长高掺杂 n 型 $Al_{0.65}Ga_{0.35}N$ 薄膜、本征 $Al_{0.45}Ga_{0.55}N$ 薄膜以及 Mg 掺杂的 p 型 $Al_{0.45}Ga_{0.55}N$ 薄膜，最后在样品顶层沉积 p-GaN 薄膜。材料生长完成后，通过光刻、腐蚀、退火、钝化以及电极蒸发等工艺流程完成器件的制作。n-电极和 p-电极分别是与 n 型 $Al_{0.65}Ga_{0.35}N$ 薄膜和 p-GaN 薄膜相连的具有良好欧姆接触的金属材料，一般采用 Cr/Au 材料。图 4-73 为 AlGaN p-i-n 型日盲紫外探测器结构截面示意图。

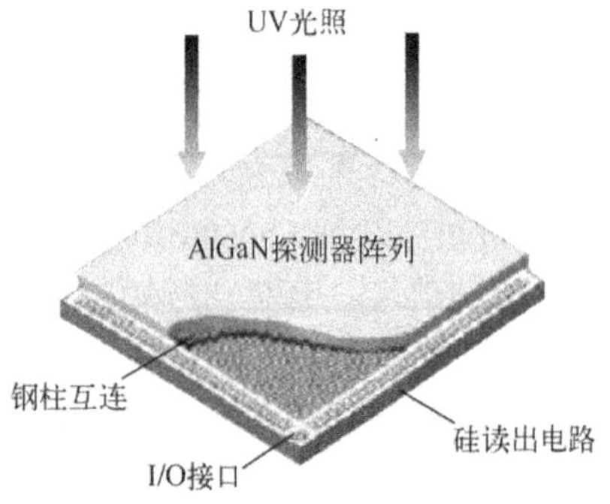

(a) 三维结构示意图

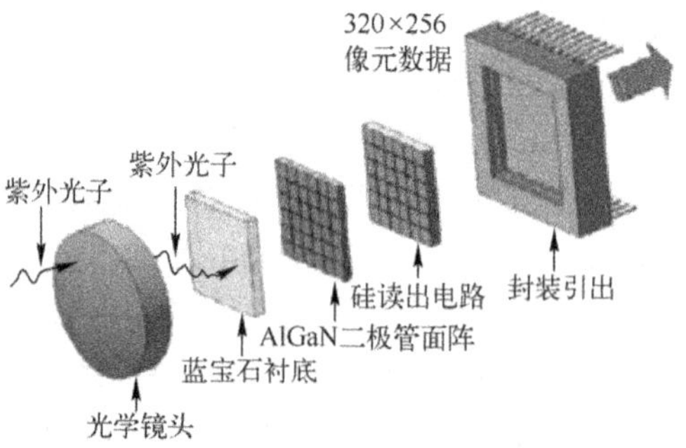

(b) 结构分解图

图 4-72　AlGaN 基紫外焦平面传感器结构示意图

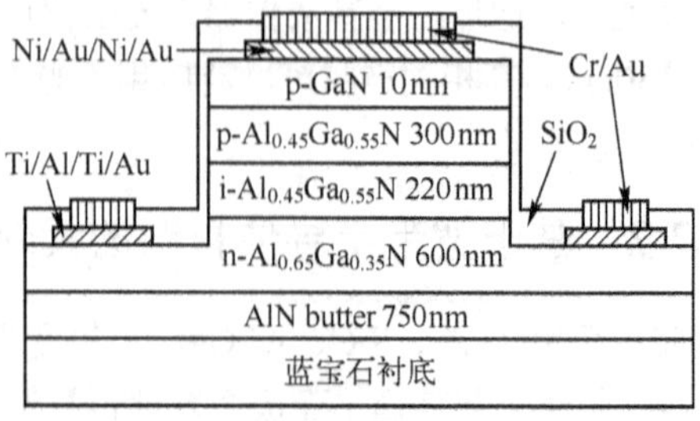

图 4-73　AlGaN p-i-n 型日盲紫外探测器结构截面示意图

总体上，目前 de 紫外焦平面成像器件制备技术还不是非常成熟，达到应用层面的紫外焦平面成像器件非常有限，紫外焦平面成像器件的发展还有待于紫外光敏材料及其他相关技术的成熟与进步。

4.8　近红外及短波红外焦平面成像器件

随着光电成像技术在光谱方面的拓展与延伸，近红外、短波红外响应的焦平面探测器也应运而生，且得到越来越快的发展。

目前较为成熟且达到应用性能的近红外、短波红外响应的焦平面探测器基本上是采用 InGaAs 或 HgCdTe 材料制成响应近红外、短波红外光波的光敏元，通过倒装互连的方式与 Si 基 CCD 或 CMOS 读出电路形成一个整体，实现 0.9～1.7μm 以及 0.9～2.5μm 波段的成像(图 4-74)。图 4-75 为某 InGaAs/InP PIN PDA 的结构，图 4-76 为减薄 InGaAs PDA 基体的原理示意图。

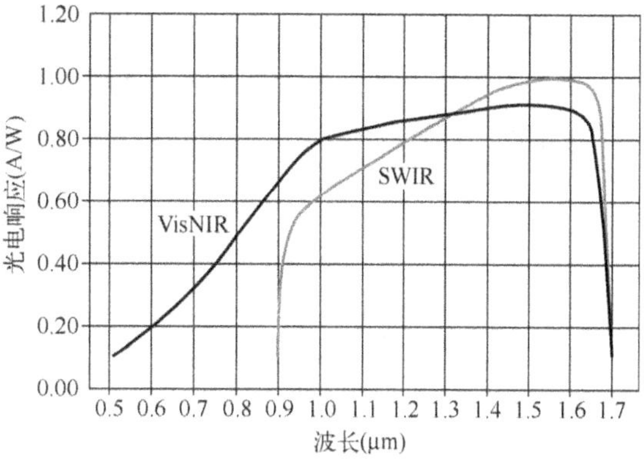

图 4-74　XenICS 公司产品 XS-1.7-320 的光谱响应

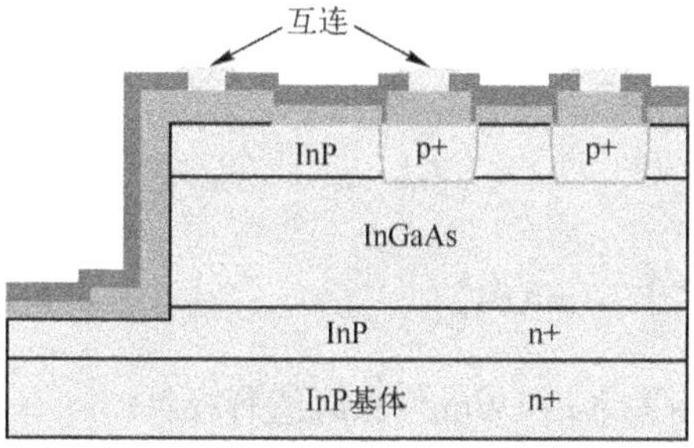

图 4-75　某 InGaAs/InP PIN PDA 结构

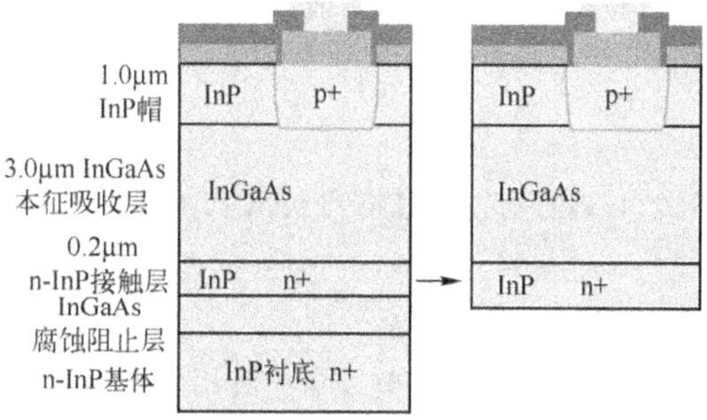

图 4-76　减薄 InGaAs PDA 基体的原理示意图

图 4-75 所示的 InGaAs/InP PIN PDA 结构是具有非常薄 InP 层(0.2μm 厚度)的 InGaAs FPA，在 0.7μm 的量子效率(QE)可达 50%，在 0.5μm 的 QE 约为 20%。如果采用 10%的 QE 作为截止波长标准，则 InGaAs FPA 短波限可延伸到 0.3μm。拓展响应的 InGaAs FPA 可以探测到更多的可用光子，提高其在微光条件下的应用能力。图 4-77 为近红外、短波红外响应焦平面探测器的结构示意图。

目前已有性能较好的近红外、短波红外响应焦平面探测器及成像系统问世，并获得较为令人满意的应用。其主要问题在于常温条件下的暗电流较大(窄带半导体材料)，大多情况下需要采用半导体制冷方式制冷。同时，这种近红外、短波红外响应焦平面探测器及成像系统的成本也远远高于硅基的同类探测器和成像系统。

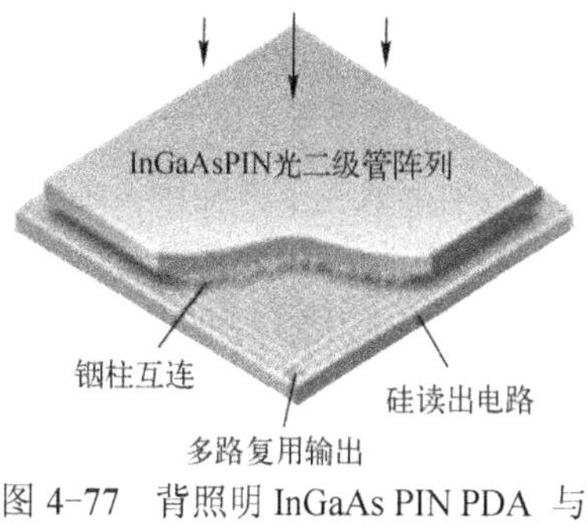

图 4-77　背照明 InGaAs PIN PDA 与 ROIC 互连而成的 InGaAs 红外 FPA

4.9　固体成像器件的性能参数

作为固体成像器件的主要特性参数有：灵敏度(或响应度)、分辨率(或调制传递函数)、光谱响应以及信噪比等。但由于 CCD 还起着电荷传输的作用，故还包括转移效率、噪声、功耗等性能参数。这里不再重复前面已经讨论过的内容，只对固体成像器件作为光电成像器件的主要特性参数做如下的介绍。

4.9.1 固体成像器件的光电转换特性

1. 灵敏度(响应度)

当光电流 I_L 用积分时间 t 内一个面积为 A_g 的像元所积累的信号电荷数 N_s 表示时，固体成像器件的灵敏度可以写成如下形式

$$S_I = \frac{eN_s}{\phi A_g t} \tag{4-170}$$

式中，ϕ是景物的辐射度。S_I的单位用 mA/W 表示。

实际应用中，灵敏度也可定义为入射在像元上的单位能流密度 σ 所产生的输出电压 V_s 的大小，即

$$S_V = \frac{V_s}{\sigma} \quad \left(\frac{10^6 \cdot V}{J \cdot cm^2}\right) \tag{4-171}$$

根据式(4-56)，上式可以写成

$$S_V = \frac{1}{\sigma}\frac{Q_s}{C_{FD}}\frac{g_m R_L}{1+g_m R_L} \tag{4-172}$$

显然式(4-172)可以通过将 $Q_s=eN_s$ 代入式(4-170)得到

$$S_I = \frac{C_{FD}S_V}{A_g g_m R_L}(1+g_m R_L) \quad (mA/W) \tag{4-173}$$

光辐射能流密度在光度学中常用照度 lx 表示，可利用关系式 $1W/m^2$=201x 进行换算。

固体成像器件的平均量子效率可由测量所得的灵敏度或响应度求得。因为一个理想的硅探测器在光吸收区(0.4～1.1μm)具有 100%的量子效率，其响应度约为 238mA/W(2856K)，故摄像器件在整个波长范围的响应度就是对应的平均量子效率。

2. 光谱响应

固体成像器件光谱响应的含意与一般光电探测器的光谱响应相同。固体成像器件的光谱响应范围由光敏面的材料决定，本征硅的光谱响应范围大约在 0.4～1.1μm 之间。但光谱响应曲线的形状受多方面因素的影响，如光敏面的结构、各层介质的折射率和消光系数、各介质层的厚度、入射光的入射角等。图 4-78 给出了四种采用 MOS 电容作为像元的 CCD 的光谱响应特性曲线。曲线①是前照单层多晶硅电极的 CCD 特性。多晶硅的吸收导致蓝光响应的跌落，加上硅的蓝光响应本来就低于红光，引起光谱响应曲线在短波处下跌严重，因而不利于彩色摄像。曲线②是衬底减薄到约 10μm 厚的背照帧/场转移 CCD 的特性，其已达到硅靶摄像管(背照)的光谱灵敏度水平，因此，这种背照器件可用于在低照度下的天文观察等。曲线③是虚相结构前照 CCD 的特性。由于该器件有 50%的光敏面没有栅电极，开口率增大，灵敏度提高，蓝光响应也得到了相应的改善。曲线④是前照 FT 型器件。其第一层为多晶硅栅，第二层为透明的金属氧化物栅。由于多晶硅层的吸收以及 Si-SiO_2 界面上的反射，使得光谱响应起伏变化。而在第二层采用了金属氧化物栅后，改善了相关的响应，特别是对蓝光的响应。因此，除背照型器件外，这种器件的

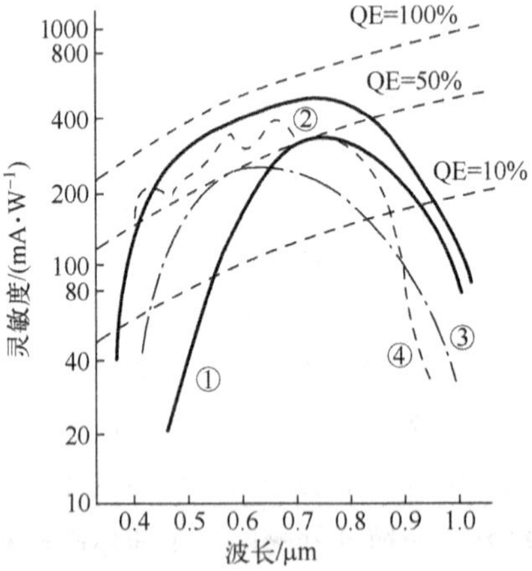

图 4-78 CCD 的光谱响应特性曲线

灵敏度应为最佳的。以上曲线都是在器件未带抗晕结构下测得的，否则其灵敏度将均有所下降。

当前改善固体成像器件的光谱响应大多采取以下几种措施：

（1）背照工作。器件的背面没有复杂的电极结构，因而能够得到高而均匀的量子效率。图 4-79 示出了前照式与背照式 CCD 的光谱响应曲线，从图中可以看出背照式 CCD 的量子效率在整个响应范围内均得到很大的提高，同时，光谱响应范围也得到了相应的扩展。

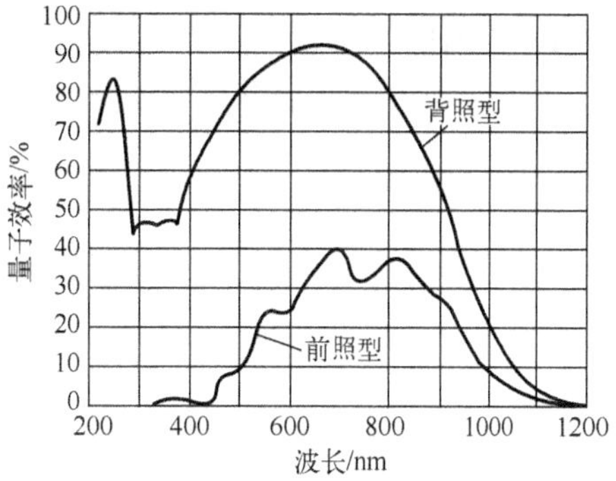

图 4-79　前照式与背照式 CCD 的光谱响应曲线

背照器件工艺上的困难主要是衬底必须减薄到小于一个分辨单元的尺寸，通常要求在 10μm 左右，目的是使在背照硅表面附近产生的光生载流子能够充分扩散到衬底正面的势阱，减少横向扩散引起传递函数($T(f)$)损失。此外，器件结构的制约也是背照式无法推广的原因之一。目前背照式只能在 FT 型器件中使用。

（2）采用透明金属氧化物作透光栅极材料取代多晶硅材料。

（3）采用高灵敏度的光导膜制成叠层结构器件，或采用特殊结构扩大开口率，如采用虚相结构。

（4）采用 PN 结光敏二极管代替 MOS 电容器作为像元，其光敏元上面只有一层绝缘物而无电导层，也可以改善灵敏度。

（5）通过适当设计和控制多层薄膜厚度，使入射光至衬底的透过射比增大。

3. 动态范围与晕光

固体成像器件的动态范围是指输出的饱和电压与暗场下噪声峰-峰值电压之比，即

$$\text{动态范围} = V_{sat} / V_{p-p} \tag{4-174}$$

式中，V_{sat} 为输出饱和电压；$V_{p\text{-}p}$ 为噪声电压的峰-峰值。典型的电荷包最大值为 2×10^6 个电子。最大的动态范围一般可达 80dB 左右。

对 CCD 而言，当入射的光信号局部较强时，CCD 的局部区域将出现过载荷情况，并向四周扩散到相邻的势阱，在显示器上出现一个白色区域向四周扩展。这种现象称为晕光(弥散或开花)效应。其扩展情况与器件结构有关。对于 CCD 而言，由于沟道间有沟阻阻挡，过量的电荷将首先沿垂直的转移沟道扩散，形成白色亮条。

抑制晕光的基本方法如图 4-80 所示，当有过量载流子从像元溢出时，马上将它们吸收掉，以阻止扩散到邻近像点。通常有二种方法：

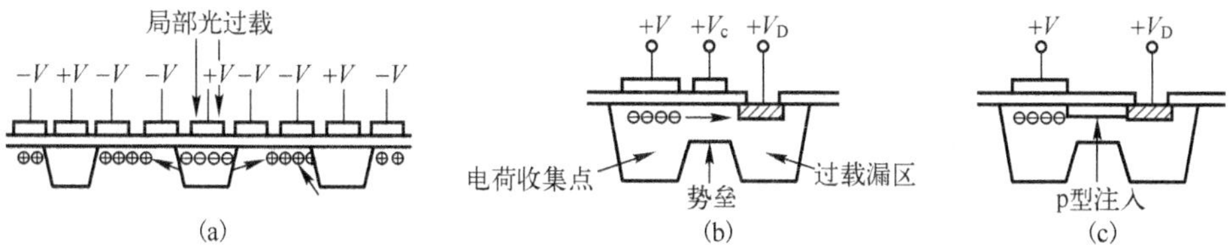

图 4-80　抑制晕光的方法

（1）对 SCCD 可将相邻电极偏置到一定负压，使电极下的硅表面处于积累状态，如有载流子溢入便可马上将它们复合掉。该方法可抑制过载 50 倍的电荷量。缺点是当积累区再次耗尽时，界面态产生俘获，严重影响转移效率。

（2）采用扩散漏极取走过量电荷，即在收集势阱与漏极之间形成一个势垒作为溢出载流子的阈值，该势垒必须低于邻近电极下的势垒，这样才能使过量载流子流向漏极而不流向相邻像元。这种

方法的缺点是漏区占去了一部分光照面积而使灵敏度下降。

4.9.2 固体成像器件的噪声特性

1. 信噪比

由式(4-170)可得固体成像器件的输出信号电荷数

$$N_s = \frac{1}{e}\phi S_I A_g t \tag{4-175}$$

而一个像元的存储容量决定了 N_s 的最大值为

$$N_{smax} = \frac{1}{e}C_p \Delta V_{max} A_g \tag{4-176}$$

式中，C_p 为像元电容量；ΔV_{max} 为积分时间内最大电压变化。与 N_s 对应的信号电流为

$$I_s = N_s e f_H \tag{4-177}$$

式中，f_H 为像元扫描频率，通常为水平扫描器的时钟频率。

固体成像器件的噪声，除了与 N_s 相关的固有散粒噪声 $\bar{N}_{shot}$ 外，还要加上扫描和读出的均方根噪声等。固体成像器件的类型不同，其扫描和读出的结构也不同，因而产生的噪声量也有差别。对于理想 CCD(只存在光子散粒噪声的 CCD)，可得到如图 4-81 所示的信号量 N_s 与散粒噪声 $\bar{N}_{shot}$ 之间的关系曲线。图中两条曲线之间代表一个理想器件的最大信噪比。实际摄像器件的信噪比将取决于采用何种扫描方法与输出结构。

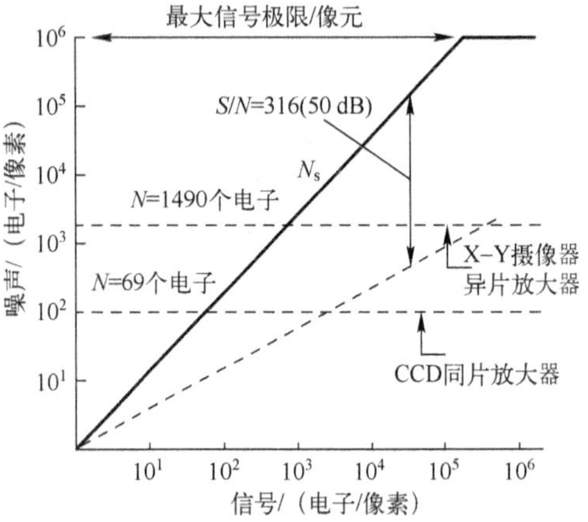

图 4-81 CCD 的信号与噪声特性的关系曲线

4.9.3 固体成像器件的成像特性

1. 分辨率和调制传递函数

分辨率即指极限分辨率，是指在一定测试条件下，具有一定性质的鉴别率图案投射到固体成像器件光敏面时，在输出端观察到的最小空间频率，通常用 lp/mm 表示，也可以用相应的 TVL 表示。

固体成像器件都是离散采样器件，由奈奎斯特采样定理可知，它的极限分辨率为空间采样频率的一半。如果某一方向上的像元间距为 d，则该方向上的空间采样频率为 $1/d$ (lp/mm)，其极限分辨率将小于 $1/2d$ (lp/mm)。若用 TVL 表示，在某一方向的像元数就是 TVL 数。显然，TVL 数的一半与固体成像器件光敏面线度尺寸的比值，就是相应的 lp/mm 数。

由于极限分辨率包括观察者的主观因素在内，因此在全面评价分辨能力时应采用调制传递函数，以客观地评价固体成像器件的传递特性。

假设固体成像器件是一个具有线性、时空不变性的系统，则可按环节分别求出调制传递函数，然后再用各环节的调制传递函数之积来表示系统的调制传递函数。

（1）几何 $T_x(f)$

在将固体成像器件在某一方向看成具有“积分均化作用”的离散采样环节，并设固体成像器件的单元尺寸 d，排列周期(中心间距)为 l，光敏元为“盒型函数”的情况下，其调制传递函数可表示为

$$T_x(f') = \frac{1}{\pi d f'}\sin\left(\frac{\pi d f'}{l}\right) \tag{4-178}$$

式中，$f'=f/f_{\max}$，为输入图像的归一化空间频率。如果取 $f_{\max}=2f_N$(奈奎斯特频率限)，则上式化为

$$T_x(f)=\frac{2f_N l}{\pi df}\sin\left(\frac{\pi df}{2f_N l}\right) \tag{4-179}$$

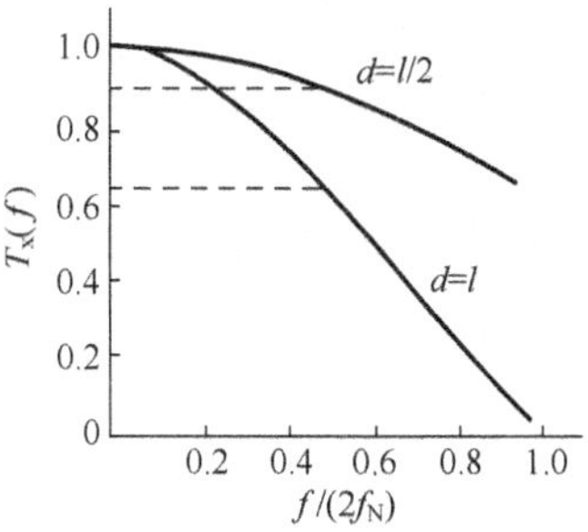

图 4-82　$T_x(f)$两种情况下的曲线关系

图 4-82 给出的 $T_x(f)$曲线分别为：① $d=l$(相当于 FT 或 ILT-CCD 在垂直方向的情况)；② $d=l/2$(相当于 ILT-CCD 在水平方向的情况)。由图可知：当 $d=l$ 时，奈奎斯特频率处 $T_x(f)\approx 0.64$；当 $d=l/2$ 时，奈奎斯特频率处 $T_x(f)\approx 0.90$。

如果像敏元紧密排列，即 $d=l$，则有

$$T_x(f')=\frac{1}{\pi f'}\sin \pi f' \tag{4-180}$$

当 $d=2l$ 时，$T_x(f)$的第一零点出现在 $f=f_N$ 处；当 $d=l$ 时，$T_x(f)$的第一零点出现在 $f=2f_N$ 处。可见在中心距相同的情况下，像敏元小些对提高分辨率有利。

（2）扩散 $T_D(f)$

对 CCD 器件而言，其工作时若光生载流子产生在离耗尽层较远，则在向势阱漂移的同时还会发生横向扩散，并被相邻势阱收集，由此造成 $T(f)$的衰减。其表达式为

$$T_D(d)=\mathrm{ch}\left(\frac{d}{L_0}\right)\Big/\mathrm{ch}\left(\frac{d}{L}\right) \tag{4-181}$$

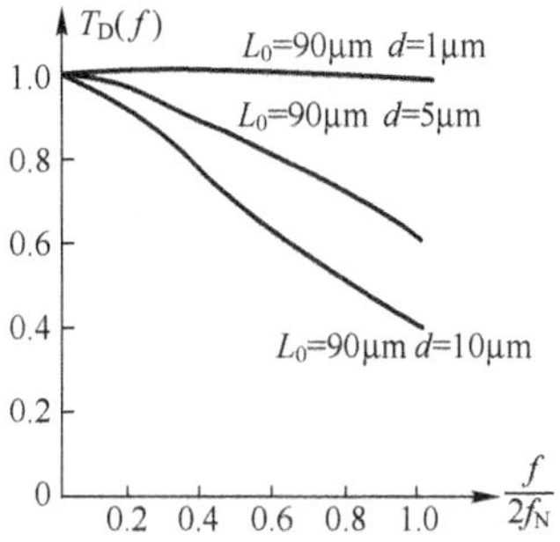

图 4-83　$T_D(f)$曲线

式中，$L=\dfrac{L_0}{\sqrt{1+(2\pi fL_0)^2}}$，$L_0$ 为载流子扩散长度；d 为光生载流子产生处到相邻光敏元耗尽层的距离。图 4-83 所示为 L_0 和 d 一定时的 $T_D(d)$曲线，可见，随着 d 的增大，$T_D(d)$变差。此外，对于不同波长的光照，$T_D(d)$值也不同。

（3）转移 $T_T(f)$

对 CCD 器件而言，因 CCD 工作时的电荷包由光敏区向存储区转移，由存储区向水平区转移或在水平区中连续转移，这一系列的转移过程都存在电荷的损失，尤其是在水平方向。这种损失造成了 $T_T(f)$的衰减

$$T_T(f)=\exp\left\{-n\varepsilon\left[1-\cos\left(\frac{\pi f}{f_{\max}}\right)\right]\right\} \tag{4-182}$$

式中，n 为转移次数；ε 为转移损失率；$f_{\max}$ 为空间采样频率。对双边转移的线阵 CCD，上式改写为

$$T_{T2}(f)=\exp\left\{-\frac{n\varepsilon}{2}\left[1-\cos\left(\frac{\pi f}{f_{\max}}\right)\right]\right\} \tag{4-183}$$

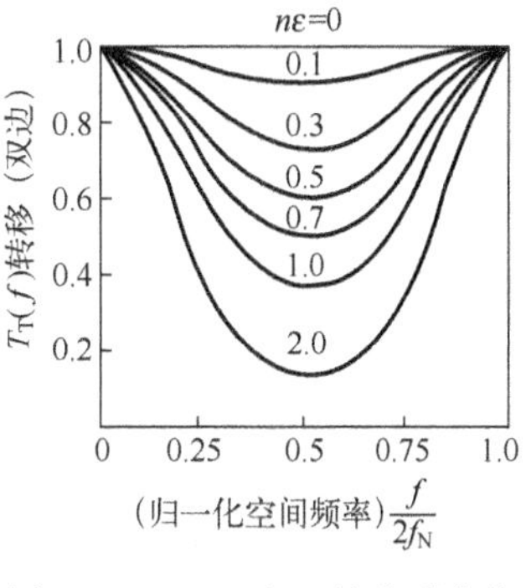

图 4-84　$T_T(f)$与 ε 的关系曲线

图 4-84 示出了 $T_T(f)$与 ε 的关系曲线。由图可见，当转移损失足够低，即 $n\varepsilon$ 很小时，$T_T(f)$的衰减也很小，可以忽略不计。

当然，还有其他诸如输出电路等环节也会对 CCD 的 $T(f)$产生影响，但由于精心设计的输出电路具有很高的频率传递能力，因此，器件的 $T(f)$可只写为上述三个环节 $T(f)$之积，即

$$T(f)=T_x(f)\cdot T_D(f)\cdot T_T(f) \tag{4-184}$$

2．非均匀性

固体成像器件是离散采样型成像器件，因此，每个独立的像元应该有相同的响应，但由于材料和工艺等的影响，实际上很难做到这一点。响应的非均匀性尚无统一定义，但一种较为严格的定义方法是用光响应的均方根偏差值与响应的平均值的比值来表示固体成像器件光响应的非均匀性。通常认为光敏元是非均匀的，而固体成像器件是近似均匀的，即每次的转移效率是一样的。那么有

$$\delta = \frac{1}{\overline{V}_0}\left[\frac{1}{m}\sum_{n=1}^{m}\left(V_{\text{on}} - \overline{V}_0\right)^2\right]^{1/2} \tag{4-185}$$

式中

$$\overline{V}_0 = \frac{1}{m}\sum_{n=1}^{m} V_{\text{on}} \tag{4-186}$$

是平均原始响应等效电压；m 为线阵光敏元的总位数；V_{on} 为第 n 个光敏元原始响应的等效电压。

对 CCD 而言，由于其工作时存在转移损失，因而 CCD 的输出信号 V_{n} 与它所对应的光敏元原始响应 V_{on} 并不相等。但根据前边的假设，可以间接算出

$$V_{\text{on}} = V_{\text{n}} / \eta^{N \cdot n_{\text{cp}}} \tag{4-187}$$

式中，N 为转移次数；n_{cp} 为 CCD 的相数。

习题与思考题

1．以 P 型 N 沟道 MOS 电容器为例，说明势阱存储电荷的原理。

2．简述 CCD 工作时的电荷耦合原理(作简图)。

3．什么是 CCD 的开启电压？为什么实际工作中 CCD 的开启电压必须考虑平带电压？平带电压又是怎样的？

4．什么叫 CCD 的转移效率？怎样计算？提高转移效率有哪几种方法?

5．什么是界面态?怎样减少界面态的影响？什么是“胖 0”工作模式？为什么 SCCD 要采用“胖 0”工作模式?

6．简述 BCCD 工作原理，说明 BCCD 工作的特点，并比较其与 SCCD 各自的优缺点。

7．以三相 CCD 为例，说明决定其工作频率上下限的因素是什么？

8．什么是 CCD 的自扫描特性？以单边线阵 CCD 为例，说明其成像原理与过程。

9．面阵 CCD 有几种工作模式？各有什么优缺点？

10．什么是增强型 CCD？增强型 CCD 有哪些耦合类型或工作方式？

11．除了书中的示例外，试考虑线阵 CCD 在哪些方面还有应用。

12．简述 CMOS 器件的成像原理，比较 CMOS 器件与 CCD 在工作原理上的异同，各有什么优缺点？

13．目前人们研究了哪些异形的 CCD 和 CMOS 器件？它们有哪些优点和不足？

14．为什么固体成像器件有前照和背照两种工作方式？这样做主要是为了解决什么问题？

15．实现紫外响应的固体成像器件有哪些途径？试分析一下它们的优点和不足。

16．实现近红外及短波红外响应的固体成像器件有哪些途径？试分析一下它们的优点和不足。

17．固体成像器件感光区域的离散及信号读出与传输方式对成像系统的成像分辨特性有哪些影响？试分析相关的解决办法和解决途径。

第 5 章 电子驱动自扫描成像技术(2)

与第 4 章介绍的基于景物反射信息成像的电子驱动自扫描成像器件不同，在光电成像技术中还有一类是基于景物自身辐射信息成像的电子驱动自扫描成像器件，即红外焦平面探测器。红外焦平面探测器是红外热成像(Thermal Image)技术的核心，本章主要介绍红外探测器的分类、性能及焦平面探测器的结构和典型红外探测器的工作原理等。

5.1 红外探测器的分类与性能

红外探测器是红外热成像系统的核心组成部分，红外探测器的研究始终是红外物理和红外技术发展的重中之重。自从 1880 年人类发现红外辐射的存在以来，一直在为利用这个宽阔的电磁波谱段探知自然、扩展人类的视野进行着不懈的努力。特别是二次世界大战以后，出于军事上的需求，人们对红外探测器在结构上和性能上的研究已经发展到了相当高的水平。

红外探测器的种类很多，分类方法也很多。如根据波长可分为近红外(短波)、中红外(中波)和远红外(长波)探测器，分别对应 0.76～3.0μm、3.0～6.0μm 和 8.0～15.0μm 三个谱段；根据工作温度，又可分为低温、中温和室温工作探测器；根据用途和结构，还可以分为单元、多元和凝视型阵列探测器等。

红外探测器在光电成像系统中，主要用来完成红外入射辐射到电信号的转换，所以它可以是成像型的，也可以是非成像型的。理论上一般多按辐射转换机理来进行分类。就其转换机理而言，一般可分为热探测器和光子探测器(或称光电探测器)两大类。

5.1.1 热探测器

热探测器吸收红外辐射后会产生温升，伴随着温升而发生某些物理性质的变化，如产生温差电动势、电阻率变化、自发极化强度变化、气体体积和压强变化等。测量这些变化就可以间接地测量出它们吸收的红外辐射能量和功率。上述四种变化是常见的物理变化，利用其中的某一种物理变化就可以制成一种类型的红外探测器。如利用温差电效应制成的热电偶；利用电阻率变化制成的热敏电阻或电阻阵列微测辐射热计；利用气体压强变化制成的气体探测器(高莱盒)等。这里主要介绍可用于热成像的热释电探测器和微测辐射热计等。

1. 热释电探测器

热释电探测器的工作原理与热释电摄像管靶的工作原理一样，只是在辐射接收面大小和信号读出方式等方面有较大的差别。热释电探测器与 CCD 器件混合提供了不需制冷的应用前景。由于热释电的差动特性，在用于凝视阵列成像时需要进行入射辐射的调制，当然也可以用于扫描阵列。热释电探测器的不足是探测率较低。

影响热释电探测器探测率的两个因素是：① 热释电探测器的响应度。这意味着在直接耦合情况下，器件将以 CCD 的噪声为主，因此，在探测器与 CCD 之间需要放大；② 热释电探测器在硅片界面上会产生散热损失，若硅片上的硫酸三甘钛(TGS)层厚度为 20μm，则在 20Hz 的调制频率下信号大约会下降到 1/30。

热释电探测器的性能较好，其中以钽酸锂($LiTaO_3$)探测器性能最好。因为它不潮解，结构稳定，居里温度高(618℃)，所以其探测率较高，有可能代替目前应用较多的 TGS 探测器。此外，锆钛酸铅(PZT)也是一种新型的热释电材料，这种材料具有优良的物理化学性能和机械性能，耐潮解，耐高温，抗氧化，且居里温度高，能承受大功率辐射。因此该材料除用于各种热辐射测量，如测温、红外报警、红外光谱分析等外，还可用于大功率激光器的能量和功率测量。

热释电-CCD 混合的红外电荷耦合器件结构是在 MOS 场效应晶体管的沟道和金属栅之间制作热释电薄膜，即与栅极串联组成红外电荷耦合器件，由热释电探测器产生的电压来调节 MOS 结构的势阱深度。当电压是一个常数且足够大时，势阱深度可达几个 kT，电荷使势阱基本上充满，漏极在 N 势垒的上面并进入 CCD 沟道，调节电压到景物的调制不再被暗电流削弱为止。

典型的采用厚度为 600×10^{-10}m 氧化层、面积为 10^{-5}cm^2 TGS 制成的红外电荷耦合器件，以 20 帧/s 工作在 8～12μm 窗口时，最小可分辨温差 ΔT_{MRTD}=0.2K。这里应指出，为使实际器件达到预期的性能，需要更高的热绝缘，以避免衬底热负载以及各像元之间的串音干扰。

2. 微测辐射热计

微测辐射热计是一种利用探测器材料吸收入射辐射使其自身温度变化，进而影响探测器其他物理性质(诸如电阻、电容等)发生变化的原理制成的热探测器阵列。常用的微测辐射热计有：（1）热敏电阻微测辐射热计，其以烧结的半导体薄膜作为光敏元件；（2）金属薄膜微测辐射热计，采用电阻温度系数大的金属为材料制作成薄膜，表面涂黑作为光敏元件；（3）介质微测辐射热计，利用介质材料参数随温度变化而变化的原理制成的器件。

微测辐射热计(Microbolometer)提供了不需制冷的应用前景。微测辐射热计是在 IC-CMOS 硅片上采用淀积技术，用 Si_3N_4 支撑有高电阻温度系数和高电阻率的热敏电阻材料 VO_x 或多晶硅做成微桥结构的器件(单片式 FPA)，其接收热辐射引起温度变化而改变阻值。直流耦合无须斩波器，仅需通过一个半导体制冷器保持其稳定的工作温度即可。与热释电 FPA 相比，微测辐射热计可以采用硅集成工艺，制造成本低廉，有好的线性响应和高的动态范围，像元间有好的绝缘和低的串音及图像模糊，低的 $1/f$ 噪声以及高的帧速和潜在高灵敏度(理论上 NETD 可达 0.01K)。但其偏置功率受耗散功率限制以及大的噪声带宽使之难以与热释电相比。微测辐射热计在 20 世纪 90 年代发展迅速，成为热点，目前已经成为低成本红外热成像系统的主流焦平面探测器。

3. 微测辐射热电堆

微测辐射热电堆是将若干个测辐射热电偶串接起来构成的热探测器件，原理上采用的是温差电效应。即当两种不同材料的金属或半导体构成闭合回路形成热电偶时，如果两个连接结点中的一个受到入射辐射照射温度升高，另一结点未受到入射辐射照射而温度保持不变，则由于两个结点处于不同的温度而使闭合电路中产生温差电动势，测量该温差电动势便可以得到待测辐射能量或功率的大小。热电偶的串接可以累加每个结点上产生的温差电动势提高响应度，此外，串接还可以使测辐射热电偶的电阻增大而易于与放大器配合，同时也降低了响应时间。

微测辐射热电堆通常做成薄膜状，其优点是响应率高、性能稳定、结构牢固、可以在较宽的波长范围内有均匀的响应，使用时无需制冷。微测辐射热电堆广泛应用于光谱仪校准等，近年来已成功地应用于热成像技术领域。

5.1.2　光子探测器(光电探测器)

某些固体受到红外辐射照射后，其中的电子直接吸收红外辐射而产生运动状态改变，从而导致该固体的某种电学参量改变，这种电学性质的改变统称为固体的光电效应(内光电效应)。根据光电效应的大小，可以测量所吸收的光子数。利用光电效应制成的红外探测器称为光子探测器或光电探测器。这类探测器依赖内部电子直接吸收红外辐射，不需要经过加热物体的中间过程，因此反应很快。此外，这类探测器的结构都比较强固，能在比较恶劣的条件下工作，因而光电探测器是当今发展最快、应用最为普遍的红外探测器。常用的光电探测器有如下几类：

1. 光电子发射探测器

当光照射到某些金属、氧化物或半导体表面上时，如果光子能量足够大，就能够使其表面发射电子，这种现象称为光电子发射(外光电效应)。利用光电子发射制成的探测器统称为光电子发射探测器。本书第 2、3 章所介绍的部分摄像管、变像管、像增强器等均属此类器件。此外，光电管、光电倍增管等也属此类器件。这类器件的时间常数很短，只有几个毫微秒，在高速响应、弱信号探测等领域，常采用特制的光电倍增管。

如前所述，大部分光电子发射探测器只对可见光起作用，可用于近红外光探测的光阴极只有银氧铯光阴极 S-1、多碱光阴极系列和负电子亲和势光阴极。所以，发展新型的红外光阴极也是红外热成像技术的迫切任务之一。

2. 光电导探测器

当红外辐射入射到半导体器件时，会使体内一些电子和空穴从原来不导电的束缚状态转变到能导电的自由状态，从而使半导体的电导率增加，这种现象称为光电导效应。利用光电导效应制成的红外探测器称为光电导探测器(简称 PC 器件)。这类器件结构简单，种类最多，应用最广。

光电导探测器的材料可分为多晶薄膜型和单晶型两类。

薄膜型的 PC 探测器品种较少，常用的有 P_bS 光电导探测器和 P_bSe 光电导探测器。P_bS 适用于 1～3μm 波段的大气窗口，P_bSe 适用于 3～5μm 波段的大气窗口。

单晶型的 PC 探测器又分为本征型和掺杂型两类。本征型最早只限于在 7μm 以下波段工作，主要有锑化铟(InSb)探测器，它是 3～5μm 大气窗口最优良的探测器。近年来又成功研制了二元半导体材料 $Pb_{1-x}Sn_xTe$ 和 $Hg_{1-x}Cd_xTe$。这些材料的探测器，尤其是 $Hg_{1-x}Cd_xTe$ 探测器，已使 8～14μm 大气窗口的探测器工作温度提高到液氮温度(77K)，3～5μm 的探测器在室温条件下也具有相当好的性能，而 1～3μm 的探测器性能也超过了以往用于该波段的探测器。掺杂型的 Ge:Hg 探测器也适用于 8～14μm 的大气窗口。此外，60K 温度下的 Ge:Au 探测器一度也被广泛采用，但长波限只在 7μm 左右。另据文献报道，曾有人对 Si 掺杂的探测器进行了多次试验，但尚未见有结果公布。

3. 光伏探测器

在半导体 PN 结及其附近区域吸收能量足够大的光子后，在结区及结的附近释放出少数载流子(电子或空穴)，它们在结区附近通过扩散进入结区，在结区内受内建场的作用，电子漂移到 N 区，空穴漂移到 P 区，如果 PN 结开路，则两端就会产生电压，这种现象称为光生伏特效应。利用该效应制成的红外探测器称为光伏探测器(简称 PV 器件)。常用的有室温 InAs(1～3.8μm)探测器，77K 下的 InAs 的 1～3.5μm 探测器，77K 下的 InSb 的 2～2.8μm、3.8～4.7μm 探测器，以及 $Hg_{1-x}Cd_xTe$、$Pb_{1-x}Sn_xTe$ 探测器等。

光伏探测器响应速度一般较光电导探测器快，有利于高速探测，且既可用于直接探测，也可用于外差接收。光伏型器件结构有利于排成二维阵列，人们对它的兴趣在于将它和 CCD 或 CMOS 耦合组成焦平面阵列的红外探测器。理论上，光伏探测器的 D^* 可比光电导探测器高 $2^{1/2}$ 倍，因此，光伏探测器有着非常广阔的发展前景。

4. 光磁电探测器

当红外光照射到半导体表面时，如果有外磁场存在，则在半导体表面附近产生的电子-空穴对在向半导体内部扩散的过程中，运动的电子和空穴在磁场作用下将各偏向一侧，因而在半导体两侧产生电位差。这种现象称为光磁电效应。利用该效应制成的红外探测器称为光磁电探测器(简称 PEM 器件)。早期曾出现过光磁电型 InSb 探测器产品，但随着半导体材料品质的提高，加之光磁电探测器需多带一块磁铁很不方便，这种器件已很少被人们使用。目前光磁电效应有时被用来与光电导结合测量载流子寿命，以避免麻烦的辐射量校测工作，也可以测到较低的载流子寿命。

除以上介绍的几类器件外，还有利用光子牵引效应的红外探测器件、红外上转换器件和利用量子阱效应的量子阱红外探测器、量子点红外探测器等。

5.2 红外探测器的工作条件和性能参数

研究红外探测器工作性能的好坏，设计红外系统和选择比较探测器的性能，都必须有一个评价标准。对红外探测器而言，这个评价的标准就是红外探测器的性能参数或称为性能优值。一个探测器的性能参数，往往与探测器的测量方法和使用条件、几何尺寸及物理性质密切相关。所以，在给出性能参数的同时，必须说明其工作条件。下面介绍红外探测器的基本工作条件、性能参数及定义。

5.2.1 红外探测器的工作条件与要求

1. 入射辐射的光谱分布

不同的探测器对景物辐射波长的响应是不同的。因此，在对探测器性能进行描述时，必须说明入射到探测器响应平面上的光谱分布及空间辐射功率。由于黑体辐射源能够提供一个已知的光谱分布和均匀的空间辐射功率，所以实验室多采用 500K 黑体辐射源作为信号源。如果入射辐射是黑体辐射，则要给出黑体辐射温度；如果入射信号源为单色辐射，则应指明辐射波长和入射方向。当入射辐射通过大气和光学系统时，还应考虑大气和光学系统对信号的衰减，同时还须指出环境对辐射的影响。

2. 探测器的几何参数

由于实际探测器响应平面上各点的响应不相等，所以探测器面积常用如下两种形式给出：

（1）标称面积 A_n：探测器制造者提供的响应面积，表示探测器真实响应面积的近似值。

（2）有效面积 A_e：定义为

$$A_e = \frac{\iint_s \Re(x,y)\mathrm{d}x\mathrm{d}y}{\Re_{max}} \tag{5-1}$$

式中，x、y 为响应平面 s 上某点的位置坐标；$\Re(x,y)$ 为上述点处的响应度；$\Re_{max}$ 为响应平面上响应度的最大值。

3. 探测器的输出信号

探测器的输出信号由信号电压 V_s 和噪声电压 V_n 两部分组成。输出电压信号与入射到探测器响应平面上的辐射功率有关。输出信号电压的振幅是施加在探测器上的偏置电源 b、辐射调制频率 f、波长 λ 及功率 P_s 的函数，即

$$V_s = V_s(b, f, \lambda, P_s) \tag{5-2}$$

常用器件的 V_s 与 P_s 呈线性关系，因此，对给定的 b、f 和 λ 值，V_s/P_s 为一常数。此外，有些探测器的 V_s 与 f 及 λ 的关系可以分离为各自独立的因子考虑，具有这种性质的器件称为可分性探测器。此时式(5-2)可改写为

$$V_s = V_s(b, P_s)\cdot r(\lambda)\cdot T(f) \tag{5-3}$$

4. 探测器的工作温度与背景

探测器的阻值以及输出信号和噪声均受探测器工作温度及背景辐射的影响。在给出探测器性能参数时，必须指出工作温度及背景环境。通常，非制冷时探测器工作温度指的是环境温度，制冷时则是指制冷的标称温度。常用的温度有：室温 300K；干冰 194.6K；液氮 77.3K；液氖 27.2K；液氢 20.4K；液氦 4.2K 等。背景辐射则可通过探测器的视场和受背景照射的光谱范围来描述。

5. 探测器的阻抗

探测器阻抗的定义为

$$z_d = \mathrm{d}V(t)/\mathrm{d}i(t) \tag{5-4}$$

即探测器两端的瞬时电压 $V(t)$对通过探测器的瞬时电流 $i(t)$的导数，多用复数形式表示，即 $z_d=R_z-$

jz_z，其中 R_z 为零频时的直流阻抗 R_0；$z_z=1/2\pi fC$，称为容抗，C 为探测器电容。

多数探测器的阻抗与一个纯电阻等效。阻值在 100Ω 以下称为低阻器件，需与放大器做变压器耦合；100Ω～1MΩ 称为中阻器件，与放大器最容易匹配；1MΩ 以上称为高阻器件，需高阻抗放大器输入才能匹配。

6. 特殊工作条件

除上述所说的工作条件外，对一些特殊的器件还有一些其他的工作条件要求。如薄膜器件非密封工作时要注意湿度；非线性响应器件必须注明入射辐射功率；以光子噪声为主要噪声的器件，必须注明视场立体角以及背景温度等。

5.2.2 红外探测器的性能参数

红外探测器的性能，可以用许多参数来描述，但最基本的是三方面的参数：探测器对红外辐射的探测能力、波长响应范围和响应速度。其中探测能力又包含两个方面：单位辐射功率入射到探测器上所产生信号大小和探测器识别微弱信号的能力。

1. 响应度 $\Re$

响应度 $\Re$ 是描述入射到探测器上的单位辐射功率所产生信号大小能力的性能参数。其定义为：红外辐射垂直入射到探测器光敏元上时，探测器的输出信号电压的均方根值 V_s 与入射辐射功率的均方根值 P_s 之比，即

$$\Re_v = V_s / P_s \tag{5-5}$$

$\Re_v$ 的单位为 V/W，也用 μV/μW。有时也采用电流响应度

$$\Re_i = I_s / P_s \tag{5-6}$$

式中，I_s 为等效短路输出的基频电流的均方根值。$\Re_i$ 的单位为 A/W。

探测器的响应度与入射辐射的波长和调制频率有关。以调制的黑体(500K)为辐射源所测得的响应度称为黑体响应度，用 $\Re_{bb}(b, T, f)$ 来表示；以单色光为辐射源测得的响应度称为单色响应度，用 $\Re_\lambda(b, f, \lambda)$ 表示。在给定偏置电压 b、调制频率 f 和入射辐射功率均方根值 P_s 时，变换波长 λ 可得到 $\Re_\lambda(\lambda)$ 曲线，称为红外探测器的光谱响应。在响应峰值波长 λ_p 处测得的响应度称为峰值响应度，用 $\Re_{\lambda p}(\lambda)$ 表示。在长波一端单色响应度下降为峰值一半时的波长称为截止波长(或称为长波限)，记为 λ_c。

2. 噪声等效功率 NEP

红外探测器的探测能力除取决于响应度外，还取决于探测器本身的噪声水平。响应度越高、噪声越低的探测器能够探测到辐射功率更弱的信号。因此，任何探测器均有一个由其本身噪声水平确定的可探测辐射功率阈值。

探测器的噪声是指其电输出中与入射信号统计无关的那部分输出，噪声的频谱是连续的，引起噪声的因素很多，一般电噪声的均方根电压和电流的定义分别为

$$V_n = \overline{\left\{\left[V_n(t) - \overline{V_n(t)}\right]^2\right\}}^{1/2} \tag{5-7}$$

$$I_n = \overline{\left\{\left[i_n(t) - \overline{i_n(t)}\right]^2\right\}}^{1/2} \tag{5-8}$$

式中，$V_n(t)$ 和 $i_n(t)$ 分别为电压噪声和电流噪声的瞬时值。

设 $g(f)$ 为电子测量仪器的增益，它是频率 f 的函数，则测量仪器的噪声带宽为

$$\Delta f = \int_0^\infty \frac{\left[g(f)\right]^2}{g_{max}^2} df \tag{5-9}$$

式中，g_{max} 为增益的最大值。通常 Δf 大于电子仪器的 3dB 通频带。因为 3dB 通频带以外的低频和高频区中，只要 g 不为零，就会贡献噪声。只有在通频带为理想矩形时两者才会相等。有了噪声带宽，就可写出噪声平方根功率谱(噪声电压谱密度和噪声电流谱密度)为

$$V_N = V_n / \sqrt{\Delta f} \tag{5-10}$$

$$I_N = I_n / \sqrt{\Delta f} \tag{5-11}$$

V_N 的单位为 V/Hz$^{1/2}$；I_N 的单位为 A/Hz$^{1/2}$。通常给出的探测器噪声都是指 V_N、I_N。由式(5-7)和式(5-8)定义的噪声因电子测量仪器而异。

当红外辐射信号入射到探测器响应平面上时，若该辐射功率所产生的电输出信号均方根值正好等于探测器本身在单位带宽内的噪声均方根值，则这一辐射功率均方根值就称为探测器的噪声等效功率 NEP，单位为 W。即

$$\text{NEP} = P_s / (V_s / V_N) = V_N / \Re_V \tag{5-12}$$

或者

$$\text{NEP} = P_s / (I_s / I_N) = I_N / \Re_i \tag{5-13}$$

上述关系表明，NEP 就是探测器产生输出信噪比为 1 时的入射红外辐射功率。测量时，常用的辐射源为 500K 黑体，带宽为 1Hz, 4Hz 或 5Hz，中心频率为 90Hz, 400Hz, 800Hz 或 900Hz。探测器面积通常折合成 1cm^2。此外，还要标明辐射强度和立体角。如果辐射光源为单色光源，则所得结果为 NEP$(\lambda, f, \Delta f)$。

与 NEP 类似的性能参数是噪声等效辐照度(NEI)，其表示系统输出信噪比为 1 时的输入辐照度。记为

$$\text{NEI} = E_s / (V_s / V_N) \tag{5-14}$$

式中，E_s 为输入辐照度的均方根值。

3. 探测率 D 和归一化探测率 D^*

上述的 NEP 是表征探测器性能优劣的一种优值因子，其值越小则器件越优。但人们习惯认为总是越大越优。为了适应人们的习惯，引用 NEP 的倒数来衡量探测器的探测能力，称为探测率。即

$$D = 1/\text{NEP} = \Re_v / V_N \tag{5-15}$$

由式(5-15)可知，NEP 越小则 D 越大，D 越大则表明探测器的探测能力越优。

但是，大多数红外探测器的 NEP 与光敏面积的平方根成正比，还与放大器的带宽 Δf 有关。因此，用 NEP 的值很难比较两个不同探测器性能的优劣。为此，在 D 的基础上引入了归一化探测率 D^* (通常称探测率 D^*)来描述探测器的性能。即

$$D^* = D\sqrt{A_d \Delta f} = \frac{\sqrt{A_d \Delta f}}{\text{NEP}} = \frac{\Re}{V_N}\sqrt{A_d \Delta f} \tag{5-16}$$

式中，A_d 为探测器光敏面积。实际上，D^*就是探测器单位面积、单位放大器带宽、单位辐射功率下的信噪比。

通常单个探测器的 D^* 与调制频率 f、辐射源及工作条件有关，单位为 cm·Hz$^{1/2}$/W。以黑体为辐射源测得的 D^* 称为黑体探测率，用 D^*_{bb} 或 $D^*(T, f, 1)$表示，其中 T 为黑体热力学温度，通常取 500K，1 表示单位带宽。以单色辐射为辐射源测得的 D^*称为单色探测率，用 D^*_λ 或 $D^*(\lambda, f, 1)$表示，λ 为单色辐射的波长。在响应峰值波长 λ_p 条件下测得的探测率称为峰值波长探测率，记为 $D^*_{\lambda p}$。

此外，为了消除一些探测器与视场角的依赖关系，还使用另一种探测率的形式 D^*，称为 D 双星探测率。其定义为

$$D^{**} = \left(\frac{\Omega_e}{\pi}\right)^{1/2} D^* \tag{5-17}$$

可见，D^{**}就是折算到 π 球面度权重立体角时的 D^*值。单位为 cm·Hz$^{1/2}$·Sr/W。

4. 响应时间(或时间常数)

响应时间是指探测器将入射辐射转变为电输出的弛豫时间，是表示探测器工作速度的一个定量参数。红外探测器具有惰性，其对红外辐射的响应不是瞬时的，因探测器材料而有快有慢。如果设在某一时刻以恒定的辐射源照射探测器，其输出信号 V_s 按指数随时间上升到一恒定值 V_0，则其规律可表示为

$$V_s = V_0\left(1 - e^{-t/\tau}\right) \tag{5-18}$$

式中，τ 为响应时间，单位用 s、ms 或 ps 表示

当式(5-18)中 $t=\tau$ 时，有

$$V_s = V_0\left(1 - \frac{1}{e}\right) = 0.63V_0 \tag{5-19}$$

这就是说，响应时间 τ 的物理意义实际上就是探测器接收红外辐射照射后，输出信号达到稳定值的63%时所需要的时间。显然 τ 越短，探测器响应就越快。

此外，还有一种利用频率响应来描述响应时间的方法。大多数探测器的响应度 $\Re(f)$ 随调制频率 f 的变化关系可由下式描述

$$\Re(f) = \Re(0)/\sqrt{1 + 4\pi^2 f^2 \tau^2} \tag{5-20}$$

式中，$\Re(0)$ 为零频时的响应度。该式也称为探测器的频率响应。由此关系规定的响应时间为响应度下降到最大值的 0.707 时的角频率(2πf)的倒数值。如图 5-1 所示。

上述两种时间常数分别用于测量和计算不同响应速度的探测器件。对于响应较快的器件，通常采用第一种响应时间的定义及测量形式，如光子探测器(τ 在 μs 甚至 ns 范围内)。对于响应较慢的器件则采用后一种定义及测量形式。近年来，已获得调制频率高达几百 MHz 的激光源，原则上可采用后一种方式测量计算 ns 级的响应时间，但习惯上更多的还是采用前者。

有些红外探测器具有两个响应时间，如图 5-2 所示。这是因为这种探测器对一段辐射波长具有一个响应时间，而对另一段辐射波长则具有另一个响应时间。实际上，在工作频率范围内，响应度、探测率 D^* 均与频率相关，除非特殊需要，应尽量避免使用具有两个响应时间的探测器。

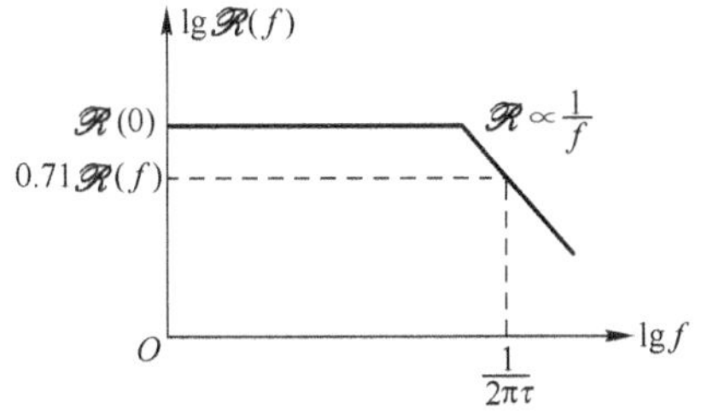

图 5-1 $\Re(f)$随 f 变化的关系曲线

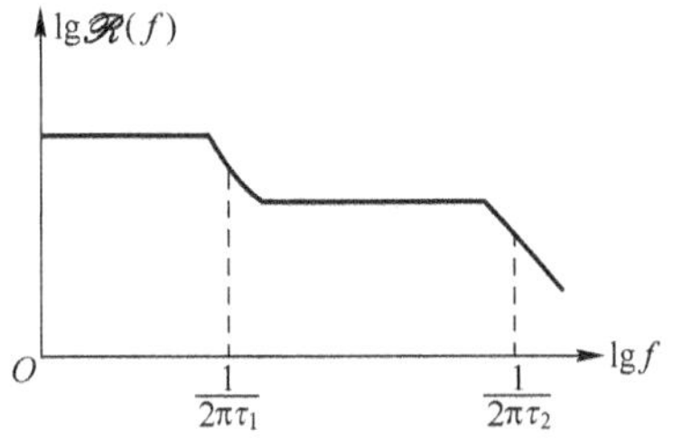

图 5-2 有两个响应时间的频率响应曲线

除以上介绍的响应度、噪声等效功率、探测率和响应时间等参数外，在使用探测器时还应满足以下几个条件：

(1) 探测器响应度与辐射强度之间存在线性关系；

(2) 探测器接收面积上的响应度是均匀的；

(3) 探测器与光学系统匹配时，探测器的接收面积应与光学系统所成光学图像的大小相同；

(4) 探测器与前置放大器连用时，探测器内阻应与放大器的阻抗相匹配。

5.3 红外焦平面探测器技术(红外 CCD)

目前，利用固体受辐射照射发生电学性质改变的光电效应制成的光子探测器的敏感范围已延伸到 30μm 波段以上，短、中、长波红外单元探测器的性能不少已达到或接近背景限的理论水平。第

二代像敏元在数千像元乃至数万像元以下的线阵和面阵探测器的性能也已达到或接近背景极限，器件的均匀性和成品率也获得显著提高。特别是在采用 CCD、CMOS 作为读出电路成功地解决了焦平面光子探测器阵列输出信号的积分、延迟和多路传输等问题后，第三代(30 万像元以上)焦平面阵列探测器已开始进入实用化阶段，信噪比和信息率得到了大幅度提高，从结构上带来了红外热成像系统的根本变化。

此前，大多数热成像系统还是采用单元或简单的多元探测器，通过垂直和水平两个方向的光学-机械扫描获得两维图像。这种成像方式不但要求系统有很大的带宽，而且还由于光学-机械扫描系统的存在，使得整个系统大而复杂，可靠性也不理想。尽管近年来使用的串扫、并扫和串并扫技术可以提高系统的灵敏度以及减小系统的带宽，但终究没能在结构上引起突破性的变化。为此，人们一直追求能够获得具有相当数量光敏元的两维凝视型(焦平面)探测器阵列，因为在其成像时，红外图像的空间采样是每一景物元对应于焦平面探测器阵列的一个光敏元，整个系统不需移动部分。焦平面凝视阵列由两维多路传输寄存器进行电子驱动扫描，且同时进行焦平面阵列的非均匀性校正以及定标等。使用焦平面凝视阵列可以克服传统红外热成像系统光学-机械扫描器带来的缺点，同时，因凝视阵列几乎可以利用一帧时间内入射的所有红外光子，从而大大提高了系统的热灵敏性，理论上估算，系统的最小温度分辨率可达几毫度(mK)。

CCD 及 CMOS 引入红外探测器后，成功地解决了红外焦平面探测器阵列输出信号的延迟积分和多路传输问题，使得红外焦平面凝视阵列完全实用化，大幅度地提高了信息率和信噪比，带来了热成像系统结构的根本变革。由于这类器件可以采用集成电路的制造工艺，原则上可以大批量生产，因此可以得到价格较低的红外焦平面阵列器件。特别是混成结构的焦平面阵列，因其探测元件和信息处理元件是分别制造和测试的，在都达到标准后才进行互连，因而可望有更高的成品率。

鉴于红外焦平面探测器阵列在军事应用上的重要意义，发达国家的政府和军事部门都给予了巨额资助，发展速度极快，尤其是 20 世纪 80 年代后期以来，红外焦平面探测器的发展可以说是日新月异。

5.3.1　红外焦平面成像器件的构成

成熟的红外热成像主要在 3～5μm 和 8～14μm 两个大气窗口。在这两个波段上，背景辐射随温度的变化曲线如图 5-3 所示。室温下，8～14μm 的辐射功率是 3～5μm 的 10 倍。所以从能量利用的角度讲，器件首先应该考虑对 8～14μm 辐射的接收。但由图 5-3 可知，随着 T 的变化，3～5μm 波段的辐射的变化率为 4%/K，而 8～14μm 则为 1.5%/K，这就是说 3～5μm 波段的成像具有较高的目标背景对比度。此外，8～14μm 在湿热条件下辐射传播衰减较快，再加上 3～5μm 波段的光学系统相对比较便宜，探测器也较为容易获得，以及制冷要求较低等因素，故实际中使用 3～5μm 波段成像较多。

由辐射理论可知，3～5μm 和 8～14μm 的红外辐射多对应于中、低温情况，因而辐射的能量相对较小，即便在较高温情况下，对应的辐射能量也远远低于可见光等辐射部分。因此，要完成这些辐射能量的探测，需要对应的探测器件在 3～5μm 和 8～14μm 波段具有很高的光电信号转换能力和适当的辐射能量积累时间。

为达到既可以对 3～5μm 和 8～14μm 波段具有较高的光电响应，又能够保证红外探测器具有合适的能量积累时间的目的，除了选择用于探测红外辐射的特殊材料整体制作红外焦平面探测器(习惯上称为 IR-CCD 或 IR-CMOS)外，通常的红外焦平面探测器大多需要采用图 5-4 所示的红外探测器阵列与 Si 基 CCD(或 CMOS)互连的结构，因此，就有了单片式和混合式两种类型的红外焦平面探测器。

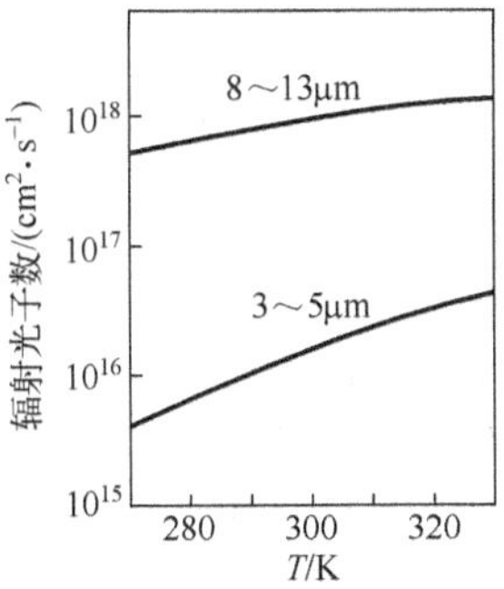

图 5-3 背景辐射关系曲线

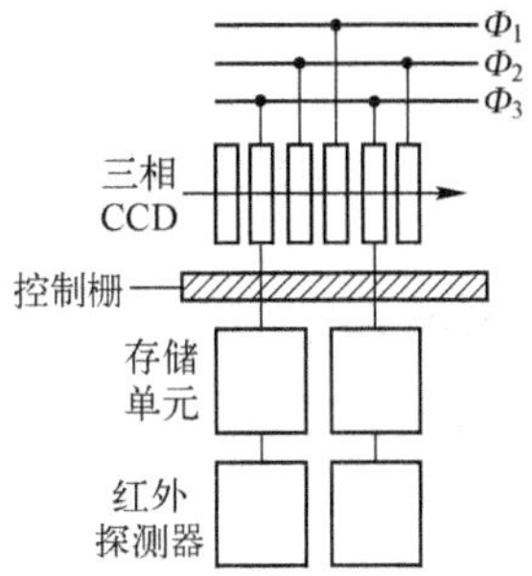

图 5-4 IR-CCD 基本结构

红外焦平面探测器的两种类型又可根据各自的情况进一步划分为：

- 单片式 IR-CCD
  - 对红外灵敏的 CCD
    - 堆积模式：非本征硅、非本征锗
    - 反型模式：本征窄带 HgCdTe、PbSnTe、InSb
  - 红外探测器 + CCD 移位寄存器：非本征硅、非本征锗、硅肖特基势垒
- 混合式 IR-CCD
  - 直接注入：光伏型窄带半导体
  - 间接注入：光伏型窄带半导体、热释电探测器

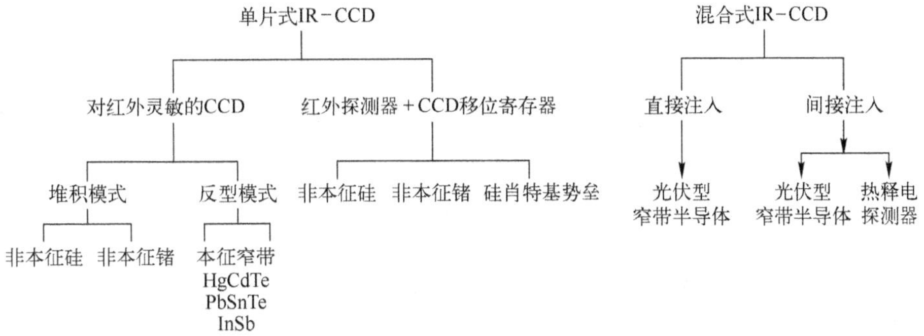

5.3.2 单片式 IR-CCD

单片式又称整体式，即整个 IR-CCD 做在一块芯片上。具体又可分为两种情况，一种是探测器材料本身就对红外敏感，融探测、转移功能于一体；另一种是把红外探测器同 CCD 做在同一基底上，基底通常用硅半导体，探测器部分则常用非本征半导体材料。单片式 IR-CCD 几乎都采用 MIS（即金属-绝缘物-半导体）工艺。以下就典型情况进行说明。

1. 本征窄带半导体 IR-CCD

如前所述，普通的硅无法实现红外辐射探测，因此应该采用本征窄带或非本征半导体材料，由此制成本征窄带半导体 IR-CCD 及非本征半导体 IR-CCD。

本征窄带 IR-CCD 在结构上类似于 Si-CCD，其必须工作在低温下，但是要高于杂质硅的温度。之所以用本征材料，是因为本征材料具有较大的吸收系数。这类 IR-CCD 的工作模式与一般的 Si-CCD 相同，即采用反型的表面深势阱收集信号电荷。

有许多本征窄带半导体能够用于 IR-CCD。典型的有 Ge，其 $E \approx 0.67 eV$，长波限 $1.35 \mu m$。已制成的二相氧化层台阶式 Ge-CCD，在 $400 ℃$ 下退火得到 $1 \times 10^{11}/(cm^2 \cdot eV)$ 的界面态，200K 下，暗电流为 $1 \mu A/cm^2$，采用 20% 基底电荷时的转移损失率为 2.5×10^{-2}。

此外，还有 InAs，InSb，$Hg_{0.2}Cd_{0.8}Te$，其 E_g 分别为 0.4，0.23 和 0.09eV。长波限分别为 $3 \mu m$，$5.4 \mu m$ 和 $14 \mu m$。另外，也有对 PbTe 和 $Pb_{0.78}Sn_{0.24}Te$ 的研究，其 E_g 分别为 0.2eV 和 0.1ev，长波限分别为 $5.6 \mu m$ 和 $12 \mu m$。

InSb 是人们长期关注的红外材料，用它已经做出了很好的 InSb-CCD，电极长度 $200 \mu m$，转移效率 0.99。但由于温度升高时 InSb 的带宽变窄，尽管其带宽适合于 $3 \sim 5 \mu m$ 波段，高温条件下 $3 \sim 5 \mu m$ 波段的探测中仍不宜使用这种材料。

近年来，人们对 HgCdTe 体晶生长技术研究得非常多，且可以通过调节元素比例达到选择截止波长的目的。因用 CdTe 作外延衬底得到的合金材料，其晶格常数匹配最佳，故 HgCdTe 在 $8 \sim$

14μm 波段，是本征焦平面(FPA)最具有吸引力的材料。

一般说来，一种半导体材料能否做成 MIS 器件，需要满足三个基本要求：① 合适的介电常数；② 长寿命；③ 衬底掺杂浓度低。实际应用中多选择 InSb 和 HgCdTe 材料来制作红外焦平面探测器。

2. 非本征半导体 IR-CCD

这是单片式 IR-CCD 的另一种形式，利用非本征材料制作探测器，然后转送给同一芯片上的 CCD。探测器和 CCD 做在同一基底上，如图 5-5 所示。这类器件所用的材料主要有非本征硅和非本征锗。如在硅中掺磷、镓、铟等，通过离子注入法在光敏区掺入杂质，并使其工作在合适的温度下，让杂质处于未电离状态。当受到红外辐射作用时，杂质便产生电离，光生载流子被送入具有排泄或抗弥散的二极管存储区内。通过采用背景减除电路，可取出叠加在固定背景上的小信号，达到探测的目的。

原则上讲，掺杂不同可以得到对应不同辐射波长响应的探测器。实际上由于大多数有用杂质在基质半导体晶格中的固溶度低，因而使得其灵敏度很低。目前用于三个大气窗口的非本征硅大致为：第一和第二个窗口可用 In、S 和 Tl 掺杂，但 S 的固溶度低，扩散快，可能导致外延层污染，Tl 比较合适，但只适用于 3.4～4.2μm。第三个窗口的掺杂剂主要是 Ga，Mg 杂质因其存在一个 0.04eV 浅能级，故需要经过补偿才有希望作为长波长探测器材料。

由于非本征硅光电导材料低温下的电阻率较高，因而能用来做积累式 CCD 的衬底。在积累模式 MIS 结构中，栅极需要加偏压，在栅下形成局部势阱，多数载流子将沿绝缘体和半导体界面存储和转移。但在电荷转移的动力学过程上，这种结构同普通可见光 CCD 的反型模式有很大差别。因为在积累式器件中，横向电场一直延伸到背面电极，而不像反型模式那样，横向电场只限制在耗尽区。

当然也可以用少数载流子工作模式，如图 5-6(a)和(b)所示，器件由非本征衬底和导电类型相反的外延层组成，非本征衬底中的多子注入到外延层成为少子。图 5-6 的结构称为直接注入模式，其中图(a)类似于双极性晶体管，图(b)则类似于 MOS 场效应管。为减小外延层和 PN 结区的复合引起的收集效率降低，栅压一般要求高些。

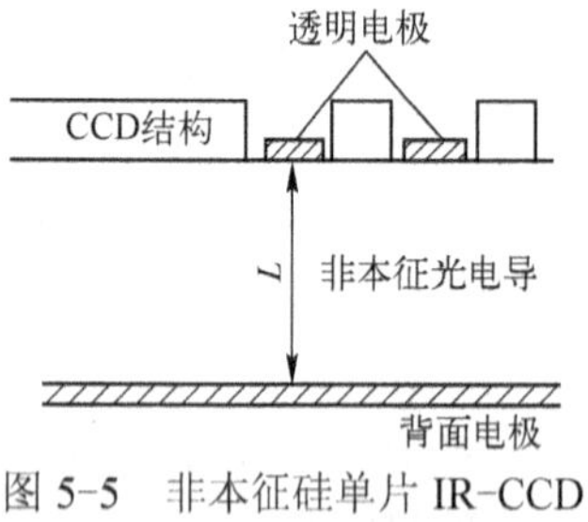

图 5-5　非本征硅单片 IR-CCD

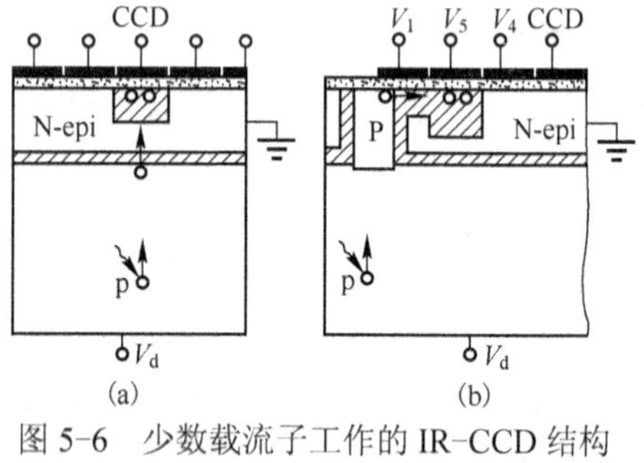

图 5-6　少数载流子工作的 IR-CCD 结构

非本征硅 IR-CCD 的主要优点是能够借用普通的标准化 Si 集成电路工艺，做出相当大的二维阵列。原理上它有 10^6 个电荷的存储能力，但是目前的均匀性还很难达到严格一致，还需要采取片外处理措施，以消除固定图案导致的不均匀性，或者采用多块阵列扫描方式，如用 10 块 32×32 阵列拼接等，也能够减少不均匀性。

非本征 IR-CCD 的主要问题是需要低温制冷，并且难以找到适当的深能级杂质，使之在要求的光谱区给出足够的探测率。非本征硅探测器的探测率为

$$D^* = \frac{\eta}{2h\nu}\left(\frac{pd}{\tau} + \eta\phi_B\right)^{1/2} \tag{5-21}$$

式中，η 是探测器的量子效率；p 是多数载流子浓度；τ 是多数载流子寿命；d 是探测器的厚度；ϕ_B

是背景辐射通量。括号中的两项分别代表热产生项和背景产生项。当 $\eta\phi_B > pd/\tau$ 时，探测器达到背景限制状态。在这种状态下，器件的背景限温度可由下式求得

$$\eta\phi_{\mathrm{B}} = pd/\tau \tag{5-22}$$

$$p = \left(\beta N_{\mathrm{A}} N_{\mathrm{t}}\right)^{1/2} \mathrm{e}^{-\frac{E_{\mathrm{t}}}{kT}} \tag{5-23}$$

式中，β 为简并因子；N_A 是受主中心浓度；E_t 是受主的电离能；

$$\tau = \frac{1}{\gamma_+ p} = \frac{1}{v\sigma_+ p} \tag{5-24}$$

式中，γ_+为自由载流子俘获速率，$\gamma_+=v\sigma_+$，为热漂移速度与自由载流子俘获截面的乘积。将 p 及 τ 的表达式代入式(5-22)中，整理得到

$$T_{\mathrm{Blip}} = \frac{E_{\mathrm{t}}}{k\ln\left[\dfrac{v\sigma_+ N_+}{\sigma_{\mathrm{ph}}\phi_{\mathrm{B}}}\right]} \tag{5-25}$$

这里的 σ_{ph} 为电离截面

$$\sigma_{\mathrm{ph}} = \frac{\eta}{\beta d N_{\mathrm{A}}} \tag{5-26}$$

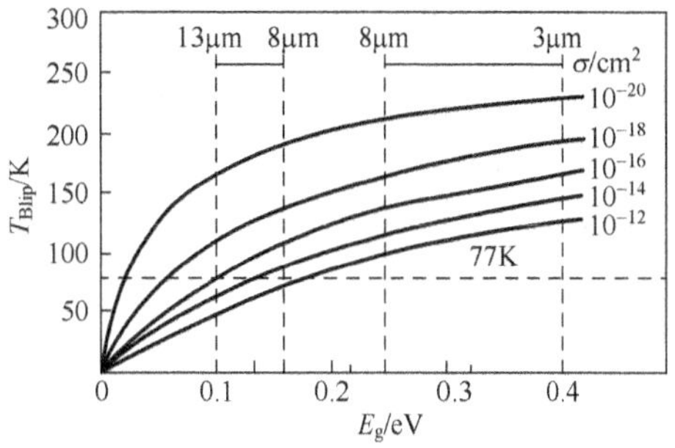

图 5-7　T_{Blip}–E_g 关系曲线

以自由载流子俘获截面 σ_+ 作为参数可得到一组 T_{Blip}，与电离能的关系曲线如图 5-7 所示。对典型 σ_+ 值，一般为 10^{-12}～10^{-13}cm²，因而从理论上讲，对于 3～5μm 波长，工作温度至少应低于 120K；对于 8～14μm 波长，温度至少应低于 80K；实际上的工作温度往往要求更低。因为一般的硅中含有剩余的硼原子，其含量为 10^{12}～10^{14}/cm³。工作在 50K 附近的非本征探测器，杂质硼也会电离，并导致高的 p 值，从而使探测器性能严重恶化。有两条降低 p 值的途径，一是降低温度冻结硼原子，这显然不实用；另一种是加入补偿杂质，这用传统的掺杂工艺也难以实现。但最近采用嬗变掺杂(热中子和硅原子相互作用生成磷原子)已成功地实现了精确的补偿。据报道采用这种补偿法能得到响应度高达 100A/W 的 Si:In 探测器，载流子寿命也达到了 200ns。

非本征硅探测器的另一个缺点是量子效率低，其量子效率可近似表示为

$$\eta \approx N_{\mathrm{A}}\sigma_{\mathrm{ph}} d \tag{5-27}$$

典型的合适掺杂浓度下 $\sigma_{ph} \approx 10^{-16}$cm²，若 $N_A=10^{16}$/cm³，对 d=100μm 的器件，η 只有 1%。这样厚的器件在大型两维阵列中会产生严重的载流子扩散。通过提高掺杂浓度也可以提高 η，但由于硅中大多数深能级杂质的浓度为 10^{14}～10^{16}/cm³，故要提高固溶度，必须研究特殊的掺杂工艺和晶体生长工艺，实现起来也比较困难。

尽管有许多困难，但总的说来，非本征 IR-CCD 的发展仍然是成功的。一些小型的阵列已相继研制出来，如果能在工作温度方面有根本的突破，其发展将会非常迅速。

3. 肖特基势垒光电探测器

肖特基势垒 IR-CCD 也是单片式的红外焦平面探测器，它是为解决大面积均匀性问题而设计出来的。其主要特点是利用硅集成电路工艺在硅基底上制作肖特基势垒二极管面阵及信息处理部分，构成焦平面阵列。肖特基势垒 IR-CCD 不需要深能级掺杂，可以获得 10^5 个电荷的载荷量，基本结构由沉积在硅上的金属(Pt 或 Pd)构成，在金属和 P 型硅之间形成肖特基势垒。

(1) 肖特基势垒光电二极管原理

金属沉积在半导体表面形成的具有单向导电、整流作用的金属-半导体接触称为肖特基势垒。肖特基势垒的能带结构如图 5-8 所示。图中的半导体为 N 型。肖特基势垒二极管中电流输运主要是

多数载流子。如图 5-8 所示，在正向偏压下载流子的输运过程有四种不同的机构：①半导体电子越过势垒进入金属，即热发射；②电子由量子力学隧道穿过势垒；③空间电荷区电子与空穴的复合；④金属向半导体的少数载流子(空穴)注入。此外还可能有由于金属-半导体接触周界处高电场导致的边缘漏电及金属-半导体界面引起的陷阱电流。但一般可以通过改善界面质量及改进器件结构，把它们降到极小。对于理想的肖特基势垒二极管以及硅和砷化镓的肖特基势垒结，通常以①过程为主，并忽略少数载流子的注入影响。

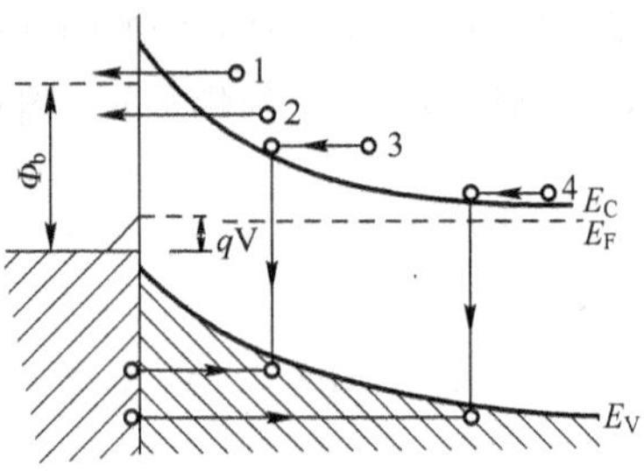

图 5-8　正偏压下肖特基势垒的载流子输运过程

电子越过势垒从半导体发射到金属必须经过高场耗尽区，在该区域运动中，电子的运动受漂移和扩散过程制约。同时，电子发射到金属还受到金属中与半导体相连通的有效态密度的控制。这两个过程事实上是关联的，而电流主要决定于对电子流产生较大阻力的那一过程。早期讨论肖特基势垒结的电流密度时，曾根据耗尽层中的漂移和扩散过程得到如下关系式

$$J = J_{0D}\left(e^{\frac{eV}{kT}} - 1\right) \tag{5-28}$$

式中

$$J_{0D} = e^2 N - \mu e \frac{N_D x_s}{\varepsilon} e^{-\frac{eV_b}{kT}} \tag{5-29}$$

式中，ε 为半导体介电常数；x_s 为 E_{FN}=eV 处的距离，V 为外置偏压；eV_b 为接触势垒高度。但式(5-28)的结果与实际电流密度并不完全相符，因而有人提出了热发射理论。该理论假定势垒高度远大于 kT 值，同时认为耗尽区内的扩散、漂移及碰撞均可以忽略。那么，势垒的具体形状对通过势垒的电流不重要，影响该电流大小的因素是势垒高度。因此，N 型半导体热发射到金属的电子所产生的电流密度 J_{sm} 可以用典型的热电子发射公式计算。设势垒方向在 x 方向上，则

$$J_{sm} = \frac{en_0 m^{*3/2}}{(2\pi kT)^{3/2}} \int_{-\infty}^{+\infty} dv_y \int_{-\infty}^{+\infty} dv_z \int -V_x e^{-\frac{m^*(v_x^2+v_y^2+v_z^2)}{2kT}} dv_x \tag{5-30}$$

式中，υ_x、υ_y 和 υ_z 分别为电子速度在 x、y 和 z 方向上的分量。v_{0x} 为对应于 x 方向上越过势垒所需的最小速度，即

$$\frac{1}{2} m^* v_{0x}^2 = e(\phi_\varepsilon - V) \tag{5-31}$$

式中，m^* 为电子有效质量，V 为外加偏压，n_0 为平衡时载流子浓度，且

$$n_0 = N_- e^{-\frac{E-E_F}{kT}} = N_- e^{-\frac{e\phi_E}{kT}} \tag{5-32}$$

式(5-30)的积分结果为

$$\begin{aligned} J_{sm} &= en_0\left(\frac{kT}{2\pi m^*}\right)^{1/2} e^{-\frac{m^* v_{0x}^2}{2kT}} \\ &= eN_-\left(\frac{kT}{2\pi m^*}\right)^{1/2} e^{-\frac{e(\phi_s - V)}{kT}} e^{1\frac{e\phi_E}{kT}} \\ &= eN_-\left(\frac{kT}{2\pi m^*}\right)^{1/2} e^{-\frac{e(V_b - V)}{kT}} \end{aligned} \tag{5-33}$$

与此同时，金属向半导体发射电子所产生的反向电流密度为

$$J_{ms} = eN_-\left(\frac{kT}{2\pi m^*}\right)^{1/2} e^{-\frac{eV_b}{kT}} \tag{5-34}$$

那么，流过肖特基势垒的总电流密度为

$$J = J_{\mathrm{sm}} - J_{\mathrm{ms}} = eN_{-}\left(\frac{kT}{2\pi m^{*}}\right)^{1/2} \mathrm{e}^{-\frac{eVb}{kT}}\left[\mathrm{e}^{\frac{eV}{kT}} - 1\right] = J_{0\mathrm{T}}\left[\mathrm{e}^{\frac{eV}{kT}} - 1\right] \tag{5-35}$$

上述结果利用了关系 $N_{-} = 2\left(\frac{2\pi m^{*}kT}{h^{2}}\right)$，且式中

$$J_{0\mathrm{T}} = A^{*}T^{2}\mathrm{e}^{-\frac{eVb}{kT}} \tag{5-36}$$

式中，A^*为有效理查逊常数，对于自由电子，$A^*=120\mathrm{A}/(\mathrm{cm}^2\cdot\mathrm{K}^2)$，半导体的 A^*与它相差 m^*/m 倍。m^*和 m 分别为半导体载流子有效质量和自由电子质量。大部分实用的半导体 $m^*/m<1$，因此 $A^*<120\mathrm{A}/(\mathrm{cm}^2\cdot\mathrm{K}^2)$。

热发射理论对于具有高迁移率的半导体是适用的。因此，两种理论不能全面反映各种材料情况。两种理论的差别在于反向饱和电流密度的不同，因此，有人导出统一的反向饱和电流密度表示式为

$$J_{0} = \frac{eN_{-}v_{\mathrm{R}}}{1 + v_{\mathrm{R}}/v_{\mathrm{D}}}\mathrm{e}^{-\frac{eV_{\mathrm{b}}}{kT}} \tag{5-37}$$

式中，v_{R} 为复合速度，v_{D} 为通过耗尽区的有效扩散速度。很明显，当 $v_{\mathrm{D}} \gg v_{\mathrm{R}}$ 时，上式退化为式(5-36)，应用于热发射理论；而当 $v_{\mathrm{D}} \ll v_{\mathrm{R}}$ 时，上式则变为式(5-29)，适用于扩散理论。

如果考虑到过程②的贡献，肖特基势垒的电流密度也常写成如下的形式

$$J = J_{0\mathrm{T}}\left[\mathrm{e}^{\frac{eV}{nkT}} - \mathrm{e}^{\left(\frac{1}{n}-1\right)\frac{eV}{kT}}\right] \tag{5-38}$$

式中，J_{OT} 为式(5-36)所定义之值。n 是≥1 的因子。式中第一项为热发射之贡献，第二项为隧道的贡献。当 $n=1$ 时，即还原成式(5-35)。构成肖特基势垒必须满足$\phi_{\mathrm{B}}<E_{\mathrm{g}}$的条件，否则$\phi_{\mathrm{B}}>E_{\mathrm{g}}$，半导体表面出现反型层。

（2）肖特基势垒二极管的响应度分析

由于肖特基势垒与 PN 结相类似，所以，肖特基势垒二极管的响应度也直接与增益电阻和面积之积有关。

在肖特基势垒符合扩散理论时，有

$$R_{\mathrm{i}}A_{\mathrm{j}} = \left(\frac{\partial V}{\partial I}\right)_{v=0} \cdot A_{\mathrm{j}} = \frac{kT}{\mathrm{e}J_{0\mathrm{D}}} \tag{5-39}$$

故由式(5-29)得

$$R_{\mathrm{i}}A_{\mathrm{j}} = \frac{kT\varepsilon}{e^{3}N - \mu_{\mathrm{e}}N_{\mathrm{D}}x_{\mathrm{s}}}\mathrm{e}^{\frac{eV_{\mathrm{b}}}{kT}} \tag{5-40}$$

该式表明若提高 $R_{\mathrm{i}}A_{\mathrm{j}}$ 使响应度增加，应减小半导体材料的掺杂浓度，这与 PN 结光伏探测器的实验结论相反。这是因为肖特基二极管是多数载流子器件，而 PN 结二极管为少数载流子器件。$R_{\mathrm{i}}A_{\mathrm{j}}$ 值与温度关系较为复杂，但是，由于指数项比 kT 变化快，所以随温度降低，$R_{\mathrm{i}}A_{\mathrm{j}}$ 值有所增加。

肖特基势垒符合热电子发射理论的结果，$R_{\mathrm{i}}A_{\mathrm{j}}$ 值为

$$R_{\mathrm{i}}A_{\mathrm{j}} = \frac{kT}{eJ_{0\mathrm{T}}} = \frac{k}{eA^{*}T}\mathrm{e}^{\frac{eVb}{kT}} \tag{5-41}$$

该式表明 $R_{\mathrm{i}}A_{\mathrm{j}}$ 值与掺杂浓度无关而受温度影响强烈，随着温度下降，$R_{\mathrm{i}}A_{\mathrm{j}}$ 值迅速上升。这与扩散理论的结果有所不同。

（3）肖特基势垒二极管的结构与工作方式

肖特基势垒二极管的典型结构如图 5-9 所示。光透过金属层入射，金属层必须非常薄（约

10nm)，表面涂有抗反射层以减少表面反射。二极管可工作于各种方式，决定于光子能量和偏压条件：①如图 5-10(a)所示，当 $E_g>h\nu>c\phi_B$ 以及 $V<V_B$(雪崩击穿电压)时，金属中光激发的电子能越过势垒为半导体收集；②如图 5-10(b)所示，当 $h\nu>E_g$ 和 $V<V_s$ 时，入射辐射产生电子-空穴对，器件一般特性非常类似于 P-I-N 光二极管；③如图 5-10(c)所示，当 $h\nu>E_g$，以及 $V\approx V_B$(高反偏压)时，二极管工作类似于雪崩光二极管。

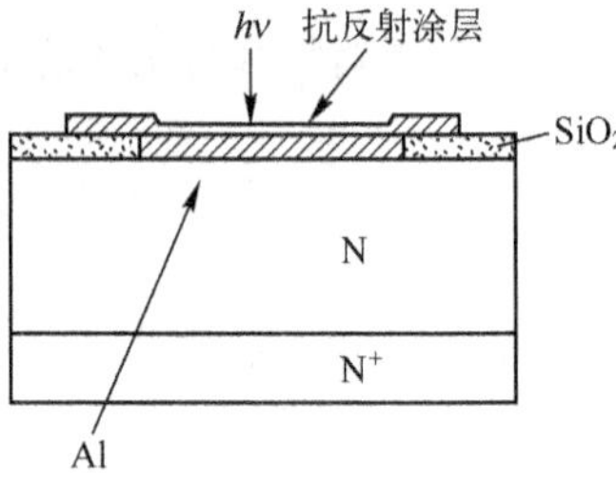

图 5-9　肖特基势垒光二极管结构

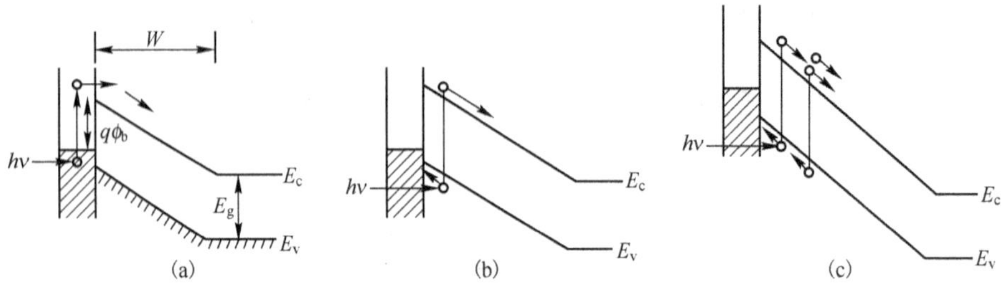

图 5-10　肖特基势垒光二极管的几种工作方式

工作时，首先将势垒反偏，然后断开偏置电路。当有红外辐射照射在金属或金属硅化物上时，激发电子，电子跃过势垒进入硅的耗尽层，中和部分电离施主，致使耗尽层减薄，因而使结电压下降，其下降量正比于入射辐射量，如果采用背照式，辐射量子的能量应小于硅基底的禁带宽度而大于势垒高度。

取信号时，由一个同栅极相连的浮置传感电极控制输出信号流入 CCD 移位寄存器。适当调节源偏置电压的大小，能够抑制背景信号，只取出由反差调制的信号。

信号取出之后，仍恢复结区的厚耗尽状态。利用这种结构，通过选择合适的金属，可使器件对 3～5μm 辐射有最大响应。其灵敏度随势垒的降低而提高。当然，与此同时暗电流也增加。但由于暗发射是由金属产生的，故与半导体的杂质浓度和少子寿命无关。光响应也不因杂质的不均匀而变化。因为光响应及暗电流都是均匀的，这对于制作大面积阵列是十分有利的。

（4）肖特基势垒二极管阵列的改进与发展

肖特基势垒单片 IR-CCD 的量子效率低，为了提高量子效率，采用了图 5-11 所示的改进结构。其工作原理如图 5-12 所示。基底为 P 型硅，硅上面沉积 100×10^{-10}m 厚的金属硅化物(PtSi 或 Pd_2Si)。它与金属电极之间用薄的 SiO_2 层隔开。铝层厚为 0.2～0.5μm。辐射透过硅照在硅化物上产生的热空穴能够越过势垒进入硅基底，从而在硅化物一边的电极上积累负电荷，形成信号。由于铝层的反射作用，硅化物对辐射的吸收增加，这样可以使灵敏度提高一个数量级。

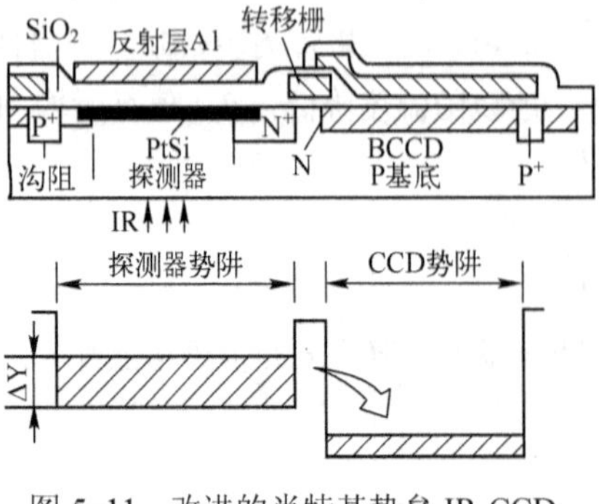

图 5-11　改进的肖特基势垒 IR-CCD

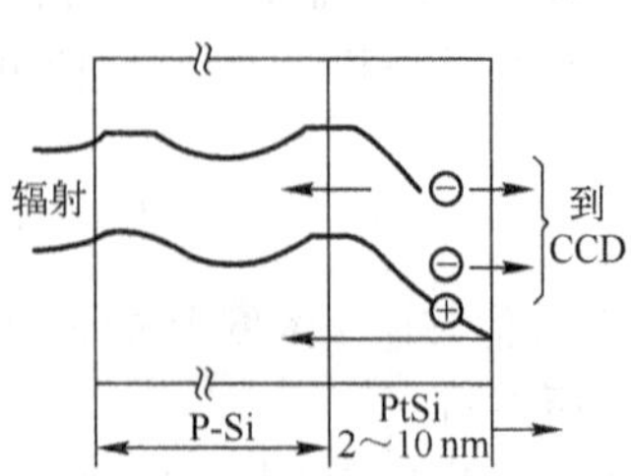

图 5-12　肖特基势垒工作原理

近年来，肖特基势垒 IR-CCD 的发展相当迅速，其主要材料是 Pd_2Si 及 PtSi。目前在 3～5μm 波段上，工作在 80K 下的 PtSi 材料的 IR-CCD，其量子效率已达百分之几，长波限为 6μm。而 Pd_2Si 材料的 IR-CCD 工作在 120～140K，量子效率已达 1%～8%，长波限为 3.6μm。目前已做成 512×512 元 PtSi 材料的 IR-CCD 标准制式摄像机。

肖特基势垒光电探测器与其他红外探测器相比，最大优点是可直接采用硅集成电路工艺。此外，硅肖特基焦平面灵敏元之间的均匀性比一般红外探测器焦平面高 100 倍以上。其他红外探测器焦平面均匀性不好是因为载流子寿命、扩散长度及合金组分不均匀，硅肖特基势垒焦平面是基于热电子发射，与上述参数无关。器件均匀性好，减少了固定图像噪声，使它们能对低对比的红外景物成像，并需要最少的信息处理。鉴于工艺上的优势，肖特基势垒焦平面探测器机械性能坚固。

肖特基势垒二极管阵列是目前唯一能做到超大规模集成度的红外焦平面探测器，所以，肖特基势垒 IR-CCD 是一种很值得重视的红外光电成像器件。

5.3.3 混合式 IR-CCD

混合式 IR-CCD 结构的根本特点是把探测器光敏元和 CCD(CMOS)移位寄存器分开制作。CCD(CMOS)仍用普通硅制成，工艺已相对成熟。而对几个重要的红外波段，都已发展了性能优良的本征红外探测器。因此采用把两者耦合起来组成混合焦平面的技术，能够获得高量子效率高性能的红外焦平面阵列。混合焦平面技术是目前特别受到重视的技术，目前的大多数红外焦平面阵列均采用了混合途径。混合途径在选择探测器上有很大灵活性，绝大多数采用光伏器件作为光敏元。混合途径的关键主要是解决互连问题和电信号转移中的电学问题。近年来发展起来的铟柱连接技术已能做到相当高的成功率，基本上能够解决红外探测器和硅 CCD(CMOS)之间的互连。图 5-13 所示即是这样一种互连方式，图中混合式结构的探测器光敏元为异质结，如在 PbTe 上制备 PbSnTe。上下两层金属垫片分别同硅和探测器阵列相连接，垫片间用铟连接。工作时，辐射透过 PbTe 基底照在异质结上，产生信号并立即导入 CCD。利用 InSb、HgCdTe、InGaAs 等光敏材料制成的光电二极管阵列均可采用这种结构。

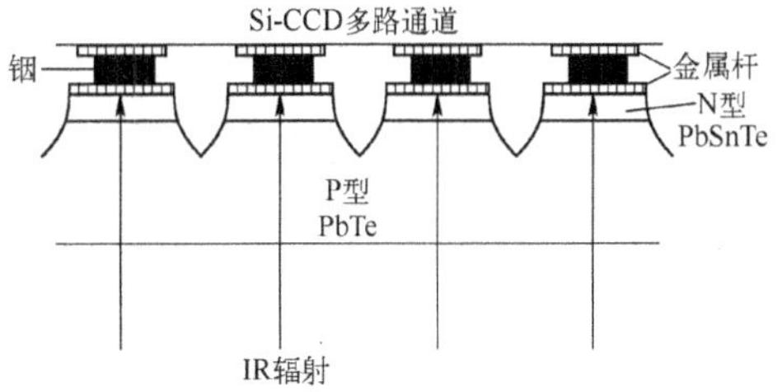

图 5-13　混合互连方式

由于互连方式不同，混合式 IR-CCD 有多种结构，但基本结构可分为两种：

（1）前照射结构：是指探测器的前面受到辐射照射，电信号在该同一面上被抽出(如图 5-14(a)所示)。这种结构中，探测器的前面与多路传输器面向同一个方向，来自探测器的电学引线必须越过探测器的边缘区域到达多路传输器。这种引线方式要求探测器阵列较薄，由于互连占去了一部分面积，光敏面减小，因而填充因子受到一定影响。

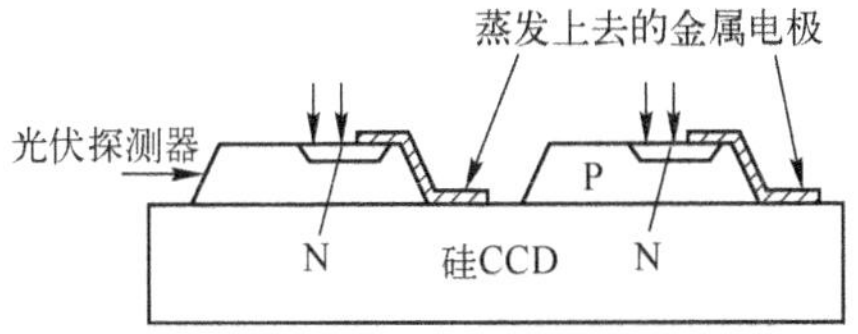

(a) 前照射结构

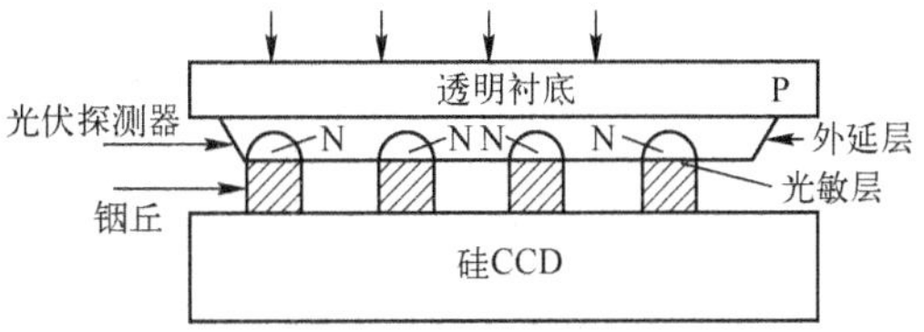

(b) 背照射结构

图 5-14　混合红外焦平面

（2）背照射结构：要求镶嵌探测器有薄的光敏层，在光敏层上吸收辐射，产生的光生载流子从背面扩散到前面，被 PN 结检测得到信号(图 5-13 和图 5-14(b))。背照射使用外延生长薄层材料(厚度小于少子扩散长度)和透明衬底。采用体材料也可以实现背照射结构，但体材料必须机械减薄到小于少子扩散长度，否则将会产生像元间的串扰。这种结构中的电学互连很短，在探测器和多路传输器间直线连接。由于没有走线遮蔽，背照射结构很容易达到高的填充因子。这种结构又叫做“平面混合焦平面阵列”。目前的红外焦平面阵列大多基于这种结构。HgCdTe 混合焦平面阵列中，多数采用的材料通过液相外延方法生长，在透明衬底(CdTe)上生长一薄的单晶层(10～20μm)，再通过离子注入方法形成 N^+P 结，做成高性能的 HgCdTe 光伏阵列。

目前用这种方法已能和硅 CCD 耦合组成高密度的焦平面阵列(640×512 元以上)，由于它是本征的，故量子效率可达 50%～90%。

由于 InSb 材料及工艺都较 HgCdTe 成熟，因此在 3～5μm 波段利用 InSb 光伏探测器作为光敏元组成的混合焦平面阵列已经得到很大发展，现在已做成元数较大的两维阵列(256×256 元以上)，并开始在红外热成像系统中使用。

混合焦平面探测器的电信号转移有两种方式。

1. 直接注入方式

直接注入方式是把得到的电荷直接引入 CCD 势阱中去。图 5-15 所示为一种典型的直接注入式结构。探测器为 PbSnTe-PbTe 异质结光电二极管阵列，信号电荷由金属和导线直接引入输入扩散层，输入栅 V_G 保持固定，以使输入扩散区附近倒空。$V_D>V_G$，以便形成收集光电流的势阱，势阱积累信号后，通过 V_T 转移给 CCD 的移位寄存器输出。

直接注入方式的关键参数是注入效率。注入效率定义为注入 CCD 势阱的电流与探测器输出的总电流之比(包括背景电荷、信号电荷及暗电荷构成的电流)。直接注入式的等效电路如图 5-16 所示。图中 g_D、C_D 为探测器的电导和电容，g_m、C_m 为 CCD 输入电路的跨导和电容，总电流 $I_D=i_1+i_2$。i_2 为注入 CCD 的电流，因为

$$i_2 = I_D \frac{z_1}{z_1 + z_2} \tag{5-42}$$

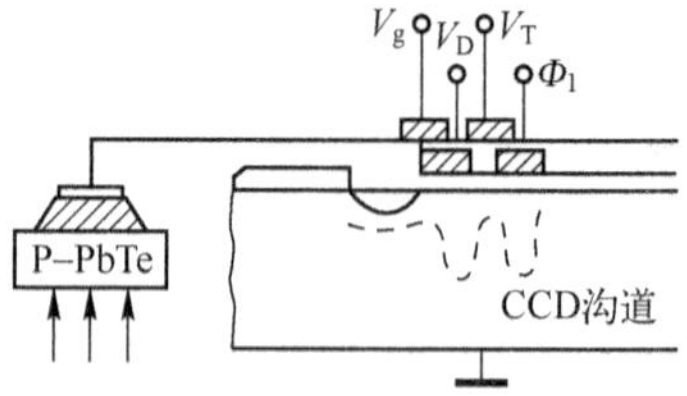

图 5-15 直接注入式结构

式中 z_1, z_2 分别为两个支路的阻抗，所以有

$$\eta = \frac{i_2}{I_D} = \frac{z_1}{z_1+z_2}$$

$$= \frac{g_m\left[\frac{1}{\omega^2}+(C_D g_D)^2\right]^{1/2}}{g_m\left[\frac{1}{\omega^2}+(C_D g_D)^2\right]^{1/2} + g_D\left[\frac{1}{\omega^2}+(C_m g_m)^2\right]^{1/2}} \tag{5-43}$$

当 $\omega\to 0$ 时 $$\eta_0 = \frac{g_m}{g_m+g_D} \tag{5-44}$$

当 $\omega\to\infty$ 时 $$\eta = \frac{C_D}{C_m+C_D} \tag{5-45}$$

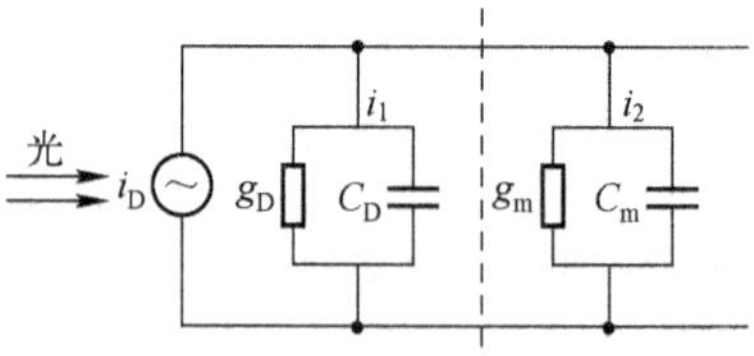

图 5-16 直接注入式的等效电路

当光电二极管特性相当好，$\omega \leqslant$ 1MHz 时

$$\eta_\omega = \frac{\eta_0}{1+\omega^2\left(\frac{C_m+C_D}{g_m+g_D}\right)} \tag{5-46}$$

由以上诸式可知，在适当 ω 下，减小 g_D，即增大动态电阻，增大 CCD 输入电路的电导 g_m，减小输入电路的电容 C_m，增大 C_D 均有助于提高注入效率 η。一般情况下，在 3～5μm 波段内，InSb、HgCdTe 光伏器件的动态电阻较高(数百千欧以上)，适宜于直接耦合；而在 8～14μm 波段内，HgCdTe 光伏器件的动态电阻明显下降，因此，HgCdTe 在此波段内可作为光电导型器件处理。

2. 间接注入方式

该方式的基本指导思想是，利用探测器送出的信号以电压的方式调制 CCD 输入栅。因栅压变

化而导致它下面势阱的变化，进而引起存储电荷量的变化。利用该方法时，由于信号电压比栅压小得多，难以直接起到调制作用，故往往在 CCD 前面附加一预放器。图 5-17 所示为一种典型的间接注入式结构，由探测器及其偏置场效应管、双极放大器及放大器负载构成。

另一种间接注入方式是热释电探测器和与其热隔离的硅 CCD 构成的结构。热电体置于 CCD 的栅极与表面势阱之间，可视为一电容器。其接收辐射后，因极化电荷改变，而使它上面的电压改变。这个电压的改变量调制了 CCD 势阱的深度。栅压 V_0 保持常数，其足以产生几个 kT 深的势阱。这样一来，该势阱的电荷将流入邻近的较深的势阱。流入量与信号成正比。要注意的是，在辐射入射之前，各势阱已充满热生载流子。其结构如图 5-18 所示。

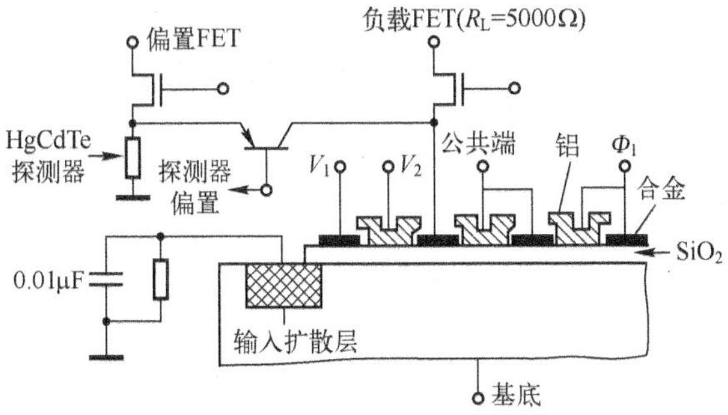

图 5-17　间接注入式结构

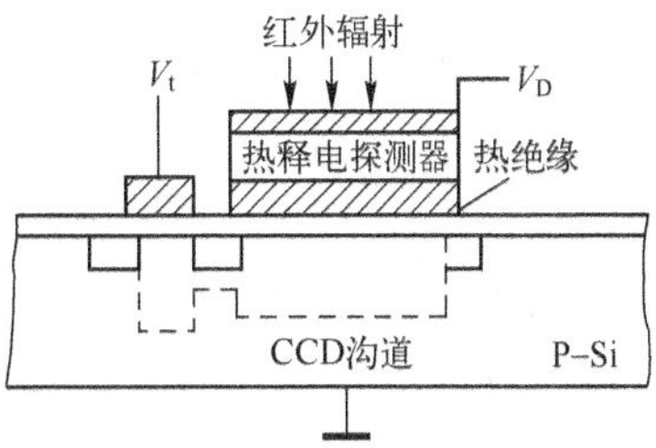

图 5-18　热释电探测器与 CCD 耦合的 IR-CCD

热释电探测器的最大优点是不需制冷，但必须调制入射辐射。该方法的最大问题是硅与热电体之间的热损失，由此造成热释电灵敏度下降，如用 20μm 厚的 TGS 做在硅基底上，辐射调制频率为 25Hz，灵敏度会低到原值。如果采用高频调制，如 2.5kHz，热损失会很少，当然高频调制也会带来其他问题。

热释电间接注入式 IR-CCD 的主要噪声是探测器和输入电路的热噪声。例如，对具有 300×10^{-10}m 厚的氧化隔离层，面积为 $10^{-5}cm^2$ 的 TGS IR-CCD，以 20 帧/s 摄取 8～14μm 辐射，其最小可分辨温差为 0.3K。

另外，采用热释电作为探测器的 IR-CCD，也可以用直接输入法连接到同一衬底的 CCD 中去。

表 5-1 为一些主要红外焦平面探测器的情况。

表 5-1　国外主要红外焦平面技术的现状

器　件	国　家	公　司	规　格
长波 HgCdTe 焦平面	USA	ROCKWELL　AMBER HUGHES/SBRC　LORAL　TI	480×4 elements
		TI　FERMIONICS　AMBER	64×64 elements 128×128 elements
	JAPAN	NEC　FUJITSU	256×256 elements
	EUROPE	AEG	288×4 elements 128×128 elements
	GERMANY	AEG	288×4 elements
	FRANCE	SOFRADIR	288×4 elements 480×4 elements 128×128 elements
中波 HgCdTe 焦平面	USA	HUGHES/SBRC ROCKWELL	256×256 elements 256×256 elements 640×480 elements
	EUROPE	GMIRL AEG	128×128 elements 128×128 elements 256×256 elements
	FRANCE	SOFRADIR	256×256 elements

续表

器　件	国　家	公　司	规　格
InSb 焦平面	USA	CINCINATTI SANTA BARBARA FOCAL PLANE AMBER	256×256 elements 256×256 and 640×512 256×256 elements 512×512 elements
中波 PtSi 焦平面	USA	DAVID SARNAOFF RESEARCH CENTER　FORD AEROSPACE LORAL　FAIRCHILD　KODAK	512×512 and 640×480 elements
	JAPAN	MITSUBISHI　(MELCO) NIKON	512×512 and 1040×1040 elements 811×508 elements
	EUROPE	AEG	256×256 elements and 640×480 elements

5.3.4　Z 平面红外焦平面探测器

Z 平面技术是红外焦平面探测器发展的又一种方式。Z 平面不同于单片式、混成式的二维焦平面阵列，所谓 Z 平面，是指立体的焦平面探测器阵列，它将信号读出及处理功能的芯片(包括低噪声前放、滤波器和多路传输等)采用叠层的方法组装起来，形成信号处理模块，再把模块与探测器和输入/输出线等连接在一起。其结构原理如图 5-19 所示。

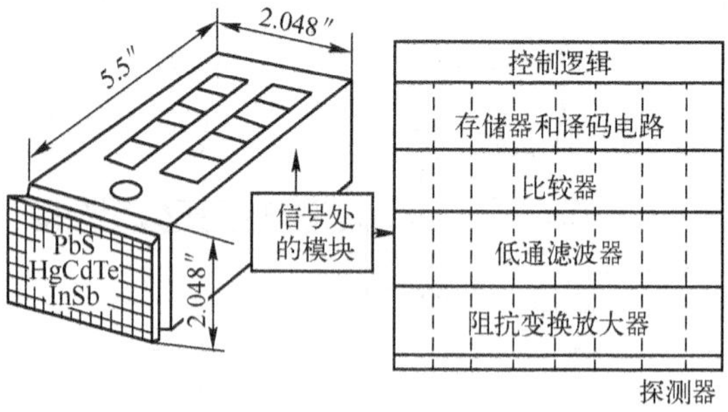

图 5-19　Z 平面焦平面阵列结构原理示意图

Z 平面技术可用于光导型、光伏型等各种探测器信号的读出、处理。该技术自 20 世纪 70 年代开始出现，起初许多人认为它的工艺难度大，不宜生产，无使用价值。然而，近几年的发展表明，Z 平面技术的工艺可以全部以现有的半导体生产工艺为基础，能批量生产，模块化，使用维修方便，短期内可能会走出实验室进入生产阶段。另外，由于它的数据预处理能力较强，对于抑制噪声，提高灵敏度及缩小整机体积都具有较好性能，尤其适用于采用神经网络技术等进行多目标的识别和成像跟踪。

早期的 Z 平面技术是在陶瓷基片上完成的，并应用到了 PbS 探测器上，制成 4096 像元的 PbS 组件，PbS 沉积在陶瓷板边缘。目前，随着 Z 平面技术的发展，已制成对中红外响应的 InSb、HgCdTe(MCT)组件，探测器采用铟焊技术或导电环氧树脂粘合在芯片边缘上，像元数也从初期的 64×64 像元发展到 256×256 像元以上。

5.3.5　红外焦平面探测器制作工艺

目前的红外焦平面探测器都是混合式的，其主要特点是：分开制作红外探测器阵列和 CCD(CMOS)移位寄存器，CCD(CMOS)仍用普通硅制成，工艺相对成熟，然后通过倒装互连将两者耦合起来，组成能获得高量子效率、高性能的红外焦平面探测器芯片。目前国内外对几个重要的红外波段，都已经发展出了性能优良的本征红外焦平面探测器。

混合型红外焦平面探测器的主要工艺包括：

清洗→光敏元台面制备+Si 基读出电路制备→电极制备→In 柱生长→倒装互连→衬底减薄→封装测试。

图 5-20 示出了采用环孔和碰焊方式倒装互连的混合式红外焦平面探测器结构。

倒装互连工艺在混合式红外焦平面探测器制备过程中非常关键，合适的倒装互连结构是红外焦平面探测器响应均匀性和减少盲元出现的重要保证，特别是在制冷型红外焦平面探测器中，使用过程中反复的温度冲击可能会导致铟柱断裂而形成盲元和加大非均匀性。这种现象在大规模阵列的红外焦平面探测器中尤为显著，是发展大规模红外焦平面探测器阵列必须攻克的关键工艺之一。

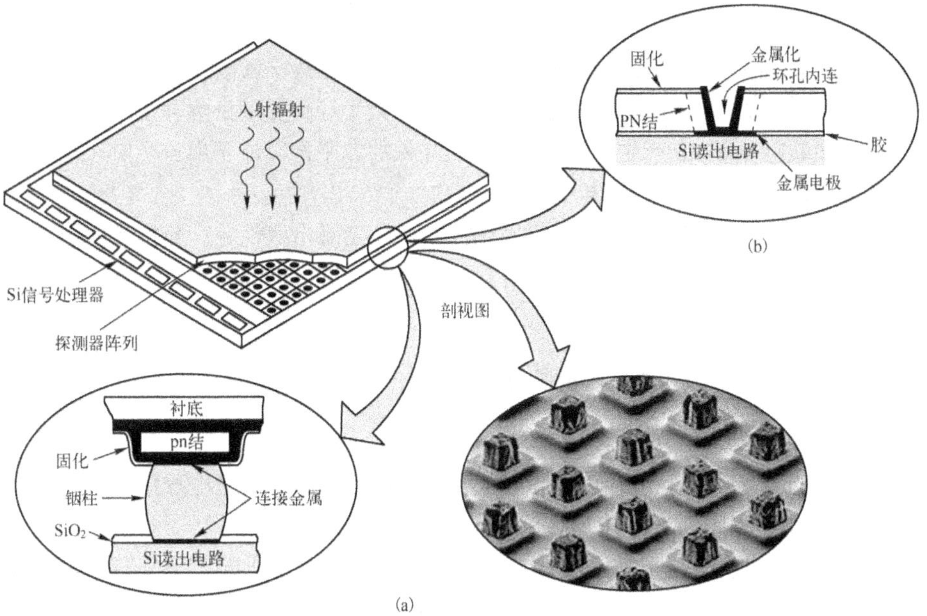

混合式红外焦平面阵列：(a) In柱碰焊互连技术，(b) 环孔互连技术

图 5-20　碰焊环孔式倒装互连的混合式红外焦平面探测器结构

图 5-21 所示为量子阱(QWIP)混合式红外焦平面探测器的工艺流程，典型工艺制作流程如下：

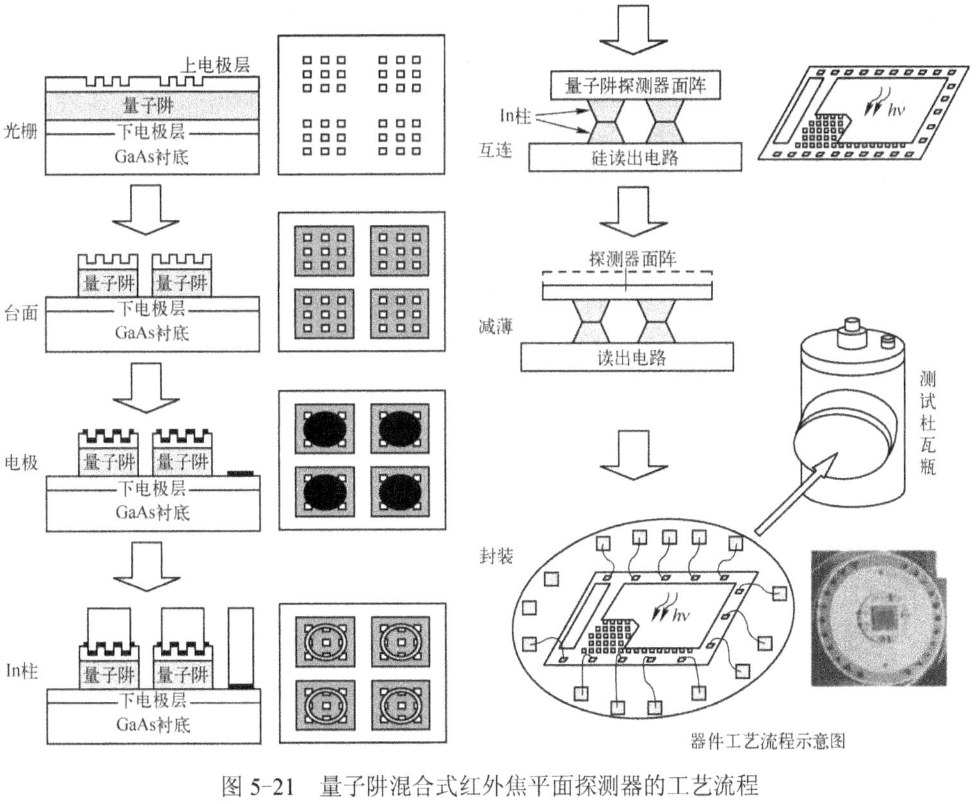

图 5-21　量子阱混合式红外焦平面探测器的工艺流程

清洗→光耦合→光敏元台面制备+Si 基读出电路制备→电极制备→In 柱生长→倒装互连→衬底减薄→封装测试。

5.4　光电导型红外探测器理论分析

光电导探测器是利用材料的光电导效应制成的探测器。在热平衡条件下，半导体具有确定的电导率 σ_0，其大小由平衡载流子浓度及其迁移率决定。如果半导体受到外界作用，即有非平衡载流子注入，就会有附加的电导率 $\Delta\sigma$ 产生，当 $\Delta\sigma$ 由光照注入的非平衡载流子所产生时，便称之为光电导率。能产生光电导效应的材料称为光电导体。

光电导器件是光子器件的重要分支，它同光伏器件、光磁电器件等一起构成内光电效应器件的主体，同时它又是光子探测器中构成最简单的一类，因而它的应用最为广泛。下面对光电导探测器进行相关的理论分析。

5.4.1　光电导探测器的分类和基本关系

1. 光电导探测器的分类

光电导探测器按其基本激发过程可分为本征光电导探测器、杂质光电导探测器和自由载流子光电导探测器。其分别对应于图 5-22 中的(a)、(b)和(c)三个吸收过程：

(a)是本征光电导探测器的光激发过程，入射红外辐射的光子能量大于半导体的禁带宽度，使电子从价带激发到导带而改变其电导率。这种器件吸收系数很高，特别是对直接能隙半导体更是如此。其主要优点是工作温度比非本征型高。

(b)过程是入射辐射激发杂质能级上的电子或空穴而改变其电导率，这种器件称为非本征光电导器件，其优点是长波响应较好。

(c)过程的特点是它吸收光子后并不引起载流子数量的变化，而是引起载流子迁移率的变化。入射到高迁移率半导体上的辐射引起带内跃迁，增加传导电子的平均动能。由于载流子迁移率是电子温度的函数，所以能观察到电导率的变化。这类器件通常需工作在极低的温度下，以降低和防止能量向晶格转移。下面重点介绍本征光电导探测器和杂质光电导探测器的工作原理、性能及特征等。

2．入射光强的衰减规律

光照射产生的非平衡载流子称为光生载流子，光电导的强弱取决于光生载流子的多少。入射到探测器表面的红外辐射，一部分被吸收并透射到内部，另一部分被反射回去。若入射到探测器表面的辐照度为 E_0，表面反射比为 ρ，则实际进入探测器的辐照度为 $E_0(1-\rho)$，如图 5-23 所示。由于材料的吸收作用，辐射进入探测器后，辐照度要逐渐减弱。若材料的吸收系数为 α，则在 z 到 z+dz 处，其辐照度减弱的量值可写为

$$\mathrm{d}E = -\alpha E\mathrm{d}z \tag{5-47}$$

式中的负号表示 E 值随厚度增大而减小，即 dE 是负值。若所取 dz 非常小，则式(5-47)可写成如下微分方程的形式

$$\mathrm{d}E / E = -\alpha \mathrm{d}z \tag{5-48}$$

对上式积分并注意到 z=0 处实际进入探测器的辐照度为 $E_0(1-\rho)$，故得到

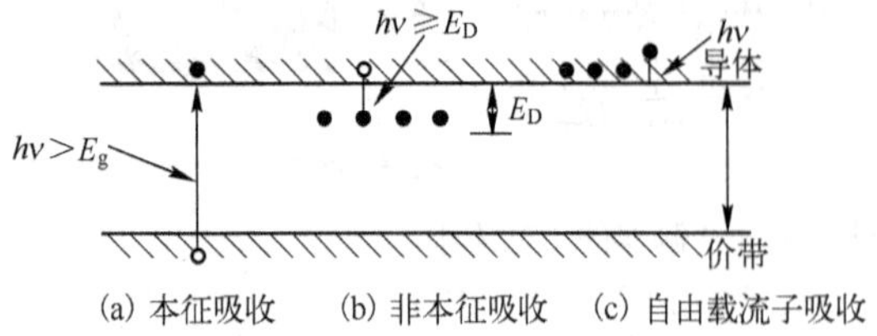

图 5-22　半导体的光激发过程

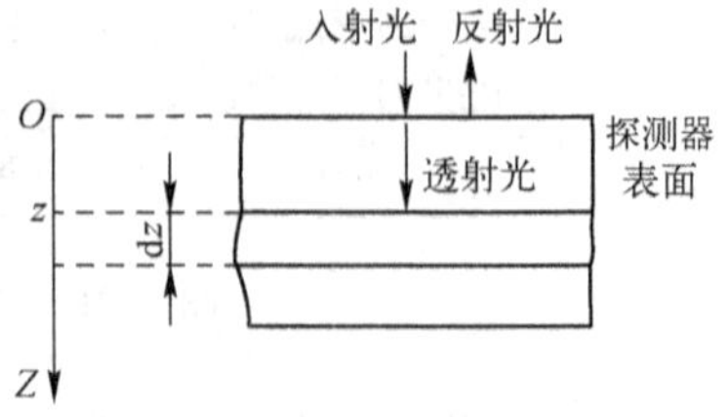

图 5-23　入射光强随厚度变化

$$E = E_0(1-\rho)e^{-\alpha z} \tag{5-49}$$

由此可见，辐照度随厚度增加而呈指数衰减。

3. 激发率和复合率

在探测器内，单位时间、单位体积内吸收的光辐射量为

$$E = \alpha E_0(1-\rho)e^{-\alpha z} \tag{5-50}$$

则被吸收的光子数为

$$N_p = \frac{\alpha E_0(1-\rho)e^{-\alpha z}}{h\nu} \tag{5-51}$$

式中，ν 为光的频率。

一般情况下，探测器吸收一个光子 $(h\nu \geqslant E_g)$ 所产生的电子-空穴对的数目称为量子效率，用 η 表示。那么在单位时间、单位体积内由式(5-51)所表达的光子数所产生的电子-空穴对为

$$Q = \frac{\eta\alpha E_0(1-\rho)e^{-\alpha z}}{h\nu} \tag{5-52}$$

Q 即为体激发率，它表示单位时间、单位体积内所产生的电子-空穴对数。

对于本征半导体材料，通常可取 $\eta=1$，故式(5-52)也常写成

$$Q = \frac{\alpha E_0(1-\rho)e^{-\alpha z}}{h\nu} \tag{5-53}$$

若探测器厚度为 d，略去下表面的反射，平均体激发率为

$$\bar{Q} = \frac{1}{d}\int_0^d Q\mathrm{d}z = \frac{\eta E_0(1-\rho)\left(1-e^{-\alpha d}\right)}{h\nu d} \tag{5-54}$$

一般认为 α 与入射光强无关，它是入射光波长的函数，取决于半导体对光的吸收机理。当入射光强减小到初始值的 1/e 时，光所经过的距离称为光的有效透入深度，其值等于 α^{-1}。对本征光电导而言，一般表面吸收很强。如 InSb 材料探测器的吸收系数约为 10^4/cm，即在表面 1μm 深处就达到了有效透入深度。那么在几个 μm 薄层后入射光的影响就可略去，认为光子几乎全部被吸收。所以，在满足 $e^{-\alpha d} \ll 1$ 的条件时，平均体激发率变为

$$\bar{Q} = \frac{\eta E_0(1-\rho)}{h\nu d} = \frac{Q_s}{d} \tag{5-55}$$

这种情况称为表面吸收，式中

$$Q_s = \frac{\eta E_0(1-\rho)}{h\nu} \tag{5-56}$$

称为表面激发率。即单位时间、单位面积内所产生的光生载流子数目。

在光生载流子激发的同时，还存在着逆过程，所以还必须考虑载流子的复合。实际上，光电导性能在很大程度上决定于载流子的复合结构。由复合理论可知，直接复合的复合率(即净复合速率)为

$$\Delta R = \gamma(np - n_0 p_0) = \Delta p/\tau \tag{5-57}$$

式中，Δp 为光生载流子浓度，且这里 $\Delta n=\Delta p$；γ 为直接复合系数。

间接复合的复合率为

$$\Delta R = \frac{N_t\gamma_e\gamma_p\left(np - n_i^2\right)}{\gamma_e(n+n_1)+\gamma_p(p+p_1)} \tag{5-58}$$

式中，γ_e 和 γ_p 分别为电子和空穴的俘获系数。光生载流子寿命为

$$\tau = \frac{\gamma_e(n_0+n_1)+\gamma_p(p_0+p_1)}{N_t\gamma_e\gamma_p(n_0+p_0)} \tag{5-59}$$

在表面复合存在时，如果用 S_v 表示其表面复合速率，则表面复合率为

$$\Delta R_s = S_v \frac{np - n_0 p_0}{n_0 + p_0} \approx S_v \Delta p \tag{5-60}$$

4. 光生载流子的基本方程

基本方程是反映非平衡载流子运动规律的重要方程。下面利用半导体理论的一些结论分析光生电子和光生空穴的连续性方程。

在半导体中，单位体积内自由电子的增加率 $\partial n / \partial t$ 应等于该处电子的激发率 Q 减去电子的复合率，再加上电子电流的散度 $\frac{1}{e}\nabla \cdot \boldsymbol{J}_e$。即

$$\frac{\partial n}{\partial t} = -\frac{\Delta n}{\tau} + Q + \frac{1}{e}\nabla \cdot \boldsymbol{J}_e \tag{5-61}$$

式中，e 为电子电荷，$\boldsymbol{J}_e$ 为电子的电流密度。

同理，对于空穴有

$$\frac{\partial p}{\partial t} = -\frac{\Delta p}{\tau} + Q - \frac{1}{e}\nabla \cdot \boldsymbol{J}_p \tag{5-62}$$

式中，$\boldsymbol{J}_p$ 为空穴的电流密度。

式(5-61)和式(5-62)中略去了陷阱效应的影响，并认为 $\tau_e=\tau_p=\tau_0$。该两式为本征光电导的基本方程。方程中的电流密度可写为

$$j_e = ne\mu_e E + eD_e \nabla n \tag{5-63}$$

$$j_p = pe\mu_p E - eD_p \nabla p \tag{5-64}$$

对本征光电导情况，其电中性条件为

$$\Delta n = \Delta p \tag{5-65}$$

即应有

$$\frac{\partial n}{\partial t} = \frac{\partial p}{\partial t} = \frac{\partial \Delta n}{\partial t} = \frac{\partial \Delta p}{\partial t} \tag{5-66}$$

整理式(5-61)和式(5-62)并利用爱因斯坦关系可得到

$$\frac{\partial \Delta p}{\partial t} = -\frac{\Delta p}{\tau} + Q + D\nabla^2(\Delta p) + \mu E \nabla(\Delta) p \tag{5-67}$$

式中，D 为双极扩散系数；μ 为双极迁移率。根据半导体理论，由于在本征光电导情况下，$n=p$，故 $\mu=0$。所以上式便化简为

$$\frac{\partial \Delta p}{\partial t} = -\frac{\Delta \mathrm{p}}{\tau} + Q + D\nabla^2(\Delta p) \tag{5-68}$$

式(5-68)即为本征光电导光生载流子变化的基本方程。由该方程可解出光生载流子浓度 Δp(或 Δn)，从而可进一步对本征光电导探测器的性能等进行讨论。

5.4.2 本征光电导探测器的性能分析

1. 本征光电导探测器的响应度

当用恒定的红外辐射照射探测器时，开始时光生载流子逐渐增加，探测器的电导率也随之增加，经过一段时间后，光生载流子的数目趋于稳定，电导率也相应稳定在某一值上。这一稳定情况称为稳态(或定态)。在稳态情况下，$\partial \Delta p / \partial t = 0$，由式(5-68)得到本征光电导的稳态方程

$$D\nabla^2(\Delta p) - \frac{\Delta p}{\tau} + Q = 0 \tag{5-69}$$

利用该方程可求出 Δp 的稳态解并进而讨论探测器的输出与响应情况。

(1) 不考虑载流子浓度梯度及表面复合

不考虑载流子的浓度梯度意味着认为探测器内各处载流子浓度是均匀的，即体激发率也是均匀

的。在这种情况下，式(5-69)中第一项为零，故其解为

$$\Delta p=\bar{Q}\tau \tag{5-70}$$

这说明光生载流子浓度与体平均激发率成正比，也同载流子寿命成正比。

设探测器的长度为 l，宽度为 w，厚度为 d，并在 x 方向加有电场 E，如图 5-24 所示。则光生载流子的电流密度为

$$\Delta j=\left(e\mu_{\mathrm{e}}\Delta n+e\mu_{\mathrm{p}}\Delta p\right)E \tag{5-71}$$

对于本征光电导，$\Delta n=\Delta p$。将式(5-70)代入式(5-71)并利用该条件有

$$\Delta j=e\left(\mu_{\mathrm{e}}+\mu_{\mathrm{p}}\right)\bar{Q}\tau E \tag{5-72}$$

引入电子迁移率与空穴迁移率之比 $b=\mu_{\mathrm{e}}/\mu_{\mathrm{p}}$，则有

$$\Delta j=e\mu_{\mathrm{p}}\left(1+b\right)\bar{Q}\tau E=e\mu_{\mathrm{e}}\left(1+\frac{1}{b}\right)\bar{Q}\tau E \tag{5-73}$$

由图 5-24 可知，其光生电流为

$$\Delta I=\omega d\Delta j=e\mu_{\mathrm{p}}\left(1+b\right)\bar{Q}\tau E\omega d \tag{5-74}$$

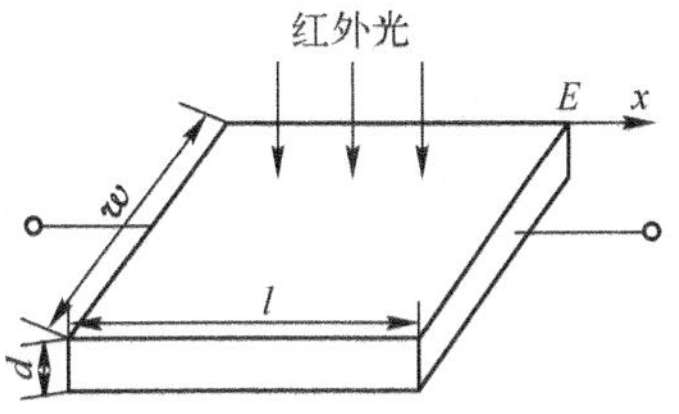

图 5-24　光电导探测器的几何模型

若无信号时的电阻(暗电阻)为 R_{d}，则开路电压为

$$\Delta V=\Delta I\cdot R_{\mathrm{d}}=\Delta I\cdot\frac{\rho_0 l}{\omega d}=e\mu_{\mathrm{p}}\left(1+b\right)\bar{Q}\tau E\rho_0 l \tag{5-75}$$

式中，ρ_0 为探测器的暗电阻率。这样，由探测器响应度 $\Re_\lambda$ 的定义可得

$$\Re_\lambda=\frac{\Delta V}{P_{\mathrm{s}}}=\frac{\Delta V}{E_0 wl}=\frac{e\mu_{\mathrm{p}}\left(1+b\right)\bar{Q}\tau E\rho_0}{E_0 w} \tag{5-76}$$

式中，E_0 为入射到探测器响应平面上的红外辐照度。将式(5-59)代入式(5-76)，得到

$$\Re_\lambda=\frac{\eta\left(1-\rho\right)e\mu_{\mathrm{p}}\left(1+b\right)\tau\rho_0 E}{h\nu dw} \tag{5-77}$$

对于本征光电导，其暗电阻率为

$$\rho_0=\frac{1}{\sigma_0}=\frac{1}{e\mu_{\mathrm{p}}\left(1+b\right)p_0} \tag{5-78}$$

将上式代入式(5-77)，又有

$$\Re_\lambda=\frac{\eta\left(1-\rho\right)\tau E}{h\nu wdp_0} \tag{5-79}$$

式中，p_0 为无信号照射时空穴的浓度。但是，探测器总是要暴露在一定背景辐射之下的，因此，应该考虑背景对电导率及空穴浓度的影响。所以，p_0 可分为如下两部分

$$p_0=p_{\mathrm{T}}+p_{\mathrm{b}} \tag{5-80}$$

从而也有

$$\sigma_0=\sigma_{\mathrm{T}}+\sigma_{\mathrm{b}} \tag{5-81}$$

式中，p_{T} 及 σ_{T} 为热激发对空穴浓度及电导率的贡献；p_{b} 及 σ_{b} 为背景辐射对空穴浓度及电导率的贡献。这样式(5-77)和式(5-79)可分别写为如下形式

$$\Re_\lambda=\frac{\eta\left(1-\rho\right)e\mu_{\mathrm{p}}\left(1+b\right)\tau E}{\left(\sigma_{\mathrm{T}}+\sigma_{\mathrm{b}}\right)h\nu wd} \tag{5-82}$$

及

$$\Re_\lambda=\frac{\eta\left(1-\rho\right)\tau E}{\left(p_{\mathrm{T}}+p_{\mathrm{b}}\right)h\nu wd} \tag{5-83}$$

上述二式虽然是在许多假定情况下得到的结果，但从中可以得到对实际器件制作具有指导意义的结论，即：

（1）响应度与光生载流子寿命 τ 成正比。因此，如要提高响应度，则应提高载流子寿命。但载流子寿命是与复合过程相关的，所以应考虑材料的复合机构。对于电子迁移率和空穴迁移率相差很大的材料，一般来说光电导的贡献主要来自于一种载流子。这时若加入另一种载流子的陷阱，将会使起主要作用的载流子寿命增长，从而提高响应度。

（2）响应度与载流子浓度成反比。因此，有效降低无信号时的载流子浓度可提高响应度。对红外应用而言，多采用制冷环境，以减小 p_T 值。若减小 p_b 则需要加滤光片。

（3）响应度与外加电场成正比，但实际上 E 的增加将带来焦耳热而使探测器温度上升。所以，外加电场应有一个最佳值。

（4）在满足 $\alpha d \gg 1$ 的条件下，减小探测器厚度也对提高响应度有利。减小探测器的宽度也可能提高响应度。多元阵列器件正是考虑这些因素而发展起来的。

（5）减少反射，镀增透膜也对提高响应度有利。

（2）考虑载流子浓度梯度及表面复合

本征光电导一般吸收很强，故可认为是表面吸收，必须考虑光生载流子的扩散。此时体内的稳态方程变为

$$D\nabla^2(\Delta p) - \frac{\Delta p}{\tau} = 0 \tag{5-84}$$

取图 5-23 的坐标，上式可写成

$$\frac{d^2\Delta p}{dz^2} - \frac{\Delta p}{L^2} = 0 \tag{5-85}$$

式中，$L^2=D\tau$，为光生载流子的扩散长度。仍取厚度为 d，则边界条件为

$$\begin{aligned} z=0 \quad & -D\frac{d(\Delta p)}{dz} = Q_s - S_v\Delta p \\ z=d \quad & -D\frac{d(\Delta p)}{dz} = S_v\Delta p \end{aligned} \tag{5-86}$$

式中各参数的含义与前面相同。

式(5-85)的通解为

$$(\Delta p) = A_1 e^{\beta_1 z} + A_2 e^{\beta_2 z} \tag{5-87}$$

式中，A_1、A_2、β_1、β_2 均为待定系数。将式(5-87)代回式(5-58)可得

$$\beta_1, \beta_2 = \pm 1/L \tag{5-88}$$

则式(5-87)变为

$$\Delta p = A_1 e^{z/L} + A_2 e^{-z/L} \tag{5-89}$$

将式(5-89)分别代入边界条件式(5-86)，得到

$$A_1 = \frac{Q_s\left(\frac{D}{L} - S_v\right)e^{-d/L}}{2\left[\left(\frac{D^2}{L^2} + S_v^2\right)\mathrm{sh}\frac{d}{L} + \frac{2S_v D}{L}\mathrm{ch}\frac{d}{L}\right]} \qquad A_2 = \frac{Q_s\left(\frac{D}{L} + S_v\right)e^{-d/L}}{2\left[\left(\frac{D^2}{L^2} + S_v^2\right)\mathrm{sh}\frac{d}{L} + \frac{2S_v D}{L}\mathrm{ch}\frac{d}{L}\right]} \tag{5-90}$$

从而得到

$$\Delta p = \frac{Q_s\left[\frac{D}{L}\mathrm{ch}\left(\frac{d-z}{L}\right) + S_v\mathrm{sh}\left(\frac{d-z}{L}\right)\right]}{\left(\frac{D^2}{L^2} + S_v^2\right)\mathrm{sh}\frac{d}{L} + \frac{2S_v D}{L}\mathrm{ch}\frac{d}{L}} \tag{5-91}$$

同前边的讨论一样，由 Δp 可进而求得光生载流子的电流密度 Δj 和电流强度 ΔI 及开路电压 ΔV。但应注意，由于 Δp 随 z 而变化，故

$$\Delta I = \omega\int_0^d \Delta j dz = e\mu_p(1+b)\omega E\int_0^d \Delta p dz \tag{5-92}$$

将式(5-91)代入式(5-92)积分即可得到 ΔI，进而求得

$$\Delta V=\Delta IR_0=\rho_0\frac{l}{\omega d}\Delta I$$

$$=e\mu p(1+b)Ll\rho_0 EQ_s\frac{\left[\frac{D}{L}\operatorname{sh}\frac{d}{L}-S_v\left(1-\operatorname{ch}\frac{d}{L}\right)\right]}{d\left[\left(\frac{D^2}{L^2}+S_v^2\right)\operatorname{sh}\frac{d}{L}+\frac{2S_vD}{L}\operatorname{ch}\frac{d}{L}\right]} \tag{5-93}$$

由定义可最后得到

$$\Re_\lambda=\eta(1-\gamma)e\mu_p(1+b)\rho_0 LE\frac{\left[\frac{D}{L}\operatorname{sh}\frac{d}{L}-S_v\left(1-\operatorname{ch}\frac{d}{L}\right)\right]}{wdh\nu\left[\left(\frac{D^2}{L^2}+S_v^2\right)\operatorname{sh}\frac{d}{L}+\frac{2S_vD}{L}\operatorname{ch}\frac{d}{L}\right]} \tag{5-94}$$

若令

$$\xi=\frac{D\left[\frac{D}{L}\operatorname{sh}\frac{d}{L}-S_v\left(1-\operatorname{ch}\frac{d}{L}\right)\right]}{L\left[\left(\frac{D^2}{L^2}+S_v^2\right)\operatorname{sh}\frac{d}{L}+\frac{2S_vD}{L}\operatorname{ch}\frac{d}{L}\right]} \tag{5-95}$$

则式(5-94)可写为

$$\Re_\lambda=\frac{\eta(1-\gamma)e\mu_p(1+b)\rho_0\tau E}{h\nu wd}\xi \tag{5-96}$$

与式(5-77)比较可知，式(5-96)仅在后面多了一个表达复杂的因子，这个因子正反映了光生载流子浓度梯度和表面复合的存在对器件响应度的影响。当略去表面复合，即 $d\ll L$ 时，因子 $\xi\to 1$，则式(5-96)回到式(5-77)。由此可见，要提高器件的响应度应尽量降低表面复合速度 S_v，并尽可能减少 d。

2. 本征光电导探测器的探测率

对于本征光电导探测器，除 $1/f$ 噪声外，其最基本的噪声是热噪声和产生-复合噪声。关于 $1/f$ 噪声目前还没有严密的理论，实验发现它与器件电极及表面陷阱有关，可通过改善器件设计和制造工艺来降低。所以，可以只考虑探测器的基本噪声热噪声和产生-复合噪声，热噪声与器件的电阻值及温度有关，与频率无关，其噪声电压常记为

$$V_{NJ}=(4kTR_d\Delta f)^{1/2} \tag{5-97}$$

式中，R_d 为探测器等效电阻；Δf 为频带宽度。

载流子的产生与复合都是随机的，载流子的数目围绕着平均值涨落，这种涨落导致器件的电导率起伏。当器件加偏压时，便引起电流及电压的起伏而导致产生-复合噪声。这种噪声的特点是其频谱在较低频部分有一恒定值。当频率高于与载流子寿命的倒数有关的特征频率时则迅速下降。再提高频率则转变为以热噪声起主要作用。对近本征的半导体，要考虑两种载流子对噪声的贡献，其噪声常写为

$$V_{Ngr}=\frac{2e\mu_p(1+b)\tau\rho_0 V_0}{\omega dl}\left[\frac{\eta(1-\rho)P_s\Delta f}{h\nu}\right]^{1/2} \tag{5-98}$$

式中，V_0 为外置偏压；P_s 为入射到探测器表面上的辐射功率。

根据式(5-97)、式(5-98)及式(5-77)，按 D_λ^* 的定义有

$$D_\lambda^*=\frac{\Re_\lambda[lw\Delta f]^{1/2}}{\left[V_{NJ}^2+V_{Ngr}^2\right]^{1/2}}=\frac{\eta(1-\rho)e\mu_p(1+b)\rho_0\tau E}{hw\nu d\left[V_{NJ}^2+V_{Ngr}^2\right]^{1/2}}\sqrt{lw\Delta f} \tag{5-99}$$

上式为只有基本噪声的理想情况分谱探测率。更多的情况下，D_λ^* 只受一种噪声的限制。由式(5-99)可知：

（1）热噪声限制下的本征光电导器件的 D_λ^*

在这种情况下，由于器件功率耗散限制了探测器的最大偏压，在最大偏压下热噪声超过产生-复合噪声，即 $V_{NJ} \gg V_{gr}$，探测器受热噪声 V_{NJ} 限制。一般电阻值为 50～500Ω 的本征光电导探测器，热噪声是限制性噪声。因为器件暗电阻可表示为

$$R_d = \frac{\rho_0 l}{\omega d} = \frac{1}{n_i e \mu_p (1+b)} \frac{l}{\omega d} \tag{5-100}$$

式中，$n_i=n_0=p_0$ 为热平衡本征载流子浓度。故由式(5-99)可得

$$D_J^*(\lambda) = \frac{\eta(1-\rho) e \mu_p (1+b) \tau E \rho_0^{1/2}}{2h\nu (kTd)^{1/2}} \tag{5-101}$$

由上式可知，要提高本征光电导探测器热噪声限的性能，要求材料有较高的电子迁移率和较低的 n_i，有尽可能高的载流子寿命和低的工作温度。在 $\alpha d \gg 1$ 的条件下，应尽可能减薄探测器的厚度，同时选择最佳的工作外场。

（2）产生-复合噪声限制下的本征光电导探测器的 D_λ^*

该情况下的光电导探测器可得到最高的探测率。开始 $\Re_\lambda$ 与 V_{Ngr} 都随偏压的增加而增加，超过 V_{NJ} 后逐渐趋向饱和。由式(5-98)和式(5-99)可得

$$D_{gr}^*(\lambda) = \frac{1}{2}\left[\frac{\eta(1-\rho) l \omega}{h\nu P_s}\right]^{1/2} \tag{5-102}$$

当无信号辐射时，上式中 P_s 变为背景辐射 P_B，则在足够低的温度下，式(5-102)便成为探测器背景限的探测率

$$D_{Blip}^*(\lambda) = \frac{1}{2}\left[\frac{\eta(1-\rho) l \omega}{h\nu P_B}\right]^{1/2} \tag{5-103}$$

3. 本征光电导的响应时间

光电导探测器的响应时间表现在，接收红外辐射后，光生载流子浓度逐渐增大，经过一段时间才趋向稳定值，而在稳定的状态下，突然撤去红外辐射，光生载流子也要经过一段时间才能趋于零。这两种现象均称为滞后现象(或惰性)。在弱光辐射下，可分两种情况分析光生载流子随时间的变化。

（1）上升情况

在光生载流子 Δp 均匀变化的情况下，其载流子浓度随时间上升的微分方程为

$$\frac{\partial \Delta p}{\partial t} = Q - \frac{\Delta p}{\tau} \tag{5-104}$$

且当 $t=0$ 时，$\Delta p=0$。故上式之解为

$$\Delta p = Q\tau\left(1-e^{-t/\tau}\right) = \Delta p_0\left(1-e^{-t/\tau}\right) \tag{5-105}$$

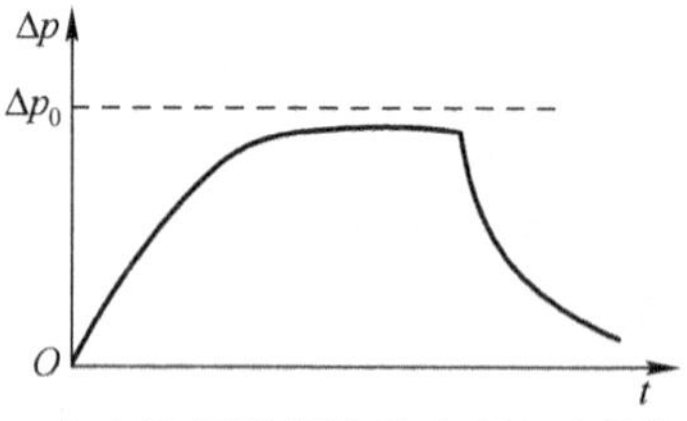

图 5-25 光电导探测器的驰豫现象(或滞后现象)

式中，$\Delta p_0=Q\tau$，为稳定值。其变化曲线如图 5-25 所示。光生载流子随时间按指数规律上升至稳定值的(1-1/e)时所需的时间即为上升响应时间。由式(5-105)可知，τ 越大，曲线上升越慢；反之亦反。

（2）下降情况

若以 $t=0$ 作为停止光照时刻，则式(5-104)中 $Q=0$，微分方程变为

$$\frac{\partial \Delta p}{\partial t} = -\frac{\Delta p}{\tau} \tag{5-106}$$

故满足 $t=0$，$\Delta p=\Delta p_0$ 时的解为

$$\Delta p = \Delta p_0 e^{-t/\tau} \tag{5-107}$$

该式随时间的变化曲线如图 5-25 中下降部分所示，光生载流子浓度随时间按指数由 Δp_0 衰减至零。光生载流子浓度由 Δp_0 衰减至 1/e 时所需时间称为下降的响应时间。同上升情况一样，τ 越大，曲线下降越慢。

对于强光照射的情况，可仿上述分析。但此时上升情况的微分方程为

$$\frac{\mathrm{d}\Delta p}{\mathrm{d}t} = Q - (\Delta p)^2 \gamma \tag{5-108}$$

式中，γ 为复合系数。其解为

$$\Delta p = \Delta p_0 \mathrm{th}\left(\sqrt{Q\gamma}\Delta p_0 t\right) \tag{5-109}$$

下降时微分方程为

$$\frac{\mathrm{d}\Delta p}{\mathrm{d}t} = -\left(\Delta p\right)^2 \gamma \tag{5-110}$$

其解为

$$\Delta p = \frac{\Delta p_0}{1 + \Delta p_0 \gamma t} \tag{5-111}$$

由上述结果可知，光电导探测器在强光照射下的响应曲线已不再按指数规律变化，其响应时间也较为复杂。宏观上讲，其已与辐照度有关，一般说来，光越强，其滞后越小。

4. 调制信号的影响

在实际应用中，为适应高速运动目标的变化，有时要对入射光进行调制。基本调制波形为正弦或余弦形式。在这种调制形式下，入射到器件表面上的辐照度为

$$E = \frac{1}{2} E_0 \left(1 + \cos 2\pi f t\right) \tag{5-112}$$

以体激发率形式可写成

$$Q = \frac{1}{2} Q_0 \left(1 + \cos 2\pi f t\right) \tag{5-113}$$

式中，f 为调制频率。

此时光生载流子所遵守的基本方程变为

$$\frac{\partial \Delta p}{\partial t} = -\frac{\Delta p}{\tau} + \frac{1}{2} Q_0 \left(1 + \cos 2\pi f t\right) = \frac{1}{2} Q_0 - \frac{\Delta p}{\tau} + \frac{1}{2} Q_0 \cos 2\pi f t \tag{5-114}$$

上式等号右边包含有与时间有关的载流子变化部分。若记 $\Delta p = \Delta p_1 + \Delta p_2$，前者为与时间无关部分，后者为与时间有关部分。则可分别写成如下两个微分方程

$$\frac{\partial \Delta p_1}{\partial t} = -\frac{\Delta p_1}{\tau} + \frac{1}{2} Q_0 \tag{5-115}$$

$$\frac{\partial \Delta p_2}{\partial t} = -\frac{\Delta p_2}{\tau} + \frac{1}{2} Q_0 \cos 2\pi f \tag{5-116}$$

由于主要考虑调制的影响，所以可以只讨论式(5-116)，并省去下标及用复数表示，即

$$\frac{\partial \Delta p}{\partial t} = -\frac{\Delta p}{\tau} + \frac{1}{2} Q_0 e^{\mathrm{j}(2\pi f t)} \tag{5-117}$$

该式的解为

$$\Delta p = \Delta p_0 e^{\mathrm{j}(2\pi f t + \varphi)} \tag{5-118}$$

式中

$$\Delta p_0 = \frac{Q_0 \tau}{2} \frac{1}{\sqrt{1 + 4\pi^2 f^2 \tau^2}} \tag{5-119}$$

$$\varphi = \arctan\left(2\pi f \tau\right) \tag{5-120}$$

故

$$\Delta p = \frac{Q_0 \tau}{2} \frac{1}{\sqrt{1 + 4\pi^2 f^2 \tau^2}} \cos\left(2\pi f t + \varphi\right) \tag{5-121}$$

式(5-121)表明，余弦调制光照射探测器时，光生载流子浓度也随之做余弦变化。由 Δp 可以得

信号电压为

$$\Delta V=\Delta j\cdot\omega d\cdot R_{\mathrm{d}}=\frac{Q_0\tau}{2}e\mu_{\mathrm{p}}\left(1+b\right)\rho_0 lE\frac{1}{\sqrt{1+4\pi^2f^2\tau^2}}\cos\left(2\pi ft+\varphi\right) \tag{5-122}$$

在调制光情况下，用均方根电压表示信号，即

$$\sqrt{\Delta V^2}=\frac{Q_0\tau}{2\sqrt{2}}e\mu_{\mathrm{p}}\left(1+b\right)\rho_0 lE\frac{1}{\sqrt{1+4\pi^2f^2\tau^2}} \tag{5-123}$$

可见在余弦调制下，输出信号电压多了两个因子。其中$1/2\sqrt{2}$因子称为正弦调制系数，调制方式不同，则调制系数亦不同；另一因子$\frac{1}{\sqrt{1+4\pi^2f^2\tau^2}}$与调制频率有关，$f$越高，信号越弱。

此时响应度为

$$\Re_\lambda=\frac{1}{2\sqrt{2}}\eta\left(1-\rho\right)e\mu_{\mathrm{p}}\left(1+b\right)\rho_0\tau E\frac{1}{hv\omega d\sqrt{1+4\pi^2f^2\tau^2}} \tag{5-124}$$

可见，$\Re_\lambda$随调制频率的增加而减小。对一定材料的器件，因为τ一定，故应选择适当的调制频率，以尽可能减少$\Re_\lambda$的损失。对于探测不同的目标，由于目标运动速度不同，必须选用不同的调制频率，所以必须选择不同探测器作为热成像系统的探测元件。

5.4.3 非本征光电导探测器的性能分析

杂质光电导的电离能一般都比较小，因此，当入射红外辐射的光子能量比器件材料禁带宽度小时，只能激发杂质能级中的电子或空穴，使其电导率发生变化。所以杂质光电导都用于波长较长的红外波段。利用杂质光电导制成的器件必须处于低温工作状态，以保证工作时杂质能级上的电子或空穴基本上未电离，即处于束缚状态，从而有较高的暗电阻。这样，当探测器被光照后，电导率才能有较大的变化。

杂质光电导与本征光电导在吸收系数上差别很大，杂质光电导材料的吸收系数仅为 $1\sim10^{-1}\mathrm{cm}^{-1}$量级，而本征材料则为 $10^3\sim10^4\mathrm{cm}^{-1}$ 量级。因此，在杂质光电导区，红外辐射要透入探测器很“深”的距离。当探测器厚度不太厚时，一部分红外辐射要透过红外探测器。这一点与本征光电导的表面吸收有着很大的不同。

1. 杂质光电导探测器的响应度

以 N 型半导体为例。设施主浓度为 N_{D}，受主浓度为 N_{A}，且 $N_{\mathrm{D}}\gg N_{\mathrm{A}}$。在足够低温下，N 型半导体中有少量的受主存在可以影响电子的统计分布。因为受主可以获得导带的电子而电离，降低自由电子的浓度，达到较高暗电阻的要求。假定无光照时自由电子的浓度为 n_0，未电离施主的浓度为 $n_{\mathrm{i}0}$，光照射探测器时会在半导体中产生三种情况，即光激发、热激发和复合。Q_{p}、Q_{T} 和 R 分别为光激发率、热激发率和复合率。根据图 5-23，在离探测器表面下 z 处

$$Q_{\mathrm{p}}=\frac{\eta\left(1-\rho\right)\alpha E_0\mathrm{e}^{-\alpha z}}{hv} \tag{5-125}$$

$$Q_{\mathrm{T}}=\gamma_{\mathrm{e}}n_1 n_{\mathrm{t}} \tag{5-126}$$

$$R=\gamma_{\mathrm{e}}n\left(N_{\mathrm{D}}-n_{\mathrm{t}}\right) \tag{5-127}$$

上述各式中，γ_{e} 为电子的俘获系数；$n=n_0+\Delta n$ 为光照时自由电子浓度；$n_{\mathrm{t}}=n_0+\Delta n$ 为未电离的施主浓度；$n_1=N\_\exp[-(E\_-E_{\mathrm{D}})/kT]$。

在上述情况下，光电导基本方程为

$$\frac{\partial\Delta n}{\partial t}=Q_{\mathrm{p}}+Q_{\mathrm{T}}-R \tag{5-128}$$

将式(5-126)和式(5-127)代入到式(5-128)中，并考虑电中性条件：$\Delta n=-\Delta n_{\mathrm{t}}$，得到

$$\frac{\partial(\Delta n)}{\partial t}=Q_{\mathrm{p}}+\gamma_{\mathrm{e}}n_1\left(n_{\mathrm{t0}}-\Delta n\right)-\gamma_{\mathrm{e}}\left(n_0+\Delta n\right)\left(N_{\mathrm{D}}-n_{\mathrm{t0}}+\Delta n\right) \tag{5-129}$$

稳态情况下，$\partial(\Delta n)/\partial t=0$，故有

$$Q_{\mathrm{p}}=\gamma_{\mathrm{e}}\left(n_0+\Delta n\right)\left(N_{\mathrm{D}}-n_{\mathrm{t0}}+\Delta n\right)-\gamma_{\mathrm{e}}n_1\left(n_{\mathrm{t0}}-\Delta n\right) \tag{5-130}$$

无光照射时，平衡条件为

$$\gamma_{\mathrm{e}}n_1n_{\mathrm{t0}}-\gamma_{\mathrm{e}}n_0\left(N_{\mathrm{D}}-n_{\mathrm{t0}}\right)=0 \tag{5-131}$$

将该式代入式(5-130)中，得到光生载流子浓度为

$$\Delta n=\frac{Q_{\mathrm{p}}}{\gamma_{\mathrm{e}}\left(n_1+N_{\mathrm{D}}-n_{\mathrm{t0}}+n_0+\Delta n\right)} \tag{5-132}$$

由于 $N_{\mathrm{D}}-n_{\mathrm{t0}}\approx N_{\mathrm{A}}$，且在弱光照射的情况下可略去分母中的 Δn，故得

$$\Delta n=\frac{\eta(1-\rho)\alpha E_0\mathrm{e}^{-az}}{\gamma_{\mathrm{e}}\left(n_1+N_{\mathrm{A}}+n_0\right)} \tag{5-133}$$

仿前述做法可得光生电流为

$$\Delta I=w\int_0^d\Delta j\mathrm{d}z=\frac{e\eta(1-\rho)E_0\omega\left(1-\mathrm{e}^{-az}\right)\mu_{\mathrm{e}}E}{hv\gamma_{\mathrm{e}}\left(n_1+N_{\mathrm{A}}+n_0\right)} \tag{5-134}$$

开路电压为

$$\Delta V=\Delta I\cdot R_{\mathrm{d}}=\frac{e\mu_{\mathrm{e}}\eta(1-\rho)E_0\omega\left(1-\mathrm{e}^{-az}\right)\rho_0lE}{hv\gamma_{\mathrm{e}}\left(n_1+N_{\mathrm{A}}+n_0\right)d} \tag{5-135}$$

于是，杂质光电导探测器的响应度可写为

$$\Re_{\lambda}=\frac{\Delta V}{E_0wl}=\frac{e\mu_{\mathrm{e}}\eta(1-\rho)\rho_0\left(1-\mathrm{e}^{-\alpha d}\right)E}{hvw\left(n_1+N_{\mathrm{A}}+n_0\right)d}=\frac{e\mu_{\mathrm{e}}\eta(1-\rho)\rho_0\tau\left(1-\mathrm{e}^{-\alpha d}\right)E}{hvwd} \tag{5-136}$$

为方便讨论，由暗电导率 $\sigma_0=1/\rho_0=n_0e\mu_{\mathrm{e}}$，上式又可写为

$$\Re_{\lambda}=\frac{\eta(1-\rho)\left(1-\mathrm{e}^{-\alpha d}\right)E}{hvw\left(n_1+N_{\mathrm{A}}+n_0\right)d\gamma_{\mathrm{e}}n_0} \tag{5-137}$$

考虑到包括热激发 $n_{0\mathrm{T}}$ 和背景辐射 $n_{0\mathrm{b}}$，即 $n_0=n_{0\mathrm{T}}+n_{0\mathrm{b}}$。同时，又因 α 很小而导致实际探测器吸收有限，所以，通常 $\alpha d\ll 1$ 的条件成立，故又可将 $\mathrm{e}^{-\alpha d}$ 展开。这样式(5-137)又可以改写为

$$\Re_{\lambda}=\frac{\alpha\eta(1-\rho)E}{hvw\left(n_{0\mathrm{T}}+n_{0\mathrm{b}}\right)\left(n_1+N_{\mathrm{A}}+n_{0\mathrm{T}}+n_{0\mathrm{b}}\right)\gamma_{\mathrm{e}}} \tag{5-138}$$

可以由式(5-138)对响应度的影响因素进行简单分析：

（1）当探测器的工作温度尚未达到足够低时，热产生电子浓度 $n_{0\mathrm{T}}$ 将大于背景辐射电子浓度 $n_{0\mathrm{b}}$，此时

$$\Re_{\lambda}=\frac{\alpha\eta(1-\rho)E}{hvwn_{0\mathrm{T}}\left(n_1+N_{\mathrm{A}}+n_{0\mathrm{T}}\right)\gamma_{\mathrm{e}}} \tag{5-139}$$

该式表明，在上述情况下可降低工作温度，使 $n_{0\mathrm{T}}$ 和 n_1 减小，以提高响应度。当工作温度下降到使 $n_{0\mathrm{T}}\ll n_{0\mathrm{b}}$ 及 $n_1\ll N_{\mathrm{A}}$ 时，响应度为

$$\Re_{\lambda}=\frac{\alpha\eta(1-\rho)E}{hvwn_{0\mathrm{b}}\left(N_{\mathrm{A}}+n_{0\mathrm{T}}\right)\gamma_{\mathrm{e}}} \tag{5-140}$$

此时，即使再降低温度，响应度也不会再提高了。

（2）在足够低的工作温度下，如果受主浓度 N_{A} 远大于背景辐射产生的电子浓度，由式(5-113)

可知，可以通过减小受主浓度 N_A 来提高响应度，直至 $N_A \ll n_{0b}$ 为止。

（3）由于杂质光电导吸收系数很小，因此器件对信号的吸收总是不充分的。但由式(5-136)可知，$\Re_\lambda$ 与 $(1-e^{-\alpha d})/d$ 成正比，因此增加探测器厚度也只会对响应度带来不利影响。实际上在满足 $\alpha d \ll 1$ 的条件下，由式(5-138)可知，此时的响应度与厚度无关。一般是通过多次全反射延长光信号在探测器中的路程来增强器件对信号的吸收的。

2. 杂质光电导器件的探测率 D^*_λ

在不同情况下，限制杂质光电导探测器性能的主要噪声仍然为热噪声或产生－复合噪声。下面仍然考虑一种杂质的光电导探测器。根据前边的讨论有：

（1）热噪声限制下杂质光电导器件的 $D^*_\lambda(D^*_J(\lambda))$

由式(5-97)和式(5-136)可得杂质光电导探测器受热噪声限制的探测率为

$$D_J^*(\lambda)=\frac{\eta(1-\rho)\tau E}{2h\nu}\left[\frac{e\mu_e}{kTn_0 d}\right]^{1/2}\left(1-e^{-\alpha d}\right) \tag{5-141}$$

（2）产生-复合噪声限制下杂质光电导器件的 $D^*_{gr}(\lambda)$

由式(5-98)和式(5-136)可得入射辐射光子涨落造成的产生－复合噪声限制的探测率为

$$D_{gr}^*(\lambda)=\frac{1}{2}\left(\frac{\eta(1-\rho)l\omega}{h\nu P_s}\right)^{1/2}\left(1-e^{-\alpha d}\right)^{1/2} \tag{5-142}$$

当无信号辐射时，在足够低的温度下，由式(5-142)可得到背景极限下的探测率为

$$D_{Blip}^*(\lambda)=\frac{1}{2}\left(\frac{\eta(1-\rho)l\omega}{h\nu P_B}\right)^{1/2}\left(1-e^{-\alpha d}\right)^{1/2} \tag{5-143}$$

式中，P_B 为背景辐射在探测器响应平面上的入射功率。

3. 杂质光电导的响应时间

当探测器无光照射时，利用平衡条件 $N_D - n_{i0} \approx N_A$，则光电导基本方程[式(5-129)]可写成

$$\frac{\partial \Delta n}{\partial t}=Q_p-\gamma_e\left(n_1+N_A+n_0\right)\Delta n \tag{5-144}$$

（1）上升情况：由于 t=0 时，Δn=0，则式(5-144)的解为

$$\Delta n=\frac{Q_p}{\gamma_e\left(n_1+N_A+n_0\right)}\left[1-e^{-t/\tau}\right] \tag{5-145}$$

式中

$$\tau=\frac{1}{\gamma_e\left(n_1+N_A+n_0\right)} \tag{5-146}$$

上述结果表明，光生载流子浓度随时间呈指数上升变化，且与掺杂浓度有关，响应时间为 τ。

（2）下降情况：以 t=0 作为撤去光照的时刻，则决定光生载流子浓度变化的基本方程变为

$$\frac{\partial \Delta n}{\partial t}=-\gamma_e\left(n_1+N_A+n_0\right)\Delta n \tag{5-147}$$

在 t=0 时，$\Delta n=\Delta n_0$，则上式的解为

$$\Delta n=\Delta n_0 e^{-t/\tau} \tag{5-148}$$

可见光生载流子浓度按照式(5-148)所确定的规律随时间呈指数衰减。

4. 杂质光电导的光谱

以上的讨论仅限于有一种杂质能级的情况。在实际使用的掺杂器件中，既便是一种杂质的掺杂，在材料中也可能有若干个能级。如 Au 在 Ge 中就有 4 个能级，其中 3 个为受主能级，1 个为施主能级；Hg 在 Ge 中有 2 个受主能级等。为了使杂质的某一特定能级起作用，亦即控制掺杂器件的光谱响应，则必须掺入另外的补偿杂质。例如，在 Ge:Au 中掺入Ⅴ族元素 As，可适当地控制 Au

杂质中的受主能级 0.15eV 或 0.20eV 产生作用，使材料的长波响应达到 8.3μm 和 6.2μm。若掺入适当浓度的Ⅲ族元素 Ga，则可使施主能级 0.05eV 起主导作用，其长波响应可达 24.8μm。因篇幅所限，关于补偿控制这里不做进一步的介绍。上述所说的 Ge:Au 中 0.15eV 和 0.20eV 受主能级以及 Ge:Hg 中 0.083eV 受主能级等已研制出实用的器件。

5.4.4 SPRITE 探测器

SPRITE(Signal Processing in The Elements)探测器属光电导效应型器件，由于这种器件利用了红外图像扫描速度与光生非平衡载流子双极运动速度相等的原理，实现了在器件内部进行信号探测、时间延迟和积分三种功能，大大地简化了焦平面外的电子线路，从而使得探测器尺寸、重量、成本显著下降，并提高了工作的可靠性。因此，这里单独对它进行讨论。根据该器件的工作原理，习惯上称其为扫积型探测器。SPRITE 探测器是 20 世纪 80 年代英国人 C.T. Elliot，A.Blockburn 等为高性能快速实时热成像系统而研制出来的一种红外探测器。

1. 工作原理与结构

根据半导体的双极扩散、双极漂移理论，当红外光照射在两边加有固定电压的 N 型半导体上时，光生载流子将经历产生、复合、扩散及漂移等过程，其浓度变化可写成如下形式

$$\frac{\partial \Delta p}{\partial t}=D\frac{\partial^2 \Delta p}{\partial x^2}-\mu E\frac{\partial \Delta p}{\partial x}-\frac{\Delta p}{\tau}+Q \tag{5-149}$$

式中，D 和 μ 为双极扩散系数和双极迁移率，分别表示非平衡载流子浓度分布的扩散和漂移运动。

这里的漂移是指在电场 $\boldsymbol{E}$ 的作用下因 $n\neq p$ 而造成的。根据半导体理论，若 $n=p$，则有 $\mu=0$，即 Δp 无漂移运动；若 $n\gg p$，则有 $\mu=\mu_p$，即 Δp 以 p 的速度运动。在 Δp 的漂移过程中，为保持电中性，Δn 也跟着 Δp 沿同一方向一起运动，其漂移过程如图 5-26 所示。因为有非平衡载流子存在时电中性条件难以满足，设 Δn 和 Δp 的分布如图 5-26 中所示，由于 Δn 和 Δp 不重合而产生附加电场，由于它同 $\boldsymbol{E}$ 反向而使之被削弱。在被削弱的电场区，多子(电子)的漂移速度降低，而在该区的两端电子速度不变，致使左端电子浓度降低，右端增加。这相当于 Δn 向右漂移。当 Δp 前进时，Δn 也跟着前进。用这种方法就可以实现 Δp 分布的自动扫进。这种效应称为扫出效应。

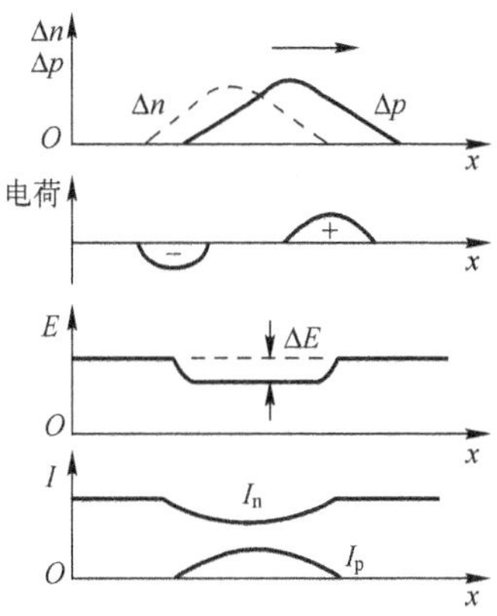

图 5-26　Δp 和 Δn 的漂移过程

由于扫出效应的存在，样品受光照时，光信号会自动转移出去，利用这种效应，可以实现光信号的积累和延迟叠加。如图 5-27 所示，设光点沿样品长度方向的扫描速度 v_s 与非平衡载流子的双极漂移速度 $v_d=\mu E$ 相等。当光点由位置 1 扫描到位置 2 时，其在位置 1 处产生的 Δp_1 也在扫出效应作用下到达位置 2，与光点在位置 2 处产生的 Δp_2 叠加在一起并向位置 3 运动。依此依次累加下去直至被作为信号读出完成积累与延时。可见，为了实现 SPRITE 探测器的积累与延时，必要条件是红外图像的扫描速度要等于非平衡载流子的双极运动漂移速度。双极运动漂移速度与材料的少数载流子迁移率和外置偏压大小有关。如果所加偏压足够大，非平衡少子将被电场扫出大部或全部。若

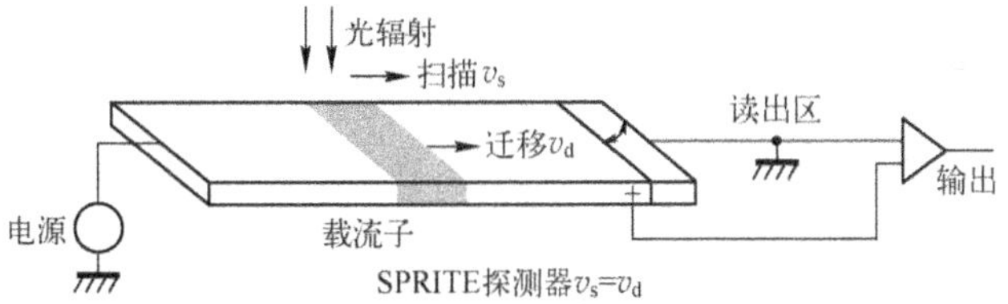

图 5-27　SPRITE 探测器工作原理示意图

电场强度过小，则非平衡少子的漂移长度小于器件长度，光生少子将在体内因复合而损失较大，尤其在图像扫描起始端更为显著。下面具体分析扫出效应。

设有一稳定的红外辐射入射到 SPRITE 探测器的 x_0 处，若忽略陷阱效应和表面复合，并在强电场作用下略去非平衡载流子的扩散，则沿探测器长度方向 x 处的光生载流子的稳态方程将由式(5-149)简化为

$$\mu_p E\frac{\mathrm{d}\Delta p}{\mathrm{d}x}=-\frac{\Delta p}{\tau} \tag{5-150}$$

由 $x=x_0$ 处，$\Delta p=\Delta p_0$，可解得

$$\Delta p=\Delta p_0\mathrm{e}^{-\frac{x}{\mu_p E\tau}}=\Delta p_0\mathrm{e}^{-\frac{x}{L_\mu}} \tag{5-151}$$

式中，$L_\mu=\mu_p E\tau$ 为空穴的牵引长度，亦即光生少子的漂移长度。可见若 L_μ 大于样品长度 L，则在 τ 时间内 Δp 会移出体外；若 $L_\mu<L$，则只有部分区域的 Δp 能移出体外。在 SPRITE 探测器中，取 $L_\mu=L$ 为全部扫出条件，即

$$L=\mu_p E\tau \tag{5-152}$$

则可推得此时 SPRITE 探测器两端所加的电压应为

$$V_0=EL=\frac{L^2}{\mu_p\tau} \tag{5-153}$$

这个电压即临界扫出电压。在实际工作中，为实现完全扫出，实际工作电压应略高于上式。

图 5-28　SPRITE 探测器的实际结构

图 5-28 所示为典型的 SPRITE 探测器的实际结构。这种结构由 8 条 N 型 HgCdTe 样条构成，每条尺寸为(700×62.5) μm²，厚度 10μm，样条间距 12.5μm。读出区长为 50μm，宽为 35μm。HgCdTe 材料粘接在宝石衬底上，每条大约等效于 10～12 个分立单元探测器。器件采用三电极结构，电极引出点为金。当扫描点进入读出区时，Δp 将调制读出区电压从而有信号输出。

2．SPRITE 探测器的响应度

设有 N 型光电导，其掺杂浓度远大于背景辐射所产生的载流子浓度，非平衡载流子寿命 τ 远大于双极漂移时间，双极漂移速度等于光点扫描速度。当有稳定的红外辐射照射到探测器，并沿长度方向自左向右连续扫描时，如图 5-28 所示，我们来讨论 SPRITE 探测器的响应度。通常 SPRITE 探测器的响应度是针对尺寸为 $w\times w$ 的器件定义的。一般情况下，总是把读出区的长度 l 选择得比 w 小，且整个器件的长度 L 总是远远大于读出区长度 l。在足够强的外电场作用下，可略去非平衡载流子扩散的影响，则光生载流子稳态下的连续方程可写为

$$\frac{\mathrm{d}\Delta p}{\mathrm{d}x}=\frac{Q}{\mu_p E}-\frac{\Delta p}{\mu_p E\tau} \tag{5-154}$$

该式的解为

$$\Delta p=\mathrm{e}^{-\frac{1}{\mu_p E\tau}\int\mathrm{d}x}\left[A+\frac{Q}{\mu_p E}\int\mathrm{e}^{\frac{x}{\mu_p E\tau}}\mathrm{d}x\right]=\mathrm{e}^{\frac{x}{\mu_p E\tau}}\left[A+Q\tau\mathrm{e}^{\frac{x}{\mu_p E\tau}}+B\right] \tag{5-155}$$

边界条件为，在 $x=0$ 时，$\Delta p=0$。由上式可解得

$$A+B=-Q\tau \tag{5-156}$$

将其代入式(5-155)得到

$$\Delta p=Q\tau\left(1-\mathrm{e}^{\frac{x}{\mu_p E\tau}}\right) \tag{5-157}$$

该结果为光点照射像元上信号所产生的非平衡载流子浓度随扫描位置变化的关系。当扫描像元到达读出区，即 $x=L$ 时，有

$$\Delta p = Q\tau\left(1 - e^{\frac{x}{\mu_p E\tau}}\right) = Q\tau\left(1 - e^{-\frac{t}{\tau}}\right) \tag{5-158}$$

式中，t 为光生载流子在器件中的渡越时间

$$t = L / \mu_p E \tag{5-159}$$

由 Δp 可求出光生载流子的光电流强度为

$$\Delta I = w\int_0^d \Delta j \mathrm{d}z = e\mu_p (1+b) EwdQ\tau\left(1 - e^{-t/\tau}\right) \tag{5-160}$$

开路电压为

$$\Delta V = \Delta I \cdot R_1 = \Delta I \frac{1}{n(1+b)e\mu_p}\frac{l}{wd} = \frac{1}{n}ElQ\tau\left(1 - e^{-t/\tau}\right) \tag{5-161}$$

式中，n 为读出区的载流子浓度。从而由响应度的定义及式(5-54)得到

$$\Re_\lambda = \frac{\eta(1-\rho)El\tau\left(1 - e^{-\alpha d}\right)}{h\nu w^2 dn}\left(1 - e^{-\frac{t}{\tau}}\right) \tag{5-162}$$

下面根据式(5-162)探讨提高响应度的途径：

① 探测器的响应度与光生载流子的渡越时间 t 成反比，因此，在探测器材料迁移率和探测器长度确定的情况下，由式(5-159)可知，增大外加电场强度可以减小 t，从而可减小扩散的影响，提高响应度。

② 增大电场固然可以减小 t 而提高响应度，但实际上随着电场强度增大，材料的焦耳热及少数载流子注入等物理现象也随之增大，反而使探测器的性能恶化。所以，应选择合适的工作电压，以提供最佳的电场。

③ 探测器的响应度与材料的载流子寿命成正比，所以增大载流子寿命可以提高响应度。但即使是寿命长的材料，在制成器件后，由于存在表面复合，载流子的寿命也会变短。因此，在实际中通常对探测器表面采用钝化技术，以把表面复合的影响降到最低。

④ 可采用制冷技术，降低读出区中热激发载流子的浓度，提高响应度。

⑤ 减小探测器表面的反射损失，以及在满足 $\alpha d \gg 1$ 的条件下，尽可能减小探测器的厚度，也能达到提高响应度的目的。在这种情况下，式(5-162)可以简化为

$$\Re_\lambda = \frac{\eta El\tau}{h\nu w^2 dn}\left(1 - e^{-\frac{t}{\tau}}\right) \tag{5-163}$$

这一结果也是工程上常常采用的形式。

3. SPRITE 探测器的探测率 D^*_λ

在 SPRITE 探测器中，其主要的噪声源是由热和背景辐射所产生的载流子浓度涨落引起的产生-复合噪声。严格地说，SPRITE 探测器的噪声，还应考虑双极输运效应的影响。这里我们只考虑产生-复合噪声的影响，而不考虑载流子扰动中的任何空间相关噪声。因为根据噪声理论，当样品长度远大于读出区长度时，可认为噪声电流从漂移区进入读出区，在空间上是不相关的，所以，在读出区，可写出 Δp 的自相关函数

$$\overline{\Delta p(t)\Delta p(t-t')} = \overline{\Delta p^2}\left(1 - \frac{t'}{\tau_d}\right)e^{-t'/\tau} = \overline{\left[p(t) - p_0\right]^2}\left(1 - \frac{t}{\tau_d}\right)e^{-t'/\tau} \tag{5-164}$$

式中，$p(t)$为读出区少子浓度的实际值；p_0 为读出区少子浓度的平均值；τ_d 为非平衡载流子通过读出区的渡越时间。

由维纳-辛钦定理，可求得噪声电压频谱密度

$$\overline{V_N(f)^2}=\left(\frac{2E}{nwd}\right)^2\frac{\overline{\Delta P^2}\cdot\tau}{1+4\pi^2f^2\tau_d^2}G(2\pi f\tau,2\pi f\tau_d) \tag{5-165}$$

在低频区
$$G(2\pi f\tau,2\pi f\tau d)\approx 1-\frac{\tau}{\tau_d}\left(1-e^{-\tau_d/\tau}\right) \tag{5-166}$$

而近本征半导体的产生－复合噪声在读出区为

$$\overline{\Delta n^2}=\overline{\Delta p^2}=\frac{n(L)p(L)}{n(L)+p(L)}lwd\approx p(L)lwd \tag{5-167}$$

参照式(5-158)有
$$p(L)=\left(p_0+\frac{\eta\phi_b\tau}{d}\right)\left(1-e^{-\frac{L}{\mu_pE\tau}}\right) \tag{5-168}$$

式中，ϕ_b 为背景辐射入射光子通量。

将式(5-166)、式(5-167)和式(5-168)代入式(5-165)，可得到低频时噪声电压谱密度

$$\overline{V_N^2}=4\frac{E^2}{n^2}\frac{l\tau}{wd}\left(P_0+\frac{\eta\phi_b\tau}{d}\right)\left(1-e^{-\frac{L}{\mu_pE\tau}}\right)\left[1-\frac{\tau}{\tau_d}\left(1-e^{-\frac{\tau_d}{\tau}}\right)\right] \tag{5-169}$$

根据 D^*_λ 的定义，并考虑 $L\gg\mu_pE\tau$ 和 $\eta\varphi_b\tau/d\gg p_0$ 的情况，由式(5-163)和式(5-169)经简化整理，可得

$$D_\lambda^*=\frac{\Re_\lambda}{\sqrt{\overline{V_N^2}}}=\frac{\eta^{1/2}}{2h\nu}\left(\frac{l}{\phi_b w_3}\right)^{1/2}\left[1-\frac{\tau}{\tau_d}\left(1-e^{-\frac{\tau_d}{\tau}}\right)\right]^{-1/2} \tag{5-170}$$

如果用 $D^*_{\lambda,\text{Blip}}$ 表示面积为 $w\times w$ 单元的光电导探测器受背景限制的探测率，则

$$D_{\lambda,\text{Blip}}^*=\frac{\eta^{1/2}}{2h\nu w^2\sqrt{\phi_b}} \tag{5-171}$$

则式(5-170)可写为
$$D_\lambda^*=D_{\lambda,\text{Blip}}^*\left(\frac{l}{2}\right)^{1/2}\left[1-\frac{\tau}{\tau_d}\left(1-e^{-\tau_d/\tau}\right)\right]^{-1/2} \tag{5-172}$$

考虑到扫描速度很高，当 $\tau_d\ll\tau$ 时，取

$$e^{-\tau_d/\tau}\approx 1-\frac{\tau_d}{\tau}+\frac{\tau_d^2}{2\tau^2} \tag{5-173}$$

则式(5-172)可写为
$$D_\lambda^*=D_{\lambda,\text{Vlip}}^*\left(\frac{l}{w}\right)^{1/2}\left(\frac{2\tau}{\tau_d}\right)^{1/2} \tag{5-174}$$

若考虑到 $l=\mu_pE\tau_d$，$v_s=v_d=\mu_pE$，$S=v_s/w$，则上式又可以改写为

$$D_\lambda^*=\sqrt{2}D_{\lambda,\text{Blip}}^*(S\tau)^{1/2}=\sqrt{2}D_{\lambda,\text{Blip}}^*(F)^{1/2} \tag{5-175}$$

式中，S 为单位时间通过读出区的像素数，像素大小为 $w\times w$，称之为像素速率；也可写为 $S=l/w\tau_d$；F 为累积因子，$F=L\mu/w=S\tau$；v_s 为红外图像扫描速度；v_d 为光生载流子双极漂移速度。

由式(5-175)可知：

① 当 $F=S\tau>1$ 时，可以预测 SPRITE 探测器的探测率要比相应分立阵列背景限探测率大，因此性能要好。

② 对于 $Hg_{1-x}Cd_xTe$，在 77K 下工作时，在 8～14μm 波段上，τ=2μs，$S\geqslant5\times10^5$/s；在 3～5μm 波段上，τ=15μs，$S=10^5$/s。此时，SPRITE 探测器的信号辐射通量的积累时间大于快速串扫系统中单元器件的驻留时间，因而，SPRITE 探测器受到更高电导率的调制，可以观察到更大的输出信号。

③ 在背景噪声限制的探测系统中，背景辐射通量和信号辐射通量以相同的时间 τ 被积累，但信号与 τ 成正比，而噪声与 $\tau^{1/2}$ 成正比，故信噪比与 $\tau^{1/2}$ 成正比，可见 τ 越大对提高器件信噪比越有利。

④ 在受背景噪声限制的长探测器中，若扫描速度足够高，使 $\tau_d \ll \tau$，则信噪比或探测率与读出区长度无关。但过高的扫描速度会使 $\Re_\lambda$ 显著下降。为了保持 $\Re_\lambda$ 足够高，可减小器件读出区的宽度，以增加 l/w 之值，缩小 τ_d。

⑤ 当 SPRITE 探测器中，热噪声或放大器噪声占优势时，信噪比将与 τ 成线性关系。

表 5-2 和表 5-3 给出了工作在 8～14μm 和 3～5μm 波段的材料参数及 SPRITE 探测器性能参数。其外加偏置场强度为 30V/cm，每个探测器为 8 条阵列。

表 5-2　N 型 MCT 的性能参数

性能	参数		性能	参数		
波段(μm)	3～5	3～5	μ_p ($cm^2 \cdot V^{-1} \cdot s^{-1}$)	～150	～100	～480
工作温度(K)	190	230	D_p ($cm^2 \cdot s^{-1}$)	2.5	2.5	3.2
τ(μs)	15(30)	15	L_p(μm)	61	61	25

表 5-3　SPRITE 探测器性能参数

材料	N-CMT	
探测元数	8	
细条长度(μm)	700	
标称灵敏面积($μm^2$)	62.5×62.5	
工作谱段(μm)	8～14	3～5
工作温度(K)	77	190
制冷方法	焦-汤	热电
偏置电场($V \cdot cm^{-1}$)	30	30
视场	f2.5	f2.5
双极迁移率($cm^2 \cdot V^{-1} \cdot s^{-1}$)	390	140
每个元件的像素率(像素/s)	1.8×10^6	7×10^5
典型元件电阻(Ω)	500	4.5×10^3
每个元件的功耗(mW)	9	1
探测器总功耗(mW)	<80	<10
平均 D^*_λ(500K,20kHz,1)/(62.5×62.5$μm^2$)	$>11 \times 10^{10}$	<10
响应率(500K,62.5×62.5$μm^2$)($10^4 V \cdot W^{-1}$)	6	4～7

4．SPRITE 探测器分辨能力的分析

从理论上说，影响 SPRITE 探测器分辨能力的因素主要有三方面：非平衡载流子的扩散；图像扫描速度和光生载流子漂移速度的失配；读出区长度。此外，读出区结构和背景辐射也会产生一定的影响。

（1）非平衡载流子的扩散

由半导体理论可知，在无外加电场作用时，光生载流子在样品中的扩散运动依下述规律

$$\Delta p(x) = \Delta p_0 e^{-x/L_p} \tag{5-176}$$

式中，$L_p=(D_p\tau)^{1/2}$ 为光生少子的扩散长度。上式可视为线扩展函数，根据调制传递函数的定义，对式(5-176)做傅氏变换并进行归一化，得到

$$T(f) = \frac{1}{1+(2\pi f L_p)^2} \tag{5-177}$$

实际上，若定义 $\Delta p(x)$下降到 Δp_0 的 1/e 时的位置为弥散圆半径，则其直径为

$$d = 2L_p \tag{5-178}$$

由 d 可求得因扩散作用而限制的最大分辨率。对 N 型 CMT，在 80K 工作时，τ=2μs，可计算得到 d=50μm。

（2）图像扫描速度与光生载流子漂移速度的失配

在半导体理论中，光生载流子在外加电场作用下的漂移扩散规律为

$$\Delta p(x,t) = \frac{\Delta p_0}{2\sqrt{\pi D_p t}} e^{-\frac{t}{\tau}} e^{-\frac{x-\mu_p E t}{4D_p t}} \tag{5-179}$$

这里的 $\Delta p(x)$即为漂移与扩散同时存在情况下的线扩展函数。对 SPRITE 探测器而言，红外图像的扫描与漂移是同时进行的，所以在新的时刻 t'、新的位置 x' 所产生的新的光生载流子将叠加在漂移到同一位置的 $\Delta p(x, t)$上，构成新的函数形式。这种现象可以用卷积来描述，即

$$\Delta p_{t',x'}(x,t) = \Delta p(x,t) * Q(x,t) \tag{5-180}$$

设入射光信号是一维余弦光波，频率为 $2\pi f$，以速度 v_s 沿样品扫描，则光生载流子的产生率可表示为

$$Q(x,t) = Q_0 e^{j2\pi f(x - v_s t)} \tag{5-181}$$

将式(5-179)和式(5-181)代入式(5-180)可得到卷积(或叠加)后的分布形式。根据卷积定理，

可得到卷积后分布的频率关系，即光学传递函数为

$$O(f)=\frac{e^{-j\phi}}{\left\{\left[1+\left(2\pi fL_p\right)^2\right]^2+\left[2\pi f\tau\left(v_d-v_s\right)\right]^2\right\}^{1/2}} \tag{5-182}$$

式中，$v_d=\mu_p E$，为光生载流子漂移速度。

相应地，调制传递函数为

$$T(f)=\left\{\left[1+\left(2\pi fL_p\right)^2\right]^2+\left[2\pi f\tau\left(v_d-v_s\right)\right]^2\right\}^{-1/2} \tag{5-183}$$

相位传递函数为

$$P(f)=e^{-j\phi} \tag{5-184}$$

其中

$$\phi=\arctan\left[\frac{2\pi f\tau\left(v_d-v_s\right)}{1+4\pi^2 f^2 L_p^2}\right] \tag{5-185}$$

以上诸式仅适用于无限长样品。式中(v_d-v_s)表示光扫描和场漂移速度之差，也称之为速度失配量。对不同的失配量$T(f)$和$P(f)$都发生变化，但一般情况下影响不大，只有达到

$$\left(v_d-v_s\right)\tau>4\pi^2 f^2 L_p^2 \tag{5-186}$$

时，这种影响才比较显著。当然，当 $v_d=v_s$ 时，式(5-183)回到式(5-178)，这是所希望的结果。这种情况下，$T(f)$仅由扩散长度决定而与扫描速度无关。

以上讨论认为信号在样品上的驻留时间不受限制。实际上驻留时间是有限的。当驻留时间受限时，$T(f)$还会有所提高。因为在有限时间内，信号的扩散及漂移受到限制。

（3）读出区长度的影响

当上述的光生载流子进入读出区后，其分布受到读出区尺寸的限制，所以将这些光生载流子作为输出信号采样时，输出信号已经受到了读出区的调制传递特性的影响。假定读出区的响应是一个盒型函数，即

$$R(x,y)=\begin{cases}A, & -\frac{l}{2}<x<\frac{l}{2},-\frac{w'}{2}<y<\frac{w'}{2}\\ 0, & \text{其他}\end{cases} \tag{5-187}$$

式中，l为读出区长度；w'为读出区宽度。则其归一化后的调制传递函数为

$$T_1\left(f_x,f_y\right)=\frac{\sin\left(\pi f_x l\right)}{\pi f_x l}\frac{\sin\left(\pi f_y w'\right)}{\pi f_y w'} \tag{5-188}$$

实际上，对SPRITE探测器可以认为空间频率只有f_x，即x方向上的变化，故式(5-188)可简化为

$$T_1\left(f_x\right)=\frac{\sin\left(\pi f_x l\right)}{\pi f_x l} \tag{5-189}$$

因此，实际SPRITE探测器的完整的调制传递函数应写为

$$T(f)=\frac{\sin(2\pi fl)}{\left\{\left(1+4\pi^2 f^2 L_p^2\right)^2+\left[2\pi f\tau\left(v_d-v_s\right)\right]^2\right\}^{1/2}\cdot\pi lf} \tag{5-190}$$

由此可见，通过缩短读出区的长度，可以提高器件的 $T(f)$。当 $l<2L_p$ 时，读出区的影响可以忽略不计，因为l已小于因扩散而形成弥散圆的半径。

实际上，SPRITE 探测器读出电极的形状也会影响分辨能力。因为电极的形状使得电场发生畸变，在输出端(读出区附近)造成等位线不均匀对称，从而导致同时产生但沿不同路径运动的载流子到达读出区端面的时间不同，产生时差，造成前后信号的混淆而降低信号对比度。若产生的时差是0.3μs，则当扫描速度为1.1×10^4cm/s时，产生的路程差可达33μm。通常采用喇叭形的电极结构来减

小这种影响。

此外，由于 SPRITE 探测器是工作在高背景辐射环境下的，背景辐射造成的非平衡载流子的增加沿样品长度方向是不一致的，这样将最终导致电场强度和迁移率的变化，进而使 $v_d=\mu_p E$ 发生改变造成速度失配，影响 $T(f)$并使之下降。Ashley 等发展了宽度沿长度渐变的结构，以保持背景辐射造成的非平衡载流子的增加是一个均匀值，即在各处都一致。这样就可保证漂移速度不变，从而消除背景对 $T(f)$的影响。

总的说来，光生载流子的扩散对 $T(f)$的影响是最基本的，为了减小扩散的影响，近来发展了两种技术：

① 迴形结构器件，结构如图 5-29 所示。选择偏压场使像扫描方向载流子的平均速度等于像扫描速度，因此在该方向载流子的有效扩散长度将减小一个因子 W/Y。W 是器件总宽度，Y 是器件的实际宽度。

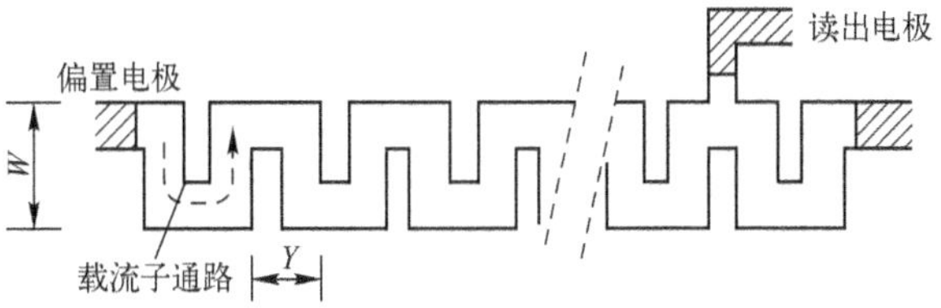

图 5-29　迴形扫积型探测器

② Anomorphic Optic，它使像在扫描方向增加放大，探测器长度和扫描速度也以相同比例增加，而载流子扩散长度仍然是不变的。如果能使探测器保持背景限的话，那么就可以改进空间分辨率而不牺牲热灵敏性。

5.4.5　光电导探测器材料与工作模式

1．对光电导材料的要求

用于光电探测和成像的光电导材料一般有如下四点要求：

应满足长波响应的要求，即根据下式确定材料的 E_g 或 $E_D(E_A)$。

$$\lambda_{th} = hc / E \tag{5-191}$$

式中，c 为光速；E 为载流子激发能量阈值。对本征材料为 E_g，对掺杂材料为 E_D 或 E_A。

（2）热激发(暗发射)所形成的产生－复合噪声应远小于背景辐射光子噪声，即暗电流应小于背景电流。

（3）热噪声电流应远小于背景辐射光子噪声电流。

（4）高的线性吸收系数和量子效率。

2．本征激发的光电导材料

由于这类材料利用了本征吸收和激发，所以长波阈较短，通常小于 7.5μm，有的可达 l0μm。由响应度公式可知，对本征激发，应选择迁移率比较大的材料，同时希望 n_0 和 p_0 越低越好。 当然希望吸收系数也尽可能地大，而本征吸收正具有这种优点。此外，还希望光电导增益 G 值大一些，G 值由下式给出

$$G = \mu_e E\tau / l = v_0 \tau / l \tag{5-192}$$

式中各参数含义同前。它是 τ 与两电极之间的渡越时间之比。G 值可由材料和外电场共同保证，尤其是在 σ_0 较大的情况下，用大的 G 值可补足上述要求。

根据上述要求，现在已普遍采用的有单质、二元化合物及多元系材料，重点介绍以下几种：

（1）碲镉汞($Hg_{1-x}Cd_xTe$)

$Hg_{1-x}Cd_xTe$ 简写为 CMT 或 MCT。它是人们为利用 8～14μm 窗口，在目前所发现的单质、二元

化合物均不满足禁带宽度在 0.95～0.5eV 之间的情况下，研究开发出来的多元化合物中最成功的一种。它是二元 CdTe 和 HgTe 构成的固溶体。CdTe 的禁带宽度较大，HgTe 是半金属。通过不同的配比 x(按摩尔数比)，可以得到不同的性质。

$Hg_{1-x}Cd_xTe$ 的禁带宽度可用如下经验公式表示

$$E_g(eV)=1.59x-0.25+5.233\times10^{-4}(1-2.08x)\cdot T+0.327x^3 \tag{5-193}$$

在 $0.17<x<0.33$，$T>77K$ 时，式(5-192)的结果与实验相当一致。在 x 较小时，E_g 同 x 可视为线性关系，即

$$E_g(eV)=5.233\times10^{-4}(1-2.08x)T \tag{5-194}$$

E_g 对 T 的变化率为 $$dE_g/dT=5.233\times10^{-4}(1-2.08x) \tag{5-195}$$

由上式可知，在 $x>0.48$ 时，T 升高，E_g 增大。当 $x=0.48$ 时，$E_g\approx0$。因此，通过控制配比 x 和工作温度，可以得到所需的禁带宽度。但到目前为止，几乎所有的本征 $Hg_{1-x}Cd_xTe$ 的 x 值均在 0.18～0.4 之间，这相当于截止波长为 3～30μm。重点在 $x=0.2$ 的合金，即 $Hg_{0.8}Cd_{0.2}Te$，这种材料正好适合于 8～14μm 的大气窗口。对于高值 x 的研究也正在进行之中。

$Hg_{1-x}Cd_xTe$ 材料既可用作光电导器件，又可用作光伏器件。77K 工作的光电导器件性能已接近背景限，通常 D^*_λ 为 $(2～8)\times10^{10}cmHz^{1/2}/W$。尺寸为 $20\times50\mu m^2$ 的 N 型材料，$D^*_{\lambda p}$(10μm，800，1)可达 $9\times10^{10}cmHz^{1/2}/W$。此外，77K 工作的 3～5μm 器件，中温工作的 8～14μm，3～5μm 器件也都正在开发研制过程中。

（2）锑化铟(InSb)

InSb 也是一种应用非常广泛的红外光电导材料，可用切、磨、抛、腐蚀等工序制成单晶薄片。其主要用于 3～5μm 的大气窗口。InSb 的制备工艺相对比较容易和成熟。

InSb 在室温工作时，长波限可达 7.5μm，峰值在 6μm 处。D^*_λ 可达 1.2×10^9 $cmHz^{1/2}/W$，响应时间约为 $2\times10^{-7}s$。在 77K 工作时，长波限为 5.5μm，峰值波长为 5μm，$D^*_{\lambda p}$ 可达 4.3×10^{10} $cmHz^{1/2}/W$，响应时间为 $5^{-6}s$。

（3）硫化铅(PbS)和硒化铅(PbSe)

PbS 和 PbSe 是应用于红外探测器的最早的材料，在 20 世纪 40 年代就已发展成为器件。由于它们制造过程简单、廉价，又具有很高性能，因此至今还被广泛使用，并发展了阵列器件及与硅耦合的红外焦平面探测器。与其他器件不同，PbS 和 PbSe 探测器是用真空蒸发或化学沉积方法制成的多晶膜，厚度约为 1μm。

PbS 具有相当高的响应度和探测率。其响应光谱随工作温度而变化。室温下响应波长为 1～3.5μm，峰值为 2.4μm。峰值探测率 $D^*_{\lambda p}\approx1.5\times10^{11}cmHz^{1/2}/W$。在 195K 时，长波限可达 4μm，峰值波长为 2.8μm，D^*_λ 可提高一个数量级。在 77K 时，长波限达 4.5μm，峰值响应为 3.2μm。近年来控制的单晶 PbS 在 77K 下作为光电导器件应用时，$D^*_\lambda\approx6\times10^{10}$ $cmHz^{1/2}/W$。

PbSe 在室温下工作时，长波阈可达 4.5μm，$D^*_\lambda\approx$ 2×10^{10} $cmHz^{1/2}/W$。195K 工作时，长波阈为 5.2μm，D^*_λ $\approx5\times10^{10}$ $cmHz^{1/2}/W$，响应时间约为 30μs。在 77K 下工作时，长波阈可延伸到 6μm。

限于篇幅和资料，其他材料不做详细介绍。已有报道的一些光电导探测器的探测性能与温度及响应波长的关系如图 5-30 所示。

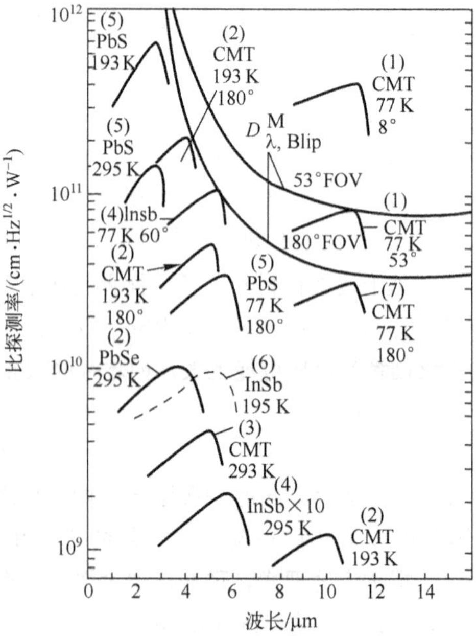

图 5-30　几种探测器的探测率与波长的关系

3．非本征激发光电导材料

对于非本征激发的光电导，材料的选择要求仍如前面提出的四个要求。对于第一点，非本征光电导是容易满足的。对于第二、三点则必须通过制冷才能达到，非本征激发的光电导材料都要求必须制冷正是这个原因。第四点则不容易满足，因为杂质吸收远低于本征吸收，为此应适当增加样品厚度并尽量减少反射、透射损失。

根据对非本征光电导材料的要求，目前常用的材料主要是掺杂硅。表 5-4 列出了目前已有的对应三个大气窗口的硅掺杂探测器性能。相关研究人员还对应用于空间低温、低背景条件下硅探测器的特殊性能做了讨论。由于硅容易获得大直径、高纯度的均匀单晶体，器件工艺相对成熟以及探测器的高阻抗，因此对制造探测器阵列的信息处理接口有利，这些优点补偿了工作温度低的缺点，在红外成像焦平面探测器应用中，具有竞争力。

表 5-4　非本征硅红外探测器

探测器	$(\Delta E)_{光}$ (meV)	$(\Delta E)_{热}$ (meV)	λ_p (μm)	λ_0(T) (μm(K))	$\eta(\lambda_p)$ (%)	T^*(30°视场：λ_p) (K)(其他情况)
Si：Zn(P)	—	316	2．4±0.1	3.34±0.1(50～110)	20	105
Si：Tl(P)	246	230±10	3.5	4.3(78)	<1	95
Si：Se(N)	306.7	300	3.5±0.1	4.1±0.1(78)	24	122
Si：In(P)	156.90	153±3	5.0	7.4(78)	48	60(28°)
Si：Te(N)	198.8	202	4.6	6.3(78)	25	77
Si：S(N)	186.42	174±6	5.5±0.1	6.8±0.1(78)	13	78
Si：Ga(P)	74.05	74±2	15.O	17.8(27)	30(13.5)	32(32°；13.5)
Si：Al(P)	70.18	67±3	15.0	18.4(29)	6(13.5)	32(28°；13.5)
Si：Bi(N)	70.98	69±2	17.5	18.7(29	35(13.5)	32(37°；13.5)
Si：Mg(N)	107.50	108	11.5	12.1～12.4(29)	2(11)	50(34°；11)
Si：S'(N)	109	102	11±0.1	12.1±0.1(5)	<1	55(34°)

4．光电导探测器的工作模式

光电导探测器工作时的基本电路如图 5-31 所示。探测器与一负载电阻 R_L 串联，并连接直流偏压。对于一般低阻探测器，如 8～14μm 的 $Hg_{1-x}Cd_xTe$ 光电导探测器，典型电阻值为 100Ω，常取固定电流电路工作，这时串联电阻 R_L 比元件电阻大得多，探测器上的电压变化作为检测信号 S 输出。对于高阻探测器，则采用固定电压电路更好一些，以电路中电流的变化作为输出信号 S。

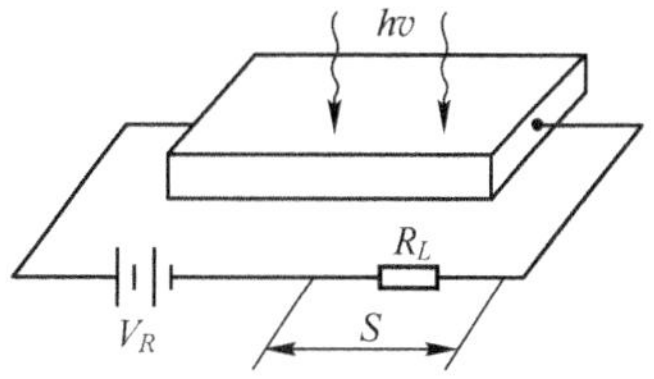

图 5-31　光电导探测器工作电路

5.5　光伏型红外探测器理论分析

光伏探测器的基本部分是一个 P－N 结光电二极管。波长比材料截止波长短的红外辐射被光电二极管吸收后将产生电子－空穴对。如果吸收发生在空间电荷区（结区），电子和空穴将立刻被强电场分开并在外电路中产生光电流。如果吸收发生在 P 区或 N 区到结的扩散长度区域内，则光生电子－空穴对必定首先扩散到空间电荷区，然后在那里被电场分开，并对外电路贡献光电流。如果光电二极管开路，则在 PN 结两端出现开路电压，即产生光生伏特效应。如果在 P 端和 N 端间连接一很低的电阻，则光电二极管被短路且有短路电流流动。

5.5.1 光伏探测器的响应度

1．光伏效应的基本关系式

根据半导体的 PN 结理论，以 V 表示光生电动势，则在光照情况下，PN 结的势垒高度由原来的 eV_0 变为 $e(V_0-V)$，结区附近 N 区中少数载流子浓度获得的增量为

$$\Delta p = p_0\left(e^{\frac{eV}{kT}}-1\right) \tag{5-196}$$

式中，p_0 为无光照时 N 区中少数载流子浓度。

当光照射 PN 结时，结区附近 N 区中少数载流子浓度为

$$p = p_0 + \Delta p = p_0 e^{\frac{eV}{kT}} \tag{5-197}$$

同理，光照射 PN 结时，P 区中的少子电子浓度的增量和电子浓度分别为

$$\Delta n = n_0\left(e^{\frac{eV}{kT}}-1\right) \tag{5-198}$$

$$n = n_0 e^{\frac{eV}{kT}} \tag{5-199}$$

式中，n_0 为无光照时 P 区中的少数载流子浓度。

这部分多余的少数载流子，一方面不断注入，另一方面不断向体内扩散。在结区引起的空穴电流密度和电子电流密度分别为

$$J_p = \frac{eD_p}{L_p}\Delta p = \frac{eD_p}{L_p}p_0\left[e^{\frac{eV}{kT}}-1\right] \tag{5-200}$$

$$J_e = \frac{eD_e}{L_e}\Delta n = \frac{eD_e}{L_e}n_0\left[e^{\frac{eV}{kT}}-1\right] \tag{5-201}$$

通过 PN 结的总的光生电流密度为

$$J = J_p + J_e = J_s\left[e^{\frac{eV}{kT}}-1\right] \tag{5-202}$$

式中，$J_s = e\left(n_0\frac{D_e}{L_e}+p_0\frac{D_p}{L_p}\right)$为反向饱和电流密度。

由式(5-202)可得光生电压表达式为

$$V = \frac{kT}{e}\ln\left(1+\frac{J}{J_s}\right) \tag{5-203}$$

由于在弱光照射情况下 $J \ll J_s$，故上式可化简为

$$V = \frac{kT}{e}\frac{J}{J_s} \tag{5-204}$$

2．光伏探测器响应度的普遍表达式

根据响应度定义：光伏探测器的响应度为光生电压与探测器所接受的功率之比。结合式(5-204)有

$$\Re_\lambda = \frac{V}{P_s} = \frac{kTJ}{P_s e J_s} \tag{5-205}$$

如果引入量子产额的概念，即

$$\xi = \frac{\text{单位时间流过PN结的光生载流子}}{\text{单位时间入射的光子数}} = \frac{I/e}{P_s/h\nu} \tag{5-206}$$

式中，ξ 为量子产额；I 为单位时间流过 PN 结的光电流。另外，PN 结的增量电阻(零偏电阻)为

$$R_i = \left(\frac{\partial V}{\partial I}\right)_{V=0} = \frac{kT}{eJ_sA_d} = \frac{kT}{eI_s} \tag{5-207}$$

式中，A_d 为 PN 结面积。将式(5-206)和式(5-207)代入式(5-205)，整理得到

$$\Re_\lambda = \frac{e\xi R_i}{h\nu} \tag{5-208}$$

该式为光伏探测器响应度的普遍表达式，该式表明光伏探测器的响应度等于量子产额、增量电阻和电子电荷之积与入射光子能量之比。由此可见，要提高光伏探测器的响应度，首先要提高光生电流，即量子产额，其次是降低反向饱和电流，即提高增量电阻。

5.5.2 光伏型探测器工作方式分析

实际应用中，器件有两种光照情况，分别讨论如下。

1．光平行于 PN 结结平面照射

设入射红外辐射平行于结平面照射光伏探测器的 PN 结，在结区对光有强烈吸收。P 端面位于 $x=-L$ 处，N 端面位于 $x=L$ 处，如图 5-32 所示。并且假定 P 区及 N 区的长度大于电子和空穴的扩散长度。在此情形下，P 区少子所遵守的基本方程为

$$\frac{\partial \Delta n}{\partial t} = D_e \frac{\partial^2 \Delta n}{\partial x^2} + Q - \frac{\Delta n}{\tau} \tag{5-209}$$

在稳态，$\frac{\partial \Delta n}{\partial t}=0$，则上式变为

$$D_e \frac{\partial^2 \Delta n}{\partial x^2} + Q - \frac{\Delta n}{\tau} = 0 \tag{5-210}$$

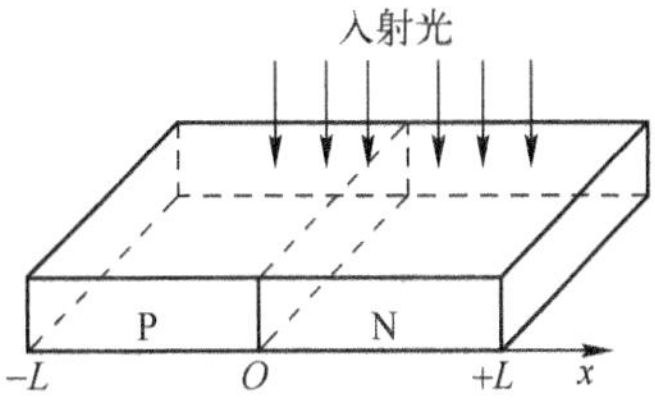

图 5-32　光平行于结平面照射光伏探测器

因光被强烈吸收，故这里 Q 可用平均体激发率给出。

由于光照，PN 结势垒高度下降 V。因此，PN 结处 P 区的少子浓度获得一增量 Δn，该增量在 P 区的两端构成如下边界条件

$$x=0,\quad \Delta n = n_0\left(e^{\frac{eV}{kT}}-1\right) \tag{5-211}$$

$$x=L,\quad \Delta n = 0 \tag{5-212}$$

式(5-210)的一般解为

$$\Delta n = A_1 e^{\alpha_1 x} + A_2 e^{\alpha_2 x} + A_3 \tag{5-213}$$

根据该通解，可分别由式(5-210)、式(5-211)及式(5-212)确定各常系数如下

$$\alpha_1,\alpha_2 = \pm\sqrt{D_e\tau_e} = \pm 1/L_e \tag{5-214}$$

$$A_3 = Q\tau_e \tag{5-215}$$

$$A_1 = \frac{-n_0\left(e^{\frac{eV}{kT}}-1\right)e^{-\frac{L}{L_e}} - Q\tau_e\left(1-e^{-\frac{L}{L_e}}\right)}{2\mathrm{sh}\frac{L}{L_e}} \tag{5-216}$$

$$A_2 = \frac{n_0\left(e^{\frac{eV}{kT}}-1\right)e^{-\frac{L}{L_e}} + Q\tau_e\left(1-e^{-\frac{L}{L_e}}\right)}{2\mathrm{sh}\frac{L}{L_e}} \tag{5-217}$$

将以上各式代入式(5-213)并整理，得到

$$\Delta n = \frac{n_0\left(e^{\frac{eV}{kT}}-1\right)\mathrm{sh}\frac{x+L}{L_e} + Q\tau_e\left(\mathrm{sh}\frac{L}{L_e}+\mathrm{sh}\frac{x}{L_e}-\mathrm{sh}\frac{x+L}{L_e}\right)}{\mathrm{sh}\frac{L}{L_e}} \tag{5-218}$$

进而，得到电子在 PN 结处的电流密度为

$$j_e = eD_e\frac{\mathrm{d}\Delta n}{\mathrm{d}x}\Big|_{x=0} = eD_e\frac{n_0}{L_e}\left(e^{\frac{eV}{kT}}-1\right)\mathrm{cth}\frac{L}{L_e} + eQL_e\left(\mathrm{csch}\frac{L}{L_e}-\mathrm{cth}\frac{L}{L_e}\right) \tag{5-219}$$

用同样方法可求得空穴在 PN 结处的电流密度为

$$j_p = eD_p \frac{p_0}{L_p}\left(e^{\frac{eV}{kT}}-1\right)\operatorname{cth}\frac{L}{L_p} + eQL_p\left(\operatorname{csch}\frac{L}{L_p} - \operatorname{cth}\frac{L}{L_p}\right) \tag{5-220}$$

在 $L \gg L_e(L_p)$ 的前提下，式(5-219)和式(5-220)可简化为

$$j_e = \frac{en_0 D_e}{L_e}\left(e^{\frac{eV}{kT}}-1\right) - eQL_e \tag{5-221}$$

$$j_p = \frac{ep_0 D_p}{L_p}\left(e^{\frac{eV}{kT}}-1\right) - eQL_p \tag{5-222}$$

于是，得到结处的总电流密度为

$$j = e\left(\frac{n_0 D_e}{L_e} + \frac{p_0 D_p}{L_p}\right)\left(e^{\frac{eV}{kT}}-1\right) - eQ\left(L_c + L_p\right) = J_s\left(e^{\frac{eV}{kT}}-1\right) - J \tag{5-223}$$

式中

$$J_S = e\left(\frac{n_0 D_e}{L_e} + \frac{p_0 D_p}{L_p}\right) \tag{5-224}$$

$$J = eQ\left(L_e + L_p\right) = e\eta(1-\gamma)\frac{E_0\left(L_e + L_p\right)}{h\nu d} \tag{5-225}$$

分别为反向饱和电流密度和光生电流密度。

当 PN 结开路时，$j=0$，故由式(5-223)可解得光生电动势，即开路电压为

$$V = \frac{kT}{e}\ln\left(1+\frac{J}{J_S}\right) \approx \frac{kTJ}{eJ_S} \tag{5-226}$$

由图 5-32 可知，探测器长为 $2L$，宽为 w，故入射到探测器表面的辐射功率为 $E_0 \cdot 2L \cdot w$，于是探测器的响应度为

$$\Re_\lambda = \frac{V}{P_S} = \frac{kTJ}{P_S eJ_S} = \frac{kT\eta(1-\gamma)\left(L_e + L_p\right)}{2eh\nu wdL\left(\frac{n_0 D_e}{L_e} + \frac{p_0 D_p}{L_p}\right)} \tag{5-227}$$

下面根据前面的结论和式(5-227)讨论降低反向饱和电流和提高增量电阻及量子产额，即提高响应度的途径：

（1）降低反向饱和电流

如前所述，式(5-227)中的 n_0 和 p_0 也可以分别表示为两部分之和，即 $n_0=n_{0T}+n_{0b}$，$p_0=p_{0T}+p_{0b}$。因此，式(5-224)可以写成

$$J_S = e\left[\frac{D_e\left(n_{0T}+n_{0b}\right)}{L_e} + \frac{D_p\left(p_{0T}+p_{0b}\right)}{L_p}\right] = e\left[\frac{D_e n_{0T}}{L_e} + \frac{D_p p_{0T}}{L_p}\right] + e\left[\frac{D_e n_{0b}}{L_e} + \frac{D_p p_{0b}}{L_p}\right] \tag{5-228}$$

而在温度不太低时，由 $N_A n_{0T}=n_i^2$ 和 $N_D p_{0T}=n_i^2$，上式又可以写为

$$J_S = en_i^2\left(\frac{D_e}{N_A L_e} + \frac{D_p}{N_D L_p}\right) + e\left(\frac{n_{0b} D_e}{L_e} + \frac{p_{0b} D_p}{L_p}\right) \tag{5-229}$$

由此可见，要降低 J_s，可以：①在温度不太低时，若 $n_{0T} \gg n_{0b}$，可通过制冷降低探测器的温度，使 n_i^2 降低，进而降低 J_s；②在 $n_{0T} \gg n_{0b}$ 时，还可以通过适当重掺杂，即增加 N_A 或 N_D 来降低 J_s。但掺杂不能过重，否则不但会降低载流子寿命，而且还会产生隧道效应。

（2）提高量子产额及增大增量电阻

根据式(5-224)、式(5-225)和式(5-206)、式(5-207)，在光照平行于结平面的情况下

$$\xi=\eta(1-\rho)\frac{L_e+L_p}{2L} \tag{5-230}$$

$$R_i=\frac{kT}{wde^2\left(\frac{n_0 D_e}{L_e}+\frac{p_0 D_p}{L_p}\right)} \tag{5-231}$$

因此，要提高量子产额和增量电阻：①在 $L>L_e(L_p)$ 的条件下，缩短探测器的长度；②减小反射损失；③减小 PN 结的结面积。

2．光垂直于 PN 结结平面照射

设光伏探测器的宽为 w，长度为 l，N 区厚度为 d，P 区的厚度为 L，如图 5-33 所示。假定入射辐照度为 E，垂直入射到 N 区表面，材料吸收系数很大，可以认为是表面吸收，即用面激发率表示。N 区的厚度 d 远小于空穴扩散长度 L_p，P 区的厚度远大于电子扩散长度 L_e。

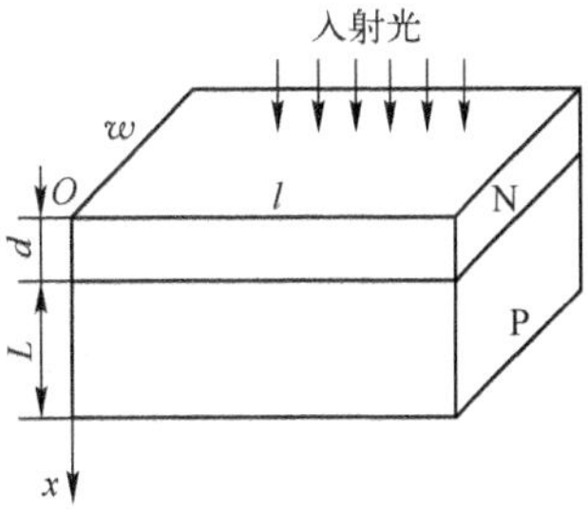

图 5-33　光垂直照射 PN 结结平面的光伏探测器

在这种情况下，N 区内少子空穴的稳态方程为

$$D_p\frac{d^2\Delta p}{dx^2}-\frac{\Delta p}{\tau}=0 \tag{5-232}$$

在光照面 $x=0$ 处，单位时间内向体内扩散的光生空穴数等于单位时间内在“表面”产生的光生空穴数减去单位时间内在表面复合的数目，即边界条件为

$$x=0,\quad -D_p\frac{d\Delta p}{dx}=Q_s-S_v\Delta p \tag{5-233}$$

式中，S_v 为探测器表面的复合速率；Q_s 为由式(5-55)所表示的表面激发率。

在结处，即 $x=d$ 时，边界条件为

$$x=d,\quad \Delta p=p_0\left(e^{\frac{eV}{kT}}-1\right) \tag{5-234}$$

式(5-232)满足边界条件式(5-233)和(5-234)的解为

$$\Delta p=\frac{-Q_s \text{sh}\frac{x-d}{L_p}+p_0\left(e^{\frac{eV}{kT}}-1\right)\left(S_v\text{sh}\frac{x}{L_p}+\frac{D_p}{L_p}\text{ch}\frac{x}{L_p}\right)}{S_v\text{sh}\frac{d}{L_p}+\frac{D_p}{L_p}\text{ch}\frac{d}{L_p}} \tag{5-235}$$

由此得到空穴电流密度为

$$j_p=-D_p e\frac{d\Delta p}{dx}|_{x=d}=\frac{eD_p}{L_p}\frac{Q_s-p_0\left(e^{\frac{eV}{kT}}-1\right)\left(S_v\text{sh}\frac{x}{L_p}+\frac{D_p}{L_p}\text{ch}\frac{x}{L_p}\right)}{S_v\text{sh}\frac{d}{L_p}+\frac{D_p}{L_p}\text{ch}\frac{d}{L_p}} \tag{5-236}$$

因为 $d\ll L_p$，若表面复合又不太大，则上式分母中第一项可略之不计。将式(5-55)代入式(5-236)，得

$$j_p=e\eta(1-\rho)\frac{I}{h\nu}\text{sh}\frac{d}{L_p}-e_{p_0}\left(e^{\frac{eV}{kT}}-1\right)\left(S_v-\frac{D_p}{L_p}\text{th}\frac{d}{L_p}\right) \tag{5-237}$$

对于 P 区，其稳态方程为

$$D_e\frac{d^2\Delta n}{dx^2}-\frac{\Delta n}{\tau}=0 \tag{5-238}$$

边界条件为

$$x=d,\quad \Delta n=n_0\left(e^{\frac{eV}{kT}}-1\right) \tag{5-239}$$

$$x=d+L,\quad \Delta n=0 \tag{5-240}$$

式(5-238)满足边界条件式(5-239)和式(5-240)之解为

$$\Delta n=\frac{n_0\left(e^{\frac{eV}{kT}}-1\right)\mathrm{sh}\dfrac{d+L-x}{L_e}}{\mathrm{sh}\dfrac{L}{L_e}} \tag{5-241}$$

相应得到在结处的电子电流密度为

$$j_e=-D_e e\frac{\mathrm{d}\Delta n}{\mathrm{d}x}\bigg|_{x=d}=\frac{eD_e}{L_e}n_0\left(e^{\frac{eV}{kT}}-1\right)\mathrm{cth}\frac{L}{L_e} \tag{5-242}$$

从而有结处的总电流密度为

$$j=j_e+j_p=e\eta(1-\gamma)\frac{I}{hv}\mathrm{sh}\frac{d}{L_p}-e\left(e^{\frac{eV}{kT}}-1\right)\left(S_v p_0+\frac{D_p}{L_p}p_0\mathrm{th}\frac{d}{L_p}+\frac{D_e}{L_e}n_0\mathrm{cth}\frac{L}{L_e}\right) \tag{5-243}$$

令

$$J=e\eta(1-\rho)\frac{I}{hv}\mathrm{sh}\frac{d}{L_p} \tag{5-244}$$

$$J_s=e\left[S_v p_0+\frac{p_0 D_p}{L_p}\mathrm{th}\frac{d}{L_p}+\frac{n_0 D_e}{L_e}\mathrm{cth}\frac{L}{L_e}\right] \tag{5-245}$$

分别表示光生电流和反向饱和电流密度。那么式(5-243)可简化为

$$j=J-J_S\left(e^{\frac{eV}{kT}}-1\right) \tag{5-246}$$

开路时，总电流密度为零，即 j=0。从而可解得光生电动势，即开路电压为

$$V=\frac{kT}{e}\ln\left(1+\frac{J}{J_s}\right)\approx\frac{kTJ}{eJ_s} \tag{5-247}$$

由于入射到探测器表面的辐射功率为 Elw，故得到响应度为

$$\Re_\lambda=\frac{V}{P_s}=\frac{kTJ}{eJ_s Elw}=\frac{kT\eta(1-\gamma)\mathrm{sh}\dfrac{d}{L_p}}{ehv\left[S_v p_0+\dfrac{p_0 D_p}{L_p}\mathrm{th}\dfrac{d}{L_p}+\dfrac{n_0 D_e}{L_e}\mathrm{cth}\dfrac{d}{L_e}\right]lw} \tag{5-248}$$

比较式(5-208)可知量子产额和增量电阻分别为

$$\xi=\eta(1-\rho)\mathrm{sh}\frac{d}{L_p} \tag{5-249}$$

$$R_i=\frac{kT}{e^2\left(S_v p_0+\dfrac{p_0 D_p}{L_p}\mathrm{th}\dfrac{d}{L_p}+\dfrac{n_0 D_e}{L_e}\mathrm{cth}\dfrac{L}{L_e}\right)lw} \tag{5-250}$$

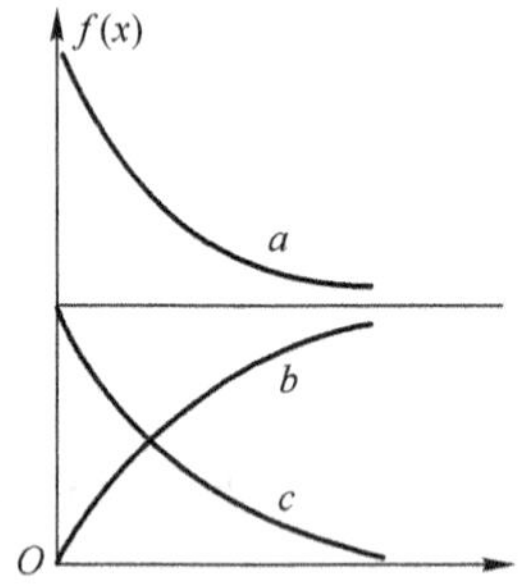

图 5-34 三个双曲函数 $f(x)$与 x 的关系曲线

因此，提高探测器的响应度的措施为：

（1）提高量子产额。由式(5-249)可以看出：① 减小反射损失可提高 ξ。因此，实际器件常加抗反射层；② 因为 sh$x$ 的曲线如图 5-34(a)所示，故减小受光照一侧材料的厚度也可提高量子产额。

（2）减小反向饱和电流及增大增量电阻。由式(5-248)和式(5-250)知：① 由 th$x$ 曲线(图 5-34(b))可知，减小 d 可降低 J_s，则 R_i 可提高；② 减小表面复合系数也可以降低 J_s 而提高 R_i；③ 根据图 5-34(c)所示 cth$x$ 曲线，L 增大，J_s 下降；④ 减小无信号时载流子浓度 n_0 和 p_0，也能达到降低 J_s 的目的；⑤减小器件几何尺寸亦可提高 R_i。

在以上要求被满足时，即 Sv 小到可以略之不计，$d \ll Lp$ 及 $L \gg Le$ 都成立时，响应度表达式简化为

$$\Re_\lambda=\frac{kT\eta(1-\rho)}{ehv\dfrac{n_0 D_e}{L_e}wl} \tag{5-251}$$

3．光伏探测器的响应时间

影响光伏探测器响应时间的有三个因素：光生载流子在准中性 N 或 P 区扩散到耗尽区所需的时间；光生载流子漂移通过耗尽区所需要的时间；耗尽区的电容，即结电容。产生在耗尽区外边的光生载流子扩散到结区需要较长的时间，故结应尽可能紧靠器件表面，即要求浅结。而为得到最短漂移时间，结应尽可能薄，但由于这样做又与要求耗尽区电容小相矛盾，所以应根据具体情况进行折中选择。

假设入射光子主要在准中性的 P 区接收，那么与光生载流子在 P 区中扩散对应的频率上限为

$$f_{\mathrm{c}}=\frac{\left(\alpha L_{c}\right)^{2}}{2\pi\tau_{\mathrm{e}}}=\frac{\alpha^{2}D_{\mathrm{e}}}{2\pi} \tag{5-252}$$

对 P 型材料的 $Hg_{0.8}Cd_{0.2}Te$ 而言，若少子迁移率取低于 N 型 $Hg_{0.8}Cd_{0.2}Te$ 的电子迁移率，即约 $3\times10^{5}\mathrm{cm^2/V\cdot s}$，则由爱因斯坦关系，$D_{\mathrm{e}}\approx2\times10^{4}\mathrm{cm^2/s}$。此外，$f_{\mathrm{c}}$ 还与 $\alpha(\lambda)$有关，当取 $\alpha\approx500/\mathrm{cm}$ 时，$f_{\mathrm{c}}\approx800\mathrm{MHz}$。从式(5-252)还可看出，由 N 型 HgCdTe 中扩散限制的高频限会比 P 型中的低得多，因为空穴迁移率更小，通常要小两个数量级。

渡越耗尽区的时间可写为

$$t_{\mathrm{r}}=l/v_{\mathrm{d}} \tag{5-253}$$

式中，v_{d} 为光生载流子的漂移速度；l 为耗尽区的长度。若 l=1μm，v_{d} 在晶格散射限制下约为 $1\times10^{7}\mathrm{cm/s}$，则由上式可知，$t_{\mathrm{r}}\approx1\times10^{-11}\mathrm{s}$。所以由渡越时间限制的高频限约为 $1/2\pi t_{\mathrm{r}}$ 或者 16GHz。

对于结区电容 C_{j} 的影响，若设外负载电阻为 R_{L}，则频率上限为

$$f_{\mathrm{c}}=\frac{1}{2\pi R_{\mathrm{L}}C_{\mathrm{j}}} \tag{5-254}$$

若假定

$$C_{\mathrm{j}}=\frac{\varepsilon_{\mathrm{s}}\varepsilon_{0}A_{\mathrm{j}}}{l} \tag{5-255}$$

式中，A_j 为结面积。对突变结有

$$l=\left[\frac{2\varepsilon_{\mathrm{s}}\varepsilon_{0}\left(V_{\mathrm{D}}-V\right)}{eN^{*}}\right]^{1/2} \tag{5-256}$$

而

$$V_{\mathrm{D}}=\frac{kT}{e}\left(\frac{N_{\mathrm{A}}N_{\mathrm{D}}}{n_{\mathrm{i}}^{2}}\right) \tag{5-257}$$

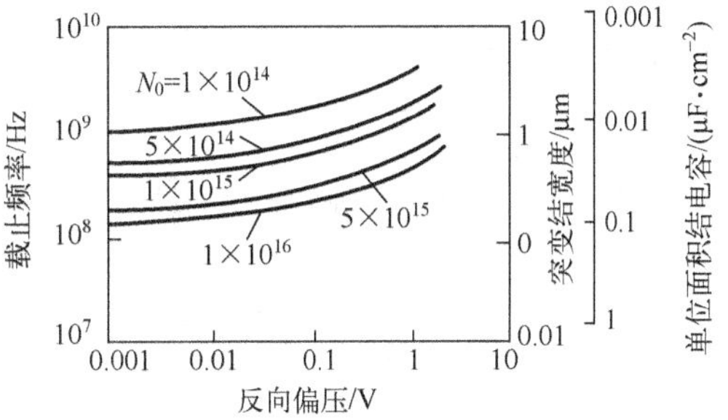

图 5-35 $Hg_{0.794}Cd_{0.206}Te$ 光二极管的计算截止频率

（$A_{\mathrm{j}}=2\times10^{-4}\mathrm{cm^2}$；右边坐标对应 l 和 $C_{\mathrm{j}}/A_{\mathrm{j}}$）

那么，若 77K 截止波长为 12μm 的 $Hg_{0.794}Cd_{0.206}Te$ 的 $n_{\mathrm{i}}\approx5\times10^{13}/\mathrm{cm^3}$，$\varepsilon_{\mathrm{s}}\approx17$，$R_{\mathrm{L}}\approx50\Omega$，$N_{\mathrm{A}}=1\times10^{17}/\mathrm{cm^3}$。由以上各式可计算出不同 N_{D} 情况下 f_{c} 与 V 的关系曲线，如图 5-35 所示。由图可以看到如果用最低的掺杂，反偏时 f_{c} 可达 2GHz。但是若 PN 结有串联电阻以及寄生电容，则高频特性将变坏。

总的说来，对于用于图像摄像的器件，光伏探测器的响应时间是能够满足的。

4．光伏探测器的探测率 D^*_λ

对于光伏探测器，在略去 $1/f$ 噪声后，其主要噪声是散粒噪声。散粒噪声也是限制光伏探测器性能的主要噪声。散粒噪声可表示为

$$V_{\mathrm{N}}=\left(4kTR_{i}\Delta f\right)^{1/2} \tag{5-258}$$

式中，R_{i} 为 PN 结零偏电阻。若光垂直于 PN 结结平面照射，则由式(5-248)及式(5-258)，得到

$$D_{\lambda}^{*}=\frac{\Re_{\lambda}}{V_{\mathrm{N}}}\left(lw\Delta f\right)^{1/2}=\frac{\eta\left(1-\rho\right)\mathrm{sh}\dfrac{d}{L_{\mathrm{p}}}}{2hv\left(S_{\mathrm{v}}p_{0}+\dfrac{p_{0}D_{\mathrm{p}}}{L_{\mathrm{p}}}\mathrm{th}\dfrac{d}{L_{\mathrm{p}}}+\dfrac{n_{0}D_{\mathrm{e}}}{L_{\mathrm{e}}}\mathrm{cth}\dfrac{L}{L_{\mathrm{e}}}\right)^{1/2}} \tag{5-259}$$

根据这个结果可以看出：①减小反射损失，可提高 D^*_λ；②在一定条件下，减小 d，降低 S_v、n_0、p_0 及增大 L_e，也可使 D^*_λ 增大；③若考虑到 J_s 与 R_i 的关系，则式(5-259)还可写成

$$D_\lambda^* = \frac{e\eta(1-\rho)\,\mathrm{sh}\,\dfrac{d}{L_p}}{2h\nu}\frac{\sqrt{R_i lw}}{\sqrt{kT}} \tag{5-260}$$

在 $d \ll L_p$ 的条件下，上式可进一步化简为

$$D_\lambda^* = \frac{e\eta(1-\rho)\sqrt{lwR_i}}{2h\nu\sqrt{kT}} \tag{5-261}$$

如果采用增透技术使 $\rho \to 0$，则上式变为

$$D_\lambda^* = \frac{e\eta(lwR_i)^{1/2}}{2h\nu\sqrt{kT}} = \frac{e\eta}{2h\nu\sqrt{kT}}\sqrt{A_j R_i} \tag{5-262}$$

式(5-262)就是一般工程上经常采用的探测率公式。式中$(A_jR_i)^{1/2}$ 直接反映了器件宏观特性，因此，一般都以它作为判断光伏器件性能优劣的重要判据之一，称之为光伏探测器的优值。

当光伏探测器在半导体光电二极管模式工作，即在 PN 结上施加一反向偏压时，散粒噪声将减小一半。此时的探测率将能提高 $\sqrt{2}$ 倍，即

$$D_{\lambda\text{th}}^* = \frac{e\eta(1-\rho)}{h\nu}\left(\frac{A_j R_i}{2kT}\right)^{1/2} \tag{5-263}$$

此外，在探测背景极限时，光伏探测器的探测率比光电导的也高出 $\sqrt{2}$ 倍。这也是光伏探测器的优点之一。

5.5.3　光伏型探测器材料与工作模式

1．几种材料的光伏探测器

（1）$Hg_{1-x}Cd_xTe$(MCT)光伏探测器

$Hg_{1-x}Cd_xTe$ 材料器件响应速度快，用作激光辐射探测十分有利，特别是用于光通信或在激光雷达中作 10.6μm 的 CO_2 激光外差探测。在热成像方面，除了用于第一代红外热成像系统以外，目前作为主要的红外焦平面探测器而广泛应用于第二、三代红外热成像系统。

普通工艺制造的 8～14μm 探测器的探测率一般超过 10^{10}cmHz$^{1/2}$/W，最高曾超过 1×10^{11} cmHz$^{1/2}$/W。此外，其还曾获得截止波长最长的探测器，在 4.2K 时为 35μm(x=0.179)和 48μm(x=0.171)。近年来的焦平面阵列还曾采用在 P 型衬底材料上通过 Hg 气氛退火在其表面形成 N 型层的方法。

采用离子注入成结的新技术使 $Hg_{1-x}Cd_xTe$ 光二极管性能有了很大提高，耗尽区产生的复合电流和表面漏电流已大为下降。8～12μm 在 77K 及 3～5μm 在 170～200K 附近 R_iA_j 积可接近扩散电流极限。在温差电制冷的 190～200K 和空间辐射制冷的 130～160K 温度范围内，λ(193K)=4.08μm 器件的 D^*_λ 可分别达到 1×10^{11} cmHz$^{1/2}$/W 和 1×10^{12}cmHz$^{1/2}$/W 的热噪声限制极限值。

短波光伏 HgCdTe 探测器在假设量子效率为 0.75 和 0.40、A_j 约为 5×10^{-4}cm^2 时，室温下的峰值波长 λ 从 1.2μm 向 3.0μm 变化，对应的 D^*_λ 则从 4×10^{11} 变化到 8×10^8cmHz$^{1/2}$/W。若温度降低，有望性能进一步提高并获得极高的零偏电阻。

HgCdTe 光伏器件具有良好的高频特性。早期曾得到 $A_j=4\times10^{-4}$cm^2、$R_L\approx50\Omega$ 时，反偏二极管的频率响应直到 1GHz 都是平坦的结果。1980 年曾报道了用平面 Hg 扩散方法制得的 N-P 型 HgCdTe 光电二极管的频带延伸到 2GHz，在 100～200MHz 频率范围内有效的外差量子效率为 13%～30%，对应的 NEP=1.44×10^{-19}～6.23×10^{-20}W/Hz。

（2）PbSnTe 光伏探测器

PbSnTe 探测器是铅盐类材料中研究较多的器件，尤其是在 8～14μm 波段。早期的器件为同质结，通过控制化学配比偏离调节导电类型，获得了高性能的器件。近年来人们倾向于用异质外延或杂质扩散方法制造 PN 结。据报道，在 P 型 PbSnTe 上汽相外延 N 型 PbTe 制造异质结，已制得 100 像元线阵，灵敏面面积为 $2.5\times10^{-5}cm^2$，在 11μm 时的 $D_\lambda^*=5\times10^{10}cmHz^{1/2}/W$。PbSnTe 阵列器件的光谱响应十分均匀，截止波长分散小于 0.1μm。但 PbSnTe 极易受机械应力的损伤。在 P 型 PbSnTe 衬底上用液相外延方法淀积 N 型层曾制出了 λ_p=12μm 的高性能均匀探测器阵列， 82K 时 10 像元的平均 R_iA_j 为 $2.64\Omega cm^2$，60K 时为 $4.27\Omega cm^2$。82K 时的平均 $D_{\lambda p}^*$ 为 $7\times10^{10}cmHz^{1/2}/W$。采用 In 扩散制造的同质结，82K 时 10 像元的平均 R_iA_j 为 $2.11\Omega cm^2$，量子效率极其均匀，平均达 0.8 以上，在 $f/5$ 视场下，D_λ^* 的平均值为 $1.1\times10^{11}cmHz^{1/2}/W$。

（3）InAs 和 InSb 光伏探测器

这类器件在多年前就已有产品，多采用杂质扩散方法制造。InSb 探测器在 15°视场、77K 时最高探测率 D_λ^*(5μm) 可达 $7\times10^{11}cmHz^{1/2}/W$。近年来开始采用离子注入方法，对 InSb 还有采用质子轰击方法制造光伏型探测器的事例。

InSb 阵列探测器的光谱响应均匀性很好，性能接近背景极限。与硅 CCD 耦合做成的焦平面探测器在 CCD 读出处测得平均探测率为 1.6×10^{11} $cmHz^{1/2}/W$，光响应的非均匀度小于±5%，动态范围为 75dB。

（4）薄膜铅盐光伏型探测器

在 BaF_2 衬底上用真空蒸发外延淀积铅盐薄膜，蒸发铅形成肖特基势垒曾得到过很好的红外探测器，辐射通过 BaF_2 衬底入射。这种工艺简单而又便宜，且可以获得大的阵列。

有研究人员曾得到小视场时 $D_\lambda^*(6\mu m)=5\times10^{11}$ $cmHz^{1/2}/W$ 的 PbSe 器件。对 $Pb_{1-x}Sn_xSe$ 器件有 $D_\lambda^*(10.1\mu m)>5\times10^{10}cmHz^{1/2}/W$ 和 $D_\lambda^*(11.5\mu m)>2\times10^{10}cmHz^{1/2}/W$ 的报道，零偏电阻与面积之积高达 $2\Omega cm^2$。对于中等温度工作峰值波长为 4.5μm 的 $Pb_{1-x}Sn_xSe$ 器件，在 170K、180°视场时，探测率可接近背景限。表 5-5 列出了几种红外光伏探测器的性能参数。

表 5-5 几种红外光伏探测器的性能参数

名称	工作温度(K)	峰值波长 λ(μm)	峰值探测率 $D_{\lambda p}^*$ ($cmHz^{1/2}/W$)	响应时间(s)	探测率 D^* ($cmHz^{1/2}/W$)
InAs	196	3.2	5×10^{11}	10^{-6}	
InAs	77	3.1	6×10^{11}	10^{-6}	5×10^{9}
InSb	77	5	1.5×10^{11}	10^{-6}	1×10^{10}
PbTe	77	4.4	1.4×10^{11}		2×10^{10}
HgCdTe	77	10	1.85×10^{10}	0.08×10^{-8}	1.6×10^{14}
InGaAs	273	1.3		$<10^{-9}$	

2. 光伏探测器的工作模式

光伏型探测器常工作于无外加偏压情况，此时器件功耗极低，特别适用于大规模两维阵列。如果后接放大器的输入阻抗较高，则通过器件电压变化检出入射光信号，即为光伏模式。若后接放大器的输入阻抗很低，则通过二极管短路电流变化检出入射光信号。若在器件上加一直流偏压，则可使器件工作于任何特性工作点。可用电容将探测器耦合到放大器上，高频使用时，常采用反偏方式以减小耗尽区电容和相应的时间常数 R_LC_j。

5.6 量子阱与量子点红外探测器

5.6.1 量子阱红外探测器

量子阱是一种夹层超晶格，其探测机理与传统的探测器截然不同，是利用一个量子阱结构中光子和电子之间的量子力学相互作用来完成探测工作的。当半导体层足够薄时，量子尺寸效应将使势阱中电子的能量量子化，形成子能带，被激发至子能带上的电子在外界红外辐射作用下，会通过隧道穿透或跃迁至自由态，形成光电流。通常量子阱探测器有两种跃迁形式：

（1）量子阱中的两个子能带均为束缚态(图 5-36(a))，在红外辐射作用下，电子从基态被激发到第一激发态，处于受激态的电子在外偏压电场作用下，通过薄的势垒顶部发生隧道穿透，并以热电子形式输运形成光电流，实现束缚态－束缚态跃迁的量子阱红外探测器。

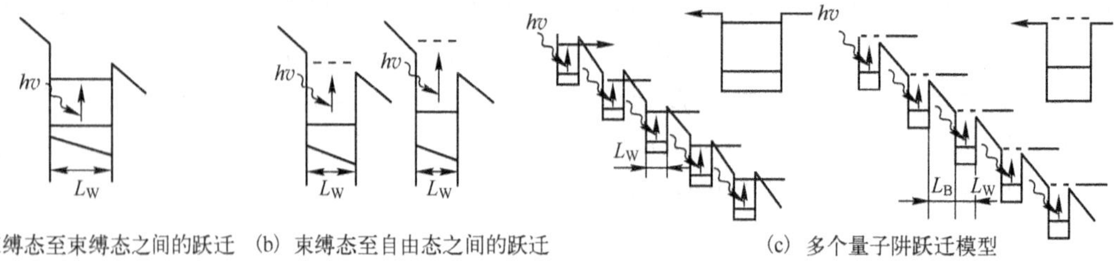

(a) 束缚态至束缚态之间的跃迁　(b) 束缚态至自由态之间的跃迁　(c) 多个量子阱跃迁模型

图 5-36　量子阱探测器工作的基本模型

（2）当势阱宽度进一步减小时，子能级的束缚态会在势阱中上升，形成高于势垒的自由态(或连续态)，如图 5-36(b)所示。这种束缚态－自由态跃迁的结构模式，会在外界红外辐射作用下，使电子直接从势阱进入自由态，在外加偏压作用下形成光电流，实现束缚态－自由态的量子阱红外探测器。

自 1985 年美国首次直接观测到多量子阱材料子能带带隙间的红外吸收以来，人们对量子阱(QWIP)探测器进行了深入的研究并取得了长足的进步。实用的量子阱探测器由多个量子阱组成，图 5-36(c)分别表示两种跃迁方式的多个量子阱探测器模型。量子阱探测器也分为光导和光伏两种结构，采用超薄层外延技术可将二种超薄层材料交替生长，组成半导体超晶格结构的光伏探测器，制作出超晶格结构的量子阱探测器。这种量子阱探测器可以通过控制超晶格薄层的厚度，改变响应波长。

利用先进的人工结构材料制造技术，例如分子束外延(MBE)和光辅助化学束外延(CBE)技术，可以实现逐分子层地按规格定制半导体，以满足探测器的应用需要。定制的应用主要有两个方面：(1) 通过制造理想的束缚能级的方法修正探测器的响应特性；(2) 获得真正“无噪声”固态光电倍增效应。这些应用可用于定制探测器，例如定制探测器阵列等。在这种定制的探测器阵列中，每一个探测器都具有所要求的峰值响应，并且阵列中的每一个探测器可以与一个独立的光电倍增器相连。这样的阵列就像是一个大规模的光电倍增器，不同的是其具有高的量子效率、较长的工作波长、较小的结构尺寸和较低的功耗。

量子阱宽度和所要求能级之间的关系使上述两种应用的实现成为了可能。在图 5-37(b)中，可注意到在更紧密的隔离材料层中的每一层里，$n=1$ 能级逐次升高的程度。为达到这个目的，量子阱要控制在约为 10 个分子层宽。由于量子阱的宽度能控制在 1 个分子层之内，因而可以制造任一能隙要求的材料，从而制造出对应所需波长的探测器。例如，GaAs 带隙为 1.35eV，通常不能用于制造波长大于 0.92μm 的探测器，而利用 GaAs 和 AlGaAs 层制造的量子阱探测器却能相当好地工作在 10μm。图 5-37(c)表明，通过施加一定偏压，可以使得所设计的特殊材料层的所有 $n=1$ 能级排列成一直线。这一材料层成为通过电子隧道电流的能量滤波器，隧道电流由具有待定能量的正的电子构成，存在于这一能级输出电流中。图 5-38 示出了可变空间超晶格能量滤波(VSSEF)光电倍增器的一部分。决定倍增效应的关键是每一 VSSEF 级中形成的单一能量的电子电流，通过控制其能量，可在下一级中激发整数数目的电子。

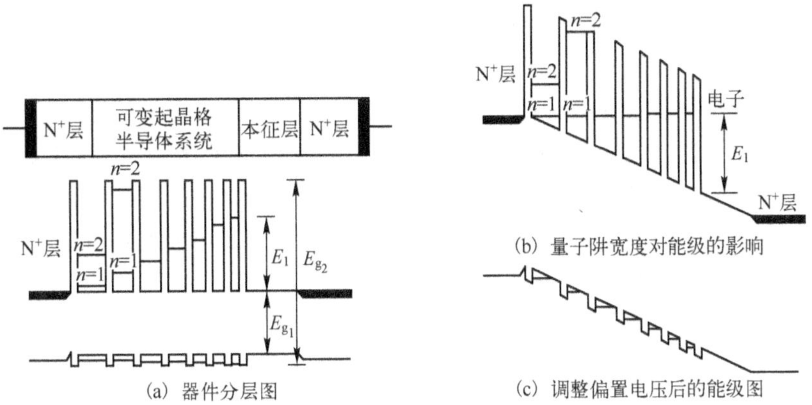

图 5-37 可变空间超晶格能量滤波器(VSSEF)

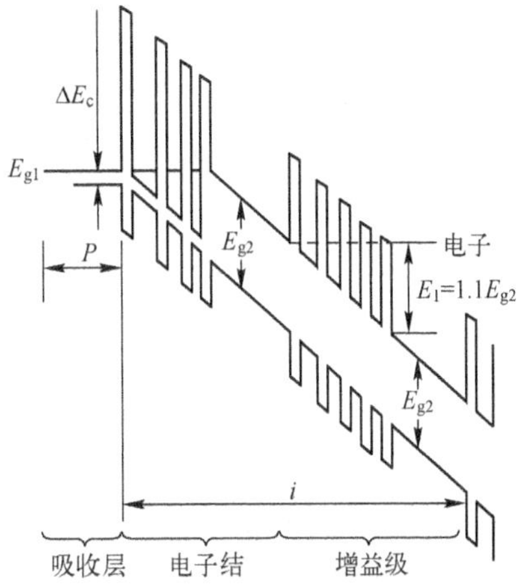

图 5-38 一个 VSSEF 固态光电倍增器的增益级

量子阱红外探测器(QWIP)是随着分子束外延技术及量子阱超晶格材料的发展，利用 GaAs/GaAlAs 量子阱子带间红外光电效应制备的高灵敏红外焦平面探测器。它具有与 InSb、HgCdTe 同样的性能，可实现大面积、均匀性好且与目前的 GaAs 工艺兼容。通过改变量子阱宽度和势垒高度对带隙宽度进行人工剪裁，可方便地获得 6～20μm 光谱范围的响应，通过在 GaAs 势阱层内增加 InGaAs 材料，短波方向可扩展到 3μm。通过改善量子阱能带参量可以实现大范围调节，在 2～20μm 的范围内均可工作。量子阱器件在正偏时，电压增大，光电信号减小；零偏时，光电信号较大；反偏时，电压增大，光电信号增大量很小，达到饱和。故量子阱探测器具有明显的整流特性。能带与掺杂分布的不对称性，使得整个 N 型区有类似于 PN 结的特性，故具有向长波方向延伸的条件。自 1987 年贝尔实验室研制出第一个 GaAlAs/GaAs 量子阱红外探测器以来，该技术得到了迅速发展，成为二十多年来红外探测器领域研究的新热点。

目前，量子阱红外探测器开始进入实用化，人们利用 GaAs/$Al_xGa_{1-x}As$ 等材料制作出的量子阱红外探测器，其峰值响应波长 λ_p 达 13.2μm，截止波长 λ_c 约 14.9μm，D^*已可以达背景限。采用 GaAs/AlGaAs 做成量子阱阵列成像器件已达到 λ_p=9.8μm，λ_c=10.7μm，77K 时，$D^*=2\times10^{10}\text{cmHz}^{1/2}/\text{W}$，光敏元响应均匀性优于 2%。

GaAlAs/GaAs 量子阱 IR-FPA 是一种很有前途的器件，虽然发展的时间不长，但凭借先进而成熟的 MBE 和 MOCVD 技术支撑，近几年来不但在阵列集成度上迅速地发展到了今天的 640×480 元甚至更大，而且工作性能也得到了极大改进，工作温度已接近或达到 77K，截止波长达 14～16μm。美国、加拿大、法国、以色列和德国等国家的相关研究单位先后都做出了 128×128、256×256 乃至 640×480 规格以上的 8～12μm 长波响应红外焦平面阵列，并且正在大力开发 3～5μm 和 8～12μm 的双色以及多色红外焦平面探测器。

目前，量子阱探测器的主要发展方向为多色、大阵列，目前的阵列尺寸已经可以达到 640×484 元以上，并已评估了 1024×1024 元的双色阵列，正在水平集成四色的探测器阵列。国内的一些研究单位也已经开始对该类材料和器件的研究，并取得了初步的成果，已有单位研制出了 388×256 像元量子阱探测器。

制作量子阱红外探测器的材料除 GaAs/AlGaAs 外，还有 InGaAs/InP、InGaAs/InAlAs、应变层

InAsSb/InSb 为代表的III-V 族和以 HgCdTe 为代表的II-VI 族及 Ge/Si 材料等。

超晶格材料具有较大的电子有效质量，因而将降低电子的扩散率。与相同响应波长的 $Hg_{1-x}Cd_xTe$ 合金材料探测器相比较，超晶格材料的光伏探测器具有较小的带间隧道电流和扩散电流，有利于器件性能的提高。对于 HgTe/CdTe 超晶格探测器，有利于制作 $\lambda \geq 10\mu m$ 红外光伏探测器，是一种新颖的长波红外探测器。此外，利用应变层超晶格材料如 $InAs_{1-x}Sb_x$、GaInSb/InAs、InAsSb/InSb 等，还可以制作出应变超晶格量子阱探测器。通过应变效应，可以制作出峰值响应在几十 μm 的长波响应红外探测器。

量子阱探测器具有均匀性及热稳定性好，功耗低的特点，生长和钝化工艺成熟，便于加工，适宜于制作长波的光伏探测器和大规模的焦平面阵列探测器。通过控制掺杂组分、势阱宽度、势垒高度，可改变响应波长，尤其是在 8～14μm 红外波段和制作相应的阵列器件方面，是普通 HgCdTe 材料探测器的有力竞争者。此外，由于其材料和工艺易于与信号读出电路耦合，量子阱探测器还将是兆级像素、多色制冷焦平面探测器的最有力竞争者。当然，要实现高性能的实用化器件，目前尚有许多理论与工艺问题有待探索和解决。

量子阱红外探测器可以采用传统的铟柱倒装互连技术，图 5-39 所示为其结构示意图。图 5-40、图 5-41 是国外相关单位研制的单色和多色量子阱红外探测器结构。

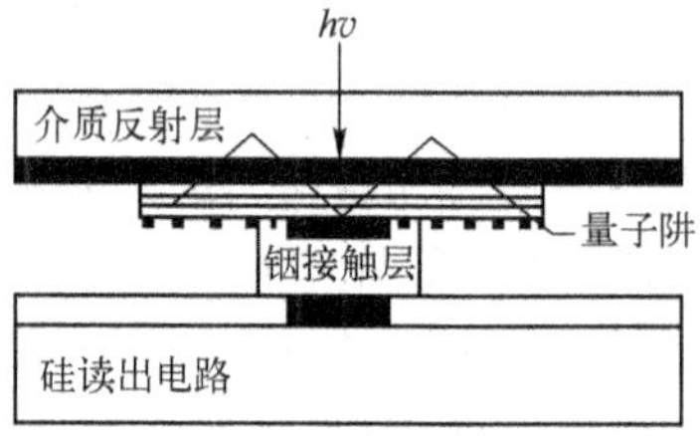

图 5-39　量子阱红外探测器的整体结构

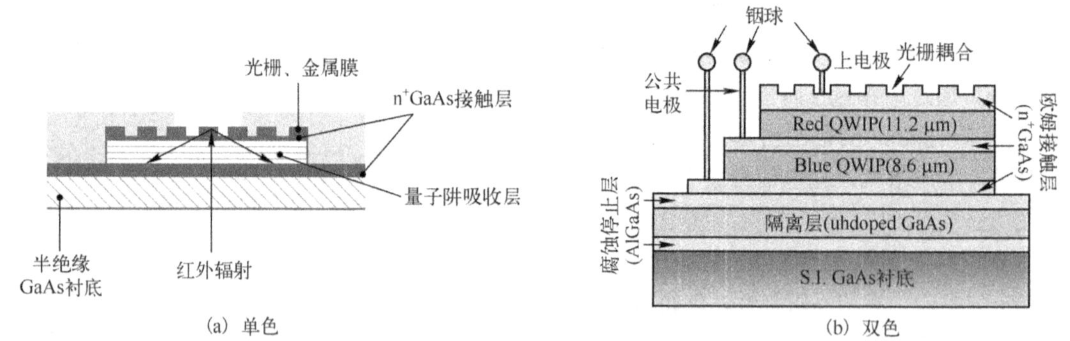

图 5-40　典型单色、双色量子阱器件结构

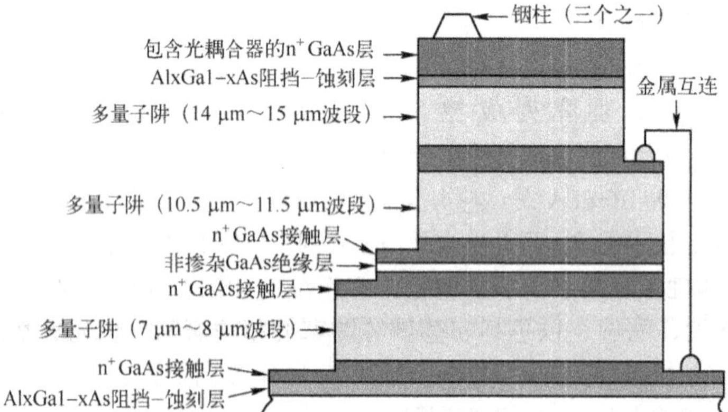

图 5-41　三色量子阱器件结构

图 5-42 是美国 NASA/JPL 联合研制的 640×512 四色红外焦平面探测器结构层状图，响应波段分别为 4～5.5μm，8.5～10μm，10～12μm，13～15.5μm，代表了当前多色量子阱红外探测器的最高研制水平。

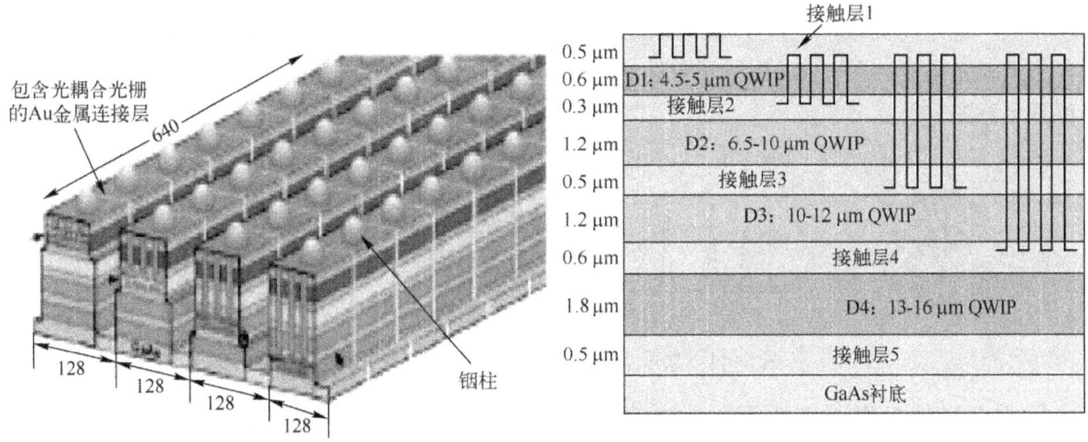

图 5-42　NASA/JPL 联合研制的 640×512 四色红外焦平面器件结构层状图

量子阱探测器的不足主要有三点：（1）根据量子力学的跃迁选择定则，入射的光子只有在电极化矢量不为零时才能被子带中的电子吸收，从量子阱基态跃迁到激发态，形成电导率的变化而被探测到。由于从 QWIP 材料正面垂直入射的红外光沿电子跃迁方向的电极化矢量为零，所以 QWIP 材料对垂直入射的红外光不吸收，必须进行光耦合操作。图 5-43 为量子阱探测器常采用的四种光耦合方式。（2）暗电流大，量子效率不高(低于 30%)，难以获得很高的光电灵敏度。目前水平在长波 12μm 处较 HgCdTe 阵列低一个数量级左右。（3）需要强有力的低温制冷器，其工作温度低于 HgCdTe 探测器，在制冷方式的选择上受到限制。

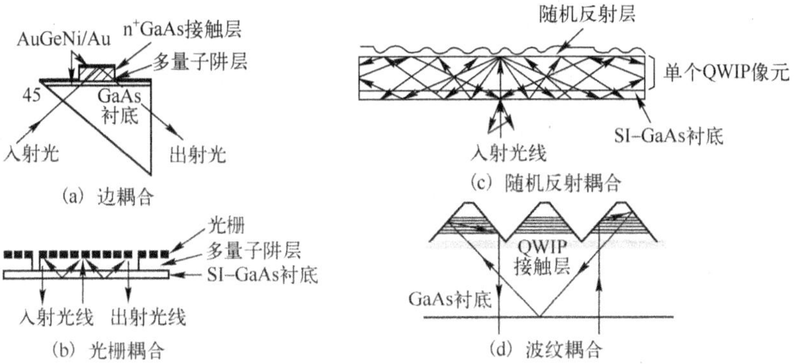

图 5-43　量子阱器件常见的四种光耦合方式

5.6.2　量子点红外探测器

量子点红外探测器(QDIP)作为一种具有相当潜力的器件，近年来得到了广泛关注和研究。该探测器克服了量子阱红外探测器的上述缺点，具有可有效吸收垂直入射红外辐射进而提高探测器性能，可实现室温工作而不需制冷等优点，未来将成为与 HgCdTe、QWIP 等红外探测器展开竞争的有力对手。

当量子点束缚态内的电子受到光照时，如果光子的能量比电子激发所需要

表 5-6　德国 IAF/AIM 的双色量子阱焦平面探测器的性能指标

探测器规格	388×284×2，CMOS 读出电路
中心距	40μm
光谱响应(峰值)	4.8 μm，8.0μm（λ_{co} ~8.6 μm)
器件结构	短波采用重掺杂光导结构；长波采用光伏结构
势阱容量	14Mio e
读出模式	快照模式(Snap shot)；凝视之后加扫描
帧频	50Hz full frame rate @T_{in}=16,8ms 100Hz full frame rate@T_{in}=6,8ms
采样频率	≤10 MHz/output
噪声等效温差	≤25mK @300K 目标，100Hz，T_{int}=6,8ms
器件工作温度	65K

的能量大，电子将吸收能量，从束缚态跃迁到激发态或连续态，在外加电场的作用下，受激电子被收集形成光电流。图 5-44 为量子点的态密度、能带及载流子分布情况，图 5-45 为 QDIP 的工作原理示意图。

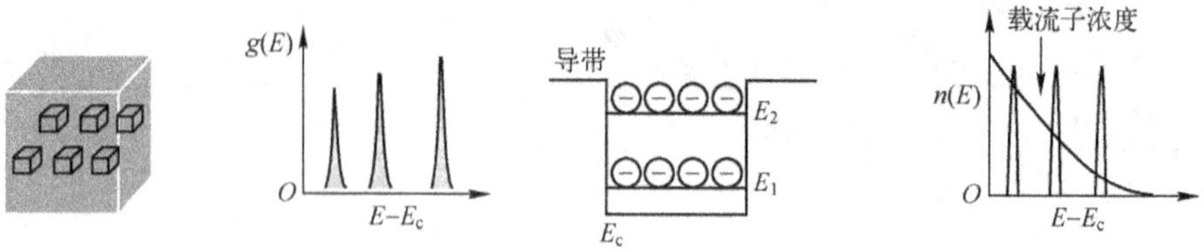

图 5-44　量子点的态密度、能带及载流子分布

量子点红外探测器包括两种基本的器件结构，即垂直输运结构和横向输运结构。垂直型量子点红外探测器通过载流子在顶部接触层和底部接触层之间的垂直输运来收集光电流，如图 5-46(a)所示；而横向型量子点红外探测器中，载流子在两个顶部的欧姆接触之间的高迁移率通道中输运收集光电流，如图 5-46(b)所示。

图 5-47 为量子点红外探测器的工作原理和结构示意。

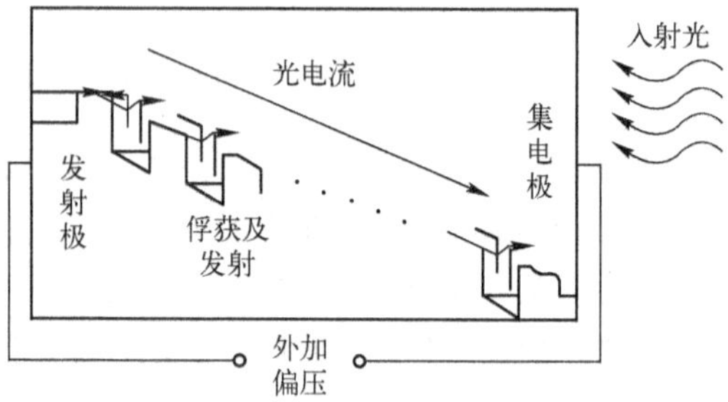

图 5-45　量子阱的工作原理示意图

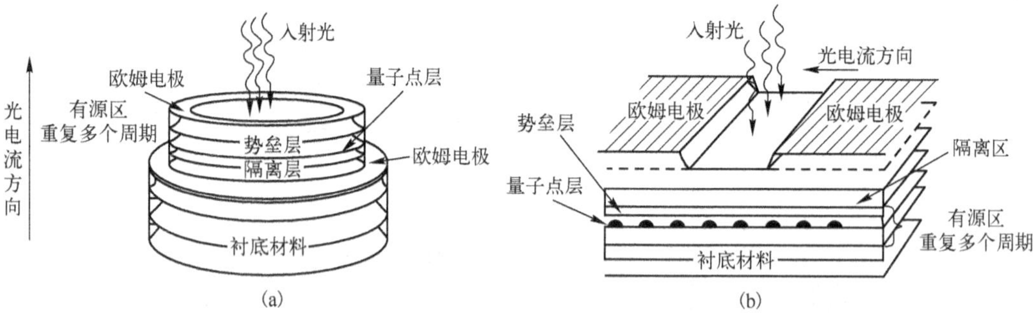

图 5-46　量子点红外探测器的垂直输运结构和横向输运结构

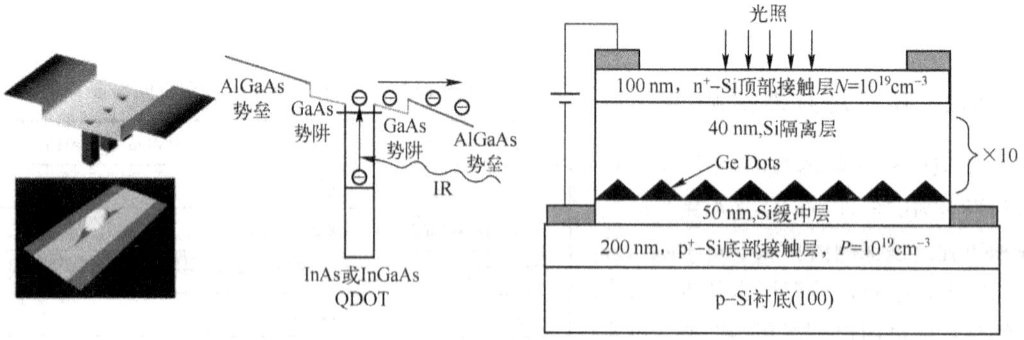

图 5-47　量子点红外探测器的工作原理和结构

5.7　非制冷红外焦平面探测器

基于 HgCdTe、InSb 和 PtSi 等材料的光电探测器使红外热成像技术得到了迅速发展，但由于这

种材料的红外探测器需要制冷而使系统的成本高昂、可靠性较低（因为精细的低温制冷系统和复杂扫描装置常常是红外热成像系统的故障源），从而阻碍了其广泛应用。自 20 世纪 90 年代中期开发出非制冷红外探测器焦平面阵列（Uncooled Focal Plane Array/UFPA）以来，这一僵局被迅速打破。

非制冷焦平面阵列省去了昂贵的低温制冷系统和复杂的扫描装置，突破了历来的红外热像仪高成本的障碍，可靠性大大提高，维护简单，工作寿命延长。

非制冷红外探测器的灵敏度比低温碲镉汞材料要小 1 个量级以上，但可以以大的焦平面阵列通过增加信号积分时间来弥补这一不足，可与第一代 MCT 探测器的热成像系统相媲美。对许多应用，特别是一般的测温监视与夜视而言，其性能基本满足需要，因此，其在准军事和民用市场领域具有广阔的发展空间。

非制冷红外探测器的生产采用成熟的硅集成电路工艺，可制造大型高密度阵列和推进系统集成化的信号处理，是一种大规模焦平面阵列技术，具有成本低，易于批量生产的优势，发展潜力十分巨大。

综上所述，UFPA 具有较高的性能价格比、无需制冷、功耗低、体积小、重量轻、易携带等优点，无论在军事上、还是在工业（电力、石化冶金、建筑、消防等）、医学、科学研究等诸多领域都有着广泛的应用，因而其也被称为是红外热成像技术发展中的一次变革，成为 20 世纪最具竞争力的探测器之一。

目前制作非制冷红外焦平面探测器主要有 4 种技术途径，即热释电焦平面技术、微测辐射热计焦平面技术、热电堆焦平面技术和常规集成电路技术。热释电探测器通过检测与吸收材料温度变化率有关的电压输出来检测温度变化；微测辐射热计通过热敏电阻材料的温度变化引起的吸收层温度变化进行检测；热电堆探测器检测吸收层与参考热层（一般是探测器的底）间的温差；常规集成电路技术通过测量正向电压的变化来检测温度的变化。

5.7.1 热释电探测器

热释电探测器是根据热释电效应设计的热敏型探测器。尽管人们对自发极化随温度变化产生的热释电效应认识很早，但相关探测器的实现则是在近些年高性能热释电单晶出现以后。尽管现在热释电探测器已取得迅速发展并获得广泛应用，但对热释电材料、探测器及应用技术的研究仍是相关研究人员极为重视的领域。

热释电探测器早在 20 世纪 60 年代和 70 年代就颇为盛行，最初为采用硫酸三甘肽（TGS）等材料制成的热释电摄像管，其温度响应率小于 0.2℃。

热释电探测器可以分为三大类，除了第 2 章介绍的热释电摄像管外，还有单元探测器（或称为点探测器）和阵列探测器（图 5-48）。实际上，由于可供选用的材料很多，而且对不同的应用要求探测器的结构也不同，因此，同一类热释电探测器还可分成很多小类。

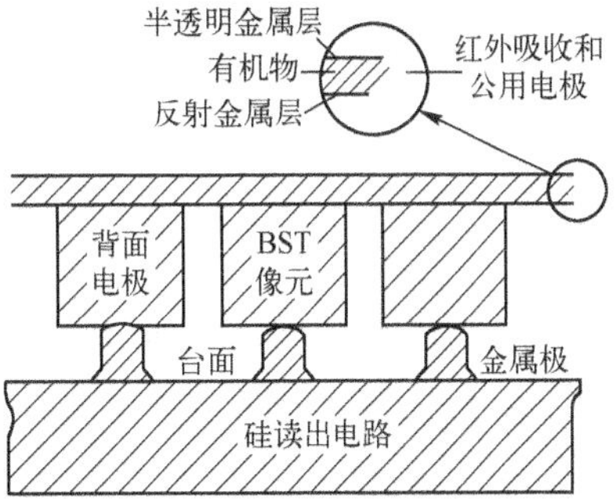

图 5-48 TI 公司的热释电焦平面阵列的像元结构

1．热释电晶体参数

（1）热电系数 η

热电系数 η 的表示式如式（2-54）所示。当不考虑二级效应时，式（2-54）可只取第一项，即

$$\eta = \left(\frac{\partial \boldsymbol{P}_{\rm s}}{\partial T}\right)_{\chi,\rm E} = \frac{\partial \boldsymbol{P}_{\rm s}}{\partial T} \tag{5-264}$$

（2）复介电常数与介电损耗

热释电晶体的复介电常数用下式表示

$$\varepsilon = \varepsilon' - \mathrm{j}\varepsilon'' \tag{5-265}$$

式中，实部和虚部都是交流电场频率和温度的函数；虚部 ε'' 称为损失因子。ε'' 与 ε' 之比值

$$\tan\delta = \varepsilon'' / \varepsilon' \tag{5-266}$$

称为损耗因子，δ 称为损耗角。

当介质中有交流电场 $E=E_0\mathrm{e}^{\mathrm{j}\omega t}$ 时，单位体积介质消耗的功率为 $\dfrac{\omega}{8\pi}E_0\varepsilon''$，相当于介质具有交流电阻，这种现象称为介电损耗，它是由介电弛豫引起的。一般说来，ε'' 小的热释电晶体介电损耗小，低频时的介电损耗小，但不同热释电晶体，介电损耗可以相差很远。如 $BaTiO_3$ 直到 100MHz，介电损耗仍不显著。

（3）迴路阻抗

热释电探测器的响应元是由一片热释电晶体，在垂直于自发极化的两表面上涂上金属电极制成的。通常有两种基本结构：一种是电极位于薄片平面与光敏面平行，自发极化与光敏面垂直，称为面电极结构；另一种是电极位于光敏面两侧，自发极化与光敏面平行，称为边电极结构。两种结构如图 5-49 所示。图 5-49(a)所示情况的 ε'、ε'' 随频率改变，在不剧烈变化的频率区内，其阻抗可用图 5-50(a)所示的等效电路来计算。其中

$$C' = \varepsilon' A_{\mathrm{d}} / d \tag{5-267}$$

$$R'_{\mathrm{dc}} = \rho_{\mathrm{dc}} d / A_{\mathrm{d}} \tag{5-268}$$

$$R'_{\mathrm{ac}} = \frac{1}{\omega\varepsilon''}\frac{d}{A_{\mathrm{d}}} = \frac{1}{\omega C'\tan\delta} \tag{5-269}$$

式中，ρ_{dc} 为漏电阻率；$\dfrac{1}{\omega\varepsilon''}$ 为介电损耗引起的交流电阻率；A_{d} 为电极面积；d 为两电极间距即晶片厚度。

由于是直流电阻和交流电阻并联，则等效电路可用图 5-50(b)所示电路表示，其等效电阻为

$$R' = \frac{\rho_{\mathrm{dc}}}{1+\omega\varepsilon''\rho_{\mathrm{dc}}}\frac{d}{A} = \rho'\frac{d}{A} \tag{5-270}$$

由该式可见，ω 上升，ρ' 减小。同时，ρ' 还随温度上升而减小。

除并联等效外，也有用图 5-50(c)所示电路进行等效的做法。

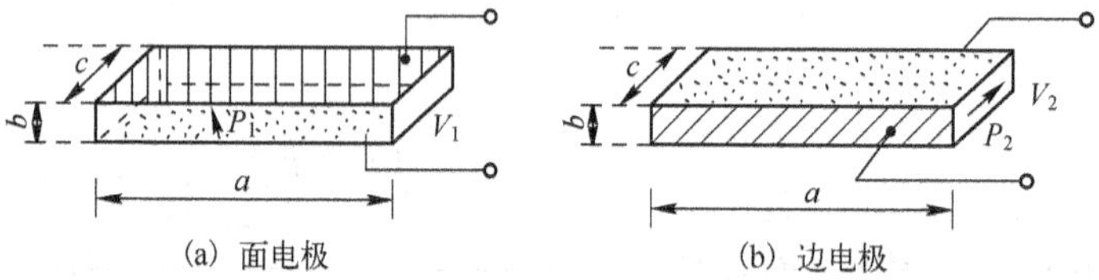

图 5-49　热释电探测器电极结构

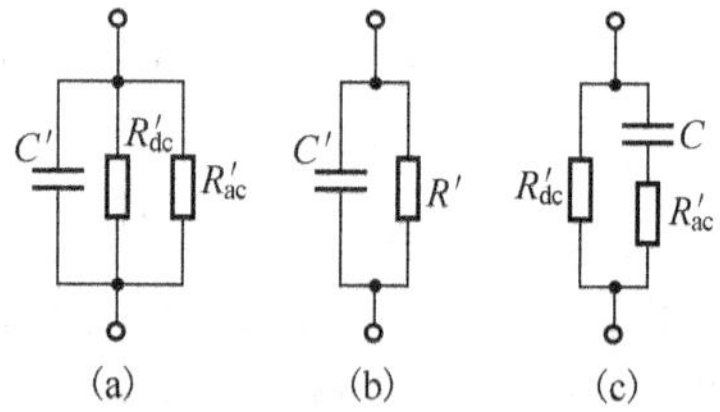

图 5-50　晶体薄片阻抗的等效电路图

2. 热释电探测器的响应度

图 5-51 给出了热释电探测器工作原理示意图。图中 R'' 和 C'' 分别为前置放大器的输入电阻和输入电容。当有调制的辐射功率 P_{i} 照射探测器表面时，流过晶体的总电流等于导线上的热释电电流 i。因此，晶体中的电流密度应等于

$$\boldsymbol{J} = \frac{i}{A_{\mathrm{d}}} = \sigma'_{\mathrm{dc}}\boldsymbol{E} + \frac{\partial \boldsymbol{D}}{\partial t} \tag{5-271}$$

式中，σ' 和 $\boldsymbol{D}$ 分别为晶体的直流电导率和电位移矢量。

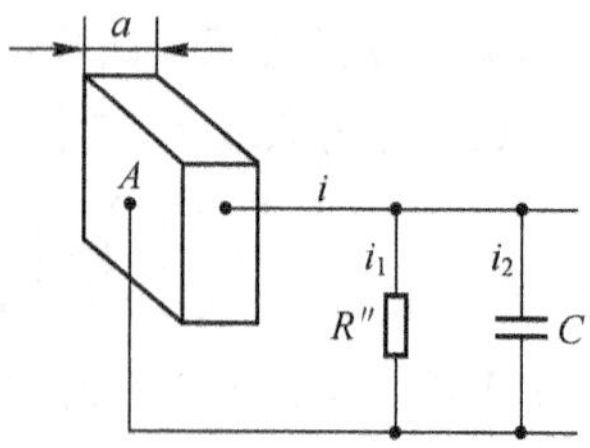

图 5-51　热释电探测器工作原理示意图

由于晶体经过电极化处理后已经单畴化或接近单畴，所

以电位移矢量为

$$\boldsymbol{D}=\varepsilon \boldsymbol{E}+\boldsymbol{P}_{\mathrm{s}}=\left(\varepsilon'-\mathrm{j}\varepsilon''\right)\boldsymbol{E}+\boldsymbol{P}_{\mathrm{s}} \tag{5-272}$$

当介质中存在交变电场 $\boldsymbol{E}=\boldsymbol{E}_0\mathbf{e}^{\mathbf{j}2\pi ft}$ 时，将因介电弛豫而消耗一部分功率，即介电损耗，其大小由损耗因子确定。该损耗相当于介质有电阻率为 $\rho'_{\mathrm{dc}}=\dfrac{1}{2\pi f\varepsilon''}$ 的交流电阻。那么，将式(5-272)代入式(5-271)中得到

$$\frac{i}{A_{\mathrm{d}}}=\sigma' E+\frac{\partial}{\partial t}\left(\varepsilon' E\right)+\frac{\partial P_{\mathrm{s}}}{\partial t} \tag{5-273}$$

式中，$\sigma'=\sigma'_{\mathrm{dc}}+\sigma'_{\mathrm{ac}}=\sigma'_{\mathrm{dc}}+2\pi\varepsilon'' f$，为晶体的总电导率。

将式(5-273)对晶体厚度取平均后，得到

$$i=\frac{1}{R'}\int_0^d E\mathrm{d}x+\frac{\partial}{\partial t}\left[C'\int_0^d E\mathrm{d}x\right]+A_{\mathrm{d}}\frac{\partial \vec{P}_{\mathrm{s}}}{\partial t} \tag{5-274}$$

式中，$R'=\left(\dfrac{1}{\sigma'_{\mathrm{dc}}}+\dfrac{1}{2\pi\varepsilon'' f}\right)\dfrac{d}{A_{\mathrm{d}}}$，为热电晶体总电阻；$C'=\dfrac{\varepsilon' A_{\mathrm{d}}}{d}$，为热电晶体薄片的电容；

$$\vec{P}_{\mathrm{s}}=\frac{1}{d}\int_0^d P_{\mathrm{s}}\mathrm{d}x \tag{5-275}$$

从图 5-51 可以看出

$$\int_0^d E\mathrm{d}x=-i_1 R'' \tag{5-276}$$

$$i=i_1+i_2=i_1+R''C''\frac{\mathrm{d}i_1}{\mathrm{d}t} \tag{5-277}$$

将上述关系代入式(5-274)后得到

$$C\frac{\mathrm{d}V_{\mathrm{s}}}{\mathrm{d}t}+\frac{1}{R}V_{\mathrm{s}}+\frac{\mathrm{d}C'}{\mathrm{d}t}V_{\mathrm{s}}=A_{\mathrm{d}}\frac{\partial \vec{P}_{\mathrm{s}}}{\partial t} \tag{5-278}$$

式中，$C=C'+C''$；$\dfrac{1}{R}=\dfrac{1}{R'}+\dfrac{1}{R''}$；$V_{\mathrm{s}}=i_1R''$为前置放大器输入信号电压。由于式中 $\dfrac{\mathrm{d}C'}{\mathrm{d}t}=\dfrac{A_{\mathrm{d}}}{d}\dfrac{\mathrm{d}\varepsilon'}{\mathrm{d}t}$ 较小，可以略之不计。同时考虑到

$$\frac{\partial \vec{P}_{\mathrm{s}}}{\partial t}=\frac{\partial \vec{P}_{\mathrm{s}}}{\partial T}\frac{1}{d}\int_0^d-\frac{\mathrm{d}T}{\mathrm{d}t}\mathrm{d}x=\eta\frac{\mathrm{d}\vec{T}}{\mathrm{d}t} \tag{5-279}$$

所以，式(5-278)变为

$$C\frac{\mathrm{d}V_{\mathrm{s}}}{\mathrm{d}t}+\frac{1}{R}V_{\mathrm{S}}=A_{\mathrm{d}}\eta\frac{\mathrm{d}\vec{T}}{\mathrm{d}t} \tag{5-280}$$

当初始条件 $t=0$，$V_{\mathrm{s}}=0$ 时，上式的解为

$$V_{\mathrm{s}}=\mathrm{e}^{-\frac{t}{\tau_e}}\int_0^d \mathrm{e}^{\frac{t}{\tau_e}}\frac{A_{\mathrm{d}}\eta}{C}\frac{\mathrm{d}\vec{T}}{\mathrm{d}t}dt \tag{5-281}$$

式中，$\tau_{\mathrm{e}}=RC$ 为电时间常数。故要得到 V_{s}，必须首先确定热释电探测器的温度变化规律。

为了反映响应度与材料选择、工艺设计等的关系，采用描述热释电探测器在入射辐射功率作用下温度变化规律三个模型(集总参数模型、一维扩散模型、三维扩散模型)中的集总参数模型。集总参数模型假设探测器各部分的温度是均匀的，因而不必对空间求平均。当探测器电极很薄，而且热电晶体厚度 d 小于热扩散长度(即晶体温度变化下降到表面温度的 1/e 处)时，这种集总参数模型是适用的。

若探测器的热容量为 H，与其周围的总热导为 G，环境温度为 T_0，探测器对辐射的吸收比为 α，辐射入射后探测器温度上升 $\Delta T=T-T_0$。那么，在入射功率 P_{i} 作用下，探测器的热平衡方程式为

$$H\frac{\mathrm{d}\Delta T}{\mathrm{d}t}-G\Delta T=\alpha P_{\mathrm{i}} \tag{5-282}$$

该式关于初始条件 $t=0$，$\Delta T=0$ 的解为

$$\Delta T = \mathrm{e}^{-t/\tau_{\mathrm{T}}} \int_0^d H\mathrm{e}^{t/\tau_{\mathrm{T}}} \frac{\mathrm{d}P_{\mathrm{i}}}{\mathrm{d}t} \tag{5-283}$$

式中，$\tau_{\mathrm{T}}=H/G$，具有时间的量纲，称为探测器的热时间常数。若入射辐射功率 P_{i}，是频率为 f 的调制信号，即

$$P_{\mathrm{i}} = P_{\mathrm{i0}}\mathrm{e}^{\mathrm{j}2\pi ft} \tag{5-284}$$

代入式(5-283)后得到

$$\Delta T = \frac{\alpha P_{\mathrm{i0}}}{G}\frac{\mathrm{e}^{\mathrm{j}2\pi ft}}{1+\mathrm{j}2\pi f\tau_{\mathrm{T}}} \tag{5-285}$$

将式(5-285)代入式(5-281)得到

$$V_{\mathrm{s}} = \frac{\mathrm{j}A_{\mathrm{d}}\eta\alpha P_{\mathrm{i0}}2\pi fR\cdot\mathrm{e}^{\mathrm{j}2\pi ft}}{G\left(1+\mathrm{j}2\pi ft\tau_{\mathrm{T}}\right)\left(1+\mathrm{j}2\pi f\tau_{\mathrm{e}}\right)} \tag{5-286}$$

取式(5-286)的幅值后，得热释电探测器的电压响应度

$$\Re_{\lambda\mathrm{v}}(f) = \frac{2\pi fA_{\mathrm{d}}\eta\alpha R}{G\left(1+4\pi^2f^2\tau_{\mathrm{T}}^2\right)^{1/2}\left(1+4\pi^2f^2\tau_{\mathrm{e}}^2\right)^{1/2}} \tag{5-287}$$

从上式可知：

由于 $\tau_{\mathrm{e}}=RC$，所以，当 $R\ll 1/(2\pi fC)$时，$\Re_{\lambda\mathrm{v}}$ 正比于 R；而当 $R\gg 1/(2\pi fC)$时，$\Re_{\lambda\mathrm{v}}\propto 1/C$，此时响应度与 R 基本无关。

（2）当 $f\to 0$ 时，$\Re_{\lambda\mathrm{v}}\to 0$。即与其他探测器不同，热释电探测器不可能有直流响应。此外，热释电探测器频率响应有两个分界频率 $1/\tau_{\mathrm{T}}$ 和 $1/\tau_{\mathrm{e}}$，如图 5-52 所示。当 $1/\tau_{\mathrm{T}}\ll 2\pi f\ll 1/\tau_{\mathrm{e}}$ 时，响应度只随调制频率有轻微变化。$2\pi f=1/\tau_{\mathrm{T}}$ 时的频率称为热分界点；$2\pi f=1/\tau_{\mathrm{e}}$ 时的频率称为 RC 分界点。在这两个分界点上，探测率的相对值都是 $\sqrt{2}/2$。所以要使热探测器具有宽频带，应尽可能增大热时间常数 τ_{T}，减小电时间常数 τ_{e}。当 $2\pi f\ll 1/\tau_{\mathrm{T}}$，即在低频段时，响应度与 $2\pi f$ 近似成正比。当 $1/\tau_{\mathrm{e}}\ll 2\pi f$ 时，即在高频段，响应度与 $2\pi f$ 近似成反比。

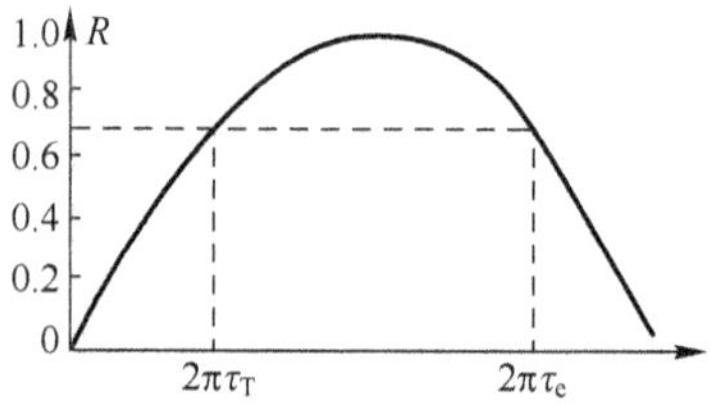

图 5-52　归一化响应度与频率的关系曲线

在通常情况下，f 为几十赫兹，而 τ_{T} 和 τ_{e} 为秒的数量级，即满足下列条件

$$4\pi^2f^2\tau_{\mathrm{T}}^2\gg 1,\quad 4\pi^2f^2\tau_{\mathrm{e}}^2\gg 1$$

于是式(5-287)可写成为

$$\Re_{\lambda\mathrm{v}}(f) = \frac{A_{\mathrm{d}}\eta\alpha}{2\pi fHC} = \frac{A_{\mathrm{d}}\eta\alpha}{2\pi f\left(C_{\mathrm{p}}\rho A_{\mathrm{d}}d+H'\right)\left(\dfrac{\varepsilon' A_{\mathrm{d}}}{d}+C''\right)} \tag{5-288}$$

式中，C_{p} 和 ρ 分别为热电材料的比热容和相对体积质量。而 $C_{\mathrm{p}}\rho A_{\mathrm{d}}d$ 则为镀上电极的那部分晶体的热容。

由式(5-288)可知，要提高器件的响应度，应该：（1）尽量减小热容 H'。在晶片厚度 d 比热扩散长度小且采用底板的情况下，除了要求电极不能太厚、焊点要小、底板热导率要低外，还要求设镀电极那部分晶体要小；（2）尽量降低前置放大器的输入电容 C''；（3）当 H' 和 C''已降到可以从式(5-288)中略去时，有

$$\Re_{\lambda\mathrm{v}}(f) = \frac{\alpha}{2\pi fA_{\mathrm{d}}}\frac{\eta}{C_{\mathrm{p}}\rho\varepsilon'} = Q_{\mathrm{v}}\frac{\alpha}{2\pi fA_{\mathrm{d}}} \tag{5-289}$$

式中，Q_{V} 即为热电晶体的第一优值。因此，应选择 Q_{v} 大的热电材料，并采用边电极结构以减小热

释电探测器的电极面积 A_d。

当前置放大器使用输入电容较大的场效应管时，常有 $C'' \gg \varepsilon' A_d/\delta$ 及 $H' \ll C_p \rho A_d \delta$。此时，响应度变为

$$\Re_{\lambda v}(f)=\frac{\alpha}{2\pi f}\frac{\eta}{C_p\rho}\frac{1}{dC''}=Q_1\frac{\alpha}{2\pi f d C''} \tag{5-290}$$

式中，Q_1 即为第二优值。所以，这种情况应选择 Q_1 大的热电材料，并采用面电极结构以减小热释电探测器电极间的距离(即晶片厚度) d。

3．热释电探测器的响应时间

在前面关于频率响应的介绍中已经讨论了响应时间与频率的关系。按照响应时间定义，应取 τ_T 和 τ_e 中较小的一个定为热释电探测器的响应时间。通常 τ_T 很大，而 τ_e 可以通过负载加以调整，在几秒到几皮秒间选用。当然，随着 τ_e 的减小，响应度也会随之变化。

4．热释电探测器的探测率 D^*

热释电探测器的探测能力，除了受器件本身的噪声限制外，还受前置放大器的噪声影响。因此，在实际分析热释电探测器性能时，应综合考虑。下面就不同的噪声限制进行分析。

(1) 温度噪声限制

在频率为 f 的调制辐射信号功率 $P=P_{i0}e^{j2\pi ft}$ 作用下，稳定后热释电探测器的温度变化为

$$\Delta T_s=\frac{\alpha P_{i0}e^{j2\pi ft}}{z-j2\pi fH}=\frac{\alpha P_{i0}e^{j2\pi ft}}{G-j(2\pi fH+Y)} \tag{5-291}$$

式中，$z=G-jY$ 为热导纳。由于受温度噪声限制的噪声等效功率为

$$\mathrm{NEP_T}=\left(4kT^2G\Delta fB^{-1}\right)^{1/2}/\alpha \tag{5-292}$$

式中

$$B=4H\int_0^{\infty}\frac{G\mathrm{d}f}{G^2+(2\pi fH+Y)^2} \tag{5-293}$$

故探测率为

$$D_T^*=\frac{\alpha}{2T}\left(\frac{A_dB}{kG}\right)^{1/2} \tag{5-294}$$

当 $z=G$ 时，因 G 与频率无关，则 $B=1$。此时上式简化为集总参数模型的结果，即

$$D_T^*=\frac{\alpha}{2T}\left(\frac{A_d}{kG}\right)^{1/2} \tag{5-295}$$

当 $\alpha=1$ 和 $G=4A_d\sigma T^3$ 时，达到理想热释电探测器性能，即

$$D_T^*=1/\left[16\sigma kT^5\right]^{1/2} \tag{5-296}$$

当 T=300K 时，$D^*=1.8\times10^{10}\mathrm{cmHz^{1/2}/W}$。该式即为热释电探测器的背景噪声限。其实该式对任何热探测器都适用，因为它只考虑到了背景的热辐射作用，并未涉及热探测器的具体类型。在最佳情况下，热释电探测器和理想热释电探测器的性能也要相差一个数量级。

(2) 热噪声和介质损耗噪声限制

热释电探测器和前置放大器的输入电阻与电容的热噪声和介质损耗噪声，通常用前置放大器总输入阻抗实部所产生的热噪声来统一描述，其可用下式给出

$$\vec{V}_{N,J}^2=4kT\Delta fR_eZ=\frac{4kTR\Delta f}{1+4\pi^2f^2R^2C^2} \tag{5-297}$$

对实际热释电探测器而言，由于介质损耗电阻与频率有关而不满足“白”噪声条件，故上式应写成

$$\vec{V}_{N,J+\delta}^2=4kT\Delta f(1+m)R_eZ=\frac{4kT(1+m)R\Delta f}{1+4\pi^2f^2R^2C^2} \tag{5-298}$$

式中，当 m=0 时，电阻与频率无关。而当 m=1 时，介质损耗电阻随频率上升而减小。因此：

① 低中频情况

当 $2\pi f \ll 1/\tau_e$ 时，$R'_{ac}=\dfrac{1}{2\pi fC'\tan\delta}$ 很大，$R\approx\dfrac{R'R''}{R'+R''}$ 与频率无关。故 m=0，噪声以响应元直流电阻 R'，及负载电阻 R'' 上的热噪声为主，并且不随频率变化，故有

$$\vec{V}_{N,J+\delta}^2=\vec{V}_{N,J+R}^2=4kT\Delta f\frac{R'R''}{R'+R''} \tag{5-299}$$

故由式(5-288)得到
$$D_{J+\delta}^*=\frac{2\pi f\eta\alpha A_d^{3/2}}{G(4kT)^{1/2}}\frac{1}{\left(1+4\pi^2f^2\tau_T^2\right)^{1/2}}\left(\frac{R'R''}{R'+R''}\right)^{1/2} \tag{5-300}$$

当频率低到 $2\pi f \ll 1/\tau_T$ 的程度，且 $R'>R''$ 时，上式简化为

$$D_{J+\delta}^*=\frac{2\pi f\eta\alpha A_d^{3/2}(R'')^{1/2}}{G(4kT)^{1/2}} \tag{5-301}$$

该关系表明，当频率很低且 $R'>R''$ 时，热释电探测器的探测能力主要取决于 R'' 上的热噪声，并随频率及 R'' 的提高从而改善其探测能力。

② 较高频情况

由于 $R'_{ac}=\dfrac{1}{2\pi fC'\tan\delta}$ 随 f 提高而减小，且当 f 增加到 $2\pi f>1/\tau_e$ 和 $R'>R'_{ac}>R''$ 的程度时，$R\approx R''$。此时，总电阻 R 与频率无关，因此 m=0，噪声以 R'' 上的热噪声为主，但同时介质损耗噪声开始起作用，故由式(5-296)得到的噪声电压开始随频率增加而下降，有

$$\vec{V}_{N,J+\delta}^2=\vec{V}_{N,J+R}^2=\frac{4kT\Delta f}{4\pi^2f^2C^2R''} \tag{5-302}$$

那么，从高频响应度公式(5-289)得到

$$D_{J+R}^*=\frac{\eta\alpha(A_dR'')^{1/2}}{(4kT)^{1/2}}\frac{\eta}{c_p\rho d} \tag{5-303}$$

式中，$\dfrac{\eta}{C_p\rho}=Q_1$。所以在高频区，在忽略 H' 的情况下，应选择第二优值 Q_1 大的材料，且 R'' 尽可能大，d 要小，即采用面电极结构。上式同时还表明，此时 D_{J+R}^* 与频率无关。所以在该高频范围内热释电探测器的探测能力主要受 $\Re_{\lambda v}$ 随频率增加而下降的限制。

③ 更高频情况

在 $2\pi f \gg 1/\tau_e$ 时，如果响应元交流阻抗 R'_{ac} 减小到比 R'' 和 R'_{dc} 都小的程度，则 $R\approx R'_{ac}$。此时式(5-298)中的 m=1，可得到热释电探测器的噪声电压为

$$\vec{V}_{N,J+\delta}^2=\vec{V}_{N,\delta}^2=\frac{8kT\Delta fC'\tan\delta}{2\pi fC^2} \tag{5-304}$$

由此可得，当响应元的介质损耗噪声成为热释电探测器的限制性噪声，且 H' 可以忽略不计情况下的探测率为

$$D_\delta^*=\frac{\alpha}{(16\pi fkT)^{1/2}}\frac{\eta}{c_p\rho(\varepsilon'')^{1/2}}\frac{1}{d^{1/2}} \tag{5-305}$$

该式表明，在 $2\pi f \gg 1/\tau_e$ 的情况下，要提高 D^*_δ 值，应选择 $\dfrac{\eta}{C_p\rho\sqrt{\varepsilon''}}$ 大的材料及较薄的晶体厚度 d。

表 5-7 给出了国内外一些热释电探测器的性能。

表 5-7 部分热释电探测器的性能

器件名称	D^*（$cmHz^{1/2}W^{-1}$）	测量条件
钽酸锂 $LiTaO_3$	1×10^9	500,13,1
铌酸锶钡 SBN	5×10^8	
钛锆酸铅 PZT（陶瓷）	1.8×10^8	500,20,6
钛酸铅 $PBTiO_3$	1.7×10^9	500,20,6
聚偏二氟乙烯（PVDF）	1.5×10^9	500,10,1

5. 热释电探测器焦平面的现状

将热释电探测器由分立的单元排列成一维或二维组件就构成了热释电探测器阵列，它可用于探测热辐射的空间分布。描述阵列性能的参数除了可以使用上述描述单元热释电探测器的性能参数外，还有像元数 N、相邻元间隔式填充因子、串音 δ 和响应度均匀性等指标。特别是串音 δ，对于热释电探测器阵列是最重要的指标。串音的定义为：阵列中某一元件 n 接收入射辐射时，最近邻元 $(n-1)$ 或 $(n+1)$ 的输出信号与该元输出信号之比值，即

$$\delta = V_{n-1} / V_n \tag{5-306}$$

阵列的性能很大程度上取决于信号读出的模式。因而除热释电响应元阵列外，热释电探测器阵列还包括前置放大器、积分器和电子开关等部分。对于最简单的线阵，其响应元信号被结型场效应管前放阵列放大后在积分器阵列中转换成直流信号。这个直流信号可直接推动发光管阵列，也可由场效应管电子开关读出变为视频信号。近年来。随着硅 CCD 电荷传输技术的发展，人们开始省略前置放大器，甚至省略积分器，直接用硅 CCD 进行信息处理，简化阵列器件。目前这种将热释电响应元阵列与硅 CCD 混成的方法有两种方式：一种是源注入方式，即以源注入形式将热释电电荷信号通过一输入 MOS 场效应管注入硅 CCD 势阱中；另一种是栅注入方式，即将热释电电流变换成栅极信号电压调制输入 MOS 场效应管的栅极。

对于热释电焦平面探测器材料，较新型的有钛酸锶钡(BST)陶瓷和钛酸钪铅($Pb_xZi_{1-x}TiO_3$，PST)等。探测器一般采用薄膜材料。热释电焦平面探测器发展的主要代表是美国得克萨斯仪器公司和英国马可尼电子公司。

美国 TI 公司推出的 328×245 钛酸锶钡 FPA 已形成产品，其像元结构如图 5-53 所示。像元大小为 48.5μm×48.5μm，100%的光学填充系数，NETD 优于 0.1K，系统中还包括热电制冷器、精确的温度传感器以及机械斩波器。

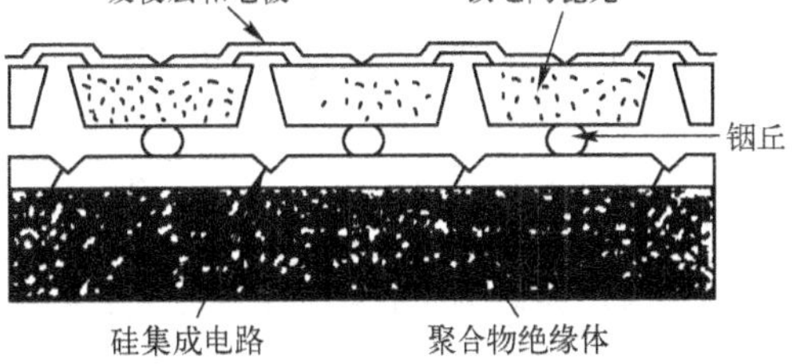

图 5-53 铁电混合式阵列结构

除此之外，还有 640×480 的 FPA 出现，发展趋势是将铁电材料薄膜淀积于硅片上，制成单片式的热释电焦平面，有很高的潜在性能，可望实现 1000×1000 阵列的优质成像。目前，TI 公司和洛克西德·马丁公司已研制出了 640×480 像元的非制冷热释电焦平面阵列。

马可尼电子系统公司于 1990 年用钛酸锆铅热电陶瓷材料制成 100×100 像元的探测器阵列。制作工艺采用混合式技术，探测器材料制作在主体材料上，经加工处理后与匹配的硅读出电路焊接在一起。混合式阵列像元制作的典型结构如图 5-53 所示。铁电层是从一个热处理后的陶瓷片上切割的圆片，抛磨厚度约为 10μm～15μm。

马可尼电子系统公司已确立 100×100 像元的热成像传感器在民用领域的地位，像元尺寸为 100μm×100μm，NETD=0.087K。目前已投入生产的产品比 256×128 像元阵列大，像元尺寸为 56μm×56μm，NETD=0.09K，而像素尺寸为 40μm×40μm、NETD=0.131 K 的 384×288 阵列探测器也已投入前期生产。

德国德雷斯顿技术大学已研制出具有优异性能的 4 信道热释电多光谱探测器。

5.7.2 微测辐射热计

辐射热效应是因吸收红外辐射产生温度变化而引起响应元电阻变化的现象。图 5-54 和图 5-55 给出了利用该效应的两种电路形式。

当采用桥式电路时(图 5-54)，两个探测器靠近放置，且其中一个被屏蔽，以防止多余的周围

环境的辐射入射。当无多余的辐射照在暴露的探测器上时，电桥是平衡的。入射的红外辐射将使暴露的探测器温度升高，进而引起其电阻变化。这就破坏了电桥的平衡，使得有一电流流过 R₂。在图 5-55 的交流电路中，只有测辐射热计两端电压的变化量才能通过耦合电容器传给电路。

微测辐射热计的温度升高引起的电阻变化量依赖于电阻的温度系数 α

$$\alpha = \frac{1}{R_d}\frac{dR_d}{dT_d} \tag{5-307}$$

式中，R_d 为探测器的电阻；T_d 为探测器的温度。

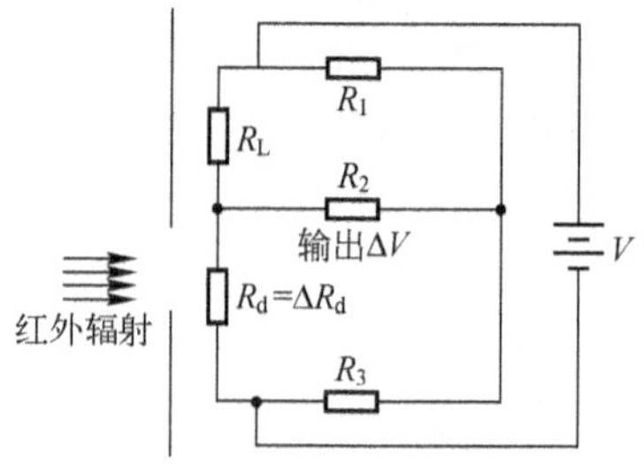

图 5-54 直流工作的桥式辐射热测量探测器电路

根据图 5-54 和图 5-55 的两种电路形式，其信号电压可以分别写为

$$V_S = \frac{I(\Delta R_d)R_2}{2R_2 + R_1 + R_3} \tag{5-308}$$

$$V_S = \frac{R_1 V(\Delta R_d)}{(R_d + R_1)^2} \tag{5-309}$$

式中

$$\Delta R_d = \frac{dR_d}{dT_d}\Delta T_d \tag{5-310}$$

I 为桥式电路中流过的微测辐射热计的稳态电流；ΔT_d 为 T_d 的时间变化；V 为直流偏压。

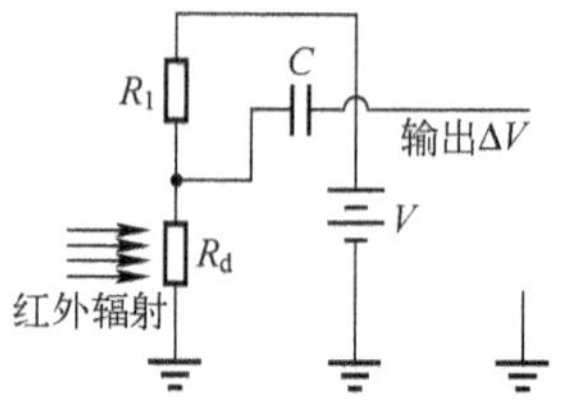

图 5-55 辐射热测量计电路

1．响应度

设入射红外辐射功率增量 ΔP 引起的微测辐射热计温度变化为 ΔT_d，其关系为

$$C\frac{d\Delta T_d}{dt} + G\Delta T_d = W_h + \Delta P \tag{5-311}$$

式中，C 为微测辐射热计探测单元的热容，单位为 JK^{-1}；$G\Delta T_d$ 为探测器单元传导和辐射的热流；W_h 是由 I^2R_d 在微测辐射热计上产生的热功率。

在稳态情况下

$$G\Delta T_d = W_h = I^2 R_d \tag{5-312}$$

当 ΔT_d 较小时，由式(5-311)和式(5-312)可得

$$C\frac{d\Delta T_d}{dT} + G\Delta T_d = \frac{dW_h}{dT}\Delta T_d + \Delta P \tag{5-313}$$

式中，G 是对应于微小温度变化量的热导，单位为 WK^{-1}。W_h 对 T 的变化率依赖于电路的设计情况。对于图 5-54 的电路有

$$\frac{dW_h}{dT} = \alpha W_h\left(\frac{R_1 - R_d}{R_1 + R_d}\right) = \alpha(\Delta T_d)G_0\left(\frac{R_1 - R_d}{R_1 + R_d}\right) \tag{5-314}$$

则式(5-312)可写为

$$C\frac{d\Delta T_d}{dT} + G_e\Delta T_d = \Delta P \tag{5-315}$$

式中，G_e 为有效热导，记为

$$G_e = G - \alpha(\Delta T_d)G_0\left(\frac{R_1 - R_d}{R_1 + R_d}\right) \tag{5-316}$$

当 $G_e<0$，$\Delta P=0$ 时，式(5-315)有一个按指数规律增加的解。在该条件下，微测辐射热计是不稳定的，且会被破坏。如果想要稳定工作，则需要满足

$$G > \alpha(\Delta T_d)G_0 \tag{5-317}$$

为了获得最大的信号电压 V_s，需要选择 $R_1 \gg R_d$。对于按正弦变化的入射辐射($\Delta P=\Delta P_0\cos\omega t$)，式(5-315)的解为

$$\Delta T_{\rm d} = \frac{\varepsilon \Delta P}{G_{\rm e}\left(1+\omega^2\tau^2\right)^{1/2}} \tag{5-318}$$

式中，$\tau=C/G_{\rm e}$；ε 为微测辐射热计的发射率。

根据傅里叶级数形式的任意周期函数和叠加原理，可以确定任意周期性热辐射的响应。由于

$$\Delta R_{\rm d}=\alpha \Delta T_{\rm d} R_{\rm d} \tag{5-319}$$

因此

$$\Delta R_{\rm d} = \frac{R_{\rm d}\alpha\varepsilon \Delta P}{G_{\rm e}\left(1+\omega^2\tau^2\right)^{1/2}} \tag{5-320}$$

根据响应度的定义，图 5-55 电路形式的微测辐射热计的响应度可写为

$$\Re = \left(\frac{R_1}{R_1+R_2}\right)\frac{IR_{\rm d}\alpha\varepsilon}{G_{\rm e}\left(1+\omega^2\tau^2\right)^{1/2}} \tag{5-321}$$

同理，图 5-54 所示的桥式电路的响应度为

$$\Re = \frac{1}{2}\varepsilon IR_{\rm d}\alpha\frac{1}{G_{\rm e}} \tag{5-322}$$

2．探测率 D^*

通常认为，热敏电阻微测辐射热计的噪声电压由 $1/f$ 噪声和 Johnson 噪声组成。

$1/f$ 噪声一般可表示为

$$V_{\rm nI} \propto IR_{\rm d}\left(\frac{\Delta f}{A_{\rm d}}\right)^{1/2}\left(\frac{1}{f}\right)^{1/2} \tag{5-323}$$

可进一步写为

$$V_{\rm nI} = k_{\rm f} IR_{\rm d}\left(\frac{\Delta f}{A_{\rm d}}\right)^{1/2}\left(\frac{1}{f}\right)^{1/2} \tag{5-324}$$

式中，$k_{\rm f}$ 为比例系数。

Johnson 噪声可表示为

$$V_{\rm nR} = \left(4kT_{\rm d}R_{\rm d}\Delta f\right)^{1/2} \tag{5-325}$$

如果认为上述两种噪声不相关，则根据 D^*的定义

$$D^* = \frac{\Re}{\sqrt{V_{\rm nI}{}^2+V_{\rm nR}{}^2}}\left(A_{\rm d}\Delta f\right)^{1/2} \tag{5-326}$$

可以写出

$$D^* = \frac{A_{\rm d} f\varepsilon\alpha I\sqrt{R_{\rm d}}}{2G_{\rm e}\sqrt{f\left(k_{\rm f}I^2R_{\rm d}+4kT_{\rm d}A_{\rm d}f\right)}} \tag{5-327}$$

式中，$A_{\rm d}$ 为探测单元的面积；f 为响应频率；Δf 为微测辐射热计的频率响应带宽。

对于有最佳探测性能（最佳信噪比 SNR）的大偏置电流情况，在探测器响应的大部分频谱范围内，电流噪声起主要作用。如果把偏置电流减小到足够小，则电流噪声相应减小，Johnson 噪声起主要作用。此时，探测器的噪声谱是平的，仅依赖于探测单元的电阻和温度。

3．微测辐射热计的结构与制作

微测辐射热计（Microbolometer）是在 IC-CMOS 硅片上以淀积技术，用 Si_3N_4 支撑有高电阻温度系数和高电阻率的热敏电阻材料 VO_x 或多晶硅-Si，做成微桥结构的器件（单片式 FPA）。微测辐射热计接收热辐射引起温度变化而改变阻值，直流耦合无须斩波器，仅需一半导体制冷器保持其稳定的工作温度。与热释电 UFPA 比较：微测辐射热计采用硅集成工艺，制造成本低廉；有好的线性响应和高的动态范围；像元间好的绝缘而使之具有较低的串音和图像模糊；低的 $1/f$ 噪声；高的帧速和潜在的高灵敏度（理论 NETD 可达 0.01K）。微测辐射热计与热释电 UFPA 相比，其不足在于偏置功率受耗散功率限制和大的噪声带宽。微测辐射热计淀积技术在 20 世纪 90 年代发展迅速，成为热点。

微测辐射热计像素单元如图 5-56 所示，是典型的三明治结构。图 5-57 是完成封装的微测辐射热计，其基本制作流程包括：

在 CMOS 基片上生长 Al 反射层→生长 Al 桥墩→生长 SiO^2 桥墩→涂 PI 牺牲层→生长 SiN 吸收层→生长 Ti 引线→生长 VOx→生长 SiN 钝化层→释放 PI 牺牲层→划片→键合→测试→封装。

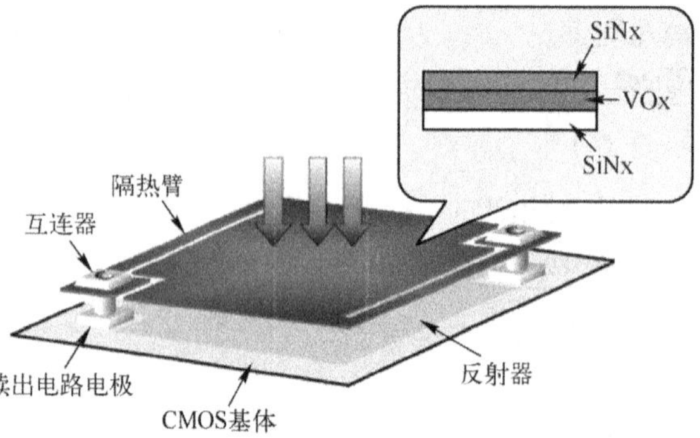

图 5-56　微测辐射热计像素单元结构示意图

图 5-57　完成封装的微测辐射热计

4．微测辐射热计焦平面现状

美国霍尼韦尔(Honeywell)传感器及系统开发中心(SSDC)于 1993 年报道了 16×64、64×128 和 240×330 像元的微测辐射热计红外焦平面探测器阵列。其热探测层通过溅射或化学汽相沉积技术在电绝缘薄片上沉积薄膜(<1μm)，沉积的薄膜材料包括金属、SiO_2、Si_3N_4 和 VO_x(热敏电阻材料)。膜片位于 Si 衬底上方，由对角线两端角上的两根连接像素和硅读出电路的细长支柱支撑。其中 240×336 像元非制冷焦平面 NETD=0.039K(*f*/1 镜头)，像元尺寸 50.8μm×50.8μm(图 5-58)。Honeywell 公司将技术转让给了雷声先进红外中心(IRCOE)、北美波音公司和洛克希德·马丁公司等。

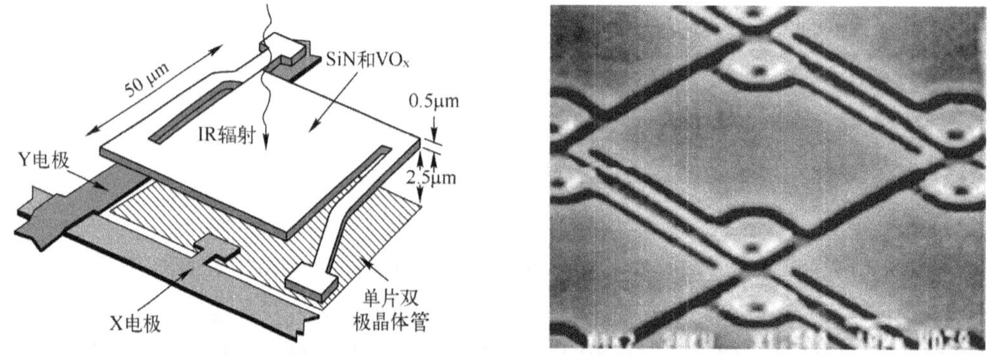

图 5-58　Honeywell 公司开发的微测辐射热计

1993 年 IRCOE 获得 Honywell 公司 VO_x 微测辐射热计非制冷 FPA 技术的使用权，研制成高灵敏度的非制冷红外焦平面阵列 SB-151，并广泛应用在高性能系统中，性能特征为：像元数 320×240，像元尺寸 50μm×50μm，芯片尺寸 18.3μm×18.4mm，工作波段 8～14μm，信号响应率大于 $2.5×10^7$V/W，NETD<0.08K(*f*/1 镜头)，功耗约为 200mW。

北美波音公司已成为 VO_x 微测辐射热计焦平面阵列的批发供应商，产品型号为 U3000，像元数为 320×240，像元尺寸为 51μm×51μm，工作波段 8～14μm，NETD<0.1K，帧速 60Hz。正在研发的下一代非制冷红外焦平面 U4000 旨在改进焦平面工作稳定性，提高焦平面和摄像机间的接口电路性能，NETD 可望小于 0.02K(*f*/1 镜头)。

洛克希德·马丁公司已批量生产 320×240 像元的微测辐射热计热像仪 LTC500，且新一代的

LTC650 非制冷微测辐射热计热像仪已研制成功，其像元数 640×480，像元尺寸 28μm×28μm，帧速为 30Hz，NETD=0.1K（f/1 镜头）。

除此之外，法国 SOFRADIR 公司在多晶硅微测辐射热计焦平面方面的研制得了很大的进展（结构如图 5-59 所示），形成了探测器像元数 256×64、像元尺寸 50μm×50μm，像元数 320×240、像元尺寸 45μm×45μm 以及 35μm×35μm 等不同系列，NETD 接近 30mK。同时，相应的 CMOS 读出电路也已研制成功，目前，正在研制 25μm 像元的焦平面阵列。

目前，国内北方广微积电等厂家也可以自主研制 VO_x 微测辐射热计焦平面探测器阵列，其典型产品的参数如表 5-8 所示。

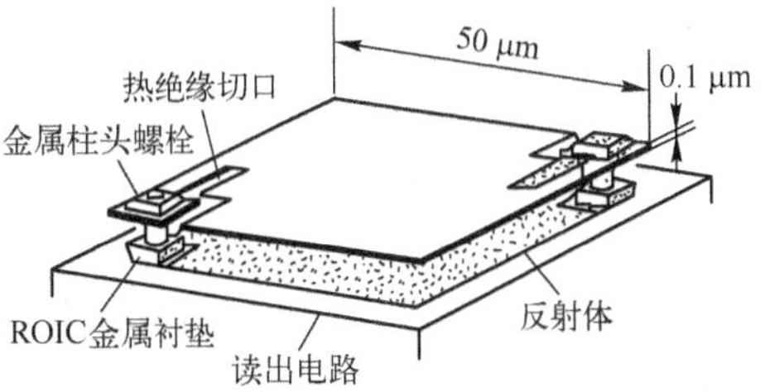

图 5-59 Sofradir 公司开发的微测热辐射计

表 5-8 北方广微积电微测辐射热计焦平面探测器主要技术指标

阵列大小	160×120	384×288	640×512
像元中心距（μm）	45，38	35，25，20	20
NETD（mK）	≤80	≤40	≤50
热响应时间（ms）	≤7	10～20	10～20
盲元率	<0.1%	<0.1%	<0.1%
典型功耗（mW）	150	200	300
工作温度（℃）	-40～+60	-40～+60	-40～+60

正如前面所说，由于非制冷红外焦平面探测器的非制冷和低成本，目前已成为民用和准军事用途红外热成像系统的主流探测器芯片，相比于制冷型红外焦平面探测器，其已经可以进入“寻常百姓家”了。

5.7.3 其他热电型非制冷焦平面阵列

1．热电堆红外焦平面阵列

在两种不同的金属所组成的闭合回路中，当两接触处温度不同时（ΔT），回路中就要产生热电势（V_s），这种现象称为赛贝克（Seebeck）效应，这种结构称为热电偶，系列的热电偶串联即为热电堆。通过电压 V_s 变化便可测出温度变化，这是热电堆红外焦平面阵列的基本应用原理。

日本防卫厅和日本电气公司（JDA/NEC）在热电堆焦平面阵列技术方面是最具代表性的，1994 年，其用 N 型和 P 型多晶硅作热电材料制作出了 128×128 像元的热电堆焦平面阵列（如图 5-60 所示），获得的灵敏度为 1.550V/W，像元尺寸为 100μm×100μm，NETD=0.5K（f/1 镜头）。这种器件是一种提高填充因子的单片式集成结构，信号电荷积累和信号电荷读出电荷耦合器件（CCD）制作在硅表面上，在 CCD 的上面是用微机械加工技术制作的热绝缘结构膜，膜的尺寸为 80μm×84μm，填充因子高达 67%。

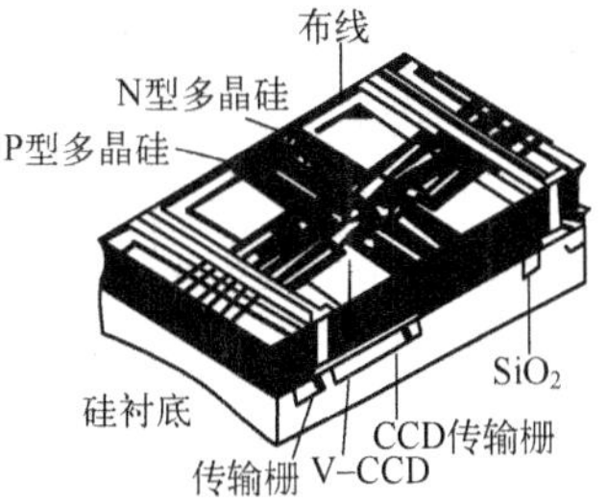

图 5-60 热电堆红外焦平面阵列的像元结构

除此之外，美国福斯特工程技术公司推出了 128 位线阵微机械热电堆阵列。霍尼韦尔公司于 1995 年研制出 120 像元的热电堆红外摄像线阵传感器。

2．常规集成电路实现的非制冷焦平面阵列

电阻测辐射热计、热释电探测器和热电堆探测器所采用的材料具有很好的温度–电学特性（电阻、极性），制成 IRFPA 具有高的响应率。但其读出电路通常都采用标准的硅集成电路加工技术，与传统的硅加工技术并不完全兼容，这也是非制冷探测器成本相对可见光 CCD 探测器仍较高的原因之一。日本三菱电机公司先进技术开发中心已成功研制出采用常规集成电路工艺的低成本 320×240 像元非制冷 IR-FPA。这种 IR-FPA 采用硅 PN 结二极管（可与硅工艺兼容的器件），其

SOI(Si on Insulator)热探测器结构(图 5-61)由一种绝缘膜隔开的两个单晶硅区组成，绝缘夹层为 SiO_2，称为隐埋层(Box)。

320×240 像元 SOI 二极管非制冷 FPA 的性能指标为：像元数 320×240，像元尺寸 40μm×40μm^2；热导率达 8.2×10^8W/K；串结二极管温度系数可达 11mV/K；探测器填充系数为 90%；红外吸收率为 80%；60Hz 帧速；NETD=0.2K(*f*/1 镜头)。

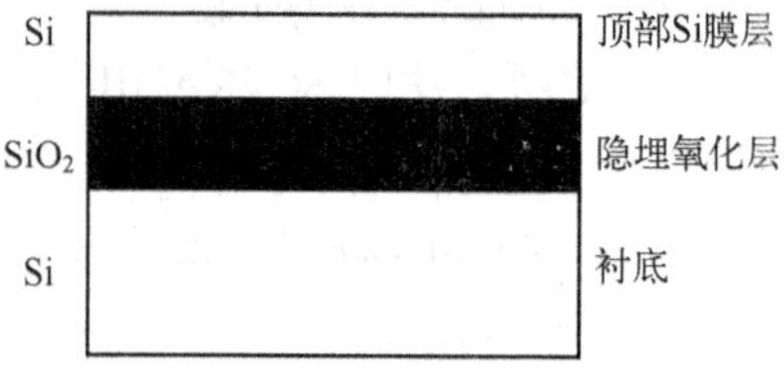

图 5-61　Si 上绝缘层片子结构

5.7.4　非制冷焦平面技术分析

非制冷焦平面红外热像仪以其优越的性价比，在军事和民用领域中得到了广泛的应用，表现出了巨大的市场潜力和良好的应用前景。随着制造成本的进一步降低，非制冷红外热成像技术在民用领域将得到进一步推广，在家庭安全监控和家庭医疗诊断方面逐步被人们接受，最终可能会像数码相机一样走进人们的日常生活。

目前，在上面所介绍的 4 种非制冷焦平面技术途径中，以微测辐射热计阵列和热释电焦平面阵列的发展前景最为看好，这是因为：微测辐射热计不需要斩波器，均匀性、调制传递函数(MTF)较优；通过轻便小型的阿基米德螺线型斩波器可使热释电焦平面阵列系统实现平稳扫描。此外，由于热释电探测器占空比较高，无需偏置电压，且恒温器的功率较低，因此对大面阵探测器而言，其特点可能更为突出。

热电堆焦平面阵列虽然性能相对差些，但其不需斩波器或温度稳定器，整个制造工艺可在硅集成线上完成，可望实现低成本、批量生产。常规集成电路实现的非制冷红外热像仪目前尚处在起步阶段，由于工艺方面与常规集成电路相兼容，因而也具备良好的发展前景。

在阵列规模上，目前已经进入 640×480 元阶段，像素面积达到(17×17)μm^2。此外，从探测器阵列芯片上的 A/D 转换和非均匀校正，以及更低的 NETD 要求可以看出，高性能非制冷探测器以及低成本微型非制冷探测器将是未来的重要发展方向。

非制冷红外热成像系统及其相关的探测器理论性能是非常优异的，D^*可达到 1.81×10^{10}cmHz$^{1/2}$W，NETD 理论值比目前所达到的实测值高 1～2 个数量级。其中，雷声先进红外中心(IRCOE)开发的 SB-151 非制冷红外焦平面成像阵列，NETD 已达 20mK，是目前温度分辨率最高的非制冷红外热像仪。因此非制冷焦平面红外热像仪将可能以其优越的性价比向制冷型提出严峻的挑战。

近年来，我国非制冷焦平面阵列技术也取得了长足的进步。1995 年中国科学院长春光学精密机械研究所利用微机械加工技术研制成功了低成本线阵 32 像元、128 像元的硅微测热辐射计阵列，噪声等效温差 NETD 为 0.3K，存储时间为 lms。中国科学院上海技术物理研究所制备的 BST 铁电薄膜材料的性能在 2000 年已接近国际先进水平。进入“十一五”以后，特别是近年来相关技术与设备的引进和海外留学人员的回流，我国非制冷焦平面探测器的研究渐入高潮，研制水平距国际水平的差距正在逐步缩小。

表 5-9　国外的非制冷型凝视 FPA（长波）情况

厂　商	规　格	技　术
TEXAS INSTRUMENTS	320×240	Hybrid
HONEYWELL LORAL, HUGHES/SBRC ROCKWELL　AMBER	320×240	Monolithic microbolometers
GEC-GMMT	100×100 , 384×288	Hybrid
MITHUBISHI	160×120	Monolithic
NEC	128×128	Monolithic

5.8　基于光学读出的红外热成像技术

目前结合微结构形变等采用普通光学方式实现红外热成像的研究正在进行。相比于电学读出的热型探测器，光学读出方式的红外探测器的优点在于：（1）光学读出系统不会在探测器上产生附加的热量；（2）光学的读出方式不需要探测单元之间在腿部进行金属连接，探测单元与基底之间有良好的热隔离，使每个像素的热隔离更接近辐射极限；（3）探测器单元的制作与现有 MEMS 硅制作工艺兼容，降低了开发和制作成本；（4）光学的读出方式不需要在像素之间进行交叉布线和扫描电路，更容易制作大面阵的 FPA；（5）无电能消耗。因此，基于光学读出方式和双材料的微悬臂梁核心部件研发，有望开发出更高性能的红外热辐射成像装置。下面介绍两种基于光学读出的红外热成像系统。

5.8.1 基于 MEMS 微悬臂梁的红外热成像技术

双材料微悬臂梁非制冷红外热成像系统主要由三部分组成：（1）大口径红外透镜构成的红外辐射集像部分；（2）双材料微悬臂梁红外探测器焦平面阵列(FPA)；（3）非接触式光学成像透镜、处理器和显示器的光学检测部分。形成的红外热成像系统如图 5-62 所示。

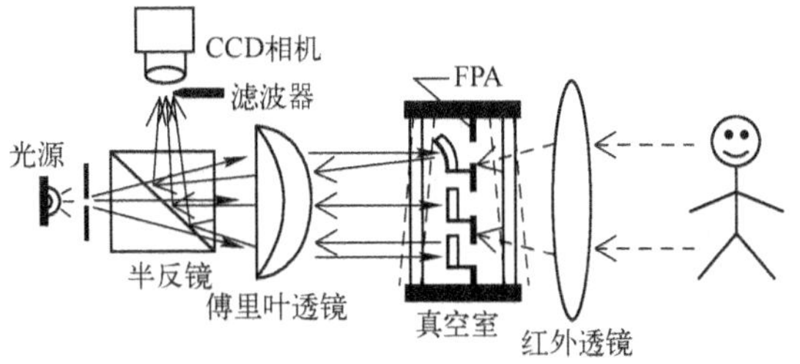

图 5-62 双材料微悬臂梁非制冷红外成像系统

1．双材料微悬臂梁非制冷红外焦平面探测器工作原理

双材料微悬臂梁非制冷红外焦平面探测器是一种热机械的非制冷红外探测器，它利用了机械力学性质探测红外辐射。当 FPA 单元吸收入射的红外辐射产生温升时，由于组成微悬臂梁的双材料热膨胀系数不同，悬臂梁会产生弯曲变形。通过光学方法检测这种热致变形便可进而转化为红外图像。

这种光学读出的双材料微悬臂梁阵列不需要在每一感热像素上集成高灵敏度的读出电路，降低了红外焦平面阵列的制作难度。非接触式光学读出方法不引入电流，因而不会产生附加热量；微梁单元和基底之间不需要金属连接，因而有良好的热隔离效果；像素之间不需要布线和扫描电路，更容易实现大面阵 FPA 的制作。光学读出非制冷红外 FPA 的理论探测灵敏度可以达到 μK 量级。

（1）微悬臂梁结构

FPA 上的双材料微梁由两种热膨胀系数不同的材料组成。在国外已报道的 FPA 阵列设计中，受传统 MEMS 工艺的影响，微梁阵列都是生长在硅基底上的，一个微梁单元只有一折变形梁，其吸热变形效率受到限制。

整个微梁阵列的结构是在一张薄膜材料(SiNx 膜)上刻蚀出支撑网格结构，微梁单元生长在网格框架上，微梁阵列区内无硅基底支撑。微梁单元由红外吸收板(反光检测板)、热变形机构及框架构成：红外吸收板的一面为 SiNx 膜，红外光由此面入射并被吸收，另一面镀 Au 作为可见光反光板，用于微梁变形的光学读出；微梁的热变形机构支撑于框架之上，且对称分布于红外吸收板的两边，如图 5-63 所示。热变形机构由多重回折腿的热变形梁(镀金的 SiNx)和单材料梁(SiNx)组成，这里所示的结构采用了两次回折。由于热膨胀系数不同，当微梁单元吸收红外热流温度发生变化时，双材料梁发生弯曲变形。当只有一次回折结构时，变形为 θ_1，采用二次回折间隔镀金的方式后，热变形机构的变形为 $\theta_1+\theta_2$，此种设计产生了放大变形的效果。

图 5-64 给出了制作成功的双材料微梁阵列电镜照片。微梁单元的尺度为 200μm×200μm，回折的部分是变形梁和单材料梁(宽 2μm)，微梁由宽 10μm 的框架支撑。整个微梁阵列由 100×100 个微梁单元组成。

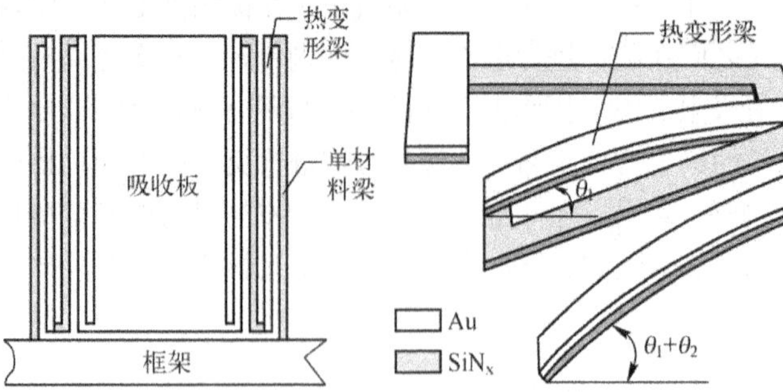

图 5-63　无硅基底双材料微悬臂梁单元及形变示意图

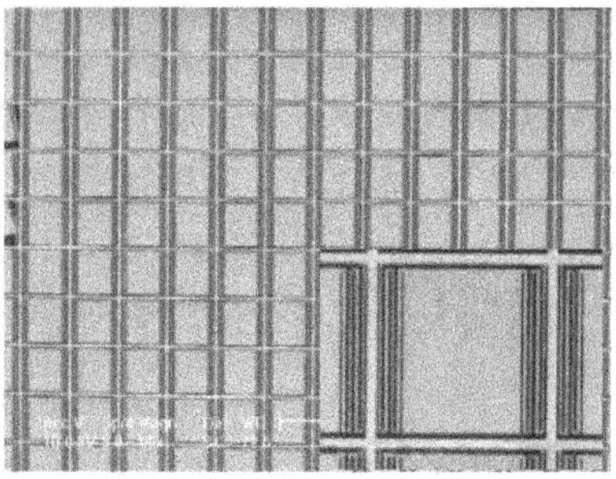

图 5-64　微悬臂梁 FAP 电镜图

（2）微悬臂梁焦平面阵列(FPA) 的制作

① 有硅基底的微悬臂梁 FPA 工艺流程

图 5-65 所示为微悬臂梁 FPA 的工艺流程。在整个制造过程中，最值得关注的是其仅包含三个应用照相平版印刷技术的步骤。因此，与以前的探测器 FPA 研制相比，整个制造工艺的复杂度大大降低。

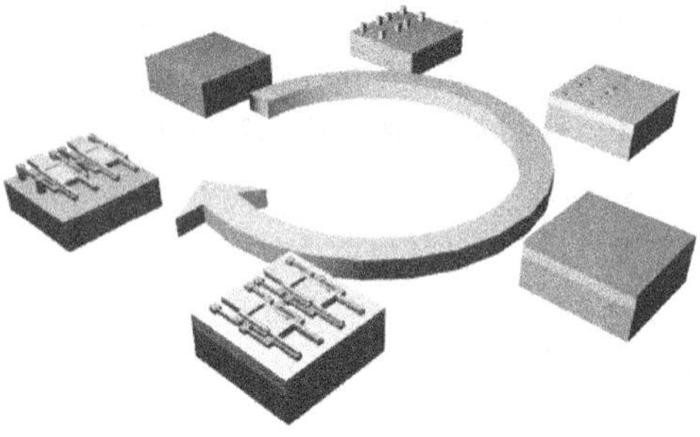

图 5-65　有硅基底的微悬臂梁 FPA 工艺流程

在第一次应用照相平版印刷技术时，通过一个光致抗蚀掩模对原始的双层抛光 Si 运用反应性离子光刻法，形成一系列 5μm 高的支撑悬浮结构的小柱子。Si 的表面光刻采用基于 ICF SF6 的光刻完成。接着在 Si 表面的小柱子上形成 6.5μm 厚的沉淀层。等离子体在 250℃的条件下能够增强硅氧化物的化学气相沉淀。用化学抛光(CMP)的方法对牺牲氧化物层进行打磨，直到它的厚度达到 4.5μm，与小柱子齐平。牺牲氧化物层的厚度根据硅基底和像元结构层之间形成光学 IR 谐振所需的条件确定。此后，在氧化物平面上面沉积厚度为 600nm 的 SiNx 层。

第二个应用照相平版印刷技术的制造步骤是在 SiNx 上蒸发一层厚度为 120nm 的 Au。在沉淀一层 5nm 厚的 Cr 黏附层后，立即进行 Au 的电子束蒸发。光致抗蚀层的图案形状与双材料的“脚部”和像元“头部”的反射区域相对应。

第三次应用照相平版印刷技术是为了确定探测器 SiNx 层的几何形状。FPA 制造流程的最后一步是去掉牺牲氧化层。实现最后一步的方法是先用浓氢氟酸对牺牲氧化物层进行表面刻蚀，紧接着用清水对其进行冲洗，最后用 CO_2 蒸干其重要的点。

② 无硅基底微悬臂梁 FPA 的工艺流程

FPA 利用 MEMS 技术制作，国外研究机构一般采用牺牲层工艺，国内则有研究小组避免了复杂的牺牲层工艺，制作出无硅基的 FPA，其主要工艺流程如图 5-66 所示。

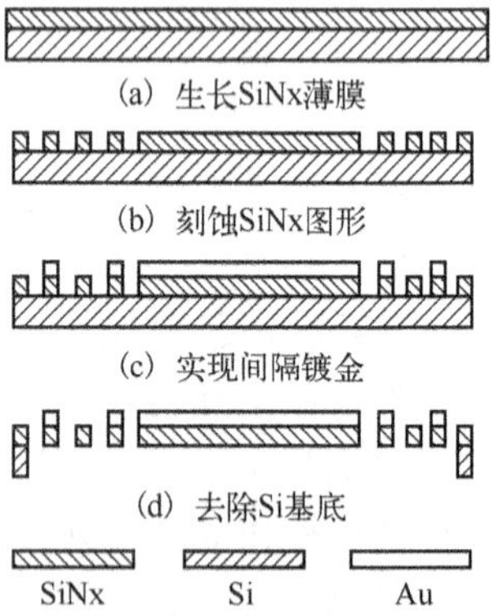

图 5-66　无硅基底微悬臂梁 FPA 工艺流程图

主要包括：

① 在清洗后的硅片上生长 2μm 厚的 SiNx 膜；

② 利用光刻得到掩模(mask)，然后用反应离子刻蚀(RIE)方法刻蚀 SiNx 膜，得到设计的图形；

③ 涂上光刻胶，刻出光刻胶图形，再溅射 Au，最后把余留的光刻胶和其上的 Au 一起去除，得到间隔镀金结构；

④ 去除硅基底，但保留支撑框架上的部分硅基底，以保证微梁阵列的强度。

2. 微悬臂梁非制冷红外焦平面探测器的研究进展

1996 年，美国 Oak Ridge 国家实验室研究小组利用商用压电电阻微悬臂梁制作了前述原理的红外探测器。如图 5-67(a)所示，氦－氖激光器发出的激光被聚焦在微悬臂梁的尖端作为光学探针。光束经悬臂梁反射后被 PSD 接收，当梁受热变形后，就能测量出光点随热变形的偏转位移。该研究小组通过锁相放大电路第一次看到了 250℃物体的热像(图 5-67(b))。

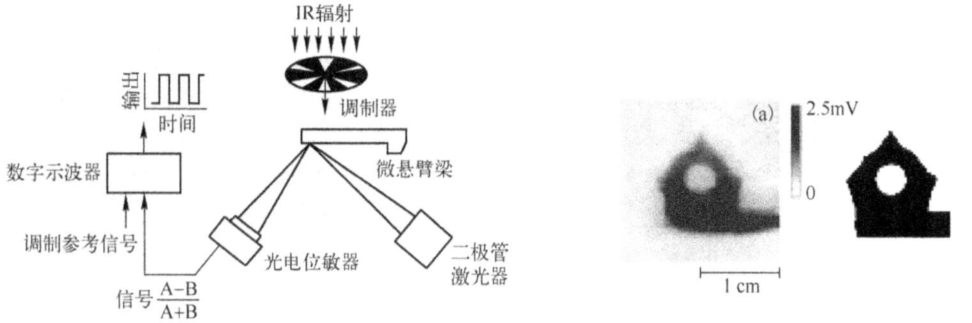

(a) 实验探测光路　　(b) 实验结果（左边为热像，右边为目标）

图 5-67　Oak Ridge 国家实验室研制的红外探测器

1997 年，U.C.Berkeley 的研究小组成功研制出了基于光学干涉读出方式的双材料微悬臂梁红外焦平面阵列，如图 5-68(a)所示。图 5-68(b)为该小组获得的 2m 远处人手的热图像。FPA 与参考镜面间的光程差通过菲索干涉的方式检测得到，最终 CCD 所得到的干涉场光强分布直接代表了红外目标的热图像强度。

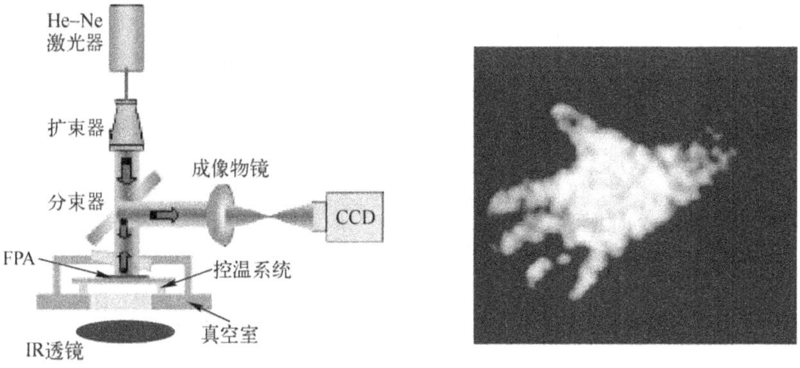

(a) 菲索干涉式光学读出系统　　(b) 人手的热图像

图 5-68　双材料微悬臂梁阵列及干涉式光学读出系统

2000 年，日本 Nikon 公司报道了一种用于检测热变形转角的光学读出系统。在该研究小组的系统中，在光学 $4f$ 处理系统的谱平面上放置了一个滤波用的针孔装置，当微悬臂梁吸收不同热量引发不同的转角时，微梁反射的 LED 可见光通过针孔的光量也就不同，因此，CCD 将接收到对应的不同光强。该研究小组基于此系统得到的人的热图像如图 5-69 所示。

2003 年，Oak Ridge 国家实验室的研究小组又陆续报道了利用 CCD 直接读出方式(图 5-70(a))和小孔滤波方式(图 5-70(b))的红外成像结果。在 CCD 直接读出方式中，采用了光杠杆原理的光学系统，微悬臂梁吸收不同热量所引起的转角被直接转换为 CCD 上反射光点的位移，得到高温下物体的热像如图 5-70(c)所示。小孔滤波方式中，采用了一个带有小孔的透镜，并用 CCD 接收通过小孔的光强，最终得到了室温下人体的红外热像结果(图 5-70(d))。

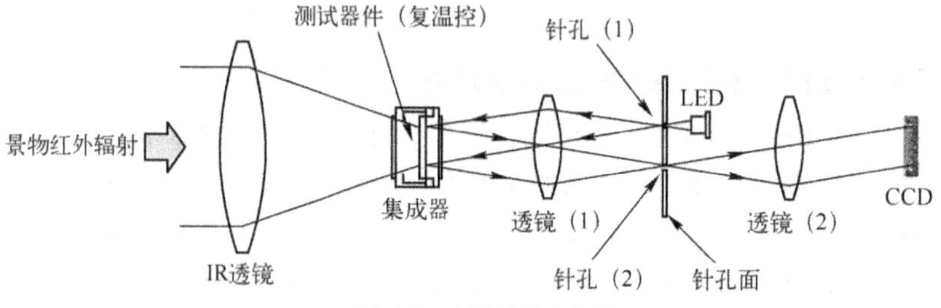

（a）Nikon针孔滤波光路图

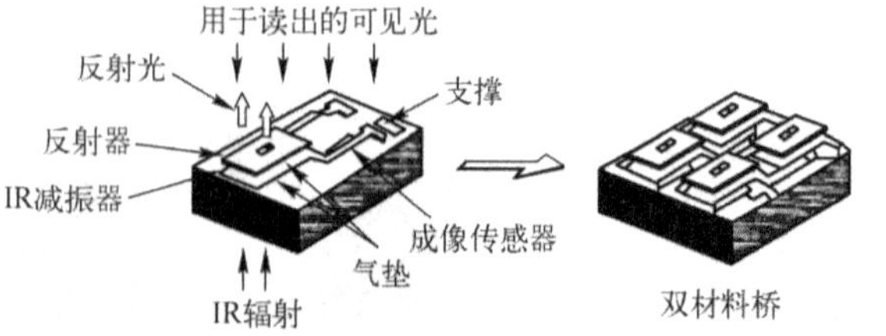

（b）双材料微梁阵列结构

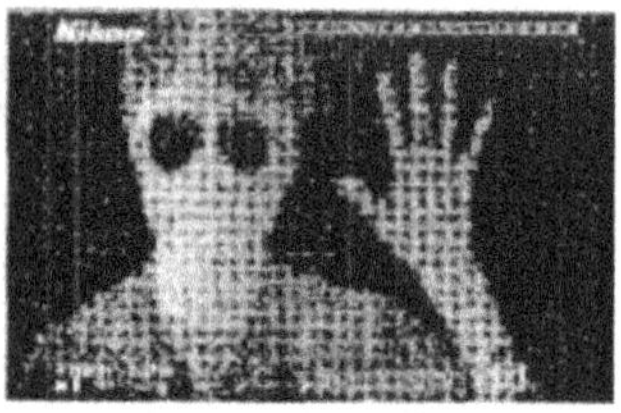

（c）人体热成像结果

图 5-69　一种用于检测热变形转角的光学读出系统

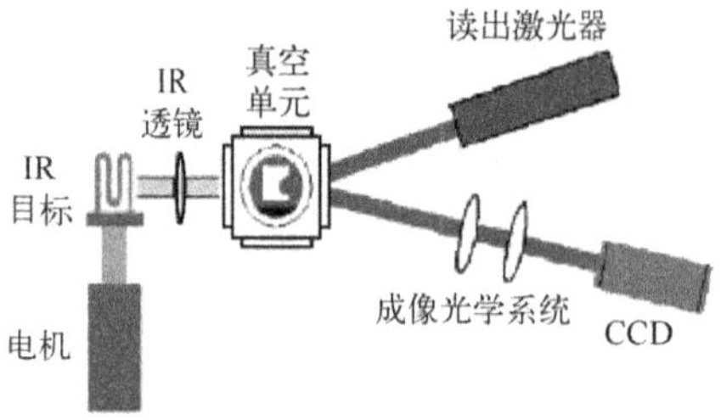

（a）CCD直接读出方式的光学系统

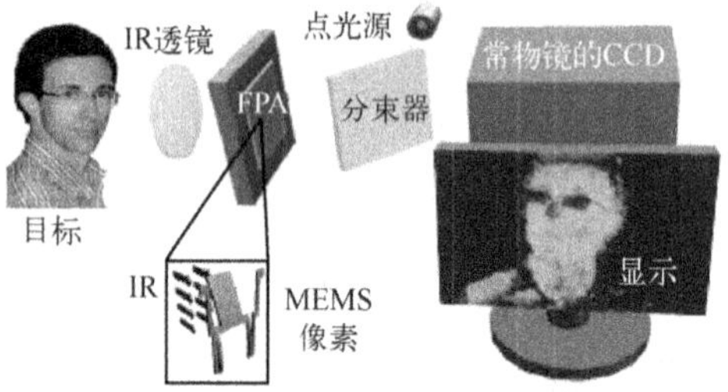

（b）小孔滤波读出方式的光学系统

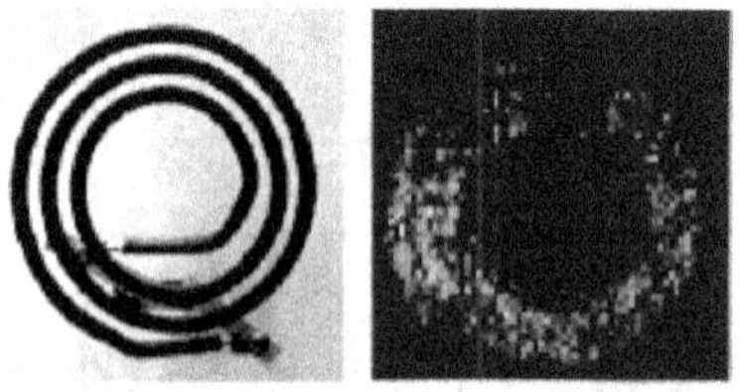

（c）CCD直接读出方式得到的高温物体红外热像

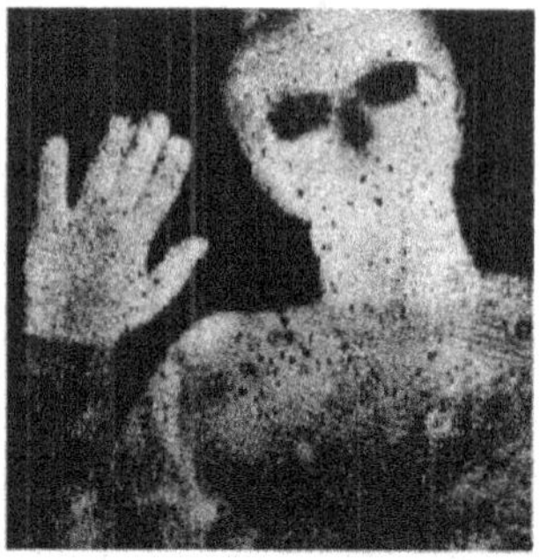

（d）小孔滤波读出方式室温下得到的红外热像

图 5-70　Oak Ridge 国家实验室利用 CCD 直接读出方式和小孔滤波方式的光学系统及其结果

2003 年，中国科技大学开始对此技术进行研究，设计的 FPA 悬臂梁和微镜面均由 SiNx 和 Au 两种材料构成，于 2005 年成功设计并制作出阵列单元尺寸为 120μm×120μm 的双材料微梁阵列，该设计对单元结构进行了更改，增加了反光板的宽度，支撑梁采用双点支撑，增加了其机械强度，微悬臂梁则包括由氮化硅薄膜制备的绝热腿和氮化硅薄膜及金膜共同组成的变形腿（金膜和氮化硅薄膜厚度分别为 0.2μm 和 2μm）。通过该工艺，单元温升和热致形变均得到了提高，并成功实现了近距离人体的红外成像。2007 年，中国科技大学设计了无基底微梁单元 FPA 结构，微梁单元连接在膜框架上，提出了优化双材料微悬臂梁回折数量的思想，使核心部件因温度信息而发生的响应达到最优值，成功地实现了几十米远处的人物成像。目前，北京理工大学也有研究小组在从事相关研究并取得了相应的进展。

基于 MEMS 工艺微悬臂梁阵列光学读出红外成像系统与其他非制冷红外成像系统相比，制作简单，成本低。从现有的研究状况来看，其性能已经接近其他非制冷红外成像系统，可初步达到军用或民用的一般要求。目前实验室能达到的性能与理论计算得到的性能相比还有很大的差距，因而，通过改进系统结构，选用更合适的材料和提高工艺水平，将有可能较大程度地提高成像质量，所以，该项技术还有很大的潜在优势。和其他 MEMS 传感器一样，低成本高质量的 FPA 封装将是一个难点。

5.8.2 基于热光阀的红外热成像技术

最近，有关文献报道了另外一种基于光学读出的红外热成像技术。该技术采用材料光学特性与温度变化相关的原理，将长波红外的温度分布转换为可见光 CMOS 相机可以读取的近红外波长的影响，通过光学方法读出相应的变化，利用 CMOS 相机量度像元间近红外信号的反射变化，形成热图。相关系统结构如图 5-71、图 5-72 所示。

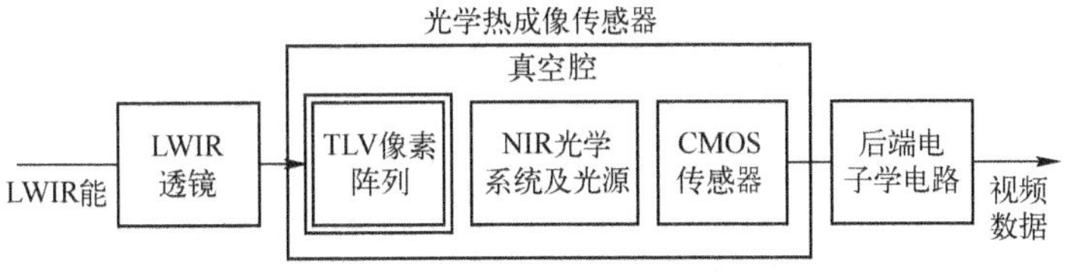

图 5-71 基于热光阀的光学读出热成像系统框图

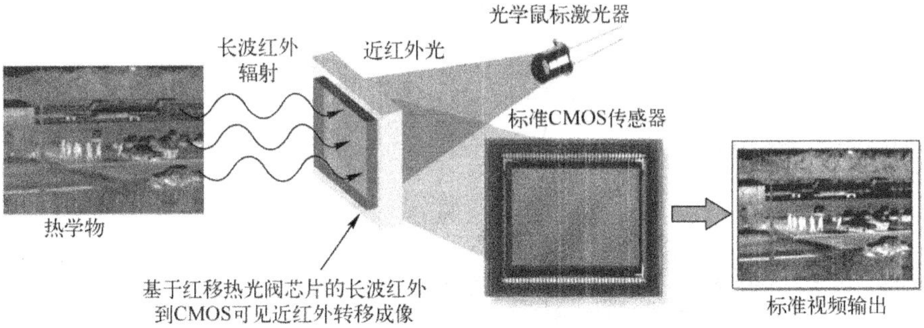

图 5-72 基于热敏光阀的光学读出热成像系统成像过程

该技术的温度分布探测器芯片称为热敏光阀，结构如图 5-73 所示。探测器芯片包括窄带滤光片像元，由隔热柱支撑。来自景物的长波红外辐射成像在热敏光阀上并被加以吸收，加热阵列上的热像元，导致每个像元的最小反射波长随入射的热能产生偏移，每个像元都起到了被动辐射波长转换器的作用。当用窄带近红外光源“探测”芯片上每个像元的温度时，对应像元的探测信号被反射出芯片，落在 CMOS 相机的传感器上，因反射信号的大小与像元温度有关(见图 5-73 右图)，因此，反射出来的信号光代表了景物的温度分布特征，从而完成了将景物的长波红外辐射转换成可见光 CMOS 相机读出的信号。

图 5-74 为光学读出系统的剖视图。

该装置的可调滤光片是一种法布里－珀罗(F-P)结构，由无定形硅(a-Si)和氮化硅(SiNx)薄膜组成，这种结构已在太阳能电池和平板显示器中使用了多年。利用等离子体增强化学汽相淀积技术淀积这些材料，可产生均匀致密的材料，并可以大量生产。

滤光片最低反射波长取决于腔的光学厚度(物理厚度乘以折射率)。这些材料具有大的热光系数，热光系数定义为温度变化/折射率变化。

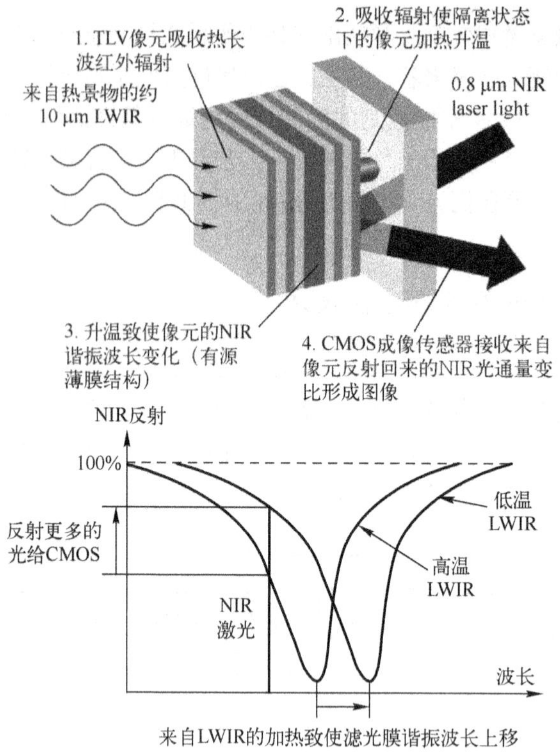

图 5-73　热光阀的 TLV 像元结构及其高低温反射形成的对比

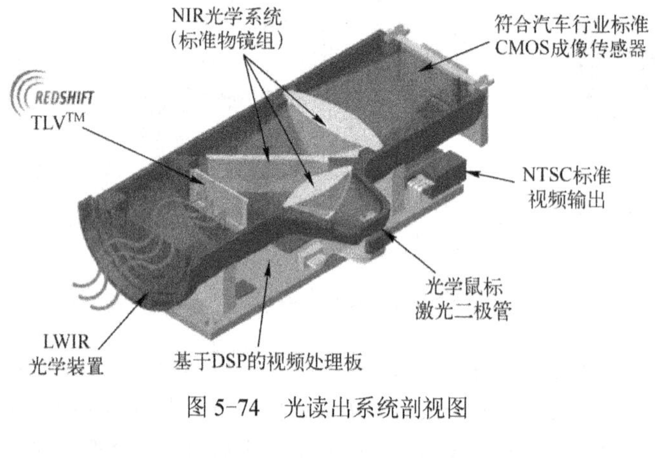

图 5-74　光读出系统剖视图

热敏光阀芯片制作和组装简单。因其敏感阵列是一种玻璃上的光学薄膜无源层，因此可以在标准微机电车间中进行制作，大幅降低了采用专用生产线导致的较高生产成本。

热敏光阀红外热成像系统中，读出光路包括许多市售的产品，如激光二极管和 CMOS 传感器等。这些器件大量用于光学鼠标和民用相机中，不需要电路直接与传感器连接，也不需要专门设计，降低了成本，提高了合格率，缩短了研制周期。

因为该热敏光阀芯片是无源的，不消耗功率，因此基于光学读出的红外热像仪的功耗很低（<1W），且所用热光材料对温度变化敏感，有可能提供很好的图像质量。据报道，目前温度变化1℃引起信号变化的百分比约为微测辐射热计的 20 倍。

由于成本低、易于批量生产和图像质量较高，光学读出的红外热像仪有可能会在不久的将来获得广泛应用。

习题与思考题

1．常用的红外探测器按机理可分为几类？其工作原理是什么?有何优缺点?

2．红外探测器要求哪些工作条件？为什么？

3．红外探测器有哪些性能参数？各自是怎样定义的？

4．PC 型光电探测器的工作机理是什么?有哪些特点？常用哪些材料？

5．试导出在平均激发条件下，非调制信号输入的本征光电导器件的响应度关系式，讨论提高响应度的途径，写出只考虑热噪声和 G-R 噪声时的 D^* 关系式。

6．简述 SPRITE 探测器的工作原理及其优点，导出其响应度关系式，分析提高响应度的途径。

7．什么是少数载流子的扫出效应?怎样才能实现少数载流子的完全扫出?

8．试导出引入量子产额后的 PV 器件响应度的普遍表达式，分析提高响应度的途径。

9．V 型光电探测器的工作机理是什么?有哪些特点?常用哪些材料?

10．光伏器件常用判据是什么?为什么?

11．红外焦平面阵列有哪些形式？各有什么特点？

12．简述肖特基势垒光电探测器的工作原理，其与光伏器件有哪些异同?

13．什么是量子阱？什么是量子点？由它们形成的红外探测器有什么特点？

14．为什么说量子阱器件是多色探测器最有竞争力的器件？

15．非制冷红外焦平面阵列有哪些形式？各有什么特点？

16．热释电探测器有几种结构形式？各有什么优缺点?

17．微测辐射热计可以有几种工作方式？各有什么特点？

18．什么是基于光学读出的红外热成像技术？试分析一下它们的优势与不足。

第 6 章　光机扫描成像技术

前几章成像技术的前提是需要具有足够多光敏元的焦平面探测器，进而通过电子学的相关技术解决电荷图像的解析和读出问题。但是，在光电材料尺寸以及形成的光敏元数量较少时，前面的通过电子学相关技术解决电荷图像解析工作已不可能，因此，人们提出并实现了通过光学机械扫描解析光学图像的光电成像技术。早期的红外热成像系统中，单元红外探测器所对应的瞬时视场往往是很小的，一般只有毫弧度或亚毫弧度，为得到需要观察的视场中的景物热图像，必须对景物扫描，这种扫描通常由机械传动的光学扫描部件完成，相应的过程称为光机扫描。光机扫描成像技术在目前的激光显示和激光三维成像领域也有着广泛的应用。限于篇幅，本章将介绍以红外热成像系统为主线的光机扫描成像技术。

6.1　光机扫描成像的基本参数

图 6-1 以最简单的探测器光机扫描结构说明了光机扫描红外热成像系统是如何将景物温度和辐射发射率差异转换成可见热图像的。图 6-1 中红外光学系统将景物发出的红外辐射通量分布聚焦成像在位于光学系统焦平面的探测器光敏面上；位于聚焦光学系统和探测器之间的光机扫描器由垂直和水平两个扫描镜组构成，扫描器开始工作时，景物到达探测器的光束随垂直和水平两个扫描镜组的转动或摆动而移动，在物空间扫出像电视一样的光栅；当扫描器以电视光栅形式使探测器扫过景物时，探测器将逐点接收对应景物的辐射并将其转换成相应的电信号序列(视频信号)，或者说，光机扫描器依次将景物图像逐点扫过探测器，探测器依次把景物各部分的红外辐射转换成电信号；经过视频处理的信号，在同步扫描的显示器上显示出景物的热图像。

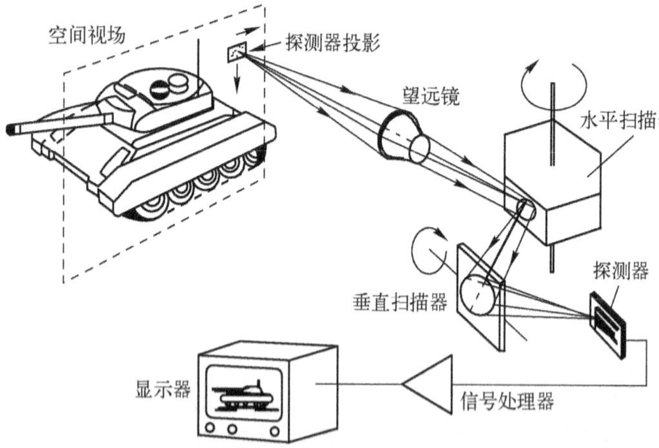

图 6-1　光机扫描热成像系统的工作原理

本节首先介绍光机扫描成像的基本参数和对应的物理概念。

1．瞬时视场(IFOV)

瞬时视场指的是探测器线性尺寸对系统物空间的两维张角，由探测器的形状、尺寸和光学系统的焦距决定。

若探测器为矩形，尺寸为 $a\times b$，则瞬时视场的平面角 α、β 分别为

$$\alpha = a / f' \text{ , } \beta = b / f' \tag{6-1}$$

式中，f' 为光学系统焦距。瞬时视场通常以弧度或毫弧度(mrad)为单位。一般情况下，瞬时视场即表示了成像系统的空间分辨能力。

2．帧周期和帧频

系统扫过一幅完整画面所需的时间 T_f 称为帧周期，单位为 s；系统 1s 扫过画面的帧数 f_p 称为帧频或帧速，单位为 Hz。f_p 和 T_f 的关系为

$$f_p = 1 / T_f \tag{6-2}$$

3．扫描效率 η_{scan}

热成像系统对景物扫描时，同步扫描、回扫、直流恢复等处理需要占用时间，而在这个时间内并不产生视频信号，故称之为空载时间，用 T_f' 表示。帧周期与空载时间之差（$T_f - T_f'$）称为有效扫描时间。有效扫描时间与帧周期之比称为系统的扫描效率，即

$$\eta_{scan} = (T_f - T_f') / T_f \tag{6-3}$$

4．空间角频率

空间频率定义为单位空间上目标条纹的周期数，在热成像系统中常用单位毫弧度中的周期数来表示(cyc/mrad)。设有等宽度的亮暗条纹图案(见图 6-2)，相邻条纹中心距为 l_x，称为空间周期(mm)，若观察点 O 与图案之间的距离为 R(mm)，则$\theta = l_x / R$(mrad)便为角周期，其倒数即为空间角频率：

$$f_x = 1/\theta = R / l_x \quad \text{(cyc/mrad)} \tag{6-4}$$

对于二维图像可以定义二维空间角频率(f_x，f_y)。

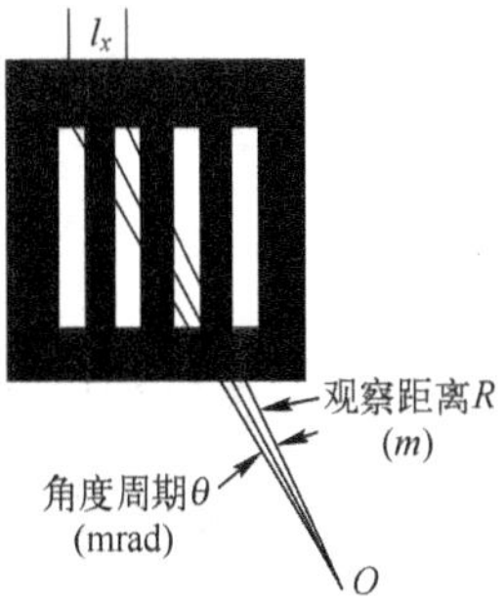

图 6-2　空间角频率

5．过扫比

在光机扫描的红外热成像系统中，扫描过程中相邻两行的瞬时视场之间可能有重叠或间隙，表征这种行扫描重叠程度的系数称为过扫比 O_s。

设探测器大小为 $a \times b$，并联探测器中相邻两探测器之间的中心距为 d，如图 6-3 所示，则过扫比为

$$O_s = Kb/d = \begin{cases} b/d & \text{逐行扫描} K = 1 \\ 2b/d & \text{隔行扫描} K = 2 \end{cases} \tag{6-5}$$

由定义和几何分析可知，O_s=1 时，相邻瞬时视场正好相接；O_s>1 时，相邻瞬时视场重叠；O_s<1 时，相邻瞬时视场有间隙。

在垂直方向，扫描线是空间离散的周期采样，根据采样定理和探测器的空间响应，y 方向可分辨的最大空间频率(Nyquist 频率)为

$$f_{Ny} = \max\{O_s / \beta, 1/\beta\} \tag{6-6}$$

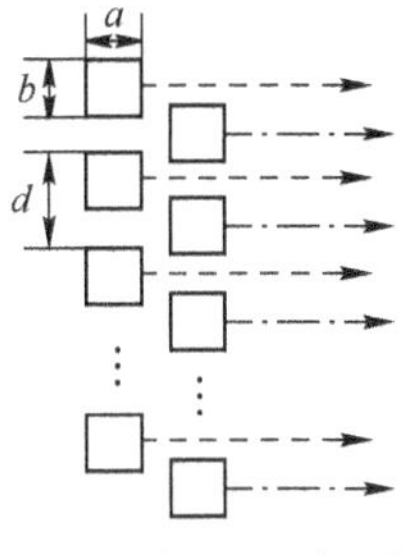

图 6-3　探测器阵列与扫描线

6．总视场(FOV)

对光机扫描成像系统而言，总视场指系统观察的物空间的两维视场角。总视场由系统所观察的景物空间和光学系统的焦距决定，若总视场在水平和垂直方向分别为 W_h 和 W_v，则系统的总视场可表示为 $W_h \times W_v$。于是，统一帧图像中所包含的像元数的最大值为

$$m = \frac{W_h W_v}{\alpha\beta / O_s} = \frac{O_s W_h W_v}{\alpha\beta} \tag{6-7}$$

即探测器的尺寸（或瞬时视场）越小，系统的分辨率越高。

7．驻留时间

驻留时间是光机扫描红外热成像系统的一个重要参数。热成像系统所观察的景物可以看成若干

个发射辐射能的几何点的集合。成像过程中，探测器相对于这些点源是运动的，在与探测器前沿相交的瞬间到与探测器后沿脱离的瞬间所经历的时间，就是探测器的驻留时间。换言之，探测器驻留时间是扫过一个探测器张角所需的时间。当扫描速度为常数，系统的扫描效率为η_{scan}时，单元探测器的驻留时间为

$$\tau_{\text{d}} = \frac{T_{\text{f}}}{m} = \frac{\alpha\beta T_{\text{f}}\eta_{\text{scan}}}{W_{\text{h}}W_{\text{v}}O_{\text{s}}}\ (\text{s}) \tag{6-8}$$

若探测器为n_{p}元并联线列探测器，则驻留时间为

$$\tau_{\text{d}} = n_{\text{p}}\tau_{\text{d1}} = \frac{\alpha\beta n_{\text{p}}\eta_{\text{scan}}}{W_{\text{h}}W_{\text{v}}O_{\text{s}}f_{\text{p}}} \tag{6-9}$$

探测器的驻留时间应大于探测器的时间响应常数。

8．时间频率与空间频率的关系

在光机扫描热成像系统中，空间频率f（cyc/mrad）和时间频率f_{t}（Hz）的关系为

$$f_{\text{t}} = \omega f = \frac{\alpha}{\tau_{\text{d}}}f \tag{6-10}$$

式中，ω为扫描角速度（mrad/s）。

6.2 光机扫描系统

光机扫描系统是一个非常复杂、精密的光学元件和机械传动的机构，这个机构也称为扫描器。

6.2.1 基本扫描方式

根据扫描器置于聚光光学系统之前或之后，构成了两种基本的扫描方式，即物方扫描和像方扫描。图 6-4(a)和(b)分别表示以物点为固定参考点的物方扫描和像方扫描，图(c)和(d)分别表示以像点为固定参考点的物方扫描和像方扫描。

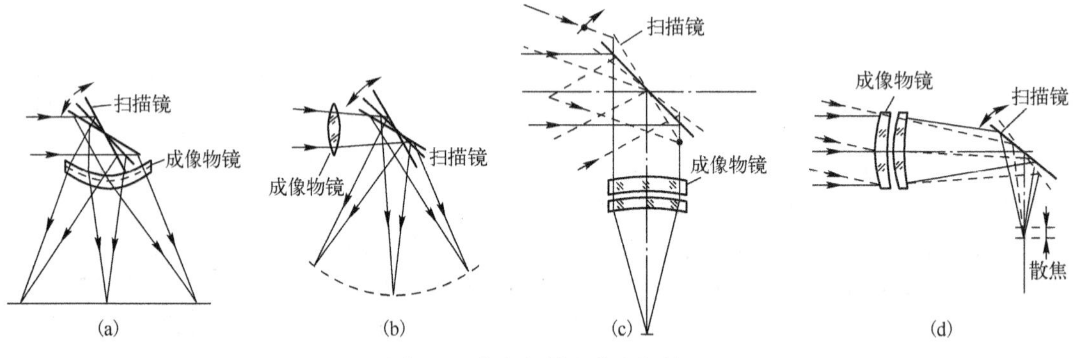

图 6-4　物方扫描和像方扫描

1．物方扫描

扫描器位于聚光光学系统之前或置于无焦望远系统压缩的平行光路中。由于扫描器在平行光路中工作，故称平行光束扫描。图 6-5 为物方扫描的实例，扫描器在聚光光学系统前面，旋转反射镜鼓 3 完成水平方向快扫，摆动反射镜 2 完成垂直方向慢扫。这种扫描方式一般需要比聚光光学系统口径大的扫描镜，且口径随聚光光学系统的增大而增大。由于扫描器比较大，扫描速度的提高受到限制。

2．像方扫描

扫描器位于聚光光学系统和探测器之间的光路中，对像方光束进行扫描。由于扫描器在会聚光

路中工作，故称会聚光束扫描。图 6-6 为像方扫描的实例，摆动平面反射镜和旋转折射棱镜置于会聚光路中，扫描器可做得较小，易于实现高速扫描。但这种扫描方式需要使用后截距长的聚光光学系统。由于在像方扫描，会导致像面的扫描散焦，故对聚光光学系统有较高的要求，且扫描视场不宜太大，像差修正比较困难。

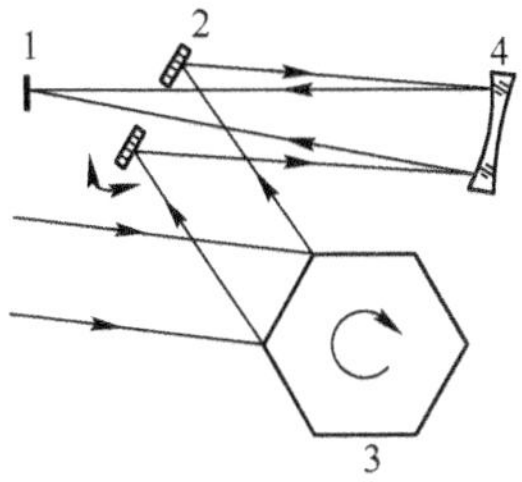

图 6-5　物方扫描的实例

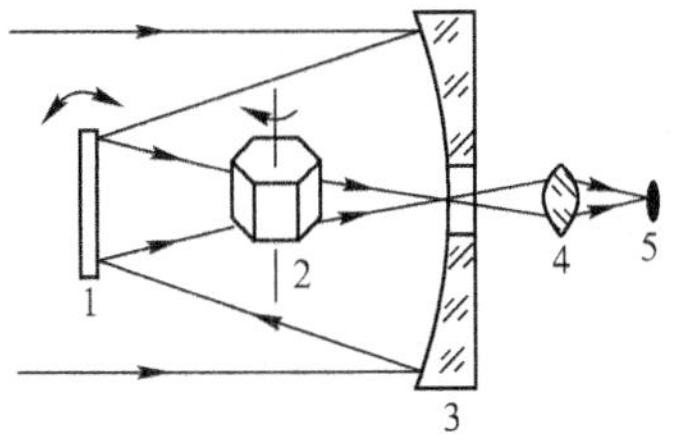

图 6-6　像方扫描的实例

3．两种基本扫描方式的比较

由以上分析可知，两种扫描方式各有利弊。两种扫描方式的比较见表 6-1。

表 6-1　两种扫描方式的比较

	物方扫描	像方扫描
优缺点	产生平直扫描场 大多数扫描器不产生附加像差 扫描器光学质量对系统聚焦性能影响较小，像差校正容易 扫描器尺寸大，不易实现高速扫描	产生弯曲场 扫描器存在不可避免的散焦 扫描器光学质量对系统聚焦性能影响较大，像差校正困难，聚光系统设计复杂 扫描器尺寸较小，容易实现高速扫描
应用	民用热像仪中居多，配以无焦望远系统，压缩平行光路，减小尺寸，可用于军事上	军用热像仪，如前视红外系统等

6.2.2　光机扫描器

用于红外热成像系统的扫描器大部分产生直线扫描光栅。对扫描器的基本要求是：（1）扫描器转角与光束转角呈线性关系；（2）扫描器扫描时对聚光系统像差的影响应尽量小；（3）扫描效率高；（4）扫描器尺寸尽可能小，结构紧凑。下面介绍几种常用的光机扫描器。

1．摆动平面反射镜

摆动平面反射镜在一定范围内周期性地摆动完成扫描。根据反射的光学原理，摆动反射镜使光线产生的偏转角 2 倍于反射镜的摆角，即当反射镜摆动α角时，反射光线偏转2α角。

摆动平面反射镜构成的扫描器既可用做平行光束扫描器，又可用做会聚光束扫描器。

（1）平行光束扫描器的摆动平面镜

图 6-7 所示为平行光束扫描器的摆动平面镜。为了减小摆动平面镜和探测器成像透镜尺寸，平面反射镜在前置望远镜出瞳附近的平行光路中摆动，因进入望远镜入瞳上的光线都通过出瞳，故此处会合的平行光束较窄。设全部视场为 $2W$，出瞳直径为 P，出射光束直径为 Q，则

$$Q = P\cos W \tag{6-11}$$

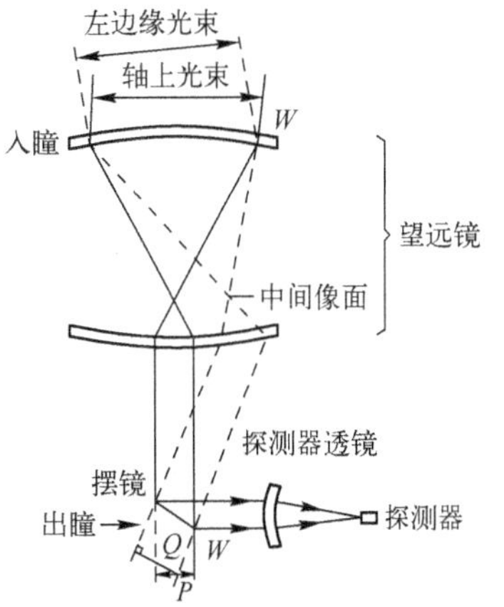

图 6-7　摆动平面镜平行光束扫描器

平行光束入射到平面镜上，经反射后仍为平行光束出射，

故结构较简单，只需确定平面镜尺寸即可。如图 6-8 所示，设 D_0 为入射光束直径，γ为平面反射镜摆角，则平面反射镜的最小尺寸 l 应为

$$l = D_0 / \sin\gamma \tag{6-12}$$

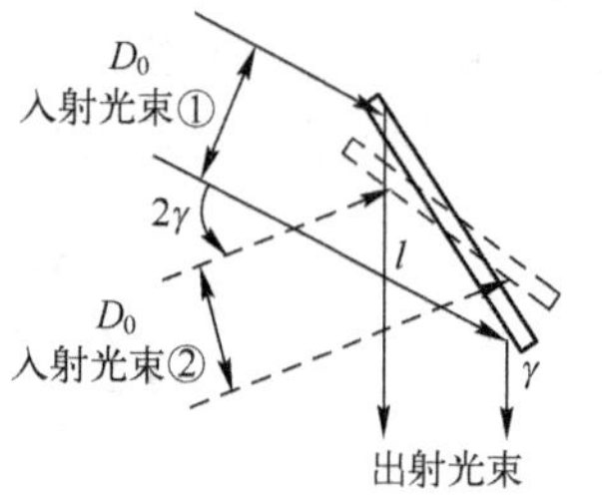

图 6-8　摆动平面镜尺寸的几何图

对于固定的入射光线，当平面镜摆动γ角时，反射光线偏转 2γ 角，故探测器所在像面上，像点的移动距离为

$$y = 2\gamma f' \tag{6-13}$$

式中，f' 为光学系统焦距。

对应于无穷远物点的像点移动速度为

$$\frac{\mathrm{d}y}{\mathrm{d}t} = 2f'\frac{\mathrm{d}\gamma}{\mathrm{d}t} \tag{6-14}$$

即像点移动速度与平面镜摆动角速度成正比。但当目标不在无穷远时，摆动平面镜就不在平行光束中扫描，像点的移动速度也就不与 $\mathrm{d}\gamma/\mathrm{d}t$ 成正比。

（2）会聚光束扫描器的摆动平面镜

图 6-9 给出了会聚光束扫描器的摆动平面镜。入射光束经物镜会聚和平面镜反射后成像于探测器上。下面分析当反射镜从位置①转过γ 角到位置②时，镜面转动前后扫描角θ 和镜面摆角γ 的关系。

对于镜面位置②，探测器所在处 D 的镜像为 D'，从图中得出

$$\tan\theta = \frac{y}{a+z} = \frac{b\sin(2\gamma)}{a+b\cos(2\gamma)} \tag{6-15}$$

当θ 和γ 都较小时，可近似地取

$$\theta = \frac{2b}{a+b}\gamma \tag{6-16}$$

即光线转角θ 与平面镜摆角γ 近似地呈线性关系。

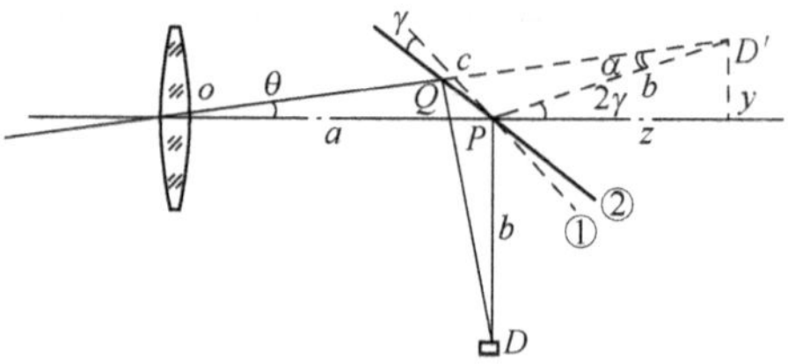

图 6-9　摆动平面镜会集光束扫描器光路图

像差情况：当平面镜位于位置①时，光线沿 OPD 方向上的长度为 $a+b$；平面镜转到位置②时，光路为 OQD，其长度不再是 $a+b$。图 6-16 中 $\Delta OD'P$ 中的 OD' 长度为 c，且

$$c < a + b = f' \tag{6-17}$$

式中，f' 为光学系统焦距。这表明，当镜面使主光线扫离光轴时，从物镜到探测器的光路将缩短，会因扫描散焦而增大光学系统的像差。因为

$$c = \frac{y}{\sin\theta} = \frac{b\sin(2\gamma)}{\sin\theta} \approx \frac{b\sin[\theta+(a/b)\theta]}{\sin\theta} = c(\theta) \tag{6-18}$$

在未校正像差时，实际系统的像面为一曲面，称为帕斯伐尔(Petzval)面(见图 6-10)。c 随θ 的变化与系统场面的曲率往往不一致，因而产生散焦，影响像质，应设法加以补偿。

平面镜偏转γ 角后，轴上光线离开理想焦平面的距离如图 6-11 所示，$a=a'$是共有的，而 $b'>b$，设其差为 Δ，则

$$\Delta = b' - b = \frac{b}{\cos(2\gamma)} - b \approx 2b\gamma^2 = \frac{\theta^2 f'^2}{2b} \tag{6-19}$$

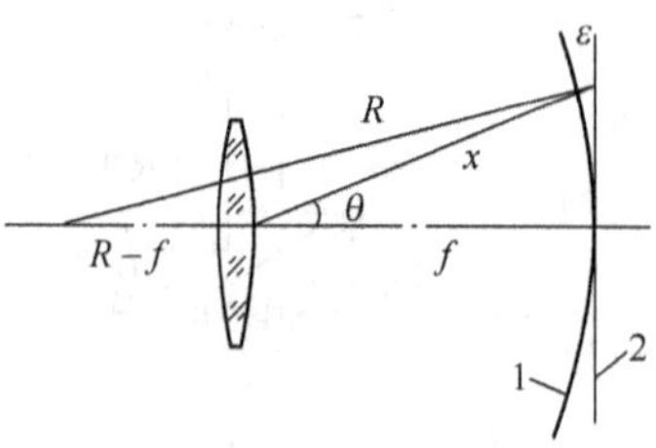

图 6-10　帕斯伐尔面

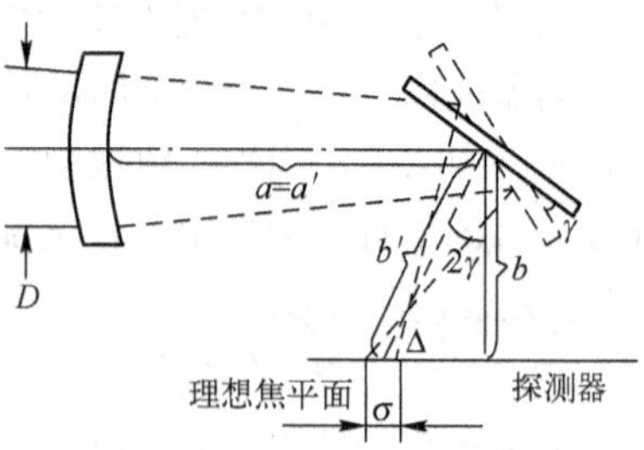

图 6-11　会集光束扫描引起的散焦

由相似三角形可求得散焦引起的弥散圆直径为

$$\sigma = \Delta \cdot \frac{D}{f'} \tag{6-20}$$

式中，D 为成像物镜的通光孔径。

会聚光束扫描器引起的扫描散焦可通过光学系统设计加以补偿。若光学透镜到像面的距离为 $x(\theta)$，则补偿的条件是

$$x(\theta) = c(\theta) \tag{6-21}$$

摆动平面镜做周期性往复运动。因为机构有一定惯性，所以速度不宜太高，且在高速摆动的情况下，视场边缘变得不稳定，要求较高的电机传动功率，因此，总的来说摆动平面镜不适合高速扫描。

2．旋转反射镜鼓

在高速扫描的情况下，经常采用旋转反射镜鼓，由于镜鼓是连续转动的，故比较平稳(见图 6-12)。旋转反射镜鼓主要用于平行光束扫描。旋转反射镜鼓与摆动平面反射镜工作状态基本相同，转角关系和像差也类似。但旋转反射镜鼓的反射面绕镜鼓中心线旋转，故镜面位置相对于光线会产生位移。下面讨论有关的几个问题。

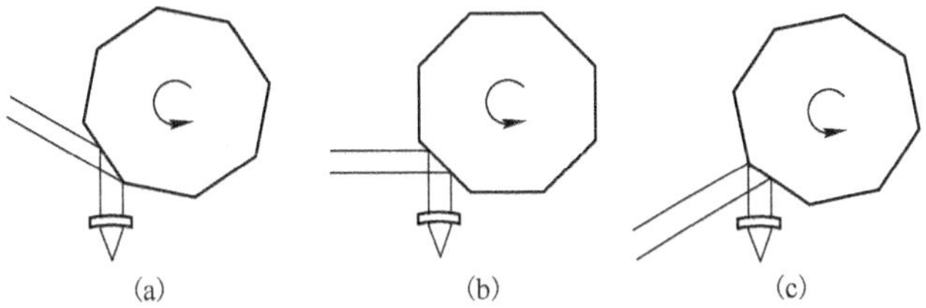

图 6-12　旋转反射镜鼓

（1）镜面宽度

多面体反射镜鼓的几何参数关系见图 6-13。设镜鼓有 m 个反射面，则每个镜面对镜鼓中心的张角为

$$\theta_{\mathrm{f}} = 2\pi / m \tag{6-22}$$

镜面宽度 l 为

$$l = 2r_0 \sin\left(\frac{\theta_{\mathrm{f}}}{2}\right) \tag{6-23}$$

式中，r_0 为镜鼓外接圆半径。

镜鼓半径 r_0 与镜面内切圆半径 r_{i} 的关系为

$$r_0 = r_{\mathrm{i}} / \cos(\theta_{\mathrm{f}} / 2) \tag{6-24}$$

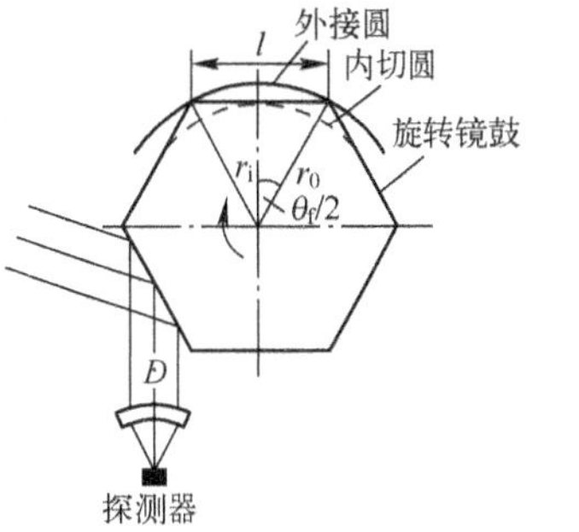

图 6-13　多面反射镜鼓的尺寸关系

（2）镜鼓转动时镜面的位移量

图 6-14 给出了反射镜面中心点随镜面转角γ 的变化情况。设镜面从位置①到位置②的旋转角为γ，则镜面的位移量为

$$\delta = r_{\mathrm{i}}(1-\cos\gamma) = r_0(1-\cos\gamma)\cos\left(\frac{\theta_{\mathrm{f}}}{2}\right) \tag{6-25}$$

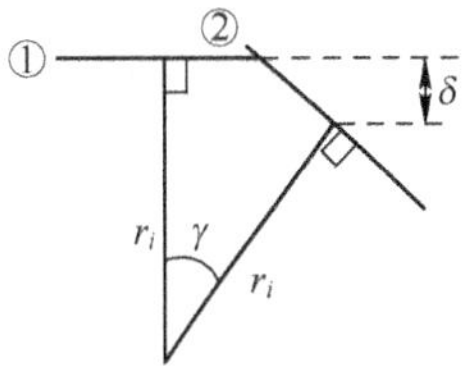

图 6-14　镜鼓转动时镜面位移量

（3）鼓最小半径

设入射光束为平行光束，其宽度为 D。由于镜鼓转动时镜面位置有移动，若光束宽度一定，则当镜鼓转动时，镜面位移会使扫描区边缘部分的入射光束不能全部进入视场，产生渐晕。为保证不产生渐晕，在入射光束宽度 D 确定时，反射镜鼓半径 r_0 必须大于某一最小值。经计算证明

$$r_0 = \frac{D}{2\cos\theta\sin[(\theta_{\mathrm{f}}-\gamma)/2]} \tag{6-26}$$

式中，θ为入射光束对镜面的平均入射角；γ为镜面有效转角，$\gamma=\omega$，ω为观察视场的平面角。

（4）转鼓的最大转速

镜鼓转速受镜鼓材料强度的限制，按材料力学计算得到镜鼓的最大转速为

$$M_{\max}=\frac{1}{2\pi r_0}\sqrt{\frac{8T}{\rho(3+\mu)}} \tag{6-27}$$

式中，ρ为材料密度；μ为材料的泊松比；T为镜鼓材料的抗拉强度。

以上计算是单纯从材料观点出发的，实际上，在镜面破坏以前，由于高速转动引起的镜面变形足以影响系统的正常工作，所以，最大允许转速要比式(6-27)低得多。$M_{\max}$与r_0的关系对系统设计至关重要。

3．旋转折射棱镜扫描器

具有2(n+1)个侧面(n=1, 2, 3, …)的折射棱镜，绕通过其质心的轴线旋转，构成旋转折射棱镜扫描器(见图 6-15)。旋转折射棱镜只用做会聚光束扫描器，图 6-16 给出折射棱镜在会聚光束中的应用情况。入射光束经物镜系统，再经折射棱镜会聚成像。当其旋转时，焦点不仅沿纵向移动了Z，而且还沿横向移动了Y。

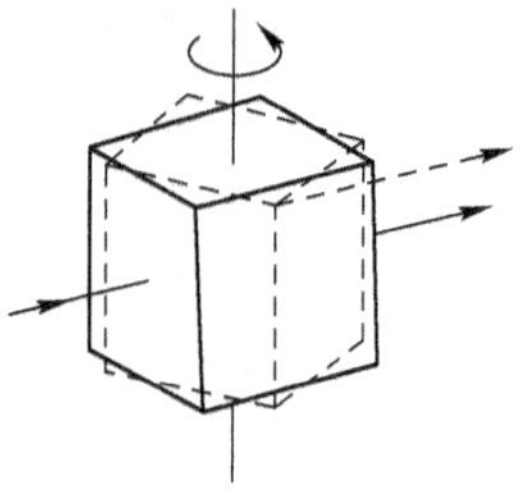

图 6-15　旋转折射棱镜

（1）焦点的横向位移

折射棱镜相对的两个平面互相平行，相当于一块平行平板玻璃。图 6-17 给出光线通过平行平板的情况，图中只画出了一条主光线，设棱镜厚度为t，折射率为n，当棱镜转过γ角时，入射光线对镜面的入射角为$\phi_1-\gamma$，折射角为$\phi_2-\gamma$。由图 6-17 可知

$$\tan(\phi_1-\gamma)=\frac{a+b}{t}\ ,\quad \tan(\phi_2-\gamma)=\frac{a}{t}$$

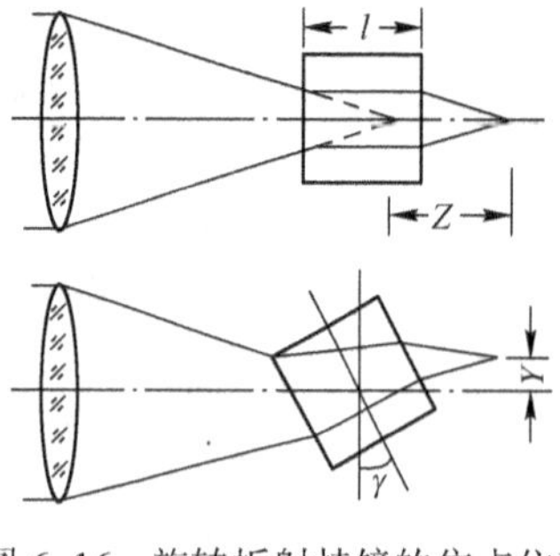

图 6-16　旋转折射棱镜的焦点位移

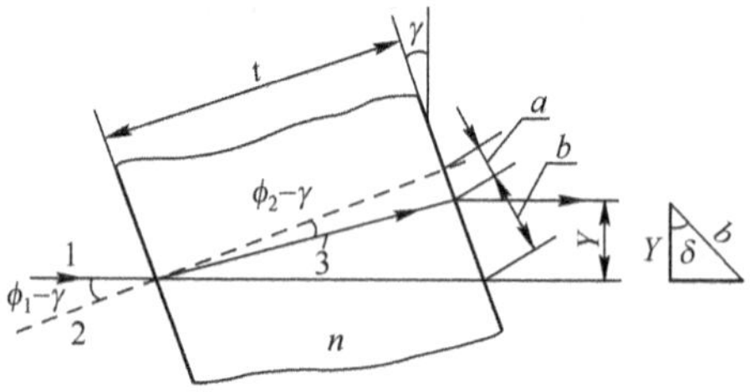

图 6-17　焦点的横向位移

即$b=t\cdot[\tan(\phi_1-\gamma)-\tan(\phi_2-\gamma)]$。又因$\cos\gamma=Y/b$，故

$$Y=t\cdot\cos\gamma\cdot[\tan(\phi_1-\gamma)-\tan(\phi_2-\gamma)] \tag{6-28}$$

因为空气折射率为 1，根据折射定律$n\sin(\phi_2-\gamma)=\sin(\phi_1-\gamma)$，得

$$\tan(\phi_2-\gamma)=\frac{\sin(\phi_2-\gamma)}{\sqrt{1-\sin^2(\phi_2-\gamma)}}=\frac{\sin(\phi_1-\gamma)}{\sqrt{n^2-\sin^2(\phi_1-\gamma)}}$$

代入式(6-28)得

$$Y=t\cos\gamma\cdot[\tan(\phi_1-\gamma)-\frac{\sin(\phi_1-\gamma)}{\sqrt{n^2-\sin^2(\phi_1-\gamma)}}] \tag{6-29}$$

对于小角度偏转，即($\phi_1-\gamma$)和γ值都较小的情况

$$Y\approx t\cos\gamma[(\phi_1-\gamma)(1-\frac{1}{n})]=t(\phi_1-\gamma)(1-\frac{1}{n}) \tag{6-30}$$

即在小角度范围内，棱镜在旋转时产生近似的线性扫描。

对于近轴光线，$\phi_1=0$，根据式(6-29)得

$$Y=-t\sin\gamma[1-\frac{\cos\gamma}{\sqrt{n^2-\sin^2\gamma}}] \tag{6-31}$$

（2）焦点的纵向位移

如图 6-18 所示，入射光束为会聚光束，在没有棱镜折射时，焦点为 F_1'，加入折射棱镜后在棱镜未转动的情况下（$\gamma=0$），其焦点沿纵向移动了 Z 至 F_2'，且

$$Z=t-b=t-\frac{a}{\tan\phi_1}=t[1-\frac{\tan\varphi_2}{\tan\varphi_1}]$$

利用折射定律，经简化得

$$Z=t[1-\frac{\cos\varphi_1}{\sqrt{n^2-\sin^2\varphi_1}}] \tag{6-32}$$

即焦点的纵向位移 Z 随光线倾角 ϕ_1 的增加而增加，且与棱镜厚度 t 成正比。

当棱镜转动 γ 角时，对于轴上光线（$\phi_1\approx0$），有

$$Z=t[\cos\gamma-\frac{\cos(2\gamma)}{n^2-\sin^2\gamma}-\frac{1}{4}\frac{\sin^2(2\gamma)}{(n^2-\sin^2\gamma)^{3/2}}] \tag{6-33}$$

会聚光束中旋转折射棱镜扫描器除使焦点移动外，还产生各种像差。但由于其运动平衡且连续，尺寸小，机械噪声小，有利于提高扫描速度。但对物镜系统消像差的要求较高，增加了设计难度。

4．旋转折射光楔

折射光楔是指两折射平面夹角很小的折射棱镜。旋转折射光楔扫描由于在会聚光束中会产生严重的像差，因此一般用在平行光路中。图 6-19 给出入射光线在折射光楔主截面内折射偏转的情况。对于顶角 A 很小，置于空气隙中的折射光楔来说，当入射角 i_1 很小时，光线的偏向角 δ 可表示为

$$\delta=n(i_1'+i_2)-A=(n-1)A \tag{6-34}$$

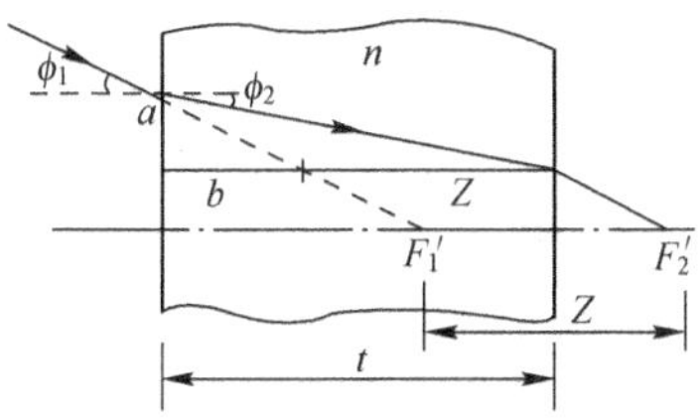

图 6-18　焦点的纵向位移

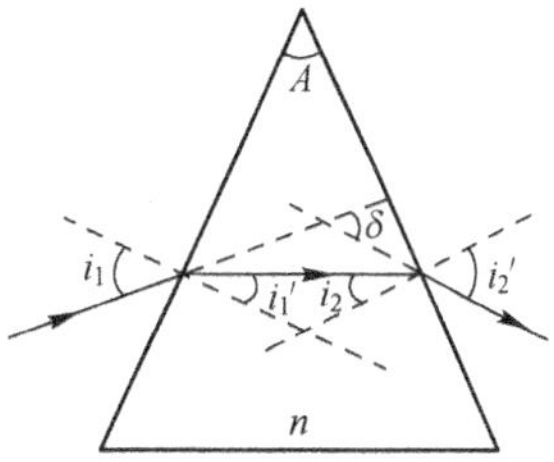

图 6-19　光线在光楔主截面内的折射

当光楔旋转时，出射光线随时间变化，产生相应的扫描图形。如图 6-20(a)所示，若光线逆 x 轴方向入射，光楔绕 x 轴转动，角速度为 ω，此时折射光线在 yz 平面上有一个投影，定义为偏向角矢量 δ。矢量 δ 的方向从 x 轴算起，指向折射光线方向，其大小为 $\delta=(n-1)A$。

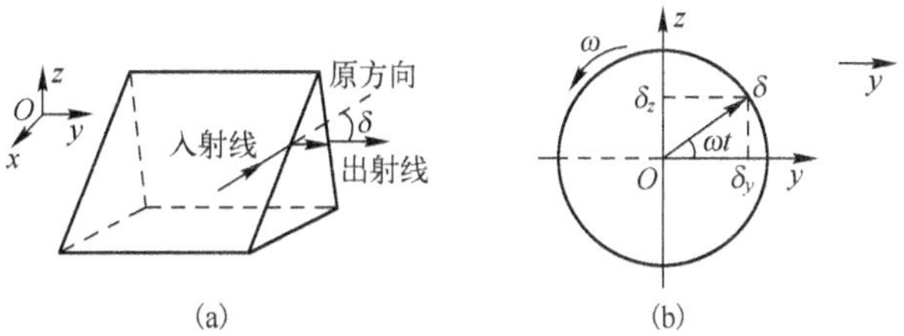

图 6-20　旋转折射光楔扫描

当光楔以角速度 ω 绕 x 轴旋转时（图 6-20(b)），δ 也以角速度 ω 绕 x 轴旋转，其轨迹形成一个

圆。若设初相位为ϕ，则偏向角矢量δ的标量运动方程为

$$\begin{cases}\delta_y=(n-1)A\cos(\omega t+\phi)\\ \delta_z=(n-1)A\sin(\omega t+\phi)\end{cases} \tag{6-35}$$

由偏向角运动方程，可求任一时刻t出射光线的方向。

旋转折射光楔是一个非常灵活的光学扫描器。利用一对旋转光楔，改变其旋转方向和转速可得到许多不同的扫描图形。如果采用材料和形状完全相同的两个光楔，分别以角度ω_1和ω_2绕同一个x轴旋转，初相位分别为零和ϕ，那么光线通过两个光楔后的总偏向角矢量等于这两个光楔上的偏向角矢量δ_1和δ_2之和。在小角度入射光的条件下，其总偏向角的标量运动方程为

$$\begin{cases}\delta_y=(n-1)A[\cos\omega_1 t+\cos(\omega_2 t+\phi)]\\ \delta_z=(n-1)A[\sin\omega_1 t+\sin(\omega_2 t+\phi)]\end{cases} \tag{6-36}$$

图 6-21 给出两个相同光楔组成的扫描器，探测器通过物镜和光楔对物面进行扫描。所形成的扫描图形如图 6-22 所示。随着两旋转光楔旋转方向和转速的变化，还可产生许多复杂的扫描图形，如螺旋线形、椭圆形、正弦光栅形、摆线形等。

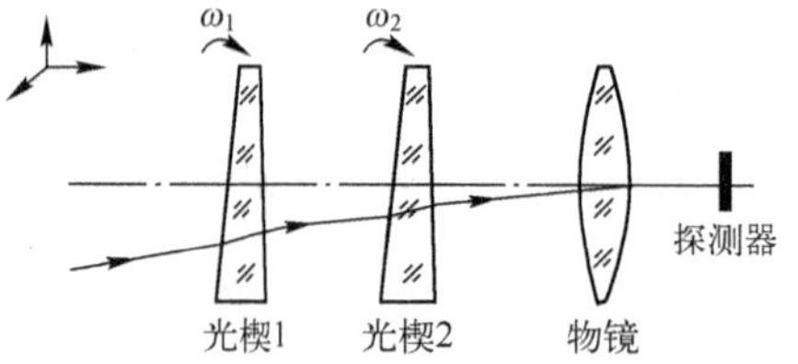

图 6-21　两个相同光楔组成的扫描器

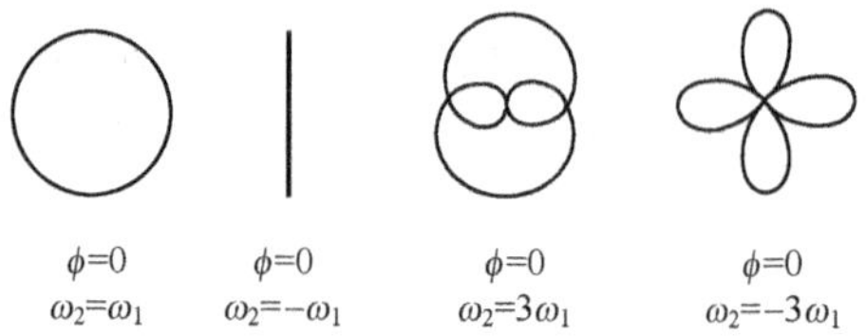

图 6-22　旋转光楔产生的扫描图形

5. 其他扫描器

除上述常用的光学扫描器外，还有其他类型的扫描器(见图 6-23)。

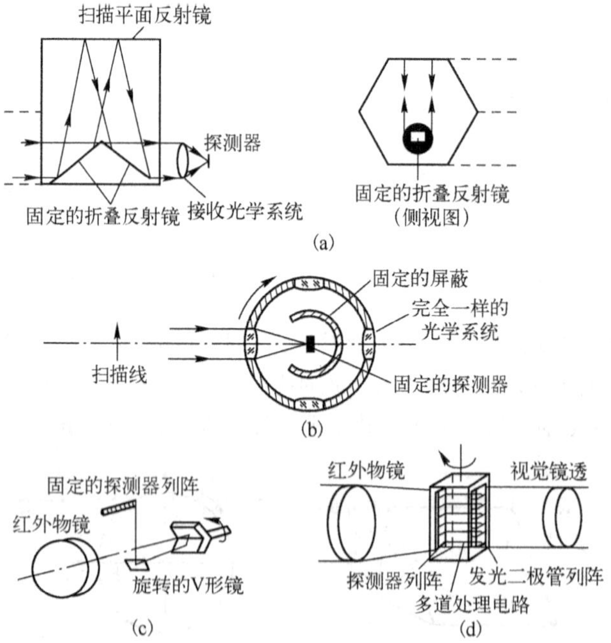

图 6-23　其他扫描器

图 6-23(a)为旋转多边形内镜鼓扫描器，它使入射的平行光束改变方向，指向多边形的顶边，再把光束向下反射，回到另一块折叠反射镜，接着使光束返回到原来的方向，并从另一边射出。两

块折叠镜中的一块可以刚好等于入瞳大小，而另一块镜面必须足够大，以便能容纳扫描视场。内镜鼓反射镜的扫描也存在二倍角的关系，即当反射镜固定不动，镜面绕轴旋转 α 角时，入射光线就转过 2α 角，从而实现对物方的扫描。

图 6-23(b)为“旋转球”扫描器，它是一种能提供恒定扫描速率和较高扫描效率的扫描装置。四个透镜绕一个固定探测器旋转，探测器周围放一个屏蔽罩，以保证探测器一次只能通过一套光学系统对物方进行扫描。如果每一光学系统的光轴都在图示的纸平面内，则每一透镜只能依次扫描同一条线。为了提供俯仰视场，整个系统还要在垂直方向上进行摆动。

图 6-23(c)表示的是 V 形镜扫描器，通过旋转 V 形反射镜对目标实现扫描。

图 6-23(d)为摆动焦平面扫描器，通过摆动探测器列阵实现扫描。

6.2.3 几种常用的光机扫描方案

将各种扫描器做不同的组合，可构成实用的一维或二维光机扫描系统。红外热像仪中多数是二维扫描，常用的光机扫描方案有：

（1）旋转反射镜鼓做行扫描，摆镜做帧扫描

图 6-24 是旋转反射镜鼓做行扫描，摆镜做帧扫描的扫描方案实例。

图 6-24(a)的旋转反射镜鼓 1 和摆动平面镜 2 都处于物镜系统外侧的平行光路中，其结构尺寸由光束的有效宽度 D_0 和总视场 $2W$ 决定，因而结构尺寸一般较大。实际应用中，通常在扫描器前端有望远系统，可以压缩光束直径。

图 6-24(b)中，摆镜置于会聚光路中，仍做帧扫描用，视场增大时，像质会变差，不适宜做大视场扫描用。在实际列阵探测器扫描应用中，也可以使旋转镜鼓的各镜面形成一定的角度，完成帧扫描，这样就可以减少帧扫描反射镜，简化系统结构。

（2）折射棱镜帧扫描、反射镜鼓行扫描

图 6-25 为折射棱镜做帧扫描，反射镜鼓做行扫描的扫描方案实例。四方棱镜 1 置于前置望远系统的中间光路中做帧扫描，可获得较稳定的高转速。由于折射棱镜比摆镜的扫描效率高，故总扫描效率较前面方案高；反射镜鼓置于压缩的平行光路中做行扫描。这种系统的像差校正较困难，但若设计得好，可做大视场及多元探测器串并扫描用。

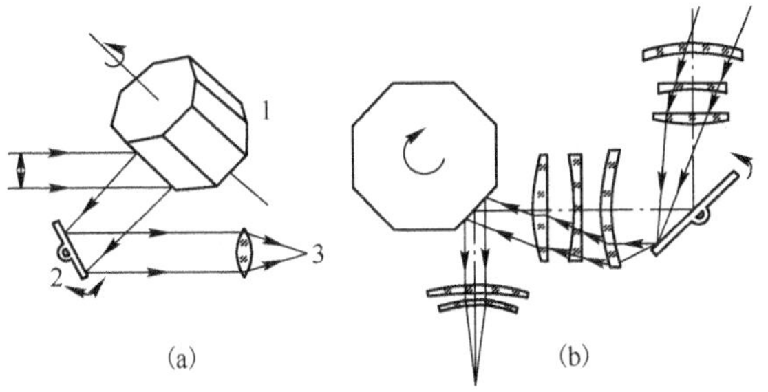

图 6-24　反射镜鼓行扫描，摆镜帧扫描

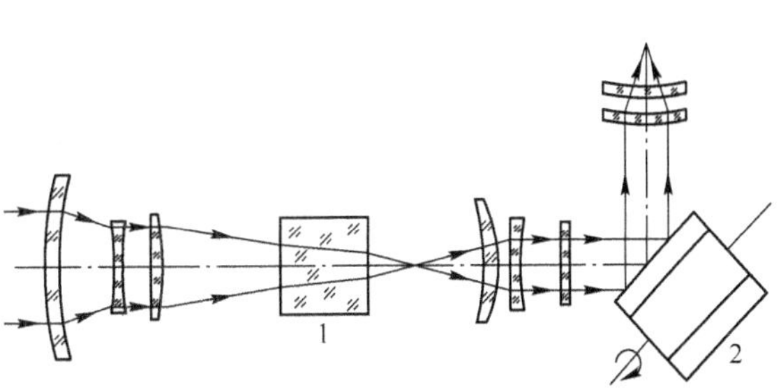

图 6-25　折射棱镜帧扫描，反射镜鼓行扫描

（3）两个折射棱镜扫描

图 6-26 为两个折射棱镜的扫描方案实例。帧扫描棱镜在前，行扫描棱镜在后，都是八面棱柱，可使垂直和水平视场像质一样。这种系统的优点是扫描效率高，扫描速度快，但像差修正难度大。

（4）两摆动平面镜扫描

图 6-27 所示的单元探测器光机扫描红外热像仪通常采用这种扫描方案，帧扫描和行扫描都采用摆动平面反射镜。由于摆镜稳定性差，不适合高速扫描。

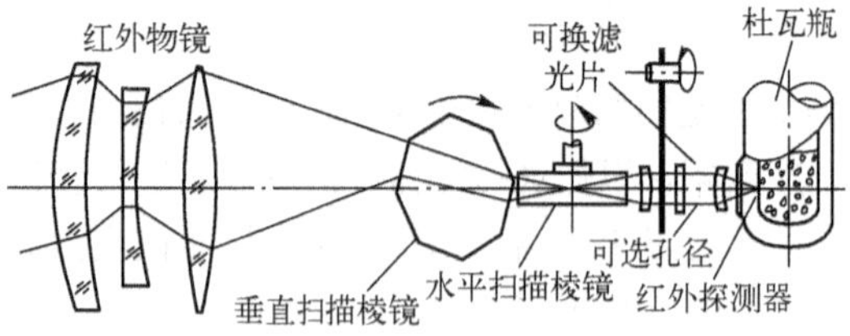

图 6-26　两个折射棱镜扫描

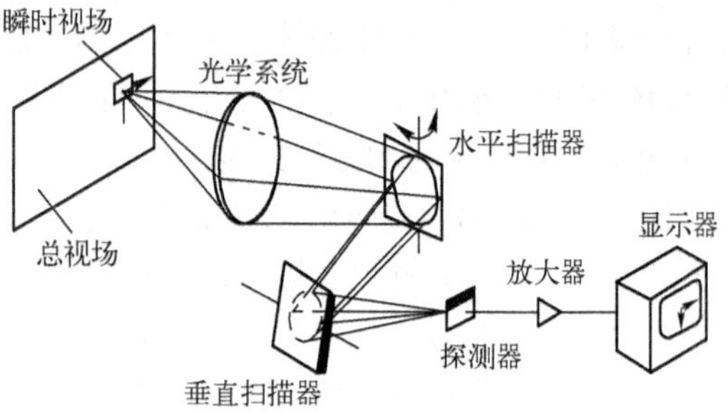

图 6-27　两个摆动平面镜的光机扫描

6.2.4　前置望远系统和中继透镜组

1．前置望远系统

在采用平行光束扫描的热成像系统中，为减小光学扫描部件的尺寸，在成像物镜前加一组前置望远系统。前置望远镜组由物镜组和准直镜组构成（见图 6-28），物镜组像方焦点与准直物镜组物方焦点重合，且$f_1'>f_2$。

前置望远镜的放大率为

$$\Gamma = f_1'/f_2' \tag{6-37}$$

且入射光束口径 D_1 和出射光束口径 D_2、物方视场 W_1 与出射视场 W_2 存在如下关系

$$D_2 = D_1/\Gamma \quad , \quad W_2 = \Gamma W_1 \tag{6-38}$$

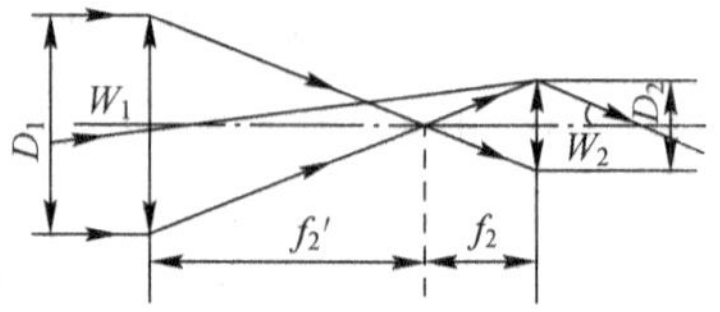

图 6-28　前置望远镜

对于成像物镜，加上前置望远镜后，入射光束口径变小，视场变大，从而可缩小反射镜或反射镜鼓等扫描部件尺寸，有利于仪器小型化及提高扫描速度；另外，也可降低因衍射而带来的像点弥散斑尺寸，有利于提高像质。扩大视场也可以提高行扫描效率，增大总扫描效率。

加入前置望远镜可改善系统的性能、结构，因此，在实际中这种方案获得广泛的应用。

2．中继透镜组

中继透镜用于将所成像沿轴向从一个位置传送到另一个位置。在传送过程中，图像将反转（成倒像）。连续使用一系列中继透镜，可使图像沿一条直径限定的长管路线进行传送。

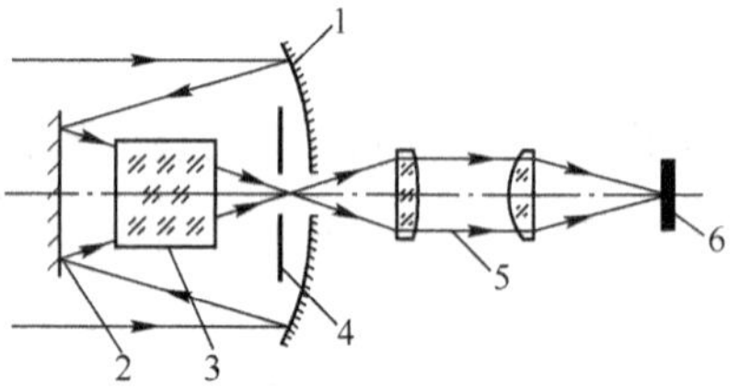

图 6-29　红外光学系统中的中继透镜组

图 6-29 给出一种使用了 $1^{\times}$放大率中继透镜组 5 的红外光学系统。红外热像仪所观察场景的各点经二次曲面反射镜 1 和次镜 2 以及旋转折射棱镜 3 的扫描后，依次成像在轴上位于棱镜后面不远的同一点（光阑 4），如果将探测器安放在这个位置，结构安排上会有一定困难，且这里的杂光干扰较大。中继透镜组 5 将图像沿轴向移动适当距离，成像于探测器 6 上，避免了结构上的困难。

6.3　光机扫描成像信号处理与显示

6.3.1　光机扫描的成像方式

对于单元探测器的红外热成像系统，由于探测器数量的限制，不可能有足够的热灵敏度。因此，必须提高探测器元数，以改进每帧、每个探测器单元的信噪比，提高系统的性能。在红外热成像系统中，通常是将多元探测器按不同方式排列起来分解景物的（见图 6-30），形成并联扫描（图 6-30(a)）、串联扫描（图 6-30(b)）和串并扫描（图 6-30(c)）三种基本成像方式。

1．并联扫描成像方式

并联扫描是利用一个与行扫描方向垂直的探测器列阵来分解景物的，列阵中的每个探测器平行扫过景物像，每个探测器扫过一行。每个探测器输出的信号经多路传输和扫描转换后按视频信号输出(见图 6-31)。

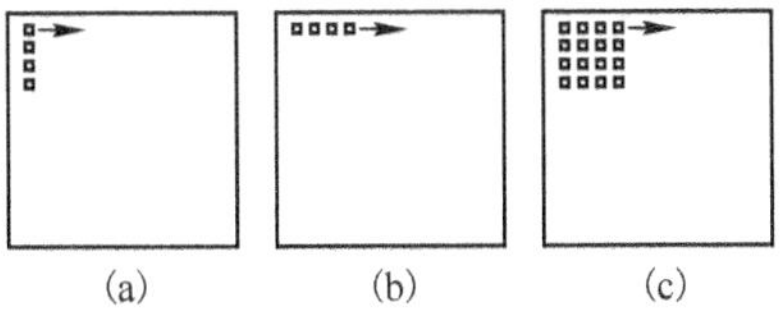

图 6-30　探测器的排列方式

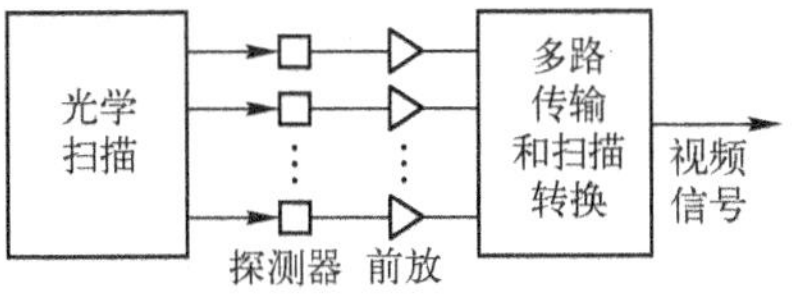

图 6-31　并联扫描摄像方式

并联扫描成像方式的主要优点是提高了系统的灵敏度，降低了对探测器快速响应的要求。单元探测器的输出信噪比为

$$(S/N)_{单} = PD^{*} / \sqrt{A_{d}\Delta f} \tag{6-39}$$

式中，P 为入射到探测器上的辐射功率；D^{*}为单元探测器的比探测率；A_{d} 为单元探测器的敏感面积；Δf 为系统的噪声等效带宽，$\Delta f = \dfrac{\pi}{4}\dfrac{1}{\tau_{d}}$，$\tau_{d}$为探测器的驻留时间。

如果单元探测器红外热像仪和 n_{p} 元并扫红外热像仪的扫描效率相同，则由式(6-8)和式(6-9)可知，探测器的驻留时间$\tau_{di} = n_{p}\tau_{d}$，即有多路传输中每一路的带宽$\Delta f_{i} = \Delta f / n_{p}$。

于是，假设列阵中每个探测器性能一致，则每一路的输出信噪比为

$$(S/N)_{i} = PD^{*} / \sqrt{A_{d}\Delta f_{i}} = \sqrt{n_{p}}(S/N)_{单} \tag{6-40}$$

即在帧速和扫描效率相同的情况下，n_{p} 元并扫红外热像仪的信噪比增加至单元红外探测器热像仪的$\sqrt{n_{p}}$ 倍，大大提高了系统的热灵敏度。这是因为噪声电压与$\sqrt{\Delta f}$ 成正比。

对于 n 元并扫的红外热成像系统，由于探测器驻留时间的增加，对探测器响应速度的要求也相应降低，故在红外热像仪的发展初期，由于缺乏快速响应的红外探测器，并扫成像方式最早被采用。

并联扫描成像方式的主要问题是使用探测器的数量多，且要求探测器阵列中各单元性能均匀一致。因为每一探测器单元只扫描一条电视线，为了提高空间分辨率和热灵敏度，势必尽量增加探测器元数，而每一探测器单元至少有一个电极，连接一个前置放大器，显然，引线的排列和引出，都给探测器的制造工艺增加了困难。随着探测器元数的增多，对探测器材料和制造工艺要求就更高，探测器的响应度和比探测率的差异会造成图像不均匀。在高性能的系统中，列阵探测器的元数已超过 288。为了弥补探测器元数增多带来的问题，常采用隔行扫描的方法。

2．串联扫描成像方式

串联扫描使用 n_{s} 个探测器列阵，参照物空间水平排列成一行。各探测器单元扫描的是同一行，通过两维扫描，每个探测器都扫过系统的总视场。各探测器信号经相应的延迟后进行叠加，形成单一通道视频信号输入(见图 6-32)。

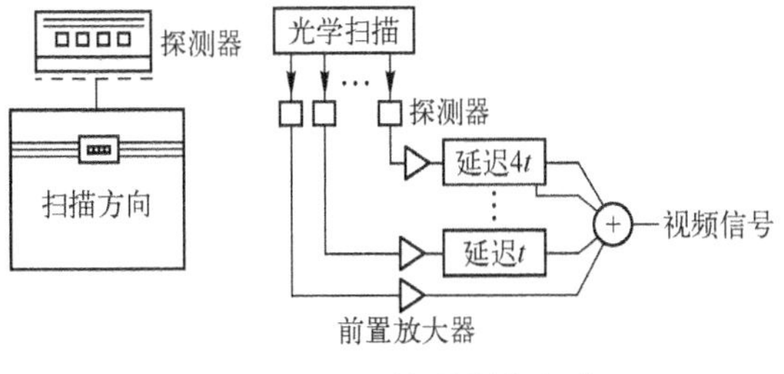

图 6-32　串联扫描摄像方式

串联扫描与单元探测器扫描相似，仍然需要快速的行扫描和慢速的帧扫描。由于列阵中每个探测器都要扫过整个视场，探测器的驻留时间与单元扫描相同，因此在串联扫描中，要求探测器响应速度快，即时间常数小。串联扫描只在出现高速响应的探测器后，才得到有效发展。

串联扫描的一个突出优点是消除了探测器性能不均匀造成的图像缺陷。这是因为在串联扫描中，等效于用一个探测器分解景物。若各探测器单元具有相同的性能，则输出信噪比为

$$(S/N)_{串}=\sum_{i=1}^{n_s}S_i\bigg/\sqrt{\sum_{i=1}^{n_s}N_i^2}=\frac{n_sS}{\sqrt{n_s}N}=\sqrt{n_s}(S/N)_{单} \tag{6-41}$$

即在提高热灵敏度方面与并联扫描中类似，系统的信噪比与单元探测器的系统相比提高了$\sqrt{n_s}$倍。串联扫描成像方式的信号处理容易，不需要扫描转换就可以形成时序视频信号，有利于实现电视兼容。

3．串并扫成像方式

无论是串联扫描成像方式还是并联扫描成像方式，都有各自的优点和不足。尤其当并联探测器的元数不能覆盖整个景物区域时，为了得到一幅完整的图像，须采用串并联扫描成像方式。串并扫成像方式中，用两维多元探测器面阵代替线列探测器。

4．三种光机扫描成像方式的比较

综上所述，三种光机扫描成像方式各有特点，在提高系统热灵敏度方面具有大体相同的效果。但在具体应用上却受到许多实际问题的影响，使其在实用上有一定差异。表6-2对这些差异进行了说明。

表6-2　三种成像方式的比较

	串扫成像方式	并扫成像方式	串并扫成像方式
探测器列阵	列阵方向与行扫描方向一致	列阵方向与行扫描方向垂直	两维面阵
探测器元数	较少	较多	较多
探测器特性	对探测器特性一致性要求不高，但要求响应速度快	对探测器性能的一致性要求高	对探测器特性要求与并扫相同，但有利于提高图像质量
制冷	探测器列阵短，制冷和冷屏蔽方便	探测器列阵长，制冷和冷屏困难，制冷效果差	探测器面阵尺寸不大时，可实现冷屏蔽
系统频带及频带范围	频带宽，低频端可取高些，以避开 $1/f$ 噪声区	频带窄，低频端不能取得太高，往往避不开 $1/f$ 噪声区	介于二者中间，比串扫带宽窄
信号处理	延迟后叠加，不需扫描转换就可以形成单通道视频信号	探测器信号并行输出，需经多路传输和扫描转换形成视频信号	电路复杂，需延迟叠加和多路传输、中间存储器
信噪比	通过信号叠加增强信号，从而提高信噪比，理论上提高串扫像元数的开方倍	通过降低系统带宽，从而降低噪声来提高信噪比，理论上提高并扫像元数的开方倍	兼有两种提高信噪比的功能，理论上提高串并扫像元数的开方倍
扫描速度	扫描机构转速高，实现起来较困难	速度相对较低，易实现	扫描速度较低，易实现

6.3.2　光机扫描的信号处理与显示

如前所述，光机扫描成像系统为获取景物图像，需首先将景物进行空间分解，然后依次将这些空间单元的景物辐射转换成相应的电信号，最后以时序视频信号方式输出。不同成像方式所得出的视频信号具有相同的性质，只是由于景物分解方法不同，时序视频信号形成方式有所不同。信号处理与显示的基本任务是形成与景物辐射相对应的视频信号，然后根据景物各单元对应的视频信号得到景物各部分的温度，并显示出景物的热图像。

在实际应用中，有时要求对图像做进一步的处理，如图像增强、图像修复等。这里主要讨论温度信号处理和热图像显示两个基本问题。

1．视频信号处理

信号处理系统是红外热成像系统的重要组成部分。它将探测器输出的微弱信号进行某种加工或变换。一般包括前置放大、主放、自动增益控制、限制带宽、检波、滤波、鉴幅、线性变换和多路传输等。

（1）前置放大器的设计原则

紧随探测器的前置放大器在信号处理中起关键作用。在信号较强的情况下，放大器设计通常先从增益、带宽、阻抗匹配和提高稳定性方面着手，然后校核噪声指标。但是，由于红外探测器输出的信号十分微弱，可低到微伏或纳伏量级，此时放大器必须是高增益、低噪声的。高增益把微弱信号放大到一定电平，以便进一步的处理或显示；低噪声则要求保持尽可能高的信噪比。探测器及其偏置电路一旦确定后，其输出信号和噪声也基本确定。一般原则是，用恒压信号源或恒流信号源等效探测器输出信号，用源电阻的热噪声等效探测器和偏置电路的总噪声，根据放大器最小噪声系数设计前置放大器。

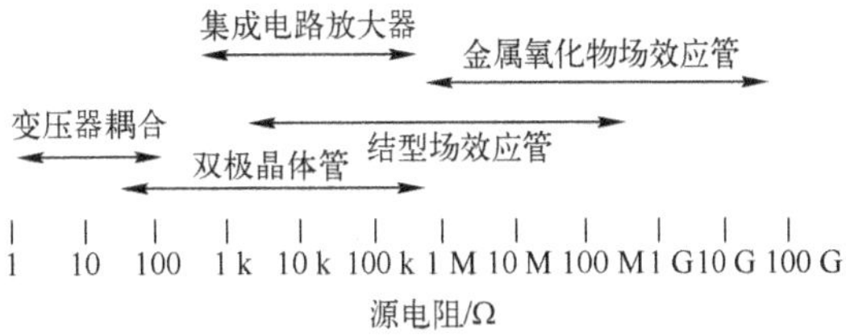

图 6-33　前置放大器的器件选择原则

低噪声前置放大器的设计应该测试或计算探测器和偏置电路的总噪声，确定源电阻，然后按噪声匹配的原则选择前置放大器第一级和管种。图 6-33 给出了选择第一级器件的一般准则。如果源电阻小于 100Ω，可以采用变压器耦合；源电阻在 10Ω 到 1MΩ 之间，选用晶体三极管；源电阻在 1kΩ 到 1 MΩ 之间，选用运算放大器；在 1kΩ 到 1GΩ(10^9Ω)之间，选用结型场效应管(JFET)；源电阻超过 1MΩ 以上，可选用 MOS 场效应管(MOSFET)。管种确定后，在选用具体器件时应选用低噪声器件，然后按最小噪声系数原则，一般第一级电压放大倍数应低于 10，以消弱第二级噪声系数的影响，在每一级或级间加入负反馈，可提高稳定性，改变输入阻抗，也可增加带宽，但带宽增加将使噪声增加。

前置放大器设计完成后，应通过实验或有关的计算机模拟软件验证各项参数是否满足指标要求，如某些指标达不到要求，应进行反复修改，直到使前置放大器在噪声系数、增益、带宽、稳定性和阻抗匹配等方面均满足指标要求(前置放大器噪声系数和典型的前置放大器等可参阅相关电子学方面的书藉)。

（2）电路系统带宽的确定

当信号带宽确定以后，系统的工作带宽也可随之设定。信号的最佳带宽取决于信号的频谱特性。假定信号是一宽度为 t_d 的矩形脉冲信号，其数学表达式为

$$S(t)=\begin{cases}A_{\mathrm{m}}\ , & |t|\leqslant t_{\mathrm{d}}/2\\ 0\ , & t_{\mathrm{d}}/2<|t|<T/2\end{cases}\tag{6-42}$$

式中，A_{m} 为脉冲的幅值；T 为周期。将式(6-41)的脉冲周期函数表示为傅氏级数，则

$$S(t)=\frac{t_{\mathrm{d}}A_{\mathrm{m}}}{T}+\frac{2t_{\mathrm{d}}A_{\mathrm{m}}}{T}\sum_{n=2}^{\infty}\mathrm{sinc}(n\pi f_0 t_{\mathrm{d}})\cos(2\pi n f_0 t)\tag{6-43}$$

式中，f_0 为基频，$f_0=1/T$。

以 $x=n\pi f_0 t_{\mathrm{d}}$ 为横坐标，可得到式(6-43)的谱线分布。每条谱线对应信号的一个波谱分量，谱线的幅值按 sinc 函数变化，在 $x=\pi$ 处是频谱的第一个零点，此后，随着 x 的增加还有无穷多谱线和无穷多个零点，即信号波谱分量还有无穷多个。但在第一个零点以后，所有谐波分量的平均功率迅速减小，可以忽略。因此，通常取第一个零点以前的信号所占的频带宽度为信号带宽 B_{s}

$$B_{\mathrm{s}}=1/t_{\mathrm{d}}\tag{6-44}$$

系统的带宽 Δf 必须大于信号带宽 B_{s}，信号才能在允许的失真范围内通过系统。例如，理想低通滤波器的脉冲响应特性如图 6-34 所示，要尽可能不失真地再现输出波形，滤波器的带宽 Δf 必须远远大于 $1/t_{\mathrm{d}}$。如果只需要辨认出脉冲，则逼真度并不重要，取 $\Delta f=1/t_{\mathrm{d}}$ 即可。当 $\Delta f\ll 1/t_{\mathrm{d}}$ 时，输出波形已变平坦，难以辨认脉冲了。

但是，任何系统都存在噪声，且系统输出噪声功率与系统带宽成正比。如果单纯地增加系统的

带宽，也将同时增加输出噪声功率，从而可能降低系统的输出信噪比。因此，系统的最佳带宽将受失真度、分辨率和信噪比三种因素的限制。必须综合考虑这些因素。例如，当需要保证最大的输出信噪比时，可少考虑脉冲的精确形状。对矩形脉冲，当

$$\Delta f = \frac{1}{2t_d} \tag{6-45}$$

时，系统的输出信噪比最大。当 $\Delta f<1/(2t_d)$时，脉冲峰值幅度减小，脉冲宽度增加；$\Delta f \gg 1/(2t_d)$时，峰值幅度基本不变，但脉冲形状更接近矩形；当 $\Delta f=5/t_d$ 时，可近似复现矩形脉冲形状。在红外热成像系统中，探测器驻留时间相当于脉冲持续时间。上述分析可作为确定红外热成像系统带宽的依据。

（3）直流的隔离与恢复

在热成像信号中的直流成分常常需要在信号处理之前用隔直流方法将其去掉，这不仅可使信号处理变得简单，而且可达到抑制背景和削弱 $1/f$ 噪声的目的。但是，采用交流耦合存在两个较大的问题，一方面信号直流分量被滤去了，因而信号已不具有温度绝对值的意义；另一方面由 RC 组成的高通交流耦合电路，在对目标进行扫描时会产生以下三种图像缺陷：

① 对中等温度差异的大目标来说，矩形波信号在耦合后信号失真，产生直流下跌和负尖峰，图像也发生畸变(见图 6-35)。在某些情况下，这种图像畸变会掩盖掉其他目标。

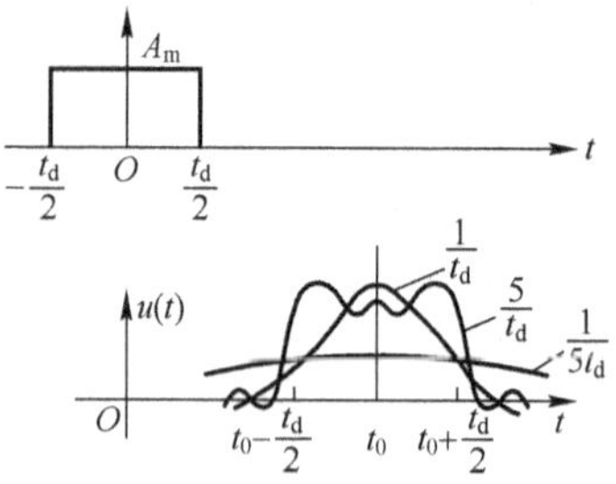

图 6-34　脉冲响应特性

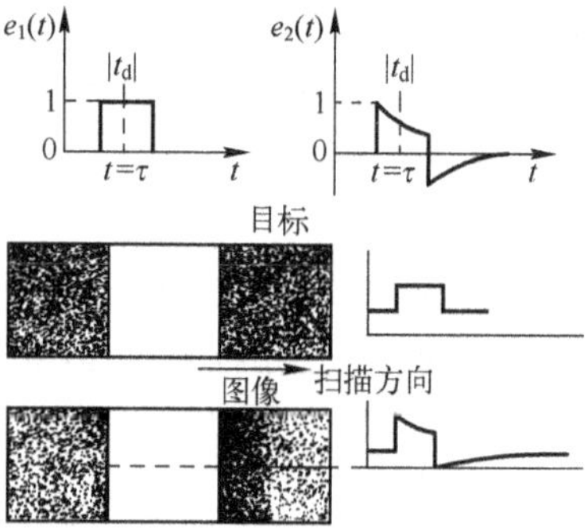

图 6-35　直流下跌和负尖峰对图像的影响

② 对高温小目标，由于电路输出的平均值为零，所以输出信号在正信号响应之后，将伴随一个振幅较低，但持续时间较长的负信号响应。图像会发生严重的黑色拖尾现象(图 6-36)。

图 6-36　高温小目标的图像拖尾

③ 多元扫描时，每个通道在开始扫描前($t<0$)所积存的电荷量不一定相等，这个积存电荷量将影响开始扫描后信号的大小。如图 6-37(a)所示，通道 1 是从冷背景到中温目标的探测，通道 2 是从热背景到同一目标的探测；则通道 1 对中温目标的响应大于通道 2 对同一目标的响应(图 6-37(b))；最终的图像如图 6-37(c)所示，原来同一温度的中温目标在通道 1 显示的图像较亮，通道 2 则较暗。

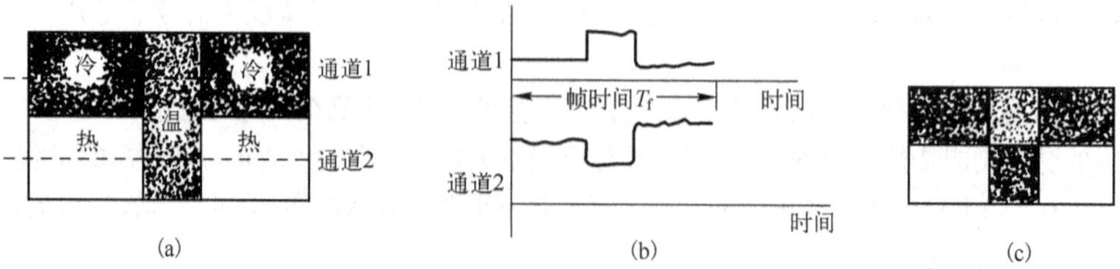

图 6-37　多元扫描系统的图像缺陷

为消除或减小上述的图像缺陷，可采用直流恢复技术。图 6-38 是一种直流恢复方案。在系统中设置一个热参考源，在扫描周期的无效部分，探测器扫描热参考源。这个参考源可以是无源的热源，如光阑；或是有源的热源，如黑体。当探测器扫到这个参考热源时，红外热成像系统会接收到参考源的辐射产生一温度信号，用这个信号作为箝位信号，将温度信号通道的信号箝位在零电平上。然后再将与环境温度相应的直流电平叠加在经过箝位的温度信号上，以进行环境温度补偿。这样，经过箝位及环境温度补偿后的温度信号就具有了绝对意义。

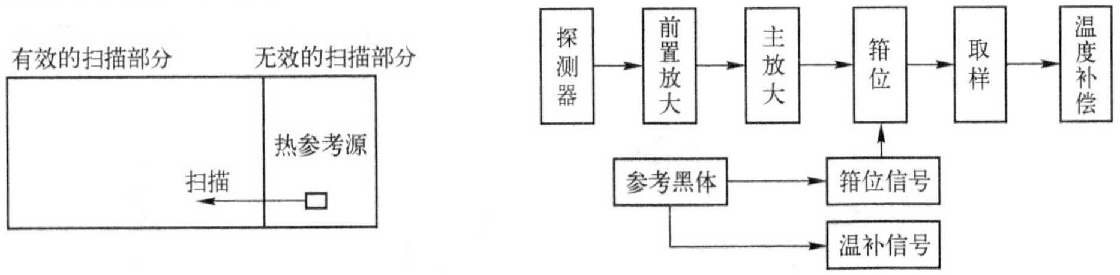

图 6-38　一种直流恢复方案

（4）多路传输与延时

当使用多元探测器时，通常要把多个信号通道改变成单个信号通道。目前常用电荷耦合器件(CCD)实现多路传输，CCD 起移位寄存或延迟的作用。其工作原理如图 6-39 所示，红外探测器并联扫描装置对景物或图像同时取样，并同时将对应单元的辐射信号转换成电信号，并列注入到 CCD 移位寄存器相应的单元。CCD 单元的电荷量正比于对应的探测器取样信号，由一速度较快的时钟脉冲将 CCD 单元中的电荷移出，经过输出电路便形成了一组串行信号，完成由多路传输到单路传输的转换。

当探测器串联扫描时，每个探测器单元都扫过同一视场空间，因此探测器的输出信号具有相同的函数形式，只是在时间上依次相差一个 Δt。各探测器单元输出的信号为 $s_k[t-(k-1)\Delta t]$，来自 $(N-1)$ 个输入端的信号经 $t_k=(N-k)\Delta t$ 的时间延迟后，同时到达 CCD 的输出端（k 为任意单元）。CCD 的延迟时间 Δt 与探测器的驻留时间相同，当考虑探测器相邻单元之间的角距离时，其表达式为

$$\Delta t=\frac{\eta_{\text{scan}}\beta(\alpha+d)}{Wf_{\text{p}}} \tag{6-46}$$

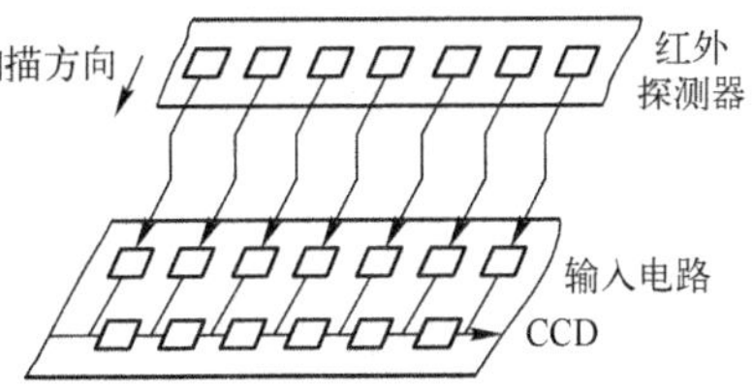

图 6-39　CCD 多路传输

式中，d 为探测单元之间的角距离；W 为系统的总视场。

用 CCD 做多路传输的转换器件，可直接在焦面上实现多路到单路的转换，使制冷杜瓦引出线减到最小数量，简化杜瓦结构，降低工艺难度，同时也减轻了杜瓦的热负载。这一技术在焦平面探测器中得到普遍应用。目前，也有许多情况是采用 CMOS 器件完成的。

（5）温度信号的线性化

探测器输出的信号电平是目标辐射的函数，由目标辐射特性、光学系统的光谱特性、探测器的光谱响应等决定。虽然热图像的灰度变化与景物的实际温度成正比，但电信号与目标温度并不一定成线性关系。因此，在一些需要测温的热成像系统中，需要将探测器输出的信号电压进行线性变换和校正，使其与温度成线性关系。

环境温度的补偿通常用热敏元件测出，它的信号电平与温度近似成线性关系。但是，将这个电平信号送去进行温度补偿时，被补偿的辐射信号与温度的关系却是非线性的，故要进行非线性化处理，再进行补偿。

对于不带温度传感器的热成像系统，通常采用实际可调温的黑体进行标定，得到图像信号与目标温度的关系，并作为查询表保留在系统中。测温时由查询表进行温度确认。

2．热图像的显示

目前的热成像系统普遍采用标准视频格式进行输出，因此，其显示可以采用标准视频显示器或电视机。对于最新的高分辨率热成像系统，为了更好地发挥系统特点，采用了数字视频模式，可以按照 VGA、SVGA 甚至更高的模式在一般显示器上显示。

由于中波 3～5μm 和长波 8～14 μm 红外辐射均在人眼响应之外，且人眼的彩色视觉是一种主观的感受，因此，热成像信号一般只反映响应波段的信号大小，一般的显示模式是黑白图像。黑白图像还可以采用“白热”或“黑热”模式(图 6-40)。此外，采用不同的彩色查询表，也可以按照不同的彩色方式显示热图像。

(a) 白热

(b) 黑热

图 6-40　热图像的黑白显示模式

在一些测温红外热像仪中还有等温显示，在图像周边设置了点、线的温度变化显示等。

6.4　红外热成像系统中的微扫描技术

限于目前红外焦平面探测器像元数目及光敏元进行信息探测所需的最小尺寸，红外热成像系统的图像分辨率难以满足人们日益增长的应用需求，特别是更高分辨率、更远作用距离的应用对成像分辨率提出了更高的要求。提高成像系统分辨率通常有以下三种方式：(1) 增大成像系统物镜的焦距，但这会增大成像系统物镜的焦距进而增大成像系统的体积和成本；(2) 增大探测器阵列的规模，但这在材料制备和信号读出方面目前尚有非常大的障碍；(3) 减小探测器单元的几何尺寸并提高探测器的占空比，但从信息探测的角度考虑，探测器单元的几何尺寸不宜过小。鉴于上述三种方式各自的局限，人们提出了通过局部微扫描技术提高成像系统图像分辨率的解决方案。本节重点介绍微扫描原理及目前常用的微扫描方式。

6.4.1　提高分辨率的微扫描原理

目前的焦平面探测器阵列成像过程如图 6-41 所示。即来自景物的光学图像 $f_o(x,y)$经由红外光学系统成像(与光学系统的点扩散函数 $P(x,y)$卷积)在焦平面探测器阵列上，并在探测器 $d(x,y)$上完成光电转换和信号电荷积累，再按照探测器阵列 $s(x,y)$分布采样输出视频信号 $f_s(x,y)$，经后继的信号处理系统进行图像的重建 $r(x,y)$，获得输出图像 $f_r(x,y)$。

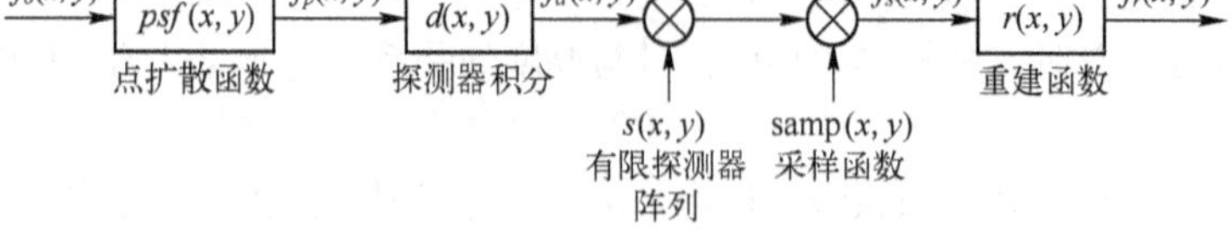

图 6-41　离散焦平面探测器阵列的成像过程

图 6-41 过程的数学形式可表述为

$$f_{\mathrm{r}}(x,y)=\{\ [f_0(x,y)\otimes P(x,y)\otimes d(x,y)]\cdot s(x,y)\cdot \mathrm{samp}(x,y)\ \}\otimes r(x,y) \tag{6-47}$$

式中，$P(x, y)$为成像系统的点扩散函数。$d(x, y)$是单个探测器单元的尺寸(a 和 b 分别为其高和宽)，其在焦平面探测器阵列中可表示为

$$d(x,y)=\frac{1}{|ab|}\mathrm{rect}\left(\frac{x}{a},\frac{y}{b}\right) \tag{6-48}$$

$s(x, y)$为整个探测器阵列的尺寸

$$s(x,y)=\mathrm{rect}\left(\frac{x}{X},\frac{y}{Y}\right) \tag{6-49}$$

$\mathrm{samp}(x, y)$为采样函数

$$\mathrm{samp}(x,y)=\frac{1}{\Delta x\Delta y}\mathrm{comb}\left(\frac{x}{\Delta x},\frac{y}{\Delta y}\right) \tag{6-50}$$

设探测器结构如图 6-42 所示。

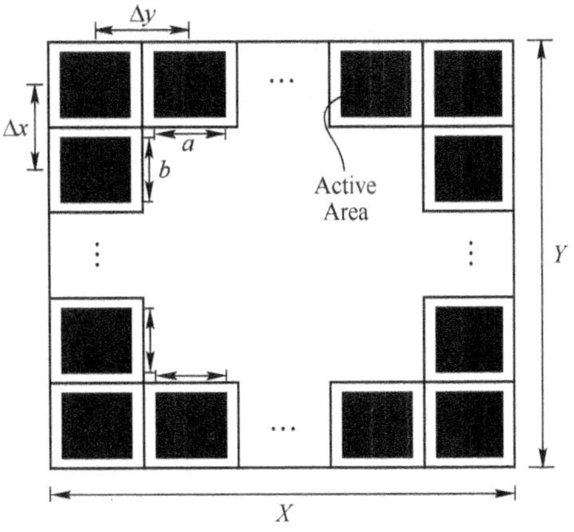

图 6-42 离散焦平面探测器像元分布

由以上关系式可以看出，景物连续分布的光强图像和经过光学系统后的成像，将会在焦平面探测器阵列上被离散，在每个独立的像素单元上积分并转换为电信号，因而像素单元面积将成为最小的采样尺寸。按照采样定理，焦平面探测器的光敏元尺寸和排布将决定采样后可以保留的景物最高空间频率(奈奎斯特频率)，图像出现了欠采样和高频衰减。因而，如果在进行景物图像重建时仍采用景物初始的空间频率分布，重建后的图像将出现混叠效应而无法再现高频细节。

针对目前离散采样成像的各类光电成像系统，局部微扫描技术可以在不增加探测器像素尺寸和规模的条件下，通过过采样的方式提高成像系统的空间采样频率，减少图像频率混叠效应，提高成像系统的图像分辨率。

微扫描技术的具体做法是：对同一场景进行多次微位移采样，进而由多幅相互之间具有微小位移的时间序列低分辨率图像重建一幅高分辨率图像。高分辨率图像重建原理如图 6-43 所示。

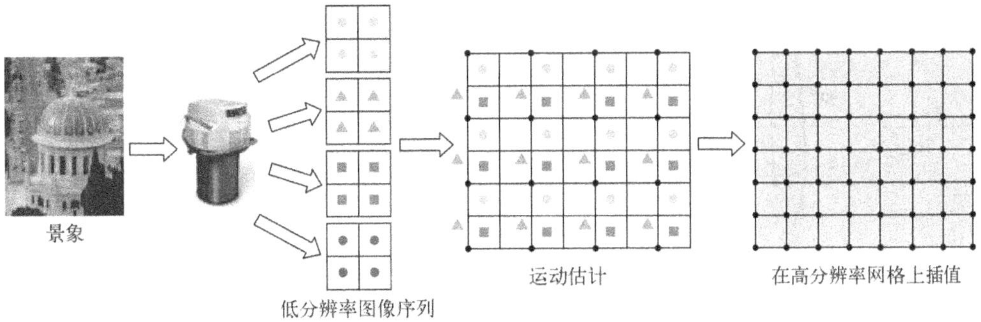

图 6-43 基于微扫描的高分辨率图像重建原理

6.4.2 微扫描分类

根据产生微位移的途径，微扫描技术可分为可控微扫描和非控制微扫描。其中，可控微扫描采用分束棱镜或控制光学元件相对于成像器件做微位移，实现相邻图像在成像器件上的亚像素(小于 1 个像素)移动。非控制微扫描则是利用载体(卫星、飞机等)相对于目标的运动或随机振动产生图像相邻像元间的微位移。

实现可控微扫描的方法很多，如采用压电装置驱动透镜实现机械微扫描、采用旋转平板法实现光学微扫描、采用压电装置等驱动探测器进行微位移实现探测器的微扫描等。总体上，可控微扫描基本上

都是采用光学微扫描机构实现相对于成像器件的微位移。

6.4.3 微扫描的工作模式

依据微位移的路线，目前的微扫描工作模式主要有 1×1、2×2、3×3、4×4 四种，如图 6-44 所示。微扫描模式决定了探测器上图像的位移周期和微扫描轨迹。每种微扫描模式都有不同的扫描轨迹以及扫描步数，随着微扫描步数的增加，微扫描系统的空间分辨率也会随之提高。

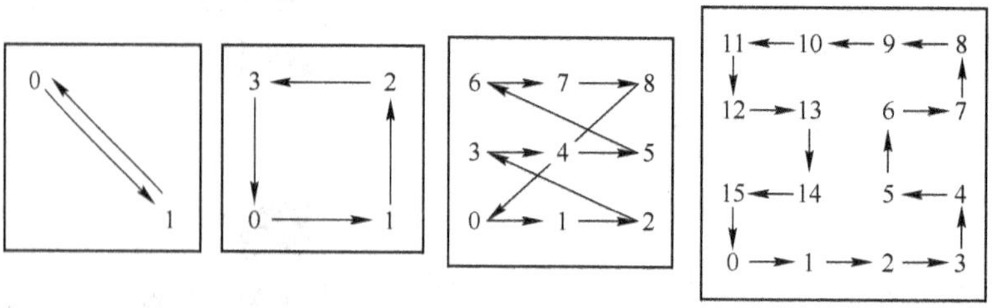

(a) 1×1（2步）　(b) 2×2（4步）　(c) 3×3（9步）　(d) 4×4（16步）

图 6-44　四种常用的微扫描模式

6.4.4 微扫描系统

1．微扫描系统组成

微扫描系统主要分为两大部分：微扫描器和微扫描器控制器。

由于需要精确移动的微位移很小(亚像素)，微扫描系统需要很高的精度，主要有两个方面的难点：保证将图像从一个位置移到下一个位置时间上的精确性；保证微位移自身的精确性。

2．微扫描的实现方式

目前光学微扫描的实现方式主要可分为以下三类：

（1）机械平移法

如图 6-45 所示，按照图 6-44 的任意一种方式平移成像光学系统或者探测器系统即可实现对景物图像的微扫描。

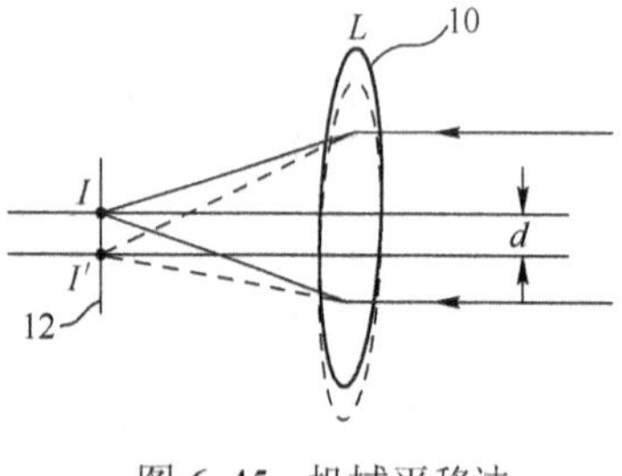

图 6-45　机械平移法

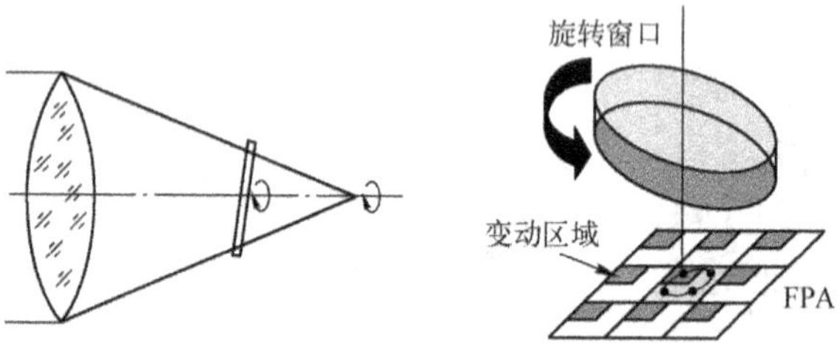

图 6-46　旋转平板法

（2）旋转平板法

如图 6-46 所示，由于光线通过倾斜的平板时会在平行光轴的方向上产生位移，改变倾斜的角度和姿态会产生不同方向和不同距离的微位移，故照图 6-44 的任意一种方式旋转光学平板即可实现需要的景物图像微扫描。

（3）光学变换法

图 6-47 所示为两个平面摆镜组合而成的微扫描系统，由图可知，通过上下摆镜按照图 6-44 的任意一种方式进行摆动配合即可实现需要的景物图像微扫描。

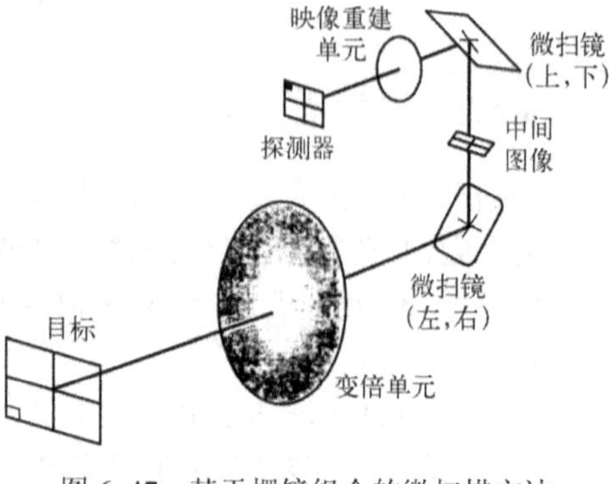

图 6-47　基于摆镜组合的微扫描方法

6.4.5 微扫描系统的应用

由于微扫描是完全基于现有的探测器规模、尺寸的，因此实现成本较低，目前国外在红外热成像和可见光成像领域中均有广泛应用，特别是在红外热成像领域，随着红外焦平面探测器的实用化，可控微扫描技术在红外成像领域的应用正在受到普遍关注和重视。

从系统空间分辨率的角度看，遵循采样定理，对于给定的探测器尺寸，原有的单个探测器扫描系统的分辨率要比红外焦平面阵列性能好两倍以上。通过微扫描，红外焦平面阵列的分辨率也可以达到扫描系统的分辨率限。图 6-48 为英国 BAE 系统公司 FPA 红外热像仪微扫描方案。

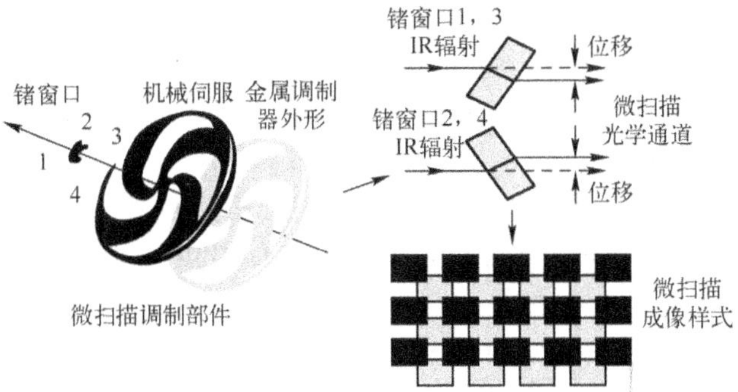

图 6-48 英国 BAE 系统公司 FPA 热像仪微扫描方案

在数字显微领域，也可通过可控微扫描技术实现高分辨率成像，成像器件为面阵 CCD。通过在光路中加入微扫描器，实现每帧图像之间的微位移，如德国 JENOPTIK 公司研发的数字显微系统，可通过微扫描技术提供可变的分辨率，从 1300×1030 像素一直到 3900×3090 像素。

在可见光领域，微扫描技术的应用主要针对于卫星遥感、数字航空相机、数字显微等领域，技术也主要掌握在法国和德国公司手中。德国 Leica 公司的 ADS40 数字航空相机(图 6-49)应用了非控制的微扫描技术，采用特殊的线阵 CCD 器件，利用机体运动产生扫描动作。ADS40 所采用的线阵 CCD 器件和法国 SPOT 卫星上所采用的器件极为相似，每一组线阵 CCD 都由两列线性阵列组成，两列线性阵列错开半个像素。

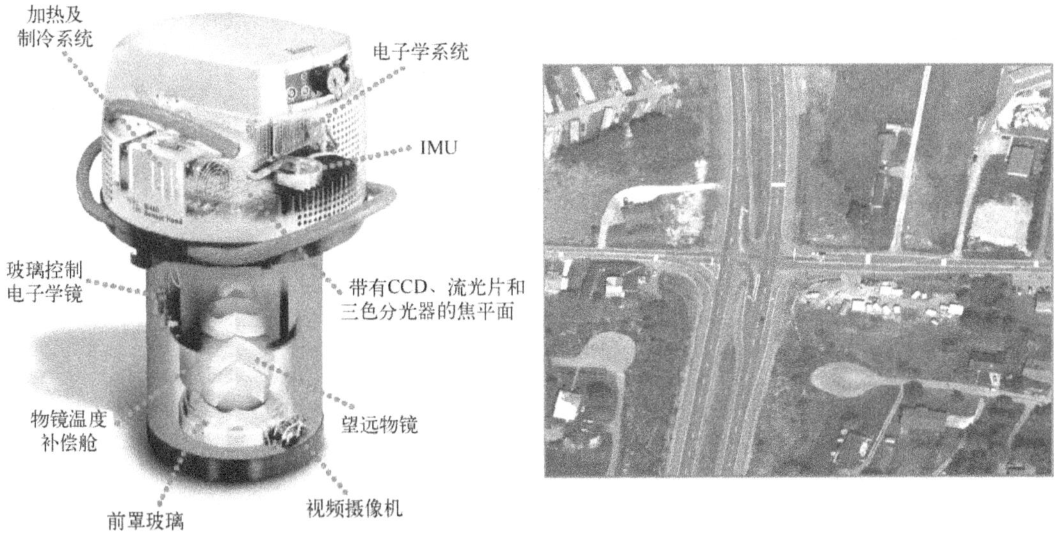

图 6-49 ADS40 数字航空相机的结构和拍摄的高分辨率图像

可见光领域的应用并不只限于上述内容，随着微扫描技术逐渐成熟，相关应用将更加广泛。

当然，微扫描技术不仅只限于光电成像领域的应用，国外的研究人员也在积极地研究在其他成像领域的应用。如微扫描技术在恶劣天气环境下毫米波成像的适应性极为优秀，与热成像和可见波段传感器相比，毫米波成像的空间分辨率过低以及由于非理想采样所引入的混淆和模糊一直是需要解决的问题。此外，合成孔径成像等领域也是微扫描技术可以大有作为的空间。

习题与思考题

1．简述概念：响应度、噪声等效功率、探测率与归一化探测率、热成像系统全视场、瞬时视场、驻留时间、过扫比、帧周期与帧频、扫描效率

2．若光机扫描热成像系统采用线性扫描，则电子线路信号的时间频率与图像空间频率的关系如何转换？

3．若采用 6 边旋转反射镜转鼓及 4 元探测器的并扫，产生与我国广播电视扫描制式相同的视频信号时，行扫电机的转速需为多少？

4．从光电成像的角度简述将二维景物图像转换为一维时间序列电信号可通过哪些途径实现？

5．探测器光敏面积为$(60\times60)\mu m^2$，探测率 $D^*(500，800，1)=4\times10^{10}$ cm $Hz^{1/2}$ W^{-1}，求探测器在带宽 20Hz 时的最小可探测功率。

6．试述光机扫描红外热像仪的基本组成部分和工作原理。

7．热成像系统与其他夜间观察仪器相比有什么特点？

8．光机扫描有几种基本扫描方式？其特点如何？

9．热成像系统对扫描器的基本要求是什么？常用的光机扫描器有哪些？各有什么特点？

10．为什么平面反射镜和旋转反射镜鼓都有一个最小镜面宽度限制？

11．常用的光机扫描方案有哪些？特点如何？

12．热成像系统中前置望远系统和中继透镜系统的作用是什么？

13．热成像系统的扫描成像方式主要有哪些？各有什么特点？

14．增加探测器元数为什么可以提高系统的信噪比？串行扫描和并行扫描成像方式在提高系统信噪比方面有何异同？

15．热串行系统的信号处理一般包含哪几部分？

16．热成像系统中探测器前置放大器的作用是什么？如何选择？

17．信号处理的电路带宽是如何确定的？

18．热成像系统信号处理采用直流隔离和直流恢复的目的是什么？怎样实现？

19．热成像系统中信号传递的多路传输和延时是如何实现的？

20．热图像的显示模式主要有哪些？显示器件主要可以选择哪些类型？

21．凝视成像与扫描成像有什么特点？目前实现凝视成像的基本途径有哪些？

22．为什么当前使用的焦平面探测器的图像恢复和重建会出现高频损失和空间频率混叠效应？

23．什么是微扫描技术？微扫描技术可以解决当前光电成像技术遇到的什么问题？

24．简述实现微扫描的可能方法，其实现的难易程度如何？

第 7 章　电视体制、摄像系统与图像显示

完整的电视系统应包含摄像机、发送和接收系统、显示器等基本模块和其他诸如视频记录、视频处理等附加模块。电视的基本工作原理可简单概括为：在发送端，用电视摄像机拍摄相关景物，经摄像成像器件的光电转换作用，相关景物图像(亮度和色彩等)信息按一定规律变换成相应的电信号，做适当处理后通过无线电或有线信道传输出去；在接收端，通过电视接收机接收电视信号，经显示装置的电光转换作用，将电视信号按对应的空间关系转换成相应的景物画面，即在显示器屏幕上重现出相关景物的图像。

第 2、4、5、6 章介绍了如何将三维的光强分布转换为一维时间序列电信号(视频信号)的方法及技术。众所周知，将其转为一维时间序列电信号并不是人们的最终目的，更重要的是如何将经过前述方法解析后的视频信号复原为与实际景物相似的光强分布显示出来，这就是当今的电视技术。严格说来，电视系统的组成如图 7-1 所示，包括图像的解析(摄像)、信号的处理与传输和图像的合成(复原)。

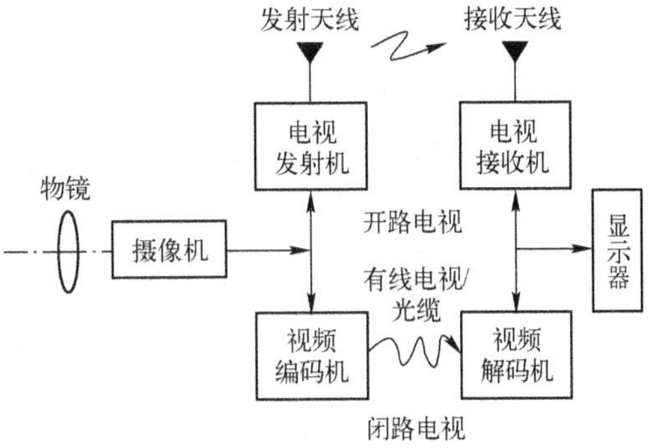

图 7-1　开路和闭路电视系统组成

电视系统借助发射端与接收端的天线，传送载有全电视信号的高频电磁波，这种系统称为开路电视系统。开路电视系统不仅广泛应用于广播电视，也用于军用微光电视系统。电视系统直接通过电缆或光缆作为视频通道传送视频信号，对应系统称为闭路电视系统。由于设备简单，经济可靠，调整使用方便，闭路电视系统广泛应用于工厂生产线、城市社会治安等视频监控领域。

本章重点介绍电视系统有关视频信号的协议(制式)、电视摄像系统和图像显示的基本原理等。

7.1　电视的体制与图像传送原理

7.1.1　图像与图像的传送

电视图像一般为二维平面图像，由大量组成画面的基本单元——像素构成，从图像像点对应的角度看，像素也就是前面图像解析过程中可以被分解的最小图像单元。对于黑白图像，每个像素点为黑白程度(灰度)不同的发光点；对于彩色图像，每个像素点又由三个红、绿、蓝(或者四个)相间的彩色点发光组成。下面以黑白电视为例介绍电视图像的分解规则与流程。

从人眼的机能上讲，人们之所以看到电影或者电视是连续变化的动态图像，其原理是利用了光刺激在眼睛内产生的兴奋以及刺激停止后所留下来的感觉，即视觉暂留效应。视觉暂留分为正视觉暂留像(与真正刺激相符的感觉)和负视觉暂留像(与真正刺激相反的感觉)。人眼的视觉暂留情况受以下因素影响：

(1) 光刺激的强弱(弱光下 1～2s 内消失，强光下可持续数分钟)；

(2) 刺激光作用的时间(作用时间越长，视觉暂留持续时间越长)；

(3) 刺激光的颜色不同，视觉暂留持续时间不同(黄光的视觉暂留消失最快)。

(4) 与人眼的疲劳程度及作用于视网膜不同部位相关。

为了满足视觉暂留和人眼空间分辨率的要求，电视图像的分解与合成必须按照一定的规定进行，这就是电视的体制(或称为制式)。我国目前采用黑白电视制式标准(CCIR)为 25 帧/s 和 625 行/帧，图像宽高比为 4∶3。

黑白电视图像是仅有亮度(灰度)差异的像素集合，可表示为空间和时间的函数，即

$$L = f(x, y, t) \tag{7-1}$$

一般而言，图像画面的像素数目越多，电视图像反映的细节就越丰富，图像就越清晰，图像像质也就越好。但是，像素数的增加受人眼分辨率以及视频制式等因素的限制。按我国目前的黑白电视标准(CCIR)，一幅图像大约有 40～50 万个像素。将传送的图像分解成许多像素，并将其同时转变成电信号，再借助信号通道传送到接收端，在屏幕上转换成光信号，就可重现被摄景物的图像。实际的图像信号是按时间顺序传送的，即按一定空间顺序将被传送图像上各像素的亮度转变成时间序列的电信号，依次传送，相当于将各像素的亮度变换成了以时间为单变量的函数，即

$$L = f(x, y, t) \Rightarrow f[x(t), y(t), t] = f(t) \tag{7-2}$$

在接收端的显示屏上，将到达的时间序列电信号按解析图像时同样的空间顺序转换为相应位置上的光信号，再现景物图像。图像信号传输原理如图 7-2 所示。被传送的光学图像作用于一个由许多独立的光电元件组成的光电板上，形成与光学图像亮度分布一一对应的电子图像(为简单起见，图中只画出 9 个像素)；接收端为相同数目发光元件组成的发光板，当传送通道由开关 S_1 依次接通 A、B、C 时，开关 S_2 也依次接通 A'、B'、C'，像素 1、2、3 传送到接收端，并显示在发光板上；再按时间顺序传送 4、5、6 等像素到接收端，并依次排列在相应位置上。在传送过程中，只要开关速度足够快，保证在第一个像素引起的视觉刺激消失之前，最后一个像素已产生视觉刺激，则人们就可在发光板上看到一幅完整的图像。实际的电视系统中，传递过程借助同步扫描实现。

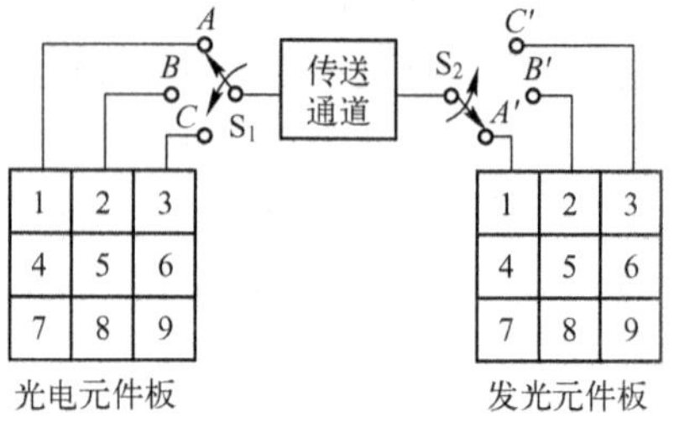

图 7-2　图像信号传输原理

7.1.2　图像的解析与合成——扫描

如前所述，摄像机首先把光学图像分解成很多细小的单元(像素)，并按一定规律依次把像素上的光变成电信号读出，经过一定的加工处理，传送到接收端，再按同样规律把对应像素的电信号在显示器屏上进行合成，重现光学图像。这种把图像像素的光信号转变为顺序传送的电信号的过程，以及将顺序传递的电信号重现为光学图像的过程，称为扫描。可见扫描就是图像解析和合成的过程。

电视系统采用的扫描方式有逐行扫描和隔行扫描两种。

1．逐行扫描

如图 7-3 所示，扫描点从图像的左上角开始以一定的速度自左向右做水平方向的匀速运动(稍微向下倾斜)，当扫描点扫到 1′时迅速返回到 2 点，仍然以一定的速度做水平方向运动，扫描点扫到 2′时，又迅速返回到左端的 3 点，重复上述过程一直运动到右下角 7′点，至此，扫描点完成一幅图像的扫描。然后迅速返回到左上角的 1 点，开始下一幅图像的扫描。

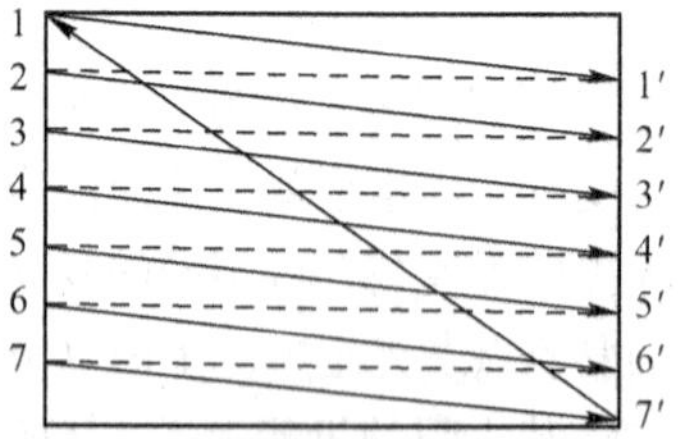

图 7-3　逐行扫描

可以看出，扫描点包含水平和垂直两个方向的运动。扫描点的水平方向运动称为水平扫描或行扫描，其中自左至右的扫描称为行扫描的正程，自右至左的扫描称为行扫描的逆程；扫描点自上而下的运动称为垂直扫描或帧扫描，由点 7′回到 1 点的运动称为帧扫描逆程。在图 7-3 中，行扫描是一行挨一行进行的，故称逐行扫描。

整幅画面的水平扫描行数决定了图像的垂直分辨率。同一画面的扫描行数越多，垂直分辨率就

越高，图像就越清晰。目前，在我国采用 625 行的 CCIR 制式中，有 50 行处于帧扫描的逆程，实际的有效行数为 575 行。

由于人眼的视觉暂留特性，当帧频足够高，如大于 24 帧/秒(如电影)时，人眼就感觉不到眼前的一幅一幅图像是不连续的。因此，为使人眼对图像没有闪烁感觉，在逐行扫描中，帧频应高于 24 帧/秒，通常采用与电源频率相同的频率(50Hz 或 60Hz)。

逐行扫描的图像信号频率取决于图像内容，图像细节越小，频率越高。设想一幅图像由许多黑白方格组成(图 7-4)，每一小格的高和宽等于扫描线宽度。一般电视屏幕的高宽比为 3∶4，垂直方向的小格数 n=575，则整幅图像的黑白小格总数为

$$N = n\cdot\left(\frac{4}{3}n\right)\approx 4.4\times10^{5} \qquad (7\text{-}3)$$

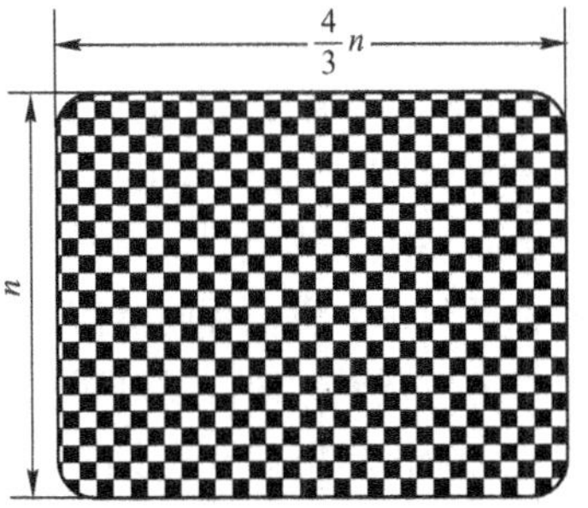

图 7-4　逐行扫描图像的最高频率

小方格的黑白数目相同，扫描点每扫过一对黑白小格便形成一个方波信号。每秒扫过的黑白小格的对数，即为图像(电信号基频)的最高频率 $f_{\max}$：

$$f_{\max} = \frac{1}{2}\cdot\left(\frac{4}{3}n^{2}\right)\cdot f_{z}\approx 0.5\times4.4\times10^{5}\times50\text{Hz} = 11\,\text{MHz}$$

式中，f_z 为帧频，取值 50Hz。

图像电信号最低频率可能是很低的，例如图像为一幅上白下黑的图案，则图像信号的频率就等于帧频。图像信号的频率甚至可以更低，例如图像为一亮度缓慢变化的背景。所以，图像信号不是具有某一个固定的频率，而是占据了一个频带，其频带为 11MHz。这样宽的频带，对接收机的成本和在一定的电视波段范围内设立更多的电视台都是不利的。在逐行扫描中，要降低图像信号的频带宽度，势必减少扫描行数或降低帧频，减少扫描行数会降低分辨率，降低帧频可能使画面产生闪烁现象。既要压缩图像信号的频带宽度，又不降低分辨率和产生图像闪烁，隔行扫描便成为了一种解决途径。

2．隔行扫描

隔行扫描方式如图 7-5 所示，把一幅图像分为两场。第一场，扫描点从左上角开始，由左至右到点 1′，第 1 行结束折回到点 3，点 3 是第 3 行的起点，第 3 行结束折回到点 5，扫第 5 行……直到点 A 扫至点 B，至此第一场结束。第一场扫单数行，称奇数场。第二场扫描开始于点 B，电子束扫完半行到 C 点，折回到第 2 行，接着再扫第 4 行，直到点 10′，第二场结束，第二场称为偶数场。奇、偶两场组成整幅图像，称为 1 帧。

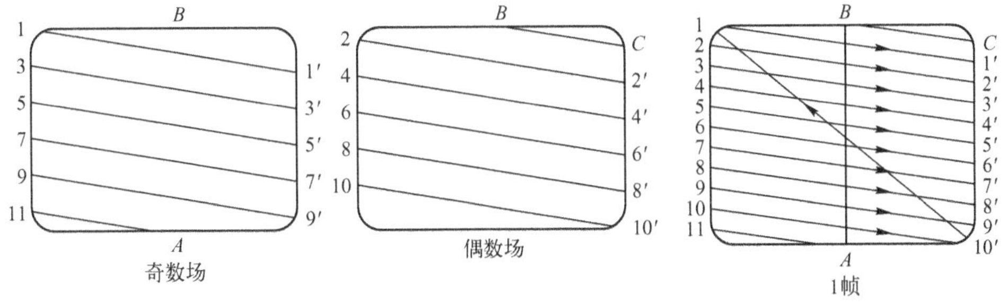

图 7-5　隔行扫描

隔行扫描中，行数必须采用单数，第一场结束于最后一行的一半，第二场开始于图像上方中央，这样就能保证第二场的扫描线正好嵌在第一场扫描线的中间。

隔行扫描的一帧图像分为两场，场频 50Hz，帧频 25Hz，故图像信号最高频率为

$$f_{\max} = \frac{1}{2}\cdot\left(\frac{4}{3}n^{2}\right)\cdot f_{z}\approx 0.5\times4.4\times10^{5}\times25\text{Hz} = 5.5\,\text{MHz} \qquad (7\text{-}4)$$

只是逐行扫描的一半。因为每秒钟仍扫描 50 场，所以不会产生画面的闪烁。

7.1.3 全电视信号

1．信号的同步与消隐

假定图像由若干条由白逐渐变黑、宽度相等的垂直条纹组成，则摄像机某一扫描行的输出信号电压波形如图 7-6 所示。扫描点由点 *A* 扫到 *B* 时，输出对应于 t_A 到 t_B 的阶梯形电压波形。白色图像信号为低电平，黑色图像信号为高电平，这是行扫描的正程。点 *B* 到点 *C* 为行扫描逆程，在此期间摄像机不应有图像信号输出，以免干扰图像画面。此时输出黑色信号，控制显示器，使显示器屏输出为零，故把该黑色信号称作消隐信号。当扫描正程结束时，开始回扫，为了使接收机(或显示器)的行扫描与摄像行扫描严格同步，在电视图像信号中，加有一个窄脉冲信号，接收机接到此脉冲信号时，立即使显示器回扫，故此脉冲信号称为行同步脉冲信号。以同步信号电平作为100%，黑色信号电平占 75%，白色信号电平占 12.5%。同步脉冲信号只供接收机与摄像机同步用，不需要显示。所以行同步信号出现在消隐开始以后，其电平比行消隐信号电平更高，以示区别。

在一场结束时，发射端发出场同步信号和场消隐信号，接收机显示器进行由下而上的回扫和截断显示。场消隐集信号宽度占 25 行的行扫时间，场同步在场消隐出现之后发出，其宽度应使场和行同步脉冲便于分离，所以规定其为 3 行的行扫时间，电平与行同步脉冲电平相同，如图 7-7 所示。

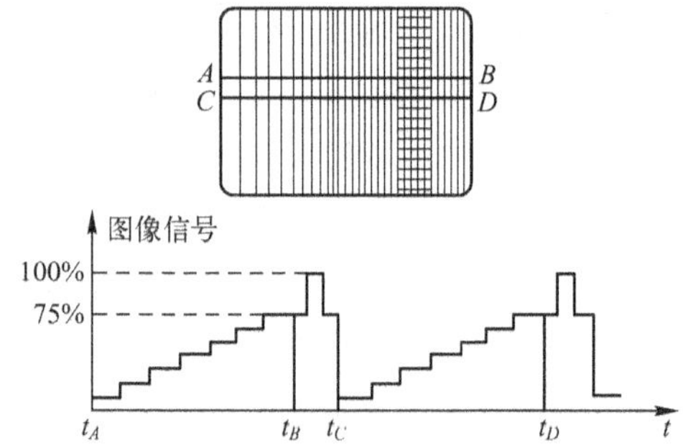

图 7-6 电视图像信号电压波形

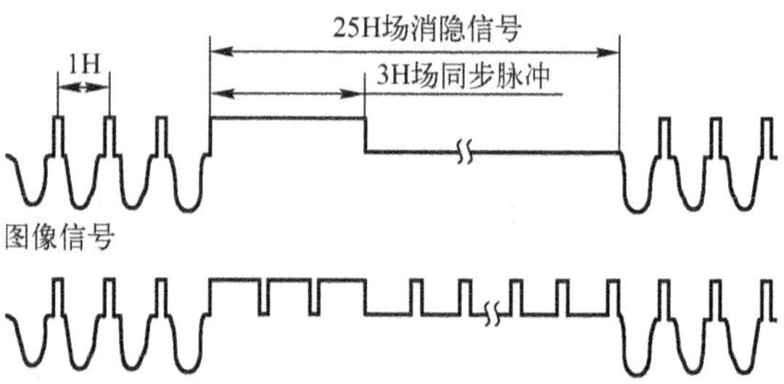

图 7-7 场同步脉冲和场消隐信号

为使接收机不失去同步，保持行同步脉冲的连续性，在场消隐期间需加入行同步脉冲，因而将场同步脉冲开槽。另外，为消除隔行扫描前后两场时间间隔的误差，均衡两场的差异，在场同步脉冲的前后加入均衡脉冲，场同步脉冲信号开槽加倍，并移后 3 行(3H)，最后形成行、场消隐和同步脉冲波形，如图 7-8 所示。

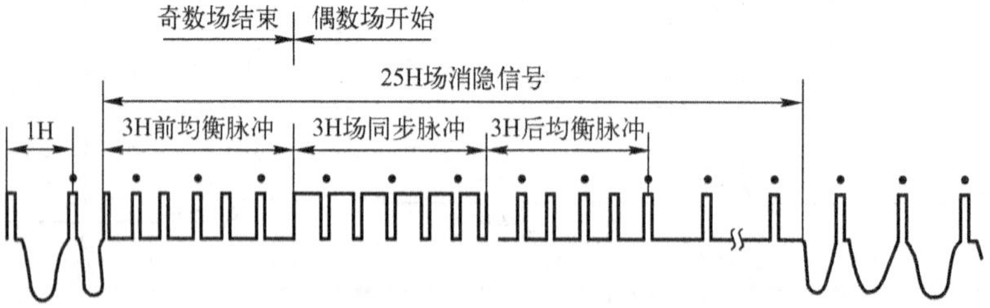

图 7-8 加入前后均衡脉冲的场同步脉冲和场消隐信号

2．收发端同步与消隐对图像的影响

电视信号的同步与消隐不好会严重影响电视图像的正确显示，主要有：

（1）收、发两端场频不同步：图像上下滚动，场消隐的黑带在屏幕上移动；

（2）收、发两端行频不同步：屏幕上出现粗细不一，方向不一，疏密不一的歪斜；

（3）收、发两端同频，但起始相位不一致：图像分裂(图 7-9)；

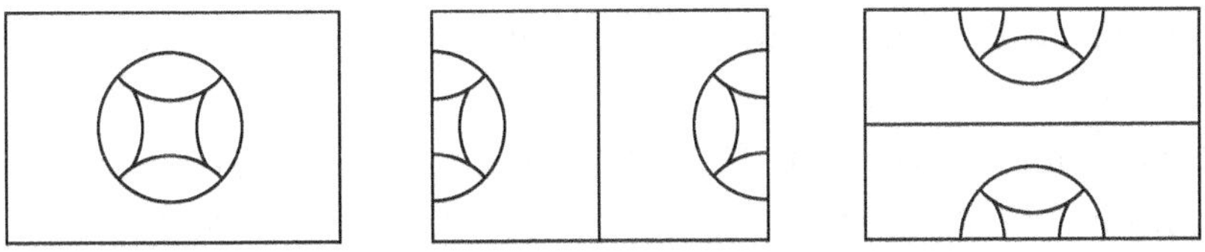

(a)正常图像　　(b)图像左右分裂　　(c)图像上下分裂

图 7-9　起始相位不一致导致的图像分裂

（4）收、发两端扫描电流波形不同：图像会产生水平或垂直方向的非线性畸变(图 7-10)。

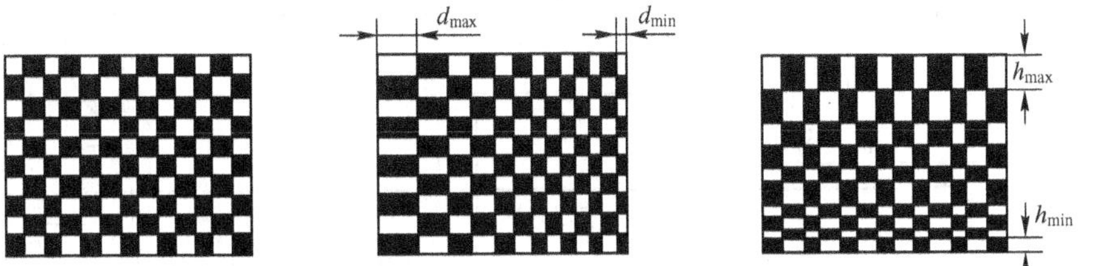

(a)扫描线性，图像无畸变　(b)行扫描非线性，图像水平方向畸变　(c)场扫描非线性，图像垂直方向畸变

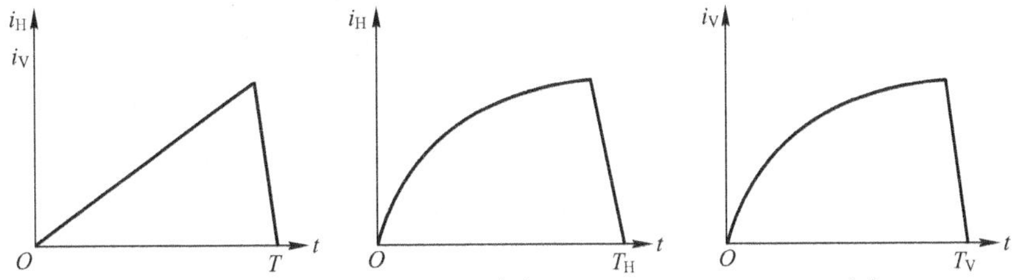

(a′)　　(b′)　　(c′)

图 7-10　扫描电流波形不同导致的图像水平和垂直方向的非线性畸变

3. 全电视信号

图像信号(视频信号)、复合消隐信号、复合同步信号组合在一起构成黑白电视的**全电视信号**(峰–峰值为 1V)，在彩色电视中还包括色同步信号。

根据我国的电视标准：全电视信号的行同步脉冲频率等于行频，为 15.635kHz，行周期为 64μs；场同步脉冲频率等于场频为 50Hz，场周期为 20ms，即 312.5H；行同步脉冲宽度为 4.7μs 左右，场同步脉冲宽度为 2.5H～3H。

在发射端，行、场同步脉冲先组合成一起构成复合同步脉冲，再与其他辅助信号和图像信号混合成全电视信号方可传送。接收端收到全电视信号后，先设法将复合同步信号进行分离，然后将行、场同步信号进行分离。由于行、场同步脉冲宽度相差约 45 倍，可用简单的微分电路和积分电路将其分开。

隔行扫描中，奇、偶场之间有一个“半行”的差别，如把相邻场的场同步脉冲对齐，则奇、偶场里的行同步脉冲必然互相错开半行。

由于奇、偶场中场同步脉冲中的开槽脉冲的位置不一样，使得积分后奇数场的场同步触发脉冲形状与偶数场不同。若场扫描振荡器的触发电平选为 E，则两场同步时可存在时间偏差，会造成“并行”现象。

若将场同步脉冲中的开槽脉冲频率提高一倍，并在场同步脉冲前后各加 5～6 个两倍行频的均衡脉冲(宽度为 2.35μs)，使奇、偶场的同步脉冲及其前后一段时间的波形完全相同，则时间差的影响可降到不计程度。

根据我国现行电视制式，行消隐重复频率是行频，脉冲宽度 12μs，为确保行逆程完全消隐，行消隐脉冲的前沿比行同步脉冲提前 1.3～1.5μs；场消隐重复频率是场频 50Hz，脉冲宽度 25H，场消隐脉冲的前沿比第一个前均衡脉冲提前 1.3～1.5μs。

消隐脉冲应能关闭电子束(或 CCD 的驱动时钟等)，所以其电平为图像信号中的黑电平。同步脉冲的电平比消隐电平还要高(负极性信号)，即比黑色还要黑色；这样很容易从全电视信号中把同步脉冲切割出来，单独处理后，送到同步扫描振荡器。

奇数场和偶数场的全电视信号波形如图 7-11 所示。

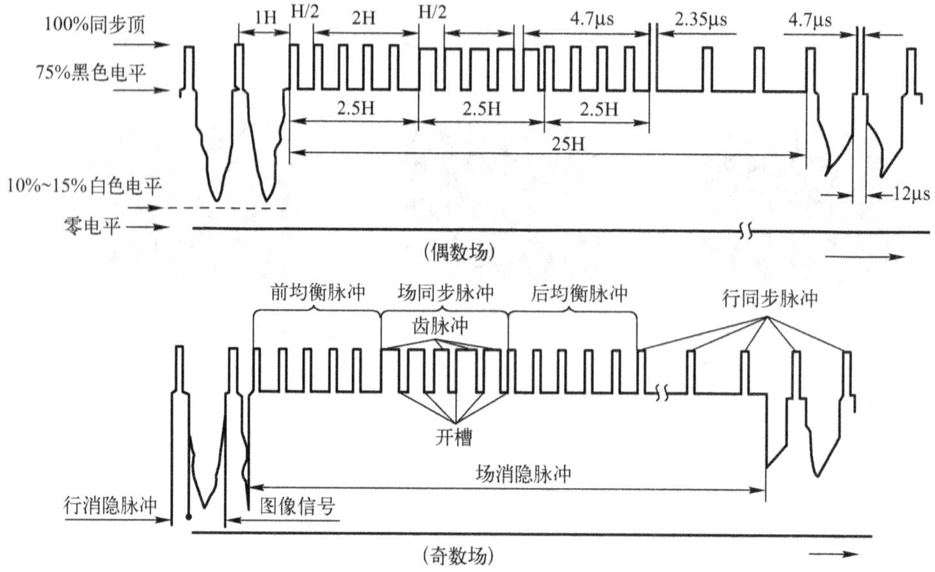

图 7-11 奇数场和偶数场全电视信号波形

常用的黑白电视标准制式有：

CCIR 制式：隔行扫描，帧频 25 Hz，场频 50 Hz，625 行(50 行逆程+575 行有效行)；

EIA 制式：隔行扫描，帧频 30 Hz，场频 60 Hz，525 行(35 行逆程+ 490 行有效行)。

7.1.4 电视图像的特点

1. 图像内容与电信号的关系

摄像时，图像上各空间顺序像素的亮度按时间顺序变为电信号，因此图像是电信号的时间函数。视频图像信号是单极性的，其幅值与亮度成正比，宽度与图像内容相关(图 7-12)。

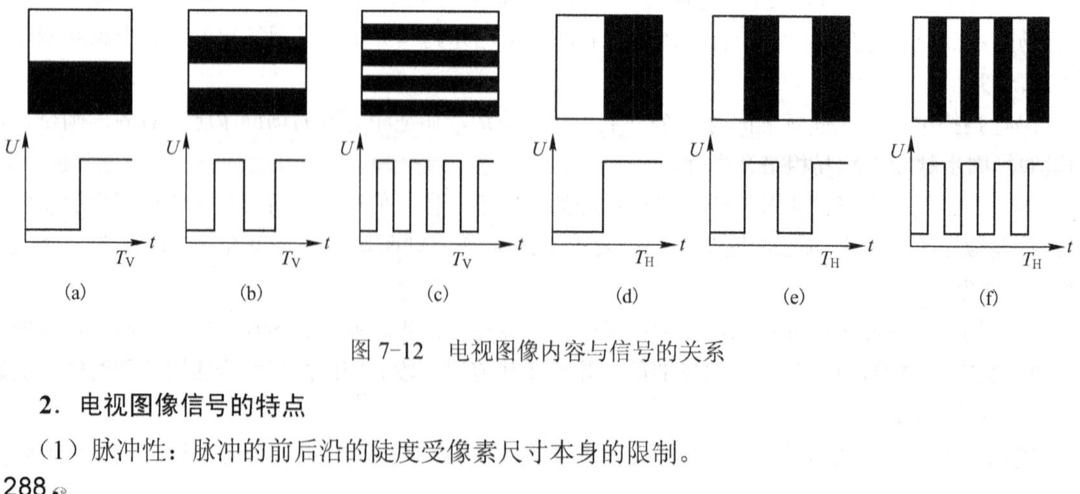

图 7-12 电视图像内容与信号的关系

2. 电视图像信号的特点

(1) 脉冲性：脉冲的前后沿的陡度受像素尺寸本身的限制。

（2）电视信号的单值性：电视信号必有一个直流分量，其大小决定于图像的平均亮度——图像背景亮度。

（3）电视信号取负极性：因为外界干扰脉冲表现在画面上为黑色干扰点。反之，亮点干扰会使人眼更敏感。

（4）周期性：由于扫描的原因，电视图像信号存在周期性。传送垂直方向有黑白突变的图像，电视信号为按场频或其倍频变化的方波；传送水平方向有黑白突变的图像，电视信号为按行频或其倍频变化的方波；若图像在水平、垂直方向均有变化，则通过扫描形成的信号是受场频调制的行脉冲序列。

对于任何静止图像，电视图像信号严格按场频重复；对于活动图像，只要变化速度相对帧频慢，也可近似认为是按场频重复的。

频谱是以行频及其谐波为中心的一束束离散型谱线群组成的。随着行频谐波次数的增多，主谱线幅度逐渐变小，且其两侧的副波线也很快减小。各束谱线之间有空隙，正是此空隙为彩色信号在黑白电视频道内传播提供了可能。相关特点如图 7-13 所示。

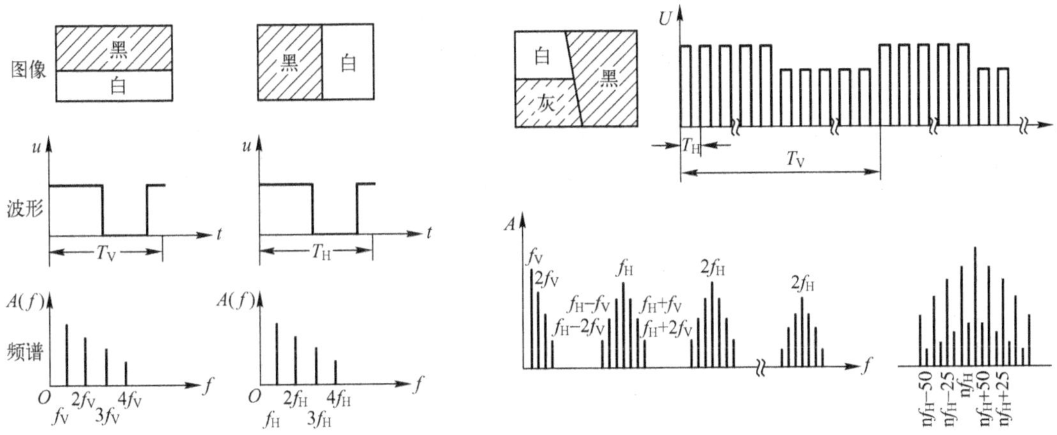

图 7-13 电视图像的特点

3．电视行、场频的选择原则

（1）扫描行数的选择原则

由于不是所有的行都正好扫描到图像的分界线上，垂直分辨率 M 等于有效行数 Z 乘以克尔系数 K_2(对于一般图像通常取 0.65～0.76)，对于隔行扫描还须乘上隔行扫描系数 K_1(一般取 0.6～0.7)。同一电视系统，水平分辨率与垂直分辨率相当时，图像质量最好，当图像宽高比为 K 时，水平分辨率为：

$$N = KM = KK_1K_2Z \tag{7-5}$$

综合考虑图像质量和经济指标，扫描行数选在 525～625 之间为宜。

人眼视角在 10° 以内为视力敏感区，水平方向 20° 以内，垂直方向 15° 以内视觉清晰，能识别图形，清晰看到图像，而不需移动眼球，故电视图像的宽高比多设计为 4:3。

（2）场频的选择原则

场频的选择要兼顾人眼不感觉到光栅的闪烁、传送活动图像有连续感、不使图像信号占有频带太宽、不易受干扰四个方面。根据人眼临界闪烁频率，场频应高于 46Hz；考虑到图像信号占用频带不致过宽，场频不能过高；为减少市电的干扰，最好与市电频率同步。故电视的场频选择为 50～60Hz。

人眼临界闪烁频率与图像亮度关系很大，当图像亮度大于 100cd/m^2 时，临界闪烁频率大于 50Hz，故电视图像的高亮度区会出现明显的闪烁感。

在电子束扫描显示器中，图像是逐点点亮的，每点点亮的时间为 0.1μs，点亮间隔为 40ms，荧光屏余辉为几毫秒；平板显示器中，图像采用逐行点亮，点亮与不亮之比为为 1∶n(行数)。所以，所有显示器放映活动图像的连续感完全依靠人眼的视觉暂留。

7.1.5 彩色全电视信号

彩色电视系统传送彩色图像，除要处理与黑白电视系统相同的亮度信号信息外，还要处理彩色信息。另外，彩色电视系统是建立在黑白电视系统之上的，所以需要考虑与黑白电视系统的兼容问题。彩色电视系统在技术上比黑白电视复杂。

1．彩色电视中的三基色与亮度方程

由于人眼的彩色视觉具有同色异谱特性，即主观感觉的颜色与实际的光谱分布之间并不一定是一一对应的关系，因此，可以利用三基色原理将自然界的大部分彩色分解成三基色的组合，同时这三基色光也可以按一定的比例混合配出自然界中大部分的彩色。于是彩色电视系统在传送彩色图像时，便不需要传送彩色的光谱信息，只要传送三基色分量信号即可。

电视三基色指电视系统中实际应用的红(R)、绿(G)、蓝(B)基色光，它们完全取决于电视显示装置中采用的 RGB 三色光源或发光材料。因此，电视三基色也称为显像三基色。由于显像装置的发光材料通常只能发出复合光，因此，显像三基色难以采用标准三基色。由于传统显像装置是 CRT 显示器，故显像三基色取决于实际能生产出的基色荧光粉。表 7-1 给出了常用的彩色电视 NTSC 和 PAL 制式的显像三基色。

表 7-1 显像三基色的色度坐标

制 式	基色及白平衡点	色坐标 (x,y)
NTSC（1973）（美、日、加、韩等）	R_e	(0.648, 0.329)
	G_e	(0.306, 0.592)
	B_e	(0.153, 0.074)
	白平衡 D_{65}	(0.313, 0.329)
PAL（1970）（德、英、中等）	R_e	(0.640, 0.330)
	G_e	(0.290, 0.600)
	B_e	(0.150, 0.060)
	白平衡 D_{65}	(0.313, 0.329)

确定显像三基色后，可表示混色方程：

$$F = R_e[R_e]+G_e[G_e]+B_e[B_e] \tag{7-6}$$

其中，$[R_e]$、$[G_e]$、$[B_e]$为基色量；R_e、G_e、B_e 为三刺激值，在彩色电视系统中对应三基色电压 E_R、E_G、E_B。

电视混色的亮度方程为

$$E_Y = \begin{cases} 0.299E_R + 0.587E_G + 0.144E_B & \text{NTSC} \\ 0.222E_R + 0.707E_G + 0.071E_B & \text{PAL} \end{cases} \tag{7-7}$$

2．彩色电视图像的获取与传送

彩色图像的传送过程可简单概括为：摄像端将彩色光学图像进行光谱分解并转换为三基色电信号；三基色电信号按特定的方式编码成一路彩色全电视信号，经传输通道传送到接收端；接收机将彩色全电视信号解码复原成三基色电信号，并用混色法在显示屏上重现原始的彩色光学图像。

作为专业级产品，通常采用分色系统(图 7-14 为分色棱镜结构)将入射彩色图像分解成 RGB 三基色图像，成像在相应的 CCD(或 CMOS 等)芯片上，获得三基色图像信号 E_R、E_G、E_B。

彩色电视的兼容性包含：(1) 彩色电视应能接收黑白电视信号并显示图像；(2) 黑白电视应能接收彩色电视信号并显示黑白图像。因此，彩色电视信号应满足以下基本条件：

- 包含亮度和色度信号，其中亮度信号可供黑白电视机收看黑白图像，色度信号保证彩色电视机接收并显示彩色图像；
- 彩色电视信号只能占用与黑白电视信号相同的频带宽度(6MHz)；
- 彩色电视系统应具有与黑白电视相同的扫描参数，如行频、场频、隔行扫描比和宽高比等；
- 应尽量减小亮度信号与色度信号的相互干扰。

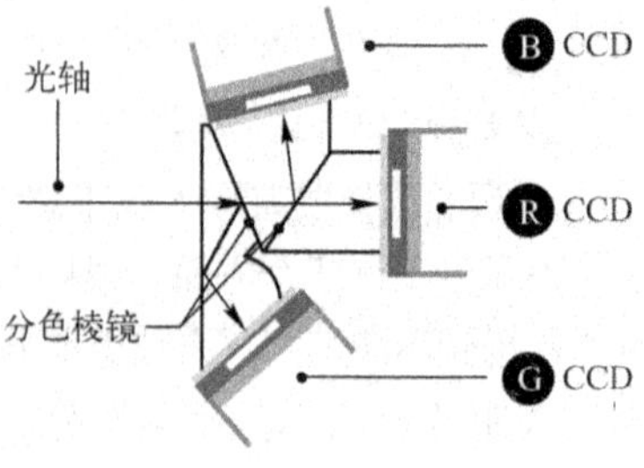

图 7-14 分色棱镜结构

彩色电视系统发送端的信号是亮度信号 E_Y 以及色度信号 $E_{R-Y}=E_R-E_Y$ 和 $E_{B-Y}=E_B-E_Y$。由于色差信号不相互独立，故 $E_{G-Y}=E_G-E_Y$ 色差信号可由亮度方程得到。彩色电视系统未选用绿色色差信号的原因主要有两点：（1）E_{G-Y} 信号比另外两个色差信号幅度小，抗干扰能力差，不利于改善信噪比；（2）若采用 E_{G-Y} 信号，则在接收端用于恢复其他基色信号的电路较为复杂。

彩色电视系统中，由三基色信号 E_R、E_G、E_B 变换出亮度信号 E_Y 和色差信号 E_{R-Y}、E_{B-Y} 的过程一般由彩色摄像机内专门的编码矩阵实现，由 E_Y、E_{R-Y} 和 E_{B-Y} 的恢复三基色信号 E_R、E_G、E_B 的过程一般在彩色电视接收机中通过专门的解码矩阵完成。彩色全电视信号由亮度信号、色差信号、复合消隐信号、复合同步信号、色同步信号组成。表 7-2 给出了常用的三种模拟彩色视频制式的参数。

表 7-2 常用的三种模拟彩色电视制式的参数

	NTSC	PAL	SECAM
场频(Hz)	57.94	50	50
行数(TVL/帧)	525	625	625
行频(行/秒)	15，750	15，625	15，625
图像幅高比	4:3	4:3	4:3
彩色坐标	YIQ	YUV	YdbDr
亮度带宽(MHz)	4.2	5.0， 5.5	6.0
色度带宽(MHz)	1.5(I)，0.5(Q)	1.3 (U，V)	1.0 (U，V)
彩色副载波(MHz)	3.58	4.43	4.25(Db)，4.41(Dr)
彩色调制	QAM	QAM	FM
音频副载波(MHz)	4.5	5.5， 6.0	6.5
复合信号带宽(MHz)	6.0	8.0， 8.5	8.0

7.2 电视摄像系统

摄像机是电视系统的“眼睛”，因此，摄像机成像质量的好坏直接决定着电视图像的质量。

7.2.1 摄像机的组成与种类

1. 摄像机组成

摄像机组成通常包括以下环节：

（1）摄像物镜：将景物的光强分布成像在摄像器件上；

（2）成像传感器芯片：将成像在传感器芯片上的光学图像转换为电荷图像；

（3）电子学电路：将传感器芯片上的电荷图像转换为视频信号输出，主要有扫描电路、视放电路、保护电路和输出接口。扫描电路包括行、场扫描电路。对摄像管而言，扫描电路为水平和垂直偏转线圈提供线性良好的锯齿波电流，使摄像管中的电子束在其产生的均匀磁场作用下，对摄像管靶面进行扫描；对 CCD 等固体成像器件而言，扫描电路产生时钟脉冲及电荷积分、转移、传输、过驱动等所需的驱动电压。视放电路对成像传感器产生的微弱图像信号进行放大，变换为适于传输的信号。保护电路用于电路和电源的控制等。输出接口用于向图像需求方输出所需格式的图像数据。

（4）附属控制及防护装置：光阑、聚焦、变焦控制装置；空间状态控制装置(升降，俯仰)；冷却系统及其防护装置(如果需要)。

2. 摄像机的种类

目前摄像机的种类很多。按成像器件分类，可分为电真空摄像机和固体摄像机。电真空摄像机属于电真空器件，主要有第 2 章介绍的三硫化二锑、氧化铅、硒砷碲和热释电等摄像管；固体摄像机最常用的有第 4、5 章介绍的 CCD、CMOS 及其他不同光谱响应的焦平面探测器阵列等。目前，以固体成像器件为核心的摄像机是应用的主流摄像机。

按用途分类，摄像机可分为广播电视级摄像机、工业监控摄像机和家用摄像机。其中工业监控摄像机虽然图像质量不如广播电视级摄像机，但它轻便、便宜，且往往具有特殊的功能。微光电视摄像机属于特殊的工业监控摄像机。

按功能分类，摄像机又可分为普通摄像机和摄录一体机等。

7.2.2 摄像机的基本参数

摄像机技术参数与摄像器件的技术参数基本相同，详见第 2、4、5 章，这里只做简单说明。

（1）灵敏度

灵敏度指保证图像质量所需的景物最低照度，主要根据景物照度、反射比、观察距离和光学系统参数来确定。最主要的限制是成像传感器的性能。有的摄像机会给出能分辨图像的极限灵敏度指标，即在信噪比为 6dB、分辨率为 100TVL 时对应的照度。

（2）动态范围

动态范围指保证图像质量所需的景物最高照度与最低照度的范围。对于微光电视系统，要求全天候工作，也就是既要求在夜间低照度（10^{-5} lx）下，又要求在白天的高照度（10^{5} lx）下工作，其动态范围达 10^{10} : 1，高动态范围是微光电视系统的特点。动态范围通常用线性响应区输出的饱和电压与暗场下噪声峰－峰值电压之比表示。动态范围可用倍数、dB 或 bit 等方式表示。

（3）分辨率

分辨图像细节的能力称为电视系统的分辨率，分为垂直分辨率和水平分辨率。

垂直分辨率指沿着垂直扫描线方向分辨水平条纹的能力，主要取决于每帧的扫描线数（探测器或显示器的像元数）及扫描轨迹与像素的重合程度。

扫描线（探测器或显示器的像元数）越多，垂直分辨率越高，垂直分辨率用每帧的电视线 TVL 表示。垂直分辨率还决定于人眼分辨率对电视图像清晰度的要求。若设显示器高为 h，取人眼分辨角 θ=1.5′，一般认为当观察距离 $l \approx 5h$ 时，可获得最佳观察效果，由此可得 Z=458（线）。我国电视制式为 625 行，垂直分辨率系数为 0.7（Kell 因子），则垂直分辨率为

$$N_{\mathrm{V}}=0.7\times 625=437\ (\mathrm{TVL}) \tag{7-8}$$

对于电子束扫描情况，如果因隔行扫描不良而发生并行现象，则垂直分辨率还要低。扫描电子束聚焦不良，也会降低垂直分辨率。

水平分辨率指沿着扫描方向分辨垂直条纹的能力。水平分辨率主要取决于电子束截面积（或探测器元数）和频带宽度。实践证明，水平方向和垂直方向分辨率相等时，图像质量较佳。故水平分辨率为

$$N_{\mathrm{H}}=\frac{4}{3}N_{\mathrm{V}}=582\ (\mathrm{TVL}) \tag{7-9}$$

此外，由于目前的摄像机多采用离散二维像元阵列结构的成像传感器，因此人们也常常可以看到诸如 1920(H)×1080(V)或者 2K(2048)×1K(1024)的分辨能力表现形式。应该说，这也是电视技术数字化发展的一种必然趋势。

（4）信噪比（SNR）

在电视图像中，除了目标影像外还存在随机噪声。噪声的存在影响观看效果，通常以信噪比来衡量噪声的大小。

信噪比是指图像信号的峰－峰值与噪声的均根值之比，用 dB 表示。根据经验，信噪比达 30dB 时，就可获得较好的观察效果；达到 40dB 时，噪声可被忽略。目前一般模拟 CCD 摄像机约为 50～56dB，数字视频摄像机可达 60dB 以上。信噪比的理论计算公式为

$$\mathrm{SNR}=\frac{\eta Q_{\mathrm{P}}}{\sqrt{(\sigma_{\mathrm{d0}}^2+\sigma_0^2)+\eta Q_{\mathrm{P}}+S_{\mathrm{g}}^2\eta^2 Q_{\mathrm{P}}^2}} \tag{7-10}$$

式中，η 为量子效率，σ_{d0} 为暗电流，σ_0 为暗场图像的非均匀性，Q_{P} 为积分时间内单个光敏元接收的平均光子数，S_{g} 为亮场图像的非均匀性。

（5）灰度等级

把图像从最亮到最暗分成若干亮度等级，这种亮度等级称为灰度。图像上任何一点的亮度应正

比于被摄景物的亮度，即重现被摄物体的灰度比。因此，电视图像能重现被摄景物的灰度等级数目越多，电视系统图像的层次越丰富，图像就越逼真。根据经验，灰度等级不应低于 6 级。

目前，随着图像的数字化，实际应用中常用 bit 来表述图像的灰度等级，如 8bit 表示图像有 256 个灰阶(灰度级差)，10bit 表示图像有 1024 个灰阶等。

（6）非线性失真

景物经过电视系统成像后所产生的几何畸变，称为非线性失真。它主要由摄像机与显示器电子偏转电场的不均匀，行、场扫描电流非线性，光学系统像差等因素造成。一般工业电视规定，非线性失真不大于(5～10)%。

（7）惰性

当观察快速运动的目标或快速移动摄像机时，显示屏会重叠当前视场以外的景物图像，使图像变得模糊，这种残留图像的现象称为惰性或滞后。惰性通常用第三场残余信号与第一场之比的大小来表示。摄像机的惰性主要由成像传感器的惰性决定。

7.2.3 摄像机的光学成像系统

摄像机光学系统也称为摄像物镜，用于将被摄景物的光强分布成像到摄像机的光电成像传感器光敏面上，因此，摄像物镜的成像质量非常关键。一般对摄像物镜的基本要求是：成像清晰；T 数高；像面照度均匀；图像畸变小；光阑可调整；等等。此外，对于工业摄像机(特别是微光电视摄像机)的应用，需要进一步考虑以下因素：

（1）焦距

焦距(f)是光学成像系统像方主面到无限远目标轴上共轭点(焦点)的距离。它反映了光学成像系统的基本成像规律：不同物距上被成像景物在像方的位置、大小均由焦距确定。习惯上将摄像机的光学系统按照焦距的长短进行区分，主要有：

长焦距物镜：$f>l$(l 为有效成像的尺寸，通常为成像探测器对角线长度，用于观察景物细节)；

短焦距物镜：$f<l$ (用于环境照明差，但拍摄场面大的场合)；

中焦距物镜：f 与成像尺寸 l 相当；

变焦距物镜：焦距连续可调。

（2）相对孔径/光圈(F 数)

摄像物镜的相对孔径表示物镜的集光能力，因此，在微光电视中尽量选择大相对孔径的物镜；但相对孔径大的物镜，其像差校正困难，成本也随之提高。实际摄像物镜上标注最大相对孔径的倒数——最小 F 数，并在物镜圈上标有可变光阑光圈刻度(F 数)。通常物镜圈上的实际刻度值按 $2^{1/2}$ 的规律增大，例如 1.4, 2, 2.8, 4, 5.6, 11, 16, 22, 32。F 值越大，相对孔径越小。

（3）成像尺寸与视场角

电视摄像物镜一般不用机械框架，而由光电传感器靶面的有效尺寸来决定成像尺寸。表 7-3 表示不同规格 CCD 的靶面有效尺寸。当 CCD 尺寸确定后，便由物镜焦距确定系统的观察视野(视场)。若以 H 和 V 表示成像尺寸的宽度和高度，则可按下式确定物镜的水平视场角 α 和垂直视场角 β：

$$2\alpha = 2\arctan\frac{a}{2f'}$$
$$2\beta = 2\arctan\frac{b}{2f'} \qquad (7\text{-}11)$$

式中，a 为成像传感器水平尺寸；b 为成像传感器垂直尺寸。

表 7-3 探测器成像面有效尺寸

规格	成像尺寸 $H \times V$(mm)	对角线尺寸 (mm)
1″	10.0×10.0	14.0 (1:1)
	12.8×9.6	16.0 (4:3)
2/3″	8.8×6.6	11.0
1/2″	6.4×4.8	8.0
1/3″	4.8×3.5	6.0
1/4″	3.8×2.8	4.7

（4）焦距、后截距和最近摄像距离

当物距固定时，焦距决定了像距的大小，也决定了像的放大率。根据前述的焦距区分方式，一般情况下短焦距镜头主要用于环境照明差，拍摄场面大的场合；长焦距镜头主要用于要求看清远处目标细节的场合。当然也可采用焦距连续可调的变焦镜头。

在实际应用中，电视摄像机所摄的像都小于被摄物体，即像放大率 $M \ll 1$，因此像距近似等于焦距，摄像靶面几乎就在物镜的像方焦面附近。

实际物镜系统的最后一面与成像面的距离 S 称为物镜后截距。常用的摄像物镜标准接口有 C-Mount 和 CS-Mount 两种，其结构及参数如图 7-15 所示。由于后截距固定，故当摄像物距过近时，成像位置将后移，透镜的调焦系统难以调整使成像面落在传感器靶面位置。因此，实际的摄像物镜都规定了一个最近物距，称为最近摄像距离。当需要摄取小于最近摄像距离的景物时，可加接适当的近摄接圈来实现(CS 接口到 C 接口可通过连接 5mm 接圈完成转换)。

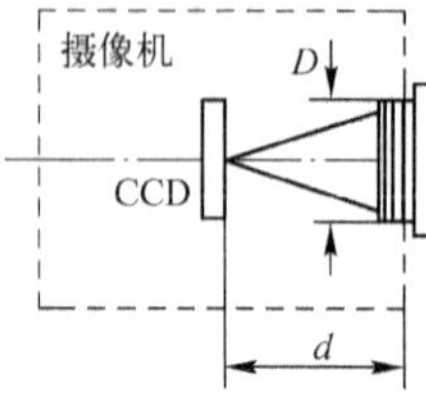

接口类型	安装面至焦平面距离d(mm)	连接形式
C	17.526	螺口
CS	12.5	螺口
F	46.5	卡口

图 7-15　摄像物镜接口的结构及参数

(5) 透射比与光谱特性

摄像物镜的透射比是衡量光学系统透过光能量程度的参数。组成光学成像系统的透镜片数越多，光能损失越大，透射比就越小。一般定焦镜头透射比可达 0.9，而变焦镜头仅为 0.8。

实际上，物镜也存在光谱分布，只是一般情况下其光谱透射比的变化比较平坦，因此可以用平均透射比表示。但在工作光谱较宽时，在一些应用中应考虑摄像物镜的光谱透射比。

(6) 摄像物镜的分辨率与调制传递函数(MTF)

摄像物镜的分辨率用来表征分辨图像细节的能力，通常以人眼看清单位宽度内对比度为 1 的黑白条纹对数(lp/mm)来表示。

用 MTF 来表征摄像物镜分辨细节的能力，更客观和科学。通常，受电视系统分辨率的限制，摄像物镜的分辨率要求并不太高，但在相应的系统分辨率范围内应拥有较高的 MTF。

摄像物镜的分辨率 N 以 lp/mm 来表示，而电视的分辨率 N_V 则由图像高 h 内的电视线数(TVL)表示，如果电视图像的高宽比 $h:b=3:4$，则

$$N=\frac{N_v}{2h}=\frac{2N_v}{3b} \tag{7-12}$$

通常以 400TVL 下的调制传递函数来衡量电视系统分辨率的好坏。

(7) 摄像物镜的几何畸变

当摄像物镜只存在畸变时，整个物平面构成一清晰的平面像，但像的大小与理想像高不等，整个像发生变形。如果实际像高小于理想像高，则畸变为桶形畸变；反之，则为枕形畸变。通常，畸变随视场减小而迅速减小，在广角物镜中，畸变较为明显。对于摄像物镜来说，在满足其他参数要求的情况下，畸变应尽量小，一般应在 5%以内。

(8) 摄像物镜的杂散光

入射到透镜表面上的光，除了折射外还有反射。由于摄像物镜由多片透镜组成，透镜间相互杂乱反射，最后将反射光投射到成像面上，这种非理想成像的光称为杂散光。杂散光将降低图像的对比度，因此镜片之间的反射应采用镀膜等方法使其尽量地小。

(9) 景深、焦深和调焦

被摄的景物往往有一定纵深范围，为了使目标及其前后景物都能清晰成像，摄像物镜还应有景深和焦深的要求(图 7-16)。

从图 7-16(a)可以看出：物体 B 成像在 B'面上，它前后的 A 和 C 点分别成像在 A'和 C'处，且在 B'面上均形成弥散斑。由于探测器尺寸或光电成像系统分辨率等的限制，弥散斑直径足够小到某一允许值，仍可将弥散斑看成点像。由弥散斑直径允许值所决定的物空间深度范围 Δl 称为摄像物镜的景深。

同理，从图 7-16(b)可以看出：景物 M 成像在焦平面 M'上，M 上的点 S 在 M'上为一个很小的点像 S'。但在 M′面的前和后，像点变成了弥散斑，截面积分别为 S''和 S'''。只要弥散斑直径在光电成像系统分辨率允许值的范围内，仍然可看成点像，即能够清晰成像。物距固定时，像方焦平面前后能得到清晰图像的范围 $\Delta l'$称为焦深。

在实际应用中，物距的变动将使成像超出景深范围而使图像模糊，因而需要改变镜头的像面位置，使图像仍然落在焦深以内，这种通过调节像面位置使得不同距离的景物在成像面保持清晰图像的过程称为调焦。

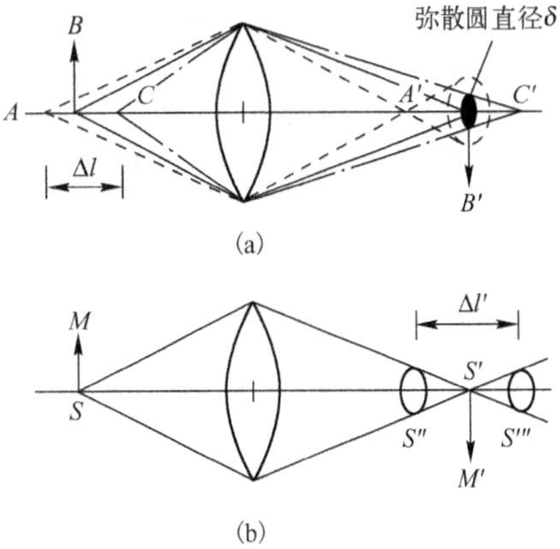

图 7-16　摄像物镜的景深和焦深

（10）变焦

焦距连续可变的摄像物镜兼容了短焦距和长焦距的应用范围，使用十分方便。变焦物镜设计应满足下列基本要求：

① 当焦距变化时，成像面位置固定不变；

② 各个焦距所对应的像质和照度分布应符合要求。

由组合透镜的焦距公式 $\frac{1}{f'}=\frac{1}{f_1'}+\frac{1}{f_2'}-\frac{d}{f_1'\cdot f_2'}$ 可知，当组成摄像物镜系统的透镜间距离 d 连续可变时，物镜焦距会随之连续变化，此即为变焦物镜的基本原理。

摄像机光学系统已有很多成熟和通用产品，除特殊需求外，通常应选择成熟和通用的产品，以节省成本和时间。可提供各种工业摄像镜头的厂家有 Schneider、Kowa、μ-TRON、Computar 等，高端的专业摄像镜头厂家主要有佳能、富士通、奥林巴斯、尼康等。

7.2.4　摄像机成像传感器芯片

在第 2、4、5 各章中已经分别介绍了电真空摄像管和各类固体成像器件的工作原理及基本性能，此处不再赘述。但对于摄像机成像传感器芯片，有很多不同的厂家提供各种不同的产品，摄像机设计者可根据摄像机具体工作任务需求选择对应的传感器芯片。表 7-4 至表 7-7 给出几种典型图像传感器芯片性能指标，以供学习者选择成像传感器芯片时参考。

表 7-4　某线阵 CCD 芯片的性能指标

型　号	IL-P3
分辨率	512/1024/2048
像元尺寸	14μm×14μm
光敏面尺寸	7.2/14.4/28.7mm
最大帧速率	73/37.8/19.2kHz
数据率	40MHz
响应率	43.7V/(μJ·cm^{-2})
动态范围	1820s：1
封　装	24 管脚 DIP
工作温度	最大 60°

表 7-5　某帧/场转移阵列 CCD 芯片的性能指标

型　号	FT18	FT50M	FTT1010M
分辨率	1024×1024	1024×1024	1024×1024
像元尺寸	7.5μm×7.5μm	5.6μm×5.6μm	12μm×12μm
光敏面尺寸	7.7mm×7.7mm	5.7mm×5.7mm	12.3mm×12.3mm
最大帧速率	30ftp	100ftp	60ftp
数据率	40MHz	2×60MHz	2×40MHz
响应率	450V/(lx·s)	1700mV/(lx·s)	2000mV/(lx·s)
动态范围	>60dB，线性	>67dB，线性	>72dB，线性
封　装	32 管脚 DIL	28 管脚 DIL	80 管脚 PGA
工作温度	-40～60℃	-40～60℃	-40～60℃

表 7-6　某全帧转移阵列 CCD 芯片的性能指标（X-Ray 专用芯片）

型　号	FTF2021M	FTF3021M	FTF3041M	FTF3030M
分辨率	2032×2044	3027×2044	3027×4096	3027×3027
像元尺寸	12μm×12μm	12μm×12μm	12μm×12μm	12μm×12μm
光敏面尺寸	24.4×24.6mm	36.9×24.6mm	36.9×49.2mm	36.0×36.9mm
最大帧速率	6/11/20 fps	3.4/6.3 fps	1.5/2.6 fps	12 fps MAX
数据率	4×25MHz	2×25MHz	2×25MHz	4×36MHz
响应率	8μV/e-	20μV/e-	20μV/e-	22μV/e-
动态范围	72dB	72dB	72dB	>72dB，线性
封　装	84 管脚 PGA	96 管脚 PGA	80 管脚 PGA	—
工作温度	-40～60℃	-40～60℃	-40～60℃	-40～60℃

表 7-7　某大像素阵列 CCD 芯片的性能指标

<table>
<tr><td>型　号</td><td>FTF4027M/IG
FTF4027C/IG</td><td>FTF4052M/IG
FTF4052C/IG</td><td>FTF7040M</td><td>FTF5066M/HG
FTF5066C/HG</td><td>FTF6146M/HG
FTF6146C/HG</td><td>FTF6080C</td><td>FTF9168C</td></tr>
<tr><td>分辨率</td><td>4008×2672</td><td>4008×5344</td><td>7168×4096</td><td>4992×6668</td><td>6096×4560</td><td>6000×8004</td><td>8956×6708</td></tr>
<tr><td>像元尺寸</td><td colspan="2">9μm×9μm</td><td>12μm×12μm</td><td colspan="2">7.2μm×7.2μm</td><td colspan="2">6.0μm×6.0μm</td></tr>
<tr><td>光敏面尺寸</td><td>36.1mm×24mm</td><td>36.1mm×48.1mm</td><td>86mm×49mm</td><td>35.9mm×48mm</td><td>43.9mm×32.8mm</td><td>36.000mm×48.024mm</td><td>53.736mm×40.248mm</td></tr>
<tr><td>最大帧速率</td><td>7.2 fps</td><td>3.7 fps</td><td>1 fps</td><td>2.7 fps</td><td>3.3 fps</td><td>1.6 fps</td><td>1.3fps</td></tr>
<tr><td>数据率</td><td colspan="2">4×25MHz</td><td>4×10MHz</td><td colspan="4">4×25MHz</td></tr>
<tr><td>响应率</td><td colspan="2">2000/1000mV/(lx·s)</td><td>1875mV/(lx·s)</td><td colspan="2">3600/800mV/(lx·s)</td><td>—</td><td>—</td></tr>
<tr><td>动态范围</td><td colspan="3">>72dB，线性</td><td>>68dB，线性</td><td>>72dB，线性</td><td>72dB</td><td>70dB</td></tr>
<tr><td>封　装</td><td>96 管脚 PGA</td><td>80 管脚 PGA</td><td>104 管脚 PGA</td><td>80 管脚 PGA</td><td>104 管脚 PGA</td><td colspan="2">80 管脚 PGA</td></tr>
<tr><td>工作温度</td><td colspan="3">-40～60℃</td><td colspan="2">-20～60℃</td><td colspan="2">-20～60℃</td></tr>
</table>

7.2.5　摄像机的输出接口

摄像机获取的图像信息传输是摄像机信息流顺畅传递的重要保证，也是摄像机应用技术关注的重点之一。在图像传输技术中，重点考虑传输带宽、传输距离、稳定性、抗干扰性、通用性和兼容性等方面。

从 20 世纪 50 年代开始，摄像机获取的图像数据多采用模拟同轴电缆（BNC）输出，90 年代以后，随着计算机图像应用的普及，摄像机输出的数字化开始起步，相继出现了 IEEE1394、Camera-link、USB、GigE 等数字接口形式，为大图像数据的传输奠定了基础。本节简单介绍几种数据传输接口形式，供学习者设计和使用摄像机时参考。

1．模拟同轴电缆（BNC）

同轴电缆卡环形接口（BNC）主要用于连接高端家庭影院产品以及专业视频设备。BNC 电缆有 5 个连接头，分别接收红、绿、蓝、水平同步和垂直同步信

表 7-8　某 CMOS 芯片的性能指标

<table>
<tr><td>型　号</td><td>CMV2000</td><td>CMV4000</td></tr>
<tr><td>分辨率</td><td>2048(H)×1088(V)</td><td>2048(H)×2048 (V)</td></tr>
<tr><td>像元尺寸</td><td colspan="2">5.5μm×5.5μm</td></tr>
<tr><td>芯片尺寸</td><td>2/3″</td><td>1″</td></tr>
<tr><td rowspan="2">最大帧速率</td><td>340fps/10bit</td><td>180fps/10bit</td></tr>
<tr><td>70fps/12bit</td><td>37fps/12bit</td></tr>
<tr><td>数据率</td><td colspan="2">480MHz</td></tr>
<tr><td>响应率</td><td colspan="2">4.64V/(lx·s)</td></tr>
<tr><td>动态范围</td><td colspan="2">60dB</td></tr>
<tr><td>电压</td><td colspan="2">2.0V 和 3.0V</td></tr>
<tr><td>功耗</td><td colspan="2">600mW</td></tr>
<tr><td>封装</td><td colspan="2">陶瓷 95Pin μPGA</td></tr>
<tr><td>工作温度</td><td colspan="2">-30～70℃</td></tr>
</table>

号。BNC 接头可以让视频信号互相间干扰减小，达到最佳的信号响应效果。此外，由于 BNC 接口的特殊设计，连接非常紧，不必担心接口松动而产生接触不良。普通的工业摄像机和早期的标准摄像机均带有这类接口，可以方便地直接使用视频监视器（不是电视机）观察摄像机获取的图像。

2．IEEE1394

IEEE1394 接口是一种高速串行总线，且对各种需要大量带宽的设备提供了专门的优化，接口可以同时连接 63 个不同设备，最高传输速度为 400Mbps。IEEE1394 同后来的 USB 一样，支持带电热插拨和即插即用。目前的 WIN2000、WIN XP 计算机操作系统默认支持 IEEE1394 接口，用户不用再安装驱动程序即可使用 IEEE1394 设备。

IEEE1394 支持的传输速率有 100Mbps、200Mbps、400Mbps，以后还会提升到 800Mbps、1Gbps、1.6Gbps。IEEE1394 接口不需要控制器，可以实现对等传输，最长连线 4.5m，大于 4.5m 可采用中继设备，同样支持即插即用。IEEE1394 是支持数字摄录机的总线，既可作为外部总线，又可成为内部总线。不过由于 PCI 这样历史悠久的总线的存在，且其正在向 64 位过渡，因此，相关厂商并不愿意做总线上的调整改动，所以市面上的 IEEE1394 主要是作为外部总线连接外设使用。

数字摄像机多使用 IEEE1394 进行数据传输，这主要是因为 IEEE1394 的传输速度快。特别是以 AVI 文件格式存进电脑需要很大的数据流量，使用了 IEEE1394 后可支持用户进行实时采录，方便快捷。采集卡上的 IEE1394 还具有反录功能。

3．GigE Vision

GigE Vision 是一种基于千兆位以太网（Gigabit Ethernet）通信协议开发的摄像机接口标准。在工业机器视觉产品的应用中，GigE Vision 允许用户在很长距离上用廉价的标准线缆进行快速图像传输，同时还能在不同厂商的软、硬件之间轻松实现互操作。

GigE Vision 主要由四部分构成：

- 基于 UDP 协议的 GigE Vision 控制协议：该标准定义了如何对设备进行控制和组态。规定了摄像机和计算机之间发送图像及配置数据的流通道和机制。
- GigE Vision 流控制协议：该协议涵盖了数据类型的定义和通过 GigE 传输图像的方式。
- GigE 设备发现机制：该机制提供了获取 IP 地址的方法。
- 基于 GenICam 标准的 XML 描述文件：该数据表单提供了摄像机控制和图像数据流访问的权限。

（1）GigE Vision 协议概要

① IP 地址的设定

网络设备运行的首要条件就是通过某种方式来获取 IP 地址。当 GigE Vision 设备（可能是摄像机，但也可能是其他装置，故称作设备）被连接至某个网络时，为了使其作为 IP 网络设备开始运行，首先必须获取 IP 地址。然后，需要从主机中查找这些 GigE Vision 设备，即 Device Discovery（设备自动查找）。

实际上，设备本身在接通电源后，即会向 DHCP 服务器发出获取 IP 地址的请求，然后自动设定 IP。如果向 DHCP 发出请求却接收不到应答，则可以断定该网络上没有 DHCP 服务器，这样的话就会切换为 IP 地址手动设定模式。LLA（Local Link Address）将会搜索在 169.254.xxx.xxx 这个地址空间内未被使用的地址并自动进行设定。这时的设备就会拥有一个 IP 地址（也可设定为静态 IP 地址，不过默认是 OFF 状态）。

② 设备的控制

进而，需要对已被识别的设备（摄像机）进行控制。简而言之，就是将操作指令发送至摄像机并对摄像机进行控制，如增益、快门、触发模式的设定等。控制上必需的是 GVCP（Gig Vision Control Protocol）控制协议，以及规定的 Memory read/write 及其他各种指令，然后通过向设备内存映射中的地址的数据写入或读取操作对设备进行控制。

③ 图像数据的交接

接着是GVSP(GigE Vision Streaming Protocol)流串协议，即最后从设备中交接想要获取的图像时所需的协议。由于像素数、滤色以及3CCD、8/10/12比特等均为固定数据，因此，图像格式也可以根据用户的需要进行发送。

实际上是指定UDP的端口编号然后向该端口发送数据。数据大小是以可以将1个区块中的1张图像分割为若干份后集中于1个数据包内进行一次性发送为基准。以太网(Ethernet)有1440字节的限制，而千兆位以太网使用大型数据包(增大1个数据包的容量，以节约送至每个数据包的各帧头中的数据)可以传输1440字节以上的数据。但必须注意的是，根据所使用的硬盘(例如：摄像机或NIC)的差异，可能会有4KB、6KB、8KB、16KB等带宽限制。

④ GeniCam XML设备设定文件

GigE Vision™上，摄像机储存器也必须具有通过GenlCam命名、XML格式的设备所具有的性能(或者需要根据URL连接网页上的文件)。通过对它的使用，主机可以直接根据名称对设备进行控制，而无须每次都要查看内存映射后才能写入数据，减少了不少麻烦。

(2) GigE Vision的优点

① 电缆长度最长可伸展至100m(转播设备上可无限延长)；

② 带宽达1Gb，因此大量的数据可即时得到传输；

③ 可使用标准的NIC卡(或PC上已默认安装)

④ 可使用廉价电缆(可使用通用的Ethernet电缆(CAT-6))

(3) GigE Vision的不足

① 对所连接的计算机性能有一定要求；

② GigE设备上加入了图像采集卡功能，因此作为系统来说价格便宜了，但摄像机的价格却有所提高；

③ 与Camera Link接口摄像机相比，GigE摄像机的耗电量较大；

④ 网络性能上无法确定数据包的送达时间；

⑤ 必须优化主机侧的软件(安装特定的驱动程序)。

4. USB(Universal Serial Bus)

USB的全称为通用串行总线，它支持热插拔，具有即插即用的优点。目前主流的USB使用两个规范，即USB2.0和USB3.0。

USB2.0规范是由USB1.1规范演变而来的。它的传输速率达到了480Mbps，折算为MB为60MB/s，可以满足大多数外设的速率要求。USB2.0中的“增强主机控制器接口(EHCI)”定义了一个与USB 1.1相兼容的架构，可以用USB2.0的驱动程序驱动USB 1.1设备，而且像USB线、插头等附件也都可以直接使用。USB2.0标准进一步将接口速度提高到480Mbps，是普通USB速度的20倍，更大幅度地降低了打印文件的传输时间。

USB3.0是为与PC或音频/高频设备相连接的各种设备提供的一个标准接口，只是个硬件设备(见图7-17)，计算机内只有安装USB3.0相关的硬件设备后才可以使用USB3.0相关的功能。USB3.0向下兼容标准，即兼容USB1.1和USB2.0标准，具有传统USB技术的易用性和即插即用功能。从键盘到高吞吐量磁盘驱动器，各种器件都能够采用这种低成本接口进行平稳运行的即插即用连接。USB2.0基于半双工二线制总线，只能提供单向数据流传输，而USB3.0采用了对偶单纯形

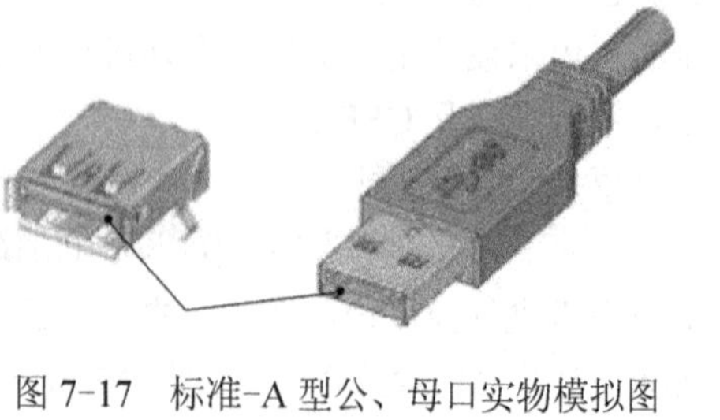

图7-17 标准-A型公、母口实物模拟图

四线制差分信号线，故而支持双向并发数据流传输，这也是新规范速度猛增的关键原因。

其标准规范为：

传输速率：约 3.2Gbps，理论上的最高速率为 5.0Gbps；

数据传输：USB3.0 引入全双工数据传输，5 根线中 2 根用来发送数据，另外 2 根用来接收数据，还有 1 根是地线。也就是说，USB 3.0 可以同步全速地进行读写操作；

电源：USB 3.0 标准要求 USB3.0 接口供电能力为 1A，而 USB 2.0 为 0.5A；

电源管理：USB 3.0 没有采用设备轮询，而是采用中断驱动协议，因此，在有中断请求数据传输之前，待机设备并不耗电，即 USB 3.0 支持待机、休眠和暂停等状态。

5. Camera Link HS

HS-Link 是由加拿大 Teledyne DALSA 公司推出的新型机器视觉“摄像机－图像采集卡”数字采集接口标准，后来发展成为 Camera Link HS，表明该接口标准服务于图像与机器视觉行业的应用定位。HS Link 是 Teledyne DALSA（原 DALSA）公司首创标准，主要是为了满足 Teledyne DALSA 高端摄像机在高分辨率下高速传输的需求。2010 年 4 月美国自动化工业协会（AIA）成立了专门的 Camera Link HS 协会，并由 AIA 协会主导制定 Camera Link HS 标准。AIA 于 2011 年 11 月在德国斯图加特举办的 Vision 2011 发布了 Camera Link HS 标准。

（1）Camera Link HS 接口的优点

① 传输带宽高：Camera Link HS 可以轻松地从 300MB/s 上升到 6000MB/s，如果需要的话，也可降至更低。对于非常高端的解决方案，Camera Link HS 是最佳的连接标准选择。

② 长距离传输稳定：支持长距离传输，采用 CX4 的传输方案可达 15m，Teledyne DALSA 实验室已经证明 20m 的可行性，目前已有公司实现了 40m 的传输，并且可以容易地转换为光纤进行传输。

③ 系统成本更低：HS-Link 采用标准器件，拥有更长的生命周期。其 CX4 线缆是标准 10GigE 万兆位以太网技术定义的传输线缆，可以使用多种传输介质。由于其具有超高带宽，加上采用 CX4 通用标准器件作为线缆，可大大降低高数据率的系统整体成本。

（2）HS-Link 摄像机端的结构

Camera Link HS 和 Camera Link 不仅性能相当接近，而且数据类型也一样。但是信息如何从线缆的一端传到另一端的方式则完全不同。Camera Link HS 继承了 Camera Link 低延时和实时触发等特点。对于所有的串行协议，Camera Link HS 具有最低的延迟和最小的抖动（在 ns 范围内）。与 Camera Link 相比，Camera Link HS 除了保留其优点之外，不再需要单独触发线，并支持多摄像机和多采集卡级联。

HS-Link 接口已经在产品上得到了很好的应用，在 FPD 和 PCB 内层板检测中的应用已经有了基于 HS-Link 技术及产品的成熟解决方案。Teledyne DALSA 能够提供基于 HS-Link 接口技术的全套解决方案，通过数据级联，提升速率降低系统成本。

目前支持 HS-Link 接口的企业包括：加拿大 Teledyne DALSA 公司，德国 Mikrotron、PCO、Basler 公司，日本 Teli 公司，美国 CEI、3M 公司。

6. CoaXPress

CoaXPress 是一种非对称的高速点对点串行通信数字接口标准。该标准容许设备（如数字摄像机）通过单根同轴电缆连接到主机（如个人电脑中的数据采集设备），以高达 6.25Gb/s 的速度传输数据。鉴于 CoaXPress 具备多通道传输图像数据和元数据的能力，因此，设备可以不必是单独的一部摄像机，还可以是一种将数字摄像机之间的数据连接到一起的接口设备。对于从主机到设备的信息传送，有一个可以控制和配置数据的传输速度为 20Mb/s 的“上行链路”。对于更高的传输速度，可以多条链路叠加，提供数倍于单根同轴电缆的传输带宽。CoaXPress 通过电缆提供电压为 24V 的电源，每根电缆的功率为 13W。

CoaXPress 技术由 Adimec 和 EqcoLogic 公司联合开发，得到了世界范围内的认可，开发者随即成立了 CoaXPress 协会，致力于 CoaXPress 接口的推广，使之成为标准接口。

CoaXPress 的特点：

- 数据传输量更大：单根线缆可达 6.25Gb/s，4 根线缆可达 25Gb/s；
- 传输距离更长：超过 100m（不使用集线器和中继器）；
- 可选的传输距离和传输量：从 50m@ 6.25Gb/s 到 170m@1.25Gb/s；
- 可实现低延迟实时数据传输；
- 稳定的线缆材料，可以使用标准的同轴电缆，如 RG59 和 RG6；
- 易于集成，可在一根电缆上实现视频传输、串口通信控制和供电；
- 低廉的线缆材料价格；
- 支持热插拔。

在高性能、高速度、长距离图像系统应用领域的接口标准选择方面，CoaXPress 正在以顶级竞争者的身份迅速出现。

表 7-9 所示为典型数字接口性能比较。

表 7-9　典型数字接口性能比较

性能/接口	IEEE1394	USB3.0	GigE Vision	Camera link	CoaXPress
支持本机操作系统	是	是	是	否	否
电缆类型	FireWire	USB	Cat-5/6 或光纤	CX4	Coaxial
最高输出速率	3.2Gb/s	5Gb/s	10Gb/s	N×3.125Gb/s（N 为线缆数）	N×6.25Gb/s（N 为线缆数）
最远传输距离	4.5m	5m	100m	>15m	120m@1.25Gb/s 或 40m@6.25Gb/s
是否实时	是	是	否	是	是
PC 接口	内置	内置	内置或不需要	采集卡	采集卡
网络拓扑结构	树形、星形或环形	基于总线的星状分层	网状	点对点	点对点
标准成熟度	较高	一般	高	高	一般
线缆成本	低	低	低	高	低

7.3　典型成像系统

CCD、CMOS 成像系统在工业生产中的应用已十分广泛，如冶金部门中各种管、线、带材轧制过程中的尺寸测量，光纤及纤维制造中的丝径尺寸测量、控制，机械产品尺寸测量、分类，产品表面质量的评定，文字与图形的识别，传真、复印、光谱测量以及空间遥感等。

7.3.1　线阵 CCD 成像系统

1. 在扫描仪、文字识别（OCR 系统）和复印机中的应用

利用线阵 CCD 图像传感器的自扫描特性可以实现文字和图像的识别，组成一个功能很强的扫描/识别系统。图 7-18 所示为邮政编码识别的系统。

将写有邮政编码的信封放在传送带上，CCD 像元排列方向与信封运动方向垂直，光学镜头把编码数字聚焦在 CCD 上，当信封移动时，CCD 即以逐行扫描方式依次读出这些数字，经细化处理后与计算机中存储的各数字特征点进行比较，最后识别出数字并根据识别出的数字由计算机控制分类机构，将信件送入相应的分类箱中。

类似的系统可用于产品的出入库管理，货币识别、分类，商品条码的识别等。此外还可用于汉字输入系统，把印刷汉字或手写字直接输入计算机进行识别处理，省去了人工编码和人工输入所需的大量工作。

传真与复印是线阵 CCD 图像传感器使用最广泛的设备，其原理与文字识别基本上一样。如图 7-19 所示，需要传真的图文纸随滚筒旋转完成一维扫描，CCD 的自扫描完成另一维扫描。由于一次曝光就可得到一行图像，所以较之点光源扫描速度要快得多。CCD 输出的信号经过处理后送到传真机发出传真信号。二维扫描的实现也可以采用旋转棱镜和电子线路控制等方法，但机械扫描装置简单可靠，因此采用得较多。

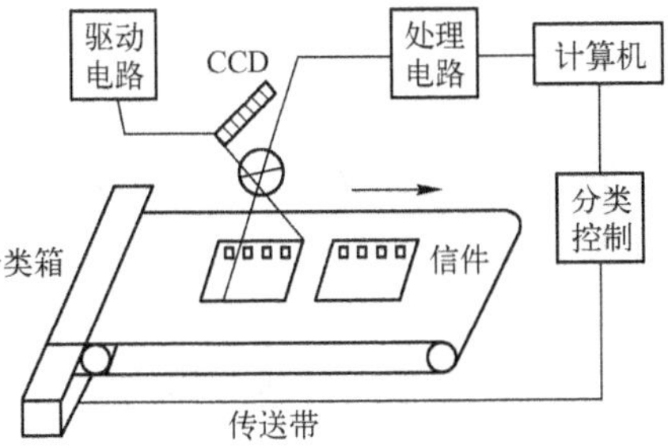

图 7-18　邮政编码识别系统

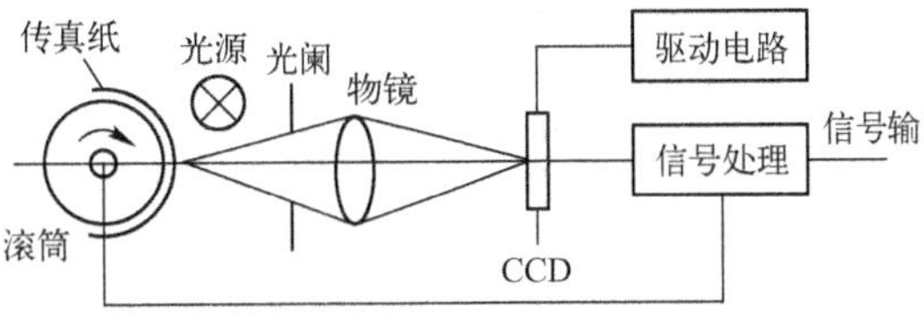

图 7-19　传真机系统示意图

复印可以理解为是上述传真过程的逆过程，即 CCD 产生的一行图像被成像在感光硒鼓上形成静电像，进而形成着色剂像并将它转印在复印纸上，形成复印文字或图案。

传真机一般采用荧光灯或卤素灯作为光源，既可以使用大阵列的线阵 CCD，也可以使用高密度的面阵 CCD。为满足高分辨率要求，通常多采用 1728～5000 位的线阵 CCD。

2．在光谱测量等方面的应用

由于 CCD 像元几何尺寸小，精度高，有光积分和信号存储功能，故可用于光谱测量。瞬态光谱测量系统方框图如图 7-20 所示。被测光源发出的光线经过光栅色散后在 CCD 像元上成像，CCD 各像元位置分别对应于光线色散后的不同波长，由采样电路对 CCD 输出信号进行逐位采样，根据采样的位数，就可以知道信号所在的波长，而信号的幅度则是该波长的光辐射能量。这样，只要对目标进行一次采样，就可得到在一定波长范围内的光谱分布曲线，因而可以用于测量闪光灯等瞬态发光源的光谱。实际上，CCD 传感器本身就具有很宽的光谱响应，但由于不同光谱的响应不同，因此需要事先对不同像元位置所对应的不同波长的响应进行标定，然后用此数值去校正传感器的对应像元的输出，才可得到正确的光谱能量分布曲线。显然，这样的数据处理只有结合计算机技术才能完成。

采用 CCD 测量光谱大大缩短了测量时间，减少了外界环境变化对测量精度的影响。对于闪光灯、荧光和磷光等强度随时间迅速变化的光源，采用 CCD 测量可以得到其光谱分布的精确结果。

3．在航空和航天遥感摄影方面的应用

将高密度的线阵 CCD 扫描系统安装在飞机或遥感卫星上，通过飞机或卫星相对地面目标的飞行和 CCD 传感器在与飞行的垂直方向的自扫描，可以实现高分辨率的遥感光谱成像（图 7-21）。遥感光谱成像系统由 CCD 摄像系统、记录装置、实时图像处理装置（如编码、压缩等）、图像信息传送装置等部分组成。为了提高空间分辨率，通常采用两片（或多片）CCD 进行光学或电学拼接。为了提高 CCD 的灵敏度，也可以使用面阵列 CCD 并采用 TDI 方式工作。

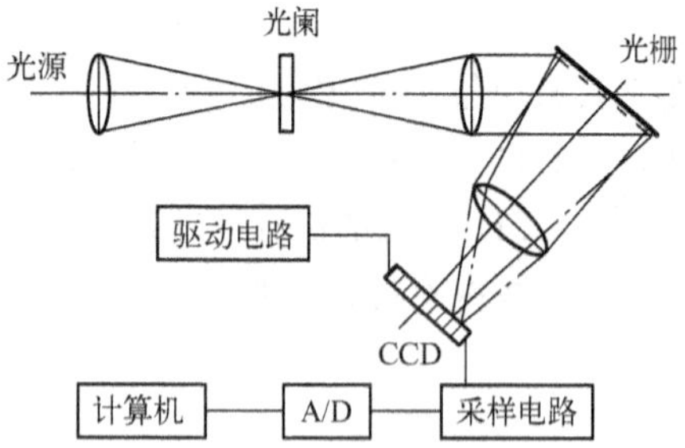

图 7-20　瞬态光谱测量系统方框图

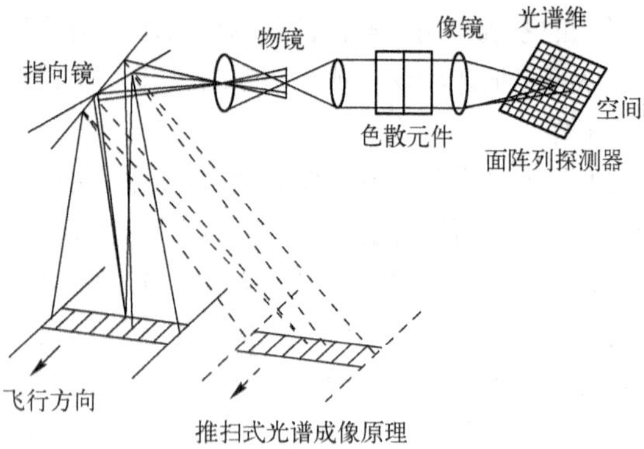

图 7-21　CCD 的光谱成像

图 7-22(a)所示为“嫦娥一号”所用的 CCD 立体相机的成像原理。这是国内外首次提出采用一个大视场光学系统加一片大面阵 CCD 芯片，用一台相机取代三台相机的功能，实现了拍摄物的三维立体成像。立体相机在工作时，只采集三行 CCD 的输出，分别获取前视、正视、后视图像[图 7-22(b)]，随后进行处理形成立体图像。由于立体相机固定在卫星上不能自由转动，所以它只是随卫星与月球间的相对运动来对月球表面进行扫描成像。

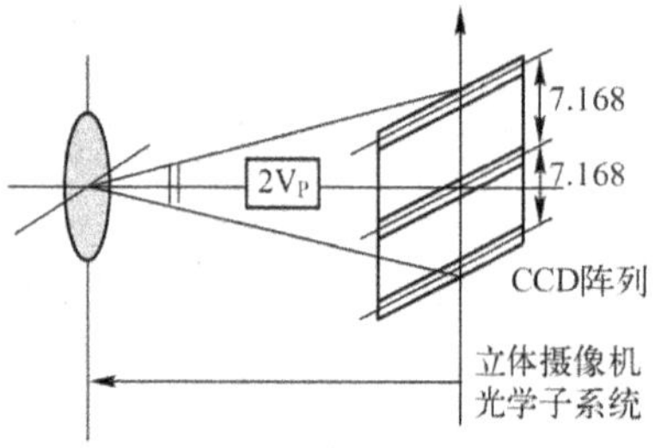

(a)

(b)

图 7-22　“嫦娥一号”CCD 立体相机成像原理及对应的图像

采用 CCD 扫描摄影的优点在于可实现图像信号的实时采集、处理、显示和无线电传输，而 CCD 传感器的高几何精度、高灵敏度、高信噪比、高可靠、低功耗以及不需要机械运动部件等优点，使 CCD 摄像机比传统的航空摄像机更为先进。

4．在其他质量检测方面的应用

当工件(或纺织品等)表面受到光照射时，表面的不清洁处或疵点对入射光产生漫反射，将漫反射光投影到 CCD 上，然后对 CCD 输出的光电信号进行处理，可以完成表面质量检测，如检验集成电路掩模缺陷，硅片表面质量，布匹、纸张和药片的表面疵点等。对可以透过光线的薄片状的布匹、纸张等也可以采用测量透过光的做法进行检测。美国研制的采用 CCD“布匹疵点在线检测系统”等已广泛应用于布匹生产中。在检测集成电路硅片表面划痕、污垢等缺陷方面，检测装置采用激光光源加装滤光片照射到硅片表面上，在硅片表面无疵病时，反射光被滤光片滤掉，CCD 上不形成图像；若表面有疵病，则在其表面上形成的漫射光透过滤光片在 CCD 上成像，通过对 CCD 输出信号进行放大和处理，可得到硅片表面疵病的信息。利用线阵 CCD 还可检测药片外观情况，如颜色不均、小孔、污染、糖衣层不均、混有其他品种、缺损和粘连等。采用图像识别进行自动分选的检测技术在国外已普遍应用于生产过程中。

7.3.2　面阵成像系统

面阵传感器主要用于成像，由于 CCD/CMOS 与电真空摄像器件相比，具有自扫描、功耗低、启动快、灵敏度高、波长响应范围宽、耐震动、抗烧伤、寿命长、图像失真小、抗磁场干扰，尤其是体积小、重量轻、可靠性高等优点，使其在航天遥感、军用仪器、侦察跟踪、现场监控等领域得到了广泛的应用。

近年来，随着大规模集成技术的发展，CCD/CMOS 的空间分辨能力和感光灵敏度均超过了电真空摄像器件，因而，包括广播电视在内，绝大部分的电真空摄像器件的摄像系统均已被 CCD/CMOS 摄像系统所取代，CCD/CMOS 摄像系统越来越显示出其强大的生命力和优越性。

此外，随着计算机技术和数据存储技术的发展，数字摄像机等一系列的 DV 产品也正在迅速普及，这些技术为 CCD/CMOS 的应用提供了更为广阔的空间。

在成像原理方面，摄像系统与数码摄像机等没有太大的区别，但摄像系统在信号处理方面要复杂于数字摄像机等。限于篇幅，这里只介绍单片式彩色摄像系统和三片式彩色摄像系统。

目前 CCD/CMOS 成像器件通常采用单片或三片图像传感器构成彩色摄像机。多数的家用摄像机采用单片式，其将图像传感区按特定的模样分成 3 类或 4 类子区域，每个子区域通过覆盖滤光片感应不同的基色。

1. 单片式 CCD/CMOS 彩色摄像系统

单片式彩色摄像机需要在 CCD/CMOS 像敏元上制作彩色滤色器，其制作方法有两种：一种是 CCD/CMOS 芯片(包括其他固体摄像器芯片)和滤色器分开制作，然后把它们组合在一起；另一种是在 CCD/CMOS 芯片制作好后，再在 CCD/CMOS 上制作滤色器。前一种方法因工艺简单而用得较多。这里只介绍滤色器的结构。

从原理上讲，采用 R、G、B 垂直条重复间置的栅状滤色器(图 7-23)，完全适用于单片式 CCD/CMOS 彩色摄像机，研制初期多采用这种结构。使用这种滤色器时，CCD/CMOS 摄像机对光信号的 R、G、B 分量用完全相同的采样频率 f_s 进行采样，因而被采样的三种基色光的上限频率必须限制在相同的 $f_s/2$ 数值以下。考虑到彩色电视接收机设计中，一般是利用人眼对红色和蓝色图像的分辨率低的特点，将 R 和 B 信号限制在 0.5MHz 左右，因此在 CCD/CMOS 摄像机水平分辨率尚不足的情况下，对三种基色光使用相同的采样频率显然是不合理的。作为对策，近几年出现的单片 CCD/CMOS 彩色摄像机，都采用了棋盘式的滤色器(图 7-24)。

在棋盘格式的滤色器中，增加了 G 光采样点的数目，相应减少了 R、B 光采样点的数目，以在提高 G 信号上限频率的同时又能保持图像画面的彩色均匀性。

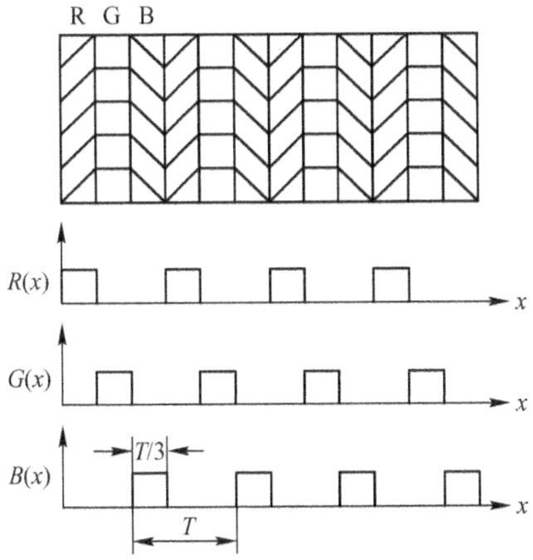

图 7-23　栅状滤色器结构

R	G	R	G	R	G	R	G	1
G	B	G	B	G	B	G	B	2
R	G	R	G	R	G	R	G	3
G	B	G	B	G	B	G	B	4
R	G	R	G	R	G	R	G	5
G	B	G	B	G	B	G	B	6
R	G	R	G	R	G	R	G	7
G	B	G	B	G	B	G	B	8

图 7-24　棋盘式滤色器的结构

棋盘式滤色器的滤色单元排列方式已有多种，常见的两种为 Bayer 排列和行间排列(GCRS)，如图 7-25 所示。

在图 7-25(a)所示的 Bayer 滤色器中，每一行上只有两种滤色单元，或者是 G、R，或者是 G、B，因此在整个滤色器上，G 光的采样单元数是 R 光或 B 光的两倍。在图 7-25(b)所示的行间排列滤色器中，每一行上都有 R、G、B 三种滤色单元，但 G 单元是隔列重复，R、B 单元则是隔三列重复。因此，G 滤色单元的数目也是 R 单元或 B 单元的两倍。

如果把 Bayer 滤色器应用于行间扫描读出的像元数目较少的图像传感器上，便得到如图 7-26(a)所示的图案，其中每种颜色采样的垂直间距加大了一倍。但如果被摄物体的照度在水平方向的变化频率接近奈奎斯特频率，则会产生颜色失真。图 7-26(a)中奇数列像元只有绿色和蓝色，偶数列像元只有绿色和红色。因此，若滤色器平面上的像在奇数列处是亮的，在偶数列处是暗的，或者相反，那么图像的输出信号将分别缺失红色或蓝色，便会在水平方向上产生颜色失真。

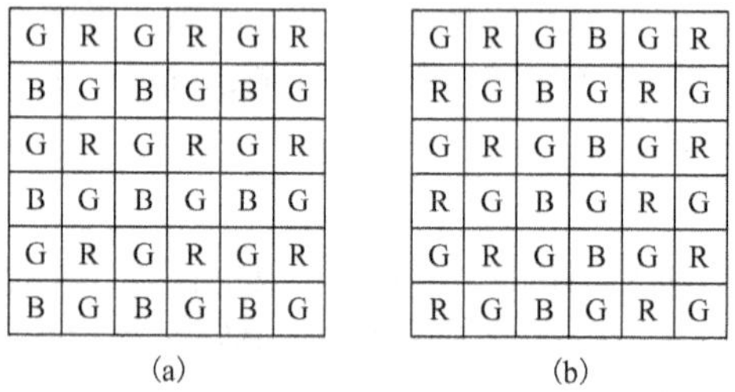

图 7-25　两种棋盘式滤色器的基本结构

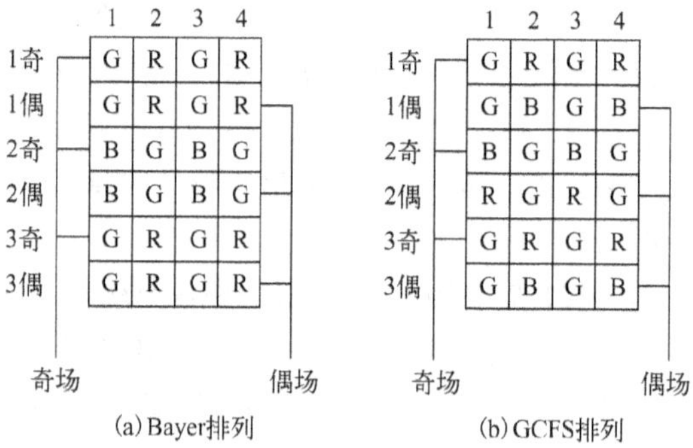

图 7-26　适于行间扫描读出的滤色器

为克服上述问题，可采用图 7-26(b)所示图案，保留绿色方格性质，但红色和蓝色采样在奇场和偶场之间交换。这样，每一列中都有蓝色和红色采样。这种图案结构称为 GCFS(Green Cheoker Field Sequence)滤色器。采用这种滤色器，不会因水平空间频率的变化而产生颜色失真。

带有 GCFS 滤色器的彩色摄像机的输出信号由交替的红、绿、蓝三种颜色的采样信号构成。对奇数场中的奇数行，次序为 GBGB…，对奇数场中的偶数列，次序为 BGBG …，对偶数场中的奇数列，次序为 GBGB …，对偶数场中的偶数列，次序为 RBRB …。为了将这些采样分解为红、绿、蓝三色信号，可以采用采样保持电路来实现。

图 7-27 所示是一种具有代表性的单片式彩色 CCD 摄像机的方框图。

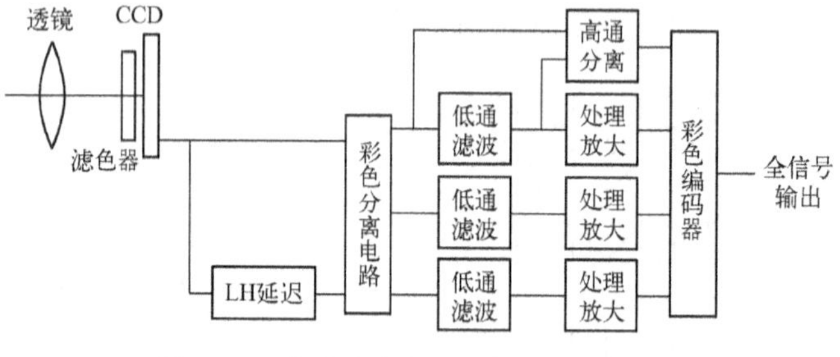

图 7-27　单片式彩色 CCD 摄像机方框图

2．三片式 CCD/CMOS 彩色摄像机

三片式 CCD/CMOS 彩色摄像机原理框图如图 7-28 所示，最前面是光学系统(包括物镜和分光棱镜，物镜有些是根据需要进行选配的，三个 CCD/CMOS 芯片和驱动器都位于摄像机头之内)。景物经过摄像物镜和分光系统形成的红、绿、蓝三基色图像分别照射到三个 CCD/CMOS 芯片上。为了提高其灵敏度，特别是蓝光灵敏度，可以使用透明电极(SnO_2)作为光敏区电极。CCD/CMOS 摄像机的信噪比主要由 CCD/CMOS 器件本身决定。为防止光晕需采用溢出漏结构，为控制暗电流，采用了背面磷吸杂工艺，还采用了缺陷补偿电路。

为了提高彩色固体摄像机的分辨率，在使用多片 CCD/CMOS 的情况下，一般采用空间像素错开法。

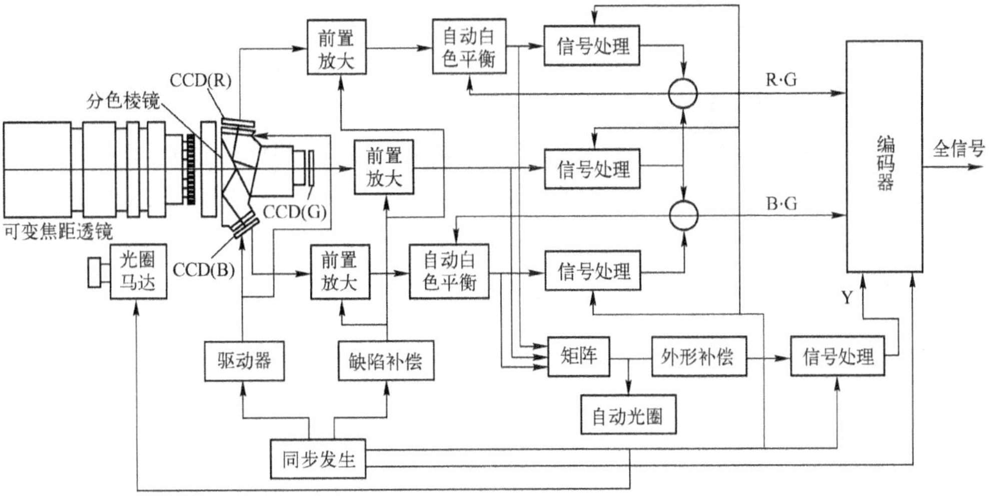

图 7-28　三片式 CCD/CMOS 彩色摄像机原理框图

在 CCD/CMOS 像元数给定后，CCD/CMOS 摄像器件的采样频率 f_s 就确定了，为了确保采样后的信号不出现频谱的混叠，根据奈奎斯特采样定理，输入光信号的上限空间频率 f_m 应限制在 $f_s/2$ 之内，如图 7-29(b)所示。假如将 f_m 展宽至等于 f_s，如图 7-29(c)所示，采样后的频谱将 100%地混叠在一起，这是不希望出现的。

为了减弱频谱混淆在图像上所引起的干扰，在进行图像中心重合调整时，使产生绿色信号的 CCD/CMOS 摄像器件(G)与 R 摄像器件、B 摄像器件在水平方向上错开 $L/2$(L 是像元的重复周期)，此即所谓空间像素错开法，如图 7-30 所示。这样，对 G 信号采样的基波与对 R、B 信号采样的基波在相位上相差 180°，因而采样后 R、B 信号与 G 信号调制在基波 f_e 上的边带信号中的各对应频率分量都是相互反相的。

如果亮度方程为

$$Y=0.33R+0.5G+0.17B \tag{7-13}$$

则对于黑白景物($R=G=B$)，存在下列关系：

$$0.33R+0.17B=0.5G \tag{7-14}$$

故在形成 Y 信号时，三种信号的基带部分按式(7-13)相加组成 Y 信号，如图 7-31 所示。混淆在基带中的干扰(即调制在基波上下边带信号)则因 R、B 和 G 分量的幅度相同，相位相反而相互抵消。虽然这种抵消效果对于彩色图像要差些，但是实验结果证明：多数彩色景物的饱和度比较低，R、G、B 信号幅度与式(7-14)偏离不大；即使出现少数高饱和度的彩色图像，混叠频谱中不能全部抵消的残余干扰也主要集中于高频部分，在图像的边缘、轮廓上出现干扰的能见度并不是很高，所以这种方法是可取的。

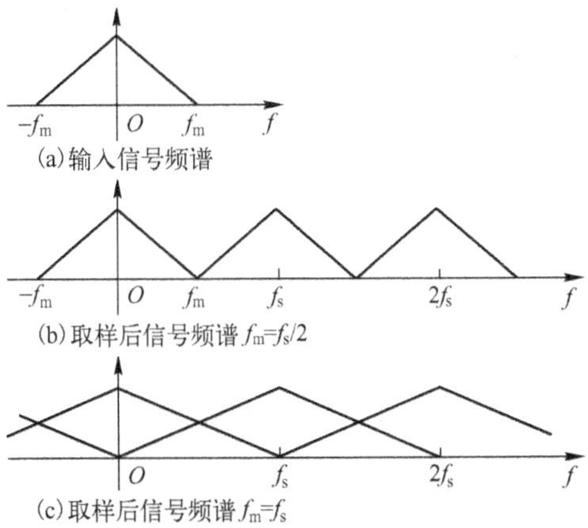

图 7-29　采样频率相同，被采样信号带宽不同，两种采样信号的频谱分布

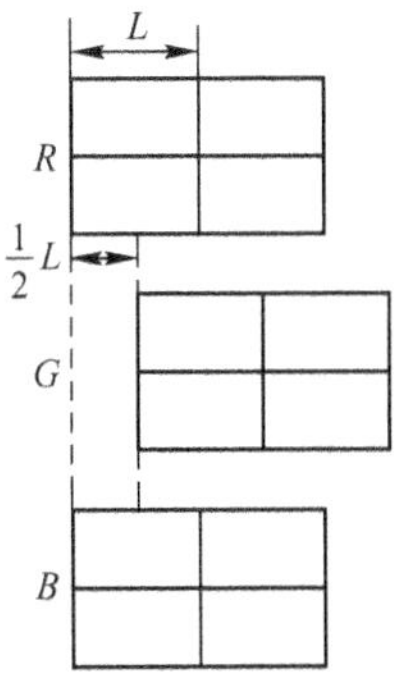

图 7-30　空间像素错开法

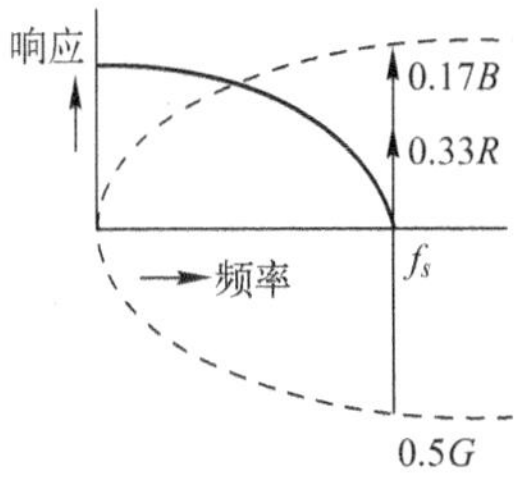

图 7-31　频谱混叠干扰的抵消

三片式 CCD/CMOS 彩色摄像机中采用空间像素错开法，可将摄像机输出信号的视频带宽从 $f_m=f_s/2$ 提高到 $f_m=f_s$，从而使摄像机的分辨率提高了一倍。这在 CCD/CMOS 图像传感器水平像元数不足的情况下是一种可以获得较为满意的清晰彩色图像的有效方法。

三片式 CCD/CMOS 彩色摄像机的光学系统要求较高，要保证摄像机的重合指标，红、绿、蓝三幅光像尺寸的偏差不得超过±0.15%。光学系统的几何失真一般不大，摄像机的重合调整，只是成像面的倾斜调整和图像的中心调整。

7.3.3 成像光谱系统

因景物对不同波长的光线（光谱）具有不同的反射系数及其他光学特征，因此，对同一景物采用不同的光谱进行成像可以获得更多的景物构成信息，这对基于卫星的资源遥感探测、农业估产、环境污染及军事侦察等均具有重要的应用价值。目前，世界各国都投入大量的人力、物力和财力研制各种成像光谱系统。

成像光谱技术按照光谱波段的数量和光谱分辨率大致可以分为三类：

（1）多光谱成像（Multispectral Imaging）技术：具有 10～15 个光谱通道，光谱分辨率为 $\Delta\lambda/\lambda=0.1$；

（2）高光谱成像（Hyperspectral Imaging）技术：具有 50～1000 个光谱通道，光谱分辨率为 $\Delta\lambda/\lambda=0.01$；

（3）超光谱成像（Ultraspectral Imaging）技术：具有 10～100 个光谱通道，光谱分辨率为 $\Delta\lambda/\lambda=0.001$。

按照成像原理的不同，通常将成像光谱系统划分为两种类型，即色散型成像光谱系统和干涉型成像光谱系统。

1．色散型成像光谱系统

色散型成像光谱系统出现较早，技术比较成熟，是最实用化的成像光谱系统之一。其中的关键部分为分光器件，有棱镜、光栅和棱镜光栅混合型三种分光类型。在现有应用棱镜分光的色散型成像光谱仪中，主要使用的是简单三棱镜、李特洛棱镜、科纽棱镜、直视光谱棱镜、阿贝恒偏向棱镜、瓦茨沃斯棱镜系统和阿贝棱镜系统等，典型代表为美国海军实验室研发的高光谱数字图像收集仪 HYDICE 及欧空局的机载成像光谱仪 APEX 等；应用光栅分光的色散型成像光谱仪中，主要使用的是凸面光栅、凹面光栅和平面光栅以及阶梯光栅等，典型代表有美国机载成像光谱仪 AVIRIS、美国航空航天管理局（NASA）的高光谱成像仪 Hyperion、美国海军地球测绘观测者卫星上的海岸海洋成像光谱仪 COIS、NASA 的中分辨率成像光谱仪 MODIS、欧空局的中分辨率成像光谱仪 MERIS，PROBA 卫星上搭载的紧凑型成像光谱仪 CHRIS 等。

色散型成像光谱系统的基本组成如图 7-32 所示。

色散型成像光谱系统具有原理简洁、性能稳定等优点，但其光学系统中一般带有狭缝，其分辨率受到狭缝宽度的限制，中等空间分辨率的光谱系统的光谱分辨率很难做到 5nm 以下。虽然高空间分辨率的色散型成像光谱系统的光谱分辨率可以做的很高，但是光通量很低，信噪比也低，对高灵敏度探测器依赖过多，成为其发展的瓶颈。

2．干涉型成像光谱系统

干涉型成像光谱系统从原理上解决了色散型成像光谱系统能量利用率低的缺陷，并具有多通道和高光谱分辨率等优点，是目前成像光谱技术研究的热点。

该系统通过测量所有谱线元的干涉强度，对干涉图进行傅里叶变换，从而得到目标的光谱。现有的干涉成像光谱技术按照干涉调制原理主要分为两种：时间调制型（Temporarily Modulated）；空间调制型（Spatially Modulated）。经典的时间调制型干涉成像光谱系统是基于迈克耳孙干涉仪结构的，其原理光路图如图 7-33 所示。

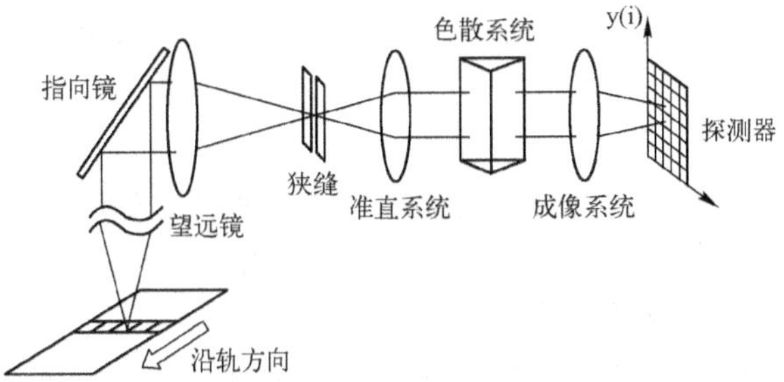

图 7-32　色散型成像光谱系统基本组成

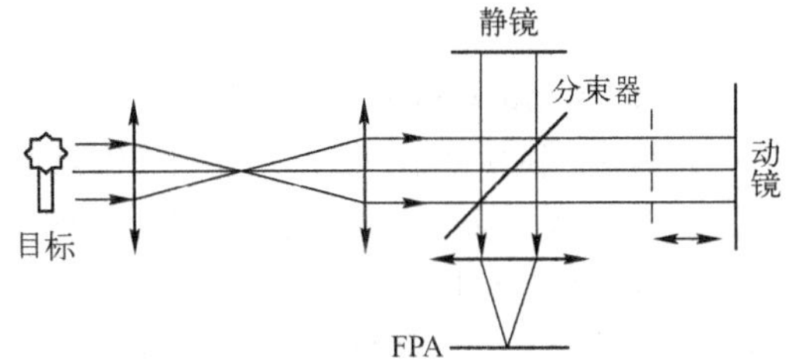

图 7-33　迈克耳孙干涉仪原理光路图

空间调制干涉仪具有代表性的有 Sagnac 空间调制干涉仪和双折射晶体干涉仪，其原理光路图如图 7-34、图 7-35 所示。

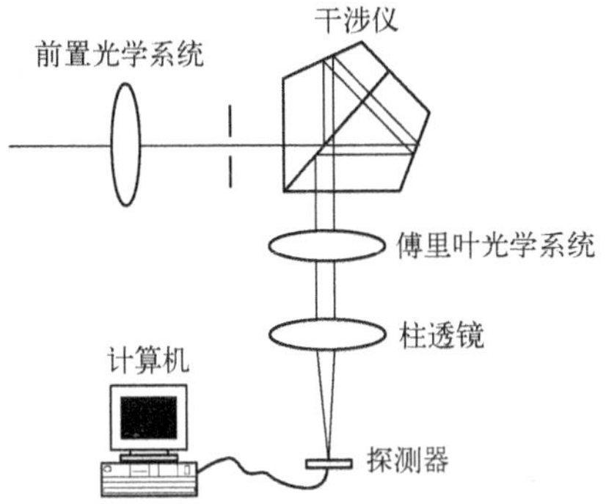

图 7-34　Sagnac 空间调制干涉光谱系统原理光路图

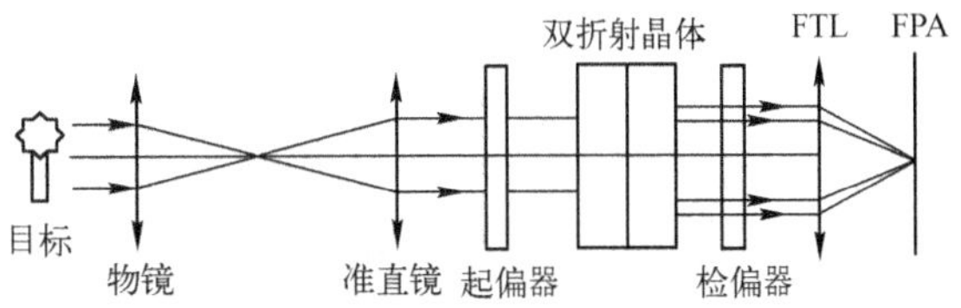

图 7-35　双折射干涉仪原理光路图

时－空联合调制型干涉光谱系统是一类新型傅里叶变换成像光谱系统，其获取的数据是带有干涉条纹的二维空间图像，称为像面干涉图。要得到物体的光谱信息，需要利用仪器的运动对物体进行全像面的扫描成像，从获得的像面干涉图序列中提取该物体的干涉曲线，然后进行傅里叶变换得到光谱曲线。由于物点的干涉信息由面阵探测器的一行记录，该类仪器一般被归入空间调制型干涉成像光谱系统的范畴。由于物点的干涉信息不是在同一瞬时获得的，该类仪器又具有时间调制型干涉成像光谱系统对平台姿态变化敏感的特点。典型的时-空联合调制干涉成像光谱系统为我国西安光机所研制的大孔径静态干涉成像光谱系统(LASIS)，其原理光路图如图 7-36 所示。

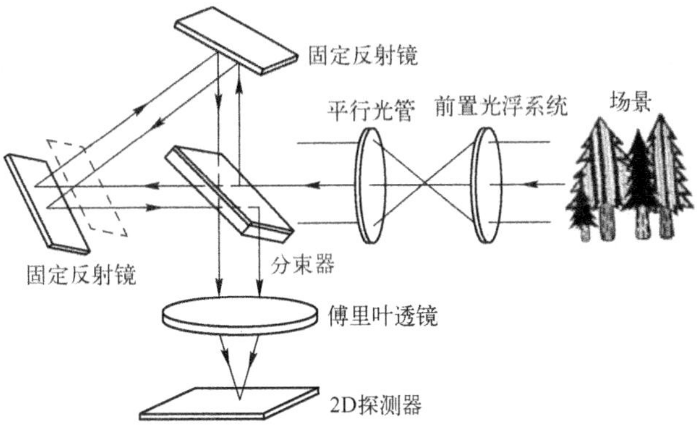

图 7-36　时－空联合调制型干涉成像光谱系统原理光路图

国际上典型的干涉成像光谱系统有 NASA 研发的时间调制地球同步成像光谱系统 GIFTS、美国“强力卫星”上搭载的空间调制高光谱成像仪 FTHSI 和时－空联合调制高通量成像光谱系统 HEIFTS 等。

在上述三类干涉成像光谱系统中，时间调制型稳定性差，不适于野外、航天等恶劣环境。而空间调制型则稳定性高、结构简单、实时性好，成为目前应用最为广泛的一类成像光谱系统。我国的空间调制型成像光谱系统已进入航天工程研制和应用阶段，“嫦娥一号”卫星和“环境一号”卫星上都搭载了这种探测设备。

3．成像光谱系统的扫描方式

根据光谱图像采集方式的不同，成像光谱系统的扫描方式可分为摆扫式、推扫式和窗扫式三种。

摆扫式(Whisk broom)成像光谱系统的基本原理如图7-37所示。线阵探测器用于探测任一瞬时视场(即目标上所对应的某一空间像素)内目标点的光谱分布。取景镜的作用是对目标表面进行横向扫描。一般情况下，空间的第二维扫描(即纵向或帧方向扫描)由运载该仪器的飞行器(卫星或飞机)的运动产生；在有些特殊情况下，空间第二维扫描也可用取景镜实现。一个空间像素的所有光谱分布由线阵探测器同时输出。

推扫式(Push broom)成像光谱系统基本原理如图7-38所示。面阵探测器用于同时记录目标上排成一行的多个相邻像素的光谱，面阵探测器的一个方向的探测器数量应等于目标行方向上的像素数，另一个方向的探测器数量与所要求的光谱通道数量一致。同样，空间第二维扫描既可由飞行器本身实现，也可使用扫描反射镜。一行空间像素的所有光谱分布由面阵探测器同时输出。这一类成像光谱系统既有色散型的，又有干涉型的。

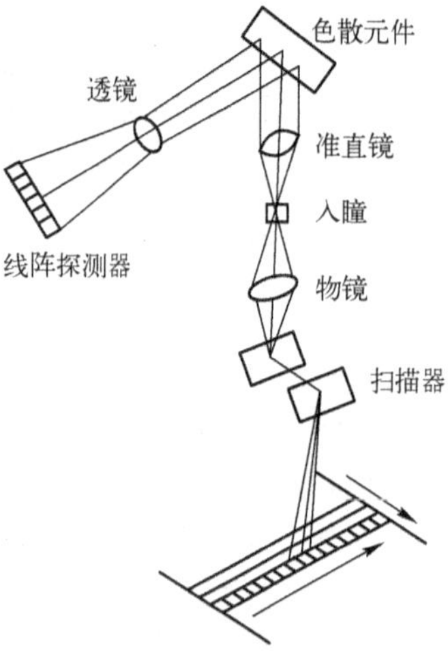

图7-37　摆扫式成像光谱系统原理

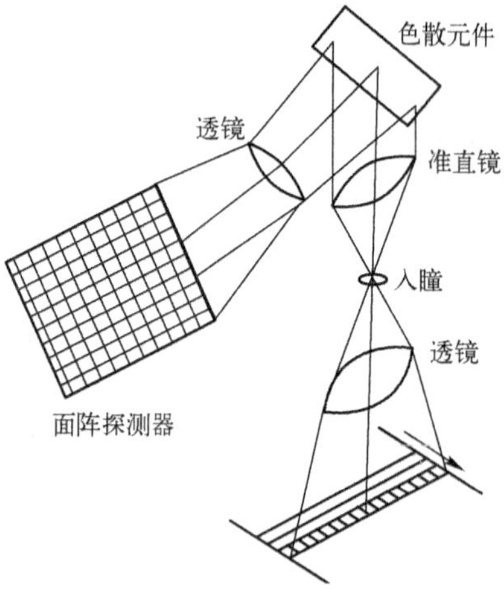

图7-38　推扫式成像光谱系统原理

一般的时－空联合调制干涉成像光谱系统均属于窗扫式(Window broom)成像光谱系统。它在结构设计上没有狭缝，数据采集中每一帧图像既是干涉图又是“景物”图，面阵探测器上输出的是叠加有干涉条纹的图像，通过飞行实现干涉条纹相对于图像的扫描，以获得同一图像目标在不同干涉级次的信息，经过重组后成为干涉数据立方体。因此，窗扫系统在带来高光通量这一优点的同时，也使得干涉图数据的处理更加复杂，即窗扫式成像光谱系统的数据采集方式决定了在后续的数据处理过程中要增加一个原始干涉图重组的步骤。

7.4　微光成像系统(微光电视)

电视型夜视系统指用于夜间或其他低照度条件下以视频形式输出的夜视系统。根据使用条件，一般分为主动照明的主动夜视型电视系统和被动型的微光电视系统。在一些情况下，为了增加作用距离或细节分辨能力，微光电视系统也可采用附加照明方式。

与通常附加照明的可见光摄像不同，主动夜视型电视系统应保证夜间环境的可见光照度不变，故辅助光源通常采用人眼不可见的近红外激光光源或大功率LED等，图像传感器常用黑白CCD或CMOS摄像机以及带近红外延伸的微光增强CCD (ICCD)摄像机。

微光电视系统利用月光、星光、气体辉光及其散射光所形成的自然环境照明，获取被摄目标场景的可见光图像，因此又称低照度电视(LLLTV)系统。

微光电视与广播/工业电视在原理上并没有明显的区别，只是广播/工业电视一般要在 10^2 lx 以上的照度下才能正常工作，而微光电视系统具有较高的灵敏度，可在较低的照度下获得高质量的图像。严格来讲，应以输入到摄像靶面的照度大小来区分广播/工业电视和微光电视。通常摄像靶面照度在 1lx 以下为微光电视，而广播/工业电视系统的靶面照度要求在 1lx 以上。考虑到环境照度在经过景物反射和光学系统后，通常靶面照度要比环境照度低一到两个数量级左右，因此能在黎明或黄昏照度(10lx)、1/4 月光(10^{-2} lx)以及星光的照度(10^{-4} lx)下工作的电视系统都包括在微光电视范畴内。

与微光直视系统(将在第 8 章介绍)相比，微光电视系统具有以下特点：

(1) 图像信号转换成一维的电信号后，除可对信号进行频率特性补偿、γ 校正等处理外，还可利用当前迅速发展的数字图像处理技术，改善显示图像的质量，增加图像的信息量；

(2) 可实现图像的远距离传送，并可遥控摄像；

(3) 改善了观察条件，可多人、多地点同时观察；

(4) 可对被观察景物的图像信息进行长时间录像存储，便于进一步分析研究。

但通常微光电视在体积、重量、功耗和操作维修等方面较逊于直视微光系统，特别是在图像分辨率的提高方面，微光电视系统已落后于直视微光系统。

7.4.1 微光摄像器件及其性能

除 Si 增强靶摄像管等以外，目前主要采用的微光摄像器件有以下几种：

1. 高灵敏度 CCD/CMOS 成像器件

CCD 摄像机及近年来迅速发展的 CMOS 摄像机具有结构简单、使用方便、价格便宜、可靠性好等优点，但它们通常不具备微光工作的性能。为了扩展这些摄像机的工作范围，近年来通过对 CCD/CMOS 芯片及其处理能力的研究，在信号响应率方面取得明显进展。

通过对 CCD/CMOS 模拟信号的叠加处理，使弱光产生的微弱信号能够通过信号积分来提高图像信噪比，为保证足够的信号积累，系统成像帧频通常为 8～12 Hz 甚至更低。

采用 TE 制冷技术，使探测器工作在约－12℃，满阱电荷达 18000～25000e，输出噪声达 8～14e，系统动态范围可扩大 65～70dB。

采用高灵敏度的 CCD/CMOS 芯片，如 SONY 公司研制的低照度 EX-View HAD CCD 光谱响应如图 7-39 所示。

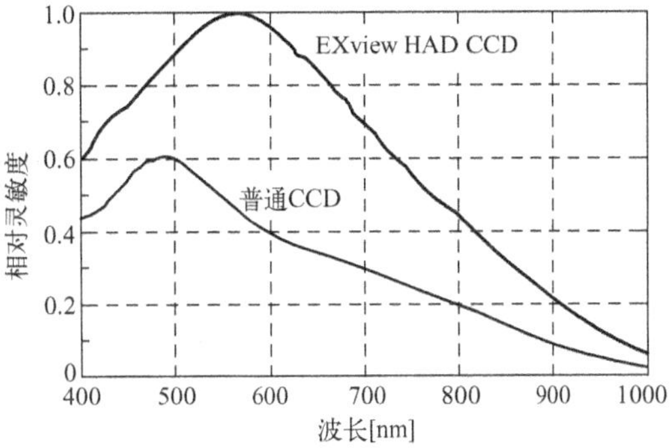

图 7-39 EXView HAD CCD 相对一般 CCD 的光谱响应改善

2. 背照明 CCD(BCCD)/CMOS(BCMOS)成像器件

BCCD/CMOS(BCMOS)与一般前照明 CCD/CMOS 的原理基本相同，只是需要对 CCD/CMOS 探测器进行背减薄，由普通 CCD/CMOS 的 300μm 减至 8μm 左右，并使入射辐射进入 Si 基底，经过光电转换产生的光电子可以通过扩散进入 CCD/CMOS 的势阱。由于避开了前照明 CCD/CMOS 存在的表面电极和其他结构层，使光电响应的灵敏度得到明显提高，光谱响应范围可延伸至 200nm。

利用 BCCD/ BCMOS 器件的摄像机已产品化，在不是很低的照度下，可以获得良好的观察效果。

3. 微光 ICCD 成像器件

利用 ICCD(图 4-46)可构成在微光条件下工作的特种摄像机。由于通过像增强器进行了光信号的预放大，因此，ICCD 具有很高的灵敏度。随 ICCD 所采用的像增强器水平(一代、二代、三代、超二代和超三代)，ICCD 在低光照条件下的性能和价格均具有明显的差别，同时，由于目前 CCD 摄像机的种类及其功能很多，因此，ICCD 在产品的系列化和功能方面具有广阔的拓展空间，成为当前应用最广泛的微光成像器件。此外，由于像增强器属于电真空器件，具有良好的时间特性，通过选通电压的控制可实现快速的选通成像。因此，ICCD 也是当前高速摄影的核心技术。

图 7-40 给出了美国 ITT 公司军用夜视目镜 ICCD 系统 NW-2000，系统采用超三代像增强器耦合1/2″CCD 的，视场为 18°×24°，分辨率达到 560TVL，信噪比优于 50dB，带自动快门，重量为 80g。

图 7-41 给出了 PULNiX 公司的超三代 ICCD 的信号响应曲线，通常以标准视频信号减低到 150mV 所对应的照度定义为最低靶面工作照度。表 7-10 给出几种国外选通型 ICCD 及其参数。

图 7-40　NW-2000 夜视目镜

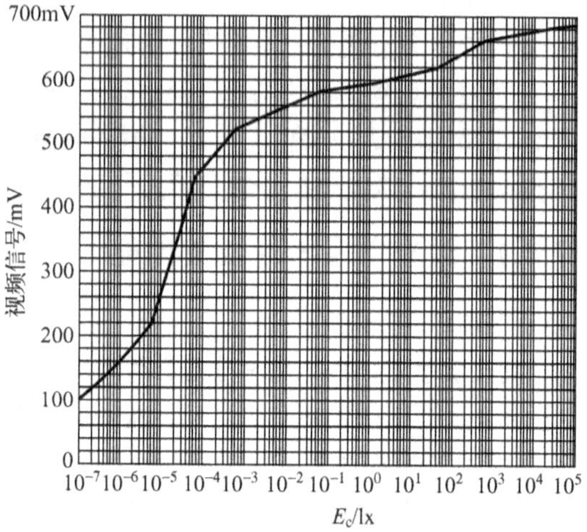

图 7-41　AG-5745EF 超三代 ICCD 的响应曲线

表 7-10　几种选通型 ICCD 系统及其参量

		像增强器			视频传感器		ICCD				
厂家	型号	类型	光谱(nm)	量子效率	类型	像元(H×V)	最小脉宽(ns)	分辨率TVL	视频接口	选通频率(kHz)	E_{min}(lx)
Video Scope	450CIF	Gen III	400～900	35%	TE CCD	768 × 493	3～50	520	标准视频		
	UltraCam3	Gen III	200～700	50%	CMOS	512 ×512	50	>500	标准视频	1	2×10^{-7}
	VS4-1845	64	350～700	50%	1/2″，2/3″ or 1″ CCD		50		标准视频		
PCO	Dicam Pro	II/III	400～900	40%	1/2″ CCD	640×480	1.5 / 3	>1000	标准视频	3	1×10^{-6}
	Hsfc Pro	II/III	400～900	40%	TE CCD	1280 ×1024	1.5 / 3	>1000	8Hz 非标	3	
Hamamatsu	C5909-06	II/III	185～900	40%	CCD	768 × 494	5	420	标准视频	2	4×10^{-5}
	C5909-08	II/III	185～900	40%	CCD	768 × 494	5	380	标准视频	2	4×10^{-7}
Andor	DH720	Gen II	115～920	22%	CCD	1024×256	2		标准视频	50	
	DH734	Gen III	350～920	42%	CCD	1024×1024	5		标准视频	5	

4. EBCCD 成像器件

EBCCD(图 4-49、图 4-50)也是一种高灵敏度的微光成像器件，其可以在 10^{-5}lx 以下的照度环境下工作。EBCCD 的寿命是目前阻碍 EBCCD 广泛应用的主要因素。表 7-11 给出三种倒像式

EBCCD 摄像机的主要性能参数。

表 7-11　几种倒像式 EBCCD 的性能参数

参　数	EBCCD 像管(532×290)	EBCCD 像管(780×290)	兆像元数 EBCCD 变像管(532×290)
光阴极直径	18 mm	18 mm	40 mm
输入窗	F.O	F.O	F.O
输入有效面积	$9.04 \times 6.67 mm^2$	$9.04 \times 6.67 mm^2$	由 $10.3 \times 10.3 mm^2$ 到 $21.6 \times 21.6 mm^2$
光阴极类型	多碱	多碱	多碱
最大灵敏度波长	530 nm	530 nm	500 nm
光谱范围	350 ～ 800 nm	350 ～ 800 nm	350 ～ 850 nm
光阴极灵敏度 (Q.E)	0.1（530 nm） 0.07（430 nm） 0.04（400 nm）	（530 nm） 0.07（430 nm） 0.04（400 nm）	0.1（500 nm）
放大率（*M*）	1	1	0.62～1.3
施加电压	3～12 kV	3～12 kV	3～15 kV
EBS 增益	2000（在 10kV 下）	2000（在 10kV 下）	4000（在 15kV 下）
阈值照度（S/N=2）	3×10^{-5} lx	3×10^{-5} lx	1×10^{-6} lx
水平分辨率	15 lp/mm（75%MTF） 50 lp/mm（50%MTF） 400TVL（15%MTF）	600TVL（15%MTF）	在 M=1 下 40 lp/mm（15%MTF）
线元数	532 (H) × 290 (V)	780 (H) × 290 (V)	1024 (H) × 1024 (V)
线元尺寸	17 (H) × 23 (V) μm^2	17 (H) × 23 (V) μm^2	13.1 (H) × 13.1 (V) μm^2
成像幅面	9.04 (H) × 6.67 (V) mm^2	9.04 (H) × 6.67 (V) mm^2	13.4 (H) × 13.4 (V) mm^2
饱和度	5×10^5 el/pixel	3×10^5 el/pixel	1.5×10^5 el/pixel
响应非均匀性	±10%	±10%	±10%
寿命	≥2000 小时	≥2000 小时	≥2000 小时

图 7-42 示出了各类 ICCD 与倒像式 EBCCD 的信噪比曲线，可以看出：EBCCD 较之各种类型 ICCD 在低照度下有更好的信噪比特性。图 7-43 给出了某种 ICCD 与 EBCCD 成像器件的实测 MTF 曲线，由图可见，EBCCD 较之各种类型 ICCD 有更好的图像传递特性。

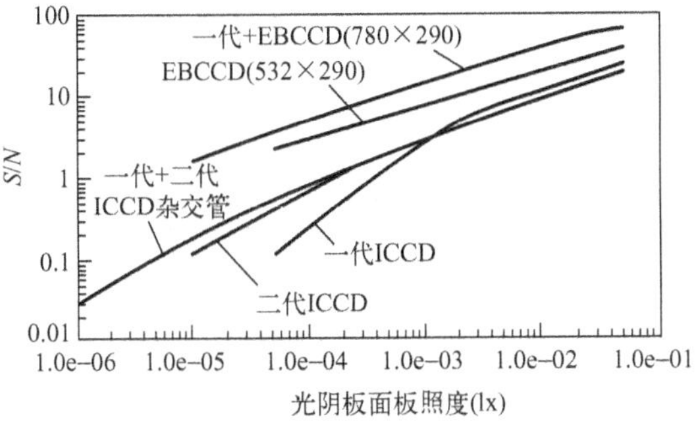

图 7-42　ICCD 与 EBCCD 的信噪比比较

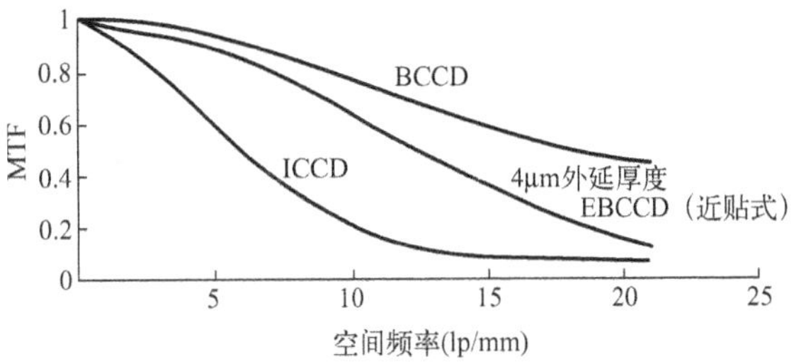

图 7-43　ICCD 与 EBCCD 的 MTF 曲线

5. EMCCD

EMCCD 作为目前低照度响应最好的微光成像传感器有着更为明显的优势，图 7-44 所示为目前典型微光成像器件光谱响应与量子效率的比较。

但是，EMCCD 工作时通常需要采用半导体制冷器进行制冷，功耗较大，不便于携带，同时购置成本和使用成本都较高。虽然有报道国外有将它用于微光成像的用例(图 7-45)，但目前还主要应用于实验室内的弱信号获取和相关急需领域。目前国外 EMCCD 成像系统主要有 Andor 公司的 iXon 系列(表 7-12)和 NUVU 公司的 HNU 系列(表 7-13)。

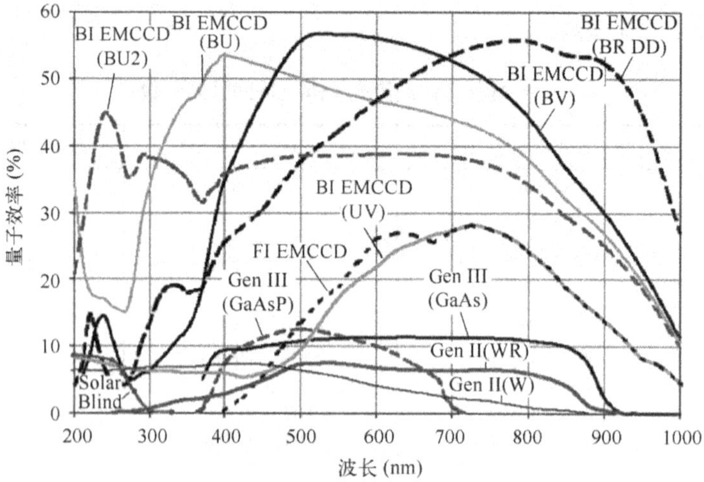

图 7-44　EMCCD 与 ICCD、二代、三代像增强器的比较

图 7-45　国外报道的普通 CCD 与 EMCCD 成像的比较

表 7-12　Andorra 的 EMCCD 产品列表

型号	水平分辨率	垂直分辨率	数据接口	彩色/黑白	帧频/行频
iXon3 860	128	128	CameraLink	Color	14025fps
iXon Ultra 888	1024	1024	USB3.0	Color	9690fps
iXon Ultra 897	512	512	USB2.0	Color	11074fps

表 7-13　NUVU 的 EMCCD 产品列表

型号	水平分辨率	垂直分辨率	数据接口	彩色/黑白	帧频/行频
HNU 128	128	128	CameraLink	Mono	889fps
HNU 512	512	512	CameraLink	Mono	67fps
HNU 1024	1024	1024	CameraLink	Mono	16.5fps

Andor 公司的 iXon Ultra EMCCD 采用 512×512 的背照式传感器，可以提供 17MHz 的像素读出速度和 56 帧/秒(fps)的最大帧速率，同时保持单光子探测灵敏度精湛的定量稳定性。此外，Andor 的独特的八分传感器模式，可进一步提高用户定义区域的帧频，最大为 595 帧。 具有深真空冷却到－100℃以及极低的杂散噪声和 EM 增益校准能力。模数转换功能允许实时数据采集。iXon Ultra EMCCD 主要应用于自适应光学、单光子探测、多维(4 或 5 维度)活细胞显微观察、钙离子流显微观测等领域。

HUVU 公司的背照式高 QE、高信噪比 EMCCD 现有 128、512、1024 三种分辨率的产品，其高灵敏度体现在 QE>95%、单窗口设计、1～5000 倍增益等，相机有液体制冷与风冷两种制冷方式，其中制冷温度分别达到-90℃(水冷)、－85℃(风冷)，暗电流可以达到很低水平。读出速度可达 20MHz(22fps@1024×1024、67fps@512×512、889fps@128×128)，同时其读出速率分 5 挡可选，并可调节 ROI 窗口大小，使其单光子探测概率达到>91%(EM gain=5000)的水平。相关产品主要应用于天文观测、单光子探测、自适应光学、波色爱因斯坦凝聚、化学发光、超分辨率显微成像等领域。

6. TDI 工作方式的 CCD

作为一种低照度工作方式，也可以采用面阵 CCD 器件，结合时间延迟积分模式进行推扫成像，实现较低照度下的成像。

问题的提出：线阵 CCD 要摄取二维平面图像，摄像机与景物之间必须相对运动。运动方向上最小可分辨尺寸由物体运动速度（或摄像机速度通过光学系统在物平面上的投影）和摄像机积分时间决定，即

$$d_g = v_0 t_i \tag{7-15}$$

式中，d_g 是积分时间 t_i 内摄像机在物平面运动方向上覆盖距离的投影（地面分辨率），v_0 为运动速度。对应的输出信号正比于输入照度 E 和 t_i，即

$$S_0 \propto Et_i \tag{7-16}$$

由以上二式可知，成像分辨率与积分时间成反比，信号的幅值与积分时间成正比，这说明为提高几何分辨率，应降低 t_i，但输出信号也将随之减小，可见，该种成像下分辨率与信号幅值为一对矛盾。

解决方案：采用面阵 CCD 完成以上工作模式，二维成像列阵沿列的方向采用延迟积分，则可在提高灵敏度的同时，不降低分辨率，即通过采用延时积分来提高信号响应（见图 7-46、图 7-47）。设该列阵为 M 行 N 列，沿列方向与景物相对运动，只要延迟时间和扫描速度一致，就可以把 M 行从同一景物单元接收到像敏元的信号积累起来，相当于对每一列来讲，每个像敏元的信号电荷量都增大了 M 倍，因此灵敏度提高了 M 倍，而几何分辨率可保持不变，即

$$S_0 \propto MS_0 = MEt_i \tag{7-17}$$

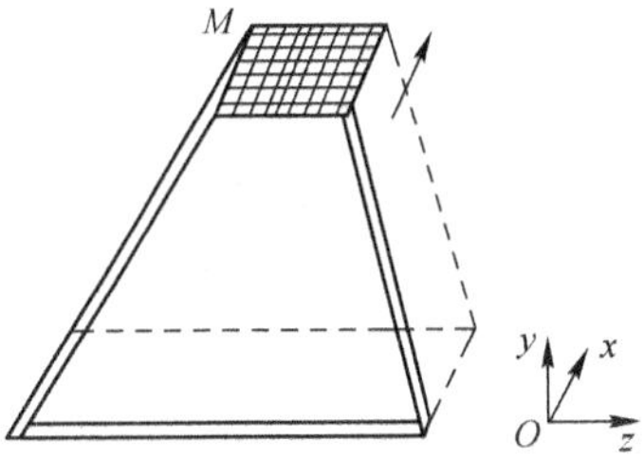

图 7-46 TDI 摄像工作模式

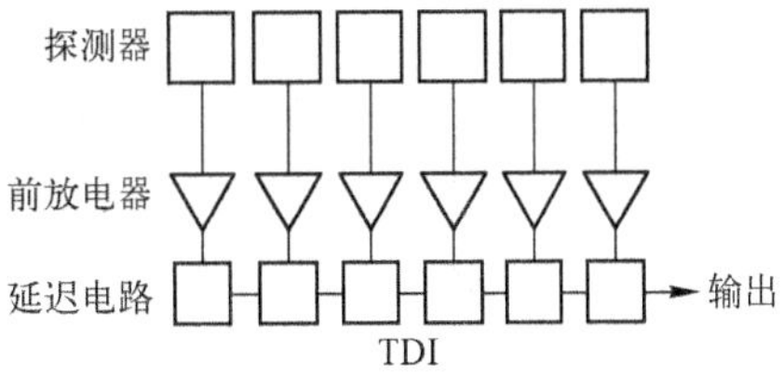

图 7-47 TDI 工作方式示意图

几何分辨率仍由式(7-15)给出。这表明 TDI 工作模式的信号响应增加 M 倍，可提高信号的输出信噪比，改善 CCD 微光下的工作性能，而分辨率又不发生变化。

灵敏度的提高使 S/N 得到了改善，即

$$\left(\frac{S}{N}\right)\Big/\left(\frac{S}{N}\right)_{th} = \frac{d_g}{d_{gmin}} \tag{7-18}$$

式中，$(S/N)_{th}$ 为阈值信噪比；d_g 为无延时积分时相对扫描系统的最小物平面分辨尺寸；d_{gmin} 为延时积分时的最小物平面分辨尺寸。

在微光条件下，TDI 摄像系统处于噪声限制区，其在运动方向上的最小分辨尺寸为

$$d_{gmin} = \left(\frac{S}{N}\right)_{th} d_g \left[\frac{CSAMEt_i / e}{\left(SAMEt_i / e + MN_1^2 + N_2^2\right)^{1/2}}\right]^{-1} \tag{7-19}$$

式中，C 为景物对比度；S 为灵敏度（或响应度）；A 为一行像元的有效感光面积；M 为 TDI 的级数；N_1 为 CCD 单元本身的噪声；N_2 为输出放大器噪声。d_{gmin} 随 M 的增加而减小。在噪声方面，如果以光子噪声为主，则 d_{gmin} 正比于 $M^{1/2}$；如果以 N_2 为主，则 d_{gmin} 正比于 M^1；如果以 N_1 为主，则

d_{gmin}也正比于$M^{1/2}$。

实验证明，TDI 系统具有明显的效果，可达到探测每级 2 个电子的水平。此外，TDI 工作模式在红外摄像领域还用于改善红外扫描摄像器件的信噪比。

在调制传递函数方面，TDI 模式的几何形状的调制传递函数 $T_x(f)$与线阵 CCD 类似，在转移$T_T(f)$方面，由于在 TDI 模式的运动方向上，摄像单元阵列中不同位置相加的电荷包经历不同的转移次数和相移，因此，TDI 模式中在运动方向上的 $T_{T\cdot x}(f)$为

$$T_{T\cdot x}(f)=\frac{1}{n\left(a^2+b^2\right)}\left\{\left[\left(a-e^{-na}\right)\left(a\cos nb-b\sin nb\right)\right]^2+\left[b-e^{-na}\left(a\sin nb+b\cos nb\right)\right]^2\right\}^{1/2} \tag{7-20}$$

这里，$a=\varepsilon[1-\cos(\pi f/f_N)]$，$b=\varepsilon\sin(\pi f/f_N)$。

除了以上影响外，TDI 模式还须考虑如下两个效应：

（1）同步性

若电荷包的平均速度不等于物在像平面上的运动速度，则响应将发生退化。如果电荷包平均速度$\overline{v}$与 v 之差为 Δv，那么经过 M 级 TDI 后，电荷包将从同步条件下的位置移动 $Md(\Delta v/v)$（d 为像平面内沿运动方向上的采样间隔）。摄像列阵看到的是行波而不是代表每个空间频率的固定傅里叶分量。故这种非同步效应引起的 $T(f)$退化为

$$T_{\Delta v}(f)=\mathrm{sinc}\left[\frac{\pi}{2}\frac{f}{f_N}\frac{\Delta v}{v}M\right] \tag{7-21}$$

当 $M\Delta v/v=2$ 时，在 f/f_N=0.5 时 $T(f)$=0.64，在 f/f_N =1 时 $T(f)$=0。更大的退化一般认为已不能接受，故 $M\Delta v/v\leqslant 2$ 常被用作选择 TDI 级数的主要判据。若 $\Delta v/v$=1%，则 $M\leqslant 200$。当$\Delta v/v\approx$1%时，TDI 级数实际上不超过 200。

（2）分立电荷运动

即使电荷包的平均速度等于像点越过摄像系统的速度，由于像点越过摄像系统的运动是均匀的，而电荷转移是分立的，因此仍然会有响应损失。在连续两次电荷转移之间，像运动距离为 $d=l/n_{cp}$，这里 l 是 CCD 各单元的中心间距，n_{cp}是每单元转移次数(即相数)，由此引起的 $T(f)$为

$$T_d(f)=\mathrm{sinc}\left(\frac{\pi}{2}\frac{f}{f_N}\frac{1}{n_{cp}}\right) \tag{7-22}$$

在奈奎斯特频率极限处，$T_d(f)$=0.900（n_{cp}=2）、0.955（n_{cp}=3）、0.974（n_{cp}=4）。这表明四相器件的 $T(f)$最高，四相器件中电荷的运动更接近于连续。

7.4.2 微光电视的发展及应用

在军事上，微光电视主要用来观察敌方的夜间行动和发现隐蔽的目标。由于微光电视是被动式系统，隐蔽性好，目前外军在各兵种都有装备，优良的歼击机和轰炸机、潜水艇和新型坦克上也都配备微光电视和红外前视装置。在许多情况下，微光电视提供的图像质量接近甚至超过普通广播电视。借助微光电视可发现许多肉眼不能发现的目标。在夜间侦察方面，微光电视可以把侦察到的敌方纵深情况通过电视系统传输给有关情报部门，供作战指挥用。微光电视还可与红外前视装置、激光测距机、计算机等连网组成新型光电火控指挥系统和快速反应的侦察、射击指挥系统。

在公安和司法、重要机关、机场、银行、军用仓库以及珍贵文物的保卫工作，可采用微光电视组成监视系统。人眼直接监视，极易疲劳，特别是在寒冷等不利的自然条件下。

微光电视在天文和气象观察，海底世界的成像探测，寻找鱼群，对野生动物夜间习性的观察等方面均可发挥重要作用。

随着夜视技术和视频技术的发展，微光电视呈现出快速发展的趋势：

（1）随着观察距离的增加和更低照度下观察的要求，微光电视需要研制新的高灵敏度、低噪声的摄像器件。

（2）向多功能全天候方向发展。要求微光电视系统既能在夜间观察，也能在白天以及一些特殊的环境下观察，因此，必须扩大微光电视系统的动态范围，并考虑与红外系统和激光测距机等的配合与协调使用。

（3）向小型化发展。固体摄像器件性能和电子线路集成度的提高，促进微光电视向小型化发展，有利于减小系统体积、重量和能耗，这对军用微光电视更有突出意义。

（4）向数字化发展。信息数字化是当前军队装备发展的重要趋势，微光夜视图像的视频化是数字化的基础，因此，夜视视频化的需求将日益提高。此外，结合当前迅速发展的数字视频技术，采用数字图像处理技术，可使图像质量进一步提高，促进数字视频微光电视技术的迅速发展。

7.4.3　成像光子计数探测系统

制冷型 CCD、ICCD、EBCCD 和 EMCCD 等均可用于光子计数的弱光探测，近些年来一种基于微通道板的多阳极微通道阵列（MAMA）系统也得到了较快发展，主要用于天体物理和空间技术的光子成像探测研究。

1．成像光子计数

成像光子计数探测是指利用极弱微光图像转换和增强原理，集高灵敏度光阴极、低噪声、高增益多块 MCP、高亮度和高分辨率荧光屏、高帧速 CCD 和读出系统于一身，通过对其输出噪声脉冲高度的分析和抑制，使探测灵敏阈下降 2～3 个数量级，因而可实时探测并提取远程目标光分布经大气层扰动后引起的波前畸变信号，为自适应光学望远镜的波前校正器提供所需的焦平面二维瞬态图像光子数分布信息。

光子计数探测系统具有三个重要特征：（1）探测单个光子或带电粒子的能力。（2）极低的无光照条件下器件的暗计数速率（暗计数 $<10^2$ 计数/cm^2s）。（3）实时成像与图像分析能力：高光子数增益（10^6～10^7）；宽动态范围（10^4lx）；高输出亮度（$>400cd/m^2$）；快响应速度（$\leqslant 1ms$）；单光子脉冲高度分布；低畸变和高空间分辨能力。因此，光子计数探测系统在天文学、高能物理、光谱学与空间科学中得到广泛应用，是天文观测、卫星跟踪、洲际导弹预警和激光武器等必不可少的关键技术。

MCP 探测电子读出系统有多种形式，典型的有位置灵敏器件（PSD）和多阳极微通道列阵（MAMA）。

位置灵敏器件对电子所在的位置进行探测时，具有以下优点：（1）不要外围扫描电路，能实现装置的简单化；（2）无盲区，能连续检测；（3）不受射线形状的影响。二维 PSD 的表面有 4 个电极，一对电极在 x 方向，另一对在 y 方向。电子入射到 PSD 表面任一位置时，在 x 和 y 坐标就有一个一定的且唯一的信号与其对应。PSD 输出信号的正负和大小是其电子云斑在坐标中位置的函数。

MAMA 探测系统的原理如图 7-48 所示。探测器列阵安置于 C 形微通道板输出端，构成近贴聚焦，该探测器为成像 MAMA。目前有两种阳极列阵，一种列阵像素数为 360×1024，像素尺寸为 25μm×25μm，列阵有效面积为 9.0mm×25.6mm；另一种列阵像素数为 2048×2048，像素尺寸为 25μm×25μm，列阵有效面积为 51.2mm×51.2mm，该阳极列阵探测单光子事件产生的电子云的位置并收集电子云，然后，将阳极电极所收集的电荷经高速放大器与识别线路进行放大、成形。

2．MAMA 探测系统的组成和成像原理

MAMA 探测系统包括真空管部件和辅助的模拟、数字电子线路、弯曲型微通道板（MCP）电子倍增器。光阴极可直接蒸镀在微通道板前表面或与微通道板近贴安装。在 MCP 输出面的近贴聚焦处有两层结构精细的阳极。这两层阳极可探测并确定由单光子事件产生的电子云的位置。MAMA 探测管的结构如图 7-49 所示。每层电极分成两组排列，这样可以通过一定数量的输出电路唯一地确定出高分辨率成像所必需的位置坐标。两层电极成正交布置，电子云的坐标位置通过每层中两组电极的重合信号可唯一地确定。两层阳极之间由 SiO2 介电层加以绝缘。上层与下层电极之间介电材料被刻蚀掉，这样可以使来自 MCP 电子云的低能量(～30eV)电子同时被收集到每一层上。四组电极的输出信号，通过放大器和鉴别电路加以制约并馈送到数字逻辑电路中，从叠加的输出信号中解出电子云的坐标位置。

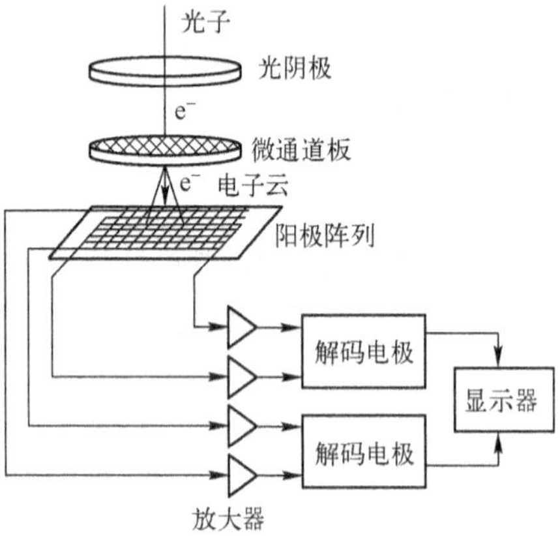

图 7-48　MAMA 探测系统原理

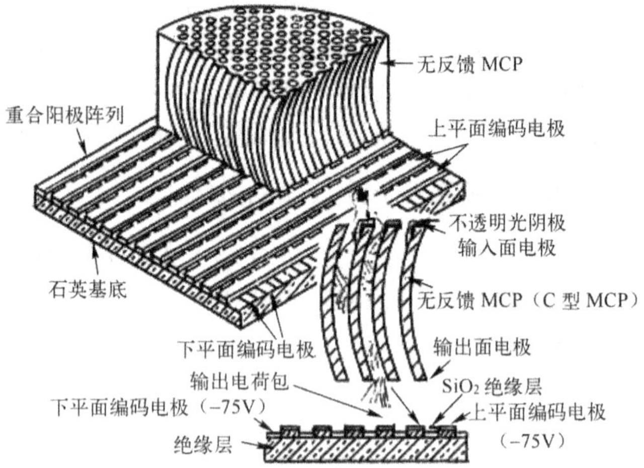

图 7-49　MAMA 探测管的结构

3. MAMA 探测系统的类型

用于太阳和大气日光层观测(SOHO)、空间望远镜摄谱仪(STIS)和远紫外光谱探测仪(FUSE)计划中的 MAMA 探测系统，有多种不同形式的结构，其基本特性参数见表 7-14。

表 7-14　MAMA 探测系统的结构和特性参数

	SOHO	STIS	FUSE
像元数	360×1024	1024×1024	728×8096(4×728×2024)
像元尺寸(μm)	25×25	25×25	22×16
阳极有效面积(mm^2)	9.0×25.6	25.6×25.6	16×32.4(×4)
MCP 有效面积(mm^2)	10×27	27×27	17×33(×4)
MCP 通道尺寸(μm)	12	12	8
放大器数	105(104＋1)	133(132＋1)	577(4×144＋1)
光阴极材料	MgF_2 和 KBr	CsI 和 Cs_2Te	KBr

7.5　电视信号的发送与接收

电视信号的发送与接收主要基于通信技术。

7.5.1　视频处理放大器

由于物镜、分光系统及成像器件特性的非理想性等原因，经过光电转换产生的三基色电信号不仅很弱，而且存在图像细节弱、黑色不均匀、彩色不自然等缺陷，需要专门的视频处理放大电路对三基色电信号进行放大以及必要的校正和补偿。视频处理放大器主要包括以下几部分：

（1）前置放大器：设置在视频处理的第一级，对光电转换器件输出的微弱电信号进行放大。前置放大器的质量对摄像机的各项指标都有直接影响，因此要求前置放大器具有高增益、宽频带和高信噪比。前置放大器常采用跨导大、输入电容小的场效应管放大器。

（2）增益提升电路：根据摄像机增益选择，决定放大器的增益。通常增益选择开关设置为0dB、6dB、9dB、12dB 和 18dB 等几挡。

（3）增益控制电路：控制 R 和 B 路放大器的增益（G 路放大器增益固定），改变 RGB 三路信号电平的相对比例，从而实现白平衡。

（4）黑斑/白斑校正电路：消除或校正图像中的黑斑和白斑现象。前者主要由探测器面上各响应单元的暗电流不均匀性造成，后者则主要由探测器面上各响应单元的响应不一致造成。

（5）彩色校正电路：用电子方法模拟出理想分光特性的负瓣和正次瓣部分，用于弥补分色棱镜分光的不足，使摄像机的分光特性尽可能接近理想。彩色校正可用线性矩阵法完成。

（6）轮廓校正：用于提高重现图像的质量，使图像轮廓鲜明，细节清晰。

（7）γ校正电路：校正光电转换、传输和电光转换过程中的非线性现象。

7.5.2 模拟视频信号的频谱及复用

电视系统信号占有 0～6MHz 的频带宽度，比音频信号带宽（20Hz～20kHz）大得多。虽然电视图像内容千差万别，但在 0～6MHz 的带宽内，电视信号的频谱却具有相同的特点。

利用傅里叶分析方法可知，电视信号的频谱结构具有几个主要特点（图 7-50）：

（1）离散性，即电视信号的频谱是线状频谱，而非连续频谱；

（2）成群性，即整个频谱由一个个谱线簇构成；

（3）信号能量没有占满整个视频宽度，至少有三分之一的空隙可利用。

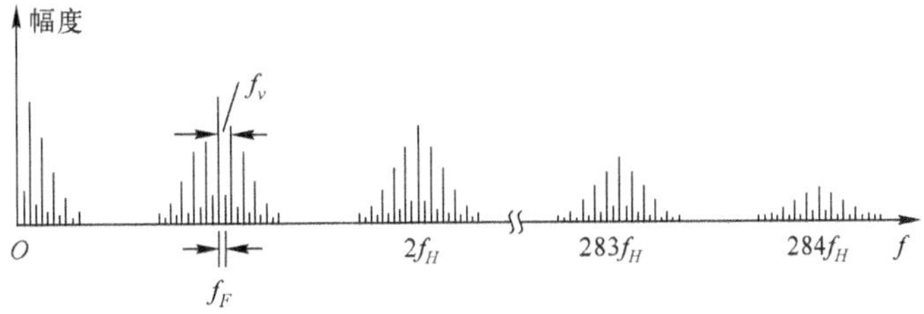

图 7-50 黑白视频图像的信号频谱示意图（f_H 为行频）

这种频谱结构通常称为梳状结构。彩色电视系统正是利用其中的空隙安置色度信号的，这样既可充分利用现有的黑白电视频带，做到亮度、色度信号共用一个频带，又便于实现黑白与彩色兼容的效果。

根据人眼视觉特性，人眼对彩色细节的分辨率低于黑白细节的分辨率， 这一特性现象被用于彩色电视的色差信号压缩。如果不进行频带压缩，色差信号与亮度信号将具有相同的频带宽度 6MHz，而过于精细的彩色细节人眼无法分辨，可不发送这些彩色细节，故色差信号可经过频带压缩后用较窄的频带传送。实验证明：色差信号频带宽度压缩到 1MHz 时，彩色图像质量仍能令人满意。在我国电视标准中，色差信号的带宽为 1.3MHz。通常，将这种亮度采用全频带传输，色差信号采用窄带传输的方式称为高频混合方式。色差信号的频带压缩在编码矩阵后利用低通滤波器实现。

为实现兼容，要求彩色电视亮度信号和 2 个色差信号共用一个与黑白电视相同的频带——亮/色共用频带或亮/色频分复用。亮度信号和色差信号的频谱都是以行频 f_H 为间距的梳状结构，各梳齿间有较大的空隙。色差信号经过压缩后的带宽只有亮度信号带宽的 1/4～1/5，故可将色差信号的频谱向高频方向搬移一定距离，使其与亮度信号的谱线簇正好错开半个行频距离——频谱搬移，则色差信号就与亮度信号叠加在同一个频带内——频谱间置或频谱交错。

色差信号的频谱搬移通过调幅方式实现，即色差信号以调幅方式调制到一个载波上， 使色差信号的频谱能量搬移到此载波频率的两侧。载波频率 f_{sc} 是半行频的奇数倍：

$$f_{sc}=(2n-1)\frac{f_H}{2} \tag{7-23}$$

在 PAL 制式中，n=284，对应的 f_{sc}=4.43 MHz。f_{sc} 称为副载波或色副载波。

图 7-51 给出了亮度和已调色差信号的频谱间置示意图。

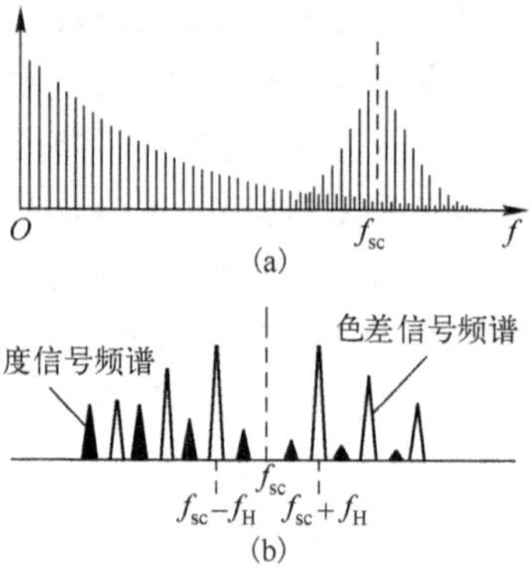

图 7-51 亮度和已调色差信号的频谱间置示意图

7.5.3 视频正交平衡调幅

对色差信号进行频谱搬移时采用的调幅方式为正交平衡调幅。平衡调幅指抑制载波的调幅，其特点是已调波中不含有载波成分。正交平衡调幅指将两个色差信号分别对频率相同而相位正交的两个副载波进行平衡调幅。色差信号平衡调幅的原因有：(1) 采用正交调幅可使两个已调的色差信号占据相同的频带，在接收端可利用同步检波技术将两个色差信号分别解调出来；(2) 平衡调幅后色差信号没有副载波分量，可大大减小色差信号对亮度信号的干扰。色度信号可表示为

$$F_c = E_{R\text{-}Y}\cos\omega_{sc}t + E_{B\text{-}Y}\sin\omega_{sc}t \tag{7-24}$$

式中，sin 项是初相位为 0°的色副载波；cos 项是初相位为 90°的色副载波。图 7-52 给出了正交平衡调幅原理框图。

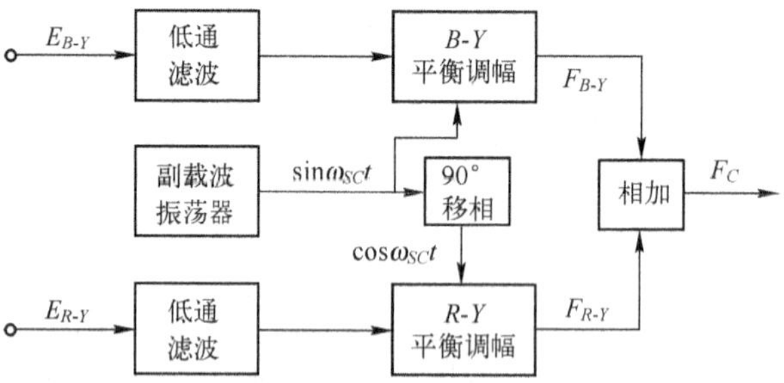

图 7-52 正交平衡调幅原理框图

综上所述，彩色电视系统在发送端的编码过程采取了三项主要技术措施：

① 将三基色电信号编码为亮度信号和两个色差信号；

② 对色差信号进行频带压缩；

③ 压缩后的色差信号对一个副载波进行正交平衡调幅，形成色度信号，再与亮度信号相加，形成与黑白电视信号兼容的复合彩色电视信号。

7.5.4 电视信号的传输、发射与接收

1. 电视信号的传输

电视信号主要有电缆、光缆、微波、卫星和地面超短波等传输方式。

电缆传输采用同轴电缆，主要用于近距离传输，如电视中心各设备之间、电视中心与发射台之间的传输。当同轴电缆用于远距离传输时，需要增加中继放大器。同轴电缆的衰减特性与所传信号的频率有关。使用时应注意阻抗匹配问题，一般传输视频信号的同轴电缆阻抗为 75Ω，传输射频信号时的阻抗为 50Ω，而传输音频信号时的阻抗为 300Ω。

光缆采用单模光纤或多模光纤制作，具有损耗低，传输距离远，传输容量大，传输质量高，没有电磁辐射，也不受其他外界电磁场干扰，体积小，重量轻，使用寿命大大超过电缆。光缆传输已广泛用于广播电视系统，特别是有线电视系统。

微波传输利用 1m 至 1mm 波长(或 300MHz～300GHz)的电磁波传输电视信号，并利用定向天线

发射。微波传输具有成本低、工期短、维护方便等特点，适合在地形险峻的山区或河流、湖泊地区采用，也适合在一些临时性场所或外景使用。微波传输属于直线传输方式，是在视线范围内传输的。

卫星传输利用地球同步卫星的转发器进行信号传输，具有覆盖面积大、传输质量高的特点，是未来广播电视的发展热点。

超短波传输采用 30MHz～100MHz 的电磁波传输电视信号，主要用于地面电视广播。

2．电视信号的调制技术

电视信号的传输主要有基带传输和频带传输方式。基带传输是将电视信号直接传输，主要用于设备之间、演播室内、实验室等的电视信号传输；频带传输是将电视信号进行调制后再进行传输。电视信号的调制方式主要有：残留边带调幅（Vestigial SideBand-Amplitude Modulation，VSB-AM）、相移键控（Phase-Shift Keying，PSK）、正交频分复用（Orthogonal Frequency Division Multiplexing，OFDM）等。

3．电视信号的发射与接收

电视信号经射频调制后通过发射天线变成电磁波发射出去。我国模拟电视广播的视频信号带宽为 6MHz，射频带宽为 8MHz（包括图像和伴音），即一套电视节目的传输需要 8MHz 带宽。

图 7-53 和图 7-54 分别了给出我国地面模拟电视广播系统发送端和接收端的原理框图。

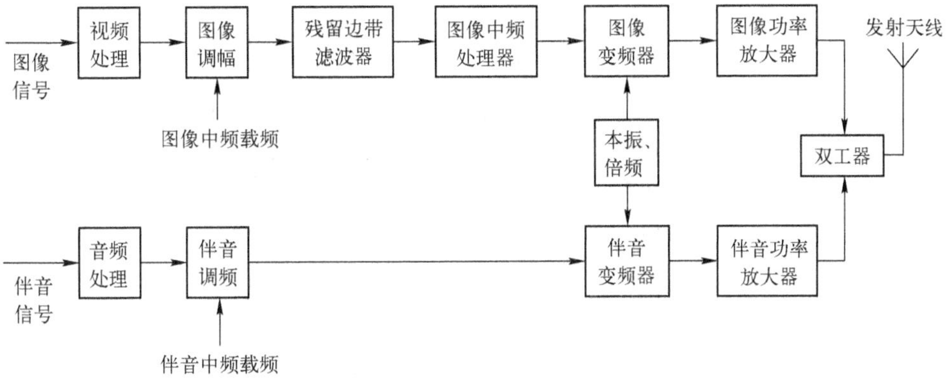

图 7-53 地面模拟电视广播系统发送端的原理框图

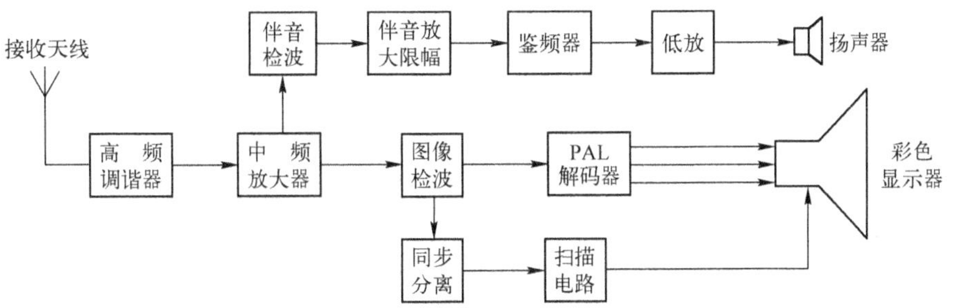

图 7-54 地面模拟电视广播系统接收端的原理框图

7.6 电视显示器件及显示工作原理

众所周知，电视图像的显示最终是通过电视显示器件完成的。原理上，显示过程可以理解为，对应成像器件解析过程的逆过程，即电子束扫描和 X-Y 寻址等方式完成图像的合成与再现，对应的有电子束扫描显示器件和 X-Y 寻址显示器件等。目前常用的电视显示器件主要有阴极射线管（Cathode Ray Tube，CRT）、液晶显示器（Liquid Crystal Display，LCD）、等离子显示板（Plasma Display Panels，PDP）和有机发光二极管（Organic Light-emitting Diode，OLED）显示器等。下面简单介绍典型的电视显示器件及显示系统。

7.6.1 CRT

CRT 是目前应用最广泛的一种传统的图像显示器，采用电子枪扫描方式进行图像的合成。

CRT 显像管由管内的电子枪和荧光屏、管外的偏转线圈及管壳本体构成(图 7-55)。图像信号加在控制栅极(或阴极)，电子束受到图像信号的调制，使电子束的强弱随图像信号而变化，并在偏转磁场的控制下，电子束按摄像顺序扫描荧光屏；由于荧光屏的发光亮度与电子束成正比，因此荧光屏的发光亮度正比于图像信号。在一帧时间内，在荧光屏上完成一幅光学图像的再现。

CRT 的主要构成有如下三部分：

① 发射电子并将它们汇聚成束的电子枪(Electron Gun)。旧式的显示器只有单一的电子枪，仅能产生黑白两种颜色，即单色显示器。通常的彩色显像管有三只电子枪(三枪三束)，每个电子枪都有独立的偏转线圈，分别发出 R(红)、G(绿)、B(蓝)三束光线。但也可利用一个电子枪产生 R、G、B 三个电子束(单枪三束)，生成彩色图像的电子枪要扫描屏幕三次，经过混合亦能生成其他颜色。

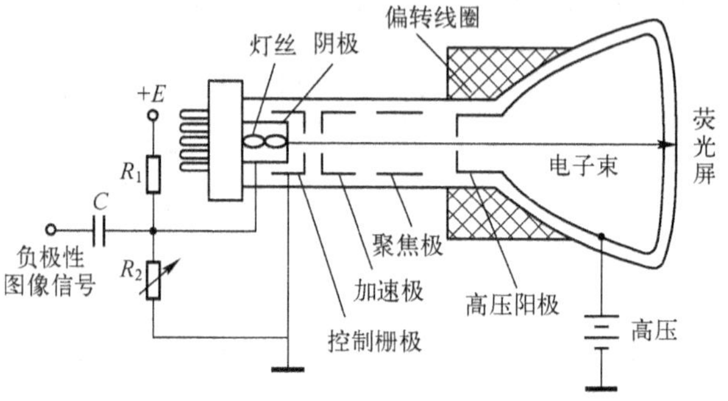

图 7-55　CRT 显像管结构示意图

② 使电子束在荧光屏上扫描的偏转系统，即偏转线圈(Defiection Coils)。

③ 根据电子束强弱不同而发出不同亮度光的荧光屏，包括荫罩(Shadow Mask)、荧光粉层(Phosphor)及玻璃外壳。CRT 荧光屏的发展始于球面屏，1994 年开始出现了平面直角显示器(FST)，其显像管其实仍是球体的一部分，只不过因为球体的直径很大，使整个屏幕看起来类似于平面。后来又出现了柱面屏，这种屏的显像管沿水平方向为曲线形状，垂直方向则为平面，仍然还不是完全的平面。1998 年以后推出了真正的平面屏(IFT)，纯平显像管采用先进的技术使屏幕外表面边缘到中央平整如镜，内部通过各种技术也达到了视觉上的平面，从任何角度看都没有扭曲。

CRT 是主动发光的显示器件，在亮度、色彩饱和度、对比度等方面具有先天的优势，但因体积、功耗及生产工艺的环保性等方面的原因，目前正在淡出显示器市场。

7.6.2 LCD

LCD 是较早出现的平板型显示器，没有电子枪和偏转系统，采用 X-Y 寻址方式实现图像的合成。LCD 整体结构紧凑，是近年来快速发展的主流图像显示器件。

LCD 利用液晶材料的特性实现电光转换和图像显示。向列型液晶的分子呈细长的杆状，当放置在一个内部刻有沟槽的容器中时，液晶分子会自动按沟槽方向排列。如果在液晶材料上施加一个电场，液晶分子的排列会与电场方向平行。由于液晶分子的排列能够改变光的偏振方向，因此利用偏振光就可以实现图像显示。图 7-56 给出向列扭转结构的液晶显示结构。

在向列扭转结构中，液晶板的上下表面都刻有沟槽，其中上表面的沟槽方向与下表面的沟槽方向垂直，这样在液晶板内部的两个表面之间液晶分子的排列就会出现 90°的扭转。在液晶板的下表面有一个 0°的偏振器，而在上表面有一个 90°的偏振器。荧光源发出的光经过下表面的偏振器之后成为偏振方向为 0°的偏振光，这束光在穿过液晶板的上表面时其偏振方向会改变 90°，正好可以穿过上表面的偏光器。如果这时给液晶板施加一个与其表面垂直的电场，液晶分子就会顺着电场排列，从而破坏扭转效应，使偏振光不出现旋转，偏振光将无法穿过上表面的偏振器。

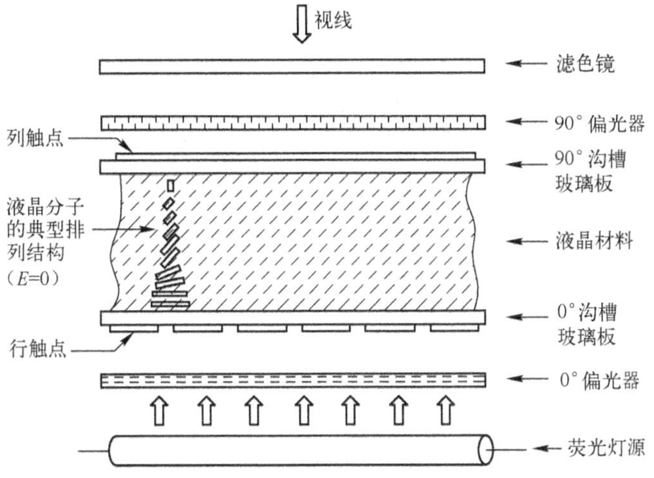

图 7-56　液晶显示结构示意图

为了局部控制像素阵列的显示，电极以正交方式排列在液晶板的上下两个表面。对单个像素的控制可通过行电极和列电极上的电压来共同完成。这种行列电极阵列结构称为被动阵列 LCD 结构。通过对行和列电极送入相应的脉冲电压，可依次对各个像素进行选定，脉冲幅度经图像信号调制后可控制每个像素的透光率。由于液晶材料衰减较慢，每个像素可将在脉冲持续期间得到的亮度保持较长的一段时间，这样就可以获得基本感觉不出闪烁的稳定图像。但这种结构的 LCD 响应速度较慢，影响运动图像的显示。

为克服被动阵列 LCD 结构的缺点，人们提出了主动阵列 LCD 结构，即每个像素后面都集成有一个位于液晶板底部玻璃上的晶体管开关，可以控制像素上的电压。由于这些晶体管可以独自独立寻址，且开关速度很快，所以 LCD 的响应速度和对比度得到明显改善。

LCD 体积小，功耗低，但由于 LCD 使用了偏振光，所以观看视角较小，大多数 LCD 显示器只能在约 30°的视场角范围内观看。

随着多媒体技术的发展，近年来 LCD 的发展和应用普及相当迅速，LCD 显示器已是计算机显示器和家用电视领域的当家显示器。

7.6.3　PDP

PDP 也是一种平板显示器件，主要利用惰性气体放电产生的紫外辐射来实现电光转换，采用 X-Y 寻址方式实现图像的合成。PDP 的结构如图 7-57 所示，在两层玻璃板之间夹杂有一层惰性气体混合物，在玻璃板的内表面上分布有电极阵列，可在惰性气体上施加电场。当在一对水平和垂直电极上施加足够的电压时，在两个电极的交汇处发生气体放电，并辐射出紫外辐射。紫外辐射可诱发附近的荧光粉发出可见光，产生一个亮点。

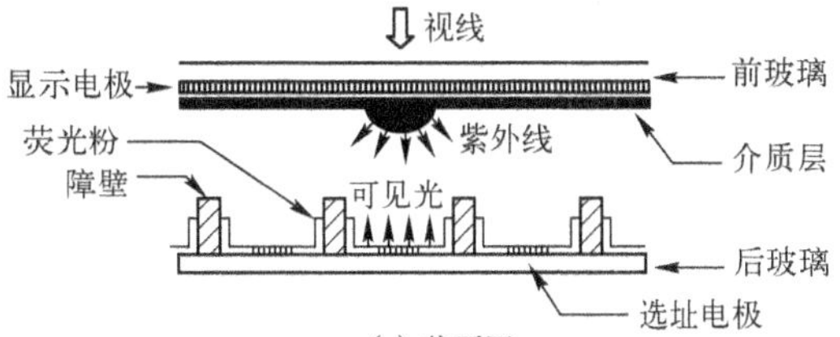

(a) 截面图

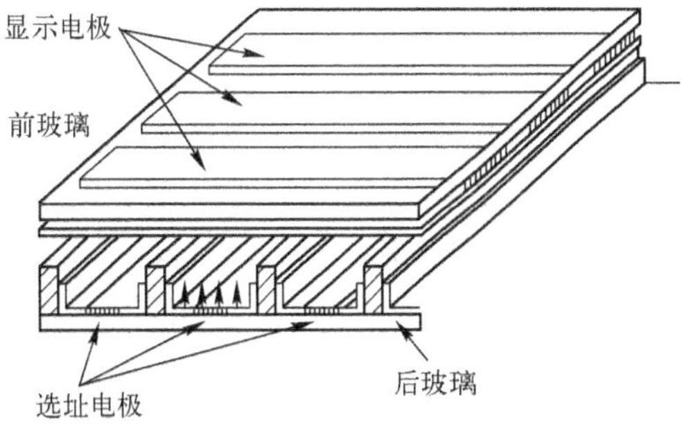

(b) 侧面图

图 7-57　PDP 结构示意图

PDP 也属于主动发光显示器件，具有优良的显示特性：（1）具有非常陡峭的阈值特性，适合时分(多路)驱动；（2）具有储存效应，即使增加显示容量，也容易获得高亮度的显示；（3）结构及制造工艺无须 TFT LCD 那样高的精度，用较低的成本即可获得大画幅显示面板；（4）视场角大，可得到和 CRT 相同的显示色域。

7.6.4 OLED 显示器

OLED(Organic Light-Emitting Diode) 即有机发光二极管，又称为有机电致发光显示(Organic Electroluminesence Display，OELD)，OLED 显示器也是一种采用 X-Y 寻址方式实现图像合成的显示器。

典型 OLED 由玻璃基板、ITO(Indium Tin Oxide，铟锡氧化物)阳极(Anode)、有机发光层(Emitting Material Layer)与阴极(Cathode)等组成(见图 7-58)，其中薄而透明的 ITO 阳极与金属阴极如同三明治般地将有机发光层包夹其中。整个结构层包括：空穴传输层(HTL)、有机发光层(EL)与电子传输层(ETL)。当电压注入阳极的空穴(Hole)与来自阴极的电子(Electron)在有机发光层结合时，激发有机材料而发光，依其配方不同产生红、绿和蓝的 RGB 三原色光线，构成基本色彩。OLED 发光原理是利用材料能级差将释放出来的能量转换成光子，所以可以选择适当的材料当做发光层或是在发光层中掺杂染料以得到所需要的发光颜色。此外，一般电子与空穴的结合反应均在数十纳秒内，故 OLED 的响应速度非常快。

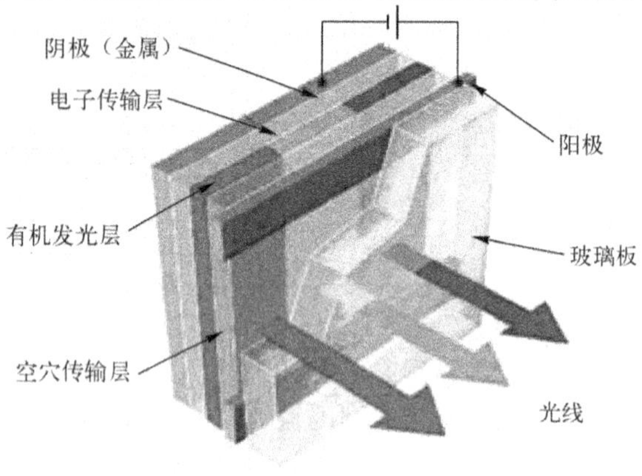

图 7-58　OLED 结构单元示意图

利用发光材料独立发光是目前采用最多的彩色模式，其利用精密的金属荫罩与 CCD 像素对位技术制备红、绿、蓝三基色发光中心，然后调节三种颜色组合的混色比，产生真彩色，使三色 OLED 元件独立发光构成一个像素。该项技术的关键在于提高发光材料的色纯度和发光效率，同时金属荫罩刻蚀技术也至关重要。随着 OLED 显示器的彩色化、高分辨率和大面积化，金属荫罩刻蚀技术将直接影响着显示板画面的质量，所以对金属荫罩图形尺寸精度及定位精度提出了更加苛刻的要求。

OLED 还有一种光色转换技术。光色转换是以蓝光 OLED 结合光色转换膜阵列，首先制备发蓝光 OLED 的器件，然后利用其蓝光激发光色转换材料得到红光和绿光，从而获得全彩色。该项技术的关键在于提高光色转换材料的色纯度及效率。这种技术不需要金属荫罩对位技术，只需蒸镀蓝光 OLED 元件，是未来大尺寸全彩色 OLED 显示器极具潜力的全彩色化技术之一。它的缺点是光色转换材料容易吸收环境中的蓝光，造成图像对比度下降，同时光导也会造成画面质量降低。

也有采用彩色滤光膜的 OLED。这种技术是利用白光 OLED 结合彩色滤光膜，首先制备发白光 OLED 的器件，然后通过彩色滤光膜得到三基色，再组合三基色实现彩色显示。该技术的关键在于获得高效率和高纯度的白光。它的制作过程不需要金属荫罩对位技术，可采用成熟的液晶显示器 LCD 的彩色滤光膜制作技术，也是未来大尺寸全彩色 OLED 显示器具有潜力的全彩色化技术之一。

RGB 像素独立发光、光色转换和彩色滤光膜三种制造 OLED 显示器全彩色化技术，各有优缺点，可根据工艺结构及有机材料决定。

一般而言，OLED 可按发光材料分为两种：小分子 OLED 和高分子 OLED(也可称为 PLED)。其差异主要表现在器件的制备工艺不同：小分子器件主要采用真空热蒸发工艺，高分子器件则采用旋转涂覆或喷涂印刷工艺。

OLED 的驱动方式分为主动式驱动(有源驱动)和被动式驱动(无源驱动)。

无源驱动(PM OLED)分为静态驱动和动态驱动。

在静态驱动的有机发光显示器件上，一般各有机电致发光像素的阴极是连在一起引出的，各像素的阳极是分立引出的，这就是共阴极的连接方式。若要使一个像素发光，只需在恒流源的电压与阴极的电压之差大于像素发光值的前提下，像素将在恒流源的驱动下发光；若要一个像素不发光，就将它的阳极接在一个负电压上，进行反向截止。但是在图像变化比较多时可能出现交叉效应，必须采用交流的形式。静态驱动电路一般用于段式显示屏的驱动上。

在动态驱动的有机发光显示器件上，人们把像素的两个电极做成了矩阵型结构，即水平一组显示像素的同一性质的电极是共用的，纵向一组显示像素的相同性质的另一电极是共用的。如果像素可分为 N 行和 M 列，就可有 N 个行电极和 M 个列电极。行和列分别对应发光像素的两个电极，即阴极和阳极。在实际电路驱动的过程中，要逐行点亮或者逐列点亮像素，通常采用逐行扫描的方式，行扫描，列电极为数据电极。实现方式是：循环地给每行电极施加脉冲，同时所有列电极给出该行像素的驱动电流脉冲，从而实现一行所有像素的显示。该行不在同一行或同一列的像素就加上反向电压使其不显示，以避免“交叉效应”，这种扫描是逐行顺序进行的，扫描所有行所需时间即为帧周期。

在一帧中每一行的选择时间是均等的。假设一帧的扫描行数为 N，扫描一帧的时间为 1，那么一行所占有的选择时间为一帧时间的 $1/N$，该值被称为占空比。在同等电流下，扫描行数增多将使占空比下降，从而引起有机电致发光像素上的电流注入在一帧中的有效下降，降低了显示质量。因此随着显示像素的增多，为了保证显示质量，需要适度地提高驱动电流或采用双屏电极机构，以提高占空比。

除了由于电极的公用形成交叉效应外，有机电致发光显示屏中正负电荷载流子复合形成发光的机理使任何两个发光像素，只要组成它们结构的任何一种功能膜是直接连接在一起的，那这两个发光像素之间就可能有相互串扰的现象，即一个像素发光，另一个像素也可能发出微弱的光。这种现象主要是因为有机功能薄膜厚度均匀性差和薄膜的横向绝缘性差造成的。从驱动的角度看，为了减缓这种不利的串扰，采取反向截止法也是一种行之有效的方法。

带灰度控制的显示：显示器的灰度等级是指黑白图像由黑色到白色之间的亮度层次。灰度等级越多，图像从黑到白的层次就越丰富，细节也就越清晰。灰度对于图像显示和彩色化都是一个非常重要的指标。一般用于有灰度显示的屏多为点阵显示屏，其驱动也多为动态驱动。实现灰度控制的几种方法有：控制法、空间灰度调制、时间灰度调制。

有源驱动(AM OLED)：有源驱动的每个像素配备具有开关功能的低温多晶硅薄膜晶体管(Low Temperature Poly-Si Thin Film Transistor，LTP-Si TFT)，而且每个像素配备一个电荷存储电容，外围驱动电路和显示阵列整个系统集成在同一玻璃基板上。与 LCD 相同的 TFT 结构，无法用于 OLED，这是因为 LCD 采用电压驱动，而 OLED 依赖电流驱动，其亮度与电流量成正比，因此除了进行 ON/OFF 切换动作的选址 TFT 之外，还需要能让足够电流通过的导通阻抗较低的小型驱动 TFT。

有源驱动属于静态驱动方式，具有存储效应，可进行 100%负载驱动，这种驱动不受扫描电极数的限制，可以对各像素独立进行选择性调节。

有源驱动无占空比问题，驱动不受扫描电极数的限制，易于实现高亮度和高分辨率。

有源驱动由于可以对亮度的红色和蓝色像素独立进行灰度调节驱动，这更有利于 OLED 彩色化实现。

有源矩阵的驱动电路藏于显示屏内，更易于实现集成度和小型化。另外，由于解决了外围驱动电路与屏的连接问题，在一定程度上也提高了成品率和可靠性。

OLED 的优点：

（1）厚度可以小于 1mm，仅为 LCD 屏幕的 1/3，因而重量也更轻(图 7-59)；

（2）固态机构，没有液体物质，因此抗震性能更好，

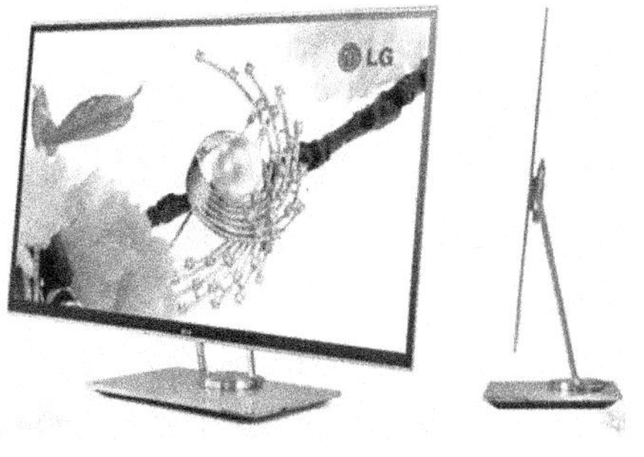

图 7-59 超薄的 OLED 显示器

不怕摔；

（3）几乎没有可视角度的问题，即使在很大的视角下观看，画面仍然不失真；

（4）响应时间是 LCD 的千分之一，显示运动画面绝对不会有拖影的现象；

（5）低温特性好，在零下 40° 时仍能正常显示，而 LCD 则无法做到；

（6）制造工艺简单，成本更低；

（7）发光效率更高，能耗比 LCD 要低；

（8）能够在不同材质的基板上制造，可以做成能弯曲的柔软显示器。

OLED 的不足：

（1）分辨率不到标称值的 70%，显示文字时需要临近像素协助发光，文字边缘发虚；

（2）色彩纯度不够，有色温问题；

（3）像素老化程度不一样，导致亮度不一样；

（4）寿命通常只有 5000h，比 LCD 低 10000h。

OLED 具有自发光的特性，采用非常薄的有机材料涂层和玻璃基板，当电流通过时，有机材料就会发光，不像 TFT LCD 需要背光，因此可视度和亮度均较高。OLED 显示屏幕可视角度大，且能够显著节省电能，加上反应快、重量轻、厚度薄、构造简单、成本低等，被视为 21 世纪最具前途的显示器产品之一。

7.6.5 激光显示

激光是迄今为止单色性最好的一种光源，在色度学理论上其应该有最好的颜色表现力，因此受到了从事显示技术和激光应用技术研究人员的广泛关注和重视，并先后生产出了激光电视、激光投影仪和水幕电影等，表现出良好的发展前景。

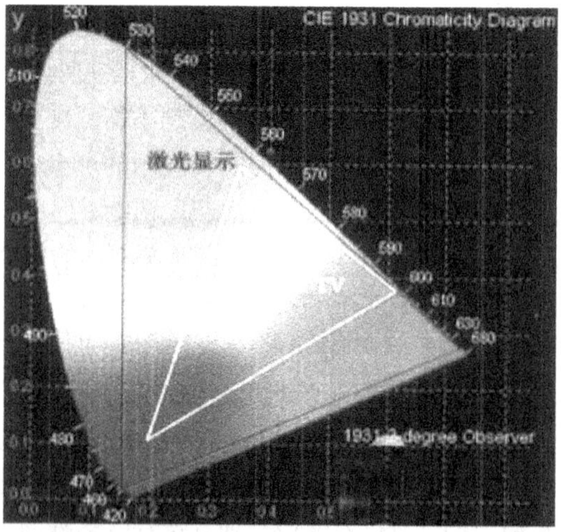

图 7-60 激光显示的色域

激光显示具有以下优点：

（1）颜色表现力好。激光显示的颜色表现力是传统电视的 2～3 倍(如图 7-60 所示)。在人眼所能看到的色域中，液晶只能再现 27%，等离子为 32%，而激光的理论值超过 90%。目前，激光显示产品的色域覆盖率已接近 90%，激光电视相对于普通液晶显示电视，色彩更加鲜明，亮度高。据悉，目前普通电视的色域可达 3000～4000 种，而激光电视能达 7000～8000 种；

（2）寿命长。激光光源具有冷光源特性，其寿命是传统电视光源寿命的 10 倍以上。

（3）环保，低能耗。普通的电视显像管是由电子打到屏幕上后折射出的图像，会产生一些有害的射线。而激光电视是由色光合成的，不会产生有害辐射线。激光电视耗电仅为传统电视的 1/4。激光显示可以超大屏幕投影而且投影表面可以是平面也可以是曲面，可以是雾幕、水帘，也可以是墙面、布幕或平板毛玻璃，只要是光散射物质就可以。

1. 三基色激光光源的获取

实现 RGB 激光输出的方案如图 7-61 所示。利用 LD 泵浦 Nd：YAG(1064nm)内腔倍频后得到绿光(532nm)来泵浦 KTP-OPO 光参量振荡器，选择适当的泵浦方向，可以输出 1257nm 和 922nm 两种红外光，再分别用 KTP 和 BBO 晶体对这两红外光倍频，即可得到红光 628nm 和蓝光 461nm 输出。其中参量振荡器 KTP-OPO 和 KTP-SHG、BBO-SHG 两个倍频器可以用控制器来控制其倍频角度，实现波长的调谐。

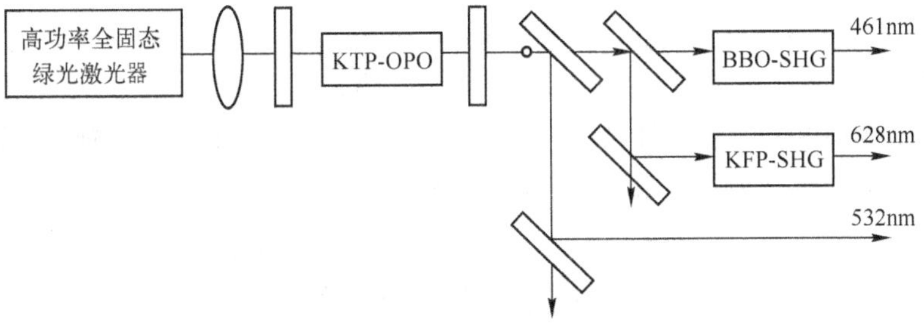

图 7-61　实现 RGB 激光输出的方案

2．投射(影)式激光显示原理

投射式激光电视的成像类似于液晶显示的原理，普通投影显示器的光源为白光，经过分色棱镜分离出三基色，而投射式激光电视则是把普通光源换成了红、绿、蓝三色激光，再将激光经过准直和扩束之后投射到液晶光阀及分光结构上(图 7-62)，电视接收机将分离出的三基色信号和行场同步信号送到 CPU，经过 CPU 选址控制液晶光阀各个像素点的光通量，最后经投影透镜投射到显示屏幕上成像(图 7-63)。

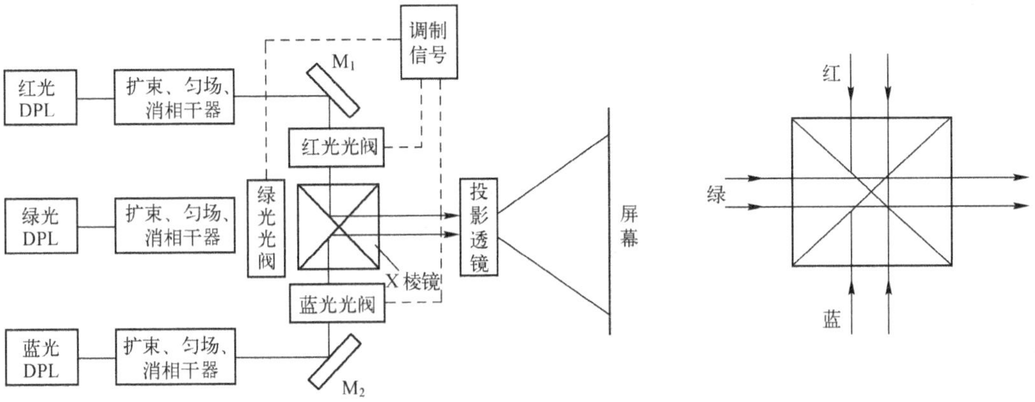

图 7-62　投射式激光显示方案及分光结构

3．扫描式激光显示原理

扫描式激光电视与投射式的主要差别在于调制方式上。扫描式激光电视利用三基色电视信号直接调制半导体激光器的供电电压或固体激光器发出的激光强弱，已调激光经光合成器合成，投射到扫描装置上，经扫描装置偏转成像(图 7-64)。扫描装置受电视同步信号控制。

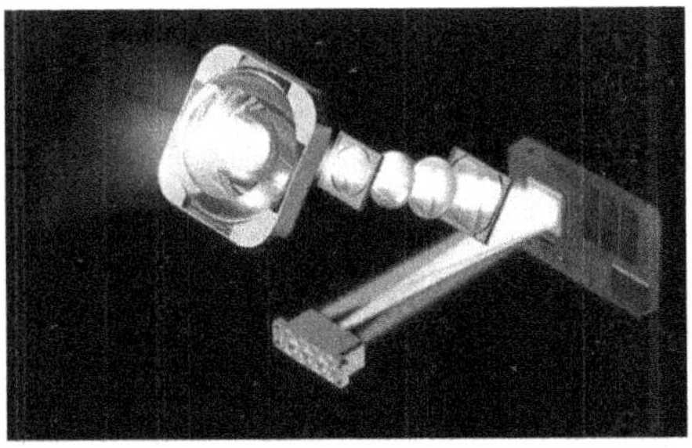

图 7-63　投射式激光显示示意图

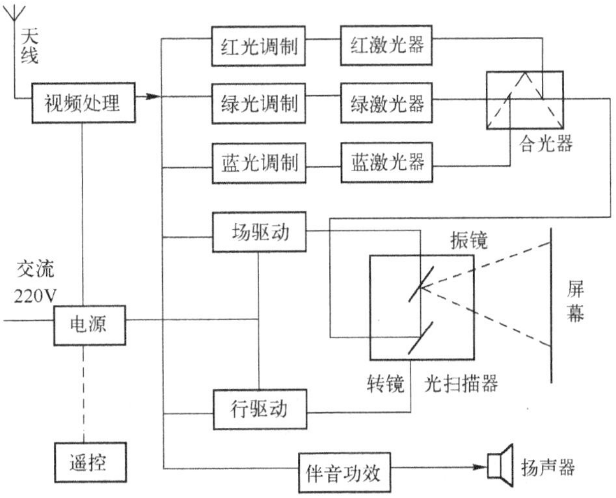

图 7-64　扫描式激光电视原理图

扫描式激光电视几乎没有光损耗，光利用率高。而投射式的激光电视在经过准直扩束和匀场等过程的时候损失了部分光，在经过液晶光阀的时候又造成了激光的大量损失；成像原理也相对复杂，很难突出激光电视相对于普通液晶电视的优势。扫描式激光电视采用电视信号直接调制三基色激光，光利用效率高，屏幕不受限制，成像原理简单，相比之下更具有发展优势。

7.7 电视显示器的性能

表征电视显示器件(系统)性能的主要参数有如下几种。

（1）亮度 L

亮度的单位为 cd/m^2。对画面亮度的要求与环境光强度有关，如：

- 电影院中，电影亮度为 30～45 cd/m^2 即可；
- 室内看电视，显示器画面亮度>70 cd/m^2 方可；
- 在室外观察，画面亮度应达到 300 cd/m^2 。

（2）对比度 C 和灰度

对比度 C 指画面上最大亮度和最小亮度之比。好的图像显示要求显示器在普通环境光源下的对比度>30。此时

$$C_1 = \frac{L_{\max} + L_{外}}{L_{\min} + L_{外}} \tag{7-25}$$

灰度指图像的黑白层次。人眼可分辨的亮度层次为

$$n \approx \frac{2.3}{\delta} \lg C \tag{7-26}$$

式中，δ 为人眼对亮度差的分辨率，通常为 0.02～0.05。可见，若 δ=0.05，则当 C=50 时，n=78；C=100 时，n=92。

（3）分辨率

分辨率是指显示器能够分辨出电视图像的最小细节的能力，也是人眼观察图像清晰程度的标志，通常用屏面上能够分辨出的明暗交替线条的总数来表示。而对于用矩阵显示的平板显示器，常用电极线数目表示其分辨率。为了显示普通电视图像的质量，要求扫描行电极数为 600；为了显示高清晰度电视图像，扫描行电极数应大于 1000。

同时兼备高分辨率、高亮度和高对比度的图像，才可能是高清晰度的图像！

（4）响应时间、余辉

响应时间：指从施加电压到出现图像显示的时间，又称上升时间。

余辉时间：从切断电源到图像显示消失的时间，又称下降时间。

电视图像显示的响应时间应小于(1/30)s，一般主动发光型显示器件的响应时间为 0.1ms，非主动发光型 LCD 的响应时间为 10～500ms。

（5）显示色

发光型显示器件发光的颜色和非发光型显示器件透射或反射光的颜色称为显示色，分为黑白、单色、多色和全色。对于在日光下生存的人类，在观看电视图像时，若不是彩色，则最好是黑白。

（6）发光效率

发光效率是发光型显示器件所发出的光通量与器件所消耗功率之比，单位是 lm/W(流明每瓦)，其决定了显示器件工作时的功耗。

VFD 的发光效率约 10 lm/W，LED 随材料不同发光效率为 1～4 lm/W，$ZnTe_{0.1}Se_{0.9}$ 发绿光，发光效率达 17 lm/W。OLED 为 15 lm/W，PDP 为 1lm/W，其他主动发光型显示器发光效率

在 10^{-1}lm/W 量级。

反射式 LCD 能占领市场的重要原因在于功耗低，仅为 μW/cm^2 量级。

（7）工作电压 *V* 和消耗电流

驱动显示器件所施加的电压为工作电压(V)，流过的电流称为消耗电流(A)。工作电压与消耗电流的乘积就是显示器件的消耗功率。

液晶显示器件既能满足低驱动电压，又能满足低消耗电流(μA/cm^2 量级)；

主动发光型显示器件的电流消耗量都为 mA/cm^2 量级。

（8）存储功能

外加电压除去后，仍能保持显示状态的功能叫存储功能。

该功能可减少显示器件的功耗和有效简化驱动电路，尤其是在多路驱动和矩阵选址时，作用巨大。

（9）寿命

作为实用化的显示器件，特别是作为娱乐型的大型家电显示器件，寿命都应在 3 万小时以上。当前 OLED 的寿命正在解决过程中，其他器件的寿命问题已经基本解决。

7.8　高清晰度电视和数字电视

从理论上讲，能比现有的 PAL 制式(或 NTSC 制式)提供更高分辨率的系统都可称为“高清晰”电视系统。根据各个国家使用电视制式的不同，所定义的高清晰度电视(HDTV)的标准分辨率也不尽相同。具体来说，目前的 HDTV 有三种显示分辨率格式，分别是：720P(1280×720，逐行)、1080i(1920×1080，隔行)和 1080P(1920×1080，逐行)，其中 i(Interlaced)代表隔行，P(Progressive)代表逐行。

常见的两种显示模式是 720P 和 1080i。1080i 是目前大多数国家普遍采用的一种模式(包括我国)，它的分辨率为 1920×1080，拥有 207.3 万像素。在原本采用 NTSC 制式的国家，如美、日、韩等，他们规定的 1080i 仍然采用 60Hz 场频，这主要是为了与其以前的标准接轨。我国规定 1080i 采用 50Hz 场频，也与以前 PAL 制式的场频相同。

在 1080i 显示模式下，屏幕分辨率可以达到 1920×1080，采用隔行扫描方式，也就是说，电子枪先扫描 540 行，再扫描另一个 540 行，两者叠加构成完整画面。而对于一般消费者来说，540 行的垂直分辨率水平，显示效果已经相当令人满意了，也可以说是达到了 HDTV 的高画质要求。

从技术上讲，开发 720P 这种显示分辨率明显比开发 1080i 更加复杂，因为它提供的分辨率为 1280×720，也就是 92.16 万像素。最重要的是，720P 采用逐行扫描，即在同一时间需要达到 720 线的垂直清晰度水平，而不是像 1080i 那样一次扫描 540 线，经过两次叠加合成，因而需要更高的行频输出，对显像器件的要求较高。目前主要是使用 NTSC 制式的美国和日本在使用此技术，沿用了 60Hz 的场频。

高清电视简单来说就是物理分辨率高于 720P，即 1280×720 的电视，目前大尺寸的液晶电视基本都已经达到这个规格。

数字电视系统(DTV)是指拍摄、编辑、制作、传输、接收等全过程都使用数字技术(即视频信号全用 0 和 1 表示)的电视系统。数字电视按照清晰度分为四挡：高清晰度(HDTV)、增强清晰度(EDTV)、标准清晰度(SDTV)和普通清晰度(PDTV)。不同清晰度级别的数字电视之间具有向下兼容性，高端产品可以兼容低端产品，可见 HDTV 是 DTV 里音画质量最好的一种格式，HDTV 在国外被定义为分辨率至少能达到 1920×1080i 或 1280×720p，且画面宽高比为 16:9 的 DTV。合格的高清晰度数字电视接收机必须同时满足至少以下条件：

（1）能接收、解调由高清晰度信号调制的射频信号；

（2）图像清晰度上，必须在水平和垂直方向上均大于等于 720 电视线；

（3）能解码、显示 1920×1080i/50Hz 或更高图像格式的视频信号；

（4）图像显示的宽高比为 16∶9；

（5）能输入、处理和显示其他图像格式如 720×576 等；

（6）能解码、输出数字电视声音。

高清概念中还有 1080P 的表述，也就是通常所说的“FULL HD”，其分辨率为 1920×1080。目前电视的主流消费市场已经为这类液晶电视所占据，这类产品能够完美支持所有的高清视频回放。除此以外，目前很多 4K(3840×2160，约 830 万像素)的电视产品已经出现在市场上并进入了普通家庭，高清晰度数字电视的发展日新月异。

习题与思考题

1．简述概念：闭路电视、过靶压现象、物镜景深、焦深、γ 校正。
2．试比较逐行扫描和隔行扫描的特点。
3．全电视信号包含哪些部分？其作用是什么？
4．摄影物镜的长距、中焦距和短焦距镜头大致是怎么划分的？
5．摄影物镜为什么存在最近摄影距离？
6．电视的分辨率用什么单位表示？它与 lp/mm 单位是如何转换的？
7．电视系统的基本性能参数有哪些？
8．目前国际上成熟的三种标准彩色电视制式是哪三种？我国现行的电视体制的主要参数是什么？
9．什么是成像光谱技术？简述多光谱、高光谱及超光谱的含义。
10．成像光谱系统目前有哪些成像光谱方式？各自的优缺点是什么？
11．成像光谱系统为了实现空间及光谱的同时成像，通常都采用哪些方式进行光谱维和空间维的成像？
12．微光电视的含义及其特点是什么？
13．微光电视的成像传感器主要有哪些类型？
14．微光电视系统设计中应主要考虑哪些基本问题？
15．微光 CCD 摄像机与普通摄像机有什么区别？CCD 实现微光下使用主要可采用哪些措施？其效果如何？
16．电视显示器有哪些类型？它们的工作原理是什么？
17．电视显示器的性能参数包括哪些？各是如何定义的？
18．什么是高清晰度电视？目前的高清晰度电视有哪些标准？必须满足哪些条件？

第 8 章 微光成像系统

微光成像系统是以像管为核心器件的夜视成像系统，作为基本的夜间观察设备，该系统具有发展历史长、装备规模大、技术成熟、图像清晰、体积小、重量轻、价格低、使用维修方便等优点。微光成像系统目前仍是国内外装备量最多、生产规模最大、应用范围最广泛的夜视器材。微光成像系统一般分为微光直视系统和微光电视系统，第 7 章已经介绍了微光电视部分，本章主要介绍微光直视成像系统的分类、组成、关键技术及系统设计方法。

8.1 微光成像系统的分类与构成

微光直视成像系统可分为主动微光夜视系统和被动微光夜视系统，两者主要差异为是否使用了辅助照明光源。使用辅助照明光源(一般为近红外波段)的通常称为主动微光夜视系统，不使用辅助照明光源的称为被动微光夜视系统。

8.1.1 主动微光夜视系统

主动微光夜视系统目前在公安、工业监控、医学和科学研究等许多领域具有广泛应用，特别是近年来选通技术的发展应用。该系统在一些特殊的军事领域也获得重要应用。

主动微光夜视系统的主要部件包括红外照明光源、物镜、红外变像管(或具有近红外延伸的像增强器)及目镜等，工作波段为 0.76～1.2μm 的近红外光谱区，长波限由变像管光阴极光谱响应决定。主动微光夜视系统组成如图 8-1 所示。红外照明光源发出的红外辐射照射景物场景，光学物镜将场景反射回来的红外辐射成像在红外变像管的光阴极面上，形成场景的反射图像；变像管对场景图像进行光谱转换和亮度增强，最后在荧光屏显示场景的可见光图像；人眼通过目镜观察增强的场景图像。系统外形如图 8-2 所示。

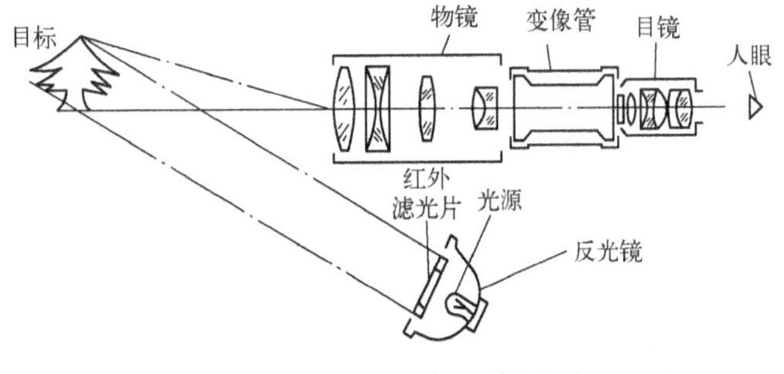

图 8-1 主动微光夜视系统组成

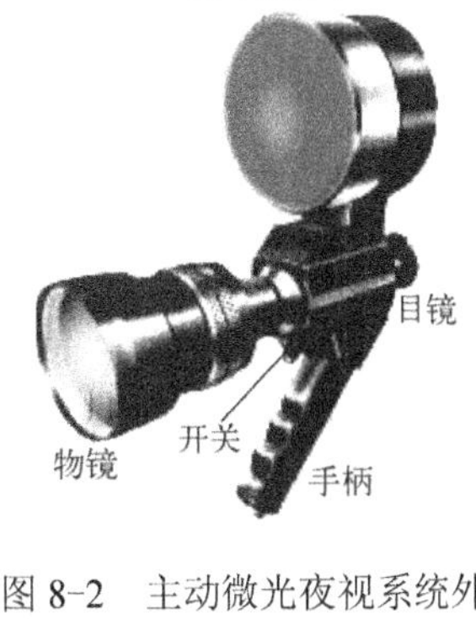

图 8-2 主动微光夜视系统外形

目前主动微光夜视系统之所以还有许多重要的需求，主要是因为利用近红外波段工作有如下优点：

(1) 充分利用军事目标和自然界景物之间反射能力的显著差异。图 8-3 给出了自然界生长的绿色植物和人造物体在可见光和近红外波段的光谱反射比。在可见光谱区，绿色草木和暗绿色漆的光谱反射积分量相似，故可见光接收器(包括人眼)对这两类目标难以区分。但在近红外光谱区域中，绿色草木的反射比要比暗绿色漆高得多，因而主动微光夜视系统能充分利用这种差异获得高对比度的目标与背景细节。实验观察发现，离开树木的绿叶，红外光谱反射比迅速下降。显而易见，该系统可用于人工伪装的识别。

（2）近红外辐射较可见光受大气散射的影响小，具有较高的大气透射比，因而可以观察更远的景物。但在雾、霾等恶劣天气条件下，近红外辐射同样受到大气散射的影响。

（3）由于系统“主动”照明目标，使系统工作不受环境照明的影响，可在“全黑”条件下工作。同时，主动照明可充分利用红外照明的窄光束照明目标，使视场中目标与背景的反差加大，获得较为清晰的图像。

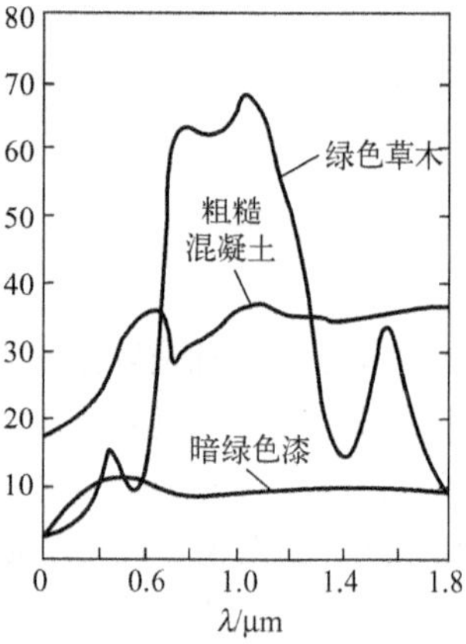

图 8-3　三种典型目标的反射光谱曲线

（4）通过选通技术，减小传输介质的后向散射或传感器与场景相对运动造成的图像模糊，使主动夜视成像技术在巡航导弹地形匹配下视系统、水下探测和制导系统、海上救援等军事领域获得重要应用。

当然，主动微光夜视系统也有不足，如在军事应用条件下，辅助照明光源容易暴露自己，这是该系统最致命的弱点，也是军事应用背景的夜视成像系统由主动向被动发展的重要原因。

8.1.2　被动微光夜视系统

被动微光夜视系统利用微光增强技术，可在极低照度(1 lx 以下)下完全“被动”式工作，明显改善人眼在微光环境下的视觉性能，因而首先在军事上得到迅速发展和广泛应用。此外，在天文、公安、安防、生物医学及科研领域也有相当广泛的应用。

微光夜视仪是 20 世纪 60 年代开始发展起来的光电成像仪器，它随着一代级联式像增强器、二代微通道板像增强器和三代负电子亲和势像增强器的发展，也相继研制成功了三代产品。无论采用哪一代像增强器，微光夜视仪的基本原理都是相同的。系统主要由微光物镜、目镜、像增强器、高压电源等部分组成(见图 8-4)。夜天空自然微光照射在景物场景上，经反射和大气传输后，辐射经物镜成像在像增强器光阴极面上，光阴极对景物像进行光电转换、电子倍增成像和亮度增强，最后在荧光屏上显示增强了的场景目标图像。微光夜视系统外形如图 8-5 所示。

被动微光成像系统与主动微光成像系统相比，其最主要的优点是被动式工作，不需用人工辅助照明，完全依靠自然夜天光照明景物，故隐蔽性好，但景物之间反差小，图像较平淡，层次不够分明，且系统工作受自然照度和大气透明度影响大，特别是在浓云和地面烟雾情况下，景物照度和对比度明显下降，影响观察效果。

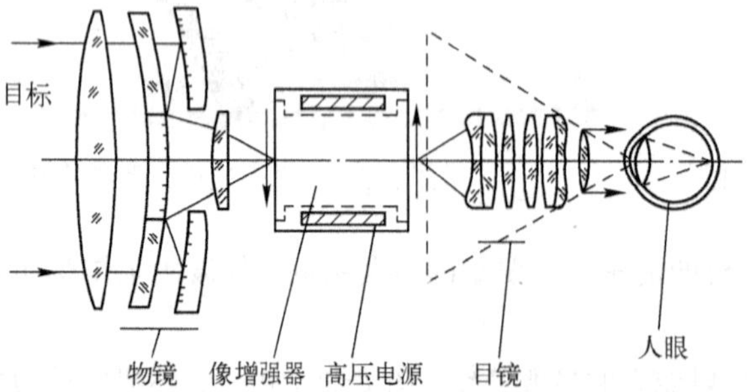

图 8-4　直视微光成像系统原理图

图 8-5　微光夜视系统外形

需要指出：目前微光像增强器通常都有一定的近红外或紫外光谱响应，因此，除非有特殊的应用需要，从成本等方面考虑，一般不会选择单纯的红外变像管或紫外变像管制作主动微光成像系统。

8.2 主动微光成像的辅助照明系统

8.2.1 辅助照明系统基本要求

辅助照明系统是主动微光成像系统的重要组成部分，因此，它的性能对系统的总体性能有重要影响。主动红外夜视成像系统对红外照明系统的要求有：

（1）照明系统的辐射光谱(光源与滤光片的组合光谱)要与像管光阴极的光谱响应有效匹配，并在匹配的光谱内有高的辐射效率。

（2）有一定的照射范围。照明系统发出光束的散射角应与成像系统的视场角基本一致，在保证系统观察目标所要求的照明的同时，尽可能减小自身暴露的可能性。一般垂直方向的发射角可比仪器的视场角稍小，以减小大气散射对观察效果的影响。

（3）红光暴露距离要短。红光暴露距离是指夜间观察者沿照明系统光轴方向由远至近，当人眼刚能发现照明系统透过的红光时，观察者与照明系统间的距离。为保证在对方不使用同类仪器情况下自身的隐蔽性，红光暴露距离应尽可能短。红光暴露距离与照明光源的辐射功率和光谱(或红外滤光片的短波起始波长)有关。

（4）应保证足够的辐射强度，以保证在工作距离内从目标反射回来的辐射具有一定的强度。

（5）结构上应保证容易调焦和方便更换滤光片、光源等。

（6）应尽量做到体积小、质量轻、寿命长、成本低、功耗小、工作可靠。

8.2.2 典型照明系统组成与分析

1．光源

照明系统所用的光源种类很多。在主动红外夜视成像系统中，常用的光源有电热光源(如白炽灯)、气体放电光源(如高压氙灯)、半导体光源(如砷化镓发光二极管)和激光光源(如砷化镓激光二极管)等。

（1）白炽灯

白炽灯(包括普通、充气和卤钨白炽灯)根据热辐射原理制成，通过电流加热灯丝使之达到白炽而发光。白炽灯工作在白热状态，要求灯丝材料有高熔点和低蒸发率。灯丝形状影响光源的发光效率(单位为 lm/W)。充气白炽灯比真空白炽灯有更高的工作温度和发光效率，但也只有 10～20 lm/W。图 8-6 给出了充气白炽灯和真空白炽灯的辐射光谱曲线，其在 0.8～1.2μm 的近红外辐射光谱区具有较高的辐射强度，并与 S-1(Ag-O-Cs)光阴极匹配，可用作主动成像系统的光源。

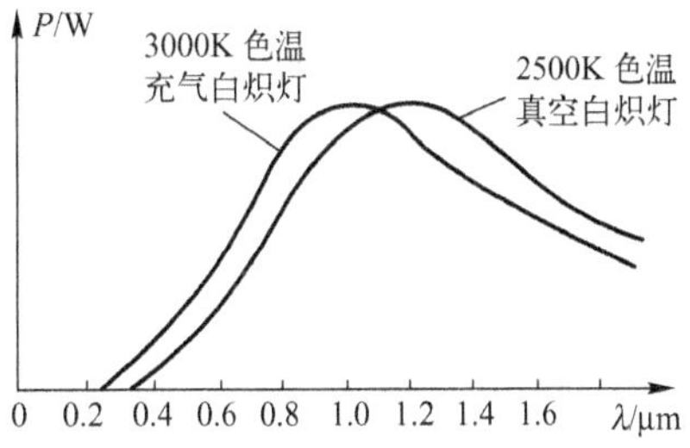

图 8-6　钨丝白炽灯的辐射光谱

高温下普通白炽灯的钨会大量蒸发，钨离子落到玻壳上使其变黑，导致光输出下降，钨丝变细并烧断。为此，常用卤钨白炽灯取代普通白炽灯。卤钨白炽灯在充气的钨丝灯泡内掺入少量的碘或溴等卤族元素，其与汽化的钨发生化学反应，反应是可逆的，产生的“卤钨循环”使汽化的钨回到灯丝上，从而提高了灯的寿命。灯丝工作在 2600～3200℃温度范围内，并在灯丝和玻壳之间形成温度梯度，在灯丝周围高温区距灯丝表面 0.5～2mm 处再生钨沉积到灯丝上。

溴钨灯的灯丝工作温度在 2400～3200℃时其发光效率为 15～32 lm/W，与 S-1 光阴极的光谱响应有较好的匹配。涂有耐热红外反射膜的双端卤钨灯发光效率可达 40 lm/W。

（2）氙灯

氙灯是利用高压、超高压惰性气体氙放电现象制造的一种高效率光源，是一种以石英玻璃管为放电管，以钍钨材料为电极封接而成的强电流弧光放电灯。

主动红外夜视成像系统中用的高压短弧氙灯的电弧长只有几毫米，光斑集中，发光效率高且寿命长。在实际应用中，由于照明系统内温度高，易使灯电极的钼铂引线损坏而降低寿命。

高压短弧氙灯的光谱为叠加有少量线状光谱的连续光谱，其光谱分布接近于太阳光谱，在近红外光谱区有强辐射谱线．更适合用作大功率红外探照灯的光源。由于灯泡内充有高压气体，灯的点燃需要专门的触发器(低压氖灯也要触发器)，触发器产生足够高的脉冲电压使灯内电极间击穿形成火花放电，从火花放电过渡到自持弧光放电时，触发器停止工作，通常灯的点燃电压比工作电压高一倍以上。

（3）大功率红外发光二极管

大功率红外发光二极管(IR-LED)材料主要有砷化镓(GaAs)和镓铝砷(GaAlAs)等。IR-LED 是一种非相干 PN 结光源，在结上加正向电压时，PN 结区产生强的近红外辐射。

GaAlAs 大功率 IR-LED 可以设计为多种中心波长，常用的有 810nm、880nm、910nm、940nm 等，外形结构也有许多形式。表 8-1 给出了某 910nm 大功率 IR-LED 的主要参数。

表 8-1　某 910nm 大功率 IR-LED 的主要参数

项　　目	额定值	备注
功耗/mW	160	25℃
正向电流/mA	100	25℃
脉冲正向电流/mA	500	25℃
正向电压/V	1.45	25℃
反向电压/V	5	25℃
反向电流/μm	10	25℃
峰值波长/nm	910	50mA
半宽度/nm	60	50mA
上升时间/ns	1 000	50mA
下降时间/ns	400	50mA
发射角 2ω/（°）	±6、±10、±40、±55	
工作温度/℃	-30～90	

用作主动红外夜视成像系统光源的大功率红外发光二极管通常采用阵列排布方式，是目前普遍使用的低成本红外光源，具有发光效率高、寿命长、体积小、质量轻、结构牢固、不需加红外滤光片等优点。

（4）GaAs 激光二极管

GaAs 激光二极管是一种注入式电致发光器件。它与发光二极管在辐射输出上的差别是能否产生激光的阈值电流，即给 GaAs 的 PN 结加正向电流时引起光辐射，若进一步增加电流则光辐射急剧增加并且辐射谱宽度变窄。垂直于 PN 结的两个相互平行的反射面构成谐振腔，光在腔内反射形成雪崩式感应跃迁而产生激光。

GaAs 激光二极管除具备一般激光器的优点外，还有效率高、体积小、质量轻、结构简单、抗震性强等独特的长处，易通过调制电流来调制激光发射。功率效率(输出光功率与输入电功率之比)在 77K 时为 30%，室温时为 4%，输出峰值功率为 10～20W，脉冲重复频率可高达 10kHz，在主动红外夜视成像系统中通常被用作选通像管工作时的脉冲光源。

2．红外滤光片

红外滤光片是一种光学滤波器，主要滤除光源辐射中的可见光成分。对红外滤光片的基本要求是：在红外波段光能损失应尽可能地小，对其他波段的辐射应尽量全部吸收或反射；光谱透射比与光阴极光谱灵敏度曲线的红外部分相匹配；热稳定性好，防潮性和机械性能好，耐光源工作时的高温。

3．照明系统的反射镜

反射镜通常是照明系统的重要组成之一，它把位于焦点的光源发出的一定立体角范围内的光辐射聚焦成沿轴向窄发射角出射的光束。反射镜由镜基和镀层两部分组成，镜基材料有金属和玻璃两种。金属反射镜镜基机械强度高，散热性能好；但质量较重，通常用于小型探照灯中。玻璃反射镜的镜基机械强度低，脆且易碎，仪表面加工性能好，可获得不确定度低、粗糙度低的反射面，且镜面不易变形。玻璃镜基为目前大多数反射镜的首选。

为增加反射特性，通常在镜基表面镀一层高反射比涂层。涂层主要用银或铝(图 8-7 所示为涂层的光谱反射比曲线)，银反射膜的反射比高达 95%，铝层的反射比稍低，但也在 85%以上。银膜层稳定性能差，常温下易硫化而变黑，降低了反射比，因此，通常银层镀在玻璃反射镜基的背面，并在外面涂敷保护层(铜或漆)。考虑到玻璃折射率的影响，很少在红外探照灯中用银做反射膜。铝膜层与玻璃附着力好，性能稳定，但铝膜层经不起擦拭，通常要在铝反射层外镀一层 SiO_2 或 TiO_2 保护膜。

反射镜由球面、抛物面、椭球面、双曲面等形状构成，在主动红外夜视系统中常用抛物面反射镜。抛物面反射参量如图 8-8 所示。抛物面的对称轴为反射镜的光轴或旋转轴，是通过抛物面顶点 O 和焦点 F 的直线。反射镜有正反两个面，反射镜正面垂直于光轴平面上的投影圆称为反射镜的光孔，其直径 D 为反射镜口径；平行于理想反射镜光轴的光线会聚点 F 为反射镜的焦点。反射镜顶点 O 到焦点 F 的距离 f 为反射镜的焦距。镜口切平面中心 O' 到顶点 O 的距离 H 为镜深。以反射镜焦点为顶点，口径 D 为底的空间圆锥角为反射镜的包容角 $2\varphi_m$，它满足

$$\tan\varphi_m = \frac{D}{2(f-H)} \tag{8-1}$$

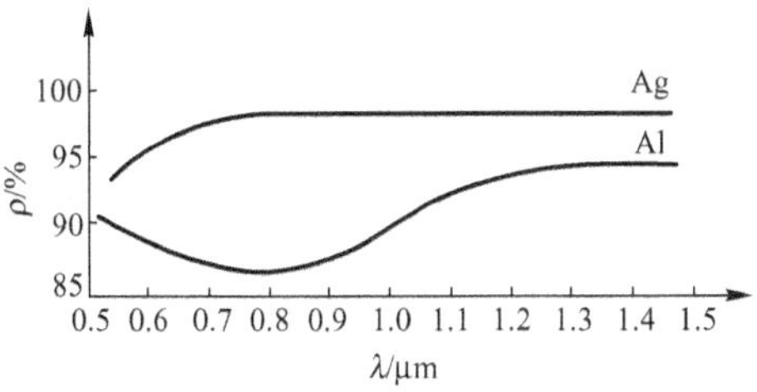

图 8-7　银和铝镀层的光谱反射比

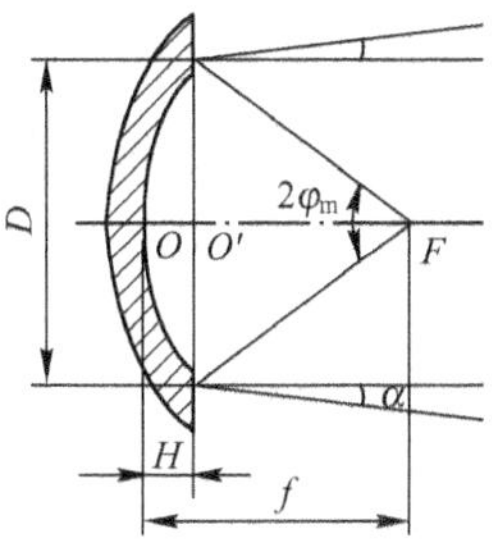

图 8-8　抛物面反射镜参量图

利用抛物面反射镜的几何关系，可以确定照明系统的基本性能参数：

（1）散射角

在理想抛物面反射镜焦点处放一光源，经反射镜反射后，射出一束与光轴平行的光束。由于实际光源有一定大小，反射光束实际要在一个 2α 角的范围内散开(见图 8-9)。若半径为 r 的球形光源球心与抛物面焦点重合，则最大散射角 α_m 满足

$$\sin\alpha_m = r/f \tag{8-2}$$

由于实际反射镜不完全理想且存在像差，所以，实际散射角会稍大于理想散射角。

（2）全发光距离

由光源发出的光线经反射镜反射后在某一散射角范围内散开，所以照明系统的轴向光强在不同距离上是变化的。把反射面分成许多同心环，每一环又分成许多反射元，反射的立体角如图 8-10 所示。同一环上的反射元 A'和 A'，反射光束截面随着离开镜面距离而增大，并在一定距离上与光轴相交，对轴上光束有贡献。即在离光源较近处，系统的轴向光强随距离的增加而逐渐加强。到达轴上某一点 K 后，强度不再随距离变化。把镜面顶点 O 到轴向光强稳定的点 K 的距离 l_0 称为照明系统的全发光距离或光束形成距离。设光源中心与焦点重合，则

$$l_0 = \frac{D^2}{4r\sin\varphi_m} \tag{8-3}$$

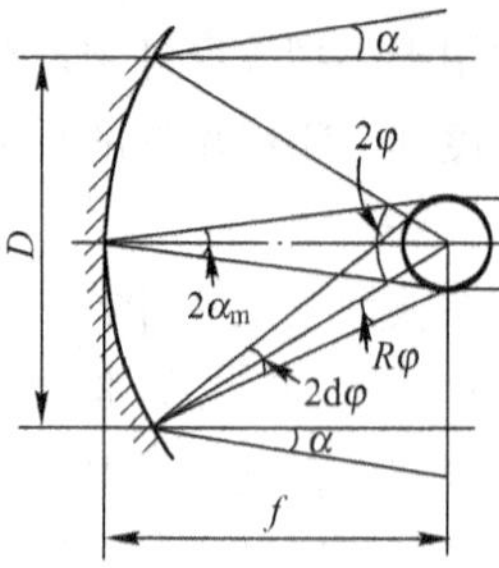

图 8-9　照明系统的光束散射角

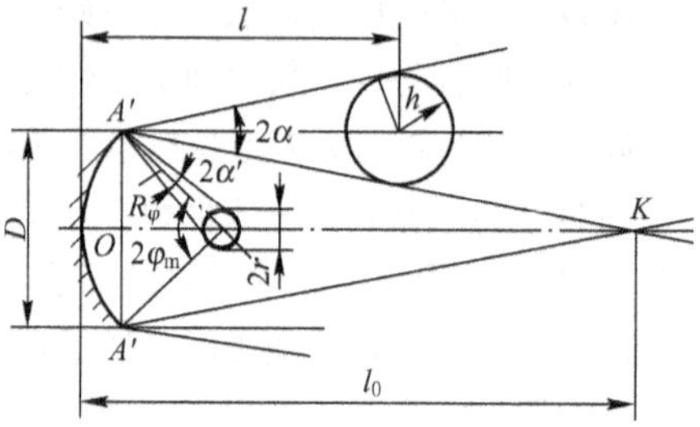

图 8-10　照明系统的全发光距离

即 l_0 由反射镜结构和光源半径决定，与光源亮度无关。通常 l_0 比 f 大几十到几百倍。

（3）轴向光强

轴向光强是指大于 l_0 时的轴向光强。可以得到轴向光强

$$I = 2\rho f^2 L \int_0^{2n} \mathrm{d}\beta \int_0^{\varphi_\mathrm{m}} \frac{2\tan(\varphi/2)}{\cos^2(\varphi/2)} \mathrm{d}\varphi = 4\pi f^2 \rho L \tan^2(\varphi_\mathrm{m}/2) \tag{8-4}$$

考虑到反射镜口径面积 $S = \pi D^2/4 = 4\pi f^2 \tan^2(\varphi_\mathrm{m}/2)$，式(8-4)可写为

$$I = \rho LS \tag{8-5}$$

即系统轴向光强 I 只取决于光源亮度 L、反射镜的光孔面积 S 及反射比 ρ。

如果光源不是球形将有更复杂的公式形式，但作为近似估算仍可采用式(8-5)。对实际的探照灯，轴向光强的计算还要考虑光线被遮挡及通过滤光片的损失。如果用 K 表示探照灯光能损失系数，则式(8-5)可写为

$$I = KLS \tag{8-6}$$

实际中常通过测照度获得某照明系统的轴向光强。在大于全发光距离处 l 用照度计测得照度值 E，通过距离平方反比定律 $I = El^2$ 计算光强。可根据所测照明系统选择不同的照度计类型，如果用砷化镓发光二极管做光源，可用硅光电池作为接收器的照度计；若用白炽灯做光源，则可用硒光电池作为接收器的照度计。

（4）光强分布

光强分布是指照明系统在光束散射角内光强度随投射方向与光轴夹角的分布(见图 8-11)。

通常轴向光强最强，其他位置的光强随散射角增大而衰减，一般用光强降到中心光强 10%所对应的散射角作为该辅助照明系统的散射角。

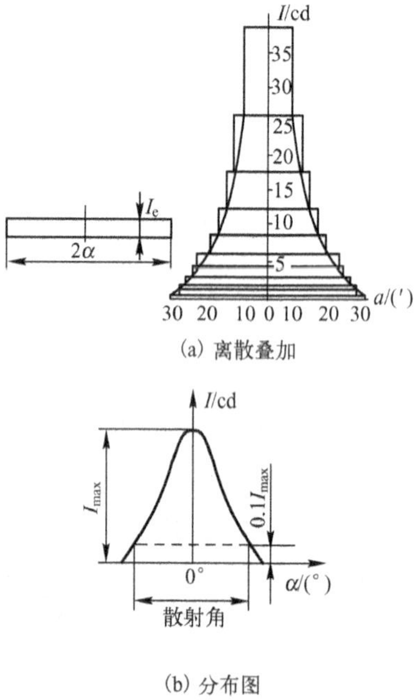

(a) 离散叠加

(b) 分布图

图 8-11　照明系统的光强分布

8.3　微光夜视系统的光学系统

8.3.1　光学系统基本要求

1．微光夜视系统对物镜的基本要求

物镜把目标场景成像于光电接收器(像管、摄像管或红外探测器)上，因此夜视系统对物镜的基本要求大致有以下几点：

（1）大的通光口径和相对孔径。限制微光成像系统视见能力的主要因素之一是来自景物的辐射噪声。加大物镜的口径能最大限度地接收来自目标的辐射，获得高的靶面照度，即大的通光孔径有利于提高微光系统的信噪比。

（2）小的渐晕。当入射斜光束宽度小于轴向光束宽度而产生渐晕时，像面边缘照度相对于中心照度会下降，光敏面上照度的不均匀会造成荧光屏上图像亮度从中心到边缘下降，使边缘像质变坏，在直视微光成像系统中尤为明显。

（3）宽光谱范围的色差校正。校正色差的光谱范围取决于系统光谱响应波段，对主动红外夜视成像系统为 0.65～1.2μm，对微光成像系统为 0.4～0.9μm，对热成像系统为 1.5～14μm（视不同探测器取不同波段）。

（4）物镜有好的调制传递特性。像管为低通滤波器，目前的极限分辨率为 30～70 lp/mm，通常要求物镜在 10 lp/mm 的空间频率时 MTF 不低于 75%。

（5）最大限度地消除杂散光。杂散光对低信噪比的光电成像的影响比较明显，减小物镜的杂散光可减小像质的下降。

（6）在光机扫描型红外热成像光学系统中，必须同时考虑聚光系统和扫描系统。在扫描系统为平行光束扫描时，要求光线通过前面光学系统后仍为平行光束。如果扫描系统在会聚光束中扫描，扫描时会导致扫描散焦，则要在红外物镜设计时加以适当校正以减小扫描散焦。

（7）尽可能减小红外热成像系统中制冷器冷反射所产生的图像缺陷。

2．微光夜视系统对目镜的基本要求

在直视型光电成像系统中，目镜的作用是放大像管荧光屏或显示屏上的目标像，使人眼能进行舒适清晰的观察。一般对目镜的主要要求有：

（1）合适的焦距。目镜焦距 f_e' 通常为 10～55mm，目镜放大率 $M_e=250/f_e'$，仪器放大率 $\gamma=(f_0'/f_e')\beta$，其中 β 为像管横向放大率，f' 为物镜焦距。当 f' 和 β 确定后，仪器放大率取决于目镜焦距 f_e'。

（2）足够的视场。目镜视场 2ω 由荧光屏有效直径 D 和目镜焦距 f_e' 决定，$\tan\omega=D_s/(2f_e')$。通常 2ω 在 30°～90°之间。

（3）合适的出瞳距离 p' 和出瞳直径 d。一般视不同的应用条件，成像系统出瞳直径取人眼夜间瞳孔直径 5～7mm。出瞳距离 p'（目镜后表面到人眼瞳孔的距离）一般取为 9～50mm。

（4）适当的前节距（目镜前表面和前焦点之间的距离），以保证工作时的视度调整。

此外，因为目镜视场大，轴外像差是影响像质的重要因素。又由于目镜口径大，球差和慧差也要校正，校正像差的波长由荧光屏的光谱特性决定。

8.3.2 典型微光夜视光学系统及其分析

1．成像物镜系统

光电成像系统的物镜系统分为三类，即折射系统、反射系统和折反射系统。

（1）折射系统

折射物镜系统较易校正像差，可获得较大视场，结构简单，装调方便。光电成像系统中常用的折射物镜有双高斯型和匹兹伐型，其基本结构如图 8-12 所示。双高斯结构是微光成像系统中大相对孔径的基本型，由于这种结构较容易在较宽光谱范围内修正像差，属于基本对称型结构，能自动抵消轴外像差。图 8-13 是微光头盔采用的一种改进型双高斯物镜，相对孔径为 1∶1，$f'=20.58\text{mm}$。在仪器视场不大的情况下，可采用匹兹伐型物镜，其基本结构为两个正光焦度的双胶透镜，结构简单，球差和慧差校正较好，但视场加大时场曲严重。图 8-14 为一种改进的匹兹伐型物镜，$f'=100\text{mm}$，相对孔径为 1∶1，$2\omega=10°$。

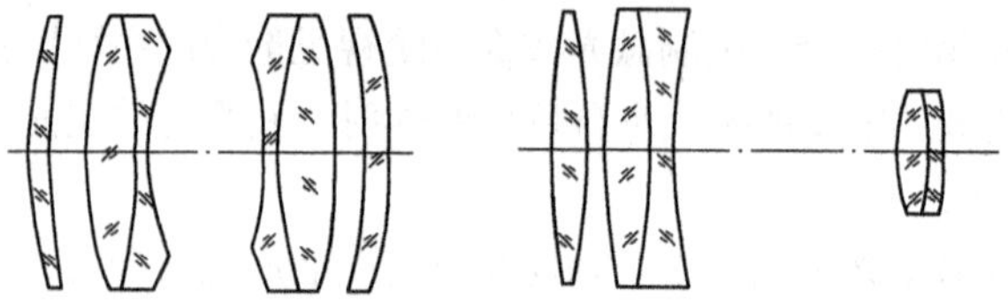

(a) 双高斯型　　(b) 匹兹伐型

图 8-12　双高斯型和匹兹伐型物镜的基本结构

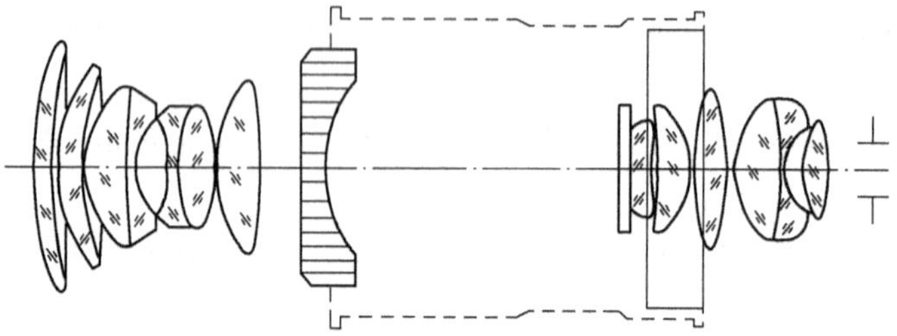

图 8-13　微光头盔采用的改进型双高斯物镜

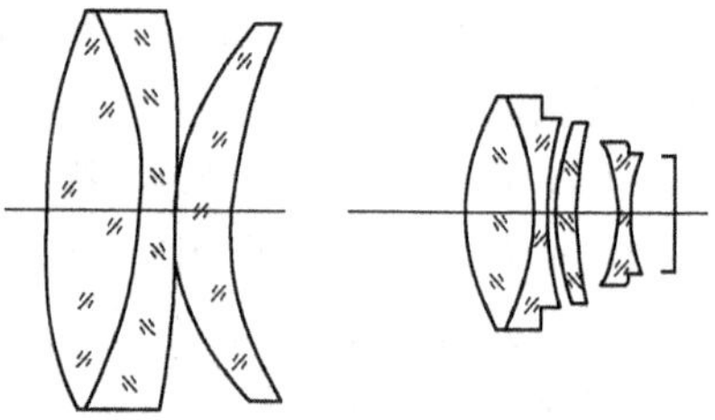

图 8-14　改进的匹兹伐物镜

随着红外光学材料的增多和红外热成像技术的发展，采用锗、硅等已研制了许多不同的红外折射光学系统。由于红外材料价格昂贵，折射比高且反射损失大，在满足需要的条件下应尽可能减少透镜片数，在像质要求不高的辐射计中多用单片折射透镜。为减小单透镜的球差和色差，可做成组合透镜。表 8 -2 和图 8-15 分别给出了折射式组合红外光学透镜的参数和结构。

表 8-2　组合红外光学透镜的参数

波长范围/μm	设计波长 / μm	焦距/mm	*F* 数	视场 2 *ω*/(°)	透镜材料	片数	图号
10.0～14.0	12.0	108.0	3.3	24	Ge-Ge-Ge	3	图 8-15(a)
3.5～5.5	4.5	100.4	2	4	As_2S_3-C_aF_2	2	图 8-15(b)
1.5～3.5	2.5	103.8	1.3	8	As_2S_3-As_2S_3-CaF	3	图 8-15(c)
8.0～14.0	10.6	300.0	3	4	Ge-Ge	2	图 8-15(b)
6.0～16.0	11.0	55.88	1.5		Ge-Ge- Ge-Ge	4	图 8-15(d)
3.5～5.0	4.5	87.78	1.8		Si-Ge	2	图 8-15(b)
2.0～4.0		226.06	6.5	50	Si-Ge-Si	3	图 8-15(a)
2.5～5.5	3.5	13.86	1.0	4	Ge-Ge-Ge	3	图 8-15(e)
2.0～5.0	3.5	108.00	3.0	24	As_2S_3-CaF_2	2	图 8-15(f)
0.9～4.0	2.5	250.00	3.3	6.8	CaF_2-CaF_2	2	图 8-15(g)

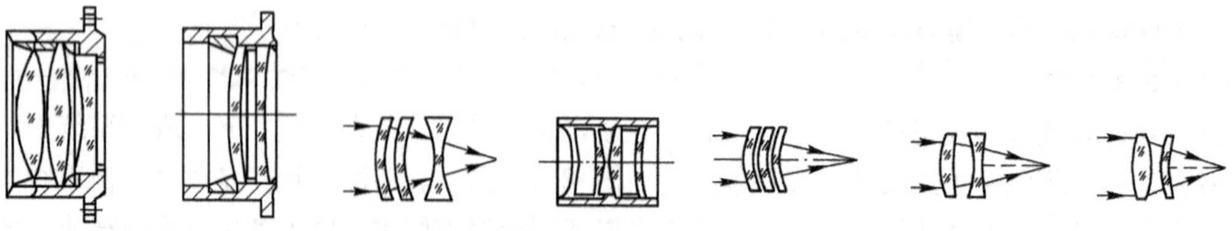

(a)　(b)　(c)　(d)　(e)　(f)　(g)

图 8-15　组合红外光学透镜的结构

近年来随着光学精密加工技术的发展，非球面光学和衍射光学（二元光学）元件在夜视成像物镜中得到成功的应用。这些技术的应用不仅提高了系统的成像性能，减小了像差，而且减少了镜片的数量，进而减小了系统的质量和体积。非球面光学系统或带有衍射光学元件的光学系统具有广阔的发展和应用空间。

（2）反射系统

反射式物镜可做成大口径、长焦距，且取材容易，既可用金属材料，也可在普通玻璃上镀金属膜或介质膜来制作，对材料要求不高。反射式物镜光能损失小，无透射损失(即镜面反射比要比透镜的透射比高)，不产生色差。这些优点使其在红外光学系统中应用较多，但也存在体积大及次镜遮挡等问题。

反射式物镜分为单反射镜和双反射镜。最常用的是双反射镜。

单反射镜分为球面镜和非球面镜(抛物面、椭球面和双曲面镜)系统。图 8-16 给出了四种单反射镜，分别由对应的曲线绕对称轴旋转得到，其光学焦距都是顶点曲率半径的一半，即 $f'=r/2$ 。球面反射镜和抛物面反射镜可单独使用，图 8-17 所示为两种常用的抛物面反射镜；椭球面和双曲面反射镜由于其光学焦点和几何焦点不重合，慧差大，像质欠佳，所以通常需和其他反射镜组合成双反射镜系统使用。

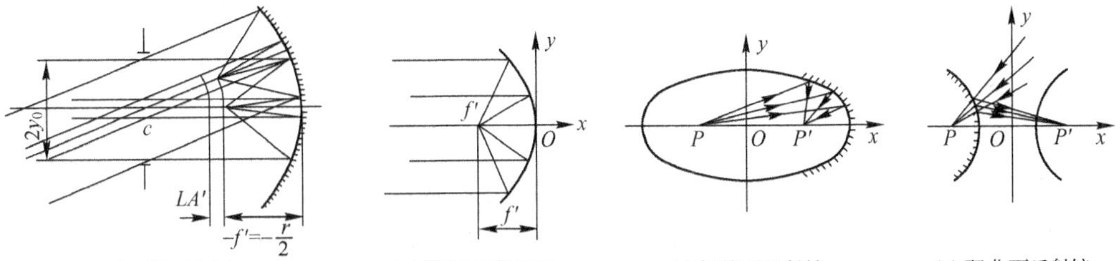

(a) 球面单反射镜　(b) 抛物面反射镜　(c) 椭球面反射镜　(d) 双曲面反射镜

图 8-16　单反射镜的四种形式

单球面镜和抛物面反射镜的焦点通常均在入射光路内，若在焦点放置接收器，则装调不方便，并会产生遮挡。通常采用在反射镜光路里加另一个反射镜的方法把焦点引到主反射镜之外，构成双反射镜系统。

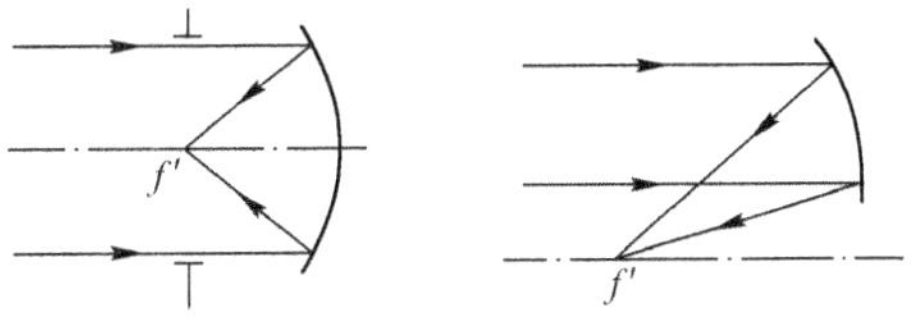

(a) 光阑位于焦面（同轴）　(b) 焦点在入射光束之外（离轴）

图 8-17　两种常见的抛物面反射镜

常用的双反射系统有牛顿系统、卡塞格伦系统和格里高里系统，其基本结构如图 8-18 所示。

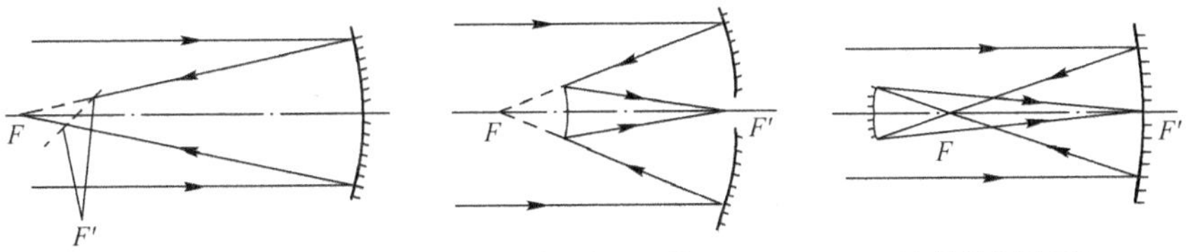

(a) 牛顿系统　(b) 卡塞格伦系统　(c) 格里高里系统

图 8-18　双反射镜系统的基本结构

牛顿系统：由抛物面主镜和平面次镜组成，次镜在主镜焦点附近与光轴成 45° 角。由于主镜是抛物面反射镜，对轴上无穷远点无像差，像质只受衍射限制，弥散圆为艾里圆，但轴外像差大，常用于像质要求高的小视场红外系统中。特点是镜筒长、质量大。

卡塞格伦系统：由抛物面主镜和双曲面次镜构成。次镜位于主镜焦点之内，双曲面镜的一个焦点与抛物面镜焦点重合，另一个焦点为整个系统的焦点，系统无穷远轴上点没有像差。特点是焦距长、镜筒短、结构紧凑、会聚光束通过主反射镜中心的孔，使焦面上便于放置接收器件，但非球面加工较困难。

卡塞格伦系统广泛用于微光夜视系统中，且为消除不同像差而发展有多种结构，如椭球-球面系统可消除球差，双曲面系统可同时消除球差和慧差。

格里高里系统：由抛物面主镜和椭球次镜组成。次镜位于主镜焦距之外，椭球面的一个焦点和抛物面主镜焦点重合，另一个焦点为整个系统的焦点。系统对无穷远轴上的点没有像差。

格里高里系统也有其他组合形式，如主次镜都用椭球面可同时消除球差和慧差。

（3）折反系统

为获得好的像质，反射式物镜系统需要采用非球面镜，而非球面镜加工和检验困难，成本高。于是，人们研究改进反射系统，把反射镜的主镜和次镜都采用球面镜，用加入补偿透镜的方法校正球面镜的球差，构成折反射物镜系统。折反射物镜可实现大口径、长焦距。常用的折反射物镜有施密特系统、曼金折反射镜、包沃斯-马克苏托夫系统及包沃斯-卡塞格伦系统。

施密特系统：由球面反射镜和位于球面反射镜曲率中心的球面或非球面校正透镜组成，该校正透镜又叫施密特校正板，其工作原理见图 8-19(a)。球面反射镜没有色差，将光阑放于反射镜中心时没有慧差和像散，只产生球差和场曲；校正板校正球面反射镜的球差。为避免产生其他像差，校正板通常做得很薄，且位于反射镜曲率中心。由于校正板边缘比中心厚，光线通过校正板时会由于强折射而产生色差。为克服这一缺点，又产生了改进后的施密特校正板，见图 8-19(b)，系统的相对孔径可达 1∶0.65。

曼金折反射镜：由球面反射镜和与之相贴的负透镜组成，见图 8-20(a)。球面反射镜的光阑就是它本身，各种像差都有，负透镜的作用是减小它的球差，但又增加了色差。该系统造价低，安装较简单，目前仍被采用。曼金折反射镜常被用在卡塞格伦系统中，见图 8-20(b)。其主镜为球面反射镜，曼金折反次镜做成消色差的组合透镜。如果要进一步减小球差，主镜也可改用曼金折反射镜。

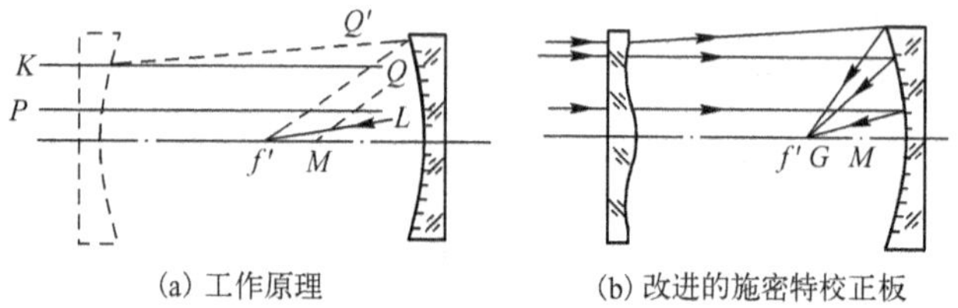

(a) 工作原理　　(b) 改进的施密特校正板

图 8-19　施密特校正板

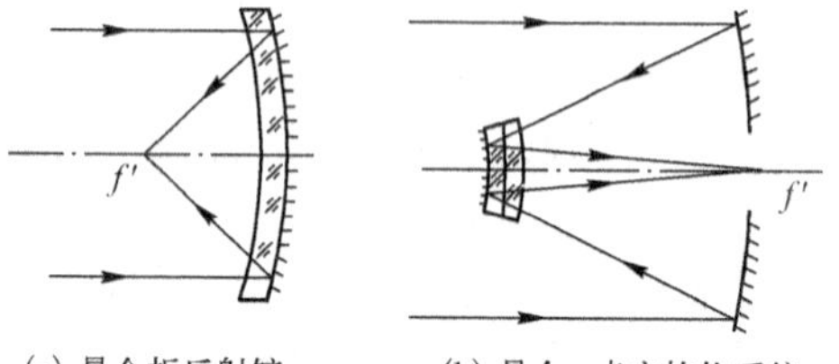

(a) 曼金折反射镜　　(b) 曼金-卡塞格伦系统

图 8-20　曼金折反射镜

包沃斯-卡塞格伦系统：由于包沃斯系统的焦点在球面反射镜和校正透镜中间，放置接收器会造成中心挡光，为此发展了包沃斯-卡塞格伦系统(见图 8-21)。该系统把校正透镜的中心部分镀上铝或银等反射层作为次镜，将焦点引到主反射镜之外。

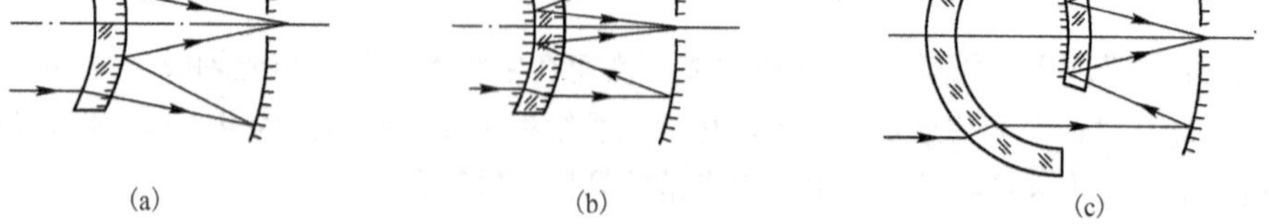

(a)　　(b)　　(c)

图 8-21　包沃斯-卡塞格伦系统

包沃斯-马克苏托夫系统：把曼金折反射镜的球面反射镜和负透镜分开就构成了包沃斯-马克苏托夫系统(见图 8-22)。由于多了反射镜和负透镜第二个面的间距及透镜第二个面的曲率半径两个变量，可消去更多的像差，像质比曼金折反射镜有更大的改进。

微光成像系统用折反物镜结构比红外系统稍复杂，因为取材容易且价格较低，复杂的结构使像差校正更好。图 8-23 所示微光望远镜的折反物镜由一对薄透镜、一对反射镜和一个校正透镜组成，薄透镜的位置靠近主反射镜焦点，负薄透镜中央部分镀反射膜层。作为次反射镜，主反射镜中部为通孔，放置校正透镜，来自场景目标的光线经透镜和反射镜，再经校正透镜到达像增强器的光阴极面。系统可在宽光谱情况下消除色差，性能良好。

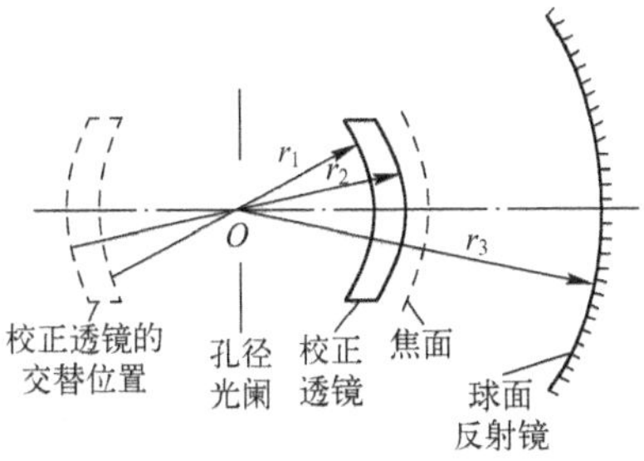

图 8-22　包沃斯-马克苏托夫系统

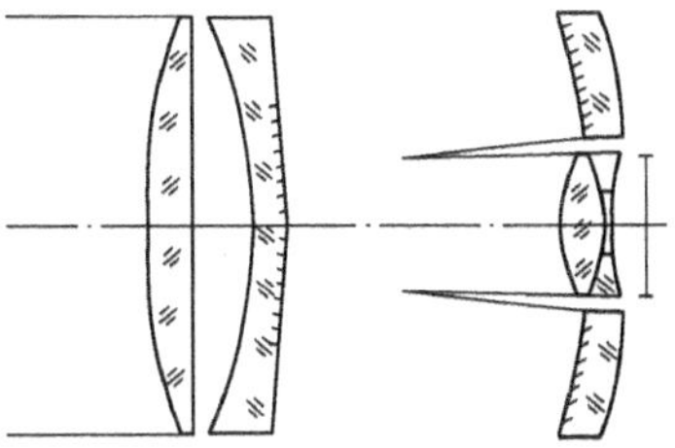

图 8-23　微光望远镜用折反物镜

2．目镜系统

图 8-24 示出了微光夜视系统中常用的几种目镜系统。

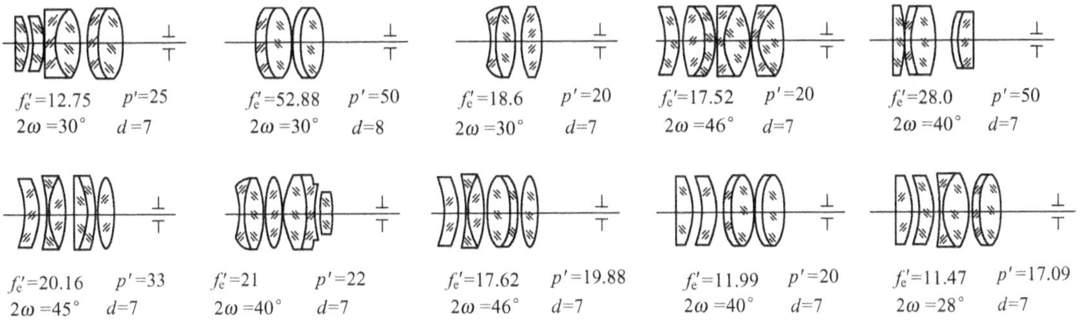

图 8-24　微光夜视系统中常用的目镜系统(目镜组)

8.4　微光成像系统性能分析

8.4.1　微光成像系统参数对成像性能的影响

直视微光成像系统的性能受三个方面的限制，即光子噪声的限制、系统光学性能的限制和人眼视觉性能的限制。对于总体性能来说，在设计过程中主要考虑光学系统、像管以及与人眼的匹配等相关参数。

1．理想像增强器系统的极限分辨特性

在纯光子噪声限制下，理想(内部无噪声)像增强器系统的极限性能可由下式给出：

$$\alpha_k = \frac{2(S/N)}{DC}\sqrt{\frac{(2-C)e}{L_0 \tau t s}} \tag{8-7}$$

式中，α_k 为系统受光子噪声限制的极限分辨角；D 为物镜有效直径；C 为目标对比度；e 为电子电荷；L_0 为目标亮度；τ 为物镜透射比；t 为系统积累时间；s 为光阴极灵敏度。

在较高输入光度下，像增强器的光学性能为主要限制因素，若像增强器光阴极面上极限分辨率为 m，物镜焦距为 f'，则系统的最小光学分辨角为

$$\alpha_t = \frac{1}{mf'} \tag{8-8}$$

由于总分辨角 α_0 和系统各部分分辨角之间的关系为

$$\alpha_0^2 = \alpha_1^2 + \alpha_2^2 + \alpha_3^2 + \alpha_4^2 + \ldots + \alpha_n^2 \tag{8-9}$$

则由上述三式，可知光子噪声和光学系统分辨率共同限制的理想系统极限分辨角为

$$\alpha_0 = (\alpha_k^2 + \alpha_t^2)^{1/2}$$

$$= \left[\left(\frac{2(S/N)^2}{DC}\right)\frac{(2-C)e}{L_0\tau ts} + \left(\frac{1}{f'm}\right)^2\right]^{1/2} \tag{8-10}$$

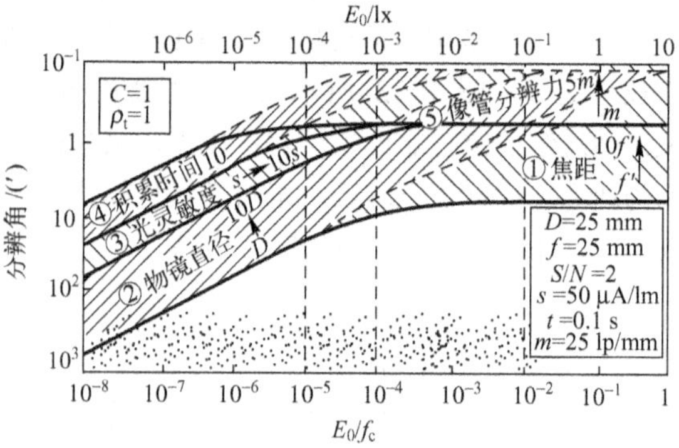

图 8-25　物镜和像增强器参数对系统极限分辨特性的影响

由式(8-10)确定的极限分辨角随目标亮度变化曲线如图 8-25 所示。位于实线下面条件的物体细节是可分辨的，而实线上面的所有目标细节是不可分辨的。当考虑光学系统和像增强器的 MTF 时，系统极限分辨率在不同目标亮度下都有所下降。

2．物镜和像增强器参数对系统极限分辨率的影响

在像增强器暗噪声可忽略的前提下，物镜和像增强器参数对系统极限分辨特性的影响如图 8-25 所示(C=1，$\rho_t = 1$)。

① 物镜焦距从 f' 增大到 10 f'，在大于星光照度 10^{-3} lx 情况下，系统分辨率得到明显改善，反之则改善很小；

② 物镜直径从 D 增大到 10D，在低于满月光 10^{-1} lx 情况下，系统分辨率得到明显改善，大于满月光，改善很小；

③ 光阴极灵敏度从 s 提高到 10s，在低于 10^{-2}lx 照度范围内，系统得到最大改善；

④ 增加系统积累时间 t 得到与光灵敏度 s 类似的改善；

⑤ 提高像增强器极限分辨率 m_0，在 10^{-4}～10^{-1}lx 目标照度范围对系统分辨率提供一般的改善。当 D、s、t 一起增加时这种改善更有意义。

需要指出，上述分析中具体的照度值范围可能随系统参数和目标特性而有所改变，但其反映出在低、中、高照度条件下对系统性能的影响规律是一致的。

3．像增强器暗背景噪声对系统极限分辨率的影响

像增强器存在的噪声(如暗噪声等)将使像管输出图像对比度恶化，分辨率下降。设像增强器等效背景照度为 E_b，其相应在目标场景上附加一个暗背景亮度 L_b 为

$$L_b = \frac{4}{\pi\tau R_A^2} E_b \tag{8-11}$$

式中，R_A 为系统物镜的相对孔径。

若目标的固有亮度为 L_0，则目标亮度变成 $L_0' = L_0 + L_b$。目标的表观对比度 C 和 α_k 分别变为 C' 和 α_k'：

$$C' = C\Big/\left(1+\frac{L_b}{L_0}\right) \quad \alpha_k' = \alpha_k\left[1+\frac{2L_b}{L_0(2-C)}\right]^{1/2} \tag{8-12}$$

将 L_0' 和 C' 对应的 α_k' 代入式(8-10)对应的 α_k 项，经过整理得到

$$\alpha_0=\left[\left(\frac{2(S/N)}{DC}\right)^2\frac{(2-C)\cdot e}{\pi L_0\tau_0 ts}\left[1+\frac{8E_b}{\pi L_0\tau R_A^2(2-C)}\right]+\left(\frac{1}{m_0 f_0'}\right)\right]^{1/2} \tag{8-13}$$

即当像增强器存在 E_b 时，系统极限分辨角增大。为使系统性能尽可能达到光子噪声限，像增强器暗背景噪声应尽可能减小。通常要求

$$\frac{8E_b}{\pi L_0\tau R_A^2(2-C)}\ll 1 \qquad 或者 \qquad E_b\ll\frac{\pi L_0\tau R_A^2(2-C)}{8} \tag{8-14}$$

从式(8-14)可以看出：当目标亮度 L_0 很高时，像增强器暗背景噪声 E_b 影响很小，$\alpha_k'\to\alpha_k$；L_0 下降时，E_b 影响相应增大，以致信号被噪声淹没。为最大限度地减小 E_b 的影响，可采用大相对孔径物镜，若取 $R_A=1$，$\tau=0.8$，并假定 C=1，则 $E_b\ll L_0/10$，即像增强器 E_b 远小于目标亮度的1/10。

受光子噪声和系统光学性能共同限制的有暗背景噪声的像增强器的极限分辨角为

$$\alpha_0=(\alpha_k'^2+\alpha_t^2)^{1/2} \tag{8-15}$$

图 8-26 绘出了以 E_b 为参量的大、中、小三种系统的极限分辨角和目标照度的关系曲线。无论对哪一种系统，在满月光照度下，E_b 即使增加到 10^{-5} lx，对系统极限分辨角的影响也很小，但在晴朗星空和阴云夜空的低照度下暗背景噪声对各系统性能均有很大影响。

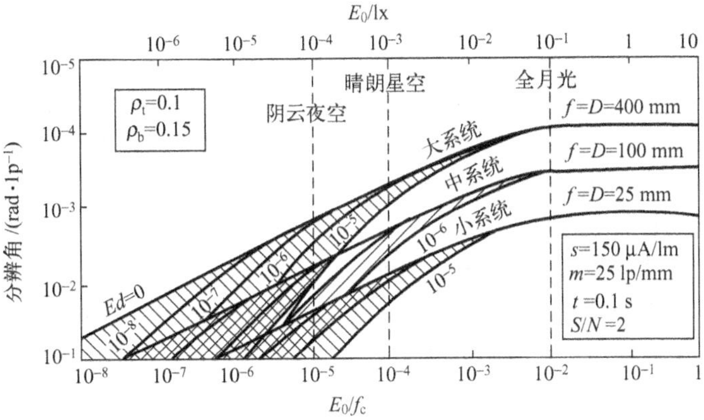

图 8-26　像增强器暗背景对理想微光成像系统性能的影响

4. 人眼与像增强器系统的最佳匹配

在前面的讨论中，相当于假定微光夜视系统的极限性能不受人眼视觉的限制，实际上，还需获得像增强器系统与人眼之间的匹配。为便于讨论，把系统分为两部分：一是物镜与像增强器的组合；二是目镜与人眼的组合（“人工助视眼”）。

为便于比较，把物镜与像增强器组合的极限分辨特性表示为像增强器荧光屏目标亮度 L_a(人眼观察目标亮度)与该组合的空间分辨率之间的函数关系，即

$$L_a=GE_c \tag{8-16}$$

式中，G 为像增强器亮度增益；E_c 为入射到光阴极上的照度。

$$E_c=\frac{\pi}{4}L_0\tau R_A^2 \tag{8-17}$$

因而

$$L_0=\frac{4E_c}{\pi\tau R_A^2}=\frac{4}{\pi\tau R_A^2}\frac{L_a}{G} \tag{8-18}$$

在光子噪声限制下，光阴极上极限分辨率为

$$m=\frac{1}{2\alpha_k f'}=\frac{R_A c}{4(S/N)}\sqrt{\frac{L_0\tau ts}{(2-C)e}} \tag{8-19}$$

由上述两式可建立起物镜像增强器组合受光子噪声限制时，屏上极限空间分辨率 m_a 与荧光屏

上目标像亮度之间的关系(假定电子光学系统线倍率为 1)：

$$m_{\mathrm{a}} = \frac{c}{2(S/N)}\sqrt{\frac{L_0 \tau t s}{(2-C)eG}} \qquad (8\text{-}20)$$

图 8-27 实线为像增强器亮度增益从 10^2～10^5 的一组屏上极限分辨率和目标亮度之间的关系曲线。

由人眼视觉特性可知，人眼视觉分辨率与观察视场亮度有关，在忽略目镜光损失和像差的情况下，目镜助视眼的视觉锐度曲线等于人眼锐度曲线乘以目镜放大率(见图 8-27 中的虚线)。

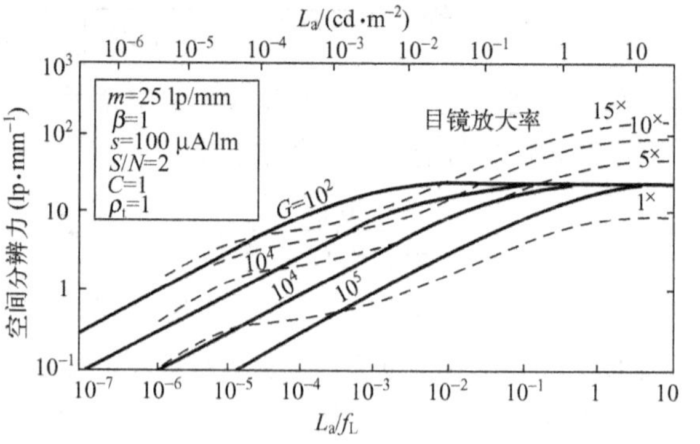

图 8-27 理想像增强器与目镜助视眼极限分辨特性的比较

比较两组曲线可以看出：为使人眼特性不限制整个系统性能，要求在任一目标像亮度下，目镜助视眼的锐度特性曲线都应高于物镜像增强器组合的空间分辨率，以使系统性能不受人眼限制。由图 8-27 可以看到：在使用 15 倍目镜时，在屏上目标像亮度范围内，G 必须大于 10^3 才能符合要求，在中等光度区，目镜助视眼特性曲线下弯。成像系统用目镜通常在 13 倍以下，因而要求像增强器有较高的 G。

8.4.2 微光成像系统总体设计分析

由前面的讨论可以知道，只要系统输出的图像亮度、对比度和分辨角能满足人眼视觉特性的要求，合适的物镜、像增强器和目镜构成的直视微光成像系统可以改善人眼在低照度下的视觉性能。下面以一种典型的小型直视微光成像系统为例，简要说明其总体设计过程。

1. 设计指标要求分析

（1）功能：微光瞄准镜主要用于夜间配用发射器，实施观察、瞄准和发射功能。

（2）总体要求：质量小于等于 1.3kg；微光瞄准镜操作使用方便，作用可靠，安装调校方便、迅速，便于射击操作；包装简单，易于携带。

（3）主要技术指标：视场不小于 10°；放大率为 $4^{\times}$；作用距离在晴朗天空，目标与背景的对比度为 35%的条件下，对卡车正面识别距离不低于 500m；在 1×10^{-1} lx 照度下，目标与背景的对比度为 85%～90%时，分辨率不大于 0.42mrad；在 1×10^{-3} lx 照度下，目标与背景的对比度为 35%～40%时，分辨率不大于 0.75mrad；像增强器为高性能超二代像增强器。

从前面的设计指标要求来看，本设计属于作用距离较远的直视微光成像系统。设计要求有较高的像质，故设计的关键是像增强器的选型。因设计指标已经指定高性能超二代像增强器，因此需要从该系列像增强器中进行指标筛选，以满足本系统的设计指标。

2. 像增强器的选择

像增强器的性能参数是基本确定的数据，具体选用像增强器时根据视距要求和用途而定。因为成像系统的主要性能受像增强器限制，因此需要首先选定。

一般地，对 100m 左右视距的系统(如车辆驾驶仪、头盔眼镜等)，可选一代单级像增强器，这样可在满足增益要求条件下降低成本；车辆驾驶仪多为潜望镜式，物镜焦距较长，为保证合适的视场角(30°～50°)，要选光阴极直径较大的像管；头盔眼镜要求小巧轻便，要选用小型管，在成本不太重要时，可选用二代、二代半以至于三代像增强器；视距 600～1000m 的微光夜视仪，如车长指挥镜、炮长瞄准镜，远距离侦察仪器等视距远、总倍率高、物镜焦距较长的，可选级联、二代倒像管以及高性能超二代像增强器等管型。

在选择像增强器时，除考虑主要的极限分辨率 m、增益 G 和噪声等效背景 EBI 等性能参数外，还需要注意几点：

（1）像增强器的输入输出窗。应注意像增强器的输入和输出窗类型。输入窗的选择因素之一是光谱匹配要求，输出窗决定于后续的应用模式(如级联耦合、CCD 光锥耦合或直接观测等)，选择光学玻璃、纤维光学面板(Fiber-Optic Plate，FOP)或 FOP 扭像器等。

（2）荧光屏类型。材料及工艺决定荧光屏发光的波长范围和效率，也对荧光屏的分辨率有着重要影响。目前较成熟的工艺过程可使荧光屏的分辨率达到 120lp/mm 以上。对于选通型像增强器，应考虑系统响应时间对荧光屏余辉的要求。

（3）调制传递函数(MTF)。MTF 表征了对不同空间频率正弦亮度分布条纹的调制度衰减特性，能够比较完整地描述像增强器的空间传递特性。

（4）信噪比(SNR)。SNR 对于低照度下微光夜视对景物目标探测和识别具有重要作用。

美国近年来提出一种新的质量评价指标——品质因数 $D=m\times$SNR，并规定 $D<1250$ 可向不结盟国家出口(相当于美国 20 世纪 80 年代水平)；$D<1600$ 可向北约及“金色七国(澳/日/韩/以色列/埃及/阿根廷/巴林)”出口；$D>1600$ 则在美国国内使用。目前的典型高性能像增强器品质因数如图 8-28 所示。

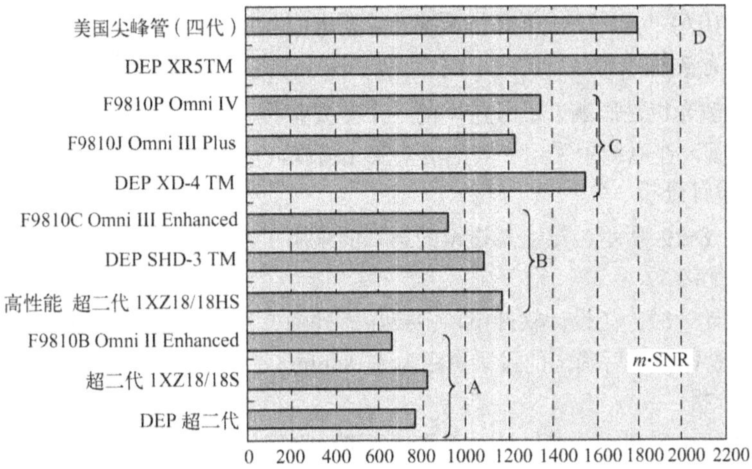

图 8-28 典型高性能像增强器的品质因数

工程应用中还应考虑最大输出亮度及亮度均匀性、质量、功耗、MTBF 等工作性能参数。

根据前述需要考虑的诸点问题，本系统采用 1XZ18/18 高性能超二代像增强器，该管型具有分辨率高、灵敏度高、信噪比高、MTF 高等优点，完全满足本系统设计，主要性能参数如表 8-3 所示。

表 8-3 1XZ18/18 高性能超二代像增强器的主要参数

有效输入/输出直径/mm		18/18
亮度增益/[cd/(m^2·lm)]		8000～16000
灵敏度	@2856K	600μA/lm
	@800nm	50 mA/W
	@850nm	40 mA/W
分辨率（轴上）/(lp/mm)		55
调制传递函数/%	2.5lp/mm	86
	7.5lp/mm	72
	15lp/mm	54
放大率（轴上）		1
等效背景照度/μlx		0.25
信噪比（$E_K=1.08\times10^{-4}$lx）		20
最大输出亮度/(cd/m^2)		12～16

3．望远物镜系统设计分析

前面已经介绍过，常见的望远物镜有折射式、反射式和折反射式三种型式。这些常用的望远物镜基本上都是由薄透镜系统或反射系统构成的，且多数望远物镜的相对孔径和视场都不大，高级像差比较小，因此多数望远镜物镜的设计方法都可以建立在薄透镜初级像差理论的基础上，比较简单，也比较系统。整个设计过程可以大致分为三个步骤：

（1）根据外形尺寸计算对物镜的焦距、相对孔径和视场以及成像质量提出的要求，选定物镜的结构；

（2）应用薄透镜系统初级像差公式计算透镜组的初始结构参数；

（3）通过光路计算求出实际像差，然后进行微量校正，得到最后结果；

综上所述，为了减轻整机质量，本系统设计时采用了四片折反射的物镜结构形式，这是一项成熟的结构。基本参数有：

（1）物镜焦距、孔径

当像增强器选定以后，物镜组件的各项参数指标将起关键作用。经过分析计算，为统筹产品分辨率、质量、外形尺寸等要求。因为物镜的 T 数与焦距将直接影响到系统的分辨率，故选择物镜焦距为 96mm，通光孔径为 ϕ72mm。

（2）物镜的调制传递函数、T 数

物镜的调制传递函数是衡量物镜传递景物对比度能力大小的参量，其好坏将直接影响输入级的光学信噪比，是关系到产品分辨率好坏的重要指标。根据所选像增强器情况，系统物镜调制传递函数设计结果如表 8-4 所示。

表 8-4　物镜调制传递函数数据

空间频率/（lp/mm）	10	20	30	40
调制度（轴上）/%	90	80	70	60

若取物镜的透过率为 0.6，则物镜的 T 数为 $T = F/(\tau)^{1/2} = 1.33/(0.6)^{1/2} = 1.72$，可满足系统设计要求。

（3）物镜的杂光系数

折反物镜中杂散光也是影响产品分辨率的一个重要参数。为了消除杂散光，在物镜的光学设计中运用了消杂光光阑，在系统中采用了其他消杂散光措施，可达到令人满意的效果。

4．目镜系统设计分析

目镜结构如图 8-29 所示，第一片透镜的第二面采用了非球面设计，其他不变，并采用光学设计软件对其进行了优化。

与物镜系统设计一样，在设计软件中，主要从点列图、光学传递函数、像差、球差及色差等环节进行了参数调整设计，最后确定的目镜焦距为 22.84mm。

5．分划设计分析

除了具有基本的微光观察功能以外，系统还需要兼备瞄准功能，因此需要设计分划。本系统的分划投影系统采用了有利于消除系统杂光的投影结构形式，系统整体光路原理如图 8-30 所示。图中分划板由投影系统成像在像管输入窗，完成与观察图像的组合，实现瞄准功能。

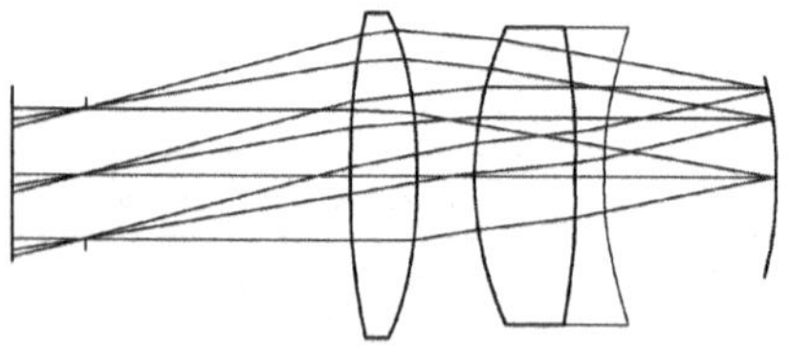

图 8-29　目镜结构

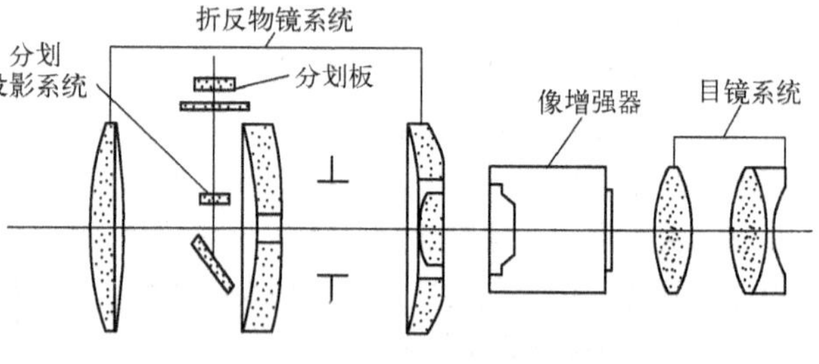

图 8-30　系统整体光路原理

6．成像系统的光学性能计算

系统中像增强器的光阴极位于物镜后焦面，荧光屏位于目镜的前焦面（见图 8-31），由此可以根据几何关系，基于系统极限性能确定系统的主要光学参数。

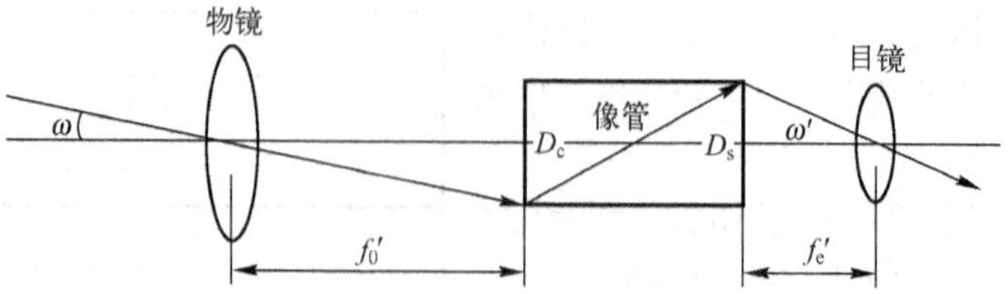

图 8-31　直视微光成像系统的视场与放大率

（1）视场

直视光电成像系统的视场光阑为像管光阴极的固定框，故系统视场

$$\omega = \arctan\frac{D_c}{2f_0'} \tag{8-21}$$

式中，ω为物镜半视场角；D_c为光阴极有效工作直径。即物镜确定后，视场越大则要求光阴极直径越大；在选定像管后，应设计相应焦距的物镜来满足视场要求。

本系统采用的是 1XZ18/18 高性能超二代像增强器，输入窗为 18mm，系统物镜焦距为 96mm，代入式(8-21)中，得到系统视场 $2\omega=10.6°$，可见其满足前面总体指标要求的视场不小于 10°。

（2）角放大率

角放大率是光学望远仪器系统中的一个重要技术指标，它取决于观察者需要观察的目标距离和区域。一般情况下，微光夜视仪的放大率越大，观察的距离就越远，但相应地观察视场也越小。为了不丢失目标信息，需要观察搜索的次数就越多。对于观察者来说，希望通过微光夜视仪观察到的目标和对距离的感受同没有使用仪器时一样真实。因此，系统放大率一般取为 $4^{\times}$左右。

系统的角放大率可表示为

$$\gamma = \frac{\tan\omega'}{\tan\omega} = -\frac{f_0'}{f_e'}\beta \tag{8-22}$$

式中，β为像管放大率；$2\omega'$为目镜的视场角；f_e'为目镜焦距。

在选定像管的情况下，系统的放大率取决于物镜和目镜的焦距之比。

对于本系统来说，物镜焦距 f_0'=96mm，目镜焦距为 22mm，像管的放大率β=1。因此，由式(8-22)可得系统放大率为 $4.2^{\times}$，满足相关设计要求。

（3）分辨率

按像增强器输出端闪烁信噪比公式，对 1×10^{-3} lx、35%对比度环境条件下对应的分辨率进行分析计算，计算关系式为

$$\alpha = \frac{2K}{MCD}\sqrt{\frac{2ef}{(\rho_1+\rho_2)ESt\tau e^{-RL}}} \tag{8-23}$$

式中，K为阈值信噪比，取 1.2；M为系统调制传递函数；C为景物对比度，按 35%要求，系统空间频率取 15 lp/mm 左右，故 $MC=M_1\times M_2\times M_3\times C=0.85\times0.54\times0.8\times0.35=0.12852$；$D$为物镜的有效孔径，$D$=72mm=0.072m；$e$为电子电荷数，取为 1.6×10^{-19}Q；f为像增强器的噪声功率因子，取 $f=0.1266S/K^2_{out}$，按 1XZ18/18 像增强器的参数，K_{out}=6.3，对应的 f=1.914；$\rho_1+\rho_2$为背景目标反射率之和；E为环境夜天光照度，取星光 1×10^{-3} lx；S为光阴极的积分灵敏度，取 6×10^{-4}A/lm；τ为物镜的透过率，$\tau=\tau_1\cdot\tau_2$，取 0.6；t为人眼的积累时间，取 0.2s；e^{-RL}为大气透过率，其中 R为大气透过比，晴朗大气 R=0.1665，L为目标距离(km)，取 L=0.5 km，则 e^{-RL}=0.92。

按照指标规定条件：$E=1\times10^{-3}$lx，$\rho_1=0.9$，$\rho_2=0.44$，$C=35\%$，e^{-RL}=0.92

将以上数据代入式(8-23)计算可得$\alpha=0.68$mrad，满足指标不大于 0.75mrad 的要求。在 1×10^{-1} lx 照度下，式(8-23)可近似用下式估算：

$$\alpha = \frac{1}{m\cdot f_{物}} \tag{8-24}$$

式中，m为线对数，在 1×10^{-1}lx 照度下，85%对比度条件下取 m=28 lp/mm；$f_{物}$=96mm，为物镜的焦距。

将以上的相关数据代入式(8-24)，计算得到$\alpha=1/(28\times96)=0.37$mrad，满足指标不大于 0.42 mrad 的要求。

（4）出瞳和出瞳距离

由于直视微光夜视成像系统的物镜和目镜被像增强器隔开，物方和像方光线不为直接的共轭关系，所以需要分别讨论物镜和目镜对光束的限制。

如图 8-32 所示，物镜口径 D 限制成像光束而成为成像系统的孔径光阑；光阴极面有效工作直径 D_c 限制系统的成像范围而成为视场光阑。

目镜系统由像管荧光屏和目镜组成。屏上的像是目镜系统的物，故荧光屏的有效成像面决定了目镜成像范围，对应的目镜视场角(系统的像方视场角)为

$$2\omega' = 2\arctan\frac{D_s}{2f_e'} \tag{8-25}$$

式中，D_s 为荧光屏有效工作直径；f_e' 为目镜焦距。

对于直视微光夜视成像系统，人眼通过目镜观察，目镜的出射光束进入人眼成像，故光束口径取决于人眼瞳孔的大小和位置，即人眼瞳孔 d 为系统出瞳，眼睛到目镜后表面的距离 p'为出瞳距离。出瞳距离与目镜有效直径的关系如图 8-33 所示。设目镜为一薄透镜，有效直径为 D_e，P_A'为无渐晕时的最大出瞳距离，则无渐晕时

$$D_e = 2P_A{}' \tan\omega' + d \tag{8-26}$$

即在系统目镜视场 ω' 确定时，目镜有效直径随出瞳距离而加大。

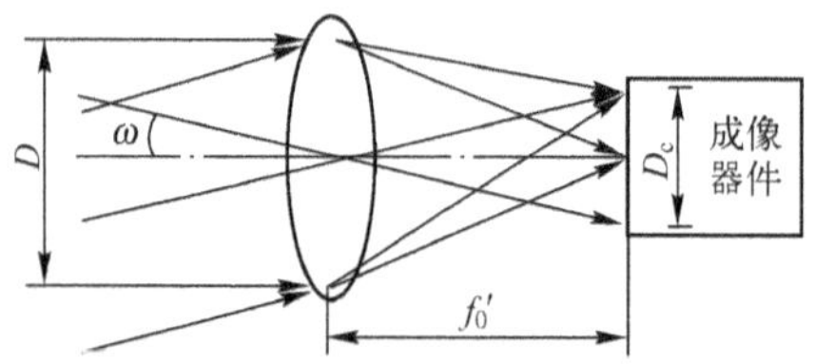

图 8-32　成像系统的物镜系统

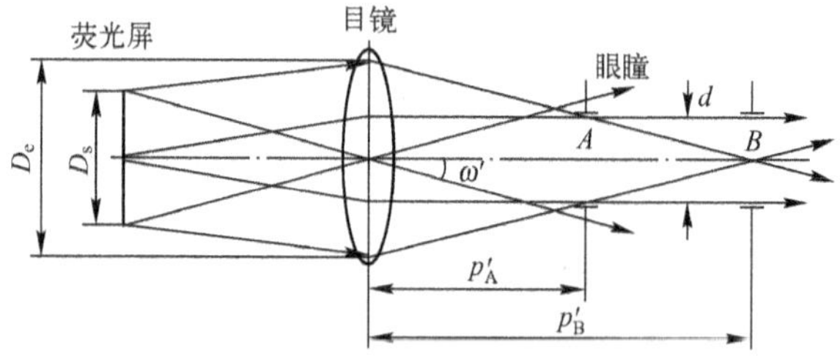

图 8-33　出瞳距离 P'与目镜有效直径 D_c 的关系

设 P_B'为 50%渐晕时的出瞳距离，则对应的出瞳距离为

$$P_B' = p_A' + \frac{d}{2\tan\omega'} \tag{8-27}$$

由于微光夜视成像系统在出瞳距离上没有视场光阑像存在，因此，出瞳距离便是观察者实际工作时眼瞳的位置。

由于人眼瞳孔随着仪器出射亮度的变化而变化，瞳孔的变化范围决定目镜出瞳直径范围，一般出瞳直径应大于人眼瞳孔所需变化的范围。在实际工作中为避免因震动使人眼脱离目镜视场，导致观察者难以观察目标，出瞳直径应尽可能取得大一些。但受光学系统成像质量的限制，出瞳直径不可能取得太大。因此在满足设计要求的前提下，本系统出瞳直径取 7mm。

考虑系统抖动和加装光栏眼罩的需要，出瞳距离设计值为 25mm。

7. 系统结构设计

设计完成的微光夜视成像系统由物镜组、像增强器组和目镜组三大部分组成。每个部分都是一个独立的整体，三部分之间由中间镜身组件连接，通过橡胶垫圈密封，以保证系统的气密性。

物镜组由光学元件、壳体、隔圈、垫圈、遮光筒以及分划投影系统等组成，在折反式物镜中央“盲区”设置分划投影系统，有效利用了系统空间，使设备比较紧凑，减小了设备的体积和重量。物镜组的结构如图 8-34 所示(不含分划投影系统)。

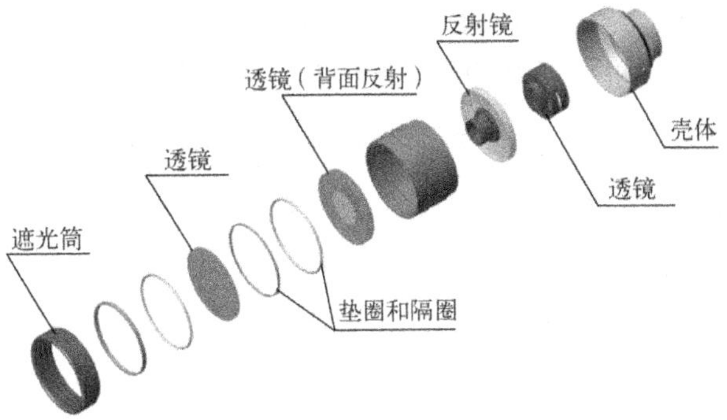

图 8-34　微光成像系统物镜组的结构(不含分划投影系统)

像增强器组由像增强器、壳体和供电电路组成。

目镜组由光学元件、壳体、隔圈、垫圈和眼罩组成。

8.5　选通成像技术及其应用

主动夜视成像系统与被动夜视成像系统不同，由于主动夜视系统的辅助照明光路与成像光路基本重合，因此，辅助照明光波在传输介质(空间为大气，水下为水体)传播过程中会产生光线的后向散射，导致所成图像的对比度下降，进而导致其作用距离的下降。下面以大气的后向散射为例进行讨论。水体中的情况可做类似拓展。

8.5.1　大气后向散射和选通原理

在主动红外成像系统中，照明系统安装在接收器附近，在照射远距离目标时，探照灯光轴非常接近成像系统光轴。照射光束在大气传输过程中受到大气散射，其中一部分后向散射辐射将进入观察视场，在成像面上形成一个附加背景，进而降低成像的对比度和清晰度。在能见度较差的情况下，这一影响是主动红外成像系统性能的一个基本限制因素。

1．大气的后向散射辐射通量

后向散射辐射通量的计算非常复杂，与大气的散射特性、接收器和照明器之间的距离、接收器视场角以及照明器的照明视场等多种因素相关。

为方便分析，在确保模型有效的情况下假定(图 8-35)：接收器光轴在通过大气的路程上是水平的；散射粒子在辐射传播路程上均匀分布（散射系数为常数）；照明光束均匀照射；照明器与接收器视场开始交叠的距离 l_0 远大于两者间的距离(近似同轴)。

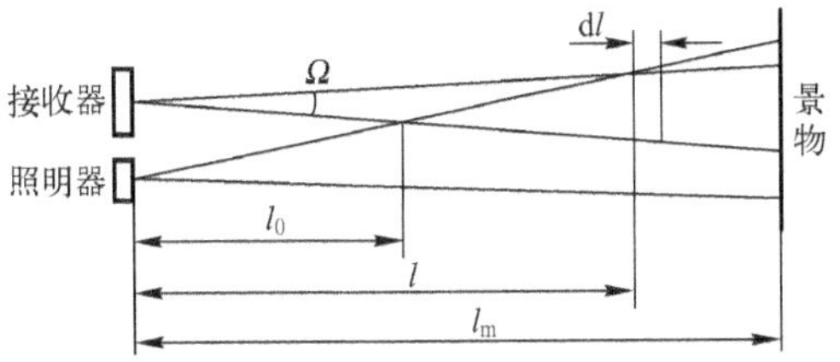

图 8-35　大气后向散射

考虑接收器视场内一个立体角元Ω 的情况。设照明器辐射强度为 I_0，目标的距离为 l_m，则某一距离 l 处立体角元Ω 内的辐射通量为

$$\Phi(l) = I_0\Omega\exp(-kl) \tag{8-28}$$

对应距离 l 处 dl 路程上损失的通量为

$$\mathrm{d}\Phi(l) = -I_0\Omega k\cdot\exp(-kl)\,\mathrm{d}l \tag{8-29}$$

损失的通量由大气吸收和散射造成。在可见光和近红外波段大气对红外的吸收很小，可以忽略不计，即认为光谱段内辐射衰减主要由大气散射造成。衰减系数 k 与角分布函数 θ 的关系为

$$k = \iint_{4\pi}\sigma(\theta)\,\mathrm{d}\Omega_0 = 2\pi\int_0^{\pi}\sigma(\theta)\sin\theta\,\mathrm{d}\theta \tag{8-30}$$

式中，θ为辐射散射方向与照明方向的夹角；$\sigma(\theta)$为θ方向上单位立体角内的散射系数。

对于反向散射系数$\sigma(\pi)$，有学者测得轻霾和晴朗大气条件下$\sigma(\pi)$和衰减系数k的关系为

$$\sigma(\pi)=3.72\times10^{-2}k \quad 或 \quad \sigma(\pi)=\frac{k}{8\pi}=3.98\times10^{-2}k \tag{8-31}$$

两个结果相差7%，一般采用后者。

在距离l处$\mathrm{d}l$路程间隔上，接收器所张立体角Ω_0内的后向散射通量为

$$\mathrm{d}\Phi_{\mathrm{a}}(l)=I_0\Omega[\iint_{\Omega_0}\sigma(\pi)\,\mathrm{d}\Omega_0]\,\mathrm{d}l=\frac{k}{8\pi}I_0\Omega\mathrm{e}^{-kl}\Omega_0\,\mathrm{d}l \tag{8-32}$$

若接收器口径为D，则$\Omega_0=\pi D^2/(4l^2)$，代入式(8-32)得

$$\mathrm{d}\Phi_{\mathrm{a}}(l)=\frac{kD^2}{32l^2}I_0\Omega\mathrm{e}^{-kl}\,\mathrm{d}l \tag{8-33}$$

返回的散射通量在系统接收前还要经过再次散射而受到衰减，故在l_0和l_{m}之间立体角元Ω内后向散射并进入接收器的总通量为

$$\Phi_{\mathrm{ac}}(l_{\mathrm{m}})=\int_{l_0}^{l_{\mathrm{m}}}\mathrm{e}^{-kl}\,\mathrm{d}\Phi_{\mathrm{a}}(l)=\frac{kD^2}{32}I_0\Omega\int_{l_0}^{l_{\mathrm{m}}}\frac{\mathrm{e}^{-2kl}}{l^2}\mathrm{d}l \tag{8-34}$$

2．后向散射辐射通量对系统性能的影响

在辅助照明系统照射下，景物反射回来的辐射通量为

$$\Phi_{\mathrm{x}}(l_{\mathrm{m}})=\rho_{\mathrm{x}}I_0\Omega\mathrm{e}^{-2kl_{\mathrm{m}}}\frac{D^2}{4l_{\mathrm{m}}^2} \qquad (x=t,\ b) \tag{8-35}$$

由于Φ_{ac}的存在，接收器接收到的景物表观对比度为

$$C_1=\frac{[\Phi_{\mathrm{t}}+\Phi_{\mathrm{ac}}]-[\Phi_{\mathrm{b}}+\Phi_{\mathrm{ac}}]}{[\Phi_{\mathrm{b}}+\Phi_{\mathrm{ac}}]}=\frac{\rho_{\mathrm{t}}-\rho_{\mathrm{b}}}{\rho_{\mathrm{b}}}\left[1+\frac{\Phi_{\mathrm{ac}}}{\Phi_{\mathrm{b}}}\right]^{-1}=C_0\cdot T_{\mathrm{ac}} \tag{8-36}$$

式中，$C_0=(\rho_{\mathrm{t}}-\rho_{\mathrm{b}})/\rho_{\mathrm{b}}$为目标与背景的固有对比度；$T_{\mathrm{ac}}=[1+\Phi_{\mathrm{ac}}/\Phi_{\mathrm{b}}]^{-1}$称为对比度恶化系数。可以看出：确定表观对比度的关键是确定比值：

$$\frac{\Phi_{\mathrm{ac}}}{\Phi_{\mathrm{b}}}=\frac{kl_{\mathrm{m}}^2\mathrm{e}^{2kl_{\mathrm{m}}}}{8\rho_b}\int_{l_0}^{l_{\mathrm{m}}}\frac{\mathrm{e}^{-2kl}}{l^2}\mathrm{d}l=\frac{kl_{\mathrm{m}}^2\mathrm{e}^{2kl_{\mathrm{m}}}}{8\rho_{\mathrm{b}}}[\frac{1}{l_0}E(2kl_0)-\frac{1}{l_{\mathrm{m}}}E(2kl_{\mathrm{m}})] \tag{8-37}$$

$$E(z)=\int_1^{\infty}\frac{\mathrm{e}^{-zt}}{t^2}\mathrm{d}t \tag{8-38}$$

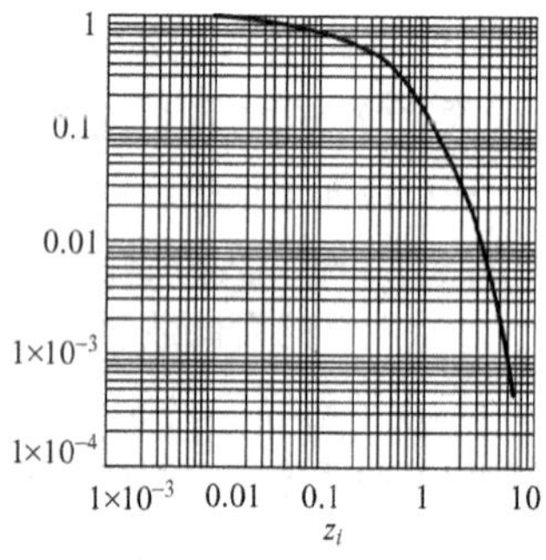

图8-36　指数积分$E(z)$的函数图解

图8-36所示的$E(z)$变化曲线可确定表观对比度。

8.5.2　选通成像基本原理

选通成像是短脉冲光辅助照明器和选通型像增强器通过在时间上分开来自不同距离上的散射光和来自目标的反射光，使得被观察目标反射回来的辐射脉冲刚好在像管选通工作时到达像管并成像的技术。由于辐射脉冲在投向目标过程中所产生的后向散射辐射到达接收器时，像管处于非工作状态，所以可减小后向散射对系统成像效果的影响。

选通型像增强器通常为静电型像增强器，照明器光源多采用脉冲激光光源。为保证足够的能量有时也采用激光二极管阵列。通常情况下，脉冲的脉宽为5～200ns，与光速对应的纵深距离(景深)约为1.5～60m，由此可有效减小其他路径范围上的后向散射影响。一般而言，脉冲的脉宽越短，越有利于消除后向散射的影响，但脉宽的减小将对选通像管的响应时间和选通控制提出更高的要求，在技术上增加难度和提高成本。

选通成像系统原理框图如图 8-37 所示。激光发生器由脉冲发生器控制，选通像管的选通电极由控制延迟器通过选通脉冲控制。脉冲发生器给激光发生器施加控制脉冲使激光器发射光脉冲，同时延迟器控制选通像管，通过设定的延迟配合同步工作。选通技术的另一优点是可精确测得辐射发出到返回接收器的时间，确定目标与观察者之间的距离。

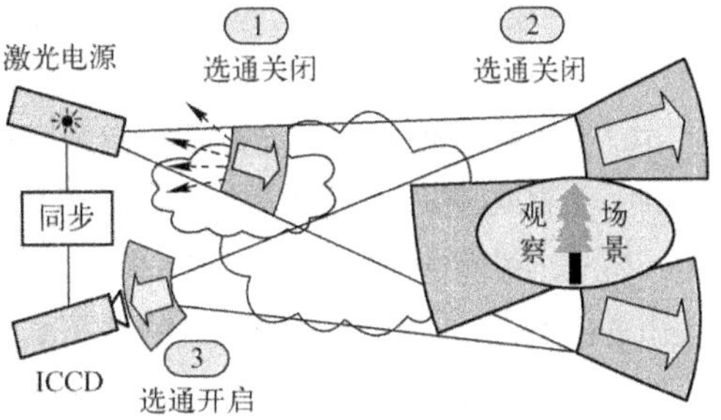

图 8-37　选通成像原理框图

8.5.3　选通成像技术的应用

根据经验，一般天气情况下，在观察距离大于 600m 时应考虑采用选通成像的方式提高视距，在有较为严重的雾霾时，必须利用选通成像的方式保证视距。此外，在水体中进行成像时，由于水体较空气有更大的媒介密度，后向散射的影响更加严重，所以必须采用选通方式工作才能获得较好的成像效果。图 8-38 所示为北京理工大学研制的水下选通成像装置；图 8-39 所示为成像效果比较。

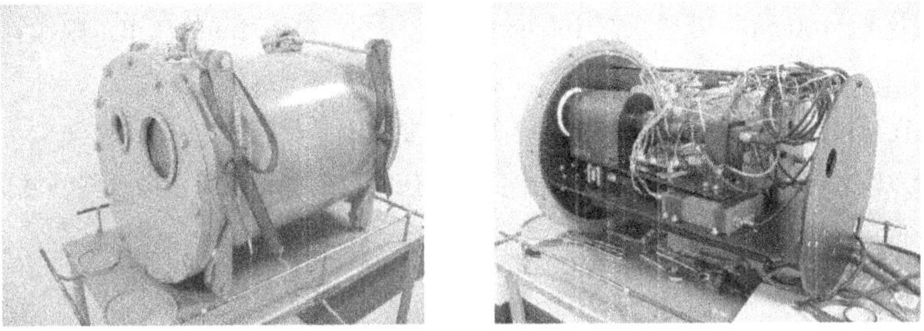

图 8-38　水下距离选通集成实验系统外观及内部组件

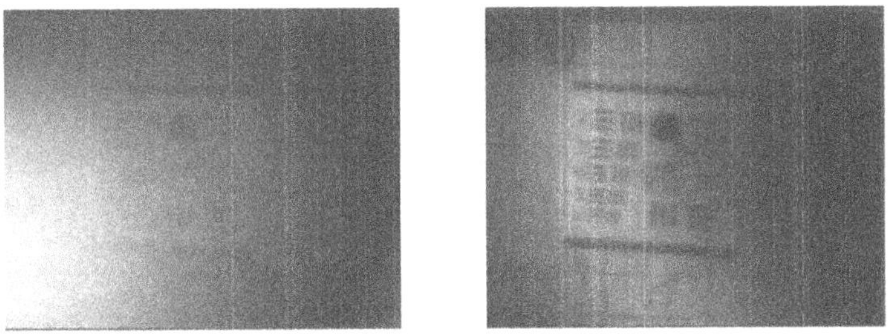

(a) 32m 处的非选通图像　　(b) 32m 处的选通图像

图 8-39　选通成像效果对比

习题与思考题

1. 试述主动红外成像系统的组成及工作原理。
2. 为什么说用主动红外成像系统观察一些可见光迷彩伪装时有可能获得较好的识别效果？
3. 试述直视微光成像系统与主动红外夜视仪的异同。
4. 主动红外成像系统对红外探照灯的基本要求是什么？
5. 目前常用的主动红外光源主要有哪些类型？
6. 为什么说大功率红外二极管作为主动红外光源具有比较好的应用开发前景？
7. 红外探照灯的几何结构是如何影响其基本光学性能的？试以抛物面反射镜为例说明。

8．夜视成像系统对物镜的基本要求是什么？

9．成像物镜主要分为哪几种类型？各种类型的典型形式是怎样的？

10．红外物镜相对于可见光物镜有什么不同？

11．直视型成像系统对目镜的基本要求是什么？

12．某火箭筒夜间瞄准镜要求放大率 γ=2.9$^{\times}$，视场 2ω= 8°，相对孔径 D/f_0'=1:1.6，出瞳直径 d=7mm，出瞳距离 p'=25mm，若选用 3BX201 红外变像管，试求系统的外形尺寸。

13．为什么说大气后向散射对主动红外夜视仪性能将产生不利影响？

14．为防止犯人越狱，需警戒人接近监狱围墙，试设想一种采用主动红外夜视仪作夜间警戒用的方案。

15．某红外发光二极管辐射强度 I=180mW/sr，峰值波长λ_m=870nm，光谱半波宽度$\Delta\lambda$=35nm，指向性半角宽度$\Delta\theta$=15°，辐射功率 P=15mW。若用此红外二极管作为主动红外成像系统的光源，在 15m 的高度上照射地面 20m×15m 的面积，产生与晴天(10^4 lx)太阳在[800nm，950nm]内辐照度相当的照度(例如 10%)时，试计算需要多少只这样的红外二极管来构成光源阵列？

16．简述直视微光成像系统对像增强器的要求。

17．物镜和像增强器的参数是如何影响系统的极限分辨率的？

18．试述像增强器背景噪声对系统极限分辨特性的影响。

19．微光夜视仪 f'=100mm，若要求在 1000m 距离上识别高度为 2m 的汽车，则像管的分辨率不能低于多少？

20．三代微光夜视仪比二代微光夜视仪视距提高的主要原因是什么？

21．选通技术为什么可以提高视距？选通技术目前的应用有哪些？还可以向哪些领域扩展？

第 9 章　红外热成像系统

能够摄取景物红外辐射分布图像，并将其转换为人眼可见图像的装置，称为红外热成像系统，或简称红外热像仪。实现景物红外热成像的技术称为红外热成像技术，主要工作于 3～5μm 和 8～14μm 辐射波段两个大气窗口。红外热成像技术是综合利用红外物理、半导体、微电子、真空、低温制冷、精密光学机械、电子学、信号处理、计算机、系统工程等获取景物红外热辐射图像，并将其转化成电信号，再用处理后的电信号驱动显示器，产生可供人眼观察热图像的一门高新技术。作为一种获取辐射图像信息的工具，红外热像仪可以用于生产过程监控、工程检测、图像拍摄、显微观察、医学图像分析、地质遥感、气象遥感和成像制导等多个领域。

9.1　红外热成像系统的构成

根据前述的红外探测器的工作原理，红外热成像系统可以分为制冷型和非制冷型。同样，按红外探测器像元数量与排列方式，红外热成像系统又分为光机扫描型和凝视型两种。

图 9-1 所示为光机扫描型红外热成像系统组成框图。整个系统包括红外光学系统、红外探测器及制冷器、电子信号处理系统和显示系统四个组成部分。该系统的光机扫描器是完成景物图像解析的重要工具，用于使视场内景物的二维辐射以扫描点的形式依次扫过单元或多元阵列探测器，形成景物图像的一维电学视频信号。探测器将依次接收到的辐射信号转换成电信号，通过隔直流电路把背景辐射从场景电信号中滤除，以获得对比度良好的热图像。该系统由于存在光机扫描器，因此系统结构复杂，体积较大，可靠性低，成本也较高；但由于探测器性能的要求相对较低，技术难度相对较低，因此是 20 世纪 70 年代以后国际上主要的实用红外热成像系统类型，目前仍有一些重要的应用。

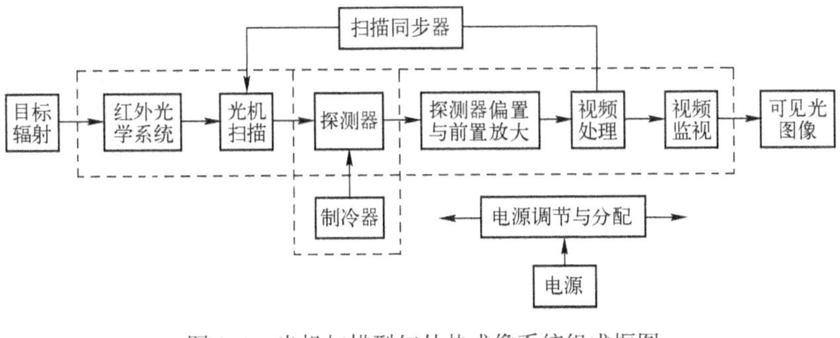

图 9-1　光机扫描型红外热成像系统组成框图

凝视型红外热成像系统利用焦平面探测器面阵，使探测器中的每个单元与景物中的一个微元对应。图 9-2 所示为凝视型热成像系统组成框图。与图 9-1 比较，凝视焦平面热成像系统没有了光机扫描系统，同时探测器前置放大电路与探测器合一，集成在位于光学系统焦平面的探测器阵列上，这也正是所谓的“焦平面”含义所在。近年来，凝视型焦平面红外热成像技术的发展非常迅速，PtSi 焦平面探测器、512×512、640×480 和 320×240、256×256 等像元数目的制冷型 InSb、HgCdTe 探测器以及非制冷焦平面探测器均取得重要突破，形成了系列化的产品。

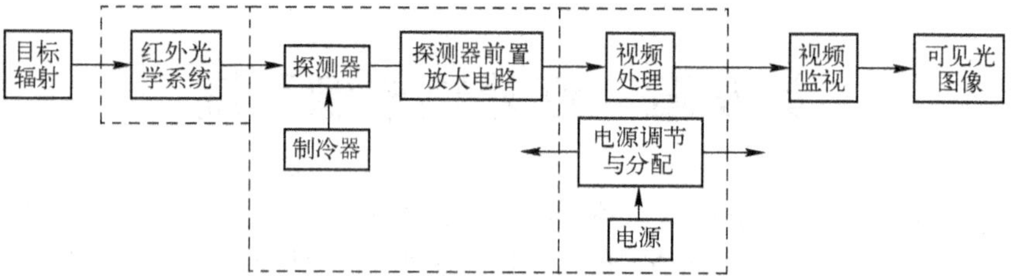

图 9-2 凝视型红外热成像系统组成框图

使用热释电摄像管的红外热成像系统也属于凝视型热成像系统，该系统不需要光机扫描，直接利用电子束扫描和相应的处理电路，组成电视摄像型红外热像仪。由于结构简化，不需要制冷，成本低，虽然性能不及光机扫描型红外热成像系统，但仍有一定的市场应用。

目前最普遍的分代方法是，将基于分立的单元或多元探测器阵列的光机扫描型红外热成像系统称为第一代热成像系统，将基于焦平面探测器的红外热成像系统称为第二代或者第三代红外热成像系统。具体划分为：

（1）由光机扫描器与单元或多元探测器所构成的红外热成像系统，称为第一代红外热成像系统；

（2）将一维扫描型红外热像仪或小规模凝视型阵列(如 320×240 等)，称为第二代红外热成像系统，它具有 2 万个以上的探测元，像元特征尺寸为 30μm 左右；

（3）将 640×480 像元以上的凝视型红外热像仪，称为第三代红外热成像系统，它具有 30 万个以上的探测元，探测器尺寸减小到 20μm 左右；

（4）将具有先进的信号处理功能，工作波段覆盖可见光、近红外、中红外和远红外区域的灵巧焦平面阵列，称为第四代红外热成像系统。

9.2 红外热成像系统的光学系统

红外光学系统是指可以对中、长波红外波段进行成像的光学系统，即接收和透射红外光波的光学系统。一般来说，红外光学系统作为光学系统的一个类别，与其他可见光光学系统相比，在光能接收、传递、成像等光学概念上没有原则上的区别。但是，由于红外光学系统工作波长在中、长波段红外区域，因此不能使用普通的透可见光材料，而需要使用透中、长波红外光波的单晶锗、单晶硅等特殊材料。

9.2.1 红外热成像对光学系统的要求

由于红外辐射的独有特征，对应的红外光学系统具有以下与普通光学系统(特别是目视和照相成像系统)不同的特点：

（1）红外辐射源的辐射波段位于 1μm 以上的不可见区。普通光学玻璃对 2.5μm 以外的光波不透明。而在所有可透红外波段的材料中，只有几种材料具有必需的机械性能，并可获得一定的尺寸规模，这大大限制了透镜系统在红外光学系统设计中的应用，使反射式和折反射式光学系统占有比较重要的地位。

（2）几乎所有的红外热成像系统都属于光电子系统，接收信息的不是人眼，也不是照相底片，而是各种光电探测器件。因此，相应光学系统的性能、质量应以其和探测器匹配的灵敏度、信噪比作为主要评定依据，而不是以光学系统的分辨率为主。因为离散的探测器成像系统的分辨率受光电探测器件像元尺寸的限制，因而相应地对光学系统的要求有所降低。

（3）视场小、孔径大。在应用单元探测器时，由于红外测器的接收面积较小，所以一般红外光学系统的视场不太大，通常可以不考虑轴外像差的影响。此外，由于反射系统没有色差，在多数情况下，对这样的反射系统只要消球差和满足正弦条件就可以。同时，这类光学系统虽然对像质要求不太高，但却要求有高的通光能力，因此，大多数红外光学系统都采用大相对孔径(即小 F 数)的光学系统。一般情况下，由于加工工艺等方面的限制，F 数取 2～3 为宜。

（4）随着跟踪成像等技术的发展，为了实时对空间目标进行扫描成像，红外热成像系统中各类扫描器的应用越来越多。如第 6 章所述，光机扫描器可以安置在成像系统之前，此时其尺寸大，驱动功率消耗大，但对光学系统的成像质量影响最小。随着焦平面阵列技术的发展，目前凝视型红外热成像系统正在逐步取代扫描型红外热像仪。

（5）常用红外波段的波长约为可见光的 5～20 倍，因此，在系统光孔尺寸较小时，由于衍射极限的影响，红外热成像系统的分辨率普遍较低。也就是说，要得到高分辨率的红外热成像系统必须有大的光学系统孔径，因而会使红外热成像系统的重量加大，成本提高。

鉴于上述特点，在设计红外光学系统时，应遵循下列原则：

（1）红外光学系统应对所工作的波段有良好的透过性能，即具有高的光学透过效率；

（2）红外光学系统在尺寸、像质和加工工艺许可的范围内，应具有尽可能大的相对孔径，以保证系统有高的灵敏度；

（3）红外光学系统应对噪声有较强的抑制能力，如用调制盘等作为空间滤波器，就需要使用集光元件，如场镜、浸没透镜与光锥等，以减小探测器尺寸，提高信噪比；

（4）红外光学系统的结构和组成应有利于充分发挥探测器的效能，如合理利用光敏面面积，保证高的光斑均匀性等；

（5）红外光学系统和组成元件力求简单，以利于减少能量的损失；

（6）在反射系统中，为保证有良好的成像视场，往往需要引入各种光机扫描器，因此需要考虑合适的空间布局。

9.2.2 红外热成像光学系统性能参数

1．F 数

光学系统的 F 数或数值孔径是表征光学系统对光辐射会聚能力的参数。

F 数的定义为系统的有效焦距与入瞳直径之比，即

$$F=f'/D \tag{9-1}$$

式中，f' 为系统有效焦距，D 为入瞳直径。F 数的倒数即为相对孔径。

由于红外成像系统的成像目标一般较远，作用距离大，能量微弱，因此要求光学系统的接收孔径要大，以尽可能多地收集辐射能量。另外，红外光学系统要将所收集到的红外辐射能量会聚到探测器上，为了在探测器的光敏面上获得更大的辐照度，希望光学系统的焦距 f' 小一些，这样光学系统的 F 数就要小一些。为了提高系统的探测能力，应使系统的 F 数尽可能小，但 F 数的减小会增大加工工艺的难度和像差校正的难度。

2．视场

设光学系统以探测器为视场光阑。如果系统焦距为 f'，有效孔径为 D，探测器尺寸为 l，则物方半视场角 ω 的正切为：

$$\tan\omega=\frac{l}{2f'} \tag{9-2}$$

式(9-2)是一个简化的表达式，任何光学系统的视场都是二维的。如果探测器尺寸为 $a\times b$（垂直×水平），则垂直和水平视场角可分别表达为：

$$\omega_V = \arctan\frac{a}{2f'}$$
$$\omega_H = \arctan\frac{b}{2f'} \tag{9-3}$$

对于由多个探测元组成的线阵或面阵探测器，由于瞬时视场很小，正切值可用弧度值代替，如果探测器尺寸为 $a\times b$（垂直×水平），则垂直和水平方向的瞬时视场分别为：

$$\mathrm{IFOV_V} = \alpha = a/f' \tag{9-4}$$

$$\mathrm{IFOV_H} = \beta = b/f' \tag{9-5}$$

使用单元探测器系统的光学视场和它的瞬时视场是一致的。由于空间分辨率的需要和探测器像元数的限制，系统光学视场一般都比较小。为获得较大的成像范围，需要用光学机械方法对物方空间进行扫描，这也是光机扫描成像方式的由来。

扫描视场主要取决于光机扫描方式，与光学系统本身没有直接关系。单元扫描系统尽管有很大的扫描视场，但它的光学视场始终是等于瞬时视场的。

3．焦深

对于固定焦距的光学系统，物距变化造成的离焦会影响成像的清晰度。因此，当物距变化时，只要像面位置与理想像面轴向位置的偏差不超过焦深，像点的亮度就不会有明显的变化。

如图 9-3 所示，实线代表形成像平面的球形波前，这个球形波前在名义上是理想的。如果将名义波前的圆心沿光轴移到名义像面的前面和后面，并以这两个新点画在光轴上与名义波前相切的两个圆，那么这两个圆将沿着极限边缘光线偏离名义波前一个量位，该量位就是实际上的光程差。根据像质评价的“瑞利判据”标准：实际波面与理想波面的最大差别不超过 $\lambda/4$ 时，此波面可以看作无缺陷的。根据波像差和焦深的关系式，可得焦深

$$\delta = \pm 2\lambda F^2 \tag{9-6}$$

很明显，随着 F 数和波长的增加，焦深也相应地增加。

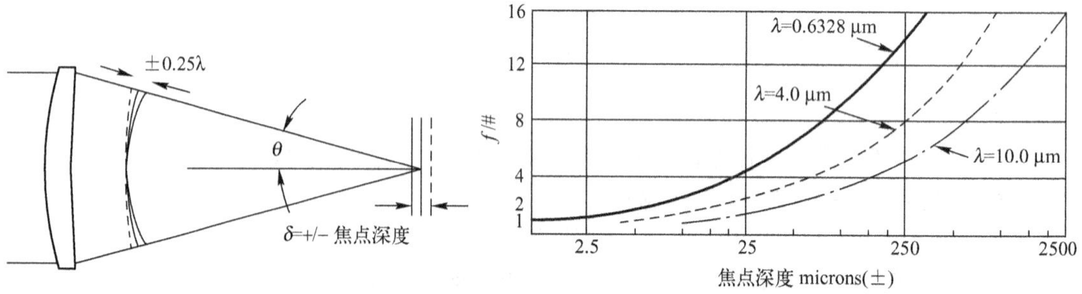

图 9-3　焦深示意图

4．分辨率

在光学系统中，由于光的衍射，一个发光点通过圆形光学系统成像后得到的是一个衍射光斑。两个独立的发光点通过光学系统成像得到两个衍射斑，考察不同间距的两个发光点在像面上的两个衍射像可否被分辨，就能定量地反映光学系统的成像质量。作为实际测量值的参照数据，应了解衍射受限系统所能分辨的最小间距，即理想系统的理论分辨率数值。

两个衍射斑重叠部分的光强度为两光斑强度之和。随着两个衍射斑中心距的变化，可能出现几种情况。当两发光物点之间的距离较远，两个衍射斑的中心距较大时，中间有明显暗区隔开，亮暗之间的光强对比度 $C\approx 1$；当两物点逐渐靠近时，两衍射斑之间有较多的重叠，但重叠部分中心的合光强仍小于两侧的最大光强，即有 $0<C<1$；当两物点靠近到某一限度时，两衍射斑之间的合光强将大于或等于每个衍射斑中心的最大光强，两衍射斑之间无亮暗差别，即 $C=0$，两者“合二为一”。

如图 9-4 所示，要能判断出是两个像点，则要求两衍射斑重叠区的中间与两侧最大光强处有一定量的明暗差别，即$C>0$，根据人眼的分辨能力，C 值通常都由瑞利判据决定。

此时，第一暗环的半径，即两衍射斑的中心距为：

$$\sigma_0 = 1.22\lambda\frac{f'}{D} = 1.22\lambda F \tag{9-7}$$

用两衍射斑中心距的倒数表示的分辨率为：

$$m = \frac{1}{\sigma_0} = \frac{D}{1.22\lambda f'} = \frac{1}{1.22\lambda F} \tag{9-8}$$

离散传感器无空间频率混淆地有效分辨图像的最大空间频率被称为奈奎斯特频率，如像元大小为 62.5μm×62.5μm 的传感器，对应的奈奎斯特频率应为 8 lp/mm，即每毫米内最多能够分辨 8 个线对。

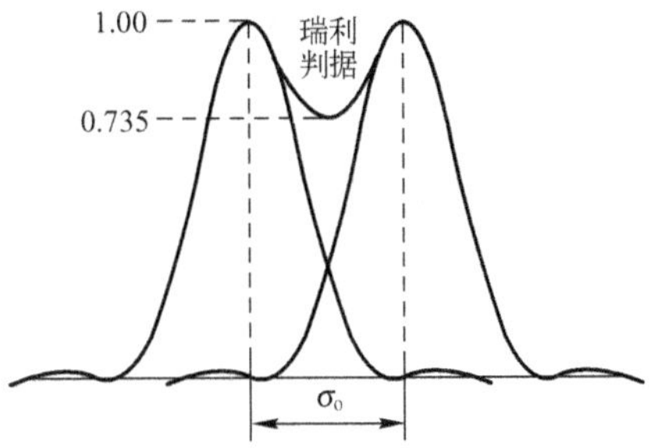

图 9-4　衍射限下的光强分布

实际设计需要达到的分辨率(光学系统的分辨率)可从两个方面得到：一个是瑞利判据；另一个是观察景物要分辨的细节大小或传感器的实际分辨率。前者得到的分辨率往往比后者高，实际系统所能实现的分辨率取决于二者之中较低者。

5．调制传递函数(MTF)

MTF 是所有光学系统性能判据中最全面的判据，特别是对于成像系统。MTF 含义如图 9-5 所示。一个强度按正弦规律变化的周期性目标经过成像系统后，由于成像系统像差、衍射、装配和校准误差以及其他因素的影响，像质有所退化，亮处不如原来图案亮，暗处也不如原来图案暗。图像调制度和 MTF 的定义分别为

$$调制度=\frac{I_{max}-I_{min}}{I_{max}+I_{min}},\quad MTF=\frac{像的调制度}{物的调制度} \tag{9-9}$$

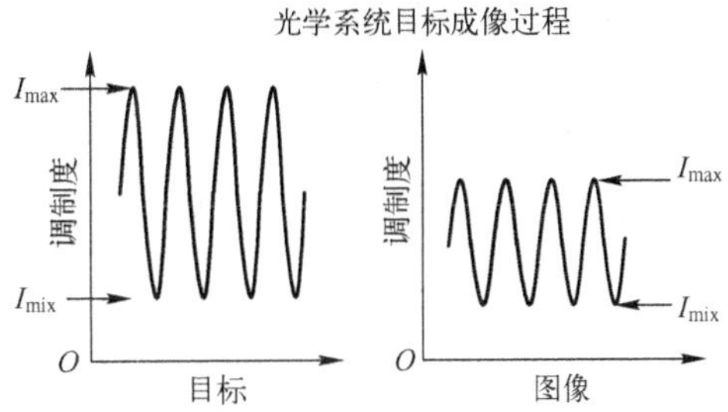

图 9-5　MTF 含义示意

MTF 是空间频率的函数，因此它表示经过成像系统后物到像的调制度传递变化与空间频率的关系。对于一个光学系统来说，MTF 值越大，代表其光学系统的性能越好，在达到衍射极限且空间频率为 0 时，对应的调制传递函数值归一化为 1.0。

对于圆形通光孔，满足衍射限要求的系统光学调制传递函数为：

$$MTF_{diff}(f_x) = \frac{2}{\pi}\left[\arccos\left(\frac{f_x}{f_{oco}}\right)-\left(\frac{f_x}{f_{oco}}\right)\sqrt{1-\left(\frac{f_x}{f_{oco}}\right)^2}\right] \tag{9-10}$$

式中，$f_x \leqslant f_{oco}$，f_{oco} 为截止频率(MTF 等于 0 时的频率)，有

$$f_{oco} = \frac{1}{\lambda F} \tag{9-11}$$

图 9-6 所示的 MTF 曲线分别对应理想光学系统、有中心遮挡的光学系统(如卡塞格伦望远镜)和典型实际光学系统的 MTF。由于中心遮挡的影响，理想的中心遮挡系统 MTF 中，因部分光线从艾里斑中心最大处衍射，因而 MTF 相应降低。在这种情况下，中心最大的直径会略微减小，导致高频的 MTF 实际上略高于无遮挡完善系统高频的 MTF。图 9-6 曲线下方是物和像在低空间频率、中等空间频率和高空间频率下的图形描述。MTF 反映了成像系统对不同频率、不同对比度的传递能力。低频 MTF 反映了物体轮廓的传递能力，中频 MTF 反映了物体层次的传递能力，高频 MTF 反映了物体细节的传递能力。

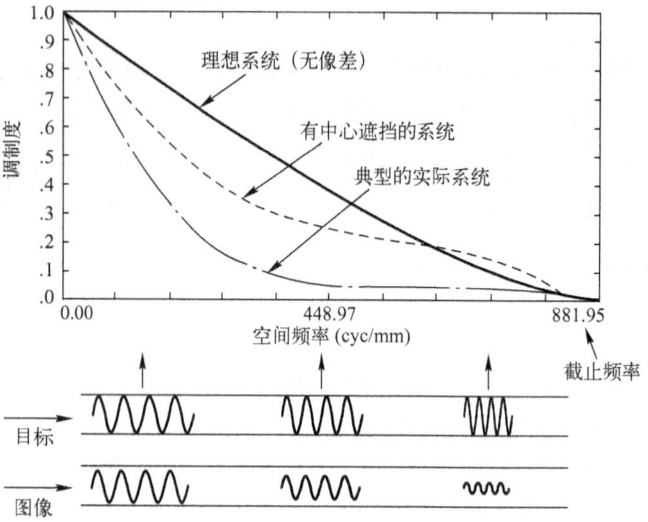

图 9-6　典型 MTF 及成像前后调制度的变化

9.2.3　典型红外热成像光学系统及其分析

1．反射式光学系统

传统红外光学系统大都采用反射式，它的优点是没有色差且工作波段很宽。此外，反射可使光路折叠，并容易实现倒像等功能，使系统实际长度缩短，机械结构的重量变轻。由于反射只与表面有关，表面可通过镀膜来处理，因此基底材料和具体机械结构的选择有很大的余地，容易得到大尺寸、稳定、重量轻的光学元件，是解决系统体积过大的一个有力措施。多反射是目前应用比较广泛的一种反射式光学系统结构，由主镜和次镜组成，次镜为凸镜的称为卡塞格伦系统，简称卡氏系统；次镜为凹镜的称为格里高里系统，简称格氏系统。图 9-7 给出了两种形式反射式红外光学系统的结构。

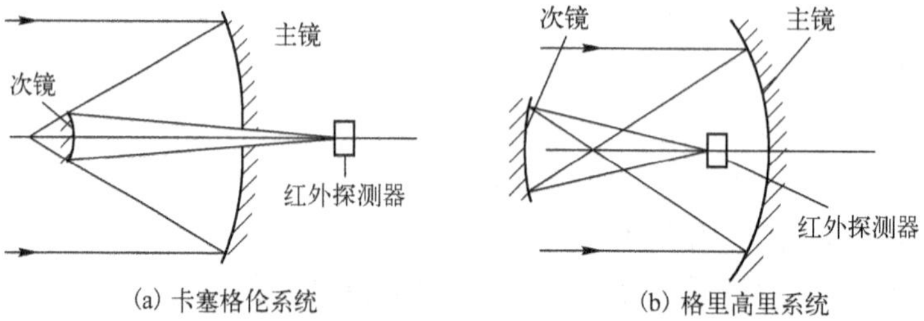

图 9-7　两种反射式红外光学系统的结构

单纯的双反射系统最多只能校正两种像差，而且有中心遮挡；三反射系统可以解决中心遮挡的问题，但是结构复杂，设计与装校比较困难。

从成像质量上来看，反射系统和其他传统光学系统相比，优势体现在没有色差，因为它是通过反射镜成像的。但是，反射系统对其他的像差的校正能力较弱，只能同时消除两种像差，如同时消除球差和彗差。

广泛使用反射式光学系统的有辐射计、前视红外热成像仪、激光雷达、大孔径望远镜以及导弹制导系统等。

2．折射式光学系统

相对于折反式系统和反射式系统而言，折射式光学系统较容易满足视场角的要求。如在遥感摄影系统中，视场角每增大 1°，卫星相应的覆盖内积要增大很多，成像光谱方式在单位时间内所得到的信息量增加更多，有利于减小绕行周期，节省能量和延长卫星的使用寿命。折射式系统对面型和材料要求很高，为克服球面折射面的球差问题，通常需要在光学系统中增加非球面，消除球差及其他各种像差，获得高质量的图像。

结合红外辐射传输的特点，红外光学系统应能远距离观察目标，因此要求红外光学系统的焦距要长；但因折射式光学系统对玻璃的光性能要求较高，故长焦折射式系统的口径不能做得很大。此外，二级光谱也是制约长焦距折射式光学系统成像质量的重要原因。校正二级光谱最有效的方法是采用有特殊色散的光学材料，如 CaF_2 晶体、FK(氟冕)玻璃等，但有特殊色散光学材料的折射率温度系数为负值，温度效应显著。在小视场、小相对孔径且选用相同材料条件下，双胶合、双分离结构是长焦折射式系统选型时优先考虑的。因其无法校正像散，简单的双胶合及其分离结构不适于视场较大的情况。远距型结构不仅有足够的矫正像差的变量，而且能够缩短系统的长度，因而是长焦距折射式光学系统经常选用的形式之一。

为解决色差等像差引起的成像模糊，可以采用不同折射率的光学玻璃组合成各种消色差的折射系统。在红外系统中可以采用复合消色差透镜消色差，即用正负透镜做成双胶合透镜，但具有合适折射率的红外光学材料不多，因此常常把复合透镜分开成双分离透镜。常见的折射系统结构如图 9-8 所示。

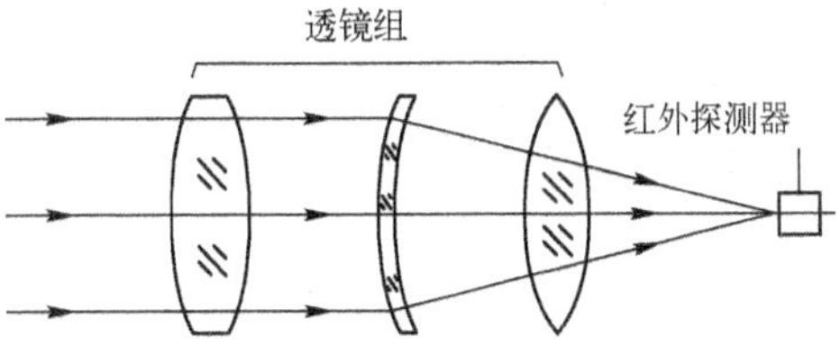

图 9-8　三片式的折射光学系统

折射式光学系统适于口径比较小、视场比较大、波段比较窄的光学系统。目前诸如红外搜索/跟踪系统、光电转塔、红外吊舱、红外导引头等，都有对较大空间进行方位/俯仰搜索的要求，尤其需要小型化、轻量化的红外光学系统与之配套。通过采用折射系统三次成像，可设计出相应的结构紧凑型的光学系统。此外，折射式光学系统还可用作卫星 CCD 相机光学系统，也可用于多光谱物镜系统等。

3．折反式光学系统

折反式系统是以球面反射镜为基础，通过加入适当的折射元件构成的光学系统。折反式望远镜具有聚光能力强、视场大、像差小等优点，常用于快速移动的天体以及大尺度、面源景物的成像。折反式光学系统结构紧凑，因此在红外光学系统中应用较多。折反光学系统的主、次镜分离，有利于无热化设计。利用反射镜折叠光路，还可以缩小光学系统的体积和质量。将非球面技术应用到卡塞格伦系统中，不仅可以减少透镜数量，增大视场，还可以有效消除各种像差。折反式系统的缺点是存在中心遮挡且易受杂散光影响，为此，常通过采用离轴光阑来解决中心遮挡的问题，不过这将增加装调的难度。应用最为广泛的折反望远系统有施密特望远系统和马克苏托夫望远系统，如图 9-9 所示。

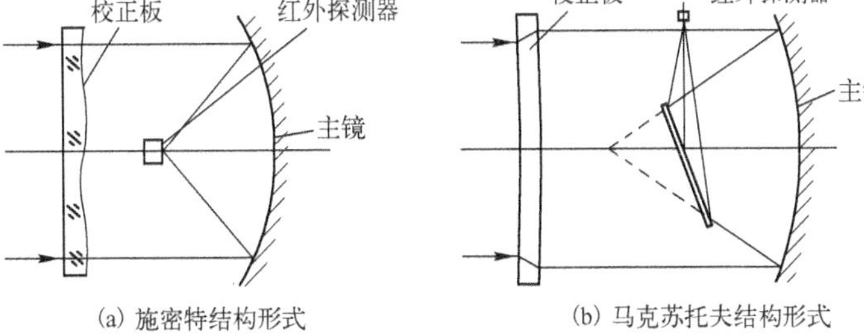

(a) 施密特结构形式　　(b) 马克苏托夫结构形式

图 9-9　两种常用的红外折反式系统结构

施密特系统由球面主镜和施密特校正板组成，着重校正的是带球差。对无限远的轴上点来说，使用消色差校正板并且完全校正球差的施密特系统没有像差，只受衍射限制，但由于轴外光束投射到校正板上的角度和轴上光束不同，因而会产生一个校正过头的轴外像差，相当于一种级数较高的像散，其角弥散由下式计算：

$$S\theta_a = 0.0417 \times W^2 \times F^{-3} \tag{9-12}$$

式中，$S\theta_a$ 为角弥散；W 为光线的光程；F 为系统的 F 数。

马克苏托夫系统由球面形的主镜和负弯月形厚透镜组成，若弯月形厚透镜的结构满足下式，则可以不产生色差：

$$r_1 - r_2 = (n^2 - 1)d / n^2 \tag{9-13}$$

式中，r_1、r_2 分别为第一面和第二面的曲率半径；n 为厚透镜折射率；d 为校正透镜的厚度。

因马克苏托夫系统的光阑和厚透镜位置接近于主镜的球心，故产生的轴外像差很小。如果适当改变透镜和主镜的光焦度分配，还可以利用间隔的变化来校正正弦差。

为探测远距离的目标，红外光学系统应具有大口径、长焦距、高分辨率的特点。相对于折射系统口径不能做得很大的缺点，折反系统可用于大口径、长焦距的红外光学系统，如红外导引头的抗干扰设计、坦克目标跟踪识别红外光学系统等。

4. 新型红外光学系统

反射式、折射式和折反式系统是传统红外光学系统的主要结构形式，其共同特点是结构简单。面对特殊条件下的高质量成像要求，这些系统往往出现难以满足设计要求的情况，因此需要增加辅助器件，促使人们不断地开发出新型结构。

除了选择适合的材料或改变结构形式来改善红光学系统的成像质量外，还可考虑合适的装调及检验技术。为了不增加系统尺寸与重量，新的红外光学系统中往往会考虑新的面型结构，如合理运用非球面或衍射面等，或改变已有结构形式等。下面介绍几种新型的红外光学系统。

（1）折衍混合光学系统

折衍混合系统是将衍射光学元件与折射光学元件结合起来的光学系统。Teledyne Brown Engineering 公司的宽视场傍轴红外望远系统就是一个采用球面光学元件和一个二元光学矫正器的折衍混合系统。衍射光学元件(DOE)是在透镜的某个表面蚀刻上二元光学图形，构成一种折射-衍射双面透镜。与普通的光学元件相比，DOE 能很好地消除热差和色差，大多数机载军用光学仪器的工作环境温度变化范围比较大。因此，折衍混合系统在机载红外热成像系统中得到了广泛应用。DOE 之所以能消色差和热差，主要是因为其独特的衍射色散和温度特性。DOE 的色散由其阿贝数 V_d 决定，若衍射光学透镜的设计波长为 λ_d，则对应于波长 λ_C 和 λ_F 的阿贝数为：

$$V_d = 1/t_d = \lambda_d / (\lambda_F - \lambda_C) \tag{9-14}$$

式中，t_d 是光焦度随波长的变化量；V_d 是负值，与透镜的材料特性无关，这是区别于传统透镜的一大特点。对于折衍混合透镜，因衍射光学元件的阿贝数为很小的负值，所以折射透镜和衍射光学元件的光焦度同号，通常前者的光焦度略小于总光焦度，而后者的光焦度非常小，使得单色像差容易校正。

DOE 的热膨胀系数为

$$x_{f,d} = 2a_g + \frac{1}{n_i}\frac{dn_i}{dT} \tag{9-15}$$

式中，a_g 为透镜材料的热膨胀系数；n_i 是系统所在介质空间的折射率；dn_i/dT 是透镜材料折射率变化相对于像空间折射率的变化。由式(9-15)可发现，折射透镜的光热膨胀系数由光学材料的热膨胀系数和折射率随温度的变化率共同决定，衍射透镜焦距的变化仅仅是 a_g 的函数，不是透镜材料因热而引起的折射率变化的函数。二元面的热常数恒为负值，具有负热差特性。

对于多波段或宽波段光学系统，普通 DOE 的平均衍射效率较低，大大限制了其在混合光学系统中的应用。在现代的军事侦察系统中，单一波段的红外系统已不能满足全天候、高分辨率、抗干扰等要求。为此，人们提出了谐衍射元件(HDOE)。HDOE 既保留了普通衍射透镜独特的性能，又可以在一系列分离的波长(实质为谐振波长)处获得相同的光焦度，且可以大幅度提高各波段的衍射效率。但由于 HDOE 只在一系列分离波长处获得很高的衍射效率，所以这也限制了其在宽波段成像光学系统中的应用。为了提高 HDOE 宽波段的衍射效率，人们又提出了多层 HDOE。单层 HDOE 的衍射效率为

$$\eta_{\mathrm{m}}=\sin\mathrm{c}^2\left\{\frac{\lambda_0}{\lambda}\left[\frac{n(\lambda_0)-1}{n(\lambda)-1}\right]p-m\right\} \tag{9-16}$$

式中，$n(\lambda_0)$和 $n(\lambda)$分别表示光栅材料在波长 λ_0 和 λ 的折射率，p 为厚度因子，m 为谐振波长对应的衍射级次。单层 HDOE 的衍射效率可以在多个分离波长处达到 100%；但随 p 的增大，围绕给定级次的衍射效率所覆盖的带宽越来越窄，因而它不适用于宽带成像。

等效为普通单层 DOE 的双层 HDOE 衍射效率为

$$\eta_{\mathrm{m}}=\sin\mathrm{c}^2\left[m-\frac{\pm[n_1(\lambda)-1]H_1\pm[n_2(\lambda)-1]H_2}{\lambda}\right] \tag{9-17}$$

式中，H 为微结构厚度。由于此双层 HDOE 的谐振波长相当于普通单层 DOE 的设计波长，而双层 HDOE 有多个谐振波长，相当于在整个设计波段有多个设计波长，且在这些波长及其附近，衍射效率分布类似于普通的单层 DOE，这些波长处衍射效率的组合分布可使整个波段的衍射效率大大提高。图 9-10 给出了在中波和长波红外光学系统中运用谐衍射面的结构示意图。

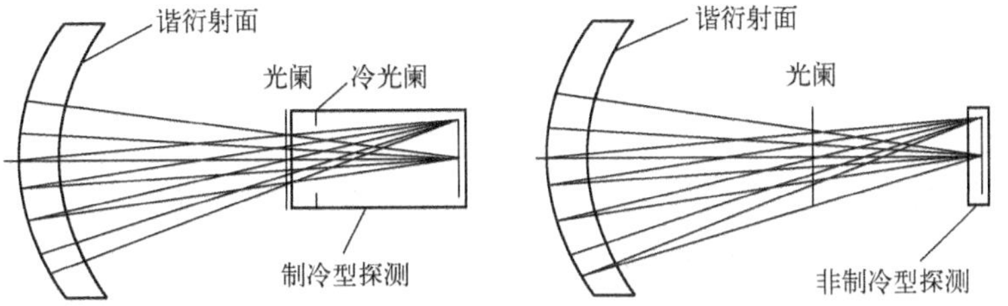

(a) 中波红外波段的光学系统　　(b) 长波红外波段的光学系统

图 9-10　中、长波段成像的折衍混合系统

对制冷型的红外热成像系统，探测器一般被封装在真空杜瓦瓶内，且在探测器光敏面前放置了冷屏，用于降低来自视场外的背景辐射。为提高冷屏的屏蔽效率，可在图 9-10(a)中将冷屏选作孔径光阑，即位于图 9-10(a)中的冷光阑处(即出瞳)，或者说使出瞳与冷屏重合。探测器中心对冷屏孔(冷光阑)的张角应与 F 数(或数值孔径)匹配。此外，冷屏中心对探测器的张角应大于像方视场角，否则探测器将不再是视场光阑。

折衍混合系统有着广泛的应用。美国劳伦斯-利弗莫尔国家实验室已经开始研究衍射空间望远镜并得到了较好的结果。如有文献在设计一种新型的投影式头盔显示器中引入了双层衍射元件，衍射效率在可见光波段大于 90%，有效地提高了像面的对比度和色彩的真实性。由于折衍混合系统具有很好的消热差特性，在机载红外热成像系统中也能得到很好应用。

(2) 离轴三反系统结构

离轴三反光学系统设计是基于高斯光学理论，求取共轴三反光学系统结构作为初始结构，通过光阑离轴或视场离轴，或者二者相结合的方法实现系统中心的无遮挡。该结构利用高次非球面来满足系统多种性能的要求，除了具备与共轴全反射光学系统相同的优点，如无色差、无二级光谱、使用波段范围宽、易做到大孔径、抗热性能好、结构简单、易轻量化等，还可成功地解决系统中心的遮挡问题。同时，因系统的优化变量多，故可以在提高系统视场大小的同时改善系统的成像质量。

解决中心遮挡问题主要有两种方法：将光阑放在次镜上，通过视场的倾斜来避免中心遮挡，光阑不离轴；将光阑置于主镜上，光阑离轴。视场倾斜度为

$$\omega = \arctan \frac{\frac{D}{2}\left(1+\frac{1}{\beta}\right)}{-d_1+l} \tag{9-18}$$

式中，D 为入瞳大小；$\beta=1/d_1$ 为放大率；d_1 为主镜到次镜的距离；l 为入瞳到主镜的距离。图 9-11 给出了一种通过视场倾斜实现离轴的离轴三反光学系统结构。

离轴三反系统具有大视场、结构简化等一系列优点。近年来，国外开始在成像光谱仪望远系统中使用三反镜像散结构。

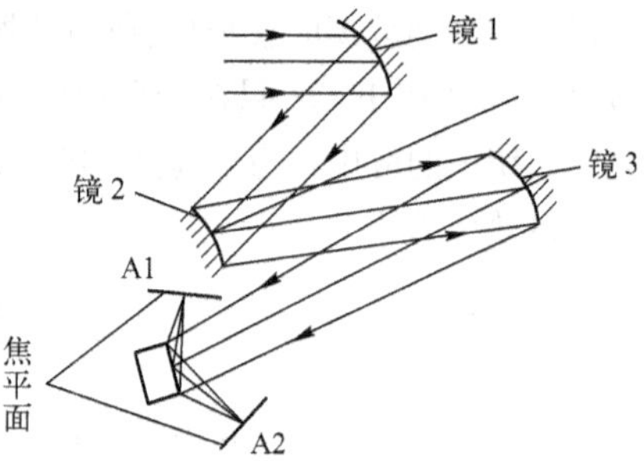

图 9-11　离轴三反光学系统

（3）双视场光学系统结构

双视场红外系统一般分为两类：

① 切换式(插入式)。该类结构通过改变参与成像的透镜组来达到改变光学系统焦距的目的。这类光学系统的特点是小视场光路中没有光学运动元件、光轴稳定性好、系统切换时间短、透过率高，但透镜组的切入需要较大的空间，因而光学系统的横向尺寸较大，整体结构不紧凑，而且多次的透镜组切入易使两个视场光轴的一致性变差，因而对机械设计以及电子上控制精度要求较高。随着衍射元件的应用越来越广泛，可将衍射元件引入红外双视场光学系统中，以简化系统结构，减轻重量，使整机系统小型化、轻量化。

② 透镜组轴向移动式。该类结构通过透镜组轴向间隔的变化来改变系统的焦距，这样既不会占用横向的尺寸空间，又避免了反复切换视场导致光轴一致性的偏移，具有更好的使用优势。双视场光学系统结构如图 9-12 所示。

双视场光学系统通常由前固定组、变倍组、后固定组组成。其中前固定组为正透镜，变倍组为负透镜，后固定组为正透镜。通过改变变倍组的轴向位置，可改变整个系统的焦距，并保证变焦时像面位置不变。

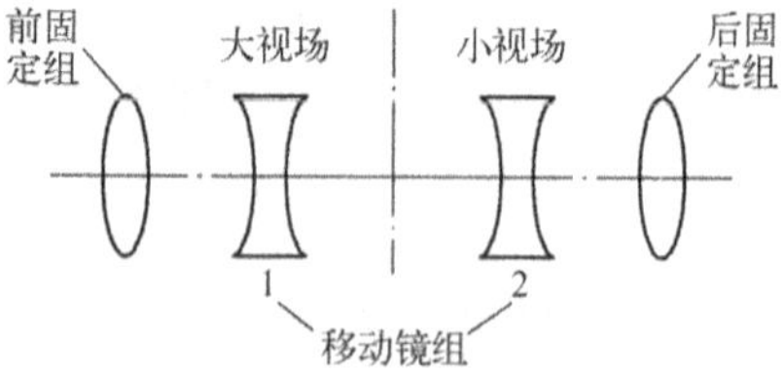

图 9-12　双视场光学系统结构

表征双视场光学系统的重要参数之一是系统的变倍比 β，它定义为系统在窄视场的长焦距 f_l' 与宽视场的短焦距 f_s' 之比，即

$$\beta = f_l' / f_s' \tag{9-19}$$

变倍组在长焦、短焦时满足物像交换原则，它对焦距的变化为 M^2(M 为系统倍率)。变倍组焦距的大小直接影响整个系统的外形尺寸。在像质允许的情况下，缩小变倍组的焦距是缩小物镜外形尺寸的有效方法。红外双视场光学系统广泛应用于需要双波段工作的武器制导、监控、红外前视系统、目标探测和跟踪等领域。

9.3　红外热成像系统中的制冷技术与制冷器

由于光电型红外探测器多为窄带半导体材料器件，故室温或较高温度下会产生较大的噪声，影响探测器的正常工作。为了降低红外探测器的噪声，获得较高的信噪比，基于这类探测器的红外热成像系统均需要对探测器进行制冷，使其工作在低温状态下。由于探测器在热成像系统中所占的空间很小，因此要求制冷器的体积一般较小，且力求微型化。微型制冷器制造工艺复杂，目前仍然是热成像系统研制和生产的关键技术。

9.3.1　制冷原理及其分类

获得低温的方法有物理方法和化学方法两种。在红外探测器制冷中目前多采用物理方法。由于使用场合和所要求的制冷温度不同，可利用不同的原理制成合适的制冷器。制冷器的制冷原理主要有以下几种：

（1）相变制冷

物质相变是指其聚集状态的变化。物质发生相变时，需要吸收或放出热量，这种热量称为相变潜热。相变制冷就是利用了制冷工作物质相变吸热效应，如固态工作物质熔解吸热或升华吸热、液体气化吸热等。在红外探测器中，杜瓦瓶中的液态制冷剂利用的就是相变制冷。

（2）焦耳-汤姆逊(J-T)效应制冷

当高压气体温度低于本身的转换温度，并通过一个很小的节流孔时，由于气体膨胀而使温度下降，这种现象称作焦耳-汤姆逊效应。如果使节流后的低温气体返回来冷却进入的高压气体，使高压气体在越来越低的温度下节流，不断重复这种过程，就可以获得所要求的低温，达到制冷的目的。焦-汤制冷器就是根据这一效应制成的。

（3）气体等熵膨胀制冷

气体等熵膨胀制冷是利用膨胀机来实现的。气体等熵膨胀后总是降温，这是因为气体等熵膨胀时，不但借膨胀机的活塞向外输出机械功，而且膨胀后，气体的内位能也要增加，这就要通过消耗气体本身的内功能来补偿，所以气体等熵膨胀后温度会显著降低。斯特林循环制冷器就利用了这一原理工作。

（4）辐射热交换制冷

如果两物体温度不同，高温物体就要辐射能量，降低温度，低温物体则吸收辐射能，温度升高。众所周知，宇宙空间处于高真空、深低温状态，处于这种特殊环境中，物体可以和周围的深冷（约 3K）空间进行辐射热交换，从而使热物体降温，达到制冷的目的。

（5）半导体帕尔帖效应制冷

由帕尔帖效应可知，如果把任何两种导电特性不同的物体连接成电偶对，构成闭合回路，则当有直流电流通过时，电偶对的一端发热，另一端变冷。一般物体的帕尔帖效应不明显，如果用 N 型和 P 型两块半导体作电偶对时，会产生非常明显的帕尔帖效应，冷端便可用于探测器制冷。因此这种制冷器又称温差电制冷器或半导体制冷器。

9.3.2 典型红外热成像系统制冷器

红外热成像系统中常用的微型制冷器有杜瓦瓶、气体节流式制冷器、斯特林循环制冷器和半导体制冷器等。

1. 杜瓦瓶(相变制冷)

在红外探测器制冷中，经常用到各种类型的杜瓦瓶，主要有两方面的用途：一是作为制冷器的基本结构；二是用作制冷剂的存储容器，构成相变制冷器。根据所用材料可分为玻璃杜瓦瓶和金属杜瓦瓶两种。热成像系统中所用的小型杜瓦瓶多用玻璃制作，一般结构如图 9-13 所示。它由内外壁、引线、红外窗口等部分组成。在内壁的外表面和外壁的内表面镀上反射层，内外壁间抽成真空，构成绝热层。杜瓦瓶是一种能防止辐射、对流和传导的隔热容器。将液态制冷剂直接注入杜瓦瓶的冷液室，探测器在杜瓦瓶真空层内，用冷屏蔽来限制探测器接收来自周围的背景辐射。氮的沸点是 77K，因吸热而沸腾，所以在液氮条件下能保持探测器要求的制冷温度。杜瓦瓶制冷器的优点是结构简单，制冷温度稳定，冷量充足。

2. 气体节流式制冷器(J-T 制冷)

气体节流式制冷器是基于焦-汤效应制成的，故又称焦-汤制冷器。图 9-14 是焦-汤效应制冷的流程图，制冷工作物质为高压氮气。

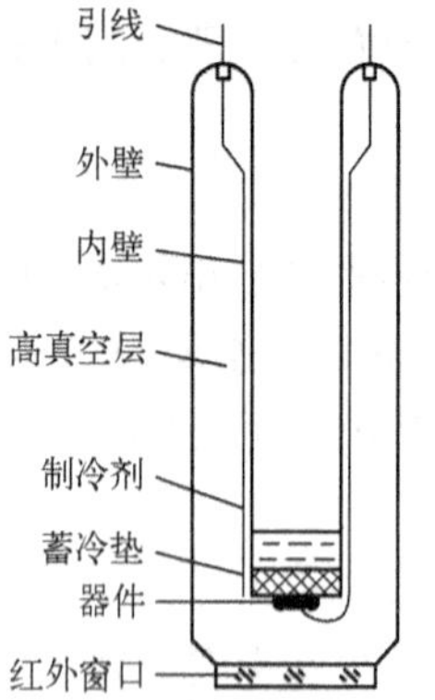

图 9-13　小型杜瓦瓶结构

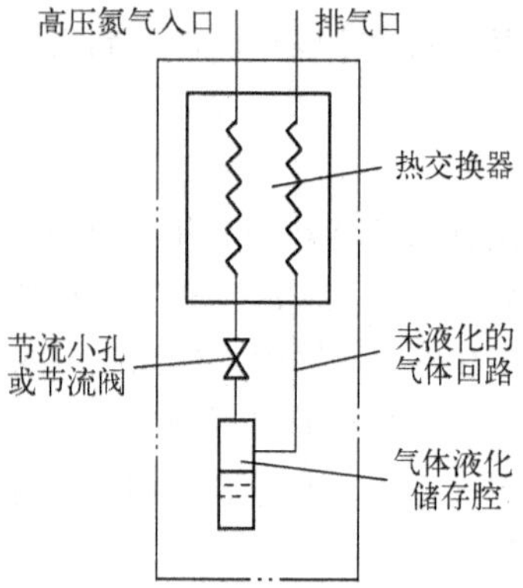

图 9-14　焦-汤效应制冷流程

高压氮气由入口进入热交换器，通过节流小孔节流后膨胀、降温。降温的氮气通过回路返回热交换器，与高温高压氮气换热，使节流前的高压氮气温度降低，然后经排气口排出。这样，在更低的温度下节流膨胀，温度进一步下降。如此循环下去，就会使高压氮气在越来越低的温度下节流膨胀，膨胀后的温度越来越低，最终可使一部分氮气在制冷腔中液化，获得近于 77K 的低温。

焦-汤制冷器是目前较为成熟的制冷器之一，其实用的制冷器结构如图 9-15 所示。优点是制冷部件体积小、重量轻、无运动部件、机械噪声小、使用方便。缺点是气源可得性差，高压气瓶较重，对工作气体的纯度要求苛刻，一般杂质含量不得高于 0.01%，否则会造成节流孔堵塞而停止工作。

焦-汤制冷器有开式和闭合循环式两种形式。开式是指制冷工质在节流膨胀后排掉，不再回收利用，一般用在制冷时间短的装置中。闭合循环式制冷器是指制冷高压气体由压缩机连续供给，节流膨胀后回收，由压缩机压缩成高压气体，再用节流膨胀制冷，制冷工质循环使用，多用在要求长期连续运转的系统中。

为了获得更低的制冷温度，也可将两个焦-汤制冷器耦合在一起，构成双级焦-汤制冷器。双级焦-汤制冷器采用两种工质：一种用于获得预冷级温度；另一种用于获得最终温度。如氮氖双级焦-汤制冷器，用氮预冷获得 77K 的低温，用氖获得 30K 的最终低温。双级焦-汤制冷器一般为闭环制冷系统，需要两个压缩机同时供给两种制冷工质，故这种制冷器成本高、体积大、重量重，适用于工作在地面站的红外系统中。

3．斯特林循环制冷器（气体等熵膨胀）

斯特林循环制冷器利用气体等熵膨胀原理工作，是一种用途广、寿命长的制冷器，由压缩腔、冷却器、再生器和制冷膨胀腔等部分组成，如图 9-16(a)所示。

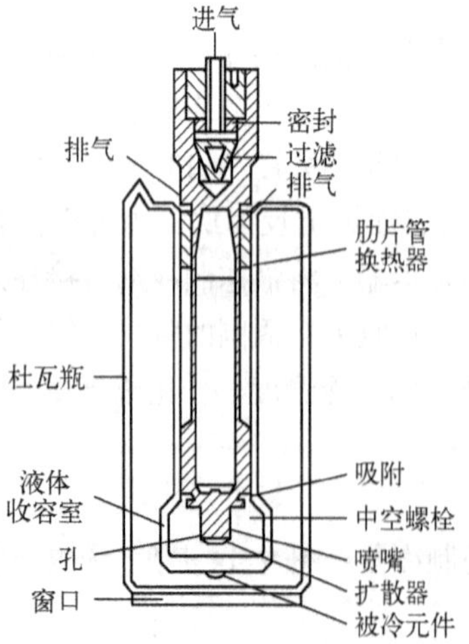

图 9-15　实用的焦-汤制冷器结构

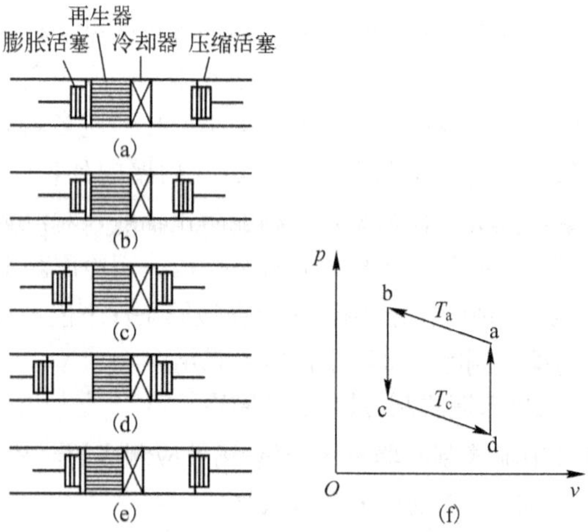

图 9-16　斯特林循环制冷器工作原理

压缩腔里有一个压缩活塞，在制冷膨胀腔里有一个膨胀活塞。为紧凑结构，减小尺寸，通常把再生器装在膨胀活塞里，再生器填料是在低温下有较大热容量的不锈钢网或铅粒等。再生器把压缩腔和制冷膨胀腔连通起来，制冷工质(氮气或氢气)可以自由流通，这样就构成一个闭式循环系统。图 9-16(f)给出了制冷循环过程，由两个等温、两个等容过程组成。制冷循环过程分四步：a-b 是等温压缩过程，压缩热由冷却器带走；b-c 是等容降温过程，压缩气体通过再生器降温；c-d 是等温膨胀制冷过程，压缩气体在恒定的温度 T_c 下膨胀吸收热量；d-a 是等容升温过程，低温低压气体由膨胀活塞推过再生器复温，从而完成一个制冷循环。

在实际工作过程中，两个活塞通过各自的连杆装在同一个曲轴上，两连杆间有一固定的相位差，按正弦规律连续运动。曲轴转速很高，一般在 1500r/min 以上，所以近似于连续压缩和制冷膨胀，制冷效率比较高。

为了获得更低的温度，可以用两个或三个制冷膨胀腔串联，构成二级或三级斯特林循环制冷器。图 9-17 所示为双膨胀腔的斯特林循环制冷器结构。

这种制冷器的优点是结构紧凑、体积小、重量轻、制冷温度范围宽(77～10K)、启动时间短、效率高、寿命长、操作简单，可长期连续工作。缺点是，冷头处有高速运动的活塞，机械振动比较大，容易引起器件噪声的增大。这一不足促使人们研制了分置式斯特林循环制冷器，如图 9-18 所示。在这种制冷器中，压缩部分与膨胀部分分开，其间用一根气体管道相连，以往复马达取代原来的曲柄连杆机构旋转马达驱动。

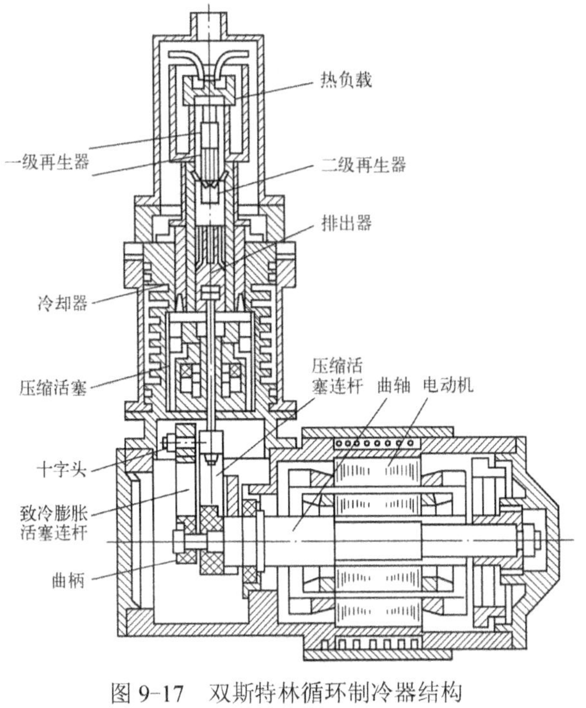

图 9-17　双斯特林循环制冷器结构

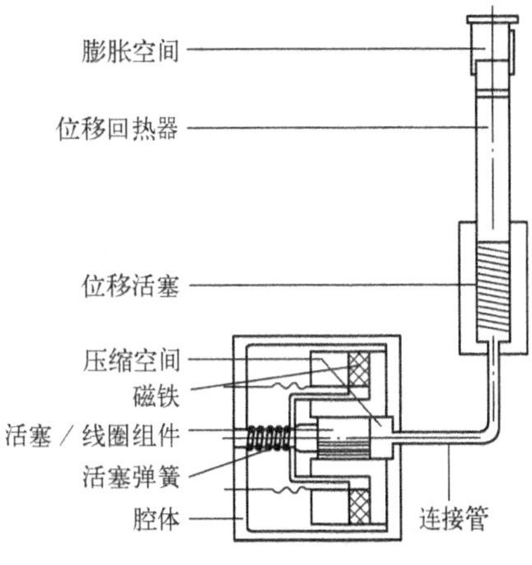

图 9-18　分置式斯特林循环制冷器

分置式斯特林制冷器既保持了整体斯特林制冷器高效率的长处，又使振动、磨损和工质污染、泄漏大大减少，寿命及可靠性大为提高，还允许把更大更重的压缩机安装在更合适的位置上，与光学系统的配合更加方便。

4. 半导体制冷器(帕尔贴效应)

半导体制冷器基于帕尔帖效应制成。半导体制冷器用 n 型和 p 型两块半导体材料连接成温差电偶对，形成闭合回路，如图 9-19 所示。在

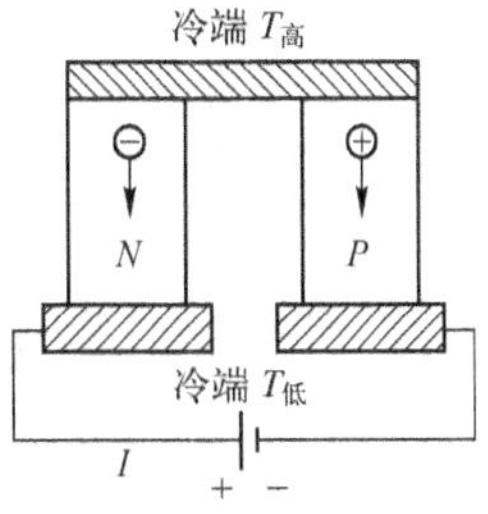

图 9-19　半导体制冷器原理

外电场作用下，一接头处的电子与空穴产生做分离运动，吸收能量而变冷，在另一接头处产生复合，放出能量而变热。其制冷能力取决于半导体材料的性质和回路中电流的大小。目前，较好的半导体材料为碲化铋及其固熔体合金。一级半导体制冷器可获得约 60℃的温差。为了达到更低的制冷温度，可将 n 个热电偶串接起来，即将一个热电偶的热结与下一个热电偶的冷结形成良好接触。图 9-20 为三级半导体制冷器，可达 190K 的低温。据报道，六级和八级的制冷器分别可获得 170K 和 145K，这离红外热成像系统通常要求的 77K 还相差甚远。级数增多，制冷效果并不明显，所以半导体制冷器只能用于要求制冷温度不太低的硒化铅、硫化铅等探测器的制冷及目前的 EMCCD 制冷。

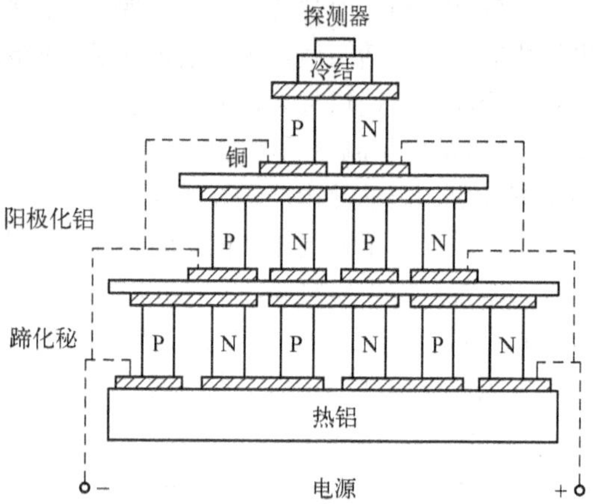

图 9-20　三级半导体制冷器原理

半导体制冷器的优点是结构简单、寿命长、可靠性高、体积小、重量轻、无机械振动和冲击噪声、维护方便、只消耗电能。

5. 辐射制冷器(辐射交换)

辐射制冷器是一种耗能极少，甚至不需要能源的被动式制冷器。它由冷片、辐射器、帽沿、多层绝热层和外屏蔽等部分组成。辐射制冷器是利用了辐射传热的原理工作的。为获得不同的制冷温度，可由一个、两个或三个以上大小不同的辐射器串联构成单级、双级或三级制冷器。图 9-21 为欧洲 ESA 卫星上的辐射制冷器，它可以将红外探测器制冷到 35K。

辐射制冷器的优点是寿命长，不需外加制冷功率，没有运动部件，因此不会产生振动、冲激噪声，可靠性高。缺点是要求卫星的运行轨道和姿态得到控制，保证辐射制冷器始终对准超低温的宇宙空间，不能让太阳光或地球等物体的红外辐射直射到制冷器辐射器上。

红外热成像系统中的制冷器对保证红外探测器获得最佳上作性能至关重要，因此，必须根据红外热成像系统的工作条件和要求，合理选择适当的制冷器。表征制冷器性能的主要指标是制冷温度、冷却的时间、功耗、可分解性、界限尺寸、使用寿命和可维修性等。图 9-22 为国外某红外探测器生产厂家的探测器与典型制冷器配置示意图。

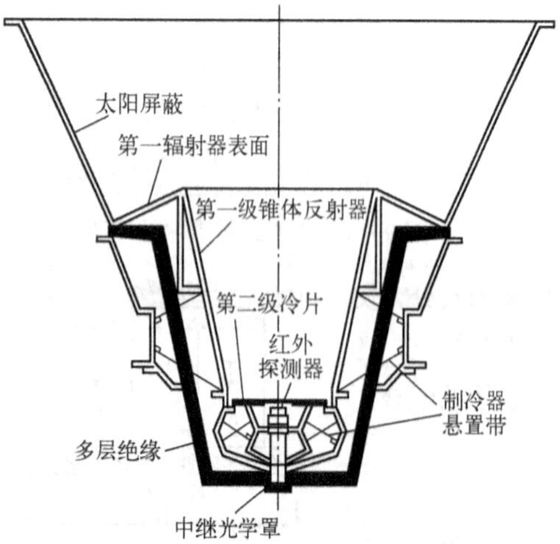

图 9-21　欧洲 ESA 卫星的辐射制冷器结构

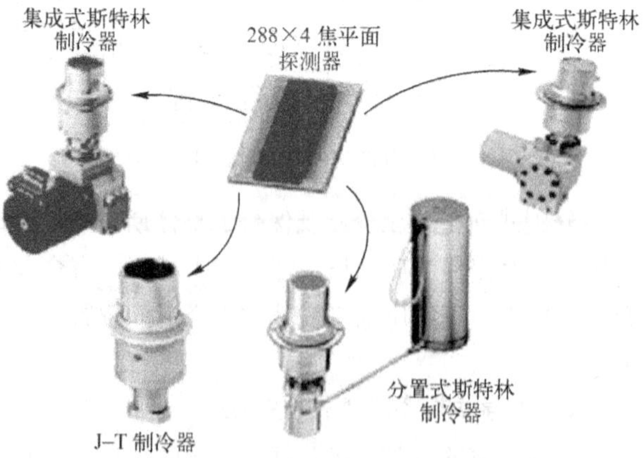

图 9-22　红外热成像系统常用的制冷器配置示意图

9.4 红外热成像系统的性能参数

9.4.1 红外热成像系统光谱响应特性

相同功率的各单色辐射入射到探测器上产生的信号电压与辐射波长的关系称为探测器的光谱响应。通常用单色辐射的响应度 R_λ 或光谱比探测率 D_λ^* 与对应波长的关系曲线来描述探测器的光谱响应。

对于光子探测器，只有 λ 入射光子能量大于 $h\upsilon_c$ 时，才能产生光电效应使探测器形成输出。也就是说，仅仅对波长小于 λ_c 的光子探测器才有响应。在波长小于 λ_c 的范围内，光子探测器的响应度随波长线性增加，到截止波长 λ_c 处下降为零。这样，光子探测器的比探测率 D_λ^* 可写为：

$$D_\lambda^* = \begin{cases} \dfrac{\lambda}{\lambda_c} D_{\lambda_c}^* & \text{当}\lambda \leqslant \lambda_c\text{时} \\ 0 & \text{当}\lambda > \lambda_c\text{时} \end{cases} \tag{9-20}$$

对于热探测器，其响应度只与吸收的辐射功率有关，与波长无关，可以认为

$$D_\lambda^* = D^* \tag{9-21}$$

上述表达式指的是理想情况，实际情况会有偏离。例如，光子探测器的实际响应并不在 λ_c 处完全截止，而是在 λ_c 附近逐渐下降。一般规定响应度下降到峰值 50%处的波长为截止波长。

9.4.2 红外热成像系统的噪声

1. 噪声等效功率(NEP)

在实际应用中，红外探测器不仅接收到入射的辐射信号，而且探测器自身也会有噪声存在。很明显，噪声的存在限制了探测器对微弱辐射信号的探测能力，即探测器能探测到的最小辐射功率受到探测器自身噪声的限制。噪声等效功率定义为探测器输出信号功率(均方根值)与噪声功率(均方根值)相等时入射到探测器上的辐射功率，表示为

$$\text{NEP}=\frac{E \cdot A_d}{V_s / V_N}(\text{W}) \tag{9-22}$$

式中，E 为入射到探测器上的辐照度(W/m^2)；A_d 为探测器光敏元面积(m^2)；V_S 为探测器输出信号电压的均方根值；V_N 为输出的噪声电压的均方根值。该参数表征探测器所能探测的最小入射辐射功率的能力，该值越小，表征探测器的性能越好。

2. 噪声等效温差(NETD)

在红外热成像系统中，还常采用噪声等效温差来描述红外探测器或者红外热成像系统的噪声特性。通俗地讲，噪声等效温差就是红外探测器(系统)输出信号功率与噪声功率相等时黑体目标与黑体背景的温度之差。

NETD 的测量一般采用角尺寸为 $\omega\times\omega$、温度为 T_t 的均匀方形黑体目标，使其处在温度为 $T_B(<T_t)$ 的均匀黑体背景中，构成测试图案(见图 9-23)。红外热像仪对测试图案进行观察，当在基准电子滤波器的输出信号等于系统本身的均方根噪声时，辐射系统黑体目标和背景之间的温差就是噪声等效温差。

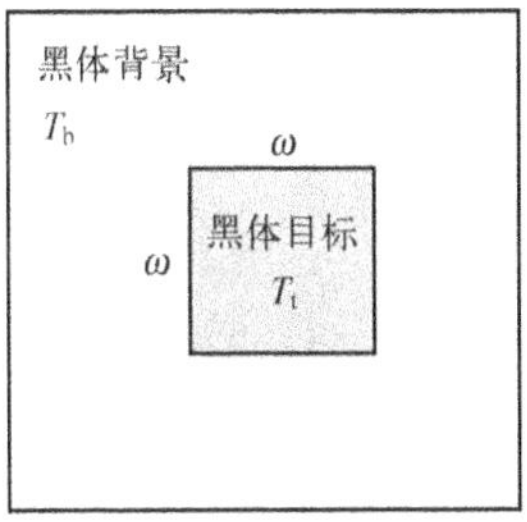

图 9-23 NETD 测试图案

(1) NETD 的理论关系式

测量 NETD 时，通常要求目标尺寸 $\omega\times\omega$ 超过系统瞬时视场若干倍，目标和背景的温差 ΔT 超过 NETD 数十倍，使信号峰值电压 V_s 远大于均方根噪声电压 V_n，则

$$\text{NETD}=\frac{\Delta T}{V_s/V_n} \tag{9-23}$$

测量 NETD 时，从系统的基准电子滤波器输出的信噪比可表示为

$$\mathrm{SNR}=\frac{S}{N}=\frac{\Delta\Phi(\lambda)R(\lambda)}{\sqrt{\int_0^\infty s'(f)\mathrm{MTF}_\mathrm{e}^2(f)\mathrm{d}f}} \tag{9-24}$$

式中，$\Delta\Phi(\lambda)$ 为目标与背景的辐射通量差；$R(\lambda)$ 为探测器的响应度；$s'(f)$ 为系统的噪声功率谱；$\mathrm{MTF}_\mathrm{e}(f)$ 为电子滤波器传递函数。

在测量归一化探测率 D^* 时，如果取 V_n 为测量点 f_0 处单位带宽所对应的噪声电压，Δf 为测量带宽，A_d 为探测器面积，则 D^* 与 R 的关系式为

$$R(\lambda)=\frac{D^*(\lambda)V_\mathrm{n}}{\sqrt{A_\mathrm{d}\Delta f}}=D^*(\lambda)\sqrt{\frac{s'(f_0)}{A_\mathrm{d}}} \tag{9-25}$$

代入式(9-24)得

$$\mathrm{SNR}=\frac{\Delta\Phi(\lambda)D^*(\lambda)}{\sqrt{A_\mathrm{d}}\sqrt{\int_0^\infty s(f)\mathrm{MTF}_\mathrm{e}^2(f)\mathrm{d}f}}=\frac{\Delta\Phi(\lambda)D^*(\lambda)}{\sqrt{A_\mathrm{d}\Delta f_\mathrm{n}}} \tag{9-26}$$

式中，$s(f)=s'(f)/s'(f_0)$ 为归一化噪声功率谱；Δf_n 为噪声等效带宽，其定义为

$$\Delta f_\mathrm{n}=\int_0^\infty s(f)\mathrm{MTF}_\mathrm{e}^2(f)\mathrm{d}f \tag{9-27}$$

白噪声的 $s(f)=1$，Δf_n 为噪声标准带宽 Δf_0。由于 $\mathrm{MTF}_\mathrm{e}(f)$ 一般为低通滤波器，可得到 Δf_n 与 3dB 频率点 $f_{\mathrm{t}0}$ 的关系为 $\Delta f_\mathrm{n}=\pi f_{\mathrm{t}0}/2$。一般为保持光脉冲信号波形能达到最大值，要求 $f_{\mathrm{t}0}=1/(2\tau_\mathrm{d})$，因此 Δf_0 与 τ_d 的关系为

$$\Delta f_0=\frac{\pi}{4\tau_\mathrm{d}} \tag{9-28}$$

对于成像系统，黑体目标与背景辐射通量差可表示为

$$\Delta\Phi(\lambda)=\frac{\alpha\beta}{4}D_0^2\tau_0(\lambda)\frac{\partial M(\lambda,T_\mathrm{B})}{\partial T}\Delta T=\frac{A_\mathrm{d}}{4F^2}\tau_0(\lambda)\frac{\partial M(\lambda,T_\mathrm{B})}{\partial T}\Delta T \tag{9-29}$$

式中，$\tau_0(\lambda)$ 为光学系统透射比；F 为透镜 F 数；ΔT 为黑体景物温差；$\partial M(\lambda,T_\mathrm{B})/\partial T$ 为相对背景温度 T_B 下的光谱辐射出射度对温度的变化率。

若热成像系统限定在某波段工作，对大多数光学材料可认为 $\tau_0(\lambda)=\tau_0$=常数，可得

$$\frac{S}{N}=\Delta T\frac{\alpha\beta D_0^2\tau_0}{4\sqrt{ab\Delta f_\mathrm{n}}}\int_{\lambda_1}^{\lambda_2}D^*(\lambda)\frac{\partial M(\lambda,T_\mathrm{B})}{\partial T}\mathrm{d}\lambda \tag{9-30}$$

由 NETD 的定义，当 $S/N=1$ 时，可得红外热成像系统 NETD 的普遍表达式。

$$\mathrm{NETD}=\frac{4F^2\sqrt{\Delta f_\mathrm{n}}}{\sqrt{A_\mathrm{d}n_\mathrm{s}}\tau_0\int_{\lambda_1}^{\lambda_2}D^*(\lambda)\frac{\partial M(\lambda,T_\mathrm{B})}{\partial T}\mathrm{d}\lambda}=\frac{4F^2\sqrt{\Delta f_\mathrm{n}}}{\sqrt{A_\mathrm{d}n_\mathrm{s}}\tau_0 W_\mathrm{T}(T_\mathrm{B})} \tag{9-31}$$

式中，n_s 为串扫元数。在特定条件下，模型可进一步简化，如：

① 光子探测器的 NETD

对于光子探测器，其光谱探测率可做如下假定：

$$D^*(\lambda)=\begin{cases}D^*(\lambda_\mathrm{p})\lambda/\lambda_\mathrm{p}, & \lambda\leqslant\lambda_\mathrm{p}\\ 0, & \lambda>\lambda_\mathrm{p}\end{cases} \tag{9-32}$$

在目标背景温差不大的情况下，对 $M(\lambda,T)$ 随温度变化的变化率做近似处理，可得

$$\frac{\partial M(\lambda,T_\mathrm{B})}{\partial T}\approx\frac{c_2}{\lambda T_\mathrm{B}^2}M(\lambda,T_\mathrm{B}) \tag{9-33}$$

代入式(9-31)，经过分部积分，可得

$$\mathrm{NETD}=\frac{4F^2\sqrt{\Delta f_{\mathrm{n}}}\lambda_{\mathrm{p}}T_{\mathrm{B}}^2}{\sqrt{A_{\mathrm{d}}n_{\mathrm{s}}}\tau_0 D^*(\lambda_{\mathrm{p}})c_2\int_{\lambda_1}^{\lambda_2}M(\lambda,T_{\mathrm{B}})\mathrm{d}\lambda}=\frac{4F^2\sqrt{\Delta f_{\mathrm{n}}}\lambda_{\mathrm{p}}T_{\mathrm{B}}^2}{\sqrt{A_{\mathrm{d}}n_{\mathrm{s}}}\tau_0 D^*(\lambda_{\mathrm{p}})c_2 W(T_{\mathrm{B}})} \tag{9-34}$$

式中，$c_2=1.4388\times10^4\ \mu\mathrm{m}\cdot\mathrm{K}$ 为第二辐射常数；λ_{p} 为峰值响应波长；$D^*(\lambda_{\mathrm{p}})$ 为探测器峰值响应的归一化探测率。

② 热探测器的 NETD

对热探测器而言
$$D^*(\lambda)=D_0^* \tag{9-35}$$
其接收到的热量与波长无关，即
$$\frac{\partial \boldsymbol{M}(\boldsymbol{\lambda},\boldsymbol{T}_{\mathrm{B}})}{\partial \boldsymbol{T}}\approx\frac{5}{\boldsymbol{T}}\boldsymbol{M}_{\lambda}+\frac{\boldsymbol{\lambda}}{\boldsymbol{T}}\frac{\partial \boldsymbol{M}_{\lambda}}{\partial \boldsymbol{T}} \tag{9-36}$$
则式(9-34)中的积分可表示为
$$\boldsymbol{W}_{\mathrm{T}}(\boldsymbol{T})=\frac{\boldsymbol{D}_0^*}{\boldsymbol{T}}\left[4\boldsymbol{W}(\boldsymbol{T})+\boldsymbol{\lambda}_{\mathrm{m}}\boldsymbol{M}_{\lambda\mathrm{m}}-\boldsymbol{\lambda}_1\boldsymbol{M}_{\lambda1}\right] \tag{9-37}$$

③ 光子背景限下的 NETD

表现理想极限性能的 NETD 表达式是在背景限条件下得到的，此时具有冷屏角 Ω_{cs} 的探测器的探测率 $D_{\mathrm{BLIP}}^*(\lambda)$ 与冷屏角等效为 π 时的探测率 $\mathrm{D}_{\mathrm{BLIP}}^{**}(\lambda)$ 之间的关系为
$$D_{\mathrm{BLIP}}^*(\lambda)=2F\sqrt{\eta_{\mathrm{cs}}\eta_{\mathrm{q}}}D_{\mathrm{BLIP}}^{**}(\lambda) \tag{9-38}$$
将这些关系应用于 NETD 的表达式中，则有
$$\mathrm{NETD}=\frac{2F\sqrt{\Delta f_{\mathrm{n}}}\lambda_{\mathrm{p}}T_{\mathrm{B}}^2}{\sqrt{A_{\mathrm{d}}n_{\mathrm{s}}}\tau_0\sqrt{\eta_{\mathrm{cs}}\eta_{\mathrm{q}}}D_{\mathrm{BLIP}}^{**}(\lambda_{\mathrm{p}})c_2\int_{\lambda_1}^{\lambda_2}M(\lambda,T_{\mathrm{B}})\mathrm{d}\lambda} \tag{9-39}$$
式中，η_{q} 为量子效率。

（2）NETD 的经验分析

红外热成像系统是一个非常复杂的系统，产生噪声的影响因素很多，一般认为：

- 一代热成像系统的噪声分布在各分系统中。由于光机扫描的作用，可用时间性噪声来表示系统的 NETD。通过噪声功率谱，把系统噪声等效为一个噪声源，插入在探测器之后。可用测量 NETD 时的基准参考电子滤波器模拟一代热成像系统探测器后续系统的滤波效果，进而可使用 NETD 与系统噪声的带宽变换来求出系统噪声。
- 二代、三代红外热成像系统的 NETD 测量点一般是定义在视频信号输出口，即系统显示之前。此时，NETD 已不足以描述系统噪声。首先 NETD 的测量和计算模拟后续的系统信号处理电路都要求有一个基准参考滤波器，而二代热成像系统的信号处理已出现在 NETD 的测量点之前；其次，由于信号处理和焦平面非均匀性带来的噪声对系统噪声有重大贡献，甚至占据主要地位，故 NETD 将不能完全描述这些噪声。

事实上，焦平面探测器的输出信号包含时间和空间随机的噪声、时间无关空间相关的噪声、空间无关时间相关的噪声等各种噪声。为此，可引进三维噪声分析方法，三维指空间的水平、垂直方向及时间方向。其中，当时间、空间随机噪声项 σ 对应温度的形式时，结果类似于 NETD，因此凝视阵列经常用 NETD 代替 σ。

9.4.3 红外热成像系统的时间响应

当一定功率的辐射突然入射到探测器的光敏面上时，探测器的输出电压要经过一定的时间才能上升到与这一辐射功率相对应的稳定值。当辐射突然消除时，输出电压也要经过一定时间才能下降到辐射照射前的值。若以一个矩形的辐射脉冲照射到探测器上，观察其输出信号波形，会发现输出

信号的上升或下降都落在矩形脉冲之后。大多数情况，信号按$(1-e^{-\tau/t})$的规律上升，其中的τ称为探测器的时间常数或响应时间。换句话说，探测器的时间常数就是输出信号电压从零上升到最大值的65%所需要的时间。

现代光子探测器的时间常数很短，可达微秒甚至纳秒数量级。在红外热成像系统中，探测器的时间常数应小于探测器的驻留时间。

9.4.4 红外热成像系统的空间分辨特性与温度分辨特性

红外热成像系统不同于普通的白光成像系统，反映其灰度对比度的因素主要来自目标与背景的温差，而温差的大小又与目标和背景的空间尺寸有关，因此，必须有一个参数能够同时反映出两方面的影响。

1．最小可分辨温差(MRTD)

MRTD是综合评价热成像系统温度分辨率和空间分辨率的重要参数，它不仅包含系统特征，也包含观察者的主观因素。MRTD定义为：由观察者在显示屏上，对处于均匀黑体背景中具有某一空间频率、高宽比为7∶1的四条带黑体目标的标准条带图案(图9-24)做无限长时间的观察，当目标与背景之间的温差从零逐渐增大到观察者确认能分辨(50%的概率)出四个条带的目标图案为止，此时，目标与背景之间的温差便称为该空间频率的最小可分辨温差(MRTD)。当目标图案的空间频率变化时，相应的可分辨温差将随之改变，也即MRTD(f)。

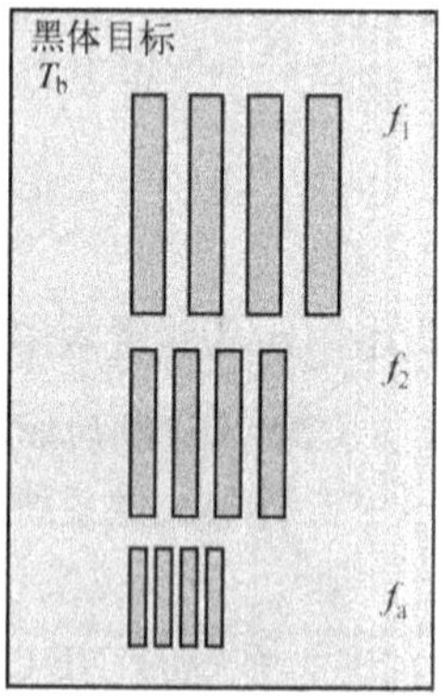

图9-24 测试MRTD的四条带图案

MRTD具有不同的表示形式，但基本思想是一致的，只是考虑的因素及处理方法不同。由于MRTD的推导过程比较繁琐，本文结合Lloyd的推导要点和结果说明MRTD的理论模型。

MRTD推导的基本思想是：对应人眼感觉到的图像信噪比大于或等于视觉阈值信噪比时的黑体目标与背景之间的温差即为MRTD。

系统接收到的目标图像信噪比为

$$\mathrm{SNR}_0 = \Delta T / \mathrm{NETD} \tag{9-40}$$

式中，ΔT为目标与背景的温差。

在显示器输出端，条带图像的信噪比为

$$\mathrm{SNR}_i = \frac{\Delta T \cdot R(f)}{\mathrm{NETD}}\left[\frac{\Delta f_n}{\int_0^\infty s(f)\mathrm{MTF}_m^2(f)\mathrm{d}f}\right]^{1/2} \tag{9-41}$$

式中，$R(f)$为系统的方波响应(对比传递函数)；$\mathrm{MTF}_m^2(f)$为噪声插入点后的调制传递函数；Δf_n为噪声等效带宽。

因系统的方波响应与余弦响应可以做如下近似

$$R(f) \approx \frac{4}{\pi}\mathrm{MTF}_s(f) \tag{9-42}$$

且当观察者观察目标时，会在以下四个方面修正显示信噪比，得到视觉信噪比，即：

(1) 眼睛萃取条带图案，在可分辨信号的情况下，滤去高次谐波，保持一次谐波，则信号峰值衰减为$\frac{2}{\pi}R(f) = \frac{8}{\pi^2}\mathrm{MTF}_s(f)$；

(2) 由于时间积分，信号将按人眼积分时间$t_e = 0.2\mathrm{s}$一次独立采样，同时噪声按根号叠加，因此信噪比将改善$(t_e f_p)^{1/2}$；

(3) 在垂直方向，人眼将进行信号空间积分，并沿线条取噪声均方根，利用垂直瞬时视场β作为噪声的相关长度，得到视觉信噪比的改善为

$$\left(\frac{L}{\beta}\right)^{1/2}=\left(\frac{\varepsilon W}{\beta}\right)^{1/2}=\left(\frac{\varepsilon}{2f_{\mathrm{T}}\beta}\right)^{1/2} \tag{9-43}$$

式中，L 和 W 分别为条带长度和宽度(角宽度)；ε 为条带长宽比(=L/W)；f_{T} [=1/(2W)]为条带的空间频率(cyc/mrad)。

（4）对频率为 f_{T} 的周期矩形条带目标，人眼的窄带空间滤波效应等效为匹配滤波器，其传递特性可表示为 $\sin\left(\frac{\pi}{2}\frac{f}{f_{\mathrm{T}}}\right)\cdot \mathrm{MTF}_{\mathrm{s}}^{2}(f)$。因此，人眼的积分响应可通过实际系统带宽转换为考虑人眼匹配滤波器作用的噪声带宽为

$$\Delta f_{\mathrm{eye}}=\int_0^{\infty}s(f)\mathrm{MTF}_{\mathrm{s}}^{2}(f)MTF_{\mathrm{m}}^{2}(f)\sin\mathrm{c}^{2}\left(\frac{\pi}{2}\frac{f}{f_{\mathrm{T}}}\right)\mathrm{d}f \tag{9-44}$$

将上述4种效应与显示信噪比结合，得到视觉信噪比为

$$\mathrm{SNR}_{\mathrm{v}}=\frac{8}{\pi^2}\mathrm{MTF}_{\mathrm{eye}}(f)\frac{\Delta T\cdot t_{\mathrm{e}}f_{\mathrm{p}}}{\mathrm{NETD}}\left(\frac{\varepsilon}{2f_{\mathrm{T}}\beta}\right)^{1/2}\left(\frac{\Delta f_{\mathrm{n}}}{\Delta f_{\mathrm{eye}}}\right)^{1/2} \tag{9-45}$$

令观察者能分辨条带的阈值信噪比为 $\mathrm{SNR}_{\mathrm{DT}}$，则由式(9－45)解出 ΔT 即为 MRTD 表达式

$$\mathrm{MRTD}(f)=\frac{8}{\pi^2}\frac{\mathrm{NETD}\cdot\mathrm{SNR}_{\mathrm{DT}}}{\mathrm{MTF}_{\mathrm{s}}(f)\mathrm{MTF}_{\mathrm{eye}}(f)}\left(\frac{2f\beta}{t_{\mathrm{e}}f_{\mathrm{p}}\varepsilon}\right)^{1/2}\left[\frac{\Delta f_{\mathrm{eye}}(f)}{\Delta f_{\mathrm{n}}}\right]^{1/2} \tag{9-46}$$

若设 $s(f)=1$，且 $\mathrm{MTF}_{\mathrm{m}}(f)=1$，式(9－46)可改为

$$\mathrm{MRTD}(f)=\frac{\pi^2}{4\sqrt{14}}\frac{\mathrm{NETD}\cdot\mathrm{SNR}_{\mathrm{DT}}}{\mathrm{MTF}_{\mathrm{s}}(f)\mathrm{MTF}_{\mathrm{eye}}(f)}\left(\frac{\alpha\beta}{t_{\mathrm{d}}t_{\mathrm{e}}f_{\mathrm{d}}\Delta f}\right)^{1/2} \tag{9-47}$$

在已知 $\mathrm{MTF}_{\mathrm{s}}(f)$ 的情况下，可由式(9-47)进行简单的手工计算。

目前实际应用的 MRTD 模型主要有 FLIR 92 模型，其中考虑了三维噪声模型及相关滤波函数，详细请参阅有关文献。

如图 9-25 所示，假定存在水平空间频率 f_x 和垂直空间频率 f_y 且 MRTD f_x=MRTD f_y，则可定义有效的二维空间频率 $f_{\mathrm{ef}}f=(f_x f_y)^{1/2}$，对应有二维 MRTD 为

$$\mathrm{MRTD}_{xy}(f_{\mathrm{ef}},f)=\mathrm{MRTD}(f_x)=\mathrm{MRTD}(f_y) \tag{9-48}$$

2．最小可探测温差(MDTD)

MDTD 也是评价热成像系统空间频率和温度特性的一个重要参数，它既反映了成像系统的热灵敏度特性，也反映了系统的空间分辨率。与 MRTD 不同之处在于：MRTD 是空间频率的函数，而 MDTD 是目标尺寸 W(=1/f)的函数，其定义为：观察者观察时间不受限制地在显示屏上恰好能分辨出一块一定尺寸的方形或圆形黑体目标及其所处的位置时(见图 9-26)，对应黑体目标与黑体背景之间的温差称为最小可探测温差(MDTD)。

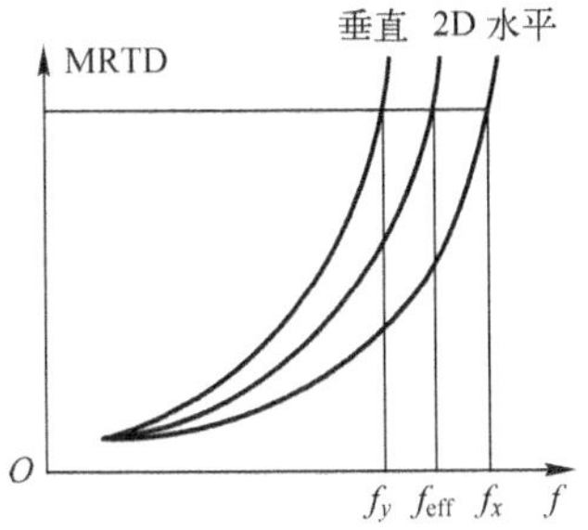

图 9-25　二维 MRTD 示意图

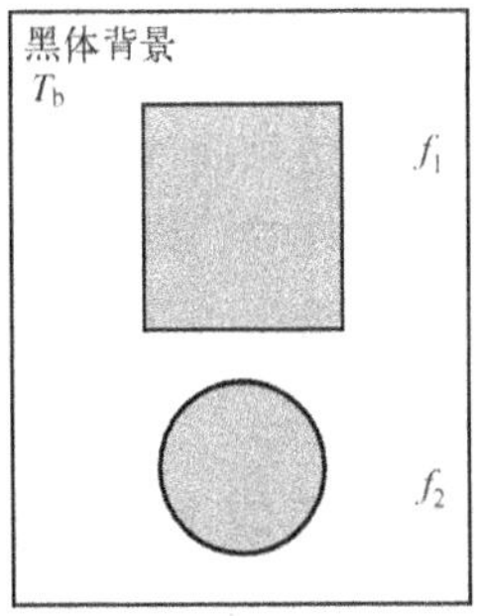

图 9-26　测试 MDTD 的图案

MDTD 也有许多模型，这里只给出 FLIR 92 模型的 MDTD 表达式。

设目标是角宽度为 $\boldsymbol{W}$ 的方形，显示器上显示的目标图像平均值为 $\overline{I(x,y)}\Delta T$，其中 $I(x,y)$ 是振幅归一化的方块目标像，ΔT 为目标与背景间的温差，则每帧图像的显示信噪比为

$$\mathrm{SNR_i} = \frac{\overline{I(x,y)}\Delta T}{\mathrm{NETD}}\left[\frac{\Delta f_\mathrm{n}}{\int_0^\infty s(f)\mathrm{MTF_m^2}(f)\mathrm{d}f}\right]^{1/2} \tag{9-49}$$

当观察者观察目标图像时，视觉信噪比的改善表现在：

（1）时间积分使信噪比改善 $(t_\mathrm{e}f_\mathrm{p})^{1/2}$；

（2）垂直方向的空间积分，设 y 方向的系统线扩展函数大小为 $|r_y|$，则空间积分对信噪比的改善为 $\left|W+|r_y|/\beta\right|^{1/2}$；

（3）人眼频域滤波作用，用 Δf_eye 代替系统带宽。

综上诸因素，视觉信噪比可记为

$$\mathrm{SNR_p} = \frac{\overline{I(x,y)}\Delta T}{\mathrm{NETD}}\left(\frac{t_\mathrm{e}fp\Delta f_\mathrm{n}}{\Delta f_\mathrm{eye}}\right)^{1/2}\left(\frac{W+|r_y|}{\beta}\right)^{1/2} \tag{9-50}$$

设观察者刚好可探测的视觉阈值信噪比为 $\mathrm{SNR_{DT}}$，则对应的 ΔT 便为 MDTD

$$\mathrm{MDTD}(f_\mathrm{T}=\frac{1}{2W}) = \frac{\mathrm{SNR_{DT}NETD}}{\overline{I(x,y)}}\left(\frac{\beta\Delta f_\mathrm{eye}}{t_\mathrm{e}f_\mathrm{p}\Delta f_\mathrm{n}}\right)^{1/2} \tag{9-51}$$

若忽略 $|r_y|$ 项，则 MDTD 的表达式为

$$\mathrm{MDTD}(f) = \sqrt{2}\,\frac{\mathrm{SNR_{DT}NETD}}{\overline{I(x,y)}}\left(\frac{f\beta\Delta f_\mathrm{eye}}{t_\mathrm{e}f_\mathrm{p}\Delta f_\mathrm{n}}\right)^{1/2} \tag{9-52}$$

同样，目前实际应用的有 FLIR92 模型，其考虑了三维噪声模型及相关滤波函数，详细请参阅有关文献。

MDTD 和 MRTD 一样，也是热成像系统的一个综合性能参量。但两者在表达式上的区别之一是当空间频率趋向于红外热成像系统截止频率时，MDTD 保持有限，而 MRTD 趋于无穷，这是由于 MDTD 对应的是目标张角的频率，而不是条带细节频率。因此，MDTD 可用于红外热成像系统的点目标或线目标的探测性能分析。

9.5　红外热成像系统总体设计分析

红外热成像系统总体设计包括总体结构和信息处理两方面的内容。总体结构设计主要包括：总体技术指标、方案论证、设计计算分析、误差分配、总体结构及布局的设计、探测器及制冷器的选择和设计等。信息处理主要包括：目标及背景的特性分析、信号检测及处理、视频输出格式及显示方式、可靠性等。设计的最终目的是使红外热成像系统总体性能达到规定的技术指标，满足使用要求。系统设计必须强调可行性和可靠性，应在先进性、实用性和经济性等方面进行综合平衡。

9.5.1　红外热成像系统总体设计

红外热成像系统的总体设计是一个复杂的系统工程，具体设计需要考虑应用的特殊要求。下面给出总体设计中需要考虑的一些基本问题。

1．总体技术指标的确定

红外热成像系统总体技术指标应满足使用要求，但也要考虑技术可行性、生产成本以及产品的可靠性和可维修性等，因此技术指标应合理选择，不一定越高越好。在着手拟定总体技术指标时，应明确热成像系统的用途(军用或民用)、装载空间及安装平台、装载平台的运动特性、使用环境等。在总体技术指标确定后，要根据现有的技术水平分析其可行性。

热成像系统总体技术指标主要包括作用距离、视场、温度分辨率、空间分辨率、帧频及扫描效率等。对于跟踪系统还要考虑跟踪角速度、角加速度、跟踪范围等；对于搜索系统要考虑搜索速度、搜索范围、探测概率和虚警概率等。

（1）作用距离

作用距离是热成像系统的综合性技术指标之一，不仅与系统本身的性能有关，还与目标特性、环境条件等客观因素有关，要根据系统的实际工作状况确定。如机载红外前视系统的作用距离，必须综合考虑飞行高度与航速、观察目标的类型及大小、背景条件等，进行必要的计算才能确定。在配有激光测距和电视的复合观察系统中，还要考虑各装置作用距离的协调一致。医用热像仪等则无需考虑那么多因素，一般取作用距离为几米到几十米即可满足使用要求。

（2）视场

视场主要指仪器的观察范围，对具体的技术设计，视场有下列几种：

① 搜索视场：整个需要观察或搜索的空间范围；

② 捕获视场：在该角度范围内可捕捉到目标，进行识别、瞄准等；

③ 跟踪视场：在该角度范围内可以对目标进行跟踪。

几种视场之间及与系统其他参数之间往往存在一定的关系，视具体装置而定。如有的红外热成像系统有两个视场，用大视场搜索，一旦搜索到目标，便切换为小视场，进行识别、瞄准或跟踪。通常，视场应大于所观察景物的物空间张角。如歼击机的攻击为尾追式，借助敌机的尾焰发现目标，因而要求能从尾部偏方向切入，则观察范围应大于 30℃，可取视场为±40℃。又如医用热像仪检查乳腺癌时，必须覆盖人体的上半身，则可根据人体的尺寸及作用距离，计算出视场的大小。

（3）温度分辨率

温度分辨率应根据使用要求确定。评价温度分辨率一般用 NETD 或 MRTD。MRTD 比 NETD 更能综合评价系统性能，但 MRTD 是空间频率的函数，故应指明对应的空间频率，如用特征频率 f_0 处的 MRTD(f_0)来表示等。

确定温度分辨率时，应了解目标和背景的温度及辐射比的大致范围，如用于监测热电站排水引起河流污染的红外热成像系统，可认为排放水与河水的辐射比相同，只要估计出河流在排水处附近的温度分布即可，如最大温差为 10℃，则温度分辨率可视监控精度而定。

（4）空间分辨率

红外热成像系统的空间分辨率与其用途有关，通常为 mrad 或亚 mrad，主要由系统的瞬时视场决定。与一般的成像系统不同，红外热成像系统的空间分辨率与它的温度分辨率是相联系的，在确定总体技术指标时，不能孤立地提高空间分辨率。瞬时视场的设计需要考虑减少背景干扰影响、目标的驻留时间和传递函数的要求。

（5）帧频

红外热成像系统的帧频通常与广播电视的帧频相同，取 25 帧/s 或 30 帧/s。医用热像仪的帧频一般都较低，4s 或 5s 生成一幅图像即可。

（6）角速度和角加速度

根据用途，有些红外热成像系统在总体方面，还应有搜索角速度、角加速度和跟踪角速度、角加速度的要求，相关指标主要由战术指标确定，如由观察目标的速度、加速度以及要求的作用距离等来确定。

（7）发现概率

对警戒用的红外热成像系统，发现概率一般要大于 50%；瞄准系统，要求识别概率大于 50%；对于跟踪装置，则要求跟踪概率大于 90%。

总之，各项总体技术指标是互相联系的，有时又是互相制约的，必须综合考虑。

2．总体设计方案

总体设计方案的确定是一个具体实施总体结构设计、分析论证系统性能参数的过程。

首先应有一个总体构想，对于热成像系统要确定光学系统类型、景物分解方式和热图像的显示方式。分析目标和背景的辐射特性，计算目标辐射的峰值波长，考虑大气窗口，确定合适的工作波段，选择和确定探测器的结构类型、性能参数、制冷方式。设计计算光学系统的结构参数和性能参数，包括红外望远系统以及扫描光学系统。在光学系统设计中，由于当前多传感器的使用(如红外热成像系统、可见光目视、可见光摄像以及激光测距等)，多波段共窗口光学系统的使用日益受到关注，相关的系统设计与传统的设计思路不同，应在设计思想和方法上有所突破。

根据初步确定的系统各项参数，计算系统的传递函数(MTF)、NETD、MRTD 和作用距离，检验设计结果是否满足总体设计要求，并修改有关参数，直到满足总体技术指标要求为止。

可靠性设计作为现代工程设计方法之一，其重要性已为人们所认识。在我国军用红外热成像系统工程设计中，可靠性设计已作为一项必备的设计步骤。在总体设计中，主要根据要求的系统平均无故障时间，对系统的可靠性进行预测和分析，分配各分系统的可靠性指标，并根据分析结果，从可靠性和质量控制等方面对总体设计提供实施途径或方法。

9.5.2 典型红外热成像系统设计分析

下面以一款红外瞄准系统为例(见参考文献[58])，简要说明红外热成像系统的设计过程。

由各国红外瞄准系统的装备情况可知，目前通行以非制冷 320×240 焦平面探测器为核心器件，系统的光学性能指标由探测器性能和瞄准镜的特殊使用要求决定。如美国 RAYTHEON 公司生产的 W1000 型红外热瞄准镜和加拿大 ELCAN 公司生产的 Specter IR 型红外热瞄准镜，都反映出卓越的瞄准性能和热瞄准镜的特点。本系统设计将以非制冷焦平面探测器为核心，在保证探测距离和满足视场特殊要求的同时，兼顾重量要求。

1．总体方案设计分析

非制冷红外瞄准系统物镜采用与探测器相匹配的锗红外透镜，光学系统应结构紧凑，且达到衍射限。红外辐射同样遵循光的反射、折射和衍射定律，因此，所有光学设计的概念和分析技术均可直接采用可见光光学系统的相关手段。

就光学设计而言，通常要求红外光学系统比可见光系统的相对孔径要大。经技术分析及论证，红外物镜的相对孔径取为 0.85，且采用非球面设计，以保证大相对孔径时的光学传递函数要求。

非制冷红外瞄准系统的核心器件采用非制冷焦平面多晶硅探测器组件，选用法国 Sofradir 公司生产的多晶硅非制冷焦平面探测器和高德公司独立研发、生产的伺服控制及实时数字图像处理电路，组成具有较高水平的红外成像组件。组件具有电分划功能，满足瞄准系统的要求，并可通过操控按扭，校正瞄准系统的分划中心，使操作更为简单方便。接口选择通用接口，以方便集成。视频输出与现在通用的各制式显示器相匹配，可直接输出给小型 CRT、OLED 等，观察者通过目镜或者直接用显示器进行观察。

微型显示器也是十分重要的器件，CRT 显示器具备高亮度、高分辨率、省电等诸多优势，技术成熟，应用广泛。但随着新技术的发展，各种微型显示器不断出现，且性能更好，体积更小，如 OLED 等。

红外瞄准系统结构紧凑、采用组件化设计，可为维护和使用带来极大便利。因红外瞄准系统在各种野外环境下使用，且冲击强度大，因此，在结构设计中，充分考虑到其特殊性，在光学系统中采用特殊措施，防止损坏透镜；探测器与 CRT 及电器件与连接线都进行加强紧固；其他环境适应性也都在结构设计时充分加以解决。

（1）系统工作原理

红外瞄准系统物镜将景物自然发射的红外辐射成像在非制冷红外焦平面阵列探测器上，探测器将光信号转换成电信号，经过放大和处理后，在视频监视器(OLED)上显示对应的景物，将人眼不可见的热图像转换为显示屏上的光学图像，再通过目镜放大，供人眼观察(见图 9-27)。同时，视频信号还可经视频输出接口在外置监视器上显示。

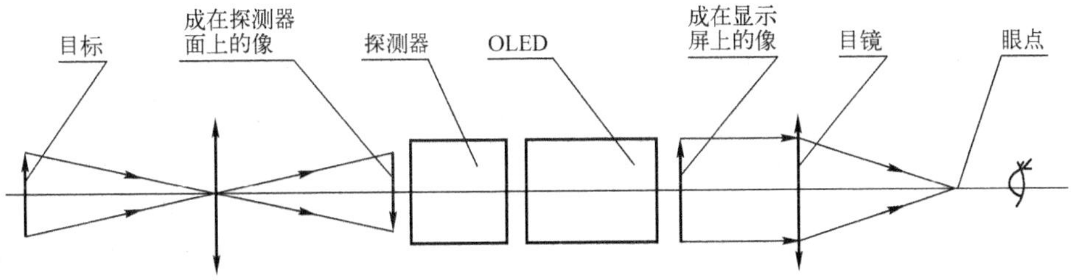

图 9-27 红外瞄准系统成像原理

（2）系统总体结构

红外瞄准系统总体结构如图 9-28，主要由物镜组、中部组、目镜组、物镜护罩、眼罩、镜盒等部件构成。

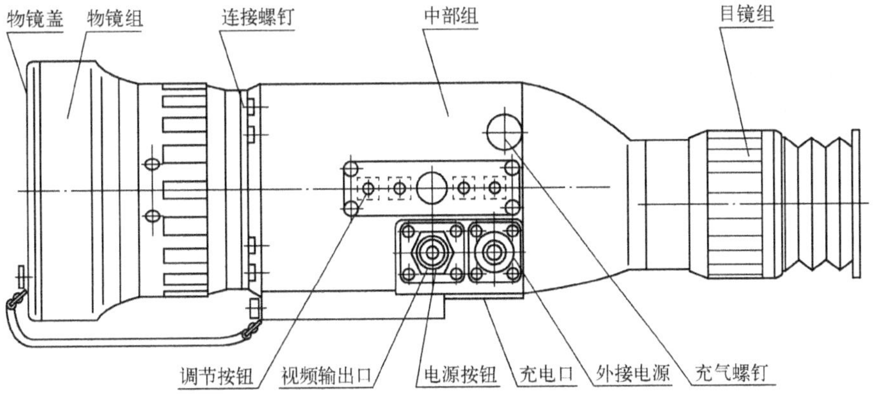

图 9-28 红外瞄准系统结构

① 镜组：红外瞄准系统物镜采用透红外折射系统，用于收集视场内景物发出的红外辐射并聚焦成像到红外探测器焦平面上。

② 中部组：由壳体、红外探测器、操作控制板等部件构成，是主要承载受力部件，除用于支撑物镜、目镜及相应部件外，还用来与枪支及其他观瞄支架连接，壳体上的电池室可安装 2 节 3.6V 充电锂电池。

中部组内的探测器为非制冷焦平面多晶硅探测器，用于将物镜组聚焦成像在焦平面上的热图像转换成电子图像，最后将电子图像以 PAL 制式输出到显示器上，以便人眼通过目镜或直接进行观察。壳体内装有 2 节可充电的 3.6V 锂电池作为探测器和 OLED 工作的电源。通过操作控制面板上的按键，可方便地操作枪瞄系统的各种功能。

③ 目镜组：由 OLED 和目镜组成，其作用是把视频信号经 OLED 显示后，通过目镜对图像进行放大，供人眼观察。

OLED 将探测器输出的电子图像转换为人眼可见的光学图像，并显示出电十字分划，用于枪械对目标的瞄准射击。目镜焦距为 25mm，视度调节范围为+2～−5 屈光度。

④ 眼罩：其功能除控制眼点位置外，还可以遮挡防止外界杂光直接进入人眼，提高人眼对目标的观察识别能力。

⑤ 物镜护罩：起到保护红外物镜的作用，同时可作为均匀性校正使用，使得本底均匀，图像清晰。

⑥ 镜盒：由高强度铝合金压制而成，盒内装有缓冲内衬。

2．总体方案设计与计算

（1）部件选择与计算

① 红外探测器组件

红外探测器组件选用武汉高德公司研制生产的非制冷焦平面红外热成像机芯组件（红外探测器采用法国 Sofrader 公司生产的多晶硅非制冷焦平面探测器），其技术成熟，体积小巧，可通过二次开发满足设计的瞄准系统使用要求。主要性能参数为：

类型：微测辐射热计

探测器材料：多晶硅

热响应时间：4ms

响应波段：8～14μm

探测元：384×288

探测元尺寸：35μm

填充系数：>80%

响应率：>4mV/K@30℃

噪声等效温差（NETD）：<80mK@25℃

视频输出 A：模拟 PAL/NTSC

B：14bit 数字视频

图像显示：256 级灰度

工作电源：6～9V DC

② 物镜

采用两片结构形式的非球面锗透镜，主要参数为：

焦距：$f'=50$mm

水平视场：2arctan(6.72/50)=15°

垂直视场：2 arctan (5.04/50)=11.5°

相对孔径：$D/f'=60/50\approx0.85$

物镜长度：约 70mm

③ 微型显示器

方案一：选用 0.5 英寸方形 CRT 显示管，磁聚焦，具有分辨率高、体积小、功耗低等特点。

有效显示面积：12mm×9mm

分辨率：≥400TVL

显示管长：70mm

功耗：≤0.65W

方案二：选用 0.61 英寸 OLED 微型显示器。

有效显示尺寸：最大 0.61 英寸 4∶3 方屏

分辨率：≥400TVL

功耗：≤0.65W

④ 目镜

采用 4 片结构的长出瞳目镜，主要参数为：

焦距：$f'=25$mm

出瞳直径：ϕ7

出瞳距离：25mm

视度调节：+2～-5 屈光度

目镜长度：约 30mm

⑤ 分划形式

电分划。通过高德公司提供的探测器处理电路端口通信协议，对探测器伺服控制及实时数字图像处理电路进行二次开发，制作不同形式的分划线。

（2）系统参数计算

① 视场

同物镜视场，考虑到生产、装配误差，以及 CRT 管、目镜等的影响因素，所以确定为：水平视场为 15°，垂直视场为 11°。

② 放大率

$$\Gamma = (f'_{物} / f'_{目}) \cdot \beta = (50/25) \times (15.49/16.8) = 1.8^{\times} \tag{9-53}$$

式中，β 为 OLED 显示屏对探测器靶面的线放大率。

③ 空间分辨率

按探测器理论分辨率计算

$$\alpha_{理} = \arctan(b / f'_{物}) = \arctan(35/50) = 0.7\text{mrad} \tag{9-54}$$

④ 分划

采用电分划时，分划线最多能达到 0.5 个像素（768×576 时），其相应的目视角为

$$\alpha = \arctan((15.49/768)/25) = 2'45'' \tag{9-55}$$

所以，分划应制成 0.5 个像素的分划线，即眼睛观察时，线宽张角为 2'45"，便于舒适观察，并保证瞄准精度。

3．光学系统设计

（1）红外物镜设计

由系统的总体指标可求得红外物镜的要求为：F =0.85，D=60mm，水平视场为 15°，工作波段为 8～14μm，中心波长为 10μm。系统设计成由两片非球面锗透镜组成的透射物镜组，如图 9-29 所示。物镜性能如图 9-30 所示。

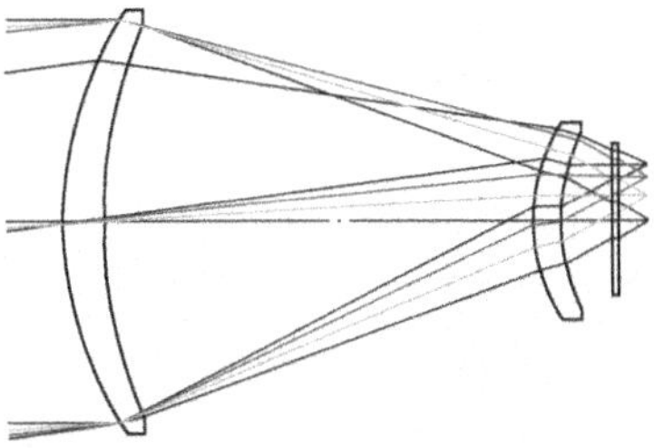

图 9-29　红外瞄准系统物镜结构

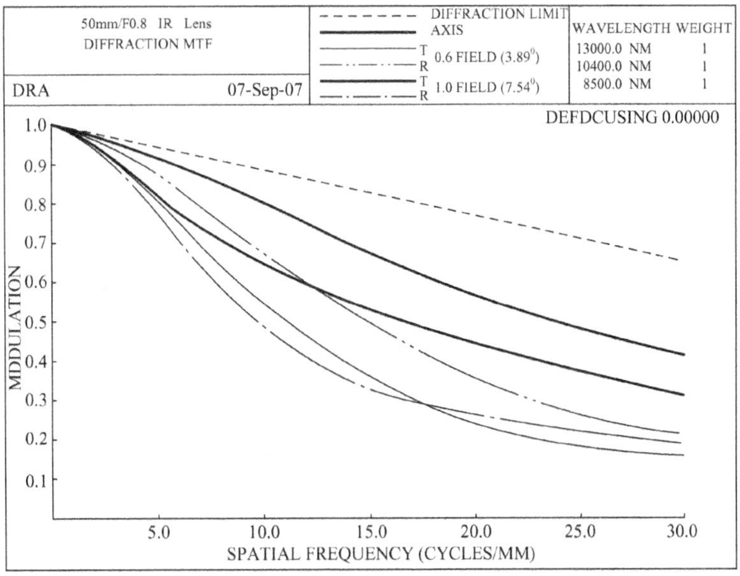

图 9-30　红外瞄准系统物镜的 MTF

由图 9-30 可知，由于采用了非球面的折射系统形式，做到了透镜片数少，成像质量高，对减轻重量、提高性能都起到了重要作用。

（2）系统目镜设计

目镜设计采用通常的光学系统目镜设计形式，考虑到重量要轻，且目镜为中等视场目镜，同时瞄准系统要求出瞳距离长，因此，目镜采用长出瞳的四片式结构形式。

根据系统性能要求，目镜设计参数为：目镜焦距为 25mm，出瞳直径为 7mm，出瞳距离为 25mm，线视场为 15.5mm。结构如图 9-31 所示。

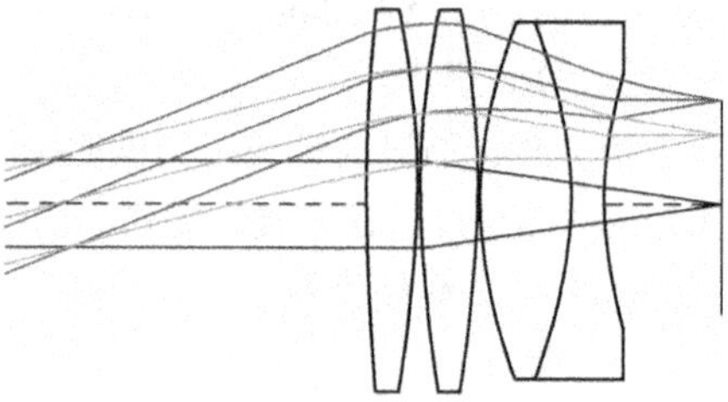

图 9-31 红外瞄准系统目镜结构

目镜中心弥散斑直径为 0.025mm，边缘也仅为 0.07mm，边缘畸变为 4%，完全满足目镜成像质量要求。

4. 系统性能测试

经过设计及制造验收，本例非制冷红外瞄准系统其性能满足战术技术指标要求。

温度分辨率：0.1℃

空间分辨率：0.7mrad

视场：15°×11°

放大率：1.8×

调焦范围：5m～无穷远

出瞳距离：25mm

视度调节：+2～-5 屈光度

作用距离：在能见度 10km、相对湿度 60%、目标背景温差 6℃、识别概率 50%的条件下，对人员目标识别距离人于 600m。

外形尺寸：300mm×70mm×80mm

重量：<1kg

电池连续工作时间：大于 2h。

组装完成后的系统 MTF 测试结果如图 9-32 所示，满足设计要求。

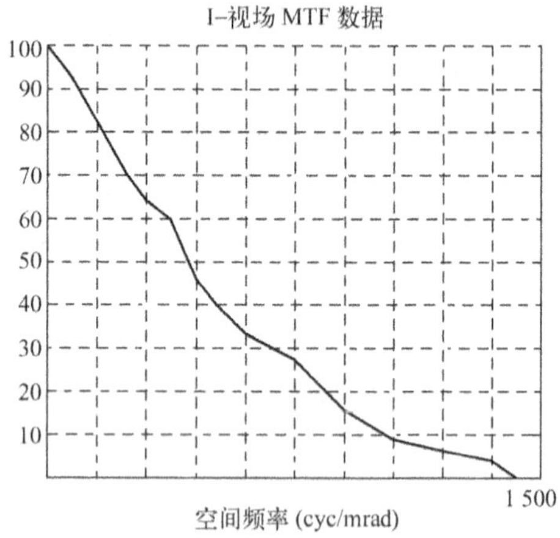

图 9-32 红外瞄准系统的 MTF

红外瞄准系统的 NETD 及其他参数的测量结果如表 9-1 所示。

表 9-1 红外热成像系统的测量结果

温度	NETD(℃)	灵敏度(mV/℃)	偏差	γ值
0	0.165	23.343	391.98	1.042

习题与思考题

1. 红外热成像系统与其他夜间观察仪器相比有什么特点？

2. 红外热成像系统的光学系统有哪些特殊性？目前常用的红外光学系统有哪些形式？

3. 简述在红外光学系统设计中引入新型光学元件和设计方法解决或改善了传统红外光学系统中的什么问题？

4. 红外探测器的制冷器按制冷原理划分可以分为哪几种类型？其特点是什么？

5. 在红外热成像系统性能分析中，为什么必须强调要在归一化空间中进行？

6. 在考虑红外热成像系统的 MTF 时，可以把影响系统性能的环节大致分为哪些？

7. 红外热成像系统的噪声等效温差 NETD 是如何定义的？为什么说它可以评价系统的温度分辨率，但并不全面？

8. 若系统噪声为白噪声，测量 NETD 的电子线路为低通滤波器，试求系统噪声等效带宽与电子线路 3dB

频率的关系？

9．并行处理前视红外系统，探测器为 120 元 HgCdTe，$D^*(\lambda_p)=2\times10^{10}$ cm $Hz^{1/2}$ W^{-1}，$\lambda_1=8$ μm，$\lambda_2=11.5$μm，尺寸 $a\times b=50\mu m\times50\mu m$，聚光系统焦距 $f'=50$cm，通光口径 $D=4$cm，透射比 $\tau_0=0.8$，扫描系统为隔行扫描，扫描效率 $\eta_{sc}=0.64$，$f_p=30$Hz，过扫比 $O_s=1$，总视场 $W_\alpha\times W_\beta=(400\times300)$ $mrad^2$。求背景温度为 300K 时的 NETD。

10．试述红外热成像系统的最小可分辨温差 MRTD 的定义，为什么说它是综合评价参量？

11．试述红外热成像系统的最小可探测温差 MDTD 的定义，它与 MRTD 有何不同？

12．红外热成像系统总体设计主要包含哪些内容？总体技术指标有哪些？

第 10 章　光电成像过程影响因素与作用距离预测

光电成像系统是一种用于接收目标反射或自身辐射的光波，通过变换、处理、控制等环节获得所需要的图像信息，并进行处理的成像设备。基本功能是：将接收到的光辐射转换为电信号，并达到某种实际应用的目的，如测定景物目标的光度量、辐射度量或各种表观温度；测定景物目标光辐射的空间分布及温度分布；测定景物目标所处三维空间的位置或图像等。利用这些所测得的信息，根据实际应用要求进行处理、控制，分别构成诸如成像、瞄准、搜索、跟踪、预警、测距、制导等多种光电成像系统。

除了光电成像系统自身的能力外，整个光电成像过程还与被观察景物目标的反射、散射、辐射和偏振等光学特性有关，此外，光辐射传输过程中传输媒介(一般情况下为大气)的消光效应和能量弥散等也会对成像结果产生重大影响。

本章重点介绍光电成像过程的影响因素和基于这些因素的视距预测。

10.1　光电成像系统成像过程分析

10.1.1　光电成像系统组成

光电成像系统基本组成如图 10-1 所示，主要包括光学系统、探测器、电子学系统、输出或控制单元，以及制冷器等。一般情况下，在图 10-1 所示成像系统中，有些部分可能没有，而有些时候又会因某种特殊功能的需要而增加一些其他部分。

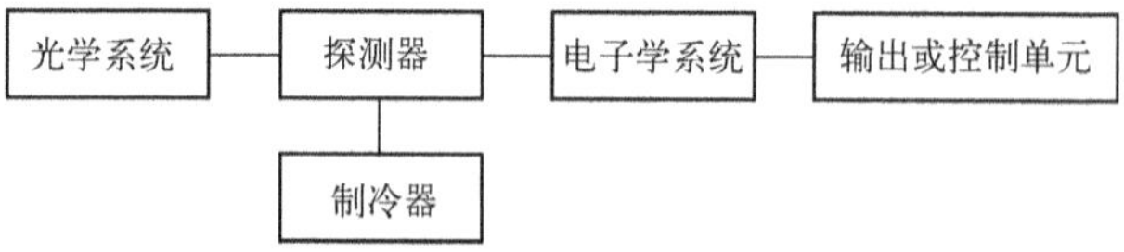

图 10-1　光电成像系统的基本组成

10.1.2　光电成像过程不同环节对成像质量的影响

光学系统是光电成像系统的眼睛，通常包括多种光学元件，主要有：用于收集入射光辐射，并将其聚焦成像到探测器上的光学物镜；用于对入射光辐射进行调制的斩波器或调制器，使连续的光辐射变换成有一定规律的或包含目标位置等信息的交变光辐射；用于使单元或非凝视多元探测器按一定规律连续而完整分解目标图像的光机扫描器；在红外热成像系统中，还有用于辐射定标的黑体参考源；用于确定系统所探测的光谱范围，与一定光谱特性的探测器配合使用的光学滤波器；用于进一步为探测器聚集能量的聚光镜和二次聚光元件，如场镜、光锥、浸没透镜等；用于人眼观察所成图像的目镜等。

探测器的主要功能是将入射的光辐射转换成电信号。如前面几章所述，探测器一般可分为光电探侧器和热电探测器两大类。光电探测器基于光辐射的光子与物质中电子直接作用而使物质电学特性发生变化的光电效应进行信息转换，如引起光电子发射的外光电效应、引起物质电导率增加的内光电效应和引起 PN 结电动势变化的光生伏特效应等。因光电探测器是光子与电子间的直接作用，故灵敏度高，反应时间快；但因光子的能量与光辐射的波长有关，且材料的电学特性变化存在阈值等原因，光电探测器均存在光谱选择性，且存在红限。热电探侧器的基础是热电效应，光辐射的能量为某些物质所吸收，发生温度变化而使其电学特性产生变化，如因温升而使电导率增加的热敏电阻、因温升使两种不同材料组成结的两侧间产生电动势的热电偶和热电堆、因温升使某些自极化晶体的两侧产生电动势的热释电探测器等。由于这类探测器增加了升温过程，因此热电效应的反应速度较慢，灵敏度较低。但由于是基于温度变化过程的信息转换，故其无光谱选择性。可用于成像的探侧器种类很多，设计时可以根据光电成像系统的实际需要，适当地选择不同原理、不同类型、不同材料的探测器。

光电成像系统中电子学系统最具有多样性，归纳起来主要包括以下部分：为使探测器工作在合理的工作点上和有效地读出，需要设计适当的偏置电路和驱动电路，如光导、光伏型光敏元的偏置和CCD、CMOS的工作及读出驱动等，根据工作要求不同可以有恒流偏置、恒压偏置及最大输出功率偏置电路，探测器不同，所要求的偏置电路亦不同；为使探测器偏置电路获得的信号电平得到提高，通常都会采用前置放大器进行放大，这种放大器的设计需要根据工作要求，与偏置电路间或做功率匹配、或做最佳信噪比匹配，因光电成像系统大多为弱信号探测，故一般多采用后者；经过前置放大后的信号，要按照不同系统功能要求采用完全不同的信号处理电路，如各种类型的放大器、带宽限制电路、检波电路、整形电路、箝位电路、直流电平恢复电路、有用信息提取电路等；为使各种电路正常工作，还必须要有专门的满足各自需要的电源，有些电源还可能具有很特殊的要求。

输出或控制是光电成像系统探测到的景物目标信号的最终表现形式或应用形式，绝大部分通过显示屏进行显示，以供人眼观察、识别和判读，但也可通过其他多种记录方式记录所获得的信息。有些系统在获得目标信息后不仅需要进行识别和判读，还需将其作为控制信息，完成系统的某种控制。因此，获得的目标信号还要通过A/D变换、计算机处理、D/A变换以及其他的专用控制部件，完成系统要求的控制功能。

光电成像系统中的制冷器主要用于对探测器进行制冷，有时也用于对光学系统、低噪声前置放大器制冷，目的都是为了使探测器及有关器件工作在低温、低噪声状态下，特别是用于探测红外辐射的光电探测器，几乎都需要进行制冷才能正常工作；有些用于对微弱可见光探测的器件，如光电倍增管，也可通过对它的光阴极进行制冷，以减少其热电子发射，达到减小噪声的目的。制冷温度依探测器需要而定，如有的探测器需制冷到液氦沸点温度 4.2K 才能很好地工作，有的则要求制冷到液氮沸点温度 77.3K，还有的要求到干冰溶点温度 194.6K 等，也有的只要求制冷到-20℃～-40℃的低温即可，如光电倍增管的光阴极，温度过低反而使光阴极导电特性变坏，性能下降。

制冷温度要求不同，采用的制冷方式也不同。如制冷温度较高时，可采用帕尔贴效应制成的单级或多级电制冷器(半导体制冷器)制冷。如第 9 章所述，实现制冷温度很低的制冷器比较复杂，多由杜瓦瓶和制冷机(或制冷剂)等组成，由内外套装封接而成的真空腔组成，通常内套为玻璃，以利放置于内套端部的探测器引线的引出，外套可由玻璃或金属制成，从而构成玻璃杜瓦瓶或金属杜瓦瓶，外套的端部为光辐射的输入窗，窗口材料的选择要透过探测器响应的光辐射。杜瓦瓶空腔内壁镀以反射率极高的材料，用于减少和断绝探测器与外界之间的辐射、传导和对流形式的热传递。当采用制冷剂制冷时，可将制冷剂注入杜瓦瓶中，通过内套端部材料使处于真空腔中内套端部另一边的探测器制冷，工作时待测光辐射从外套端部窗口引入。军事应用的系统多采用制冷机进行制冷，如节流式制冷或斯特林循环制冷等。

10.2 景物的反射与辐射特性

微光与红外热成像系统能探测和识别所观察的目标，不仅取决于系统本身的性能，还与景物自身的反射、辐射特性密切相关。成像过程中的目标和背景是相对的，一辆卡车既可能是系统要探测的目标，又可能是另一目标的背景。此外，自然辐射源既可以是景物的照明源，也可能会形成对系统探测目标的干扰，因此，了解和掌握景物的反射与辐射特性对系统设计至关重要。本节只介绍典型人工景物和自然辐射源的相关光学特性。

10.2.1 典型人工目标的辐射特性

人工目标按其所处位置可分为以下三类：

（1）空中目标：包括各种类型的飞机、导弹、照明弹和其他飞行器，目标特点是速度快、体积小、温度高，能发射很强的红外辐射；

（2）海上目标：包括各种军舰、运输船等，这些目标排气筒部分温度较高，其他部分温度低，其辐射特性与背景辐射特性差异大，有利于探测；

（3）地面目标：包括机场、发射场、军工厂等固定军事设施和坦克、运输车、火炮、人等活动目标，目标特点是温度低，辐射能量小，辐射多集中在 8～14μm 波段。

下面介绍几种典型人工目标的辐射特性。

1. 飞机的辐射

飞机辐射主要来自尾喷管、排出气流和蒙皮的热辐射，随发动机类型的不同而不同。以涡轮喷气发动机(图 10-2)为例，其典型组成包括压缩机、燃烧室、涡轮、排气喷口等部分，某些情况下还有后燃烧室(加力燃烧室)。

（1）喷口辐射

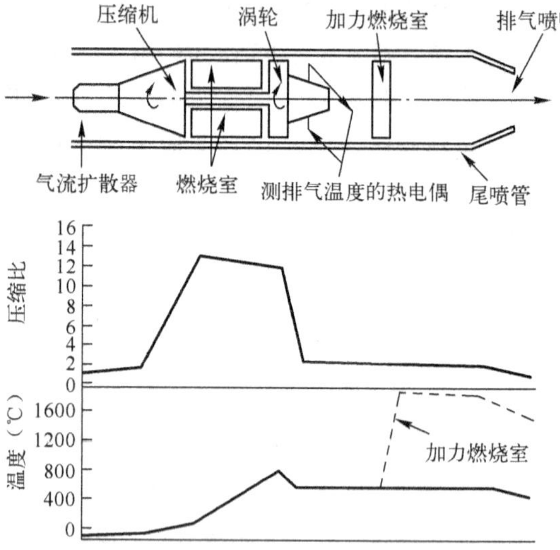

图 10-2 涡轮喷气发动机结构及其燃烧温度

进入发动机的空气经过气流扩散器进入气道进行压缩，压缩空气和燃料混合后进入燃烧室，在接近不变的压力下燃烧，燃烧物通过涡轮并最后气体通过尾喷管端部的喷嘴，向外膨胀的压力产生高速排出的气流推动飞机前进。考虑到涡轮叶片材料的热极限和强度极限，进入涡轮的气体温度最大值控制在 900℃左右，并通常以监视离开涡轮的温度来限制，排出气流的温度最高达 700℃。在长时间飞行时，能经受的最高温度为 500～600℃。气流温度从涡轮口到排气喷口间几乎不变。由于热交换的作用，喷气管的温度接近气流温度。因此，尾喷管和排出气流的热辐射是涡轮喷气发动机的两个重要热源。

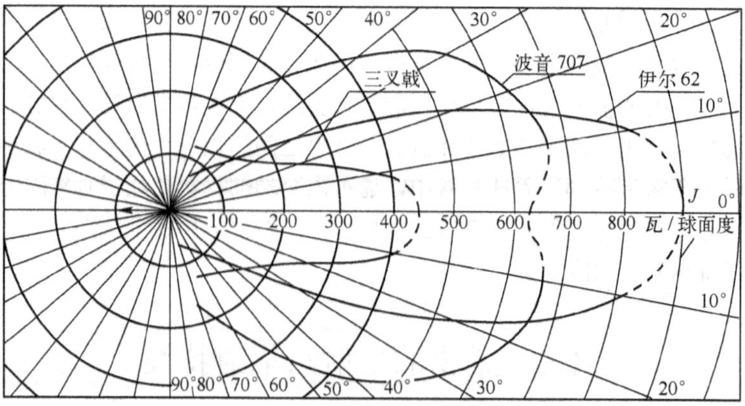

图 10-3 飞机喷口的辐射强度角分布

工程上常假设尾喷管是辐射发射率 ε=0.9、温度为排出气流温度 T 的灰体，辐射面积为排气喷

嘴面积 S，则正交于单发动机尾喷管端面的全波段辐射强度为

$$I=\frac{\varepsilon\sigma T^4}{\pi}S \tag{10-1}$$

飞机喷口辐射具有很强的方向性，主要辐射集中于机身的后部。图 10-3 为实测的波音 707、三叉戟和伊尔 62 飞机喷口辐射强度的角分布(测试时用 2.8μm 起波的滤光片)。图 10-4 为三叉戟飞机和米格 15M 飞机喷口辐射的光谱分布。

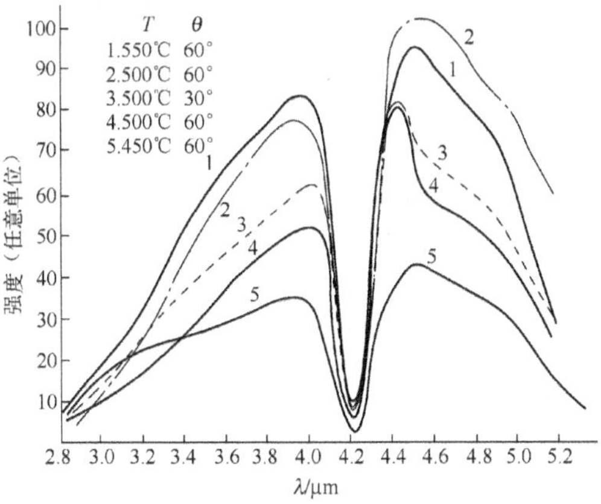

(a) 三叉戟

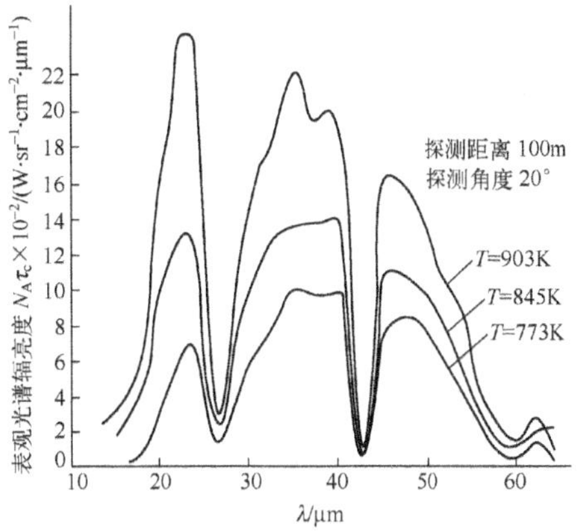

(b) 米格 15M

图 10-4　三叉戟和米格 15M 飞机喷口的辐射光谱分布

（2）喷气流辐射

喷气流的辐射是从飞机侧向和前半球进行攻击的红外导弹依据的主要红外辐射源。喷气流主要成分是二氧化碳和水蒸气，这些气体在中波红外的 2.7μm 和 4.3μm 附近具有很强的辐射。涡轮排出温度为 T_1 的气体经排气嘴膨胀后，气体温度变为 T_2，对亚音速飞机一般有 $T_2=0.85T_1$ 的关系，排出气体的温度随离开尾喷管距离而迅速降低。图 10-5 给出了波音 707 涡轮发动机和涡轮风扇发动机排出气流的等温线。图 10-6 给出了波音 707 排出气流的辐亮度与距喷口距离的关系。图 10-7 给出了喷气流辐射强度在前半球的分布。

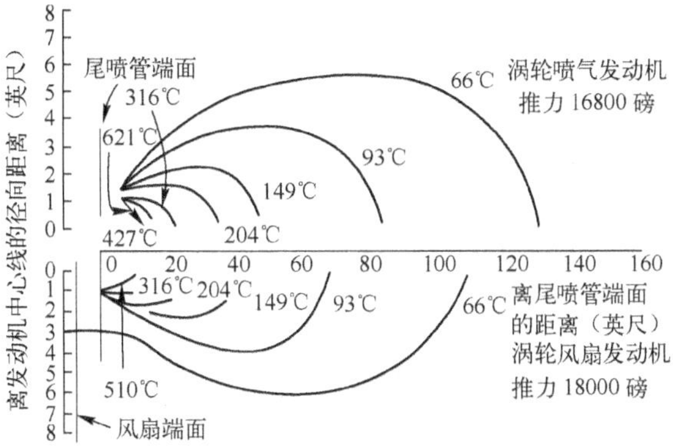

图 10-5　波音 707 排出气体流的等温线

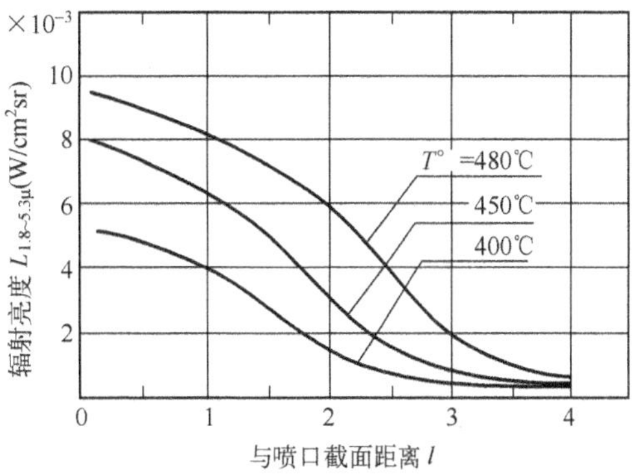

图 10-6　波音 707 气体流辐射随距离的衰减曲线

（3）蒙皮辐射

由于空气的摩擦作用，空气中高速飞行的导弹蒙皮温度 T_3 会升高。实验表明

$$T_3=\left(1+\frac{\gamma-1}{2}\beta M^2\right)T_a \tag{10-2}$$

式中，T_a 为环境温度；M 为飞机飞行的马赫数；$\gamma\approx1.4$；$\beta=0.75\sim0.98$。可以看出，蒙皮温度与环境温度的相对温差$(T_s-T_a)/T_a$ 以 M^2 的关系增长。一般地，加热的蒙皮对 8～14μm 波段具有重要影响，高马赫飞行体的蒙皮在 3～5μm 也有相当的辐射影响。

2. 海上目标的辐射

军舰和运输船只的烟囱是较强的红外辐射源，从烟囱冒出来的烟雾也具有很高的温度。舰船越大，烟雾的温度越高。小吨位军舰烟雾的温度约为 200℃，烟囱外壳经废气加热后温度升高，一般具有水冷设备的烟囱外壳温度为 40℃。烟雾和烟囱外壳的辐射能量大部分集中于 2～20μm 波段，峰值波长约在 8μm 附近。舰体的温度虽然与海水温度相近，但二者的辐射发射率差异很大，海水的辐射发射率随海浪大小不断变化，这种辐射差异增加了目标与背景的对比度，正好可为红外热成像系统所利用。

3. 地面车辆的辐射

地面车辆包括坦克、装甲运输车、汽车等，它们可辐射出足够的能量，但其背景辐射特性通常比较复杂，既有各种山形地貌(山谷、河流、树林、沙漠等)的差异，又有季节变化带来的背景变化(雪地、植被等)，因此，是一类比较典型的重点军事目标。通常，车辆涂漆表面的辐射发射率约为 0.9，日晒、雨淋和夜露等的作用产生表面腐蚀，可使辐射发射率值有些变化，灰尘和污垢的堆积则更加剧了这种变化。此外，车辆的不同部位有着不同的温度。一般情况下排气管最热，其次是发动机外壳，运动中坦克的传动和行动装置，运行中轮式车辆的轮胎等，这些部位的辐射能量占据车辆辐射的主要部分。现代军用车辆的设计已认识到隐蔽这些部位的重要性，采用了有效的隐身技术，以减小对方红外热成像系统的可探测性。

4. 炮口闪光

火炮射击时炮口喷出的热燃气除了一些气体杂质外，还含有大量可燃成分，如 CO、CH_4、H_2 和温度相当高的水蒸气。伴随的微粒物质在高温条件下发出可见光和红外辐射，称为初次闪光。可燃气体与大气混合点燃产生的亮焰称为二次闪光。为了抑制二次闪光，往往在炮口上套上一些装置，以阻碍冲击波的形成。在某些情况下，推进剂中加入化学抑制剂也可防止炮口处可燃气体的点火。

炮口闪光中包含大量的红外辐射，图 10-8 给出了 60 m 距离上测量 155mm 口径火炮炮口闪光得到的相对光谱曲线。

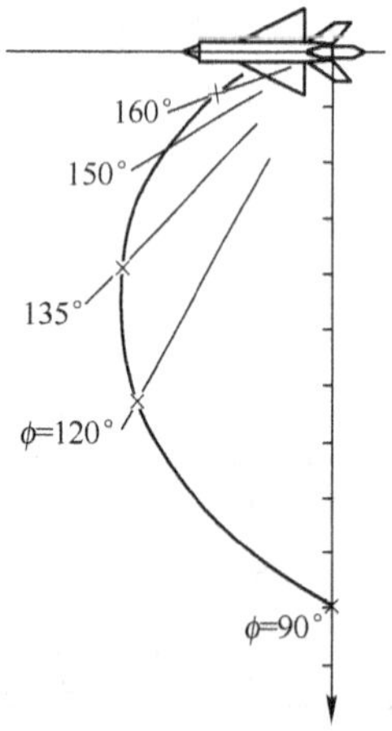

图 10-7　喷气流辐射强度的前半球分布

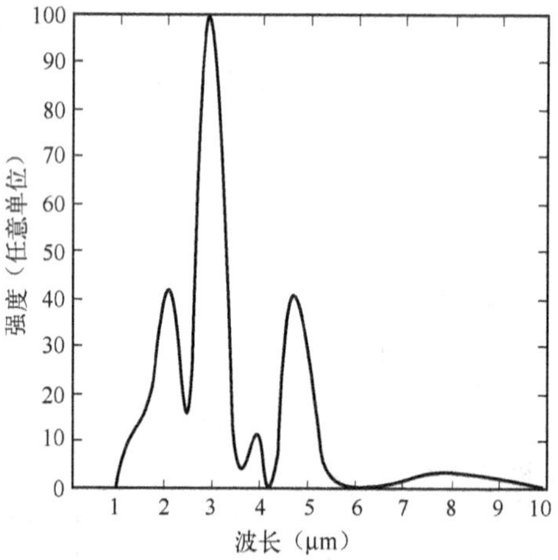

图 10-8　炮口闪光的光谱分布

5. 人体的辐射

人体作为典型的军事目标也是一个红外辐射源。人体皮肤的辐射发射率很高，在波长 4μm 以上的平均辐射发射率为 0.99，且与肤色无关，在 2μm 以上的辐射与黑体基本一致。皮肤温度可随周围环境温度变化，皮肤在剧烈受冷时，温度可降低至 0℃；在正常室温环境中，若空气温度为 21℃，则露在外面的脸部和手的皮肤温度约为 32℃。因此，人体峰值辐射波长主要在长波红外 8～14μm 波段。

10.2.2　典型自然景物的反射与辐射特性

自然辐射源是指太阳、地球、月球、行星、恒星、云和大气等，而大气等辐射源既可形成对观察目标的照射，也可构成背景干扰。

1. 太阳

大气层外的太阳辐射光谱分布分布大致与 5900K 绝对黑体相似。图 10-9 给出了在平均地-日距离上太阳辐射的光谱分布曲线，阴影部分是海平面上大气所产生的吸收。

由于大气的吸收和散射，太阳辐射通过大气时，照射至地球表面的辐射多在 0.3～3.0μm 波段内，其中大部分集中于 0.38～0.76μm 的可见光波段。辐射至地球表面的太阳辐射功率、光谱分布与太阳高度、大气状态的关系很大。随着季节、昼夜时间、辐照地域的地理坐标、天空云量及大气状态的不同，太阳对地球表面形成的照度也不同，变化范围很宽。表 10-1 给出了上述诸因素对地面照度的影响。在天空晴朗且太阳位于天顶时，地面照度可达 1.24×10^5 lx。

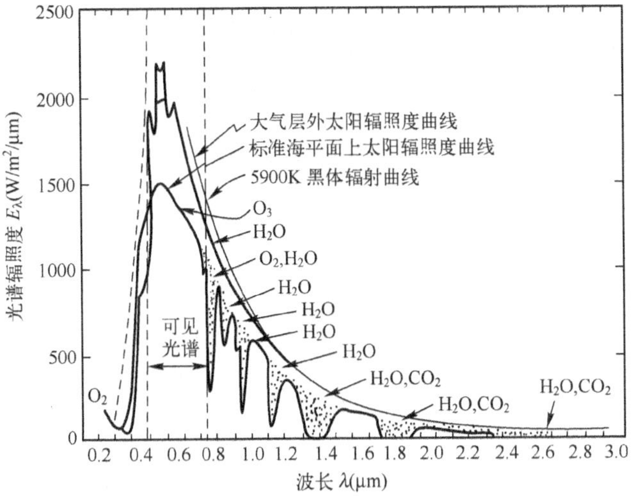

图 10-9 在平均地-日距离上太阳的光谱分布曲线

表 10-1 太阳对地球表面的照度

太阳中心的实际高度角(°)	地球表面的照度(10^3lx)			阴影处和太阳下之比	阴天和太阳下之比
	无云太阳下	无云阴影处	密云阴天		
5	4	3	2	0.75	0.50
10	9	4	3	0.44	0.33
15	15	6	4	0.40	0.27
20	23	7	6	0.30	0.26
30	39	9	9	0.22	0.23
40	58	12	12	0.21	0.21
50	76	14	15	0.18	0.20
55	85	15	16	0.18	0.19
60	102	—	—	—	—
70	113	—	—	—	—
80	120	—	—	—	—
90	124	—	—	—	—

2. 地球

白天地球表面的辐射主要由反射和散射的太阳光及自身热辐射组成。因此，地球的光谱辐射有两个峰，一个位于 0.5μm 处，由太阳辐射产生，一个位于 10μm 处，由地球自身热辐射产生。夜间，太阳的反射辐射观察不到，地球辐射光谱分布就是其本身热辐射的光谱分布。图 10-10 给出了地面某些物体的光谱辐亮度，并与 35℃的黑体辐射进行了比较。

地球的热辐射主要处于波长为 8～14μm 大气窗口，这一波段大气吸收很小，因此，是红外热成像系统的主要工作波段。地球表面的热辐射取决于它的温度和辐射发射率。表 10-2 给出了某些地面覆盖物辐射发射率的平均值，地球表面的温度随自然条件不同而变化，大致范围为 −40～40℃。

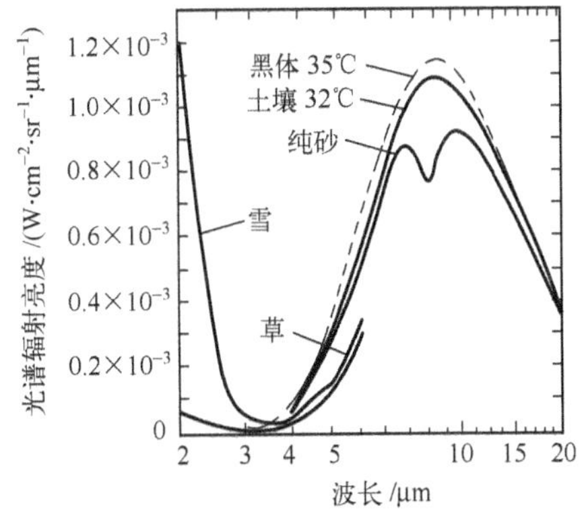

图 10-10 典型地物的光谱辐射亮度

表 10-2 一些常用材料及地面覆盖物的辐射发射率

材料	温度(°C)	ε	材料	温度(°C)	ε
毛面铝	26	0.55	平滑的冰	20	0.92
氧化的铁面	125～525	0.78～0.82	黄土	20	0.85
磨光的钢板	940～1100	0.55～0.61	雪	−10	0.85
铁锈	500～1200	0.85～0.95	皮肤·人体	32	0.98
无光泽黄铜板	50～350	0.22	水	0～100	0.95～0.96
非常纯的水银	0～100	0.09～0.12	毛面红砖	20	0.93
混凝土	20	0.92	无光黑漆	40～95	0.96～0.98
干的土壤	20	0.90	白色瓷漆	23	0.90
麦地	20	0.93	光滑玻璃	22	0.94
			牧草	20	0.98

地球表面有相当广阔的水面，水面辐射取决于温度和表面状态。无波浪时的水面反射良好，辐射很小，因而，只有当出现波浪时，海面才成为良好的辐射体。

3. 月球

月球辐射主要包括两部分(如图 10-11 所示)：反射的太阳辐射；月球自身的辐射。月球的辐射近似于 400K 的绝对黑体，峰值波长为 7.24μm。

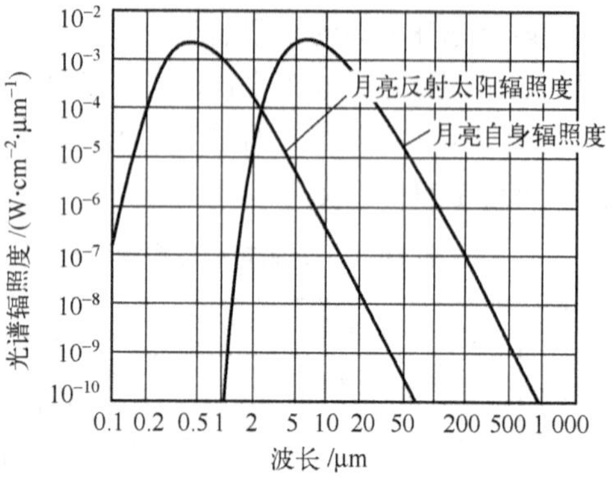

图 10-11　月球自身辐射及反射辐射光谱分布

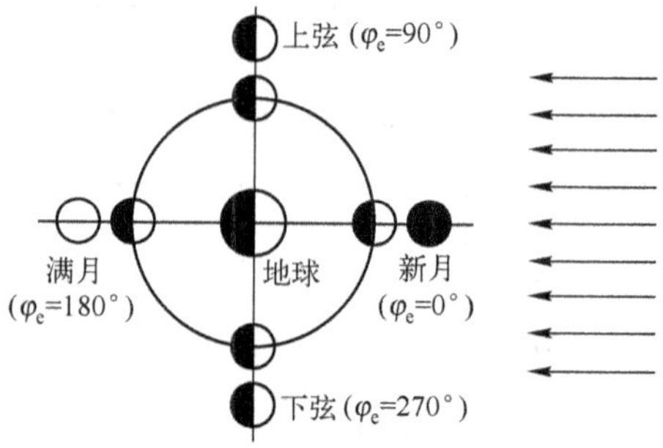

图 10-12　月相的变化

月球对地面的照度受月球的位相(月相)、地-月距离、月球表面反射率、月球在地平线上的高度角以及大气层的影响，在很大范围内变化。表 10-3 列出了月球产生的地面照度值。所谓距角就是月球、太阳对地球的角距离，用来表示月相。以地球为观察点(见图 10-12)，新月时 $\varphi_e=0°$，上弦月时 $\varphi_e=90°$，满月时 $\varphi_e=180°$，下弦月时 $\varphi_e=270°$。不同月相下月光形成的地面照度不同。

表 10-3　月光所形成的地面照度

月球中心的实际高度角(°)	不同距角 φ_e 下地平面照度 E (lx)			
	$\varphi_e=180°$ (满月)	$\varphi_e=120°$	$\varphi_e=90°$ (上弦或下弦)	$\varphi_e=60°$
−0.8°(月出或月落)	9.74×10^{-4}	2.73×10^{-4}	1.17×10^{-4}	3.12×10^{-5}
0°	1.57×10^{-3}	4.40×10^{-4}	1.88×10^{-4}	5.02×10^{-5}
10°	2.34×10^{-2}	6.55×10^{-3}	2.81×10^{-3}	7.49×10^{-4}
20°	5.87×10^{-2}	1.64×10^{-2}	7.04×10^{-3}	1.88×10^{-3}
30°	0.101	2.83×10^{-2}	1.21×10^{-2}	3.23×10^{-3}
40°	0.143	4.00×10^{-2}	1.72×10^{-2}	4.58×10^{-3}
50°	0.183	5.12×10^{-2}	2.20×10^{-2}	5.86×10^{-3}
60°	0.219	6.13×10^{-2}	2.63×10^{-2}	—
70°	0.243	6.80×10^{-2}	2.92×10^{-2}	—
80°	0.258	7.22×10^{-2}	3.10×10^{-2}	—
90°	0.267	7.48×10^{-2}	—	—

4. 星球

星球辐射随时间和在天空的位置等因素而变化，但任何时刻对地球表面的辐射量都很小。晴朗的夜晚，星球对地面的照度约为 2.2×10^{-4} lx，相当于无月夜空实际光量的 1/4 左右。

星球的明亮程度用星等表示，以在地球大气层外所接收的星光辐射产生的照度来衡量，规定星等每相差五等的照度比为 100 倍，即相邻的两星等的照度比 $\sqrt[5]{100}=2.512$ 倍。星等的数值越大，照度越弱。作为确定各星等照度的基准，规定零等星的照度为 2.65×10^{-4} lx，比零等星亮的星是负的星等，且星等不一定是整数。

若有一颗 m 等星和一颗 n 等星，且 $n>m$，则两颗星的照度比

$$E_m / E_n = (2.512)^{n-m} \tag{10-3}$$

或者 $\lg E_m - \lg E_n = 0.4(n-m)$。根据零等星照度值，用式(10-3)可求出其他星等的照度值。

5. 大气辉光

大气辉光产生在 70km 以上的大气层中，是夜天空辐射的重要组成部分。不能达到地球表面的太阳紫外辐射在高层大气中激发原子并与分子发生低几率碰撞，是大气辉光产生的主要原因。

大气辉光由原子钠、原子氧、分子氧、氢氧根离子以及其他连续发射构成(大气辉光的光谱分布见图 10-13)，0.75～2.5μm 的红外辐射主要是氢氧根的辐射。大气辉光的强度变化受纬度、地磁场情况和太阳扰动影响。

由于 1～3μm 短波红外波段具有较高的大气辉光，加之其处于大气窗口以及 1.54μm 激光器的使用，1～3μm 已成为新的夜视成像波段。

6. 夜天空的辐射

夜天空辐射由上述各种自然辐射源的辐射共同形成。夜天空辐射除可见光辐射外，还包含丰富的近红外辐射，这也正是微光夜视系统所能利用的波段。夜天空辐射的光谱分布在有月和无月时差别很大。有月夜空辐射的光谱分布与太阳辐射的光谱相似，无月夜空辐射的各种来源所占百分比为：星光及其散射光 30%，银河光 5%，黄道光 15%，大气辉光 40%，后三项的散射光 10%。

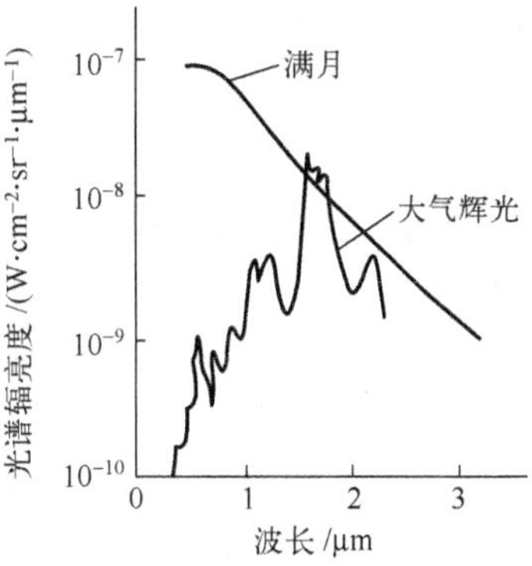

图 10-13　大气辉光的光谱分布

夜天空辐射的光谱分布如图 10-14 所示。无月星空的近红外辐射急剧增加，比可见光辐射强很多。因此，如果像增强器和微光摄像器件的光谱响应能够向近红外延伸，便可充分利用直至波长 1.3μm 的近红外辐射。不同大气条件下夜天空辐照地面景物的照度见表 10-4。

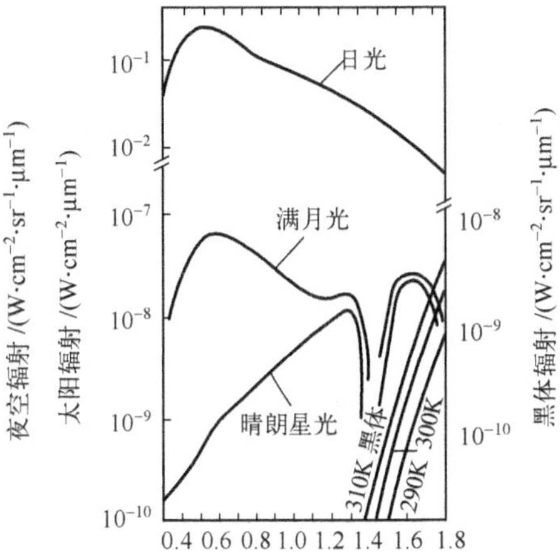

图 10-14　夜天空辐射的光谱分布

表 10-4　不同自然条件下地面景物照度

天气条件	景物照度(lx)	天气条件	景物照度(lx)
无月浓云	2×10^{-4}	满月晴朗	2×10^{-1}
无月中等云	5×10^{-4}	微明	1
无月晴朗(星光)	1×10^{-3}	黎明	10
1/4 月晴朗	1×10^{-2}	黄昏	1×10^{2}
半月晴朗	1×10^{-1}	阴天	1×10^{3}
满月浓云	$2\sim8\times10^{-2}$	晴天	1×10^{4}
满月薄云	$7\sim15\times10^{-2}$		

10.3　大气传输对成像过程的影响

地球表面环绕着厚厚的大气层，它是人类赖以生存的重要条件。各种成像系统不论是在大气层内对层内或层外目标的成像探测，还是在大气层外对层内目标的成像探测，大气都是无法回避的辐射传输媒介。作为辐射传输媒介，大气本身对辐射具有吸收和散射等作用，导致辐射能衰减。因此，大气的传输特性将直接影响成像系统的成像效果，特别是在夜视系统中，很多技战术指标的制定都与一定的大气条件相对应。

10.3.1　大气的构成

1. 大气层的结构

通常，根据温度、成分、电离状态及其他物理性质，在垂直方向将大气划分成若干层次。一般根据温度垂直分布的特征，把大气分为对流层、平流层、中间层、热成层和逸散层，如图 10-15 所示。其中，横座标为温度 T(K)，

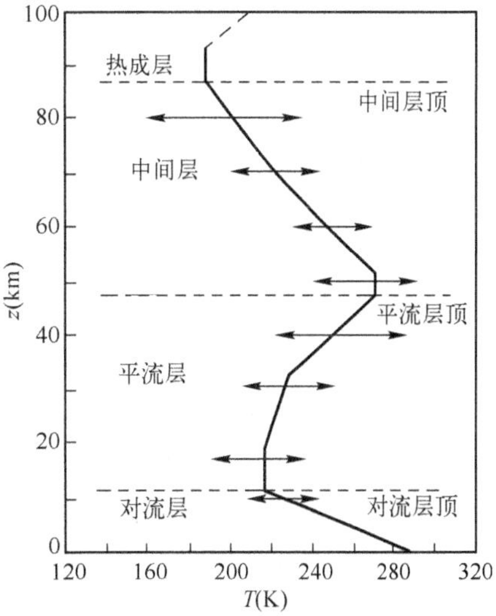

图 10-15　大气层结构

纵座标为海拔高度 z (km)；带箭头的横线表示赤道至极地范围内任何地点最低和最高月平均温度；实线为美国标准大气(1976)北纬 45°(45°N)的状态，大致与我国江淮流域(30°N ～35°N)的平均状态相近。

对流层对人类活动的影响很大，天气过程主要发生在对流层，其厚度不到地球半径的 2%，却集中了约 80%的大气质量和 90%以上的水汽。对流层温度变化较大，地面至 2m 高的范围内称为贴地层，昼夜温度变化可达 10℃以上，贴地层以上至 1～2km 高度的边界层内常出现逆温。就整个对流层而言，温度是随高度的增加而递减的，平均递减率为 6.5℃/km。温度递减率变为零或为负之处为对流层顶，对流层的高度在中纬度区平均为 10～12km。

平流层位于大约 10～50km 内，集中了 20%左右的大气质量，水汽相当少，但臭氧含量最为丰富。平流层的温度变化与对流层相反，温度递减率变为零或正处为平流层顶。这种温度结构的空气十分稳定，气溶胶较丰富。

中间层为平流层顶至 80～85km，其间温度随高度增加而迅速下降，80km 以上则保持不变或递增。由于中间层的温度结构与对流层相似，故又有第二对流层之称。

热成层又称为电离层或暖层，其范围为中间层顶至 200～500km，空气非常稀薄，在强烈的太阳紫外辐射和宇宙射线作用下，空气呈电离状态。

逸散层为 500～750km 以上至星际空间的边界范围，近代人造卫星的探测结果表明，大气的上界可以扩展到 2000～3000km 处。

一般光电成像系统大多工作在对流层或平流层下部(约 20～25km 以下)，因此，后面的讨论将主要集中在平流层以下。

2. 大气的组成

大气由多种元素和化合物混合而成，大致可分为干洁大气、水蒸气以及其他悬浮的固体和液体粒子。

（1）干洁大气

干洁大气指不含水蒸气和气溶胶粒子的大气。大致可分为两类：一类是常定成分，主要有氮(N_2)、氧(O_2)、氦(He_2)、氢(H_2)、氖(Ne)、氩(Ar)、氪(Kr)、氙(Xe)等，它们在大气中的含量随时间地点变化很小，但占据了绝大部分干洁空气的体积；另一类是可变成分，如二氧化碳(CO_2)、一氧化碳(CO)、甲烷(CH_4)、臭氧(O_3)、氨(NH_3)、二氧化硫(SO_2)、一氧化氮(NO)、二氧化氮(NO_2)等，其含量随时间地点而变化，虽在大气中所占体积很小，但对辐射的吸收和散射有重要影响。

（2）水蒸气（H_2O）

通常大气并不是干燥的，总是含有水蒸气。水蒸气的含量随地理位置、温度、季节及气层高度而变化。全球地面水蒸气含量可相差 5 个数量级，并主要集中在 4km 以下的大气层中， 14km 以上的大气层中，水蒸气含量变化很小。

水蒸气对辐射的衰减影响特别大，是光电成像系统设计、分析和使用中必须重点考虑的因素之一。通常描述大气中水蒸气含量可用以下方法：

① 水蒸气分压强 e_v，单位为大气压或毫巴(atm 或 mb)；

② 体积比浓度；

③ 混合比或质量密度比，即单位质量空气中所包含的水蒸气质量，单位为 g/kg；

④ 绝对湿度，即单位体积空气中所含水蒸气的质量，单位为 g/m^3；

⑤ 饱和水蒸气含量：一定温度下，单位体积空气中所能含有水蒸气质量的最大值。该值仅与温度有关，当给定空气样品中的水蒸气含量时，可通过降低温度使其中的水蒸气从非饱和变为饱和状态，对应的饱和温度称为“露点”温度。表 10-5 为标准大气下的饱和水蒸气含量，表中第一列为露点温度；

表 10-5　标准大气下的饱和水蒸气含量(g/m^3)

T(°C)	0	1	2	3	4	5	6	7	8	9
-40	0.1200	0.1075	0.0962	0.0861	0.0769	0.0687	0.0612	0.0545	0.485	0.0431
-30	0.341	0.308	0.279	0.252	0.227	0.205	0.1849	0.166	0.149	0.134
-20	0.888	0.810	0.738	0.672	0.661	0.556	0.505	0.458	0.415	0.376
-10	2.145	1.971	1.808	1.658	1.520	1.393	1.275	1.166	1.066	0.973
-0	4.84	4.47	4.13	3.82	3.52	3.25	2.99	2.76	2.54	2.33
0	4.84	5.18	5.55	5.94	6.35	6.79	7.25	7.74	8.26	8.81
10	9.39	10.00	10.64	10.33	12.05	12.81	13.61	14.45	15.34	16.28
20	17.3	18.3	19.4	20.5	21.7	23.0	24.3	25.7	27.2	28.7
30	30.3	32.0	33.7	35.6	37.5	39.5	41.6	43.6	46.1	48.5
40	51.0	53.6	56.3	59.2	62.1	65.2	68.4	7.9	75.3	78.9

⑥ 相对湿度：单位体积空气中所含水蒸气的质量与同温度下饱和水蒸气含量之比，以百分数(%)表示。

根据定义，绝对湿度 H、饱和水蒸气含量 H_a 和相对湿度 H_r 之间的关系为

$$H = H_r H_a \tag{10-4}$$

绝对湿度 H 与水蒸气压强 e_v 的关系为

$$e_v = HR_v T \tag{10-5}$$

式中，R_v=4.615×10^2 J·kg^{-1}·K^{-1} 为气体常数；T 为绝对温度。

当 H_r=100%时，对应的水蒸气压强称为饱和水蒸气压强 e_a，且

$$e_a = H_a R_v T_d = H_a R_v (273.15 + t_d) \tag{10-6}$$

式中，t_d 为摄氏温度(单位为℃)。

（3）气溶胶粒子

大气中悬浮着大量固体和液体粒子，通常将半径小于几十微米的固体微粒称为大气气溶胶粒子。液态粒子的尺度一般较大，具有云滴、雾滴、雨滴、冰晶、雪花和冰雹等可见的形态，图 10-16 所示为气溶胶粒子的尺度范围。

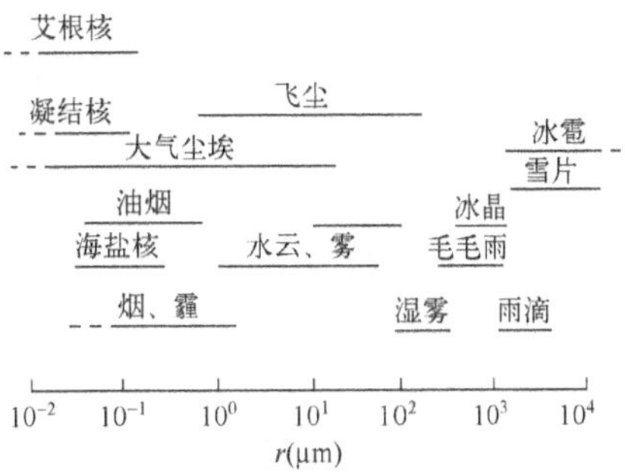

图 10-16　气溶胶粒子的尺度范围

通常把半径小于 0.1μm 的粒子称为爱根核(Aitken)；0.1～1μm 的粒子称为大粒子；大于 1μm 的粒子称为巨粒子。

云由水滴和冰晶两种粒子组成，液态云滴的半径约为 1～100μm，冰晶尺寸稍大。

雾由靠近地面飘浮在空中的极细小水滴或冰晶组成，是一种近地层的云。通常把水平能见度小于 1km 的近地层水汽凝结物称为雾，能见度在 1～10km 的雾称为轻雾或霭。

由人类活动排放的烟尘或海上产生的盐粒漂浮于大气中的固态气溶胶系统称为霾。雨滴直径为 0.2～6.0mm，当直径<0.35mm 时形态为严格的球形，直径越大，越偏离球形。固态降水主要是雪花和冰雹，尺度较大， 形状有一定规律但较复杂， 光学性质较难描述。

由于重力的作用，大气气溶胶粒子浓度随高度按指数衰减，在对流层这种变化可表示为

$$N(z) = N(0)\exp(-z / h_0) \tag{10-7}$$

式中，N 为粒子浓度；z 为高度；h_0 为特征高度(与气候和地区有关)。表 10-6 给出了不同地面能见度(z=0)条件下的气溶胶特征高度。

表 10-6　不同能见条件下的气溶胶特征高度

能见度（km）	2	3	4	5	6	8	10	13	25
h_0 (km)	0.84	0.90	0.95	0.99	1.03	1.10	1.15	1.23	1.45

由于不同尺度(大小)的粒子对不同波长光波的散射状态不同，因此，应知道气溶胶粒子的尺度分布。由于气溶胶种类繁多，形态各异，尺度分布相当复杂，目前尚无完整的理论可以解释某种分布的成因，比较普遍的描述是采用广义伽马分布

$$n(r) = ar^b \exp(-cr^d) \tag{10-8}$$

式中，r 为粒子半径(μm)；$n(r)$为半径 r 处单位半径间隔内气溶胶粒子浓度($cm^{-3}\cdot\mu m^{-1}$)；a、b、c 和 d 为拟合参数，选择不同的拟合参数可较好地描述诸如霾、雨、雹、云等粒子的尺度分布及宏观的光学特性。

3. 大气模式

大气成分随地理位置、季节和温度等有很大变化，对大气的光学性质有明显影响。通常认为，局部区域的大气成分只沿高度方向变化，描述大气特征的主要参数是气压、温度、温度递减率和密度等的地面值及它们的高度廓线。由于参数复杂多变，大气特征很难用精确形式表示，也不易完全测得，而许多应用又非常需要由其推算大气的性能和变化趋势等，以完成光电成像系统的设计和分析，因此，必须归纳出一些分析模式和定义标准大气。

（1）标准大气

标准大气用以描述在太阳黑子最多和最少的活动范围内，理想的中纬度大气年平均状态。世界气象组织(WMO)关于标准大气的定义为：

“……所谓标准大气就是能够粗略地反映周年、中纬度状况的、得到国际上承认的假想大气温度、压力和密度的垂直分布。它的典型用途是做压力高度计校准，飞机性能计算，飞机和火箭设计，弹道制表和气象制图的基础。假定空气服从使温度、压力和密度与位势发生关系的理想气体定律和流体静力学方程。在一个时期内只能规定一个标准大气，这个标准大气除相隔多年做修正外，不允许经常变动。”

目前，最权威的“1976 年美国标准大气”是在“1962 年美国标准大气”和“1966 年美国标准大气增补(USSAS-1966)”的基础上形成的，经过大量实验数据的收集和分析，对 1962 年标准大气进行了修正和补充，并将高度延伸到了 1000km。经我国国家标准总局批准，在建立我国自己的标准大气之前，可使用 30km 以下的 1976 年美国标准大气作为国家标准。

（2）分析模式

按照 1976 年标准大气，海平面(z=0)温度 T_0=10℃(283.15K)，气压 P =1013.25mb，空气密度ρ =1.225 (kg/m^3)。图 10-15 已经给出了温度 T 对几何高度的分布。图 10-17 给出了气压 P 和密度ρ随几何高度 z 的分布。图 10-17 中的曲线可按以下几种模式拟合。

① 等密度模式($\rho=\rho_0$=常数)

$$\begin{cases} P(z) = P_0 - \rho_0 g\cdot(z - z_0) \\ T(z) = T_0 - \gamma(z - z_0) \end{cases} \tag{10-9}$$

式中，g 为重力加速度；$\gamma = -\mathrm{d}T/\mathrm{d}z$ 为温度递减率。

② 等温模式(γ=0)

$$\begin{cases} P(z) = P_0 \exp[-\dfrac{g}{RT}(z - z_0)] \\ \rho(z) = \rho_0 \exp[-\dfrac{g}{RT}(z - z_0)] \end{cases} \tag{10-10}$$

式中，R =2.8706×10^{2}J·kg^{-1}K^{-1} 为气体常数。

③ 多元模式(γ=常数)

$$\begin{cases} P(z) = P_0[1 - \dfrac{\gamma}{T_0}(z - z_0)]^{g/R\gamma} \\ T(z) = T_0 - \gamma(z - z_0) \\ \rho(z) = \rho_0[1 - \dfrac{\gamma}{T_0}(z - z_0)]^{g/R\gamma} \end{cases} \tag{10-11}$$

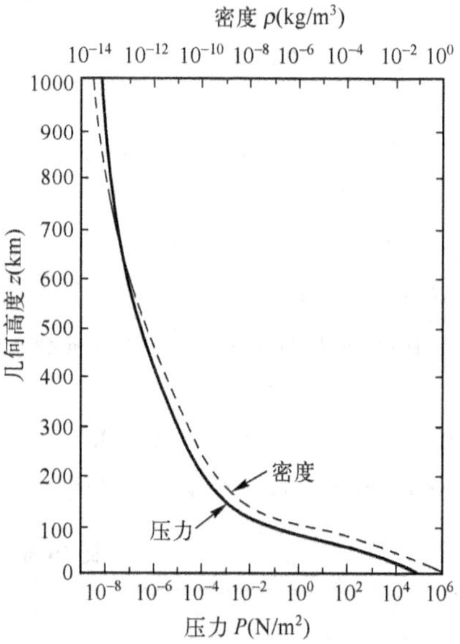

图 10-17　气压 P 和密度ρ随 z 的分布曲线

以上三种模式均由理想气体定律导出，通过不同组合和拟合，可表示标准大气中最常用的86km 以下的大气参量及其变化。

除 1976 年美国标准大气外，美国空军地球物理实验室(AFGL)推出的 LOWTRAN 模式中还包括 5 个区域性标准大气模式：热带(Tropical)、中纬度夏季(Midlatitude Summer)、中纬度冬季(Midlatitude Winter)、近北极夏季(Subarctic Summer)和近北极冬季(Subaratic Winter)。附表 10-1 给出了部分相关数据。

10.3.2 大气消光现象及其理论分析

由多种成分组成的大气是一种复杂的光学介质，辐射在这种介质中传输时，将产生折射、吸收和散射等物理作用，导致辐射衰减(消光)，对基于能量的光电成像系统的目标探测成像产生直接的影响。同时，这些现象也反映了大气的状态，为大气遥感提供了依据。

1. 大气消光及大气窗口

(1) 大气消光

大气对辐射强度的衰减作用称为消光。大气消光的基本特点是：

① 干洁大气中，大气消光决定于空气密度和辐射通过的大气层厚度；

② 大气中有气溶胶粒子及云雾粒子群时，消光作用增强；

③ 地面上基本观测不到波长为 0.3μm 以下的短波太阳紫外辐射；

④ 地面观测到的太阳光谱辐射中有明显的气体吸收带结构。

大气消光作用主要由大气中各种气体成分及气溶胶粒子对辐射的吸收与散射造成。在辐射传输过程中，辐射与气体分子和气浴胶粒子相互作用，从经典电子论角度看，构成物质的原子或分子内的带电粒子受准弹性力作用保持在其平衡位置附近，并具有一定的固有振动频率，在入射辐射作用下，原子或分子发生极化并依入射光频率做强迫振动，由此可能产生两种形式的能量转换：

① 入射辐射转换为原子或分子的次波辐射能。在均匀介质中，这些次波叠加的结果使光只在折射方向上继续传播下去，在其他方向上因次波的干涉而相互抵消，所以没有消光现象；在非均匀介质中，由于不均匀质点破坏了次波的相干性，使其他方向出现散射光。在散射情况下，原波的辐射能不会变成其他形式的能量，只是由于辐射能向各方向的散射，使沿原方向传播的辐射能减少。

② 入射辐射能转换为原子碰撞的平动能，即热能。当共振子发生受迫振动时，即入射辐射频率等于共振子固有频率时($\omega=\omega_0$)，会吸收特别多的能量，入射辐射被吸收而变为原子或分子的热能，从而使原方向传播的辐射能减少。

(2) 波盖耳(Bouggner)定律

一般地，辐射通过介质的消光作用与入射辐射能 $\Phi(\lambda,s)$、衰减介质密 $\rho(s)$(单位为 g/m^3)以及所经过的路径 ds 成正比，即

$$d\Phi(\lambda,s)=-k(\lambda,s)\Phi(\lambda,s)\rho(s)ds \tag{10-12}$$

式中，$k(\lambda,s)$为光谱质量消光系数，单位为 $M^{-1}\cdot L^{-1}$。

由式(10-12)解得辐射衰减规律为

$$\Phi(\lambda,s)=\Phi(\lambda,0)\exp\left[-\int_0^s k(\lambda,s)\rho(s)ds\right] \tag{10-13}$$

式中，$\Phi(\lambda,0)$为 s=0 时的初始光谱辐射通量。

若介质具有均匀的光学性质，$\rho(s)=\rho$，$k(\lambda,s)=k(\lambda)$，则可简化上式得到波盖耳定律

$$\Phi(\lambda,s)=\Phi(\lambda,0)\exp\left[-k(\lambda)\rho s\right]=\Phi(\lambda,0)\exp\left[-k(\lambda)\omega\right]=\Phi(\lambda,0)\exp\left[-l(\lambda)\right] \tag{10-14}$$

式中，$\omega=\rho s$ 为光程上单位截面的介质质量；$l(\lambda)=k(\lambda)\rho s$ 为介质的光学厚度。

为描述辐射通过大气时的透射特性，定义大气光谱透射比为

$$\tau(\lambda,s)=\frac{\Phi(\lambda,s)}{\Phi(\lambda,0)}=\exp\left[-\int_0^s k(\lambda,s)\rho(s)\mathrm{d}s\right]=\exp\left[-k(\lambda)\rho s\right] \tag{10-15}$$

为描述在某一波段(λ_1，λ_2)内的大气透射性质，引入平均透射比

$$\bar{\tau}(s)=\frac{1}{\lambda_2-\lambda_1}\int_{\lambda_1}^{\lambda_2}\tau(\lambda,s)\mathrm{d}\lambda=\frac{1}{\lambda_2-\lambda_1}\int_{\lambda_1}^{\lambda_2}\exp\left[-k(\lambda)\rho s\right]\mathrm{d}\lambda \tag{10-16}$$

理论与实践表明：大气不同成分与不同物理过程造成的消光效应具有线性叠加特性，即总消光特征量可以写成各分量之和

$$k(\lambda,s)=\alpha_{\mathrm{m}}(\lambda,s)+\beta_{\mathrm{m}}(\lambda,s)+\alpha_{\mathrm{p}}(\lambda,s)+\beta_{\mathrm{p}}(\lambda,s) \tag{10-17}$$

式中，α，β 分别表示吸收和散射；下标 m 和 p 分别表示分子和气溶胶粒子。

将式(10-17)代入式(10-15)，可得

$$\tau(\lambda,s)=\tau_{\mathrm{m}}^{\alpha}(\lambda,s)\cdot\tau_{\mathrm{m}}^{\beta}(\lambda,s)\cdot\tau_{\mathrm{p}}^{\alpha}(\lambda,s)\cdot\tau_{\mathrm{m}}^{\beta}(\lambda,s) \tag{10-18}$$

即总透射比为各单项透射比之积。若各单项透射比可进一步分解，例如大气吸收可分解为 H_2O、CO_2、O_3 的吸收等，则可在分别求出各因素的大气衰减后，相乘得到整体透射比。式(10-18)仅适合于光谱透射比的计算而不能用于计算平均透射比。

使用波盖耳定律应注意以下几点：

① 定律假定消光系数与入射辐射强度、吸收介质浓度无关。一般情况下吸收比与辐射强度无关，但当辐射功率密度大到某一阈值(10^7W/cm^2)时，会出现“饱和吸收”；

② 假定粒子之间彼此独立地散射电磁辐射，即不考虑多次散射的影响。

对于准直光束，当光束发散角小于 6′，光束直径 $d\leqslant$100cm，接收视场与光束发射角相当时，可见光谱区波盖耳定律适用于 $l(\lambda)\leqslant 25$ 的情况，红外光谱区的适用范围更宽。在能见度为 1.6km 的雾霾天气下，10km 以内的传输距离可不考虑多次散射；对于云、雾和降水天气，$l(\lambda)>8$ 时需要考虑多次散射。

（3）大气窗口

大气的消光作用与波长相关，且具有明显的选择性。图 10-18 示出了典型的大气透射谱图，除可见光 0.38～0.76μm 波段外，在 0.76～1.1μm、1.2～1.3μm、1.6～1.75μm、2.1～2.4μm、3.4～4.2μm、4.4～5.4μm、8～14μm 等波段均有较大的透射比，犹如光谱波段上辐射透明的窗口，故称为“大气窗口”。有效利用大气窗口可增加光电成像系统的作用距离，目前常用的大气窗口除可见光外，还有近红外 0.76～1.1μm、短波红外 1～2.5μm、中红外 3～5μm 和长波红外 8～14μm。

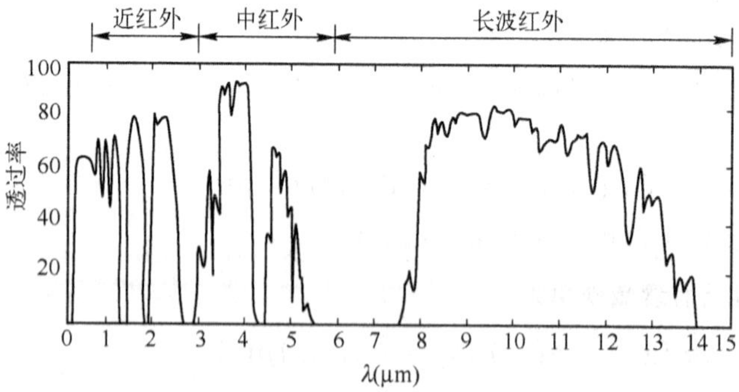

图 10-18　典型大气透射谱图

2. 大气吸收的计算

在辐射传输过程中，大气的吸收和散射对光电成像系统的成像效果具有明显影响，使景物信息衰减，图像边缘模糊。因此，在系统设计和分析时要对大气的辐射吸收和散射进行预测或测量。

（1）大气吸收的线形

对大气的吸收进行精确计算的方法主要有吸收线形法和吸收带法，计算方法比较繁琐，适合于比较精细的分析和探测。一般工程计算方法有集合法和LOWTRAN法，计算误差约为5%～10%。

① 大气吸收线形

图10-19中给出的透射谱图是海平面上大气主要吸收气体成分的低分辨率吸收光谱。所谓低分辨率是指图中曲线任一点的值不是该点的准确值，而是在一个波数段 $\Delta\upsilon$ 中吸收比的平均值。如果用高分辨率的光栅光谱仪测量，会发现吸收比 A 随波数 υ 的变化频繁涨落，吸收气体的吸收带由许多吸收谱线组成。吸收线可用吸收比 $a(\upsilon)$描述，实际测量和电动力学的研究表明，单条吸收线的形状主要分为

$$\begin{cases} \text{洛伦兹线形} \quad \alpha_L(\nu) = \dfrac{s}{\pi}\dfrac{\nu_L}{(\nu-\nu_0)^2+\nu_L^2} \\ \text{多普勒线形} \quad \alpha_D(\nu) = \dfrac{s}{\nu_D\sqrt{\pi}}\exp[-\dfrac{(\nu-\nu_0)^2}{\nu_D^2}] \\ \text{混合线形} \quad \alpha(\nu) = \dfrac{sy}{\nu_D\sqrt{\pi^3}}\int_{-\infty}^{\infty}\dfrac{\exp[-t^2]}{y^2+(x-t)^2}\mathrm{d}t \end{cases} \quad (10\text{-}19)$$

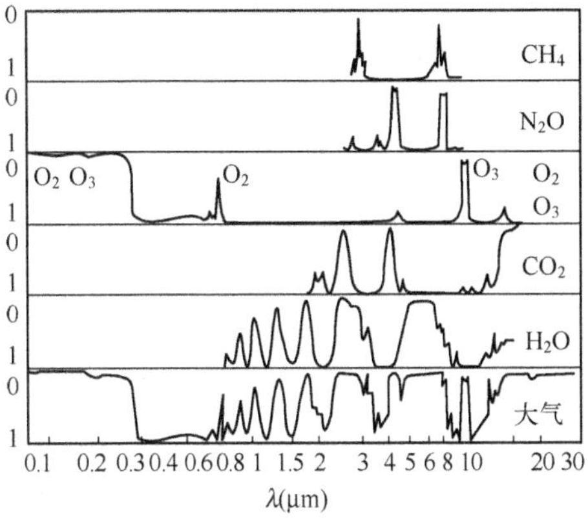

图10-19 海平面主要吸收气体的透射谱图

式中，s 为与分子能带分布有关的吸收线强度；υ_0 为吸收线中心波数；υ_L 为 Lorentz 半宽度；υ_D 为 Doppler 半宽度；$x=(\upsilon-\upsilon_0)/\upsilon_D$；$y=\upsilon_L/\upsilon_D$

美国空军地球物理实验室(AFGA)光学部的“大气吸收线参数汇编”给出了各种成分吸收线参数。

② 吸收带模式

通常在一个很窄的吸收带内可能含有数十条或数百条吸收线，虽然每条吸收线都有确定的参数，但要找出谱带总吸收的解析形式是极困难的。解决的方法之一是逐线积分，所得值与实测值之间相差5%～10%，这种计算工作量大且不方便，于是有人提出了吸收带模式，最常用的有Elsasser周期模式、Goody统计模式和随机Elsasser模式。

需要指出，Elsasser周期模式和Goody统计模式均有以下结论：

$$\tau(\lambda,s) = \begin{cases} \exp[-\delta_1\sqrt{kw}] & \text{强线近似，} k(l)w \gg 1 \\ \exp[-\delta_2 kw] & \text{弱线近似，} k(l)w \ll 1 \end{cases} \quad (10\text{-}20)$$

式中，δ_1、δ_2 均为常数。式(10-20)表明，在吸收介质 $w=\rho s$ 较少(弱线近似)时，由于大气吸收的透射比满足Bouggner定律，即有 $\tau(\lambda,s_1+s_2)=\tau(\lambda,s_1)\tau(\lambda,s_2)$。但在强线近似条件下将偏离波盖耳定律，这与实际大气传输特性的测量结果是一致的。

（2）大气吸收的工程计算方法

对辐射能吸收起主要作用的成分是水蒸气(H_2O)、二氧化碳(CO_2)和臭氧(O_3)，其中 O_3 在高层空间含量较高；CO_2 含量较为稳定；H_2O 含量随气象条件变化较大。

① 集合法

a. H_2O

H_2O 的吸收通常用截面积为 $1cm^2$，长度为1km海平面水平辐射路程的空气柱中所含水蒸气凝结成液态水后的水柱长度(cm/km)-可降水分 ω_0 来表示，即

$$\omega_0 = 10^{-1}H_r H_a / d \quad (10\text{-}21)$$

式中，d 为水密度(g/cm^3)，4°C时 d=1 g/cm^3。

附表10-2给出了海平面上不同温度下的可降水量。对于给定的温度和相对湿度，首先由式(10-21)确定 ω_0，并由传输路径长度 L 确定路径可降水分 $\omega=\omega_0 L$，然后由附表10-3海平面水平路径

水蒸气 H_2O 含量，得到对应的光谱透射比。

b．CO_2

CO_2 的主要吸收带位于 2.7μm、4.3μm、10μm 和 14.7μm 处。由于 CO_2 在大气中的浓度随时间和地点的变化很小，因此，由 CO_2 吸收造成的辐射衰减可认为与气象条件无关。

附表 10-4 给出了 CO_2 在海平面水平路径的光谱透射比，表中以路径长度为参量。

c．高度修正及斜程处理

附表 10-3 和附表 10-4 仅适合于海平面水平路径。由于影响吸收的分子密度、气压和温度等均随海拔变化，因此当路径为一定海拔或者斜程时需要进行修正。通常采用美国标准大气或 LOWTRAN 区域标准大气修正吸收分子的垂直分布。

集合法采用等效海平面法，即将一定海拔路径上的吸收等效为海平面的值，利用对应附表计算透射比。

高度修正：设海拔高度 z (km)的水平路径长度为 L、大气压为 P、海平面大气压为 P_0，则等效路程长度

$$L_0 = \begin{cases} L(P/P_0)^{0.5} \approx L\exp(-0.05938z) & H_2O \\ L(P/P_0)^{1.5} \approx L\exp(-0.178z) & CO_2 \end{cases} \tag{10-22}$$

斜程修正：在斜程问题中，通常是在知道传感器位置处的温度、海拔、相对湿度等参量的情况下，求斜程的大气透射比（见图 10-20）。由于传输路径是变吸收体，通过积分推得海拔 z_1 至 z_2、天顶角为 θ 的斜路径上 H_2O 的等效海平面可降水分量

$$\omega_e = \omega_e(z_1)\frac{1-\exp[-0.05938(z_2-z_1)]}{0.05938(z_2-z_1)} \tag{10-23}$$

式中，$\omega_e(z_1)$ 为海拔 z_1 上与斜程同样长路径的 H_2O 等效海平面可降水分量。

同样，对于 CO_2 等效路径长度为

$$L_e = L_e(z_1)\frac{1-\exp[-0.178(z_2-z_1)]}{0.178(z_2-z_1)} \tag{10-24}$$

式中，$L_e(z_1)$ 为海拔 z_1 上与斜程同样长路径的 CO_2 等效海平面路径长度。

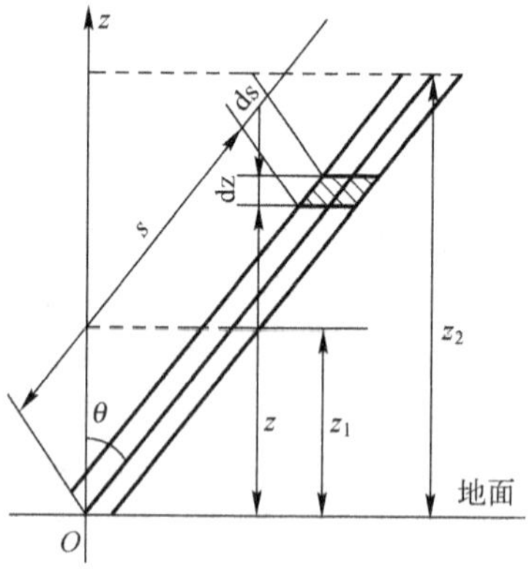

图 10-20　辐射在斜程路径的传输

② LOWTRAN 法

LOWTRAN 模式是美国空军地球物理实验室（AFGL）提出的一种低分辨率大气模式（LOW Transmitlancd），具有采用了大量实验数据的修正模型，算法较简单，精度误差约 10～15%，大多数光电成像系统都可采用 LOWTRAN 分析大气的传输特性。

LOWTRAN 是一种单参量模式，给出了不同吸收气体在各波段的广义吸收系数 L_v，透射比 τ 是 L_v 和修正的光学质量 w' 乘积的函数。

$$\tau = F(L_v, w) = F\left[L_v, \int_0^w \left(\frac{P}{P_0}\right)^n \mathrm{d}w\right] \tag{10-25}$$

式中，P 为大气压；n 为修正系数，（对 H_2O，n=0.9；对 CO_2，n=0.75；对 O_3，n=0.4）；$F(L_v, w)$为透射比函数，可通过查表和简单的计算得到。

③ MODTRAN 法

MODTRAN 模式是一种中分辨率大气模式（MOD Transmitlancd），具有高于 LOWTRAN 法的精度，也是目前大多数光电成像系统计算分析常采用的大气传输特性分析工具。

3. 大气散射的计算

散射可以用电磁波理论和物质的电子理论分析，当粒子各向同性时，散射光的强度是粒子尺

度、粒子相对折射比和入射光波长的函数。

由波盖耳定律，路程 L 的散射透射比为

$$\tau_{\beta}(\lambda, L) = \exp[-\beta(\lambda)L] \tag{10-26}$$

式中，$\beta(\lambda)$为散射系数，描述了 L 点向全空间的散射总数。设散射辐射与入射辐射方向的夹角（散射角）为θ，向单位立体角内的散射数为角散射系数$\beta(\lambda,\theta)$，且满足

$$\beta(\lambda) = \int_0^{4\pi} \beta(\lambda,\theta)\mathrm{d}\omega \tag{10-27}$$

式中，$\mathrm{d}\omega$为立体角元。

实验证明：$\beta(\lambda)$与散射粒子浓度 N 成正比，即$\beta(\lambda)=\sigma(\lambda)N$，$\sigma(\lambda)$为单个粒子的散射系数，称为散射截面（$\mathrm{cm}^2$/粒子数）。当大气中含有 m 种不同类型的粒子群时

$$\beta(\lambda) = \sum_{i=1}^{m} \sigma_{\mathrm{i}}(\lambda) N_{\mathrm{i}} \tag{10-28}$$

辐射传输中还经常用到散射相函数 $F(\theta)$的概念，它用来描述θ方向上单位立体角内散射辐射的相对大小。

确定散射系数的方法通常有以下三类。

（1）瑞利散射

当散射粒子半径 r 远小于辐射波长（$r \ll \lambda$）时，散射服从瑞利散射规则

$$\beta(\lambda,\theta) = \frac{\beta(\lambda)}{4\pi} F(\theta) \tag{10-29}$$

式中 $\beta(\lambda) = \dfrac{8\pi^3}{3}\dfrac{(n^2-1)^2}{N\lambda^4}$，$F(\theta) = \dfrac{3}{4}(1+\cos^2\theta)$ （10-30）

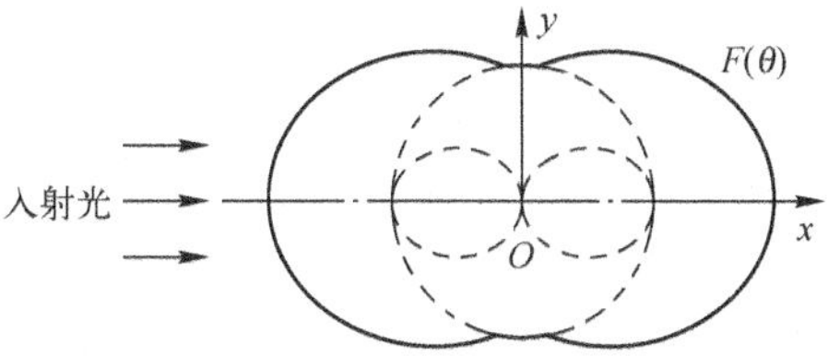

图 10-21　瑞利散射的相函数

n 为散射介质折射比。$F(\theta)$分布如图 10-21 所示。

在实际应用中还常用到后向散射系数，体积后向散射系数可由下式确定：

$$\beta(\lambda,\pi) = \frac{\beta(\lambda)}{4\pi} F(\pi) \tag{10-31}$$

在标准大气下，海平面的体积散射系数和后向散射系数约为（λ=0.55μm）

$$\beta_0(0.55) = 1.162\times10^{-2}\,\mathrm{km}^{-1},\quad \beta_0(0.55,\pi) = 1.3296\times10^{-3}\,\mathrm{km}^{-1}$$

当温度、气压和高度改变时，$\beta(\lambda)$和$\beta(\lambda,\theta)$均需修正，修正因子相同

$$\beta(\lambda,\theta) = \beta_0(\lambda,\theta)\frac{P}{P_0}\frac{T_0}{T} \tag{10-32}$$

下标“0”表示标准大气海平面值。

瑞利散射粒子主要为气体分子，故称为分子散射。分子散射与λ^4 成反比，即短波散射比长波散射强，天空呈蓝色正是瑞利散射的结果。

（2）迈（Mie）散射

当粒子尺度 $a=2\pi r/\lambda$ > 0.1～0.3 时，瑞利公式不再适用，应采用描述球形气溶胶粒子散射的迈散射理论。迈散射的计算方法可归结为确定散射效率因子 $Q_{\mathrm{s}}(a,m)$、吸收效率因子 $Q_{\mathrm{a}}(a,m)$和衰减效率因子 $Q_{\mathrm{e}}(a,m)$，相应地截面与效率因子的关系为

$$\sigma_{\mathrm{i}}(r,\lambda,m) = \pi r^2 Q_{\mathrm{i}}(a,m) \qquad (i = s,a,e) \tag{10-33}$$

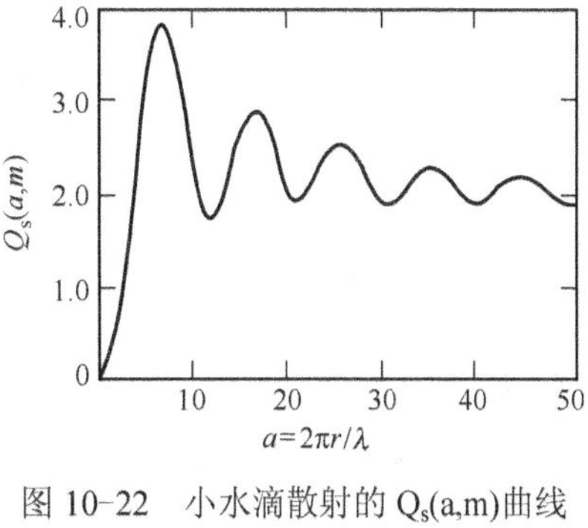

图 10-22　小水滴散射的 $Q_{\mathrm{s}}(a,m)$曲线

式中，m 为复折射率。图 10-22 给出小水滴的 $Q_{\mathrm{s}}(a,m)$曲线，在 a = 6.2 处，Q_{s} 趋于最大，即当 $r \approx \lambda$ 时产生最大散射，当

$a > 25$ 时，$Q_s \to 2$，散射与波长几乎无关。迈散射的相函数 $F(\lambda,\theta,m)$ 在前向和后向不对称，主要集中在前向。

（3）无选择性散射

当散射粒子半径远大于辐射波长时，粒子对入射辐射的反射和折射占主要地位，在宏观上形成散射，这种散射与波长无关，故称为无选择性散射。散射系数β 等于单位体积内所含半径 r_i 的 N 个粒子的截面积总和

$$\beta = \pi \sum_{i=1}^{N} r_i^2 \tag{10-34}$$

雾滴的半径约为 1～60μm，比可见光波长大得多，对可见光各波长光散射相同，故雾呈白色。雨在红外波段的散射系数为

$$\beta_{\text{rain}} = 0.248V^{0.67} \tag{10-35}$$

式中，V 为降雨速率(mm/h)。

（4）单次散射与多次散射

通常，研究散射有三种侧重：一是侧重于“角散射”，如研究自然光；二是侧重于“总散射”，如研究太阳辐射的衰减(从光束中消失的总能量)；三是对“角散射”和“总散射”都关心的成像过程。

从成像角度看，在大气消光因素中，吸收使辐射衰减，但不会造成图像细节的模糊；而散射除了使辐射衰减外，由于部分散射辐射会进入辐射接收器，故还会造成图像细节的损失。

当散射粒子间距数倍于粒子半径时，可以认为每个粒子都是独立于其他粒子散射。在大多数大气条件下，这种独立散射条件基本成立(波盖耳定律成立)。这种条件是假定粒子只暴露在入射辐射下，即为一次散射，没考虑某些一次散射的辐射在从散射体上投射出去之前可能已被再次或多次散射。多次散射对保留下来的辐射总能量影响不大，但会改变粒子散射强度的分布型式。从点扩散情况看，相当于点扩展函数变宽。如果把大气传输环节看作一个线性系统，输出将下降，图像细节信息将损失。这种现象在一些气象条件较差的情况下会表现出来。即使只考虑一次散射，对于有一定接收口径的接收器，也会有部分散射辐射进入成像系统，因此，实际接收到的辐射将比用总散射辐射要多一些。

由于多次散射模型和算法都很复杂，一般均采用单次散射模型计算散射量。LOWTRAN-7 程序引入了多次散射模型，从计算效果看，多次散射在某些情况下的影响还是比较明显的。

4. 基于气象学距离的消光处理方法

（1）气象学的透明度和能见距离

在气象学上，把白光通过 1km 水平路程的大气透射比称为大气透明度。在一定大气透明度下人眼能发现以地平天空为背景视角大于 30′的黑色目标物的最大距离 R_V，称为大气能见度或大气能见距离。

在一定距离 R 处的目标物和背景所发出的光(自身或反射和散射辐射)，在经过一段空气柱衰减的同时，空气柱会对各种自然辐射及散射进行多次散射产生一附加的气柱亮度 L_0，若观察者实际接收到的目标和背景的表现亮度分别为 $L_t(R)$和 $L_b(R)$，则表观对比度为

$$C_R = \left| \frac{L_t(R) - L_b(R)}{L_b(R)} \right| \tag{10-36}$$

在考虑散射时， 辐亮度 $L(\lambda,s)$的传输方程为

$$\frac{dL(\lambda,s)}{ds} = -k(\lambda,s)\rho(s)[L(\lambda,s) - J_v(\lambda,s)] \tag{10-37}$$

式中，$J_v(\lambda,s)$为附加源函数；λ为波长；$k(\lambda,s)$为消光系数；s 为路径长度。

对于 $s=0$ 处的目标 $L_t(\lambda,0)$和背景 $L_b(\lambda,0)$，求解方程(10-37)可得 $s=R$ 处的表观亮度($i=t,b$)

$$L_i(\lambda,R)=L_i(\lambda,0)\exp(-\int_0^R k\rho \mathrm{d}s)+[\int_0^R k\rho J_v \exp(\int_0^s k\rho ds)\mathrm{d}s]\exp(-\int_0^R k\rho \mathrm{d}s) \tag{10-38}$$

代入式(10-36)，得到表观对比度

$$C_R=\left|\frac{L_t(\lambda,0)-L_b(\lambda,0)}{L_b(\lambda,0)+L_v(\lambda,R)\cdot\exp(\int_0^R k\rho \mathrm{d}s)}\right|=C_0\frac{1}{1+L_v(\lambda,R)/[L_b(\lambda,0)\cdot\tau(R)]}=C_0\cdot T_c \tag{10-39}$$

式中，$C_0=|L_t(\lambda,0)-L_b(\lambda,0)|/L_b(\lambda,0)$ 为目标和背景的固有对比度；$\tau(R)=\exp(-\int_0^R k\rho \mathrm{d}s)$ 为大气透射比；$L_v(\lambda,R)=[\int_0^R k\rho J_v \exp(\int_0^s k\rho \mathrm{d}s)\mathrm{d}s]\exp(-\int_0^R k\rho \mathrm{d}s)$ 为路程的气柱亮度；T_C 为大气对比传递函数。

对于水平路径，可认为大气消光系数 k、散射系数 $\beta(\theta)$ 及气柱所受到的自然照明强度 J_v 不随路程 s 变化，$\tau(R)=\exp(-k\rho R)$，则

$$L_i(\lambda,R)=L_i(\lambda,0)\exp(-k\rho R)+L_v(\lambda,R)=L_i(\lambda,0)\tau(R)+L_v(\lambda,R) \tag{10-40}$$

$$L_v(\lambda,R)=J_v[1-\exp(-k\rho R)]=L_v(\lambda,\infty)[1-\exp(-k\rho R)]=L_v(\lambda,\infty)[1-\tau(R)] \tag{10-41}$$

由于能见度的测量以天空为背景，$L_b(\lambda,0)=L_v(\lambda,\infty)$，则由式(10-39)得到

$$\frac{C_R}{C_0}=T_C(R)=\exp(-k\rho R)=\tau(R) \tag{10-42}$$

按照白光或λ_0=0.55μm 的单色光能见距离的定义，C_0=1，人眼发现目标的阈值对比度为 C_R=0.02，则对应的距离 R_v 即能见距离

$$R_v=-\frac{1}{k\rho}\ln(0.02)=\frac{3.912}{k\rho} \tag{10-43}$$

按照定义，k 包含了大气分子和气溶胶粒子的吸收和散射。

作为气象学参量，能见距离一般在主要的气象站均有测量和记录，表 10-7 给出了能见距离的国际十级制。若已知大气能见距离 R_v(km)，则大气透射比 $\tau(R)$ 和大气透明度 τ_I 可表示为

$$\tau(R)=\exp\left(-\frac{3.912}{R_v}R\right)=\tau_I^R,\quad \tau_I=\exp\left(-\frac{3.912}{R_v}\right) \tag{10-44}$$

表 10-7　能见距离的国际十级制

等级	大 气 状 况	R_v(m)	τ_I	$k\rho$
0	密雾(最浓的雾)	<50	$<10^{-34}$	>78
1	浓雾	200	$10^{-8.5}$	19.5
2	中雾(可见雾)	500	$10^{-3.4}$	7.8
3	薄雾	1K	0.02	3.9
4	烟或最浓的霾	2K	014	1.95
5	不良可见度(浓霾)	4K	0.38	0.98
6	中等可见度(可见霾)	10K	0.68	0.39
7	良好可见度(薄霾)	20K	0.82	0.195
8	优等可见度	50K	0.92	0.078
9	特等可见度	>50K	>0.92	<0.078

（2）气溶胶粒子衰减的经验模式

大气中的雾、霾、云、雨、雪等天气现象都是辐射传输的衰减因素，虽然可用已有的散射理论进行分析计算，但是利用经验模式可简化计算步骤，提高计算速度。

① 雾的衰减

雾的衰减系数可表示为

$$\beta=A/R_v \tag{10-45}$$

式中，A 为经验常数。表 10-8 中给出了 5 个波长的实验值，大约有 10% ～ 20%的变化。

由于雾中能见距离较难确定，因此，有时用雾中含水量ω 来描述衰减系数，此时

$$\beta=1.5\times10^{-3}\pi c\frac{\omega}{\lambda} \tag{10-46}$$

式中，ω 以 g/m^3 计，λ 以μm 计，c 为修正因子。表 10-9 给出了某些波长的 c 值。

表 10-8　某些波长的 *A* 值

λ (μm)	0.53	0.63	0.9	1.06	10.6
A	2.46	3.18	3.3	3.06	2.1

表 10-9　某些波长的 *c* 值

λ (μm)	0.5	1.2	3.8	5.3	10	11	12
c	0.61	0.61	0.68	0.58	0.35	0.3	0.35

② 霾的衰减

常用下面经验模式估计霾的衰减系数

$$\beta(\lambda)=\frac{3.912}{R_{\mathrm{v}}}\left(\frac{\lambda_0}{\lambda}\right)^q\ ,\quad q=\begin{cases}0.585R_{\mathrm{v}}^{1/3} & R_{\mathrm{v}}<6\ \mathrm{km}\\ 1.3 & R_{\mathrm{v}}\sim 10\ \mathrm{km}\\ 1.6 & R_{\mathrm{v}}>50\ \mathrm{km}\end{cases} \tag{10-47}$$

通常取λ_0=0.55μm 或λ_0=0.61μm。

5. 大气传输特性的计算机模拟简介

目前常用的大气辐射传输模拟软件有美国的 LOWTRAN、MODTRAN 和 FASCODE 等。LOWTRAN 从 1970 年提出至今已公布了 7 个版本，计算的光谱分辨率约为 20cm^{-1}。MODTRAN 和 FASCODE 具有比 LOWTRAN 更高的光谱分辨率，相应的计算量也大一些。对一般光电成像系统设计和分析，LOWTRAN 已具有足够的精度。

LOWTRAN、MODTRAN 可计算从紫外到微波(0～5000cm^{-1} 或 0.2μm～∞波段)的大气传输问题。LOWTRAN、MODTRAN 软件包含了大气分子的吸收和散射、水汽吸收、气溶胶的散射和吸收、大气背景辐射(红外)、日光或月光的单次散射和地表反射、直接大气辐射以及日光、大气热辐射的多次散射等。大气模式设立了热带、中纬度夏季/冬季、近北极夏季/冬季、1976 年美国标准大气及自定义模式等供选择。气溶胶消光扩充为城市型、乡村型、海洋型、对流层和平流层等多种模式供选择，并考虑了对风速的依赖关系，建立了雾、雨和卷云的模型。

总之，LOWTRAN、MODTRAN 考虑因素较全面，只要给定温度、气压、水汽含量、气溶胶模型、能见距离以及辐射波长范围、路径长度和类型(水平或斜程)，就能得到光谱透射比和平均透射比等结果。目前的很多光电系统仿真软件已将 LOWTRAN、MODTRAN 模块作为一个重要的组成部分。

10.3.3 大气消光对光电成像系统性能的影响

大气消光使目标与背景对比度的下降可用对比传递函数表示。下面分析对比度衰减对几种成像系统的影响。

1. 大气消光对基于对比度探测的光电成像系统的影响

基于对比度探测的光电成像系统的应用非常广泛。这里以人眼这一较理想的成像系统为例说明大气消光的影响。人眼日间视觉的阈值对比度约为 2%～5%。按式(10-39)和式(10-41)得大气传递函数

$$T_{\mathrm{c}}=\left[1+\frac{L_{\mathrm{V}}(\infty)}{L_{\mathrm{b}}(0)}\frac{1-\tau}{\tau}\right]^{-1}=\left(1+K\frac{1-\tau}{\tau}\right)^{-1} \tag{10-48}$$

式中，K 为地平天空亮度与背景亮度之比；T_{c}为 K 和τ的函数，与目标亮度无关，即 T_{c} 只与目标和探测器之间的大气状态有关。根据实验，对于阴暗天空，K=1/ρ；对于非常晴朗的天空，K=0.2/ρ。图 10-23 给出了三种类型的地物及在τ=0.85、0.5 和 0.15 大气条件下 T_{c}随 K 的变化曲线。

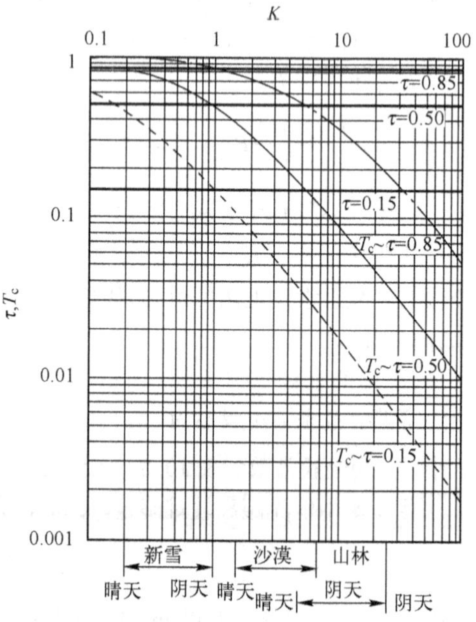

图 10-23　T_{c}与 K 的关系曲线

2. 大气消光对信噪比限制下的光电成像系统的影响

微光成像系统通常工作在自然照度很低的情况下，其性能主要受入射的随机涨落光子噪声限

制，这种涨落可用泊松分布来描述。因此，大气消光对信噪比限制下的光电成像系统性能的影响应从信噪比的衰减来考虑。

设目标和背景像元的光子数分别为 N_t 和 N_b，天空散射元的光子数为 N_q，则成像系统在距离 R 处的表观信噪比为

$$\left(\frac{S}{N}\right)_R=\frac{(N_t-N_b)\tau}{\sqrt{2N_m\tau+2N_q(1-\tau)}}=\left(\frac{S}{N}\right)_0 T_{ph} \tag{10-49}$$

式中，$(S/N)_0=(N_t-N_b)/\sqrt{2N_m}$ 为固有信噪比； $N_m=(N_t+N_b)/2$ 为平均光子数；T_{Ph} 为微光成像系统的大气信噪比传递函数，且

$$T_{ph}=\sqrt{\tau}/\sqrt{1+K(1-\tau)/\tau} \tag{10-50}$$

式中，$K=N_q/N_m$ 为天空散射光子数与平均光子数之比。与 T_c 不同，T_{Ph} 除与τ、N_b 和 N_q 有关外，还与 N_t 有关。

3. 大气消光对红外热成像系统的影响

红外热成像系统的性能也受信噪比限制，但其信号只取决于目标和背景的辐射之差(平均信号通常会被交流耦合电路消除)，噪声主要由探测器和电子处理等环节决定，因此，固有信噪比可表示为

$$\left(\frac{S}{N}\right)_0=\frac{N_t-N_b}{N_n} \tag{10-51}$$

式中，N_n 为噪声的比例常数；N_t 为目标的固有辐亮度；N_b 为背景的固有辐亮度。

大气中红外辐射在传输过程中附加的辐射量由散射的红外辐射和大气本身的红外辐射组成，统称为路程辐亮度 N_a。于是在 R 处的表观信噪比为

$$\left(\frac{S}{N}\right)_R=\frac{(N_t\tau_{IR}+N_a)-(N_b\tau_{IR}+N_a)}{N_n}=\left(\frac{S}{N}\right)_0\tau_{IR} \tag{10-52}$$

式中，τ_{IR} 为红外光谱透射比。即有效信噪比传递函数 $T_{ef}=\tau_{IR}$，路程辐射亮度对被动红外成像系统不起作用。

综上所述，大气消光对各类光电成像系统的影响差异较大。人眼视觉等成像系统受大气消光的影响远大于被动红外成像系统，而受光子噪声限制的微光成像系统所受的影响则介于两者之间。

10.4 基于人眼信噪比的图像探测理论与图像探测方程

自然景物的亮暗有着极其悬殊的变化，如日间阳光和夜间星光对地面景物的照度，前者约为 10^5lx，后者约为 10^{-3}lx，两者相差 8 个数量级，最低照度已远远低于人眼的视见灵敏阈。借助于光电成像则可实现对人眼视见灵敏阈的扩展。

利用光电成像的原理，可通过光电转换将输入的弱光图像予以增强，并输出强光图像。这里产生一个问题，即光电成像的增强作用是否不受任何限制呢？理论分析证明，光电成像存在着图像探测的极限，称为图像探测灵敏阈。

一个景物的细节能否被光电成像系统所探测到(即形成一个可被人眼识别的输出图像)与下面三个因素有关：

（1）景物细节的辐射亮度(或单位面积的辐射强度)；

（2）景物细节对光电成像系统接收孔径的张角；

（3）景物细节与背景之间的辐射对比度。

可用光电成像系统刚好能探测到景物细节的上述三个指标来表示其极限性能。通常用可探测到

图像细节的最小张角与最低辐射亮度两者的关系曲线来表示。这一曲线是在选定某一确定的辐射对比度情况下测定的，选定各种不同的辐射对比度可得到一族曲线，这族曲线定量地表明了该光电成像系统的图像探测灵敏度，称为图像探测特性曲线，对应的解析表达式称为图像探测方程。

下面通过建立图像信号与图像噪声的概念具体讨论光电成像系统的图像探测特性，并通过推导图像探测方程，确定光电成像系统对人眼视见灵敏阈的扩展能力。

10.4.1 图像的信噪比

图像是以辐射量子分布再现的景物。辐射量子数的差异表示出图像的亮暗，构成了图像信号。同时，由于辐射量子在数量上存在随机涨落，所以该量子数的起伏又构成了图像噪声。下面具体说明图像信号与图像噪声的概念。

两个相邻的像元具有不同的辐射亮度构成一个图像细节。设光电成像系统在有效积分时间内接收到的来自两个像元的辐射量子数分别为 $\overline{n}_1$ 和 $\overline{n}_2$，此时光电成像系统能否分辨出这两个像元，取决于 $\overline{n}_1$ 与 $\overline{n}_2$ 的差异，这一差异代表了图像细节的信号，图像信号值可表示为

$$S = \overline{n}_1 - \overline{n}_2 \tag{10-53}$$

这一图像信号也伴随有图像噪声。噪声来源于电磁波辐射的量子性，自然界的辐射都是来源于物态的受激过程，受激辐射是物质内部电子能态跃迁的结果。物体中的电子均可成为辐射光子的中心，它可能通过热效应、化学反应、电磁作用以及其他粒子的非弹性碰撞获得能量跃迁到受激态，当从不稳定能态跃迁到低能态时会以辐射量子的形式交换能量，发出光辐射。因此，辐射过程具有量子性。

由于物体受激辐射是具有量子性的过程，所以在稳定受激条件下每个瞬间辐射的光子流密度具有量子性的随机涨落，但辐射光子流密度的平均值是则确定的，因而，产生的辐射强度围绕一个确定的平均值起伏。人眼在观察发光过程中通常感受不到这种起伏，这是因为人的视觉具有 0.02s 的积分，视觉感受的是在大于或等于 0.02s 时间内积累的光子数，所以，直观上人眼看不到小于 0.02s 的闪烁。

以黑体热辐射为例做进一步定量说明。黑体在一定温度条件下，辐射量子流密度的平均值与温度相关，平均值表示了黑体辐射强度，构成了辐射信号。但辐射的瞬时值则是有所涨落的，这种偏离平均值的随机起伏构成了辐射的噪声。根据概率论关于描述随机变量的理论，可以用数字特征量定量地描述黑体辐射的离散随机过程，即用一阶原点矩表示黑体辐射的辐射亮度值，用二阶中心矩表示黑体辐射的方差。前者定义为辐射亮度的量子信号值，后者的开方值定义为辐射亮度的量子噪声。下面采用概率论的数学方法和量子理论定量描述黑体辐射。

首先讨论单黑体模式。设一个光谐振器具有一组频率为 f 的驻波模，每个驻波模都有两个独立且垂直的极化方向。具有某一特定极化方向的一个驻波模称为一个黑体模。这样的一个黑体模可以看作是一个频率为 f 的谐波振荡器。根据量子理论，它的能量 ε 可量化为

$$\xi_\gamma = hf\left(\gamma + \frac{1}{2}\right) \quad (\gamma = 1,2,3,\cdots) \tag{10-54}$$

式中，h 是普朗克(Planck)常数；$hf/2$ 是一个附加常数，称为零点能。为了简化可略去零点能。如果量子数 $\gamma > 0$，则该黑体模中有 γ 个量子。

根据玻耳兹曼(Boltzmann)定理，在黑体模中具有 γ 个量子的概率正比于 $\exp(-\gamma hf/kT)$，因此概率分布可写成为 $C\exp(-\gamma hf/kT)$。其中 k 为玻耳兹曼常数，T 为绝对温度，C 为归一化因子。由于概率和为 1，可得出

$$C = 1 - \exp\left(-\frac{hf}{kT}\right) \tag{10-55}$$

可利用概率论分别求出 γ 的均值 $\bar{\gamma}$ 和 γ^2 的均方值 $\bar{\gamma}^2$：

$$\bar{\gamma}=C\sum_{\gamma}\gamma\exp\left(-\frac{\gamma hf}{kT}\right)=\frac{\exp\left(-\frac{hf}{kT}\right)}{1-\exp\left(-\frac{hf}{kT}\right)} \tag{10-56}$$

$$\bar{\gamma}^2=C\sum_{\gamma}\gamma^2\exp\left(-\frac{\gamma hf}{kT}\right)=\frac{\exp\left(-\frac{hf}{kT}\right)+\left[\exp\left(-\frac{hf}{kT}\right)\right]^2}{\left[1-\exp\left(-\frac{hf}{kT}\right)\right]^2} \tag{10-57}$$

于是，单黑体模辐射的涨落 γ 的方差 $D(\gamma)$ 可写为

$$D(\gamma)=\bar{\gamma}^2-(\bar{\gamma})^2=\frac{\exp\left(-\frac{hf}{kT}\right)}{\left[1-\exp\left(-\frac{hf}{kT}\right)\right]^2}=\frac{\bar{\gamma}}{1-\exp\left(-\frac{hf}{kT}\right)} \tag{10-58}$$

实际黑体是大量黑体模的集合，因此黑体辐射的量子数 n 及其均值和方差可表示为

$$n=\sum_i\gamma_i\ ,\quad \bar{n}=\sum_i\bar{\gamma}_i\ ,\quad D(n)=\frac{\sum_i\bar{\gamma}_i}{1-\exp\left(-\frac{hf}{kT}\right)}=\frac{\bar{n}}{1-\exp\left(-\frac{hf}{kT}\right)} \tag{10-59}$$

根据概率论中对随机变量数字特征描述的可知，黑体辐射的量子数涨落值可以用均方差(标准差) $\sqrt{D(n)}$ 来表示，即黑体辐射的量子噪声值为

$$\sqrt{D(n)}=\sqrt{\frac{\bar{n}}{1-\exp\left(-\frac{hf}{kT}\right)}} \tag{10-60}$$

当黑体辐射的波段为可见光时， $hf\gg kT$，此时辐射的量子噪声可近似表示为

$$\sqrt{D(n)}\approx\sqrt{\bar{n}} \tag{10-61}$$

即可见光的量子辐射(光子)可用泊松(Polsson)分布律来描述。

根据发光辐射的量子噪声公式[式(10-61)]，可给出图像噪声的表达式。由式(10-53)所描述的图像信号伴随有图像噪声，这是因为具有亮暗差异的两个像元，辐射的量子数都有涨落。所以由两个随机变量形成的差值也是有涨落的，其差值的涨落方差可表示为

$$D(n_1-n_2)=D(n_1)-2\mathrm{COV}(n_1,n_2)+D(n_2) \tag{10-62}$$

式中，$\mathrm{COV}(n_1,n_2)$是 n_1 和 n_2 的协方差。由于亮暗两个像元的辐射量子数彼此不相关，所以协方差为零。因此，图像的噪声值可表示为

$$N=\sqrt{D(n_1)+D(n_2)}=\sqrt{\bar{n}_1+\bar{n}_2} \tag{10-63}$$

由式(10-53)和式(10-63)，可直接写出图像的信噪比表达式

$$\frac{S}{N}=\frac{\bar{n}_1-\bar{n}_2}{\sqrt{\bar{n}_1+\bar{n}_2}} \tag{10-64}$$

式中，n_1 和 n_2 分别是亮和暗像元在有效积分时间内发射的平均光子数。式(10-64)定量描述了由相邻的亮和暗像元构成细节的图像信噪比值。

10.4.2 光电成像系统的图像探测方程

光电成像系统所输出的图像，最终要由人眼来接收。人眼在观察图像时，要求图像的信噪比高

于人眼的信噪比临界阈值(人眼对不同的图案的信噪比临界阈值不同)。当光电成像系统输出的图像信噪比等于人眼的临界阈值信噪比时，光电成像过程的工作状态便处于临界状态。利用这一条件可以建立光电成像系统的图像探测方程。下面基于图 10-24 建立这一方程。

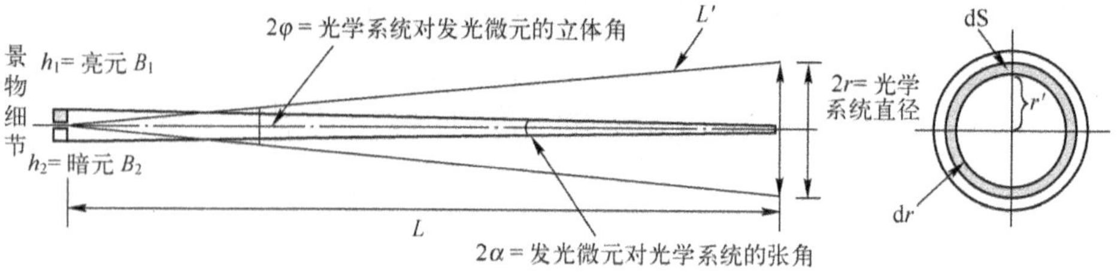

图 10-24　光电成像系统图像细节探测原理示意图

1. 光电成像系统输出的图像信号表达式

由图 10-24，取被探测的景物细节为相邻的两个有亮暗差异的像元。为便于计算，每一像元取边长为 h 的正方形，亮度分别为 B_1 和 B_2，且 $B_1>B_2$。

亮像元上的亮度 B_1 可表示为

$$B_1 = \frac{\mathrm{d}\phi}{\mathrm{d}\Omega \mathrm{d}A\cos\varphi} \tag{10-65}$$

式中，$\mathrm{d}\phi$ 为像元发出的辐射通量，$\mathrm{d}\Omega$为对应 $\mathrm{d}S$ 的立体角，$\mathrm{d}A$ 为像元的面积(h^2)，φ 为光线与像元法线的交角。

于是，光电成像系统亮像元接收的辐射通量为

$$\phi_1 = \int_S\int_0^{\Omega} B_1\cos\varphi \mathrm{d}\Omega \mathrm{d}S = \int_0^{\phi} B_1 h^2 2\pi\sin\varphi\cos\varphi \mathrm{d}\varphi = \pi B_1 h^2\sin^2\varphi \tag{10-66}$$

如果取光电成像系统接收孔径的半径为 r、光电转换的量子效率为 η、有效积分时间为 τ、像元与光电成像系统的间距为 L、像元边长 h 对光电成像系统的张角为 α、每流明光通量每秒所通过的光子数为 Q[对于白光(具有标准 A 光源的光谱分布)，Q 值近似等于 $1.3\times10^{16}\,\mathrm{lm^{-1}s^{-1}}$]。由此，可列出光电成像系统在有效积分时间内接收亮像元辐射的平均光电子数为

$$\overline{p}_1 = \pi B_1 h^2\sin^2\varphi\cdot Q\tau\eta \approx \pi B_1 r^2\left(\frac{h}{L}\right)^2 Q\tau\eta = \pi B_1 r^2\alpha^2\tau\eta Q \tag{10-67}$$

同理，光电成像系统在有效积分时间内接收暗像元辐射的平均光电子数为

$$\overline{p}_2 = \pi B_2 r^2\alpha^2\tau\eta Q \tag{10-68}$$

根据式(10-53)可知，通过光电成像系统所获得的输出图像信号为

$$S = \overline{p}_1 - \overline{p}_2 = \pi(B_1 - B_2)r^2\alpha^2\tau\eta Q \tag{10-69}$$

2. 光电成像所输出的图像噪声表达式

为了获得光电成像系统极限状态下的图像探测特性，取光电成像过程处于理想工作状态，即整个成像过程只有光电转换的量子噪声，不产生其他附加噪声，也不产生像差。由于光电转换的本质是光子和电子的能量交换过程，光电转换的量子噪声与光子噪声类似，故光电转换固有的量子起伏不能排除。光子入射到光敏元所产生的光电效应(包括外光电效应和内光电效应)都可解释为入射光子与体内电子产生非弹性碰撞，电子获得能量受激，或逸出体外构成光电子发射，或进入导带形成光电导。这表明光电转换产生的受激电子与受激发光产生的光子两种行为相同，因此，上节得出的黑体辐射量子信号和量子噪声的结论也适用于描述光电转换的量子信号和量子噪声，即光电转换的量子产额也符合泊松分布律，量子产额的平均值(泊松分布的数学期望)表示光电转换的量子信号值，量子产额的起伏值(泊松分布的均方差)表示光电转换的量子噪声值。

由于光电成像系统输出的亮和暗两个像元都伴随有量子起伏的噪声，因此其差值的起伏噪声可以利用概率公式求出。考虑到亮暗两像元的量子数不相关，所以两者的协方差为零，由式(10-68)和式(10-69)可写出光电成像系统输出图像噪声为

$$N=\sqrt{\overline{p}_1+\overline{p}_2}=\sqrt{\pi(B_1+B_2)r^2\alpha^2\tau\eta Q} \tag{10-70}$$

3. 光电成像的输出图像信噪比

由光电成像系统的输出图像信号与噪声可得到光电成像系统的输出图像信噪比

$$\frac{S}{N}=\sqrt{\frac{\pi(B_1-B_2)^2r^2\alpha^2\tau\eta Q}{(B_1+B_2)}} \tag{10-71}$$

采用光学中的对比度 C 和平均亮度 B_m 来表示输入图像，它们定义分别为

$$C=\frac{B_1-B_2}{B_1+B_2},\quad B_{\mathrm{m}}=\frac{1}{2}(B_1+B_2) \tag{10-72}$$

代入式(10-71)中，得到

$$\frac{S}{N}=\sqrt{2\pi B_{\mathrm{m}}r^2\alpha^2\tau\eta QC^2} \tag{10-73}$$

4. 光电成像系统的图像探测方程

式(10-73)是理想条件下光电成像系统的输出图像信噪比。如果这一信噪比大于接收器(通常是人眼)所需的阈值信噪比$(S/N)_{\min}$，说明理想的光电成像系统可以探测这一图像。即有

$$\sqrt{2\pi B_{\mathrm{m}}r^2\alpha^2\tau\eta QC^2}\geqslant(S/N)_{\min} \tag{10-74}$$

式(10-74)的关系成立时，表明图像可探测到，反之将不能探测。

$(S/N)_{\min}$与图像形状有关。勃莱克韦尔 1946 年确定一个圆盘短时地出现在屏幕上八个位置的任意位置且以 50%的可靠率观察时，得到的阈值图像信噪比为 1.5。在采用兰道尔特 C 环观察 C 环缺口处于上、下、左、右四个位置中的某一个位置且要求观察者回答四次其中三次正确时，得到的阈值图像信噪比为 1.9。而在确定具有黑白线条间隔的光学系统能分辨的最高频率时，所需要的阈值图像信噪比为 1.0。

式(10-74)中有两类参数。第一类为表征景物的参数，包括景物的平均亮度 B_m、景物的对比度 C、景物的视角 α；第二类为表征光电成像系统的参数，包括光电成像系统的接收孔径 $D=2r$、光电转换量子效率 η、有效积分时间 τ。

将式(10-74)中的上述两类参数分别置于关系式的两边，可得到如下关系式：

$$B_{\mathrm{m}}\alpha^2C^2\geqslant\frac{2}{\pi D^2\tau\eta Q}\left(\frac{S}{N}\right)^2_{\min} \tag{10-75}$$

该关系式定量地描述了图像探测特性，表明由关系式左边的客观参量 B_{m}、α、C 所描述的景物细节可以被关系式右边的参量 D、η、τ 所确定的理想光电成像系统探测到。当这一关系式为等式时，即为临界状况，表示理想光电成像系统的极限探测灵敏阈。该公式通常称之为理想条件下光电成像系统的图像探测方程(P.Schagen -夏根方程)。

5. 图像探测灵敏阈

图像探测方程给出了光电成像系统的临界状况，表明光电成像对视见灵敏阈的扩展并不是无限的，其理论极限值由理想条件下的图像探测方程来确定。所能探测的极限值就是光电成像系统对视见灵敏阈扩展的极限。这一极限由被探测景物的三个参数来表示，即式(10-75)中的景物平均亮度 B_{m}、景物的视角 α 和景物的对比度 C。这三个参数是互相关联的，只有确定其中的两个后，才能得到另一个的阈值。

选定光电成像系统的接收孔径 D、量子效率 η 及有效积分时间 τ，代入式(10-75)中，即可得到图 10-25 所示的图像探测特性。

图 10-25 的纵坐标为图像分辨率 R，由其倒数和视距可计算出图像的视角 α。横坐标是景物的平均照度 E，可折算出景物的平均亮度 B_m。图中每根斜线上标明的数字是景物的对比度 C，这族斜线表示了理想光电成像系统的图像探测极限，其极限值由斜线每点坐标的分辨率、平均照度和对比度值确定。斜线的下部区域满足式(10-75)，称为图像可探测域。斜线的上部区域不满足式(10-75)，称为图像的不可探测域。

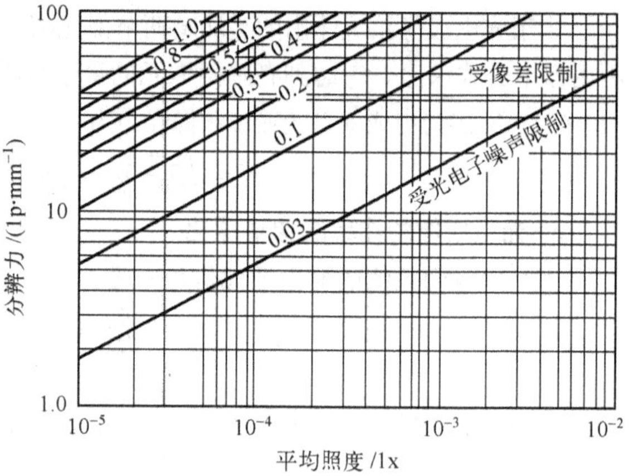

图 10-25　光电成像系统的图像探测特性

由于式(10-75)只考虑了光电成像系统的光电转换量子噪声，忽略了其他噪声和像差，因此，图中的斜线只给出了光电成像系统受光电子噪声限制时的图像探测特性，即光电成像过程的理论极限。

根据应用光学理论，成像系统的像差也限制着图像探测的极限分辨能力。由于像差不会因图像亮度的变化而改变，因此由光学像差所限制的图像探测阈值是一个不随图像亮度而变化的值，其在图 10-25 中是一条平行于横坐标的直线，表明其为由像差所限制的图像探测特性。

由于光电子噪声和像差两个因素对光电成像系统图像探测特性的影响彼此独立互不相关，因此可通过线性叠加求出考虑像差及光电子噪声时的图像探测特性。图 10-25 中由斜线(光电子噪声限制)与平线(像差限制)合成的折线来表示相关的图像探测情况。折线表明，在低的景物平均亮度时，光电成像系统的图像探测特性主要受光电子噪声的限制。而在高的景物平均亮度时，图像探测特性则主要受像差的限制。

图像探测方程确定了扩展的阈值与相关因素的关系，对进一步讨论各类光电成像系统的原理及特性具有重要意义。

10.4.3　图像探测方程的其他表达形式

图像探测方程一直是相关成像理论研究的重要内容之一，关于图像探测方程的研究先后有过许多不同形式的结果，一些学者研究认为，这些结果相互之间具有联系和同一性。下面介绍几种常见的图像探测方程。

（1）罗斯(A.Rose)方程

设受光子噪声限制的理想图像探测系统在一定时间内从边长为 h 的景物细节上接收到的平均光子数为 N，景物的亮度 B 正比于 N/h^2，即

$$B \propto N/h^2 \tag{10-76}$$

取阈值对比度为

$$c_T = \frac{\Delta B}{B} \times 100\% = \frac{\Delta N}{N} \times 100\% \tag{10-77}$$

由于 $\Delta N \propto N^{1/2}$，故 $c_T \propto N^{-1/2}$，于是有

$$B = k\frac{1}{\alpha^2 {c_T}^2} \tag{10-78}$$

式中，k 为比例常数；α 是边长为 h 的景物细节对图像探测系统的张角。因此

$$Bc_T^2\alpha^2 = k = \text{const} \tag{10-79}$$

进一步展开有

$$B{c_T}^2\alpha^2 = \frac{5\times10^{-7}}{D^2\tau\eta}\left(\frac{S}{N}\right)^2 = \text{const} \tag{10-80}$$

式中，α 为分辨角(单位为分)；D 为成像系统物镜孔径；τ 为探测器(或人眼)的积分时间；$(S/N)=\Delta N/N$，

为阈值信噪比。

（2）戴维斯(H.L .DeVrice)方程

其具体形式为
$$B_{\mathrm{m}}\alpha^2C^2=\frac{7.5\times10^{10}}{D^2\tau\eta Q}\left(\frac{S}{N}\right)^2_{\min} \tag{10-81}$$

式中，B_{m}和C同式(10-72)(cd/m^2)，其他参数意义同式(10-73)。

（3）考特曼(J.H.Coltoman)方程

其具体形式为
$$B\alpha^2\frac{c}{2-c}=\frac{4}{Qt\eta D^2\tau}\left(\frac{S}{N}\right)^2 \tag{10-82}$$

式中，α为分辨角(rad)；B为景物目标亮度(FL-英尺朗伯)；$c=(N_1-N_2)/N_1$为对比度，N_1为收集到的亮目标的光子数，N_2为收集到的暗背景的光子数；$(S/N)=(N_1-N_2)/(N_1+N_2)^{1/2}$，为阈值信噪比。其他参数意义同式(10-73)。

（4）帕塞普(E.C.Pathep)方程

其具体形式为
$$\alpha=\frac{2}{cD}\left(\frac{S}{N}\right)\sqrt{\frac{2-c}{Qt\eta B_0\tau}} \tag{10-83}$$

式中，B_0为目标亮度(asb-阿波熙提)；D为以米为单位的光学系统有效孔径；$c=(N_1-N_2)/N_1$为对比度，N_1为景物亮目标产生的光子数，N_2为暗背景产生的光子数；其他参数意义同式(10-73)。

（5）理查德(E.A.Richards)方程

其具体形式为
$$\alpha=\frac{2}{cD}\left(\frac{S}{N}\right)\sqrt{\frac{(2-c)e}{tSB_0\tau}} \tag{10-84}$$

式中，S为光电转换系统的灵敏度(μA/lm)；e为电子的电荷量；其他参数意义同式(10-83)。

以上表达式在推导图像探测方程时采用了不同的方法、定义和量纲，因而具有不同的表达形式，但由于上述方程均基于光量子噪声的起伏理论和光电转换系统的输入信噪比这一共同前提，因此，选择相应的单位并采用不同的对比度和亮度定义进行适当的转换，可以实现各方程之间的转换。

10.5 目标探测与识别理论

光电成像系统是人类获取景物信息的重要工具，特别是在军事用途中，目标的侦察是完成攻击和毁伤目标的重要前提。目标侦察包括搜索、定位以及目标的探测、识别和确认等环节，可归结为电光成像系统显示器上目标所在位置的获得、位置确定及进一步的确认。

目标获得的过程通常从概念上可以分为两个不同的部分，即动态问题(搜索)部分和静态问题(探测、识别与确认)部分。所谓动态问题，是指与时间有关的任务，人们常把搜索归入此类问题，此时目标的存在及位置未知，找出目标并确定所在位置至关重要。静态问题是指目标的位置已经大致知道，完成接下来的任务时间并不重要，通常认为与时间无关，一般假定观察者有足够的时间去完成任务。本节将讨论这两类过程的模型及其基本问题。

目标的获得过程如图10-26所示。

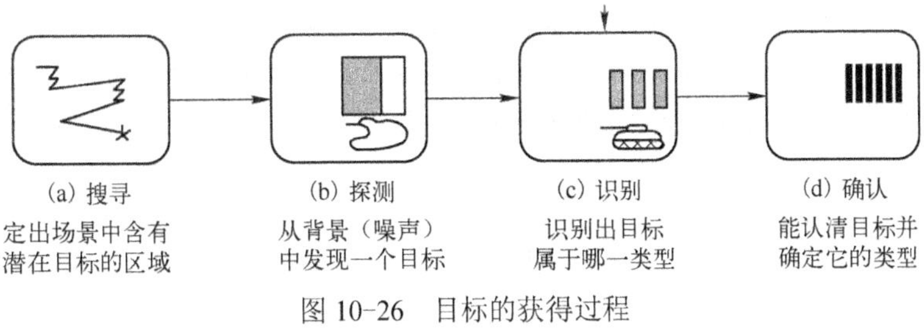

图10-26 目标的获得过程

目标的探测和识别(也可称为目标辨别)是一个复杂的、涉及人眼-大脑图像翻译过程的问题。这是因为作为观察者的人的响应不能直接测量，仅能通过相关的视觉心理实验来推论。观察的最低等级是分辨有无，最高等级是这一特定目标的精确确认与描述，两个极限等级之间是观察等级的连续区域。视觉观察的等级有时很容易确定，有时却很困难。例如，一架飞机在晴朗的天空中飞行很容易被探测到，而一辆车辆在复杂背景的丛林中探测起来就困难得多，且必须在识别车辆之前它已经被探测到了。也就是说，只有在被探测到的情况下才能谈识别的问题。

目标上下、前后的一些线索会为观察提供附加信息。在视场中，一条道路上似乎有一个小点，其合理的概率是一辆车；同样的这个小斑点如果在田野中，就有可能是别的什么东西。一辆车辆可以被识别，甚至被确认出来，是因为它的特征、位置和速度，尽管很可能传感器的分辨率不足以进行经典的形状识别，但根据经验，很大的湖泊里的运动目标很可能是一条船，而不是飞机或车辆。

目标的确认是目标观察的最高等级，处于这一复杂过程中的最后阶段。在目标观察中，首要的任务是搜索视场以找寻目标。搜索可以是随机的或者是系统的，随观察者的训练和本人的经验而变化。其次是发现目标，这一途径包含了景物杂波和搜索，目标可能在视场中的某处，要去发现它，必须将注意力集中在景物某一个特殊的面积上，即如何把淹没在噪声中的目标信号提取出来。这里涉及探测器件的性能量度，对于红外热成像来说，涉及最小可探测温差；对于微光夜视来说，则涉及图像探测灵敏阈。

为了进一步完成后继任务，Johnson 提出了系列的判识准则，即通过目标的尺寸和形状构成的对比差异提供探测、识别和确认的依据。光电成像系统灵敏度、分辨率或两者的组合将会影响观察目标的等级范围。Johnson 判据假定目标在视场的中心而不需要搜索目标，对红外热成像而言，Johnson 判据提供了最小可分辨温差(MRTD)和战场性能的联系。Johnson 判据是在像增强器的基础上发展起来的，但很多研究和应用证明，Johnson 判据也适用于红外热成像系统。Johnson 提出的观察方法是目前进行目标探测与识别研究的基础，其判据给出了目标最小尺寸上的对比周期数。

有关观察判据问题，迄今为止已经发展了很多模型，但它们常限于极少的军事场景，大多数模型仅部分有效，其原因在于实际战场的复杂性与多变性。光电成像技术与系统的发展异常迅速，因此，对模型进行修正和发展十分必要，只有如此才能正确地反映现代光电成像系统的性能。

目前，尚没有一个目标观察模型考虑了光电成像过程的所有因素，很多模型是专门针对少量特殊的景物和专门的成像系统而言的，且模型经常需要做一些简化的假设，故它们仅对部分观察任务和情况有效。

本节介绍光电成像系统，如红外热成像、微光夜视等系统目标观察能力的判定方法，探讨目标探测与识别的基本问题。尽管下面的描述多限于红外和微光成像过程，但所描述的方法具有普遍意义，可以推广应用于大多数光电成像系统(有的需做一些微小的修正)。

10.5.1 目标探测与识别的基本理论模型

1. 基本术语与成像链

图 10-27 给出了目标获取及其基本组件的成像链原理框图。由景物发射和反射的辐射通过大气，向着光电成像系统行进，同时，背景辐射也因散射而进入光电成像系统的同一路径，沿辐射传输路径的湍流引起的差异导致光电成像系统图像的失真。

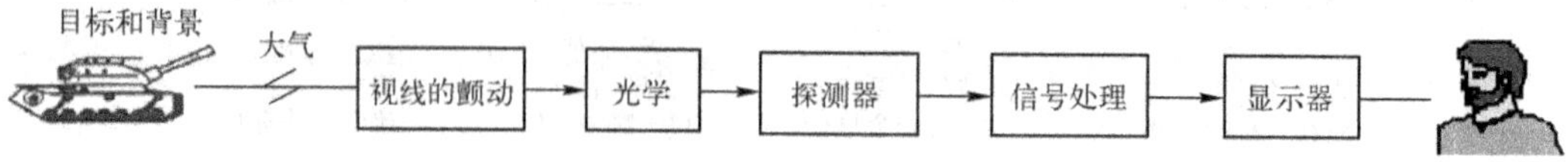

图 10-27　目标获取及其基本部件的成像链原理框图

入射辐射通过光学系统收集并在系统的像面上形成景物的图像，像增强器或探测器阵列将入射辐射转换为图像信号(视频信号)，而后进行处理和显示。对微光夜视系统而言，图像通过像增强器直接显示，或经过真空或固体摄像器件以视频形式显示。对红外热成像系统而言，图像可以不同的途径进行采样：单个探测器或探测器阵列迅速地扫描图像，或者通过焦平面探测器阵列凝视图像。作为观察者的人观察图像时，需对目标的存在、位置和内容做出判别。

用来描述目标观察问题的三个最常用且易于混淆的术语是探测、识别和确认，相关定义可表述如下：

目标捕获：目标捕获(Target Acquisition)是将位置不确定的目标图像定位，并按所期望的水平观察它的整个过程。目标获取包括搜索过程(这一过程的结尾定出目标的位置)和观察过程(这一过程的结尾是目标被捕获)。

搜索：搜索(Search)是利用光电成像系统的显示或肉眼视觉搜索含有潜在目标的景物，以定位捕获目标的过程。

位置确定：位置确定(Localize)或定位是通过搜索过程确定目标的位置。

观察：观察(Discrimination)是指在观察者可察觉的体(目标)细节量的基础上确定看得清的程度。观察的等级可分为探测、识别、确认。

探测：探测(Detection)可分为探测(Pure Detection)和观察探测(Discrimination Detection)两种。前者是在局部均匀的背景下察觉一个物体，如感觉到在晴朗天空中有一架直升机或非杂乱背景中有一辆坦克。而在完成观察探测时，则需要认出某些外形或形状，以便将军事目标从背景中的杂乱物体里区别出来。

识别：识别(Recognition)是指能识别出目标属于哪一类别(如坦克、车辆、人)。

确认：确认(Identification)是指能认出目标并能足够清晰地确定其具体类型(如 T72 坦克、吉普车)。

2. 静态预测

20 世纪 50 年代后期，人们利用像增强器首先进行了实验室和现场的实验，这些实验是静态性能模型的经验基础。后来实验又扩展到包括前视红外(FLIR)系统。此处主要介绍基本预测方法和一些实例。

(1) 目标的探测

目标捕获的基本机制是探测，即在局部均匀背景情况下察觉一个物体。这里假定目标的大概位置是已知的，即不需要进行目标的搜索。

所有用于光电传感器性能预测的方法基本相同，本节的例子针对前视红外(FLIR)的情况。实际上，在一个特定的目标距离上，探测概率的计算过程可分为以下四步进行(图 10-28)。

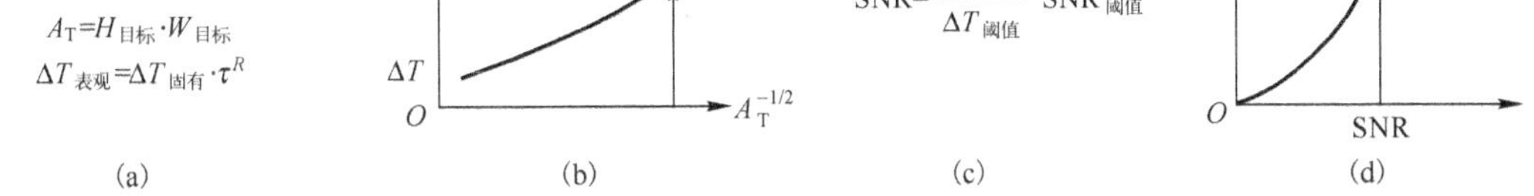

图 10-28　探测的计算过程

① 确定目标的固有温差 ΔT ：计算目标面积 A_T 和在距离 R 处目标投影的张角，利用大气透射率计算在 R 处的目标的表观温差 $\Delta T_{表观}$。

② 计算或测量系统所要求的函数：最小可探测温差(MDTD)，利用在距离 R 处目标投影的张角和 MDTD，确定探测目标所需的阈值 ΔT。

③ 计算观察者需要的目标信噪比

$$\mathrm{SNR}=\frac{\Delta T_{表观}}{\Delta T_{阈值}}\mathrm{SNR}_{阈值} \tag{10-85}$$

此处的 $\mathrm{SNR}_{阈值}$乃是针对探测的阈值 SNR，一般取 2.25。

④ 利用基于 Rosell 和 Willson 的实验室测试结果建立的 SNR 与 P_D经验关系式曲线（见图 10-29）确定 P_D（见图 10-28（d））。

现以一个真实的 FLIR 系统为例进行探测的预测。若已给出一个红外目标捕获系统的参数以及举例系统的光谱 D^*（探测率），系统的电子学响应和归一化的噪声功率频谱、光学系统、探测器、显示器的 MTF（调制传递函数）以及系统总 MTF，则可计算相关模型的 MDTD。探测的对象是两种大气条件下的一辆正面 M60 坦克。

步骤 1：计算表观 ΔT

① 计算 FLIR 参考框架内目标所对应的立体角。M60 坦克目标的正面尺寸为 3.6m（宽）×3.2m（高），总面积为 10.52m^2，在距离 6km 处，投影对应的张角为 0.32×10^{-6}sr。

② 计算两种大气条件下的光谱透过率。"好"大气条件对应的大气能见距离为 23km，相对湿度为 50%，空气温度为 15℃。"坏"大气条件对应的大气能见距离为 5km，相对湿度为 75%，空气温度为 27℃。对应的光谱透过情况如图 10-30 所示。

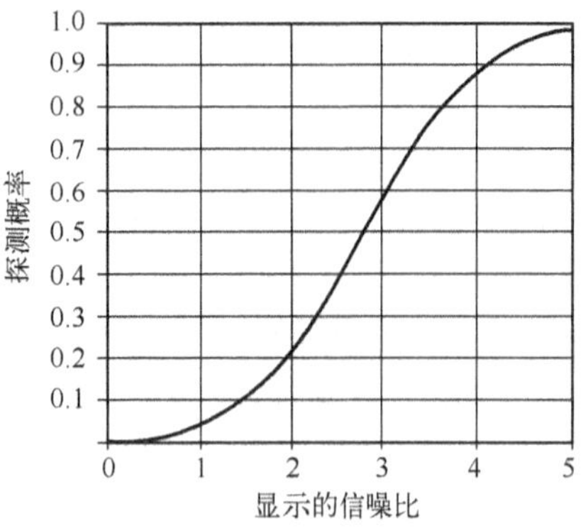

图 10-29　探测方法学中的 SNR-P_D关系曲线

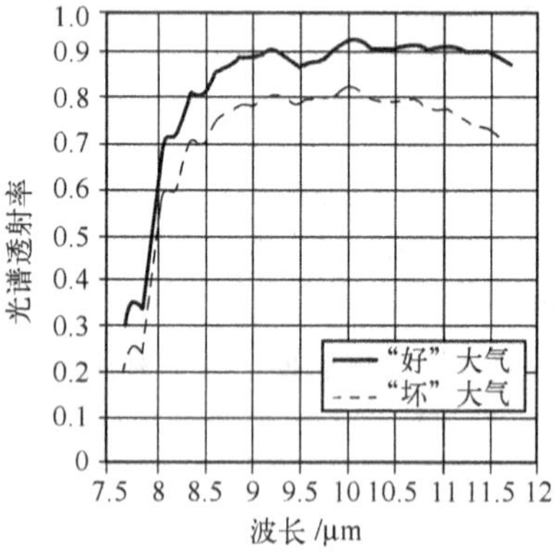

图 10-30　两种大气状况下的光谱透射率

③ 计算表观 ΔT：对于 M60 坦克目标，取其固有 ΔT=1.25℃。由于大气的消光效应，目标的表观 ΔT 将是距离的函数。利用 LOWTRAN7 对红外热成像系统光谱频带积分，确定并作出总透射率与距离的关系曲线如图 10-31 所示，用以确定特定距离处的表观ΔT。

如图 10-31 所示，在距离 6km 处，可得

"好"的大气条件：大气透射率为 51%，表观 ΔT=0.64℃；

"坏"的大气条件：大气透射率为 7.5%，表观 ΔT=0.093℃。

步骤 2：计算系统的 MDTD

首先计算噪声等效温差（NETD）。NETD 是最小可探测温差（MDTD）的相关参数之一。利用相关数据（此处没有提供）及式（9-31），可算得 NETD 为 0.17℃，与实验室测量的 NETD 结果吻合。所得 MDTD 作为目标尺寸倒数（mrad^{-1}）的函数示于图 10-32。

步骤 3：计算目标信噪比（SNR）

计算阈值 ΔT。在知道了目标张角和计算出系统 MDTD 后，便可由图 10-32 读得探测目标所需的阈值温差。在 6km 处，目标尺寸（取面积的平方根）对应的张角为 0.57mrad，则相应目标尺寸的倒数为 1.77mrad^{-1}，由 MDTD 曲线确定目标的阈值温差为 0.058℃。进而，在确定了特定距离上的表观 ΔT 后，可由方程（10-85）计算目标信噪比（SNR）。

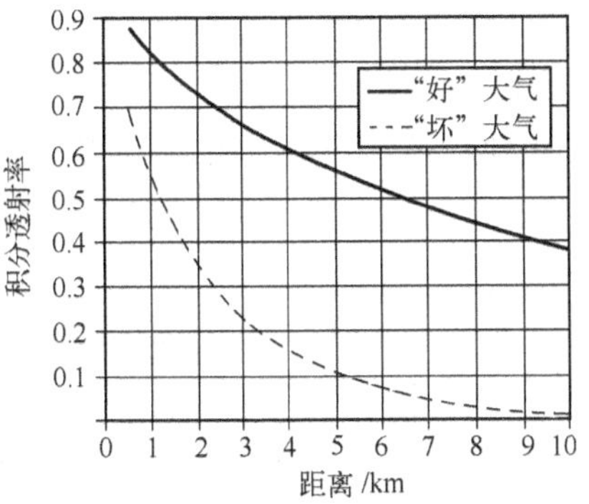

图 10-31 积分透射率与距离的关系曲线

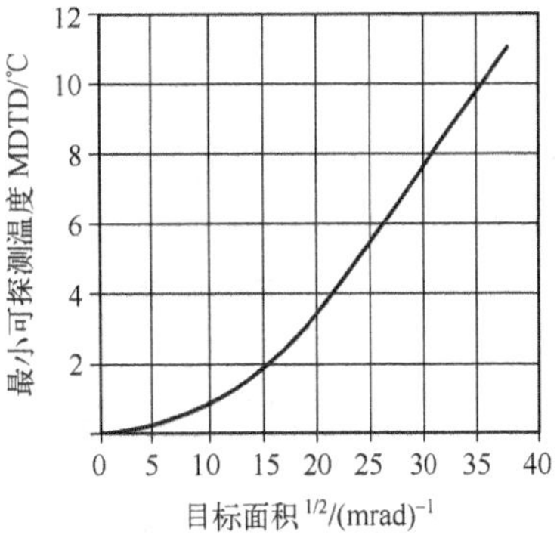

图 10-32 系统的 MDTD

步骤 4：计算探测概率

由图 10-29 的 SNR-P_D 曲线求探测概率。基于“坏”大气数据可利用式(10-85)算得距离 6km 处目标的 SNR 为 3.6，由图 10-29 可求得探测所对应的概率为 77%。多次重复这一过程，最后可得探测概率与距离的关系曲线，如图 10-33 所示。单纯探测的预测方法尚缺少较多野外实验的证实。

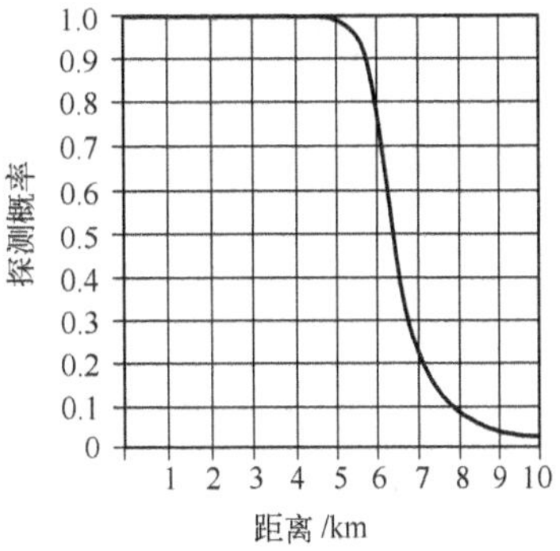

图 10-33 “坏”天气条件下的探测概率

（2）目标的识别

目标识别预测方法如图 10-34 所示，具体步骤为(以红外热成像系统为例)：

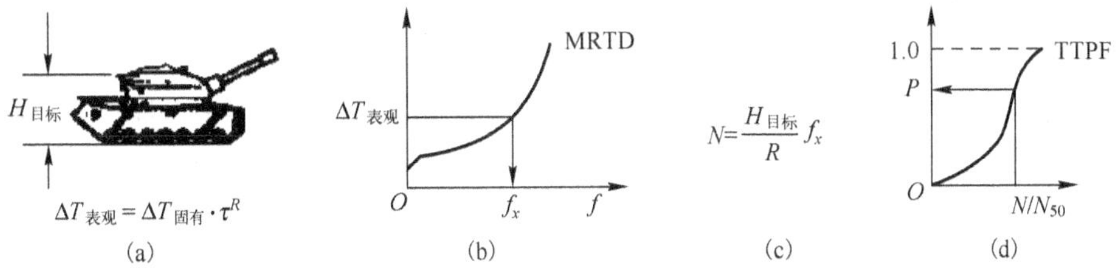

图 10-34 识别性能的预测示意图

① 确定目标的临界尺寸、距离和固有 ΔT 。基于大气衰减与距离的关系，计算离目标一定距离处的目标表观 ΔT 。

② 计算或测量系统的最小可分辨温差(MRTD)。由表观 ΔT 和 MRTD 关系确定该表观 ΔT 下传感器的最大可分辨率 f_x(用周数表示)。

③ 利用目标的临界尺寸的张角 $H_{目标}/R$，以及

$$N = \frac{H_{目标}}{R} f_x \tag{10-86}$$

计算在目标上最大可分辨的周期数。

④ 由 TTPF 曲线确定完成此任务的概率。

重复上述过程容易求得对应距离的识别概率。

例 利用同样的 3.6m×3.2m 的 M60 坦克正面目标，固有 ΔT =1.25℃，以及与前例相同的“好”大气和“坏”大气，分析 3km 距离处的识别性能(N_{50}=4 周)。

对于“好”大气来说，距离 3km 处的透射率为 65%，由此可求得表观 ΔT =0.81℃。通过对举例的系统的 MRTD 计算，可得 MRTD 结果如图 10-35 所示。

在图 10-35 所示的 MRTD 曲线上，0.81℃的表观 ΔT 对应的最大可分辨率约为 5.05 周，同时，

利用上面的关系式可求得 M60 目标临界尺寸($H_{临界}$=3.4m)上可分辨的周期数为 5.4。应用图 10-34 的 TTPF 曲线，可以得到大约为 75%的识别概率(N_{50}=4 周)。

对“坏”大气采用同样的过程，可求得 3km 处的识别概率为 53%。图 10-36 给出了两种大气条件下识别概率与距离的关系曲线。

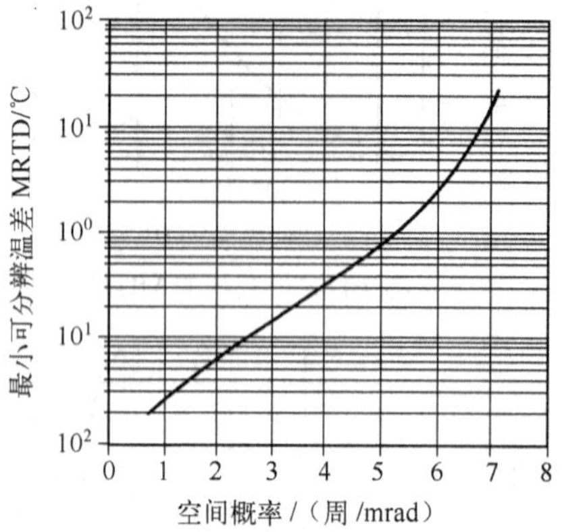

图 10-35　MRTD 曲线

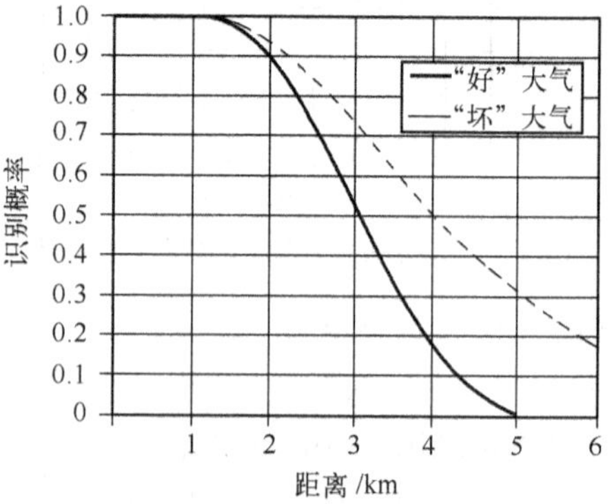

图 10-36　距离与识别概率的关系曲线

10.5.2　约翰逊准则及其应用

1. 约翰逊准则

Johnson 关于探测、识别和确认的方法已成为目标观察研究的基础，该方法可以延伸到包括目标分类和杂波影响分析。

Johnson 把视觉观察分为四大类，即探测、定向、识别和确认，所用方法为大家已熟知的等效条带图案法。Johnson 在实验室中的研究方法为：观察者在柔和背景下通过像增强器观察作为目标的八种军车比例模型和一个士兵比例模型，并被问及是否探测到，由此决定目标探测、定向、识别和确认所需要的图案条带数。因条带与比例模型尺寸一样，且具有相同的对比度，因而可确定不同观察等级所需最大可分辨条带图案的频率。通过这一方法，可以实现光电成像系统探测能力与阈值条带图案分辨率的关联。Johnson 的研究结果作为一种准则已广为人们所接受并采用。

实验过程中，Johnson 不断地增加最小物体尺寸上的条带数，直到这些条带恰好被单个地分辨出来。形成的观察等级和光电成像系统阈值条纹图案分辨率的关联值如表 10-10 所示。为保证观察结论的可靠性，表 10-10 中的数据是 Johnson 利用条带周期数覆盖目标最小尺寸(见图 10-37)获得的，且没有考虑最小尺寸的定向(可以是水平、垂直或有一个角度等)问题。

表 10-10　Johnson 判据

观察等级	含　义	最小尺寸上的周数
探测	存在一个目标，从目标背景中识别出来	1.0±0.025
定向	目标近似对称或不对称，其定向可以认得出来（测面或正面）	1.4±0.35
识别	识别出目标属于哪一类别（如坦克、车辆、人）	4.0±0.80
确认	认出目标并能足够清晰地确定其类型（如 T72 坦克、吉普车）	6.4±1.50

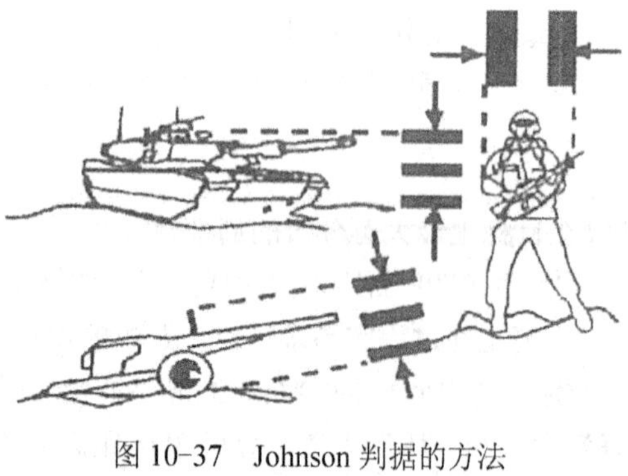

图 10-37　Johnson 判据的方法

对识别等级来说，其最小尺寸应该取决于目标是在正面被观察到还是在侧面被观察到，这是因为对识别来说，所察觉到的细节随着方向的不同而变化。例如，坦克上的枪炮从侧面看很清楚，但从正面分辨就比较困难。通常的看法是：4 周有点悲观；3 周有点乐观；3.5 周是一个适中的选择。工程上的识别一般采用 4 周(在 50%的概率等级上)。对确认来说，Johnson 采用了 6.4 周，但对红外热成像系统而言，美国夜视实验室研究后认为采用 8 周更为适宜。

表 10-11 给出当前一维目标观察的工程标准，对应的周期构成如图 10-38 所示。由于定向是一种较少采用的观察等级，故在工程标准中不再列入。

表 10-11 工程上采用的 Johnson 判据

观察等级	含 义	最小尺寸上的周数
探测	存在一个目标，从目标背景中识别出来	1.0
识别	识别出目标属于哪一类别	4.0
确认	认出目标，并能足够清晰地确定其类型	8.0

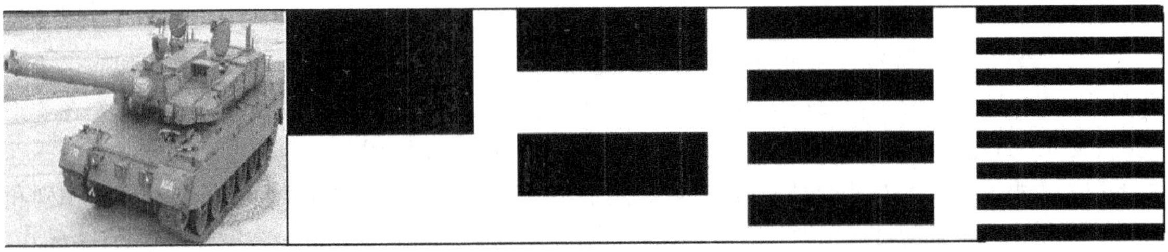

图 10-38 Johnson 判据的工业标准

实际上，识别任务的变化范围很宽，在 50%的概率下，其 N_{50} 值(表示 50%的辨识概率)会在 3～4 周的范围内变化。因此，表中的 N_{50} 值应仅仅视为代表值。在研究人员希望预测光电成像系统完成某一专门任务的性能时，应该针对任务的困难性作出判断并相应地变化 N_{50} 值。

还应指出，这里所用的最小尺寸是指目标区别于这一类所有其他目标的尺寸。如装在船上的雷达圆盘是区别该类船只的唯一特征，则此圆盘便变成了最小尺寸，因而，圆盘的探测便成了船只确认的判据。

如前所述，目标周围景物的联系能提供较目标本身更多的有关目标的信息，且这种联系往往使预测的距离性能与实际的距离性能之间产生很大的差异，而这样的联系并不能包含在目前的任何模型中，Johnson 判据也不例外。

2. 目标传递概率函数

Johnson 的阈值实验结果给出的是观察等级的 50%概率的近似值，多次现场试验的结果给出了观察的累积概率(或称目标传递概率函数(TTPF，Target Transfer Probability Function))，如表 10-12 所示。该 TTPF 可用于所有的目标观察任务，只需在完成此任务的 50%的概率上乘以 TTPF 因子即可。

按照惯例，每一个 50%的观察概率标为 N_{50}，对探测、识别和确认而言，相应的周期数分别为 1,4,8。但由表 10-12 可知，要求 95%的识别概率时，对应的周期数应该是 $2N_{50}=2(4)=8$ 周/目标最小尺寸。

表 10-12 目标传递概率函数

观察概率	1.0	0.95	0.8	0.5	0.30	0.1	0.02	0
TTPF 因子	3.0	2.0	1.5	1.0	0.75	0.5	0.25	0

上述数据的经验公式为

$$P(N)=\frac{(N/N_{50})^E}{1+(N/N_{50})^E} \qquad (10\text{-}87)$$

式中

$$E=2.7+0.7[N/N_{50}] \qquad (10\text{-}88)$$

N_{50} 为 Johnson 准则 50%概率的条带周期数；N 为概率 P 条件下的条带周期数。

由式(10-87)及上述数据点可绘制出 TTPF 曲线，图 10-39 给出了 Johnson 确定的三个观察等级的 TTPF 曲线。实际上，由于人的差异，对同一目标，

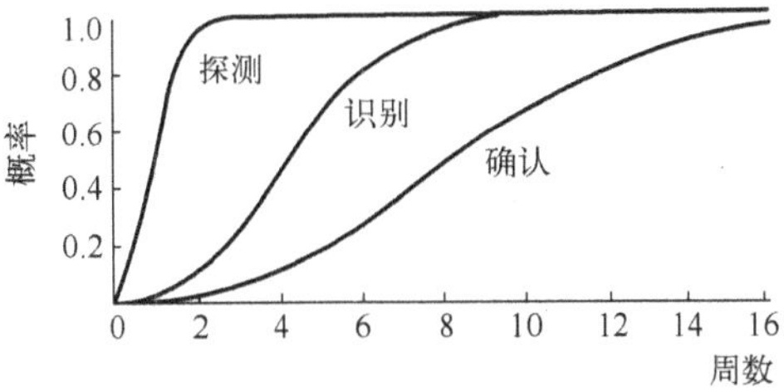

图 10-39 探测、识别、确认的目标传递概率函数曲线

某些人能探测到它，另外一些人则可能识别它，仅有一小部分人可以确认它，这样的差异在战场试验时会导致更大的差异。如若以最小尺寸上有 4 周而言，则每个人都能探测到此目标，但其中 50%的人能识别它，其中 11%的人甚至能够确认此目标。

3. 二维观察

在目标观察中，目标面积较之最小尺寸也许更为重要，但采用目标面积方案导致需要考虑大的目标纵横比。

Johnson 在其工作中应用了最小尺寸，在考虑面积时的方案是采用临界尺寸，它等于目标面积的平方根，即

$$h_{临界} = \sqrt{W_{目标} \cdot H_{目标}} \tag{10-89}$$

上述做法实际上是对目标面积进行了一维处理，在二维前视红外(FLIR-92)模型中便应用了临界尺寸方案，对此情况，需要找出新的判据以考虑模型的二维特性。FLIR-92 模型的做法是在一维判据(表 10-11)上乘以 0.75，这样一维和二维模型可判定同样的距离。美国夜视实验室关于静态性能的早期模型采用的是最小尺寸，FLIR 模型用的则是临界尺寸。二维观察可用于自动目标识别和机器视觉系统，但自动目标识别较之 Johnson 判据需要更高的分辨率，因为人工处理器在计算能力以外远逊于人脑。

对于大纵横比的目标，有些研究者宁肯选择目标的可分辨像元数。所谓可分辨像元是指一个光电成像系统能分辨的最小单元(可以理解为像素)。简单地说，就是目标可分辨的水平像元数乘以垂直像元数。对具有开放结构的目标，如舰船和飞机，这一数目即为最大水平可分辨像元数乘以最大垂直可分辨像元数。尽管这是一个开放性结构，即不包含目标的面积，但事实上这一乘积就是目标面积上的可分辨像元数。因特定的目标，如舰船等都需规定目标观察中可分辨像元数的数据，所以观察判识更为复杂，也是目前人们研究的热点，此处不再细述。

在需要预测光电成像系统完成一项专门任务的性能时，应该首先对此任务的难度做一判断并相应地改变 N_{50} 值。如果观察人员经过训练，在选择观察判据上具有良好的判断能力，则距离的预测是有效的。N_{50} 值的选择是以模拟实验测量结果或先前的经验为基础的，可提供系统与系统之间的比较。此外，需要指出，基于特定 N_{50} 预测的距离性能应理解为是代表值而不是绝对值，特别是在将此方法向大纵横比的目标延伸时，需要予以适当修正。

10.5.3 约翰逊准则的改进

上述观察模型主要依据系统最小可分辨温差 MRTD 和 Johnson 准则，通过目标等效条带图案预测光电成像系统针对不同观察任务(探测/识别/确认)的性能。然而，随着红外焦平面探测器技术的发展，MRTD-Johnson 模型的局限性便显露了出来：

(1) 难以对离散空间采样进行有效描述(图 10-40 所示为离散采样对获得图像质量的影响，其中欠采样的混频效应导致图像模糊，降低了人眼对目标信息的获取)， 而这正是高性能红外热成像系统等所依赖的有效技术；

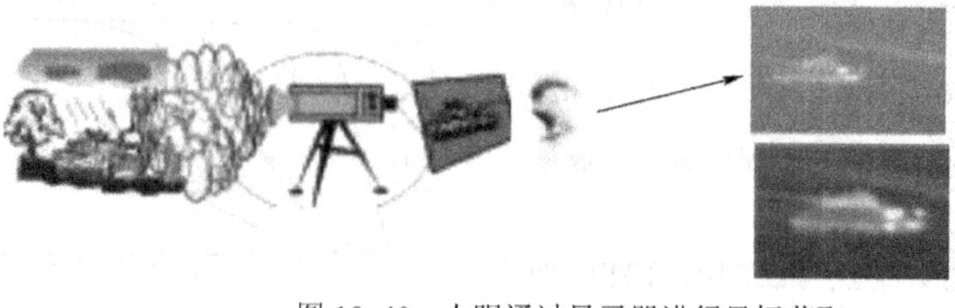

图 10-40　人眼通过显示器进行目标获取

(2) Johnson 准则只利用了光电成像系统可分辨的最高空间频率作为分辨能力的评价尺度，并

以此作为作用距离估计的标准，未考虑系统最高空间频率以内传递特性对图像细节以及系统作用距离的影响；

（3）Johnson 准则认为背景是均匀的，没有考虑目标背景复杂度对目标探测/识别的影响，这与实际的使用情况存在很大的差异。例如，若车辆目标分别处于图 10-41 所示的场景中，显然在图 10-41(b)的复杂场景中将比在图 10-41(a)的简单场景中更难以获取目标信息。

上述问题使 MRTD-Johnson 模型预测系统性能的结果难以反映实际系统性能。

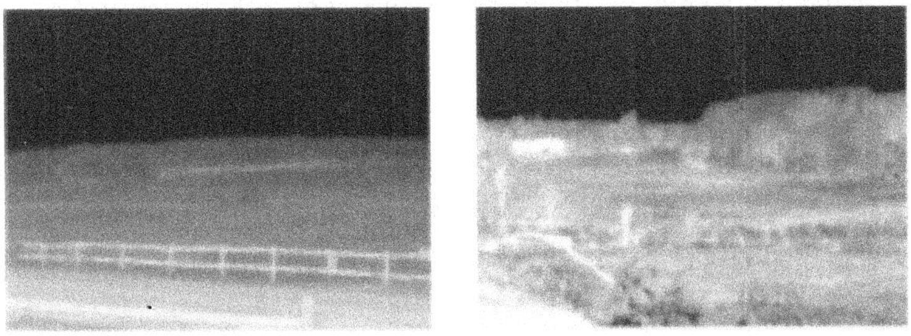

(a) 简单自然背景　　(b) 复杂自然背景

图 10-41　自然背景的复杂程度对目标获取的影响

1. TOD 模型

1998 年，荷兰人类因素研究所的 Human Factors 提出一种表征红外热成像系统性能的三角方向辨别阈值法，简称 TOD 法，即三角形取向辨别法。该方法利用不同尺寸、不同温差、随机取向的等边三角形替代 4 条带靶作为测试图样，如图 10-42 所示。

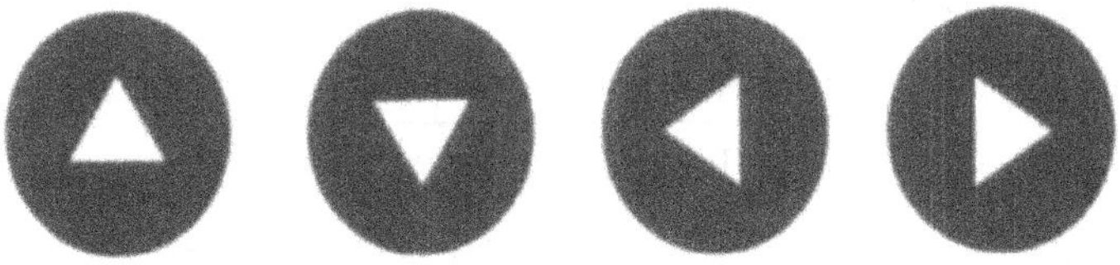

图 10-42　TOD 中 4 个不同方向(上、下、左、右)的三角形图案

在 TOD 测试中，多次将确定尺寸、确定对比度和方向随机的等边三角形样条标准靶(图 10-42)显示给红外热成像系统，每次由观察者判断输出三角形图案的方向，统计正确判断的次数，得到正确判断概率。然后，在三角形尺寸不变的情况下调整对比度大小，重复以上过程，得到一定尺寸下不同对比度所对应的正确判断概率，然后利用标准心理函数——Weibull 函数对测量结果进行拟合，得到不同对比度对应判断概率的拟合曲线(图 10-43)，利用此曲线可求得 75%判断概率所对应的对比度，即得到某一特定尺寸的三角形样条，在 75%的正确判断概率下所对应的对比度值(图 10-44)。

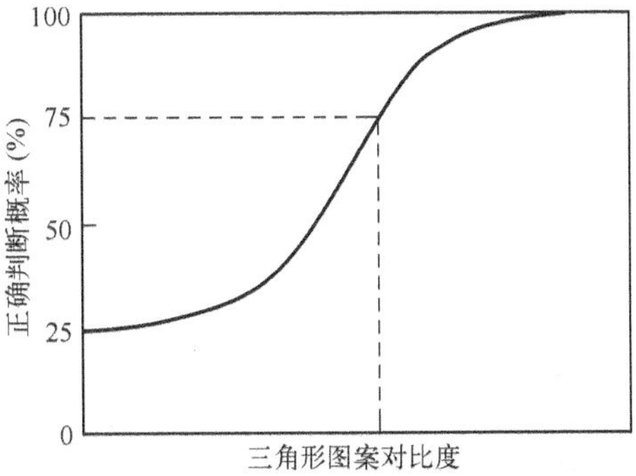

图 10-43　Weibull 函数拟合正确判断概率点得到的曲线

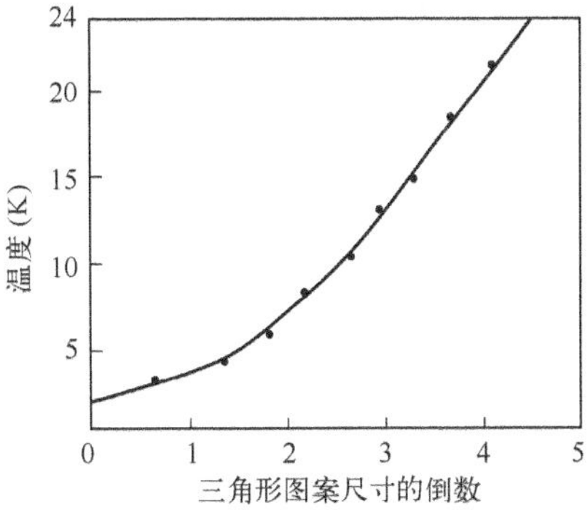

图 10-44　75%正确判断概率对应的 TOD 曲线

TOD 准则类似于 Johnson 准则。在考虑大气衰减的前提下，利用 TOD 曲线和 TOD 准则，将场景的目标特征和系统固有的性能参量以三角形可分辨阈值温差联系起来，便可以预测不同分辨等级条件下对应的系统作用距离和探测概率。

TOD 法能够在一定程度上消除频域上的重叠混淆现象。该方法之所以还不能够完全为人们所认同的原因在于：经过不断的理论修正，经典的 MRTD 测试基于的 Johnson 准则可以最大限度地满足测试对精度的要求，TOD 法则缺少与现场性能等量的理论支持；TOD 法仍然没有考虑相位与噪声之间的相互作用和影响。因而，该方法的严谨性和有效性尚需进一步验证。

2. NVTherm 性能模型

针对 Johnson 准则适用局限性，美国近年来提出了 NVTherm IP 目标获取模型。其核心内容是采用 TTP 标准代替 Johnson 准则，利用系统对比度阈值函数 CTF_{sys} 替代 MRTD 函数。TTP 模型中，将采样混频看作是噪声，建立了 AAN(Aliasing As Noise)模型，AAN 模型在评价混频模糊对目标获取性能影响时使用了系统的全部频率响应，能够很好地描述固定目标随距离增加由正常采样到欠采样的过程。

NVTherm 性能模型在 FLIR90/FLIR92 的基础上，采用 MTF 压缩技术评价离散欠采样效应所带来的性能退化。

MTF 压缩技术认为，欠采样造成的识别性能降低增加了空域系统的模糊效果，等效在频率域中反映在 MTF 的压缩或挤压，于是可以通过对 MTF 加上一个压缩因子来反映采样的影响，该因子的大小取决于虚假信号、失真和混叠的程度。如果已认为原始信号(Baseband signal)响应不依赖于采样空间，虚假信号(Spurious response)由采样后的基带信号的周期延拓信号产生，则可定义虚假信号与基带信号的积分比值来反映虚假信号响应的大小，即

$$SR = \frac{\int_{-\infty}^{\infty}(\text{Spurious response})df}{\int_{-\infty}^{\infty}(\text{Baseband signal})df} \tag{10-90}$$

在进行场景目标探测、识别和确认的观察任务中，把采样的光电成像系统对目标识别和确认性能作为虚假响应的函数，定义 MTF 的压缩因子为

在识别任务中 $\quad MTF_{squeeze} = 1.0 - 0.32SR_{totle} \qquad (10-91)$

在确认任务中 $\quad MTF_{squeeze} = 1 - 2SR_{out-of-band} \qquad (10-92)$

则压缩 MTF 的表达式为

$$MTF_{sys2} = MTFsqueeze \cdot MTF_{sys1} \tag{10-93}$$

图 10-45 为识别过程初始 MTF 和运用压缩因子后的 MTF 的比较。

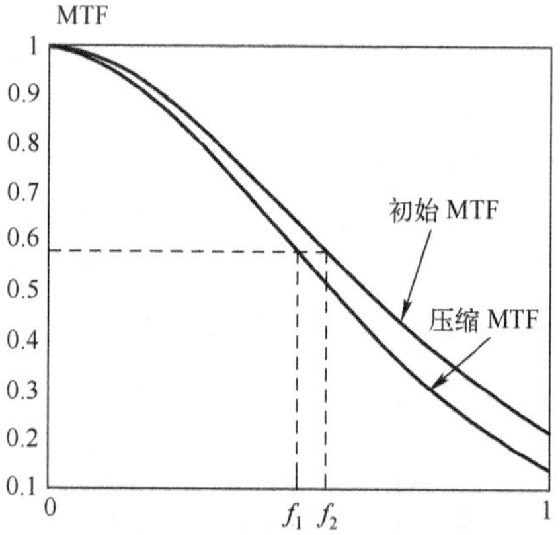

图 10-45 识别中压缩 MTF

将压缩 MTF 代到性能评价模型中，即可在系统的空间特性中体现采样的光电成像系统性能的影响。

NVTherm 性能模型能够预测高于 Nyquist 频率的 MRTD，较 FLIR92 性能模型提供更好的 MRTD 值，更精确地预测目标的识别距离。

在 NVThermIP 模型中，为了确定在给定作用距离下正确完成任务的概率，首先需要计算目标的可分辨周期数 $N_{resolved}$

$$N_{resolved} = A_{TGT}^{1/2} TTP / R \tag{10-94}$$

式中，A_{TGT} 为目标的垂直和水平尺寸的几何平均值；基于任务传递概率函数 TTPF 得到的任务性能概率 P 与 $N_{resolved}$ 和 V_{50} 的比值有关

$$P = \mathrm{TTPF}(N_{\mathrm{resolved}} / V_{50}) \tag{10-95}$$

其中，V_{50} 指在 50%概率下完成任务所需要的目标周期数。可以看出：如果将式(10-94)中的 TTP 替换成红外热成像系统的截止频率(Nyquist 频率)，则 V_{50} 便等效于 Johnson 准则下的 N_{50}。

虽然直观上 TTP 模型对 Johnson 准则的改进只表现在对大于人眼阈值对比度的图像频谱进行积分，但其更深刻的寓意在于可对噪声功率谱的影响进行分析，同时也能对影响 Nyquist 频率内频谱混淆程度的探测器填充率、采样率以及影响 Nyquist 频率外频谱恢复程度的各种数字插值处理进行有效预测。图 10-46 为利用 TTP 模型预测红外热成像系统性能的过程示意图。

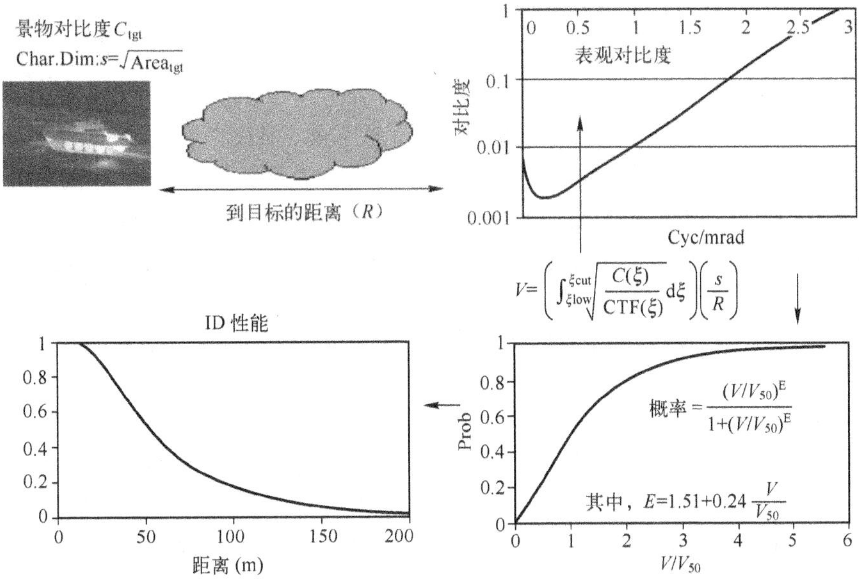

图 10-46　利用 TTP 模型预测红外热成像系统性能的过程示意图

3. TRM3 模型

德国 Wolfgang Wittenstein 提出的 TRM3 模型又被称为最小温差接收(MTDP)模型。该模型考虑了目标和探测器之间的相位对测试结果的影响，在测试过程中将 4 条带靶图案始终调校到最佳相位上。与 MRTD 不同的是，当事先确定探测器为欠采样系统后，在半采样周期附近，最佳相位定义为能清晰分辨 2 条、3 条或 4 条条带时的相位。在进行结果处理时，用 MTF 除以 MRTD 得到一个比例数，称为最佳相位处的平均调制(AMOP)。AMOP 是 4 条带靶在最佳相位处成像的平均信号差异。由于存在采样效应，AMOP 会在 MTF 和 4 条带靶调制之间振荡，当频率超过半采样频率的 1.6 倍后，AMOP 迅速降为 0。MTDP 的表达式为

$$\mathrm{MTDP}(f) = \frac{\frac{\pi}{2}\mathrm{SNR_{th}}\psi(f)}{\mathrm{AMOP}(f)} \tag{10-96}$$

式中，$\mathrm{SNR_{th}}$ 为信噪比阈值；Ψ 为整个系统的噪声。该方法通过 AMOP 来评价离散采样过程对光电成像系统性能的影响。

MTDP/TRM3 模型如式(10-96)所示，模型中采用 AMOP(Average Modulation at Optimum Phase)品质因素代替系统 MTF，解决采样过程对欠采样光电成像系统性能的影响。AMOP 品质因数没有明确的解析表达式，对于每一个确定的成像系统，AMOP 品质因数通过标准的 4 条带测试图案实验获得，表达采样和信号读出(包含人眼 MTF)对成像的 MRTD 测试图案在最佳相位的平均调制。如图 10-47 所示，每一个频率上的 AMOP 品质因数值都比系统的 MTF 要大。在 FLIR92 模型中，系统性能受限于 Nyquist 频率，而在 TRM3 模型中，评价系统性能的极限频率是 Nyquist 频率的 1.8 倍。

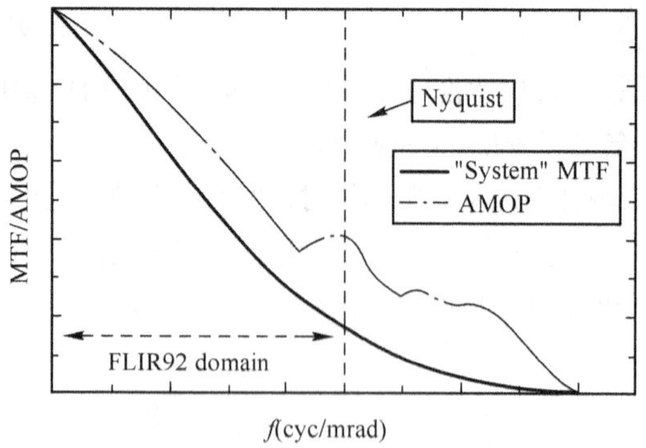

图 10-47　AMOP 与 MTF 的比较

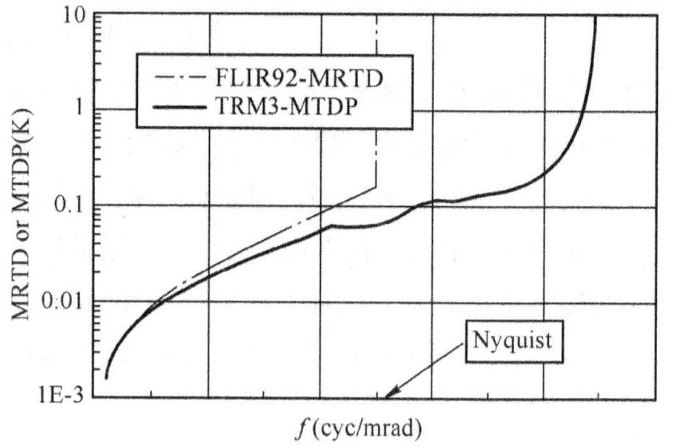

图 10-48　MRTD 与 MTDP 的比较

MTDP 对欠采样系统提供了有力的分析和实验评估支撑。MTDP 是 MRTD 概念的扩展，观测实验都基于标准 4 条带测试图案。MTDP 与 MRTD 相比，不同之处是：（1）不要求对所有的 4 条带靶标都能分辨；（2）必须选择测试图案的位置处于最优相位；（3）在 MTDP 计算中使用 AMOP；（4）设备的性能评估不局限在 1/2 采样频率内。图 10-48 是 MTDP 与 MRTD 的比较。

10.6　微光成像系统作用距离预测模型与方法

作用距离是光电成像系统的重要综合指标，系统性能的好坏最终都将体现在观察距离或细节上。在系统总体方案论证、系统设计与分析中，作用距离往往是确定技术指标的基础。科学合理地预测夜视系统的作用距离，对于保证系统的设计质量、缩短研制周期和提升应用效果具有重要的作用。

微光夜视系统的作用距离预测采用目标等效条带图案和 Johnson 准则。

10.6.1　微光成像系统作用距离模型

设被观察目标的临界尺寸（最小高度或宽度）为 H，目标到系统距离为 l，根据 Johnson 准则，目标的探测、识别和确认所需的条带周期数 n 分别为 1、4、8 lp/目标临界尺寸（50%概率），则目标的分辨角为

$$\alpha = H/(n\cdot l) \tag{10-97}$$

微光夜视系统所能达到的最小分辨角 α_{m} 由物镜焦距 f_0' 和像增强器光阴极面上的分辨率 m 决定，目标能够被分辨的条件为

$$\alpha = \frac{H}{nl} \geqslant \frac{1}{mf_0'} = \alpha_{\mathrm{m}} \tag{10-98}$$

满足式（10-97）的最大距离 l_{m} 就是系统在 50%概率条件下对目标的观察（探测、识别和确认）距离。

光电成像系统的极限分辨率 m 是受高光照情况下的光学极限分辨率和低光照情况下的光子噪声限制的极限分辨率，将式（8-13）代入式（10-98），并取等号，得到光电成像系统的作用距离

$$l_{\mathrm{m}} = \frac{H}{n}\left[\left(\frac{2(S/N)}{DC}\right)^2 \frac{(2-C)\cdot e}{\pi L_0 \tau_0 ts}\left[1+\frac{8E_{\mathrm{b}}}{\pi L_0 \tau 0 R_{\mathrm{A}}^2 (2-C)}\right] + \left(\frac{1}{m_0 f_0'}\right)^2\right]^{-1/2} \tag{10-99}$$

（1）大气传输的影响

由于式（10-99）中的 L_0 和 C 在原推导中未考虑大气的影响，所以式（10-99）未直接显现大气传输的影响。在作用距离预测中，应将其分别理解为表观值，计入大气传输的影响，即

$$L_0 = \frac{1}{\pi}E_{\mathrm{c}} = \frac{1}{4\pi}\rho E_0 \tau_{\mathrm{a}}\left(\frac{D}{f_0'}\right)C^2 \Big/ \left[1+\frac{1}{4}\left(\frac{D}{f_0'}\right)^2\right] \tag{10-100}$$

$$C = C_0 \cdot \frac{1}{1+K(1-\tau_a)/\tau_a} \tag{10-101}$$

式中，τ_a 为大气透射比，微光情况一般可用 $\tau_a = \exp\left(-\frac{3.912}{R_V} l_m\right)$ 计算；R_V 为大气能见距离；E_c 和 E_0 分别为光阴极面处的照度和环境照度；ρ 为目标反射比；K 为地平天空亮度与背景照度之比。

（2）关于概率

式(10-99)通过条带周期数的修改可适合于其他概率下的作用距离预测。概率与条带周期数的关系可利用式(10-87)计算。

10.6.2 微光成像系统作用距离的预测

1. 视距预测列线图

式(10-99)是一种理想模型，与实际像增强器的分辨率有一定的差距。如果能获得像增强器在多种景物对比度和光阴极照度下的分辨率特性，可采用视距预测列线图进行视距预测。列线图是根据相关数学关系计算好的结果的图形表示，使用时可以根据数据间的相互关系通过连线方式获得需要计算的结果。

某微光夜视系统的视距列线图如图 10-49 所示。设环境在目标上的照度为 2×10^{-2} lx，目标反射比为 10%。从景物照度 2×10^{-2} lx 出发，过目标反射比 10%点作一直线，与景物出射度线交于 2×10^{-3} lm/m^2 处。若物镜的透射比为 90%，F 数为 1.5，则再通过该点引直线与光阴极照度坐标尺相交于 2×10^{-4} lx 点上。取自然景物对比度值为 30%，由 2×10^{-4} lx 点引一垂线与对比度 30%的像增强器光阴极分辨率曲线相交，得到相应的极限分辨率为 24lp/mm。设任务的观察目标为车辆，高 2m，从分辨率 24 lp/mm 点过实际目标尺寸 2m 点引直线与参考线 B 相交。若物镜焦距为 50mm，由直线与 B 参考线交点处再做一直线过透镜焦距 50mm 点与参考线 A 相交。若观察任务要求识别目标，则由直线与参考线 A 的交点引直线过目标尺寸 N=4 的点与实际目标距离线相交，该交点的数值 600m 就是系统的识别视距。图 10-49 的列线图未考虑大气影响，若考虑大气衰减，特别是在气候恶劣情况下的影响，上述计算误差很大，所以，上述微光成像系统的视距计算只是对作用距离的一种预测。

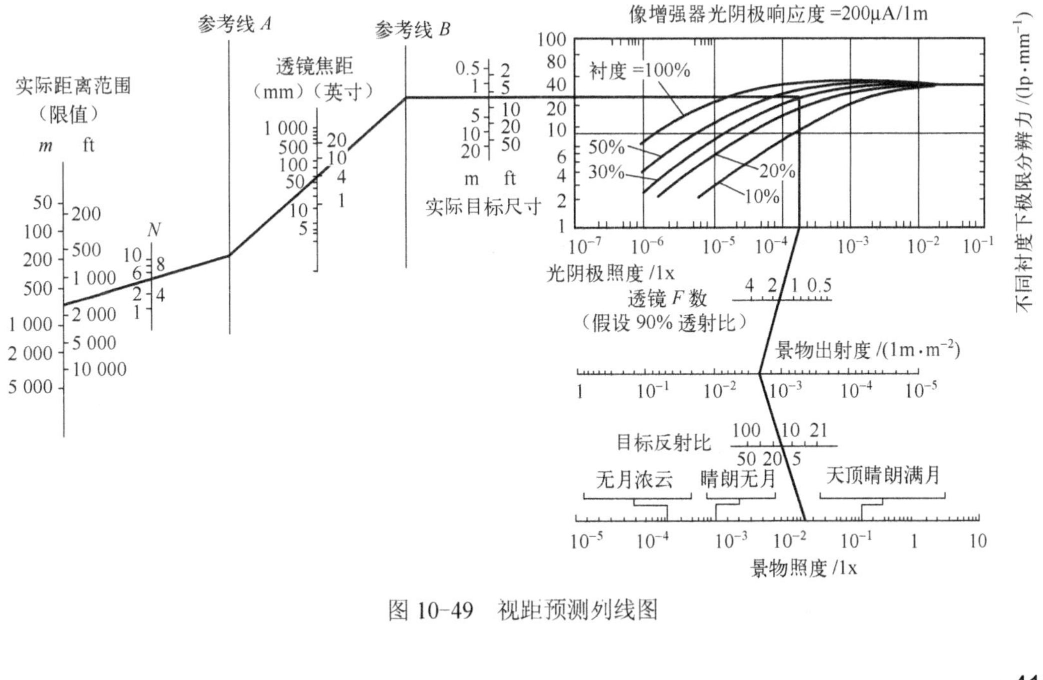

图 10-49 视距预测列线图

2. 视距等效处理方法

视距预测列线图绘制需要已知像增强器在多种目标对比度和光阴极照度下的分辨率，这在实际测量中很难得到，通常多为实验室条件下对比度为 100%的测试结果。为此，仍然需要基于前面讨论过的关系进行微光成像系统作用距离预测。下面通过一个示例的分析过程，说明微光成像系统作用距离的预测方法。

例 山林背景中有一中型坦克，高度 H=2.37m，目标反射比 ρ =0.25，对比度 C_0=0.33，夜视仪的物镜焦距 f_0'=100 mm，F 数为 1，透射比 τ_0 =0.7，像增强器光阴极面照度 E_c与分辨率 m 的关系如下表（C=100%）所示。

E_c (lx)	5×10^{-7}	2×10^{-6}	5×10^{-6}	1×10^{-5}	1×10^{-4}	5×10^{-4}	1×10^{-3}
m (lp/mm)	6	15	19	25	35	40	45

问：在夜天光照度 $E_0=5\times10^{-3}$lx，能见距离 R_V=15km 的晴天夜间条件下，该微光夜视仪能否识别距离 800 m 的坦克？

解：在 800 m 的路径上，大气透射比为

$$\tau_a = \exp\left(-\frac{3.912}{R_V}l\right) = \exp\left(\frac{-3.912}{15}\times 0.8\right) = 0.8117$$

对于山林背景和晴天条件，可取 K=4，则由式（10-48）得大气对比度传递函数

$$T_c = \frac{1}{1+K(1-\tau_a)/\tau_a} = \frac{1}{1.928} = 0.5187$$

即目标的表观对比度 $C_1 = T_c C_0 = 0.7112$。

光阴极面照 $$E_c = \frac{1}{4}\rho\tau_a\tau_0 E_0\left(\frac{D}{f_0'}\right)^2 \bigg/ \left[1+\frac{1}{4}\left(\frac{D}{f_0'}\right)^2\right] = 2.841\times10^{-2}E_0 = 1.420\times10^{-4}(\text{lx})$$

由于 E_c是对应 C_1的真实光阴极照度，注意到式（10-100）中 E_c与 C_1以相乘的形式出现，即

$$E_{c100\%} = E_c \cdot C_1^2 = 4.1633\times10^{-6}(\text{lx})$$

查表并插值，可得对应 $E_{c100\%}$ 的分辨率为

$$m_e=15+(4.1633-2)\times(110-15)/3\approx17.88(\text{lp/mm})$$

另一方面，要识别 800m 的坦克需要的光阴极面分辨率为

$$m_a = \frac{nl}{f_0'H} = \frac{4\times800}{100\times2.37} = 13.50(\text{lp/mm})$$

由于 $m_e > m_a$，即系统的实际分辨率大于识别任务所需的分辨率，因此，该微光夜视仪可以识别 800m 处的坦克。解毕。

微光夜视系统的作用距离均可以采用上述模型进行计算，结合系统的观察任务要求，代入相应的系统参数即可。读者可以尝试对具体的微光夜视系统进行预测分析。

10.6.3 微光电视成像系统作用距离的预测

作为电视成像系统的一种，微光电视系统的作用距离是指其在一定照度和某种环境条件下，系统能发现、识别和确认目标的距离，是微光电视系统重要的综合性能指标。作用距离可根据已知条件进行初步预测，为总体设计提供参考。

1. 像管光敏面照度的计算

假设光学系统相对孔径为 D/f，透射比为 τ，景物照度为 E_0，目标反射比为 ρ，景物对比度为 C_0、则摄像管光敏面上换算成对比度为 100%时，照度值 $E_{100\%}$可表示为

$$E_{100\%}=\frac{1}{4}E_0\rho\tau\tau_a\left(\frac{D}{f}\right)^2 C_0^2 T_c^2\left[1+\frac{1}{4}\left(\frac{D}{f}\right)^2\right] \quad (10-102)$$

表 10-13 各种景物的反射比

景　物	反射比	景　物	反射比
雪	0.87	淋湿的褐色土地	0.14
光亮混凝土	0.32	绿草	0.11
干草	0.31	风干的树	0.10
枯黄叶	0.31	常绿的树	0.65

景物照度可按实际使用环境确定，景物反射比随目标景物不同而异，表 10-13 给出了某些景物的反射比，可由不同目标物及相邻景物的反射比计算对比度 C_0。

2. 作用距离计算

假设 H 为目标高度，f'为光学系统焦距；电视幅面为矩形，且在整个幅面高度 h 范围内的电视线总数为 N。设目标所占有的电视线行数为 n，则作用距离为

$$L=f'\frac{HN}{nh} \quad (10-103)$$

在计算作用距离之前，必须先确定不同观察等级下所需的电视线行数 n。根据实践得知，要发现目标 n 取 5～6 行，识别目标取 10～16 行，确认目标则要求 n 值为 20～22 行。

一般电视的高宽比为 3∶4。对于摄像管，其有效直径已知，根据宽∶高∶直径为 4∶3∶5 的关系，即可求出幅面高度 h_0。例如 1 inch 的摄像管靶面有效直径为 16mm，有效幅面高度 h=9.6mm。其他影响作用距离的因素还很多，情况也是多变的，与实际情况出入可能很大。所以结果只能是预测，用作系统总体设计时的参考。

表 10-14 微光电视系统视距预测实例

自然条件	景物照度 E_0(lx)	光敏面照度 $E_{100\%}$(lx)	极限分辨率 (TVL)	人识别距离(m)	坦克识别距离(m)
无月，浓云	2×10^{-4}	8.36×10^{-7}			
无月，有云	5×10^{-4}	2.09×10^{-6}			
晴朗，星光	1×10^{-3}	4.18×10^{-6}	100	17～18	172～185
	3×10^{-3}	1.25×10^{-5}	150	35～56	263～420
	5×10^{-3}	2.09×10^{-5}	200	47～75	352～562
	7×10^{-3}	2.93×10^{-5}	250	59～94	443～705
1/4 月光	1×10^{-2}	4.18×10^{-5}	300	70～113	525～847
	2×10^{-2}	8.36×10^{-4}	350	82～131	615～982
	3×10^{-2}	1.25×10^{-4}	400	94～150	705～1125
半月	5×10^{-2}	2.09×10^{-4}	400	94～150	705～1125
满月	1×10^{-1}	4.18×10^{-3}	400	94～150	705～1125

下面在一些简化条件下，举例说明作用距离预测的大致过程。已知条件为

① 光学系统参数：D/f=1，f'=90mm，τ=0.8；

② 大气透射比：τ_a=0.6；

③ 目标反射比：ρ=0.4；

④ 景物对比度：C=0.33(不考虑对比度传递函数)；

⑤ 摄像管有效直径：Φ=16mm；

⑥ 目标高度：坦克高 3m，人宽 0.4m；

按已知条件计算 $E_{100\%}$，由式(10-102)得

$$E_{100\%}=\frac{1}{4}E_0\rho\tau\tau_a\left(\frac{D}{f}\right)^2 C_0^2 T_c^2\left[1+\frac{1}{4}\left(\frac{D}{f}\right)^2\right]=4.18\times10^{-3}E_0$$

根据实测的极限分辨率曲线查出不同照度下的 N 值，然后按式(10-103)计算作用距离，如表 10-14 所示。

10.7 红外热成像系统作用距离预测模型与方法

红外热成像系统作用距离预测就是在已知系统基本性能的情况下(实测或理论结果)，利用理论分析和计算机模拟方法，预测系统在各种观察条件(天气、路径和景物特性)下可能达到的最大观察距离，其对于系统性能分析、系统总体方案论证和设计，以及型号项目技术指标的确定都具有科学的指导意义。为了尽可能正确地预测热成像系统的作用距离，需要采用合理的数学模型。对此，国外进行了大量研究，报道了一些理论研究以及系统和心理学试验结果，美国、英国和法国都提出了各自的分析模型，但由于军事技术的保密性，已公开或半公开的资料并不多。本节以热成像通用组

件系统静态性能模型为基础，给出作用距离预测的数学模型。

10.7.1 红外成像系统作用距离模型

1. 对扩展源目标的作用距离数学模型

当辐射源(目标)的角宽度超过红外热成像系统的瞬时视场时，称为扩展源或面源目标。红外热热成像系统所面临的目标有许多都是扩展源目标，如军事目标(坦克、车辆、伪装物和军舰等)的发现、识别和确认，其典型特征都是成像，保持图像细节是其基本要求之一。因此，在处理相关问题时，不仅要考虑目标辐射的能量大小，还要考虑目标的几何尺寸和形状、辐射特性以及要求的观察任务等因素。作用距离预测模型应尽可能统筹考虑诸多因素模拟系统对扩展源目标的观察情况。目前较公认的方法是利用表征红外热成像系统静态性能的 MRTD 法。

红外热成像系统对扩展源(面源)目标作用距离预测的基本思想是，利用目标等效条带图案，即利用一组总宽度为临界目标尺寸、长度在垂直于临界尺寸方向上横跨目标、视在温差为 ΔT 且与目标相同的线条图案来代替目标。人眼通过红外热成像系统能够发现、定位、识别和确认一个目标的基本要求是(见图 10-50)：对于空间频率为 f 的目标，其与背景的实际温差在经过大气传输到达红外热成像系统时，仍大于或等于该红外热成像系统对应该频率的 $\mathrm{MRTD_a}(f)$，同时，目标对红外热成像系统的张角应大于或等于观察任务等级所要求的最小视角。即

$$\begin{cases}\dfrac{1}{2f}\leqslant\dfrac{\theta}{N_\mathrm{e}}=\dfrac{h}{N_\mathrm{e}R}\\ \Delta T_0\cdot\tau(R)\geqslant\mathrm{MRTD_a}(f,T_\mathrm{b})\end{cases}\qquad(10\text{-}104)$$

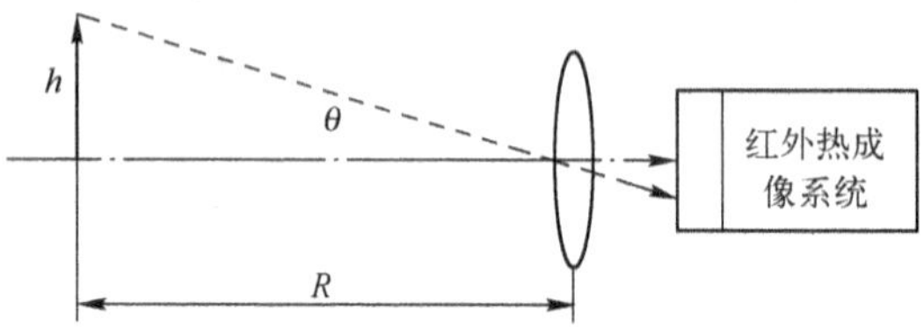

图 10-50　热成像系统成像与目标距离的关系

式中，f 为目标的空间特征频率；h 为目标高度；N_e 为按 Johnson 准则发现、定位、识别和确认目标所需的等效条带数；T_b 为背景温度；ΔT_0 为零距离时景物固有等效黑体温差；$\mathrm{MRTD_a}(f)$为经过修正后的 MRTD；R 为目标所处的距离。

满足式(10-104)的最大距离 $R_{\max}$ 即为该红外热成像系统在相应观察条件(任务等级)N_e 下对扩展源目标的作用距离。

2. 对点源目标探测的作用距离数学模型

当红外热成像系统探测很远处的目标(如卫星、导弹、飞机等)时，目标张角小于或等于系统的瞬时视场，此时称目标为点目标。显然点目标是个相对概念，并非目标尺寸一定很小。

点目标探测情况下，目标细节已不可能探测，但从能量的角度，只要信号足够大就可能探测，即要求信噪比达到探测阈值。

点目标的作用距离预测方法很多，区别主要是所考虑因素的多少。这里主要介绍基于 NETD 法和基于 MDTD 法。

（1）基于 NETD 的点目标探测模型

在 NETD 的推导中，要求目标的角尺寸 W 超过系统的瞬时视场若干倍，但在实际点目标探测时，目标像不能充满系统的单个像敏元，因此，需要对 NETD 进行修正。

设目标对系统的张角为 α' 和 β'，且 $\alpha'<\alpha$，$\beta'<\beta$，即目标未充满瞬时视场的情况，对 NETD 的修正为

$$\mathrm{NETD_p}=\frac{\alpha\beta}{\alpha'\beta'}\mathrm{NETD}\qquad(10\text{-}105)$$

由于 $\alpha\beta>\alpha'\beta'$，故 $\mathrm{NETD_p}>\mathrm{NETD}$，即点目标探测时的噪声等效温差比成像探测时大，且是 α' 和 β'(即目标大小和距离)的函数。

设目标为方形，面积 $S=A\cdot B$，目标与背景之间的实际温差为 ΔT，系统至目标的距离为 R，则

$$\alpha'\beta' = \frac{A}{R}\frac{B}{R} = \frac{S}{R^2} \tag{10-106}$$

代入式(10-105)，有

$$\mathrm{NETD_p} = \frac{R^2\alpha\beta}{S}\mathrm{NETD} \tag{10-107}$$

由于系统的 NETD 只是探测能力的一种标志，并不是说目标对背景的温差等于系统的 NETD 就一定能探测，还需要大于对应探测概率的阈值信噪比，即

$$\mathrm{SNR_{DT}} = \frac{\Delta T_0 \mathrm{e}^{-\sigma R}}{\mathrm{NETD_P}} \tag{10-108}$$

或

$$\Delta T_0 \mathrm{e}^{-\sigma R} = \alpha\beta \mathrm{SNR_{DT}}\mathrm{NETD}\frac{R^2}{S} \tag{10-109}$$

式中，σ 为大气消光系数。

对式(10 -109)取对数，整理得

$$2\ln R + \sigma R = \ln\left(\frac{\Delta T_0 S}{\alpha\beta\cdot\mathrm{NETD}\cdot\mathrm{SNR_{DT}}}\right) \tag{10-110}$$

此即为基于 NETD 的点目标探测作用距离模型。该模型较为简单，适宜手工分析计算，缺点是未考虑系统传递函数等的影响。

在实际应用中还有一种基于噪声等效功率 NEP 的方法，即 $\mathrm{SNR_{DT}} = \Delta P_0 \mathrm{e}^{-\sigma R}/\mathrm{NEP}$。根据 NEP 和 NETD 的定义，不难推论出 NEP 法与 NETD 法具有相类似的原理，NETD 法是 NEP 法在小辐射差(温差)时的近似表示。

（2）基于 MDTD 的点目标探测模型

人眼通过红外热成像系统对点源目标预测作用距离的基本要求是：系统的信噪比应大于或等于阈值信噪比。即对于空间张角角频率为 f 的点目标，其与背景的实际温差在经过大气传输到达红外热成像系统时，应仍大于或等于系统对应阈值信噪比及对应频率 f 下的 $\mathrm{MDTD_a}(f)$。即

$$\begin{cases} \dfrac{1}{f} \leqslant \dfrac{2h}{R} \\ \Delta T_0 \cdot \tau(R) \geqslant \mathrm{MDTD_a}(f, T_\mathrm{b}) \end{cases} \tag{10-111}$$

式中，f 为目标空间张角的空间频率；$\mathrm{MDTD_a}$ 为经过修正后的 MDTD。满足式(10-111)要求的最大距离 $R_{\max}$，即为红外热成像系统对点源目标的作用距离。

对于小目标探测，目标对红外热成像系统的水平张角 α' 和垂直张角 β' 可能小于对应对红外热成像系统探测器单元的水平张角 α 和垂直张角 β，分析 NETD 的理论模型可知，对应点目标的 $\mathrm{NETD_P}$ 将修正为

$$\mathrm{NETD_p} = \max\left\{1, \frac{\alpha}{\alpha'}\right\}\cdot\max\left\{1, \frac{\beta}{\beta'}\right\}\cdot\mathrm{NETD} \tag{10-112}$$

由于 α' 和 β' 是目标大小和距离的函数，故 NETD 的变化将造成 MDTD 的变化，因此，对应点探测阈值信噪比下的 MDTD 也将受目标大小和距离的影响。

10.7.2 红外热成像系统作用距离预测

红外热成像系统作用距离预测实质上就是以系统的综合极限特性 MRTD 和 MDTD(根据观察任务要求确定其中一个)为依据，综合考虑目标、大气的实际情况和观察等级要求，计算在前述因素匹配的条件下获得的作用距离。下面以 MRTD 为例说明。

MRTD 的预测流程如图 10-51 所示，过程可简要叙述如下：

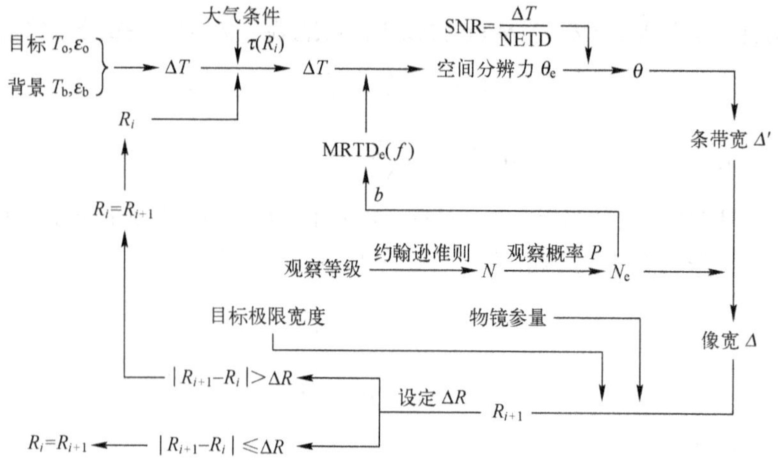

图 10-51　红外热成像系统作用距离预测流程

（1）根据目标温度 T_0、比辐射率 ε_0 和背景温度 T_b、比辐射率 ε_b，计算出等效的固有温差 ΔT_0；

（2）预置系统作用距离 R_i，引入大气条件计算出相应的透射比 $\tau(R)$，得到热成像系统的表观温差 ΔT；

（3）根据对目标的观察任务要求，按 Johnson 准则，找到对应的条带数 N，再按观察概率 P 的要求将条带数修正为 N_e；

（4）根据 N_e 值，结合目标的极限宽度，计算出目标的方向因子 b，并以此修正系统的 MRTD 为 MRTD$_e(f)$；

（5）再令表观温度 ΔT 等于 MRTD$_e(f)$时，由曲线可找到对应的空间频率 f_0，并可换算成空间分辨率 θ_0；

（6）按实际的表观温差 ΔT 与系统的等效噪声温差 NETD 之比，计算出相应的信噪比 SNR，并用 SNR 的实际值修正 θ_0，获得系统实际的空间分辨率 θ；

（7）由 θ 计算出每条带所对应的宽度 Δ'，与要求条带数 N_e 相乘，得到此时对应的像宽 Δ；

（8）利用目标的极限宽度、像宽 Δ 和物镜焦距，根据成像关系计算出可以观察的距离 R_{i+1}；

（9）设定预测作用距离允许的最小误差为 ΔR，当预测作用距离 R_{i+1} 与 R_i 之差的绝对值大于 ΔR 时，说明预测精度没有达到要求，令 $R_i=R_{i+1}$，重复上述过程，直到$|R_{i+1}-R_i|<\Delta R$ 时为止，认为精度已满足预测要求，令 $R=R_{i+1}$ 作为预测作用距离的结果。

10.7.3　红外热成像系统作用距离预测的修正

由于红外热成像系统静态性能参量是实验室参量，当红外热成像系统用于实际目标的观察时，目标特性和环境条件并不满足实验室标准条件，因而必须对 MRTD 及其他一些参量进行修正，主要的修正有以下几项。

1. 目标温差的模型

红外热像仪实际探测到的是一个复杂景物图像，要精确地确定复杂图像是比较困难的，涉及目标、背景、环境、大气传输等，以及诸因素间的相互影响，目前的模型尚难以包含目标的全部红外特性。因此，在作用距离预测中主要采用能反映目标宏观特性的参数，如目标尺寸、相对于背景的等效温差条带图案(或目标与背景红外辐射之差)来表示目标特征。

模型化目标是用一个相对背景温差为 ΔT 的矩形目标代替真实目标，其面积大小与实际目标相同，目标温度为在整个目标信息区内温度对面积的加权平均值

$$T_m = \sum A_i T_i / \sum A_i \qquad (10-113)$$

式中，A_i 为目标信息面积元；T_i 为 A_i 的温度；T_m 为目标加权平均温度。

于是，目标相对背景温度 T_b 的加权平均温差，即等效温差 ΔT 为

$$\Delta T = T_m - T_b \qquad (10-114)$$

在实际计算中，输入这些特征值工作量是很大的。因此，常采用实验统计分析结果，表 10-15 为典型目标夏季野外的平均温差统计值。

表 10-15　典型目标夏季野外平均温差统计值

目标		ΔT /℃	面积/m^2
坦　克	侧面	5.25	2.7×5.25
	正面	6.34	2.7×3.45
2.5 吨车	侧面	10.40	2.03×4.22
	正面	8.25	2.03×1.67
自行炮	侧面	4.67	1.8×4.8
	正面	5.65	1.8×2.09
站立人		8.0	0.5×1.5

2. 大气传输的衰减

在红外热成像系统的实验室性能参量中，未考虑大气传输的影响。但实际目标的探测中，目标的红外辐射总要经过一定的大气传输，且往往大气衰减是最主要的影响项之一，因而不能忽略其影响。

对于小温差目标图像的探测，红外热成像系统所接收到的目标与背景辐射通量差(即信号)与其间温度差成正比。设黑体目标与背景之间零距离处(R=0)温差为 ΔT_0，经过一段距离为 R 的大气传输到达红外热成像系统时，目标与背景之间的等效温差 ΔT 可近似表示为

$$\Delta T = \Delta T_0 e^{-\sigma(R)\cdot R} = \Delta T_0 \cdot \tau(R) \qquad (10-115)$$

式中，$\sigma(R)$和 $\tau(R)$分别是在红外热成像系统工作波段内，沿目标方向 R 距离行程上大气传输的平均衰减系数和平均大气透射比。

大气传输衰减对实际红外热成像系统作用距离的影响是很明显的，不同大气条件所产生的衰减也有很大的差别。因此，在提出红外热成像系统作用距离预测及技术指标时，应有明确的大气条件(如大气压、大气温度、相对湿度、能见距离、传输路径及其他大气条件等)。目前，大气传输特性的模拟常采用美国 LOWTRAN(或 MODTRAN)，可计算水平路径、斜程及众多大气条件下的大气传输性能，适宜于红外热成像系统作用距离的预测。

3. 其他修正因子

(1) 观察概率修正

由于 Johnson 准则的条带数 N_e 均对应 50%概率，因此对于其他概率条件下的分析需要根据式(10-87)对条带数做相应的修正。

(2) 目标形状修正

由于 MRTD 的测试图案是长宽比 7∶1 的四条带目标图案，而实际目标等效条带图案的长宽比一般不满足上述条件，故在进行作用距离预测时，应根据实际目标对应的条带长宽比做出修正。

(3) 灰体景物修正

由于实际目标和背景并不一定是黑体，利用红外热成像系统静态性能参量时，应考虑相应的修正。目前对选择性吸收的处理还没有很好的方法，通常是把目标和背景作为灰体来处理。

(4) 背景温度修正

实际背景温度不一定为实验室测试的背景温度 T_b，因此，实际应用 MRTD 及 NETD 时，应做相应的温度修正。

(5) 大温差目标修正

静态性能参量 NETD 及 MRTD 等的数学模型是基于小温差情况得到的，其基本思想是把系统所接收感应到的目标与背景辐射能量差 ΔW 近似用其微分 dW 来表示，即随着温差的加大，误差将逐渐变大。在实际目标的探测中，有时目标与背景之间的温差很大，甚至可达几十或几百度(例如空中飞行的导弹等)。此时作为真实信号-目标与背景的响应辐射量差用其微分 dW 来表示误差就很

大，必须用实际响应辐射量差值ΔW代替dW进行计算。

（6）探测概率对阈值信噪比的修正

对于景物图像，观察者的探测概率与图像清晰程度有关，而图像清晰度又决定于图像的信噪比，因此，探测概率与视频阈值信噪比具有一定的关系。一般在最佳观察距离处，图像阈值信噪比在较大空间频率范围内基本为一常数(2.8)，显示器扫描线在450TVL以上时，才有所下降。如果已知阈值信噪比，就可以确定某一探测概率下的信噪比，进而用该信噪比与阈值信噪比之比完成对MRTD的修正。如若

$$P = \int_{-\infty}^{\mathrm{SNR}-\mathrm{SNR}_{\mathrm{DT}}} \exp\left(-z^2\right) \mathrm{d}z \tag{10-116}$$

式中，P为要求的概率，$\mathrm{SNR}_{\mathrm{DT}}$为50%概率时的阈值信噪比。则

$$\mathrm{MRTD}_{\mathrm{T}} = \frac{\mathrm{SNR}}{\mathrm{SNR}_{\mathrm{DT}}}\mathrm{MRTD} \tag{10-117}$$

（7）望远系统的影响

望远系统可提高红外热成像系统的极限分辨角，设扫描器空间对应的极限分辨角为α_i，则加入角放大率为Γ的望远系统后，对应的实际目标极限分辨角α为

$$\alpha = \alpha_{\mathrm{i}} / \Gamma \tag{10-118}$$

同时，望远系统也会吸收部分红外辐射，因而必须考虑望远系统的吸收影响，设望远系统在工作波段上的平均透射比为τ_0，则对应的温差修正为

$$\Delta T = \Delta T_{\mathrm{i}} \cdot \tau_0 \tag{10-119}$$

式中，ΔT_{i}为经大气衰减后的目标等效温差。

习题与思考题

1. 已知人体皮肤温度T=32℃，人体表面积S=1.52 m^2，皮肤的辐射发射率ε=0.98，试求人体的总辐射能通量和光谱分布曲线。

2. 黑体目标和背景的温度分别为30℃和15℃，试在3～5μm和8～14μm大气窗口分别计算辐射信号的对比度。

3. 星的等级是如何定义的？8等星的照度为多少？

4. 简述下列名词：（1）气溶胶粒子；（2）绝对湿度；（3）相对湿度；（4）标准大气；（5）波盖尔定律；（6）大气窗口；（7）可降水分；（8）饱和水蒸气含量；（9）饱和水蒸气压强；（10）单次散射；（11）多次散射；（12）大气能见度；（13）大气透明度；（14）大气对比传递函数；（15）大气信噪比传递函数。

5. 简述大气层的结构特点和大气的组成。

6. 怎样评价水蒸气在大气中的含量？

7. 气溶胶粒子垂直分布及尺度分布各指什么？

8. 在标准大气下，大气服从什么规律？设立标准大气的意义是什么？

9. 辐射在大气中传输主要有哪些光学现象？简述其产生的物理原因。

10. 大气对比传递函数中K值可近似求得：晴天天空K=0.2/ρ，阴暗天空K=1/ρ，这里ρ为背景的反射比。对于处于山林(ρ=0.04)中对比度为30%的目标，试分别求在晴天R_{V}=15km和阴天R_{V}=5km的气象条件下，距离3km处的表观对比度。

11. 计算波长为10.6μm和1.06μm时的大气光谱透射比，并比较所得结果。气象条件为：路程长度R=10km，气象能见度R_{V}=5km(薄雾)。

12. 若大气能见度R_{V}=20km，空气温度T_{b}=20℃，空气湿度H_{r}=80%，试计算在海平面水平2km路径上λ=4μm和λ=10μm的光谱透射比。

13. 若大气能见度 R_V=10km，空气温度 T_b=5℃，空气湿度 H_r=85%，小雨强度为 1mm/h，试作出海平面水平 2km 路径上 8～14μm 波长范围内的光谱透射比曲线。

14. 若大气能见度 R_V=15km，空气温度 T_b=27℃，空气湿度 H_r=70%，试计算海平面水平 3km 路径上 8～14μm 波长范围内大气的积分透射比，并比较它与平均透射比的区别。已知目标为温度 T_r=27℃的灰体朗伯辐射体。

15. 若大气能见度 R_V=5km，空气温度 T_b=20℃，空气湿度 H_r=90%，小雨强度为 1mm/h，试分别计算海平面水平 1km 路径上 3～5μm 和 8～14μm 波长范围内大气的平均透射比，并做比较。

16. 若大气能见度 R_V=10km，空气温度 T_b=25℃，空气湿度 H_r=80%，试分别计算海平面水平 5km 路径上 3～5μm 和 8～14μm 波长范围内大气的积分透射比，已知目标为温度 T_r=100℃的灰体朗伯辐射体。

17. 微光观测条件下信号与光量子噪声之间有什么关系？

18. 影响光电成像系统分辨景物细节的主要因素有哪些？

19. 如果光子发射和光电转换过程都符合泊松分布，试由此导出理想条件下光电成像系统的图像探测方程，并说明其物理意义。

20. 试分析受光子噪声限制下理想探测器的 A.Rose 方程、P.Schagen 方程及 Vries-Rose 方程之间的共性及特殊性。

21. 约翰逊(Johnson)准则将观察任务为几个等级？各是怎么定义的？

22. 微光夜视仪 f'=100mm，若要求在 1000m 距离上识别高度为 2m 的汽车，则像管的分辨率不能低于多少？

23. 三代微光夜视仪比二代微光夜视仪视距提高的主要原因是什么？

24. 已知一中型坦克高度 H=2.37m，目标的反射比 ρ=0.25, 对比度 C=0.33，物镜的通光口径 D=76.2mm，物镜焦距 f=134.6mm，透射比 τ_0=0.7，在夜天光照度 $E_0=5\times10^{-3}$lx 时，试分别根据下面的参数求解微光夜视仪的识别距离：

（1）像管阴极积分灵敏度 S=175μA/lm，极限分辨率 m=23 lp/mm，等效背景照度 $E_b=2\times10^{-7}$ lx，人眼积分时间 t=0.2s，电子电荷 $e=1.6\times10^{-19}$C，阈值信噪比 S/N=2，求考虑和不考虑背景噪声影响时的识别距离。

（2）若测试得到像增强器光阴极面照度 E_c 与分辨率 m 的关系如下表(C=100%)：

E_c (lx)	3×10^{-6}	5×10^{-6}	8×10^{-6}	1×10^{-5}	1×10^{-4}	5×10^{-4}
m(lp/mm)	3	7	10	12	15	18

（3）以山林为背景，考虑大气影响，试计算能见度为 15km 和 5km 时，(2)的结果(分别取 K=5 和 K=25)。

25. 电视图像发现、识别和确认所要求的电视线数各为多少？

26. 某 1 英寸微光摄像管光敏面照度与极限分辨率的关系如表 10-14 所示，若要求能识别以山林为背景的 300m 处的汽车。已知汽车的高度为 2m，景物对比度 C_0=0.34，目标反射比 ρ=0.4，大气能见度为 15km，光学系统参量 D/f'=1，f'=90mm，τ_0=0.8，试求该系统识别汽车所需要的最低照度值。

27. 热成像系统对扩展源目标作用距离的估算方法主要基于什么原理？在实际应用中应进行哪些修正？

28. 怎样估算热成像系统对点源目标的作用距离？

29. 某无选择探测器光敏面积为(50×50) μm^2，比探测率 $D^*(500,800,1)=5\times10^{10}$ cm Hz$^{1/2}$ W^{-1}，当探测电路带宽为 20Hz，调制频率为 800Hz 时，试求基于该探测器的系统对温度 1000K，比辐射率为 0.8，直径为 0.5m 的飞机喷口在信噪比为 1 条件下的探测距离。($\sigma=5.67\times10^{-8}$ W m^{-2}K^{-4})

附表10-1　用作大气光学性质计算依据的模式大气

高　度 /km	大气压强 /mPa	大气温度 /K	大气密度 /(g·m⁻³)	水蒸气密度 /(g·m⁻³)	臭氧密度 /(g·m⁻³)
(a) 热带					
0	1.013E+03	300.0	1.167E+03	1.9+01	5.6E−05
1	9.040E+02	294.0	1.064E+03	1.3+01	5.6E−05
2	8.050E+02	288.0	9.689E+02	9.3E+00	5.4E−05
3	7.150E+02	284.0	8.756E+02	4.7E+00	5.1E−05
4	6.330E+02	277.0	7.951E+02	2.2E+00	4.7E−05
5	5.590E+02	270.0	7.199E+02	1.5E+00	4.5E−05
6	4.920E+02	264.0	6.501E+02	8.5E−01	4.3E−05
7	4.320E+02	257.0	5.855E+02	4.7E−01	4.1E−05
8	3.780E+02	250.0	5.258E+02	2.5E−01	3.9E−05
9	3.290E+02	244.0	4.708E+02	1.2E−01	3.9E−05
10	2.860E+02	237.0	4.202E+02	5.0E−02	3.9E−05
11	2.470E+02	230.0	3.740E+02	1.7E−02	4.1E−05
12	2.130E+02	224.0	3.316E+02	6.0E−03	4.3E−05
13	1.820E+02	217.0	2.929E+02	1.8E−03	4.5E−05
14	1.560E+02	210.0	2.578E+02	1.0E−03	4.5E−05
15	1.320E+02	204.0	2.260E+02	7.6E−04	4.7E−05
16	1.110E+02	197.0	1.972E+02	6.4E−04	4.7E−05
17	9.370E+01	195.0	1.676E+02	5.6E−04	6.9E−05
18	7.890E+01	199.0	1.382E+02	5.0E−04	9.0E−05
19	6.660E+01	203.0	1.145E+02	4.9E−04	1.4E−04
20	5.650E+01	207.0	9.515E+01	4.5E−04	1.9E−04
21	4.800E+01	211.0	7.938E+01	4.1E−04	2.4E−04
22	4.090E+01	215.0	6.645E+01	4.1E−04	2.8E−04
23	3.500E+01	217.0	5.618E+01	5.4E−04	3.2E−04
24	3.000E+01	219.0	4.763E+01	6.0E−04	3.4E−04
25	2.570E+01	221.0	4.045E+01	6.7E−04	3.4E−04
30	1.220E+01	232.0	1.831E+01	3.6E−04	2.4E−04
35	6.000E+00	243.0	8.600E+00	1.1E−04	9.2E−05
40	3.050E+00	254.0	4.181E+00	4.3E−05	4.1E−05
45	1.590E+00	265.0	2.097E+00	1.9E−05	1.3E−05
50	8.540E−01	270.0	1.101E+00	6.3E−06	4.3E−06
70	5.790E−01	219.0	9.210E−02	1.4E−07	8.6E−08
100	3.000E−04	210.0	5.000E−04	1.0E−09	4.3E−11

续表

高度 /km	大气压强 /mPa	大气温度 /K	大气密度 /(g·m^{-3})	水蒸气密度 /(g·m^{-3})	臭氧密度 /(g·m^{-3})
(b)中纬度夏季					
0	1.013E+03	294.0	1.191E+03	1.4E+01	6.0E−05
1	9.020E+02	290.0	1.080E+03	9.3E+00	6.0E−05
2	8.020E+02	285.0	9.757E+02	5.9E+00	6.0E−05
3	7.100E+02	279.0	8.846E+02	3.3E+00	6.2E−05
4	6.280E+02	273.0	7.988E+02	1.9E+00	6.4E−05
5	5.540E+02	267.0	7.211E+02	1.0E+00	6.6E−05
6	4.870E+02	261.0	6.487E+02	6.1E−01	6.9E−05
7	4.260E+02	255.0	5.830E+02	3.7E−01	7.5E−05
8	3.720E+02	248.0	5.225E+02	2.1E−01	7.9E−05
9	3.240E+02	242.0	5.669E+02	1.2E−01	8.6E−05
10	2.810E+02	235.0	4.159E+02	6.4E−02	9.0E−05
11	2.430E+02	229.0	3.693E+02	2.2E−02	1.1E−04
12	2.090E+02	222.0	3.269E+02	6.0E−03	1.2E−04
13	1.790E+02	216.0	2.882E+02	1.8E−03	1.5E−04
14	1.530E+02	216.0	2.464E+02	1.0E−03	1.8E−04
15	1.300E+02	216.0	2.104E+02	7.6E−04	1.9E−04
16	1.110E+02	216.0	1.797E+02	6.4E−04	2.1E−04
17	9.500E+01	216.0	1.535E+02	5.6E−04	2.4E−04
18	8.120E+01	216.0	1.305E+02	5.0E−04	2.8E−04
19	6.950E+01	217.0	1.110E+02	4.9E−04	3.2E−04
20	5.950E+01	218.0	9.453E+01	4.5E−04	3.4E−04
21	5.100E+01	219.0	8.056E+01	5.1E−04	3.6E−04
22	4.370E+01	220.0	6.872E+01	5.1E−04	3.6E−04
23	3.706E+01	222.0	5.867E+01	5.4E−04	3.4E−04
24	3.220E+01	223.0	5.014E+01	6.0E−04	3.2E−04
25	2.770E+01	224.0	4.288E+01	6.7E−04	3.0E−04
30	1.320E+01	234.0	1.971E+01	3.6E−04	2.0E−04
35	6.520E+00	245.0	9.264E+00	1.1E−04	9.2E−05
40	3.330E+00	258.0	4.505E+00 *	4.3E−05	4.1E−05
45	1.760E+00	270.0	2.268E+00	1.9E−05	1.3E−05
50	9.510E−01	276.0	1.202E+00	6.3E−06	4.3E−06
70	6.710E−02	218.0	1.071E−01	1.4E−07	8.6E−08
100	3.000E−04	210.0	5.000E−04	1.0E−09	4.3E−11

* 原始数字已做过校正。

高　　度 /km	大气压强 /mPa	大气温度 /K	大气密度 /(g·m^{-3})	水蒸气密度 /(g·m^{-3})	臭氧密度 /(g·m^{-3})
(c)副极带冬季					
0	1.013E+03	257.1	1.372E+03	1.2E+00	4.1E−05
1	8.878E+02	259.1	1.193E+03	1.2E+00	4.1E−05
2	7.775E+02	255.9	1.058E+03	9.4E−01	4.1E−05
3	6.798E+02	252.7	9.336E+02	6.8E−01	4.3E−05
4	5.932E+02	247.7	8.339E+02	4.1E−01	4.5E−05
5	5.158E+02	240.9	7.457E+02	2.0E−01	4.7E−05
6	4.467E+02	234.1	6.646E+02	9.8E−02	4.9E−05
7	3.853E+02	227.3	5.904E+02	5.4E−02	7.1E−05
8	3.308E+02	220.6	5.226E+02	1.1E−02	9.0E−05
9	2.829E+02	217.2	4.538E+02	8.4E−03	1.6E−04
10	2.418E+02	217.2	3.879E+02	5.5E−03	2.4E−04
11	2.067E+02	217.2	3.315E+02	3.8E−03	3.2E−04
12	1.766E+02	217.2	2.834E+02	2.6E−03	4.3E−04
13	1.510E+02	217.2	2.422E+02	1.8E−03	4.8E−04
14	1.291E+02	217.2	2.071E+02	1.0E−03	4.9E−04
15	1.103E+02	217.2	1.770E+02	7.6E−04	5.6E−04
16	9.431E+01	216.0	1.517E+02	6.4E−04	6.2E−04
17	8.058E+01	216.0	1.300E+02	5.6E−04	6.2E−04
18	6.882E+01	215.4	1.113E+02	5.0E−04	6.2E−04
19	5.875E+01	214.8	9.529E+01	4.9E−04	6.0E−04
20	5.014E+01	214.1	8.155E+01	4.5E−04	5.6E−04
21	4.277E+01	213.6	6.976E+01	5.1E−04	5.1E−04
22	3.647E+01	213.0	5.966E+01	5.1E−04	4.7E−04
23	3.109E+01	212.4	5.100E+01	5.4E−04	4.3E−04
24	2.649E+01	211.8	4.358E+01	6.0E−04	3.6E−04
25	2.256E+01	211.2	3.722E+01	6.7E−04	3.2E−04
30	1.020E+01	216.0	1.645E+01	3.6E−04	1.5E−04
35	4.701E+00	222.2	7.368E+00	1.1E−04	9.2E−05
40	2.243E+00	234.7	3.330E+00	4.3E−05	4.1E−05
45	1.113E+00	247.0	1.569E+00	1.9E−05	1.3E−05
50	5.719E−01	259.3	7.682E−01	6.3E−06	4.3E−06
70	4.016E−02	245.7	5.695E−02	1.4E−07	8.6E−08
100	3.000E−04	210.0	5.000E−04	1.0E−09	4.3E−11

高　度 /km	大气压强 /mPa	大气温度 /K	大气密度 /(g·m^{-3})	水蒸气密度 /(g·m^{-3})	臭氧密度 /(g·m^{-3})
(d)副极带夏季					
0	1.010E+03	287.0	1.220E+03	9.1E+00	4.9E-05
1	8.960E+02	282.0	1.110E+03	6.0E+00	5.4E-05
2	7.929E+02	276.0	9.971E+02	4.2E+00	5.6E-05
3	7.000E+02	271.0	8.985E+02	2.7E+00	5.8E-05
4	6.160E+02	266.0	8.077E+02	1.7E+00	6.0E-05
5	5.410E+02	260.0	7.224E+02	1.0E+00	6.4E-05
6	4.730E+02	253.0	6.519E+02	5.4E-01	7.1E-05
7	4.130E+02	246.0	5.849E+02	2.9E-01	7.5E-05
8	3.590E+02	239.0	5.231E+02	1.3E-02	7.9E-05
9	3.107E+02	232.0	4.663E+02	4.2E-02	1.1E-04
10	2.677E+02	225.0	4.142E+02	1.5E-02	1.3E-04
11	2.300E+02	225.0	3.559E+02	9.4E-03	1.8E-04
12	1.977E+02	225.0	3.059E+02	6.0E-03	2.1E-04
13	1.700E+02	225.0	2.630E+02	1.8E-02	2.6E-04
14	1.460E+02	225.0	2.260E+02	1.0E-03	2.8E-04
15	1.250E+02	225.0	1.943E+02	7.6E-04	3.2E-04
16	1.080E+02	225.0	1.671E+02	6.4E-04	3.4E-04
17	9.280E+01	225.0	1.436E+02	5.6E-04	3.9E-04
18	7.980E+01	225.0	1.235E+02	5.0E-04	4.1E-04
19	6.860E+01	225.0	1.062E+02	4.9E-04	4.1E-04
20	5.890E+01	225.0	9.128E+01	4.5E-04	3.9E-04
21	5.070E+01	225.0	7.849E+01	5.1E-04	3.6E-04
22	4.360E+01	225.0	6.750E+01	5.1E-04	3.2E-04
23	3.750E+01	225.0	5.805E+01	5.4E-04	3.0E-04
24	3.227E+01	226.0	4.963E+01	6.0E-04	2.8E-04
25	2.780E+01	228.0	4.247E+01	6.7E-04	2.6E-04
30	1.340E+01	235.0	1.979E+01	3.6E-04	1.4E-04
35	6.610E+00	247.0	9.320E+00	1.1E-04	9.2E-05
40	3.400E+00	262.0	4.526E+00	4.3E-05	4.1E-05
45	1.810E+00	274.0	2.314E+00 *	1.9E-05	1.3E-05
50	9.870E-01	277.0	1.240E+00	6.3E-06	4.3E-06
70	7.070E-02	216.0	1.137E-01	1.4E-07	8.6E-08
100	3.000E-04	210.0	5.000E-04	1.0E-09	4.3E-11

* 原始数字已做过校正。

高　度 /km	大气压强 /mPa	大气温度 /K	大气密度 /(g·m⁻³)	水蒸气密度 /(g·m⁻³)	臭氧密度 /(g·m⁻³)
(e)中纬度冬季					
0	1.018E+03	272.2	1.301E+03	3.5E+00	6.0E−05
1	8.973E+02	268.7	1.162E+03	2.5E+00	5.4E−05
2	7.897E+02	265.7	1.037E+03	1.8E+00	4.9E−05
3	6.938E+02	261.7	9.230E+02	1.2E+00	4.9E−05
4	6.081E+02	255.7	8.282E+02	6.6E−01	4.9E−05
5	5.313E+02	249.7	7.411E+02	3.8E−01	5.8E−05
6	4.627E+02	243.7	6.614E+02	2.1E−01	6.4E−05
7	4.016E+02	237.7	5.886E+02	8.5E−02	7.7E−05
8	3.473E+02	231.7	5.222E+02	3.5E−02	9.0E−05
9	2.992E+02	225.7	4.619E+02	1.6E−02	1.2E−04
10	2.568E+02	219.7	4.072E+02	7.5E−03	1.6E−04
11	2.199E+02	219.2	3.496E+02	6.9E−03	2.1E−04
12	1.882E+02	218.7	2.999E+02	6.0E−03	2.6E−04
13	1.610E+02	218.2	2.572E+02	1.8E−03	3.0E−04
14	1.378E+02	217.7	2.206E+02	1.0E−03	3.2E−04
15	1.178E+02	217.2	1.890E+02	7.6E−04	3.4E−04
16	1.007E+02	216.7	1.620E+02	6.4E−04	3.6E−04
17	8.610E+01	216.2	1.388E+02	5.6E−04	3.9E−04
18	7.350E+01	215.7	1.188E+02	5.0E−04	4.1E−04
19	6.280E+01	215.2	1.017E+02	4.9E−04	4.3E−04
20	5.370E+01	215.2	8.690E+01	4.5E−04	4.5E−04
21	4.580E+01	215.2	7.421E+01	5.1E−04	4.3E−04
22	3.910E+01	215.2	6.338E+01	5.1E−04	4.3E−04
23	3.340E+01	215.2	5.415E+01	5.4E−04	3.9E−04
24	2.860E+01	215.2	4.624E+01	6.0E−04	3.6E−04
25	2.430E+01	215.2	3.950E+01	6.7E−04	3.4E−04
30	1.110E+01	217.4	1.783E+01	3.6E−04	1.9E−04
35	5.180E+00	227.8	7.924E+00	1.1E−04	9.2E−05
40	2.530E+00	243.2	3.625E+00	4.3E−05	4.1E−05
45	1.290E+00	258.5	1.741E+00	1.9E−05	1.3E−05
50	6.820E−01	265.7	8.954E−01	6.3E−05	4.3E−06
70	4.670E−02	230.7	7.051E−02	1.4E−07	8.6E−08
100	3.000E−04	210.2	5.000E−04	1.0E−09	4.3E−11

附表10-2 函数 $H_r=100\%$时，不同温度下，每千米大气中的可降水分厘米数

降水量/cm T/℃（小数部分） T/℃（小数部分）	0	2	4	6	8
0	0.486	0.493	0.500	0.507	0.514
1	0.521	0.528	0.535	0.543	0.550
2	0.557	0.565	0.573	0.580	0.588
3	0.596	0.604	0.612	0.621	0.629
4	0.637	0.646	0.655	0.663	0.672
5	0.681	0.690	0.700	0.709	0.719
6	0.728	0.738	0.748	0.758	0.768
7	0.778	0.788	0.798	0.808	0.818
8	0.828	0.839	0.851	0.862	0.874
9	0.885	0.896	0.907	0.919	0.930
10	0.941	0.953	0.965	0.978	0.990
11	1.002	1.015	1.028	1.042	1.055
12	1.068	1.082	1.095	1.109	1.122
13	1.136	1.150	1.165	1.179	1.194
14	1.208	1.223	1.238	1.253	1.268
15	1.283	1.299	1.316	1.332	1.349
16	1.365	1.382	1.399	1.415	1.142
17	1.449	1.467	1.485	1.503	1.521
18	1.539	1.558	1.576	1.597	1.613
19	1.632	1.652	1.672	1.692	1.712
20	1.732	1.753	1.773	1.794	1.814
21	1.835	1.857	1.879	1.901	1.923
22	1.945	1.963	1.991	2.013	2.036
23	2.059	2.083	2.108	2.132	2.157
24	2.181	2.206	2.231	2.255	2.280
25	2.305	2.332	2.359	2.386	2.413
26	2.440	2.467	2.495	2.522	2.550
27	2.577	2.607	2.636	2.666	2.695
28	2.725	2.775	2.785	2.815	2.846
29	2.876	2.908	2.941	2.973	3.006
30	3.038				
−30	0.046				

降水量/cm T/℃（小数部分） T/℃（整数部分）	0	2	4	6	8
−29	0.050	0.049	0.048	0.046	0.045
−28	0.054	0.053	0.052	0.052	0.051
−27	0.059	0.058	0.058	0.056	0.055
−26	0.065	0.064	0.063	0.061	0.060
−25	0.070	0.069	0.068	0.067	0.066
−24	0.076	0.075	0.074	0.072	0.071
−23	0.084	0.082	0.081	0.079	0.078
−22	0.091	0.090	0.088	0.087	0.085
−21	0.099	0.097	0.096	0.094	0.093
−20	0.108	0.106	0.104	0.103	0.101
−19	0.117	0.115	0.113	0.112	0.110
−18	0.127	0.125	0.123	0.121	0.119
−17	0.137	0.135	0.133	0.131	0.129
−16	0.149	0.147	0.144	0.142	0.139
−15	0.161	0.159	0.156	0.154	0.151
−14	0.174	0.171	0.169	0.166	0.164
−13	0.188	0.185	0.182	0.180	0.177
−12	0.203	0.200	0.197	0.194	0.191
−11	0.219	0.216	0.213	0.209	0.206
−10	0.237	0.233	0.230	0.226	0.223
−9	0.255	0.251	0.248	0.241	0.241
−8	0.274	0.270	0.266	0.263	0.259
−7	0.295	0.291	0.287	0.282	0.278
−6	0.318	0.313	0.309	0.304	0.300
−5	0.341	0.336	0.332	0.327	0.323
−4	0.367	0.362	0.357	0.351	0.346
−3	0.394	0.389	0.383	0.378	0.372
−2	0.423	0.417	0.411	0.406	0.400
−1	0.453	0.447	0.441	0.435	0.429
0	0.486	0.479	0.473	0.466	0.460

附表10-3　海平面水平路程上的水蒸气的光谱透射比(水蒸气 0.3～13.9μm)

波长/μm	水蒸气含量(可降水分毫米数)/mm												
	0.1	0.2	0.5	1	2	5	10	20	50	100	200	500	1 000
0.3	0.980	0.972	0.955	0.937	0.911	0.860	0.802	0.723	0.574	0.428	0.263	0.076	0.012
0.4	0.980	0.972	0.955	0.937	0.911	0.860	0.802	0.723	0.574	0.428	0.263	0.076	0.012
0.5	0.986	0.980	0.968	0.956	0.937	0.901	0.861	0.804	0.695	0.579	0.433	0.215	0.079
0.6	0.990	0.986	0.977	0.968	0.955	0.929	0.900	0.860	0.779	0.692	0.575	0.375	0.210
0.7	0.991	0.987	0.980	0.972	0.960	0.937	0.910	0.873	0.800	0.722	0.615	0.425	0.260
0.8	0.989	0.984	0.975	0.965	0.950	0.922	0.891	0.845	0.758	0.663	0.539	0.330	0.168
0.9	0.965	0.951	0.922	0.890	0.844	0.757	0.661	0.535	0.326	0.165	0.050	0.002	0
1.0	0.990	0.986	0.977	0.968	0.955	0.929	0.900	0.860	0.779	0.692	0.575	0.375	0.210
1.1	0.970	0.958	0.932	0.905	0.866	0.790	0.707	0.595	0.406	0.235	0.093	0.008	0
1.2	0.980	0.972	0.955	0.937	0.911	0.860	0.802	0.723	0.574	0.428	0.263	0.076	0.012
1.3	0.726	0.611	0.432	0.268	0.116	0.013	0	0	0	0	0	0	0
1.4	0.930	0.902	0.844	0.782	0.695	0.536	0.381	0.216	0.064	0.005	0	0	0
1.5	0.997	0.994	0.991	0.988	0.982	0.972	0.960	0.644	0.911	0.874	0.823	0.724	0.616
1.6	0.998	0.997	0.996	0.994	0.991	0.986	0.980	0.972	0.956	0.937	0.911	0.860	0.802
1.7	0.998	0.997	0.996	0.994	0.991	0.986	0.980	0.720	0.956	0.937	0.911	0.860	0.802
1.8	0.792	0.707	0.555	0.406	0.239	0.062	0.008	0	0	0	0	0	0
1.9	0.960	0.943	0.911	0.874	0.822	0.723	0.617	0.478	0.262	0.113	0.024	0	0
2.0	0.985	0.979	0.966	0.953	0.933	0.894	0.851	0.790	0.674	0.552	0.401	0.184	0.006
2.1	0.997	0.994	0.991	0.988	0.982	0.972	0.960	0.944	0.911	0.847	0.823	0.724	0.616
2.2	0.998	0.997	0.966	0.994	0.991	0.986	0.980	0.720	0.956	0.937	0.911	0.860	0.802
2.3	0.997	0.994	0.991	0.988	0.982	0.972	0.960	0.944	0.911	0.874	0.823	0.724	0.616
2.4	0.980	0.972	0.955	0.937	0.911	0.860	0.802	0.723	0.574	0.428	0.263	0.076	0.012
2.5	0.930	0.902	0.844	0.782	0.695	0.536	0.381	0.216	0.064	0.005	0	0	0
2.6	0.617	0.479	0.261	0.110	0.002	0	0	0	0	0	0	0	0
2.7	0.361	0.196	0.040	0.004	0	0	0	0	0	0	0	0	0
2.8	0.453	0.289	0.092	0.017	0.001	0	0	0	0	0	0	0	0
2.9	0.689	0.571	0.369	0.205	0.073	0.005	0	0	0	0	0	0	0
3.0	0.851	0.790	0.673	0.552	0.401	0.184	0.060	0.008	0	0	0	0	0
3.1	0.900	0.860	0.779	0.692	0.574	0.375	0.210	0.076	0.005	0	0	0	0
3.2	0.925	0.894	0.833	0.766	0.674	0.506	0.347	0.184	0.035	0.003	0	0	0
3.3	0.950	0.930	0.888	0.843	0.779	0.658	0.531	0.377	0.161	0.048	0.005	0	0
3.4	0.973	0.962	0.939	0.914	0.880	0.811	0.735	0.633	0.448	0.285	0.130	0.017	0.001
3.5	0.988	0.983	0.973	0.962	0.946	0.915	0.881	0.832	0.736	0.635	0.502	0.287	0.133
3.6	0.994	0.992	0.987	0.982	0.973	0.958	0.947	0.916	0.866	0.812	0.738	0.596	0.452
3.7	0.997	0.994	0.991	0.988	0.982	0.972	0.960	0.944	0.911	0.874	0.823	0.724	0.616

波长/μm	水蒸气含量（可降水分毫米数）/mm												
	0.1	0.2	0.5	1	2	5	10	20	50	100	200	500	1 000
3.8	0.998	0.997	0.995	0.994	0.991	0.986	0.980	0.972	0.956	0.937	0.911	0.860	0.802
3.9	0.998	0.997	0.995	0.994	0.991	0.986	0.980	0.972	0.956	0.937	0.911	0.860	0.802
4.0	0.997	0.995	0.993	0.990	0.987	0.977	0.970	0.960	0.930	0.900	0.870	0.790	0.700
4.1	0.977	0.994	0.991	0.988	0.982	0.972	0.960	0.944	0.911	0.874	0.823	0.724	0.616
4.2	0.994	0.992	0.987	0.982	0.973	0.938	0.947	0.916	0.866	0.812	0.738	0.596	0.452
4.3	0.991	0.984	0.975	0.972	0.950	0.957	0.910	0.873	0.800	0.722	0.615	0.425	0.260
4.4	0.980	0.972	0.955	0.937	0.911	0.860	0.802	0.723	0.574	0.428	0.263	0.076	0.012
4.5	0.970	0.958	0.932	0.905	0.866	0.790	0.707	0.595	0.400	0.235	0.093	0.008	0
4.6	0.960	0.943	0.911	0.874	0.822	0.723	0.617	0.478	0.262	0.113	0.024	0	0
4.7	0.950	0.930	0.888	0.843	0.779	0.658	0.531	0.377	0.161	0.048	0.005	0	0
4.8	0.940	0.915	0.866	0.812	0.736	0.595	0.452	0.289	0.117	0.018	0.001	0	0
4.9	0.930	0.902	0.844	0.782	0.695	0.536	0.381	0.216	0.064	0.005	0	0	0
5.0	0.915	0.880	0.811	0.736	0.634	0.451	0.286	0.132	0.017	0	0	0	0
5.1	0.885	0.839	0.747	0.649	0.519	0.308	0.149	0.041	0.001	0	0	0	0
5.2	0.846	0.784	0.664	0.539	0.385	0.169	0.052	0.006	0	0	0	0	0
5.3	0.792	0.707	0.555	0.406	0.239	0.062	0.008	0	0	0	0	0	0
5.4	0.726	0.611	0.432	0.268	0.116	0.013	0	0	0	0	0	0	0
5.5	0.617	0.479	0.261	0.110	0.035	0	0	0	0	0	0	0	0
5.6	0.491	0.331	0.121	0.029	0.002	0	0	0	0	0	0	0	0
5.7	0.361	0.196	0.040	0.004	0	0	0	0	0	0	0	0	0
5.8	0.141	0.044	0.001	0	0	0	0	0	0	0	0	0	0
5.9	0.141	0.044	0.001	0	0	0	0	0	0	0	0	0	0
6.0	0.180	0.058	0.003	0	0	0	0	0	0	0	0	0	0
6.1	0.260	0.112	0.012	0	0	0	0	0	0	0	0	0	0
6.2	0.652	0.524	0.313	0.153	0.043	0.001	0	0	0	0	0	0	0
6.3	0.552	0.401	0.182	0.060	0.008	0	0	0	0	0	0	0	0
6.4	0.317	0.157	0.025	0.002	0	0	0	0	0	0	0	0	0
6.5	0.164	0.049	0.002	0	0	0	0	0	0	0	0	0	0
6.6	0.138	0.042	0.001	0	0	0	0	0	0	0	0	0	0
6.7	0.322	0.162	0.037	0.002	0	0	0	0	0	0	0	0	0
6.8	0.361	0.196	0.040	0.004	0	0	0	0	0	0	0	0	0
6.9	0.416	0.250	0.068	0.010	0	0	0	0	0	0	0	0	0

波长/μm	水蒸气含量（可降水分毫米数）/mm									
	0.2	0.5	1	2	5	10	20	50	100	200
7.0	0.569	0.245	0.060	0.004	0	0	0	0	0	0
7.1	0.716	0.433	0.188	0.035	0	0	0	0	0	0
7.2	0.782	0.540	0.292	0.085	0.002	0	0	0	0	0
7.3	0.849	0.664	0.441	0.194	0.017	0	0	0	0	0
7.4	0.922	0.817	0.666	0.444	0.132	0.018	0	0	0	0
7.5	0.974	0.874	0.762	0.582	0.258	0.066	0	0	0	0
7.6	0.922	0.817	0.666	0.444	0.132	0.018	0	0	0	0
7.7	0.978	0.944	0.884	0.796	0.564	0.328	0.102	0.003	0	0
7.8	0.974	0.937	0.878	0.771	0.523	0.273	0.074	0.002	0	0
7.9	0.982	0.959	0.920	0.842	0.658	0.433	0.187	0.015	0	0
8.0	0.990	0.975	0.951	0.904	0.777	0.603	0.365	0.080	0.006	0
8.1	0.994	0.986	0.972	0.945	0.869	0.754	0.568	0.244	0.059	0.003
8.2	0.993	0.982	0.964	0.930	0.834	0.696	0.484	0.163	0.027	0
8.3	0.995	0.988	0.976	0.953	0.887	0.786	0.618	0.800	0.090	0.008
8.4	0.955	0.987	0.975	0.950	0.880	0.774	0.599	0.278	0.007	0.006
8.5	0.994	0.986	0.972	0.944	0.866	0.750	0.562	0.237	0.056	0.003
8.6	0.996	0.992	0.982	0.956	0.915	0.837	0.702	0.411	0.169	0.029
8.7	0.996	0.992	0.983	0.966	0.916	0.839	0.704	0.416	0.173	0.030
8.8	0.997	0.993	0.983	0.966	0.917	0.841	0.707	0.421	0.177	0.031
8.9	0.997	0.992	0.983	0.966	0.918	0.843	0.709	0.425	0.180	0.032
9.0	0.997	0.992	0.984	0.968	0.921	0.848	0.719	0.440	0.193	0.037
9.1	0.997	0.992	0.985	0.970	0.926	0.858	0.735	0.464	0.215	0.046
9.2	0.997	0.993	0.985	0.971	0.929	0.863	0.744	0.478	0.228	0.052
9.3	0.997	0.993	0.986	0.972	0.930	0.867	0.750	0.489	0.239	0.057
9.4	0.997	0.993	0.986	0.973	0.933	0.870	0.756	0.498	0.248	0.061
9.5	0.997	0.993	0.987	0.973	0.934	0.873	0.762	0.507	0.257	0.066
9.6	0.997	0.993	0.987	0.974	0.936	0.876	0.766	0.516	0.265	0.070
9.7	0.997	0.993	0.987	0.974	0.937	0.878	0.770	0.521	0.270	0.073
9.8	0.997	0.994	0.987	0.975	0.938	0.880	0.773	0.526	0.277	0.077
9.9	0.997	0.994	0.987	0.975	0.939	0.882	0.777	0.532	0.283	0.080
10.0	0.998	0.994	0.988	0.975	0.940	0.883	0.780	0.538	0.289	0.083
10.1	0.998	0.994	0.988	0.975	0.940	0.883	0.780	0.538	0.289	0.083
10.2	0.998	0.994	0.988	0.975	0.940	0.883	0.780	0.538	0.289	0.083
10.3	0.998	0.994	0.988	0.976	0.940	0.884	0.781	0.540	0.292	0.085
10.4	0.998	0.994	0.988	0.976	0.941	0.885	0.782	0.542	0.294	0.086

波长/μm	水蒸气含量（可降水分毫米数）/mm									
	0.2	0.5	1	2	5	10	20	50	100	200
10.5	0.998	0.994	0.988	0.976	0.941	0.886	0.784	0.544	0.295	0.087
10.6	0.998	0.994	0.988	0.976	0.942	0.887	0.786	0.548	0.300	0.089
10.7	0.998	0.994	0.988	0.976	0.942	0.887	0.787	0.550	0.302	0.091
10.8	0.998	0.994	0.988	0.976	0.941	0.886	0.784	0.544	0.295	0.087
10.9	0.998	0.994	0.988	0.976	0.940	0.884	0.781	0.540	0.292	0.085
11.0	0.998	0.994	0.988	0.975	0.940	0.883	0.779	0.536	0.287	0.082
11.1	0.998	0.994	0.987	0.975	0.939	0.882	0.777	0.532	0.283	0.080
11.2	0.997	0.993	0.986	0.972	0.931	0.867	0.750	0.487	0.237	0.056
11.3	0.997	0.992	0.985	0.970	0.927	0.859	0.738	0.467	0.218	0.048
11.4	0.998	0.993	0.986	0.971	0.930	0.865	0.748	0.485	0.235	0.055
11.5	0.997	0.993	0.986	0.972	0.932	0.868	0.753	0.693	0.243	0.059
11.6	0.997	0.993	0.987	0.974	0.935	0.875	0.765	0.513	0.262	0.069
11.7	0.996	0.990	0.980	0.961	0.906	0.820	0.673	0.372	0.138	0.019
11.8	0.997	0.992	0.982	0.969	0.925	0.863	0.733	0.460	0.212	0.045
11.9	0.997	0.993	0.986	0.972	0.932	0.869	0.755	0.495	0.245	0.060
12.0	0.997	0.993	0.987	0.974	0.937	0.878	0.770	0.521	0.270	0.073
12.1	0.997	0.994	0.987	0.975	0.938	0.880	0.773	0.526	0.277	0.077
12.2	0.997	0.994	0.987	0.975	0.938	0.880	0.775	0.528	0.279	0.078
12.3	0.997	0.993	0.987	0.974	0.937	0.878	0.770	0.521	0.270	0.073
12.4	0.997	0.993	0.987	0.974	0.935	0.874	0.764	0.511	0.261	0.068
12.5	0.997	0.993	0.986	0.973	0.933	0.871	0.759	0.502	0.252	0.063
12.6	0.997	0.993	0.986	0.972	0.931	0.868	0.752	0.491	0.241	0.058
12.7	0.997	0.993	0.985	0.971	0.929	0.863	0.744	0.478	0.228	0.052
12.8	0.997	0.992	0.985	0.970	0.926	0.858	0.736	0.466	0.217	0.047
12.9	0.997	0.992	0.984	0.969	0.924	0.853	0.728	0.452	0.204	0.041
13.0	0.997	0.992	0.984	0.967	0.921	0.846	0.718	0.437	0.191	0.036
13.1	0.996	0.991	0.983	0.966	0.918	0.843	0.709	0.424	0.180	0.032
13.2	0.996	0.991	0.982	0.965	0.915	0.837	0.710	0.411	0.169	0.028
13.3	0.996	0.991	0.982	0.964	0.912	0.831	0.690	0.397	0.153	0.025
13.4	0.996	0.990	0.981	0.962	0.908	0.825	0.681	0.382	0.146	0.021
13.5	0.996	0.990	0.980	0.961	0.905	0.819	0.670	0.368	0.136	0.019
13.6	0.996	0.990	0.979	0.959	0.902	0.813	0.661	0.355	0.126	0.016
13.7	0.996	0.989	0.979	0.958	0.898	0.807	0.651	0.342	0.117	0.014
13.8	0.996	0.989	0.978	0.956	0.894	0.800	0.640	0.328	0.107	0.011
13.9	0.995	0.988	0.977	0.955	0.981	0.793	0.629	0.313	0.098	0.010

附表10-4　海平面水平路程上的二氧化碳的光谱透射比(二氧化碳 0.3～13.9μm)

波长/μm	路　程　长　度 /km												
	0.1	0.2	0.5	1	2	5	10	20	50	100	200	500	1 000
0.3	1	1	1	1	1	1	1	1	1	1	1	1	1
0.4	1	1	1	1	1	1	1	1	1	1	1	1	1
0.5	1	1	1	1	1	1	1	1	1	1	1	1	1
0.6	1	1	1	1	1	1	1	1	1	1	1	1	1
0.7	1	1	1	1	1	1	1	1	1	1	1	1	1
0.8	1	1	1	1	1	1	1	1	1	1	1	1	1
0.9	1	1	1	1	1	1	1	1	1	1	1	1	1
1.0	1	1	1	1	1	1	1	1	1	1	1	1	1
1.1	1	1	1	1	1	1	1	1	1	1	1	1	1
1.2	1	1	1	1	1	1	1	1	1	1	1	1	1
1.3	1	1	1	0.999	0.999	0.999	0.998	0.997	0.996	0.994	0.992	0.987	0.982
1.4	0.996	0.995	0.992	0.988	0.984	0.975	0.964	0.949	0.919	0.885	0.838	0.747	0.649
1.5	0.999	0.999	0.998	0.998	0.997	0.995	0.993	0.990	0.984	0.976	0.967	0.949	0.927
1.6	0.996	0.995	0.992	0.988	0.984	0.975	0.964	0.949	0.919	0.885	0.838	0.747	0.649
1.7	1	1	1	0.999	0.999	0.999	0.998	0.997	0.996	0.994	0.992	0.987	0.982
1.8	1	1	1	1	1	1	1	1	1	1	1	1	1
1.9	1	1	1	0.999	0.999	0.999	0.998	0.997	0.996	0.994	0.992	0.987	0.982
2.0	0.978	0.969	0.951	0.931	0.903	0.847	0.785	0.699	0.541	0.387	0.221	0.053	0.006
2.1	0.998	0.997	0.996	0.994	0.992	0.987	0.982	0.974	0.959	0.942	0.919	0.872	0.820
2.2	1	1	1	1	1	1	1	1	1	1	1	1	1
2.3	1	1	1	1	1	1	1	1	1	1	1	1	1
2.4	1	1	1	1	1	1	1	1	1	1	1	1	1
2.5	1	1	1	1	1	1	1	1	1	1	1	1	1
2.6	1	1	1	1	1	1	1	1	1	1	1	1	1
2.7	0.799	0.718	0.569	0.419	0.253	0.071	0.011	0	0	0	0	0	0
2.8	0.871	0.804	0.695	0.578	0.432	0.215	0.079	0.013	0	0	0	0	0
2.9	0.997	0.995	0.993	0.990	0.985	0.977	0.968	0.954	0.927	0.898	0.855	0.772	0.683
3.0	1	1	1	1	1	1	1	1	1	1	1	1	1
3.1	1	1	1	1	1	1	1	1	1	1	1	1	1
3.2	1	1	1	1	1	1	1	1	1	1	1	1	1
3.3	1	1	1	1	1	1	1	1	1	1	1	1	1

波长/μm	路程长度/km												
	0.1	0.2	0.5	1	2	5	10	20	50	100	200	500	1 000
3.4	1	1	1	1	1	1	1	1	1	1	1	1	1
3.5	1	1	1	1	1	1	1	1	1	1	1	1	1
3.6	1	1	1	1	1	1	1	1	1	1	1	1	1
3.7	1	1	1	1	1	1	1	1	1	1	1	1	1
3.8	1	1	1	1	1	1	1	1	1	1	1	1	1
3.9	1	1	1	1	1	1	1	1	1	1	1	1	1
4.0	0.998	0.997	0.996	0.994	0.991	0.986	0.980	0.971	0.955	0.937	0.911	0.859	0.802
4.1	0.983	0.975	0.961	0.944	0.921	0.876	0.825	0.755	0.622	0.485	0.322	0.118	0.027
4.2	0.673	0.551	0.445	0.182	0.059	0.003	0	0	0	0	0	0	0
4.3	0.098	0.016	0	0	0	0	0	0	0	0	0	0	0
4.4	0.481	0.319	0.115	0.026	0.002	0	0	0	0	0	0	0	0
4.5	0.957	0.949	0.903	0.863	0.807	0.699	0.585	0.439	0.222	0.084	0.014	0	0
4.6	0.995	0.993	0.989	0.985	0.978	0.966	0.951	0.931	0.891	0.845	0.783	0.663	0.539
4.7	0.995	0.993	0.989	0.985	0.978	0.966	0.951	0.931	0.891	0.845	0.783	0.663	0.539
4.8	0.976	0.966	0.945	0.922	0.891	0.828	0.759	0.664	0.492	0.331	0.169	0.030	0.002
4.9	0.975	0.964	0.943	0.920	0.886	0.822	0.750	0.652	0.468	0.313	0.153	0.024	0.001
5.0	0.999	0.998	0.997	0.995	0.984	0.990	0.986	0.979	0.968	0.954	0.935	0.897	0.855
5.1	1	0.999	0.999	0.996	0.998	0.996	0.994	0.992	0.988	0.984	0.976	0.961	0.946
5.2	0.986	0.980	0.968	0.955	0.936	0.899	0.857	0.799	0.687	0.569	0.420	0.203	0.072
5.3	0.997	0.995	0.993	0.989	0.984	0.976	0.966	0.951	0.923	0.891	0.846	0.760	0.666
5.4	1	1	1	1	1	1	1	1	1	1	1	1	1
5.5	1	1	1	1	1	1	1	1	1	1	1	1	1
5.6	1	1	1	1	1	1	1	1	1	1	1	1	1
5.7	1	1	1	1	1	1	1	1	1	1	1	1	1
5.8	1	1	1	1	1	1	1	1	1	1	1	1	1
5.9	1	1	1	1	1	1	1	1	1	1	1	1	1
6.0	1	1	1	1	1	1	1	1	1	1	1	1	1
6.1	1	1	1	1	1	1	1	1	1	1	1	1	1
6.2	1	1	1	1	1	1	1	1	1	1	1	1	1
6.3	1	1	1	1	1	1	1	1	1	1	1	1	1
6.4	1	1	1	1	1	1	1	1	1	1	1	1	1
6.5	1	1	1	1	1	1	1	1	1	1	1	1	1
6.6	1	1	1	1	1	1	1	1	1	1	1	1	1
6.7	1	1	1	1	1	1	1	1	1	1	1	1	1
6.8	1	1	1	1	1	1	1	1	1	1	1	1	1
6.9	1	1	1	1	1	1	1	1	1	1	1	1	1

波长 /μm	路程长度 /km									
	0.2	0.5	1	2	5	10	20	50	100	200
7.0	1	1	1	1	1	1	1	1	1	1
7.1	1	1	1	1	1	1	1	1	1	1
7.2	1	1	1	1	1	1	1	1	1	1
7.3	1	1	1	1	1	1	1	1	1	1
7.4	1	1	1	1	1	1	1	1	1	1
7.5	1	1	1	1	1	1	1	1	1	1
7.6	1	1	1	1	1	1	1	1	1	1
7.7	1	1	1	1	1	1	1	1	1	1
7.8	1	1	1	1	1	1	1	1	1	1
7.9	1	1	1	1	1	1	1	1	1	1
8.0	1	1	1	1	1	1	1	1	1	1
8.1	1	1	1	1	1	1	1	1	1	1
8.2	1	1	1	1	1	1	1	1	1	1
8.3	1	1	1	1	1	1	1	1	1	1
8.4	1	1	1	1	1	1	1	1	1	1
8.5	1	1	1	1	1	1	1	1	1	1
8.6	1	1	1	1	1	1	1	1	1	1
8.7	1	1	1	1	1	1	1	1	1	1
8.8	1	1	1	1	1	1	1	1	1	1
8.9	1	1	1	1	1	1	1	1	1	1
9.0	1	1	1	1	1	1	1	1	1	1
9.1	1	1	0.999	0.999	0.998	0.995	0.991	0.978	0.955	0.914
9.2	1	1	0.999	0.998	0.995	0.991	0.982	0.995	0.913	0.834
9.3	0.999	0.997	0.995	0.990	0.975	0.951	0.904	0.776	0.605	0.363
9.4	0.993	0.982	0.965	0.931	0.837	0.700	0.491	0.168	0.028	0.001
9.5	0.993	0.983	0.967	0.935	0.842	0.715	0.512	0.187	0.035	0.001
9.6	0.996	0.990	0.980	0.961	0.906	0.821	0.675	0.363	0.140	0.029
9.7	0.995	0.986	0.973	0.947	0.873	0.761	0.580	0.256	0.065	0.004
9.8	0.997	0.992	0.984	0.969	0.924	0.858	0.730	0.455	0.206	0.043
9.9	0.998	0.995	0.989	0.979	0.948	0.897	0.811	0.585	0.342	0.123
10.0	1	1	0.999	0.997	0.994	0.989	0.978	0.945	0.892	0.797
10.1	1	0.999	0.998	0.996	0.990	0.980	0.960	0.902	0.814	0.663
10.2	0.997	0.994	0.988	0.977	0.943	0.890	0.792	0.558	0.312	0.097
10.3	0.997	0.994	0.987	0.975	0.939	0.881	0.777	0.532	0.283	0.080
10.4	1	1	0.999	0.998	0.995	0.991	0.982	0.955	0.913	0.834

波长/μm	路程长度/km									
	0.2	0.5	1	2	5	10	20	50	100	200
10.5	1	1	0.999	0.998	0.998	0.995	0.991	0.978	0.955	0.914
10.6	1	1	0.999	0.999	0.998	0.995	0.991	0.978	0.955	0.914
10.7	1	1	1	0.999	0.999	0.997	0.995	0.986	0.973	0.947
10.8	1	1	0.999	0.998	0.998	0.995	0.991	0.978	0.955	0.914
10.9	1	0.999	0.999	0.997	0.993	0.986	0.973	0.934	0.872	0.761
11.0	1	0.999	0.999	0.997	0.993	0.986	0.973	0.934	0.872	0.761
11.1	1	0.999	0.998	0.997	0.992	0.984	0.969	0.923	0.855	0.726
11.2	1	0.999	0.998	0.995	0.989	0.978	0.995	0.892	0.796	0.633
11.3	0.999	0.999	0.997	0.994	0.985	0.971	0.942	0.862	0.742	0.552
11.4	0.999	0.998	0.997	0.993	0.983	0.966	0.934	0.842	0.709	0.503
11.5	0.999	0.998	0.996	0.992	0.980	0.960	0.921	0.814	0.661	0.438
11.6	0.999	0.998	0.995	0.991	0.977	0.955	0.912	0.794	0.632	0.399
11.7	0.999	0.998	0.995	0.991	0.977	0.955	0.912	0.794	0.632	0.399
11.8	0.999	0.998	0.997	0.993	0.983	0.966	0.934	0.842	0.709	0.503
11.9	1	0.999	0.998	0.995	0.989	0.978	0.955	0.892	0.796	0.633
12.0	1	1	0.999	0.999	0.997	0.993	0.986	0.966	0.934	0.872
12.1	1	1	0.999	0.998	0.998	0.995	0.991	0.978	0.955	0.914
12.2	1	1	0.999	0.998	0.998	0.995	0.991	0.978	0.995	0.914
12.3	0.998	0.995	0.990	0.981	0.952	0.907	0.823	0.614	0.376	0.142
12.4	0.994	0.985	0.970	0.941	0.859	0.738	0.545	0.218	0.048	0.002
12.5	0.987	0.968	0.936	0.877	0.719	0.517	0.268	0.037	0.001	0
12.6	0.980	0.950	0.930	0.815	0.599	0.358	0.129	0.006	0	0
12.7	0.996	0.989	0.979	0.959	0.899	0.809	0.654	0.346	0.120	0.015
12.8	0.990	0.974	0.949	0.901	0.770	0.592	0.351	0.072	0.005	0
12.9	0.985	0.962	0.925	0.856	0.677	0.458	0.210	0.020	0	0
13.0	0.991	0.997	0.955	0.912	0.794	0.630	0.397	0.099	0.010	0
13.1	0.990	0.974	0.949	0.900	0.768	0.592	0.348	0.071	0.005	0
13.2	0.978	0.946	0.895	0.801	0.575	0.330	0.109	0.004	0	0
13.3	0.952	0.884	0.782	0.611	0.292	0.085	0.007	0	0	0
13.4	0.935	0.846	0.715	0.512	0.187	0.035	0.001	0	0	0
13.5	0.901	0.767	0.593	0.352	0.070	0.005	0	0	0	0
13.6	0.901	0.792	0.627	0.351	0.097	0.009	0	0	0	0
13.7	0.916	0.803	0.644	0.415	0.110	0.012	0	0	0	0
13.8	0.858	0.681	0.464	0.215	0.021	0	0	0	0	0
13.9	0.778	0.534	0.286	0.082	0.002	0	0	0	0	0

参考文献

[1] 白廷柱，金伟其. 光电成像原理与技术，北京：北京理工大学出版社，2006
[2] 邹异松，刘玉凤，白廷柱. 光电成像原理. 北京：北京理工大学出版社，1997
[3] 张敬贤，李玉丹，金伟其. 微光与红外成像技术. 北京：北京理工大学出版社，1995
[4] 邹异松. 电真空成像器件及理论分析. 北京：国防工业出版社，1989
[5] 现代光学与光子学的进展. 天津：天津科学技术出版社，2003
[6] 蒋先进，等. 微光电视. 北京：国防工业出版社，1984
[7] 张鸣平，张敬贤，李玉丹. 夜视系统. 北京：北京理工大学出版社，1993
[8] 陈东波. 固体成像器件和系统. 北京：兵器工业出版社，1991
[9] 方如章，刘玉凤. 光电器件. 北京：国防工业出版社，1988
[10] 汤定元，糜正瑜，等. 光电器件概论. 上海：上海科学技术文献出版社，1989
[11] 刘元震，王仲春，董亚强. 电子发射与光电阴极. 北京：北京理工大学出版社，1995
[12] 刘继琨. 固体摄像器件的物理基础. 成都：电子科技大学出版社，1989
[13] 王清正，胡渝，林崇杰. 光电探测技术. 北京：电子工业出版社，1994
[14] 蔡文贵，李永远，许振华. CCD 技术及应用. 北京：电子工业出版社，1992
[15] Rose A. The Sensitivity Performance Of the Human Eye On an Absolute Scale. Journal of the Optical Society of America, Vol（38）No.2，1948
[16] Csorba I.P. Image Tubes. Published by the Housard W.Sams & Co., Inc. ，USA.1985
[17] Richard I.L. Photoelectronic Imaging Devices. Plenum Press，New York，1971
[18] Fan H.Y. Theory of Photoelectric Emission from Metals. Physics Review，Vol.68，No.1，1945
[19] Sommer A.H. Stability of Photocathodes. Applied Optics，Vol.12，No.1，1973
[20] Hoene E.L. Optical and Photoelectric Properties of Multialkali Photocathodes，Advances in Electronics and E1ectron Physics，Vol. 33A，1972
[21] Csorba I.P. Image Tubes. Howard W. Sams，Engineering-Reference Book Series，Indiana U.S.A，1985
[22] Csorba I.P. Image Tubes. Published by the Howard W. Sams&CO. U.S.A，1985
[23] 陶兆民. 实用光电阴极的进展. 电子科学学刊，第 9 卷，2 期，1987
[24] Tao ChaoMing. A Near-Infrared Photocathode. Advances and E1ectron Physics，Vol. 64B，1985
[25] Wu QuanDe，Liu liBin. Multialkali Effects Properties of Multialkali Antimonide Photoeathodes. Advances E1ectron Physics，Vol. 64B，1985
[26] Martinelli R.U. and Fisher D.G. The Application of Semiconductors with Negative E1ectron Affinity Surfaces to E1ectron Emission Devices. Proceedings of IEEE，Vol. 62,No. 8,1974
[27] 刘学悫. 阴极电子学. 北京：科学出版社，1980
[28] E.A.范利白，B.N.米留金. 电子光学. 沈庆垓，陈俊美，译. 北京：人民教育出版社，1958
[29] 华中一，顾晶鑫. 电子光学. 上海：复旦大学出版社，1992
[30] Zhou Liwei. A Generalized Theory Of Wide E1ectron Beam Focusing. Advaneesin E1eetroniCs and E1ectron PhyskS，Vol. 64B，1985
[31] 周立伟. 夜视器件电子光学(第一册). 北京工业学院，1977
[32] 吴宗凡，柳美琳，张绍举，等. 红外与微光技术. 北京：国防工业出版社，1998
[33] 张幼文. 红外光学工程. 上海：上海科学技术出版社，1982
[34] R.D.小哈德逊. 红外系统原理. 北京：国防工业出版社，1975
[35] J.M.劳埃德，热成像系统. 北京：国防工业出版社，1981
[36] 刘贤德. 红外系统设计基础. 武汉：华中工学院出版社，1985
[37] 陈玻若，红外系统. 北京：国防工业出版社，1988
[38] 徐南荣，卞南华. 红外辐射与制导. 北京：国防工业出版社，1997

[39] 周立伟. 目标探测与识别. 北京：北京理工大学出版社, 2002
[40] 史萍，倪世兰. 广播电视技术概论. 北京：中国广播电视出版社，2003
[41] B.T.科洛勃罗多夫，N.舒斯特. 红外热成像. 天津：航天工业总公司第三研究院三部、八三五八所联合翻译出版，1994
[42] Michael C. Dudzik, Editors. “Electro-Optical Systems Design, Analysis, and Testing”-The Infrared and Electro-Optical Systems Handbook VOLUME 4. Infrared Information Analysis Center，SPIE Optical Engineering Press，1993
[43] 光电元器件-红外与光电系统手册(第 3 卷). 航天工业总公司第三研究所八三五八所翻译出版. 1998
[44] 被动光电系统-红外与光电系统手册(第五卷). 航天工业总公司第三研究所八三五八所翻译出版. 1998
[45] Army Electronics Command. “Night vision laboratory performance model for thermal viewing systems” . AD/A－011212, 1975
[46] W.R. Lawson, J.A.Ratch. The night vision laboratory static performance model based on the matched filter concept. AD/A－073763. Appendix C. 1979
[47] L.B.Scott, L.R.Condiff. C2NVEO advanced FLIR systemd performance model. Proc. SPIE. Vol. 1309, *Infrared Imaging Systems:Design, Analysis, Modeling, and Testing* , April. 1990：168～180
[48] Scott L., D'Agostino J. NVEOD FLIR92 thermal imaging systems performance model. Proc. SPIE Aerospace Sensing Symposium, Vol. 1689, No.13, April 1992：194～203
[49] 周燕，金伟其. 人眼视觉的传递特性及模型. 光学技术，2002，Vol. 28，No.1：57～59
[50] 艾克聪. 微光夜视系统性能模型的研究. 北京理工大学博士研究生论文，2003
[51] 金伟其. 热成像系统性能分析中的参量归一化空间. 红外技术，1995，17(1)：27～29
[52] 金伟其，高稚允，等. 热成像系统视距估算中景物辐射特性的研究. 北京理工大学学报，1995，15（4）：393～398
[53] 金伟其，张敬贤，等. 热成像系统对扩展源目标的视距估算. 北京理工大学学报，1996，16（1）：25～30
[54] 李林. 现代光学设计方法. 北京：北京理工大学出版社，2009
[55] 闫士君. 某式反坦克微光瞄准镜. 西安工业大学[硕士学位论文]，2013
[56] 董仙虹. 通用型非制冷红外热像仪数字图像处理系统设计. 西安：西安电子科技大学硕士学位论文，2011
[57] 晋培利. 红外探测光学系统设计研究. 河南大学硕士学位论文，2007
[58] 李兴邦. 非致冷红外瞄准镜系统技术研究. 南京理工大学硕士学位论文，2008
[59] 熊衍建，吴晗平，等. 军用红外光学系统性能及其结构形式技术分析. 红外技术，2010，32（10）：688～695
[60] 范长江，王肇圻，孙强. 双层衍射元件在投影式头盔光学系统设计中的应用. 光学精密工程，2007，15(11): 16310～1643.
[61] 高稚允，高岳，张开华. 军用光电系统. 北京：北京理工大学出版社，1996
[62] 崔建平. 焦平面热成像系统离散欠采样性能信息量评价方法的研究. 北京理工大学硕士学位论文，2012
[63] 王凡. 仿视网膜分布探测器设计及成像特性研究. 北京理工大学博士学位论文，2014
[64] 北京凌云光技术有限责任公司. 图像和机器视觉产品手册(第七版)
[65] 张丽君. 推扫式狭缝体制成像光谱仪在轨运动成像退化与校正技术研究. 北京理工大学博士学位论文，2014
[66] 应根裕，屠彦，万博泉，等. 平板显示应用技术手册. 北京：电子工业出版社，2007
[67] 百度百科. http://baike.baidu.com/
[68] 百度文库. http://wenku.baidu.com/